한국전기설비규정 완벽규정
완벽대비 수험서

전기기능장
MASTER CRAFTSMAN ELECTRICITY

필기 최동원·황락훈 공저

머리말 Preface

급속히 발전하는 현대문명에서 전기가 없다면 한순간도 생활할 수 없는 상황에서 전기기술은 날로 첨단화되어 가고 있으며 이에 따른 전기 분야의 고급 인력의 수요도 급증하고 있으며 특히 풍부한 현장의 경험과 더불어 기술능력을 인정받는 고급 기술자인 전기기능장의 필요성이 날로 급증하고 있는 실정이다.

기초지식과 더불어 풍부한 실무경험을 겸비한 기술자가 우대받는 사회에서 특히 국가기술자격을 갖추기 위해 전기기능장을 준비하는 수험생들이 쉽게 접근할 수 있도록 전기 전반에 대한 기본이론 및 관련지식을 쉽게 이해할 수 있도록 하였으며 수험생의 입장에서 출제 경향 및 핵심 요약과 자세한 문제 풀이에 주안점을 두고 본 수험서를 집필하게 되었습니다.

> 첫째, 출제기준에 맞추어 내용을 체계적으로 구성함으로써 본 수험서만으로 충분히 합격할 수 있도록 기본이론과 관련지식을 쉽게 정리하였다.
>
> 둘째, 수년간에 출제되었던 문제들을 분석하여 출제수준 및 경향을 파악할 수 있도록 하였고 문제유형의 변화에 쉽게 적응할 수 있도록 기출 및 예상문제 수준을 상향 조정하였다.
>
> 셋째, 새롭게 개정된 한국전기설비규정(KEC)에 맞도록 내용을 추가 변경하여 수험자가 변경된 규정을 쉽게 공부할 수 있도록 하였다.

이 수험서가 전기기능장을 준비하는 모든 예비 기능장들에게 실력향상과 자격 취득의 필수 지침서가 되어 전기기능장 합격의 밑거름이 되길 바라며 본 수험서를 통해 많은 수험자들이 전기기능장 합격의 기쁨을 맞이하시길 기원하는 마음으로 발간하였으며 부족한 점에 대해서는 계속 수정 보완하여 더 좋은 수험서가 될 수 있도록 노력할 것입니다.

이 수험서가 출간되기까지 도움을 주신 동일출판사 관계자 분들에게 진심으로 감사드립니다.

저자 드림

출제기준(필기)

직무분야	전기·전자	중직무분야	전기	자격종목	전기기능장	적용기간	2024.1.1.~2026.12.31.
○ 직무내용 : 전기에 관한 최상급 숙련기능을 가지고 산업현장에서 작업관리와 소속 기능자의 지도 및 감독, 현장훈련, 경영계층과 생산계층을 유기적으로 결합시켜주는 현장의 중간 관리 등의 직무수행							
필기검정방법	객관식		문제수	60	시험시간		1시간

필기과목명	문제수	주요항목	세부항목	세세항목
전기이론, 전기기기, 전력전자, 전기설비설계 기초 및 시공, 송배전설비, 한국전기설비규정 디지털공학, 공업경영에 관한 사항	60	1. 전기이론	1. 정전기와 자기	1. 정전기 및 정전용량 2. 유전체 3. 전계 및 자계 4. 자성체와 자기회로 5. 벡터 해석
			2. 직류회로	1. 옴의 법칙 및 키르히호프 법칙 2. 줄열과 전력 3. 전자유도 및 인덕턴스 4. 직류회로 등
			3. 교류회로	1. 정현파 교류 2. 3상 및 다상 교류 3. 교류전력 4. 일반 선형 회로망 5. 4단자망 6. 라플라스 변환 7. 과도현상 8. 전달함수 등
			4. 왜형파교류	1. 비정현파교류 2. 비정현파교류의 임피던스 등
		2. 전기기기	1. 직류기	1. 직류기의 원리, 구조 및 유기기전력 2. 직류발전기의 특성과 운전 3. 직류전동기의 제어 등
			2. 변압기	1. 변압기의 원리, 구조 및 특성 2. 변압기의 임피던스와 등가회로 3. 변압기의 시험과 변압기 정수 4. 변압기의 결선 및 병렬운전 5. 변압기의 손실, 효율 및 전압 변동률 6. 특수변압기 등

필기과목명	문제수	주요항목	세부항목	세세항목
			3. 유도전동기	1. 3상 유도전동기의 원리 및 구조 2. 3상 유도전동기의 속도특성, 출력특성, 비례추이 및 원선도 3. 3상 유도전동기의 기동 및 운전 4. 유도기의 속도제어, 제동 및 역률제어 5. 단상 유도전동기의 원리 및 구조 6. 단상 유도전동기의 종류 및 특성
			4. 동기기	1. 동기발전기의 원리 및 구조 2. 동기발전기의 특성 및 단락현상 3. 동기발전기의 여자장치와 전압조정 4. 동기전동기의 원리 및 구조 5. 동기전동기의 기동 및 특성 6. 동기기의 병렬운전 및 시험, 보수 7. 동기기의 손실 및 효율 등
			5. 정류기	1. 교류정류자기 2. 제어기기 및 보호기기의 원리 등
		3. 전력전자	1. 반도체소자의 개요	1. 전력용 반도체소자의 구조 2. 전력용 반도체소자의 동작원리 등
			2. 정류 및 인버터 회로	1. 정지스위치 회로 2. 교류위상제어 3. 전동기 제어회로 4. 인버터 및 컨버터 회로 5. 직류전력제어 6. 과전류 및 과전압에 대한 보호 등
		4. 전기설비 설계 기초 및 시공	1. 전기설비설계	1. 전기설비용 공구와 측정기구 2. 전기설비설계 이론 3. 공사비 산출
			2. 전기설비시공	1. 배관공사 2. 배선공사 3. 전선접속 4. 시험·운용·검사
			3. 신재생에너지	1. 태양광 발전 2. 전기저장장치 3. 풍력발전 4. 연료전지발전
		5. 송·배전 설비	1. 송·배전방식과 송·배전전압	1. 송·배전계통 2. 송·배전방식 3. 송·배전전압

필기과목명	문제수	주요항목	세부항목	세세항목
			2. 가공송·배전선의 전기적 특성	1. 선로정수(저항, 인덕턴스, 정전용량, 누설컨덕턴스 등) 2. 표피작용 및 근접효과 3. 송·배전특성 4. 전압조정과 페란티 현상 5. 가공송·배전선로의 구성설비
			3. 지중송·배전선로	1. 지중케이블의 종류 2. 지중선로의 부설방식 3. 케이블 접속 4. 케이블 보수
		6. 한국전기설비규정	1. 총칙	1. 기술기준 총칙 및 KEC 총칙에 관한 사항 2. 일반사항　　3. 전선 4. 전로의 절연　5. 접지시스템 6. 기계 및 기구　7. 피뢰시스템
			2. 저압전기설비	1. 통칙　　　　2. 안전을 위한 보호 3. 전선로　　　4. 배선 및 조명설비 5. 특수설비
			3. 고압, 특고압 전기설비	1. 통칙　　　　2. 안전을 위한 보호 3. 접지설비　　4. 전선로 5. 기계, 기구 시설 및 옥내배선 6. 발전소, 변전소, 개폐소 등의 전기설비
		7. 디지털공학	1. 수의 집합 및 코드화	1. 수의 진법 및 코드화 등
			2. 불대수 및 논리회로	1. 불대수 2. 논리회로 등
			3. 순서논리회로	1. 카운터　　　2. 레지스터 등
			4. 조합논리회로	1. 가산기 및 감산기 2. 인코더 및 디코더 등
		8. 공업경영	1. 품질관리	1. 통계적 방법의 기초 2. 샘플링 검사 3. 관리도 등
			2. 생산관리	1. 생산계획　　2. 생산통계 등
			3. 작업관리	1. 작업방법연구　2. 작업시간연구 등
			4. 기타 공업경영에 관한 사항	1. 기타 공업경영에 관한 사항 등

출제기준(실기)

직무분야	전기·전자	중직무분야	전기	자격종목	전기기능장	적용기간	2024.1.1.~2026.12.31.
○ **직무내용** : 전기에 관한 최상급 숙련기능을 가지고 산업현장에서 작업관리와 소속 기능자의 지도 및 감독, 현장훈련, 경영계층과 생산계층을 유기적으로 결합시켜주는 현장의 중간 관리 등의 직무수행							
○ **수행준거** : 1. 전기설비의 시공도면을 해독하고 설치, 제작, 시운전 및 유지보수 할 수 있다. 2. 자동제어시스템의 종류와 특성을 이해하고, 시스템의 분석, 제어판의 제작, 설치 및 시운전 할 수 있다. 3. 전기설비에 관한 최상급의 숙련기능을 가지고 현장의 중간 관리 등의 직무를 수행할 수 있다.							
실기검정방법		복합형				**시험시간**		6시간 30분정도 (필답형:1시간30분, 작업형:5시간 정도)

실기과목명	주요항목	세부항목	세세항목
전기에 관한 실무	1. 자동제어 시스템	1. 자동제어 시스템 설계 및 유지관리하기	1. PC기반, PLC 제어기기의 요소들을 이해하고 적합한 기기들을 선정 할 수 있다. 2. 자동제어시스템의 도면 등을 분석 할 수 있다. 3. 시퀀스 및 PLC 제어회로를 구성 및 설치 할 수 있다. 4. 제어기기 간의 통신시스템을 구축할 수 있다. 5. 제어시스템의 공정을 확인하고 연동제어회로의 각종 신호변화에 따른 정상동작 유무를 판단할 수 있다. 6. 논리회로 구성을 이해하고 간략화 할 수 있으며, 유접점, 무접점 회로를 상호 변환하여 구성할 수 있다. 7. 자동제어시스템을 관련규정에 따라 유지보수 계획을 수립하고 계획에 준하여 유지보수 할 수 있다.
	2. 수변전 설비공사	1. 수변전 설비 공사하기	1. 수변전 설비에 대한 설계도서 등의 적정성을 검토할 수 있다. 2. 수변전 설비 설치공사를 설계 도면 등에 의하여 시공할 수 있다. 3. 변압기의 규격을 파악하고, 결선방식, 냉각방식, 탭 절환의 취부상태 등을 파악할 수 있다. 4. 개폐기 제작도면을 검토하여 규격을 파악하고, 제어회로, 결선상태 등을 확인할 수 있다. 5. 수전설비용으로 설치되는 주변압기, 콘서베이터, 방열기, LA, DS, CB, ES, IS, COS, PF 등의 기능과 역할을 이해하고 설치할 수 있다. 6. 수변전용 CT, PT, ZCT, GPT 등의 기능과 역할을 이해하고 설치할 수 있다.
		2. 수변전 설비 안전 및 유지관리	1. 수변전 설비를 안전관리규정에 따라 유지보수 계획을 수립하고 계획에 준하여 유지보수 및 관리할 수 있다.

실기과목명	주요항목	세부항목	세세항목
			2. 검교정 기준에 따라 계측장비의 검교정 계획을 수립하고 계획에 준하여 실시할 수 있다. 3. 계기류의 설치위치 및 연결상태에 따라 동작상태, 오류, 편차, 이상신호 여부 등을 판단할 수 있다. 4. 계측장비 관리 절차서에 따라 계측장비를 관리할 수 있다.
		3. 동력설비 공사	1. 동력 설비 및 제어반 공사하기	1. 전동기가 외부요인으로부터 영향을 받지 않고 유지보수가 용이하게 될 수 있도록 전기 및 기계 설계도 등을 검토할 수 있다. 2. 전동기가 과전류로 인하여 문제가 발생하지 않도록 동력제어반에 설치된 차단기 정정, 보호계전기용량, 케이블 및 전선규격을 검토하여 시공할 수 있다. 3. 전동기의 기동방식을 검토하여 적합한 방법으로 시공 할 수 있다. 4. 동력설비의 작동 및 운전이 용이하기 위하여 운전, 감시, 제어방식 등을 이해하고 적용할 수 있다.
			2. 전력간선 동력설비공사하기	1. 설계도서를 확인하고 부하불평형, 전압불평형, 허용전류, 전압강하 등 기술계산서를 검토할 수 있다. 2. 단락, 지락, 과전류보호를 이해하고 MCCB, ELB, EOCR 등 보호장치를 설치할 수 있다.
			3. 동력설비 안전 및 유지관리하기	1. 동력설비를 안전관리규정에 따라 유지보수 계획을 수립하고 계획에 준하여 유지보수 할 수 있다.
	4. 전력변환 설비 공사	1. 무정전전원 (UPS) 설비 공사하기	1. 설계도서에 따라 설비를 구매, 시공할 수 있도록 건축물에서 요구하는 무정전전원의 종류, 전력량, 및 무정전전원 공급 방법, 시스템 구성 등을 검토할 수 있다. 2. 무정전전원 운영에 문제가 없도록 무정전전원과 상시전원의 연결 방법 등을 검토할 수 있다.
		2. 전기저장장치 설비공사하기	1. 인버터를 포함한 AC-DC변환, DC-DC 변환모듈 등 계통연계를 위해 사용되는 전기설비의 용량, 전기설비의 사양 등을 확인하여 계통과의 안정적인 운전을 위해 케이블, 보호기기, 차단기 등과의 연계에 문제가 없는지 검토할 수 있다. 2. 인버터의 정격용량이 발전기 정격출력이며 인버터의 입력전압 범위 내에 발전기 출력 전압이 들어가는지 시스템 구성, 설계도서 등을 검토하여 확인 할 수 있다. 3. PMS, EMS, ESS 등의 구성을 이해하고 배터리 설치용 가대 등을 설계도서 준하여 설치할 수 있다.
	5. 피뢰 및 접지공사	1. 피뢰설비 검사 및 공사하기	1. 수뇌부는 낙뢰로부터 구조체를 확실하게 보호하기 위하여 규격에 적합한 피뢰침이나 수평도체를 사용하여 보호범위 안에 구조체가 포함되도록 견고하게 시공할 수 있다. 2. 낙뢰 보호구역 경계에 낙뢰환경에 적합한 SPD를 올바른 배선과 유지보수가 용이하도록 시공할 수 있다.

실기과목명	주요항목	세부항목	세세항목
		2. 접지설비 검사 및 공사하기	1. 법적으로 요구되는 접지저항 값을 만족하는지 확인하기 위하여 올바른 접지저항을 측정할 수 있다. 2. 인하도선이 낙뢰전류를 효율적으로 흘려 보낼 수 있도록 최단거리로 시공되었는지 여부를 확인할 수 있다. 3. 접지설비 등을 시공할 수 있다. 4. 접지저항을 계산할 수 있다. 5. 접지선 굵기를 선정할 수 있다.
	6. 배선·배관 및 기타 전기공사	1. 배선·배관 공사하기	1. 내선공사 견적산출 및 자재를 선정할 수 있다. 2. 배선 및 배관 등을 설계 도면에 의하여 시공할 수 있다.
		2. 외선 공사하기	1. 외선공사 견적산출 및 자재를 선정할 수 있다. 2. 배전기기 및 외선공사를 시공할 수 있다. 3. 외선공법을 선정하고 현장관리, 공정관리, 안전관리, 품질관리계획 등 작업수행에 필요한 시공계획서를 작성할 수 있다. 4. 이도를 측정하고, 긴선공사에 쓰이는 각종 부품들을 규정에 준하여 활용할 수 있다.
		3. 조명 및 전열공사하기	1. 조명기구의 설계도면을 이해하고 시설장소 및 용도에 적합하게 설치할 수 있다. 2 전등의 규격, 점등방식, 사용조건, 조명기구의 외형, 조명기구의 설치방법 등을 고려하여 설계도서, 전문시방서 또는 공사시방서 등을 검토하여 적용할 수 있다. 3. 콘센트 및 전열기구를 설계도면에 의하여 시공할 수 있다.
		4. 기타 전기설비 공사하기	1. 보호설비, 피난설비, 소화활동설비 등을 이해하고 시공 할 수 있다. 2. 설계도면에 표기된 방폭지역, 방폭등급, 위험물 지역을 고려하여 비교 검토하여 방폭자재 등을 선정할 수 있다. 3. 비상콘센트 및 제연설비를 이해하고 설계도서에 따라 시공할 수 있다. 4. 유도등, 누설동축케이블, 분배기, 증폭기등 피난설비를 이해하고 검토할 수 있다. 5. 신재생발전설비를 설계도서에 준하여 설치할 수 있다. 6. 태양광, 풍력, 연료전지등 신재생발전 설비의 각 부품을 관련 규정에 충족하는지 검토할 수 있다. 7. 축전지설비를 설계도서에 따라 구매, 시공할 수 있도록 건축물에서 요구하는 축전지의 종류, 전력량 및 축전지 공급방법, 시스템구성 등을 검토할 수 있다. 8. 축전지설비를 그 사용 용도에 따라 구분하여 설치하며, 설계도서를 검토하여 용도에 맞게 구성되어 있는지 확인 후 시공할 수 있다.

전기기능장 필기 최신기출문제 출제경향 분석

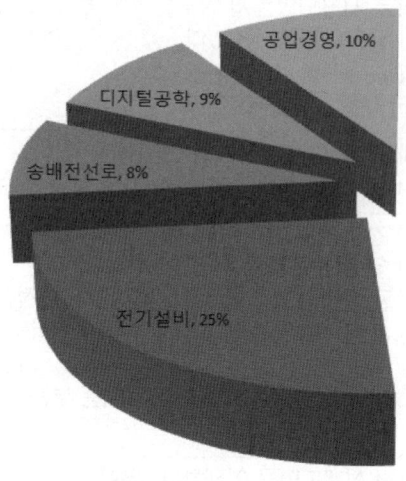

과목\회차	41	42	43	44	45	46	47	48	49	50	51	52	53	54	55	56	57	58	59	60	61	62	63	계	출제빈도
전기이론	8	9	10	6	9	8	11	4	9	7	8	7	11	9	10	6	10	11	6	7	15	11	14	206	15%
전기기기	13	15	16	17	14	14	11	11	12	13	13	14	13	9	10	15	16	16	18	13	13	16	14	316	23%
전력전자	11	8	5	9	7	6	6	5	6	6	6	8	5	7	5	7	6	6	6	5	5	7	5	147	11%
전기설비	11	12	11	14	13	14	17	25	17	17	15	15	16	17	17	17	11	10	17	19	11	11	12	339	25%
송배전선로																			2	4	6	5	5	22	8%
디지털공학	5	6	6	4	4	7	4	5	3	7	6	5	5	7	7	4	6	8	5	6	4	4	4	122	9%
공업경영	6	6	6	6	6	6	6	6	6	6	6	6	6	6	6	6	6	6	6	6	6	6	6	138	10%
계	54	56	54	56	53	55	55	56	53	56	54	55	56	55	55	55	55	57	60	60	60	60	60		100

교재에 수록된 기호 및 문자

1. 전기·자기의 단위

종류	기호	단위명칭	단위기호	종류	기호	단위명칭	단위기호
전압(전위, 전위차)	V, U	volt	V	유전율	ϵ	farad/meter	F/m
기전력	E	volt	V	전기량(전하)	Q	coulomb	C
전류	I	ampere	A	정전용량	C	farad	F
전력(유효전력)	P	watt	W	자체 인덕턴스	L	henry	H
피상전력	P_a	voltampere	VA	상호 인덕턴스	M	henry	H
무효전력	P_r	var	var	주기	T	second	sec
전력량	W	joule	J, w·s	주파수	f	hertz	Hz
저항률	ρ	ohmmeter	$\Omega \cdot m$	각속도	ω	radian/second	rad/sec
전기저항	R	ohm	Ω	임피던스	Z	ohm	Ω
전도율	σ	mho/meter	$\mho/m$	어드미턴스	Y	mho	$\mho$
자장의 세기	H	ampere-turn/meter	AT/m	리액턴스	X	ohm	Ω
자속	ϕ	weber	Wb	컨덕턴스	G	mho	$\mho$
자속밀도	B	weber/meter^2	Wb/m^2	서셉턴스	B	mho	$\mho$
투자율	μ	henry/meter	H/m	열량	H	calorie	cal
자하	m	weber	Wb	힘	F	newton	N
전장의 세기	E	volt/meter	V/m	토크	T	newton meter	N·m
전속	ψ	coulomb	C	회전속도	N	revolution/minute	rpm
전속밀도	D	coulomb/meter^2	C/m^2	마력	P	horse power	HP

2. 단위의 배수

기호	읽는 법	값	기호	읽는 법	값
T	tera	10^{12}	c	centi	10^{-2}
G	giga	10^{9}	m	milli	10^{-3}
M	mega	10^{6}	μ	micro	10^{-6}
K	killo	10^{3}	n	nano	10^{-9}
h	hecto	10^{2}	p	pico	10^{-12}
D	deca	10	f	femto	10^{-15}
d	deci	10^{-1}	a	atto	10^{-18}

3. 그리스 문자

대문자	소문자	명칭	대문자	소문자	명칭
A	α	알파(alpha)	N	ν	뉴어(nu)
B	β	베타(beta)	Ξ	ξ	크사이(xi)
Γ	γ	감마(gamma)	O	o	오미크론(omicron)
Δ	δ	델타(delta)	Π	π	파이(pi)
E	ϵ	입실론(epsilon)	P	ρ	로(rho)
Z	ζ	제타(zeta)	Σ	σ	시그마(sigma)
H	η	이타(eta)	T	τ	타우(tau)
Θ	θ	세타(theta)	Y	υ	옵실론(upsilon)
I	ι	이오타(iota)	Φ	ϕ	파이(phi)
K	κ	카파(kappa)	X	χ	카이(chi)
Λ	λ	람다(lambda)	Ψ	ψ	프사이(psi)
M	μ	뮤(mu)	Ω	ω	오메가(omega)

차례 Contents

Part 1. 전기이론

01. 정전기와 자기 / 2

1. 정전기 및 유전체 ·········· 2
2. 정전용량 ················· 5
   - 출제예상문제 ········· 12
   - 과년도 출제문제 ······ 17
3. 전계와 전위 ············· 21
4. 자성체와 자계 ·········· 24
5. 자기회로 ················ 30
6. 전자유도 및 인덕턴스 ··· 34
   - 출제예상문제 ········· 41
   - 과년도 출제문제 ······ 46

02. 직류회로 / 52

1. 전하와 전기량 ············ 52
2. 전기회로의 전류와 전압 ··· 53
3. 전기회로의 법칙 ·········· 57
   - 출제예상문제 ········· 63
   - 과년도 출제문제 ······ 65
4. 전력과 회로 측정 ········· 69
5. 전류의 작용 ·············· 71
   - 출제예상문제 ········· 76
   - 과년도 출제문제 ······ 78

03. 교류회로 / 81

1. 정현파 교류 ·············· 81
2. 교류의 RLC 작용 ·········· 87
   - 출제예상문제 ········· 90
   - 과년도 출제문제 ······ 93
3. RLC 직병렬회로 ··········· 97
4. 교류전력 ················ 110
   - 출제예상문제 ········ 115
   - 과년도 출제문제 ····· 121
5. 3상 교류회로 ············ 125

6. 3상 교류의 계산 및 전력 측정 ··· 128
   - 출제예상문제 ········ 134
   - 과년도 출제문제 ····· 137
7. 과도현상 ················ 140

04. 4단자망 및 라플라스 변환 / 145

1. 4단자망 ················· 145
2. 라플라스 변환과 전달함수 ··· 149
   - 출제예상문제 ········ 154

05. 왜형파 교류 / 159

1. 비정현파 교류 ··········· 159
2. 비정현파 교류의 특성 ···· 160
   - 출제예상문제 ········ 163

Part 2. 전기기기

01. 직류기 / 168

1. 직류발전기의 원리 ······· 168
2. 직류발전기의 구조 ······· 173
   - 출제예상문제 ········ 176
   - 과년도 출제문제 ····· 178
3. 직류발전기의 종류 및 특성 ··· 181
4. 직류발전기의 운전 ······· 188
   - 출제예상문제 ········ 191
   - 과년도 출제문제 ····· 194
5. 직류전동기의 구조 및 원리 ··· 196
6. 직류전동기의 특성 ······· 198
7. 직류전동기의 운전 ······· 204
8. 직류기의 손실 및 효율 ··· 206
   - 출제예상문제 ········ 209
   - 과년도 출제문제 ····· 213

차례 Contents

02. 변압기 / 217

1. 변압기의 구조와 원리 ········· 217
2. 변압기의 이론 ················· 221
   - 출제예상문제 ············· 224
   - 과년도 출제문제 ·········· 228
3. 변압기의 특성 ················· 232
   - 출제예상문제 ············· 236
   - 과년도 출제문제 ·········· 239
4. 변압기의 결선 ················· 243
5. 변압기 병렬운전 ·············· 248
6. 변압기의 점검과 시험 ········· 249
7. 특수 변압기 ··················· 250
   - 출제예상문제 ············· 254
   - 과년도 출제문제 ·········· 257

03. 유도전동기 / 262

1. 3상 유도전동기의 원리와 구조 ·· 262
2. 3상 유도전동기의 이론 ········ 266
3. 3상 유도전동기의 특성 ········ 268
   - 출제예상문제 ············· 273
   - 과년도 출제문제 ·········· 280
4. 단상 유도전동기 ·············· 287
5. 유도전압조정기 ················ 289
   - 출제예상문제 ············· 290
   - 과년도 출제문제 ·········· 296

04. 동기기 / 299

1. 동기기의 구조와 원리 ········· 299
2. 동기발전기의 특성과 운전 ···· 307
   - 출제예상문제 ············· 312
   - 과년도 출제문제 ·········· 319
3. 동기전동기 특성과 특수전동기 ·· 326
   - 출제예상문제 ············· 330
   - 과년도 출제문제 ·········· 333

Part 3. 전력전자

01. 반도체 소자의 구조 및 원리 / 338

1. 다이오드 ······················· 338
   - 출제예상문제 ············· 347
   - 과년도 출제문제 ·········· 349
2. 트랜지스터 ···················· 351
3. 사이리스터 ···················· 357
   - 출제예상문제 ············· 365
   - 과년도 출제문제 ·········· 368
4. 트리거 소자 ··················· 380
5. 기타 부품 소자 ················ 382
   - 출제예상문제 ············· 386
   - 과년도 출제문제 ·········· 387

02. 정류회로 / 390

1. 정류회로의 특성 ·············· 390
2. 다이오드 정류회로 ············ 392
3. 사이리스터 정류회로 ·········· 396
   - 출제예상문제 ············· 400
   - 과년도 출제문제 ·········· 402

03. 컨버터 및 인버터회로 / 408

1. 컨버터 회로(AC-AC Converter) ·· 408
2. 초퍼 회로(DC-DC Converter) ······ 409
3. 인버터 회로(DC-AC Converter) ·· 411
   - 출제예상문제 ············· 414
   - 과년도 출제문제 ·········· 417

Part 4. 전기설비설계 기초 및 시공

01. 전기설비설계 / 426

01 배선재료 및 공구 ·············· 426
  1. 전기설비용 공구 및 측정기구 ····· 426
  2. 전선 및 케이블 ··············· 428
  3. 배선기구 ···················· 434
     ⚡ 출제예상문제 ··············· 439
     ⚡ 과년도 출제문제 ············· 444

02 전기설비설계 이론 ············ 448
  1. 전압과 배전방식 ·············· 448
  2. 간선 ························ 451
  3. 부하의 상정 ·················· 452
  4. 배전반 및 분전반 ············· 453
  5. 수·변전설비 ················· 456
     ⚡ 출제예상문제 ··············· 458
     ⚡ 과년도 출제문제 ············· 461
  6. 조명설비 ···················· 467
  7. 동력설비 ···················· 474
     ⚡ 출제예상문제 ··············· 476
     ⚡ 과년도 출제문제 ············· 478

03 공사비 산출 ··················· 482
  1. 적산 ························ 482
  2. 공사 원가 ··················· 482
  3. 재료 산출 ··················· 486
  4. 품셈적용 및 노무량 산출 ······· 488
     ⚡ 과년도 출제문제 ············· 492

02. 전기설비시공 / 493

01 배관공사 ······················ 493
  1. 시설 장소에 의한 분류 ········· 493
  2. 합성수지관 공사 ·············· 493
  3. 금속 전선관 공사 ············· 497
  4. 가요전선관 공사 ·············· 501
  5. 덕트 배선 공사 ··············· 503
  6. 케이블 트레이 공사 ··········· 508
  7. 몰드 배선 공사 ··············· 509
     ⚡ 출제예상문제 ··············· 510
     ⚡ 과년도 출제문제 ············· 516

02 배선공사 ······················ 521
  1. 애자사용공사 ················· 521
  2. 케이블 배선공사 ·············· 522
  3. 평형 보호층 공사 ············· 524
  4. 특수 장소의 배선 ············· 524
  5. 기타 전기시설 공사 ··········· 528
     ⚡ 출제예상문제 ··············· 530
     ⚡ 과년도 출제문제 ············· 533

03 전선 접속 ····················· 536
  1. 전선 접속 조건 ··············· 536
  2. 전선 접속 방법 ··············· 536
  3. 기타 접속 ··················· 539
     ⚡ 출제예상문제 ··············· 542
     ⚡ 과년도 출제문제 ············· 544

04 시험·운용·검사 ············· 546
  1. 전로의 절연 ·················· 546
  2. 절연내력 시험 ················ 547
     ⚡ 출제예상문제 ··············· 549
     ⚡ 과년도 출제문제 ············· 551

03. 신재생에너지 / 553

  1. 태양광 발전 ·················· 553
  2. 전기저장장치 ················· 555
  3. 풍력발전 및 기타발전 ········· 557
  4. 연료전지 발전 ················ 567
     ⚡ 출제예상문제 ··············· 572

차례 Contents

Part 5. 송·배전 선로

01. 송·배전 방식과 송·배전 전압 / 578

1. 송·배전계통 ·············· 578
2. 송·배전 방식 ············· 588
3. 송·배전 전압 ············· 590
   ⚡ 출제예상문제 ············ 591
   ⚡ 과년도 출제문제 ········ 596

02. 가공 송·배전선의 전기적 특성 / 604

1. 선로정수 ·················· 604
2. 표피작용 및 근접효과 ··· 609
3. 송·배전 특성 ············· 610
4. 전압조정과 페란티 현상 ········· 621
   ⚡ 출제예상문제 ············ 625
5. 가공 송·배전 선로의 구성설비 ·· 640
   ⚡ 출제예상문제 ············ 648
   ⚡ 과년도 출제문제 ········ 649

03. 지중 송·배전 선로 / 653

1. 지중케이블의 종류 ······ 653
2. 지중선로의 부설방식 ··· 657
3. 케이블 접속 ·············· 662
4. 케이블 보수 ·············· 665
   ⚡ 출제예상문제 ············ 670
   ⚡ 과년도 출제문제 ········ 672

Part 6. 한국전기설비기준

01. 총칙 / 676

1. 기술기준 총칙 및
   KEC 총칙에 관한 사항 ········· 676

2. 일반사항 ·················· 677
3. 전선 ························ 681
4. 접지시스템 ··············· 683
5. 피뢰시스템 ··············· 690
   ⚡ 출제예상문제 ············ 695

02. 저압전기설비 / 700

1. 통칙 ························ 700
2. 안전을 위한 보호 ······· 705
3. 전선로 ····················· 722
4. 배선 및 조명설비 ······· 729
5. 특수설비 ·················· 766
   ⚡ 출제예상문제 ············ 781

03. 고압·특고압 전기설비 / 787

1. 통칙 ························ 787
2. 안전을 위한 보호 ······· 789
3. 접지설비 ·················· 791
4. 전선로 ····················· 794
5. 기계·기구 시설 및 옥내배선 ··· 833
6. 발전소, 변전소, 개폐소 등의
   전기설비 ·················· 841
   ⚡ 출제예상문제 ············ 847

Part 7. 디지털공학

01. 수의 진법 및 코드화 / 854

1. 진수의 변환 ············· 854
2. 2진수의 연산 ··········· 857
3. 디지털 코드 ············· 859
   ⚡ 출제예상문제 ············ 863
   ⚡ 과년도 출제문제 ········ 865

02. 불대수 및 논리회로 / 868

1. 불대수와 논리 게이트 ············ 868
2. 불대수의 정리 ······················ 873
3. 논리함수의 간소화 ················ 875
   ⑦ 출제예상문제 ······················ 877
   ④ 과년도 출제문제 ·················· 880

03. 플립플롭 / 887

1. RS 래치와 RS 플립플롭 ············ 887
2. JK 플립플롭 ······················ 890
3. D 플립플롭 ······················· 891
4. T 플립플롭 ······················· 892
5. 비동기 입력 ······················ 893
   ⑦ 출제예상문제 ······················ 895
   ④ 과년도 출제문제 ·················· 897

04. 조합 논리회로 / 899

1. 가산기 ··························· 899
2. 감산기 ··························· 902
3. 인코더와 디코더 ··················· 904
4. 멀티플렉서와 디멀티플렉서 ······ 908
5. 레지스터 ························· 910
   ⑦ 출제예상문제 ······················ 912
   ④ 과년도 출제문제 ·················· 914

Part 8. 공업경영

01. 품질관리 / 920

1. 품질관리의 개요 ··················· 920
2. 통계적 방법의 기초 ··············· 923
3. 샘플링 검사 ······················ 930
4. 관리도 ··························· 936
5. 설비보전 ························· 940

⑦ 출제예상문제 ······················ 942
④ 과년도 출제문제 ·················· 946

02. 생산관리 / 957

1. 생산관리 ························· 957
2. 공정관리 ························· 959
3. 수요예측 ························· 964
   ⑦ 출제예상문제 ······················ 966
   ④ 과년도 출제문제 ·················· 968

03. 작업관리 / 973

1. 작업관리 ························· 973
2. 작업관리 분석 ··················· 974
3. 작업측정 ························· 977
   ⑦ 출제예상문제 ······················ 981
   ④ 과년도 출제문제 ·················· 985

부록 과년도 출제문제 및 CBT 복원문제

2011년 제49회 출제문제 ············ 990
2011년 제50회 출제문제 ············ 1000
2012년 제51회 출제문제 ············ 1009
2012년 제52회 출제문제 ············ 1019
2013년 제53회 출제문제 ············ 1030
2013년 제54회 출제문제 ············ 1041
2014년 제55회 출제문제 ············ 1051
2014년 제56회 출제문제 ············ 1063
2015년 제57회 출제문제 ············ 1073
2015년 제58회 출제문제 ············ 1083
2016년 제59회 출제문제 ············ 1094
2016년 제60회 출제문제 ············ 1106
2017년 제61회 출제문제 ············ 1119
2017년 제62회 출제문제 ············ 1129

차례 Contents

2018년 제63회 출제문제 ············ 1140
2018년 제64회 CBT 복원문제 ···· 1153
2019년 제65회 CBT 복원문제 ···· 1164
2019년 제66회 CBT 복원문제 ···· 1175
2020년 제67회 CBT 복원문제 ···· 1186
2020년 제68회 CBT 복원문제 ···· 1197
2021년 제69회 CBT 복원문제 ···· 1208
2021년 제70회 CBT 복원문제 ···· 1219
2022년 제71회 CBT 복원문제 ···· 1230
2022년 제72회 CBT 복원문제 ···· 1241
2023년 제73회 CBT 복원문제 ···· 1252
2023년 제74회 CBT 복원문제 ···· 1263
2024년 제75회 CBT 복원문제 ···· 1274
2024년 제76회 CBT 복원문제 ···· 1286
2025년 제77회 CBT 복원문제 ···· 1297
2025년 제78회 CBT 복원문제 ···· 1309

part 1

전기이론

MASTER CRAFTSMAN ELECTRICITY

Chapter 01 정전기와 자기

1 정전기 및 유전체

(1) 전하와 전기력

① 대전 : 물질이 전자가 부족하거나 남게 된 상태에서 양전기나 음전기를 띠는 현상. 즉, 물체가 전기를 띠는 현상
② 전하 : 대전에 의해서 물체가 띠고 있는 전기
③ 정전기 : 대전체에 있는 연속적으로 흐르지 않는 상태의 전기
④ 정전기력 : 양, 음의 전하가 대전되어 생기는 현상으로, 정전기에 의하여 작용하는 힘
⑤ 마찰전기 : 서로 다른 물체를 마찰시켰을 때 발생하는 전기

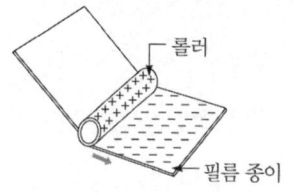
물체가 마찰할 때

접촉한 것을 떼어 낼 때

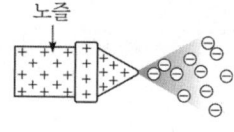
기체가 분출할 때

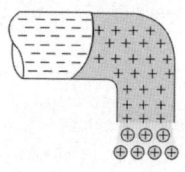
액체가 파이프 및 호스의 내부를 흐를 때

액체 등을 옮길 때

정전기의 발생

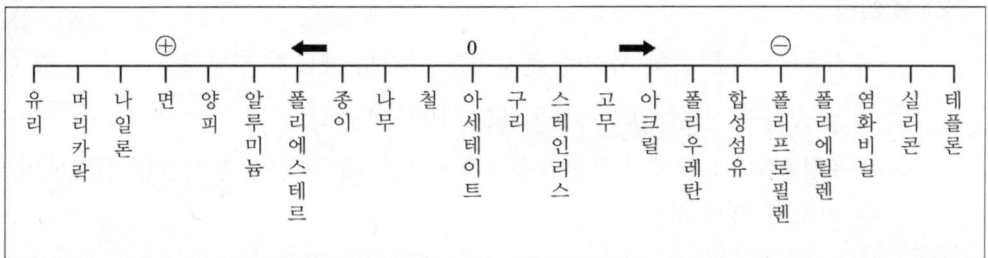

물질의 대전 서열

(2) 전하의 성질

- 같은 종류의 전하는 서로 반발하고(반발력), 다른 종류의 전하는 서로 흡인(흡인력)한다.
- 전하는 가장 안정한 상태를 유지하려는 성질이 있다.

극성이 같은 전하의 전기장　　　　극성이 다른 전하의 전기장

1) 쿨롱의 법칙

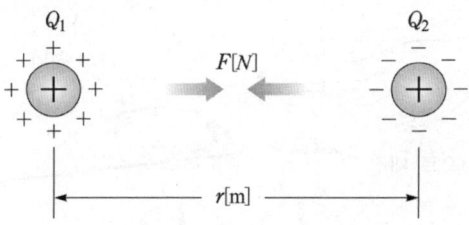

두 전하 사이의 전기력

① 두 전하 사이에 작용하는 전기력의 크기는 두 전하의 크기에 비례하고, 거리의 제곱에 반비례한다.
② 두 전하 Q_1, $Q_2[C]$가 $r[m]$의 거리에 있을 때 전기력의 크기

$$F = \frac{1}{4\pi\epsilon} \times \frac{Q_1 Q_2}{r^2} = 9 \times 10^9 \times \frac{Q_1 Q_2}{\epsilon_s r^2} [N]$$

2) 유전율

① 유전율(ϵ) : 두 전하 사이에 존재하는 공간의 에너지 전달률 $\epsilon = \epsilon_0 \times \epsilon_s [F/m]$

② 진공 중의 유전율(ϵ_0) : $\epsilon_0 = 8.855 \times 10^{-12} [F/m]$

③ 비유전율(ϵ_s) : 진공의 유전율을 1로 놓았을 때 그것의 몇 배만큼 전기장의 세기를 약하게 하는 비율

$\epsilon_s = \dfrac{\epsilon}{\epsilon_0}$ (진공 중의 비유전율 $\epsilon_s = 1$, 공기 중의 비유전율 $\epsilon_s \fallingdotseq 1$)

(3) 정전유도와 정전차폐

1) 정전유도

- 비대전체에 대전체를 가까이 하면 비대전체에 전하가 유도되는 현상
- 도체인 경우 대전체와 가까운 쪽에는 대전체와 반대 종류의 전하가 유도되고, 먼 쪽에는 같은 종류의 전하가 유도된다.

2) 정전차폐

정전실드라고도 하며, 접지된 금속에 의해 대전체를 완전히 둘러싸서 외부 정전계에 의한 정전유도를 차단하는 것

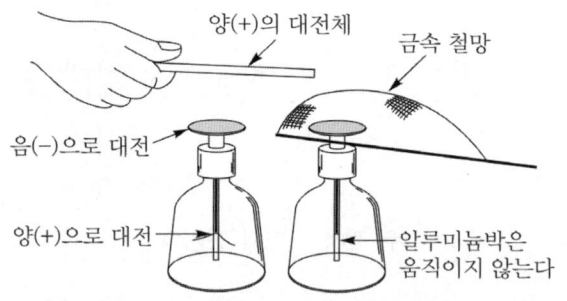

정전유도와 정전차폐

3) 유전분극

유전체 내부에 존재하는 음양의 전하가 전체 양이 같더라도 물질 내부에서 떨어진 위치에 존재하는 상태

① 전자분극(electric polarization)

유전체에 전계가 가해지면 궤도상의 전자에 작용하여 궤도의 중심이 원자핵의 위치보다 약간 벗어나므로 음양의 전하 쌍을 일으키는 분극현상

② 이온분극(ionic polarization)

유전 분극의 일종으로 외부에서 전기장이 가해짐에 따라 양이온이 한쪽 방향으로 약간 움직이고 반대 방향으로 음이온이 움직여서 위치 변화가 됨(순수한 쌍극자 모멘트 형성).

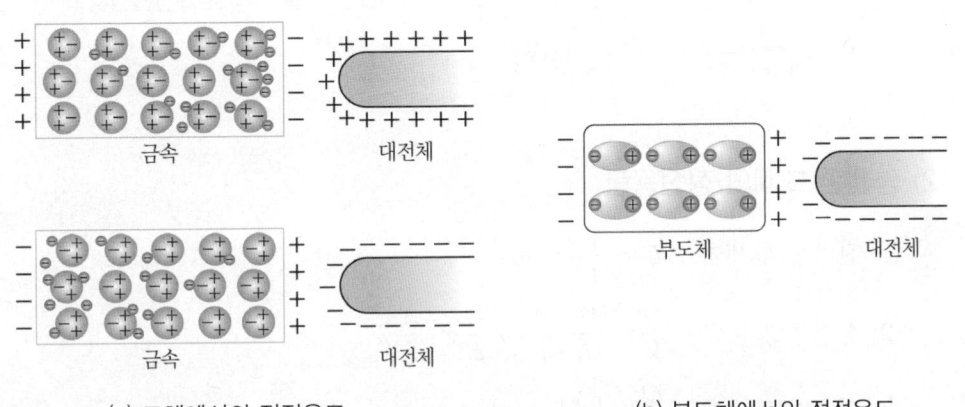

(a) 도체에서의 정전유도 (b) 부도체에서의 정전유도

도체와 부도체의 정전유도

2 정전용량

(1) 정전용량

콘덴서에 전하를 저장할 수 있는 용량

1) 단위와 기호

① 1[F] : 1[V]의 전압을 가하여 1[C]의 전하를 축적할 때의 정전용량
② 단위 : 패럿, 기호는 F, 보통 $1[\mu F] = 10^{-6}[F]$, $1[pF] = 10^{-12}[F]$을 많이 사용한다.

2) 정전용량

콘덴서에 축적하는 전하 Q는 전압 V에 비례하는데 그 비례상수를 C라 하면,

$Q = CV$

(2) 정전용량의 계산

1) 구도체의 정전용량

① 반지름 r[m]인 구도체에 Q[C]의 전하를 공급할 때 구도체의 정전용량 C는

$$C = \frac{Q}{V} = 4\pi\epsilon r = \frac{\epsilon_s r}{9 \times 10^9}[\text{F}]$$

② 구도체의 전위 V

$$V = \frac{Q}{4\pi\epsilon r} = 9 \times 10^9 \times \frac{Q}{\epsilon_s r}[\text{V}]$$

2) 평행판 도체의 정전용량

① 전기장의 세기 : $E = \dfrac{V}{l}[\text{V/m}]$

② 정전용량 : $C = \dfrac{Q}{V} = \dfrac{D \cdot A}{E \cdot l} = \dfrac{D}{E} \times \dfrac{A}{l}[\text{F}]$

③ 전속밀도 : $D = \dfrac{Q}{A}[\text{C/m}^2]$

(3) 정전 흡인력

콘덴서가 충전되면 양극판 사이의 양·음전하에 의해 흡인력이 발생한다.

① 흡인력 : $F = \dfrac{1}{2}EDA = \dfrac{1}{2}\epsilon E^2 A[\text{N}]$

② 전장의 세기 : $E = \dfrac{V}{l}[\text{N/m}]$

㉠ $F = \dfrac{1}{2}\dfrac{\epsilon}{l^2}V^2[\text{V/m}^2]$

㉡ 정전 흡인력은 전압의 제곱에 비례하며 정전 흡인력을 이용한 것으로는 정전 기록, 정전 집진장치, 정전 전압계, 자동차의 정전 도장 등이 있다.

③ 단위 면적당 에너지 : $F_0 = \dfrac{F}{A} = \dfrac{1}{2}ED = \dfrac{1}{2}\epsilon E^2[\text{N/m}^2]$

(4) 유전체 내의 정전 에너지

1) 정전 에너지

콘덴서에 전압을 가하여 충전했을 때 그 유전체 내에 축적되는 에너지

$$W = \frac{1}{2}QV = \frac{1}{2}CV^2 [\text{J}]$$

정전 에너지는 전기용접에서 스폿용접 등에 이용

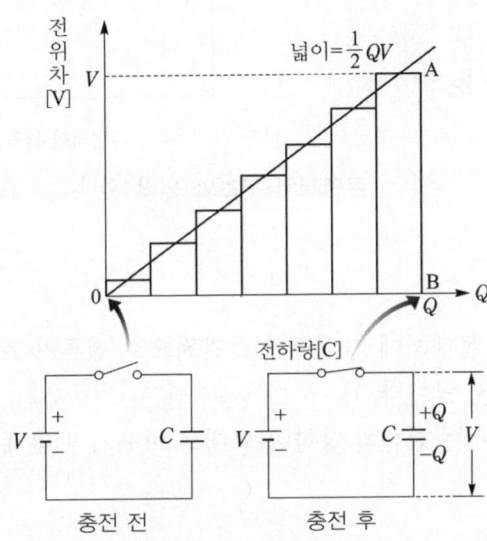

정전 에너지

2) 정전 용량

정전용량 $C = \dfrac{\epsilon A}{l}[\text{F}]$

전기장의 세기 $E = \dfrac{V}{l}[\text{V/m}]$, $V = El[\text{V}]$

정전 에너지 $W = \dfrac{1}{2}CV^2[\text{J}]$

(5) 콘덴서

1) 콘덴서

두 도체 사이에 유전체를 넣고 절연하여 전하를 축적할 수 있게 한 것.

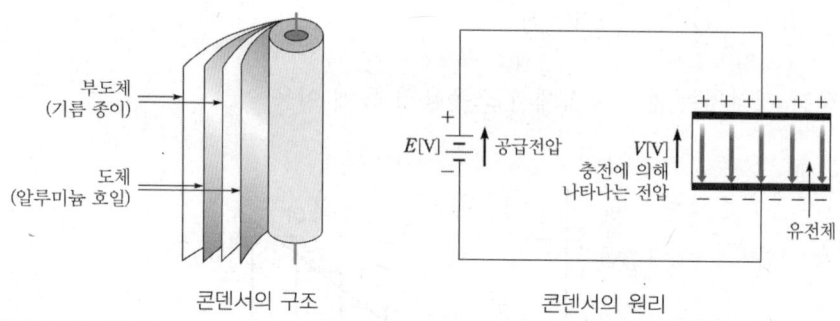

콘덴서의 구조와 원리

2) 콘덴서의 특징

① 직류 전압이 콘덴서에 가해지면 순간적으로 전류가 흐르지만 충전이 완료되면 전류가 흐르지 않는다.
② 교류의 경우에는 전류의 방향이 교대로 바뀌기 때문에 전류가 계속 흐른다.

(6) 콘덴서의 종류

1) 고정 콘덴서

① 마일러 콘덴서 : 얇은 폴리에스테르 필름의 양면에 금속막을 대고 원통형으로 감은 것으로, 극성이 없고 가격이 저렴하다.
② 세라믹 콘덴서 : 비유전율이 큰 티탄산바륨을 사용하며 극성이 없고 고주파 특성이 양호하여 가장 많이 사용된다.
③ 마이카 콘덴서 : 운모와 금속박막으로 되어 있으며 온도 변화에 의한 용량 변화가 적고 절연저항이 높은 우수한 특성을 지녀 표준 콘덴서로 사용된다.
④ 탄탈 콘덴서 : 전극에 탄탈륨을 사용하는 전해 콘덴서의 일종으로, 극성이 있으며 온도가 변화해도 용량이 변하지 않고 주파수 특성이 우수하다.
⑤ 전해 콘덴서 : 얇은 산화막을 유전체로 사용하고 전극은 알루미늄을 사용하고 있으며 큰 용량을 얻을 수 있다. 전원의 평활회로, 저주파 바이패스 등에 사용되고, 주파수 특성이 나쁘고 코일 성분이 많아 고주파에는 적합하지 않으며 극성을 가지고 있어 교류회로에는 사용할 수 없다.

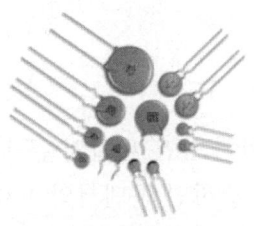
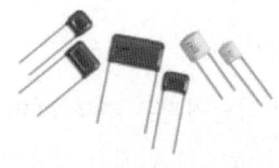

| 세라믹 콘덴서 | 마일러 콘덴서 |

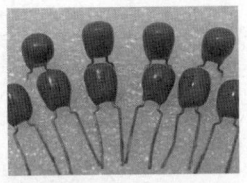

| 탄탈 콘덴서 | 전해 콘덴서 |

2) 가변 콘덴서

전극은 고정 전극과 가변 전극으로 되어 있고, 가변 전극을 회전하면 전극판의 상대 면적이 변하므로 정전용량이 변한다.

바리콘은 공기를 유전체로 하고 있으며, 3개의 독립된 콘덴서를 조합하고 있어 3련 바리콘이라고도 하며 라디오의 방송을 선택하는 튜너 등에 사용된다.

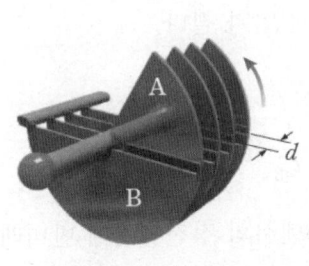

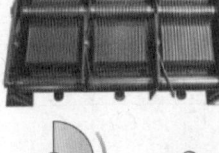
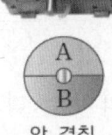

안 겹침   1/2만 겹침   완전히 겹침

가변용량 콘덴서

(7) 콘덴서의 접속

1) 직렬접속

콘덴서의 직렬연결은 주로 허용전압이 낮아서 높은 내압의 콘덴서가 필요할 때 허용 전압을 높이기 위해서 사용하며, 직렬연결하면 콘덴서의 용량은 감소한다.

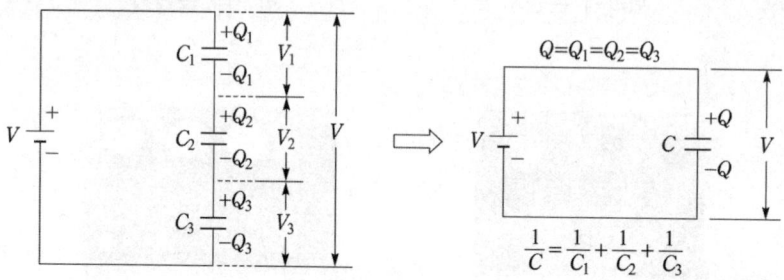

콘덴서의 직렬접속

① 합성 정전용량

$$\frac{1}{C} = \frac{1}{C_1} + \frac{1}{C_2} + \frac{1}{C_3} [F]$$

② 각 콘덴서에 가해지는 전압

$$V_1 = \frac{Q}{C_1}[V], \quad V_2 = \frac{Q}{C_2}[V], \quad V_3 = \frac{Q}{C_3}[V]$$

③ 각 콘덴서에 가해진 전압의 합은 전원 전압과 같다.

$V = V_1 + V_2 + V_3$ 이므로

$$V = \frac{Q}{C_1} + \frac{Q}{C_2} + \frac{Q}{C_3} = Q(\frac{1}{C_1} + \frac{1}{C_2} + \frac{1}{C_3})[V]$$

④ 각 콘덴서에 가해진 전압의 비는 각 콘덴서의 정전용량에 반비례한다.

$$V_1 = \frac{C}{C_1}V[V], \quad V_2 = \frac{C}{C_2}V[V], \quad V_3 = \frac{C}{C_3}V[V]$$

2) 병렬접속

콘덴서의 병렬연결은 정전용량을 증가시켜 큰 용량의 콘덴서로 만들거나 특정 주파수를 공진시켜 그 주파수의 잡음 성분을 접지로 흘려주어 오디오의 음질, 음색의 조절 및 임피던스, 응답속도를 향상시키기 위해 사용된다.
그러나 너무 많은 병렬연결은 회로의 찌그러지는 정도를 증가시키거나 음질을 나쁘게 하므로 3개 이상을 병렬 바이패스하는 것은 좋지 않다.

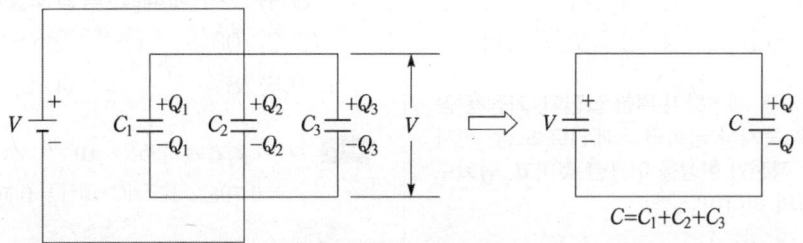

콘덴서의 병렬접속

① 합성 정전용량

$C = C_1 + C_2 + C_3 \, [\text{F}]$

즉, 콘덴서의 병렬연결의 총 용량은 콘덴서 용량을 전부 합한 값이 된다.

② 각 콘덴서에 축적되는 전하

$Q_1 = C_1 V [\text{C}], \quad Q_2 = C_2 V [\text{C}], \quad Q_3 = C_3 V [\text{C}]$

③ 회로 전체에 축적되는 전하는 각 콘덴서에 축적되는 전하의 합과 같다.

$Q = Q_1 + Q_2 + Q_3$ 이므로

$Q = C_1 V + C_2 V + C_3 V = V(C_1 + C_2 + C_3) [\text{C}]$

④ 각 콘덴서에는 동일한 전압이 가해진다.

출제예상문제

01 정전기와 관련된 현상이 아닌 것은?
① 낙뢰 ② 집진기
③ 전자 복사기 ④ 잉크젯 프린터

해설 작업장의 먼지를 제거하기 위한 집진기, 가정용 공기 정화기, 자동차나 금속면의 페인트 도장, 전자 복사기 등은 정전기 현상을 이용한 것이고, 낙뢰도 정전기 현상의 하나이다.

02 마찰전기에 대한 설명으로 옳지 않은 것은?
① (+) 전기와 (−) 전기의 두 종류가 있다.
② 서로 다른 물체를 마찰시킬 때 생긴다.
③ 같은 종류의 전기를 띤 대전체 사이에는 끄는 힘이 작용한다.
④ 마찰시킬 때 전자를 얻은 물체는 (−) 전기로 대전된다.

해설 같은 종류의 전기를 띤 대전체 사이에는 반발력이 작용하고, 서로 다른 종류의 전기를 띤 대전체 사이에는 흡인력이 작용한다.

03 도체의 성질을 설명한 것 중에서 틀린 것은?
① 도체의 표면 및 내부의 전위는 등전위이다.
② 도체 내부의 전계는 0이다.
③ 전하는 도체 표면에만 존재한다.
④ 도체 표면의 전하 밀도는 표면의 곡률이 큰 부분일수록 작다.

해설 도체 표면의 전하는 뾰족한 부분에 모이는 성질이 있는데 뾰족한 부분일수록 곡률 반지름이 작으므로 전하밀도는 곡률이 커질수록 커진다.

04 비유전율이 4이고 전계의 세기가 20[kV/m]인 유전체 내의 전속밀도[$\mu C/m^2$]는?
① 0.708 ② 0.168
③ 6.28 ④ 2.83

해설 $D = \epsilon_0 \epsilon_s E = 8.855 \times 10^{-12} \times 4 \times 20 \times 10^3$
$= 0.708 \times 10^{-6} [C/m^2] = 0.708 [\mu C/m^2]$

05 유전율이 서로 다른 두 종류의 경계면에 전속과 전기력선이 수직으로 도달할 때 맞지 않는 것은?
① 전속과 전기력선은 굴절하지 않는다.
② 전속밀도는 불변이다.
③ 전계의 세기는 연속이다.
④ 전속선은 유전율이 큰 유전체 중으로 모이려는 성질이 있다.

해설 $\theta_1 = \theta_2 = 0$이므로 법선성분만 존재하므로 $D_1 \cos\theta_1 = D_2 \cos\theta_2$에서 $D_1 = D_2$가 된다.
$\epsilon_1 E_1 = \epsilon_2 E_2$ 에서 $\dfrac{E_1}{E_2} = \dfrac{\epsilon_2}{\epsilon_1}$(불연속),
$\epsilon_1 \neq \epsilon_2$이므로 $E_1 \neq E_2$이다.

06 쿨롱의 법칙을 이용한 것이 아닌 것은?
① 정전 고압 전압계
② 고압 집진기
③ 콘덴서 스피커
④ 콘덴서 마이크로폰

해설 콘덴서 마이크로폰은 음파에 의한 정전 용량의 변화를 전압의 변화로 변환하는 것으로, 쿨롱의 힘(흡인력 또는 반발력)을 이용한 것이 아니다.

정답 1.④ 2.③ 3.④ 4.① 5.③ 6.④

07 공기 중에서 3×10^{-5}[C]과 6×10^{-5}[C]의 전하가 3[m]의 거리에 있을 때 두 전하 사이에 작용하는 힘은?

① 0.9   ② 1.8
③ 2.7   ④ 5.4

해설 $F = \dfrac{1}{4\pi\epsilon_0\epsilon_s} \times \dfrac{Q_1 Q_2}{r^2}$

$= 9 \times 10^9 \times \dfrac{(3 \times 10^{-5})(6 \times 10^{-5})}{3^2} = 1.8[N]$

두 전하 사이에 작용하는 힘은 비유전율과 거리의 제곱에 반비례하고 전기량에 비례한다.

08 크기가 2×10^{-6}[C] 두 개의 같은 점전하가 진공 중에 떨어져 4×10^{-3}[N]의 힘이 작용할 때 이들 사이의 거리[m]는?

① 3   ② 4
③ 5   ④ 6

해설 $F = \dfrac{1}{4\pi\epsilon_0\epsilon_s} \times \dfrac{Q_1 Q_2}{r^2}$

$= 9 \times 10^9 \times \dfrac{(2 \times 10^{-6})^2}{r^2} = 4 \times 10^{-3}[N]$

$r^2 = 9 \times 10^9 \times \dfrac{(2 \times 10^{-6})^2}{4 \times 10^{-3}} = 9$

∴ $r = \sqrt{9} = 3[m]$

09 1.5×10^{-8}[C]의 전하에 4.5×10^{-3}[N]의 힘을 작용시키기 위해 필요한 전계의 세기 [V/m]는?

① 3×10^3 ② 3×10^5
③ 1.5×10^3 ④ 4.5×10^5

해설 $E = \dfrac{F}{Q} = \dfrac{4.5 \times 10^{-3}}{1.5 \times 10^{-8}} = 3 \times 10^5 [V/m]$

10 전기력선의 기본 성질에 관한 설명으로 옳지 않은 것은?

① 전기력선의 방향은 그 점의 전계의 방향과 일치한다.
② 전기력선은 전위가 높은 점에서 낮은 점으로 향한다.
③ 전기력선은 그 자신만으로 폐곡선이 된다.
④ 전계가 0이 아닌 곳에서 전기력선은 도체 표면에 수직으로 만난다.

해설 전기력선은 그 자신만으로 폐곡선을 만들지 않는다.

11 면전하 밀도가 σ[C/m²]인 대전 도체가 진공 중에 놓여 있을 때 도체 표면에 작용하는 정전응력[N/m²]은?

① σ^2에 비례한다.   ② σ에 비례한다.
③ σ^2에 반비례한다.   ④ σ에 반비례한다.

해설 표면 전하 밀도 σ[C/m²]인 도체 표면의 전계는

$E = \dfrac{\sigma}{\epsilon_0}$[V/m]이다.

σ에 작용하는 힘, 즉 정전응력은 $\dfrac{\sigma^2}{2\epsilon_0}$이므로

$F = \dfrac{\sigma^2}{2\epsilon_0} = \dfrac{(\epsilon_0 E)^2}{2\epsilon_0} = \dfrac{1}{2}\epsilon_0 E^2$

∴ $F \propto E^2 \propto \sigma^2$

12 정전계의 설명으로 가장 적합한 것은?

① 전계 에너지가 최대로 되는 전하 분포의 전계이다.
② 전계 에너지와 무관한 전하 분포의 전계이다.
③ 전계 에너지가 최소로 되는 전하 분포의 전계이다.
④ 전계 에너지가 일정하게 유지되는 전하 분포의 전계이다.

정답 7. ② 8. ① 9. ② 10. ③ 11. ① 12. ③

해설 전계 내의 전하는 그 자신의 에너지가 최소가 되는 가장 안정된 전하 분포를 가지는 정전계를 형성하려고 한다.

13 V로 충전되어 있는 정전용량 C_0의 공기 콘덴서 사이에 $\epsilon_s = 10$인 유전체를 채운 경우, 전계의 세기는 공기인 경우의 몇 배가 되는가?

① 0.1배　　② 0.2배
③ 5배　　　④ 10배

해설 V로 충전한 다음 전원을 제거시킨 경우이므로
$$E = \frac{\sigma}{\epsilon} = \frac{\sigma}{\epsilon_0 \epsilon_s} = \frac{1}{\epsilon_s} E_0 = \frac{1}{10} E_0 = 0.1 E_0 [\text{V/m}]$$

14 1[μF]의 콘덴서를 80[V], 2[μF]의 콘덴서를 50[V]로 충전하고 이들을 병렬로 연결할 때의 전위차는 몇 [V]인가?

① 60　　② 65
③ 70　　④ 75

해설 콘덴서의 병렬연결 시에는 전위가 같아지도록 전기량은 이동하지만 전기량의 총량에는 변함이 없다.
병렬연결 후의 합성 정전용량 C'는
$C' = C_1 + C_2 [\mu\text{F}]$
병렬연결 전 후의 전기량 Q는 변함이 없으므로
$Q = Q_1 + Q_2 [\text{C}]$
전위차 V는
$$V = \frac{Q}{C} = \frac{Q_1 + Q_2}{C_1 + C_2} = \frac{C_1 V_1 + C_2 V_2}{C_1 + C_2}$$
$$= \frac{1 \times 10^{-6} \times 80 + 2 \times 10^{-6} \times 50}{1 \times 10^{-6} + 2 \times 10^{-6}}$$
$$= \frac{80 + 100}{3} = 60 [\text{V}]$$

15 20[W]의 전구가 2초 동안 한 일의 에너지를 축적할 수 있는 콘덴서의 용량은 몇 [μF]인가? (단, 충전전압은 100[V]이다.)

① 4,000　　② 6,000
③ 8,000　　④ 10,000

해설 $W = Pt = \frac{1}{2} CV^2$ 이므로
$$C = \frac{2Pt}{V^2} = \frac{2 \times 20 \times 2}{100^2} = 0.008 [\text{F}]$$
$$= 8000 [\mu\text{F}]$$

16 공기 콘덴서를 어떤 전압으로 충전한 다음 전극 간에 유전체를 넣어 용량을 2배로 하면 축적된 에너지는 몇 배가 되는가?

① 2배　　② $\frac{1}{2}$ 배
③ $\sqrt{2}$ 배　　④ 4배

해설 $W = \frac{1}{2} CV^2 = \frac{Q^2}{2C}$ 에서 유전체를 넣어 정전 용량을 2배로 하였으므로 W는 $\frac{1}{2}$ 배가 된다.

17 정전용량 1[μF], 2[μF]의 콘덴서에 각각 2×10^{-4}[C] 및 3×10^{-4}[C]의 전하를 주고 극성을 같게 하여 병렬로 접속할 때 콘덴서에 축적된 에너지[J]는?

① 약 0.025　　② 약 0.303
③ 약 0.042　　④ 약 0.525

해설 $Q = Q_1 + Q_2 = 5 \times 10^{-4} [\text{C}]$
$C = C_1 + C_2 = (1+2) \times 10^{-6} = 3 \times 10^{-6} [\text{F}]$
$$W = \frac{Q^2}{2C} = \frac{(5 \times 10^{-4})^2}{2 \times 3 \times 10^{-6}} = 0.042 [\text{J}]$$

정답 13. ①　14. ①　15. ③　16. ②　17. ③

18 직류 500[V]의 전압으로 충전된 200[μF]의 콘덴서가 있다. 이 콘덴서를 2[Ω]의 저항을 통해서 방전할 때 저항에서 발생되는 열량[cal]은?

① 1.2　　② 2.4
③ 3.6　　④ 6

해설 $W = \dfrac{1}{2}CV^2 = \dfrac{1}{2} \times 200 \times 10^{-6} \times 500^2 = 25[J]$
$H = 0.24\,W = 0.24 \times 25 = 6[\text{cal}]$

19 회로에서 합성정전용량[μF]은?

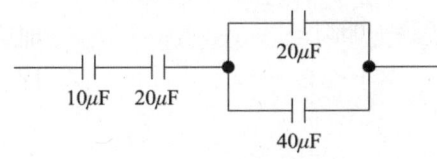

① 6　　② 30
③ 40　④ 50

해설 $C = \dfrac{1}{\dfrac{1}{10} + \dfrac{1}{20} + \dfrac{1}{(20+40)}} = 6[\mu F]$

20 100[pF]의 콘덴서를 미지 용량 C_x를 직렬연결하고 합성용량 C_0를 측정하였더니 50[pF]이었다면 미지의 콘덴서 용량 C_x[pF]는 얼마인가?

① 10　　② 50
③ 100　④ 300

해설 직렬접속 시 $C_0 = \dfrac{C \times C_x}{C + C_x}$ 이므로
$C_x = \dfrac{C \times C_0}{C - C_0} = \dfrac{100 \times 50}{100 - 50} = 100[\text{pF}]$

21 콘덴서 C_1, C_2를 직렬연결하고 그 양 끝에 전압[V]를 가한 경우 C_2에 분배되는 전압은?

① $\dfrac{C_1}{C_1 + C_2}V$　② $\dfrac{C_2}{C_1 + C_2}V$
③ $\dfrac{C_1 + C_2}{C_1}V$　④ $\dfrac{C_1 + C_2}{C_2}V$

해설 $V_1 = \dfrac{C_2}{C_1 + C_2}V, \quad V_2 = \dfrac{C_1}{C_1 + C_2}V$

22 내압이 동일하게 100[V]이고, 용량이 각각 0.1[μF], 0.2[μF], 0.4[μF]인 3개의 콘덴서를 직렬로 연결하면 전체 내압은 몇 [V]가 되겠는가?

① 67　　② 175
③ 250　④ 300

해설 각 콘덴서에 가해지는 전압을 V_1, V_2, V_3[V]라 하면
$V_1 : V_2 : V_3 = \dfrac{1}{0.1} : \dfrac{1}{0.2} : \dfrac{1}{0.4} = 4 : 2 : 1$
V의 최댓값은 전압이 제일 크게 걸리는 0.1[μF]에 의해 결정되므로 $V_1 = \dfrac{4}{7}V[V]$
$\therefore V_{\max} = \dfrac{7}{4}V_1 = \dfrac{7}{4} \times 100 = 175[V]$

23 2[μF], 3[μF], 4[μF]의 콘덴서를 직렬로 연결하고 양단에 가한 전압을 서서히 상승시킬 때 다음 중 옳은 것은? (단, 유전체의 재질과 두께는 같다.)

① 2[μF]의 콘덴서가 제일 먼저 파괴된다.
② 3[μF]의 콘덴서가 제일 먼저 파괴된다.
③ 4[μF]의 콘덴서가 제일 먼저 파괴된다.
④ 세 개의 콘덴서가 동시에 파괴된다.

해설 $C_1 = 2[\mu F]$, $C_2 = 3[\mu F]$, $C_3 = 4[\mu F]$의 분담 전압을 V_1, V_2, V_3라고 하면

$V_1 = \dfrac{Q}{C_1}[V]$, $V_2 = \dfrac{Q}{C_2}[V]$, $V_3 = \dfrac{Q}{C_3}[V]$이므로

$V_1 : V_2 : V_3 = \dfrac{1}{2} : \dfrac{1}{3} : \dfrac{1}{4}$

콘덴서의 분담 전압은 콘덴서의 정전 용량에 반비례하므로 최소 용량의 것이 최대 전압을 분담하게 된다. 즉, 2[μF]이 제일 먼저 파괴된다.

24 내압 1,000[V] 정전 용량 2[μF], 내압 500[V] 정전 용량 5[μF], 내압 250[V] 정전 용량 6[μF]인 3개의 콘덴서를 직렬로 접속하고 양단에 가한 전압을 서서히 증가시키면 최초로 파괴되는 콘덴서는?

① 동시에 파괴된다.
② 2[μF]
③ 5[μF]
④ 6[μF]

해설 각 콘덴서가 축적할 수 있는 전하량은

$Q_1 = C_1 V_1 = 2 \times 10^{-6} \times 1000 = 2 \times 10^{-3}[C]$
$Q_2 = C_2 V_2 = 5 \times 10^{-6} \times 500 = 2.5 \times 10^{-3}[C]$
$Q_3 = C_3 V_3 = 6 \times 10^{-6} \times 250 = 1.5 \times 10^{-3}[C]$

이므로 축적할 수 있는 전하량이 가장 작은 내압 250[V], 6[μF] 콘덴서가 가장 먼저 파괴되고 축적할 수 있는 전하량이 가장 큰 내압 500[V], 5[μF]인 콘덴서가 가장 늦게 파괴된다.

25 6[μF]와 3[μF]의 콘덴서를 병렬로 접속하고 200[V]의 전압을 가하였을 때 축적되는 전 전하량은 몇 [μC]인가?

① 600
② 1200
③ 1800
④ 3600

해설 총 콘덴서 용량
$C = C_1 + C_2 = 6 + 3 = 9[\mu F]$
전하량
$Q = CV = 9 \times 10^{-6} \times 200 = 1800[\mu C]$

26 2[μF]의 콘덴서를 20[kV]로 충전하여 100[Ω]의 저항에 연결하면 저항에 소모되는 에너지는 몇 [J]인가?

① 400
② 600
③ 800
④ 1200

해설 $W = \dfrac{1}{2}CV^2 = \dfrac{1}{2} \times 2 \times 10^{-6} \times (20 \times 10^3)^2$
$= 400[J]$

과년도 출제문제

01 그림과 같이 대전된 에보나이트 막대를 박검전기의 금속판에 닿지 않도록 가깝게 가져갔을 때 금박이 열렸다면 다음 중 옳은 것은? (단, A는 원판, B는 박, C는 에보나이트 막대이다.) [03] [06] [12]

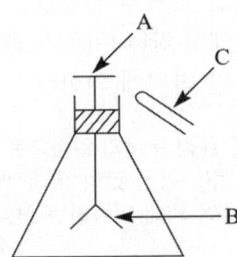

① A : 양전기, B : 양전기, C : 음전기
② A : 음전기, B : 음전기, C : 음전기
③ A : 양전기, B : 음전기, C : 음전기
④ A : 양전기, B : 양전기, C : 양전기

해설 대전된 에보나이트 막대는 음전기를 띠며 에보나이트 막대를 원판에 가까이 하면 에보나이트 막대에 가까운 쪽(원판)에서는 양전기를 띠며 반대쪽(박)에는 음전기가 나타난다.

02 콘덴서에 비유전율 ϵ_r인 유전체가 채워져 있을 때의 정전용량 C와 공기로 채워져 있을 때의 정전용량 C_0와의 비($\frac{C}{C_0}$)는?
[02] [03] [09]

① ϵ_r ② $\frac{1}{\epsilon_r}$
③ $\sqrt{\epsilon_r}$ ④ $\frac{1}{\sqrt{\epsilon_r}}$

해설 $\frac{C}{C_0} = \frac{\epsilon_0 \epsilon_r \cdot \frac{A}{l}}{\epsilon_0 \cdot \frac{A}{l}} = \epsilon_r$

03 공기 중에 같은 전기량을 가진 2×10^{-5}[C]의 두 전하가 2[m] 거리에 있을 때 그 사이에 작용하는 힘은 몇 [N]인가? [02] [06]

① 0.9 ② 1.8
③ 9 ④ 18

해설 $F = 9 \times 10^9 \times \frac{Q_1 Q_2}{r^2} = 9 \times 10^9 \times \frac{(2 \times 10^{-5})^2}{2^2}$
$= 0.9$[N]

04 진공 중의 두 대전체 사이에 작용하는 힘이 1.2×10^{-8}[N]이고 대전체 사이에 유전체를 넣으니 작용하는 힘이 0.03×10^{-6}[N]이 되었다면 유전체의 비유전율은? [06]

① 0.036 ② 0.4
③ 3.6 ④ 4000

해설 진공 중일 때 작용하는 힘
$F_1 = \frac{1}{4\pi\epsilon_0} \cdot \frac{Q_1 Q_2}{r^2} = 1.2 \times 10^{-8}$[N]
유전체를 채웠을 때 작용하는 힘
$F_2 = \frac{1}{4\pi\epsilon_0 \epsilon_s} \cdot \frac{Q_1 Q_2}{r^2} = 0.03 \times 10^{-6}$[N]
$\epsilon_s = \frac{F_1}{F_2} = \frac{1.2 \times 10^{-8}}{0.03 \times 10^{-6}} = 0.4$

05 공기 중의 일정한 거리를 두고 있는 두 점전하 사이에 작용하는 힘이 0.5[N]이었고 두 전하 사이에 종이를 채웠더니 작용하는 힘이 0.2[N]으로 감소하였다. 이 종이의 비유전율은 얼마인가? [04] [08]

① 0.1 ② 0.4
③ 2.5 ④ 5

정답 1. ③ 2. ① 3. ① 4. ② 5. ③

해설 공기 중일 때 작용하는 힘

$$F_1 = \frac{1}{4\pi\epsilon_0} \cdot \frac{Q_1 Q_2}{r^2} = 0.5\,[\text{N}]$$

종이를 채웠을 때 작용하는 힘

$$F_2 = \frac{1}{4\pi\epsilon_0 \epsilon_s} \cdot \frac{Q_1 Q_2}{r^2} = 0.2\,[\text{N}]$$

$$\epsilon_s = \frac{F_1}{F_2} = \frac{0.5}{0.2} = 2.5$$

06 공기 중에서 일정한 거리를 두고 있는 두 점전하 사이에 작용하는 힘이 16[N]이었는데, 두 전하 사이에 유리를 채웠더니 작용하는 힘이 4[N]으로 감소하였다. 이 유리의 비유전율은? [12]

① 2 ② 4
③ 8 ④ 12

해설 공기 중일 때 $F_0 = \dfrac{1}{4\pi\epsilon_0} \cdot \dfrac{Q_1 Q_2}{r^2} = 16\,[\text{N}]$,

유리를 채웠을 때 $F = \dfrac{1}{4\pi\epsilon_0 \epsilon_s} \cdot \dfrac{Q_1 Q_2}{r^2} = 4\,[\text{N}]$

비유전율 $\epsilon_s = \dfrac{F_0}{F} = \dfrac{16}{4} = 4$

07 전계의 세기를 구하는 법칙은? [05] [09]

① 비오-사바르의 법칙
② 가우스의 정리
③ 플레밍의 왼손법칙
④ 암페어의 법칙

해설 가우스의 정리는 +Q[C]의 전하를 감싸고 있는 폐곡면을 통과하는 전기력선의 총수 N은

$$N = \frac{Q}{\epsilon_0 \epsilon_s} = \frac{Q}{\epsilon}\,[\text{개}]$$

08 유전체에서 이온분극은 어떠한 이유에서 일어나는가? [02]

① 영구 전기 쌍극자의 전계방향의 배열에 의한다.
② 단결정 매질에서 전자운과 핵 간의 상대적인 변위에 의한다.
③ 화합물에서 양(+)이온과 음(-)이온 간의 상대적인 변위에 의한다.
④ 단결정에서 양(+)이온과 음(-)이온 간의 상대적인 변위에 의한다.

해설 이온분극은 유전 분극의 일종으로, 화합물에서 양(+)이온과 음(-)이온 간의 상대적인 변위에 의해 이온이 전계에 의해 이동하는 현상

09 유전체에서 전자분극은 어떠한 이유에서 일어나는가? [13]

① 단결정 매질에서 전자운과 핵 간의 상대적인 변위에 의함
② 화합물에서 (+)이온과 (-)이온 간의 상대적인 변위에 의함
③ 화합물에서 전자운과 (+)이온간의 상대적인 변위에 의함
④ 영구 전기쌍극자의 전계방향의 배열에 의함

해설 전자분극은 유전 분극의 일종으로, 유전체에 전계가 가해지면 궤도상의 전자에 작용하여 궤도의 중심이 원자핵의 위치보다 약간 벗어나므로 음양의 전하 쌍을 일으킨다.

10 동일 규격 콘덴서의 극판 간에 유전체를 넣으면 어떻게 되는가? [11]

① 용량이 증가하고, 극판 간 전계는 감소한다.
② 용량이 증가하고, 극판 간 전계는 증가한다.
③ 용량이 감소하고, 극판 간 전계는 불변한다.
④ 용량이 불변이고, 극판 간 전계는 감소한다.

정답 6. ② 7. ② 8. ③ 9. ① 10. ①

해설 전속은 주위 매질에 관계없이 Q의 전하에서 Q개의 전기력선이 나오는 것으로 유전체를 넣으면 $\epsilon = \epsilon_0 \cdot \epsilon_s$에서 ϵ_s가 증가하여 정전용량은 증가하고 전계의 세기는 감소한다.

11 정전용량 C[F]의 평행한 콘덴서를 전압 V[V]로 충전하고 전원을 제거한 다음 전극의 간격을 $\frac{1}{2}$로 접근시키면 전압은 몇 배가 되는가? [05]

① $\frac{1}{2}$
② 2
③ $\sqrt{2}$
④ 4

해설 전극의 간격을 $\frac{1}{2}$로 하면 정전용량은 2배 증가 $V = \frac{Q}{C}$에서 Q는 일정하기 때문에 전압은 $\frac{1}{2}$배

12 평행한 콘덴서에서 전극의 반지름이 30[cm]인 원판이고, 전극간격 0.1[cm]이며 유전체의 비유전율은 4이다. 이 콘덴서의 정전용량은 몇 [μF]인가? [14]

① 0.01
② 0.1
③ 1
④ 10

해설 $C = \frac{\epsilon_0 \epsilon_s S}{d} = \frac{\epsilon_0 \epsilon_s \times \pi r^2}{d}$
$= \frac{8.85 \times 10^{-12} \times 4 \times 3.14 \times 0.3^2}{0.1 \times 10^{-2}} = 0.01[\mu F]$

13 10[μF]의 콘덴서를 1[kV]로 충전하면 에너지는 몇 [J]인가? [08]

① 5
② 10
③ 15
④ 20

해설 콘덴서에 축적되는 에너지
$W = \frac{1}{2} CV^2 = \frac{1}{2} \times 10 \times 10^{-6} \times 1000^2 = 5[J]$

14 어떤 콘덴서에 전압 V[V]를 가해 Q[C]의 전하가 충전되어 W[J]의 에너지를 축적하였을 때 콘덴서[C]의 용량은? [05]

① $C = \frac{2W}{V^2}[C]$
② $C = \frac{1}{2}WV^2[C]$
③ $C = 2WV^2[C]$
④ $C = \frac{2V^2}{W}[C]$

해설 콘덴서에 축적되는 에너지
$W = \frac{1}{2}CV^2$에서 $C = \frac{2W}{V^2}$

15 10[μF]의 콘덴서에 45[J]의 에너지를 축적하기 위해 필요한 충전 전압은 몇 [V]인가? [02]

① 2×10^2
② 3×10^3
③ 4.5×10^4
④ 5.3×10^4

해설 콘덴서에 축적되는 에너지 $W = \frac{1}{2}CV^2$에서
$V = \sqrt{\frac{2W}{C}} = \sqrt{\frac{2 \times 45}{10 \times 10^{-6}}} = 3 \times 10^3[V]$

16 콘덴서에 100[V]의 전압으로 50[C]의 전기량을 충전시켰을 때의 에너지는 몇 [J]인가? [04] [17]

① 1,500
② 2,000
③ 2,500
④ 5,000

해설 콘덴서에 축적되는 에너지
$W = \frac{1}{2}QV = \frac{1}{2} \times 50 \times 100 = 2500[J]$

정답 11. ① 12. ① 13. ① 14. ① 15. ② 16. ③

17 평등 전기장 중에 4[C]의 전하를 전기장의 방향과 반대로 10[cm]만큼 이동하는데 200[J]의 일을 했다. 이 두 점 간의 전위차는 몇 [V]인가? [03]

① 5 ② 25
③ 50 ④ 100

해설 $W=QV$에서 $V=\dfrac{W}{Q}=\dfrac{200}{4}=50[V]$

18 유전율이 10인 유전체 내의 전기장의 세기가 1000[V/m]일 때 유전체 내에 저장되는 에너지 밀도[J/m³]는? [03]

① 5×10^4
② 5×10^5
③ 5×10^6
④ 5×10^7

해설 $W=\dfrac{1}{2}\epsilon E^2=\dfrac{1}{2}\times10\times1000^2$
$=5\times10^6[J/m^3]$

19 C[F]의 콘덴서에 V[V]의 전압을 가한 결과 Q[C]의 전기량이 충전되었다. 이 콘덴서에 저장된 에너지[J]는 어떻게 표현되는가? [09]

① $2CV$
② $2CV^2$
③ $\dfrac{1}{2}CV$
④ $\dfrac{1}{2}CV^2$

해설 콘덴서에 저장된 에너지
$W=\dfrac{1}{2}QV=\dfrac{1}{2}CV^2=\dfrac{1}{2}\dfrac{Q^2}{C}[J]$

20 평행 콘덴서에 100[V]의 전압이 걸려 있다. 이 전원을 가한 상태로 평행판 간격을 처음의 2배로 증가시키면? [10]

① 용량은 반으로 줄고, 저장되는 에너지는 2배가 된다.
② 용량은 2배가 되고, 저장되는 에너지는 반으로 줄어든다.
③ 용량과 저장되는 에너지는 각각 반으로 줄어든다.
④ 용량과 저장되는 에너지는 각각 2배가 된다.

해설 $C=\dfrac{\epsilon A}{l}[F]$, $W=\dfrac{1}{2}CV^2[J]$에서
간격을 2배로 증가하면 용량은 반으로 줄어들고, 저장에너지도 반으로 줄어든다.

21 회로에서 a, b 간의 합성 정전용량은 몇 [μF]인가? [03] [04]

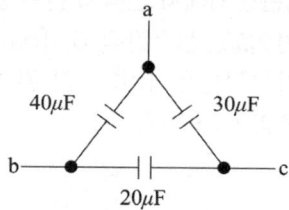

① 84 ② 90
③ 41.2 ④ 52

해설 a, b 사이에서 바라본 회로는 a-c-b에 연결되어 있는 30[μF]과 20[μF]이 직렬연결된 것으로 되기 때문에 a, b 사이의 전체 합성 정전용량은
$\dfrac{30\times20}{30+20}+40=52[\mu F]$

3 전계와 전위

(1) 전기장

1) 전기장
① 전기장 : 전기를 띤 물체의 주위에 전기 작용이 미치는 공간
② 전기력선 : 전기력이 작용하는 공간에서 전기장을 시각적으로 그린 선으로, 양 (+) 전하가 받는 힘의 방향을 연속적으로 이은 선

2) 전기력선의 성질
① 전기력선은 양(+) 전하에서 나와 음(-) 전하로 들어간다.
② 전기력선은 도중에 갈라지거나 교차하지 않는다.
③ 전기력선에서 그은 접선의 방향은 그 점에서의 전기장의 방향이다.
④ 전기력선은 등전위면과 직교하며 도체 표면에 수직으로 출입한다.
⑤ 전기장의 세기는 전기력선에 수직한 단면을 지나는 전기력선의 수로 나타낼 수 있다.
⑥ 도체 내부에는 전기력선이 존재하지 않는다.

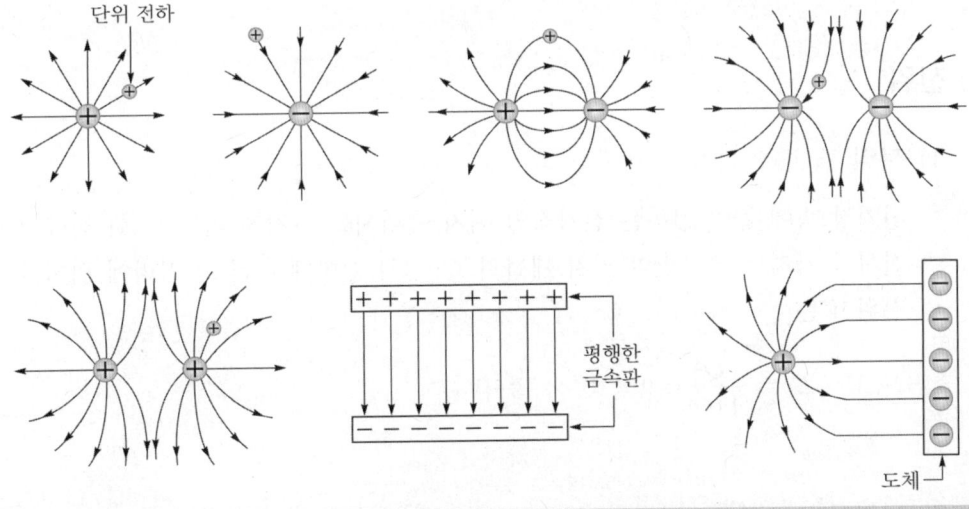

전기력선의 다양한 모양

3) 전기장의 방향과 세기

① 전기장의 방향 : 전기장 속에 양(+) 전하가 있을 때 힘을 받는 방향
② 전기장의 세기(E) : 전기장 중에 단위 전하인 +1[C]의 전하를 놓을 때 여기에 작용하는 전기력의 크기
③ 비유전율 매질 내에서 Q[C]의 전하로부터 r[m]의 거리에 있는 점 P에서의 전기장의 세기(E)는 $E = \dfrac{1}{4\pi\epsilon} \times \dfrac{Q}{r^2} = 9 \times 10^9 \times \dfrac{Q}{\epsilon_s r^2}$[V/m]
④ 전기장의 세기 E[V/m]의 공간에 Q[C]의 전하를 놓을 때 이 전하가 받는 정전기력 $F = QE$[N]

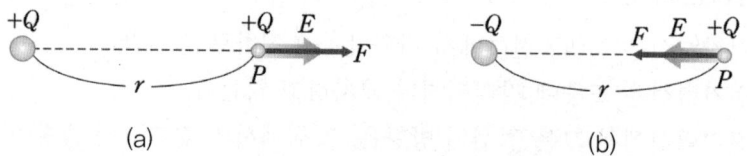

전기장의 세기와 방향

4) 가우스의 정리

$+Q$[C]의 전하를 감싸고 있는 폐곡면을 통과하는 전기력선의 총수는 $\dfrac{Q}{\epsilon}$개이다.

(2) 전위

1) 전위

전기장 속에 놓인 전하는 전기적인 위치 에너지를 가지게 되는데, 한 점에서 단위 전하가 가지는 전기적인 위치 에너지 Q[C]의 전하에서 r[m] 거리에 위치한 곳의 전위 V는

$$V = Er = \dfrac{Q}{4\pi\epsilon r} = 9 \times 10^9 \times \dfrac{Q}{\epsilon_s r} [V]$$

2) 전위차

단위 양(+) 전하를 B점에서 A점으로 옮기는데 필요한 일의 양으로, A가 B보다 전기적 위치 에너지(전위)가 높다고 하며, 두 점간의 에너지 차를 말한다.

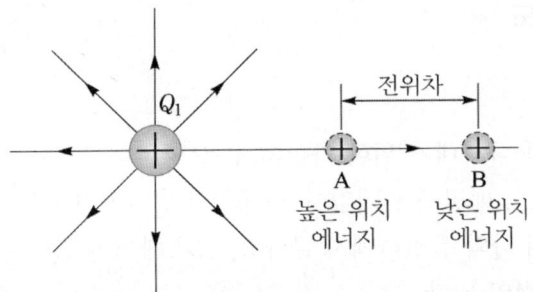

전위차

3) 등전위면

① 전장 내에서 전위가 같은 점들을 연결하여 선을 이루는 면이다.
② 등전위면의 간격은 전기장이 클수록 좁아진다.
③ 등전위면에서 전하를 옮기는 데는 일을 필요로 하지 않는다.
④ 등전위면과 전기력선의 방향은 서로 수직이다.
⑤ 등전위면끼리는 서로 교차하거나 만나지 않는다.

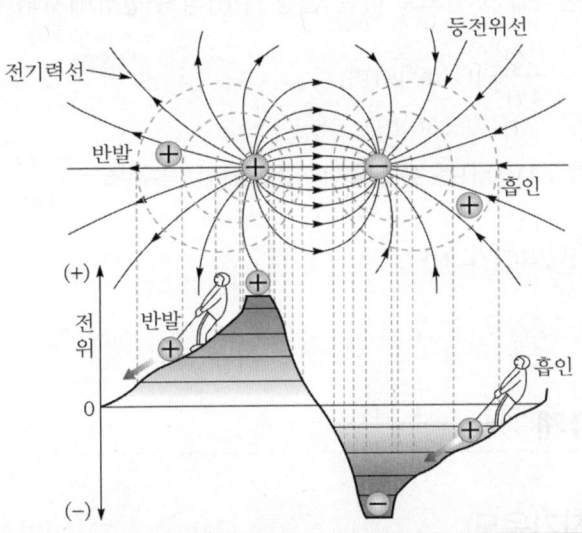

전기력선과 등전위면

(3) 전속과 전속밀도

1) 전속

전계의 상태를 나타내기 위한 가상의 선을 말한다.
단위는 쿨롱(C), 매질에 관계없이 $+Q[C]$의 전하에서 $Q[C]$의 전속이 나온다. 전속은 양전하에서 나와 음전하에서 끝나고, 금속체에 출입하는 경우는 그 표면에 수직으로 되는 성질이 있다.

2) 전속의 성질

① 전속은 양전하 표면에서 나와 음전하 표면에서 끝난다.
② 전속이 끝나는 곳과 나오는 곳에는 전속과 같은 전하가 있다.
③ 전속은 도체의 표면에 수직으로 출입한다.

3) 전속밀도

유전체 중 어느 점의 단위 면적을 통과하는 전속 수$[C/m^2]$
$+Q[C]$의 전하를 중심으로 하는 반경 $r[m]$의 구면상에서의 전속 밀도 $D[C/m^2]$는

$$D = \frac{Q}{A} = \frac{Q}{4\pi r^2}[C/m^2] 이며,$$

전계의 세기 $E[V/m]$는 유전율이 $\epsilon[F/m]$인 경우 $E = \frac{Q}{4\pi\epsilon r^2}[V/m]$이므로

$D = \epsilon E[C/m^2]$가 된다.

4 자성체와 자계

(1) 자기현상과 자기유도

1) 자기현상

① 자기장 : 자석이나 전류, 변화하는 전기장 등의 주위에 자기력이 작용하는 공간
② 자하 : 자석이 가지는 자기량으로 단위는 웨버[Wb]

③ 자기 : 자석이 갖는 특유한 물리적인 성질로, 자석이 쇠붙이를 끌어당기는 성질의 근원
④ 자기현상 : 자석의 중심을 실로 매달면 자석의 양끝이 남극과 북극을 가리키는 현상
⑤ 자기력 : 자기적인 힘으로써 같은 자극끼리는 반발하는 힘이 작용하고 다른 자극끼리는 잡아당기는 힘이 작용한다.

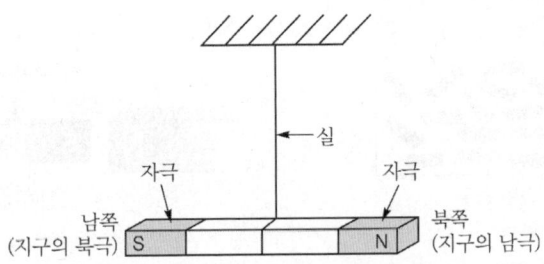

자석의 N극과 S극

2) 자기유도

① 자화 : 물체가 자성을 지니는 현상
② 자기유도 : 물질을 자기장 속에 두면 자화되는 현상

 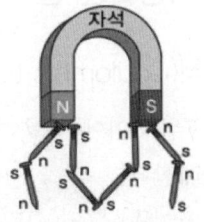

자기유도

3) 자성체의 종류

① 강자성체
   • 외부에서 자기장을 걸어주었을 때 그 자기장의 방향으로 강하게 자화된 뒤 외부 자기장이 사라져도 자화가 남아있는 물질
   • 자석에 자화되어 끌리는 물질 : 철(Fe), 니켈(Ni), 코발트(Co), 망간(Mn), 규소(Si)

② 상자성체
- 자기장 안에 넣으면 자기장 방향으로 약하게 자화되고, 자기장이 제거되면 자화되지 않는 물질
- 자석에 자화되어 끌리는 물질 : 알루미늄(Al), 산소, 공기, 백금(Pt)

③ 반자성체
- 자기장에 의해서 자기장과 반대 방향으로 자화되는 물질
- 자석에 반발하는 물질 : 구리(Cu), 아연(Zn), 비스무트(Bi), 납(Pb)

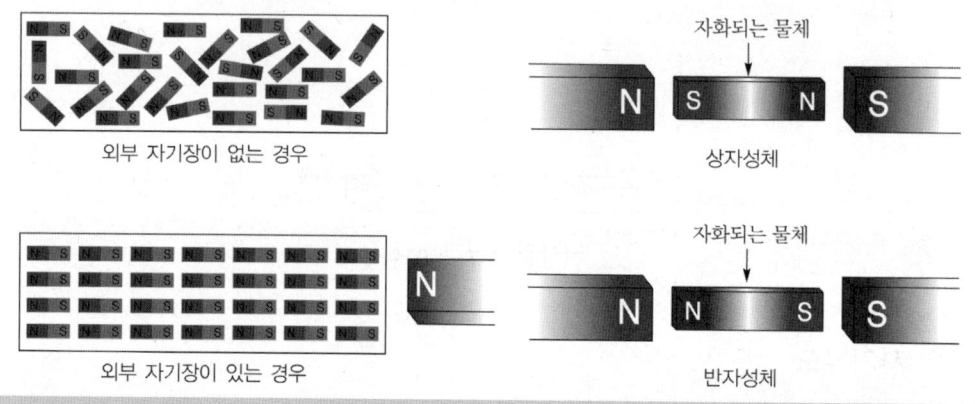

상자성체와 반자성체의 자화

(2) 자석 사이에 작용하는 힘

1) 쿨롱의 법칙(Coulomb's Law)

① N극과 S극 사이에 작용하는 힘은 두 자극의 크기의 곱에 비례하고 거리의 제곱에 반비례한다.

② 두 자극 m_1[Wb], m_2[Wb]를 진공 중에서 r[m] 거리에 놓았을 때 두 자극 사이에 작용하는 힘 F는

$$F = \frac{1}{4\pi\mu_0\mu_s} \times \frac{m_1 m_2}{r^2} = 6.33 \times 10^4 \times \frac{m_1 m_2}{r^2} [\text{N}]$$

μ_0 : 진공 중의 투자율, 단위 [H/m], $\mu_0 = 4\pi \times 10^{-7}$[H/m]

진공 중에서 비투자율 $\mu_s = 1$, 진공 중에서 $\frac{1}{4\pi\mu_0\mu_s} = 6.33 \times 10^4$

③ 힘의 방향은 서로 다른 자극일 때 흡인력이 발생하고, 같은 자극일 때 반발력이 발생

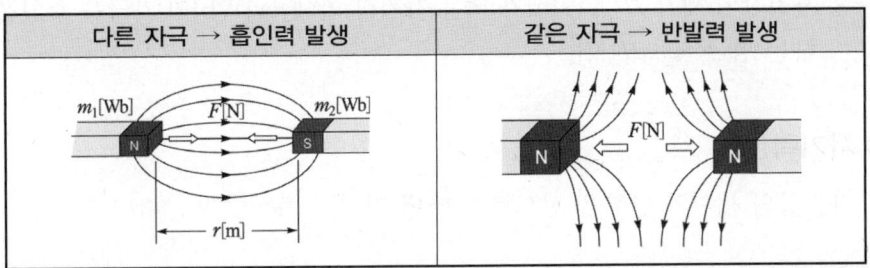

자기에 대한 쿨롱의 법칙

2) 투자율

① 비투자율(μ_s) : 진공 중의 투자율에 대한 매질 투자율의 비를 나타낸다.

강자성체 : $\mu_s \gg 1$, 상자성체 : $\mu_s > 1$, 반자성체 : $\mu_s < 1$

② 투자율(μ) : 자석이 통하기 쉬운 정도

$\mu = \mu_0 \cdot \mu_s = 4\pi \times 10^{-7} \cdot \mu_s [\text{H/m}]$

(3) 자기장

1) 자기장의 세기

① 자기장의 세기는 자기장 안의 어느 점에 단위 점 자하(+1[Wb])를 놓았을 때 작용하는 힘으로 단위는 [AT/m]을 사용한다.

진공 중 : $H = \dfrac{1}{4\pi\mu_0} \times \dfrac{m}{r^2} [\text{AT/m}]$, 일반 매질 : $H = \dfrac{1}{4\pi\mu_0} \times \dfrac{m}{\mu_s r^2} [\text{AT/m}]$

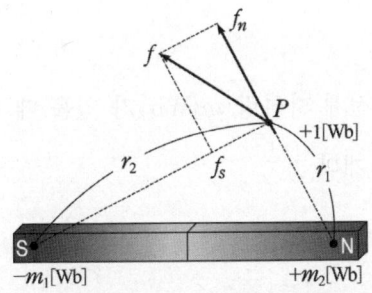

자기장 안에서 작용하는 힘

② 자기장의 세기 H[AT/m]가 되는 자기장 안에 m[Wb]의 자극을 주었을 때 작용하는 힘 $F = mH$[N]

2) 자기력선

자기장의 세기와 방향을 선으로 나타낸 것

> **자기력선의 성질**
> ① 자기력선은 N극에서 나와 S극으로 향한다.
> ② 자석의 같은 극끼리는 반발하고 다른 극끼리는 끌어당긴다.
> ③ 자기력선은 아무리 사용해도 감소하지 않는다.
> ④ 어떤 한 점을 지나는 자기력선의 접선방향이 그 점에서 자기장의 방향이다.
> ⑤ 자기력선은 서로 만나거나 교차하지 않는다.
> ⑥ 자기력선은 비자성체를 투과한다.
> ⑦ 자력이 강할수록 자기력선 수가 많다.
> ⑧ 자석은 고온이 되면 자력이 감소되고, 임계온도 이상으로 가열하면 자석의 성질이 없어진다.
> ⑨ 자력선은 고무줄과 같은 장력이 존재한다.

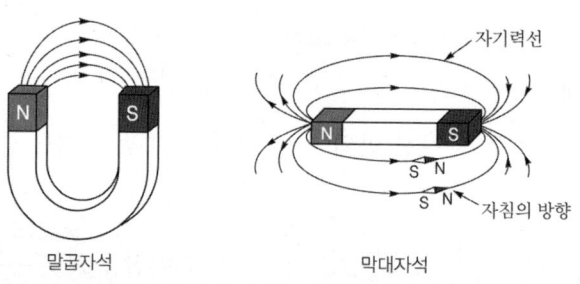

자기장과 자기력선

3) 가우스의 정리

임의의 폐곡면 내의 전체 자하량 m[Wb]가 있을 때 이 폐곡면을 통해서 나오는 자기력선의 총수는 $\dfrac{m}{\mu}$ 개다.

(4) 자속과 자속밀도

1) 자속

자극에서 나오는 전체의 자기력선의 수를 말하며 기호는 ϕ, 단위는 [Wb]

2) 자속밀도

① 면적당 통과하는 자속의 수를 말하며 기호는 B, 단위는 [Wb/m²], 테슬라 [T]

② 단위 단면적당 자속이 통과하는 경우의 자속밀도는

$$B = \frac{\phi}{A} = \frac{\phi}{4\pi r^2} \, [\text{Wb/m}^2]$$

3) 자속밀도와 자기장의 세기의 관계

① 투자율 μ인 물질에서 자속밀도와 자기장의 세기의 관계

$$B = \mu H = \mu_0 \mu_s H \, [\text{Wb/m}^2]$$

② 자속은 비투자율이 큰 물질일수록 잘 통한다.

(5) 자기 모멘트와 토크

1) 자기 모멘트

N극과 S극의 두 자극이 일정한 거리로 떨어진 상태에서 나타나는 자성(磁性)의 양
자극의 세기가 m[Wb]이고 길이가 l[m]인 자석에서 자극의 세기와 자석의 길이의 곱인 자기 모멘트

$$M = ml \, [\text{Wb} \cdot \text{m}]$$

2) 토크

자기장의 세기 H[AT/m]인 평등 자기장 내에 자극의 세기 m[Wb]의 자침을 자기장의 방향과 θ의 각도로 놓았을 때 토크 T

$$T = 2 \times \frac{l}{2} \times f_2 = mHl\sin\theta = MH\sin\theta \, [\text{N} \cdot \text{m}]$$

5 자기회로

(1) 코일의 개요

1) 코일
도선을 나선형으로 감아 놓은 것
① 인덕턴스 : 코일의 특성을 나타내는 것으로, 흐르는 전류의 시간 변화량과 권선 양단에 발생하는 기전력의 비로 표시하며 전기회로에 사용하는 코일의 인덕턴스 단위는 [μH], [mH], [H]
② 코일에 전류가 흐르면 자기력선속이 발생하는데 교류 전류가 흐르면 코일에서 발생하는 자기력선속의 방향이 교류의 극성에 따라 변한다.

2) 코일의 성질
① 전류의 변화를 안정시키려는 성질이 있다.
② 상호 유도작용이 있다.
③ 전자석의 성질이 있다.
④ 공진하는 성질이 있다.
⑤ 전원 노이즈 차단기능이 있다.

(2) 전류에 의한 자기현상

1) 앙페르의 오른나사의 법칙(Ampere's law)
① 도선에 전류가 흐르면 그 도선의 주위에 자기장이 발생하며, 그 방향은 오른나사의 방향과 같다는 법칙
② 직선 전류에 의한 자기장의 방향
전류가 흐르는 방향으로 나사를 돌리면 나사가 회전하는 방향으로 자기력선이 발생한다.
③ 코일에 의한 자기장의 방향
도체에 오른나사가 진행하는 방향으로 전류가 흐르면, 자력선은 오른나사가 회전하는 방향으로 만들어진다.

앙페르의 오른 나사의 법칙

2) 비오-사바르의 법칙(Biot-Savart's Law)
① 전류에 의해서 만들어지는 자계의 세기를 구하는 법칙으로, 도체의 미소 부분 ($\triangle l[m]$)에 흐르는 전류[A]에 의해서 발생되는 자계의 세기를 구하는 법칙
② 도선에 $I[A]$의 전류를 흘릴 때 도선의 미소부분 ($\triangle l[m]$)에서 $r[m]$ 떨어지고 $\triangle l$과 이루는 각도가 θ인 점 P에서 $\triangle l$에 의한 자기장의 세기 $\triangle H[AT/m]$는

$$\triangle H = \frac{I \triangle l}{4\pi r^2} \sin\theta \ [AT/m]$$

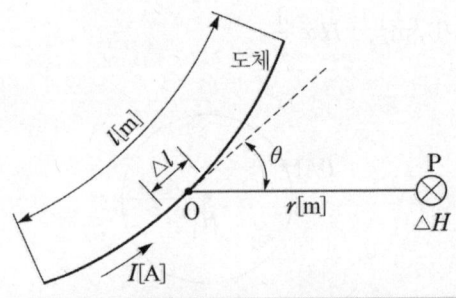

비오-사바르 법칙

3) 앙페르의 주회 적분의 법칙(Ampere's Circuital Integrating Law)
① 원둘레 위 임의의 점에서의 자계의 세기를 H라 하면 이 원둘레에 있어서의 선 적분은 이 원둘레 내를 가로 지르는 전(全) 전류와 같다고 하는 법칙
② 임의의 폐회로를 따라 자계를 적분함에 따라 얻어지는 기자력은 폐회로를 관통하는 전체 전류와 같다는 법칙

$$\Sigma H \triangle l = \triangle I$$

4) 무한장 직선 전류에 의한 자기장의 세기

무한 직선 도체에 $I[A]$의 전류가 흐를 때 $r[m]$ 떨어진 점 P에서 자기장의 세기

$$H = \frac{I}{2\pi r}[AT/m]$$

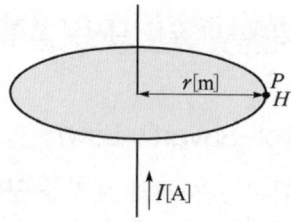

무한장 직선 도체에 의한 자기장의 세기

5) 원형 코일 중심의 자기장의 세기

감은 권수 N, 반지름 $r[m]$인 원형 코일에 $I[A]$의 전류를 흘릴 때 코일 중심의 자기장의 세기

$$H = \frac{N \cdot I}{2r}[AT/m], \quad H \propto \frac{1}{r}$$

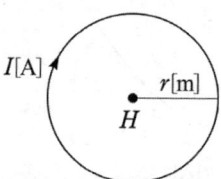

원형 코일 중심의 자기장의 세기

6) 솔레노이드 내부 자기장의 세기

$$H = n_0 \cdot I[AT/m] \quad (n_0 : 1[m]당 코일의 권수)$$

7) 환상 솔레노이드에 의한 자기장의 세기

반지름 $r[m]$이고 감은 횟수가 N인 환상 솔레노이드에 $I[A]$의 전류를 흘릴 때 솔레노이드 내부에 생기는 자장의 세기 $H[AT/m]$는

$$H = \frac{N \cdot I}{l} = \frac{N \cdot I}{2\pi r}[AT/m] \quad (단, l은 자로의 평균 길이 [m])$$

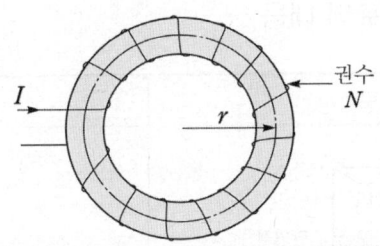

환상 솔레노이드에 의한 자기장의 세기

(3) 자기회로와 자기저항

1) 자기회로

강자성체를 이용하여 자속이 일주하도록 만든 닫힌 회로.

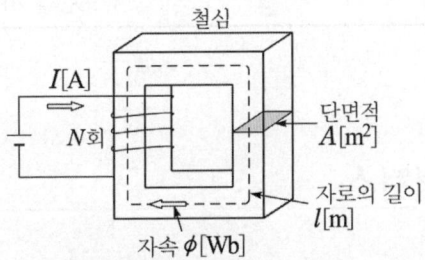

자기회로

2) 기자력

- 자기장을 만드는 힘
- 코일에 전류가 흐르면 자속이 발생되며 기자력 F는 N, I에 비례

$$F = N \cdot I [\mathrm{AT}]$$

3) 자기저항

자기 회로에 기자력 $NI[\mathrm{AT}]$가 작용했을 때 생기는 자속을 $\phi[\mathrm{Wb}]$라 할 때 NI와 ϕ의 비.자속의 발생을 방해하는 성질의 정도로, 자로의 길이 $l[\mathrm{m}]$에 비례하고 단면적 $A[\mathrm{m}^2]$에 반비례한다.

$$R = \frac{l}{\mu A} [\mathrm{AT/Wb}]$$

4) 자기회로와 전기회로의 대응

자기회로	전기회로
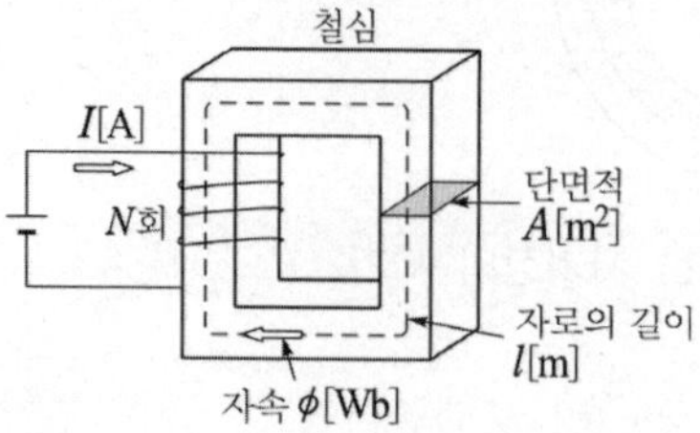 철심, $I[A]$, N회, 단면적 $A[m^2]$, 자로의 길이 $l[m]$, 자속 $\phi[Wb]$	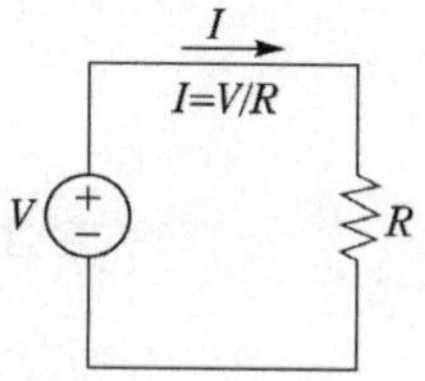 I, $I=V/R$, V, R
기자력 $F = NI[AT]$	기전력 $V[V]$
자속 $\phi[Wb]$	전류 $I[A]$
자기저항 $R = \dfrac{l}{\mu A}[AT/Wb]$	전기저항 $R = \rho \dfrac{l}{A}[\Omega]$
투자율 $\mu[H/m]$	도전율 $\sigma[\mho/m]$

6 전자유도 및 인덕턴스

(1) 전자력

1) 전자력의 방향과 크기

① 전자력의 방향 : 플레밍의 왼손법칙 (전동기의 회전방향 결정)
도선에 자기장과 전류의 방향이 직각인 경우

- 힘의 방향(F) : 엄지
- 자기장의 방향(B) : 검지
- 전류의 방향(I) : 중지

도체가 자기장에서 받고 있는 힘의 방향을 알 수 있으며, 전동기가 회전하는 원리이다.

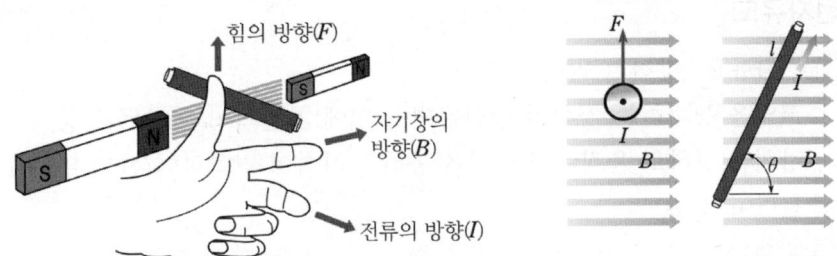

플레밍의 왼손법칙

② 전자력의 크기

어떤 도체에 자속밀도 $B[\text{Wb/m}^2]$인 평등 자기장 중에 자기장과 직각 방향으로 1[A]의 전류가 흐르는 경우 도체 단위 길이 1[m]당 1[N]의 전자기력이 작용한다.

$F = BlI[\text{N}]$

도체가 자기장의 방향과 각(θ)을 이루는 경우 힘의 크기 F는

$F = BlI\sin\theta[\text{N}]$

③ 평행 도체 사이에 작용하는 힘

두 전류의 방향이 같으면 흡인력, 방향이 다른 경우 반발력이 작용한다.
평행한 두 도체가 $r[\text{m}]$만큼 떨어져 있고 각 도체에 흐르는 전류가 $I_1[\text{A}]$, $I_2[\text{A}]$라 할 때 두 도체 사이에 작용하는 힘 F는

$F = \dfrac{2I_1I_2}{r} \times 10^{-7}[\text{N/m}]$

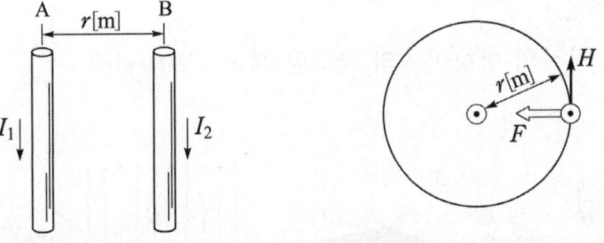

평행 도체 사이의 작용하는 힘

2) 전자유도

① 전자유도 (발전기 원리)
코일을 통과하는 자속이 변화하면 코일에 기전력이 생기는 현상.
자석을 상하로 움직이면 코일을 통하는 자속이 변화하여 전자 유도에 의해서 기전력이 발생

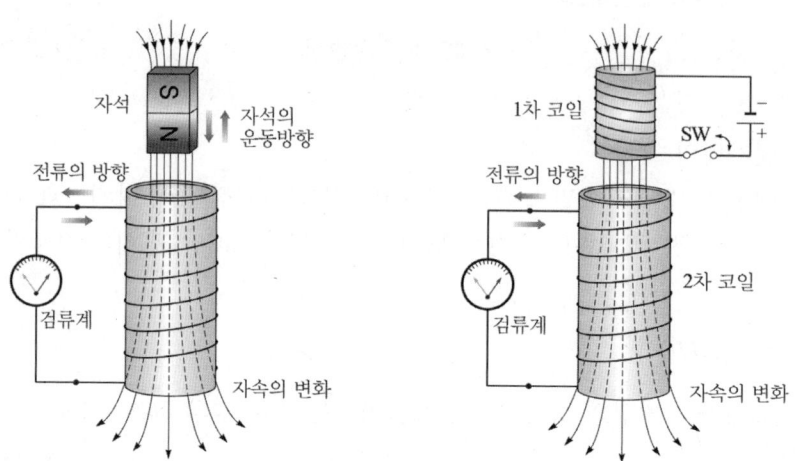

전자유도 현상

② 플레밍의 오른손 법칙
자장 내의 도체를 운동시켜 자속을 끊는 경우 도체에 발생하는 기전력의 방향을 알 수 있는 법칙.

자속밀도 $B[\text{Wb/m}^2]$의 평등 자장 내에서 길이 $l[\text{m}]$인 도체를 자장과 직각 방향으로 $v[\text{m/sec}]$의 일정한 속도로 운동하는 경우 도체에 유기되는 기전력 $e[\text{V}]$는

$$e = -N\frac{\Delta\phi}{\Delta t} = Blv$$

도체와 자장의 방향이 θ의 각도일 때 $e = Blv\sin\theta$

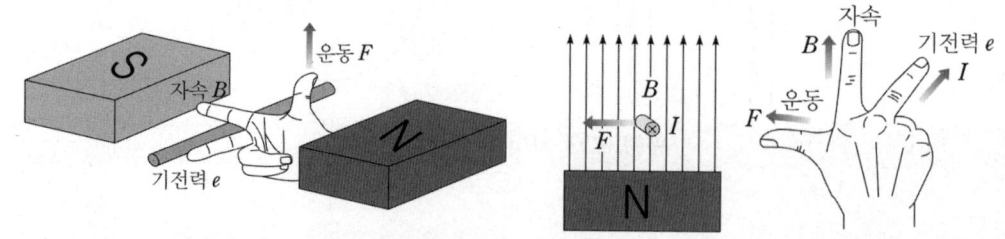

플레밍의 오른손 법칙

③ 패러데이의 전자 유도 법칙(유도기전력의 크기)

전자유도에 의해 발생되는 유도기전력의 크기는 코일에 쇄교하는 자속의 변화율과 코일의 권수곱에 비례

$$e = -N\frac{\Delta\phi}{\Delta t}, \quad \frac{\Delta\phi}{\Delta t} : 자속의 변화율$$

음(−)의 부호는 유도기전력의 방향

권수 1회의 코일을 쇄교하고 있는 자속이 1[sec] 동안에 1[Wb]의 비율로 변화했을 때 1[V]의 기전력이 발생

④ 렌츠의 법칙(유도기전력의 방향)

전자유도에 의해 발생되는 유도기전력과 유도전류는 자기장의 변화를 상쇄하려는 방향으로 발생

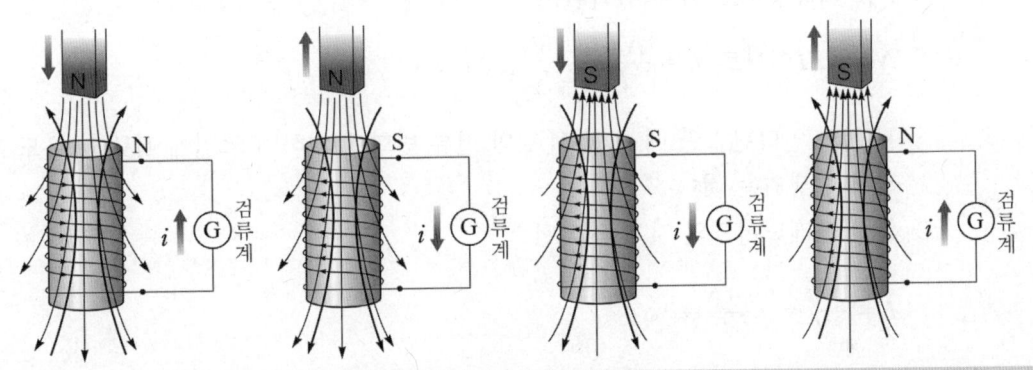

렌츠의 법칙

(2) 인덕턴스와 전자에너지

1) 인덕턴스

① 자체 인덕턴스

회로에 흐르는 전류가 변할 때 회로를 관통하는 자속(磁束)도 함께 변하기 때문에 유도기전력이 유도되는 현상이 일어날 때, 전류의 시간당 변화율에 대한 자체 유도기전력의 비율이 자체 인덕턴스이며, 단위는 헨리로 [H]를 사용

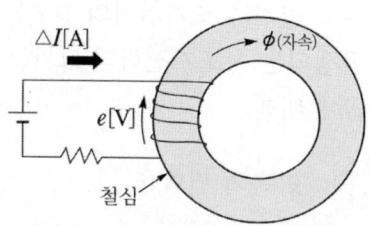

자체 유도

감은 횟수 N회의 코일에 흐르는 전류 I가 $\Delta t[\sec]$동안에 $\Delta I[A]$만큼 변화하여 코일과 쇄교하는 자속 Φ가 $\Delta\Phi[Wb]$ 만큼 변화하였다면 자체 유도기전력은

$$e = -N\frac{\Delta\phi}{\Delta t} = -L\frac{\Delta I}{\Delta t}$$

L은 비례상수로 자체 인턱턴스

$N\phi = LI$이므로 $L = \dfrac{N\phi}{I}$

1[H]의 인덕턴스란 매 초당 1[A]의 전류 변화에 의하여 코일에 1[V]의 유도 기전력이 생기는 것

② 환상 솔레노이드의 자체 인덕턴스

$$L = \frac{N\phi}{I} = \frac{\mu AN^2}{l}$$

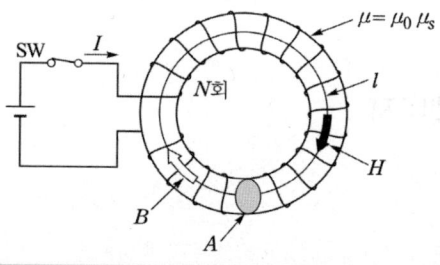

환상 솔레노이드의 자체 인덕턴스

③ 상호 인덕턴스

철심에 2개의 코일을 배치하고 1차 코일에 변화하는 전류를 공급하면 변화하는 자기력선이 발생하여 2차 코일에 유도기전력(e_2)이 발생하는 현상

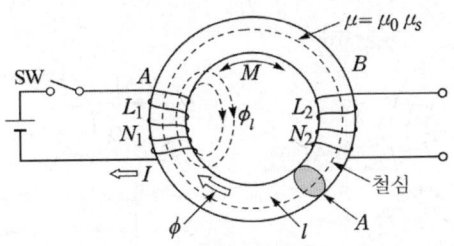

상호유도

$$e_2 = -M\frac{\Delta I_1}{\Delta t} = -N_2\frac{\Delta \phi}{\Delta t}, \quad M\text{은 상호 인덕턴스}$$

$$M = \frac{N_2 \phi}{I_1}$$

④ 환상 솔레노이드의 상호 인덕턴스

1차 코일에 의한 자속 $\phi = BA = \mu HA = \mu \dfrac{AN_1 I_1}{l}$ [Wb]

상호 인덕턴스 $M = \dfrac{N_2 \phi}{I_1} = \dfrac{\mu A N_1 N_2}{l}$

⑤ 자체 인덕턴스와 상호 인덕턴스와의 관계

$$L_1 = \frac{\mu A N_1^2}{l}, \quad L_2 = \frac{\mu A N_2^2}{l}, \quad M = \frac{\mu A N_1 N_2}{l}, \quad M = k\sqrt{L_1 L_2}$$

결합계수 $k = \dfrac{M}{\sqrt{L_1 L_2}}$

k는 1차 코일과 2차 코일의 자속에 의한 결합의 정도 $(0 < k \leq 1)$

2) 인덕턴스의 접속

① 가동 접속(가극성) $L = L_1 + L_2 + 2M$

② 차동 접속(감극성) $L = L_1 + L_2 - 2M$

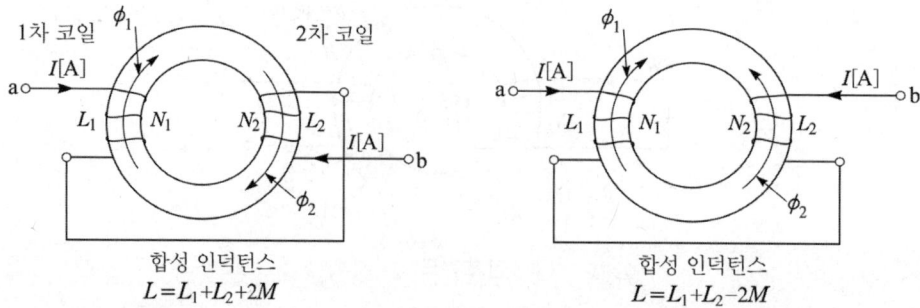

3) 전자에너지

① 코일에 축적되는 에너지

자체 인덕턴스 L에 전류 $I[A]$를 $t[\sec]$ 동안 0에서 1[A]까지 일정한 비율로 증가시켰을 때 코일 L에 공급되는 에너지

$$W = \frac{1}{2} L I^2 [J]$$

② 단위 부피에 축적되는 에너지

$$W = \frac{1}{2}\mu H^2 = \frac{1}{2} BH = \frac{1}{2} \cdot \frac{B^2}{\mu} [J/m^3]$$

③ 자기 흡인력

단위 면적 $1[m^2]$마다의 흡인력 $f = \frac{1}{2} \cdot \frac{B^2}{\mu} [N/m^2]$

출제예상문제

01 투자율이 다른 두 자성체의 경계면에서의 굴절각은?
① 투자율에 비례한다.
② 투자율에 반비례한다.
③ 비투자율에 비례한다.
④ 비투자율에 반비례한다.

해설 두 자성체의 경계 조건(굴절 법칙)에서
$\frac{\tan\theta_1}{\tan\theta_2} = \frac{\mu_1}{\mu_2}$ 이므로 $\theta_1 > \theta_2$이면 $\mu_1 > \mu_2$가 된다.
즉, 굴절각은 투자율에 비례한다.

02 평등 자장 안에 2.5×10^3[Wb]의 자극이 있을 때 그 자극에 5[N]의 힘이 작용한다면 자장의 세기[AT/m]는?
① 2×10^{-3} ② 2.5×10^{-3}
③ 3×10^{-3} ④ 5×10^{-3}

해설 $F = mH$[N]
$H = \frac{F}{m} = \frac{5}{2.5 \times 10^3} = 2 \times 10^{-3}$[AT/m]

03 자계의 세기가 2,000[AT/m] 되는 점의 자속 밀도가 3.14[Wb/m²]이다. 이 공간의 비투자율[H/m]은?
① 1.25×10^{-3} ② 1.25×10^{-4}
③ 1.25×10^3 ④ 1.25×10^4

해설 $B = \mu H = \mu_0 \mu_s H$[Wb/m²]이므로
$\mu_s = \frac{B}{\mu_0 H} = \frac{3.14}{4\pi \times 10^{-7} \times 2000} = 1250$[H/m]

04 $m_1 = 3 \times 10^{-5}$[Wb], $m_2 = 5 \times 10^{-3}$[Wb], $r = 10$[cm]일 때 자극 사이에 작용하는 힘 [N]은?
① 3.5   ② 5.3
③ 9.5   ④ 15

해설 $F = \frac{1}{4\pi\mu} \times \frac{m_1 m_2}{r^2}$
$= 6.33 \times 10^4 \times \frac{(3 \times 10^{-5})(5 \times 10^{-3})}{0.1^2}$
$= 9.5$[N]

05 철심이 든 환상 솔레노이드에서 2,000[AT]의 기자력에 의해 철심 내에 5×10^{-5}[Wb]의 자속이 통할 때 이 철심의 자기저항은 몇 [AT/Wb]인가?
① 2×10^7 ② 3×10^7
③ 4×10^7 ④ 5×10^7

해설 $\phi = \frac{F}{R_m}$[Wb]이므로
$R_m = \frac{F}{\phi} = \frac{2000}{5 \times 10^{-5}} = 4 \times 10^7$[AT/Wb]

06 면적 18[cm²]의 면을 진공 중에서 수직으로 0.36[Wb]의 자속이 지날 때 자속밀도 B [Wb/m²]는?
① 0.36   ② 6.48
③ 18   ④ 200

해설 자속밀도 $B = \frac{\phi}{A} = \frac{0.36}{18 \times 10^{-4}} = 200$[Wb/m²]

정답 1. ① 2. ① 3. ③ 4. ③ 5. ③ 6. ④

07 자기장의 세기를 $\frac{1}{3}$로 줄이려면 자극에서 몇 배의 거리에 있어야 하는가?

① $\sqrt{2}$ 배 ② 2배
③ $\sqrt{3}$ 배 ④ 3배

해설 $H = \frac{1}{4\pi\mu} \times \frac{m}{r^2} \propto \frac{1}{r^2}$, $r = \sqrt{\frac{1}{H}} = \sqrt{3}$

08 자기 쌍극자에 의한 자계는 쌍극자 중심으로부터의 거리의 몇 승에 반비례하는가?

① 1 ② 1.5
③ 2 ④ 3

해설 $H = \frac{M}{4\pi\mu r^3} \sqrt{1 + 3\cos^2\theta}$ [AT/m]이므로 거리 r의 3승에 반비례한다.

09 평등 자장 H인 곳에 자기 모멘트 M을 자장과 수직 방향으로 놓았을 때, 이 자석의 회전력[N·m]은?

① M/H ② H/M
③ MH ④ 1/MH

해설 $\theta = 90°$이므로
$T = MH\sin\theta = MH\sin 90° = MH$ [N·m]

10 자극의 세기가 5×10^{-6}[Wb], 길이가 80[cm]인 막대자석을 150[AT/m]의 평등 자계 내에 자계와 30°의 각도로 놓았다면 자석이 받는 회전력[N·m]은?

① 1.2×10^{-2} ② 3×10^{-4}
③ 5.2×10^{-6} ④ 2×10^{-7}

해설 $T = MH\sin\theta = mlH\sin\theta$
$= 5 \times 10^{-6} \times 0.8 \times 150 \times \sin 30°$
$= 3 \times 10^{-4}$ [N·m]

11 무한히 긴 직선 도선에 전류 20[A]가 흐를 때 이 도선에서 20[cm] 떨어진 점의 자장의 세기[AT/m]는?

① 약 15.9 ② 약 22.5
③ 약 23.9 ④ 24.8

해설 자기장의 세기
$H = \frac{I}{2\pi r} = \frac{20}{2\pi \times 20 \times 10^{-2}} = 15.9$ [AT/m]

12 반지름이 10[cm]인 원형 코일에 전류 2[A]가 흐를 때 중심점의 자장의 세기[AT/m]는?

① 1 ② 2
③ 10 ④ 20

해설 반지름 $a = 0.1$[m], 전류 $I = 2$[A]이므로
자기장의 세기 $H = \frac{I}{2a} = \frac{2}{2 \times 0.1} = 10$ [AT/m]

13 평균 반지름이 10[cm], 코일 감은 횟수 10회의 원형 코일에 전류 4[A]가 흐를 때 코일 중심의 자장의 세기[AT/m]는?

① 100 ② 200
③ 400 ④ 4000

해설 자기장의 세기
$H = \frac{N \cdot I}{2r} = \frac{10 \times 4}{2 \times 0.1} = 200$ [AT/m]

14 무한장 직선도체에 전류 10[A]가 흐른다면 자장의 세기가 10[AT/m]인 점의 도체로부터의 거리[cm]는?

① 약 8.7 ② 약 15.9
③ 약 23.4 ④ 약 46.8

정답 7. ③ 8. ④ 9. ③ 10. ② 11. ① 12. ③ 13. ② 14. ②

해설 무한장 직선도체에 의한 자기장의 세기는
$$H = \frac{I}{2\pi r}[\text{AT/m}]$$이므로
$$r = \frac{I}{2\pi H} = \frac{10}{2\pi \times 10} = 0.159[\text{m}] = 15.9[\text{cm}]$$

15 길이 10[cm]당 50회 감은 무한장 솔레노이드에 전류가 흐를 때 내부 자장의 세기가 50[AT/m]였다면 솔레노이드에 흐르는 전류[A]는?

① 0.1　　② 5
③ 50　　④ 250

해설 $H = n_0 \cdot I$ (n_0는 1[m]당 코일 권수)
$$I = \frac{H}{n_0} = \frac{50}{500} = 0.1[\text{A}]$$

16 자기저항 100[AT/Wb]인 회로에 400[AT]의 자기력을 가할 때 생기는 자속[Wb]은?

① 1　　② 2
③ 3　　④ 4

해설 자속 $\phi = \frac{F}{R} = \frac{400}{100} = 4[\text{Wb}]$

17 철심 투자율 μ, 회로 길이 l[m]인 자기회로에 미소 공극 l_0[m]을 만들었을 때 회로의 자기저항은 몇 배로 커지는가?

① $1 + \frac{\mu l_0}{\mu_0 l}$　　② $1 + \frac{\mu l}{\mu_0 l_0}$
③ $1 + \frac{\mu_0 l_0}{\mu l}$　　④ $1 + \frac{\mu_0 l}{\mu l_0}$

해설 공극이 없는 자기저항 $R_0 = \frac{l}{\mu A}[\text{AT/Wb}]$

공극이 있는 자기저항
$$R_1 = R_{공극} + R_{철심} = \frac{l_0}{\mu_0 A} + \frac{l - l_0}{\mu A}$$
$$= \frac{\mu_s l_0 + l}{\mu A}[\text{AT/Wb}]$$

자기저항의 증가율
$$\frac{R_1}{R_0} = \frac{\frac{\mu_s l_0 + l}{\mu A}}{\frac{l}{\mu A}} = \frac{\mu_s l_0 + l}{l} = 1 + \frac{\mu_s l_0}{l} \times \frac{\mu_0}{\mu_0}$$
$$= 1 + \frac{\mu_0 \mu_s l_0}{\mu_0 l} = 1 + \frac{\mu l_0}{\mu_0 l} 배$$

18 반지름이 0.5[m]이고 권수가 10회인 원형 코일에 1[A]의 전류가 흐를 때 중심 자장의 세기는 몇 [AT/m]인가?

① 0.5　　② 5
③ 10　　④ 100

해설 원형 코일 중심의 자장의 세기
$$H = \frac{N \cdot I}{2r} = \frac{10 \times 1}{2 \times 0.5} = 10[\text{AT/m}]$$

19 자기장 내에 있는 도선에 전류가 흐를 때 작용하는 힘이 최대가 되는 도선과 자기장 방향의 각도는?

① 30°　　② 45°
③ 60°　　④ 90°

해설 $F = BIl\sin\theta$에서 $\sin 90° = 1$일 때 작용하는 힘 F가 최대

20 전류가 흐르는 도선을 자계에 대해 60°로 놓았을 때 작용하는 힘은 30°로 놓았을 때 작용하는 힘의 몇 배인가?

① 1.25　　② 1.73
③ 2.45　　④ 3.66

정답 15. ①　16. ④　17. ①　18. ③　19. ④　20. ②

해설
$F_1 = BlI\sin 60°[\text{N}]$, $F_2 = BlI\sin 30°[\text{N}]$
$$\frac{F_1}{F_2} = \frac{Bll\sin 60°}{Bll\sin 30°} = \frac{\frac{\sqrt{3}}{2}}{\frac{1}{2}} = \sqrt{3} = 1.732$$
$F_1 = 1.732F_2[\text{N}]$

21 두 개의 무한장 직선 도체가 공기 중에서 4[cm]의 거리에 있을 때 한쪽 도체에 20[A], 다른 쪽 도체에 50[A] 전류가 흐를 때 도체의 단위 길이 당에 작용하는 힘의 크기 [N/m]는?

① 4×10^{-3} ② 5×10^{-3}
③ 4×10^{-7} ④ 5×10^{-7}

해설
$$F = \frac{\mu_0 I_1 I_2}{2\pi r} = \frac{2I_1 I_2}{r} \times 10^{-7}$$
$$= \frac{4\pi \times 10^{-7} \times I_1 I_2}{2\pi r}$$
$$= \frac{2 \times 20 \times 50}{4 \times 10^{-2}} \times 10^{-7}$$
$$= 5 \times 10^{-3}[\text{N/m}]$$

22 자속밀도 0.5[Wb/m²]의 자기장과 60°로 20[cm]의 도체를 놓고 10[A]의 전류를 흘릴 때 도체가 50[cm] 운동했을 때 한 일은 몇 [J]인가?

① 0.433 ② 0.866
③ 1.23   ④ 2

해설
$F = BlI\sin\theta = 0.5 \times 0.2 \times 10 \times \sin 60$
$= \frac{\sqrt{3}}{2}[\text{N}]$
$W = Fl = \frac{\sqrt{3}}{2} \times 50 \times 10^{-2} ≒ 0.433[\text{J}]$

23 무한히 긴 평행 직선 도선에 같은 방향으로 전류가 흐를 때 상호간에 작용하는 힘은? (단, r은 두 도선 간의 거리이다.)

① 흡인력으로 r이 클수록 작아진다.
② 반발력으로 r이 클수록 작아진다.
③ 흡인력으로 r이 클수록 커진다.
④ 반발력으로 r이 클수록 커진다.

해설 $F = \frac{2I_1 I_2}{r} \times 10^{-7}[\text{N/m}]$에서 전류 방향이 같으므로 흡인력이 작용하며 힘의 크기는 r에 반비례

24 공기 중에 50[cm] 떨어진 왕복도선에 100[A] 전류가 흐를 때 도선 1[km]에 작용하는 힘은 몇 [N]인가?

① 0.5   ② 1
③ 4   ④ 10

해설
$$F = \frac{2I_1 I_2}{r} \times 10^{-7} = \frac{2 \times 100 \times 100}{0.5} \times 10^{-7}$$
$= 4 \times 10^{-3}[\text{N/m}]$
도선 1[km]에 작용하는 힘
$F_0 = F \times 10^3 = 4 \times 10^{-3} \times 10^3 = 4[\text{N}]$

25 정현파 자속의 주파수를 6배로 높이면 유기기전력은?

① 6배로 감소 ② 6배로 증가
③ 3배로 감소 ④ 3배로 증가

해설 $\phi = \phi_m \sin 2\pi ft[\text{Wb}]$라 하면 유기기전력은
$$e = -\frac{d\phi}{dt} = -N\frac{d}{dt}(\phi_m \sin 2\pi ft)$$
$$= -2\pi f N \phi_m \cos 2\pi ft$$
$$= 2\pi f N \phi_m \sin\left(2\pi ft - \frac{\pi}{2}\right)[\text{V}]$$
유기기전력은 주파수에 비례하므로 6배로 주파수를 증가하면 기전력도 6배로 증가한다.

정답 21. ② 22. ① 23. ① 24. ③ 25. ②

26 환상 솔레노이드에 100회 감았을 때의 자체 인덕턴스는 10회 감았을 때의 몇 배인가?

① 10
② 100
③ $\dfrac{1}{10}$
④ $\dfrac{1}{100}$

해설 $L = \dfrac{\mu A N^2}{l}$ [H]로 자체 인덕턴스는 권수의 제곱에 비례하므로
$L : L' = N^2 : N'^2 = 100^2 : 10^2$
$L = \dfrac{100^2}{10^2} L' = 100 L'$

27 자체 인덕턴스가 35[mH]와 45[mH]인 두 코일을 직렬 접속하였을 때 합성 인덕턴스가 180[mH] 및 80[mH]이었다면 두 코일의 결합계수는?

① 0.63
② 1
③ 1.25
④ 2

해설 가동접속 시 $L = L_1 + L_2 + 2M = 180$[mH]
차동접속 시 $L = L_1 + L_2 - 2M = 80$[mH]
$4M = 100$[mH], $M = k\sqrt{L_1 L_2} = 25$[mH]
$k = \dfrac{M}{\sqrt{L_1 L_2}} = \dfrac{25}{\sqrt{35 \times 45}} = 0.629$

28 5[A]가 흐르는 코일에 저축된 전자 에너지가 25[J] 이하가 되기 위한 인덕턴스[H]는?

① 0.5
② 2
③ 25
④ 50

해설 $W = \dfrac{1}{2} L I^2$[J]에서
$L = \dfrac{2W}{I^2} = \dfrac{2 \times 25}{5^2} = 2$[H]

29 코일에 흐르고 있는 전류가 3배로 되면 축적되는 전자 에너지는 몇 배가 되는가?

① 1
② 3
③ 5
④ 9

해설 $W = \dfrac{1}{2} L I^2$[J]에서 축적되는 에너지는 전류의 제곱에 비례하므로 9배이다.
$W' = \dfrac{1}{2} L I^2 = \dfrac{1}{2} L (3I)^2 = 9 \times (\dfrac{1}{2} L I^2) = 9W$

30 히스테리시스 손과 최대 자속 밀도와의 관계는?

① 자속밀도의 1.2 제곱에 비례
② 자속밀도의 1.6 제곱에 비례
③ 자속밀도의 1.2 제곱에 반비례
④ 자속밀도의 1.6 제곱에 반비례

해설 히스테리시스 손 $P_h = \eta f B_m^{1.6}$[W/m^3]

과년도 출제문제

01 공기 중에서 10[cm]의 거리에 있는 두 자극의 세기가 각각 5×10^{-3}[Wb], 3×10^{-3}[Wb]이다. 두 자극 사이에 작용하는 힘은 약 몇 [N]인가? [05]

① 6.3   ② 24   ③ 68   ④ 95

해설 $F = \dfrac{1}{4\pi\mu_0\mu_s} \times \dfrac{m_1 m_2}{r^2}$

$= 6.33\times10^4 \times \dfrac{(5\times10^{-3})\times(3\times10^{-3})}{(10\times10^{-2})^2}$

$\fallingdotseq 95[\text{N}]$

02 공기 중 10[Wb]의 자극에서 나오는 자력선의 총 수는? [13]

① 약 6.885×10^6개
② 약 7.958×10^6개
③ 약 8.855×10^6개
④ 약 9.092×10^6개

해설 임의의 폐곡면 내의 전체 자하량 m[Wb]가 있을 때 이 폐곡면을 통해서 나오는 자기력선의 총수는 $\dfrac{m}{\mu}$개다. (공기 중의 비투자율 $\mu_s = 1$이므로 $\dfrac{m}{\mu_0}$개의 자기력선이 나온다.)

$N = \dfrac{m}{\mu_0\mu_s} = \dfrac{10}{4\pi\times10^{-7}\times1} = 7.958\times10^6$개

03 단면적 S[m²]의 철심에 ϕ[Wb]의 자속을 통하게 하려면 H[AT/m]의 자계가 필요하다. 이 철심의 비투자율 μ_s은? [02]

① $\dfrac{\phi}{\mu_0 SH}$ ② $\dfrac{\phi S}{\mu_0 H}$

③ $\dfrac{\phi H}{\mu_0 S}$ ④ $\dfrac{\phi}{\mu_0 SH^2}$

해설 $B = \dfrac{\phi}{S}$[Wb/m²], $H = \dfrac{B}{\mu_0\mu_s}$[AT/m]에서

$\mu_s = \dfrac{B}{\mu_0 H} = \dfrac{\phi}{\mu_0 SH}$

04 비투자율 μ_s, 자속밀도 B[Wb/m²]의 자기장 중에 있는 1의 자극이 받는 힘은? [03]

① B ② $\dfrac{B}{\mu_0}$

③ $\dfrac{B}{\mu_s}$ ④ $\dfrac{B}{\mu_0\mu_s}$

해설 $F = mH = m\dfrac{B}{\mu_0\mu_s} = 1\times\dfrac{B}{\mu_0\mu_s} = \dfrac{B}{\mu_0\mu_s}$[N]

05 자기회로에 대한 키르히호프의 법칙을 설명한 것으로 옳은 것은? [10]

① 수 개의 자기회로가 1점에서 만날 때는 각 회로의 기자력의 대수합은 "0"이다.
② 자기회로의 결합점에서 각 자로의 자속의 대수합은 "0"이다.
③ 수 개의 자기회로가 1점에서 만날 때는 각 회로의 자속과 자기저항을 곱한 것의 대수합은 "0"이다.
④ 하나의 폐자기회로에 대하여 각 분로의 자속과 자기저항을 곱한 것의 대수합은 폐자기회로에 작용하는 기자력의 대수합과 같다.

해설 키르히호프의 제1법칙은 회로 내의 임의의 접속점에서 들어가는 전류와 나오는 전류의 대수합은 "0"이다.

정답 1. ④ 2. ② 3. ① 4. ④ 5. ②

06 어느 자극의 세기가 20[Wb], 길이가 10[cm]인 막대자석이 있다. 자기 모멘트는 몇 [Wb·m]인가? [02] [04] [05]

① 2　　　　② 20
③ 0.5　　　④ 50

해설 막대자석의 길이가 10[cm] = 0.1[m]이므로
$M = m \cdot l = 20[\text{Wb}] \times 0.1[\text{m}]$
$= 2[\text{Wb} \cdot \text{m}]$

07 다음 중 전류에 의해 만들어지는 자기장의 자기력선 방향을 간단하게 알아내는 법칙은? [09] [14] [17]

① 앙페르의 오른나사법칙
② 렌츠의 법칙
③ 플레밍의 왼손법칙
④ 가우스의 법칙

해설 앙페르의 오른나사법칙은 오른나사가 진행하는 방향으로 전류가 흐르면, 자력선은 오른나사가 회전하는 방향으로 만들어진다는 원리이다.

08 앙페르의 주회적분 법칙은 어느 관계를 직접적으로 표시하는가? [02]

① 전하와 자계
② 전류와 인덕턴스
③ 전류와 자계
④ 전하와 전위

해설 앙페르의 주회적분 법칙은 원둘레 위 임의의 점에서의 자계의 세기를 H라 하면 이 원둘레에 있어서 의 선 적분은 이 원둘레 내를 가로 지르는 전(全) 류와 같다고 하는 법칙

09 무한히 긴 직선도체에 전류 I[A]를 흘릴 때 이 전류로부터 r[m] 떨어진 점의 자속밀도는 몇 [Wb/m^2]인가? [13]

① $\dfrac{\mu_0 I}{4\pi r}$　　　② $\dfrac{I}{2\pi \mu_0 r}$
③ $\dfrac{I}{2\pi r}$　　　④ $\dfrac{\mu_0 I}{2\pi r}$

해설 무한히 긴 직선도체의 자기장의 세기
$H = \dfrac{I}{2\pi r}[\text{AT/m}]$
공기 중 무한히 긴 직선도체의 자속밀도
$B = \mu H = \dfrac{\mu_0 I}{2\pi r}[\text{Wb/m}^2]$

10 반지름 25[cm]의 원주형 도선에 π[A]의 전류가 흐를 때 도선의 중심축에서 50[cm]되는 점의 자계의 세기는? (단, 도선의 길이 l은 매우 길다.) [12]

① 1[AT/m]　　　② π[AT/m]
③ $\dfrac{1}{2}\pi$[AT/m]　④ $\dfrac{1}{4}\pi$[AT/m]

해설 도선의 길이가 매우 길기 때문에 무한장 직선전류에 의한 자계의 세기
$H = \dfrac{I}{2\pi r} = \dfrac{\pi}{2\pi \times 50 \times 10^{-2}} = 1[\text{AT/m}]$

11 평균 자로의 길이가 80[cm]인 환상철심에 500회 코일을 감고 4[A]의 전류를 흘렸을 때 기자력은 몇 [AT]이며, 자계의 세기는 몇 [AT/m]인가? [04] [07]

① 기자력 : 2000, 자계의 세기 : 2500
② 기자력 : 3000, 자계의 세기 : 2500
③ 기자력 : 2000, 자계의 세기 : 3500
④ 기자력 : 3000, 자계의 세기 : 3500

정답 6. ①　7. ①　8. ③　9. ④　10. ①　11. ①

해설 기자력 $F = N \cdot I = 500 \times 4 = 2000[\text{AT}]$
자계의 세기
$$H = \frac{N \cdot I}{l} = \frac{500 \times 4}{80 \times 10^{-2}} = 2500[\text{AT/m}]$$

12 평균 반지름이 1[cm]이고, 권수가 500회인 환상 솔레노이드 내부의 자계가 200[AT/m]가 되도록 하기 위해서는 코일에 흐르는 전류를 약 몇 [A]로 하여야 하는가? [13]
① 0.015 ② 0.025
③ 0.035 ④ 0.045

해설 $H = \frac{NI}{2\pi r}[\text{AT/m}]$에서
$$I = \frac{2\pi r H}{N} = \frac{2\pi \times 0.01 \times 200}{500} = 0.025[\text{A}]$$

13 자기 인덕턴스 50[mH]인 코일에 흐르는 전류가 0.01[초] 사이에 5[A]에서 3[A]로 감소하였다. 이 코일에 유기되는 기전력[V]은? [13] [18]
① 10[V] ② 15[V]
③ 20[V] ④ 25[V]

해설 $e = -L\frac{di}{dt} = 50 \times 10^{-3} \times \frac{5-3}{0.01} = 10[\text{V}]$
("−"는 기전력의 방향을 나타낸다.)

14 단면적 $S[\text{m}^2]$, 길이 $l[\text{m}]$, 투자율 $\mu[\text{H/m}]$의 자기회로에 N회의 코일을 감고 $I[\text{A}]$의 전류를 통할 때, 자기회로의 옴의 법칙을 옳게 표현한 것은? [05] [09] [14]
① $B = \frac{\mu S N^2 I}{l}[\text{Wb/m}^2]$
② $B = \frac{\mu S}{N^2 I l}[\text{Wb/m}^2]$
③ $\phi = \frac{\mu S N I}{l}[\text{Wb}]$
④ $\phi = \frac{\mu S I}{Nl}[\text{Wb}]$

해설 자속 $\phi = BS = \mu HS = \mu \frac{N \cdot I}{l} S[\text{Wb}]$

15 단면적 50[cm²]인 환상철심에 500[AT/m]의 자장을 가할 때 전 자속은 몇 [Wb]인가? (단, 진공 중의 투자율 $4\pi \times 10^{-7}[\text{H/m}]$이고 철심의 비투자율은 800 이다.) [03] [07]
① $16\pi \times 10^{-2}$ ② $8\pi \times 10^{-4}$
③ $4\pi \times 10^{-4}$ ④ $2\pi \times 10^{-2}$

해설 단면적 $S = 50[\text{cm}^2] = (50 \times 10^{-4})[\text{m}^2]$이므로
$\phi = BS = \mu HS = \mu_0 \mu_s HS$
$= 4\pi \times 10^{-7} \times 800 \times 500 \times (50 \times 10^{-4})$
$= 8\pi \times 10^{-4}[\text{Wb}]$

16 비투자율 $\mu_s = 800$, 단면적 $S = 10[\text{cm}^2]$, 평균 자로의 길이 $l = 30[\text{cm}]$의 환상 철심에 $N = 600$회의 권선을 감은 무한 솔레노이드가 있다. 이것에 $I = 1[\text{A}]$의 전류를 흘릴 때 솔레노이드 내부의 자속은 약 몇 [Wb]인가? [07]
① 1.1×10^{-3} ② 1.1×10^{-4}
③ 2.01×10^{-3} ④ 2.01×10^{-4}

해설 단면적 $S = 10[\text{cm}^2] = (10 \times 10^{-4})[\text{m}^2]$이므로
$\phi = BS = \mu HS = \mu \frac{N \cdot I}{l} S$
$= 4\pi \times 10^{-7} \times 800 \times \frac{600 \times 1}{30 \times 10^{-2}} \times (10 \times 10^{-4})$
$= 2.01 \times 10^{-3}[\text{Wb}]$

정답 12. ② 13. ① 14. ③ 15. ② 16. ③

17 공기 중에서 간격 1[m]의 평행 도체에 길이 1[m]당 10^{-7}[N]의 반발력이 작용한다면 이 도체에 흐르는 전류는 몇 [A]인가? [06]

① $\sqrt{2}$
② $\dfrac{1}{\sqrt{2}}$
③ 2
④ $\dfrac{1}{2}$

해설
$F = \dfrac{2I_1 I_2}{r} \times 10^{-7}$[N/m]에서
왕복도체는 $I_1 = I_2$이므로,
$F = \dfrac{2I^2}{r} \times 10^{-7}$,
$I = \sqrt{\dfrac{F \cdot r}{2} \times 10^7} = \sqrt{\dfrac{10^{-7} \times 1}{2}} = \dfrac{1}{\sqrt{2}}$[A]

18 자극의 흡인력 F[N]과 자속밀도 B[Wb/m²]의 관계로 옳은 것은?
(단, $K = \dfrac{S}{2\mu_0}$ 이다.) [13]

① $F = K\dfrac{1}{B^2}$
② $F = K\dfrac{1}{B}$
③ $F = KB^2$
④ $F = KB$

해설 서로 다른 자극 사이에는 흡인력 F가 발생하고, 미소거리 Δl[m]만큼 이동하면 일은 $W = F \cdot \Delta l$[J]이고, 자기회로의 새로 발생된 자기에너지와 등가이므로
$W = F \cdot \Delta l = \dfrac{1}{2}\mu H^2 \cdot S \cdot \Delta l$[J],
$F = \dfrac{1}{2}\mu H^2 \cdot S$[N]
여기서 $H = \dfrac{B}{\mu}$가
공기 중일 때 ($\mu_s = 1$) $H = \dfrac{B}{\mu_0}$이므로
$F = \dfrac{1}{2\mu_0} B^2 \cdot S = KB^2$[N]

19 권회수 2회의 코일에 5[Wb]의 자속이 쇄교하고 있을 때 0.1초 사이에 자속이 0으로 변화하였다면 이 때 코일에 유도되는 기전력은 몇 [V]인가? [03] [08]

① 10
② 50
③ 100
④ 500

해설 유기 기전력
$e = -N\dfrac{\Delta \phi}{\Delta t} = -2\dfrac{(0-5)}{0.1} = 100$[V]

20 자속밀도 1[Wb/m²]인 평등자계의 방향과 수직으로 놓인 50[cm]의 도선을 자계와 30°의 방향으로 40[m/s]의 속도로 움직일 때 도선에 유기되는 기전력은 몇 [V]인가? [02] [07]

① 5
② 10
③ 20
④ 40

해설 유도 기전력
$e = Blv\sin\theta = 1 \times 0.5 \times 40 \times \sin 30° = 10$[V]

21 어떤 코일에 전류가 0.2초 동안에 2[A]의 전류가 변화하여 기전력 4[V]가 유기되었다면 이 회로의 인덕턴스는 몇 [H]인가? [02] [07]

① 0.1
② 0.2
③ 0.4
④ 0.6

해설 유기기전력
$e = L\dfrac{\Delta i}{\Delta t}$[V]에서
$L = \dfrac{e \times \Delta t}{\Delta i} = \dfrac{4 \times 0.2}{2} = 0.4$[H]

22 자로의 평균길이 25[cm], 단면적 5[cm²], 권수 1,000인 공심 솔레노이드의 자체 인덕턴스는? [05]

① 1.35[mH] ② 2.51[mH]
③ 3.64[mH] ④ 4.61[mH]

해설
$$L = \frac{\mu_0 \mu_s A N^2}{l}$$
$$= \frac{4\pi \times 10^{-7} \times 1 \times 5 \times 10^{-4} \times 1{,}000^2}{25 \times 10^{-2}}$$
$$= 2.51[\text{mH}]$$

23 같은 철심 위에 동일한 권수로 자체 인덕턴스 L[H]의 코일 두 개를 접근해서 감고 이것을 같은 방향으로 직렬 연결할 때 합성 인덕턴스[H]는?(단, 두 코일의 결합계수는 0.5이다.) [11] [17]

① L ② 2L
③ 3L ④ 4L

해설 합성 인덕턴스 $L_0 = L_1 + L_2 \pm 2M$
같은 철심 위에 동일한 권수이므로 $L_1 = L_2$
상호 인덕턴스 $M = k\sqrt{L_1 L_2} = 0.5\sqrt{L^2} = 0.5L$
같은 방향으로 직렬 연결했으므로
$L_0 = L_1 + L_2 + 2M = 2L + 2 \times 0.5L = 3L$

24 자기인덕턴스가 L_1, L_2 상호인덕턴스가 M인 두 회로의 결합계수가 1인 경우 L_1, L_2, M의 관계는? [08] [11] [16]

① $L_1 L_2 = M$ ② $L_1 L_2 < M^2$
③ $L_1 L_2 > M^2$ ④ $L_1 L_2 = M^2$

해설 $k = \frac{M}{\sqrt{L_1 L_2}} = 1$에서 $L_1 L_2 = M^2$

25 그림에서 1차 코일의 자기인덕턴스 L_1, 2차 코일의 자기인덕턴스 L_2, 상호인덕턴스를 M이라 할 때 L_A의 값으로 옳은 것은? [12] [17]

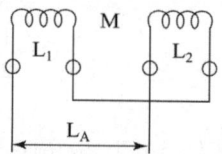

① $L_1 + L_2 + 2M$
② $L_1 - L_2 + 2M$
③ $L_1 + L_2 - 2M$
④ $L_1 - L_2 - 2M$

해설

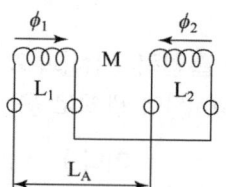

자속의 방향이 반대 방향으로 차동접속이므로
$L_A = L_1 + L_2 - 2M[\text{H}]$

26 동일한 보빈 위에 동일한 인덕턴스 L[H]인 두 코일을 반대방향으로 직렬 연결할 때 합성인덕턴스는 몇 [H]인가? [07]

① 0
② L
③ 2L
④ 4L

해설 두 코일을 반대방향으로 직렬로 연결되어 있으므로 차동접속
$L = L_1 + L_2 - 2M$
$L = L_1 + L_2 - 2\sqrt{L_1 L_1}$
$= 0 \; (\because L_1 = L_2)$

27 그림과 같은 회로에서 $i = I_m \sin\omega t [\text{A}]$일 때 개방된 2차 단자에 나타나는 유기 기전력은 얼마인가? [14]

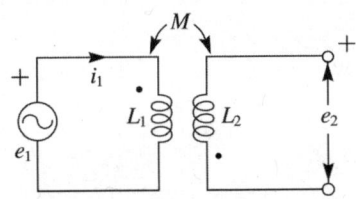

① $\omega M I_m^2 \cos(\omega t + 90°)$
② $\omega M I_m \sin\omega t$
③ $-\omega M I_m \cos\omega t$
④ $\omega M I_m^2 \sin(\omega t - 90°)$

해설 1차 전압의 극성과 2차 전압의 극성 방향이 반대이므로
$$e = -M\frac{di}{dt} = -M\frac{d(I_m \sin\omega t)}{dt} = -\omega M I_m \cos\omega t$$

28 자기 인덕턴스 $L[\text{H}]$의 코일에 $I[\text{A}]$의 전류가 흐를 때 자로에 축적되는 에너지 W는 몇 [J]인가? [02] [07]

① $W = \frac{1}{2}LI^2$ ② $W = 2LI^2$
③ $W = \frac{I}{2L}$ ④ $W = \frac{2L}{I^2}$

해설 축적되는 에너지는 $W = \frac{1}{2}LI^2[\text{J}]$

29 비투자율 1500인 자로의 평균 길이 50[cm], 단면적 30[cm²]인 철심에 감긴 권수 425회의 코일에 0.5[A]의 전류가 흐를 때 축적된 전자 에너지는 몇 [J]인가? [02] [07] [09] [16]

① 0.25 ② 2.73
③ 4.96 ④ 15.3

해설
$$L = \frac{\mu A}{l}N^2$$
$$= \frac{4\pi \times 10^{-7} \times 1500 \times 30 \times 10^{-4}}{50 \times 10^{-2}} \times 425^2$$
$$\fallingdotseq 2[\text{H}]$$
$$W = \frac{1}{2}LI^2 = \frac{1}{2} \times 2 \times 0.5^2 = 0.25[\text{J}]$$

30 히스테리시스 곡선의 횡축과 종축을 나타내는 것은? [07] [17]
① 자속밀도 – 투자율
② 자장의 세기 – 자속밀도
③ 자계의 세기 – 자화
④ 자화 – 자속밀도

해설

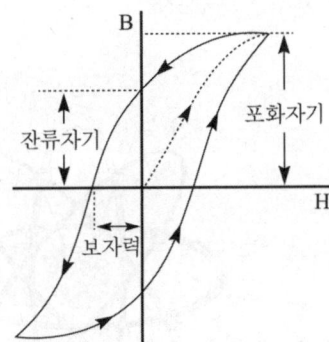

자성체를 +H로 자화시킨 후 자계의 세기(H)를 0으로 하여도 자성체에 자속밀도(B)가 0이 되지 않고 잔류자기만큼 자기가 남는다.
잔류자기를 0으로 만드는데 소요되는 자계의 크기를 보자력이라 한다.

정답 27. ③ 28. ① 29. ① 30. ②

Chapter 02 직류회로

1 전하와 전기량

(1) 물질의 구성

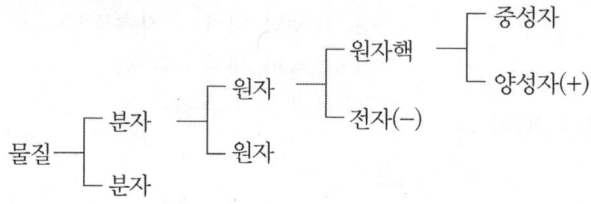

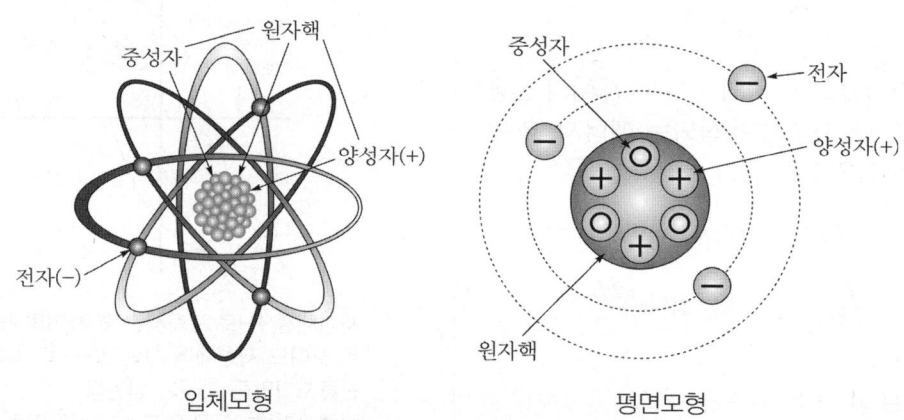

원자의 구조와 모형

① 정상 상태에서 원자는 원자 내에서의 양성자수와 전자수가 같으므로 중성이다.
② 전자 1개의 전기량 : -1.60219×10^{-19}[C]
　양성자 1개의 전기량 : $+1.60219 \times 10^{-19}$[C]
③ 전자의 질량 : 9.109×10^{-31}[kg], 양성자 = 중성자 ≒ 전자의 질량 × 1,840배

(2) 자유전자

① 원자핵과 결합력이 약해서 외부 자극에 의해 쉽게 궤도를 이탈할 수 있는 전자
② 자유전자의 이동이나 증감에 의해 도체에 전류가 흐르고 물체가 마찰에 의해서 전기를 띠는 것 등 많은 전기 현상들이 발생한다.

(3) 전기의 발생

① 중성상태 : 양성자와 전자수가 동일 - 정상상태의 원자
② 양전기 발생 : 자유전자가 물질 바깥으로 나감.
③ 음전기 발생 : 자유전자가 물질 내부로 들어 옴.
④ 대전 : 물질이 전자가 부족 또는 과잉 상태에서 양전기나 음전기를 띠게 되는 현상

(4) 전하와 전기량

① 전하 : 대전에 의해서 물체가 전기를 띠고 있는 전기
② 전하에는 양(+)전하와 음(-)전하가 있으며, 동일한 전하는 서로 반발하고 다른 성질의 전하는 서로 끌어당기는 성질이 있다.
③ 전기력 : 두 전하 사이에 작용하는 힘
④ 전기량 : 전하가 가지고 있는 전기의 양
$Q[C] = I[A] \times t[sec]$
전기량의 기호 : Q, 단위 : 쿨롱[C]
⑤ 1[C]은 $\frac{1}{1.60219 \times 10^{-19}} ≒ 0.624 \times 10^{19}$개의 전자가 부족해서 생기는 전기량이다.

2 전기회로의 전류와 전압

(1) 저항

- 전류 흐름을 방해하는 소자.
- 1[Ω]은 1[V]의 전압을 가했을 때 1[A]의 전류가 흐를 때의 저항

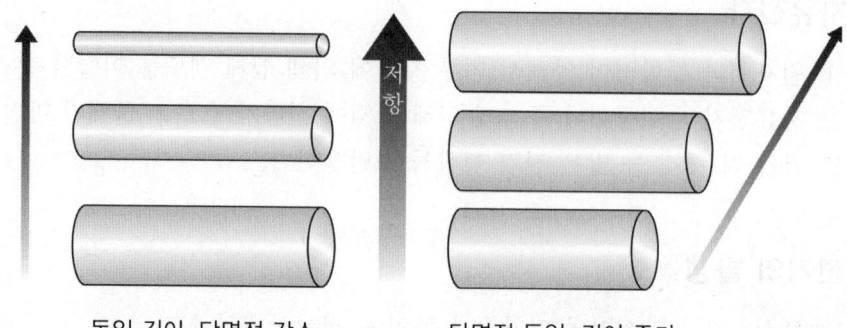

동일 길이, 단면적 감소 　　단면적 동일, 길이 증가

전기저항

1) 전기저항

- 전기저항의 기호는 R, 단위는 옴(ohm)[Ω]
- 도체의 단면적을 $A[\text{mm}^2]$, 길이를 $l[\text{m}]$이라 하고 물질에 따라 결정되는 비례상수를 ρ라 하면 (ρ=도선의 고유저항[$\Omega \text{mm}^2/\text{m}$])
- 전선은 원형이므로 반지름 $r[\text{m}]$, 지름이 $D[\text{m}]$인 원의 단면적 A는

$$A = \pi r^2 = \pi(\frac{D}{2})^2 = \frac{\pi}{4}D^2 [\text{m}^2]$$

저항 $R = \rho\frac{l}{A} = \rho\frac{l}{\pi r^2} = \rho\frac{4l}{\pi D^2}[\Omega]$

2) 고유저항(저항률) $\rho = R\frac{A}{l}[\Omega \cdot \text{m}]$

3) 전도율 $\sigma = \dfrac{1}{\rho} = \dfrac{1}{\dfrac{RA}{l}} = \dfrac{l}{RA}[\mho/\text{m}]$

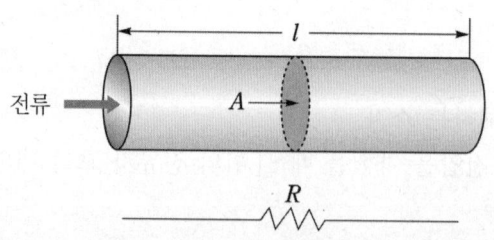

도체의 저항

4) 컨덕턴스

- 저항의 역수로서 저항이 가지고 있는 특성의 반대. 즉, 전류가 잘 흐르는 정도
- 기호는 G, 단위는 모(mho) [℧]

5) 저항의 온도계수

저항의 온도가 1[℃] 올라갈 때 본래의 저항값에 대한 저항의 증가 비율

① 0[℃]에서 표준연동의 저항 온도계수 $\alpha_0 = \dfrac{1}{234.5}$

t[℃]일 때 저항 온도계수 $\alpha_t = \dfrac{1}{234.5 + t}$

② 온도 변화에 의한 저항의 변화
$R_T = R_0 \{1 + \alpha_t (T - t)\}$ [Ω]

T : 상승 후 온도[℃] t : 상승 전 온도 [℃]
α_t : t[℃]에서 온도계수 R_0 : t[℃]에서의 도체 저항
R_T : T[℃]에서 도체 저항

6) 여러 가지 물질의 고유저항

① 도체 : 전기가 잘 통하는 10^{-4}[Ω·m] 이하의 고유저항을 갖는 물질(도전재료)
② 부도체 : 전기가 거의 통하지 않는 10^6[Ω·m] 이상의 고유저항을 갖는 물질(절연재료)
③ 반도체 : 도체와 부도체의 양쪽 성질을 갖는 $10^{-4} \sim 10^6$[Ω·m]의 고유저항을 갖는 물질(규소(Si), 게르마늄(Ge))

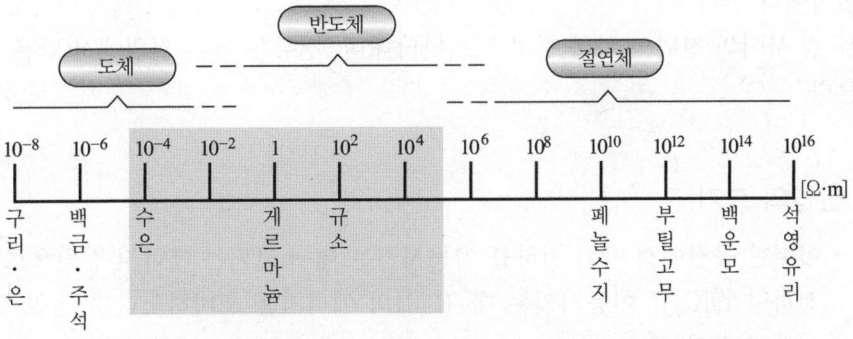

여러 가지 물질의 고유저항

(2) 전류

- 어떤 도체의 단면을 단위 시간 동안에 이동한 전하(Q)의 양으로, 기호는 I, 단위는 암페어(A)

$$I = \frac{Q}{t} [C/sec][A]$$

- 어떤 도선에 1[A]의 전류가 흐른다는 것은 1[sec] 동안에 1[C]의 전기량이 이동할 때 전류의 크기

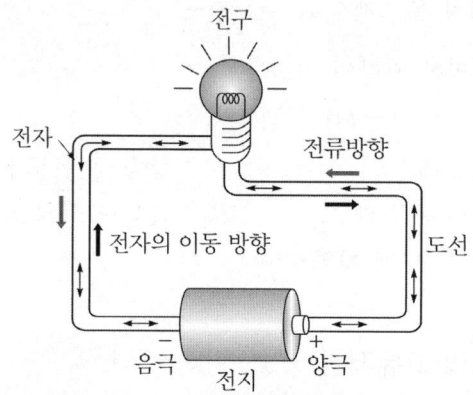

전기 회로의 전류 방향

(3) 전압

- 전류를 흐르게 하는 전기적인 에너지의 차이
- 전기장 내에서 단위전하가 갖는 위치에너지를 전위라 하고 그 차이를 전위차 또는 전압이라 한다.
- 두 점 사이의 전위의 차를 전압으로 나타내며, 전류는 높은 전위에서 낮은 전위로 흐른다.

1) 전압의 크기

- 어떠한 공간에서 단위 전하를 이동시키는 데 소모되는 에너지 전원으로부터 어떤 전하량 $Q[C]$를 이동시키는 데 $W[J]$의 에너지를 소비하였다면 전원 두 단자 사이의 전위차는

$$V = \frac{W}{Q} [J/C]$$

- 1[V]는 1[C]의 전하가 두 점 사이를 이동할 때 얻거나 잃은 에너지가 1[J] 일 때의 전위차

2) 기전력

대전체에 전지를 연결하여 전위차를 일정하게 유지시켜 주면 계속해서 전류를 흘릴 수 있는데, 이와 같이 전위차를 만들어 주는 힘 기전력의 기호는 E로 표시하고, 단위는 전압과 동일하게 V(Volt)를 사용한다.

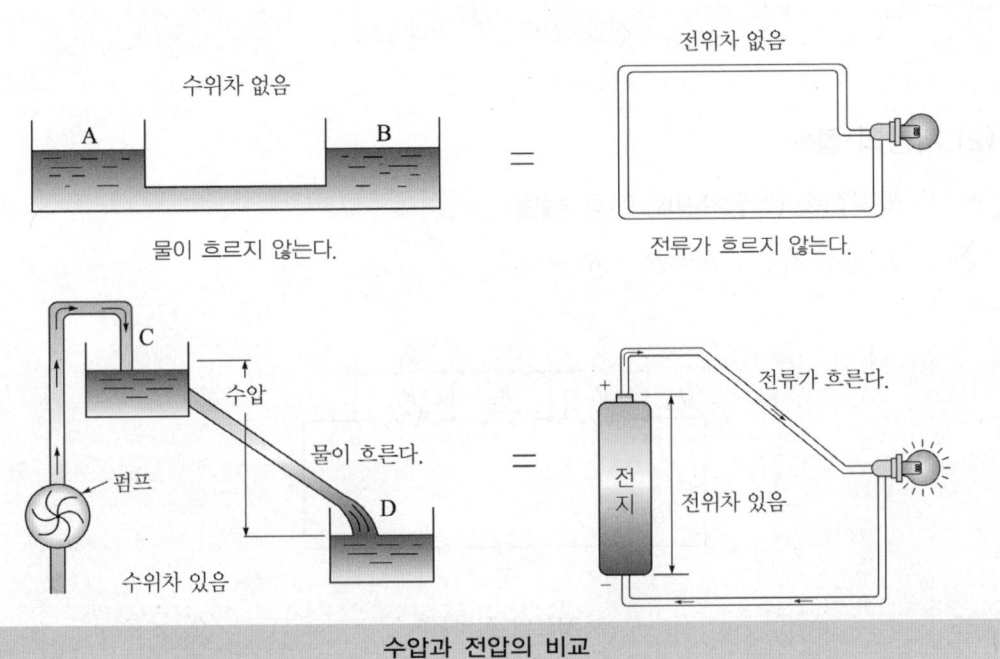

수압과 전압의 비교

3 전기회로의 법칙

(1) 옴의 법칙

저항에 흐르는 전류의 크기는 저항에 인가한 전압에 비례하고 저항에 반비례한다.

$$I = \frac{V}{R}, \quad V = I \cdot R, \quad R = \frac{V}{I}$$

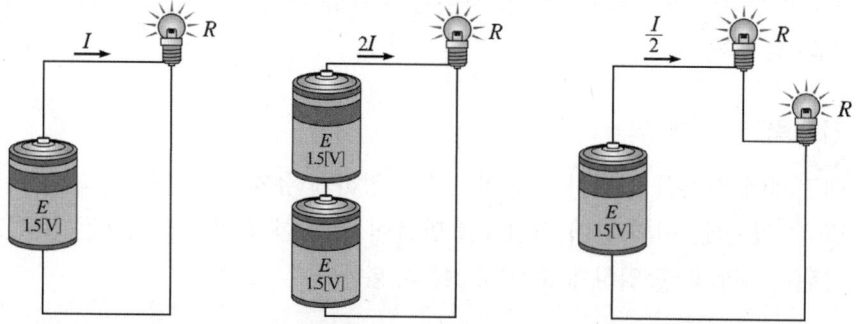

전압, 전류, 저항과의 관계

(2) 저항의 접속

1) 직렬접속 (전압 분배, 전류 불변)

① 합성 저항 : $R = R_1 + R_2 + R_3$

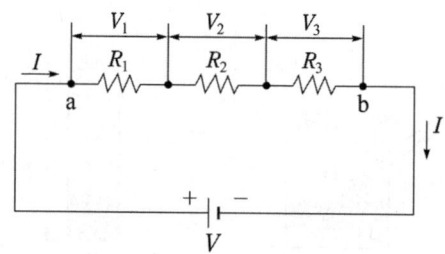

저항의 직렬접속

$$V_1 = I \cdot R_1, \quad V_2 = I \cdot R_2, \quad V_3 = I \cdot R_3$$

$$V = V_1 + V_2 + V_3 = IR_1 + IR_2 + IR_3 = I(R_1 + R_2 + R_3)$$

$$I = \frac{V}{R_1 + R_2 + R_3} = \frac{V}{R}$$

② 각 저항에 분배되는 전압은 각 저항값에 비례하여 분배된다.

$$V_1 = \frac{R_1}{R} V, \quad V_2 = \frac{R_2}{R} V, \quad V_3 = \frac{R_3}{R} V$$

2) 병렬접속(전류 분배, 전압 불변)

① 합성 저항

$$\frac{1}{R} = \frac{1}{R_1} + \frac{1}{R_2} + \frac{1}{R_3} \text{이므로} \quad R = \frac{1}{\frac{1}{R_1} + \frac{1}{R_2} + \frac{1}{R_3}}$$

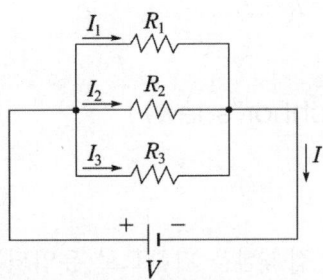

저항의 병렬접속

② 각 저항에 흐르는 전류는 저항값에 반비례하여 흐른다.

$$I_1 = \frac{V}{R_1}, \quad I_2 = \frac{V}{R_2}, \quad I_3 = \frac{V}{R_3}$$

$$I = I_1 + I_2 + I_3 = \frac{V}{R_1} + \frac{V}{R_2} + \frac{V}{R_3} = \left(\frac{1}{R_1} + \frac{1}{R_2} + \frac{1}{R_3}\right)V$$

③ 컨덕턴스 : 전류를 얼마나 잘 흘릴 수 있는가를 나타내는 상수(저항의 역수)

$$G = \frac{1}{R}[\mho], \quad I = GV$$

3) 직·병렬접속

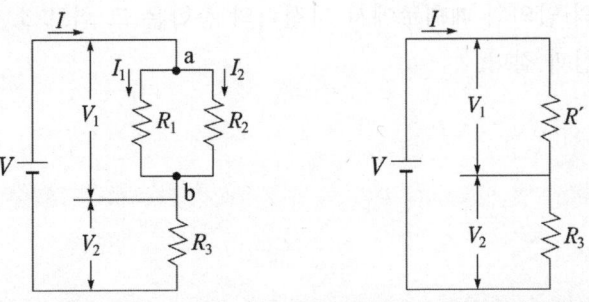

저항의 직병렬접속

① 병렬회로의 합성저항 $R' = \dfrac{R_1 R_2}{R_1 + R_2}$

② 전체 회로의 합성저항 $R = R' + R_3 = \dfrac{R_1 R_2}{R_1 + R_2} + R_3$

③ 각 저항에 흐르는 전류 $I_1 = I \times \dfrac{R_2}{R_1 + R_2}$, $I_2 = I \times \dfrac{R_1}{R_1 + R_2}$

④ $V = V_1 + V_2$, $I = I_1 + I_2$

(3) 키르히호프의 법칙(Kirchhoff's law)

1) 제1법칙 (전류 법칙)

회로망 내의 임의의 한 접속점을 기준으로 유입되는 전류와 유출되는 전류의 합은 같다.

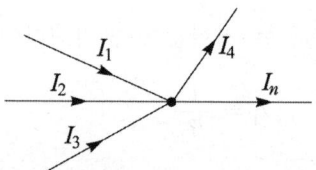

키르히호프의 제1법칙

Σ 유입 전류 = Σ 유출 전류

$I_1 + I_2 + I_3 + I_4 \cdots I_n = 0$

2) 제2법칙(전압 법칙)

회로망 내의 임의의 폐회로에서 기전력의 총합은 그 회로 소자에서 발생하는 전압 강하의 총합과 같다.

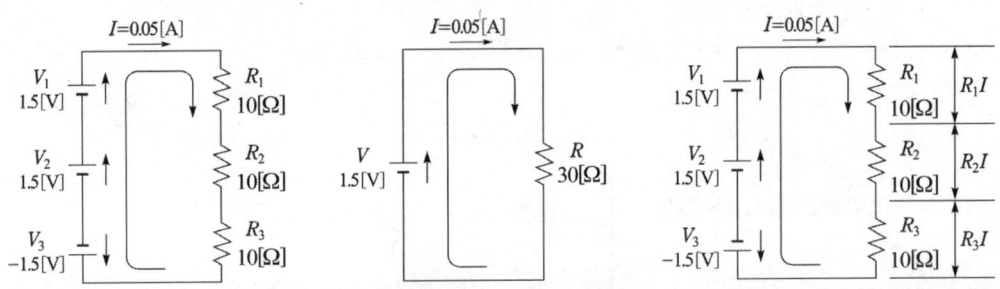

키르히호프의 제2법칙

$$\Sigma \text{ 기전력} = \Sigma \text{ 전압 강하}$$
$$V_1 + V_2 + V_3 + \cdots V_n = R_1 I + R_2 I + R_3 I + \cdots R_n I$$

(4) 전지의 접속

1) 전지의 직렬접속

기전력 E, 내부저항 r인 전지 n개를 직렬접속하고 부하저항 R을 연결하였을 때

- 전체 저항 $R + nr$
- 회로에 흐르는 전류 $I = \dfrac{nE}{nr + R}$

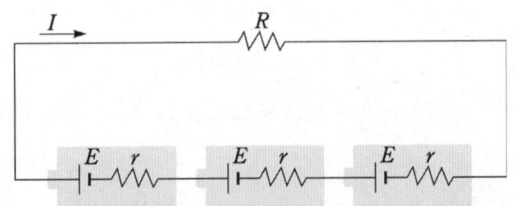

전지의 직렬접속

2) 전지의 병렬접속

기전력 E, 내부저항 r인 전지 n개를 병렬접속하고 부하저항 R을 연결하였을 때

- 전지 내부저항의 총합 $\dfrac{r}{n}$
- 부하에 흐르는 전류 $I = \dfrac{E}{\dfrac{r}{n} + R}$

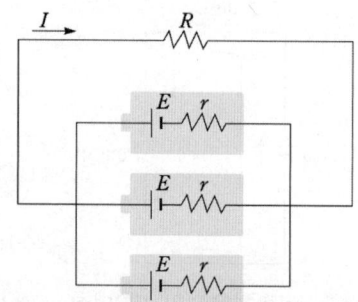

전지의 병렬접속

출제예상문제

01 전선의 체적을 일정하게 유지하고 길이를 2배로 늘리면 저항은 몇 배가 되는가?
① $\frac{1}{2}$ ② 2
③ 4   ④ $\frac{1}{4}$

해설 길이를 늘리기 전 저항 $R_0 = \rho \frac{l}{A}$ 이며 체적이 일정할 때 단면적과 길이는 반비례하므로 길이를 2배로 늘린 후 저항
$R' = \rho \frac{2l}{\frac{A}{2}} = \rho \frac{4l}{A} = 4R_0 [\Omega]$

02 주위 온도 0[℃]에서 20[Ω]인 연동선이 있다. 주위 온도가 70[℃]가 되었을 때 저항값은? (단, 0[℃]에서 연동선의 온도계수 $\alpha_0 = 4.3 \times 10^{-3}$ 이다.)
① 23[Ω]   ② 24[Ω]
③ 25[Ω]   ④ 26[Ω]

해설 $R_t = R_0 \{1 + \alpha_0 (t - t_0)\}$
$= 20\{1 + 4.3 \times 10^{-3} \times (70 - 0)\}$
$= 26[\Omega]$

03 2[C]의 전기량이 이동하여 40[J]의 일을 했다면 두 점 사이의 전위차[V]는?
① 0.2   ② 0.5
③ 5   ④ 20

해설 $V = \frac{W}{Q} = \frac{40}{2} = 20[V]$

04 직류전원에 저항을 접속하고 전류를 흘릴 때 전류값을 20[%] 증가시키기 위한 저항값은?
① 약 0.80배   ② 약 0.83배
③ 약 1.10배   ④ 약 1.25배

해설 $R' = \frac{V}{1.2I} = \frac{1}{1.2} \times \frac{V}{I} = 0.833 \times \frac{V}{I} = 0.833R$

05 다음과 같은 회로에서 V_1의 전압[V]은?
① 4
② 6
③ 8
④ 10

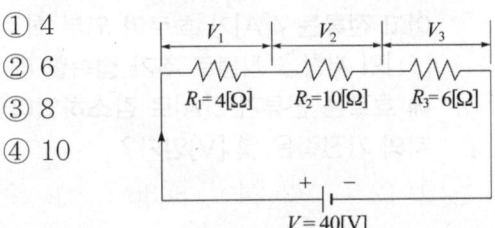

해설 합성저항 $R_0 = 4 + 10 + 6 = 20[\Omega]$,
회로에 흐르는 전류 $I = \frac{V}{R_0} = \frac{40}{20} = 2[A]$ 이므로
$V_1 = IR_1 = 2 \times 4 = 8[V]$

06 다음과 같은 회로에서 I_1의 전류[A]는?
① 4
② 5
③ 8
④ 10

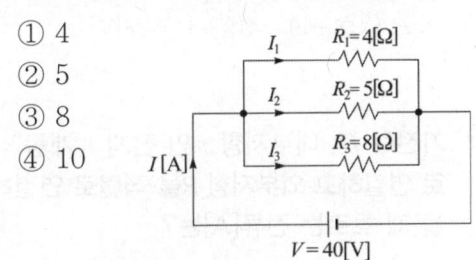

해설 $I_1 = \frac{V}{R_1} = \frac{40}{4} = 10[A]$

정답 1.③ 2.④ 3.④ 4.② 5.③ 6.④

07 일정 전압의 직류전원에 저항을 접속하고 전류를 흘릴 때 전류값을 33[%] 감소시키면 흐르는 전류는 본래 저항에 흐르는 전류에 비해 어떠한가?

① 33[%] 감소   ② 33[%] 증가
③ 49[%] 감소   ④ 49[%] 증가

해설 $I = \dfrac{V}{R}$ 에서 저항 33[%] 감소시키면 전류 I는

$I = \dfrac{V}{R'} = \dfrac{V}{0.67R} = 1.49 \dfrac{V}{R} = 1.49I$[A]이므로 49[%] 증가한다.

08 어떤 전지와 연결된 외부 회로 저항은 8[Ω]이고 전류는 4[A]가 흐르며 외부 회로에 4[Ω]의 저항을 직렬로 추가 접속할 때 회로에 흐르는 전류가 3[A]로 감소하였다면 전지의 기전력은 몇 [V]인가?

① 12   ② 24   ③ 36   ④ 48

해설 기전력 E, 단자전압 V, 전지의 내부저항을 r이라 하면
$V = E - Ir$[V],
$E = V + Ir = IR + Ir = I(R+r)$[V]
$R_1 = 8$[Ω]일 때 $I_1 = 4$[A], $R_2 = 8 + 4 = 12$[Ω]
일 때 $I_2 = 3$[A]이므로
$E = 4(8 + r) = 32 + 4r$,
$E = 3(8 + 4 + r) = 36 + 3r$
$E = 32 + 4r = 36 + 3r$에서 $r = 4$[Ω]
∴ $E = 4(8 + r) = 4(8 + 4) = 48$[V]

09 기전력 E, 내부저항 r인 전지 n개를 직렬로 연결하고 외부저항 R을 직렬로 연결하였을 때 흐르는 전류[A]는?

① $I = \dfrac{E}{nr + R}$ ② $I = \dfrac{nE}{nr + R}$
③ $I = \dfrac{nE}{nr + nR}$ ④ $I = \dfrac{nE}{r + R}$

해설 $I = \dfrac{nE}{nr + R}$[A]

10 기전력 1.5[V], 내부저항 0.1[Ω]의 전지 10개를 직렬로 연결한 후 부하저항을 연결하였더니 3[A]의 전류가 흘렀다면 부하 저항은 몇 [Ω]인가?

① 2   ② 5   ③ 10   ④ 20

해설 $I = \dfrac{nE}{nr + R}$,

$R = \dfrac{nE}{I} - nr = \dfrac{10 \times 1.5}{3} - (10 \times 0.1) = 5$[Ω]

11 어떤 전지에 부하로 6[Ω]을 연결했을 때 3[A]의 전류가 흐르고 부하에 직렬로 4[Ω]을 연결하니 2[A]가 흘렀다면 이 전지의 기전력은?

① 2[V]   ② 10[V]
③ 18[V]   ④ 24[V]

해설 $E = I(R + r) = 3(6 + r) = 2(6 + 4 + r)$
$18 + 3r = 20 + 2r$에서 내부저항 $r = 2$[Ω]
기전력 $E = I(R + r) = 2(6 + 4 + 2) = 24$[V]

12 내부저항 r인 전원에서 저항 R의 부하에 최대 전력을 공급하기 위한 조건은?

① $r > R$
② $r < R$
③ $r = R$
④ r, R의 값에 관계없다.

해설 최대 전력이 되기 위한 조건은 전원의 내부저항과 부하저항이 같을 때이다.

정답 7. ④   8. ④   9. ②   10. ②   11. ④   12. ③

과년도 출제문제

01 전자볼트[eV]는 약 몇 [J]인가? [03] [09] [17]
① 1.602×10^{-19} ② 1.672×10^{-21}
③ 1.723×10^{-24} ④ 1.762×10^{9}

해설 전자볼트는 1개의 전자가 1[V]의 전위차에 의해 받는 에너지이다.
$1[eV] = 1.602 \times 10^{-19}[C] \times 1[V]$
$\qquad = 1.602 \times 10^{-19}[J]$

02 1[C]의 전기량은 약 몇 개의 전자의 이동으로 발생하는가?(단, 전자 1개의 전기량은 $1.602 \times 10^{-19}[C]$이다.) [11]
① 8.855×10^{-12} ② 6.33×10^{4}
③ 9×10^{9} ④ 6.24×10^{18}

해설 전자 1개의 전하량 $e = 1.602 \times 10^{-19}[C]$이므로 1[C]의 전하의 개수는
$\dfrac{1}{1.602 \times 10^{-19}} = 6.24 \times 10^{18}$[개]의
전자의 과부족으로 생기는 전하의 전기량이다.

03 도전율이 큰 것부터 작은 것의 순으로 나열된 것은? [11]
① 금 > 은 > 구리 > 수은
② 은 > 구리 > 금 > 수은
③ 금 > 구리 > 은 > 수은
④ 은 > 구리 > 수은 > 금

해설 은 기준 %도전율은 은 100[%], 구리 94[%], 금 67[%], 수은 1.69[%]

04 5[Ω]의 저항 10개를 직렬 접속하면 병렬접속 시의 몇 배가 되는가? [03] [07] [09]
① 20   ② 50
③ 100   ④ 250

해설 직렬접속 $R_s = nR = 10 \times 5 = 50[\Omega]$
병렬접속 $R_p = \dfrac{R}{n} = \dfrac{5}{10} = 0.5[\Omega]$
$R_s : R_p = 50 : 0.5, \ R_s = \dfrac{50}{0.5} R_p = 100 R_p$

05 그림과 같은 회로에 전압 200[V]를 가할 때 20[Ω]의 저항에 흐르는 전류는 몇 [A]인가? [03] [08] [11]

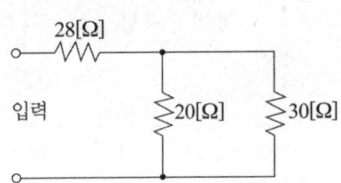

① 2   ② 3
③ 5   ④ 8

해설 합성저항 $R_0 = 28 + \dfrac{20 \times 30}{20 + 30} = 40[\Omega]$
전 전류 $I_0 = \dfrac{V}{R} = \dfrac{200}{40} = 5[A]$
20[Ω]의 저항에 흐르는 전류
$I_1 = \dfrac{30}{20 + 30} \times 5 = 3[A]$

정답 1. ① 2. ④ 3. ② 4. ③ 5. ②

06 그림과 같은 회로에서 a, b 간의 100[V]의 직류 전압을 가했을 때 10[Ω]의 저항에 4[A]의 전류가 흘렀다. 이때 저항 r_1에 흐르는 전류와 저항 r_2에 흐르는 전류의 비가 1 : 4 라고 하면 r_1 및 r_2의 저항값은 각각 얼마인가? [07]

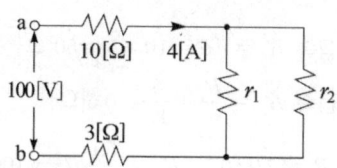

① $r_1 = 12$, $r_2 = 3$
② $r_1 = 36$, $r_2 = 9$
③ $r_1 = 60$, $r_2 = 15$
④ $r_1 = 40$, $r_2 = 10$

해설

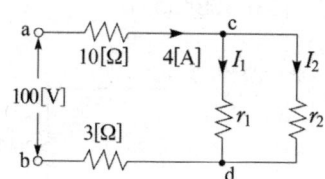

$V_{ac} = 4 \times 10 = 40[V]$,
$V_{bd} = 4 \times 3 = 12[V]$,
$V_{cd} = 100 - (40 + 12) = 48[V]$
$I_2 = 4I_1$,
$I_1 + I_2 = I_1 + 4I_1 = 5I_1 = 4[A]$
$I_1 = \dfrac{4}{5} = 0.8[A]$,
$I_2 = 4 - I_1 = 4 - 0.8 = 3.2[A]$
$r_1 = \dfrac{V_{cd}}{I_1} = \dfrac{48}{0.8} = 60[\Omega]$,
$r_2 = \dfrac{V_{cd}}{I_2} = \dfrac{48}{3.2} = 15[\Omega]$

07 그림과 같은 회로에서 단자 a, b에서 본 합성저항 [Ω]은? [06] [12]

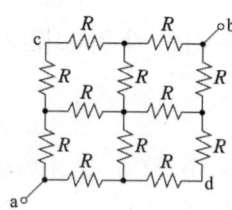

① $\dfrac{1}{2}R$ ② $\dfrac{1}{3}R$ ③ $\dfrac{3}{2}R$ ④ $2R$

해설 $R_{ab} = R\left(\dfrac{1}{2} + \dfrac{1}{4} + \dfrac{1}{4} + \dfrac{1}{2}\right) = \dfrac{3}{2}R$

08 그림과 같은 회로에서 단자 a, b에서 본 합성저항 [Ω]은? (단, $R = 3[\Omega]$이다.)
[13] [17]

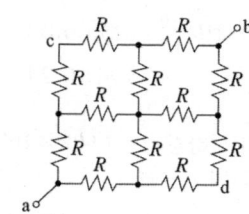

① 1.0[Ω] ② 1.5[Ω]
③ 3.0[Ω] ④ 4.5[Ω]

해설 $R_{ab} = 3 \times \left(\dfrac{1}{2} + \dfrac{1}{4} + \dfrac{1}{4} + \dfrac{1}{2}\right) = 3 \times \dfrac{3}{2} = 4.5[\Omega]$

09 회로에서 단자 AB 간의 합성저항은 몇 [Ω]인가? [09]

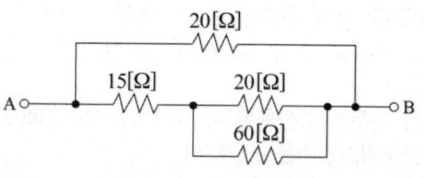

① 10 ② 12 ③ 15 ④ 30

정답 6. ③ 7. ③ 8. ④ 9. ②

해설 20[Ω]과 60[Ω]의 병렬 합성저항
$$R_0 = \frac{20 \times 60}{20+60} = 15[\Omega]$$
전체 합성저항
$$R_{AB} = \frac{20 \times (15+15)}{20+(15+15)} = \frac{600}{50} = 12[\Omega]$$

10 이상적인 전압 전류원에 관하여 옳은 것은? [14]

① 전압원, 전류원의 내부저항은 흐르는 전류에 따라 변한다.
② 전압원의 내부저항은 0 이고 전류원의 내부저항은 ∞이다.
③ 전압원의 내부저항은 ∞이고 전류원의 내부저항은 0 이다.
④ 전압원의 내부저항은 일정하고 전류원의 내부저항은 일정하지 않다.

해설 이상적인 전압원의 내부저항은 0, 전류원의 내부저항은 ∞이다.

11 그림과 같은 회로에 입력 전압 220[V]를 가할 때 30[Ω] 저항에 흐르는 전류는 몇 [A]인가? [14]

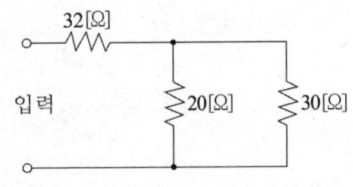

① 2   ② 3
③ 4   ④ 5

해설 합성저항 $R_0 = 32 + \frac{20 \times 30}{20+30} = 44[\Omega]$
30[Ω]에 흐르는 전류

$$I_2 = \frac{220}{44} \times \frac{20}{20+30} = 2[A]$$

12 회로에서 I_1 및 I_2의 크기는 각각 몇 [A]인가? [14]

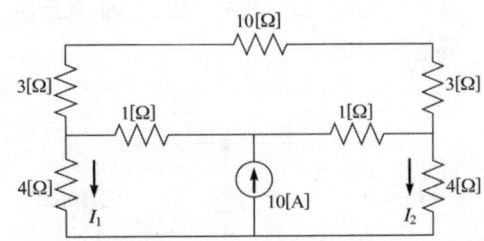

① $I_1 = I_2 = 0$ ② $I_1 = I_2 = 2$
③ $I_1 = I_2 = 5$ ④ $I_1 = I_2 = 10$

해설 I_1, I_2에 흐르는 저항값이 같기 때문에 전류원 10[A]는 5[A]씩 분배되어 흐른다.

13 그림과 같은 회로에서 ab 간에 전압을 가하니 전류계는 2.5[A]를 지시했다. 다음에 스위치 S를 닫으니 전류계 및 전압계는 각각 2.55[A], 100[V]를 지시했다. 저항 R의 값은 약 몇 [Ω]인가?(단, 전류계 내부저항 $r_a = 0.2[\Omega]$이고 ab 사이에 가한 전압은 S에 관계없이 일정하다고 한다.) [11]

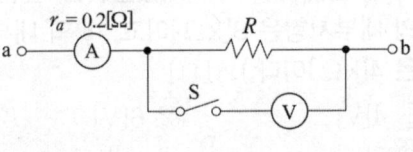

① 30   ② 40
③ 50   ④ 60

해설 스위치 S를 열었을 때
$$V_{ab} = I \cdot (r_a + R) = 2.5(0.2 + R)$$
스위치 S를 닫았을 때

$$V_{ab} = (2.55 \times 0.2) + 100 = 100.51[V]$$
$2.5(0.2+R) = 100.51$에서
$$R = \frac{100.51 - 0.5}{2.5} = 40.004[\Omega]$$

14 그림과 같은 회로에서 10[Ω]에 흐르는 전류는? [10]

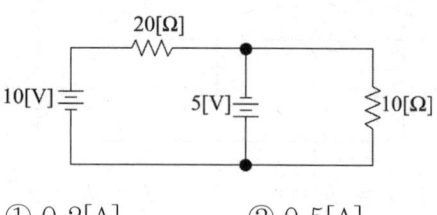

① 0.2[A] ② 0.5[A]
③ 1[A]   ④ 1.5[A]

해설 전압원이 2개이므로 중첩의 원리를 이용하면
5[V]를 단락 시 10[Ω]에 흐르는 전류는 $I_1 = 0[A]$
10[V]를 단락 시 10[Ω]에 흐르는 전류는
$$I_2 = \frac{5}{10} = 0.5[A]$$
10[Ω]에 흐르는 전류
$I = I_2 - I_1 = 0.5 - 0 = 0.5[A]$

15 DC 12[V]의 전압을 측정하려고 10[V]용 전압계 ⓐ와 ⓑ 두 개를 직렬로 연결하였다. 이 때 전압계 ⓐ의 지시값은?(단, 전압계 ⓐ의 내부저항은 8[kΩ]이고, ⓑ의 내부저항은 4[kΩ]이다.) [11]

① 4[V]   ② 6[V]
③ 8[V]   ④ 10[V]

해설 전압계를 직렬 연결한 회로에서 전압은 저항에 비례하여 분배되므로
$$V_A = \frac{R_1}{R_1 + R_2} \times V = \frac{8}{8+4} \times 12 = 8[V]$$

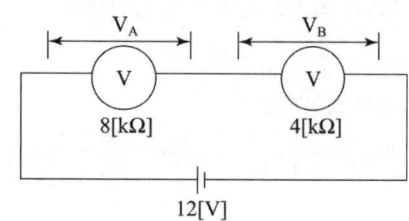

16 다음 설명 중 옳은 것은? [09]
① 인덕턴스를 직렬연결하면 리액턴스가 커진다.
② 저항을 병렬연결하면 합성저항은 커진다.
③ 콘덴서를 직렬연결하면 용량이 커진다.
④ 유도 리액턴스는 주파수에 반비례한다.

해설 저항과 인덕턴스는 직렬연결하면 값이 커지고, 병렬연결하면 작아지고 콘덴서는 직렬연결하면 값이 작아지고, 병렬연결하면 커지며 유도 리액턴스는 주파수에 비례한다.

정답 14. ② 15. ③ 16. ①

4 전력과 회로 측정

(1) 전력과 전력량

1) 전력 P[W]

1[sec] 동안 소비되는 전기 에너지, 기호는 P, 단위는 와트(W)

$$P = \frac{W}{t}[\text{J/sec}] = VI = I^2R = \frac{V^2}{R}[\text{W}], \quad 1[\text{W}] = 1[\text{J/sec}]$$

2) 전력량 W[J]

어느 일정 시간 동안의 전기 에너지가 한 일

$$W = Pt[\text{W} \cdot \text{sec}] = VIt = I^2Rt = \frac{V^2}{R}t[\text{J}]$$

$1[\text{J}] = 1[\text{W} \cdot \text{sec}]$

$1[\text{kWh}] = 10^3[\text{Wh}] = 3.6 \times 10^6[\text{W} \cdot \text{sec}] = 3.6 \times 10^6[\text{J}] = 860[\text{kcal}]$

3) 줄의 법칙(Joule's law)

도체에 흐르는 전류에 의하여 단위시간 내에 발생하는 열량은 도체의 저항과 전류의 제곱에 비례

$$H = I^2Rt[\text{J}] = 0.24I^2Rt[\text{cal}], \quad 1[\text{J}] = 0.24[\text{cal}]$$

(2) 전류와 전압 및 저항의 측정

1) 분류기

전류의 측정 범위를 넓히기 위하여 전류계에 병렬로 접속하는 저항

$$I_0 = (1 + \frac{r}{R})I_a$$

R : 분류기 저항 $\qquad r$: 전류계 내부저항
I_a : 전류계 눈금 $\qquad I_0$: 측정하고자 하는 전류

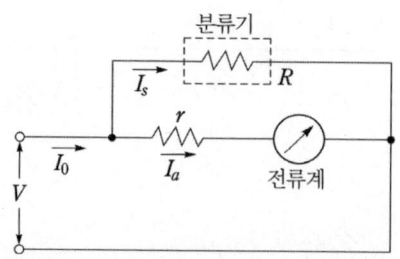

분류기 회로

배율 : $n = (1 + \dfrac{r}{R})$

분류기 저항 : $R = \dfrac{r}{n-1}$

2) 배율기

전압의 측정 범위를 넓히기 위하여 전압계에 직렬로 접속하는 저항

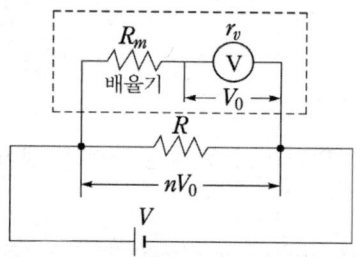

배율기 회로

$V = V_0(1 + \dfrac{R_m}{r_v})$

V : 측정하고자 하는 전압 V_0 : 전압계 눈금
r_v : 전압계 내부저항 R_m : 배율기 저항

① 배율 : $m = (1 + \dfrac{R_m}{r_v})$

② 배율기 저항 : $R_m = (m-1)r_v$

3) 휘스톤 브리지(Wheatstone Bridge)

미지의 저항을 정밀하게 측정할 때 이용되며, 브리지의 평형 조건 $PR = QX$가 되면 검류계 G는 전류가 흐르지 않고 0이 된다. 이 때 c점과 d점의 전위는 같다.

$$I_1 P = I_2 Q, \quad I_1 X = I_2 R, \quad \frac{I_2}{I_1} = \frac{P}{Q} = \frac{X}{R}, \quad X = \frac{P}{Q} R$$

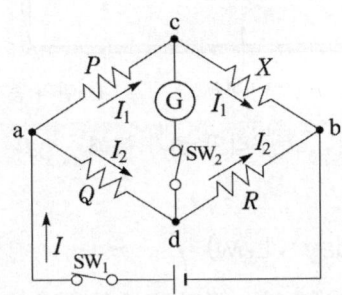

휘스톤 브리지 회로

5 전류의 작용

(1) 전류의 화학작용

1) 전해액

전기분해할 때 전해조에 넣어서 이온 전도의 매체 역할을 하는 용액으로, 전해액으로는 염화암모늄 용액이나 묽은 황산을 많이 사용한다.

2) 전기분해

물질에 전기 에너지를 가하여 산화, 환원반응이 일어나도록 하는 것으로, 전해액을 화학적으로 분해하여 (-)극에서는 (+)이온, (+)극에서는 (-)이온의 분해 생성물을 석출하는 현상

황산구리의 전기분해 : $CuSO_4 \rightarrow Cu^{++}$(음극으로) $+ SO_4^{--}$(양극으로)

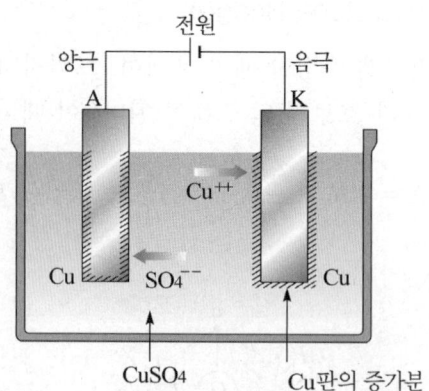

구리의 전기 분해

3) 패러데이 법칙(Faraday's Law)

① 전기 분해에 의해서 석출되는 물질의 양은 전해액을 통과한 총 전기량에 비례한다.

② 같은 전기량에 의해서 여러 가지 화합물이 전해될 때 석출되는 물질의 양은 각 물질의 화학 당량에 비례한다.

$$W = kQ = kIt [g]$$

k는 1[C]의 전기량에 의해 분해되는 물질의 양으로, 그 물질의 전기 화학당량이라 한다.

$$화학당량 = \frac{원자량}{원자가} [g/c]$$

(2) 전지

화학 변화에 의해서 생기는 에너지 또는 빛, 열 등의 물리적인 에너지를 전기 에너지로 변화시킨 장치

1) 전지의 종류

① 1차 전지 : 방전 후 충전하여도 충전되지 않는 전지
(망간전지, 산화은 전지, 수은 전지, 연료 전지, 알칼리 망간전지, 리튬 1차 전지, 공기 전지, 고체 전해질 전지)

② 2차 전지 : 방전 후 충전하면 원래 상태로 충전되는 전지
(니켈·수소 전지, 니켈·카드뮴 전지, 공기 아연 전지, 납축전지, 리튬2차 전지, 리튬 폴리머 전지, 알칼리 망간 2차 전지)

2) 납 축전지

① 납 축전지의 구성
- 양극 : 이산화납(PbO_2)
- 음극 : 납(Pb)
- 전해액 : 묽은 황산 (H_2SO_4), 비중 1.23~1.26

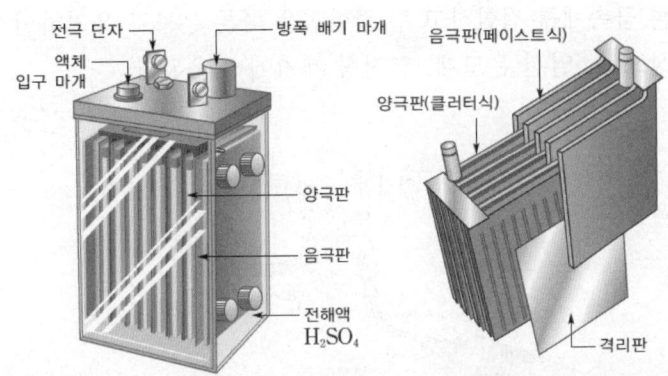

납 축전지

② 납축전지의 화학 방정식

$$\underset{(양극)}{PbO_2} + \underset{(음극)}{2H_2SO_4} + Pb \underset{(충전)}{\overset{(방전)}{\rightleftarrows}} \underset{(양극)}{PbSO_4} + 2H_2O + \underset{(음극)}{PbSO_4}$$

③ 축전지 기전력 : 약 2[V], 방전 종지 전압 : 1.8[V]
④ 축전지 용량 : 방전 전류(I)×방전시간(t)[Ah]

3) 국부 작용과 분극 작용

① 국부 작용
전지의 전극에 사용하고 있는 아연판이 불순물에 의한 전지의 작용으로 자기 방전을 하는 현상으로, 전극에 수은 도금 등 순도가 높은 재료를 사용하여 자기방전을 줄인다.

② 분극 작용
전지에 전류가 흐르면 양극에 수소가스가 생겨 전류의 흐름을 방해하여 기전력이 감소하는 현상으로, 감극제로 수소가스를 제거한다.

- 감극제 : 분극작용에 의한 기체를 제거하여 전극의 작용을 활발하게 유지시키는 산화물

(3) 열전기 현상

1) 제벡 현상(Seebeck Effect)

   서로 다른 금속체를 접합하고 두 접합점을 다른 온도로 유지하면 열 기전력이 발생하는 현상으로, 열전 온도계, 열전형 계기에 이용된다.

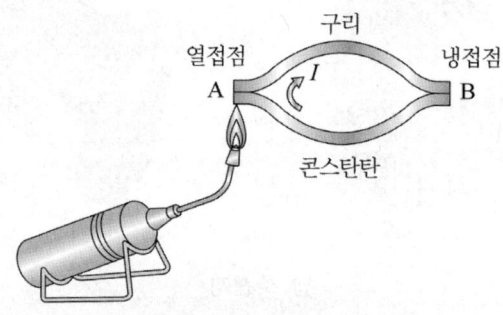

제어벡 효과

2) 펠티에 효과(Peltier Effect)

   서로 다른 두 종류의 금속을 접속하고 한쪽 금속에서 다른 쪽 금속으로 전류를 흘리면 열의 발생 또는 흡수가 일어나는 현상으로, 흡열은 전자 냉동, 발열은 전자 온풍기에 이용된다.

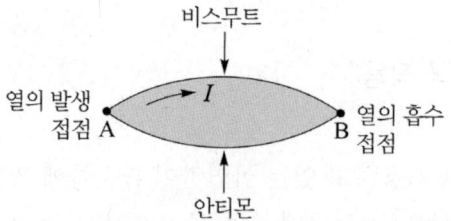

펠티에 효과

3) 톰슨효과

같은 금속에 있어서도 온도차가 있는 부분에는 전위차가 생기는데 이와 같은 현상을 톰슨 효과라 한다. 즉, 1개의 금속도선의 각 부분에 온도차가 있을 때, 이것에 전류를 흘리면, 부분적으로 전자의 운동에너지가 다르기 때문에 온도가 변화하는 곳에서 줄열 이외의 열이 발생하거나 흡수가 일어나는 현상

출제예상문제

01 다음 설명 중 옳지 않은 것은?
① 1[W]는 1[J/sec]와 같다.
② 1[W]는 1[sec] 동안에 1[J]의 비율로 일을 하는 속도이다.
③ 전력량은 전력을 시간으로 나눈 것을 단위로 나타낸 것이다.
④ 1[V]의 전압을 가하여 1[C]의 전하가 이동할 때 1[J]의 일을 한다.

해설 전력량은 전력과 시간의 곱($W = Pt$[W·sec])

02 3초 동안 100[V] 전압을 가하여 전하량을 60[C] 이동시켰을 때 전력[W]은?
① 1,500
② 2,000
③ 2,500
④ 3,000

해설 $P = VI = V \times \dfrac{Q}{t} = 100 \times \dfrac{60}{3} = 2,000$[W]

03 200[V]의 전원에 접속하여 500[W]의 전력을 소비하는 저항을 100[V]의 전원에 접속하면 소비되는 전력[W]은?
① 100[W]
② 125[W]
③ 250[W]
④ 500[W]

해설 $R = \dfrac{V^2}{P} = \dfrac{200^2}{500} = 80[\Omega]$
$P_1 = \dfrac{V_1^2}{R} = \dfrac{100^2}{80} = 125[W]$

04 100[V], 5[A]의 전열기를 사용하여 2[*l*]의 물을 20[℃]에서 100[℃]로 올리는데 필요한 시간[sec]은 약 얼마인가? (단, 효율은 100%임)
① 1.33×10^3
② 1.34×10^4
③ 1.35×10^5
④ 1.36×10^6

해설 $Q = mc\triangle T = 2 \times 10^3 \times 1 \times (100 - 20)$
$= 1.6 \times 10^5$[cal]
$H = 0.24 I^2 Rt = 0.24 VIt$에서
$t = \dfrac{H}{0.24 VI} = \dfrac{1.6 \times 10^5}{0.24 \times 100 \times 5} = \dfrac{1.6 \times 10^5}{1.2 \times 10^2}$
$= 1.33 \times 10^3$[sec]

05 전압계 측정범위를 100배로 하고자 할 때 전압계 내부저항의 몇 배로 배율기 저항을 선정해야 하는가?
① $\dfrac{1}{9}$
② 9
③ 9.9
④ 99

해설 배율기 저항
$R_m = (m-1)r_v = (100-1)r_v = 99r_v[\Omega]$

06 전류계 측정범위를 10배로 하고자 할 때 전류계 내부저항의 몇 배로 분류기 저항을 연결해야 하는가?
① $\dfrac{1}{9}$
② 9
③ $\dfrac{1}{10}$
④ 10

해설 분류기 저항 $R_s = \dfrac{r_a}{n-1} = \dfrac{r_a}{10-1} = \dfrac{r_a}{9}[\Omega]$

정답 1. ③ 2. ② 3. ② 4. ① 5. ④ 6. ①

07 황산구리 용액에 3[A]의 전류로 10[g]의 구리를 석출하고자 할 때 소요되는 시간[h]은? (단, 구리의 전기 화학당량 $k = 0.0003293$ [g/c]이다.)

① 2.81   ② 3.26
③ 4.53   ④ 6.29

해설 $W = kIt$ [g]에서
$$t = \frac{W}{kI} = \frac{10}{0.0003293 \times 3} \fallingdotseq 10122 [sec]$$
$$\fallingdotseq \frac{10122}{3600} \fallingdotseq 2.81[h]$$

08 연축전지에 대한 설명으로 옳지 않은 것은?
① 방전종지전압은 1.8[V]이다.
② 용량은 [Ah]로 표시하고 있다.
③ 충전 시 양극은 PbO로 되고, 음극은 $PbSO_4$로 된다.
④ 전해액의 비중은 1.23~1.26 정도이다.

해설 납축전지
- 양극 : 이산화납(PbO_2), 음극 : 납(Pb)
- 전해액 : 묽은 황산(H_2SO_4), 비중 1.23~1.26
- 화학방정식 :
$$PbO_2 + 2H_2SO_4 + Pb \underset{\text{충전}}{\overset{\text{방전}}{\rightleftarrows}} PbSO_4 + 2H_2O + PbSO_4$$
(양극) (음극) (양극) (음극)
- 축전지 기전력 : 약 2[V]
  방전 종지 전압 : 1.8[V]
- 축전지 용량 : 방전 전류(I)×방전시간(t)[Ah]

09 축전지를 5[A]의 방전전류로 6시간 방전하였다면 방전 용량은 몇 [Ah]인가?
① 30   ② 40   ③ 50   ④ 60

해설 축전지의 방전용량
Q = 방전전류 × 방전시간 = 5 × 6 = 30[Ah]

10 서로 다른 종류의 금속을 접속하고 한 쪽 금속에서 전류를 흘리면 접합부에서 열의 발생 또는 흡수가 일어나는 현상은?
① 열전효과   ② 제벡 효과
③ 펠티에 효과   ④ 톰슨 효과

해설 펠티에 효과는 서로 다른 두 종류의 금속을 접속하고 한 쪽 금속에서 다른 쪽 금속으로 전류를 흘리면 열의 발생 또는 흡수가 일어나는 현상으로, 흡열은 전자 냉동, 발열은 전자 온풍기에 이용된다.

11 전자 온풍기는 어떤 효과를 응용한 것인가?
① 줄 효과   ② 펠티에 효과
③ 제벡 효과   ④ 톰슨 효과

해설 위의 문제풀이 참조

12 전류가 흐르고 있는 도체에 자계를 가하면 도체 측면에는 정, 부의 전하가 나타나 두 면 간에 전위차가 발생하는 현상은?
① 제벡 효과   ② 홀 효과
③ 펠티에 효과   ④ 톰슨 효과

해설 홀 효과는 전류가 흐르고 있는 것에 대해 전류에 수직으로 자기장을 걸면 전류와 자기장의 양쪽 모두에 직교할 방향으로 기전력이 나타나는 현상

13 같은 금속이라도 온도차가 있는 부분에는 전위차가 발생하는 현상은?
① 제벡 효과   ② 홀 효과
③ 펠티에 효과   ④ 톰슨 효과

해설 톰슨 효과는 동일 금속도선의 각 부분에 온도차가 있을 때, 이것에 전류를 흘리면, 부분적으로 전자의 운동에너지가 다르기 때문에 온도가 변화하는 곳에서 줄열 이외의 열이 발생하거나 흡수가 일어나는 현상

정답 7. ①   8. ③   9. ①   10. ③   11. ②   12. ②   13. ④

과년도 출제문제

01 정격전압에서 소비전력 600[W]인 저항에 정격전압의 90[%]의 전압을 가할 때 소비되는 전력은? [10]
① 480[W]   ② 486[W]
③ 540[W]   ④ 545[W]

해설 정격전압 90[%]에서 소비되는 전력
$$P_1 = \frac{(0.9V)^2}{R} = 0.81\frac{V^2}{R} = 0.81 \times 600 = 486[W]$$

02 100[V]용 30[W]의 전구와 60[W]의 전구가 있다. 이것을 직렬로 접속하여 100[V]의 전압을 인가하면? [04] [06] [12]
① 30[W]의 전구가 더 밝다.
② 60[W]의 전구가 더 밝다
③ 두 전구의 밝기가 모두 같다.
④ 두 전구 모두 켜지지 않는다.

해설 $P = VI = \frac{V^2}{R}$에서 $P \propto \frac{1}{R}$로 전력 P는 저항 R에 반비례하므로 30[W]의 전구의 저항이 60[W] 전구의 저항보다 더 크다.
직렬접속에서 저항이 큰 쪽에 전압이 더 걸리므로 전력은 $V_{30w}I > V_{60w}I$이므로 30[W]의 전구가 더 밝다.

03 저항 20[Ω]인 전열기로 21.6[kcal]의 열량을 발생시키려면 5[A]의 전류를 몇 분간 흘려주면 되는가? [10] [15]
① 3분   ② 5.7분
③ 7.2분   ④ 18분

해설 $H = 0.24I^2Rt$에서
$$t = \frac{H}{0.24I^2R} = \frac{21.6 \times 10^3}{0.24 \times 5^2 \times 20} = 180[sec]$$
$= 3[min]$

04 어떤 가정에서 220[V] 100[W]의 전구 2개를 매일 8시간, 220[V] 1[kW]의 전열기 1대를 매일 2시간씩 사용한다고 한다. 이 집의 한 달 동안의 소비전력량은 몇 [kWh]인가?(단, 한 달은 30일로 한다.) [06]
① 432   ② 324
③ 216   ④ 108

해설
- 전구 100[W] 2개의 전력량
  $W_1 = 100[W] \times 2개 \times 8시간 \times 30일$
  $= 48,000[Wh] = 48[kWh]$
- 전열기 1[kW]의 전력량
  $W_2 = 1,000[W] \times 1대 \times 2시간 \times 30일$
  $= 60,000[Wh] = 60[kWh]$
- $W = W_1 + W_2 = 48 + 60 = 108[kWh]$

05 직류 전류계의 측정 범위를 확대하는 데 사용되는 것은? [10]
① 계기용 변류기   ② 영상 변류기
③ 분류기   ④ 배율기

해설 분류기는 전류계의 측정 범위의 확대를 위해 전류계와 병렬로 접속하는 저항기이고 배율기는 전압계의 측정 범위를 확대하기 위해 전압계와 직렬로 접속하는 저항기이다.

06 최대 눈금 150[V], 내부저항 20[kΩ]인 직류 전압계가 있다. 이 전압계의 측정범위를 600[V]로 확대하기 위하여 외부에 접속하는 직렬저항은 얼마로 하면 되는가? [13]
① 20[kΩ]   ② 40[kΩ]
③ 50[kΩ]   ④ 60[kΩ]

정답 1. ② 2. ① 3. ① 4. ④ 5. ③ 6. ④

해설 측정범위 배율 $m = \dfrac{600}{150} = 4$
배율기 저항 $R_m = (m-1)r_v$
$= (4-1) \times 20 \times 10^3$
$= 60 \times 10^3 = 60[\text{k}\Omega]$

07 분류기를 사용하여 전류를 측정하는 경우 전류계의 내부저항이 0.12[Ω], 분류기의 저항이 0.04[Ω]이면 그 배율은? [06] [10] [12]
① 2배 ② 3배
③ 4배 ④ 5배

해설
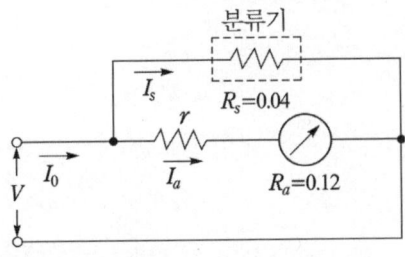
배율 $n = \left(1 + \dfrac{R_a}{R_s}\right) = \left(1 + \dfrac{0.12}{0.04}\right) = 4$

08 회로에서 검류계 지시가 0일 때 저항 X는 몇 [Ω]인가? [03] [06] [12]

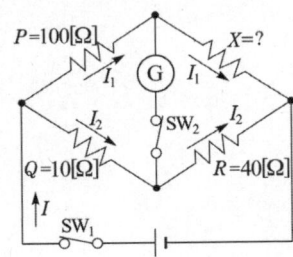

① 10   ② 40
③ 100 ④ 400

해설 휘스톤 브리지의 평형 조건 $PR = QX$
$X = \dfrac{P}{Q} \times R = \dfrac{100}{10} \times 40 = 400[\Omega]$

09 전기 분해에 관한 패러데이의 법칙에서 전기분해 시 전기량이 일정하면 전극에서 석출되는 물질의 양은? [11]
① 원자가에 비례한다.
② 전류에 반비례한다.
③ 시간에 반비례한다.
④ 화학당량에 비례한다.

해설 패러데이의 법칙에서 전극에서 석출되는 물질의 양은 화학당량에 비례

10 은 전량계에 1시간 동안 전류를 통과시켜 8.054[g]의 은이 석출되었다면 이때 흐른 전류의 세기는 약 얼마인가? (단, 은의 전기적 화학당량 $k = 0.001118[\text{g/c}]$이다.) [13]
① 2[A]   ② 9[A]
③ 32[A] ④ 120[A]

해설 $W = kIt[\text{g}]$에서
$I = \dfrac{W}{kt} = \dfrac{8.054}{0.001118 \times 3600} = 2[\text{A}]$

11 같은 축전지 2개를 병렬로 연결하면? [10]
① 전압과 용량이 모두 2배가 된다.
② 전압과 용량이 모두 $\dfrac{1}{2}$배가 된다.
③ 전압은 그대로 용량은 2배가 된다.
④ 전압은 2배로 용량은 그대로 된다.

해설 축전지 직렬연결 시 전압은 n배가 되고 용량은 변화하지 않으며 병렬연결 시 전압은 변함이 없고 용량은 n배가 된다.

정답 7. ③ 8. ④ 9. ④ 10. ① 11. ③

12 두 종류의 금속을 접속하여 두 접점을 다른 온도로 유지하면 전류가 흐르는 현상은?
[08] [10]
① 제벡 효과
② 제3금속의 법칙
③ 펠티에 효과
④ 패러데이의법칙

해설 제벡 효과는 2종류의 금속 또는 반도체의 양 끝을 접합하여 거기에 온도 차를 주면 회로에 열기전력을 일으키는 현상

13 축전지의 충전방식 중 비교적 단시간에 보통충전 전류의 2~3배로 충전하는 방식은?
[07]
① 세류충전
② 균등충전
③ 트리클 충전
④ 급속충전

해설 급속충전은 단시간 사이에 충전을 하는 것으로, 축전지가 다 소모되었을 때 등 30분에서 1시간 정도로 통상의 충전 전류(10시간율) 이상의 큰 충전 전류를 흘려 충전을 하는 방법

정답 12. ① 13. ④

Chapter 03 교류회로

1 정현파 교류

(1) 정현파 교류의 발생

발전기의 원리가 되는 플레밍의 오른손 법칙에 의해 길이 l[m], 반지름 r[m]인 4각형 도체를 자속밀도 B[Wb/m²]인 평등 자기장속에서 v[m/sec]로 회전시킬 때 도체에 발생하는 기전력은

$e = Blv\sin\theta$

$e = V_m\sin\theta$ (θ는 자기장에 직각인 방향과 코일의 방향이 이루는 각)

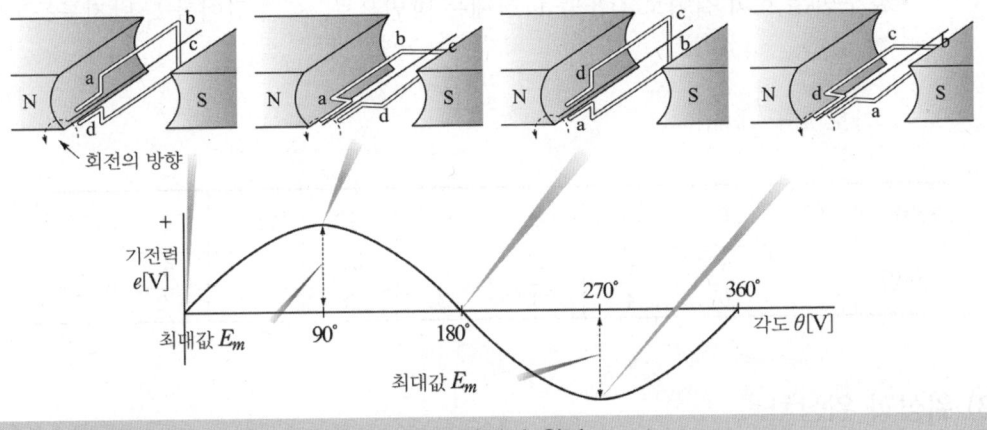

교류 발생의 원리

(2) 주기와 주파수

① 주기 T[sec] : 같은 파형이 반복되는 하나의 사이클
② 주파수 f[Hz] : 1초 동안에 반복되는 사이클의 수

$f = \dfrac{1}{T}$[Hz], $T = \dfrac{1}{f}$[sec]

③ 각속도 w[rad/sec] : 단위 시간에 원주 상의 두 점 A와 B 사이의 이동한 각도. 시간(초) 동안에 각도가 θ[rad]만큼 이동한 경우에 각속도는 $\omega = \dfrac{\theta}{t}$[rad/sec] 원의 한 바퀴는 360°이며 2π[rad] 교류 파형이 한 바퀴를 회전하였을 때의 각속도는 $w = 2\pi f = 2\pi \dfrac{1}{T}$[rad/sec]

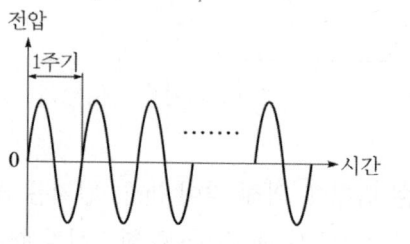

주기와 주파수   각속도

④ 각도의 표시법
- 1회전한 각도를 2π 라디안(radian), 단위[rad]으로 하는 호도법을 사용
- 호도법은 호의 길이로 각도를 나타내는 방법으로, 호의 길이를 l, 반지름을 r이라 할 때

  각도 $\theta = \dfrac{l}{r}$[rad]

도수법	0°	30°	45°	60°	90°	120°	180°	270°	360°
호도법	0	$\dfrac{\pi}{6}$	$\dfrac{\pi}{4}$	$\dfrac{\pi}{3}$	$\dfrac{\pi}{2}$	$\dfrac{2\pi}{3}$	π	$\dfrac{3\pi}{2}$	2π

(3) 위상과 위상차

① 주파수가 같은 교류 파형 간의 시간적인 차이를 위상이라 하고, 교류 파형 간의 시간적인 차이를 위상차라 한다.

② $v_1 = V_m \sin wt$

$v_2 = V_m \sin(wt - \theta)$

v_1이 v_2 보다 θ만큼 위상이 앞선다. (진상)

v_2가 v_1 보다 θ만큼 위상이 뒤진다. (지상)

파형의 크기는 다르지만 시간적인 위상이 똑같은 것을 동상이라 한다.

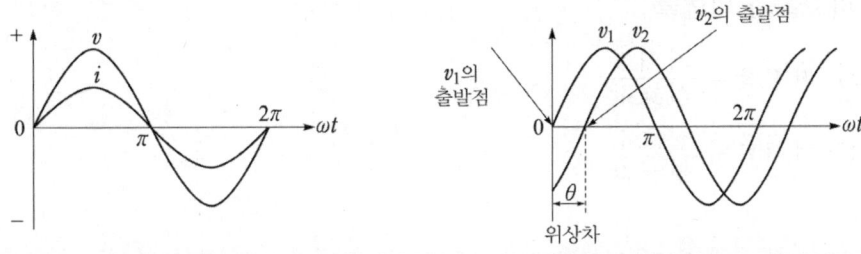

| 동상인 두 파형 | 위상차가 있는 두 파형 |

(4) 정현파 교류의 표현

1) 순시값

시간에 따라 변하는 전류, 전압 파형에서 어떤 임의의 순간에서의 전류, 전압의 크기

$$v = V_m \sin wt$$

2) 최댓값, 실효값, 평균값

① 최댓값 : 순시값 중에서 가장 큰 값 V_m
② 실효값 : 임의 주기파의 순시값의 1주기에 걸친 평균값의 제곱근

$$V = \frac{1}{\sqrt{2}} V_m = 0.707 V_m$$

③ 평균값 : 한 주기 동안의 면적을 주기로 나누어 구한 산술적인 평균값

$$V_{av} = \frac{2}{\pi} V_m = 0.637 V_m$$

사인파 교류의 1주기를 평균하면 0이 되므로 평균값은 반주기의 평균을 취한다.

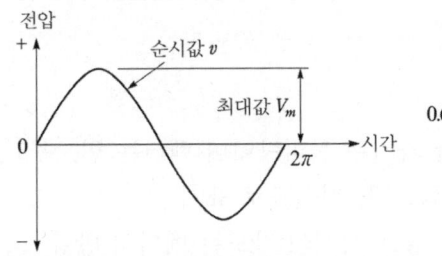 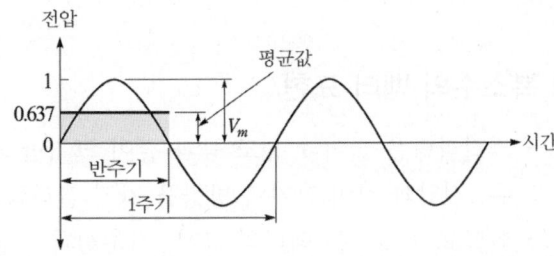

| 순시값과 최댓값 | 교류의 평균값 |

3) 파고율과 파형률

① 파고율 = $\dfrac{최대값}{실효값}$

② 파형률 = $\dfrac{실효값}{평균값}$

4) 각 파형의 크기 표시 및 파형률, 파고율

파형 종류	파 형	최댓값	실효값	평균값	파고율	파형률
정현파		A	$\dfrac{A}{\sqrt{2}}$	$\dfrac{2}{\pi}A$	1.414	1.11
전 파 정류파						
반 파 정류파		A	$\dfrac{A}{2}$	$\dfrac{A}{\pi}$	2	1.57
삼각파 (톱니파)		A	$\dfrac{A}{\sqrt{3}}$	$\dfrac{A}{2}$	1.732	1.15
반 파 구형파		A	$\dfrac{A}{\sqrt{2}}$	$\dfrac{A}{2}$	1.414	1.414
구형파		A	A	A	1	1

(5) 복소수의 벡터 표현

- 스칼라량은 길이나 온도 등과 같이 크기만 가지는 물리량이며 벡터는 힘, 속도, 전류, 전압과 같이 크기와 방향을 가진 물리량으로, 화살표로 표시
- 화살표의 길이는 벡터의 크기, 기준선과 화살표 사이의 각도는 벡터의 방향

1) 복소수의 정의

복소수는 실수부와 허수부로 구성되며 복소수의 크기와 방향성분을 갖는 벡터량을 다루는 데 이용되고 있다.

① 복소수는 제곱하면 음수가 되는 수를 허수라 하며 $\sqrt{-1}$로 표시되는 허수를 허수 단위라 하고, 허수 단위는 j로 표시한다. $j = \sqrt{-1}$, $j^2 = -1$

② 복소수는 $\dot{A} = a + jb$ = (실수부) + (허수부)

③ 복소수의 크기를 절대값이라 하며 절대값$(A) = \sqrt{(실수부)^2 + (허수부)^2}$

④ $\dot{A}_1 = a + jb$, $\dot{A}_2 = a - jb$와 같이 실수부는 같고 허수부의 부호만 다른 두 개의 복소수를 서로 공액이라 하며, $(a+jb)(a-jb) = a^2 + b^2$ 관계가 성립한다.

2) 직각좌표법 : $A = a + jb$

① 절대값(크기) $|A| = \sqrt{a^2 + b^2}$

② 편각 $\theta = \tan^{-1}\dfrac{b}{a}$

$a = A\cos\theta$, $b = A\sin\theta$로 표시되므로

$A = A\cos\theta + jA\sin\theta = A(\cos\theta + j\sin\theta)$, $A = A\angle\theta$

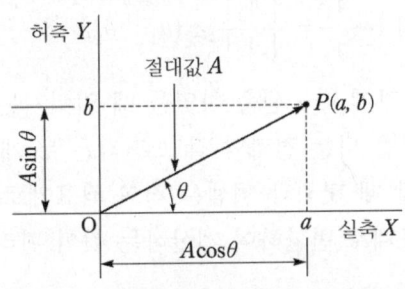

복소수와 벡터

③ $\dot{A}_1 = a + jb$, $\dot{A}_2 = c + jd$일 때

복소수 덧셈 : $\dot{A}_1 + \dot{A}_2 = (a+c) + j(b+d)$

복소수 뺄셈 : $\dot{A}_1 - \dot{A}_2 = (a-c) + j(b-d)$

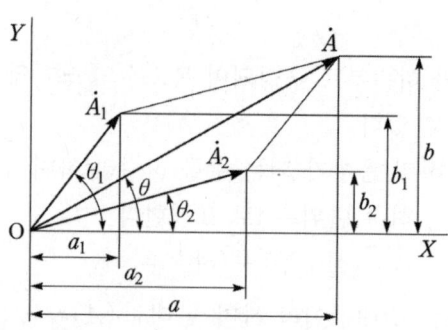

복소수의 덧셈

3) 삼각함수법 : $|A|(\cos\theta + j\sin\theta)$

4) 극좌표법 : $|A| \angle \theta$

$\dot{A_1} = |A_1| \angle \theta_1, \quad \dot{A_2} = |A_2| \angle \theta_2$ 일 때

① 복소수의 곱셈 : $\dot{A_1} \times \dot{A_2} = |A_1||A_2| \angle (\theta_1 + \theta_2)$

두 개의 복소수 간에 곱셈을 하였을 때 얻어지는 복소수의 절대값은 두 개의 복소수의 절대값의 곱과 같고 편각은 두 개의 편각의 합

② 복소수의 나눗셈 : $\dfrac{\dot{A_1}}{\dot{A_2}} = \dfrac{|A_1|}{|A_2|} \angle (\theta_1 - \theta_2)$

두 개의 복소수 간에 나눗셈을 하였을 때 얻어지는 복소수의 절대값은 두 개의 복소수의 절대값을 나눈 결과와 같고 편각은 두 개의 차

③ 복소수를 계산할 때 덧셈과 뺄셈은 직교 좌표계로 변환하여 계산하고, 곱셈과 나눗셈은 극좌표계로 변환하여 계산하는 것이 편리하다.

5) 지수 함수법 : $\dot{A} = |A|e^{j\theta}$

2 교류의 RLC 작용

(1) 저항 회로

① $v = \sqrt{2}\,V\sin\omega t$

② $i = \dfrac{v}{R} = \dfrac{\sqrt{2}\,V}{R}\sin\omega t = \sqrt{2}\,\dfrac{V}{R}\sin\omega t = \sqrt{2}\,I\sin\omega t$

③ 전류는 전압과 동위상이다. $\theta = 0$

④ 역률 $\cos\theta = 1$

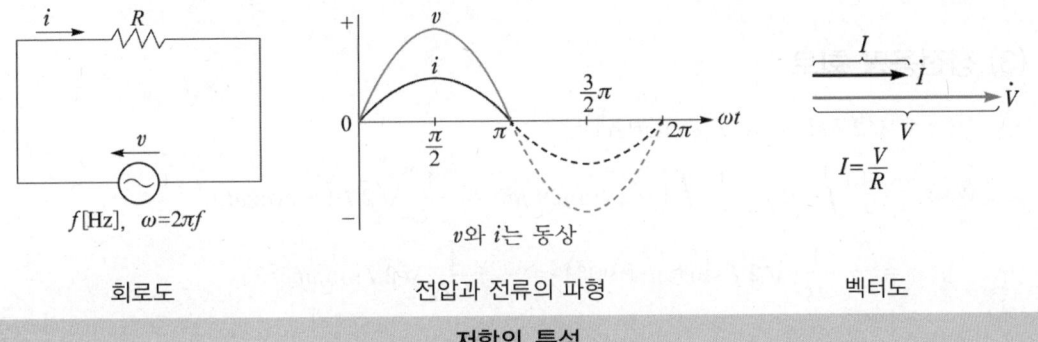

| 회로도 | 전압과 전류의 파형 | 벡터도 |

저항의 특성

(2) 인덕턴스 회로

① 코일에 흐르는 전류를 변화시키면 전류의 변화율에 비례하여 코일에 유도 기전력이 생겨 전류의 변화량을 제어

$$i = \sqrt{2}\,I\sin\omega t = I_m \sin\omega t\,[\text{A}]$$

② $v_L = L\dfrac{di}{dt} = L\dfrac{d}{dt}(\sqrt{2}\,I\sin\omega t) = \sqrt{2}\,\omega LI\cos\omega t = \sqrt{2}\,\omega LI\sin(\omega t + 90°)$

$\therefore\ V = j\omega LI = jX_L I\ \ (j : \dfrac{\pi}{2}\text{앞선다.})$

$I = -j\dfrac{V}{\omega L} = -j\dfrac{V}{X_L}\ \ (-j : \dfrac{\pi}{2}\text{뒤진다.})$

$\dot{X_L} = \dfrac{\dot{V}}{\dot{I}} = \dfrac{V\angle(\omega t + 90°)}{I\angle(\omega t)} = \dfrac{V}{I}\angle 90° = \dfrac{\omega LI}{I}\angle 90° = j\omega L$

③ 유도성 리액턴스 $X_L = \omega L = 2\pi f L$

④ 전압과 전류의 위상차 : 전류가 전압보다 90° 뒤진다. (지상전류, 유도성 회로)

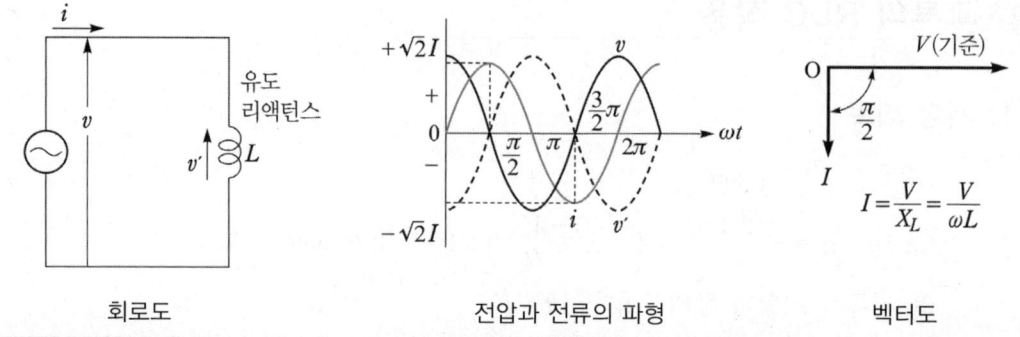

인덕턴스의 특성

(3) 정전용량 회로

① $i = \sqrt{2}I\sin\omega t = I_m\sin\omega t[\text{A}]$

② $v_c = \dfrac{1}{C}\int i\,dt = \dfrac{1}{C}\int(\sqrt{2}I\sin\omega t)dt = \dfrac{1}{\omega C}\sqrt{2}I(-\cos\omega t)$

$= -\dfrac{1}{\omega C}\sqrt{2}I\sin(\omega t + 90°) = -j\dfrac{1}{\omega C}\sqrt{2}I\sin\omega t$

$\therefore V = -j\dfrac{1}{\omega C}I = -jX_C I \quad (-j : \dfrac{\pi}{2}\text{뒤진다.})$

$I = j\omega CV = j\dfrac{V}{X_C} \quad (j : \dfrac{\pi}{2}\text{앞선다.})$

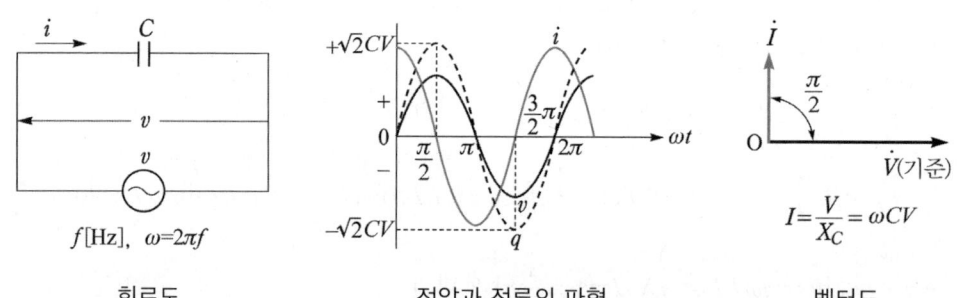

정전용량의 특성

③ 용량성 리액턴스 $X_C = \dfrac{1}{\omega C} = \dfrac{1}{2\pi f C}$

④ 전류와 전압의 위상차 : 전류가 전압보다 90° 앞선다. (진상전류, 용량성 회로)

(4) 교류에 대한 R, L, C 작용

회로의 종류	소자	전류[A]	전압과 전류관계	전압과 전류의 위상
(R 회로)	R	$i = \sqrt{2}\dfrac{V}{R}\sin\omega t$	$I = \dfrac{V}{R}$	전압과 전류는 동상
(L 회로)	$X_L = \omega L$	$i = \sqrt{2}\dfrac{V}{\omega L}\sin\left(\omega t - \dfrac{\pi}{2}\right)$	$I = \dfrac{V}{\omega L}$	전류가 전압보다 90° 뒤진다.
(C 회로)	$X_C = \dfrac{1}{\omega C}$	$i = \sqrt{2}\,V\omega C\sin\left(\omega t + \dfrac{\pi}{2}\right)$	$I = \dfrac{V}{\dfrac{1}{\omega C}}$	전류가 전압보다 90° 앞선다.

출제예상문제

01 $v = V_m \sin(\omega t - 15°)[V]$, $i = I_m \sin(\omega t + 15°)[A]$일 때 전류는 전압보다 위상차가 어떻게 되는가?
① 60° 뒤진다.
② 60° 앞선다.
③ 30° 뒤진다.
④ 30° 앞선다.

해설 $\theta = -15° - 15° = -30°$이므로 전압이 전류보다 30° 뒤진다. 즉, 전류는 전압보다 30° 앞선다.

02 파형의 파형률 값이 옳지 않은 것은?
① 정현파의 파형률은 1.414이다.
② 톱니파의 파형률은 1.155이다.
③ 전파 정류파의 파형률은 1.11이다.
④ 반파 정류파의 파형률은 1.571이다.

해설 정현파의 파형률
$= \dfrac{I}{I_{av}} = \dfrac{\frac{I_m}{\sqrt{2}}}{\frac{2I_m}{\pi}} = \dfrac{\pi}{2\sqrt{2}} = 1.11$

03 $V = 100(\cos 45° + j\sin 45°)[V]$, $I = 50(\cos 15° - j\sin 15°)[A]$일 때 임피던스 $Z[\Omega]$은 얼마인가?
① $2\angle 30°$ ② $2\angle 45°$
③ $2\angle 60°$ ④ $2\angle 90°$

해설 $\dot{Z} = \dfrac{\dot{V}}{\dot{I}} = \dfrac{100\angle 45°}{50\angle -15°} = 2\angle(45°-(-15°))$
$= 2\angle 60°[\Omega]$

04 $i_1 = I_{m1}\sin\omega t$, $i_2 = I_{m2}\sin(\omega t + \alpha)$를 합성할 때 잘못된 것은?
① 최댓값은 $\sqrt{I_{m1}^2 + I_{m2}^2}$ 이다.
② 주파수는 $\dfrac{\omega}{2\pi}$ 이다.
③ 초기 위상은 $\tan^{-1}\dfrac{I_{m2}\sin\alpha}{I_{m1} + I_{m2}\cos\alpha}$ 이다.
④ 파형은 정현파이다.

해설 두 전류의 위상차가 90°인 경우에만 최댓값은 $\sqrt{I_{m1}^2 + I_{m2}^2}$ 이 된다.

05 콘덴서와 코일에서 실제적으로 급격히 변화할 수 없는 것은?
① 콘덴서에서 전류, 코일에서 전압
② 콘덴서에서 전압, 코일에서 전류
③ 콘덴서에서 전압, 코일에서 전압
④ 콘덴서에서 전류, 코일에서 전류

해설 $v_L = L\dfrac{di}{dt}$ 에서 전류가 급격히($t=0$인 순간) 변화하면 v_L이 무한대가 되는 모순이 생기고, $i_C = C\dfrac{dv}{dt}$ 에서 전압이 급격히($t=0$인 순간) 변화하면 i_C가 무한대가 되는 모순이 생긴다.

06 60[Hz], 100[V]의 교류 전압을 어떤 콘덴서에 가할 때 1[A]의 전류가 흐른다면 이 콘덴서의 정전 용량[μF]은?
① 377   ② 265
③ 26.5   ④ 2.65

정답 1. ④ 2. ① 3. ③ 4. ① 5. ② 6. ③

해설 $X_C = \dfrac{V}{I} = \dfrac{1}{2\pi fC}$

$C = \dfrac{I}{2\pi fV} = \dfrac{1}{2\pi \times 60 \times 100} = 26.5[\mu F]$

해설 $t=0$에서의 전압

$e(t=0) = 100\sin60° = 100 \times \dfrac{\sqrt{3}}{2} = 50\sqrt{3}[V]$

$i = \dfrac{e}{R} = \dfrac{50\sqrt{3}}{10} = 5\sqrt{3}[A]$

07 부하에 전압 $V = 7\sqrt{3} + j7[V]$를 가했을 때 전류 $I = 7\sqrt{3} - j7[A]$가 흘렀다면 이때 부하의 역률[%]은?

① 100 ② 86.7
③ 67.7 ④ 50

해설 $Z = \dfrac{V}{I} = \dfrac{7\sqrt{3}+j7}{7\sqrt{3}-j7} = \dfrac{14\angle 30°}{14\angle -30°}$
$= 1\angle 60°[\Omega]$

역률 $\cos\theta = \cos60° = 0.5$

10 60[Hz], 314[V]의 교류 전압을 자기 인덕턴스 20[mH]의 코일에 가했을 때 전류 몇 [A]가 흐르는가? (단, 코일의 저항은 없는 것으로 한다.)

① 20 ② 31.4
③ 41.67 ④ 62.8

해설 $I = \dfrac{V}{X_L} = \dfrac{V}{2\pi fL} = \dfrac{314}{2 \times 3.14 \times 60 \times 20 \times 10^{-3}}$
$= 41.67[A]$

08 100[V], 60[Hz]의 교류 전압을 저항 100[Ω], 커패시턴스 20[μF]의 직렬 회로에 가할 때 역률[%]은?

① 25 ② 30
③ 45 ④ 60

해설 $X_c = \dfrac{1}{2\pi fC} = \dfrac{1}{2\pi \times 60 \times 20 \times 10^{-6}}$
$= 132.63[\Omega]$

역률
$\cos\theta = \dfrac{R}{Z} = \dfrac{R}{\sqrt{R^2+X_c^2}} = \dfrac{100}{\sqrt{100^2+132.63^2}}$
$= 0.6$

11 50[Hz], 200[V]의 교류 전압을 10[μF]의 콘덴서에 가할 때 흐르는 전류[A]는?

① 약 0.16 ② 약 0.38
③ 약 0.63 ④ 약 0.83

해설 $I = \dfrac{V}{X_C} = \omega CV = 2\pi fCV$
$= 2\pi \times 50 \times 10 \times 10^{-6} \times 200 = 0.628[A]$

09 $e = 100\sin(377t+60°)[V]$의 전압을 10[Ω]의 저항회로에 인가했을 때 $t=0$에서의 순시전류는 몇 [A]인가?

① $5\sqrt{3}$ ② 5
③ $5\sqrt{2}$ ④ 10

12 60[Hz]인 정현파 교류에서 10[mH]인 유도 리액턴스와 같은 용량 리액턴스를 갖기 위한 정전 용량[μF]은?

① 125.7 ② 253.3
③ 506.6 ④ 704.2

해설 $2\pi fL = \dfrac{1}{2\pi fC}$에서

$C = \dfrac{1}{(2\pi f)^2 L} = \dfrac{1}{(2\pi \times 60)^2 \times 10 \times 10^{-3}}$
$= 704.2[\mu F]$

정답 7. ④ 8. ④ 9. ① 10. ③ 11. ③ 12. ④

13 다음 중 용량 리액턴스 X_C와 반비례하는 것은?
① 전류 ② 전압
③ 저항 ④ 주파수

해설 $X_C = \dfrac{1}{\omega C} = \dfrac{1}{2\pi f C}$ 이므로 용량 리액턴스는 주파수에 반비례

정답 13. ④

과년도 출제문제

01 정현파 교류의 실효값을 계산하는 식은? (단, T는 주기이다.) [07] [11] [15]

① $I = \frac{1}{T}\int_0^T i\,dt$

② $I = \sqrt{\frac{2}{T}\int_0^T i\,dt}$

③ $I = \sqrt{\frac{1}{T}\int_0^T i^2\,dt}$

④ $I = \sqrt{\frac{2}{T}\int_0^T i^2\,dt}$

해설 실효값은 주기적으로 +, -로 변동하는 양에서 순간값의 2승을 1주 기간으로 평균한 값의 제곱근을 말한다.

02 어떤 정현파 전압의 평균값이 191[V]이면 최댓값은 약 몇 [V]인가? [09]

① 약 150   ② 약 250
③ 약 300   ④ 약 400

해설 최댓값 $V_m = \frac{\pi}{2} V_{av} = \frac{\pi}{2} \times 191 ≒ 300[V]$

03 어떤 정현파 전압의 평균값이 220[V]이면 최댓값은 약 몇 [V]인가? [14]

① 282   ② 314
③ 346   ④ 487

해설 $V_a = \frac{2}{\pi} V_m$,

$V_m = \frac{\pi}{2} V_a = \frac{\pi}{2} \times 220 = 345.6[V]$

04 어떤 정현파 전압의 평균값이 153[V]이면 실효값은 약 몇 [V]인가? [14]

① 240   ② 191
③ 170   ④ 153

해설 $V = \frac{1}{\sqrt{2}} V_m = \frac{1}{\sqrt{2}} \times \frac{\pi V_{av}}{2} = 169.85$
≒ 170[V]

05 파형률과 파고율이 같고 그 값이 1인 파형은? [11] [17]

① 사인파   ② 구형파
③ 삼각파   ④ 고조파

해설 구형파는 실효값과 평균값이 모두 최댓값과 같으므로 파형률과 파고율이 모두 1이다.

파형 종류	파 형	최댓값	실효값	평균값	파고율	파형률
정현파		A	$\frac{A}{\sqrt{2}}$	$\frac{2}{\pi}A$	1.414	1.11
전파 정류파		A	$\frac{A}{\sqrt{2}}$	$\frac{2}{\pi}A$	1.414	1.11
반파 정류파		A	$\frac{A}{2}$	$\frac{A}{\pi}$	2	1.57
삼각파 (톱니파)		A	$\frac{A}{\sqrt{3}}$	$\frac{A}{2}$	1.732	1.15
반파 구형파		A	$\frac{A}{\sqrt{2}}$	$\frac{A}{2}$	1.414	1.414
구형파		A	A	A	1	1

정답 1. ③ 2. ③ 3. ③ 4. ③ 5. ②

06 정현파에서 파고율이란? [12]

① $\dfrac{최대값}{실효값}$　② $\dfrac{평균값}{실효값}$

③ $\dfrac{실효값}{평균값}$　④ $\dfrac{최대값}{평균값}$

해설 파고율 $= \dfrac{최대값}{실효값}$, 파형률 $= \dfrac{실효값}{평균값}$

07 크기 100[V], 위상 30°인 사인파 전압의 순시값은? [04]

① $v = 100\sqrt{2}\sin(wt - 30°)[\text{V}]$
② $v = 100\sqrt{2}\sin(wt + 30°)[\text{V}]$
③ $v = 100\sin(wt + 30°)[\text{V}]$
④ $v = 100\sin(wt - 30°)[\text{V}]$

해설 $v = \sqrt{2}\,V\sin(wt + \theta)$에서
$v = 100\sqrt{2}\sin(wt + 30°)[\text{V}]$

08 전류 순시값
$i = 30\sin wt + 40\sin(3wt + 60°)[\text{A}]$의 실효값은? [10]

① 약 35.4[A]　② 약 42.4[A]
③ 약 56.6[A]　④ 약 70.7[A]

해설 $I_1 = \dfrac{30}{\sqrt{2}}[\text{A}]$, $I_2 = \dfrac{40}{\sqrt{2}}[\text{A}]$
$I = \sqrt{I_1^2 + I_2^2} = \sqrt{(\dfrac{30}{\sqrt{2}})^2 + (\dfrac{40}{\sqrt{2}})^2} = 35.4[\text{A}]$

09 2개 교류 기전력 크기
$e_1 = 150\sin(377t + \dfrac{\pi}{6})$와
$e_2 = 250\sin(377t + \dfrac{\pi}{3})[\text{V}]$가 있다. 다음 중 옳게 표시된 것은 어느 것인가? [03]

① e_1과 e_2는 동위상이다.
② e_1과 e_2의 실효값은 각각 150[V], 250[V]이다.
③ e_1과 e_2의 주파수가 모두 377[Hz]이다.
④ e_1과 e_2의 주기는 모두 1/60[sec]이다.

해설 e_1과 e_2는 $\dfrac{\pi}{3} - \dfrac{\pi}{6} = \dfrac{\pi}{6} = 30°$ 위상차가 있고
실효값은 각각 $\dfrac{150}{\sqrt{2}}$, $\dfrac{250}{\sqrt{2}}$이며
주파수는 $\dfrac{377}{2\pi} = 60[\text{Hz}]$이고
주기는 $T = \dfrac{1}{f} = \dfrac{1}{60}[\text{sec}]$이다.

10 어떤 정현파 전압의 평균값이 200[V]이면 최댓값은 약 몇 [V]인가? [02] [05] [08]

① 282　② 314
③ 346　④ 487

해설 $V_m = \dfrac{\pi}{2}V_a = \dfrac{\pi}{2} \times 200 = 314[\text{V}]$

11 53[mH]의 코일에 $10\sqrt{2}\sin 377t[\text{A}]$의 전류를 흘리려면 인가해야 할 전압은? [11]

① 약 60[V]　② 약 200[V]
③ 약 530[V]　④ 약 $530\sqrt{2}$[V]

해설 $I = \dfrac{V}{X_L} = \dfrac{V}{2\pi f L} = \dfrac{V}{\omega L}$,
$V = I \cdot X_L = I \cdot \omega L = 10 \times 377 \times 53 \times 10^{-3}$
$\fallingdotseq 200[\text{V}]$

12 어떤 교류회로에 전압을 가하니 90°만큼 위상이 앞선 전류가 흘렀다. 이 회로는? [13]

① 유도성　② 무유도성
③ 용량성　④ 저항 성분

정답 6. ①　7. ②　8. ①　9. ④　10. ②　11. ②　12. ③

해설 전류가 전압보다 90° 앞서므로 정전용량만의 회로(용량성회로)이다.

13 어떤 회로에 $v = 250\sin 377t[\text{V}]$의 교류 전압을 인가했더니 $i = 50\sin 377t[\text{A}]$의 전류가 흘렀다면 이 회로의 소자는? [11]
① 용량 리액턴스 ② 유도 리액턴스
③ 순저항 ④ 다이오드

해설 전압과 전류의 위상이 같으므로 부하는 순저항 소자이다.

14 인덕터의 특징을 요약한 것 중 잘못된 것은? [12]
① 인덕터는 에너지를 축적하지만 소모하지는 않는다.
② 인덕터의 전류가 불연속적으로 급격히 변화하면 전압이 무한대로 되어야 하므로 인덕터 전류는 불연속적으로 변할 수 없다.
③ 일정한 전류가 흐를 때 전압은 무한대이지만 일정량의 에너지가 축적된다.
④ 인덕터는 직류에 대해서 단락회로로 작용한다.

해설 인덕터에 일정한 전류가 흐를 때 양단의 전압은 0이다.

15 0.1[H]인 코일의 리액턴스가 377[Ω]일 때 주파수는 약 몇 [Hz]인가? [02] [08]
① 60 ② 120
③ 360 ④ 600

해설 유도 리액턴스 $X_L = 2\pi fL$에서
$$f = \frac{X_L}{2\pi L} = \frac{377}{2\pi \times 0.1} = 600[\text{Hz}]$$

16 1[H]인 코일의 리액턴스가 377[Ω]일 때 주파수는? [10]
① 약 60[Hz] ② 약 120[Hz]
③ 약 360[Hz] ④ 약 600[Hz]

해설 유도 리액턴스 $X_L = 2\pi fL$에서
$$f = \frac{X_L}{2\pi L} = \frac{377}{2\pi \times 1} = 60[\text{Hz}]$$

17 314[mH]의 자기 인덕턴스에 120[V], 60[Hz]의 교류전압을 가하였을 때 흐르는 전류는 몇 [A]인가? [05] [06] [16]
① 10 ② 8
③ 4 ④ 1

해설 $I = \dfrac{V}{X_L} = \dfrac{V}{2\pi fL} = \dfrac{120}{2\pi \times 60 \times (314 \times 10^{-3})} \fallingdotseq 1[\text{A}]$

18 314[H]의 자기 인덕턴스에 220[V], 60[Hz]의 교류전압을 가하였을 때 흐르는 전류는 몇 [A]인가? [10]
① 약 $1.9 \times 10^{-3}[\text{A}]$
② 약 $1.9[\text{A}]$
③ 약 $11.7 \times 10^{-3}[\text{A}]$
④ 약 $11.7[\text{A}]$

해설 유도 리액턴스
$X_L = 2\pi fL = 2\pi \times 60 \times 314 \fallingdotseq 118.315[\text{k}\Omega]$
$I = \dfrac{V}{X_L} = \dfrac{220}{118.315 \times 10^3} \fallingdotseq 1.9 \times 10^{-3}[\text{A}]$

정답 13. ③ 14. ③ 15. ④ 16. ① 17. ④ 18. ①

19 314[H]의 자기 인덕턴스에 220[V], 60[Hz]의 교류전압을 가하였을 때 흐르는 전류는? [13]
① 약 1.86[A]
② 약 1.86×10^{-3}[A]
③ 약 1.17×10^{-1}[A]
④ 약 1.17×10^{-3}[A]

해설 유도 리액턴스
$X_L = 2\pi f L = 2\pi \times 60 \times 314 ≒ 118.32$[kΩ]
$I = \dfrac{V}{X_L} = \dfrac{220}{118.32 \times 10^3} ≒ 1.86 \times 10^{-3}$[A]

20 인덕턴스 $L = 20$[mH]인 코일에 실효값 $V = 50$[V], 주파수 $f = 60$[Hz]인 정현파 전압을 인가했을 때 코일에 축적되는 평균 자기 에너지는 W[J]는 약 얼마인가? [09]
① 6.3 ② 4.4 ③ 0.63 ④ 0.44

해설 $I = \dfrac{V}{X_L} = \dfrac{V}{2\pi f L} = \dfrac{50}{2\pi \times 60 \times 20 \times 10^{-3}}$
$≒ 6.67$[A]
$W = \dfrac{1}{2}LI^2 = \dfrac{1}{2} \times (20 \times 10^{-3}) \times 6.67^2$
$≒ 0.44$[J]

21 커패시턴스에서 전압과 전류의 변화에 대한 설명으로 옳은 것은? [04] [05] [08]
① 전압은 급격히 변화하지 않는다.
② 전류는 급격히 변화하지 않는다.
③ 전압과 전류 모두 급격히 변화하지 않는다.
④ 전압과 전류 모두 급격히 변화한다.

해설 $v_L = L\dfrac{di}{dt}$에서 전류가 급격히($t = 0$인 순간) 변화하면 v_L이 무한대가 되는 모순이 생기고, $i_C = C\dfrac{dv}{dt}$에서 전압이 급격히($t = 0$인 순간) 변화하면 i_C가 무한대가 되는 모순이 생긴다.

22 그림의 전압(V), 전류(I) 벡터도를 통해 알 수 있는 교류회로는 어떤 회로인가? (단, R은 저항, L은 인덕턴스, C는 커패시턴스이다.) [14]
① R만의 회로
② L만의 회로
③ C만의 회로
④ RLC 직렬회로

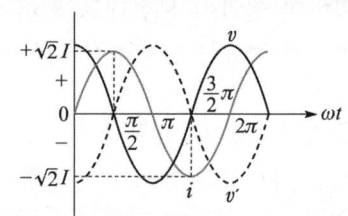

해설 인덕턴스만 있는 회로에서 전압과 전류의 위상차 : 전류가 전압보다 90° 뒤진다. (지상전류, 유도성 회로)

회로도	벡터도

인덕턴스의 특성

23 $v = 100\sqrt{2}\sin(\omega t + \dfrac{\pi}{6})$[V]를 복소수로 표시하면? [14]
① $50\sqrt{3} + j50$
② $50 + j50\sqrt{3}$
③ $50\sqrt{3} + j50\sqrt{3}$
④ $50 + j50$

해설 $V = 100(\cos 30° + j\sin 30°) = 50\sqrt{3} + j50$[V]

3 RLC 직병렬회로

(1) R-L 직렬회로 (유도성 회로)

저항은 전류 크기만 변화시키지만 코일은 전류의 크기뿐만 아니라 위상까지도 변화시키기 때문에 두 소자가 직렬 접속되었을 때에는 서로 벡터적으로 합쳐져서 회로 전류의 흐름을 방해

$V_R = RI$, 전류 $\dot{I}$는 전압 $\dot{V_R}$과 동상

$V_L = X_L I = \omega L I$, 전류 $\dot{I}$는 전압 $\dot{V_L}$보다 $\frac{\pi}{2}$[rad]만큼 뒤진 위상

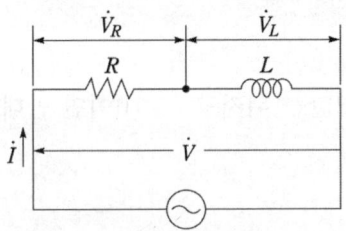
R-L 직렬 회로도

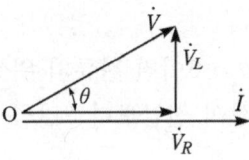
전압과 전류의 벡터도

R-L 직렬회로도와 벡터도

1) 전압과 전류

① $V = V_R + jV_L = I \cdot R + j\omega L I = (R + j\omega L)I$

   ($V_R = I \cdot R$, $V_L = I \cdot X_L$)

   $V = \sqrt{V_R^2 + V_L^2} = \sqrt{(RI)^2 + (X_L I)^2} = \sqrt{R^2 + X_L^2} \cdot I = \sqrt{R^2 + (\omega L)^2} \cdot I$

② $I = \dfrac{V}{\sqrt{R^2 + (\omega L)^2}} = \dfrac{V}{\sqrt{R^2 + (2\pi f L)^2}}$

③ $\tan\theta = \dfrac{V_L}{V_R} = \dfrac{X_L I}{RI} = \dfrac{X_L}{R} = \dfrac{\omega L}{R} = \dfrac{2\pi f L}{R}$

④ $\theta = \tan^{-1}\dfrac{X_L}{R} = \tan^{-1}\dfrac{\omega L}{R} = \tan^{-1}\dfrac{2\pi f L}{R}$ [rad] (편각)

   위상차는 0[rad] ~ $\dfrac{\pi}{2}$[rad]

2) 임피던스

① $Z = \sqrt{(저항성분)^2 + (유도리액턴스성분)^2}$
$= \sqrt{R^2 + (\omega L)^2} = \sqrt{R^2 + (2\pi f L)^2}$
$|Z| = \sqrt{R^2 + X_L^2}$ (크기)

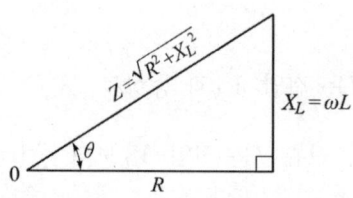

임피던스 삼각형

② $\theta > 0$이면 전류의 위상이 전압보다 θ만큼 뒤지고 $\theta < 0$이면 반대로 전류의 위상이 전압보다 θ만큼 앞선다.

3) 전류와 전압의 위상차

전류가 전압보다 θ만큼 뒤진다. (지상전류)

4) 역률

$\cos\theta = \dfrac{R}{Z} = \dfrac{V_R}{V}$

(2) R-C 직렬회로 (용량성 회로)

저항은 전류 크기만 변화시키지만 정전 용량은 전류의 크기뿐만 아니라 위상까지도 변화시키기 때문에 두 소자의 직렬접속 시 서로 벡터적으로 합쳐져서 회로 전류의 흐름을 방해

$V_R = RI$, 전류 $\dot{I}$는 전압 $\dot{V}_R$과 동상

$V_C = X_C I = \dfrac{1}{\omega C} I$, 전류 $\dot{I}$는 전압 $\dot{V}_C$보다 $\dfrac{\pi}{2}$[rad]만큼 앞선 위상

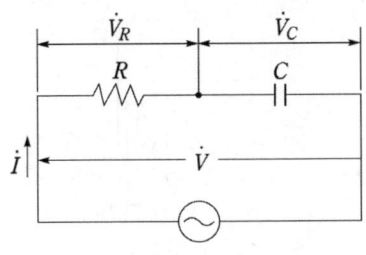 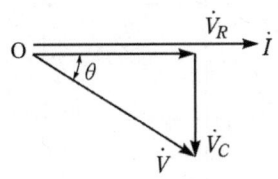

R-C 직렬 회로도 　　　　　　　전압과 전류의 벡터도

R-C 직렬회로와 벡터도

1) 전압

① $V = \sqrt{V_R^2 + V_C^2} = \sqrt{(I \cdot R)^2 + (I \cdot \frac{1}{\omega C})^2} = \sqrt{(R + \frac{1}{\omega C})^2} \cdot I$

② $\tan\theta = \dfrac{V_C}{V_R} = \dfrac{X_C I}{RI} = \dfrac{X_C}{R} = \dfrac{1}{\omega CR} = \dfrac{1}{2\pi f CR}$

③ $\theta = \tan^{-1}\dfrac{X_C}{R} = \tan^{-1}\dfrac{1}{\omega CR} = \tan^{-1}\dfrac{1}{2\pi f CR}$[rad] (편각)

2) 임피던스

$Z = \sqrt{(저항성분)^2 + (용량리액턴스성분)^2} = \sqrt{R^2 + (\dfrac{1}{\omega C})^2} = \sqrt{R^2 + (\dfrac{1}{2\pi f C})^2}$

$|Z| = \sqrt{R^2 + X_C^2}$ (크기)

3) 전류와 전압의 위상차

전류가 전압보다 θ만큼 앞선다. (진상전류)

4) 역률

$\cos\theta = \dfrac{R}{Z} = \dfrac{V_R}{V}$

(3) L-C 직렬회로

인덕턴스와 정전용량으로 이루어진 직렬회로에 $\dot{V}$의 사인파 전압을 가할 때, 회로에 흐르는 전류를 $\dot{I}$라 하고 L, C에 걸리는 전압을 각각 $\dot{V}_L$, $\dot{V}_C$라고 하면

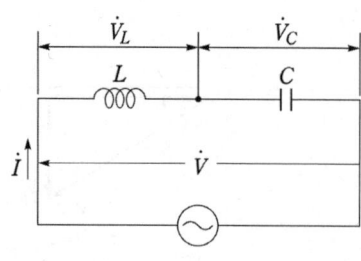
L-C 직렬 회로도

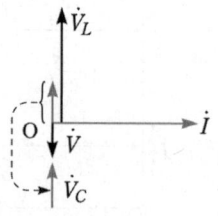
전압과 전류의 벡터도

L-C 직렬회로와 벡터도

1) 전압과 전류

① $\dot{V} = \dot{V}_L + \dot{V}_C$

$V_L = X_L I = \omega L I$, 전류 $\dot{I}$는 전압 $\dot{V}_L$보다 $\frac{\pi}{2}[rad]$만큼 뒤진 위상

$V_C = X_C I = \dfrac{I}{\omega C}$, 전류 $\dot{I}$는 전압 $\dot{V}_C$보다 $\frac{\pi}{2}[rad]$만큼 앞선 위상

전압의 크기는 $V = V_L - V_C = \omega L I - \dfrac{I}{\omega C} = \left(\omega L - \dfrac{1}{\omega C}\right) I$

② 전류의 크기는 $I = \dfrac{V}{\left(\omega L - \dfrac{1}{\omega C}\right)} = \dfrac{V}{Z}$

2) 임피던스

$|Z| = \sqrt{(X_L - X_C)^2} = \sqrt{\left(\omega L - \dfrac{1}{\omega C}\right)^2}$

3) 전류와 전압의 위상차는 ωL과 $\dfrac{1}{\omega C}$ 의 크기에 따라 위상관계가 결정

① $\omega L > \dfrac{1}{\omega C}$ 의 경우 : 전류는 전압에 비해 $\frac{\pi}{2}[rad]$ 뒤진 위상

② $\omega L < \dfrac{1}{\omega C}$ 의 경우 : 전류는 전압에 비해 $\frac{\pi}{2}[rad]$ 앞선 위상

(4) R-L-C 직렬회로

$V_R = RI$, 전류 $\dot{I}$는 전압 $\dot{V}_R$과 동상

$V_L = X_L I = \omega L I$, 전류 $\dot{I}$는 전압 $\dot{V}_L$보다 $\dfrac{\pi}{2}$[rad]만큼 뒤진 위상

$V_C = X_C I = \dfrac{I}{\omega C}$, 전류 $\dot{I}$는 전압 $\dot{V}_C$보다 $\dfrac{\pi}{2}$[rad]만큼 앞선 위상

전류 $\dot{I}$를 기준으로 한 아래 그림의 벡터도는 $\omega L > \dfrac{1}{\omega C}$의 경우이다.

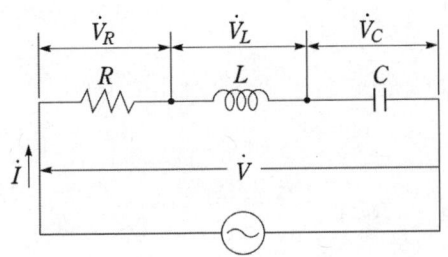
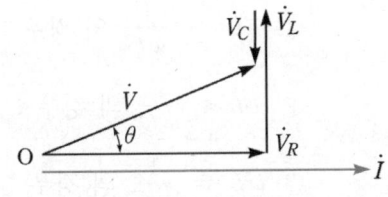

R-L-C 직렬 회로도   전압과 전류의 벡터도

R-L-C 직렬회로와 벡터도

1) 전압과 전류

① $\dot{V} = \dot{V}_R + \dot{V}_L + \dot{V}_C$

$V = IR + (I \times jX_L) + (I \times -jX_C) = IR + j(X_L - X_C)$

전압의 크기

$V = \sqrt{V_R^2 + (V_L - V_C)^2} = \sqrt{(RI)^2 + (X_L I - X_C I)^2} = \sqrt{R^2 + (X_L - X_C)^2}\, I$

② 전류의 크기 $I = \dfrac{V}{Z} = \dfrac{V}{\sqrt{R^2 + (X_L - X_C)^2}} = \dfrac{V}{\sqrt{R^2 + (\omega L - \dfrac{1}{\omega C})^2}}$

2) 임피던스

$Z = R + j(X_L - X_C) = R + j(\omega L - \dfrac{1}{\omega C})$

$|Z| = \sqrt{R^2 + (X_L - X_C)^2} = \sqrt{R^2 + (\omega L - \dfrac{1}{\omega C})^2}$

3) 역률

$\cos\theta = \dfrac{R}{Z} = \dfrac{V_R}{V}$

4) 전압과 전류의 위상차

$$\tan\theta = \frac{V_L - V_C}{V_R} = \frac{X_L I - X_C I}{RI} = \frac{X_L - X_C}{R} = \frac{\omega L - \dfrac{1}{\omega C}}{R}$$

$$\theta = \tan^{-1}\frac{X_L - X_C}{R} = \tan^{-1}\frac{\omega L - \dfrac{1}{\omega C}}{R}$$

① $\omega L > \dfrac{1}{\omega C}$ 의 경우 : 유도성

② $\omega L < \dfrac{1}{\omega C}$ 의 경우 : 용량성

③ $\omega L = \dfrac{1}{\omega C}$ 의 경우 : 공진회로

(5) R-L-C 직렬회로 공진

① 공진 시에는 저항만의 회로
② 전압과 전류의 위상은 동상이며 역률 $\cos\theta = 1$

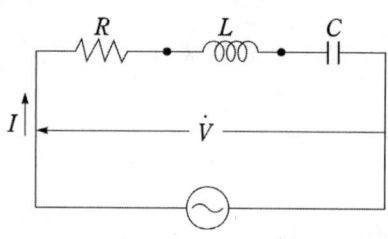

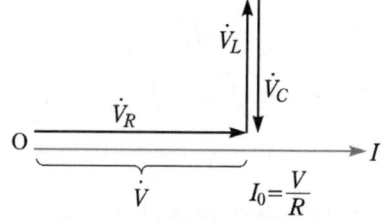

R-L-C 직렬 회로   직렬 공진 벡터도

R-L-C 직렬 공진

③ 공진조건 : $X_L = X_C$, $\omega L = \dfrac{1}{\omega C}$, $\omega^2 LC = 1$, $\omega L - \dfrac{1}{\omega C} = 0$

④ R-L-C 직렬 공진 회로에서 유도 리액턴스 ωL과 용량 리액턴스 $\dfrac{1}{\omega C}$의 크기는 회로의 L과 C가 일정하여도 $\omega = 2\pi f$이므로 주파수에 따라 변화한다.

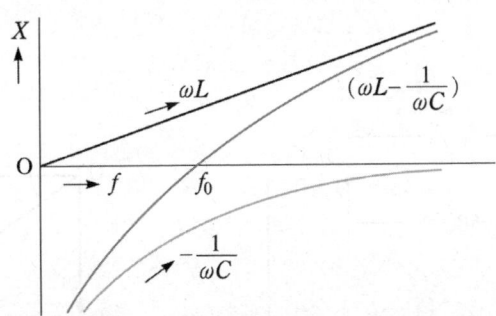

주파수 f_0와 리액턴스와의 관계

공진 주파수 : $f_0 = \dfrac{1}{2\pi\sqrt{LC}}$ [Hz]

⑤ 직렬 공진 시 임피던스 $Z_R = R$로 최소가 되고, 전류 $I = \dfrac{V}{Z_R} = \dfrac{V}{R}$로 최대가 된다.

RLC 직렬회로 특성

회 로	순시전류	위상차(θ)	전류의 크기	역률 $\cos\theta$
R-L 직렬	$i = I_m\sin(\omega t - \theta)$	$\tan^{-1}\dfrac{X_L}{R}$	$I = \dfrac{V}{\sqrt{R^2+X_L^2}}$	$\dfrac{R}{\sqrt{R^2+X_L^2}}$
R-C 직렬	$i = I_m\sin(\omega t + \theta)$	$\tan^{-1}\dfrac{X_C}{R}$	$I = \dfrac{V}{\sqrt{R^2+X_C^2}}$	$\dfrac{R}{\sqrt{R^2+X_C^2}}$
R-L-C 직렬	$i = I_m\sin(\omega t \pm \theta)$	$\tan^{-1}\dfrac{|X_L-X_C|}{R}$	$I = \dfrac{V}{\sqrt{R^2+(X_L-X_C)^2}}$	$\dfrac{R}{\sqrt{R^2+(X_L-X_C)^2}}$

(6) 어드미턴스

1) 어드미턴스 $Y[\mho]$: 임피던스 $Z[\Omega]$의 역수

① $Z = R + jX$ (R : 저항, X : 리액턴스)

② $Y = \dfrac{1}{Z} = \dfrac{1}{R+jX} = \dfrac{1}{R+jX} \cdot \dfrac{R-jX}{R-jX} = \dfrac{R}{R^2+X^2} + j\dfrac{-X}{R^2+X^2}$

$G = \dfrac{R}{R^2+X^2}[\mho]$, $B = \dfrac{-X}{R^2+X^2}[\mho]$라 하면, $Y = G \mp jB[\mho]$로 표시

어드미턴스 Y의 실수부 G : 컨덕턴스, 허수부 B : 서셉턴스

단위 : 모(mho), 기호 : $[\mho]$ 또는 $[\Omega^{-1}]$

(7) R-L 병렬회로

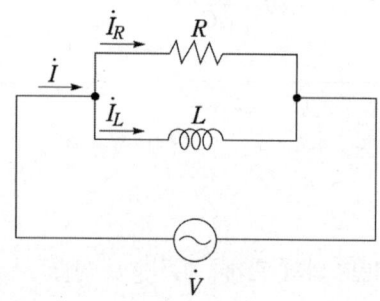 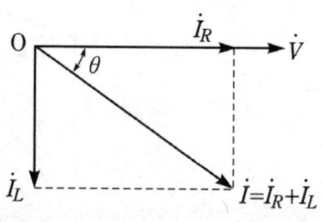

병렬 회로   벡터도

R-L 병렬회로와 벡터도

1) 전류

$$I = \sqrt{I_R^2 + I_L^2} = \sqrt{(\frac{V}{R})^2 + (\frac{V}{\omega L})^2} = V \cdot \sqrt{(\frac{1}{R})^2 + (\frac{1}{\omega L})^2}$$

$$= \frac{V}{\dfrac{1}{\sqrt{(\frac{1}{R})^2 + (\frac{1}{\omega L})^2}}} = \frac{V}{Z}$$

2) 임피던스

$$Z = \frac{1}{\sqrt{(\frac{1}{R})^2 + (\frac{1}{\omega L})^2}} = \frac{1}{\sqrt{(\frac{1}{R})^2 + (\frac{1}{2\pi f L})^2}}$$

3) 위상차

벡터도로부터, $R-L$ 병렬 회로에서도 $R-L$ 직렬회로와 마찬가지로 전류 $\dot{I}$는 전압 $\dot{V}$보다 뒤진 위상

$$\tan\theta = \frac{I_L}{I_R} = \frac{\dfrac{V}{\omega L}}{\dfrac{V}{R}} = \frac{R}{\omega L} = \frac{R}{2\pi f L}$$

$$\theta = \tan^{-1}\frac{I_L}{I_R} = \tan^{-1}\frac{R}{\omega L} = \tan^{-1}\frac{R}{2\pi f L} [\text{rad}]$$

4) 역률

$$\cos\theta = \frac{X_L}{\sqrt{R^2+X_L^2}}$$

(8) R-C 병렬회로

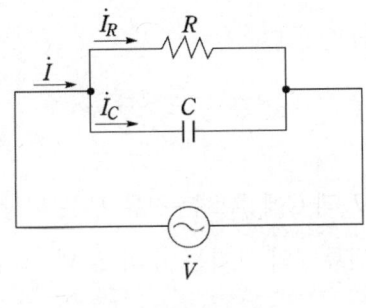 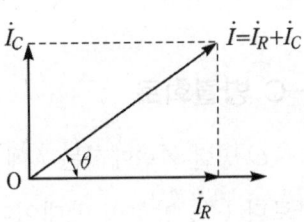

| 병렬 회로 | 벡터도 |

R-C 병렬회로와 벡터도

1) 전류

$$I = \sqrt{I_R^2 + I_C^2} = \sqrt{(\frac{V}{R})^2 + (\omega CV)^2} = V \cdot \sqrt{(\frac{1}{R})^2 + (\omega C)^2}$$

$$= \frac{V}{\frac{1}{\sqrt{(\frac{1}{R})^2 + (\omega C)^2}}} = \frac{V}{Z}$$

2) 임피던스

$$Z = \frac{1}{\sqrt{(\frac{1}{R})^2 + (\omega C)^2}} = \frac{1}{\sqrt{(\frac{1}{R})^2 + (2\pi f C)^2}}$$

3) 위상차

벡터도로부터, R-C 병렬 회로에서도 R-C 직렬회로와 마찬가지로 전류 $\dot{I}$는 전압 $\dot{V}$보다 앞선 위상

$$\tan\theta = \frac{I_C}{I_R} = \frac{\omega CV}{\frac{V}{R}} = \omega CR = 2\pi fCR$$

$$\theta = \tan^{-1}\omega CR = \tan^{-1}2\pi fCR[\text{rad}]$$

4) 역률

$$\cos\theta = \frac{X_C}{\sqrt{R^2 + X_C^2}}$$

(9) L-C 병렬회로

$L-C$ 병렬 회로에서는 L에 흐르는 전류 $\dot{I}_L$과 C에 흐르는 전류 $\dot{I}_C$는 위상이 $\pi[\text{rad}]$만큼 다르다.(즉, 방향이 반대이다.) 따라서, 전류 $\dot{I}$의 크기는 $\dot{I}_L$과 $\dot{I}_C$의 크기의 차가 된다.

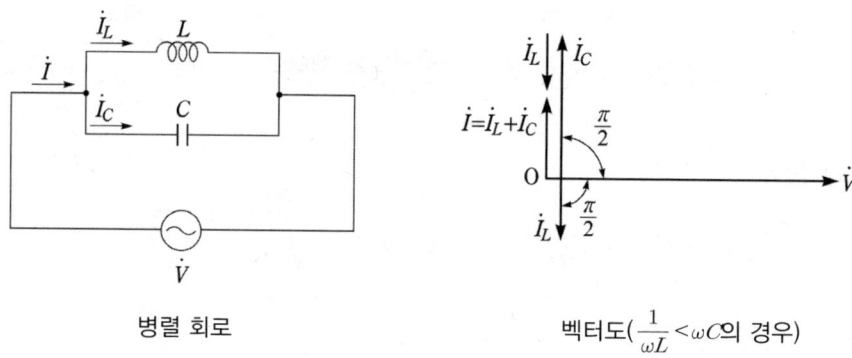

병렬 회로   벡터도($\frac{1}{\omega L} < \omega C$의 경우)

L-C 병렬회로와 벡터도

1) $\frac{1}{\omega L} < \omega C$의 경우

$$I = I_C - I_L = \omega CV - \frac{V}{\omega L} = \left(\omega C - \frac{1}{\omega L}\right)V = \frac{V}{\frac{1}{\omega C - \frac{1}{\omega L}}} = \frac{V}{Z}$$

2) $\frac{1}{\omega L} > \omega C$의 경우

$$I = I_L - I_C = \frac{V}{\omega L} - \omega CV = \left(\frac{1}{\omega L} - \omega C\right)V = \frac{V}{\frac{1}{\frac{1}{\omega L} - \omega C}} = \frac{V}{Z}$$

3) 전류와 전압의 위상차

① $\frac{1}{\omega L} < \omega C$의 경우(용량성회로)

$I_L < I_C$이고 전류는 전압에 비해 $\frac{\pi}{2}$[rad] 앞선 위상 -

② $\frac{1}{\omega L} > \omega C$의 경우(유도성회로)

$I_L > I_C$이고 전류는 전압에 비해 $\frac{\pi}{2}$[rad] 뒤진 위상

(10) R-L-C 병렬회로

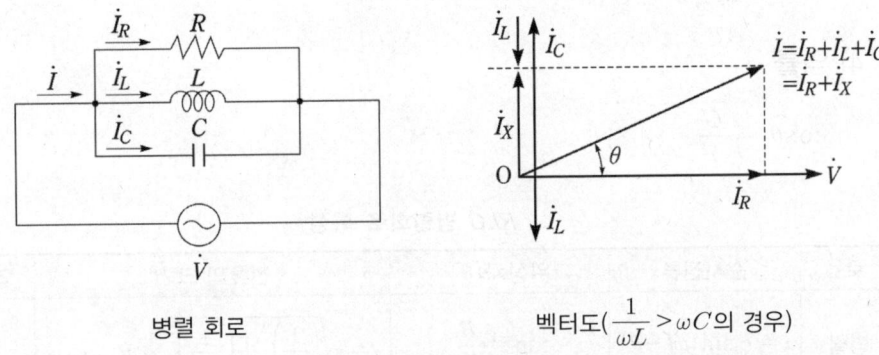

병렬 회로   벡터도($\frac{1}{\omega L} > \omega C$의 경우)

R-L-C 병렬회로와 벡터도

1) 전류

$$I = \sqrt{I_R^2 + I_X^2} = \sqrt{(\frac{V}{R})^2 + (\omega CV - \frac{V}{\omega L})^2} = V \cdot \sqrt{(\frac{1}{R})^2 + (\omega C - \frac{1}{\omega L})^2}$$

$$= \frac{V}{\frac{1}{\sqrt{(\frac{1}{R})^2 + (\omega C - \frac{1}{\omega L})^2}}} = \frac{V}{Z}$$

2) 임피던스

$$Z = \frac{1}{\sqrt{(\frac{1}{R})^2 + (\omega C - \frac{1}{\omega L})^2}}$$

3) 전압과 전류의 위상차

$$\tan\theta = \frac{I_X}{I_R} = \frac{\omega CV - \frac{V}{\omega L}}{\frac{V}{R}} = (\omega C - \frac{1}{\omega L})R$$

$$\theta = \tan^{-1}(\omega C - \frac{1}{\omega L})R = \tan^{-1}(2\pi fC - \frac{1}{2\pi fL})R [\text{rad}]$$

① $\frac{1}{\omega L} > \omega C$의 경우 : $I_L > I_C$이고 유도성(전류는 전압보다 뒤진 위상)

② $\frac{1}{\omega L} < \omega C$의 경우 : $I_L < I_C$이고 용량성(전류는 전압보다 앞선 위상)

③ $\frac{1}{\omega L} = \omega C$의 경우 : 공진회로(전류과 전압은 동상)

4) 역률

$$\cos\theta = \frac{G}{Y}$$

RLC 병렬회로 특성

회로	순시전류	위상차(θ)	전류의 크기	역률 $\cos\theta$
R-L 병렬	$i = I_m\sin(\omega t - \theta)$	$\tan^{-1}\frac{R}{X_L}$	$I = \sqrt{\left(\frac{1}{R}\right)^2 + \left(\frac{1}{X_L}\right)^2} \times V$	$\frac{X_L}{\sqrt{R^2 + X_L^2}}$
R-C 병렬	$i = I_m\sin(\omega t + \theta)$	$\tan^{-1}\frac{R}{X_C}$	$I = \sqrt{\left(\frac{1}{R}\right)^2 + \left(\frac{1}{X_C}\right)^2} \times V$	$\frac{X_C}{\sqrt{R^2 + X_C^2}}$
R-L-C 병렬	$i = I_m\sin(\omega t \mp \theta)$	$\tan^{-1}\frac{R}{\|X_L - X_C\|}$	$I = \sqrt{\left(\frac{1}{R}\right)^2 + \left(\frac{1}{X_L} - \frac{1}{X_C}\right)^2} \times V$	$\frac{G}{Y}$

(11) R-L-C 병렬회로 공진

1) 병렬공진의 조건

$$\dot{Y} = \frac{1}{R} + j(wC - \frac{1}{wL})[\mho] \text{에서}$$

$$wC - \frac{1}{wL} = 0 (\text{공진 조건})$$

① 어드미턴스 $Y = \frac{1}{R}[\mho]$는 최소, 임피던스 $Z = \frac{1}{Y}$는 최대

② 공진전류 $I_0 = VY = \dfrac{V}{R}$는 최소

2) 공진 주파수

① 공진 각 주파수 $w_0 = \dfrac{1}{\sqrt{LC}}$ [rad/sec]

② 공진 주파수 $f_0 = \dfrac{1}{2\pi\sqrt{LC}}$ [Hz]

3) 선택도(Q)

전류 확대율이라고도 한다.

$$Q = \dfrac{I_L}{I_0} = \dfrac{I_C}{I_0} = \dfrac{R}{w_0 L} = w_0 CR = R\sqrt{\dfrac{C}{L}}$$

R-L-C 회로의 공진회로

	직렬 공진	병렬 공진
회로의 Z, Y	$Z = R + j\left(\omega L - \dfrac{1}{\omega C}\right)$	$Y = \dfrac{1}{R} + j\left(\omega C - \dfrac{1}{\omega L}\right)$
공진 조건	$\omega L = \dfrac{1}{\omega C}$	$\omega C = \dfrac{1}{\omega L}$
공진 주파수	$f_0 = \dfrac{1}{2\pi\sqrt{LC}}$	$f_0 = \dfrac{1}{2\pi\sqrt{LC}}$
공진 시 Z, Y	$Z = R$(최소)	$Y = \dfrac{1}{R}$(최대)
공진 전류	$I = \dfrac{E}{R}$(최대)	$I = Y \cdot E$(최소)
선택도	$Q = \dfrac{V_L}{V_R} = \dfrac{V_C}{V_R} = \dfrac{\omega L}{R} = \dfrac{\frac{1}{\omega C}}{R} = \dfrac{1}{R}\sqrt{\dfrac{L}{C}}$	$Q = \dfrac{I_L}{I_R} = \dfrac{I_C}{I_R} = \dfrac{R}{X_L} = \dfrac{R}{X_C} = R\sqrt{\dfrac{C}{L}}$

4 교류전력

(1) 교류전력

1) 저항 부하의 전력

① 저항 R만인 부하회로에서 교류전력은 순시전력을 평균한 값

$P = V \cdot I [W]$

② 전력은 전압 실효값과 전류 실효값의 곱

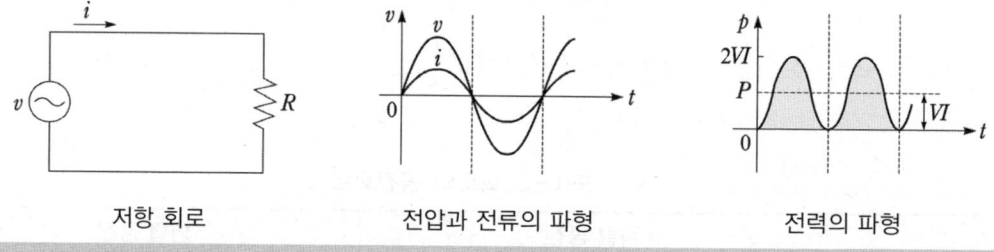

저항 회로   전압과 전류의 파형   전력의 파형

저항 부하의 전력

2) 인덕턴스 부하의 전력

① 교류전원에서는 코일에서 에너지의 충전과 방전만을 반복하므로 전력소비는 없다.

② 순시전력 $P = VI = \sqrt{2}\,V\cos wt \times \sqrt{2}\,I\sin wt = 2VI\sin wt \cos wt$
$= VI\sin 2wt [W]$

③ 평균전력 $P = 0 [W]$

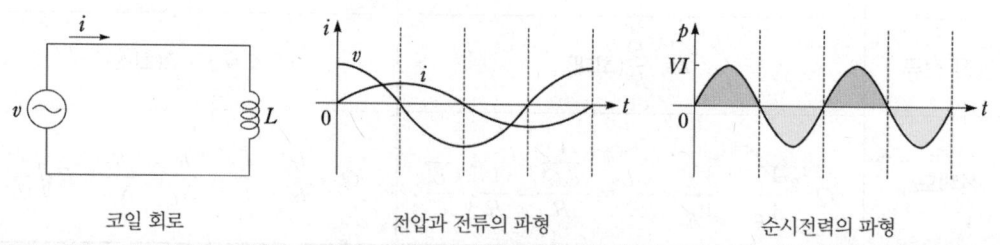

코일 회로   전압과 전류의 파형   순시전력의 파형

인덕턴스 부하의 전력

3) 정전용량 부하의 전력

① 교류전원에서는 콘덴서에서 에너지의 충전과 방전만을 반복하므로 전력소비는 없다.

② 순시전력 $P = VI = \sqrt{2}\,V\sin wt \times \sqrt{2}\,I\cos wt = 2VI\sin wt \cos wt$
$= VI\sin 2wt\,[\text{W}]$

③ 평균전력 $P = 0\,[\text{W}]$

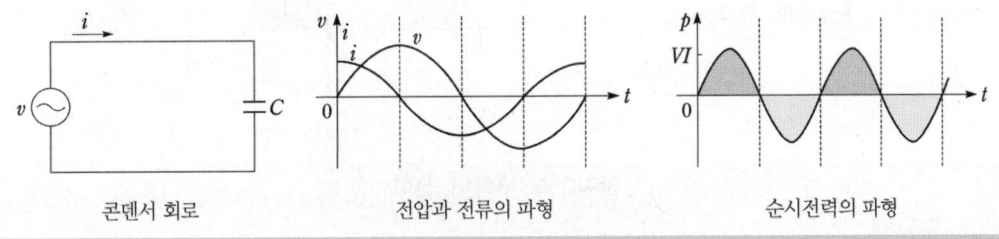

정전용량 부하의 전력

4) 임피던스 부하의 전력

① 순시전력

RL 직렬회로에 $i = \sqrt{2}\,I\sin wt\,[\text{A}]$의 전류가 흐르고 회로의 임피던스를 $Z\angle\theta$ 라 하면 회로에 흐르는 전류의 위상은 전압보다 θ만큼 늦게 되므로

$v = \sqrt{2}\,V\sin(wt+\theta)\,[\text{V}]$
$P = vi = \sqrt{2}\,V\sin(wt+\theta) \cdot \sqrt{2}\,I\sin wt\,[\text{W}] = 2VI\sin(wt+\theta)\cdot\sin wt$
$= VI\cos\theta - VI\cos(2wt+\theta)\,[\text{W}]$

전압 v와 전류 i가 같은 부호 구간에서는 에너지가 회로에 충전되고 다른 부호 구간에서는 회로에 축적되었던 에너지가 전원으로 다시 반환된다.

② 평균전력

평균값 P를 구하면 오른쪽 항 $VI\cos(2wt+\theta)$의 1주기간의 평균값은 0이므로

$P = VI\cos\theta$

θ는 임피던스각, 즉 전압과 전류의 위상차

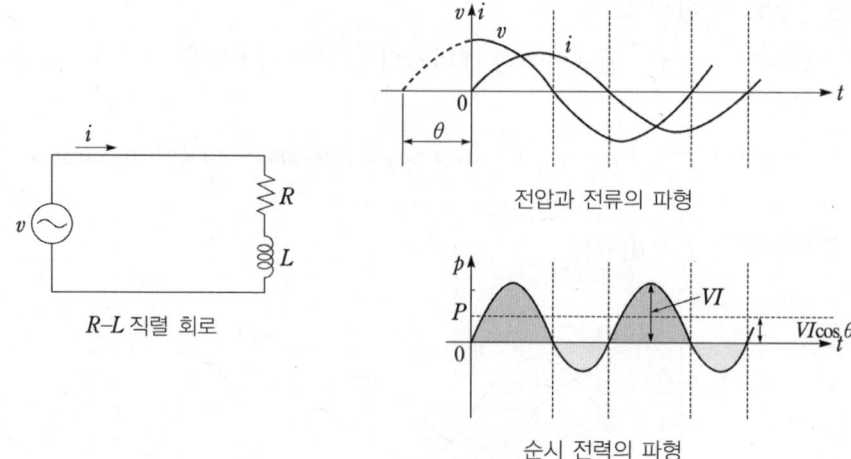

전압과 전류의 파형

순시 전력의 파형

R-L 직렬 회로

임피던스 부하의 전력

(2) 교류전력의 표현

1) 유효전류

$I = I_a \cos\theta$

2) 무효전류

$I_r = I_a \sin\theta$

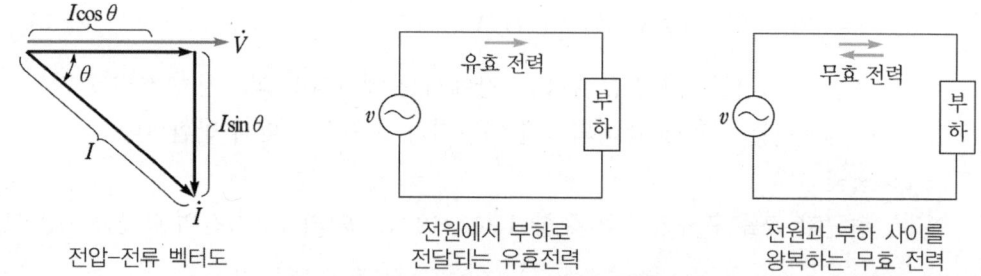

전압-전류 벡터도 / 전원에서 부하로 전달되는 유효전력 / 전원과 부하 사이를 왕복하는 무효 전력

전압과 전류의 벡터도와 유효 및 무효 전력

3) 피상전력

- 교류 회로의 단자전압의 실효값과 전류의 실효값의 곱
- 유효전력과 무효전력의 벡터의 합

$$P_a = V \cdot I = \frac{V^2}{Z} = I^2 Z = P \pm jP_r = \sqrt{P^2 + P_r^2}\,[\text{VA}]$$

4) 유효전력

저항에서 소비되는 전력, 소비전력, 평균전력

$$P = VI\cos\theta = P_a\cos\theta = \frac{V^2}{R} = I^2 R\,[\text{W}]$$

5) 무효전력

리액턴스에서 소비되는 전력, 실제 일을 할 수 없는 전력

$$P_r = VI\sin\theta = P_a\sin\theta = \frac{V^2}{X} = I^2 X\,[\text{Var}]$$

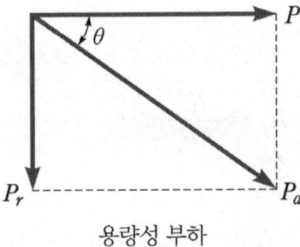
용량성 부하

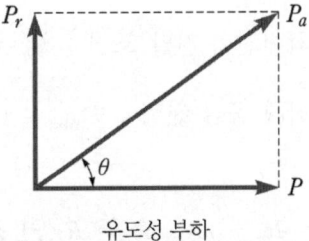
유도성 부하

전력 벡터도

(3) 역률(power factor)

1) 역률

피상전력과 유효전력의 비

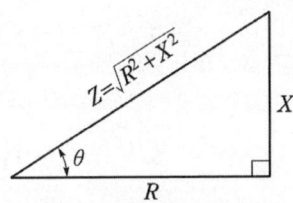

R-L 직렬회로의 임피던스

$$역률(\cos\theta) = \frac{유효전력(P)}{피상전력(P_a)} = \frac{P}{VI} \times 100[\%]$$

$$\cos\theta = \frac{R}{Z}$$

2) 무효율(reactive factor)

피상전력과 무효전력의 비

$$무효율(\sin\theta) = \frac{무효전력(P_r)}{피상전력(P_a)} = \sin\theta = \sqrt{1-\cos\theta^2}$$

(4) 최대전력 전달

최대 전력 전달 조건 : 내부 임피던스(Z_g) = 부하 임피던스(Z_L)

1) $Z_g = R_g$, $Z_L = R_L$인 경우

① 최대전력 전달 조건 : $R_g = R_L$

② 최대 공급 전력 : $P_{\max} = (\dfrac{E}{R_g + R_L})^2 \times R_L = \dfrac{E^2}{4R_g}$

2) $Z_g = R_g + jX_g$, $Z_L = R_L$인 경우

최대 전력 전달 조건 : $R_L = |Z_g| = \sqrt{R_g^2 + X_g^2}$

3) $Z_g = R_g + jX_g$, $Z_L = R_L + jX_L$인 경우

최대 전력 전달 조건 : $Z_L = \overline{Z_g}$ ($R_L = R_g$, $X_L = -X_g$)

출제예상문제

01 R-L 직렬 회로에 $V=14+j38[\text{V}]$인 교류 전압을 가하여 $I=6+j2[\text{A}]$의 전류가 흐를 때 이 회로의 저항과 리액턴스$[\Omega]$는?

① $R=4$, $X_L=5$ ② $R=5$, $X_L=4$
③ $R=6$, $X_L=3$ ④ $R=3$, $X_L=6$

해설 $Z=\dfrac{V}{I}=\dfrac{14+j38}{6+j2}=\dfrac{(14+j38)(6-j2)}{(6+j2)(6-j2)}$
$=4+j5[\Omega]$

02 R-L 직렬회로에서 저항 5$[\Omega]$과 인덕턴스 10[mH]가 접속된 회로에 200[V], 60[Hz]의 교류전압을 가하면 전류는 몇 [A]가 흐르는가?

① 약 12 ② 약 18
③ 약 24 ④ 약 32

해설 $I=\dfrac{V}{Z}=\dfrac{V}{\sqrt{R^2+X_L^2}}$
$=\dfrac{200}{\sqrt{5^2+(2\pi\times 60\times 10\times 10^{-3})^2}}\fallingdotseq 32[\text{A}]$

03 R-L 직렬회로에서 저항 6$[\Omega]$과 유도 리액턴스 8$[\Omega]$가 접속된 회로에 100[V]의 교류전압을 가할 때 전류[A]와 역률[%]은 각각 얼마인가?

① 20[A], 80[%] ② 10[A], 60[%]
③ 20[A], 60[%] ④ 10[A], 80[%]

해설 $I=\dfrac{V}{Z}=\dfrac{V}{\sqrt{R^2+X_L^2}}=\dfrac{100}{\sqrt{6^2+8^2}}=10[\text{A}]$
$\cos\theta=\dfrac{R}{Z}=\dfrac{6}{10}=0.6$

04 저항 3$[\Omega]$과 유도 리액턴스 4$[\Omega]$이 직렬로 접속된 회로에 $V=100\sqrt{2}\sin wt[\text{V}]$의 교류전압을 가할 때 전류 I의 실효값은 몇 [A]인가?

① 5[A] ② 10[A]
③ 20[A] ④ 30[A]

해설 $V=100\sqrt{2}\sin wt[\text{V}]$에서
실효값 $V_{rms}=100[\text{V}]$이므로
$I_{rms}=\dfrac{V_{rms}}{Z}=\dfrac{100}{\sqrt{3^2+4^2}}=20[\text{A}]$

05 $R=50[\Omega]$, $L=200[\text{mH}]$의 직렬회로가 주파수 50[Hz]의 교류에 대한 역률은 몇 [%]인가?

① 43.3 ② 55.3
③ 62.3 ④ 72.3

해설 $X_L=2\pi fL=2\pi\times 50\times 200\times 10^{-3}=20\pi[\Omega]$
$\cos\theta=\dfrac{R}{\sqrt{R^2+X_L^2}}=\dfrac{50}{\sqrt{50^2+(20\pi)^2}}=0.623$

06 RL 직렬회로에서 임피던스각 $\theta=\tan^{-1}1$이면 역률은 얼마인가?

① 1 ② $\dfrac{1}{\sqrt{2}}$
③ $\dfrac{1}{2}$ ④ $\dfrac{1}{\sqrt{3}}$

해설 $\theta=\tan^{-1}1=45°$, $\cos 45°=\dfrac{1}{\sqrt{2}}$

정답 1. ① 2. ④ 3. ② 4. ③ 5. ③ 6. ②

07 R-L병렬회로에서 저항 40[Ω], 유도 리액턴스 30[Ω]을 접속하고 교류전압 240[V]를 가할 때 전 전류[A]는?

① 2.4　　② 3.6
③ 5　　　④ 10

해설 $I = \sqrt{I_R^2 + I_L^2} = \sqrt{(\frac{240}{40})^2 + (\frac{240}{30})^2} = 10[A]$

08 저항 20[Ω]이 접속된 R-C 직렬회로에 60[Hz], 100[V]의 전압을 가하니 4[A]의 전류가 흘렀다면 용량 리액턴스[Ω]는?

① 10　　② 15
③ 20　　④ 25

해설 R-C 직렬회로에서 $Z = R - jX_C[\Omega]$이므로
$I = \frac{V}{Z} = \frac{V}{\sqrt{R^2 + X_C^2}} = \frac{100}{\sqrt{20^2 + X_C^2}} = 4$

$\frac{100}{4} = \sqrt{20^2 + X_C^2}$

$\therefore X_C = \sqrt{25^2 - 20^2} = \sqrt{225} = 15[\Omega]$

09 저항과 콘덴서를 병렬로 접속한 회로에 직류 100[V]를 가하면 5[A]가 흐르고 교류 300[V]를 가하면 25[A]가 흐른다면 용량 리액턴스[Ω]는?

① 7　　② 14
③ 15　④ 30

해설 직류를 인가하는 경우 $R = \frac{V}{I} = \frac{100}{5} = 20[\Omega]$

교류를 인가하는 경우
$I_c = \sqrt{I^2 - I_R^2} = \sqrt{25^2 - (\frac{300}{20})^2} = 20[A]$

$X_c = \frac{V}{I_c} = \frac{300}{20} = 15[\Omega]$

10 저항 100[Ω], 커패시턴스 10[μF]의 직렬회로에 100[V], 60[Hz]의 교류 전압을 가할 때 역률[%]은?

① 25.4　　② 37.4
③ 46.4　　④ 57.4

해설 $X_c = \frac{1}{2\pi f C} = \frac{1}{2\pi \times 60 \times 10 \times 10^{-6}}$
$= 265.25[\Omega]$

$\cos\theta = \frac{R}{Z} = \frac{R}{\sqrt{R^2 + X_c^2}} = \frac{100}{\sqrt{100^2 + 265.25^2}}$
$= 0.574$

11 임피던스 $Z = 8 + j6[\Omega]$는 어떤 회로이며 역률은 얼마인가?

① R-L 직렬회로, 0.8
② R-C 직렬회로, 0.8
③ R-L 병렬회로, 0.6
④ R-C 병렬회로, 0.6

해설 R-L 직렬회로의 임피던스는 $Z = R + jX_L[\Omega]$
R-C 직렬회로의 임피던스는 $Z = R - jX_C[\Omega]$

역률 $\cos\theta = \frac{R}{Z} = \frac{8}{\sqrt{8^2 + 6^2}} = 0.8$

12 R-C 병렬회로에 저항 20[Ω], $C = 200[\mu F]$일 때 주파수 60[Hz], 200[V]의 사인파 교류 전압을 가하면 콘덴서에 흐르는 전류[A]는?

① 약 15　　② 약 24
③ 약 31　　④ 약 55

해설 $I_c = \frac{V}{X_c} = \frac{V}{\frac{1}{\omega C}} = \omega CV = 2\pi f CV$
$= 2\pi \times 60 \times 200 \times 10^{-6} \times 200 = 15.07[A]$

정답 7. ④　8. ②　9. ③　10. ④　11. ①　12. ①

13 RLC 직렬회로에서 저항 16[Ω], 유도 리액턴스 15[Ω], 용량 리액턴스 3[Ω]일 때 11[A]의 전류가 흘렀다면 인가된 전압[V]은?

① 100　② 150　③ 180　④ 220

해설 $Z = R + j(X_L - X_C)$ [Ω]에서 임피던스 크기
$Z = \sqrt{R^2 + (X_L - X_C)^2}$ 이므로
$V = I \times Z = 11 \times \sqrt{16^2 + (15-3)^2} = 220[V]$

14 저항 4[Ω], 유도 리액턴스 6[Ω], 용량 리액턴스 3[Ω]인 직렬회로에 200[V]의 교류를 가할 때 유도 리액턴스에 걸리는 전압[V]는?

① 100　② 144　③ 180　④ 240

해설 $V_L = I \times X_L = \dfrac{V}{\sqrt{R^2 + (X_L - X_C)^2}} \times X_L$
$= \dfrac{200}{\sqrt{4^2 + (6-3)^2}} \times 6 = \dfrac{200}{\sqrt{4^2 + 3^2}} \times 6$
$= 240[V]$

15 저항 4[Ω], 유도 리액턴스 6[Ω], 용량 리액턴스 3[Ω]인 RLC 직렬회로의 역률은?

① 0.5　② 0.6　③ 0.8　④ 0.9

해설 $Z = R + j(X_L - X_C) = 4 + j(6-3)$
$= 4 + j3[\Omega]$
역률 $\cos\theta = \dfrac{R}{Z} = \dfrac{4}{\sqrt{4^2 + 3^2}} = \dfrac{4}{5} = 0.8$

16 직렬 공진 시 그 값이 0 인 것은?

① 전압　② 전류
③ 저항　④ 리액턴스

해설 직렬 공진 시 임피던스가 최소가 되려면 리액턴스가 0이 되고 저항 성분만 남아야 한다.

17 RLC 직렬회로에서 전류와 전압이 동위상이 되기 위한 조건은?

① $\omega L^2 C = 1$　② $\omega^2 LC = 1$
③ $\omega LC^2 = 1$　④ $\omega = L^2 C$

해설 R-L-C 직렬회로에서 전압과 전류가 동위상이 되기 위해서는 임피던스가 순저항 성분만 있어야 하고 직렬 공진 시와 같으므로 $\omega L = \dfrac{1}{\omega C}$이다.
즉, $\omega^2 LC = 1$

18 RLC 직렬회로에서 $\omega L = \dfrac{1}{\omega C}$ 일 때 옳지 않은 것은?

① 저항 성분은 0
② 합성 임피던스는 최소
③ 전류는 최대
④ 공진현상이 일어남

해설 RLC 직렬회로의 공진조건은 $\omega L = \dfrac{1}{\omega C}$이다.
직렬공진 시에 리액턴스 성분은 0이 되고 저항성분만 남아 임피던스는 최소, 전류는 최대

19 LC 회로에서 L 또는 C를 감소시킬 때 공진 주파수의 변동은?

① 공진 주파수는 증가
② 공진 주파수는 감소
③ 변하지 않는다.
④ $\dfrac{L}{C}$에 반비례

해설 RLC 직렬회로의 공진조건은 $\omega L = \dfrac{1}{\omega C}$이다.
$f_0 = \dfrac{1}{2\pi\sqrt{LC}}$[Hz]이므로 L 또는 C가 감소하면 주파수는 증가한다.

정답 13. ④　14. ④　15. ③　16. ④　17. ②　18. ①　19. ①

20 직렬 공진 시 최대가 되는 것은?
① 전류   ② 저항
③ 임피던스   ④ 리액턴스

해설 직렬 공진 시 임피던스가 최소가 되고 전류는 최대가 된다.

21 RLC 직렬회로에서 L 및 C의 값을 고정시켜 놓고 저항 R의 값만 작은 값으로 바꿨을 때 옳게 설명한 것은?
① 공진 주파수는 변하지 않는다.
② 공진 주파수는 커진다.
③ 공진 주파수는 작아진다.
④ 이 회로의 Q(선택도)는 커진다.

해설 RLC 직렬회로의 공진 주파수는
$f_0 = \dfrac{1}{2\pi\sqrt{LC}}$ [Hz]이므로
저항과는 무관하기 때문에 공진 주파수는 변하지 않는다.

22 공진회로의 Q가 갖는 물리적 의미와 관계가 없는 것은?
① 공진 회로의 저항에 대한 리액턴스의 비
② 공진 곡선의 첨예도
③ 공진 시의 전압 확대비
④ 공진회로에서 에너지 소비 능률

해설 직렬 공진회로에서 Q는
$Q = S = \dfrac{f_r}{f_2 - f_1} = \dfrac{V_L}{V} = \dfrac{V_c}{V} = \dfrac{\omega_r L}{R} = \dfrac{1}{\omega_r CR}$
$= \dfrac{1}{R}\sqrt{\dfrac{L}{C}}$
즉, Q는 전압 확대비, 저항에 대한 리액턴스의 비, 첨예도를 나타낸다.

23 RLC 병렬 공진회로에 관한 설명 중 옳지 않은 것은?
① 저항이 작을수록 선택도 Q가 높다.
② 공진 시 L 또는 C에 흐르는 전류는 입력 전류 크기의 Q배가 된다.
③ 공진 주파수 이하에서의 입력 전류는 전압보다 위상이 뒤진다.
④ 공진 시 입력 어드미턴스는 매우 작아진다.

해설 RLC 병렬 공진회로의 선택도
$Q = \dfrac{R}{\omega L} = \omega CR = R\sqrt{\dfrac{C}{L}}$

24 $R = 8[\Omega]$, $\omega L = 6[\Omega]$인 직렬회로에 100[V]를 가할 때 회로에 흐르는 유효분 전류[A]는?
① 4   ② 6
③ 8   ④ 10

해설 $Z = 8 + j6 [\Omega]$
유효전류 $I = I_a \cos\theta = \dfrac{V}{Z} \times \dfrac{R}{Z}$
$= \dfrac{100}{\sqrt{8^2 + 6^2}} \times \dfrac{8}{\sqrt{8^2 + 6^2}}$
$= 10 \times 0.8 = 8[A]$

25 단상 교류 전압 100[V], 유효전력 800[W], 역률 80[%]인 회로의 리액턴스는 몇 [Ω]인가?
① 4   ② 6
③ 8   ④ 10

해설 $I = \dfrac{P}{V\cos\theta} = \dfrac{800}{100 \times 0.8} = 10[A]$
$Z = \dfrac{V}{I} = \dfrac{100}{10} = 10[\Omega]$
$\sin\theta = \sqrt{1 - \cos\theta^2} = \sqrt{1 - 0.8^2} = 0.6$
$\therefore X = Z\sin\theta = 10 \times 0.6 = 6[\Omega]$

정답 20. ① 21. ① 22. ④ 23. ① 24. ③ 25. ②

26 어떤 회로에 전압 $v = 200\sin\omega t[\text{V}]$를 가하니 전류 $i = 20\sin(\omega t - 60°)[\text{A}]$가 흘렀다면 이 회로의 소비전력[W]은?

① 866 ② 1000
③ 1440 ④ 2000

해설 $P = VI\cos\theta = \dfrac{200}{\sqrt{2}} \times \dfrac{20}{\sqrt{2}} \times \cos 60°$
$= 1000[\text{W}]$

27 220[V], 36[W]의 형광등에 전류가 0.7[A]가 흐르고 소비 전력이 40[W]였다면 이 형광등의 역률은?

① 0.26 ② 0.43
③ 0.72 ④ 0.87

해설 $P = VI\cos\theta$, $\cos\theta = \dfrac{P}{VI} = \dfrac{40}{220 \times 0.7} = 0.26$

28 100[μF]의 콘덴서에 100[V], 60[Hz]의 교류 전압을 가할 때 무효전력[Var]은?

① 126.3 ② 234.8
③ 376.8 ④ 428.2

해설 $P_r = I^2 X_c = \left(\dfrac{V}{X_c}\right)^2 X_c = \dfrac{V^2}{X_c} = \dfrac{V^2}{\dfrac{1}{\omega C}} = \omega C V^2$
$= 2\pi \times 60 \times 100 \times 10^{-6} \times 100^2$
$= 376.8[\text{Var}]$

29 어느 회로의 전압과 전류가 각각 $v = 50\sin(\omega t + \theta)[\text{V}]$, $i = 4\sin(\omega t + \theta - 30°)[\text{A}]$일 때 무효전력[Var]은?

① 100 ② 86.6
③ 70.7 ④ 50

해설 $P_r = VI\sin\theta = \dfrac{50 \times 4}{2}\sin 30° = 50[\text{Var}]$

30 $R = 4[\Omega]$, $X_c = 3[\Omega]$이 직렬로 접속된 회로에 10[A]의 전류가 흐를 때 교류전력[VA]은?

① $400 + j300$ ② $400 - j300$
③ $450 + j360$ ④ $450 - j360$

해설 $P = I^2 R = 10^2 \times 4 = 400[\text{W}]$
$P_r = I^2 X_c = 10^2 \times 3 = 300[\text{Var}]$

31 어떤 코일의 임피던스를 측정하고자 직류 전압 100[V]를 가했더니 500[W]가 소비되었고, 교류 전압 150[V]를 가했더니 720[W]가 소비되었다면 이 코일의 저항과 리액턴스[Ω]는?

① $R = 15$, $X = 20$
② $R = 20$, $X = 15$
③ $R = 25$, $X = 20$
④ $R = 20$, $X = 25$

해설 직류전압을 인가한 경우 저항만의 소비전력이므로
$R = \dfrac{E^2}{P_{dc}} = \dfrac{100^2}{500} = 20[\Omega]$
교류전압을 인가한 경우 소비전력은
$P = I^2 R = \dfrac{V^2}{R^2 + X_L^2} \cdot R$이므로
$X_L = \sqrt{\dfrac{V^2 R}{P} - R^2} = \sqrt{\dfrac{150^2 \times 20}{720} - 20^2}$
$= 15[\Omega]$

32 800[W]의 선풍기에 220[V]를 가했더니 4.5[A]의 전류가 흘렀다면 이 선풍기의 무효율은?

① 0.45 ② 0.59
③ 0.81 ④ 0.96

정답 26. ② 27. ① 28. ③ 29. ④ 30. ① 31. ② 32. ②

해설 역률 $\cos\theta = \dfrac{P}{P_a} = \dfrac{P}{VI} = \dfrac{800}{220 \times 4.5} = 0.808$

무효율 $\sin\theta = \sqrt{1-\cos\theta^2}$
$= \sqrt{1-0.808^2} = 0.59$

33 $V = 100 + j20[\text{V}]$, $I = 20 - j30[\text{A}]$일 때 무효전력[Var]은?

① 1400 ② 1600
③ 2000 ④ 2600

해설 $P = VI = (100+j20) \times (20-j30)$
$= 2000 - j3000 + j400 + 600$
$= 2600 - j2600$

34 어떤 회로에 $V = 100 + j30[\text{V}]$의 전압을 인가하니 $I = 16 + j3[\text{A}]$의 전류가 흘렀다면 이 회로에 소비되는 유효전력[W] 및 무효전력[Var]은?

① 1690, 180 ② 1510, 780
③ 1510, 180 ④ 1690, 780

해설 $P_a = \overline{V}I = (100-j30)(16+j3)$
$= 1,690 - j180[\text{VA}]$
유효전력은 1690[W], 무효전력은 180[Var]이다.

35 기전력이 100[V], 내부저항 4[Ω]인 전원에 부하를 연결하여 얻을 수 있는 최대 전력[W]은?

① 100 ② 175
③ 450 ④ 625

해설 $P_{\max} = \dfrac{E^2}{4R_g} = \dfrac{100^2}{4 \times 4} = 625[\text{W}]$

36 부하저항 R_L이 전원의 내부 저항 R_0의 3배가 되면 부하 저항 R_L에서 소비되는 전력 P_L은 최대 전송전력 $P_{\max}$의 몇 배인가?

① 0.9 ② 0.75
③ 0.5 ④ 0.25

해설 $P_L = I^2 R_L = \left(\dfrac{V}{R_0+R_L}\right)^2 \times R_L$
$= \left(\dfrac{V}{R_0+3R_0}\right)^2 \times 3R_0 = \dfrac{3V^2}{16R_0}$

$\dfrac{P_L}{P_{\max}} = \dfrac{\dfrac{3V^2}{16R_0}}{\dfrac{V^2}{4R_0}} = \dfrac{12}{16} = 0.75$

정답 33. ④ 34. ① 35. ④ 36. ②

과년도 출제문제

01 그림과 같은 회로의 합성 임피던스는 몇 [Ω]인가? [12]

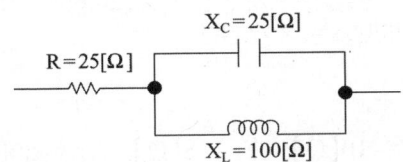

① $25+j20$
② $25-j20$
③ $25+j\dfrac{100}{3}$
④ $25-j\dfrac{100}{3}$

해설 $Z=25+\dfrac{1}{j\dfrac{1}{25}+\dfrac{1}{j100}}=25+\dfrac{1}{j\left(\dfrac{1}{25}-\dfrac{1}{100}\right)}$
$=25-j\dfrac{1}{\left(\dfrac{1}{25}-\dfrac{1}{100}\right)}=25-j\dfrac{100}{3}$ [Ω]

02 저항 4[Ω]과 유도 리액턴스 3[Ω]이 직렬로 연결된 회로에 5[A]의 전류가 흐른다면 이 회로에 가한 전압은 몇 [V]인가? [06]
① 5
② 25
③ 100
④ 200

해설 RL 직렬회로의 임피던스 $\dot{Z}=R+jX_L$
$|\dot{Z}|=\sqrt{R^2+X_L^2}=\sqrt{4^2+3^2}=5[\Omega]$
$V=I\times|\dot{Z}|=5\times5=25[V]$

03 $R=8[\Omega]$, $X=6[\Omega]$의 직렬회로에 100[V]의 교류를 가할 때 이 회로의 역률은 얼마인가? [05]
① 0.6
② 0.75
③ 0.8
④ 0.9

해설 역률 $\cos\theta=\dfrac{R}{Z}=\dfrac{R}{\sqrt{R^2+X^2}}=\dfrac{8}{\sqrt{8^2+6^2}}$
$=0.8$

04 $R=4[\Omega]$, $X_L=8[\Omega]$, $X_C=5[\Omega]$의 RLC 직렬회로에 20[V]의 교류를 가할 때 유도 리액턴스 X_L에 걸리는 전압[V]은? [05]
① 67
② 32
③ 20
④ 16

해설 $\dot{Z}=R+jX=4+j(8-5)=4+j3$
$|\dot{Z}|=\sqrt{R^2+X^2}=\sqrt{4^2+3^2}=5[\Omega]$
$I=\dfrac{V}{|\dot{Z}|}=\dfrac{20}{5}=4[A]$
X_L에 걸리는 전압 V_L은
$V_L=I\times X_L=4\times8=32[V]$

05 저항 10[Ω], 유도리액턴스 10[Ω]인 직렬회로에 교류전압을 인가할 때 전압과 이 회로에 흐르는 전류와의 위상차는 몇 도인가? [13] [17]
① 60°
② 45°
③ 30°
④ 0°

해설 RL 직렬회로의 전압, 전류의 위상차는
$\theta=\tan^{-1}\dfrac{X_L}{R}=\tan^{-1}\dfrac{10}{10}=45°$

06 RLC 직렬회로에서 $R=5[\Omega]$, $L=10[mH]$, $C=100[\mu F]$의 값을 가질 때 공진 주파수 [Hz]는? [02]
① 92
② 159.2
③ 172.8
④ 190.2

정답 1. ④ 2. ② 3. ③ 4. ② 5. ② 6. ②

해설 공진 주파수

$$f_0 = \frac{1}{2\pi\sqrt{LC}} = \frac{1}{2\pi\sqrt{10\times 10^{-3}\times 100\times 10^{-6}}}$$
$$= 159.2[\text{Hz}]$$

07 저항 10[Ω], $L = 10$[mH], $C = 1$[μF]인 직렬회로에 100[V] 전압을 가했을 때 공진의 첨예도 Q는 얼마인가? [08]

① 1
② 10
③ 100
④ 1,000

해설 RLC 직렬 공진회로의 선택도

$$Q = \frac{1}{R}\sqrt{\frac{L}{C}} = \frac{1}{10}\sqrt{\frac{10\times 10^{-3}}{1\times 10^{-6}}} = 10$$

08 저항 5[Ω], $L = 20$[mH] 및 가변 콘덴서 C로 구성된 RLC 직렬회로에 주파수 1000[Hz]인 교류를 가한 다음 C를 가변시켜 직렬 공진시킬 때 C의 값은 약 몇 [μF]인가? [08] [17]

① 1.27
② 2.54
③ 3.52
④ 4.99

해설 공진 주파수 $f_0 = \dfrac{1}{2\pi\sqrt{LC}}$[Hz]

$1000 = \dfrac{1}{2\pi\sqrt{20\times 10^{-3}\times C}}$ 에서 $C = 1.27[\mu\text{F}]$

09 어떤 RLC 병렬회로가 병렬공진 되었을 때 합성전류에 대한 설명으로 옳은 것은? [12]

① 전류는 무한대가 된다.
② 전류는 최대가 된다.
③ 전류는 흐르지 않는다.
④ 전류는 최소가 된다.

해설 RLC 병렬회로에서 공진 시 어드미턴스가 최소이므로 전류는 최소

10 LC 병렬 공진회로에서 ∞가 되는 것은? [05]

① 전압
② 전류
③ 어드미턴스
④ 임피던스

해설 LC 병렬회로에서 공진 시 어드미턴스가 0이므로 임피던스는 ∞가 된다.

11 $R = 10$[Ω], $X_L = 8$[Ω], $X_C = 20$[Ω]이 병렬로 접속된 회로에 80[V]의 교류전압을 가하면 전원에 흐르는 전류는 몇 [A]인가? [12]

① 5[A]
② 10[A]
③ 15[A]
④ 20[A]

해설

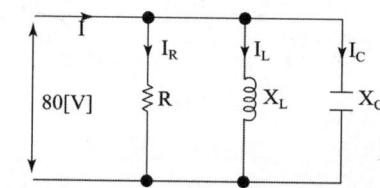

$I_R = \dfrac{V}{R} = \dfrac{80}{10} = 8[\text{A}]$, $I_L = \dfrac{V}{X_L} = \dfrac{80}{8} = 10[\text{A}]$,

$I_C = \dfrac{V}{X_C} = \dfrac{80}{20} = 4[\text{A}]$

$I = \sqrt{I_R^2 + (I_L - I_C)^2} = \sqrt{8^2 + (10-4)^2} = 10[\text{A}]$

12 어떤 R-L-C 병렬회로가 병렬 공진되었을 때 합성전류에 대한 설명으로 옳은 것은? [06] [07] [12]

① 전류는 무한대가 된다.
② 전류는 최대가 된다.
③ 전류는 흐르지 않는다.
④ 전류는 최소가 된다.

해설 RLC 병렬회로에서 공진 시에 임피던스는 최대이므로 전류는 최소

정답 7. ② 8. ① 9. ④ 10. ④ 11. ② 12. ④

13 그림과 같은 RLC 병렬 공진회로에 관한 설명 중 옳지 않은 것은? [09] [13] [18]

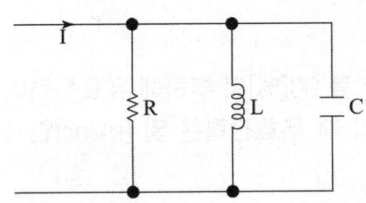

① 공진 시 입력 어드미턴스는 매우 작아진다.
② 공진 시 L 또는 C를 흐르는 전류는 입력 전류 크기의 Q배가 된다.
③ 공진 주파수 이하에서의 입력 전류는 전압보다 위상이 뒤진다.
④ L이 작을수록 전류 확대비가 작아진다.

해설 RLC 병렬회로에서 공진 시에 어드미턴스는 최소, 임피던스는 최대이므로, 전류는 최소
공진 주파수 $f_0 = \dfrac{1}{2\pi\sqrt{LC}}$ [Hz]
전류 확대비인 선택도
$Q = \dfrac{I_L}{I_0} = \dfrac{I_C}{I_0} = \dfrac{R}{w_0 L} = w_0 CR = R\sqrt{\dfrac{C}{L}}$ 이므로
L이 클수록, C가 작을수록 전류 확대비는 작아진다.

14 100[V] 전원에 30[W]의 선풍기를 접속하였더니 0.5[A]의 전류가 흘렀다. 이 선풍기의 역율은 얼마인가? [07]
① 0.6   ② 0.7
③ 0.8   ④ 0.9

해설 $P = VI\cos\theta$에서
역율 $\cos\theta = \dfrac{P}{VI} = \dfrac{30}{100 \times 0.5} = 0.6$

15 무효전력 Q, 역률 0.8이면 피상전력은? [05]
① $0.8Q$ ② $0.6Q$
③ $\dfrac{Q}{0.8}$ ④ $\dfrac{Q}{0.6}$

해설 $\sin\theta = \sqrt{1-\cos\theta^2} = \sqrt{1-0.8^2} = 0.6$
무효전력 $Q = P_a \sin\theta$ 이므로
피상전력 $P_a = \dfrac{Q}{\sin\theta} = \dfrac{Q}{0.6}$

16 저항 $R[\Omega]$, 리액턴스 $X[\Omega]$의 직렬회로에 전압 $V[V]$를 가했을 때의 전력[W]은? [05]
① $\dfrac{RV^2}{R^2+X^2}$ ② $\dfrac{XV^2}{R^2+X^2}$
③ $\dfrac{RV^2}{R+X}$ ④ $\dfrac{XV^2}{R+X}$

해설 $|Z| = \sqrt{R^2+X^2}$, $I = \dfrac{V}{|Z|} = \dfrac{V}{\sqrt{R^2+X^2}}$
전력(W)은 저항 R에 걸리는 전력이 소비전력이므로
$P = I^2 R = \left(\dfrac{V}{\sqrt{R^2+X^2}}\right)^2 \cdot R = \dfrac{RV^2}{R^2+X^2}$

17 그림과 같은 회로에서 소비되는 전력은? [10] [13]

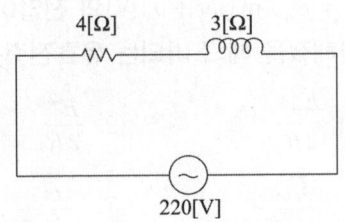

① 5808[W]   ② 7744[W]
③ 9680[W]   ④ 12100[W]

정답 13. ④ 14. ① 15. ④ 16. ① 17. ②

해설
$Z = \sqrt{R^2 + X^2} = \sqrt{4^2 + 3^2} = 5[\Omega]$
$I = \dfrac{V}{Z} = \dfrac{V}{\sqrt{R^2 + X^2}} = \dfrac{220}{5} = 44[A]$
저항 R에 걸리는 전력이 소비전력이므로
$P = I^2 R = 44^2 \times 4 = 7744[W]$

18 $R = 40[\Omega]$, $L = 80[mH]$의 코일이 있다. 이 코일에 100[V], 60[Hz]의 전압을 가할 때 소비되는 전력은 몇 [W]인가? [11]
① 100 ② 120
③ 160 ④ 200

해설

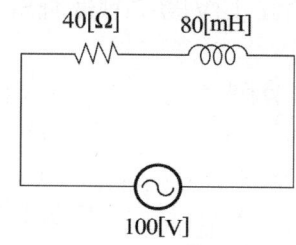

$X_L = 2\pi f L = 2\pi \times 60 \times 80 \times 10^{-3} \fallingdotseq 30[\Omega]$,
$Z = \sqrt{R^2 + X^2} = \sqrt{40^2 + 30^2} = 50[\Omega]$
$I = \dfrac{V}{Z} = \dfrac{100}{50} = 2[A]$,
$\cos\theta = \dfrac{R}{Z} = \dfrac{40}{50} = 0.8$
$P = VI\cos\theta = 100 \times 2 \times 0.8 = 160[W]$

19 RL 병렬회로의 양단에 $e = E_m \sin(wt + \theta)[V]$의 전압이 가해졌을 때 소비되는 유효전력은? [13]
① $\dfrac{E_m^2}{2R}$ ② $\dfrac{E^2}{2R}$
③ $\dfrac{E_m^2}{\sqrt{2}\,R}$ ④ $\dfrac{E^2}{\sqrt{2}\,R}$

해설
$P = VI = \dfrac{V^2}{R} = \dfrac{(\dfrac{E_m}{\sqrt{2}})^2}{R} = \dfrac{E_m^2}{2R}[W]$

20 역률 90[%]의 부하에 유효전력이 900[kW]일 때 무효전력은 몇 [kVar]인가? [04]
① 392 ② 436
③ 484 ④ 900

해설 피상전력 $P_a = \dfrac{P}{\cos\theta} = \dfrac{900}{0.9} = 1000[kVA]$
무효 전력 $P_r = \sqrt{P_a^2 - P^2} = \sqrt{1000^2 - 900^2}$
$= 436[kVar]$

21 역률 0.8, 400[kW]의 단상부하에서 20분간의 무효전력량은 몇 [kVarh]인가? [02]
① 33 ② 45
③ 75 ④ 100

해설 피상전력 $P_a = \dfrac{P}{\cos\theta} = \dfrac{400}{0.8} = 500[kVA]$
무효전력 $P_r = \sqrt{P_a^2 - P^2} = \sqrt{500^2 - 400^2}$
$= 300[kVar]$
무효전력량 $W_r = P_r \cdot h = 300 \times \dfrac{20}{60}$
$= 100[kVarh]$

정답 18. ③ 19. ① 20. ② 21. ④

5 3상 교류회로

(1) 3상 교류의 발생

동일 구조를 갖는 세 개의 권선을 120°의 간격을 두고 평등 자장 내에서 권선을 반시계방향으로 회전시키면, 크기와 주파수가 같고 위상이 120°씩 차이가 나는 세 개의 사인파 교류 전압이 발생되며 이를 3상 교류라 한다.

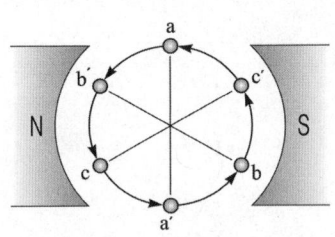
3상 발전의 원리

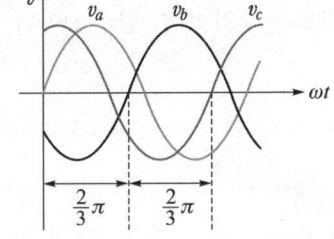
각 코일에 발생되는 전압의 파형

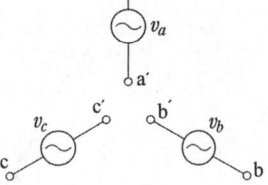
3상 전원의 등가 표시

3상 교류의 발생

(2) 대칭 3상 교류

각 기전력의 크기가 같고 서로 $\dfrac{2\pi}{3}$[rad]만큼씩의 위상차가 있는 교류

> **대칭 3상 교류의 조건**
> ① 기전력의 크기가 같을 것
> ② 주파수가 같을 것
> ③ 파형이 같을 것
> ④ 위상차가 각각 $\dfrac{2\pi}{3}$[rad]일 것

(3) 3상 교류의 표현

1) 3상 교류의 순시값 표현

$$v_a = \sqrt{2}\sin\omega t, \qquad v_b = \sqrt{2}\sin\left(\omega t - \frac{2}{3}\pi\right), \qquad v_c = \sqrt{2}\sin\left(\omega t - \frac{4}{3}\pi\right)$$

2) 3상 교류의 벡터 표현

① 극좌표 형식

$\dot{V}_a = V \angle 0$

$\dot{V}_b = V \angle -120 = V \angle -\dfrac{2}{3}\pi$

$\dot{V}_c = V \angle -240 = V \angle -\dfrac{4}{3}\pi$

$\dot{V}_a + \dot{V}_b + \dot{V}_c = 0$

대칭 3상 교류전압의 벡터 합은 0이다.

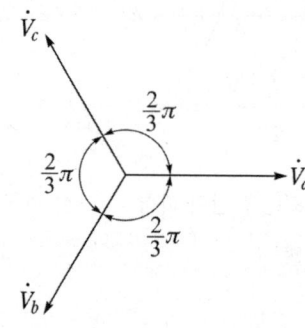
3상 교류의 전압의 벡터 표시

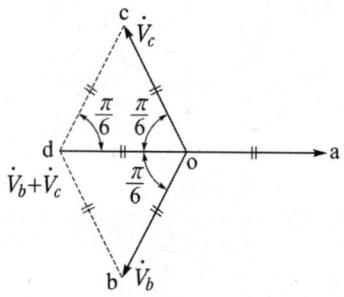
벡터합

3상 교류 전압의 벡터 표시 및 벡터 합

② 삼각함수 및 직각 좌표 형식

$V_a = V \angle 0 = V(\cos\theta + j\sin\theta) = V$

$V_b = V \angle -\dfrac{2}{3}\pi = V\cos(-\dfrac{2}{3}\pi) + j\sin(-\dfrac{2}{3}\pi) = V(-\dfrac{1}{2} - j\dfrac{\sqrt{3}}{2})$

$V_c = V \angle -\dfrac{4}{3}\pi = V\cos(-\dfrac{4}{3}\pi) + j\sin(-\dfrac{4}{3}\pi) = V(-\dfrac{1}{2} + j\dfrac{\sqrt{3}}{2})$

③ 대칭 3상 교류의 합성

$\dot{V}_a + \dot{V}_b + \dot{V}_c = V + V(-\dfrac{1}{2} - j\dfrac{\sqrt{3}}{2}) + V(-\dfrac{1}{2} + j\dfrac{\sqrt{3}}{2}) = 0$

(4) 3상 교류의 Y결선과 △결선

1) 전원

① Y결선(성형 결선)

중성점 n에 중성선이 결선되어 있는 경우를 3상 4선식 Y결선이라 하고, 중성선이 연결되지 않은 경우를 3상 3선식 Y결선이라 한다.

② △결선(삼각 결선)

△결선은 전원의 내부에는 반시계방향으로 순환전류가 흐를 것으로 예상되지만 대칭 3상 전원의 경우 세 개의 교류 전압이 평형을 이루기 때문에 순환되는 방향으로 전압의 총합은 $\dot{V}_a + \dot{V}_b + \dot{V}_c = 0$가 되어 내부 순환전류는 흐르지 않는다.

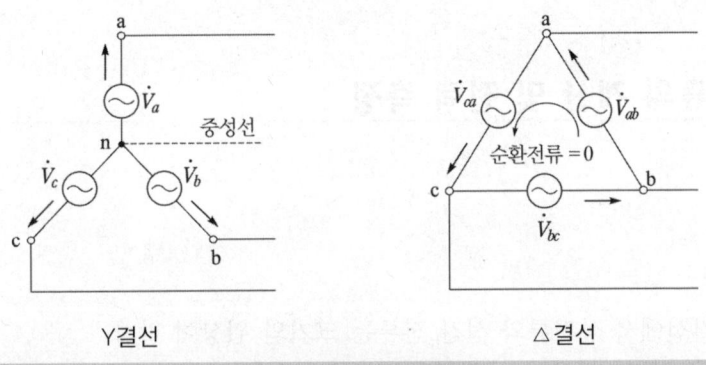

3상 교류의 결선(전원)

2) 부하

대칭 3상 전원이면서 3상 부하쪽의 각 상의 임피던스가 동일할 때 이를 평형 3상회로라 한다.

전원부와 조합방식에 따라 Y-Y, Y-△, △-Y, △-△결선 방식으로 구분된다.

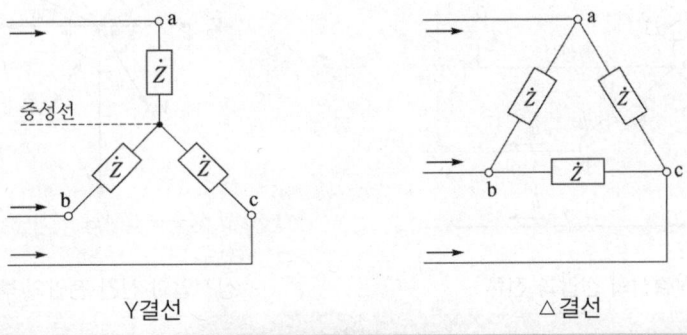

3상 교류의 결선(부하)

성형결선과 삼각결선의 비교

구 분	성형결선(Y결선)	삼각결선(△결선)
V_P(상전압)	$V_P = \dfrac{V_l}{\sqrt{3}}$	$V_P = V_l$
V_l(선간전압)	$V_l = \sqrt{3}\,V_P \angle \dfrac{\pi}{6}$	$V_l = V_P$
I_l(선전류)	$I_l = I_P$	$I_l = \sqrt{3}\,I_P \angle -\dfrac{\pi}{6}$
I_P(상전류)	$I_P = I_l$	$I_P = \dfrac{I_l}{\sqrt{3}}$

6 3상 교류의 계산 및 전력 측정

(1) 3상회로

1) Y결선

① Y결선에서 상전류와 선간 전류는 크기와 위상이 같다.
② 선간 전압

$$\dot{V}_{lab} = \dot{V}_a - \dot{V}_b = \dot{V}_a + (-\dot{V}_b)$$
$$\dot{V}_{lbc} = \dot{V}_b - \dot{V}_c = \dot{V}_b + (-\dot{V}_c)$$
$$\dot{V}_{lca} = \dot{V}_c - \dot{V}_a = \dot{V}_c + (-\dot{V}_a)$$

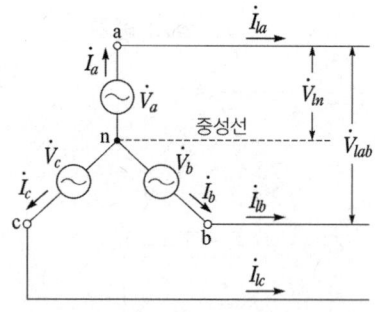

Y결선의 전압과 전류

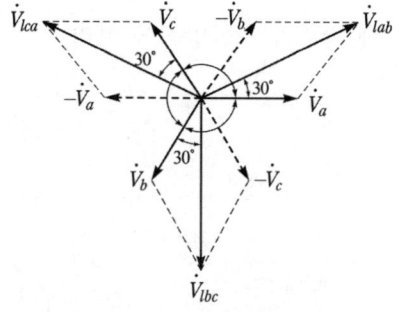

상전압과 선간 전압의 벡터도

Y결선

- 상전압은 크기가 같고 120°씩 위상차를 가지므로 선간 전압도 대칭 3상 전압
- 선간 전압의 위상은 상전압보다 30°만큼 앞서게 된다.

$$V_{lab} = V_a \times \cos 30° \times 2 = \sqrt{3}\, V_a$$

선간전압(V_l) = $\sqrt{3}$ × 상전압(V_p)

선전류(I_l) = 상전류(I_p)

2) △결선

① △ 결선에서 선간전압과 상전압은 크기와 위상이 같다.
$$\dot{V}_{lab} = \dot{V}_a, \quad \dot{V}_{lbc} = \dot{V}_b, \quad \dot{V}_{lca} = \dot{V}_c$$

② 선전류와 상전류 사이에는 키르히호프 제1법칙에 따라
$$\dot{I}_{la} = \dot{I}_a - \dot{I}_c = \dot{I}_a + (-\dot{I}_c)$$
$$\dot{I}_{lb} = \dot{I}_b - \dot{I}_a = \dot{I}_b + (-\dot{I}_a)$$
$$\dot{I}_{lc} = \dot{I}_c - \dot{I}_b = \dot{I}_c + (-\dot{I}_b)$$

③ 선간전압과 상전압은 크기와 위상이 같고, 선전류(I_l)은 상전류(I_p)보다 위상이 30° 뒤지며 그 크기는 $\sqrt{3}$배가 된다.
$$\dot{V}_l = \dot{V}_p$$
$$\dot{I}_{la} = \sqrt{3}\,\dot{I}_a \angle -30°$$

선간전압(V_l) = 상전압(V_p)

선전류(I_l) = $\sqrt{3}$ × 상전류(I_p)

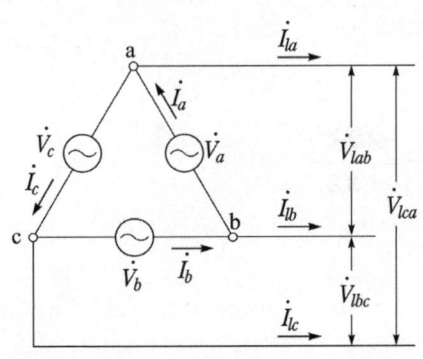

△결선의 전압, 전류

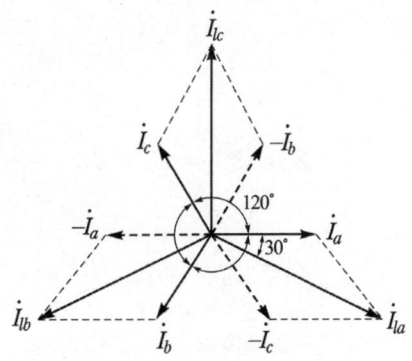

상전류와 선전류의 벡터도

△결선

3) V결선

△-△ 결선방식으로 운전 중 변압기 1대가 고장 발생 시 두 대의 변압기로 3상 전압을 공급하는 방식

① 출력 : $P = \sqrt{3}\,VI\cos\theta = \sqrt{3}\,P_1$

② 변압기의 이용률

$$\frac{V결선시\ 용량}{변압기\ 2대\ 용량} = \frac{\sqrt{3}\,VI}{2\,VI} = 0.867$$

③ 출력비

$$\frac{V결선시\ 출력}{△결선시\ 출력} = \frac{\sqrt{3}\,VI}{3\,VI} = 0.577$$

(2) 평형 임피던스의 Y-△ 변환

1) Y → △ 변환 : $Z_\triangle = 3Z_Y$

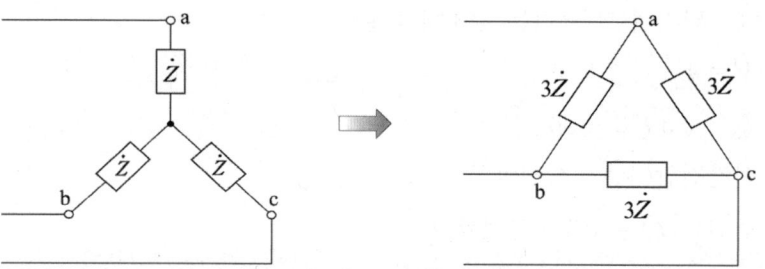

Y-△ 변환

$$\dot{Z}_{ab} = \dot{Z}_{a'b'} = \dot{Z}_Y + \dot{Z}_Y = \frac{\dot{Z}_\triangle \times (\dot{Z}_\triangle + \dot{Z}_\triangle)}{\dot{Z}_\triangle + (\dot{Z}_\triangle + \dot{Z}_\triangle)} = \frac{2\dot{Z}_\triangle^2}{3\dot{Z}_\triangle}$$

$$\dot{Z}_Y = \frac{\dot{Z}_\triangle}{3}, \quad \dot{Z}_\triangle = 3\dot{Z}_Y$$

2) △ → Y 변환 : $Z_Y = \dfrac{1}{3} Z_\triangle$

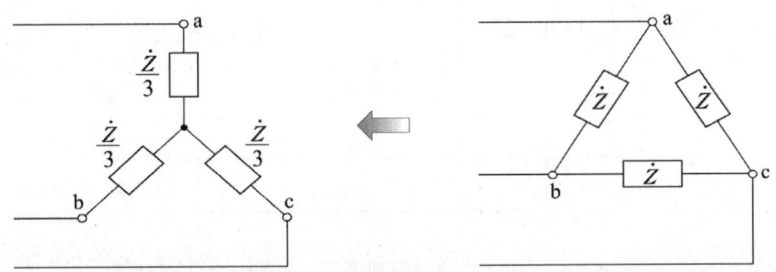

△ - Y 변환

(3) 3상 교류 전력

$$P = \sqrt{3}\, V_l I_l \cos\theta = 3 V_p I_p \cos\theta$$

① 피상전력 : $P_a = 3 V_p I_p = \sqrt{3}\, V_l I_l = 3 I_p^2 Z\,[\text{VA}]$

② 유효전력 : $P = 3 V_p I_p \cos\theta = \sqrt{3}\, V_l I_l \cos\theta = 3 I_p^2 R\,[\text{W}]$

③ 무효전력 : $P_r = 3 V_p I_p \sin\theta = \sqrt{3}\, V_l I_l \sin\theta = 3 I_p^2 X\,[\text{Var}]$

④ $\cos\theta = \dfrac{P}{P_a} = \dfrac{R}{Z}$

(4) 3상 전력의 측정

1) 3전력계법

단상 전력계 세 개를 이용하여 3상 전력 측정

$P = P_a + P_b + P_c\,[\text{W}]$

평형 3상회로 및 불평형 3상회로의 전력을 모두 측정할 수 있으나 Y 결선 회로에서만 측정 가능하다.

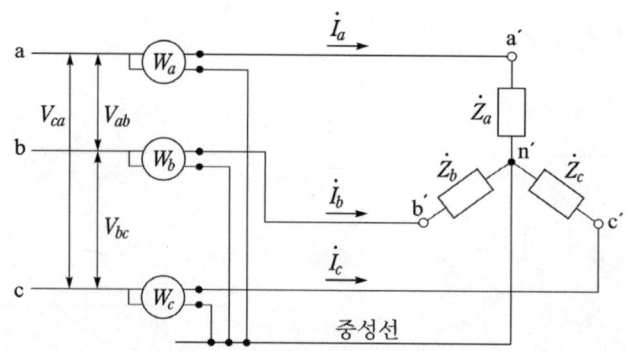

3전력계법

2) 1전력계법

한 개의 단상 전력계로 3상 전력을 측정하는 방법으로, Y 결선의 평형 3상 회로에서만 측정할 수 있다.

$$P = 3P_p [\text{W}]$$

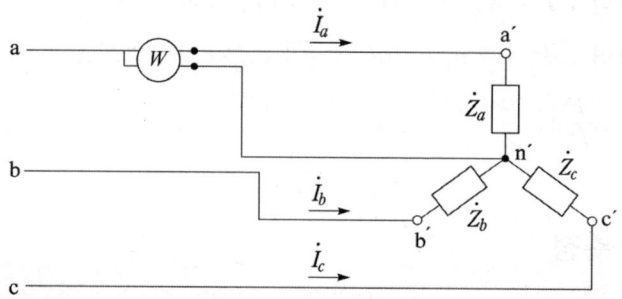

1전력계법

3) 2전력계법

단상 전력계 두 개를 사용하여 3상 전력을 측정하는 방법으로, 평형 3상회로나 불평형 3상회로 전력을 모두 측정 가능하며, △ 결선회로에서도 측정할 수 있고 부하 쪽에서 전력 소비가 아닌 전력 발생이 있는 경우 전력계의 지시값이 음(−)의 값을 지시할 수 있다.

① 유효전력 : $P = P_1 + P_2 [\text{W}]$
② 무효전력 : $P_r = \sqrt{3}(P_1 - P_2)[\text{Var}]$

③ 피상전력 : $P_a = \sqrt{P^2 + P_r^2} = 2\sqrt{P_1^2 + P_2^2 - P_1 P_2}\,[\mathrm{VA}]$

④ $\cos\theta = \dfrac{P}{P_a} = \dfrac{P_1 + P_2}{2\sqrt{P_1^2 + P_2^2 - P_1 P_2}}$

두 전력계의 지시값이 같은 경우 $(P_1 = P_2)$: $\cos\theta = 1$

둘 중 하나가 0인 경우 $(P_1 = 0,\ \text{또는}\ P_2 = 0)$: $\cos\theta = 0.5$

어느 하나가 2배인 경우 $(P_1 = 2P_2\ \text{또는}\ P_2 = 2P_1)$: $\cos\theta = \dfrac{\sqrt{3}}{2} = 0.866$

어느 하나가 3배인 경우 $(P_1 = 3P_2,\ \text{또는}\ P_2 = 3P_1)$: $\cos\theta = 0.75$

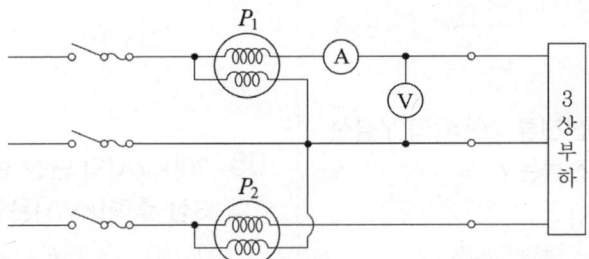

2전력계법

출제예상문제

01 대칭 3상 교류의 조건이 아닌 것은?
① 파형이 같을 것
② 주파수가 같을 것
③ 위상차가 $\frac{4\pi}{3}$ [rad]일 것
④ 기전력의 크기가 같을 것

해설 대칭 3상 교류는 위상차가 120°이고 기전력의 크기와 주파수, 파형이 같아야 한다.

02 선간 전압 220[V], 선전류 20[A]의 Y결선 회로의 상전압과 상전류는?
① 127[V], 11.55[A]
② 127[V], 20[A]
③ 220[V], 11.55[A]
④ 220[V], 20[A]

해설 $V_p = \frac{V_l}{\sqrt{3}} = \frac{220}{\sqrt{3}} = 127[V]$,
선전류(I_l) = 상전류(I_p) = 20[A]

03 각 상의 임피던스가 $Z = 16 + j12[\Omega]$인 평형 3상 Y결선 부하에 상전류 10[A]가 흐를 때 선간전압[V]은?
① 200
② $200\sqrt{3}$
③ 400
④ $400\sqrt{3}$

해설 $V = \sqrt{3}\, V_p = \sqrt{3}\, I_p Z$
$= \sqrt{3} \times 10 \times \sqrt{16^2 + 12^2}$
$= 200\sqrt{3}[V]$

04 1상 부하가 $Z = 6 + j8[\Omega]$인 △결선 회로에 220[V]를 공급할 때 선전류[A]는?
① 22
② $22\sqrt{3}$
③ 11
④ $\frac{22}{\sqrt{3}}$

해설 $|Z| = \sqrt{6^2 + 8^2} = 10[\Omega]$
$I_l = \sqrt{3}\, I_p = \sqrt{3} \times \frac{V}{Z} = \sqrt{3} \times \frac{220}{10}$
$= 22\sqrt{3}[A]$

05 20[kVA]의 단상 변압기 2대를 V결선할 때 3상 출력[kVA]은?
① 10
② 20
③ $10\sqrt{3}$
④ $20\sqrt{3}$

해설 $P_V = \sqrt{3}\, P_1 = \sqrt{3} \times 20 = 20\sqrt{3}[kVA]$

06 30[kVA]의 단상 변압기 2대를 V결선하여 역률 0.8, 전력 20[kW]의 3상 평형부하에 전력을 공급할 때 변압기 1대가 분담하는 피상전력[kVA]은?
① 14.4
② 15
③ 20
④ 30

해설 변압기 1대가 분담하는 피상전력을 P_1, 부하의 피상전력을 P라 하면
$P = \sqrt{3}\, P_1$이므로
$P_1 = \frac{P}{\sqrt{3}} = \frac{P}{\sqrt{3}\cos\theta} = \frac{20}{\sqrt{3} \times 0.8}$
$= 14.4[kVA]$

정답 1.③ 2.② 3.② 4.② 5.④ 6.①

07 평형 3상 교류회로의 △결선 회로로부터 Y결선 회로로 등가변환하기 위해서는 어떻게 해야 하는가?
① 각 상의 임피던스를 3배로 한다.
② 각 상의 임피던스를 $\sqrt{3}$ 배로 한다.
③ 각 상의 임피던스를 $\frac{1}{\sqrt{3}}$ 배로 한다.
④ 각 상의 임피던스를 $\frac{1}{3}$ 배로 한다.

해설 △-Y 등가변환
$Z_Y = \frac{1}{3} Z_\triangle$

08 각 상의 저항이 10[Ω]인 Y결선 회로와 등가인 △결선 회로의 각 상의 저항[Ω]은?
① 5   ② 10
③ 20   ④ 30

해설 Y-△ 등가변환
$Z_\triangle = 3Z_Y = 3 \times 10 = 30[\Omega]$

09 Y결선된 부하를 △결선으로 변환하면 소비전력은? (단, 선간전압은 일정하다.)
① 3배   ② 9배
③ $\frac{1}{3}$ 배   ④ $\frac{1}{9}$ 배

해설 1상의 저항을 R, 인가전압을 V 라 하면
$P = 3I_p^2 R$ 이므로
$\frac{P_\triangle}{P_Y} = \frac{3R(\frac{V}{R})^2}{3R(\frac{V}{\sqrt{3}R})^2} = 3$

10 선간전압 380[V]를 3상 부하에 가할 때 선전류는 30[A], 소비전력은 20[kW]이었을 때 부하의 역률은?
① 0.574   ② 0.665
③ 0.769   ④ 0.832

해설 $\cos\theta = \frac{P}{\sqrt{3} VI} = \frac{20 \times 10^3}{\sqrt{3} \times 380 \times 30} = 0.769$

11 선간전압 220[V], 소비전력 40[kW], 역률 92[%]일 때 전류는 몇 [A]인가?
① 약 78[A]   ② 약 95[A]
③ 약 114[A]   ④ 약 125[A]

해설 $I = \frac{P}{\sqrt{3} V\cos\theta} = \frac{40 \times 10^3}{\sqrt{3} \times 220 \times 0.92} = 114.1[A]$

12 단상 전력계 2대를 사용하여 3상 전력을 측정할 때 두 전력계의 지시값이 각각 P_1, P_2 [W]이었다면 3상 전력 P [W]는?
① $P = 2 \times P_1 \times P_2 [W]$
② $P = P_1 - P_2 [W]$
③ $P = P_1 \times P_2 [W]$
④ $P = P_1 + P_2 [W]$

해설 2전력계법으로 3상 유효 전력 측정
$P = P_1 + P_2 [W]$

13 2전력계법으로 3상 전력을 측정 시 한 개의 전력계의 지시가 0 이었다면 이 회로의 역률은?
① 0.25   ② 0.5
③ 0.707   ④ 0.866

정답 7. ④ 8. ④ 9. ① 10. ③ 11. ③ 12. ④ 13. ②

해설 만약 $P_2 = 0$이었다면
$$\cos\theta = \frac{P}{P_a} = \frac{P_1+P_2}{2\sqrt{P_1^2+P_2^2-P_1P_2}} = \frac{P_1}{2P_1} = \frac{1}{2}$$

14 2전력계법으로 3상 전력을 측정 시 두 전력계의 지시값이 P_1, P_2라 하면 3상 무효전력[Var]은?

① $\sqrt{3}\,(P_1 - P_2)$
② $\sqrt{3}\,(P_1 + P_2)$
③ $\frac{2}{\sqrt{3}}(P_1 - P_2)$
④ $\frac{2}{\sqrt{3}}(P_1 + P_2)$

해설 2전력계법에서 무효전력
$P_r = \sqrt{3}\,(P_1 - P_2)[\mathrm{Var}]$

15 불평형 회로에서 영상분이 존재하는 3상 회로 구성은?

① △-△ 결선의 3상 3선식
② △-Y 결선의 3상 3선식
③ Y-Y 결선의 3상 3선식
④ Y-Y 결선의 3상 4선식

해설 Y-Y 결선의 중성점 접지식이며 3상 4선식에서는 영상분이 존재한다.

정답 14. ① 15. ④

과년도 출제문제

01 각 상의 임피던스가 $Z=6+j8[\Omega]$인 평형 Y결선 부하에 선간 전압 220[V]의 대칭 3상 전압을 인가할 때 흐르는 선전류[A]는?
[04] [05] [09]
① 8.7　　② 10.5
③ 12.7　　④ 17.5

해설 선전류(I_l) = 상전류(I_p) = $\dfrac{V_p}{Z} = \dfrac{\frac{220}{\sqrt{3}}}{\sqrt{6^2+8^2}}$
$= 12.7[A]$

02 전원과 부하가 다 같이 △결선된 3상 평형 회로가 있다. 전원 전압이 200[V], 부하 임피던스가 $6+j8[\Omega]$인 경우 선전류는 몇 [A]인가? [06]
① $10\sqrt{3}$　　② $30\sqrt{3}$
③ $15\sqrt{3}$　　④ $20\sqrt{3}$

해설 $I_l = \sqrt{3}\,I_p = \sqrt{3} \times \dfrac{200}{\sqrt{6^2+8^2}} = \dfrac{200\sqrt{3}}{10}$
$= 20\sqrt{3}$

03 대칭 3상 Y결선의 상전압이 100[V]이다. a상의 전원이 단선될 때 부하의 선간전압 V은? [05]
① 100　　② 0
③ 173　　④ 57

해설 한 상이 단선되면 선간전압은 0[V]이다.

04 △-△회로에서 선간 전압이 200[V]이고 각 상의 부하 임피던스가 $\dot{Z}=10\sqrt{3}+j10[\Omega]$일 때 상전류 I_{ab}는 V_{ab}를 기준벡터로 하였을 때 몇 [A]인가? [03]
① $10\angle-90°$
② $17.32\angle-90°$
③ $10\angle-30°$
④ $17.32\angle-30°$

해설 $\dot{V}_{ab} = 200\angle 0°$(기준 벡터)
$Z = \sqrt{R^2+X^2} = \sqrt{(10\sqrt{3})^2+10^2} = 20[\Omega]$
$\theta = \tan^{-1}\dfrac{X}{R} = \tan^{-1}\dfrac{10}{10\sqrt{3}} = 30°$
$\dot{Z} = 10\sqrt{3}+j10 = 20\angle 30°$
$\dot{I}_{ab} = \dfrac{\dot{V}_{ab}}{\dot{Z}} = \dfrac{200\angle 0°}{20\angle 30°} = 10\angle-30°[A]$

05 $R[\Omega]$인 3개의 저항을 같은 전원에 △결선으로 접속시킬 때와 Y결선으로 접속시킬 때 선전류의 크기 비($\dfrac{I_\triangle}{I_Y}$)는? [03] [06] [13]
① $\dfrac{1}{3}$　　② $\sqrt{6}$
③ $\sqrt{3}$　　④ 3

해설 △결선 시 선전류 $I_l = \sqrt{3}\,I_P = \sqrt{3}\,\dfrac{V}{R}$
Y결선 시 선전류 $I_l = \dfrac{V}{\sqrt{3}\,R}$
선전류 크기의 비 $\dfrac{I_\triangle}{I_Y} = \dfrac{\sqrt{3}\,\dfrac{V}{R}}{\dfrac{V}{\sqrt{3}\,R}} = 3$

정답 1. ③　2. ④　3. ②　4. ③　5. ④

06 변압기를 △결선하면 선전류와 상전류의 관계는? [04]

① 선전류와 상전류는 같다.
② 상전류는 선전류보다 $\sqrt{3}$ 배 크고 위상이 30° 늦다.
③ 선전류는 상전류보다 $\sqrt{3}$ 배 크고 위상이 30° 늦다.
④ 상전류는 선전류보다 $\sqrt{3}$ 배 크고 위상이 30° 빠르다.

해설 △결선에서 선전류는 상전류보다 $\sqrt{3}$ 배 크고 위상이 30° 늦다.

07 R[Ω]의 3개를 Y로 접속하고 이것을 전압 100[V]의 3상 교류전원에 연결할 때 선전류 10[A]가 흐른다면 이 저항을 △로 접속하고 동일 전원에 연결했을 때의 선전류는 몇 [A]인가? [03]

① 5.8   ② 10
③ 17.3   ④ 30

해설 동일한 저항을 같은 전원에 Y와 △결선으로 접속할 때 선전류 비는 $I_\triangle = 3 I_Y = 3 \times 10 = 30 [A]$

08 3상 유도전동기의 전압이 200[V]이고, 전류가 8[A], 역률이 80[%]라 하면, 이 전동기를 10시간 사용했을 때의 전력량은 약 몇 [kWh]인가? [05] [08]

① 12.8   ② 16.3
③ 22.2   ④ 27.8

해설 $P = \sqrt{3} VI\cos\theta = \sqrt{3} \times 200 \times 8 \times 0.8 = 2.217[kW]$
$W = Pt = 2.217 \times 10 = 22.17[kWh]$

09 그림과 같은 회로에서 대칭 3상 전압(선간전압) 173[V]를 $Z = 12 + j16[\Omega]$인 성형결선 부하에 인가하였다. 이 경우의 선전류는 몇 [A]인가? [12]

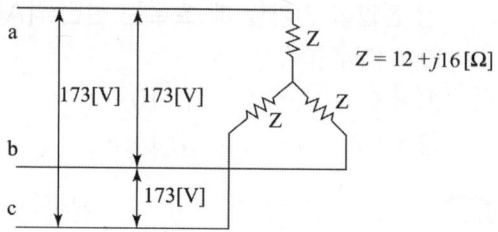

① 5.0[A]   ② 8.3[A]
③ 10.0[A]   ④ 15.0[A]

해설 상전압 $V_P = \dfrac{V_l}{\sqrt{3}} = \dfrac{173}{\sqrt{3}} = 100[V]$
임피던스
$Z = \sqrt{R^2 + X^2} = \sqrt{12^2 + 16^2} = 20[\Omega]$
선전류와 상전류는 같으므로
$I_l = I_P = \dfrac{V_P}{Z} = \dfrac{100}{20} = 5[A]$

10 20[kVA] 변압기 3대를 △결선하여 3상 전력을 보내던 중 한 대가 고장이 나서 V결선으로 하였다. 이 경우 3상 최대출력은 약 몇 [kVA]인가? [08]

① 25   ② 35
③ 40   ④ 60

해설 $P_V = \sqrt{3} P_1 = \sqrt{3} \times 20 = 20\sqrt{3} = 34.64[kVA]$

11 2전력계법에 의한 3상 전력을 측정하였더니 한쪽 전력계가 다른 쪽 전력계의 2배를 지시하였다. 이때 3상 부하의 역률은? [03]

① 0.866   ② 0.707
③ 0.5   ④ 0

정답 6. ③ 7. ④ 8. ③ 9. ① 10. ② 11. ①

해설 $P_2 = 2P_1$

$$= \frac{P}{P_a} = \frac{P_1 + P_2}{2\sqrt{P_1^2 + P_2^2 - P_1 P_2}}$$

$$= \frac{P_1 + 2P_1}{2\sqrt{P_1^2 + (2P_1)^2 - (P_1 \times 2P_1)}}$$

$$= \frac{3P_1}{2\sqrt{3P_1^2}} = 0.866$$

12 2개의 전력계를 사용하여 평형부하의 3상 회로의 역률을 측정하고자 한다. 전력계의 지시가 각각 1[kW] 및 3[kW]라 할 때 이 회로의 역률은 약 몇 [%]인가? [08] [13] [17]

① 58.8　　② 63.3
③ 75.6　　④ 86.6

해설
$$\cos\theta = \frac{P_1 + P_2}{2\sqrt{P_1^2 + P_2^2 - P_1 P_2}}$$

$$= \frac{1+3}{2\sqrt{1^2 + 3^2 - 1 \times 3}} = 0.756 = 75.6[\%]$$

정답 12. ③

7 과도현상

(1) 과도현상

임의의 시간에 상태의 변화가 발생 후 정상적인 현상이 발생하기 이전에 나타내는 전압이나 전류의 여러 가지 과도기적인 현상

1) L과 C소자에서 과도현상이 발생
2) R만의 회로에서는 과도전류는 없다.
3) 과도현상은 시정수가 클수록 오래 지속된다.
4) 시정수는 특성근(감쇠정수)의 절대값의 역수이다. (e^{-1}이 되는 t의 값)

(2) R-L 직렬회로

1) 직류 전압 인가 시

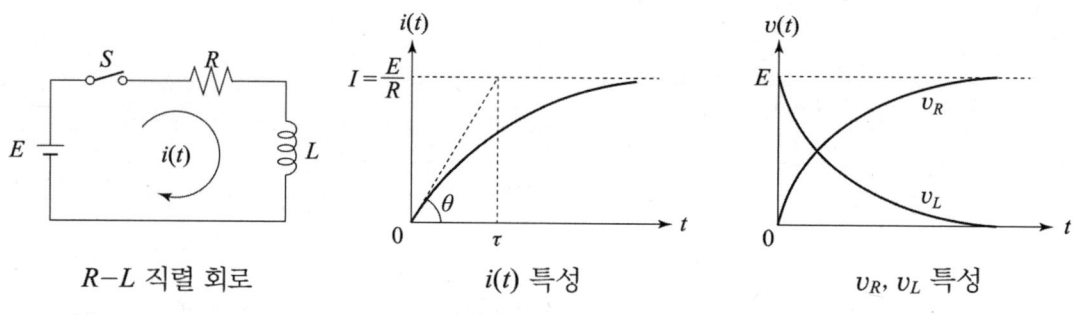

R-L 직렬 회로 　　　　 i(t) 특성 　　　　 v_R, v_L 특성

직류전압 인가 시 과도현상

① 평형 방정식 : $L\dfrac{di}{dt} + Ri = E$

② 전류 : $i = \dfrac{E}{R}(1 - e^{-\frac{R}{L}t})$ (초기 조건 $t = i = 0$)

③ 시정수 : 정상 상태의 63.2[%]에 도달하기까지의 시간　$\tau = \dfrac{L}{R}$[sec]

④ R, L 양단의 전압

$$v_R = Ri = E(1 - e^{-\frac{R}{L}t}), \quad v_L = L\dfrac{di}{dt} = Ee^{-\frac{R}{L}t}$$

2) 직류 전압 제거 시

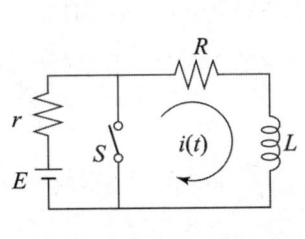

R-L 직렬 회로

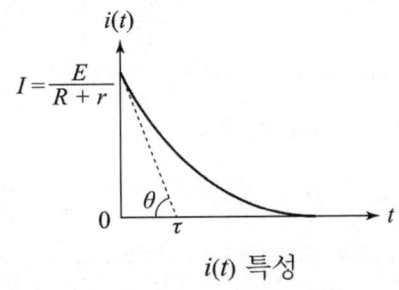

i(t) 특성

직류전압 제거 시 과도현상

① 평형 방정식 : $L\dfrac{di}{dt} + Ri = 0$

② 전류 : $i = \dfrac{E}{R+r}e^{-\frac{R}{L}t}$ (초기 조건 $i(0) = \dfrac{E}{R+r}$)

③ $\tau = \dfrac{L}{R}[\sec]$

(3) R-C 직렬회로

1) 직류 전압 인가 시

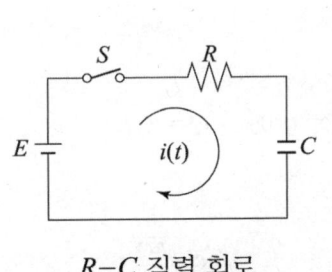

R-C 직렬 회로

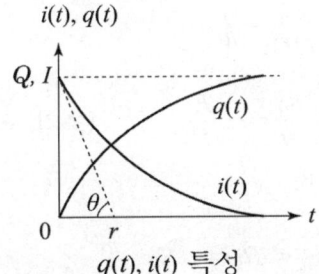

q(t), i(t) 특성

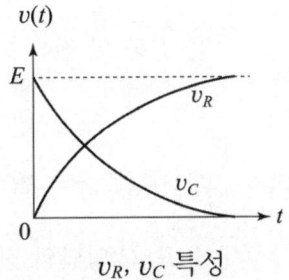

v_R, v_C 특성

직류전압 인가 시 과도현상

① 평형 방정식 : $E = Ri + \dfrac{1}{C}\displaystyle\int i\,dt$, $\quad E = R\dfrac{dq}{dt} + \dfrac{q}{C}$ ($i = \dfrac{dq}{dt}$, $q = \displaystyle\int i\,dt$)

② 전하 및 전류 : $q = CE(1-e^{-\frac{1}{RC}t})$,

$$i = \frac{dq}{dt} = \frac{E}{R}e^{-\frac{1}{RC}t}$$ (초기 조건 $t = i = q = 0$)

③ 시정수 : $\tau = RC[\text{sec}]$

④ R, C 양단의 전압

$$v_R = Ri = Ee^{-\frac{1}{RC}t}, \qquad v_c = \frac{q}{C} = E(1-e^{-\frac{1}{RC}t})$$

2) 직류 전압 제거 시(방전 시)

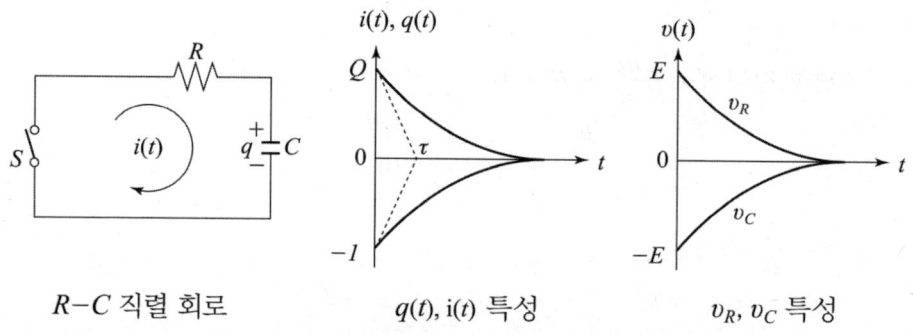

R-C 직렬 회로 　　　 q(t), i(t) 특성 　　　 v_R, v_C 특성

직류전압 제거 시 과도현상

① 평형 방정식 : $Ri + \frac{1}{C}\int i dt = 0$, 　　 $R\frac{dq}{dt} + \frac{q}{C} = 0$

② 전하 및 전류 : $q = CEe^{-\frac{1}{RC}t}$,

$$i = \frac{dq}{dt} = -\frac{E}{R}e^{-\frac{1}{RC}t}$$ (초기 조건 $q(0) = Q = CE$)

③ 시정수 $\tau = RC[\text{sec}]$

④ R, C 양단의 전압 $v_R = Ri = -Ee^{-\frac{1}{RC}t}$, 　　 $v_c = \frac{q}{C} = Ee^{-\frac{1}{RC}t}$

회로별 과도현상

회로종류	전기 요소	직류 인가 시	직류 제거 시
R-L 직렬회로	전류	$i=\dfrac{E}{R}(1-e^{-\frac{R}{L}t})$	$i=\dfrac{E}{R+r}e^{-\frac{R}{L}t}$
	시정수	$\tau=\dfrac{L}{R}[\sec]$	$\tau=\dfrac{L}{R}[\sec]$
	전압(v_R)	$v_R=E(1-e^{-\frac{R}{L}t})$	
	전압(v_L)	$v_L=Ee^{-\frac{R}{L}t}$	
R-C 직렬회로	전하	$q=CE(1-e^{-\frac{1}{RC}t})$	$q=CEe^{-\frac{1}{RC}t}$
	전류	$i=\dfrac{E}{R}e^{-\frac{1}{RC}t}$	$i=-\dfrac{E}{R}e^{-\frac{1}{RC}t}$
	시정수	$\tau=RC[\sec]$	$\tau=RC[\sec]$
	전압(v_R)	$v_R=Ee^{-\frac{1}{RC}t}$	$v_R=-Ee^{-\frac{1}{RC}t}$
	전압(v_L)	$v_c=E(1-e^{-\frac{1}{RC}t})$	$v_c=Ee^{-\frac{1}{RC}t}$

(4) R-L-C 직렬회로

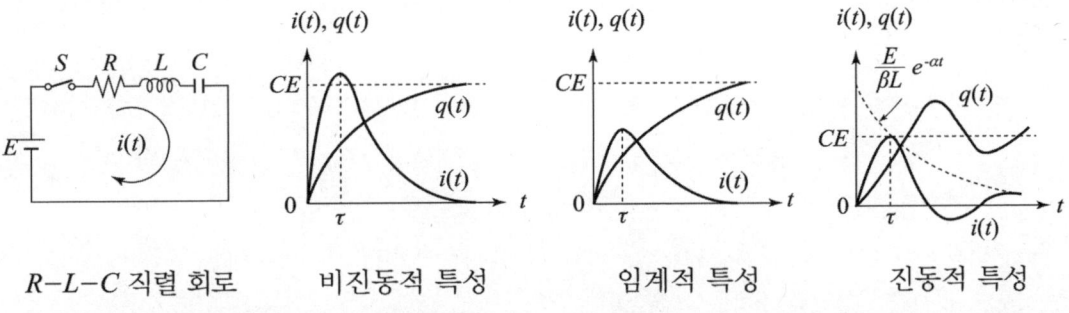

R-L-C 직렬 회로   비진동적 특성   임계적 특성   진동적 특성

직류전압 인가 시 과도현상

① 전압 방정식

$$E=L\frac{di}{dt}+Ri+\frac{1}{C}\int idt$$

$$E=L\frac{d^2q}{dt^2}+R\frac{dq}{dt}+\frac{q}{C} \text{(초기 조건 } t=i=q=0\text{)}$$

② 비 진동의 경우 : $R > 2\sqrt{\dfrac{L}{C}}$

③ 임계진동의 경우 : $R = 2\sqrt{\dfrac{L}{C}}$

④ 진동의 경우 : $R < 2\sqrt{\dfrac{L}{C}}$

4단자망 및 라플라스 변환

1 4단자망

(1) 4단자망

전기 에너지를 전송할 때 여러 가지의 회로망이 사용되는 데, 전송되는 에너지는 2개의 입력 단자에 들어가고, 2개의 출력 단자에서 나온다. 4개의 단자가 있는 회로망을 4단자망이라 한다.

1) 2단자망 : 2개의 단자를 가진 회로망
2) 4단자망 : 입력과 출력에 각각 2개의 단자를 가진 회로망
   ① 능동 4단자망 : 회로망 중에 전원이 있는 4단자망
   ② 수동 4단자망 : 회로망 중에 전원이 없는 4단자망

(2) 임피던스 파라미터

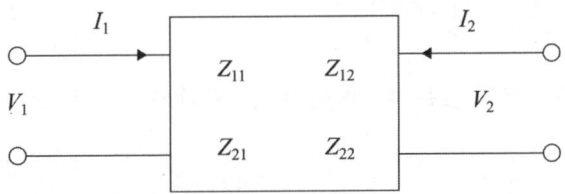

임피던스 파라미터

$$V_1 = Z_{11}I_1 + Z_{12}I_2, \quad V_2 = Z_{21}I_1 + Z_{22}I_2$$

$$\begin{bmatrix} V_1 \\ V_2 \end{bmatrix} = \begin{bmatrix} Z_{11} & Z_{12} \\ Z_{21} & Z_{22} \end{bmatrix} \begin{bmatrix} I_1 \\ I_2 \end{bmatrix}$$

임피던스 파라미터의 값은 I_1 또는 I_2를 개방하는 조건($I_1 = 0$ 또는 $I_2 = 0$)으로 구한다.

$Z_{11} = (\dfrac{V_1}{I_1})_{I_2=0}$ (출력단 개방 시 구동점 임피던스)

$Z_{21} = (\dfrac{V_2}{I_1})_{I_2=0}$ (출력단 개방 시 순방향 전달 임피던스)

$Z_{12} = (\dfrac{V_1}{I_2})_{I_1=0}$ (입력단 개방 시 역방향 전달 임피던스)

$Z_{22} = (\dfrac{V_2}{I_2})_{I_1=0}$ (입력단 개방 시 구동점 임피던스)

(3) 어드미턴스 파라미터

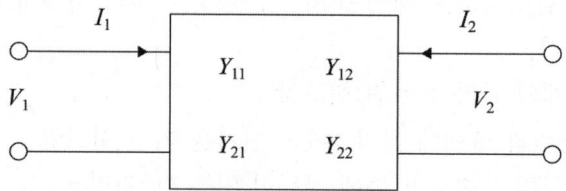

어드미턴스 파라미터

$I_1 = Y_{11}V_1 + Y_{12}V_2, \quad I_2 = Y_{21}V_1 + Y_{22}V_2$

$\begin{bmatrix} I_1 \\ I_2 \end{bmatrix} = \begin{bmatrix} Y_{11} & Y_{12} \\ Y_{21} & Y_{22} \end{bmatrix} \begin{bmatrix} V_1 \\ V_2 \end{bmatrix}$

어드미턴스 파라미터의 값은 V_1 또는 V_2를 단락하는 조건($V_1 = 0$ 또는 $V_2 = 0$)으로 구한다.

$Y_{11} = (\dfrac{I_1}{V_1})_{V_2=0}$ (출력단 단락 시 구동점 어드미턴스)

$Y_{21} = (\dfrac{I_2}{V_1})_{V_2=0}$ (출력단 단락 시 순방향 전달 어드미턴스)

$Y_{12} = (\dfrac{I_1}{V_2})_{V_1=0}$ (입력단 단락 시 역방향 전달 어드미턴스)

$Y_{22} = (\dfrac{I_2}{V_2})_{V_1=0}$ (입력단 단락 시 구동점 어드미턴스)

(4) 4단자망 기본식

$V_1 = AV_2 + BI_2$

$I_1 = CV_2 + DI_2$

A, B, C, D는 4단자 상수이며 4단자 상수의 관계 AD−BC = 1

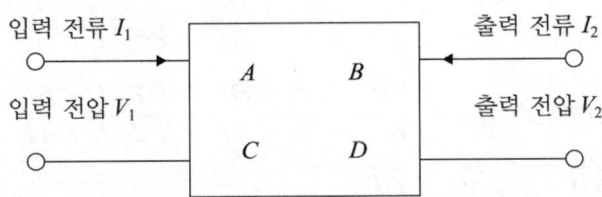

4단자망 회로

(5) 4단자 상수

$A = (\dfrac{V_1}{V_2})_{I_2 = 0}$ (출력 개방 시 입력 전압과 출력 전압의 비)

$B = (\dfrac{V_1}{I_2})_{V_2 = 0}$ (출력 단락 시 입력 전압과 출력 전류의 비 : 임피던스 차원)

$C = (\dfrac{I_1}{V_2})_{I_2 = 0}$ (출력 개방 시 입력 전류와 출력 전압의 비 : 어드미턴스 차원)

$D = (\dfrac{I_1}{I_2})_{V_2 = 0}$ (출력 단락 시 입력 전류와 출력 전류의 비)

(6) 영상 파라미터

1) 영상 임피던스

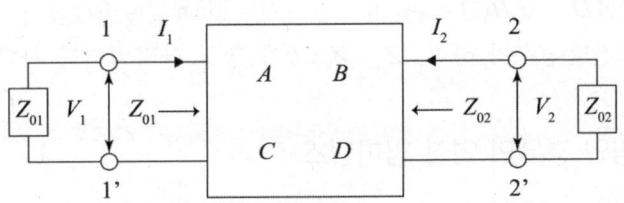

영상 4단자망 회로

4단자 회로망에서 출력 단자에 임피던스 Z_{02}를 접속했을 때 입력측에서 본 임피던스가 Z_{01}로 되고, 입력 단자에 임피던스 Z_{01}을 접속했을 때 출력측에서 본 임피던스가 Z_{02}로 되는 임피던스를 영상 임피던스라고 한다. 외부의 임피던스와 4단자 회로망의 입력 임피던스가 접속점에서 같으므로 임피던스가 정합되어 있어 전송 전력의 반사가 일어나지 않아 가장 유효한 전송이 이루어진다.

1차 영상 임피던스 $Z_{01} = \dfrac{V_1}{I_1} = \dfrac{AV_2 + BI_2}{CV_2 + DI_2} = \dfrac{AZ_{02}I_2 + BI_2}{CZ_{02}I_2 + DI_2} = \dfrac{AZ_{02} + B}{CZ_{02} + D}$

2차 영상 임피던스 $Z_{02} = \dfrac{V_2}{I_2} = \dfrac{DV_1 + BI_1}{CV_1 + AI_1} = \dfrac{DZ_{01}I_1 + BI_1}{CZ_{01}I_1 + AI_1} = \dfrac{DZ_{01} + B}{CZ_{01} + A}$

$Z_{01} = \sqrt{\dfrac{AB}{CD}}, \quad Z_{02} = \sqrt{\dfrac{DB}{CA}}$

대칭 회로망인 경우 A=D이므로 $Z_{01} = Z_{02} = \sqrt{\dfrac{B}{C}}$

2) 영상 전달정수

$\dfrac{V_1}{V_2} = e^{\theta_1}, \quad \dfrac{I_1}{I_2} = e^{\theta_2}$ 로 정의하면

$V_1 = (A + \dfrac{BI_2}{V_2})V_2 = (A + \dfrac{B}{Z_{02}})V_2$

$I_1 = (\dfrac{CV_2}{I_2} + D)I_2 = (CZ_{02} + D)I_2$

$e^{\theta_1} = A + \dfrac{B}{Z_{02}} = A + \dfrac{B}{\sqrt{\dfrac{DB}{CA}}} = \sqrt{\dfrac{A}{D}}(\sqrt{AD} + \sqrt{BC})$

$e^{\theta_2} = CZ_{02} + D = C\sqrt{\dfrac{AC}{BD}} + D = \sqrt{\dfrac{D}{A}}(\sqrt{AD} + \sqrt{BC})$

$e^{\theta} = e^{\frac{\theta_1 + \theta_2}{2}} = \sqrt{e^{(\theta_1 + \theta_2)}} = \sqrt{e^{\theta_1}e^{\theta_2}} = \sqrt{AD} + \sqrt{BC}$

$\theta = \ln(\sqrt{AD} + \sqrt{BC}) = \cosh^{-1}\sqrt{AD} = \sinh^{-1}\sqrt{BC}$

θ를 영상 전달정수라 하며, Z_{01}, Z_{02}, θ를 영상 파라미터라 한다.

3) 좌우 대칭인 경우의 영상 임피던스

A=D 이므로 $Z_{01} = Z_{02} = Z_0 = \sqrt{\dfrac{L}{C}}$

라플라스 변환과 전달함수

(1) 라플라스 함수

1) 라플라스 변환

임의의 시간 함수 $f(t)$에 대한 라플라스 변환은 모든 실수 $t \geq 0$에 대해, 다음과 같은 함수 F(s)로 정의된다.

$$F(s) = \mathcal{L}[f)t)] = \int_0^\infty f(t)e^{-st}dt$$

2) 간단한 함수의 라플라스 변환

함수 f(t)	라플라스 변환 F(s)	함수 f(t)	라플라스 변환 F(s)
$\delta(t)$	1	$\sin\omega t$	$\dfrac{\omega}{s^2+\omega^2}$
$u(t)$	$\dfrac{1}{s}$	$\cos\omega t$	$\dfrac{s}{s^2+\omega^2}$
t	$\dfrac{1}{s^2}$	$t\sin\omega t$	$\dfrac{2\omega s}{(s^2+\omega^2)^2}$
t^n	$\dfrac{n!}{s^{n+1}}$	$t\cos\omega t$	$\dfrac{s^2-\omega^2}{(s^2+\omega^2)^2}$
e^{-at}	$\dfrac{1}{s+a}$	$e^{-at}\sin\omega t$	$\dfrac{\omega}{(s+a)^2+\omega^2}$
te^{-at}	$\dfrac{1}{(s+a)^2}$	$e^{-at}\cos\omega t$	$\dfrac{s+a}{(s+a)^2+\omega^2}$
$t^n e^{-at}$	$\dfrac{n!}{(s+a)^{n+1}}$	$\dfrac{\sin\omega t}{t}$	$\tan^{-1}\dfrac{\omega}{s}$

3) 라플라스 변환 정리

① 선형성

상수 a, b에 대하여 $af_1(t) \pm bf_2(t) \leftrightarrow aF_1(s) \pm bF_2(s)$ 관계가 성립하므로 상수 a, b에 대한 $\mathcal{L}[af_1(t) \pm bf_2(t)] = aF_1(s) \pm bF_2(s)$ 선형성이 성립한다.

② 상사정리

$\mathcal{L}[f(t)] = F(s)$ 일 때 a를 상수라 하면

$\mathcal{L}[f(at)] = \dfrac{1}{a}F(\dfrac{s}{a})$, $\mathcal{L}[f(\dfrac{t}{a})] = aF(as)$가 성립한다.

③ 시간 추이 정리

$\mathcal{L}[f(t)] = F(s)$이고 $f(t)$를 시간 t의 양의 방향으로 a만큼 이동한 함수 $f(t-a)$에 대한 라플라스 변환은 $\mathcal{L}[f(t-a)] = e^{-as}F(s)$

④ 복소 추이 정리

$\mathcal{L}[f(t)] = F(s)$일 때, $e^{\pm at}f(t)$의 라플라스 변환

$\mathcal{L}[e^{\pm at}f(t)] = F(s \mp a)$

⑤ 미분정리

$f(t)$가 n회 미분 가능하면 t영역에 있어서 미분 $f'(t)$, $f''(t)$의 라플라스 변환

$\mathcal{L}[\dfrac{d}{dt}f(t)] = sF(s) - f(0_+)$

$\mathcal{L}[\dfrac{d^2}{dt^2}f(t)] = s^2F(s) - sf(0_+) - f'(0_+)$

⑥ 적분정리

$\mathcal{L}[f(t)] = F(s)$일 때, 정적분 $\int_0^t f(t)dt$의 라플라스 변환

$\mathcal{L}[\int_0^t f(t)dt] = \dfrac{1}{s}F(s)$

⑦ 초기값 정리

어떤 함수 $f(t)$에 대하여 시간 t가 0에 가까워지는 경우 $f(t)$의 극한값

$f(0^+) = \lim_{t \to 0} f(t) = \lim_{s \to \infty} sF(s)$

⑧ 최종값 정리

어떤 함수 $f(t)$에 대하여 시간 t가 ∞에 가까워지는 경우 $f(t)$의 극한값

$f(\infty) = \lim_{t \to \infty} f(t) = \lim_{s \to 0} sF(s)$

4) 라플라스 역변환

$F(s)$ 함수로부터 $f(t)$를 구하는 것을 라플라스 역변환이라 하며 $\mathcal{L}^{-1}[F(s)]$로 표시

$\mathcal{L}^{-1}[F(s)] = f(t) = \dfrac{1}{2\pi j}\int_{\sigma-j\infty}^{\sigma+j\infty} F(s)e^{st}ds$

(2) 전달함수

1) 전달함수

모든 초기 조건을 0으로 했을 때 입력에 대한 출력의 비

전달 함수 : $G(s) = \dfrac{\mathcal{L}[c(t)]}{\mathcal{L}[r(t)]} = \dfrac{C(s)}{R(s)}$

입력과 출력이 정현파이면 $G(j\omega) = \dfrac{C(j\omega)}{R(j\omega)}$ (주파수 전달 함수)

2) 요소별 전달함수

요소의 종류	입력과 출력 관계	전달 함수
비례 요소	$y(t) = Kx(t)$	$G(s) = \dfrac{Y(s)}{X(s)} = K$
미분 요소	$y(t) = K\dfrac{d}{dt}x(t)$	$G(s) = \dfrac{Y(s)}{X(s)} = Ks$
적분 요소	$y(t) = K\int x(t)dt$	$G(s) = \dfrac{Y(S)}{X(s)} = \dfrac{K}{s}$
1차 지연 요소	$b_1\dfrac{d}{dt}y(t) + b_0 y(t) = a_0 x(t)$	$G(s) = \dfrac{Y(s)}{X(s)} = \dfrac{K}{1+Ts}$
2차 지연 요소	$b_2\dfrac{d^2}{dt^2}y(t) + b_1\dfrac{d}{dt}y(t) + b_0 y(t) = a_0 x(t)$	$G(s) = \dfrac{Y(s)}{X(s)} = \dfrac{K}{1+2\delta Ts + T^2 s^2}$
부동작 시간 요소	$y(t) = Kx(t-L)$	$G(s) = \dfrac{Y(s)}{X(s)} = Ke^{-Ls}$

3) 전기회로의 전달함수

① R-L 직렬 회로

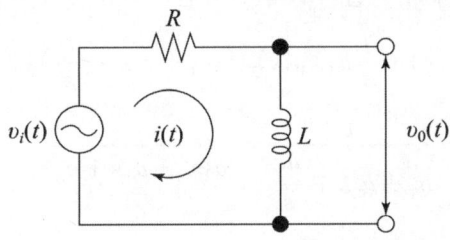

$v_i(t) = Ri(t) + L\dfrac{di(t)}{dt}, \quad v_0(t) = L\dfrac{di(t)}{dt}$

초기값 0인 조건에서 라플라스 변환하면

$V_i(s) = RI(s) + LsI(s) = (R+Ls)I(s), \quad V_0(s) = LsI(s)$ 이므로

$G(s) = \dfrac{V_0(s)}{V_i(s)} = \dfrac{Ls}{R+Ls} = \dfrac{s}{s+\dfrac{R}{L}}$

② R-C 직렬 회로

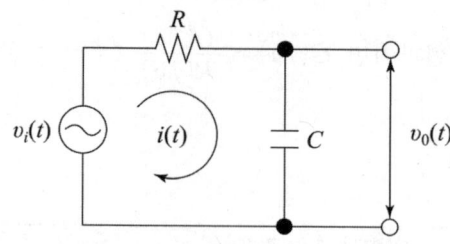

$$v_i(t) = Ri(t) + \frac{1}{C}\int i(t)dt, \quad v_0(t) = \frac{1}{C}\int i(t)dt$$

초기값 0인 조건에서 라플라스 변환하면

$$V_i(s) = (R + \frac{1}{Cs})I(s), \quad V_0(s) = \frac{1}{Cs}I(s) 이므로$$

$$G(s) = \frac{V_0(s)}{V_i(s)} = \frac{\frac{1}{Cs}}{R + \frac{1}{Cs}} = \frac{1}{RCs + 1} = \frac{1}{Ts + 1}$$

4) 미분 방정식의 전달함수

$$a_1 v_0 + a_2 \frac{dv_0}{dt} + a_3 \int v_0 dt = v_i$$

초기값 0인 조건에서 라플라스 변환하면

$$a_1 V_0(s) + a_2 s V_0(s) + \frac{1}{s}a_3 V_0(s) = (a_1 + a_2 s + \frac{a_3}{s})V_0(s) = V_i(s) 이므로$$

$$G(s) = \frac{V_0(s)}{V_i(s)} = \frac{1}{a_1 + a_2 s + \frac{a_3}{s}} = \frac{s}{a_2 s^2 + a_1 s + a_3}$$

5) 블록 선도의 전달함수

① 직렬 결합

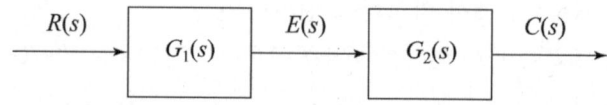

$$E(s) = G_1(s)R(s), \quad C(s) = G_2(s)E(s) = G_1(s)G_2(s)R(s) 이므로$$

$$\frac{C(s)}{R(s)} = G_1(s)G_2(s)$$

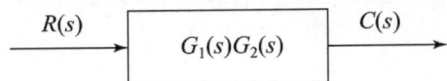

② 병렬 결합

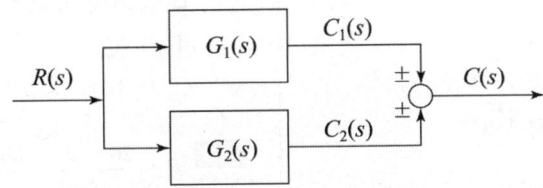

$C_1(s) = G_1(s)R(s), \quad C_2(s) = G_2(s)R(s), \quad C(s) = C_1(s) \pm C_2(s)$ 이므로

$\dfrac{C(s)}{R(s)} = G_1(s) \pm G_2(s)$

③ 궤환 결합

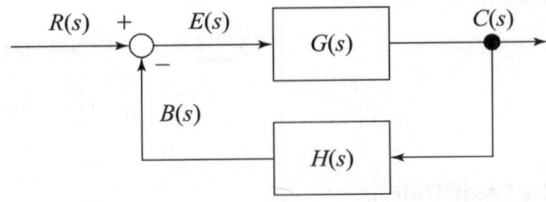

$E(s) = R(s) - B(s) = R(s) - H(s)C(s)$
$C(s) = G(s)E(s) = G(s)R(s) - G(s)H(s)C(s)$ 이므로

$\dfrac{C(s)}{R(s)} = \dfrac{G(s)}{1 + G(s)H(s)}$

출제예상문제

01 $v = 3 + 5\sqrt{2}\sin\omega t + 10\sqrt{2}\sin(3\omega t - \frac{\pi}{3})[V]$
의 실효값[V]은?
① 11.6　　② 12.6
③ 13.6　　④ 15.6

해설 $V = \sqrt{3^2 + 5^2 + 10^2} \fallingdotseq 11.6[V]$

02 1[H] 인덕터에
$i = 5 + 10\sqrt{2}\sin100t + 5\sqrt{2}\sin200t[A]$
가 흐르고 있을 때 인덕터에 축적되는 에너지[J]는?
① 50　　② 75
③ 100　　④ 150

해설 $I = \sqrt{5^2 + 10^2 + 5^2} = \sqrt{150}[A]$,
$W_L = \frac{LI^2}{2} = \frac{1 \times (\sqrt{150})^2}{2} = 75[J]$

03 저항 5[Ω]에 $i = 5 + 14.14\sin100t + 7.07\sin200t[A]$가 흐를 때 소비되는 평균전력[W]은?
① 150　　② 250
③ 625　　④ 750

해설 $i = 5 + 14.14\sin100t + 7.07\sin200t$
$= 5 + 10\sqrt{2}\sin100t + 5\sqrt{2}\sin200t[A]$
이므로
$P = I^2R = (I_0^2 + I_1^2 + I_2^2)R$
$= (5^2 + 10^2 + 5^2) \times 5 = 750[W]$

04 $v = 20\sin\omega t + 30\sin3\omega t[V]$이고
$i = 30\sin\omega t + 20\sin3\omega t[A]$인
비정현파 교류전압과 전류 간의 역률은?
① 0.92　　② 0.86
③ 0.46　　④ 0.43

해설 $P = \frac{20 \times 30}{2} + \frac{30 \times 20}{2} = 600[W]$
$P_a = VI = \sqrt{\frac{20^2 + 30^2}{2}} \times \sqrt{\frac{30^2 + 20^2}{2}} = 650[A]$,
$\cos\theta = \frac{P}{P_a} = \frac{600}{650} \fallingdotseq 0.92$

05 R-L 직렬회로에서 $R = 10[\Omega]$, $L = 20[H]$인 경우 시정수 τ는?
① 0.005[s]　　② 0.5[s]
③ 2[s]　　④ 200[s]

해설 R-L 직렬회로에서 시정수
$\tau = \frac{L}{R} = \frac{20}{10} = 2[s]$

06 R-C 직렬회로에서 $R = 10[k\Omega]$, $C = 50[\mu F]$인 경우 시정수(τ)는?
① 5[ms]　　② 50[ms]
③ 0.5[s]　　④ 5[s]

해설 R-C 직렬회로에서 시정수
$\tau = RC = 10 \times 10^3 \times 50 \times 10^{-6}$
$= 5 \times 10^{-1} = 0.5[s]$

정답 1.① 2.② 3.④ 4.① 5.③ 6.③

07 4단자 정수를 구하는 식 중 옳지 않은 것은?

① $A = (\frac{V_1}{V_2})_{I_2=0}$

② $B = (\frac{V_1}{I_2})_{V_2=0}$

③ $C = (\frac{I_1}{V_2})_{I_2=0}$

④ $D = (\frac{I_1}{I_2})_{V_2=0}$

해설 $A = (\frac{V_1}{V_2})_{I_2=0}$
(출력 개방 시 입력 전압과 출력 전압의 비)
$B = (\frac{V_1}{I_2})_{V_2=0}$
(출력 단락 시 입력 전압과 출력 전류의 비)
$C = (\frac{I_1}{V_2})_{I_2=0}$
(출력 개방 시 입력 전류와 출력 전압의 비)
$D = (\frac{I_1}{I_2})_{V_2=0}$
(출력 단락 시 입력 전류와 출력 전류의 비)

08 4단자망의 파라미터 정수에 관한 서술 중 잘못된 것은?

① A, B, C, D 파라미터 중 A 및 D는 차원이 없다.
② h 파라미터 중 h_{12} 및 h_{21}은 차원이 없다.
③ A, B, C, D 파라미터 중 B는 어드미턴스, C는 임피던스 차원을 갖는다.
④ h 파라미터 중 h_{11}은 임피던스, h_{22}는 어드미턴스의 차원을 갖는다.

해설 4단자 정수에서 A = 전압비, B = 임피던스 차원, C = 어드미턴스 차원, D = 전류비

09 ABCD 4단자 정수를 올바르게 표현한 것은?

① AB − CD = 1
② AB + CD = 1
③ AD − BC = 1
④ AD + BC = 1

해설 A = 전압비, B = 임피던스(Z)
C = 어드미턴스(Y), D = 전류비
AD − BC = 1, 대칭회로 A=D

10 어떤 4단자망의 입력 단자 1, 1' 사이의 영상 임피던스 Z_{01}과 출력 단자 2, 2' 사이의 영상임피던스 Z_{02}가 같게 되려면 4단자 정수 사이에 어떠한 관계가 있어야 하는가?

① AD = BC
② AB = CD
③ A = D
④ B = C

해설 $Z_{01} = \sqrt{\frac{AB}{CD}} = Z_{02} = \sqrt{\frac{BD}{AC}}$ 에서
A = D

11 L형 4단자 회로망에서
4단자 정수가 $A = \frac{12}{5}$, $D = 1$이고,
영상 임피던스 $Z_{02} = \frac{10}{3} [\Omega]$일 때
영상 임피던스 $Z_{01} [\Omega]$은?

① 6
② 7
③ 8
④ 9

해설 $\frac{Z_{01}}{Z_{02}} = \frac{A}{D}$ 에서
$Z_{01} = \frac{A}{D} Z_{02} = \frac{\frac{12}{5}}{1} \times \frac{10}{3} = \frac{120}{15} = 8 [\Omega]$

정답 7. ② 8. ③ 9. ③ 10. ③ 11. ③

12 4단자 회로에서 4단자 정수를 A, B, C, D라 할 때 전달 정수 θ는?

① $\ln(\sqrt{AD}+\sqrt{BC})$
② $\ln(\sqrt{AD}-\sqrt{BC})$
③ $\ln(\sqrt{AB}+\sqrt{CD})$
④ $\ln(\sqrt{AB}-\sqrt{CD})$

해설 전달 정수
$\theta = \ln(\sqrt{AD}+\sqrt{BC}) = \cosh^{-1}\sqrt{AD}$
$= \sinh^{-1}\sqrt{BC}$

13 T형 4단자 회로에서 영상 임피던스 $Z_{01} = 80[\Omega]$, $Z_{02} = 5[\Omega]$이고 전달 정수가 0일 때 회로의 4단자 정수 D의 값은?

① 0 ② $\frac{1}{4}$
③ 4 ④ 8

해설 $\frac{Z_{01}}{Z_{02}} = \frac{A}{D} = \frac{80}{5} = 16$, $AD = 1$이므로
$A = 4$, $D = \frac{1}{4}$

14 전달 정수 θ가 4단자 정수 A, B, C, D로 표시할 때 올바르게 표시된 것은?

① $\cosh\theta = \sqrt{BD}$
② $\sinh\theta = \sqrt{BC}$
③ $\cosh\theta = \sqrt{\frac{AD}{BC}}$
④ $\sinh\theta = \sqrt{AD}$

해설 $\sinh\theta = \sqrt{BC}$
$\cosh\theta = \sqrt{AD}$
$\tanh\theta = \sqrt{\frac{BC}{AD}}$

15 $\mathcal{L}[f(t)] = F(s)$ 일 때 $\lim_{t \to \infty} f(t)$는?

① $\lim_{s \to 0} F(s)$ ② $\lim_{s \to 0} sF(s)$
③ $\lim_{s \to \infty} F(s)$ ④ $\lim_{s \to \infty} sF(s)$

해설 최종값 정리를 이용하면
$\lim_{t \to \infty} f(t) = \lim_{s \to 0} sF(s)$

16 $F(s) = \dfrac{12(s+8)}{4s(s+6)}$ 일 때 $f(t)$의 초기값은?

① 0 ② 1
③ 2 ④ 3

해설 $f(0^+) = \lim_{s \to \infty} sF(s) = \lim_{s \to \infty} s\dfrac{12(s+8)}{4s(s+6)} = 3$

17 $F(s) = \dfrac{2s+8}{2s^3+3s^2+2s}$ 일 때 $f(t)$의 최종 값은?

① 0 ② 2
③ 4 ④ 8

해설 $f(\infty) = \lim_{s \to 0} sF(s) = \lim_{s \to 0} s\dfrac{2s+8}{2s^3+3s^2+2s} = 4$

18 $f(t) = 3t^2$의 라플라스 변환은?

① $\dfrac{3}{s^2}$ ② $\dfrac{3}{s^3}$
③ $\dfrac{6}{s^2}$ ④ $\dfrac{6}{s^3}$

해설 $\mathcal{L}[at^n] = a\mathcal{L}[t^n] = \dfrac{an!}{s^{n+1}}$ 에서
$\mathcal{L}[3t^n] = 3\mathcal{L}[t^n] = \dfrac{3 \times 2!}{s^{2+1}} = \dfrac{6}{s^3}$

정답 12. ① 13. ② 14. ② 15. ② 16. ④ 17. ③ 18. ④

19 $f(t) = e^{j\omega t}$의 라플라스 변환은?

① $\dfrac{1}{s+j\omega}$ ② $\dfrac{1}{s-j\omega}$

③ $\dfrac{1}{s^2+\omega^2}$ ④ $\dfrac{\omega}{s^2+\omega^2}$

해설 $F(s) = \int_0^\infty e^{j\omega t}e^{-st}dt = \int_0^\infty e^{-(s-j\omega)t}dt$
$= \dfrac{-1}{s-j\omega}[e^{-(s-j\omega)t}]_0^\infty = \dfrac{1}{s-j\omega}$

20 $f(t) = \sin t \cos t$의 라플라스 변환은?

① $\dfrac{1}{s^2+4}$ ② $\dfrac{1}{s^2+2}$

③ $\dfrac{1}{(s^2+4)^2}$ ④ $\dfrac{1}{(s^2+2)^2}$

해설 $\mathcal{L}[\sin t \cos t] = \mathcal{L}[\dfrac{1}{2}\sin 2t]$
$= \dfrac{1}{2} \times \dfrac{2}{s^2+2^2} = \dfrac{1}{s^2+4}$

21 $f(t) = \sin t + 2\cos t$의 라플라스 변환은?

① $\dfrac{2s}{s^2+1}$ ② $\dfrac{2s+1}{(s+1)^2}$

③ $\dfrac{2s+1}{s^2+1}$ ④ $\dfrac{2s}{(s+1)^2}$

해설 $\mathcal{L}[f(t)] = \mathcal{L}[\sin t] + \mathcal{L}[2\cos t]$
$= \dfrac{1}{s^2+1} + \dfrac{2s}{s^2+1} = \dfrac{2s+1}{s^2+1}$

22 $f(t) = e^{-at}\sin t \cos t$의 라플라스 변환은?

① $\dfrac{1}{(s-a)^2+4}$ ② $\dfrac{1}{(s+a)^2+4}$

③ $\dfrac{e}{s^2+4}$ ④ $\dfrac{2}{(s-a)^2+4}$

해설 $\sin t \cos t = \dfrac{1}{2}\sin 2t$이므로
$\mathcal{L}[f(t)] = \mathcal{L}[\sin t \cos t]e^{-at} = \mathcal{L}\dfrac{1}{2}\sin 2t]_{s=s+a}$
$= \dfrac{1}{s^2+2^2}]_{s=s+a} = \dfrac{1}{(s+a)^2+4}$

23 다음 회로에서 $t = 0$에서 스위치를 닫을 때 전류 $i(t)$의 라플라스 변환 $I(s)$는?
(단, $V_c(0) = 1[V]$이다.)

① $\dfrac{3s}{6s+1}$ ② $\dfrac{3}{6s+1}$

③ $\dfrac{6}{6s+1}$ ④ $\dfrac{-s}{6s+1}$

해설 $Ri + \dfrac{1}{C}\int i\,dt = 2$
$2I(s) + \dfrac{1}{3s}I(s) + i^{-1}(0_+) = \dfrac{2}{s}$
$i^{-1}(0_+)$는 초기 충전 전하
$Q_0 = CV_c(0) = 3 \times 1 = 3$이므로
$I(s) = \dfrac{\dfrac{2}{s} - \dfrac{1}{s}}{2 + \dfrac{1}{3s}} = \dfrac{3}{6s+1}$

24 $F(s) = \dfrac{1}{s(s+1)}$의 라플라스 역변환은?

① $1 + e^{-t}$ ② $1 - e^{-t}$

③ $\dfrac{1}{1+e^{-t}}$ ④ $\dfrac{1}{1-e^{-t}}$

해설 $f(t) = \mathcal{L}^{-}F(s) = \mathcal{L}^{-}\dfrac{1}{s(s+1)}$
$= \mathcal{L}^{-}\dfrac{1}{s} - \dfrac{1}{s+1} = 1 - e^{-t}$

정답 19. ② 20. ① 21. ③ 22. ② 23. ② 24. ②

25 $\dfrac{1}{s+3}$ 을 라플라스 역변환하면?

① e^{3t} ② e^{-3t} ③ $e^{\frac{1}{3}}$ ④ $e^{-\frac{1}{3}}$

해설 $\mathcal{L}^{-1}\dfrac{1}{s+3} = e^{-3t}$

26 다음 사항 중 옳게 표현된 것은?
① 비례 요소의 전달함수는 Ks 이다.
② 미분 요소의 전달함수는 K 이다.
③ 적분 요소의 전달함수는 Ts 이다.
④ 1차 지연 요소의 전달함수는 $\dfrac{K}{Ts+1}$ 이다.

해설
- 비례 요소 전달함수 K
- 미분 요소 전달함수 Ks
- 적분 요소 전달함수 $\dfrac{K}{s}$
- 1차 지연 요소의 전달함수
$G(s) = \dfrac{Y(s)}{X(s)} = \dfrac{K}{1+Ts}$

27 부동작 시간 요소의 전달함수는?

① K ② $\dfrac{K}{s}$
③ Ke^{-Ls} ④ Ks

해설 $y(t) = Kx(t-L)$, $Y(s) = Ke^{-Ls} \cdot X(s)$
∴ $G(s) = \dfrac{Y(s)}{X(s)} = Ke^{-Ls}$

28 전달함수 $C(s) = G(s)R(s)$에서 입력 함수를 단위 임펄스 $\delta(t)$로 가할 때 제어계의 응답은?

① $G(s)\delta(s)$ ② $\dfrac{G(s)}{\delta(s)}$
③ $\dfrac{G(s)}{s}$ ④ $G(s)$

해설 $r(t) = \delta(t)$를 라플라스 변환하면 $R(s) = 1$이므로 $C(s) = G(s) \cdot 1 = G(s)$

29 어떤 제어계의 임펄스 응답이 $\sin\omega t$ 일 때 제어계의 전달함수는?

① $\dfrac{\omega}{s+\omega}$ ② $\dfrac{\omega^2}{s^2+\omega^2}$
③ $\dfrac{\omega}{s^2+\omega^2}$ ④ $\dfrac{\omega^2}{s^2+\omega}$

해설 $\mathcal{L}[\sin\omega t] = \dfrac{\omega}{s^2+\omega^2}$

30 전달함수 $G(s) = \dfrac{20}{3+2s}$ 을 갖는 요소에 $\omega = 2$인 정현파를 주었을 때 $G(j\omega)$는?

① 1 ② 2 ③ 4 ④ 8

해설 $G(j\omega) = \dfrac{20}{3+j2\omega}$ 에서
$G(j2) = \dfrac{20}{3+j(2\times 2)} = \dfrac{20}{\sqrt{3^2+4^2}} = 4$

31 그림과 같은 회로에서 인가 전압에 의한 전류 i에 대한 출력 e_0의 전달 함수는?

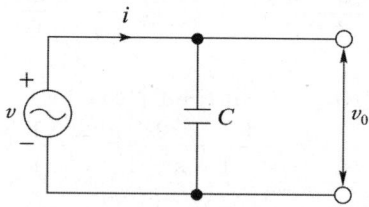

① $\dfrac{1}{Cs}$ ② Cs
③ $\dfrac{1}{1+Cs}$ ④ $1+Cs$

해설 $G(s) = \dfrac{V(s)}{I(s)} = \dfrac{1}{j\omega C} = \dfrac{1}{Cs}$

Chapter 05 왜형파 교류

1 비정현파 교류

(1) 비정현파 교류

사인파 주기 외에 다른 모양의 주기를 가지는 모든 주기파를 비정현파라 한다.

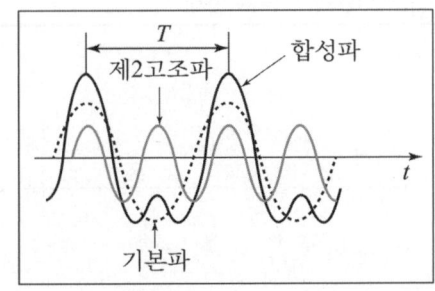
기본파와 제2고조파의 합

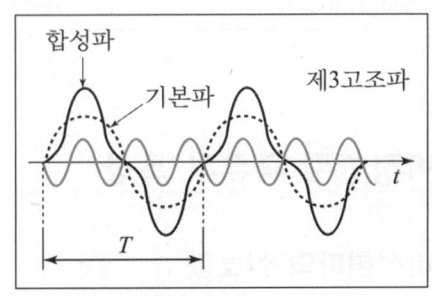
기본파와 제3고조파의 합

기본파와 고조파의 합

주파수가 f인 파형과 주파수가 $2f$인 두 개의 파형을 합하면 그 합성파는 비사인파가 된다.
주파수가 기본파의 2배, 3배, 4배 등이 되는 파를 고조파라 한다.

(2) 푸리에 급수

직교좌표계에 의한 함수의 급수 전개. 임의의 주기함수를 삼각함수로 구성되는 급수로 전개한 것을 푸리에 급수라 하며 비정현파를 정현항과 여현항의 합으로 표현하면

$$f(t) = \sum_{n=0}^{\infty} a_n \cos n\omega t + \sum_{n=0}^{\infty} b_n \sin n\omega t = a_0 + \sum_{n=1}^{\infty} a_n \cos n\omega t + \sum_{n=1}^{\infty} b_n \sin n\omega t$$

$$= a_0 + a_1 \cos \omega t + a_2 \cos 2\omega t + a_3 \cos 3\omega t + \ldots a_n \cos n\omega t$$

$$+ b_1 \sin \omega t + b_2 \sin 2\omega t + b_3 \sin 3\omega t + \ldots + b_n \sin n\omega t$$

(3) 푸리에 급수의 전개

$$v = V_0 + V_{m1}\sin(\omega t + \theta_1) + V_{m2}\sin(2\omega t + \theta_2) + \ldots + V_{mn}\sin(n\omega t + \theta_n)$$

$$= V_0 + \sum_{n=1}^{\infty} V_{mn}\sin(n\omega t + \theta_n)$$

비사인파 = 직류분 + 기본파 + 고조파

(4) 대칭성 비정현파의 푸리에 급수 전개

종류	대칭 조건	결과
대칭파(반파 대칭)	$f(t) = -f(t+\pi)$	고조파 차수가 홀수차 항만 존재
기함수파(정현 대칭)	$f(t) = -f(-t)$	sin 항만 존재
우함수파(여현 대칭)	$f(t) = f(-t)$	cos항과 직류분 존재

2 비정현파 교류의 특성

(1) 비정현파의 실효값

1) 전압의 실효값

$v = V_0 + \sum_{n=1}^{\infty} V_{mn}\sin(n\omega t + \theta_n)$ 에서

$$V = \sqrt{V_0^2 + \left(\frac{V_{m1}}{\sqrt{2}}\right)^2 + \left(\frac{V_{m2}}{\sqrt{2}}\right)^2 + \ldots + \left(\frac{V_{mn}}{\sqrt{2}}\right)^2} = \sqrt{V_0^2 + V_1^2 + V_2^2 + \ldots + V_n^2}$$

2) 전류의 실효값

$i = I_0 + \sum_{n=1}^{\infty} I_{mn}\sin(n\omega t + \theta_n)$ 에서

$$I = \sqrt{I_0^2 + \left(\frac{I_{m1}}{\sqrt{2}}\right)^2 + \left(\frac{I_{m2}}{\sqrt{2}}\right)^2 + \ldots + \left(\frac{I_{mn}}{\sqrt{2}}\right)^2} = \sqrt{I_0^2 + I_1^2 + I_2^2 + \ldots + I_n^2}$$

비정현파 교류의 실효값은 직류분, 기본파, 고조파의 제곱 합의 평방근으로 나타낸다.

(2) 왜형률

비정현파에서 기본파와 비교하여 고조파 성분이 어느 정도 포함되어 있는지를 나타낸 것

$$D = \frac{\text{전 고조파의 실효값}}{\text{기본파의 실효값}} = \frac{\sqrt{I_2^2 + I_3^2 + \cdots + I_n^2}}{I_1} \times 100[\%]$$

(3) n차 고조파

1) 임피던스의 변화

① 저항은 변화 없음
② 유도 리액턴스 $X_{Ln} = 2\pi nfL = nX_L$: n배로 증가
③ 용량 리액턴스 $X_{Cn} = \dfrac{1}{2\pi nfC} = \dfrac{1}{n}X_C$: $\dfrac{1}{n}$배로 감소

2) 전류

$$I_1 = \frac{V_1}{Z_1} = \frac{V_1}{\sqrt{R^2 + X_L^2}}$$

① 유도 리액턴스의 제3고조파 실효값

$$I_3 = \frac{V_3}{\sqrt{R^2 + (3X_L)^2}}$$

② 용량 리액턴스의 제3고조파 실효값

$$I_3 = \frac{V_3}{\sqrt{R^2 + (\dfrac{X_C}{3})^2}}$$

3) 공진조건

$n^2\omega^2 LC = 1$

(4) 비정현파의 교류 전력

구분	공식	비고
유효 전력	$P = V_0 I_0 + \sum_{n=1}^{\infty} V_n I_n \cos\theta_n [\text{W}]$	n이 동일한 전압, 전류 간에만 존재
무효 전력	$P = \sum_{n=1}^{\infty} V_n I_n \sin\theta_n [\text{Var}]$	n이 동일한 전압, 전류 간에만 존재
피상 전력	$P_a = VI [\text{VA}]$	
등가 역률	$\cos\theta = \dfrac{P}{P_a} = \dfrac{P}{VI}$	

비정현파 교류전력은 직류분과 각 고조파 전력의 합으로 나타나며 주파수가 다르면 전력은 존재하지 않는다.

출제예상문제

01 대칭 다상 교류에 의한 회전자계 중 잘못된 것은?
① 대칭 3상 교류에 의한 자계는 원형 회전자계이다.
② 대칭 2상 교류에 의한 회전자계는 타원형 회전자계이다.
③ 3상 교류에서 어느 두 코일의 전류의 상순을 바꾸면 회전자계의 방향도 바뀐다.
④ 회전자계의 회전속도는 일정 각속도 ω이다.

해설 대칭 2상 교류는 존재 의미가 없다.

02 비사인파의 구성이 아닌 것은?
① 3삼각파
② 고조파
③ 기본파
④ 직류분

해설 비사인파 = 직류분 + 기본파 + 고조파

03 주기적인 구형파의 신호는 그 주파수 성분이 어떻게 되는가?
① 무수히 많은 주파수의 성분을 가진다.
② 주파수 성분을 갖지 않는다.
③ 직류분만으로 구성된다.
④ 교류 합성을 갖지 않는다.

해설 주기적인 구형파의 신호는 무수히 많은 주파수 성분을 갖게 된다.

04 비정현 주기파 중 고조파의 감소율이 가장 작은 것은? (단, 정류파는 정현파의 정류파를 의미한다.)
① 구형파
② 삼각파
③ 반파 정류파
④ 전파 정류파

해설 정현파에 가까울수록 고조파의 감소율이 크다.

05 비정현파를 여러 개의 정현파의 합으로 표시하는 방법은?
① 중첩의 원리
② 테일러의 분석
③ 푸리에 분석
④ 노튼의 정리

해설 푸리에 급수는 주파수의 진폭을 달리하는 무수히 많은 성분을 갖는 비정현파를 무수히 많은 정현항과 여현항의 합으로 표현

06 푸리에 급수로 비정현파 교류를 해석하는데 적당하지 않은 것은?
① 반파 대칭인 경우 직류분은 없다.
② 우함수인 경우 비정현파에서 사인항이 없다.
③ 기함수인 경우 사인항을 구할 때 반주기 간만 적분하여 2배 한다.
④ 반파 대칭에서는 반주기마다 동일한 파형이 반복되나 부호의 변화가 없다.

해설 반파 대칭인 파형은 반주기마다 부호가 다른 동일한 파형이 반복되므로 직류분이 존재하지 않는다.

정답 1. ② 2. ① 3. ① 4. ① 5. ③ 6. ④

07 그림과 같은 삼각파를 푸리에 급수로 전개하면?

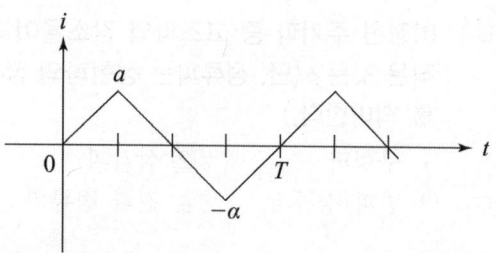

① 반파 정현 대칭으로 기수파만 포함된다.
② 반파 정현 대칭으로 우수파만 포함된다.
③ 반파 여현 대칭으로 기수파만 포함된다.
④ 반파 여현 대칭으로 기수파만 포함된다.

해설 삼각파를 푸리에 급수로 전개하면
$$i(t) = \frac{2I_m}{\pi}(\sin\omega t + \frac{1}{3}\sin3\omega t + \frac{1}{5}\sin5\omega t + \cdots)$$
이므로 반파 정현 대칭으로 기수파만 포함된다.

08 그림과 같은 파형을 푸리에 급수로 전개하면?

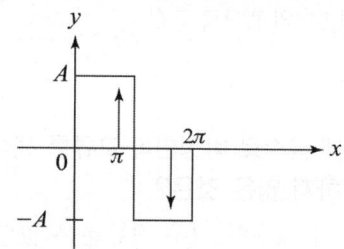

① $\frac{A}{\pi} + \frac{\sin2x}{2} + \frac{\sin4x}{4} + \cdots$

② $\frac{4A}{\pi}(\sin\alpha \sin x + \frac{1}{9}\sin3\alpha\sin3x + \cdots)$

③ $\frac{4A}{\pi}(\sin x + \frac{1}{3}\sin3x + \frac{1}{5}\sin5x + \cdots)$

④ $\frac{4A}{\pi}(\frac{\cos2x}{1\times3} + \frac{\cos4x}{3\times5} + \frac{\cos6x}{5\times7} + \cdots)$

해설 반파 대칭 및 정현파 대칭이므로 $b_n = a_0 = 0$ 기수 항의 sin 항만 존재한다.

09 ωt가 0에서 π까지 $i = 10[A]$, π에서 2π까지는 $i = 0[A]$인 파형을 푸리에 급수로 전개하면 a_0는?

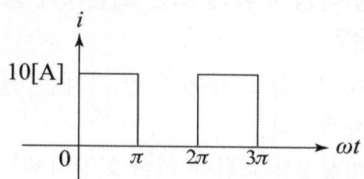

① 14.14 ② 10
③ 7.05   ④ 5

해설 $a_0 = \frac{1}{2\pi}\int_0^\pi i\, d(\omega t) = \frac{1}{2\pi}\int_0^\pi 10\, d(\omega t)$
$= \frac{10}{2\pi}\pi = 5[A]$

10 비정현파에 있어서 정현 대칭의 조건은?
① $f(t) = f(-t)$
② $f(t) = -f(t)$
③ $f(t) = -f(-t)$
④ $f(t) = -f(t+\pi)$

해설 정현 대칭은 f축에 대칭 후 다시 t축에 대칭이므로 대칭 조건은
$f(t) = -f(-t)$, $f(t) = f(T+t)$

11 비정현파에 있어서 반파 대칭의 조건은?
① $f(t) = f(\pi-t)$
② $f(t) = -f(\pi+t)$
③ $f(t) = -f(\pi-t)$
④ $f(t) = f(2\pi-t)$

해설 반파 대칭은 π만큼 이동 후 t축에 대칭이므로 대칭 조건은
$f(t) = -f(\pi+t) = f(2\pi+t)$

12 비정현파의 실효값은?
① 최대파의 실효값
② 각 고조파의 실효값의 합
③ 각 고조파 실효값의 합의 제곱근
④ 각 고조파 실효값의 제곱의 합의 제곱근

해설 $V = \sqrt{V_0^2 + V_1^2 + V_3^2 \cdots\cdots + V_n^2}$

13 비정현파 $v = 100\sin(\omega t + \frac{\pi}{18})$
$+ 50\sin(3\omega t + \frac{\pi}{3}) + 25\sin(5\omega t + \frac{7\pi}{18})$[V]
인 경우 실효치 전압[V]은?
① 71   ② 81
③ 91   ④ 101

해설 $V = \sqrt{\left(\frac{100}{\sqrt{2}}\right)^2 + \left(\frac{50}{\sqrt{2}}\right)^2 + \left(\frac{25}{\sqrt{2}}\right)^2} = 81$

14 비정현파
$v = 120\sqrt{2}\sin\omega t + 75\sqrt{2}\sin3\omega t$
$+ 25\sqrt{2}\sin5\omega t$[V]의 전압을 R-L 직렬 회로에 인가할 때 제5고조파 전류의 실효값[A]은? (단, $R = 3[\Omega]$, $\omega L = 2[\Omega]$이다.)
① 2.4   ② 8.1   ③ 12.5   ④ 25

해설 $I_5 = \frac{V_5}{Z_5} = \frac{V_5}{\sqrt{R^2 + (5\omega L)^2}}$
$= \frac{25}{\sqrt{3^2 + 10^2}} ≒ 2.4[A]$

15 전류가 1[H]의 인덕터에 흐르고 있을 때 인덕터에 축적되는 에너지[J]는 얼마인가?
(단, $i = 5 + 10\sqrt{2}\sin100t$
$+ 5\sqrt{2}\sin200t$[A]이다.)
① 150   ② 100   ③ 75   ④ 50

해설 $I = \sqrt{5^2 + 10^2 + 5^2} = \sqrt{150}[A]$이므로
$W = \frac{1}{2}LI^2 = \frac{1 \times (\sqrt{150})^2}{2} = \frac{150}{2} = 75[J]$

16 왜형률이란 무엇인가?
① $\frac{전\ 고조파의\ 실효값}{기본파의\ 실효값}$
② $\frac{전\ 고조파의\ 평균값}{기본파의\ 평균값}$
③ $\frac{제3고조파의\ 실효값}{기본파의\ 실효값}$
④ $\frac{우수\ 고조파의\ 실효값}{기수\ 고조파의\ 실효값}$

해설 왜형률$(D) = \frac{전\ 고조파의\ 실효값}{기본파의\ 실효값}$

17 기본파의 3[%]인 제3고조파와 5[%]인 제5고조파, 7[%]인 제7고조파를 포함하는 전압파의 왜형률은?
① 약 2.7[%]   ② 약 5.1[%]
③ 약 7.7[%]   ④ 약 9.1[%]

해설 $e = \sqrt{\frac{V_2^2 + V_3^2 + \cdots + V_n^2}{V_1}} \times 100$
$= \frac{\sqrt{(0.03V)^2 + (0.05V)^2 + (0.07V)^2}}{V} \times 100$
$≒ 9.1[\%]$

18 비정현파
$v = 100\sqrt{2}\sin\omega t + 50\sqrt{2}\sin2\omega t$
$+ 30\sqrt{2}\sin3\omega t$ 의 왜형률은?
① 1.0   ② 0.82
③ 0.58   ④ 0.36

해설 왜형률 $D = \frac{\sqrt{50^2 + 30^2}}{100} ≒ 0.58$

정답 12. ④ 13. ② 14. ① 15. ③ 16. ① 17. ④ 18. ③

19 어떤 교류 회로에

$$v = 100\sin\omega t + 20\sin\left(3\omega t + \frac{\pi}{3}\right)[\text{V}]$$인

전압을 가했을 때 이것에 의해 회로에 흐르는 전류가

$$i = 40\sin\left(\omega t - \frac{\pi}{6}\right) + 5\sin\left(3\omega t + \frac{\pi}{12}\right)[\text{A}]$$

라 한다. 이 회로에서 소비되는 전력은 약 몇 [kW]인가?

① 1.27
② 1.77
③ 1.97
④ 2.27

해설 $P = V_1 I_1 \cos\theta_1 + V_3 I_3 \cos\theta_3$

$= \dfrac{100}{\sqrt{2}} \times \dfrac{40}{\sqrt{2}} \cos 30° + \dfrac{20}{\sqrt{2}} \times \dfrac{5}{\sqrt{2}} \cos(60° - 15°)$

$= \dfrac{100 \times 40}{2} \cos 30° + \dfrac{20 \times 5}{2} \cos 45° = 1767.4[\text{W}]$

20 R-L-C 직렬 공진 회로에서 제 n 고조파의 공진 주파수 f_n[Hz]은?

① $\dfrac{1}{2\pi\sqrt{LC}}$
② $\dfrac{1}{2\pi\sqrt{nLC}}$
③ $\dfrac{1}{2\pi n\sqrt{LC}}$
④ $\dfrac{1}{2\pi n^2\sqrt{LC}}$

해설 제 n 고조파의 공진 조건은
$n^2\omega^2 LC = 1$에서 $f_n = \dfrac{1}{2\pi n\sqrt{LC}}$

21 대칭 3상회로의 전압, 전류에 포함되는 고조파는 n을 임의의 정수로 하여 $(3n+1)$일 때의 상회전은?

① 정지 상태
② 각 상 동위상
③ 상회전은 기본파와 반대
④ 상회전은 기본파와 동일

해설 일반적으로 교류 발전기에 포함되는 고조파는 반파 대칭의 기수 고조파만 있으므로
- $(3n+1)$ 고조파 : 상회전은 기본파와 동일
- $3n$ 고조파 : 각 상 동상
- $(3n-1)$ 고조파 : 상회전은 기본파와 반대

정답 19. ② 20. ③ 21. ④

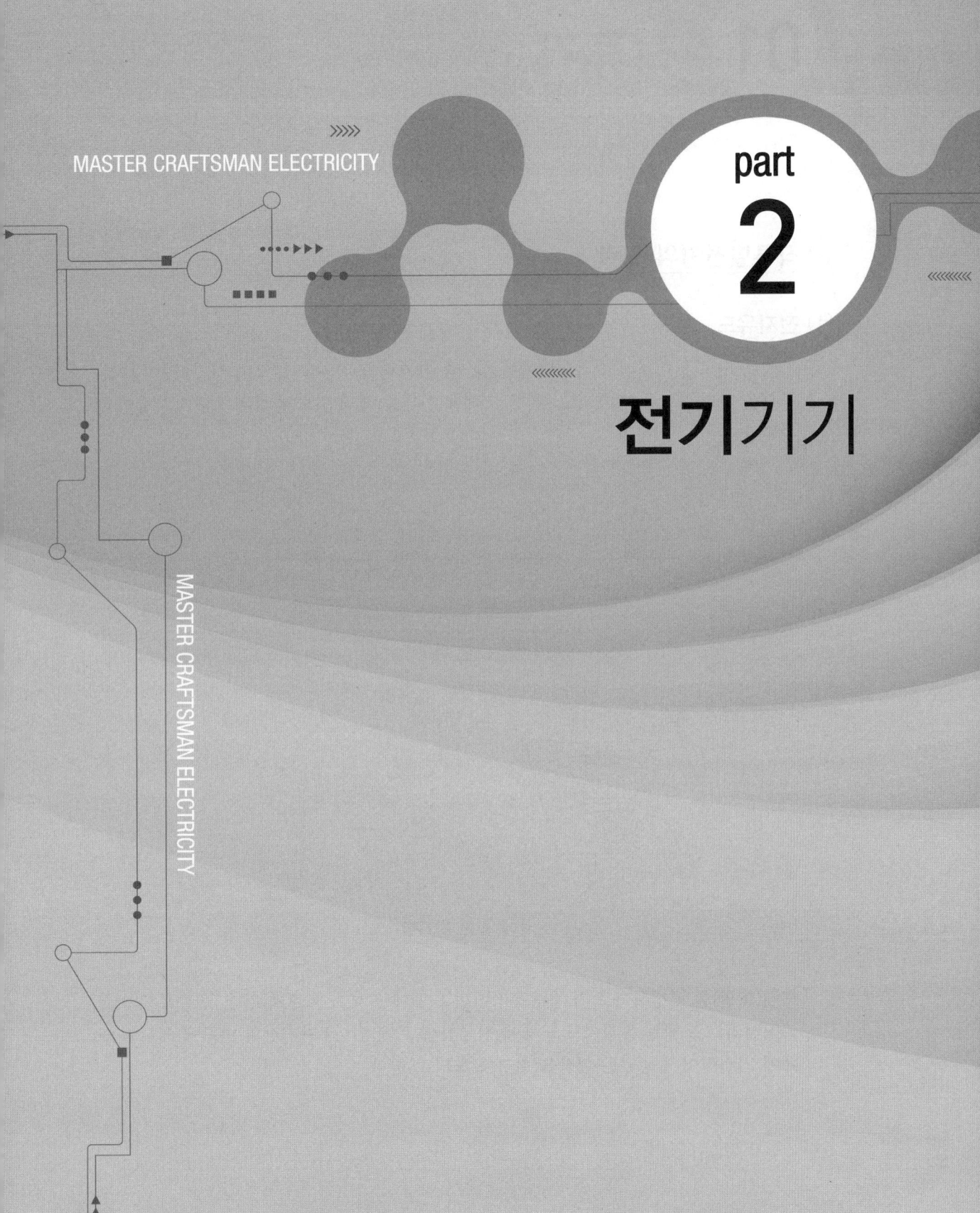

Chapter 01 직류기

1 직류발전기의 원리

(1) 전자유도

자석은 서로 밀어내거나 끌어당기는 힘, 즉 자기력을 가지고 있으며 자기력이 미치는 공간을 자기장 또는 자계라고 한다. 도체에 전류를 흘리면 도체 주위에도 자기장이 형성된다.

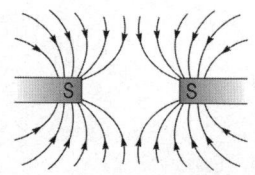 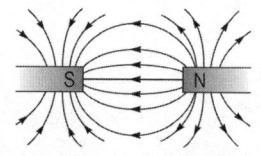

자석에 의한 자기장

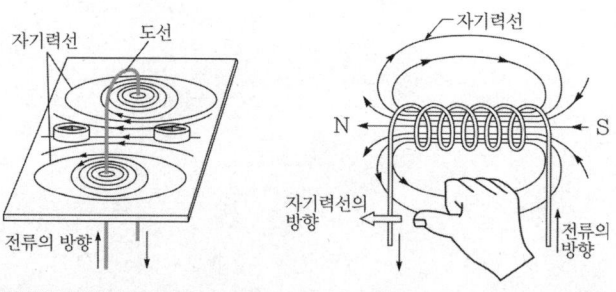

전류에 의한 자기장

도체(코일)를 고정시키고 자석을 움직이면 도체에 전류가 흐르게 된다. 반대로 자석을 고정시키고 도체를 움직여도 도체에 전류가 흐르게 된다. 자기장의 변화에 의하여 도체에 기전력이 발생되는 현상을 전자 유도라고 한다.

전자 유도에 의하여 발생되는 전기 에너지는 자기력의 세기가 크거나 도체 또는 자석의 움직임이 빠를수록 증가한다. 전자 유도 현상은 전기 에너지를 발생시키는 발전기의 가장 기본적인 원리이다.

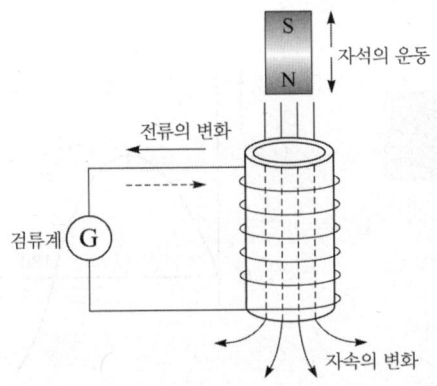

전자유도현상

(2) 플레밍의 오른손 법칙

N극에서 S극 방향으로 자기력선속이 발생하고 있는 자기장 공간에 자기력선속의 진행 방향에 대하여 직각으로 도체를 움직이면 기전력이 발생한다.

기전력의 방향은 다음 그림과 같이 설명할 수 있으며, 이러한 법칙을 플레밍의 오른손 법칙이라고 한다.

기전력을 $e[V]$, 자석의 자기력선속 밀도 $B[Wb/m^2]$, 도체의 길이를 $l[m]$, 도체의 운동 속도를 $v[m/s]$라 할 때, 플레밍의 오른손 법칙에 의하여 발생되는 기전력은 $e = Blv[V]$

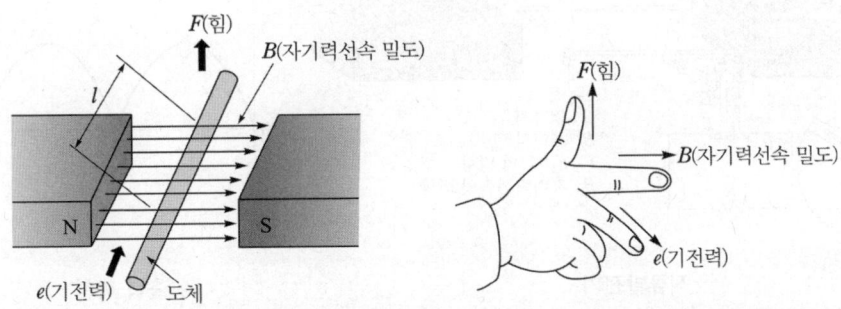

플레밍의 오른손 법칙

(3) 교류발전기의 원리

일정한 세기의 자기장 안에서 도체를 자기장에 대하여 직각 방향으로 놓고 회전시키면 기전력이 유도되는데, 한 바퀴를 회전하면 1주기의 교류 기전력이 발생한다.

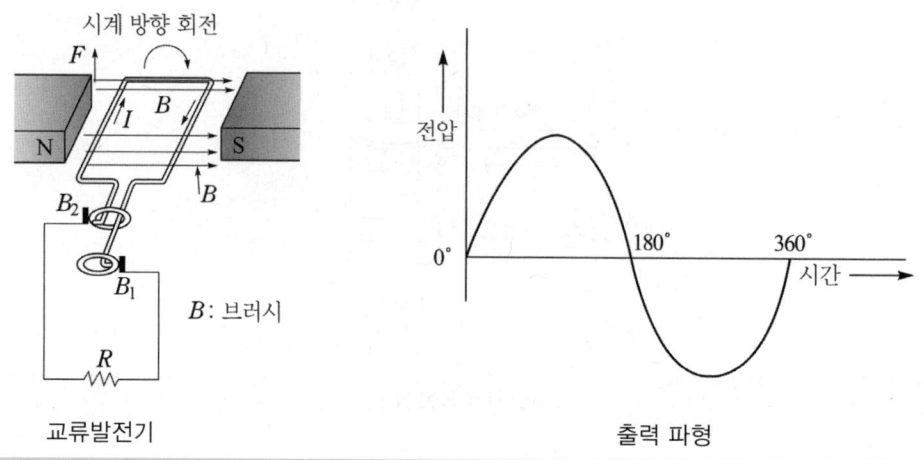

교류발전기의 원리

발생된 전압은 교류전압이며 슬립링과 브러시를 통해 외부 회로와 접속한다.

(4) 직류발전기의 원리

발전기에서 발생된 교류 전기를 직류로 변환하기 위하여 발전기에 반원 형태의 링 모양으로 만든 정류자를 추가하여 직류 전압을 얻을 수 있다.

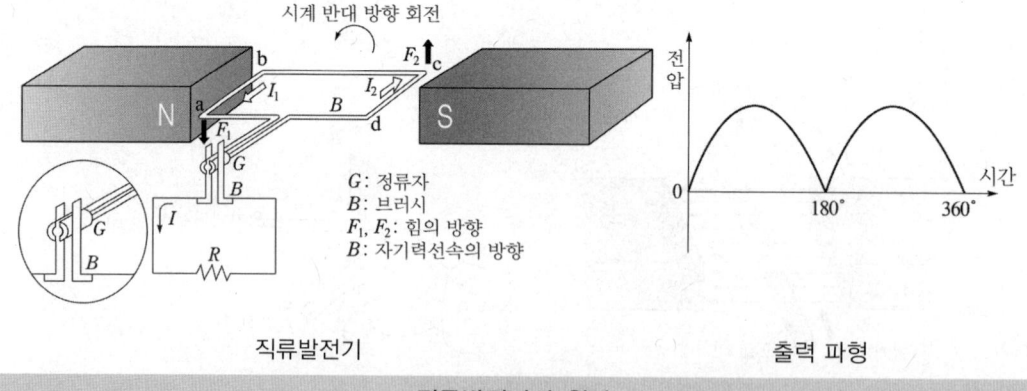

직류발전기의 원리

직류발전기를 통해 얻을 수 있는 전류는 맥동률이 크므로 완전한 직류를 얻기 위해서는 정류자의 편수와 전기자 도체수를 증가시킨다.

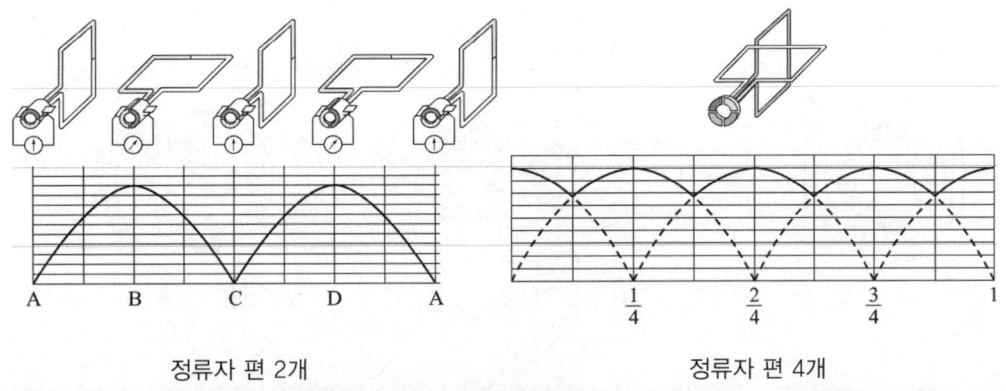

정류자 편 2개   정류자 편 4개

정류자 편수의 증가에 따른 맥동률의 변화

(5) 유기기전력

① 전기자권선이 회전하면서 발생시킨 전체 전압의 값이다.
② 전기자 도체수 Z, 병렬 회로수 a, 회전수 $N[\mathrm{rpm}]$, 계자 자속 $\phi[\mathrm{wb}]$라 하면 유도 기전력은

$$E = \frac{P}{a} Z \phi \frac{N}{60} [\mathrm{V}]$$

(6) 정류

1) 정류 작용

① 저항 정류 : 접촉저항이 큰 전기 흑연질이나 탄소질의 브러시를 사용하여 정류
② 전압 정류 : 보극을 설치하여 전기자 반작용 및 리액턴스 전압을 상쇄하여 정현파 정류가 되도록 하는 방식

2) 양호한 정류 방법

① 리액턴스 전압의 값을 적게 한다.
② 정류주기를 길게 하고 회전자의 속도를 적게 한다.
③ 브러시의 전압강하보다 리액턴스의 전압강하를 작게 한다.
④ 탄소 브러시를 사용하여 브러시의 접촉저항을 크게 한다.

(7) 전기자 반작용

전기자전류에 의한 자속이 계자 자속에 미치는 영향

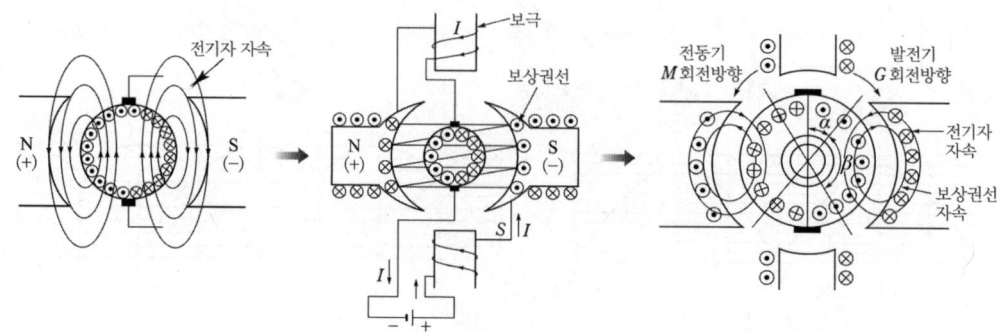

전기자 반작용

1) 전기자 반작용의 영향

① 감자작용 : 계자의 자기력선속을 감소시켜 유도기전력이 감소
② 편자작용 : 전기적 중성축이 이동
③ 정류자편 사이의 전압이 불균형하여 불꽃 섬락이 발생

2) 전기자 반작용의 대책

① 브러시의 위치를 전기적 중성점으로 이동
② 중성점에 존재하는 자속을 상쇄할 수 있도록 주 자극 사이에 보극설치
③ 보상권선 설치(주자극 표면에 설치) : 효과가 가장 큼

2 직류발전기의 구조

직류발전기의 주요부분은 계자, 전기자, 정류자로 구성

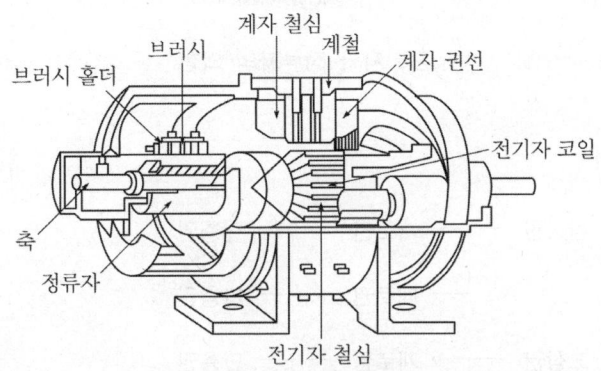

직류발전기의 구조

(1) 계자

① 계자는 자속을 발생시키는 역할을 하며, 직류발전기의 계자는 전자석을 사용
② 계자는 계자 철심과 계자권선으로 구성
③ 계자 철심은 히스테리시스손과 와류손을 적게 하기 위해 규소강판을 성층

계자의 외형

(2) 전기자

① 전기자는 원동기로 회전되며 자속을 끊어 기전력을 발생하는 부분
② 전기자 철심과 전기자권선, 정류자 및 축으로 구성
③ 철손을 감소시키기 위해 규소 강판을 여러 겹 쌓아서 만든 성층 철심으로 제작

전기자와 정류자의 외형

④ 전기자권선

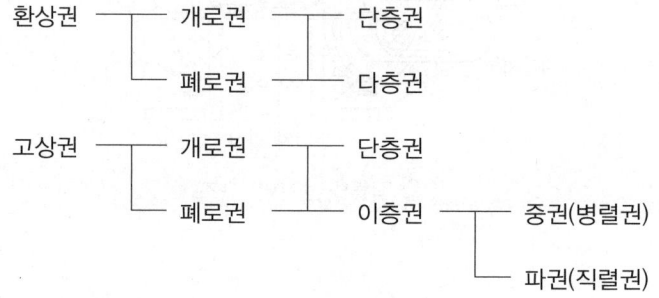

㉠ 중권

극수(P)와 병렬회로수(a)를 같게($a = P$)하면 전지의 병렬접속과 같은 형태로 되므로 저전압, 대전류를 얻을 수 있다.

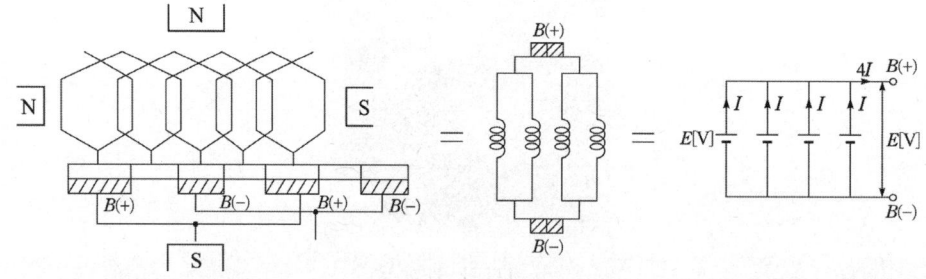

중권

㉡ 파권

극수와 무관하게 병렬회로수를 항상 2개($a = 2$)로 하면, 전지의 직렬접속과 같이 되므로 고전압, 소전류를 얻을 수 있다.

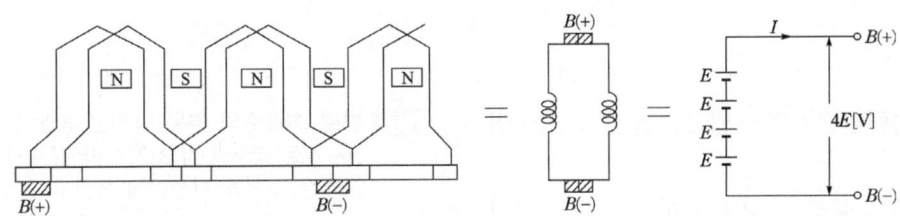

파권

(3) 정류자
- 정류자는 전기자에서 발생된 교류(AC) 기전력을 직류(DC)로 바꾸어 주는 역할
- 브러시와 접촉하여 마찰과 불꽃 등에 의한 고온이 되므로 기계적으로 튼튼하게 제작

(4) 브러시
① 브러시는 정류자 표면에 접촉하여 전기자권선과 외부 회로를 연결시켜 주는 장치
② 접촉저항이 적당하고, 마멸성이 적으며 기계적으로 튼튼할 것.
③ 종류
    ㉠ 탄소 브러시 : 전류 용량이 작은 소형기에 사용
    ㉡ 흑연 브러시 : 전류 용량이 큰 대전류, 고속기계에 사용
    ㉢ 전기 흑연 브러시 : 가장 우수하며 각종 기계에 널리 사용
    ㉣ 금속 흑연 브러시 : 전류 용량이 큰 저전압, 대전류의 기계에 사용

브러시의 외형

(5) 공극
자극편과 전기자 사이의 간격으로 공극이 작으면 계자권선의 기자력이 적어도 되지만 너무 좁으면 특성도 나쁘고 고장도 일어나기 쉬워 3~8[mm]로 한다.

출제예상문제

01 다극 직류발전기의 균압고리를 설치하는 이유는?
① 브러시 불꽃 방지를 위하여
② 전기자 반작용 감소를 위하여
③ 기전력을 높이기 위하여
④ 전압강하를 방지하기 위하여

해설 다극 직류기의 전기자권선이 중권인 경우에는 각 전기자 회로의 유기기전력이 재료 또는 공작상의 원인으로 반드시 같게는 되지 않고 동일 극성의 브러시를 통해서 횡류가 흘러 불꽃 발생의 원인이 된다. 이것을 방지하기 위하여 각 회로의 등전위가 되는 점을 서로 균압고리로 접속한다.

02 직류발전기에서 정류자 편수를 증가시키는 이유가 아닌 것은?
① 자극수가 증가
② 전압 평균값이 증가
③ 전압 맥동률이 작다.
④ 좋은 직류를 얻을 수 있다.

해설 완전한 직류 전류를 얻기 위해서는 정류자의 편수를 증가시키면 평균전압이 커지고 맥동률을 줄여서 양질의 직류를 얻을 수 있다.

03 전기자 도체의 굵기, 권수, 극수가 모두 동일할 때 단중 파권은 단중 중권에 비하여 전류와 전압의 관계는?
① 저전류 저전압
② 대전류 저전압
③ 저전류 고전압
④ 대전류 고전압

해설 병렬 회로수의 경우 파권은 항상 2이고, 중권은 $p = a$로 극수와 같으므로 파권은 저전류 고전압, 중권은 대전류 저전압에 적합하다.

04 단중 중권발전기가 극수 P, 전기자 총 도체수 Z, 자속 ϕ[Wb], 회전수 n[rpm]일 때 유기되는 기전력은?
① $E = \dfrac{Z}{a}\phi\dfrac{n}{60}$[V]
② $E = Z\phi\dfrac{n}{60}$[V]
③ $E = Za\phi n 60$[V]
④ $E = Za\phi P\dfrac{n}{60}$[V]

해설 중권일 때
$P = a$ 이므로 $E = \dfrac{P}{a}Z\phi\dfrac{n}{60} = Z\phi\dfrac{n}{60}$[V]이다.

05 직류기에서 전기자 반작용은 전기자전류의 기자력이 어떤 영향을 주는 현상인가?
① 모든 부분에 영향을 주는 현상
② 계자극에 영향을 주는 현상
③ 감자작용만을 하는 현상
④ 증자작용만을 하는 현상

해설 전기자 반작용은 전기자전류의 기자력이 주 자속의 분포에 영향을 미치는 작용

정답 1. ① 2. ① 3. ③ 4. ② 5. ②

06 직류발전기의 전기자 반작용이 발생하는 요인은?

① 히스테리시스손에 의한 전류
② 전기자권선에 의한 전류
③ 계자권선의 전류
④ 규소 강판에 의한 전류

해설 전기자 반작용은 직류발전기에 부하를 접속하면 전기자전류의 기자력이 주 자속에 영향을 미치는 작용

07 전기자 반작용이 직류발전기에 영향을 주는 현상으로 틀린 것은?

① 전기적 중성축을 이동시킨다.
② 자속을 감소시켜 부하 시 전압강하의 원인이 된다.
③ 정류자편 간 전압이 불균일하게 되어 섬락의 원인이 된다.
④ 전류의 파형이 찌그러지거나 출력에는 변화가 없다.

해설 직류기의 전기자 반작용은 편자작용이 되기 때문에 자로의 포화로 인한 총 자속의 감소로 단자전압이 저하하고 중성축의 이동 및 정류자편 간의 유기전압 불균일 등이 일어난다.

08 전기자 반작용을 없애는 방법 중 효과가 큰 것은?

① 균압환   ② 보상권선
③ 탄소 브러시   ④ 보극

해설 [전기자 반작용 없애는 방법]
- 브러시 위치를 전기적 중성점인 회전방향으로 이동
- 보극을 설치한다.
- 가장 확실한 방법은 보상권선을 설치한다.

09 직류발전기의 저주파 및 고주파 맥동을 감소시키기 위한 것이 아닌 것은?

① 공극의 길이를 균일하게 한다.
② 자극 간격을 균등히 한다.
③ 자기저항을 전기자 주변에 대하여 균등히 한다.
④ 홈을 1홈절 이상의 사구(斜溝)로 하고 정류자편수를 감소시킨다.

10 전기자의 반지름이 1.5[m]인 직류발전기가 1500[kW]의 출력에서 회전수가 1600[rpm]이고 효율은 80[%]이다. 이때 전기자 주변속도는 몇 [m/s]인가? [17]

① 142.3   ② 168.5
③ 251.2   ④ 302.4

해설 전기자 원 둘레 $2\pi r = 2\pi \times 1.5 = 9.42[m]$

전기자 주변속도 $9.42 \times \dfrac{1600}{60} = 251.2[m/s]$

11 전압 정류의 역할을 하는 것은?

① 보상권선
② 리액턴스 코일
③ 보극
④ 탄소 브러시

해설 전압 정류는 보극을 설치하여 전기자 반작용 및 리액턴스 전압을 상쇄하여 정현파 정류가 되도록 하는 방식

과년도 출제문제

01 직류기의 주요 구성요소라 할 수 있는 것은? [06]
① 정류자, 계자, 브러시, 보상권선
② 계자, 브러시, 전기자, 보극
③ 계자, 전기자, 정류자, 브러시
④ 보극, 보상권선, 전기자, 계자

해설 직류기의 3대 구성요소는 전기자, 계자, 정류자이며 브러시는 주요 구성요소에 속한다.

02 직류기의 전기자 철심을 규소 강판으로 성층하는 가장 큰 이유는? [03] [07]
① 기계손을 줄이기 위해서
② 철손을 줄이기 위해서
③ 제작이 간편하기 때문에
④ 가격이 싸기 때문에

해설 철손은 히스테리시스손과 와류손으로 구분할 수 있으며 규소강판은 히스테리시스손 감소, 성층은 와류손 감소를 위하여 사용한다.

03 철심을 자화할 때 발생하는 자기 점성의 원인은? [04] [07]
① 자화에 따른 발열
② 자구의 변화에 대한 관성
③ 맴돌이 전류에 의한 자화 방해
④ 전자의 전자운동의 감속

04 3상발전기의 전기자권선에 Y결선을 채택하는 이유로 볼 수 없는 것은?
[06] [08] [11] [18]
① 중성점 접지에 의한 이상 전압 방지의 대책이 쉽다.
② 발전기 출력을 더욱 증대할 수 있다.
③ 상전압이 낮기 때문에 코로나, 열화 등이 적다.
④ 권선의 불균형 및 제3고조파 등에 의한 순환전류가 흐르지 않는다.

해설 3상발전기의 전기자권선에 Y결선을 채택하면 △결선에 비해 상전압이 $\frac{1}{\sqrt{3}}$ 배이므로 권선의 절연이 쉬워지고 선간 전압에 제3고조파가 나타나지 않아 순환전류가 흐르지 않으며 중성점 접지로 지락 사고 시 보호계전 방식이 간단해지고 코로나 발생률이 적다.

05 직류기에 주로 사용하는 권선법으로 다음 중 옳은 것은? [03] [13]
① 개로권, 환상권, 이층권
② 개로권, 고상권, 이층권
③ 폐로권, 고상권, 이층권
④ 폐로권, 환상권, 이층권

해설 직류기의 전기자권선법은 주로 폐로권이면서 고상권을 채용한다.
고상권은 전기자도체를 전기자 표면에 있는 홈에 삽입하는 방식으로 권선하기 쉽고 전체 도체가 기전력을 발생하므로 경제적이며 환상권은 고리모양의 환상 철심에 절연 도체를 고리 모양으로 감는 방법으로 공극쪽에 있는 권선만 기전력을 발생하므로 비경제적

정답 1. ③ 2. ② 3. ② 4. ② 5. ③

Chapter 01. 직류기

06 직류기의 전기자권선법 중 파권 권선에 대한 설명으로 옳은 것은? [06]
① 브러시 수가 극수와 같다.
② 균압환이 필요하다.
③ 저전압 대전류용이다.
④ 전기자 병렬 회로수는 항상 2이다.

해설 전기자권선법 중 파권은 병렬회로수가 항상 2개로, 전지의 직렬접속처럼 되므로 대전압, 저전류를 얻을 수 있다.

07 직류기에서 파권 권선의 이점은? [12]
① 효율이 좋다.
② 출력이 크다.
③ 전압이 높게 된다.
④ 역률이 안정된다.

해설 파권은 병렬회로수가 항상 2개로 대전압, 저전류가 얻어진다.

08 포화하고 있지 않은 직류발전기의 회전수가 1/2로 감소되었을 때 기전력을 전과 같은 값으로 하자면 여자를 속도 변화 전에 비하여 몇 배로 하여야 하는가? [06]
① 0.5배　　② 1배
③ 2배　　　④ 4배

해설 $E = \frac{P}{a}Z\phi\frac{N}{60}$[V]에서 $E \propto \phi N$이므로 기전력이 같으면서 회전수 N을 1/2로 하면 ϕ는 2배로 하여야 한다.

09 직류발전기의 기전력을 E, 자속을 ϕ, 회전속도를 N이라 할 때 이들 사이의 관계로 옳은 것은? [03] [05] [08] [11] [12]

① $E \propto \phi N$　　② $E \propto \frac{\phi}{N}$
③ $E \propto \phi N^2$　　④ $E \propto \phi^2 N$

해설 직류발전기의 유도기전력은 $E = \frac{P}{a}Z\phi\frac{N}{60}$[V]이므로 유도기전력은 자속과 회전수에 비례

10 자극수 6, 전기자 총 도체수 400, 단중 파권을 한 직류발전기가 있다. 각 자극의 자속이 0.01[Wb]이고, 회전속도가 600[rpm]이면 무부하로 운전하고 있을 때의 기전력은 몇 [V]인가? [07]
① 110　　② 115　　③ 120　　④ 150

해설 $E = \frac{P}{a}Z\phi\frac{N}{60} = \frac{6}{2} \times 400 \times 0.01 \times \frac{600}{60}$
$= 120$[V]　(파권일 때 병렬 회로수 $a = 2$이다.)

11 전기자 도체의 총 수 500, 10극, 단중 파권으로 매 극의 자속수가 0.2[Wb]인 직류발전기가 600[rpm]으로 회전할 때의 유도기전력은 몇 [V]인가? [07] [14]
① 2,500　　② 5,000
③ 10,000　　④ 15,000

해설 파권일 때 병렬회로수 $a = 2$이므로
$E = \frac{P}{a}Z\phi\frac{N}{60} = \frac{10}{2} \times 500 \times 0.2 \times \frac{600}{60}$
$= 5000$[V]

12 4극 직류발전기가 전기자 도체수 600, 매극당 유효자속 0.035[wb], 회전수가 1200[rpm]일 때 유기되는 기전력은 몇 [V]인가? (단, 권선은 단중 중권이다.) [11]
① 120　　② 220
③ 320　　④ 420

해설 중권일 때 $a = P$이므로
$$E = \frac{P}{a}Z\phi\frac{N}{60} = \frac{4}{4} \times 600 \times 0.035 \times \frac{1200}{60}$$
$$= 420[V]$$

13 전기자권선에 의해 생기는 전기자 기자력을 없애기 위하여 주 자극의 중간에 작은 자극으로 전기자 반작용을 상쇄하고 또한 정류에 의한 리액턴스 전압을 상쇄하여 불꽃을 없애는 역할을 하는 것은? [09] [16]
① 보상권선
② 공극
③ 전기자권선
④ 보극

해설 전기자 반작용 줄이는 방법
- 브러시의 위치를 전기적 중성점으로 이동
- 중성점에 존재하는 자속을 상쇄할 수 있도록 주자극 사이에 보극설치
- 보상권선 설치(주자극 표면에 설치) – 효과가 가장 큼

14 직류기에서 보극을 설치하는 목적이 아닌 것은? [10]
① 정류자의 불꽃 방지
② 브러시의 이동 방지
③ 정류 기전력의 발생
④ 난조의 방지

해설 보극은 정류 코일 내에 유기되는 리액턴스 전압과 반대 방향으로 정류전압을 유기시켜 전기자반작용(브러시에 불꽃 발생, 중성축 이동, 유도기전력 감소)을 경감시키고, 양호한 정류를 얻을 수 있다.

15 직류발전기의 전기자 반작용을 줄이고 정류를 잘 되게 하기 위해서는? [14]
① 브러시 접촉저항을 적게 할 것
② 보극과 보상권선을 설치할 것
③ 브러시를 이동시키고 주기를 크게 할 것
④ 보상권선을 설치하여 리액턴스 전압을 크게 할 것

해설 전기자 반작용을 줄이는 방법
- 브러시 위치를 전기적 중성점인 회전방향으로 이동
- 보극 : 전기자 반작용을 경감시키고, 정류작용을 좋게 하는 방법
- 보상권선 : 전기자 반작용을 없애는 가장 확실한 방법

양호한 정류(직선에 가까운 정류)의 방법
- 리액턴스 전압의 값을 적게 한다.
- 정류주기를 길게 하고 회전자의 속도를 적게 한다.
- 브러시의 전압강하보다 리액턴스의 전압강하를 작게 한다.
- 탄소 브러시를 사용하여 브러시의 접촉저항을 크게 한다.

16 저항정류의 역할을 하는 것은? [14]
① 보상권선
② 보극
③ 리액턴스 코일
④ 탄소 브러시

해설 저항 정류는 권선의 자기 인덕턴스나 상호 인덕턴스가 없고 전기자 반작용이 없어 보극이 없으며 정류중인 권선의 저항이 정류자와 브러시의 접촉 저항에 비하여 상당히 적어 무시할 수 있는 경우에 얻어지므로 접촉 저항이 큰 탄소질이나 전기 흑연질의 브러시 사용

정답 13. ④ 14. ④ 15. ② 16. ④

3 직류발전기의 종류 및 특성

발전기의 종류는 출력 전원에 따라 직류발전기, 교류발전기로 분류할 수 있으며 용도, 여자 방법, 회전자와 계자의 구성 방법에 따라 다양한 형태로 분류할 수 있다.

(1) 타여자발전기

외부에서 독립된 직류 전원을 이용하여 계자권선에 전원을 공급하여 계자를 여자시키는 방식이며 원동기의 회전방향을 반대로 하면 +, - 극성이 반대가 된다.

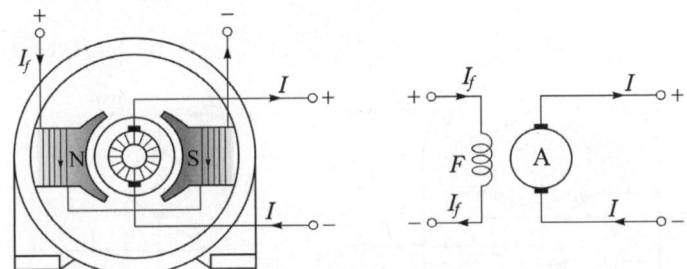

타여자발전기

(2) 자여자발전기

발전기 계자를 여자시킬 때에 발전기 자체의 직류 전원을 이용하여 계자를 여자시키는 방법을 자여자 방식이라고 하며, 계자권선과 전기자권선의 배치 방법에 따라 직권발전기, 분권발전기, 복권발전기 등으로 분류한다.

1) 직권발전기

계자권선과 전기자권선이 직렬로 연결되어 있다. 계자권선에 흐르는 전류의 세기가 크기 때문에 계자권선은 지름이 굵은 것을 사용하며 감는 횟수는 적게 한다.

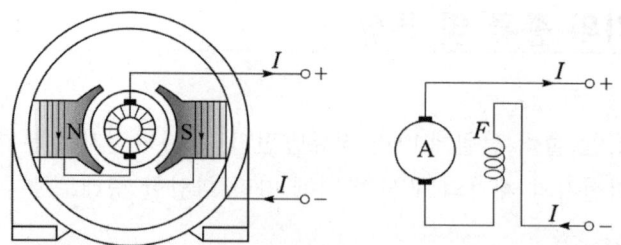

직권발전기

2) 분권발전기

계자권선과 전기자권선이 병렬로 연결되어 있다.

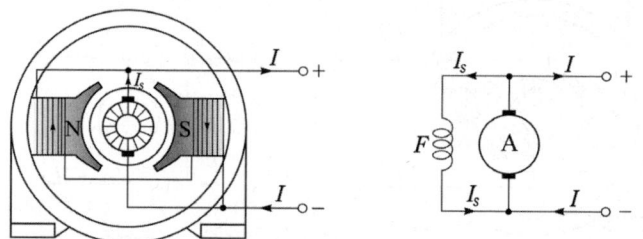

분권발전기

3) 복권발전기

계자권선과 전기자권선이 직렬로 연결된 직권 계자 구조와 병렬로 연결된 분권 계자 구조가 복합되어 있다.

① 자속방향의 분류
- 차동복권발전기
  직권 계자에 흐르는 전류와 분권 계자에 흐르는 전류가 서로 반대 방향일 때에는 계자에서 발생되는 자기력이 감소되는 발전기
- 가동복권발전기
  직권 계자에 흐르는 전류와 분권 계자에 흐르는 전류가 같은 방향일 때에는 계자에서 발생되는 자기력이 상승되는 발전기

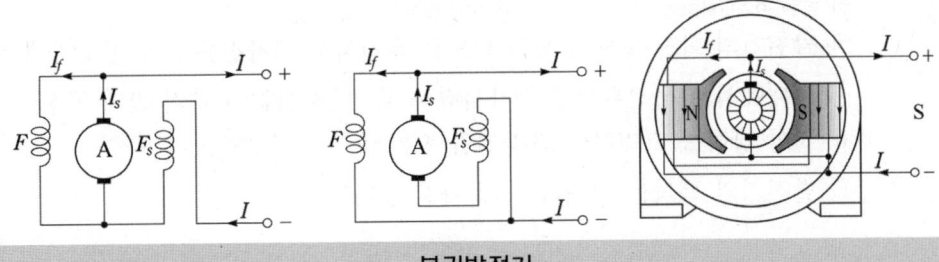

복권발전기

② 위치에 따른 분류 : 내분권, 외분권

(3) 직류발전기의 특성

계자전류를 I_f, 전기자전류를 I_a, 부하전류를 I, 유도기전력을 E, 단자전압을 V, 회전 속도를 $N[\text{rpm}]$이라고 할 때, 이들 사이의 관계를 발전기의 특성이라고 하며, 그래프로 나타내는 곡선을 특성곡선이라고 한다.

발전기의 특성에는 부하가 연결되지 않은 상태의 무부하특성과 부하가 연결된 상태의 외부특성이 있다.

1) 타여자발전기의 특성

① 무부하특성곡선
  ㉠ 발전기가 정격 속도로 회전하면서 무부하 상태에서 계자전류 I_f와 유도기전력 E의 관계를 나타낸 것.
  ㉡ 유도기전력은 계자전류에 정비례하여 증가하다가 전압이 높아짐에 따라 철심의 자기포화 때문에 전압의 상승 곡선은 완만해진다.

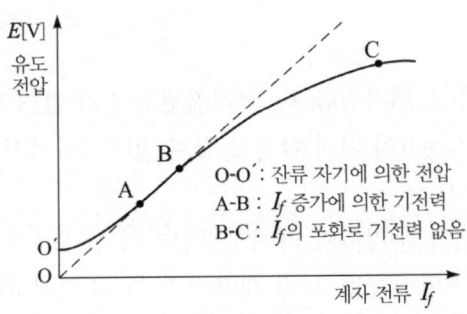

무부하특성곡선

② 외부특성곡선

  ㉠ 발전기의 회전 속도를 정격 속도로 유지하고 계자전류 I_f를 일정하게 유지한 상태에서 부하전류 I를 증가시켰을 때, 단자전압 V와의 관계 곡선
  ㉡ 전압 강하를 고려하면 단자전압 V는 $V = E - (IR_a + e_a + e_b)$
  ㉢ 발전기의 특성을 이해하는 데 가장 좋다.

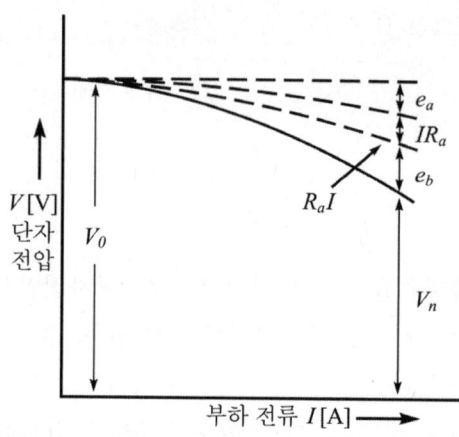

IR_a : 전기자 권선에 의한 전압 강하
e_a : 전기자 반작용에 의한 전압 강하
e_b : 브러쉬에 의한 전압강하
V_0 : 전압 강하를 고려한 실제 단자 전압

외부특성곡선

③ 용도

  ㉠ 계자전류를 일정하게 유지하면 부하에 의한 전압의 변화가 적기 때문에 단자전압이 광범위하면서 안정되게 변화시킬 필요가 있을 때에 사용
  ㉡ 전기 화학 공업의 저전압 대전류용 전원, 실험실용 전원, 대형 직류기와 교류발전기의 여자 등에 사용

2) 자여자발전기의 특성

  ① 직권발전기

    ㉠ 외부특성

      • 부하전류 I, 계자전류 I_f, 전기자전류 I_a가 같기 때문에 무부하일 때에는 계자전류 $I_f = 0$이 되어 발전을 할 수 없다. 따라서 무부하특성곡선은 존재하지 않는다.
      • 계자권선을 분리시켜 타여자발전기의 상태에서 부하 특성곡선을 구한다.
      • 전기자 저항을 R_a, 직권 계자 저항을 R_s라고 할 때에 단자전압 V는

        $V = E - I(R_a + R_s)$

ⓒ 용도
- 부하에 의해 단자전압이 크게 변동하므로 보통의 직류 전원으로 사용하지 않는다.
- 부하전류에 비례하여 전압이 상승하는 특성을 이용하여 선로의 전압 강하를 보상하기 위한 승압기(booster)로서 사용할 수 있다.

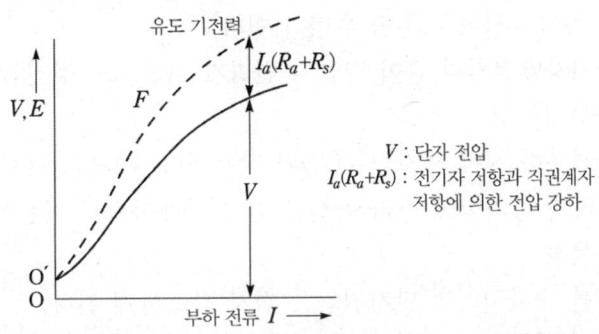

부하 특성곡선

② 분권발전기
㉠ 무부하특성

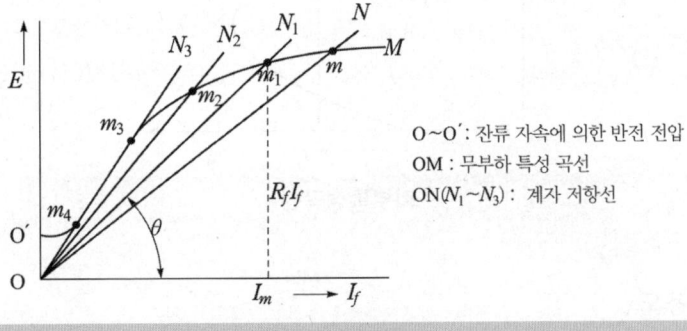

무부하특성곡선

- 분권발전기가 자기 여자를 이용하여 발전을 할 수 있는 것은 계자에 남아 있는 잔류 자속 때문이다. 잔류 자속에 의한 발전 전압의 크기는 그림에서 OO'에 해당하는 것으로 정격 전압의 5[%] 정도이고 이 전압에 의하여 계자 전류가 흘러서 계자가 여자된다.

- 전압의 확립
  자기여자에 의한 발전으로 약간의 잔류자기로 단자전압이 점차 상승하는 현상으로 잔류자기가 없으면 발전이 불가능하다.
- 역회전 운전금지
  잔류자기가 소멸되어 발전이 불가능해진다.
- 운전 중 무부하상태가 되면 계자권선에 큰 전류가 흘러서 고전압이 유기되어 계자권선이 소손될 우려가 있다.
- 타여자발전기와 같이 전압의 변화가 적으므로 정전압 발전기라고 한다.

ⓒ 부하특성곡선
- 정격부하 시에 계자전류(I_f)와 단자전압(V)과의 관계곡선
- 부하가 증가함에 따라 곡선은 점차 아래쪽으로 이동한다.

ⓒ 외부특성
부하를 증가시키면 단자전압은 점차 감소하게 된다. 부하의 크기를 점점 증가시켜 과부하가 되면 전압 강하는 급히 증가하게 되고, 부하전류는 오히려 감소하여 점 S에 도달한다.

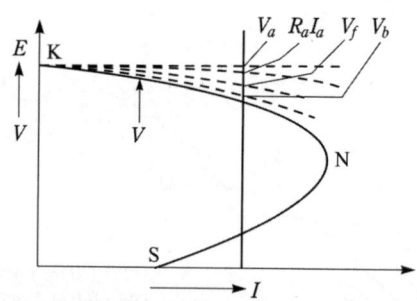

외부특성곡선

ⓒ 용도
타여자발전기와 같이 다른 여자 전원이 필요 없기 때문에 간편하며, 계자 조정기에 의하여 어떤 범위 내의 전압 조정도 가능하므로 일반 직류 전원으로 사용한다. 부하에 의한 전압 변동이 큰 특성을 이용하여 축전지의 충전용으로 사용한다.

③ 복권발전기
직권과 분권의 계자권선을 가지고 있기 때문에 무부하특성은 고려하지 않고 외부특성만 살펴보면 된다.

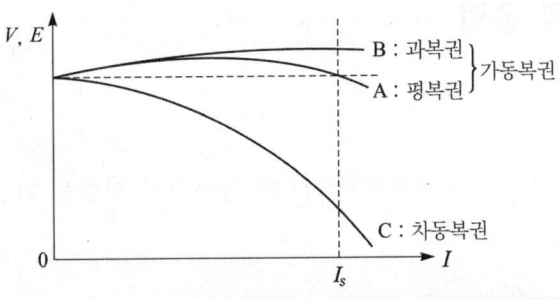

외부특성곡선

㉠ 가동복권발전기의 외부특성
  전기자와 직렬로 접속되어 있는 직권 계자와 분권 계자의 기자력이 합쳐져서 유도기전력을 증가시키고 동시에 전기자 반작용에 의한 자기력선속의 감소와 전기자 저항에 의한 전압 강하를 보충하고 있고 단자전압을 부하의 증감에 관계없이 거의 일정하게 유지
  - 평복권 : 무부하 전압과 전부하 전압이 같게 되도록 한 것
  - 과복권 : 직권 계자의 기자력을 강하게 하면 무부하 전압보다 전부하 전압이 높게 나타난다.

㉡ 차동복권발전기의 외부특성
  직권 계자의 기자력이 분권 계자의 기자력을 감소시키기 때문에 부하전류의 증가에 따라 내부 전압 강하도 증가하여 출력측 단자전압이 급격히 강하하게 되는 수하 특성이 나타난다. 수하 특성이 나타난 상태에서 부하 저항을 어느 정도 감소시켜도 전류는 일정하게 된다.

㉢ 용도
  - 평복권발전기는 부하의 변화에 관계없이 전압이 일정하므로 일반 직류전원과 전기기기의 여자 전원으로 사용된다.
  - 과복권발전기는 전압 강하를 보완할 목적으로 광산, 전동차 등의 전원으로 사용된다. 차동복권발전기는 수하 특성을 이용하여 아크를 이용하는 전기용접기 등의 전원으로 사용하고 있다.

4 직류발전기의 운전

(1) 전압조정

계자권선(F)과 직렬로 계자저항기(R_f)를 접속시켜 저항을 가감하여 자속(ϕ)을 조정하여 단자전압을 조정

$$E = \frac{P}{a} Z \phi \frac{N}{60}$$

(2) 직류발전기의 병렬운전

발전기 1대의 용량이 부족하거나 경부하에 대한 효율을 개선하기 위해서 2대 이상의 발전기를 병렬로 연결해서 사용

1) 병렬운전 조건

① 정격 전압이 일치할 것
② 백분율 부하전류의 외부특성곡선이 일치할 것
③ 외부특성곡선이 수하 특성일 것
- 분권, 타여자발전기 : 수하특성을 스스로 가진다.
- 직권, 복권발전기 : 수하특성을 가지지 않으므로 직권계자에 균압 모선을 연결하여 병렬운전을 할 수 있다.
- 균압선을 설치하는 목적 : 두 대의 발전기 A와 B가 있을 때, 발전기가 균등하게 부하를 분담

2) 직권발전기의 병렬운전

전류가 증가하면 전압도 증가하는 외부특성이 있기 때문에 균압선을 이용하여 두 발전기의 계자권선을 연결하여 운전하거나 계자권선을 서로 교차 접속한 뒤에 운전

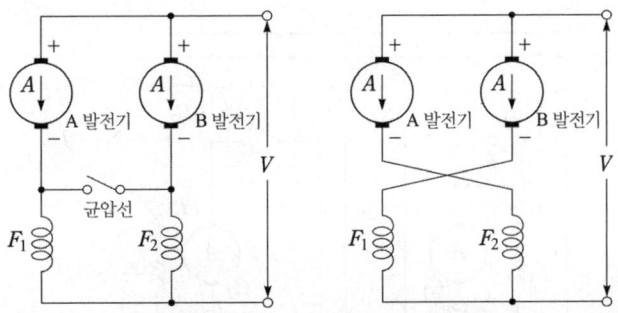

직권발전기의 병렬운전 연결

3) 분권발전기의 병렬운전

병렬운전을 하기 위한 조건
① 두 발전기의 단자전압과 모선 전압이 같아야 한다.
② 두 발전기의 부하전류와 모선 전류가 같아야 한다.

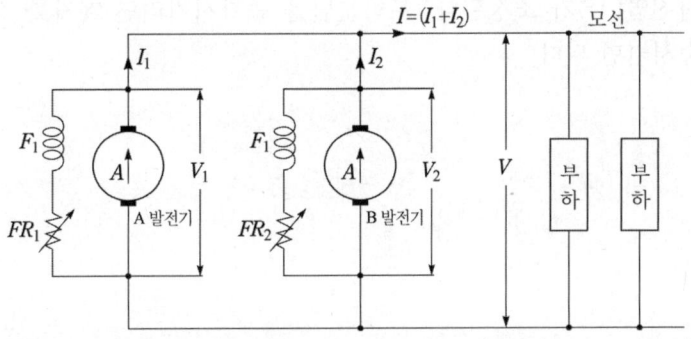

분권발전기의 병렬운전 연결

4) 복권발전기의 병렬운전

① 차동복권발전기는 외부특성이 분권발전기와 동일하므로 그대로 병렬운전을 할 수 있다.
② 가동복권발전기는 균압선을 설치하지 않으면 병렬운전을 할 수 없다.

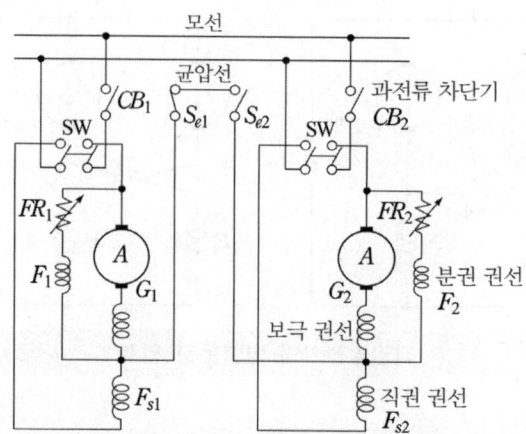

복권발전기의 병렬운전 연결

5) 병렬운전 시 부하분담

계자권선(F)에 계자저항(R_f)을 직렬로 연결하고 저항을 가감하여 자속을 조정하면 단자전압(V)가 조정된다. 부하분담을 증가시키려면 계자를 강하게 하여 전압을 상승시키면 된다.

출제예상문제

01 타여자발전기처럼 전압변동률이 적고 여자 전원이 필요 없으며, 계자저항기를 사용하여 전압조정이 가능하므로 전기화학용 전원, 동기기의 여자용으로 쓰이는 발전기는?
① 직권발전기 ② 분권발전기
③ 과복권발전기 ④ 차동복권발전기

해설 분권발전기는 타여자발전기와 같은 특성을 가진 발전기로써 부하에 따른 전압의 변화가 적은 정전 압형 발전기라고 한다.

02 급전선의 전압강하 보상용 승압기로 사용되는 발전기는?
① 분권발전기
② 직권발전기
③ 과복권발전기
④ 차동복권발전기

해설 직권발전기는 계자권선과 전기자권선이 직렬로 접속된 형태를 말하며, 부하 변화에 따른 기전력의 변화는 심하지만 직렬연결에 의한 선로 중간에 넣어서 승압기로 사용이 가능하게 된다.

03 직류발전기의 무부하 포화곡선은 어느 관계를 표시한 것인가?
① 계자전류와 부하전류의 관계
② 회전속도와 계자전류의 관계
③ 부하전류와 단자전압의 관계
④ 계자전류와 유도기전력의 관계

해설 무부하특성곡선은 무부하 시에 계자전류와 유도 기전력과의 관계를 나타낸 곡선

04 직류발전기의 부하 포화곡선이 나타내는 것은?
① 계자전류와 부하전류의 관계
② 단자전압과 부하전류의 관계
③ 단자전압과 계자전류의 관계
④ 부하전류와 유도기전력의 관계

해설 부하 포화곡선은 정격부하 시 계자전류와 단자전 압의 관계를 나타낸 곡선

05 직류발전기의 외부특성곡선이 나타내는 것은?
① 계자전류와 부하전류의 관계
② 단자전압과 부하전류의 관계
③ 단자전압과 계자전류의 관계
④ 계자전류와 회전속도의 관계

해설 외부특성곡선은 정격부하 시 부하전류와 단자전 압의 관계를 나타낸 곡선

06 유도기전력 220[V], 전기자 저항 0.02[Ω], 계자저항 0.5[Ω]인 직권발전기가 있다. 전류가 10[A]이면 단자전압[V]은?
① 194.2
② 205.4
③ 214.8
④ 220

해설 직권발전기 단자전압
$V = E - I_a(R_a + R_f)$
$= 220 - 10 \times (0.02 + 0.5)$
$= 214.8[V]$

정답 1. ② 2. ② 3. ④ 4. ③ 5. ② 6. ③

07 직류분권발전기의 운전 중 갑자기 계자회로의 전원을 차단하면?

① 속도가 감소한다.
② 과속도가 된다.
③ 계자권선에 고압이 유기된다.
④ 정류자에 불꽃을 유발한다.

해설 분권계자권선은 권수가 많고 자기 인덕턴스가 크므로 계자회로를 열면 고전압을 유도하여 계자회로의 절연을 파괴할 염려가 많으므로 계자회로를 여는 동시에 분권 계자권선에 병렬로 계자 방전저항이 접속되도록 하여야 한다.

08 직류발전기의 극수 10, 전기자 도체수 500, 단중 파권일 때 매극의 자속수 0.01[Wb]이고 600[rpm]일 때 기전력[V]은? [16]

① 150   ② 200
③ 250   ④ 300

해설 파권이므로 병렬회로수 $a=2$이며
$$E=\frac{PZ\Phi}{a}\times\frac{N}{60}$$
$$=\frac{10\times 500\times 0.01}{2}\times\frac{600}{60}$$
$$=250[V]$$

09 직류기에서 정류를 양호하게 하는 조건이 아닌 것은?

① 정류주기를 길게 한다.
② 전절권으로 한다.
③ 회전속도를 적게 한다.
④ 리액턴스 전압을 감소시킨다.

해설 전절권은 단절권에 비해서 상호 인덕턴스와 자기 인덕턴스가 커서 정류에 불리하다.

10 포화하고 있지 않은 직류발전기의 회전수가 $\frac{1}{2}$로 감소되었을 때 기전력을 전과 같은 값으로 하려면 여자를 속도변화 전에 비해 얼마로 해야 하는가?

① 0.5배   ② 1배
③ 2배   ④ 4배

해설 $E=\frac{PZ\Phi}{a}\times\frac{N}{60}$에서 속도가 $\frac{1}{2}$로 되면 Φ는 2배가 되어야 유기기전력이 일정하다.

11 단자전압 220[V], 부하전류 50[A]인 분권발전기의 유기기전력[V]은? (전기자 저항 0.2[Ω], 계자전류 및 전기자 반작용은 무시한다.)

① 210   ② 225
③ 230   ④ 250

해설 $I_f=0$, $I=I_a=50[A]$, $R_a=0.2[\Omega]$이므로
$E=V+I_aR_a=V+IR_a=220+50\times 0.2$
$=230[V]$

12 정격속도로 회전하고 있는 무부하 분권발전기의 유기기전력은 몇 [V]인가? (단, 계자저항 50[Ω], 계자전류가 2[A], 전기자 저항이 1.5[Ω]이다.)

① 100   ② 103
③ 105   ④ 110

해설 분권발전기의 유도기전력
$E=V+R_a(I_f+I)[V]$에서
무부하 시 전기자전류 I_a가 I_f로 전부 흐르게 되므로 단자전압
$V=I_fR_f=50\times 2=100[V]$
$E=100+2\times 1.5=103[V]$

13 직류기에서 전압변동률이 (+)값으로 표시되는 발전기는?
① 직권발전기 ② 분권발전기
③ 평복권발전기 ④ 과복권발전기

해설 타여자, 분권 및 복권발전기에서는 전압변동률이 (+)이고, 과복권발전기에는 (−)가 된다.

14 부하의 변화가 있어도 그 단자전압의 변화가 작은 직류발전기는?
① 직권발전기
② 분권발전기
③ 가동복권발전기
④ 차동복권발전기

해설 가동복권발전기는 부하증가에 따른 전압감소를 보충하는 특성을 가진 발전기

15 가동복권발전기의 내부결선을 바꾸어 분권발전기로 하려면?
① 분권계자를 단락시킨다.
② 내분권 복권형으로 한다.
③ 외분권 복권형으로 한다.
④ 직권 계자를 단락시킨다.

해설 복권발전기를 분권발전기로 사용하려면 직권계자를 단락시키고 복권발전기를 직권발전기로 사용하려면 분권계자를 개방시킨다.

16 직류 직권발전기의 병렬운전에 필요한 것은?
① 균압선 ② 집전환
③ 안정저항 ④ 브러시 이동

해설 직류발전기나 복권발전기는 수하특성이 없으므로 병렬운전을 할 수 없으나 균압 모선을 계자권선에 연결하면 전압상승이 일정하게 되어 병렬운전을 할 수 있게 된다.

17 균압선을 설치하여 병렬운전하는 발전기로 짝지어진 것은?
① 직권기, 복권기
② 동기기, 타여자기
③ 직권기, 타여자기
④ 복권기, 동기기

해설 균압선은 직류복권(또는 직권)발전기의 안정된 병렬운전을 할 수 있게 하기 위하여 각 기기의 전기자권선과 직권 계자권선과의 접속점을 서로 접속하는 저저항의 도선

18 직류발전기의 병렬운전 조건 중 잘못된 것은?
① 단자전압이 같을 것
② 유도기전력이 같을 것
③ 주파수가 같을 것
④ 극성을 같게 할 것

해설 직류발전기의 병렬운전 조건
• 발전기의 전압의 크기와 극성이 같을 것
• 외부특성곡선이 어느 정도 수하특성일 것
• 주파수가 같을 것

정답 13. ② 14. ③ 15. ④ 16. ① 17. ① 18. ②

과년도 출제문제

01 계자철심에 잔류자기가 없어도 발전할 수 있는 직류발전기는? [02] [15]
① 분권발전기 ② 직권발전기
③ 복권발전기 ④ 타여자발전기

해설 타여자발전기는 외부 전원으로부터 여자전류를 공급받아서 계자 자속을 만든다.

02 직류발전기의 종류 중 부하의 변동에 따라 단자전압이 심하게 변화하는 어려움이 있지만 선로의 전압강하를 보상하는 목적으로 장거리 급전선에 직렬로 연결해서 승압기로 사용되는 것은? [08]
① 직권발전기 ② 타여자발전기
③ 분권발전기 ④ 복권발전기

해설 직권발전기는 부하전류에 비례하는 전압이 필요한 경우나 장거리 급전선에 직렬로 접속하여 승압기로 사용하여 수전전압을 일정하게 유지할 때 사용한다.

03 무부하에서 자기여자로 전압을 확립하지 못하는 직류발전기는? [06] [10]
① 직권발전기 ② 분권발전기
③ 복권발전기 ④ 타여자발전기

해설 직권발전기는 계자권선과 전기자권선이 직렬로 연결되어 있고 부하를 통하여 회로가 구성되기 때문에 직권 계자권선에 전기자전류가 흐르면 자속이 발생하며 무부하인 경우에는 계자전류가 흐르지 못하여 전압 확립을 할 수 없다.

04 직류분권발전기를 역회전시키면? [04]
① 발전되지 않는다.
② 정회전 때와 같다.
③ 과대전압이 유기된다.
④ 섬락이 일어난다.

해설 역회전 시 계자권선에 반대방향으로 전류가 흘러서 잔류자기가 소멸되어 전압 확립이 일어나지 않아 발전되지 않는다.

05 어느 분권발전기의 전압변동률이 6[%]이다. 이 발전기의 무부하 전압이 120[V]이면 정격 전부하 전압은 약 몇 [V]인가? [02] [03] [08]
① 96   ② 100
③ 113   ④ 125

해설 전압 변동률 $\varepsilon = \dfrac{V_o - V_n}{V_n} \times 100[\%]$에서
$V_n = \dfrac{120}{1+0.06} = 113.2[V]$

06 정격속도로 회전하고 있는 분권발전기가 있다. 단자전압 100[V], 권선의 저항은 50[Ω], 계자전류 2[A], 부하전류 50[A], 전기자 저항 0.1[Ω]이다. 이때 발전기의 유기기전력은 약 몇 [V]인가?(단, 전기자 반작용은 무시한다.) [08]
① 100   ② 105
③ 128   ④ 141

해설 분권발전기의 유기기전력
$E = V + (I + I_f)R_a = 100 + (50+2) \times 0.1 = 105.2[V]$

정답 1.④ 2.① 3.① 4.① 5.③ 6.②

07 유기기전력 110[V], 단자전압 100[V]인 5[kW] 분권발전기의 계자저항이 50[Ω]이라면 전기자저항은 약 몇 [Ω]인가? [14]

① 0.12 ② 0.19
③ 0.96 ④ 1.92

해설 $E = V + I_a R_a$

$I_a = I + I_f = \dfrac{P}{V} + \dfrac{V}{R_f} = \dfrac{5000}{100} + \dfrac{100}{50} = 52[A]$

$R_a = \dfrac{E - V}{I_a} = \dfrac{110 - 100}{52} = 0.192[\Omega]$

08 용접기에 사용되는 직류발전기에 필요한 조건 중 가장 중요한 것은? [02]

① 전압변동률이 적을 것
② 과부하에 견딜 것
③ 전류 대 전압특성이 수하특성일 것
④ 경부하 시 효율이 좋을 것

해설 용접기에 사용되는 직류발전기는 정전류를 만들어야하므로 수하특성이 요구된다.

09 2대의 직류분권발전기 G1, G2를 병렬운전시킬 때 G1의 부하 분담을 증가시키려면 어떻게 하여야 하는가? [02] [03] [17]

① G1의 계자를 강하게 한다.
② G2의 계자를 강하게 한다.
③ G1, G2의 계자를 똑같이 강하게 한다.
④ 균압선을 설치한다.

해설 G1 발전기의 계자를 강하게 하여 전압이 상승하면 G1 발전기의 부하분담이 커지고 G2 발전기는 부하분담이 작아진다.

정답 7. ② 8. ③ 9. ①

5 직류전동기의 구조 및 원리

(1) 플레밍의 왼손 법칙

플레밍의 왼손 법칙은 전동기의 회전방향을 결정할 때에 사용된다. 자기력선속 밀도를 $B[\text{Wb/m}^2]$, 도체의 길이를 $l[\text{m}]$, 도체에 흐르는 전류를 $I[\text{A}]$, 도체가 받는 힘을 $F[\text{N}]$이라고 할 때에 도체가 받는 힘 F는 $F = BlI[\text{N}]$

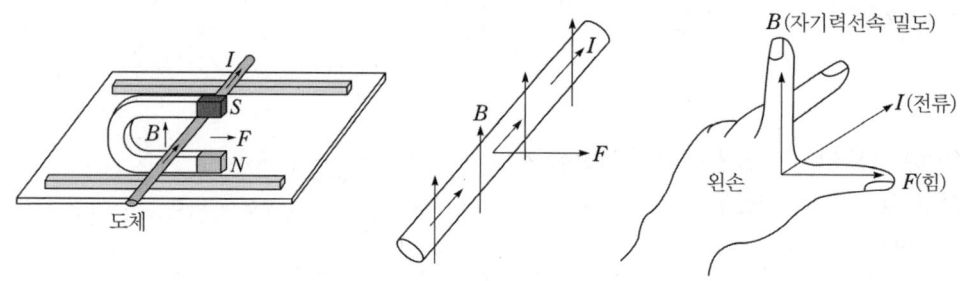

플레밍의 왼손법칙

(2) 직류전동기의 구조

직류 전원을 이용하여 회전력을 발생시키는 직류전동기의 구조는 직류발전기와 같이 고정자와 회전자로 구분할 수 있다.

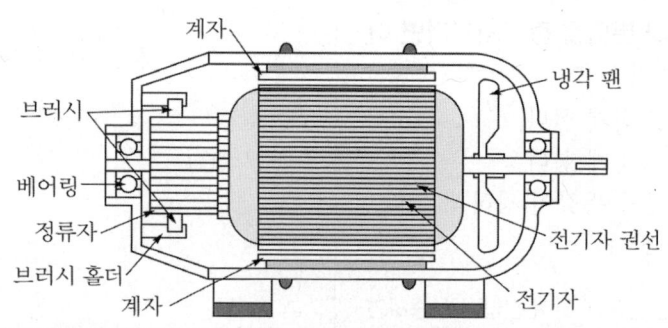

직류전동기의 구조

① 고정자는 계자와 프레임으로 구성되어 있으며, 극당 한 개 이상의 권선이 있다. 회전자는 일반적으로 전기자라고 하며, 전기자의 축에 기계를 부착하여 회전력을 이용할 수 있다.

② 브러시는 외부에서 공급되는 전류를 전동기에 전달하는 역할을 한다.
③ 정류자는 외부에서 공급된 전류를 전기자에 전달하는 역할을 한다.

(3) 직류전동기의 역기전력

직류전동기는 전기자가 회전하면서 계자의 자기력선속을 끊게 된다. 즉, 전동기가 회전하면서 동시에 발전을 하고 있는 것이다. 전동기가 회전하고 있을 때에 발전되는 기전력을 역기전력이라고 한다. 역기전력은 전동기에 입력된 단자전압과 반대 방향이며, 전기자에 흐르는 전류 I_a를 방해하는 방향으로 발생한다.

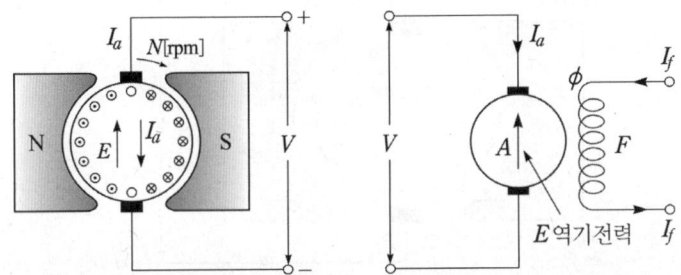

직류전동기의 역기전력

전동기의 자극 수를 p[개], 극당 자기력선속 수를 ϕ[Wb], 전기자의 병렬 회로 수를 a[개], 도체 수를 Z[개], 회전수를 N[rpm], 비례 상수를 K라고 할 때에 직류전동기 내부에서 발생되는 역기전력 E는

$$E = \frac{p}{a}Z\phi\frac{N}{60} = K_1\phi N \quad (K_1 = \frac{pZ}{60a})$$

실제로 발생되는 역기전력은 외부에서 공급되는 단자전압 V에서 전기자 코일에 의한 전압 강하 I_aR_a와 브러시 저항에 의한 전압 강하 e_b를 제외한 부분이다.

$$E = V - I_aR_a - e_b$$

(4) 직류전동기의 회전속도

① 직류전동기의 회전 속도 $N = K\dfrac{V - I_aR_a}{\phi}$[rpm] (K는 비례상수)

② 직류전동기의 회전속도는 단자전압 V에 비례하고 자기력선속 ϕ에 반비례한다.

(5) 직류전동기의 토크

① 전동기를 회전시키기 위하여 필요한 회전 능력
② 자기장 속에 놓여 있는 전동기의 전기자에 전압을 가하면 전기자 회로에 전류가 흐르며, 전기자를 회전시키려는 힘인 토크 $T[\text{N} \cdot \text{m}]$가 발생한다.
③ 토크는 전기자전류 I_a와 1극 당의 자속의 곱에 비례한다.

$$T = K_T \phi I_a [\text{N} \cdot \text{m}] \ (K_T = \frac{pZ}{2\pi a})$$

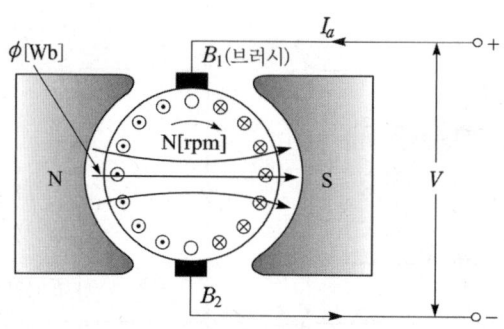

직권전동기의 토크

④ 기계적 출력(P_o)
   ㉠ 전동기는 전기에너지가 기계에너지로 변환되는 장치이므로 기계적인 동력으로 변환되는 전력은 다음과 같다.

   $$P_0 = EI_a = 2\pi \frac{N}{60} T [\text{W}]$$

   ㉡ 전동기의 출력(P_o)은 토크와 회전수의 곱에 비례한다.

6 직류전동기의 특성

(1) 타여자전동기

타여자전동기는 계자권선과 전기자권선이 각각 다른 전원에 접속되어 있는 구조. 계자에 공급되는 전류가 일정하기 때문에 자속이 일정하며 정속도의 특성을 가지고 있다. 속도를 제어하기 위해 전기자에 공급되는 전압의 크기를 변경시키는 방법을 사용하고 있다.

1) 속도특성

$$N = K\frac{V - I_a R_a}{\phi}[\text{rpm}]$$

① 자속이 일정하고 전기자 저항이 매우 작으므로 부하 변화에 전기자전류 I_a가 변해도 정속도 특성을 가진다.
② 계자전류가 0이 되면 속도가 급격히 상승하여 위험하기 때문에 계자회로에 퓨즈를 넣어서는 안 된다.

2) 토크특성

$$T = K_2 \phi I_a [\text{N} \cdot \text{m}]$$

타여자이므로 부하 변동에 의한 자속의 변화가 없으며, 부하 증가에 따라 전기자전류가 증가하므로 토크는 부하전류에 비례하게 된다.

3) 용도

속도를 광범위하게 조정할 수 있어 압연기나 엘리베이터 등에 사용

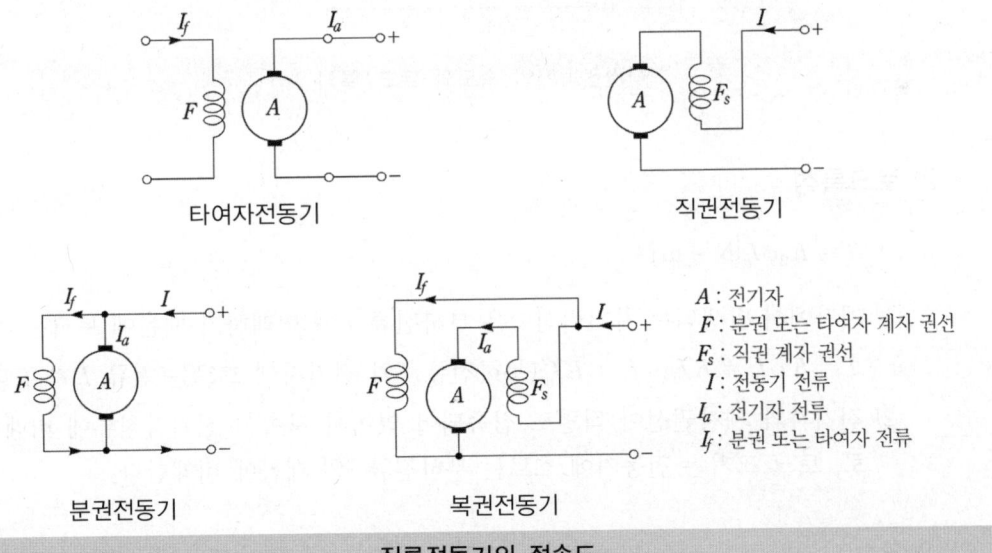

직류전동기의 접속도

(2) 직권전동기

직권(series) 전동기는 계자권선과 전기자권선이 전원에 직렬로 연결된 구조

1) 속도특성

$$N = K_1 \frac{V - I_a R_a}{\phi} [\text{rpm}]$$

① 부하에 따라 자속이 비례하므로, 부하의 변화에 따라 속도가 반비례
② 무부하 상태에서 전동기를 기동시키면 부하전류가 최소 상태이기 때문에 회전속도는 급하게 증가하게 되어 매우 위험한 상태가 된다.
③ 직권전동기는 무부하 운전이나 벨트 운전을 하면 안 된다.

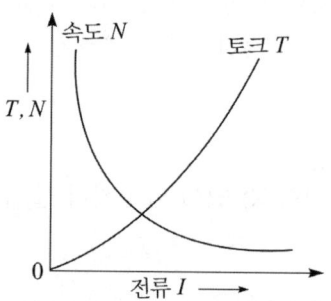

직권전동기의 속도와 토크 특성

2) 토크특성

$$T = K_2 \phi I_a [\text{N} \cdot \text{m}]$$

① 계자에서 발생되는 자기력선속은 부하전류 I에 비례하기 때문에 토크는
$T = K\phi I_a = KI_a \cdot I_a = KI_a^2$ (부하전류 I와 전기자에 흐르는 전류 I_a가 같다.)
② 전기자와 계자권선이 직렬로 접속되어 있어서 자속이 전기자전류에 비례하므로, 토크 크기는 전동기에 흐르는 부하전류 I의 제곱에 비례한다.

3) 용도

속도를 조절할 수 있는 전동기로서 기동 토크가 크기 때문에 전동차, 권상기, 크레인, 전기철도 등과 같이 기동이 빈번하고 토크의 변동이 심한 부하에 많이 사용한다.

(3) 분권전동기

분권(shunt) 전동기는 계자권선과 전기자권선이 전원에 병렬로 연결된 구조

1) 속도특성

$$N = K_1 \frac{V - I_a R_a}{\phi} [\text{rpm}]$$

① 전기자와 계자권선이 병렬로 연결되어 있어서 단자전압이 일정하면 부하전류에 관계없이 자속이 일정하므로 타여자전동기와 거의 동일한 특성을 갖는다.
② 타여자와 분권전동기는 속도조정이 쉽고 정속도의 특성이 좋으나 거의 동일한 특성의 3상 유도전동기가 있으므로 별로 사용하지 않는다.

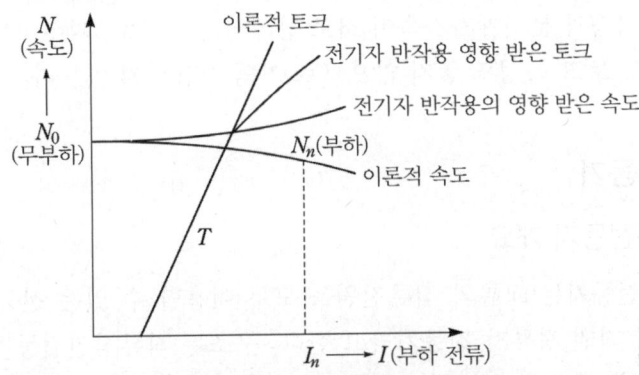

분권전동기의 속도와 토크 특성

2) 토크 특성

분권전동기의 토크 T는 자기력선속 ϕ가 일정하기 때문에 다음과 같이 나타낼 수 있다.

$$T = K\phi \cdot I_a = KI \cdot I_a$$

토크 $T[\text{N} \cdot \text{m}]$는 전기자전류 I_a에 비례하지만 부하가 증가하여 전기자 반작용이 증가하면 자기력선속 ϕ가 감소하므로, 구부러지는 특성이 있다.

3) 용도

① 부하에 의한 속도 변화가 적고 계자를 조정하여 광범위한 속도제어가 가능하기 때문에 정속도와 가감 속도 전동기로 사용된다.

② 제철소의 압연기, 권상기, 공작 기계 등에 사용되고 있다.

(4) 복권전동기

복권(compound)전동기는 계자권선과 전기자권선이 전원에 직렬과 병렬로 연결된 구조로 직권전동기와 분권전동기가 결합된 구조

1) 가동복권전동기

분권전동기과 직권전동기의 중간 특성을 가지고 있어 크레인, 공작기계, 공기 압축기에 사용된다.

2) 차동복권전동기

직권계자자속과 분권계자자속이 서로 상쇄되는 구조로, 과부하의 경우에는 위험속도가 되고, 토크 특성도 좋지 않으므로 거의 사용되지 않는다.

(5) 교직양용전동기

1) 교직양용전동기 개요

교직양용전동기는 교류와 직류전원을 모두 이용할 수 있는 전동기로 만능 전동기 또는 단상 직권 정류자 전동기라고 한다. 구조는 직류직권전동기와 같고, 계자 코일과 전기자 코일에 같은 전류가 흘러 회전력을 얻는다. 교류와 직류에서도 토크의 발생 방향이 언제나 일정하기 때문에 회전방향을 일정하게 유지할 수 있다. 교직양용전동기는 입력 단자에 공급하는 전압의 극성이 바뀌어도 회전방향은 변하지 않는다. 교직양용전동기의 특징은 다음과 같다.
① 교류와 직류 전원을 모두 사용할 수 있다.
② 기동 토크가 크다.
③ 회전수는 전압에 비례한다.
④ 무부하 회전수가 높다.

2) 계자권선과 전기자권선의 접속

교직양용전동기의 계자권선은 직류기처럼 N극과 S극이 교대로 구성될 수 있게 직렬로 접속하면 된다. 계자의 극성을 구분하는 방법은 나침반을 이용하면 된다. 계자권선과 전기자권선의 접속은 전기자권선과 계자권선을 직렬로 접속하면 된다.

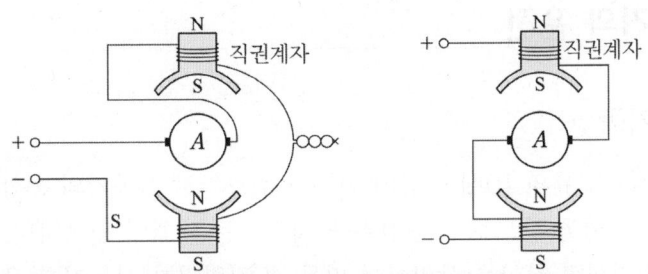

교직양용전동기의 권선접속

3) 회전방향의 변경

교직양용전동기의 회전방향을 변경시키려면 전기자권선 또는 계자권선에 대한 전류의 방향을 바꾸어 주면 된다.

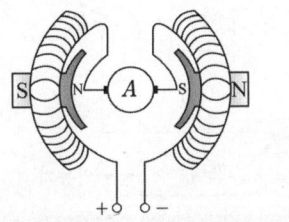 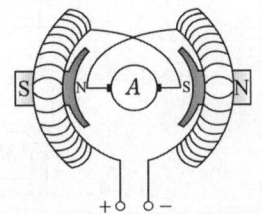

정방향 회전 시 전동기 결선   역방향 회전 시 전동기 결선

4) 속도제어

교직양용전동기의 속도를 제어하는 방법에는 소형의 가변 저항을 직권 계자에 직렬로 삽입하여 계자에 흐르는 전류의 세기를 조절하는 직렬 저항 삽입법과 전동기가 회전할 때에 발생하는 원심력을 이용하는 원심력 스위치 방법이 있다.

5) 용도

① 교직양용전동기는 직류 직권전동기와 같이 토크-속도 특성이 급격히 하강하기 때문에 일정한 속도를 요구하는 분야에는 적합하지 않다.
② 교류단상전동기에 비해 크기가 작고, 단위 전류 당 토크가 크기 때문에 가정이나 산업 현장에서 높은 회전수와 강한 토크가 필요한 곳에서 사용한다.
③ 진공청소기, 휴대용 공구(전동 드릴, 전기톱, 전기 대패 등), 믹서 등이 있다.

7 직류전동기의 운전

(1) 전동기의 기동

① 기동 시 정격전류의 10배 이상의 전류가 흐르므로 전동기의 손상 및 전원계통에 전압강하의 영향을 주므로 기동전류를 저감하는 대책이 필요하다.
② 전기자에 직렬로 저항을 삽입하여 기동 시 직렬저항(시동저항)을 최대로 하여 정격전류의 2배 이내로 기동하며, 토크를 유지하기 위해 계자저항을 최소로 하여 기동한다.

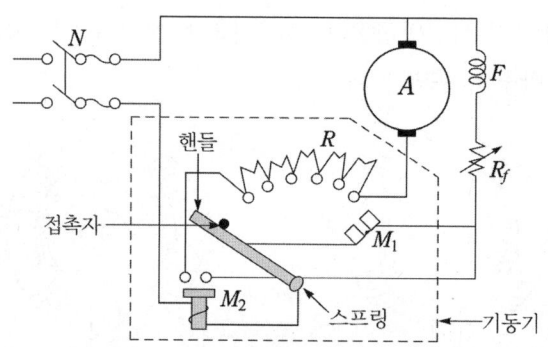

직류전동기의 기동기와 내부회로

(2) 전동기의 속도제어

전동기의 속도는 $N = K\dfrac{V - I_a R_a}{\phi}$ [rpm]에 의해서 전동기의 속도를 변화시키기 위하여 계자의 자기력선속 ϕ, 입력 전압(단자전압) V, 전기자권선의 저항 R_a를 변화시키면 된다. 속도제어방법은 계자제어, 전압제어, 저항제어로 구분할 수 있다.

1) 계자제어

① 계자권선에 직렬로 저항을 삽입하여 계자전류를 변화시킨다.
② 속도조정 범위가 넓고 효율이 양호하며 정출력 가변속도에 적합하나 정류가 불량하다.
③ 직권전동기는 자속이 매우 적으면 과속이 되어 위험하므로 주의해야 한다.

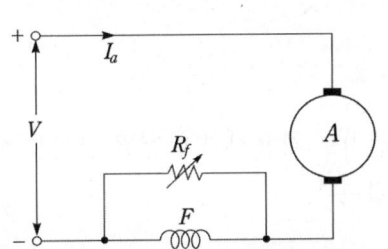 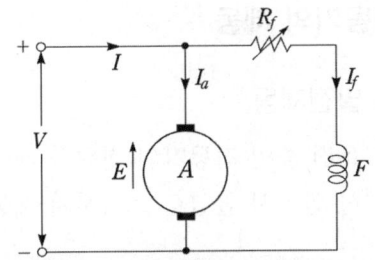

계자제어를 이용한 속도제어

2) 저항제어

① 전기자권선에 직렬로 저항을 삽입하여 속도를 제어하며 전기자전류에 의한 전압 강하로 전력손실이 크다.
② 부하 변화에 따른 회전 속도의 변동이 크고 속도조정의 폭이 좁아서 별로 사용하지 않으며 분권 및 타여자전동기는 정속도 특성을 잃는다.

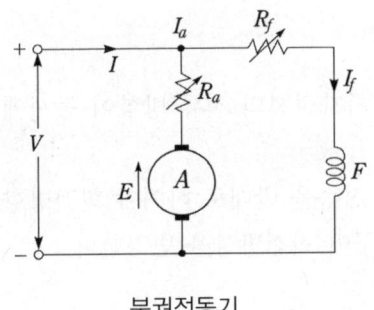 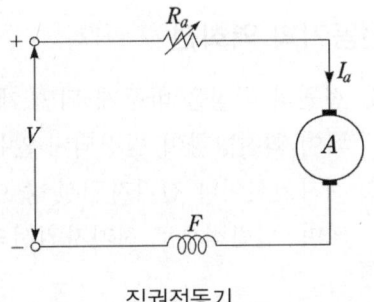

분권전동기   직권전동기

저항제어를 이용한 속도제어

3) 전압제어

① 직류전압을 조정하여 속도를 제어하며 광범위한 속도제어가 가능하다.
② 정격 전압에서 정격 속도를 유지하거나 부하의 속도를 감소시킬 때에 사용하는 제어이며 일정한 정토크 속도제어 방식이다.
③ 워드레오너드 방식(M-G-M법), 일그너 방식이 있으나 설치비용이 많이 든다.
④ 제철소의 압연기, 고속 엘리베이터의 제어 등에 사용된다.

(3) 전동기의 제동

1) 발전제동
운전 중인 전동기의 전원을 개방하여 발전기로 작용시켜 발전된 전력을 제동용 저항 안에서 줄열로 소비시켜 제동하는 방법이다.

2) 회생제동
전동기를 발전기처럼 사용하여 발생되는 전력을 전원에 반환하여 제동하는 방법이다. 엘리베이터의 하강과 전기 기관차가 언덕을 내려가는 경우에 사용한다.

3) 역상제동(플러깅)
전동기를 전원에 접속시킨 상태에서 전동기의 전기자 접속을 반대로 바꾸어 원래 회전하던 방향과 반대로 토크를 발생시켜 전동기를 급속히 정지시키는 방법이다.

(4) 전동기의 역회전
① 전원의 극성을 바꾸게 되면 계자권선과 전기자권선의 전류 방향이 동시에 바뀌게 되어 회전방향이 변경되지 않는다.
② 계자권선이나 전기자권선 중 어느 한 쪽의 접속을 반대로 하여야 회전방향이 변경되며 일반적으로 전기자권선의 접속을 바꾸어 회전방향을 변경한다.

8 직류기의 손실 및 효율

(1) 직류기의 손실
직류발전기와 직류전동기의 에너지 손실에는 전기적 손실인 철손과 동손이 있으며, 기계적 손실에는 기계손이 있다.

1) 동손(P_c) - 저항손
부하전류(전기자전류) 및 여자전류에 의한 권선, 브러시 접촉면에서 생기는 줄열로 발생하는 손실을 말하며 저항손이라고도 한다.

2) 철손(P_i)

철심에서 생기는 히스테리시스손과 와류손

① 히스테리시스손(P_h)

철심의 재질에서 생기는 손실

$P_h \propto f B_m^{1.6}$ (B_m은 최대 자속밀도)

② 와류손(P_e)

자속에 의해 철심의 맴돌이 전류에 의해서 생기는 손실

$P_e \propto (t f B_m)^2$ (t는 철심의 두께)

3) 기타손실

① 기계손 : 회전 시에 생기는 마찰손, 풍손
② 표유 부하손 : 동손, 철손, 기계손을 제외한 손실

(2) 직류기의 효율

1) 효율

입력(P_1)에 대한 출력(P_2)의 비율을 에너지의 효율(η)이라 한다.

$$실측효율(\eta) = \frac{출력}{입력} \times 100[\%]$$

① 규약 효율

발전기나 전동기는 규정된 방법에 의하여 각 손실을 측정 또는 산출하고 입력 또는 출력을 구하여 효율을 계산하는 방법

- 발전기 효율 $\eta_G = \dfrac{출력}{출력 + 손실} \times 100[\%]$

- 전동기 효율 $\eta_M = \dfrac{입력 - 손실}{입력} \times 100[\%]$

② 최대 효율 조건

철손(P_i) = 동손(P_c)

2) 전압변동률

정격부하일 때의 전압(V_n)과 무부하일 때의 전압(V_0)이 변동하는 비율

$$\epsilon = \frac{V_0 - V_n}{V_n} \times 100 [\%]$$

3) 속도변동률

정격 회전수(N_n)에서 무부하일 때의 회전속도(N_0)가 변동하는 비율

$$\epsilon = \frac{N_0 - N_n}{N_n} \times 100 [\%]$$

출제예상문제

01 무부하 운전 또는 벨트를 연결하여 운전하면 절대로 안 되는 직류전동기는?
① 직권전동기   ② 분권전동기
③ 가동복권전동기 ④ 차동복권전동기

해설 직권전동기는 무부하 운전 또는 벨트운전 중 벨트가 벗겨지거나 끊어져 무부하가 되면 $N \propto \dfrac{1}{I_a} ≒ \dfrac{1}{0}$ ≒ ∞으로 고속도가 되어 위험하기 때문에 벨트 운전이나 무부하 운전을 해서는 절대 안 된다.

02 직류 직권전동기의 전원 극성을 반대로 하면?
① 정지한다.
② 발전기가 된다.
③ 속도가 증가한다.
④ 회전방향이 변하지 않는다.

해설 직류 직권전동기는 계자권선과 전기자권선이 직렬로 접속되어 있으므로 전원 극성을 반대로 하면 전기자전류와 여자전류의 방향이 함께 바뀌어 회전방향이 바뀌지 않는다.

03 직류 직권전동기의 특성으로 옳은 것은?
① 벨트 연결 운전이 이상적이다.
② 기동 토크가 작다.
③ 토크가 클 때 회전속도는 매우 낮다.
④ 기동횟수가 많고 토크의 변동이 심한 부하에는 부적당하다.

해설 직권전동기는 기동 토크가 전기자전류의 제곱에 비례하므로 기동 토크가 크며, 잦은 기동과 부하변동이 심한 곳에 적합하다. 또한, 토크가 클 때 회전속도는 작다.

04 직권전동기에서 위험속도가 되는 경우는?
① 저전압, 과여자
② 정격전압, 무부하
③ 정격전압, 과부하
④ 전기자에 저저항 접속

해설 직류 직권전동기는 부하가 변화하면 속도가 현저하게 변하는 직권특성을 가지므로 무부하에 가까워지면 속도가 매우 상승하여 원심력으로 파괴될 우려가 있다.

05 직류분권전동기의 계자저항을 운전 중에 감소하면?
① 자속 증가   ② 속도 감소
③ 부하 증가   ④ 속도 증가

해설 계자저항을 감소하면 계자전류가 증가하여 회전속도는 감소한다.

06 직류전동기의 설명으로 올바른 것은?
① 전동차용 전동기는 차동복권전동기이다.
② 직류 직권전동기는 속도 조정이 어렵다.
③ 직권전동기가 운전 중 무부하로 되면 위험 속도가 된다.
④ 부하변동에 대하여 속도 변동이 가장 큰 직류전동기는 분권전동기이다.

해설 직류 직권전동기는 부하가 변하면 속도가 현저하게 변하는 직권특성을 가지므로 무부하에 가까워지면 속도가 매우 상승하여 원심력으로 파괴될 우려가 있다.

정답 1. ① 2. ④ 3. ③ 4. ② 5. ② 6. ③

07 부하가 변하면 심하게 속도가 변하는 직류 전동기는?
① 직권전동기　② 분권전동기
③ 차동복권전동기　④ 가동복권전동기

해설 직권전동기는 회전속도가 $N \propto \dfrac{1}{I_a}$ 에 비례하기 때문에 부하전류의 변동에 속도변동이 심하다.

08 직류전동기에서 자속이 감소하면 회전수는?
① 감소　② 상승
③ 정지　④ 불변

해설 $N = K_1 \dfrac{V - I_a R_a}{\phi}$ [rpm]에서 자속이 감소하면 회전수는 증가한다.

09 직류전동기의 출력 30[kW]이고 1800[rpm]일 때 전동기의 토크 [kg·m]는?
① 12.37　② 16.25
③ 21.43　④ 25.47

해설 $\tau = \dfrac{1}{9.8} \times \dfrac{60}{2\pi} \times \dfrac{P_0}{N} = \dfrac{1}{9.8} \times \dfrac{60}{2\pi} \times \dfrac{30 \times 10^3}{1800}$
$= 16.25 [\text{kgm}]$

10 출력 7.5[HP], 1750[rpm]인 직류전동기의 토크는 약 얼마인가? (단, 1HP = 746[W]이다.)
① 7.5[N·m]　② 10.8[N·m]
③ 30.5[N·m]　④ 175[N·m]

해설 $P_0 = 2\pi \dfrac{N}{60} T$ [W]에서
$T = \dfrac{60}{2\pi} \dfrac{P_0}{N} = \dfrac{60}{2\pi} \dfrac{7.5 \times 746}{1750} = 30.5 [\text{N} \cdot \text{m}]$

11 부하전류 80[A], 발생 토크 80[kg·m], 1700[rpm]으로 운전하고 있는 직류 직권전동기의 부하전류가 25[%]로 감소하였을 때 발생 토크[kg·m]는 얼마인가? (단, 자기포화, 전기자 반작용은 무시한다.)
① 5　② 10
③ 15　④ 20

해설 자기포화, 전기자 반작용을 무시하므로
$\tau \propto \phi I_a \propto I_a^2 \propto I^2$
$\dfrac{\tau'}{\tau} = \left(\dfrac{I'}{I}\right)^2$ 에서
$\dfrac{\tau'}{40} = \left(\dfrac{20}{80}\right)^2 = \dfrac{1}{16}$
$\therefore \tau' = \dfrac{1}{16} \times 80 = 5 [\text{kg} \cdot \text{m}]$

12 정속도 전동기에 속하는 것은?
① 타여자전동기
② 차동복권전동기
③ 직권전동기
④ 가동복권전동기

해설 정속도 특성이 있는 전동기는 타여자전동기와 분권전동기이다.

13 직류전동기를 워드레오너드 방식으로 속도제어를 할 경우의 특징이 아닌 것은?
① 속도제어 범위가 넓다.
② 설치비가 싸다.
③ 속도를 정밀하게 조정할 수 있다.
④ 기동 저항기가 필요 없다.

해설 주 전동기의 속도제어를 위해 보조 발전기와 전동기가 필요하며 설치비가 비싸다.

정답 7. ①　8. ②　9. ②　10. ③　11. ①　12. ①　13. ②

14 직류전동기의 속도제어방법 중 광범위한 속도제어가 가능하고 운전 효율이 좋은 제어방법은
① 계자제어 ② 병렬 저항제어
③ 직렬 저항제어 ④ 전압제어

해설 전압제어는 계자전류 일정 유지, 전기자 인가전압 V를 변화시켜 속도를 제어하는 방법으로 정토크 가변 속도제어에 적합하다.

15 직류전동기의 정출력 제어방법은?
① 계자제어법
② 워드 레오나드 방식
③ 저항제어법
④ 전압제어법

해설 계자제어는 단자전압 V를 일정하게 하고 전동기의 계자전류 I_f를 제어, 극당 자속 ϕ를 바꿔서 속도제어하는 방법으로 정출력 가변속도제어에 적합하다.

16 전동기의 제동법의 하나로, 전동기를 발전기로 동작시켜 그 발생 전력을 전원에 되돌려서 하는 제동방법은?
① 발전제동 ② 역전제동
③ 회생제동 ④ 마찰제동

해설 회생제동은 전동기의 제동법의 하나로, 전동기를 발전기로 동작시켜 그 발생 전력을 전원에 되돌려서 하는 제동방법

17 권상기의 짐을 내릴 때나 전동차용 전동기의 제동에 사용되는 제동방식은?
① 맴돌이 전류제동 ② 발전제동
③ 회생제동 ④ 역전제동

해설 제동 시에 전원을 개방하지 않고 발전기로 이용하여 발전된 전력을 다시 제동용 전원으로 반환하는 회생제동을 이용한다.

18 전동기의 회전방향을 바꾸어 주는 방식으로 틀린 것은?
① 직류분권전동기의 역회전 운전 – 전기자 회로를 반대로 접속한다.
② 3상 농형 유도전동기의 역회전 운전 – 3상 전원 중 2상의 결선을 바꾸어 결선한다.
③ 직류 직권전동기의 역회전 운전 – 전원의 극성을 반대로 한다.
④ 콘덴서형 단상 유도전동기의 역회전 운전 – 기동 권선을 반대로 접속한다.

해설 직류 직권전동기의 회전방향을 바꾸려면 계자권선이나 전기자권선 중 어느 한쪽의 접속을 반대로 하면 되는데 일반적으로 전기자권선의 접속을 바꾸어 역회전시킨다.

19 직류기의 손실 중에서 부하의 변화에 따라 현저하게 변하는 손실은?
① 표유 부하손
② 철손
③ 풍손
④ 기계손

해설 전기자 반작용에 의한 철손의 증가, 전기자 도체의 표피작용에 의한 저항손 증가, 전기자 도체, 철심, 조임 볼트 내의 와전류손 등은 측정하기 곤란하기 때문에 전류의 제곱의 변화하는 것으로 최대 정격 전류에서 0.5~1[%]로 정한다.

정답 14. ④ 15. ① 16. ③ 17. ③ 18. ③ 19. ①

20 직류전동기가 정격전압 200[V], 정격전류 10[A], 회전수 1,800[rpm]일 때 무부하에서 속도가 1,854[rpm]이라고 하면 속도변동률은?

① 2 ② 2.6
③ 3 ④ 3.6

해설 $\epsilon = \dfrac{n_0 - n}{n} \times 100 = \dfrac{1854 - 1800}{1800} \times 100 = 3[\%]$

21 직류발전기의 최대 효율이 되는 경우는?

① 와류손 = 히스테리시스손
② 동손 = 철손
③ 기계손 = 부하손
④ 부하손 = 철손

해설 직류기의 동손과 철손이 같을 때 효율이 최대가 된다.

22 대형 직류전동기의 토크를 측정하는데 가장 적당한 방법은?

① 와전류 제동기 ② 프로니 브레이크법
③ 전기 동력계   ④ 반환 부하법

해설 와전류 제동기와 프로니 브레이크법은 소형 전동기 토크를 측정하는데 적합하고, 반환 부하법은 온도 시험을 하는 방법이다.

23 자동제어장치의 특수 전기기기로 사용되는 전동기는?

① 3상 유도전동기
② 직권전동기
③ 직류 스테핑 모터
④ 동기전동기

해설 스테핑 모터
- 입력 펄스 신호에 따라 권선의 여자전류는 전환되고 회전자가 일정한 각도만큼씩 회전하는 전동기이다.
- 기동 및 정지 특성이 우수하다.
- 영구 자석형, 가변 자기 저항형, 하이브리드형 스테핑 전동기가 있다.

정답 20. ③ 21. ② 22. ③ 23. ③

과년도 출제문제

01 부하전류에 따라 속도변동이 가장 심한 전동기는? [04] [05] [07]
① 타여자전동기
② 차동복권전동기
③ 직권전동기
④ 분권전동기

해설 직권전동기는 시동 토크가 크고 부하에 의한 속도변동이 크며, 경부하 또는 무부하에서 위험하게 고속이 되는 경우가 있다.

02 직류분권전동기의 공급전압의 극성을 반대로 하였을 때 다음 중 옳은 것은? [06] [09] [17]
① 회전방향은 변하지 않는다.
② 회전방향이 반대로 된다.
③ 회전하지 않는다.
④ 발전기로 된다.

해설 직류전동기는 전원의 극성을 바꾸면 계자전류와 전기자전류의 방향이 동시에 바뀌어 회전방향이 변하지 않는다.

03 직류직권전동기에서 토크 T와 회전수 N과의 관계는 어떻게 되는가? [04] [07] [12]
① $T \propto N$
② $T \propto N^2$
③ $T \propto \dfrac{1}{N}$
④ $T \propto \dfrac{1}{N^2}$

해설 $T \propto \dfrac{1}{I_a}$, $T \propto I_a^2$ 에서 $T \propto \dfrac{1}{N^2}$

04 전동기가 매 분 1200회 회전하여 9.42[kW]의 출력이 나올 때 토크는 약 몇 [kg·m]인가? [03] [08] [09]
① 6.65
② 6.90
③ 7.65
④ 7.90

해설 $\tau = \dfrac{1}{9.8} \times \dfrac{60}{2\pi} \times \dfrac{P_0}{N} = \dfrac{1}{9.8} \times \dfrac{60}{2\pi} \times \dfrac{9.42 \times 10^3}{1200}$
$= 7.65[\text{kg} \cdot \text{m}]$

05 직류직권전동기의 토크를 τ라 할 때 회전수를 1/2로 줄이면 토크는? [11]
① $\dfrac{1}{2}\tau$
② $\dfrac{1}{4}\tau$
③ 2τ
④ 4τ

해설 $\tau \propto I_a^2$ 이므로 $\tau \propto \dfrac{1}{N^2}$ 이며
$\tau' = \dfrac{1}{(\dfrac{1}{2})^2}\tau = 4\tau$

06 직류분권전동기의 단자전압이 215[V], 전기자전류 50[A], 전기자 저항 0.1[Ω], 회전속도 1,500[rpm]일 때 발생하는 회전력은 약 몇 [N·m]인가? [06]
① 66.9
② 76.9
③ 86.9
④ 96.9

해설 $P_0 = E_c \cdot I_a = 210 \times 50 = 10500[\text{W}]$
$(E_c = V - I_a R_a = 215 - 50 \times 0.1 = 210[\text{V}])$
$\tau = \dfrac{60}{2\pi} \times \dfrac{P_0}{N} = \dfrac{60}{2\pi} \times \dfrac{10500}{1500} = 66.87[\text{N} \cdot \text{m}]$

정답 1. ③ 2. ① 3. ④ 4. ③ 5. ④ 6. ①

07 직류분권전동기의 부하로 가장 적당한 것은? [08]
① 크레인
② 권상기
③ 전동차
④ 공작기계

해설 분권전동기는 정속도 특성을 가지며 계자저항기로 회전속도를 조정할 수 있으므로 공작기계, 압연기에 적합하며 크레인, 권상기, 전동차의 부하에는 직권전동기가 적합하다.

08 직류복권전동기 중에서 무부하 속도와 전부하 속도가 같도록 만들어진 것은? [13] [18]
① 과복권
② 부족복권
③ 평복권
④ 차동복권

해설 평복권전동기는 전부하 속도와 무부하 속도가 같게 되도록 직권 권선의 기자력을 선택한 복권전동기이다.

09 교류분권 정류자전동기는 어느 때에 가장 적당한 특성을 가지고 있는가? [02]
① 속도의 연속 가감과 정속도 운전을 아울러 요하는 경우
② 속도를 여러 단으로 변화시킬 수 있고 각 단에서 정속도 운전을 요하는 경우
③ 부하 토크에 관계없이 완전하게 일정 속도를 요하는 경우
④ 무부하와 전부하의 속도변화가 적고 거의 일정 속도를 요하는 경우

해설 정류자의 주파수 변환 작용에 의해 동기속도를 광범위하게 조정할 수 있는 특성이 있다.

10 단상직권 정류자전동기의 속도를 고속으로 하는 이유는? [09] [12]
① 전기자에 유도되는 역기전력을 적게 한다.
② 전기자 리액턴스 강하를 크게 한다.
③ 토크를 증가시킨다.
④ 역률을 개선시킨다.

해설 직권전동기와 동일한 구성으로 단상교류전압을 가하는 것으로 높은 속도를 얻을 수 있으므로 가정용 전기청소기나 믹서·전기드릴 등에 사용되며 계자권선의 권선 수를 적게 감아서 주 자속을 감소시켜 리액턴스 때문에 역률이 낮아지는 것을 방지한다.

11 직류분권전동기에서 운전 중 계자권선의 저항을 증가하면 회전속도의 값은? [14]
① 감소한다.
② 증가한다.
③ 일정하다.
④ 감소와 증가를 반복한다.

해설 분권전동기의 속도 $N = K_1 \dfrac{V - I_a R_a}{\phi}$ [rpm]이므로 계자권선의 저항을 증가하면 자속이 줄어들기 때문에 회전속도는 증가한다.

12 직류전동기의 속도제어 중 계자권선에 직렬 또는 병렬로 저항을 접속하여 속도를 제어하는 방법은? [12]
① 저항제어
② 전류제어
③ 계자제어
④ 전압제어

해설 계자제어법은 계자권선에 직렬로 저항을 삽입하여 자속을 조정하여 속도를 제어한다.

정답 7. ④ 8. ③ 9. ④ 10. ④ 11. ② 12. ③

13 워드레오너드(Ward Leonard) 방식은 직류기의 무엇을 목적으로 하는 것인가? [08]
① 정류 개선　② 속도제어
③ 계자자속 조정　④ 병렬운전

해설 워드레오너드 방식은 전압을 조정하여 직류전동기의 속도를 제어하는 방식이다.

14 직류전동기의 제동법이 아닌 것은? [10]
① 발전제동
② 저항제동
③ 회생제동
④ 역전제동

해설 전동기의 제동방법에는 발전제동, 회생제동, 역전제동(플러깅 제동)이 있다.

15 교류와 직류 양쪽 모두에 사용 가능한 전동기는? [06] [16]
① 단상 분권정류자전동기
② 단상 반발전동기
③ 세이딩 코일형전동기
④ 단상 직권전동기

해설 소용량의 단상 직권전동기는 교류뿐만 아니라 직류에서도 동작할 수가 있으며 이것을 교직양용전동기라고 한다.

16 3,300[V], 60[Hz]용 변압기의 와류손이 620[W]이다. 이 변압기를 2,650[V], 50[Hz]의 주파수에 사용할 때 와류손은 약 몇 [W]인가? [14]
① 500　② 400
③ 312　④ 210

해설 와류손은 주파수에 무관하고 전압의 제곱에 비례하므로
$3300^2 : 620 = 2650^2 : x$ 에서
$x = \dfrac{2650^2 \times 620}{3300^2} = 399.8 ≒ 400[W]$

17 직류전동기의 출력을 나타내는 것은? (단, V는 단자전압, E는 역기전력, I는 전기자전류이다.) [11]
① VI　② EI
③ $V^2 I$　④ $E^2 I$

해설 직류전동기의 입력 $P_i = VI[W]$
직류전동기의 출력 $P_o = EI[W]$

18 어떤 전동기의 출력이 5[HP]일 때의 효율이 80[%]였다면 이 전동기의 입력은 몇 [W]인가? [02]
① 4662.5
② 4144.4
③ 3265
④ 2984

해설 $\eta = \dfrac{출력}{입력} \times 100[\%]$ 이므로
$80[\%] = \dfrac{5 \times 746}{입력} \times 100[\%]$ 에서
입력 $= \dfrac{5 \times 746}{80} \times 100 = 4662.5[W]$

19 효율 80[%], 출력 10[kW]인 직류발전기의 전 손실은 몇 [kW]인가? [06]
① 1.25　② 2.5
③ 2.0　④ 3.0

정답 13.② 14.② 15.④ 16.② 17.② 18.① 19.②

해설 $\eta_G = \dfrac{출력}{출력+손실} \times 100[\%]$ 에서

손실 $= \dfrac{출력 \times 100}{\eta_G} - 출력 = \dfrac{10 \times 100}{80} - 10$
$= 2.5[\text{kW}]$

20 일정 전압으로 운전하는 직류발전기의 손실이 $x + yI^2$으로 된다고 한다. 어떤 전류에서 효율이 최대로 되는가?(단 x, y는 정수이다.) [03] [09] [14]

① $I = \dfrac{y}{x}$ ② $I = \dfrac{x}{y}$

③ $I = \sqrt{\dfrac{y}{x}}$ ④ $I = \sqrt{\dfrac{x}{y}}$

해설 최대 효율 조건은 철손 = 동손이므로
철손을 x, 동손을 yI^2라고 하면,
$x = yI^2$에서 $I = \sqrt{\dfrac{x}{y}}$ 이다.

21 증폭 특성을 이용하여 발전기의 전압이나 전동기의 속도를 제어하는 특수직류기는? [03]

① 승압기   ② 전기동력계
③ 전동발전기   ④ 앰플리다인

해설 앰플리다인은 전기자 반작용을 이용한 일종의 직류발전기로 계자저항의 미소한 변화에 따라 전기자 회로에서 크게 증폭된 전력을 얻을 수 있고, 신속한 응답을 얻을 수 있도록 제작되어 있다. 직류기의 전압, 전류, 속도의 제어 혹은 교류기의 전압 제어, 역률조정 등에 사용된다.

정답 20. ④ 21. ④

Chapter 02 변압기

1 변압기의 구조와 원리

(1) 변압기의 구조와 형식

변압기는 전기회로를 구성하는 권선, 자기회로를 구성하는 철심으로 구성

1) 변압기의 형식

① 내철형
  철심이 안쪽에 있고, 권선은 철심각에 감겨져 있는 구조로 절연이 쉬워 고전압, 대용량에 적합
② 외철형
  권선이 안쪽에 감겨져 있고, 철심이 권선을 둘러싸고 있는 구조로 저전압 대전류에 적합
③ 권철심형
  냉간 압연 규소 강대를 맴돌이 모양으로 감아서 만드는 구조로 소형의 배전용 변압기에 사용

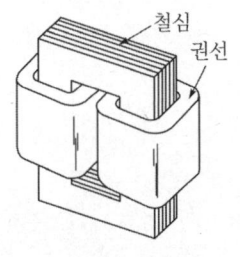
내철형

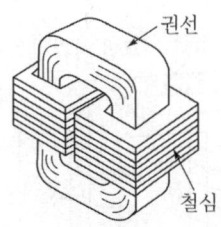
외철형

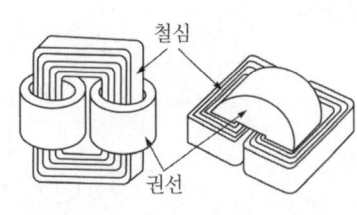
권철심형

2) 변압기의 재료

① 철심

철손을 적게 하기 위해 규소함량 3.5[[%], 0.35[mm]인 규소강판을 성층하여 사용

② 권선

에나멜을 피복한 구리선이나 무명실을 이중으로 피복한 둥근 구리선을 사용하며, 대용량은 종이테이프로 절연한 직사각형의 평각 구리선을 사용

권선법은 직권과 형권이 있으며 직권은 철심에 저압권선을 감고 저압 권선의 표면에 전압에 견딜 수 있는 절연을 한 후 고압 권선을 감는 방식으로, 변압기 용량이 커지면 절연하기 어려워 소형의 내철형에 주로 사용되고 형권은 목재 권선 형틀 또는 절연통에 권선을 감고 절연한 후에 조립하는 방식으로 고장이 났을 때에 수리가 용이하며, 중·대형의 변압기에 사용된다.

③ 외함과 부싱

- 변압기의 본체와 절연유를 넣는 외함은 주철이나 강판을 사용하고 절연은 철심과 권선 사이, 권선 상호간, 권선의 층간 절연을 한다.
- 변압기의 부싱은 인출선과 외함 사이에 누설 전류가 생기지 않게 충분한 연면 거리를 두어야 한다.

(2) 변압기의 원리

1) 전자유도작용

전원 측 권선에 의하여 발생된 자기력선속은 철심을 통하여 부하 측 권선을 지나면서 전자유도 작용에 의해 부하 쪽 권선의 감은 횟수에 비례하는 유도기전력을 발생

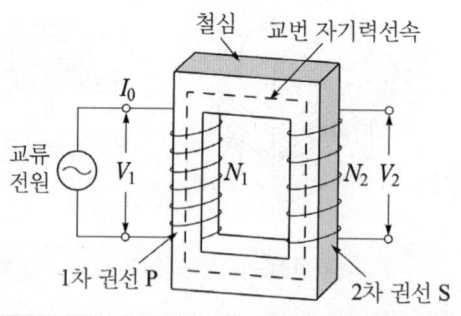

변압기 원리

$$e_1 = N_1 \frac{\triangle \Phi}{\triangle t}[V], \ e_2 = N_2 \frac{\triangle \Phi}{\triangle t}[V]$$

① 권수비 $a = \dfrac{E_1}{E_2} = \dfrac{N_1}{N_2} = \dfrac{I_2}{I_1}$

② 변류비 $\dfrac{I_1}{I_2} = \dfrac{V_2}{V_1} = \dfrac{N_2}{N_1} = \dfrac{1}{a}$

(3) 변압기유의 사용목적

변압기에 부하전류가 흐르면 변압기 내부에는 철손과 동손에 의해 변압기의 온도가 상승하여 내부에 절연물을 변질시킬 우려가 있어 권선의 절연과 냉각작용을 위해 사용한다.

(4) 변압기유의 구비조건

① 절연내력이 클 것
② 비열이 커서 냉각효과가 클 것
③ 인화점이 높고 응고점이 낮을 것
④ 고온에서도 산화하지 않을 것
⑤ 절연재료와 화학작용을 일으키지 않을 것

(5) 변압기유의 열화방지대책

1) 브리더

변압기의 호흡작용이 브리더를 통해서 이루어지도록 하여 공기 중의 습기를 흡수한다.

2) 콘서베이터

공기가 변압기 외함 속으로 들어갈 수 없게 하여 기름의 열화를 방지한다. 콘서베이터 유면 위에 공기와의 접촉을 막기 위해 질소로 봉입한다.

3) 부흐홀츠계전기

변압기 내부 고장으로 인한 절연유의 온도 상승 시 발생하는 유증기를 검출하여 경보 및 차단하기 위한 계전기로 변압기 탱크와 콘서베이터 사이에 설치한다.

4) 차동계전기

변압기 내부 고장 발생 시 1, 2차 측에 설치한 CT 2차 전류의 차에 의하여 계전기를 동작시키는 방식

5) 비율차동계전기

변압기 내부 고장 발생 시 1, 2차 측에 설치한 CT 2차측의 억제 코일에 흐르는 전류차가 일정비율 이상이 되었을 때 계전기가 동작하는 방식

(6) 변압기의 냉각방식

1) 건식자냉식

변압기 본체가 공기에 의하여 자연적으로 냉각되게 한 것으로, 소용량 변압기의 냉각에 사용된다.

2) 건식풍냉식

건식 변압기에 송풍기를 이용하여 강제통풍을 시키는 방식으로, 냉각 효과는 있으나 변압기유를 사용하지 않는 방식이다. 500[kVA] 이상에 채용하고 있다.

3) 유입자냉식

변압기유를 충분히 채운 외함 내에 변압기 본체를 넣고 권선과 철심에서 발생한 열을 기름의 대류 작용에 의하여 외함에 전달되게 하고, 외함에서 열을 대기로 발산시키는 방식이다.

외함은 열의 발산을 좋게 하기 위하여 주름 철판을 사용하여 표면적을 크게 하고, 대형 변압기의 경우에는 방열기를 설치하여 냉각 효과를 보다 좋게 한다. 이 방식은 보수가 간단하고 취급이 쉽기 때문에 45[MVA] 정도의 대형 변압기에까지 널리 사용되고 있다.

4) 유입풍냉식

방열기를 설치한 유입 변압기에 송풍기를 이용하여 강제통풍을 시킴으로써 냉각효과를 높이는 방식으로 유입 자냉식보다 용량을 20~30[%] 정도 증가시킬 수 있으므로 60[MVA]까지의 대형 변압기에 많이 사용되고 있다.

5) 송유풍랭식

변압기 외함 내에 들어 있는 기름을 송유펌프를 이용하여 외부에 있는 냉각 장치로 보내 냉각시킨 다음, 다시 외함으로 공급하는 방식으로 냉각 효과가 크기 때문에 60[MVA] 이상의 대용량 변압기에 주로 사용된다.

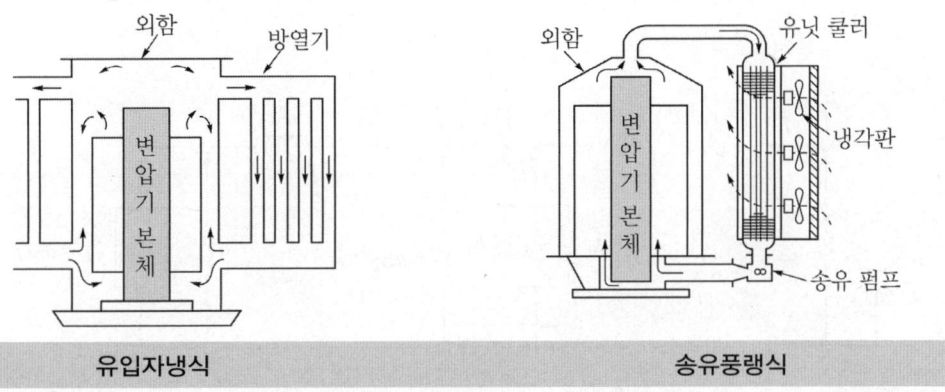

유입자냉식 　　　　　　　　　　　　　송유풍랭식

2 변압기의 이론

(1) 등가회로

변압기의 실제 회로는 1차 쪽의 회로와 2차 쪽의 회로가 서로 분리된 두 개의 회로로 구성되어 있지만, 전자 유도 작용에 의하여 1차 쪽의 전력이 2차 쪽으로 전달되므로 2개의 서로 독립된 회로로 생각하는 것보다 하나의 전기 회로로 변환시키면 회로가 간단해지며 특성 계산을 쉽게 할 수 있다.

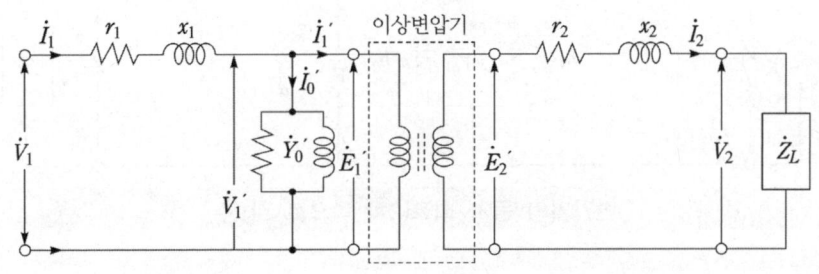

실제 변압기 회로

1) 1차 쪽에서 본 등가회로

2차 쪽의 임피던스 $\dot{Z}_2$와 $\dot{Z}_L$을 a^2배하여 1차 쪽에 접속하여도 무방하다고 생각할 수 있으며, a^2를 변압기의 환산 계수라고 한다. 1차 쪽의 전압, 전류, 임피던스, 어드미턴스는 그대로 두고, 2차 쪽의 전압을 a배, 전류를 $\frac{1}{a}$배, 임피던스는 a^2배로 한다.

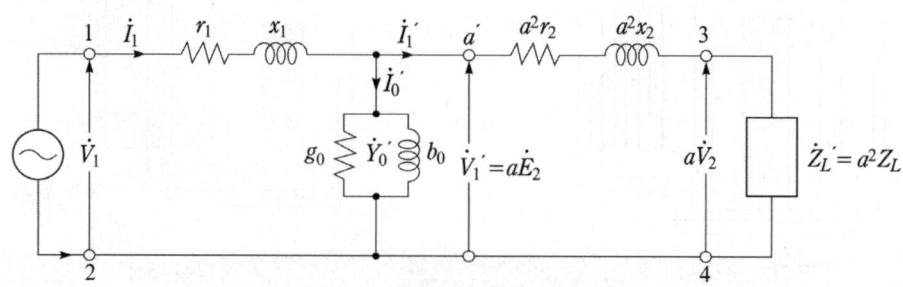

변압기의 등가 회로(1차 쪽으로 환산)

2) 2차 쪽에서 본 등가회로

등가 회로는 1차 쪽을 2차 쪽으로 환산하여 만들어지며, 2차 쪽 전압, 전류, 임피던스는 그대로 두고 1차 쪽의 전압을 $\frac{1}{a}$배, 전류를 a배, 임피던스를 $\frac{1}{a^2}$배, 어드미턴스는 a^2배로 한다.

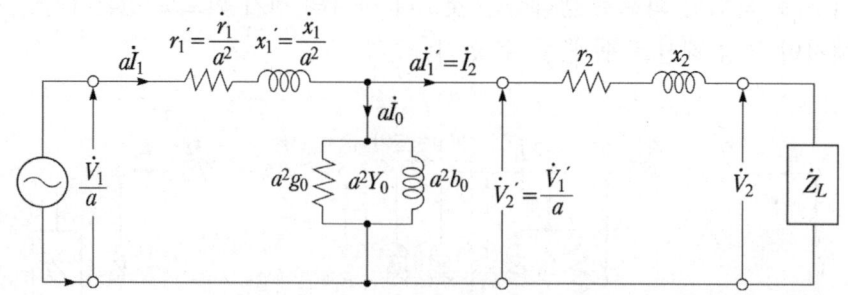

변압기의 등가 회로(2차 쪽으로 환산)

(2) 변압기 정격

변압기의 정격이란, 지정된 조건 하에서 변압기를 사용할 수 있는 한도.
정격 2차 전압, 정격 주파수, 정격 역률일 때에 2차 단자 간에 얻을 수 있는 피상 전력을 말하며, 단위는 [VA], [kVA]로 표시한다.
정격 용량[VA] = 정격 2차 전압 V_{2n} × 정격 2차 전류 I_{2n}

(3) 여자전류

변압기의 1차 권선에 정현파 교류 전압 v'_1을 가하면 여자 전류 i_0가 흐르고, 철심 내에는 정현파 자기력선속 ϕ가 생긴다. 실제 변압기에서는 변압기 철심에 히스테리시스 현상에 의한 자기 포화 때문에 1차 권선에 공급된 전원이 정현파라도 1차 권선에 흐르는 여자 전류 i_0는 그림과 같이 제3고조파를 포함하는 비정현파 전류 i'_0가 된다.

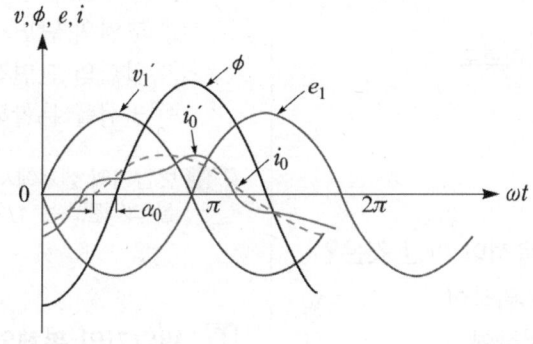

여자전류 곡선

출제예상문제

01 변압기의 자속은 무엇에 비례하는가?
① 전류   ② 권수
③ 주파수   ④ 전압

해설 변압기의 유도기전력 $E=4.44fN\phi_m[\text{V}]$에서 $\phi=\dfrac{E}{4.44fN}$의 관계가 성립한다.

02 변압기의 누설리액턴스는? (단, 여기서 N은 권수이다.)
① N에 비례한다.   ② N^2에 비례한다.
③ N에 무관하다.   ④ N에 반비례한다.

해설 자속 $\phi=\dfrac{F}{R}=\dfrac{\mu NI}{l}[\text{Wb}]$이므로
$L=\dfrac{N\phi}{I}=\dfrac{\mu N^2}{l}[\text{H}]\propto N^2$

03 변압기유를 사용하는 목적이 아닌 것은?
① 열방산을 좋게 하기 위하여
② 냉각을 좋게 하기 위하여
③ 절연을 좋게 하기 위하여
④ 철심의 온도상승을 좋게 하기 위해서

해설 변압기유는 변압기 권선의 절연과 냉각작용을 위해 사용한다.

04 변압기 기름의 열화를 방지하기 위하여 실행되는 방법 중 하나는?
① 산소봉입   ② 이산화탄소봉입
③ 수소봉입   ④ 질소봉입

해설 콘서베이터는 절연유의 열화방지를 위해 유면 위에 불활성 질소를 넣어 공기의 접촉을 막는다.

05 변압기의 1차, 2차 권선 간의 절연에 사용되는 것은?
① 에나멜   ② 무명실
③ 종이테이프   ④ 크래프트지

해설 고압 배전용 변압기는 코일이 동심적으로 여러 층이 되므로 코일의 한 층마다 크래프트지 또는 마닐라지 등을 넣어 절연한다.

06 변압기의 누설 리액턴스를 줄이는 가장 효과적인 방법은?
① 권선을 동심 배치한다.
② 코일의 단면적을 크게 한다.
③ 철심의 단면적을 크게 한다.
④ 권선을 분할하여 조립한다.

해설 변압기의 설계에서 권선을 분할하여 조립하면 누설 리액턴스는 1/2 이상 감소한다.

07 변압기의 본체와 변압기 오일 콘서베이터 사이에 설치되어 변압기 내부 고장 때 발생하는 가스 또는 기름의 흐름 변화를 검출하는 계전기는?
① 과전류계전기
② 차동전류계전기
③ 부흐홀츠계전기
④ 비율차동계전기

해설 부흐홀츠계전기는 변압기 내부 고장으로 발생하는 기름의 분해가스 증기 또는 유류를 이용하여 부자를 움직여서 계전기의 접점을 닫는 것이므로 변압기의 주 탱크와 콘서베이터의 연결관 도중에 설치한다.

정답 1. ④ 2. ② 3. ④ 4. ④ 5. ④ 6. ④ 7. ③

08 무부하의 변압기를 회로에 투입할 때 과전류 계전기가 들어 있어 투입되지 않는 이유는?

① 선로의 충전전류 때문에
② 이상 전압 발생 때문에
③ 과도 돌입 여자전류 때문에
④ 전압이 동요하기 때문에

해설 무부하 상태의 변압기를 투입하면 그 순간에 과도 여자 전류가 흐르고 자기회로가 정상상태로 된 후에야 비로소 정상전류가 흐르며 투입되지 않는 것은 과전류 때문이다.

09 변압기의 1차 및 2차 전압, 권선수, 전류를 각각 V_1, N_1, I_1 및 V_2, N_2, I_2라 할 때 권수비 a는?

① $\dfrac{V_1}{V_2} = \dfrac{N_1}{N_2} = \dfrac{I_1}{I_2}$ ② $\dfrac{V_1}{V_2} = \dfrac{N_2}{N_1} = \dfrac{I_1}{I_2}$

③ $\dfrac{V_2}{V_1} = \dfrac{N_1}{N_2} = \dfrac{I_1}{I_2}$ ④ $\dfrac{V_1}{V_2} = \dfrac{N_1}{N_2} = \dfrac{I_2}{I_1}$

해설 변압기 권수비는 전압과 권수에는 비례, 전류에는 반비례 관계가 있다.

10 1차 권수 6,600, 2차 권수 220인 변압기의 전압비는?

① 30   ② 1/30
③ 66   ④ 1/66

해설 $\dfrac{V_1}{V_2} = \dfrac{N_1}{N_2} = \dfrac{I_2}{I_1}$ 에서 $\dfrac{V_1}{V_2} = \dfrac{6{,}600}{220} = 30$

11 1차 권수 6,000, 2차 권수 200인 변압기의 1차에 6,600[V]를 가할 때 2차 전압[V]은?

① 220   ② 420
③ 380   ④ 120

해설 $a = \dfrac{V_1}{V_2} = \dfrac{N_1}{N_2} = \dfrac{I_2}{I_1}$ 에서 $V_2 = \dfrac{6600}{30} = 220[\text{V}]$

12 12,000/200[V]인 단상변압기의 1차에 12,000[V]의 전압을 가하면 2차 전압은 몇 [V]인가?

① 100   ② 200
③ 1000   ④ 2000

해설 $a = \dfrac{V_1}{V_2} = \dfrac{12000}{200} = 60$

$V_2 = \dfrac{V_1}{a} = \dfrac{12000}{60} = 200[\text{V}]$

13 1차 공급전압이 일정할 때 변압기의 1차 코일의 권수를 두 배로 하면 여자전류와 최대 자속은 어떻게 변하는가? (단, 자로는 포화 상태가 되지 않는다.)

① 여자전류 $\dfrac{1}{4}$ 감소, 최대 자속 $\dfrac{1}{2}$ 감소

② 여자전류 $\dfrac{1}{4}$ 감소, 최대 자속 $\dfrac{1}{2}$ 증가

③ 여자전류 $\dfrac{1}{2}$ 증가, 최대 자속 $\dfrac{1}{4}$ 감소

④ 여자전류 $\dfrac{1}{2}$ 증가, 최대 자속 $\dfrac{1}{4}$ 증가

해설 $V_1 \fallingdotseq E_1 = 4.44 f \omega_1 \phi_m [\text{V}]$, $\phi_m = \dfrac{V_1}{4.44 f \omega_1}[\text{Wb}]$

권수를 2배로 하면

$\phi'_m = \dfrac{V_1}{4.44 f \times 2\omega_1} = \dfrac{1}{2} \phi_m [\text{Wb}]$

$\phi_m \propto I_0 \omega_1$ 이고 권수의 $2\omega_1$일 때의 여자전류를 I_0'라 하면

$\dfrac{I_0' \times 2\omega_1}{I_0 \times \omega_1} = \dfrac{\phi'_m}{\phi_m} = \dfrac{1}{2}$, $I_0' = \left(\dfrac{1}{2}\right)^2 I_0 = \dfrac{1}{4} I_0 [\text{A}]$

최대 자속밀도는 $\dfrac{1}{2}$배, 여자전류는 $\dfrac{1}{4}$배로 감소

정답 8. ③ 9. ④ 10. ① 11. ① 12. ② 13. ①

14 3,300/110[V] 변압기의 1차에 30[A]의 전류를 흘리면 2차 전류[A]는?

① 1 ② 30
③ 900 ④ 1200

해설 $a = \dfrac{V_1}{V_2} = \dfrac{3300}{110} = 30$
$I_2 = aI_1 = 30 \times 30 = 900[A]$

15 권수비 50의 변압기에 있어 2차 쪽의 전류가 500[A]일 때, 이것을 1차 쪽으로 환산하면?

① 16[A] ② 10[A]
③ 9[A] ④ 6[A]

해설 $I_1 = \dfrac{I_2}{a} = \dfrac{500}{50} = 10[A]$

16 변압기의 권수비가 30일 때 2차 측 저항이 0.5[Ω]이다. 이것을 1차로 환산하면 몇 [Ω]인가?

① 300 ② 350
③ 400 ④ 450

해설 $Z_2' = a^2 Z_2 = 30^2 \times 0.5 = 450[\Omega]$

17 어떤 변압기의
1차 환산 임피던스 $Z_{12} = 900[\Omega]$이고,
2차로 환산하면 $Z_{21} = 1[\Omega]$이다.
2차 전압이 200[V]이면 1차 전압은?

① 1500[V] ② 3000[V]
③ 4500[V] ④ 6000[V]

해설 $Z_2' = a^2 Z_2$에서 $a = \sqrt{\dfrac{900}{1}} = 30$이므로
$a = \dfrac{V_1}{V_2} = \dfrac{N_1}{N_2} = \dfrac{I_2}{I_1}$에서
$V_1 = aV_2 = 30 \times 200 = 6000[V]$

18 변압기에서 2차를 1차로 환산한 등가회로의 부하 소비전력 $P_2'[W]$는 실제의 부하소비전력 $P_2[W]$에 대하여 어떠한가? (단, a는 변압비이다.)

① a배 ② a^2배
③ $\dfrac{1}{a}$배 ④ 변함없다.

해설 $P_2 = I_2^2 R_2[W]$, $R_1' = a^2 R_2[\Omega]$, $I_1' = \dfrac{I_2}{a}[A]$
$P_2' = (I_1')^2 R_2 = (\dfrac{I_2}{a})^2 a^2 R_2[W]$
$P_2' = P_2$이므로 변함이 없다.

19 변압기의 권선저항을 무시할 수 있다면 1차 유도기전력과 1차 전압과의 위상채[rad]는?

① $\dfrac{\pi}{2}$, 지상 ② π, 지상
③ $\dfrac{\pi}{2}$, 진상 ④ π, 진상

해설 유도기전력 e_1은 1차 공급전압 v_1'보다 π[rad]만큼 뒤진다.

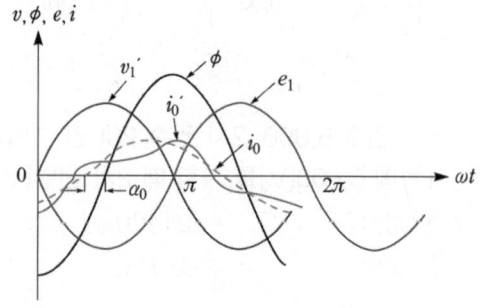

20 변압기의 여자전류가 일그러지는 이유는?
 ① 와류
 ② 자기포화와 히스테리시스 현상
 ③ 누설 임피던스의 원인
 ④ 동기 임피던스의 원인

해설 변압기의 철심에는 히스테리시스 현상이 있으므로 정현파 자속을 발생하기 위해서는 여자전류의 파형은 왜형파가 된다.

21 변압기의 2차측을 개방하였을 경우, 1차측에 흐르는 전류는 무엇에 의해 결정되는가?
 ① 여자 저항
 ② 여자 어드미턴스
 ③ 누설 리액턴스
 ④ 임피던스

해설 2차 개방 시 1차에는 여자전류 I_0만 흐르고 그 크기는 여자 어드미턴스에 의해 결정된다.

22 1차 전압이 22,900[V], 무부하전류가 0.098[A], 철손이 120[W]인 단상 변압기의 자화전류[A]는?
 ① 0.054 ② 0.031
 ③ 0.072 ④ 0.098

해설 $I_w = \dfrac{P_i}{V_1} = \dfrac{120}{22900} = 0.0052[\text{A}]$

$I_0 = \sqrt{I_\mu^2 + I_w^2}\,[\text{A}]$에서

$I_\mu = \sqrt{0.098^2 - 0.0052^2} \fallingdotseq 0.098[\text{A}]$

23 변압기에서 1차에는 전류가 흐르고 2차에는 전류가 흐르지 않는다고 하면 1차 전류를 나타내는 식은?(단, ϕ는 자속, R은 자기저항, N_1은 1차 권수이다.)
 ① $\dfrac{\phi N}{R}$ ② $\dfrac{\phi}{RN_1}$
 ③ $\dfrac{\phi R}{N_1}$ ④ $\dfrac{RN_1}{\phi}$

해설 자속 $\phi = \dfrac{\text{기자력}}{\text{자기저항}} = \dfrac{Ni}{R}$, $i_1 = \dfrac{\phi R}{N_1}$

정답 20. ② 21. ② 22. ④ 23. ③

과년도 출제문제

01 주상변압기 철심용 규소강판의 두께는 몇 [mm] 정도를 사용하는가? [02] [07] [09]
① 0.01   ② 0.05
③ 0.35   ④ 0.85

해설 주상변압기의 철심은 철손을 줄이기 위해 규소 함량 3~4[%], 0.35[mm]의 규소강판을 성층하여 사용한다.

02 변압기 절연유의 구비조건이 아닌 것은? [07]
① 응고점이 낮을 것
② 절연내력이 높을 것
③ 점도가 클 것
④ 인화점이 높을 것

해설 변압기 절연유의 구비조건
• 절연 내력이 클 것
• 열전도가 커서 냉각효과가 클 것
• 인화점이 높고, 응고점이 낮을 것
• 고온에서도 산화하지 않을 것
• 절연 재료와 화학 작용을 일으키지 않을 것

03 변압기에 콘서베이터(Conservator)를 설치하는 목적은? [03] [11]
① 절연유의 열화 방지
② 누설리액턴스 감소
③ 코로나현상 방지
④ 냉각효과 증진을 위한 강제통풍

해설 유입 변압기에서는 오일이 공기에 접촉하면 열화하므로 이것을 방지하기 위하여 외함 상부에 콘서베이터라고 하는 작은 용적의 원통형 용기를 두고, 이것을 외함에 연결하여 외함 안에는 공기가 존재하지 않게 한다. 이로써 오일이 공기에 접촉하는 표면적이 작아지고 또 호흡작용으로 공기가 직접 변압기 외함 내로 출입하지 않으므로 오일의 열화를 방지할 수 있다.

04 부흐홀츠 계전기로 보호되는 기기는? [02] [04] [09]
① 변압기   ② 발전기
③ 동기전동기   ④ 회전변류기

해설 변압기의 기름탱크 안에 발생된 가스 또는 여기에 수반되는 유류를 검출하는 접점을 가지는 변압기 보호용 계전기로 변압기 탱크와 콘서베이터 사이에 설치한다.

05 변압기 내의 축적된 가스, 기름의 흐름, 압력을 검출하는 계전기는? [02]
① 과전류계전기   ② 부흐홀츠계전기
③ 차동전류계전기   ④ 비율차동계전기

해설 부흐홀츠계전기는 변압기 내부 고장으로 발생하는 기름의 분해가스 증기 또는 유류를 이용하여 부자를 움직여서 계전기의 접점을 닫는 것이므로 변압기의 주 탱크와 콘서베이터의 연결관 도중에 설치한다.

06 변압기 내부 고장보호용으로 사용되는 계전기는? [04] [05]
① 거리계전기   ② 과전압계전기
③ 비율차동계전기   ④ 방향계전기

해설 변압기 내부 고장 발생 시 고·저압 측에 설치한 CT 2차 측의 억제 코일에 흐르는 전류차가 일정비율 이상이 되었을 때 계전기를 동작시키는 방식

정답 1. ③ 2. ③ 3. ① 4. ① 5. ② 6. ③

07 변압기의 층간단락이나 지락사고시 상단락을 보호하기 위하여 주로 무슨 계전기가 사용되는가? [03]
① 비율차동계전기 ② 거리계전기
③ 방향계전기 ④ 영상계전기

해설 비율차동계전기는 변압기 보호용 계전기로 보호구간에 유입되는 전류와 유출되는 전류의 벡터차, 출입하는 전류의 비율로 작동하는 계전기이다.

08 송유풍냉식 특고압용 변압기의 송풍기가 고장이 생길 경우에 어느 보호 장치가 필요한가? [02]
① 경보장치 ② 자동차단장치
③ 속도조정장치 ④ 전압계전기

해설 변압기의 송풍기가 고장이 발생할 경우 관리자에게 경보를 알려주는 장치가 필요하다.

09 특고압용 변압기의 냉각방식이 타냉식인 경우 냉각장치의 고장으로 인하여 변압기의 온도가 상승하는 것을 대비하기 위하여 시설하는 장치는? [12]
① 방진장치 ② 회로차단장치
③ 경보장치 ④ 공기정화장치

해설 냉각장치의 고장을 관리자에게 알려주는 경보장치가 필요하다.

10 변압기에 대한 설명으로 잘못된 것은? [02][07]
① 변압기의 호흡작용은 기름의 열화의 원인이 된다.
② 변압기의 임피던스 전압이 크면 전압변동률은 작다.
③ 변압기의 온도상승에 영향이 가장 큰 것은 동손이다.
④ 무부하 시험에서는 고압 쪽을 개방하고 저압 쪽에 기계를 단다.

해설 변압기의 임피던스가 작을수록 전압 변동률이 작다.

11 1차 전압이 380[V], 2차 전압이 220[V]인 단상변압기에서 2차 권회수가 44회일 때 1차 권회수는 몇 회인가? [14]
① 26 ② 76
③ 86 ④ 146

해설 $\dfrac{N_1}{N_2} = \dfrac{V_1}{V_2}$ 에서

$N_1 = \dfrac{V_1}{V_2} N_2 = \dfrac{380}{220} \times 44 = 76$[회]

12 그림과 같이 표시된 변압기 회로에 전원전압 200[V]를 인가할 때 전류계에 흐르는 전류는 몇 [A]인가? (단, 변압기의 무부하전류 손실은 무시한다.) [02]

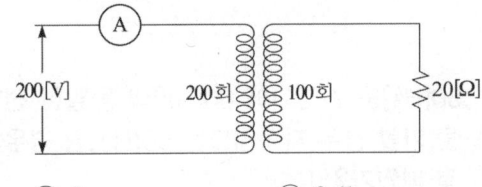

① 2 ② 2.5
③ 3 ④ 3.5

해설 $a = \dfrac{V_1}{V_2} = \dfrac{N_1}{N_2} = \dfrac{I_2}{I_1}$ 에서

$V_2 = \dfrac{100}{200} \times 200 = 100$[V], $I_2 = \dfrac{100}{20} = 5$[A]이고

$I_1 = \dfrac{100}{200} \times 5 = 2.5$[A]이다.

13 정격 30[kVA], 1차측 전압 6,600[V], 권수비 30인 단상변압기의 2차측 정격전류는 약 몇 [A]인가? [13]

① 93.2[A]   ② 136.4[A]
③ 220.7[A]   ④ 455.5[A]

해설 권수비$(a) = \dfrac{V_1}{V_2}$, $V_2 = \dfrac{V_1}{a} = \dfrac{6600}{30} = 220[V]$

2차측 정격전류

$I_{2n} = \dfrac{P_a}{V_2} = \dfrac{30 \times 10^3}{220} = 136.4[A]$

14 같은 크기의 철심 2개가 있다. A철심에 200회, B철심에 250회의 코일을 감고, A철심의 코일에 15[A]의 전류를 흘렸을 때와 같은 크기의 기자력을 얻기 위해서는 B철심의 코일에는 몇 [A]의 전류를 흘리면 되는가? [14]

① 3   ② 12
③ 15   ④ 75

해설 $\dfrac{V_1}{V_2} = \dfrac{N_1}{N_2} = \dfrac{I_2}{I_1}$ 에서

$I_2 = \dfrac{N_1}{N_2} \times I_1 = \dfrac{200}{250} \times 15 = 12[A]$

15 50[Hz]용 변압기에 60[Hz]의 동일한 전압을 가할 경우 자속밀도는 50[Hz]일 경우의 몇 배인가? [05]

① $\dfrac{6}{5}$ ② $\dfrac{5}{6}$
③ $\left(\dfrac{6}{5}\right)^2$ ④ $\left(\dfrac{5}{6}\right)^2$

해설 전압이 같으면 자속밀도는 주파수에 반비례한다. 주파수가 감소하면 자속밀도는 반비례하여 증가한다.

16 변압기의 누설 리액턴스를 줄이는 가장 효과적인 방법은? [02] [12] [13] [17]

① 코일의 단면적을 크게 한다.
② 권선을 동심 배치한다.
③ 권선을 분할하여 조립한다.
④ 철심의 단면적을 크게 한다.

해설 실제 변압기에서는 1차, 2차 권선을 통과하는 자속 이외에 권선의 일부만을 통과하는 누설자속이 존재하는데, 이 누설자속은 변압 작용에는 도움이 되지 않고 자기 인덕턴스 역할만 한다. 이것을 누설 리액턴스라 하며 이를 줄이기 위해 권선을 분할하여 조립하면 1/2 이상 감소된다.

17 변압기의 등가회로 작성에 필요 없는 시험은? [02] [09] [18]

① 단락시험
② 반환부하법
③ 무부하시험
④ 저항측정시험

해설 변압기 등가회로도 작성에 필요한 시험은 단락시험, 무부하시험, 저항측정시험이 있고, 반환부하시험은 변압기의 온도시험방법이다.

18 변압기의 여자전류에 많이 포함된 고조파는? [02] [03] [06]

① 제2고조파
② 제3고조파
③ 제4고조파
④ 제5고조파

해설 변압기 철심은 자기포화와 히스테리시스 현상으로 인하여 여자전류는 정현파가 아닌 제3고조파를 포함하는 비정현파가 된다.

정답 13. ②   14. ②   15. ②   16. ③   17. ②   18. ②

19 변압기의 여자전류의 파형은? [08] [12]

① 파형이 나타나지 않는다.
② 왜형파
③ 사인파
④ 구형파

해설 변압기의 철심에는 히스테리시스 현상이 있으므로 정현파 자속을 발생하기 위해서는 여자전류의 파형은 왜형파가 된다. 고조파 중에서 제일 큰 제3고조파이고, 그 크기는 실제 변압기에서 사용되는 자속밀도의 범위에서는 등가 정현파 전류의 40[%]에 도달한다.

20 변압기에 있어서 부하와는 관계없이 자속만을 발생시키는 전류는? [08]

① 철손전류
② 자화전류
③ 여자전류
④ 1차 전류

해설 자화전류는 자속을 만드는 전류이며, 철손전류와 자화전류의 합을 여자전류라 한다.

21 변압기에서 여자전류를 감소시키려면? [03] [16]

① 접지를 한다.
② 코일의 권회수를 증가시킨다.
③ 코일의 권회수를 감소시킨다.
④ 우수한 절연물을 사용한다.

해설 코일의 권회수를 늘리면 자기 인덕턴스에 의한 유도 리액턴스가 커지므로 여자전류가 감소한다.

22 1차 전압 2200[V], 무부하전류 0.088[A], 철손 110[W]인 단상변압기의 자화전류는? [02] [10]

① 50[mA]
② 72[mA]
③ 88[mA]
④ 94[mA]

해설 여자전류 $I_o = \sqrt{I_u^2 + I_w^2}$ [A]

철손전류 $I_w = \dfrac{P_i}{V_i} = \dfrac{110}{2,200} = 0.05$ [A]

자화전류 $I_u = \sqrt{I_o^2 - I_w^2} = \sqrt{0.088^2 - 0.05^2}$
$= 0.072$ [A] $= 72$ [mA]

정답 19. ② 20. ② 21. ② 22. ②

3 변압기의 특성

(1) 전압 변동률

변압기의 2차 단자전압은 무부하일 때에 비하여 정격 부하를 접속하면 다소 감소한다. 변압기의 전압 변동률은 전부하 시와 무부하 시의 2차 단자전압의 변동 정도를 나타내어 주는 것으로, 전압 변동률이 크면 부하의 증감에 따라 2차 전압 변동이 커진다.

$$\epsilon = \frac{V_{20} - V_{2n}}{V_{2n}} \times 100 [\%]$$ (V_{20} : 무부하 2차 전압, V_{2n} : 정격 2차 전압)

전압 변동률은 부하의 증감에 따라 2차 단자전압이 변동하는 정도를 나타내며, 전압 변동률이 큰 변압기는 부하의 증감에 따라 2차 단자전압의 변동이 크게 나타난다. 1차와 2차 권선의 저항과 누설 리액턴스에 의한 전압 강하가 생긴다.

(2) 전압 변동률 계산

$$\epsilon = p\cos\theta + q\sin\theta [\%]$$

1) % 저항강하(p)

정격전류가 흐를 때 권선저항에 의한 전압강하의 비율을 퍼센트로 나타낸 것

2) % 리액턴스 강하(q)

정격전류가 흐를 때 리액턴스에 의한 전압강하의 비율을 퍼센트로 나타낸 것

3) % 임피던스 강하 (%Z)

$$\%Z = \epsilon_{max} = \sqrt{p^2 + q^2}$$ (전압 변동률의 최댓값 ϵ_{max})

4) 단락전류

$$I_s = \frac{100}{\%Z} I_n$$ (I_n은 정격전류)

(3) 임피던스 전압, 임피던스 와트

1) 임피던스 전압(Vs)

저압측을 단락하여 고압측에 정격 전류가 흐르도록 했을 때의 고압측에 가한 전압 정격 전류가 흐르고 있을 때의 권선 임피던스에 의한 전압 강하를 나타낸다.

2) 임피던스 와트(Ps)

변압기의 저압측을 단락하고 고압측에 정격 전류를 흘렸을 때 전력(동손)으로 부하손 측정

(4) 변압기 손실

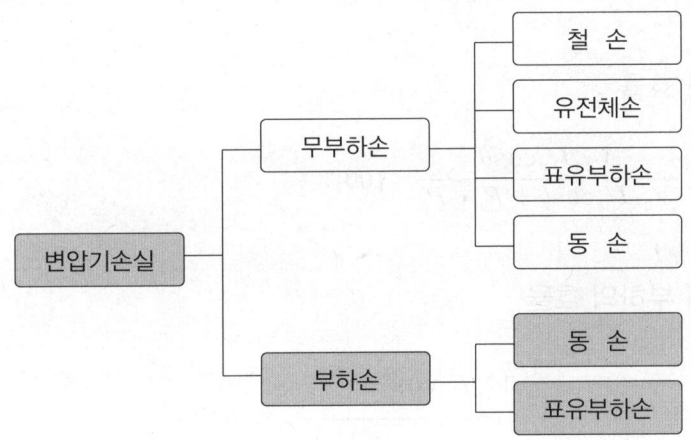

1) 무부하손

거의 대부분이 철손으로 되어 있다. ($P_i = P_h + P_e$) → 무부하시험으로 측정

① 히스테리시스손(철손의 약 80[%])

$P_h = k_h f B_m^{1.6} [\text{W/kg}]$

② 와류손(맴돌이전류손)

$P_e = k_e (tf B_m^{1.6})^2 [\text{W/kg}]$

B_m : 최대 자속밀도, t : 강판 두께, f : 주파수, k_h, k_e : 상수

2) 부하손

부하전류로 인하여 기기 내에 생기는 동손, 철손 등이며, 단락시험으로 측정한다. 변압기의 부하손에는 동손과 누설자속에 의한 표유부하손이 있으며 대부분 동손이다.

$$P_c = (r_1 + a^2 r_2) \cdot I_1^2 \, [\text{W}]$$

(5) 효율

1) 규약 효율

$$\eta = \frac{\text{출력}[\text{kW}]}{\text{출력}[\text{kW}] + \text{손실}[\text{kW}]} \times 100 \, [\%]$$

2) 전부하 효율

$$\eta = \frac{V_{2n} I_{2n} \cos\theta}{V_{2n} I_{2n} \cos\theta + P_i + P_c} \times 100 \, [\%]$$

3) 임의의 부하의 효율

$$\eta_{\frac{1}{m}} = \frac{\frac{1}{m} V_{2n} I_{2n} \cos\theta}{\frac{1}{m} V_{2n} I_{2n} \cos\theta + P_i + (\frac{1}{m})^2 P_c} \times 100 \, [\%]$$

4) 최대 효율 조건

① 전부하 시

부하손 = 무부하손 또는 철손(P_i) = 동손(P_c)

변압기에서 최대 효율 조건은 정격 부하의 70[%]일 때이며, 이때 철손과 동손의 비는 $P_i : P_c = 1 : 2$

② $\frac{1}{m}$ 부하 시

$$\frac{1}{m} = \sqrt{\frac{P_i}{P_c}}$$

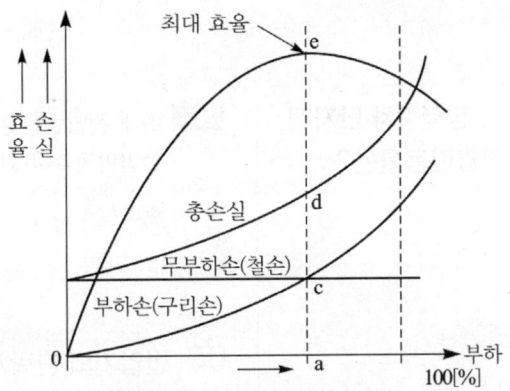

변압기 손실 및 효율 곡선

5) 전일효율(η_d)

하루 중에서 변압기의 출력 전력량과 입력 전력량의 백분율 비

$$\eta_d = \frac{1일중\ 출력량[kWh]}{1일중\ 입력량[kWh]} \times 100[\%] = \frac{1일중\ 출력량}{1일중\ 출력량 + 손실량} \times 100[\%]$$

$$= \frac{V_2 I_2 \cos\theta \times T}{V_2 I_2 \cos\theta \times T + 24 P_i + T \times P_c} \times 100[\%]$$

출제예상문제

01 무부하 2차 단자전압 V_{20}, 정격 2차 단자전압 V_{2n}일 때 변압기의 전압변동률은?

① $\dfrac{V_{20}}{V_{2n}} \times 100[\%]$

② $\dfrac{V_{2n}}{V_{20}} \times 100[\%]$

③ $\dfrac{V_{20} - V_{2n}}{V_{20}} \times 100[\%]$

④ $\dfrac{V_{20} - V_{2n}}{V_{2n}} \times 100[\%]$

해설 변압기의 전압변동률은 2차 측의 전압의 변화를 기준으로 $\epsilon = \dfrac{V_{20} - V_{2n}}{V_{2n}} \times 100[\%]$으로 나타낸다. 변압기 전압변동률은 부하 역률에 따라 달라지므로 지정 역률 부하라 한다.

02 변압기의 %저항강하 6[%], %리액턴스강하 8[%]일 때 최대 전압 변동률[%]은?

① 5　② 6　③ 8　④ 10

해설 최대 전압변동률
$\epsilon_m = \sqrt{p^2 + q^2} = \sqrt{6^2 + 8^2} = 10[\%]$

03 변압기의 % 저항강하(p), % 리액턴스강하(q)인 최대 전압변동률이 되는 부하의 역률은?

① $\cos\theta = \dfrac{p}{\sqrt{p+q}}$

② $\cos\theta = \dfrac{p}{\sqrt{p^2+q^2}}$

③ $\cos\theta = \dfrac{p}{p^2+q^2}$

④ $\cos\theta = \dfrac{p}{p+q}$

해설 최대 전압변동률 $\epsilon_{\max} = \sqrt{p^2 + q^2}$
전압변동률이 최대가 되는 부하의 역률
$\cos\theta = \dfrac{p}{\%Z} = \dfrac{p}{\sqrt{p^2+q^2}}$

04 변압기의 단락시험에서 % 저항강하 1.5[%]와 % 리액턴스강하 3[%]일 때 부하 역률이 80[%] 앞선 경우의 전압변동률[%]은?

① -0.6　② -4.5
③ 0.6　④ 4.5

해설 $\epsilon = p\cos\theta - q\sin\theta = 1.5 \times 0.8 - 3 \times 0.6$
$= -0.6[\%]$

05 5[kVA], 3,300/210[V] 단상변압기의 % 저항강하 2.4[%], 리액턴스 강하 1.8[%]일 때 임피던스 전압[V]은?

① 33　② 66
③ 82　④ 99

해설 $z = \sqrt{p^2 + q^2} = \sqrt{2.4^2 + 1.8^2} = 3[\%]$
$z = \dfrac{I_{1n}Z}{V_{1n}} \times 100 = \dfrac{V_s}{V_{1n}} \times 100 = \sqrt{p^2+q^2}[\%]$에서
$V_s = \dfrac{zV_{1n}}{100} = \dfrac{3 \times 3300}{100} = 99[\text{V}]$

06 75[kVA], 6600/220[V]인 단상 변압기의 % 임피던스 강하가 3[%]일 때 1차 단락전류[A]는?

① 213.64　② 378.78
③ 425.49　④ 512.53

정답 1. ④　2. ④　3. ②　4. ①　5. ④　6. ②

해설 $I_{1s} = \dfrac{100}{z} I_{1n} = \dfrac{100}{3} \times \dfrac{75 \times 10^3}{6600} = 378.78[A]$

07 일정 전압 및 파형에서 주파수가 감소하면 변압기의 철손은?

① 증가한다.
② 감소한다.
③ 불변이다.
④ 어떤 기간 동안 증가한다.

해설 일정 전압일 때 철손은 주파수에 반비례하므로 주파수가 감소하면 철손은 증가한다.

08 변압기의 권선과 철심 사이의 습기를 제거하기 위하여 건조하는 방법이 아닌 것은?

① 열풍법   ② 단락법
③ 진공법   ④ 가압법

해설 변압기 건조법 : 열풍법, 단락법, 진공법

09 정격 주파수 50[Hz]의 변압기를 일정 전압 60[Hz]의 전원에 접속하였을 때 1차 전류, 철손 및 리액턴스 강하는?

① 여자전류와 철손은 5/6 감소, 리액턴스 강하는 6/5 증가
② 여자전류와 철손은 6/5 감소, 리액턴스 강하는 5/6 감소
③ 여자전류와 철손, 리액턴스 강하 모두 6/5 증가
④ 여자전류와 철손, 리액턴스 강하 모두 5/6 감소

해설 일정 전압이므로 철손 P_i는 주파수 f에 반비례하며 여자전류도 철손에 비례하고, 리액턴스는 주파수에 비례한다.($x = 2\pi f L \propto f$)

10 변압기에 철심의 두께를 2배로 하면 와류손은 약 몇 배가 되는가?

① 2배로 증가한다.
② 1/2배로 증가한다.
③ 1/4배로 증가한다.
④ 4배로 증가한다.

해설 와류손 $P_e = K_e (tfB_m^{1.6})^2$에서 철심 두께 t의 제곱에 비례

11 변압기의 손실비와 최대효율을 나타내는 부하전류와의 관계는?

① 손실비가 커지면 부하전류가 적어진다.
② 손실비가 커지면 부하전류가 커진다.
③ 손실비가 커지면 그 제곱에 비례하여 부하전류가 커진다.
④ 부하전류는 손실비에 무관하다.

해설 $\eta = \dfrac{V_2 I_2 \cos\theta_2}{V_2 I_2 \cos\theta_2 + P_i + I_2^2(R_2 + \dfrac{R_1}{a^2})} \times 100[\%]$

12 주상변압기가 3/4 부하일 때 최대효율이 된다면 전부하에서 철손과 동손의 비 $\dfrac{P_c}{P_i}$는?

① 약 1.25
② 약 1.56
③ 약 1.64
④ 약 1.78

해설 최대효율 조건 ($\dfrac{1}{m}$ 부하 시) $\sqrt{\dfrac{P_i}{P_c}}$에서
$\dfrac{P_i}{P_c} = (\dfrac{1}{m})^2$이므로 $\dfrac{P_c}{P_i} = (\dfrac{4}{3})^2 = \dfrac{16}{9} ≒ 1.78$

정답 7. ①　8. ④　9. ①　10. ④　11. ③　12. ④

13 사용시간이 짧은 변압기의 전일 효율을 좋게 하기 위한 P_i(철손)과 P_c(동손)와의 관계는?

① $P_i > P_c$
② $P_i < P_c$
③ $P_i = P_c$
④ 관계없다.

해설 전일 효율을 최대로 하려면 $24P_i = hP_c$에서 부하시간 $24 > h$이고, 경부하 시간이 많으므로 $P_i < P_c$로 해야 한다.

정답 13. ②

과년도 출제문제

01 변압기의 전압변동률을 작게 하려면 어떻게 해야 하는가? [07] [08] [09]
① 권선의 리액턴스를 작게 한다.
② 권선의 임피던스를 크게 한다.
③ 권수비를 작게 한다.
④ 권수비를 크게 한다.

해설 $\epsilon = p\cos\theta + q\sin\theta [\%]$ 에서 %저항강하(p), %리액턴스 강하(q)를 작게 하고 역률을 높인다.

02 권수비 30인 단상변압기가 전 부하에서 2차 전압이 115[V], 전압변동률이 2[%]라 한다. 1차 단자전압은 약 몇 [V]인가? [02] [11]
① 3300　　② 3419
③ 3519　　④ 3700

해설 $\epsilon = \dfrac{V_{20} - V_{2n}}{V_{2n}} \times 100[\%]$ 에서
$V_{20} = 115 \times 0.02 + 115 = 117.3[V]$
$a = \dfrac{N_1}{N_2} = \dfrac{V_1}{V_2} = \dfrac{I_2}{I_1}$ 이므로
$V_1 = 30 \times 117.3 = 3519[V]$ 이다.

03 % 저항강하가 1.3[%], % 리액턴스강하가 2[%]인 변압기가 있다. 전 부하 역률 80[%] (뒤짐)에서의 전압변동률은 약 몇 [%]인가? [05] [07] [17]
① 1.35　　② 1.86
③ 2.18　　④ 2.24

해설 $\cos\theta = 0.8$ 이면 $\sin\theta = 0.6$ 이므로
$\epsilon = p\cos\theta + q\sin\theta = 1.3 \times 0.8 + 2 \times 0.6$
$= 2.24[\%]$

04 15[kVA], 3000/100[V]인 변압기의 1차 환산 등가 임피던스가 $5+j8[\Omega]$일 때 %리액턴스강하는 약 몇 [%]인가? [10] [14]
① 0.83　　② 1.33
③ 2.31　　④ 3.45

해설 %리액턴스 강하(q)
정격 전류가 흐를 때 리액턴스에 의한 전압강하의 비율을 퍼센트로 나타낸 것
1차 정격전류
$I_1 = \dfrac{P_a}{\sqrt{3}\,V_1} = \dfrac{15 \times 10^3}{\sqrt{3} \times 3000} = 2.886[A]$
백분율 리액턴스 강하
$q = \dfrac{I_1 X_{12}}{E_1} \times 100 = \dfrac{2.886 \times 8}{\dfrac{3000}{\sqrt{3}}} \times 100 = 1.33\%$
(여기서, E_1은 상전압)

05 변압기의 임피던스 전압이란 어떤 전압을 말하는가? [03] [06]
① 부하시험에서 인가되는 정격전압
② 무부하시험에서 인가하는 정격전압
③ 절연내력시험에서 절연이 파괴되는 전압
④ 정격전류가 흐를 때의 변압기 내의 전압강하 전압

해설 변압기의 임피던스 전압은 변압기에서 저압 측을 단락하고 고압 측에 정격 전류가 흐르도록 했을 때의 고압 측에 가한 전압을 말하며 정격 전류가 흐르고 있을 때의 권선 임피던스에 의한 전압 강하를 나타낸다.

정답 1.① 2.③ 3.④ 4.② 5.④

06 변압기에서 임피던스의 전압을 걸 때 입력은? [12]
① 정격용량
② 철손
③ 전부하 시의 전손실
④ 임피던스 와트

해설 임피던스 와트는 임피던스 전압을 걸었을 때 발생하는 와트(동손)로 변압기의 부하손 측정

07 어떤 변압기를 운전하던 중에 단락이 되었을 때 그 단락전류가 정격전류의 25배가 되었다면 이 변압기의 임피던스 강하는 몇 [%]인가? [04] [15]
① 2   ② 3
③ 4   ④ 5

해설 $I_s = \frac{100}{\%Z} I_n$ 에서 $\%Z = \frac{100}{\frac{I_s}{I_n}} = \frac{100}{25} = 4[\%]$

08 변압기에서 임피던스 전압을 구하는 시험은? [04] [05]
① 단락시험   ② 부하시험
③ 극성시험   ④ 변압비시험

해설 단락시험은 임피던스 전압과 전력을 측정하여 임피던스, 동손, % 리액턴스 강하 및 전압 변동률을 산출한다.

09 변압기의 시험 중에서 철손을 구하는 시험은? [12]
① 극성시험   ② 단락시험
③ 무부하시험   ④ 부하시험

해설 무부하 시험은 무부하 운전에 의한 시험을 말하며, 무부하손을 측정할 수 있다. 유도전동기의 경우에는 원선도를 구하는 데 필요한 시험이며, 여자 전류 및 그 위상, 그리고 무부하손을 산출할 수 있다. 변압기의 경우에는 여자 전류, 철손의 산출 가능

10 변압기의 개방회로시험으로 구할 수 없는 것은? [02]
① 무부하전류   ② 동손
③ 히스테리시스 손실   ④ 와류손

해설 무부하시험을 개방회로시험이라 하는데 이 시험을 통해서 철손과 무부하 여자전류를 측정할 수 있다. 동손은 단락시험을 통하여 구할 수 있다.

11 변압기의 철손과 동손을 측정할 수 있는 시험은? [08] [16]
① 철손 : 무부하시험, 동손 : 단락시험
② 철손 : 무부하시험, 동손 : 극성시험
③ 철손 : 부하시험, 동손 : 유도시험
④ 철손 : 단락시험, 동손 : 극성시험

해설 무부하시험으로는 철손, 무부하 여자전류 측정하며, 단락시험으로는 동손, 누설 임피던스, 누설 리액턴스, 저항, % 저항 강하, % 리액턴스 강하, % 임피던스 강하를 측정한다.

12 변압기의 철손은 부하전류가 증가하면 어떻게 되는가? [04] [08] [11]
① 감소한다.
② 증가한다.
③ 변압기에 따라 다르다.
④ 변동 없다.

해설 철손은 부하와는 관계가 없어 철손은 변동 없다.

정답 6. ④ 7. ③ 8. ① 9. ③ 10. ② 11. ① 12. ④

13 변압기에서 부하전류 및 전압은 일정하고, 주파수만 낮아지면 변압기는 어떻게 되는가? [09]
① 철손이 증가한다.
② 철손이 감소한다.
③ 동손이 증가한다.
④ 동손이 감소한다.

해설 전압이 일정하므로 와전류손 P_e는 일정하고 히스테리시스손 P_h는 증가한다. 철손 P_i는 히스테리시스손과 와전류손의 합이므로 결국 철손은 증가하게 된다.

14 변압기의 철손이 P_i[kW], 전 부하 동손이 P_c[kW]일 때 정격출력의 $\frac{1}{m}$인 부하를 걸었다면 전 손실은 몇 [kW]가 되는가? [03]
① $(P_i + P_c)(\frac{1}{m})^2$
② $P_i(\frac{1}{m})^2 + P_c$
③ $P_i + P_c(\frac{1}{m})^2$
④ $P_i + P_c(\frac{1}{m})$

해설
$$\eta_{\frac{1}{m}} = \frac{\frac{1}{m}V_{2n}I_{2n}\cos\theta}{\frac{1}{m}V_{2n}I_{2n}\cos\theta + P_i + (\frac{1}{m})^2 P_c} \times 100[\%]$$
이므로 정격출력 $\frac{1}{m}$일 때 손실은 $P_i + (\frac{1}{m})^2 P_c$

15 변압기의 철손이 P_i[kW], 전 부하 동손이 P_c[kW]일 때 정격출력의 $\frac{1}{2}$인 부하를 걸었다면 전 손실은? [10]
① $\frac{1}{4}(P_i + P_c)$
② $\frac{1}{4}P_i + P_c$
③ $P_i + \frac{1}{4}P_c$
④ $4(P_i + P_c)$

해설
$$\eta_{\frac{1}{m}} = \frac{\frac{1}{m}V_{2n}I_{2n}\cos\theta}{\frac{1}{m}V_{2n}I_{2n}\cos\theta + P_i + (\frac{1}{m})^2 P_c} \times 100[\%]$$
이므로 정격출력 $\frac{1}{2}$일 때 손실은
$$P_i + (\frac{1}{m})^2 P_c = P_i + (\frac{1}{2})^2 P_c = P_i + \frac{1}{4}P_c$$

16 변압기의 효율이 최고일 조건은? [12]
① 철손 = $\frac{1}{2}$동손
② 동손 = $\frac{1}{2}$철손
③ 철손 = 동손
④ 철손 = (동손)^2

해설 전부하시 철손(P_i) = 동손(P_c)일 때 최대효율조건이다.

17 정격 150[kVA], 철손 1[kW], 전부하 동손이 4[kW]인 단상 변압기의 최대효율[%]은? [04] [13]
① 약 96.8[%]
② 약 97.4[%]
③ 약 98.0[%]
④ 약 98.6[%]

해설 철손 1[kW], 전부하 동손 4[kW]이므로
$$\eta = \frac{출력}{출력 + 손실} \times 100[\%] 에서$$
$$\eta = \frac{150}{150 + (1+4)} \times 100 = 96.77[\%]$$

정답 13. ① 14. ③ 15. ③ 16. ③ 17. ①

18 변압기의 전일효율을 최대로 하기 위한 조건은? [12]

① 전부하 시간이 길수록 철손을 작게 한다.
② 전부하 시간이 짧을수록 무부하손을 작게 한다.
③ 전부하 시간이 짧을수록 철손을 크게 한다.
④ 부하 시간에 관계없이 전부하 동손과 철손을 같게 한다.

해설 전일효율

$$\eta_d = \frac{1일\ 중\ 출력량}{1일\ 중\ 출력량 + 손실량} \times 100[\%]$$

$$= \frac{V_2 I_2 \cos\theta \times T}{V_2 I_2 \cos\theta \times T + 24 P_i + T \times P_c} \times 100[\%]$$

최대효율조건이 철손(P_i) = 동손(P_c)이므로 $24 P_i = T \times P_c$이다.

전부하 시간이 짧을수록 철손을 적게 하지 않으면 안 된다.

정답 18. ②

4 변압기의 결선

(1) 변압기의 극성

권선을 감는 방향에 따라 감극성과 가극성으로 구분되고, 우리나라는 감극성을 표준으로 채택하고 있다.

1) 감극성

1차 권선에서 발생하는 유도기전력 E_1과 2차 권선에서 발생하는 유도기전력 E_2의 방향이 동일 방향으로 되는 것

$$V = V_1 - V_2$$

2) 가극성

1차 권선에서 발생하는 유도기전력 E_1과 2차 권선에서 발생하는 유도기전력 E_2의 방향이 반대 방향으로 되는 것

$$V = V_1 + V_2$$

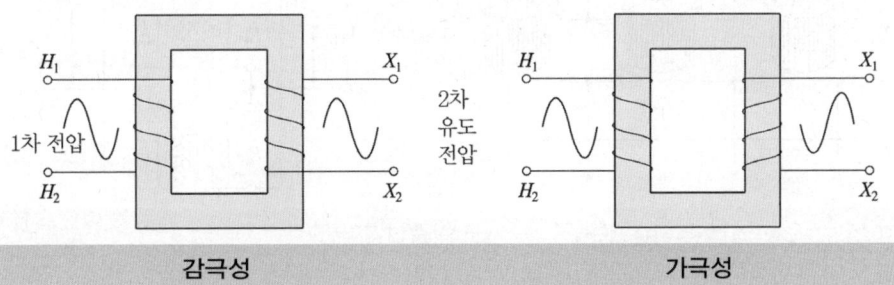

| 감극성 | 가극성 |

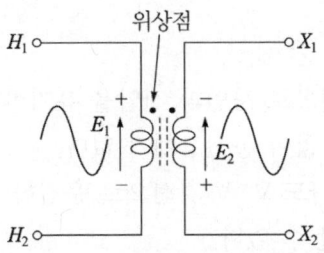 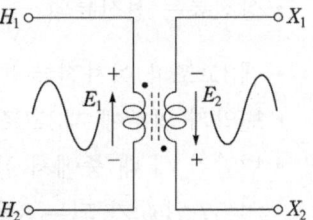

변압기의 극성

(2) 변압기 결선

3대의 단상 변압기를 사용하여 3상 변압기로 이용할 경우에는 단상 변압기는 다음과 같은 조건이 필요하다.
- 용량, 주파수, 전압 등의 정격이 같아야 한다.
- 권선의 저항, 누설 리액턴스, 여자 전류 등이 같아야 한다. 단상 변압기 3대를 이용하여 3상 결선을 하는 방법은 Y-Y, △-△, △-Y, Y-△ 결선의 네 가지 종류가 있다. 이 밖에도 단상 변압기 두 대를 결선하는 V-V 결선이 있다.

1) △-△ 결선

- △-△ 결선은 변압기의 1차 쪽과 2차 쪽을 모두 △결선으로 접속한 3상 결선 방식이다.
- 선간전압과 상전압이 서로 같기 때문에 고압인 경우에 절연이 어려워 60[kV] 이하의 저전압, 대전류용인 배전용 변압기에만 주로 사용된다.

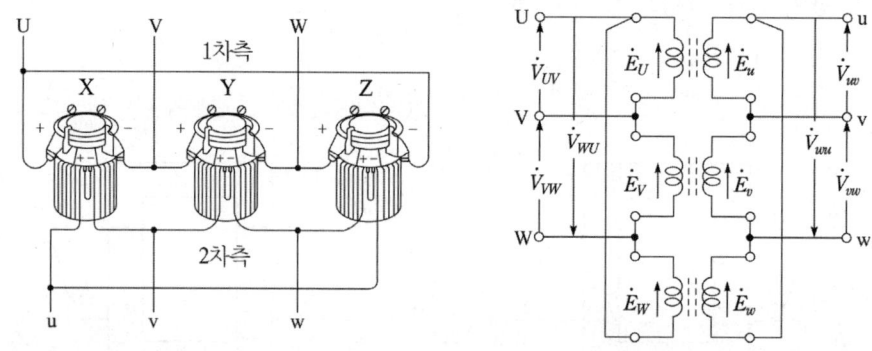

△-△ 결선

① 장점
- 상전류는 선전류의 $\dfrac{1}{\sqrt{3}}$이다.
- 제3고조파 여자전류 통로를 가지게 되므로 사인파 전압을 유기한다.
- 변압기 외부에 제3고조파가 발생하지 않아 통신장애가 없다.
- 변압기 세 대 중에서 한 대가 고장이 나도 V-V 결선으로 운전하여 정격출력의 57.7[%]가 되는 3상 전력을 사용할 수 있다.

② 단점
- 중성점 접지가 안 되어 지락사고 시 보호가 곤란하다.
- 상부하 불평형일 때에 순환전류가 흐른다.

2) Y-Y 결선
- Y-Y 결선은 변압기의 1차 쪽과 2차 쪽을 모두 Y 결선으로 접속한 3상 결선 방식이다.
- 3권선 변압기에서 Y-Y-△의 송전 전용으로 주로 사용한다.

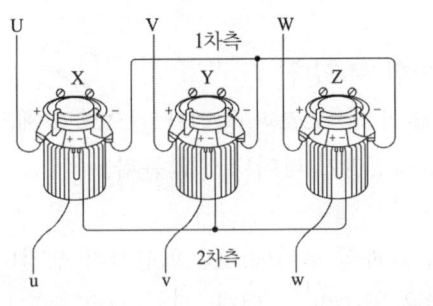 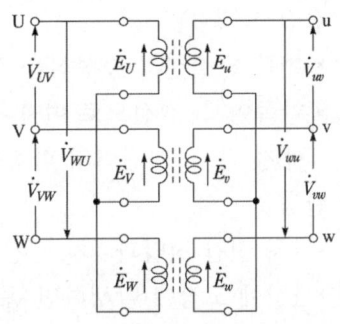

Y-Y 결선

① 장점
- 1, 2차 모두 Y 결선이므로 중성점을 접지할 수 있어 보호계전방식의 채용이 가능하다.
- 상전압이 선간 전압의 $\dfrac{1}{\sqrt{3}}$ 배이므로 절연이 용이하여 고전압에 유리하다.

② 단점
- 중성점이 접지되어 있지 않으면 제3고조파 통로가 없어 기전력 파형이 제3고조파를 포함하는 왜형파가 된다.
- 중성점이 접지되어 있으면 접지선을 통하여 제3고조파 전류가 흘러 통신장애를 일으킨다.

3) △-Y 결선
- △-Y 결선은 변압기의 1차 쪽은 △ 결선으로 접속하고, 2차 쪽은 Y 결선으로 접속한 3상 결선 방식

- △-Y 결선법은 2차 쪽의 선간 전압이 변압기의 권선 전압의 $\sqrt{3}$ 배가 되므로, 발전소용 변압기와 같이 낮은 전압을 높은 전압으로 올리는 경우에 주로 사용
- △-Y 결선은 승압용 변압기로 송전단 변전소용에서 사용

4) Y-△ 결선

Y-△ 결선은 변압기의 1차 쪽은 Y 결선으로 접속하고, 2차 쪽은 △ 결선으로 접속한 3상 결선 방식이다. Y-△ 결선은 강압용 변압기로 수전단 변전소용에 사용하여 송전계통에서 사용

① 장점
- 한쪽 Y 결선의 중성점을 접지할 수 있다.
- 한쪽이 △ 결선으로 여자 전류의 제3고조파 통로가 있으므로 제3고조파의 장애가 적고, 기전력의 파형에 왜형파가 나타나지 않는다.

② 단점
- 1차 선간 전압과 2차 선간 전압과의 사이에 30° 위상차가 생긴다.
- 1상에 고장이 발생하면 송전을 계속할 수 없다.

5) V-V 결선

V-V 결선은 △-△ 결선 방식에 의하여 3상 변압을 하는 경우에 한 대의 변압기가 고장이 나면 고장난 변압기를 제거하고, 남은 두 대의 변압기를 이용하여 3상 전력을 변압하여 3상 부하에 전력을 계속 공급할 수 있는 결선 방식이다. V-V 결선에서 출력은 △-△ 결선의 출력에 비하여 $\frac{1}{\sqrt{3}}$로 작아져 부하 용량이 57.7[%]로 줄어들고, 변압기의 이용률도 86.6[%]로 줄어든다.

V-V 결선은 설치 방법이 간단하고, 소용량이며 가격이 저렴하여 3상 부하에 널리 이용된다. 하지만, 부하의 상태에 따라 2차 단자전압이 불평형이 될 수 있는 단점이 있다.

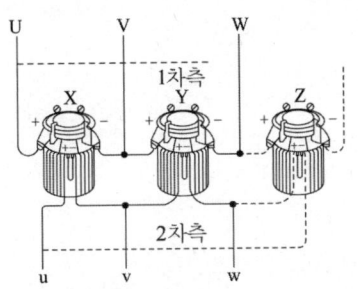 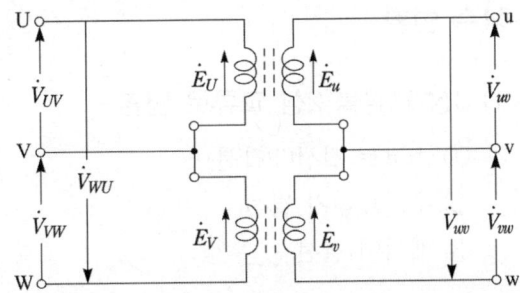

V-V 결선

① V 결선의 3상 출력

$$P_V = \sqrt{3}\,P$$

② △ 결선과 V 결선의 출력비

$$\frac{P_V}{P_\triangle} = \frac{\sqrt{3}\,P}{3P} = 0.577 = 57.7[\%]$$

③ V 결선한 변압기의 이용률

$$이용률 = \frac{\sqrt{3}\,P}{2P} = 0.866 = 86.6[\%]$$

(3) 3상 변압기

3개의 다리를 가진 한 철심에 각 상의 권선을 감은 변압기

1) 3상 변압기의 장점

① 철심재료가 적게 들고, 효율이 좋고 바닥 면적이 작으며, 가격이 싸다.
② 결선이 쉽다.
③ 전압 조정을 위한 탭 절환장치 채용에 유리하다.

2) 3상 변압기의 단점

① V 결선으로 운전할 수 없다.
② 예비기가 필요 시 3상 변압기 1세트가 있어야 하므로 비경제적이다.

(4) 상수 변환

1) 3상 교류를 2상 교류로 변환
① 스코트 결선(T결선)
② 우드브리지 결선
③ 메이어 결선

2) 3상 교류를 6상 교류로 변환
대용량 직류변환에 이용된다.
① 2차 2중 Y 결선
② 2차 2중 △ 결선
③ 대각 결선
④ 포크 결선

5 변압기 병렬운전

각 변압기가 정상적인 병렬운전을 하게 되면 변압기의 운전 상태는 다음과 같이 유지된다.
첫째, 각 변압기가 그 용량에 비례하여 부하를 분담한다.
둘째, 각 변압기에 대한 전류의 대수합은 항상 전체의 부하전류와 같다.
셋째, 병렬로 연결되어 있는 각 변압기의 폐회로에 순환 전류가 흐르지 않는다.

(1) 병렬운전 조건

1) 극성이 같을 것
변압기의 극성이 같지 않으면 2차 권선에 매우 큰 순환전류가 흘러서 변압기 권선이 소손된다.

2) 권수비가 같고 1차 및 2차 정격전압이 같을 것
권수비가 다른 경우에도 2차 유도기전력의 크기가 서로 다르게 되므로 2차 권선의 폐회로에 순환 전류가 흐른다. 이 전류에 의하여 권선이 가열되고, 파손된다.

3) %임피던스 강하가 같을 것

각 변압기의 임피던스가 정격용량에 반비례할 것.
% 임피던스가 같지 않으면 부하부담이 부적당하게 된다.

4) 저항과 리액턴스의 비가 같을 것

각 변압기의 저항과 리액턴스의 비가 같지 않으면 위상차가 발생하여 동손이 증가한다.

(2) 3상 변압기군의 병렬운전의 결선

병렬운전 가능		병렬운전 불가능
△-△와 △-△	△-Y와 △-Y	△-△와 △-Y
Y-Y와 Y-Y	△-△와 Y-Y	△-Y와 Y-Y
Y-△와 Y-△	△-Y와 Y-△	

6 변압기의 점검과 시험

(1) 변압기 점검과 보수

1) 변압기 점검

변압기를 점검하고 유지·관리하는 목적은 변압기의 열화 정도를 파악하고 열화를 방지하며, 기대하는 본래의 수명을 유지하는 데에 있다.

2) 변압기 건조

변압기의 권선과 철심을 건조함으로써 습기를 없애고 절연을 향상시킬 수 있다.

① 열풍법

송풍기와 전열기에 의하여 뜨거운 바람을 보내어 건조한다. 건조의 정도는 권선과 철심 간, 권선 상호간의 절연저항을 측정하여 알 수 있다. 처음 열 시간 정도는 절연 저항이 내려가지만 이후에는 올라간다. 절연 저항값이 일정한 값 이상이 되면 건조를 정지한다.

② 단락법

변압기의 1차 권선 또는 2차 권선을 단락하고, 다른 권선에 임피던스 전압의 약 20[%] 정도를 인가시켜 단락전류에 의한 동손을 이용하여 가열 건조한다.

③ 진공법

제조공정에서 사용하는 방법으로 건조가 빠르고 결과도 좋다. 변압기를 탱크에 넣어 밀봉하고, 그 속에 증기가 통하는 관을 설치하여 보일러를 이용하여 가열하는 한편, 진공펌프로 탱크 내의 공기를 빼내고 절연물 속의 습기를 증발 건조시킨다. 탱크 내의 온도는 80~90[℃] 정도로 한다.

3) 절연물의 열화 정도를 파악하는 방법

① 절연저항 측정 : 1,000[V] 또는 2,000[V]의 전자식 절연 저항계를 사용하고 권선과 권선 간, 각 권선과 외함 간에 실시

② 유전 정접 시험(tanδ) : 유전 손실은 유전 정접에 비례하며 유전 정접은 사용하고 있는 절연물의 온도, 습도, 상태 등에 관계되는 고유한 값으로, 절연물의 형태나 치수에 관계가 없기 때문에 절연물의 성질과 상태를 표시하는 기준으로 삼고 있으며, 유전 정접의 측정은 셰어링 브리지를 이용한 측정기, 전자식 탄델타(tanδ) 미터를 사용

③ 유중 가스 분석시험 : 변압기에서 채취한 변압기유 중의 용해 가스를 추출, 분석하여 내부 이상 유무와 그 내용을 진단하는 방법으로 변압기를 정지시키지 않고 약간의 내부 이상도 점검 가능

④ 변압기유의 절연내력 시험 : 변압기유 중에 설치되어 있는 전극에 상용 주파수의 교류전압을 절연이 파괴될 때까지 올려 절연 파괴 전압 측정

7 특수 변압기

(1) 단권변압기

단권변압기는 변압기의 1차 권선과 2차 권선의 회로가 서로 절연되지 않고 권선의 일부를 공통 회로로 사용한 변압기이며, 권선 하나의 도중에 탭을 만들어 사용한 것으로, 경제적이고 특성도 좋다.

권수비 a가 1에 가까울수록 효율과 특성이 좋아지므로 전압비가 적은 전력 계통에는 물론 가정용 전압 조정기에 이르기까지 다양하게 사용되고 있다.

권수비 $a = \dfrac{V_1}{V_2} = \dfrac{N_1}{N_1 + N_2}$

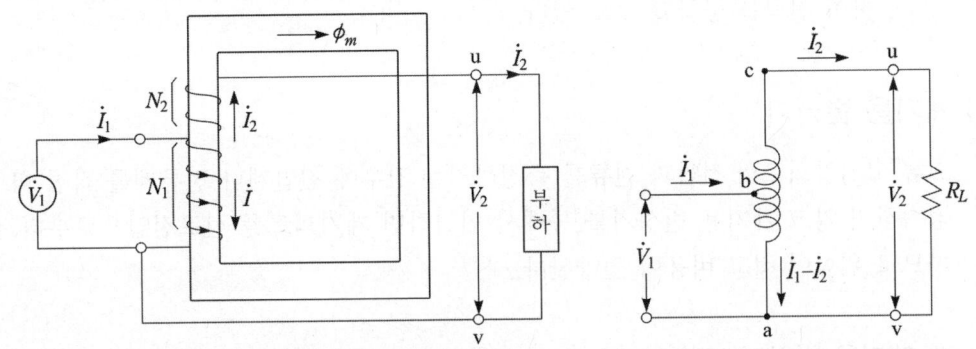

단권변압기의 원리

1) 보통 변압기와 단권변압기의 비교

① 권선이 가늘어도 되며 자로가 단축되어 재료를 절약할 수 있다.
② 동손이 감소되어 효율이 좋다.
③ 공통선로를 사용하므로 누설자속이 없어 전압변동률이 작다.
④ 고압 측 전압이 높아지면 저압 측에서도 고전압을 받게 되므로 위험이 따른다.

2) 자기용량과 부하용량의 비

① 단권변압기 용량(자기용량) $= (V_2 - V_1)I_2 = V_2 I_2 \left(1 - \dfrac{V_1}{V_2}\right) = (1-a)V_2 I_2$

② 부하용량 (2차 출력) $V_2 I_2$

$\therefore \dfrac{\text{자기용량}}{\text{부하용량}} = \dfrac{(V_2 - V_1)I_2}{V_2 I_2} = \dfrac{V_2 - V_1}{V_2}$

(2) 3권선 변압기

1개의 철심에 3개의 권선이 감겨 있는 변압기를 3권선 변압기라 한다.

1) 용도

① 3차 권선에 콘덴서를 접속하여 1차측 역률을 개선하는 선로 조상기로 사용할 수

있다.
② 3차 권선으로부터 발전소나 변전소의 구내전력을 공급할 수 있다.
③ 두 개의 권선을 1차로 하여 서로 다른 계통의 전력을 받아 나머지 권선을 2차로 하여 전력을 공급할 수도 있다.

(3) 계기용 변성기

교류 고전압회로의 전압과 전류를 측정하려는 경우에 전압계나 전류계를 직접 회로에 접속하지 않고 계기용 변성기를 통해서 연결하면 계기회로를 선로전압으로부터 절연하므로 위험이 적고 비용이 절약된다.

1) 계기용 변압기(PT)

① 전압을 측정하기 위한 변압기로 2차 측 정격전압은 110[V]가 표준이다.
② 변성기 용량은 2차 회로의 부하를 말하며 2차 부담이라고 한다.

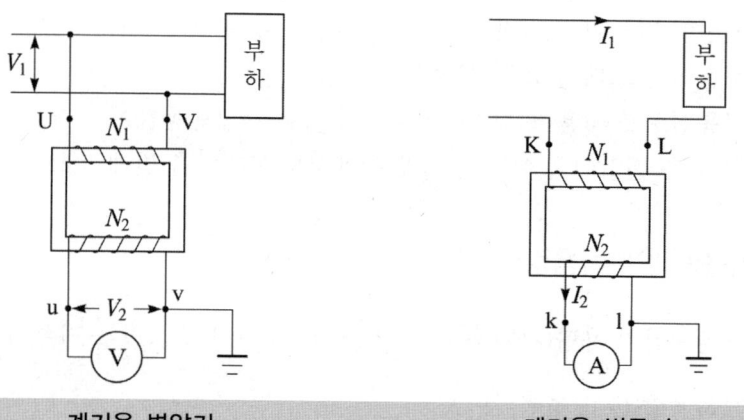

| 계기용 변압기 | 계기용 변류기 |

2) 계기용 변류기(CT)

① 전류를 측정하기 위한 변압기로, 2차 전류는 5[A]가 표준이다.
② 계기용 변류기는 2차 전류를 낮게 하기 위하여 권수비가 매우 작으므로 2차 측을 개방하면 2차 측에 매우 높은 기전력이 유기되어 위험하므로 2차 측을 절대로 개방해서는 안 된다.

(4) 부하 시 전압조정 변압기

부하변동에 따른 선로의 전압강하나 1차 전압이 변동해도 2차 전압을 일정하게 유지하고자 하는 경우에 전원을 차단하지 않고 부하를 연결한 상태에서 1차 측 탭을 설치하여 전압을 조정하는 변압기이다.

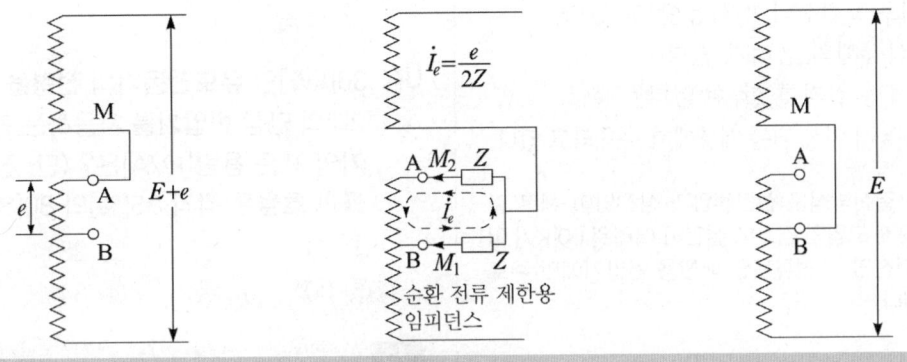

전압조정 변압기 원리

(5) 누설 변압기

네온관 점등용 변압기나 아크 용접용 변압기에 이용되는 변압기이다. 누설자속을 크게 한 변압기로 정전류 변압기라고도 한다.

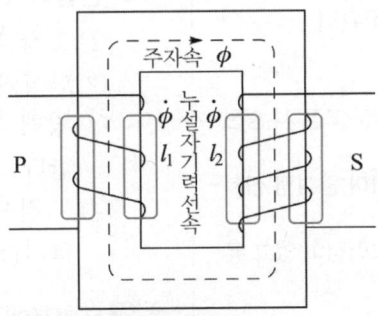

누설 변압기 원리

출제예상문제

01 변압기 △-△ 결선방식에 대한 설명으로 틀린 것은?
① 단상변압기 3대 중 1대가 고장이 났을 때 2대로 V결선하여 사용할 수 있다.
② 통신장해의 염려가 없다.
③ 중성점 접지를 할 수 없다.
④ 100[kV] 이상 되는 계통에서 사용되고 있다.

해설 △-△ 결선방식은 선간전압과 상전압이 서로 같기 때문에 고압인 경우에 절연이 어려워 60[kV] 이하의 저전압, 대전류용인 배전용 변압기에만 주로 사용된다.

02 Y-△ 결선 변압기의 특징으로 옳은 것은?
① 1, 2차 간 전류, 전압의 위상변위가 없다.
② 1상에 고장이 발생해도 송전을 계속할 수 있다.
③ 저압에서 고압으로 송전하는 데 주로 사용된다.
④ 강압용 변압기에 주로 사용된다.

해설 Y-△ 변압기 결선방식의 특징
- 1, 2차에 각 변위 30°가 생기고 1상 고장 시 송전을 계속할 수 없다.
- 2차 변전소에서 강압용에 사용하며 중성점 접지가 되고 이상전압이 경감된다.
- 제3고조파에 의한 기전력의 일그러짐이 없고 유도장애가 적다.

03 변압기 30 : 1의 단상 변압기 3대를 1차 △, 2차 Y로 결선하고 1차 선간전압 3300[V]를 가했을 때의 무부하 2차 선간전압[V]은?
① 250 ② 220
③ 210 ④ 190

해설 $a = \dfrac{E_1}{E_2}$에서 $E_2 = \dfrac{3300}{30} = 110[V]$,
선간전압 $= \sqrt{3} E_2 = 110\sqrt{3} ≒ 190[V]$

04 30[kW]인 유도전동기의 전력을 공급할 때, 2대의 단상 변압기를 사용하는 경우에 변압기의 표준 용량[kVA]은? (단, 전동기의 역률과 효율은 각각 85[%]와 80[%]라 한다.)
① 24 ② 28
③ 30 ④ 34

해설 전동기의 입력 $= \dfrac{P}{\eta_m \cos\theta} = \dfrac{P}{0.85 \times 0.80}$
V결선 변압기 출력은 $\sqrt{3} K$[kVA]이므로
$K = \dfrac{P}{\sqrt{3}\eta_m \cos\theta} = \dfrac{40}{\sqrt{3} \times 0.85 \times 0.8}$
$= 33.96 ≒ 34[kVA]$

05 변압기 V 결선의 특징으로 잘못된 것은?
① 고장 시 응급처치방법으로 쓰인다.
② 단상변압기 2대로 3상 전력을 공급한다.
③ 장래 부하증가가 예상되는 지역에 시설한다.
④ V 결선 시 출력은 △ 결선 시 출력과 그 크기가 같다.

해설 V 결선의 3상 출력은 $P_V = \sqrt{3} P$이다.

06 3상 전원에서 한 상에 고장이 발생했을 때 3상 전력을 공급할 수 있는 결선방법은?
① Y결선 ② V결선
③ △결선 ④ 단상 결선

정답 1.④ 2.④ 3.④ 4.④ 5.④ 6.②

해설 V-V 결선은 △-△ 결선으로 3상 변압을 하는 경우 1대의 변압기가 고장이 나더라도 남은 2대의 변압기를 이용하여 3상 변압을 계속하는 3상 결선방식으로 많이 사용된다.

07 100[kVA]의 단상변압기 3대로 △-△ 결선하여 300[kVA]의 전력을 공급하던 중 1대가 고장나서 2대로 송전 시 송전 가능한 용량[kVA]은?
① 300 ② 200
③ 173.2 ④ 86.6

해설 V 결선의 3상 출력은
$P_V = \sqrt{3}\,P = \sqrt{3} \times 100 = 173.2[\text{kVA}]$

08 3상 전원에서 6상 전압을 얻을 수 없는 변압기 결선방식은?
① 포크결선
② 2중 3각 결선
③ 2중 성형결선
④ 스코트결선

해설 스코트(T)결선은 3상에서 2상을 얻는 결선이다. 3상에서 6상 전압을 얻는 방법은 환상결선, 2중 Y결선, 2중 △결선, 대각결선, 포크결선 등이 있다.

09 Y-△ 결선의 변압기군 A와 △-Y 결선의 3상 변압기군 B를 병렬로 사용할 때, A군 변압기 권수비가 30이라면 B군 변압기의 권수비는?
① 30 ② 60
③ 90 ④ 120

해설 A, B군의 변압기군의 권수비를 a_A, a_B, 1차, 2차 유도기전력과 선간전압을 E_1, E_2, V_1, V_2라 하면

$a_A = \dfrac{E_1}{E_2} = \dfrac{\frac{V_1}{\sqrt{3}}}{V_2}$

$a_B = \dfrac{E_1'}{E_2'} = \dfrac{V_1}{\frac{V_2}{\sqrt{3}}}$

$\dfrac{a_A}{a_B} = 3$이므로

B군 변압기 권수비는 $3a_A = 3 \times 30 = 90$

10 내철형 3상 변압기를 단상 변압기로 사용할 수 없는 이유는?
① 1차, 2차 간의 각 변위가 있기 때문에
② 각 권선마다의 독립된 자기 회로가 있기 때문에
③ 각 권선마다의 독립된 자기 회로가 없기 때문에
④ 각 권선이 만든 자속이 $\dfrac{3\pi}{2}$ 위상차가 있기 때문에

해설 내철형 3상 변압기는 각 권선마다 독립된 자기 회로가 없기 때문에 각 권선을 단상으로 사용할 수 없지만 외철형 3상 변압기는 각 상마다 독립된 자기 회로를 가지고 있으므로 단상 변압기로 사용할 수 있다.

11 단권변압기의 용도 중 잘못된 것은?
① 권수비가 10 이상의 강압용에 사용
② 승압변압기로 사용
③ 전압조정기로 사용
④ 기동보상기로 사용

해설 1, 2차를 같은 권선을 사용하기 때문에 권수비를 크게 하지는 못한다.

정답 7. ③ 8. ④ 9. ③ 10. ③ 11. ①

12 3,300/210[V], 10[kVA]인 단상 주상 변압기를 승압용 변압기로 접속하고 1차에 3,000[V]를 인가할 때 전력[kVA]은?

① 약 76 ② 약 128
③ 약 136 ④ 약 152

해설
$V_2 = V_1 + \dfrac{210}{3300} V_1 = 3000 + \dfrac{210}{3300} \times 3000$
$\fallingdotseq 3191 [V]$

$I_2 = \dfrac{10 \times 10^3}{210} \fallingdotseq 47.62 [A]$

$P_2 = V_2 I_2 = 3191 \times 47.62 \times 10^{-3} = 151.95$
$\fallingdotseq 152 [kVA]$

13 누설 변압기의 특징이 아닌 것은?

① 전압변동률이 작고 고역률
② 아크등, 방전등, 아크 용접기의 전원용 변압기로 사용
③ 부하에 일정한 전류를 공급하는 정전류 전원용으로 사용
④ 기동 시에는 고전압, 운전 중에는 낮은 전압이 요구되는 곳에 사용

해설 누설자속으로 전압변동률이 높고 역률이 매우 나쁘다.

14 네온관용 변압기는?

① 단상 변압기
② 3상 변압기
③ 정전압 변압기
④ 자기 누설변압기

해설 네온관등과 같이 기동에 고전압이 필요하고 정상 상태에서는 저전압이 필요한 곳에는 자기 누설변압기를 사용한다.

15 변압기 절연내력시험과 관계없는 것은?

① 가압시험 ② 유도시험
③ 충격시험 ④ 극성시험

해설 변압기 절연내력시험
- 변압기유의 절연파괴 전압시험 : 변압기유의 절연내력시험
- 유도시험 : 전기기기의 층간절연을 시험하는 것으로 권선 간에 절연내력을 확인
- 가압시험 : 온도시험 직후에 절연저항과 절연내력을 확인하는 시험
- 충격전압시험 : 변압기에 번개와 같은 충격전압을 가하여 견디는 정도를 확인

과년도 출제문제

01 630/315[V]의 단상변압기를 그림과 같이 접속하고 1차 측에 100[V]의 전압을 가했을 때 변압기가 감극성이라면 전압계의 지시값은 몇 [V]인가? [03] [05]

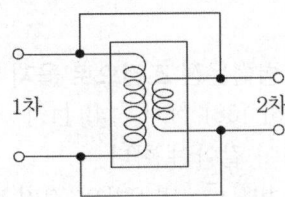

① 50   ② 100
③ 150 ④ 200

해설 $a = \dfrac{N_1}{N_2} = \dfrac{V_1}{V_2} = \dfrac{I_2}{I_1}$ 에서

$V_2 = 100 \times \dfrac{315}{630} = 50[V]$

감극성인 경우 $V = V_1 - V_2 = 100 - 50 = 50[V]$

02 수전설비에서 변압기 결선방법 중 △-△결선의 특징이 아닌 것은? [02]

① 1대가 고장날 경우 나머지 2대로 V결선하여 사용할 수 있다.
② 상전류가 선전류의 $\dfrac{1}{\sqrt{3}}$ 이 되어 대전류 부하에 적합하다.
③ 지락사고 시 고장전류 검출이 용이하다.
④ 각 상의 전선 임피던스가 다를 경우 변압기의 부하전류가 불평형이 된다.

해설 △-△ 결선방식의 특징
- 변압기 외부에 제3고조파가 발생하지 않아 통신 장애가 없다.
- 변압기 3대 중 1대가 고장나도 나머지 2대를 V결선 송전을 계속할 수 있다.
- 중성점을 접지할 수 없어 지락 사고 시 보호가 곤란하다.
- 선간전압과 권선전압이 서로 같기 때문에 고압 시 절연에 문제가 있다.
- 60[kV] 이하의 배전용 변압기에만 주로 사용된다.

03 제3 고조파 전류가 나타나는 결선법은? [04]

① Y-△결선   ② Y-Y결선
③ △-Y결선   ④ △-△결선

해설 Y-Y결선 방식의 특징
- 중성점을 접지할 수 있어 보호계전방식의 채용이 가능하다.
- 절연이 용이하여 고전압에 유리하다.
- 중성점 비 접지 시 제3고조파를 포함하는 왜형파가 된다.
- 중성점 접지 시 제3고조파 전류가 흘러 통신장해를 일으킨다.

04 정격출력 P[kW], 역률 0.8, 효율 0.82로 운전하는 3상 유도전동기에 V결선 변압기로 전원을 공급할 때 변압기 1대의 최소 용량은 몇 [kVA]인가? [06] [18]

① $\dfrac{2P}{0.8 \times 0.82 \times \sqrt{3}}$ ② $\dfrac{P}{0.8 \times 0.82 \times 3}$
③ $\dfrac{\sqrt{3}\,P}{0.8 \times 0.82 \times 2}$ ④ $\dfrac{P}{0.8 \times 0.82 \times \sqrt{3}}$

해설 $P_V = \sqrt{3}\,P_1 (V결선 출력) = P_M$

$= \dfrac{P}{0.8 \times 0.82}(전동기 용량)$

변압기 1대의 용량 $P_1 = \dfrac{P}{0.8 \times 0.82 \times \sqrt{3}}$ 이다.

정답 1. ① 2. ③ 3. ② 4. ④

05 △결선 변압기의 1대가 고장으로 제거되어 V결선으로 할 때 공급 가능한 전력은 고장 전의 약 몇 [%]인가? [09]
① 57.7
② 66.6
③ 75
④ 86.6

해설 $\dfrac{P_v}{P_\triangle} = \dfrac{\sqrt{3}P}{3P} = 0.577 = 57.7[\%]$

06 500[kVA]의 단상변압기 4대를 사용하여 과부하가 되지 않게 사용할 수 있는 3상 전력의 최댓값은 약 몇 [kVA]인가? [10] [14] [17]
① $500\sqrt{3}$
② 1500
③ $1000\sqrt{3}$
④ 2000

해설
• 3상 출력은
$P_Y = P_\triangle = 3P = 3 \times 500 = 1500 \, [\text{kVA}]$
: 단상 변압기 3대 사용
• V결선의 3상 출력은
$P_V = \sqrt{3}P = \sqrt{3} \times 500$
$= 866[\text{kVA}]$ - 단상 변압기 2대 사용
• 변압기 4대를 V결선으로 2회로로 구성할 수 있으므로 $866 \times 2 = 1732 = 1000\sqrt{3} \, [\text{kVA}]$

07 3상에서 2상으로 변환할 수 없는 변압기 결선방식은? [02] [03] [08]
① 포크 결선
② 우드브리지 결선
③ 메이어 결선
④ 스코트 결선

해설 3상 교류를 2상 교류로 변환하는 방법은 스코트 결선(T결선), 우드브리지 결선, 메이어 결선이 있으며, 포크 결선은 3상 교류를 6상 교류로 변환하는 결선이다.

08 3상 변압기의 병렬운전이 불가능한 결선은? [02] [06] [10] [12]
① △-Y와 Y-Y
② Y-△와 Y-△
③ △-Y와 Y-△
④ △-△와 Y-Y

해설 변압기 병렬운전이 불가능한 결선은 △-△와 △-Y, △-Y와 Y-Y 결선이 있다.

09 변압기 병렬운전 조건으로 옳지 않은 것은? [04] [06] [08] [11] [14] [17]
① 극성이 같아야 한다.
② 권수비, 1차 및 2차의 정격전압이 같아야 한다.
③ 각 변압기의 저항과 누설 리액턴스의 비가 같아야 한다.
④ 각 변압기의 임피던스가 정격용량에 비례해야 한다.

해설 변압기 병렬운전 조건
• 권수비가 같고 1,2차 정격 전압이 같을 것
• 극성이 같을 것
• 내부저항과 누설 리액턴스의 비가 같을 것
• % 임피던스가 같을 것

10 용량 10[kVA], 임피던스 전압 5[%]인 변압기 A와 용량 30[kVA], 임피던스 전압 1[%]인 변압기 B를 병렬운전시켜 36[kVA] 부하를 연결할 때 변압기 A의 부하 분담은 몇 [kVA]인가? [13]
① 4.5[kVA]
② 6[kVA]
③ 13.5[kVA]
④ 18[kVA]

해설 부하 분담은 임피던스 전압(%임피던스 전압강하 = %Z)과 반비례 관계를 가지고 있으므로 다음과 같이 A의 부하 분담을 구할 수 있다. (부하 분담은 각 변압기 용량과는 관계가 없음)
$P_A = \dfrac{\%Z_B}{\%Z_A + \%Z_B} \times P = \dfrac{1}{5+1} \times 36 = 6[\text{kVA}]$

정답 5. ① 6. ③ 7. ① 8. ① 9. ④ 10. ②

11 단상 변압기를 병렬운전하는 경우 부하전류의 분담은 어떻게 되는가? [07]

① 임피던스에 비례
② 리액턴스에 비례
③ 임피던스에 반비례
④ 리액턴스에 반비례

해설 각 변압기의 %임피던스 강하가 같을 것, 즉 각 변압기의 임피던스가 정격용량에 반비례할 것

12 단상변압기 2대를 병렬운전하기 위한 조건으로 잘못된 것은? [04] [07]

① 2차 유도기전력의 크기가 같아야 한다.
② 각 변압기의 저항과 리액턴스비가 같아야 한다.
③ 2차 권선의 폐회로에 순환전류가 흐르지 않아야 한다.
④ 각 변압기에 흐르는 부하전류가 임피던스에 비례해야 한다.

해설 각 변압기의 %임피던스 강하가 같을 것, 즉 각 변압기의 임피던스가 정격용량에 반비례할 것

13 단권변압기에 대한 설명으로 옳지 않은 것은? [13]

① 1차 권선과 2차 권선의 일부가 공통으로 되어 있다.
② 3상에는 사용할 수 없는 단점이 있다.
③ 동일 출력에 대하여 사용 재료 및 손실이 적고 효율이 높다.
④ 단권변압기는 권선비가 1에 가까울수록 보통 변압기에 비하여 유리하다.

해설 단권변압기
• 권선 하나의 도중에 탭을 만들어 사용한 것으로 경제적이고 특성도 좋다.
• 권선이 가늘어도 되며 자로가 단축되어 재료를 절약할 수 있다.
• 동손이 감소되어 효율이 좋다.
• 공통선로를 사용하므로 누설자속이 없어 전압변동률이 적다.
• 고압 측 전압이 높아지면 저압 측에서도 고전압을 받게 되므로 위험이 따른다.

14 1차 전압 100[V], 2차 전압 110[V]인 단상 단권변압기의 변압기 용량과 부하용량의 비는? [02]

① $\frac{1}{10}$ ② $\frac{1}{11}$
③ 10   ④ 11

해설 $\frac{자기용량}{부하용량} = \frac{V_2 - V_1}{V_2} = \frac{110-100}{110} = \frac{1}{11}$

15 용량 10[kVA]의 단권변압기에서 전압 3000[V]를 3300[V]로 승압시켜 부하에 공급할 때 부하용량[kVA]은? [12] [13] [17]

① 1.1[kVA]   ② 11[kVA]
③ 110[kVA]   ④ 990[kVA]

해설 부하용량 = 자기용량 $\times \frac{고압측 전압}{승압전압}$

$= 10 \times \frac{3300}{(3300-3000)} = 110[kVA]$

16 3권선 변압기의 3차 권선의 용도가 아닌 것은? [03]

① 구내용 전원 공급
② 조상설비 접속
③ 제3고조파 제거 역할
④ 승압용에 이용

[해설]
- 3차 권선에 콘덴서를 접속하여 1차 측 역률을 개선하는 선로 조상기로 사용할 수 있다.
- 3차 권선으로부터 발전소나 변전소의 구내전력을 공급할 수 있다.
- 두 개의 권선을 1차로 하여 서로 다른 계통의 전력을 받아 나머지 권선을 2차로 하여 전력을 공급할 수도 있다.

17 변류기의 오차를 경감시키는 방법은? [04]
① 암페어 턴을 감소시킨다.
② 철심의 단면적을 크게 한다.
③ 도자율이 작은 철심을 사용한다.
④ 평균자로의 길이를 길게 한다.

[해설] 변류기 자체의 손실을 적게 하여야 오차를 줄일 수 있다. 손실을 줄이기 위해 자기저항을 작게 하여야 한다. 철심의 단면적을 크게 하고, 도자율을 큰 것을 사용하며, 자로의 길이를 작게 해야 한다.

18 다음 중 자기누설 변압기의 가장 큰 특징은 어느 것인가? [11] [14]
① 전압변동률이 크다.
② 단락전류가 크다.
③ 역률이 좋다.
④ 무부하손이 적다.

[해설] 누설 리액턴스를 매우 크게 한 변압기로 누설자속으로 전압 변동률이 크고 역률이 매우 나쁘며 수하특성이 있다.

19 일정전압으로 사용하는 용접용 변압기에서 1차 전류가 증가하게 될 때 이 2차 전류를 주로 억제하는 것은? [08]
① 1차 권선의 저항 ② 2차 권선의 저항
③ 누설 리액턴스   ④ 누설 커패시턴스

[해설] 누설 자로를 갖추고 리액턴스가 크며, 부하 시의 2차 단자전압은 아크 전압과 같으나 아크가 끊어지려 하면 무부하 전압까지 상승하여 아크가 끊어지는 것을 방지하도록 되어 있는 변압기

20 용접용 변압기가 일반 전력용 변압기와 다른 점은? [02] [04] [05]
① 누설 리액턴스가 크다.
② 권선의 저항이 크다.
③ 효율이 높다.
④ 역률이 좋다.

[해설] 용접용 변압기는 누설자속을 크게 한 누설변압기를 사용한다.

21 변압기의 온도상승시험을 하는데 가장 좋은 방법은? [03] [07]
① 실부하시험법
② 단락시험법
③ 충격전압시험법
④ 전전압시험법

[해설] 단락시험법은 변압기의 한쪽 권선을 단락하고 다른 쪽 권선에 정격값의 10[%] 이하 정도의 전압을 부여하여 정격전류가 흐르도록 하여 온도상승시험을 한다.

22 변압기 권선의 층간 절연시험은? [04]
① 가압시험
② 충격시험
③ 단락시험
④ 유도시험

[해설] 유도시험은 전기기기의 층간절연을 시험하는 것으로 권선 간에 절연내력을 확인

정답 17. ② 18. ① 19. ③ 20. ① 21. ② 22. ④

23 일반 변전소 또는 이에 준하는 곳의 주요 변압기에 시설하여야 하는 계측장치로 옳은 것은? [12] [16]
① 전류, 전력 및 주파수
② 전압, 주파수 및 역률
③ 전력, 주파수 또는 역률
④ 전압, 전류 또는 전력

해설 변압기에서는 주파수를 변화시키지 않으므로, 측정할 필요가 없다.

정답 23. ④

Chapter 03 유도전동기

1. 3상 유도전동기의 원리와 구조

(1) 유도전동기 원리

1) 유도전동기의 기본원리

① 아라고 원판
  알루미늄 원판 주변에 자석만 돌려주면 알루미늄 원판도 자석을 따라 회전하는 원리

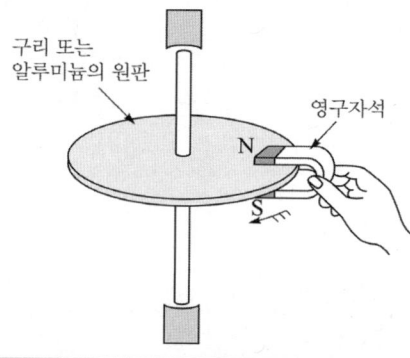

유도전동기의 회전원리

② 플레밍의 법칙
  자계 내에서 맴돌이 전류와 자속과의 사이에는 쇄교 자속이 발생하여 토크가 발생되며 플레밍의 왼손 법칙에 따라 자석의 이동 방향과 같은 방향으로 전자력이 원판에 작용하여 원판은 자석이 회전하는 방향으로 이동

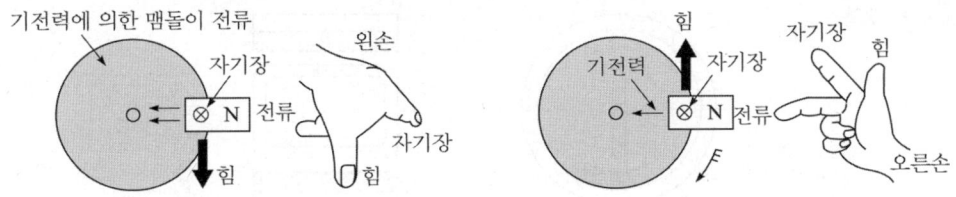

| 플레밍의 왼손 법칙 | 플레밍의 오른손 법칙 |

2) 회전 자기장

3상 유도전동기에서는 고정자의 자극을 회전시키기 위해 고정자 권선에 3상 교류 전압을 가해 줌으로써 전기적으로 회전하는 회전 자기장을 만들 수 있다.

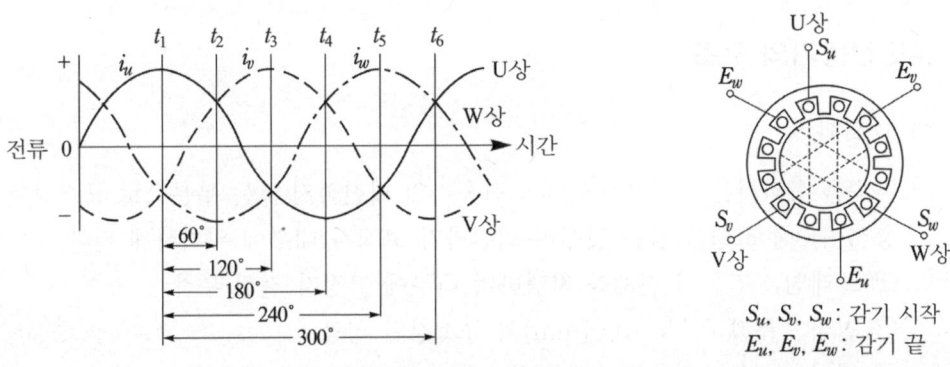

| 3상 교류 파형 | 3상 권선의 고정 |

S_u, S_v, S_w : 감기 시작
E_u, E_v, E_w : 감기 끝

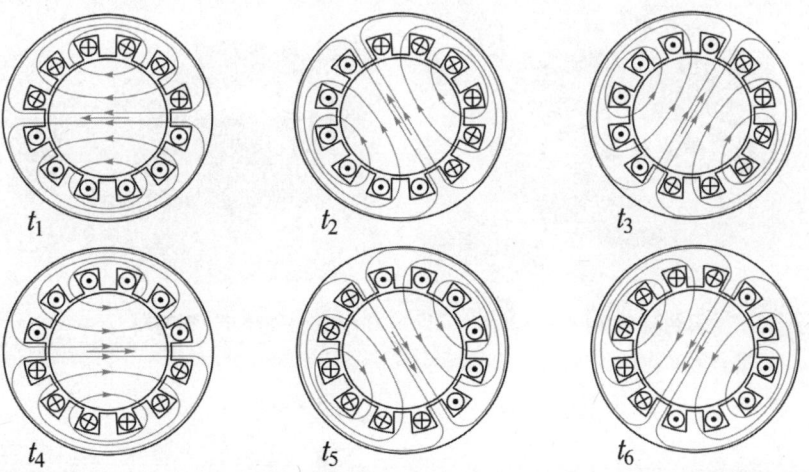

3상 전압에 의한 회전자계 발생원리

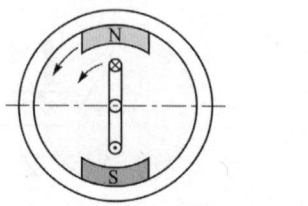
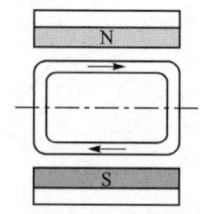

유도전동기의 회전원리

3) 동기 속도

$$N_s = \frac{120f}{P}[\text{rpm}]$$

(2) 유도전동기의 구조

1) 고정자

자속을 통과하는 자기회로로 유도전동기의 회전하지 않는 부분으로 규소강판을 성층하여 3상 코일을 감은 것이며 회전자가 고정자 내부에 위치하게 된다.
① 프레임 : 전동기 전체를 지탱하며 내부에 고정자 철심 부착
② 철심 : 두께 0.35~0.5[mm]의 규소강판 성층
③ 권선 : 대부분 2층권이고, 1극 1상 슬롯 수는 2~3개

고정자 철심   회전자

2) 회전자

규소강판을 성층하여 둘레에 홈을 파고 코일을 넣어서 만들며, 홈 안에 끼워진 코일의 종류에 따라 농형 회전자와 권선형 회전자로 구분

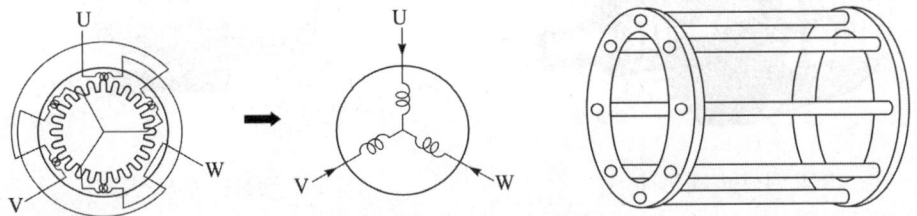

고정자 3상 권선 및 회전자

① 농형 회전자
- 철심의 슬롯에 나동 막대를 삽입하고 그 양단을 단락환으로 연결한 것. 구리 대신 알루미늄을 녹여 넣은 것도 있다.
- 구조가 간단하고 가격이 저렴하며 취급하기 쉽다.
- 기동 시에 큰 기동 전류가 흐른다.
- 회전자 둘레에 평행하지 않고 비스듬하게 홈을 파는 이유는 소음발생 억제를 위해서다.

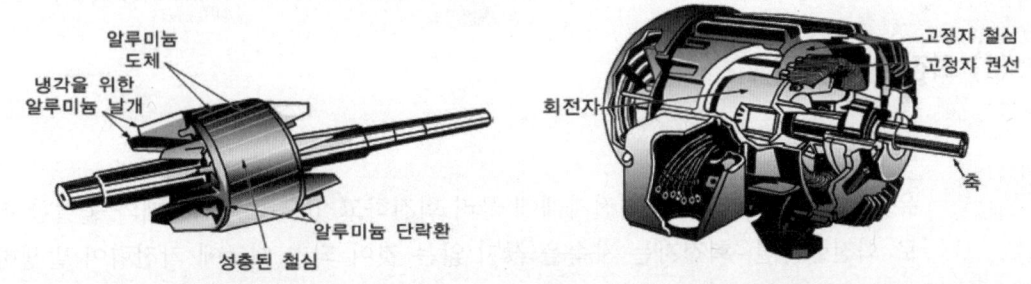

3상 농형 회전자　　　　　　　　3상 농형 유도전동기

② 권선형 회전자
- 회전자의 권선이 농형 권선이 아니고 고정자와 동상 동극의 분포권선을 가진 것
- 상수만큼의 슬립링이 필요하다.
- 회전자의 구조가 복잡하고 기동저항기를 이용하여 기동전류를 감소시킬 수 있고, 속도 조정도 자유롭다.

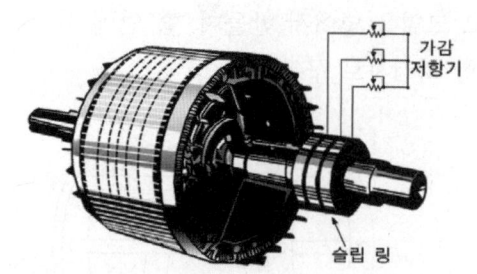 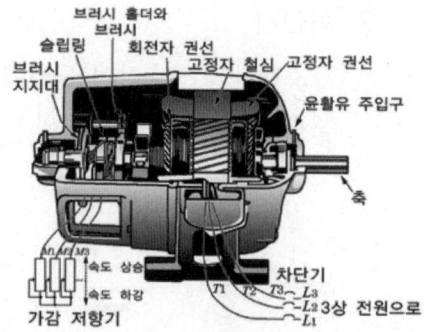

3상 권선형 회전자　　　　　　3상 권선형 유도전동기

3) 공극

① 공극이 넓으면 기계적으로 안전하지만 자기저항이 증가하여 여자전류가 증가하고 전동기의 역률이 나빠진다.
② 공극이 작을 때 기계적으로 불평형이 생기면 진동과 소음이 나고 누설 리액턴스가 증가하여 전동기의 순간 최대 출력이 감소하고 철손이 증가하므로 공극을 0.3~2.5[mm] 정도로 한다.

2 3상 유도전동기의 이론

(1) 회전수와 슬립

1) 슬립(slip)

유도전동기의 회전자는 회전자계에 끌려 회전하고 있으며 회전자계와 동일한 속도로 회전한다면, 회전자는 자속을 끊지 않는 것이 되기 때문에 기전력이 발생하지 않고 전류가 흐르므로 토크를 발생하지 않는다. 회전자는 회전자계보다 낮은 속도로 회전하는 것이며, 그 정도는 '슬립=미끄럼'을 이용하여 표시

$$슬립 S = \frac{동기속도 - 회전자속도}{동기속도} = \frac{N_s - N}{N_s} = 1 - \frac{N}{N_s}$$

① 회전자가 정지상태(기동 시) : S = 1
② 동기속도로 회전(무부하 시) : S = 0
③ 전동기 역회전 시 : S = 2

④ 유도전동기 : 0 < S < 1, 유도발전기 : S < 0
⑤ 슬립은 소형인 경우에는 5~10[%], 중·대형인 경우에는 2.5~5[%]이다.
⑥ 슬립 측정법 : 스트로보스코프법, 수화기법, 직류 밀리볼트계법

2) 회전자 속도(N)

슬립이 S인 유도전동기의 회전자 속도 $N = (1-S)N_s = \dfrac{120f}{P}(1-S)[\text{rpm}]$

(2) 전력의 변환

1) 전력의 흐름

유도전동기에 공급되는 입력(P_1)은 철손 등을 빼고 대부분은 2차 입력(P_2)이 되고, 2차 입력에서 회전자 동손(P_{2C})을 뺀 나머지는 기계적 출력(P_0)으로 된다.

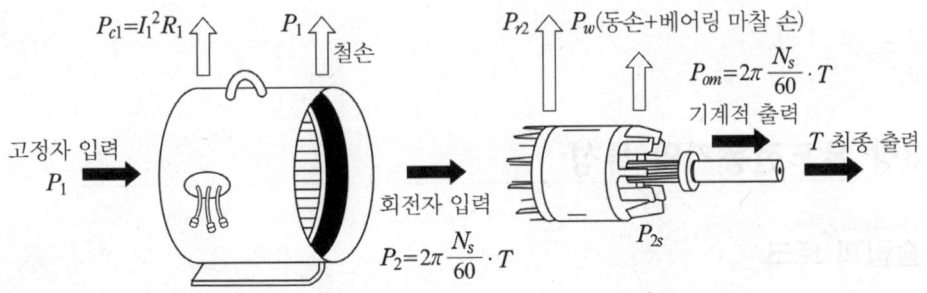

에너지 변환 흐름도

2) 기계적 출력(P_0)

기계적 출력(P_0) = 2차 입력(P_2) - 2차 동손(P_{2C})이므로

$P_2 : P_{2c} : P_0 = 1 : S : (1-S)$

$P_0 = P_2 - P_{2c} = P_2 - SP_2 = P_2(1-S)$

3) 2차 저항손

$P_{2c} = SP_2$

4) 전체 효율 및 2차 효율

$$\text{전체 효율 } \eta = \frac{P_0}{P_1}, \quad \text{2차 효율 } \eta_2 = \frac{P_0}{P_2} = (1-S) = \frac{N}{N_s} = \frac{\omega}{\omega_s}$$

(3) 토크

$P_0 = 2\pi \cdot \dfrac{N}{60} T[\text{W}]$ 이므로

$$T = \frac{60}{2\pi} \cdot \frac{P_0}{N} [\text{N} \cdot \text{m}] = \frac{1}{9.8} \cdot \frac{60}{2\pi} \cdot \frac{P_0}{N} [\text{kg} \cdot \text{m}]$$

(4) 동기와트

① 유도전동기의 2차 입력으로서 토크를 표시하는 것

② $T = \dfrac{60}{2\pi \cdot N_s} \cdot P_2 [\text{N} \cdot \text{m}]$

3 3상 유도전동기의 특성

(1) 슬립과 토크

① 슬립(slip)에 의한 토크 특성은 유도전동기를 등가회로로 변환하여 관계식을 구하면

$$T = \frac{PV_1^2}{4\pi f} \cdot \frac{\dfrac{r_2'}{S}}{(r_1 + \dfrac{r_2'}{S})^2 + (x_1 + x_2')^2} [\text{N} \cdot \text{m}]$$

슬립이 일정하면 토크는 공급전압 V_1의 제곱에 비례하고 2차 임피던스의 제곱에 반비례

② 속도특성곡선은 슬립에 대한 토크변화를 곡선으로 표현한 것

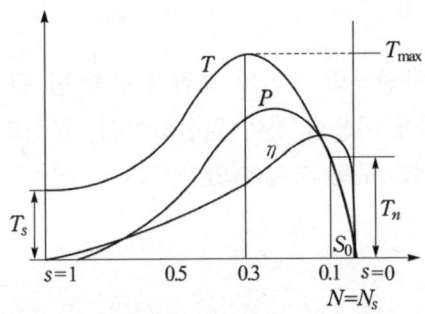

슬립과 토크 특성곡선

③ 최대 토크 T_m : 정격부하상태에서 전부하 토크의 약 175~250[%] 정도이다.

(2) 비례추이

① 비례추이

$\dfrac{r_2'}{S}$ 의 함수가 되어 r_2'를 m배 하면 슬립 S도 m배로 변화하여 토크는 일정하게 유지되는데, 2차 회로 저항의 크기를 조정함으로써 그 크기를 제어할 수 있다.

② 권선형 유도전동기의 경우 비례추이 원리를 이용하여 속도제어를 할 수 있다.

$$\frac{r_2+R}{S'}=\frac{mr_2}{mS}=\frac{r_2'}{S}$$

③ 2차 저항 r_2'를 변화해도 최대 토크는 변하지 않는다.
④ 비례추이 원리를 이용하여 기동토크를 크게 할 수 있으며 1차 전류, 1차 입력, 역률은 비례추이 성질이 있지만, 2차 동손, 2차 효율, 전체 출력, 전체 효율은 비례추이의 성질이 없다.

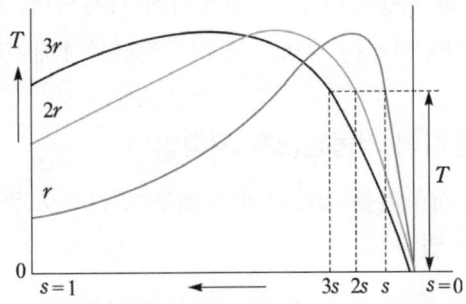

비례추이 곡선

(3) 원선도

유도전동기의 1차 부하전류의 벡터의 자취가 항상 반 원주 위에 있는 것을 이용하여 간이 등가회로의 해석에 이용한 것이 원선도이며, 원선도 작성에 필요한 실험으로는 저항 측정, 무부하 시험, 구속 시험이 있다.

(4) 기동법

유도전동기는 기동할 때에 정상 운전 시보다 약 5~6배의 많은 기동 전류가 흐르게 되어 전동기에 무리가 가게 된다. 이를 방지하고 기동 시 흐르는 많은 전류를 줄이기 위하여 여러 가지의 기동 방식을 채택하고 있다.

1) 농형 유도전동기의 기동법

① 전전압 기동법
  정격 전압을 직접 가하는 방법이며, 저전압의 소용량 또는 특수 농형 유도전동기의 기동 방식으로 적용되고 있다. 기동 토크가 커서 기동 시간이 짧은 장점이 있다.

② 리액터 기동법
  전동기의 1차 측에 리액터를 넣어 기동 시에 전동기의 전압을 리액터의 전압 강하분만큼 낮추어서 기동하며, 중·대용량의 전동기에 채용할 수 있다.

③ Y-△ 기동법
  10~15[kW] 이하의 전동기에 사용하며 기동 시 고정자 권선을 Y결선하여 기동함으로써 기동전류를 감소시키고 운전속도에 가까워지면 △결선으로 운전하는 방식이다. 기동전류는 정격전류의 $\frac{1}{3}$로 줄어들지만, 기동 토크도 $\frac{1}{3}$로 감소한다.

④ 기동보상기법
  15[kW] 이상의 전동기나 고압 전동기에 사용되며, 단권변압기를 써서 공급전압을 낮추어 기동시키는 방법으로 기동전류를 1배 이하로 낮출 수가 있다.

2) 권선형 유도전동기의 기동법(2차 저항법)

2차 회로에 가변 저항기를 접속하여 비례추이 원리로 큰 기동 토크를 얻으면서 기동전류도 줄일 수 있다.

(5) 속도제어

1) 주파수 제어법

공급전원에 주파수를 변화시켜 동기속도를 바꾸는 방법으로 높은 속도를 원하는 곳에 적합하다. 포트 모터, 선박의 추진기 등에 이용된다.

① 인버터 시스템을 이용하여 $N_s = \dfrac{120f}{P}$ 에서 주파수 f를 변환시켜 속도를 제어하는 방법이다.

② VVVF 제어
주파수를 가변하면 자속이 변하기 때문에 자속을 일정하게 유지하기 위해 전압과 주파수를 비례하게 가변시키는 제어법

2) 전원전압제어법

전압의 2승에 비례하여 토크는 변화하므로 이것을 이용해서 속도를 바꾸는 제어법으로 전력전자소자를 이용하는 방법이 최근에 널리 이용되고 있다.

3) 극수 변환법

고정자 권선의 접속을 변경하여 극수를 바꿔 속도변환

4) 2차 저항법

권선형 유도전동기에 사용되는 방법으로, 비례추이를 이용하여 외부저항을 삽입하여 속도를 제어한다.

5) 2차 여자법

2차 저항제어를 발전시킨 형태이다. 저항에 의한 전압강하 대신에 반대의 전압을 가하여 전압강하가 일어나도록 한 것으로 효율이 좋아진다.

(6) 제동법

1) 발전제동

제동 시 전원으로 분리한 후 직류전원을 연결하면 계자에 고정자속이 생기고 회전자에 교류 기전력이 발생하여 제동력이 생긴다. 직류제동이라고도 한다.

2) 역상제동(플러깅)

운전 중인 유도전동기에 회전방향과 반대방향의 토크를 발생시켜서 급속하게 정지시키는 방법이다.

3) 회생제동

제동 시 전원에 연결시킨 상태로 외력에 의해서 동기속도 이상으로 회전시키면 유도발전기가 되어 발생된 전력을 전원으로 반환하면서 제동하는 방법이다.

4) 단상제동

권선형 유도전동기에서 2차 저항이 클 때 전원에 단상전원을 연결하면 제동 토크가 발생한다.

출제예상문제

01 3상 유도전동기의 회전속도[rpm]는?

① $N_s(1-S)$　　② $\dfrac{N_s}{1-S}$

③ $N_s(S-1)$　　④ $\dfrac{N_s}{S-1}$

해설 슬립 $S = \dfrac{\text{동기속도} - \text{회전자속도}}{\text{동기속도}} = \dfrac{N_s - N}{N_s}$
$= 1 - \dfrac{N}{N_s}$
$N = N_s(1-S)[\text{rpm}]$

02 유도전동기의 공극을 작게 하는 이유는?
① 효율 증대
② 기동전류 감소
③ 역률 증대
④ 토크 증대

해설 공극이 넓으면 기계적으로 안전하지만 자기저항이 증가하여 여자전류가 증가하고 전동기의 역률이 나빠진다.

03 6극, 60[Hz] 유도전동기가 전부하 시에 1,152[rpm]이다. 이 때의 슬립은?
① 2[%]　　② 3[%]
③ 4[%]　　④ 5[%]

해설 동기속도
$N_s = \dfrac{120f}{P} = \dfrac{120 \times 60}{6} = 1200[\text{rpm}]$
슬립
$S = \dfrac{N_s - N}{N_s} = \dfrac{1200 - 1152}{1200} \times 100 = 4[\%]$

04 8극, 60[Hz] 권선형 유도전동기의 2차 유도전압이 정지 시에 600[V]라면 슬립 3[%]일 때의 2차 전압[V]은?
① 18　　② 36
③ 48　　④ 56

해설 2차 유기기전력을 E_{2s}, 정지 시의 2차 유기기전력을 E_2라 하면
$E_{2s} = sE_2 = 0.03 \times 600 = 18[\text{V}]$

05 60[Hz]의 교류에 접속되어 5[%]의 슬립으로 운전되고 있는 유도전동기의 2차 권선에 유도되는 기전력의 주파수[Hz]는?
① 2　　② 3
③ 4　　④ 5

해설 2차 주파수는 전동기가 회전하고 있을 때 회전자 권선에 유도되는 기전력의 주파수이며
$f_2 = sf_1 = 0.05 \times 60 = 3[\text{Hz}]$

06 4극, 60[Hz]에서 유도전동기의 2차 주파수가 18[Hz]가 되었다고 하면 회전자 속도[rpm]는?
① 1050　　② 1100
③ 1150　　④ 1260

해설 $f_2 = sf_1$, $s = \dfrac{f_2}{f_1} = \dfrac{18}{60} = 0.3$
$N = (1-s)N_s = (1-0.3) \times \dfrac{120 \times 60}{4}$
$= 1260[\text{rpm}]$

정답 1. ①　2. ③　3. ③　4. ①　5. ②　6. ④

07 50[Hz], 슬립 0.2인 경우 회전자 속도가 600[rpm]이 되는 유도전동기의 극수는?

① 16   ② 12
③ 8   ④ 4

해설 동기속도 $N_s = \dfrac{N}{(1-S)} = \dfrac{600}{1-0.2} = 750$[rpm]

$P = \dfrac{120f}{N_s} = \dfrac{120 \times 50}{750} = 8$

08 3상 유도전동기가 회전하고 있는 상태를 나타내는 것은?(단, 슬립은 S라 한다.)

① $S = 0$ ② $S = 1$
③ $0 < S < 1$ ④ $1 < S < 2$

해설 전동기 상태에 따른 슬립
- 무부하 시 $N = N_s$, $S = 0$
- 정지 시(기동 시) $N = 0$, $S = 1$
- 부하로 운전 시 $0 < S < 1$
- 제동 시 $1 < S < 2$

09 유도전동기에서 슬립이 가장 큰 상태는?

① 기동 시   ② 무부하 운전 시
③ 경부하 운전 시   ④ 정격부하 운전 시

해설 유도전동기의 슬립은 무부하 시 0, 부하운전 시 $0 < S < 1$, 기동 시 $S = 1$이다.

10 3상 유도전동기의 2차 저항과 비례하는 것은?

① 토크   ② 전류
③ 역률   ④ 슬립

해설 최대 토크를 발생하는 슬립

$s = \pm \dfrac{r_2'}{\sqrt{r_1^2 + (x_1 + x_2')^2}} \propto r_2'$ 이므로

2차 저항과 슬립은 비례한다.

11 3상 유도전동기의 회전원리를 설명한 것 중 틀린 사항은?

① 슬립이 발생할 때만 회전력 발생
② 회전속도가 증가할수록 슬립 증가
③ 속도는 동기속도 이하로 운전
④ 3상 교류전압을 공급하면 회전 자기장 발생

해설 회전속도가 증가할수록 슬립은 감소한다.

12 3상 유도전동기의 설명 중 틀린 것은?

① 전부하전류에 대한 무부하전류의 비는 용량이 적을수록, 극수가 많을수록 크다.
② 회전자 속도가 증가할수록 회전자측에 유기되는 기전력은 감소한다.
③ 회전자 속도가 증가할수록 회전자 권선의 임피던스는 증가한다.
④ 전동기의 부하가 증가하면 슬립은 증가한다.

해설 전부하전류에 대한 여자전류는 용량이 적을수록 크고 같은 용량의 전동기에서는 극수가 많을수록 크다.
회전자 속도가 증가할수록 슬립이 작아지므로 회전자의 권선 임피던스와 유기기전력은 감소한다. 부하가 증가하면 회전자 속도가 감소하므로 슬립은 증가한다.

13 3상 유도전동기가 경부하로 운전 중 1선의 퓨즈가 끊어지면 어떻게 되는가?

① 속도가 증가하여 다른 퓨즈도 녹아 용단된다.
② 속도가 낮아지고 다른 퓨즈도 녹아 용단된다.
③ 전류가 감소한 상태에서 회전을 계속한다.
④ 전류가 증가한 상태로 회전을 계속한다.

정답 7. ③   8. ③   9. ①   10. ④   11. ②   12. ③   13. ④

해설 전 부하로 운전하고 있는 3상 유도전동기의 전원 개폐기에 있어서 1선의 퓨즈가 용단되면 단상전동기가 되어 같은 방향의 토크를 얻을 수 있으며, 최대 토크는 50[%] 전후로 되고 최대 토크를 발생하는 슬립은 0에 가까워진다. 최대 토크 부근에서 1차 전류가 증가하며 슬립이 2배 정도로 되고, 회전수는 떨어진다.
1차 전류가 2배 가까이 되어 열손실이 증가하고 계속 운전하면 과열로 소손된다.

14 3상 유도전동기를 불평형 전압으로 운전하면 토크와 입력과의 관계는?

① 토크는 증가하고 입력은 감소
② 토크와 입력이 모두 증가
③ 토크는 감소하고 입력은 증가
④ 토크와 입력이 모두 감소

해설 3상 유도전동기의 단자전압은 전압 불평형의 정도가 커지면 불평형 전류가 증가하지만 전동기 출력은 감소되고 동손이 커지며, 전동기의 상승 온도가 높아진다. 전압 불평형이 큰 경우는 전동기에 가한 전압이 단상이 되며 이것은 전원 스위치의 접속불량, 퓨즈 1선의 용단 또는 전동기 구출선이 끊어진 경우 등에 일어나는 현상이다.

15 유도전동기의 슬립을 측정하기 위하여 스트로브 스코프법으로 원판의 겉보기 회전수를 측정하니 1분 동안 90회였다. 4극 60[Hz] 용 전동기라면 슬립은?

① 3[%] ② 4[%]
③ 5[%] ④ 6[%]

해설 $N_s = \dfrac{120f}{P} = \dfrac{120 \times 60}{4} = 1800 [\text{rpm}]$

슬립 $S = \dfrac{N_s - N}{N_s} = \dfrac{90}{1800} = 0.05$

16 전부하 슬립 3[%], 2차 저항손 4.2[kW]인 3상 유도전동기의 2차 입력은 몇 [kW]인가?

① 4.2 ② 16 ③ 140 ④ 230

해설 $P_2 : P_{c2} : P_0 = 1 : S : (1-S)$ 이므로
$P_2 : P_{c2} = 1 : S$에서
$P_2 = \dfrac{P_{c2}}{S} = \dfrac{4.2}{0.03} = 140 [\text{kW}]$

17 회전자 입력 15[kW], 슬립 3[%]인 3상 유도전동기의 2차 동손[kW]은?

① 4.5 ② 3 ③ 0.45 ④ 0.2

해설 $P_2 : P_{c2} : P_0 = 1 : S : (1-S)$ 이므로
$P_2 : P_{c2} = 1 : S$에서
$P_{c2} = SP_2 = 0.03 \times 15 = 0.45 [\text{kW}]$

18 역률 80[%], 출력 10[kW] 기기의 입력[kW]은?

① 8 ② 10 ③ 12.5 ④ 15

해설 출력 $P_0 = VI\cos\theta$에서
$VI = \dfrac{P_0}{\cos\theta} = \dfrac{10}{0.8} = 12.5 [\text{kW}]$

19 슬립 2.5[%]인 유도전동기의 2차 효율은?

① 90[%] ② 95[%]
③ 97.5[%] ④ 99.5[%]

해설 2차 효율 $\eta_2 = \dfrac{출력}{2차\ 입력} = \dfrac{P_0}{P_2}$

$P_2 : P_{c2} : P_0 = 1 : S : (1-S)$ 이므로

$P_2 : P_0 = 1 : (1-S)$ 에서 $\dfrac{P_0}{P_2} = 1-S$

효율 $\eta = 1 - S = 1 - 0.025 = 0.975 \times 100 = 97.5 [\%]$

정답 14. ③ 15. ③ 16. ③ 17. ③ 18. ③ 19. ③

20 3상 유도전동기의 효율 90[%], 출력 120[kW]의 전 손실[kW]은?

① 8　　② 11
③ 13　　④ 16

해설 효율 = $\dfrac{출력}{입력} = \dfrac{P_2}{P_1}$

입력 = $\dfrac{출력}{효율} = \dfrac{120}{0.9} = 133$[kW]

손실 = $133 - 120 = 13$[kW]

21 일정 토크 부하에 알맞은 유도전동기의 주파수 제어에 의한 속도제어방법을 사용할 때 공급 전압과 주파수는 어떤 관계를 유지하여야 하는가?

① 공급 전압이 항상 일정하여야 한다.
② 공급 전압과 주파수는 반비례하여야 한다.
③ 공급 전압과 주파수는 비례이어야 한다.
④ 공급 전압의 제곱에 반비례하는 주파수를 공급하여야 한다.

해설 $E = 4.44 f \omega \phi_m$[V]
주파수 변화에 의해 자속이 일정하도록 전원 전압을 주파수에 비례해서 변화시킨다.

22 선박 추진용 전동기의 속도제어에 가장 알맞은 것은?

① 주파수 변환에 의한 제어
② 극수변환에 의한 제어
③ 1차 저항에 의한 제어
④ 2차 저항에 의한 제어

해설 주파수 변환에 의한 제어는 전동기 단자에 가해지는 전원 주파수를 바꾸어 속도를 제어하는 방법이다. 원동기의 속도제어에 의해 전용 발전기의 주파수를 변화시키는 것으로 포트 모터, 선박의 전기 추진용 전동기 등에 채용된다.

23 인견 공업에 사용되는 포트 모터의 속도제어는?

① 주파수 제어에 의한 제어
② 극수변환에 의한 제어
③ 1차 회전에 의한 제어
④ 저항에 의한 제어

해설 주파수 변환기 또는 전용 발전기를 구동하는 전동기의 속도를 조정하여 포트 모터의 전원 주파수를 변환한다.

24 2중 농형 전동기가 보통 농형 전동기에 비해서 다른 점은?

① 기동전류와 기동 토크가 크다.
② 기동전류와 기동 토크가 작다.
③ 기동전류는 작고, 기동 토크는 크다.
④ 기동전류는 크고, 기동 토크는 작다.

해설 2중 농형 유도전동기는 저항이 크고 리액턴스가 작은 기동용 농형 권선과 저항이 작고 리액턴스가 큰 운전용 농형 권선을 가진 것으로, 보통 농형에 비하여 기동전류가 작고 기동 토크가 크다. 운전 중의 등가 리액턴스는 보통 농형보다 약간 커지므로 역률, 최대 토크 등이 감소된다.

25 2중 농형 전동기에서 외측(회전자 표면에 가까운 쪽) 슬롯에 사용되는 전선으로 적당한 것은?

① 누설 리액턴스가 작고 저항이 커야 한다.
② 누설 리액턴스가 크고 저항이 작아야 한다.
③ 누설 리액턴스와 저항이 커야 한다.
④ 누설 리액턴스와 저항이 작아야 한다.

해설 2중 농형으로 되어 있는 농형 권선 중 바깥 쪽(회전자 표면에 가까운 쪽 : 기동용 권선) 도체에는 황동 또는 구리, 니켈 합금과 같은 특수 합금, 즉 저항이 큰 도체가 사용되고 안쪽의 도체(운전용 권선)에는 저항이 낮은 도체가 사용된다.

26 3상 유도전동기의 전압을 10[%] 낮추면 기동토크는?

① 10[%] 감소   ② 10[%] 증가
③ 19[%] 감소   ④ 19[%] 증가

해설 $\tau \propto (0.9V)^2 = 0.81V^2$
토크는 19[%]가 감소하게 된다.

27 권선형 유도전동기의 저항제어법의 장점은?

① 부하에 대한 속도변동이 크다.
② 구조가 간단하여 제어 조작이 용이하다.
③ 역률이 좋고 운전효율이 양호하다.
④ 전부하로 장시간 운전하여도 온도 상승이 적다.

해설 권선형 유도전동기의 장점으로는 기동저항기를 겸하고 구조가 간단하여 제어조작이 용이하고 내구성이 풍부하다.
단점으로는 운전효율이 나쁘고 부하에 대한 속도변동이 크며 부하가 작을 때는 광범위한 속도조정이 곤란하다.

28 10[kW] 이하 전동기는 동기속도의 몇 [%]에서 최대 토크를 발생하는가?

① 60   ② 70   ③ 80   ④ 90

해설 10[kW] 이하 전동기는 동기속도의 80[%] 정도에서 최대 토크 발생

29 무부하 시 유도전동기는 역률이 낮지만 부하가 증가하면 역률이 높아지는 이유는?

① 전압이 떨어지므로
② 효율이 좋아지므로
③ 부하전류가 증가하므로
④ 2차 측의 저항이 증가하므로

해설 무부하 시 여자전류는 대부분 무효전류이고 일정하므로 역률이 매우 낮고, 부하 증가 시 유효전류가 증가하므로 역률이 높아진다.

30 유도전동기 원선도의 제작에 필요한 자료 중 지정에 의하여 계산하는 것은?

① 1차 권선의 저항
② 여자전류의 역률각
③ 정격전압에 있어서 단락전류
④ 정격전압에 있어서 여자전류

해설 단락전류는 대단히 크므로 임피던스 전압에 의하여 정격전류를 구하고, 전류는 전압에 비례한 것으로 단락전류를 계산한다.

31 유도전동기의 원선도에서 구할 수 없는 것은?

① 1차 입력   ② 1차 동손
③ 동기 와트   ④ 기계적 출력

해설 원선도에서는 기계적 동력이 구해지고, 출력은 기계적 동력에서 기계적 손실을 빼야 한다.

32 비례추이의 특성을 이용할 수 있는 전동기는?

① 직권전동기
② 3상 동기전동기
③ 권선형 유도전동기
④ 농형 유도전동기

해설 권선형 유도전동기는 2차 저항법을 이용하며, 비례추이의 성질을 이용하여 기동토크를 크게 하고 속도를 제어할 수 있다.

33 유도전동기의 비례추이를 적용할 수 없는 것은?

① 토크 ② 1차 전류
③ 부하 ④ 역률

해설 비례추이 : 1차 전류, 역률, 1차 입력, 토크

34 권선형 유도전동기가 농형에 비하여 우수한 점은?

① 구조가 간단하다.
② 효율이 좋다.
③ 기동토크가 크다.
④ 운전이 쉽다.

해설 권선형 유도전동기는 기동토크가 크므로 대형이 적합하다. 농형 유도전동기는 기계적으로 튼튼하나 기동토크가 작아 대형이 되면 기동이 어렵게 된다.

35 슬립 5[%]인 유도전동기를 전부하 토크로 기동시킬 때 2차 저항의 몇 배를 넣으면 되는가?

① 5   ② 9
③ 15 ④ 19

해설 $\dfrac{r_2' + R}{S'} = \dfrac{r_2'}{S}$ 에서 기동 시 슬립 $S=1$ 이므로

$\dfrac{r_2' + R}{1} = \dfrac{r_2'}{0.05}$ 에서 $R = 19 r_2$

36 30[kW]의 농형 유도전동기를 기동 시 가장 적당한 기동방법은?

① 권선형 기동법   ② 분상 기동법
③ 기동 보상기법   ④ 2차 저항 기동법

해설 기동 보상기법은 15[kW] 이상의 전동기나 고압 전동기에 사용

37 농형 유도전동기 기동방법 중 가장 기동토크가 큰 것은?

① 가변 저항기 기동법
② Y-△ 기동법
③ 기동 보상기법
④ 전전압 기동법

해설 유도전동기의 토크는 공급전압의 2승에 비례하므로 기동법 중 전전압 기동방식이 토크가 가장 크다.

38 10~15[kW]의 농형 유도전동기를 Y-△ 기동법에 의해 기동시키는 경우 기동전류는 전 부하전류의 대략 몇 [%]인가?

① 200~250   ② 250~400
③ 400~600   ④ 300~800

해설 전전압으로 기동 시 기동전류는 정격전류의 500~700[%] 정도가 흐르게 되는데, Y-△ 기동 시에는 기동전류가 전 부하전류의 $\dfrac{1}{3}$로 줄어들게 되므로 약 200~250[%]로 제한하게 된다.

39 1차 쪽에 철심형 리액터를 접속하여 전압강하를 이용해서 저전압 기동하고 기동 후 단락한다. 구조가 간단하여 15[kW] 이하에서 자동운전, 원격제어용에 사용되는 것은?

① 리액터 기동
② 기동보상기법
③ Y-△ 기동
④ 전전압 기동

정답 33. ③ 34. ③ 35. ④ 36. ③ 37. ④ 38. ① 39. ①

해설 전동기의 전원측에 직렬로 리액터를 넣어서 리액터로 전압강하를 시켜서 감압기동하고 기동 후에는 단락시키는 방식으로, 기동보상기에 의한 기동에 비하여 기동조작이 간단하다.

40 3상 농형 유도전동기의 속도제어는 주로 어떤 제어를 하는가?
① 극수 제어 ② 계자제어
③ 주파수 제어 ④ 2차 저항제어

해설 3상 유도전동기의 속도제어에는 극수 제어, 주파수제어가 있는데 주파수를 조정하여 속도를 제어하는 주파수 제어가 주로 사용된다.

41 3상 유도전동기의 공급전압이 일정하고 주파수가 정격값보다 수 [%] 감소할 때의 현상으로 옳지 않은 것은?
① 동기속도가 감소한다.
② 철손이 증가한다.
③ 누설 리액턴스가 증가한다.
④ 역률이 나빠진다.

해설 누설 리액턴스는 주파수에 비례하므로 감소하게 되고 자기포화 현상으로 인해 여자전류가 증가, 역률이 나빠진다.

42 유도전동기를 이용한 권상기 등에서 일정한 속도 이상으로 되는 것을 방지하는 동시에 전력도 회수할 수 있는 제동법은?
① 플러깅 ② 회생제동
③ 발전제동 ④ 역상제동

해설 회생제동은 전동기의 제동법의 하나로, 전동기를 발전기로 동작시켜 그 발생 전력을 전원에 되돌려서 하는 제동방법

43 3상 유도전동기의 회전방향을 바꾸려면?
① 전원의 극수를 바꾼다.
② 전원의 주파수를 바꾼다.
③ 3상 전원 중 두 선의 접속을 바꾼다.
④ 기동 보상기를 이용한다.

해설 3상 회전자계를 반대방향으로 바꾸려면, 3상 중 두 상의 접속을 바꾸면 된다.

정답 40. ③ 41. ③ 42. ② 43. ③

과년도 출제문제

01 220/380[V] 겸용 3상 유도전동기의 리드선은 몇 가닥 인출하는가? [03] [13] [17]
① 3
② 6
③ 9
④ 12

해설 리드선은 1상 코일당 2선이고 △결선으로 220[V]용, Y결선으로 380[V]용으로 하기 위해서는 리드선을 6가닥 모두 인출하여 외부에서 결선을 변경해야 한다.

02 다음 전동기 중에서 브러시를 사용하지 않는 것은? [03]
① 직류전동기
② 권선형 유도전동기
③ 정류자전동기
④ 농형 유도전동기

해설 농형 회전자는 철심의 슬롯에 나동 막대를 삽입하고 그 양단을 단락환으로 연결한 회전자로 브러시를 사용하지 않는다.

03 3상 유도전동기 중에서 권상기, 펌프 등 중관성 부하용에 많이 사용되는 유도전동기는? [03]
① 농형 유도전동기
② 권선형 유도전동기
③ 콘덴서기동형 전동기
④ 반발기동형 전동기

해설 권선형 유도전동기는 기동 시 토크를 높이기 위하여 2차 저항을 증가시켜 주며, 속도 증가에 따라 토크의 최댓값을 그대로 유지시키기 위하여 2차 저항을 감소시켜 주어 속도 변화에 따라 2차 저항을 제어한다.

04 3상 유도전동기의 동기속도 N_s와 극수 P와의 관계는? [14]
① $N_s \propto \dfrac{1}{P}$
② $N_s \propto \sqrt{P}$
③ $N_s \propto P$
④ $N_s \propto P^2$

해설 $N_s = \dfrac{120f}{P} \propto \dfrac{1}{P}$[rpm]

05 6극 60[Hz]인 3상 유도전동기의 슬립이 4[%]일 때 이 전동기의 회전수는 몇 [rpm]인가? [03] [10] [13]
① 952
② 1152
③ 1352
④ 1552

해설 동기속도
$N_s = \dfrac{120f}{P} = \dfrac{120 \times 60}{6} = 1200$[rpm]
유도전동기의 회전수
$N = (1-S)N_s = (1-0.04) \times 1200 = 1152$[rpm]

06 유도전동기의 2차 입력, 2차 동손 및 슬립을 각각 P_2, P_{c2}, S라 하면 이들 관계식은? [03] [08] [12] [16]
① $S = P_2 \cdot P_{c2}$
② $S = P_{c2} + P_2$
③ $S = \dfrac{P_2}{P_{c2}}$
④ $S = \dfrac{P_{c2}}{P_2}$

해설 $P_2 : P_{c2} : P_0 = 1 : S : (1-S)$이므로
$P_2 : P_{c2} = 1 : S$에서 $S = \dfrac{P_{c2}}{P_2}$

정답 1.② 2.④ 3.② 4.① 5.② 6.④

07 3상 유도전동기의 2차 입력이 P_2, 슬립이 S라면 2차 저항손은 어떻게 표현되는가?
[02] [05] [08] [09] [14]

① $S \cdot P_2$ ② $\dfrac{P_2}{S}$

③ $\dfrac{1-S}{P_2}$ ④ $\dfrac{P_2}{1-S}$

해설 $P_2 : P_{2c} = 1 : S$ 에서 2차 저항손 $P_{2c} = P_2 \cdot S$가 된다.

08 3상 유도전동기의 2차 동손, 2차 입력, 슬립을 각각 P_c, P_2, S라 하면 관계식은? [13]

① $P_c = SP_2$ ② $P_c = \dfrac{P_2}{S}$

③ $P_c = \dfrac{S}{P_2}$ ④ $P_c = \dfrac{1}{SP_2}$

해설 $P_2 : P_c : P_o = 1 : S : (1-S)$ 이므로
$P_2 : P_c = 1 : S$ 에서 P_c로 정리하면,
$P_c = SP_2$가 된다.

09 3상 유도전동기가 1차 입력 60[kW], 1차 손실이 1[kW]일 때, 슬립 5[%]로 회전하고 있다면 기계적 출력은 몇 [kW]인가? [03]
[11] [17]

① 56.05 ② 59.25
③ 64.45 ④ 69.15

해설 2차 입력 P_2 = 입력 − 고정자 철손
$= 60 - 1 = 59$[kW]
P_2(2차 입력) : P_o(기계적 출력) $= 1 : 1-s$
$P_o = (1-s) \times P_2 = (1-0.05) \times 59$
$= 56.05$[kW]

10 동기각속도 ω_s, 회전각속도 ω인 유도전동기의 2차 효율? [02] [09]

① $\dfrac{\omega_s - \omega}{\omega}$ ② $\dfrac{\omega_s - \omega}{\omega_s}$

③ $\dfrac{\omega_s}{\omega}$ ④ $\dfrac{\omega}{\omega_s}$

해설 $\omega_s = 2\pi \dfrac{N_s}{60}$, $N_s = \dfrac{60\omega_s}{2\pi}$

$\eta_2 = \dfrac{P_0}{P_2} = 1 - S = 1 - (1 - \dfrac{N}{N_s}) = \dfrac{N}{N_s} = \dfrac{\frac{60\omega}{2\pi}}{\frac{60\omega_s}{2\pi}}$

$= \dfrac{\omega}{\omega_s}$

11 정격출력 5[kW], 회전수 1800[rpm]인 3상 유도전동기의 토크는 약 몇 [N·m]인가?
[07]

① 2.7 ② 26.5
③ 79.5 ④ 259.7

해설 유도전동기의 토크

$\tau = \dfrac{60}{2\pi} \times \dfrac{P_0}{N} = 9.55 \times \dfrac{5 \times 10^3}{1800} = 26.5$[N·m]

12 유도전동기의 토크는? [02] [03]
① 단자전압의 2승에 비례한다.
② 단자전압에 비례한다.
③ 단자전압의 $\dfrac{1}{2}$승에 비례한다.
④ 단자전압과 무관하다.

해설 슬립 S가 일정하면 $\tau \propto V_1^2$ 토크는 공급전압 V_1의 제곱에 비례한다.

정답 7. ① 8. ① 9. ① 10. ④ 11. ② 12. ①

13 3상 유도전동기의 전전압 기동토크는 전부하 시의 1.8배이다. 전전압의 2/3로 기동할 때 기동토크는 전부하 시의 몇 배인가? [05]
① 0.6 ② 0.8
③ 1.0 ④ 1.2

해설 $\tau \propto V_1^2$에서 $\tau \propto (\frac{2}{3}V_1)^2 = 0.44\,V_1^2$이 되므로
1.8배 × 0.44 = 0.8배

14 220[V]인 3상 유도전동기의 전부하 슬립이 3[%]이다. 공급전압이 200[V]가 되면 전부하 슬립은 약 몇 [%]가 되는가? [04] [08] [17]
① 3.6 ② 4.2
③ 4.8 ④ 5.4

해설 $\tau \propto V_1^2 \cdot S$에서 전부하 토크는 일정하므로
$220^2 \times 0.03 = 200^2 \times S$가 된다.
$S \fallingdotseq 0.0363$이므로 3.63[%]이다.

15 유도전동기의 슬립, 전류, 역률곡선을 나타내는 것은? [03]

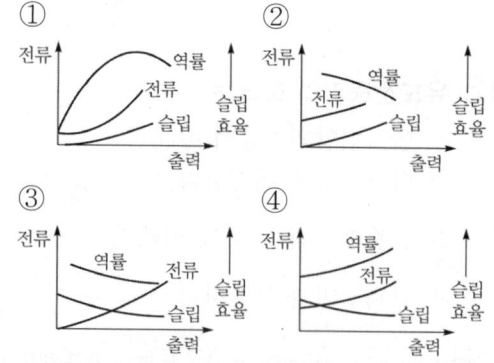

해설 유도전동기는 무효전류인 무부하전류가 많이 흐르므로 역률이 낮다.

16 3상 권선형 유도전동기를 사용하는 주된 이유는? [04] [09]
① 효율향상
② 역률개선
③ 기동특성의 향상
④ 소용량 기기에 적용

해설 권선형 유도전동기는 2차 저항을 변화시켜 비례추이의 성질을 이용하여 기동토크를 크게 할 수 있으며 전동기의 속도를 제어할 수 있다.

17 권선형 유도전동기에서 2차측 저항을 2배로 하면 그 최대 토크는 몇 배로 되는가?
[03] [05] [08] [09] [13] [17]
① 1/2 ② $\sqrt{2}$
③ 2 ④ 불변

해설 슬립과 토크의 특성곡선에서 2차 저항을 변화시켜도 최대 토크는 변하지 않는다.

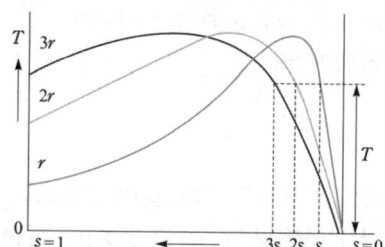

18 10[kW]의 농형 유도전동기의 기동방법으로 가장 적당한 것은? [11] [17]
① 전전압 기동법
② Y-△ 기동법
③ 기동 보상기법
④ 2차 저항 기동법

해설 Y-△ 기동법은 10~15[kW] 이하의 중용량 전동기에 사용

정답 13. ② 14. ① 15. ① 16. ③ 17. ④ 18. ②

19 유도전동기의 1차 접속을 △에서 Y결선으로 바꾸면 기동 시의 1차 전류는? [02] [03] [06] [17]

① $\frac{1}{3}$로 감소한다. ② $\frac{1}{\sqrt{3}}$로 감소한다.
③ 3배로 증가한다. ④ $\sqrt{3}$배로 증가한다.

해설 Y-△ 기동 시 기동전류와 기동토크가 모두 $\frac{1}{3}$로 감소한다.

20 그림은 권선형 유도전동기 2차에 전자접촉기를 사용하여 자동적으로 기동하기 위한 주 회로이다. 여기서 접촉기의 동작 순서가 바르게 된 것은? [04]

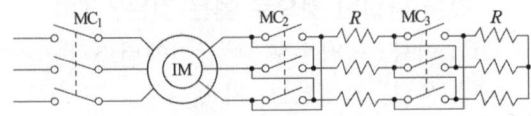

① $MC_1 - MC_2 - MC_3$
② $MC_2 - MC_3 - MC_1$
③ $MC_3 - MC_1 - MC_2$
④ $MC_1 - MC_3 - MC_2$

해설 비례추이의 특성을 이용하여 기동토크를 크게 할 수 있으므로, 기동 시에는 저항을 크게 하고 기동 후에는 저항을 단계적으로 줄인다.

21 권선형 유도전동기 기동법으로 알맞은 것은? [07] [13]

① 직입 기동법 ② 2차 저항 기동법
③ 콘도르퍼 방식 ④ Y-△ 기동법

해설 2차 저항기동법은 권선형 유도전동기의 기동법이다.

22 농형 유도전동기의 속도제어를 위한 1차 주파수 제어방식이 아닌 것은? [05] [09]

① 전압, 주파수제어 ② 벡터제어
③ 슬립, 주파수제어 ④ 일정 전압제어

해설 주파수 제어법은 자속이 전압에 비례하고 주파수에 반비례하므로 자속을 일정하게 유지하기 위하여 전압과 주파수를 비례적으로 가변시키는 제어법

23 유도전동기의 속도제어법 중에서 인버터를 사용하면 가장 효과적인 것은? [08]

① 극수 변환법 ② 슬립 변환법
③ 주파수 변환법 ④ 인가전압 변환법

해설 인버터는 주파수를 조정하여 전동기의 속도를 제어하는 장치이다.

24 유도전동기의 1차 전압변화에 의한 속도제어에 SCR을 사용하는 경우에 변화 대상은 어떤 것인가? [03] [04]

① 주파수 ② 위상각
③ 전압의 최대치 ④ 역상분 토크

해설 전력전자 소자 중 SCR은 점호시간(위상각)을 조정하여 교류를 직류로 변환할 뿐만 아니라 출력전압을 제어할 수 있다.

25 유도전동기의 토크가 전압의 제곱에 비례하여 변화하는 성질을 이용하여 유도전동기의 속도를 제어하는 것은? [08]

① 극수변환 방식 ② 전원전압제어법
③ 크래머 방식 ④ 전원주파수 변환법

해설 전력 반도체 소자를 이용하여 1차 전압을 제어하여 유도전동기의 속도를 제어한다.

정답 19. ① 20. ④ 21. ② 22. ④ 23. ③ 24. ② 25. ②

26 유도전동기의 회전자에 슬립 주파수의 전압을 공급하여 속도제어를 하는 것은? [03]
① 직류여자법 ② 2차 여자법
③ 2차 저항제어법 ④ 주파수변환제어법

해설 2차 여자제어는 2차 저항제어를 발전시킨 형태로 저항에 의한 전압강하 대신에 반대의 전압을 가하여 전압강하가 일어나도록 한 것으로, 효율이 좋다.

27 유도전동기의 속도제어방법에서 특별한 보조장치가 필요 없고 효율이 좋으며, 속도제어가 간단한 장점이 있으나, 결점으로는 속도의 변화가 단계적인 제어방식은? [12]
① 극수 변환법 ② 주파수 변환제어법
③ 전원전압제어법 ④ 2차 저항제어법

해설 극수 변환법은 고정자 권선의 접속을 변경하여 극수를 바꾸면 2단으로 속도를 바꿀 수 있다.

28 주파수 60[Hz]로 제작된 3상 유도전동기를 동일한 전압의 50[Hz] 전원으로 사용할 때 나타나는 현상은? [10] [13]
① 철손 감소 ② 무부하전류 증가
③ 자속 감소 ④ 속도 증가

해설 유도기전력 $E = 4.44fN\phi_m$에서 주파수가 감소하면 자속은 증가한다.
동기속도 $N_s = \dfrac{120f}{P}$[rpm]에서 주파수가 감소하면 속도도 감소한다.
철손 $P_i = P_h + P_e$에서 $P_h \propto fB_m^2 = \dfrac{f^2 B_m^2}{f}$,
$P_e \propto t^2 f^2 B_m^2 = t^2(fB_m)^2$에서
유도기전력 $E = 4.44fN\phi_m \propto fB_m$에서
$P_h \propto \dfrac{E^2}{f}$, $P_e \propto E^2$ 이므로
주파수 감소하면, 철손이 증가하여 무부하전류가 증가한다.

29 2극과 8극의 2대의 3상 유도전동기를 차동접속법으로 속도제어를 할 때 전원 주파수가 60[Hz]인 경우 무부하 속도 N_0는 몇 [rpm]인가? [12]
① 1800[rpm]
② 1200[rpm]
③ 900[rpm]
④ 720[rpm]

해설 차동종속법의 회전 속도 :
$N_0 = \dfrac{120f}{P_1 - P_2} = \dfrac{120 \times 60}{8 - 2} = 1200$[rpm]

30 60[Hz]로 설계된 유도기를 동일전압에서 50[Hz]로 사용할 때 낮아지거나 감소되는 것을 나열한 것으로 옳은 것은? [10]
① 역률, 냉각속도, 누설리액턴스
② 온도, 최대토크, 자속
③ 역률, 철손, 기동전류
④ 자속, 냉각속도, 기동전류

해설 기동전류, 최대토크는 주파수와는 무관하다.

31 유도전동기의 제동방법 중 슬립의 범위를 1∼2 사이로 하여 3선 중 2선의 접속을 바꾸어 제동하는 방법은? [11] [16]
① 직류제동
② 회생제동
③ 발전제동
④ 역상제동

해설 역상제동(플러깅)은 전동기의 전원 전압의 극성 혹은 상회전방향을 역전함으로써 전동기에 역토크를 발생시키고, 그에 의해서 제동하는 것

정답 26. ② 27. ① 28. ② 29. ② 30. ① 31. ④

32 3상 유도전동기를 불평형 전압으로 운전하는 경우 ㉠토크와 ㉡입력은? [11]

① ㉠ 증가, ㉡ 감소
② ㉠ 감소, ㉡ 증가
③ ㉠ 증가, ㉡ 증가
④ ㉠ 감소, ㉡ 감소

해설 3상 유도전동기의 단자전압은 전압 불평형의 정도가 커지면 불평형 전류가 증가하지만 전동기 출력은 감소되고 동손이 커지며 전동기의 상승 온도가 높아진다. 전압 불평형이 큰 경우는 전동기에 가한 전압이 단상이 되며 이것은 전원 스위치의 접속불량, 퓨즈 1선의 용단 또는 전동기 구출선이 끊어진 경우 등에 일어나는 현상이다.

33 3상 유도전동기의 전 전압 기동 토크는 전부하시의 4.8배이다. 전 전압의 2/3로 기동할 때 기동 토크는 전부하 시의 약 몇 배인가? [10]

① 1.6배 ② 2.1배
③ 3.2배 ④ 7.2배

해설 $\tau = \dfrac{PV_1^2}{4\pi f} \cdot \dfrac{\dfrac{r_2'}{S}}{(r_1+\dfrac{r_2'}{S})^2+(x_1+x_2')^2}$ [N·m]

에서 토크와 전압은 제곱에 비례하므로 $\dfrac{2}{3}$의 전압으로 기동 시 토크는 $\left(\dfrac{2}{3}\right)^2 = \dfrac{4}{9}$ 배로 $4.8 \times \dfrac{4}{9} \simeq 2.1$ 배이다.

34 정격출력 5[kW], 회전수 1,800[rpm]인 3상 유도전동기의 토크는 약 몇 [N·m]인가? [07]

① 2.7 ② 26.5
③ 79.5 ④ 259.7

해설 $P_0 = 2\pi \dfrac{N}{60}\tau$

$\tau = \dfrac{60}{2\pi}\dfrac{P_0}{N} = \dfrac{60}{2\pi} \times \dfrac{5 \times 10^3}{1800}$
$= 26.5$ [N·m]

35 3상 유도전동기의 회전력은 단자전압과 어떤 관계인가? [12] [17]

① 단자전압에 무관하다.
② 단자전압에 비례한다.
③ 단자전압의 2승에 비례한다.
④ 단자전압의 $\dfrac{1}{2}$승에 비례한다.

해설 유도전동기의 토크특성 관계식

$\tau = \dfrac{PV_1^2}{4\pi f} \cdot \dfrac{\dfrac{r_2}{S}}{(r_1+\dfrac{r_2}{S})^2+(x_1+x_2')^2}$ [N·m]

에서 토크는 전압의 제곱에 비례함을 알 수 있다.

36 속도 변화가 편리한 전동기는? [02]

① 시라게 전동기
② 2중 농형 전동기
③ 농형 전동기
④ 동기전동기

해설 시라게 전동기
- 권선형 유도전동기의 브러시 간격을 조정하여 속도제어를 원활하게 한 전동기
- 권선형 유도전동기는 보통 1차 권선이 고정자이고, 회전자가 2차이다. 이것을 역으로 하여 다시 회전자에 직류기의 전기자와 같이 3차 권선을 설치하여 이것을 정류자에 접속한 전동기로 속도제어가 원활하다.

37 2중 농형 유도전동기가 보통 농형 전동기에 비하여 다른 점은? [14]

① 기동 전류가 크고, 기동 토크도 크다.
② 기동 전류는 크고, 기동 토크는 적다.
③ 기동 전류가 적고, 기동 토크도 적다.
④ 기동 전류는 적고, 기동 토크는 크다.

해설 회전자의 슬롯에 상하로 두 종류의 도체를 배열하고, 바깥쪽의 도체를 높은 저항의 것(합금), 안쪽의 도체를 낮은 저항의 것(동)을 사용하여 2중의 농형으로 한 것으로, 기동할 때에는 전류가 적게 흐르고 기동 특성을 개선한 것이다.

정답 37. ④

4 단상 유도전동기

(1) 단상 유도전동기의 특징

① 고정자 권선에 단상교류가 흐르면 축방향으로 크기가 변화하는 교번자계가 생길 뿐 기동토크가 발생하지 않아 기동할 수 없다. 따라서 별도의 기동용 장치를 설치하여야 한다.
② 동일한 정격의 3상 유도전동기에 비해 역률과 효율이 매우 나쁘고 중량이 무거워서 1마력 이하의 가정용과 소동력용으로 많이 사용되고 있다.

(2) 기동방법에 의한 분류

1) 분상기동형

기동권선은 운전권선보다 가는 코일을 사용하며 권수를 적게 감아서 권선저항을 크게 만들어 주 권선과의 전류 위상차를 생기게 하여 기동하게 된다.

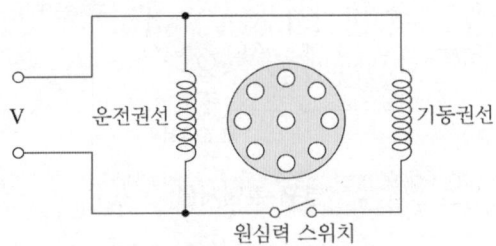

분상 기동형

2) 콘덴서 기동형

기동권선에 직렬로 콘덴서를 넣고 권선에 흐르는 기동전류를 앞선 전류로 하고 운전권선에 흐르는 전류와 위상차를 갖도록 한 것이다. 기동 시 위상차가 2상식에 가까우므로 기동특성을 좋게 할 수 있고, 시동전류가 적고 시동토크가 큰 특징을 갖고 있다.

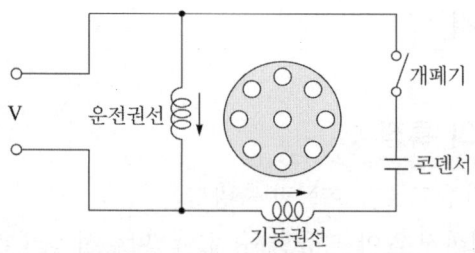

콘덴서 기동형

3) 영구 콘덴서형

① 콘덴서 기동형은 기동 시에만 콘덴서를 연결하지만 영구 콘덴서형 전동기는 기동에서 운전까지 콘덴서를 삽입한 채 운전한다.
② 원심력 스위치가 없어서 가격도 싸므로 큰 기동토크를 요구하지 않는 선풍기, 냉장고, 세탁기 등에 널리 사용된다.

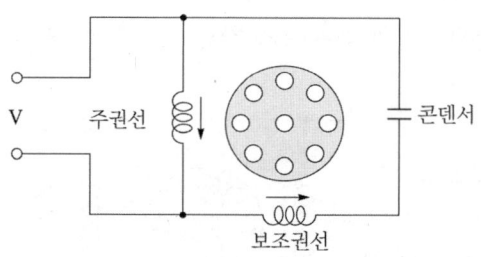

영구 콘덴서형

4) 반발 기동형

회전자에 직류전동기 같이 전기자권선과 정류자를 갖고 있는 브러시를 단락하면 기동 시에 큰 기동 토크를 얻을 수 있는 전동기이다.

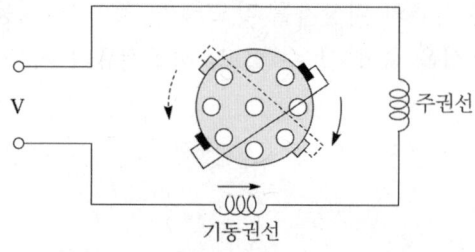

반발 기동형

5) 세이딩 코일형

① 고정자에 돌극을 만들고 세이딩 코일이라는 동대로 만든 단락 코일을 끼워 놓는다. 이 코일이 이동자계를 만들어 그 방향으로 회전한다.
② 슬립이나 속도 변동이 크고 효율이 낮아 극히 소형 전동기에 한해 사용되고 있다.

(3) 기동토크가 큰 순서

반발기동형 > 반발유도형 > 콘덴서기동형 > 분상기동형 > 세이딩 코일형

5 유도전압조정기

(1) 단상 유도전압조정기(단권 변압기 원리 –교번자계)

① 분로권선의 위치를 연속적으로 조정하여 θ를 변화시키면 출력 측 전압을 연속적으로 조정할 수 있다.

$E = E_1 + E_2\cos\theta$ 이므로 θ에 따른 조정범위는 $V_2 = V_1 + E_2 \sim V_1 - E_2$ 가 된다.

② 단락권선
직렬권선의 누설리액턴스를 감소시켜 전압강하를 감소시킨다.
③ 출력 $P_a = E_2 I_2 \times 10^{-3} [\text{kVA}]$
④ 입력과 출력전압 사이에는 위상차가 발생하지 않는다.

(2) 삼상 유도전압조정기(회전자계 원리)

① 3상 유도전압조정기의 2차 측을 구속하고 1차 측에 전압을 공급하면 2차 권선에 기전력이 유기되는데 2차 권선의 각 상 단자를 각각 1차 측의 각상 단자에 적당하게 접속하면 전압을 조정할 수 있다.
② 출력의 상전압 $E = \sqrt{(E_1 + E_2\cos\theta)^2 + (E_1\sin\theta)^2}$
③ 출력 $P = \sqrt{3}\, E_2 I_2 \times 10^{-3}$
④ 1, 2차 전압에 위상차가 존재한다.
⑤ 단락권선 불필요

출제예상문제

01 단상 유도전동기의 특성이라 할 수 없는 것은?
① 보통 기동장치가 있다.
② 보통 1[HP] 이하가 많다.
③ 같은 용량의 3상용에 비해 기동전류가 작다.
④ 비교적 효율이 좋다.

해설 단상 유도전동기는 전부하전류에 대한 무부하전류의 비율이 대단히 크고 역률과 효율 및 그 밖의 성능은 동일한 정격의 3상 유도전동기에 비하면 대단히 나쁘고, 중량이 무거우며, 가격도 비싸다.

02 역률이 좋아서 가정용 선풍기, 세탁기 등에 주로 사용되는 것은?
① 분상 기동형   ② 영구 콘덴서형
③ 세이딩 코일형   ④ 반발 기동형

해설 영구 콘덴서형
- 콘덴서 시동형은 기동 시에만 콘덴서를 연결하지만 영구 콘덴서형 전동기는 기동에서 운전까지 콘덴서를 삽입한 채 운전한다.
- 원심력 스위치가 없어서 가격도 싸므로 큰 기동토크를 요구하지 않는 선풍기, 냉장고, 세탁기 등에 널리 사용된다.

03 단상 유도전동기의 기동방법에 따른 분류에 속하지 않는 것은?
① 분상 기동형   ② 저항 기동형
③ 콘덴서 기동형   ④ 세이딩 코일형

해설 단상 유도전동기의 기동방법에는 분상 기동형, 콘덴서 기동형, 영구 콘덴서 기동형, 반발 기동형, 세이딩 코일형이 있다.

04 유도전동기에서 회전방향을 바꿀 수 없고, 극히 단순하며 기동토크가 대단히 작아서 운전 중에도 코일에 전류가 계속 흐르므로 소형 선풍기 등 출력이 매우 작은 0.05 마력 이하의 소형 전동기에 사용되고 있는 것은?
① 세이딩 코일형 유도전동기
② 영구 콘덴서형 단상 유도전동기
③ 콘덴서 기동형 단상 유도전동기
④ 분상 기동형 단상 유도전동기

해설 세이딩 코일형 유도전동기는 수 [W]의 소형에 많이 사용되는 방식으로, 고정측에 주권선 외에 세이딩 코일을 놓고, 이것으로 시동 토크를 얻는 것이다.

05 유도전동기의 소음 중 전기적인 소음이 아닌 것은?
① 고조파 자속에 의한 진동음
② 슬립 비트 음
③ 기본파 자속에 의한 진동음
④ 팬 음

해설 유도전동기의 소음을 계통적으로 분류하면 전기적 소음은 기본파 자속에 의한 진동음, 고조파 자속에 의한 진동음, 슬립 비트 음이 있고 기계적 소음에는 언밸런스에 의한 진동음, 베어링 음, 브러시 음이 있으며 통풍음에는 팬 음, 덕트 음이 있다.

06 유도전동기의 슬립 측정방법은?
① 직류 밀리볼트계법
② 동력계법
③ 전동 발전기법
④ 프로니 브레이크법

정답 1.④ 2.② 3.② 4.① 5.④ 6.①

해설 슬립 측정법에는 직류 밀리볼트계법, 수화기법, 스트로브스코프법 등이 있다.

07 유도전동기의 보호방식에 따른 종류가 아닌 것은?
① 방진형
② 방수형
③ 전개형
④ 방폭형

해설 유도전동기는 외피의 형태, 통풍방식, 보호방식 등에 따라 분류할 수 있으며 외피에 의한 분류에는 개방형, 반밀폐형이 있고 통풍방식에 의한 분류에는 자기 통풍형, 타력 통풍형이 있으며 보호방식에는 보호형, 차폐형, 방진형, 방말형, 방적형, 방침형, 방수형, 수중형, 방식형, 방폭형이 있다.

08 교류 단상 직권전동기의 구조를 설명한 것 중 옳은 것은?
① 역률 개선을 위해 고정자와 회전자의 자로를 성층 철심으로 한다.
② 정류 개선을 위해 강계자, 약전기자형으로 한다.
③ 전기자 반작용을 줄이기 위해 약계자, 강전기자형으로 한다.
④ 역률 및 정류개선을 위해 약계자, 강전기자형으로 한다.

해설 계자 및 전기자권선의 리액턴스에 의한 역률 저하를 방지하기 위해서 계자권선을 줄여 약계자로 하고, 고정자 권선에 보상권선을 설치하여 전기자 반작용을 보상하는 동시에 전기자권선수를 증가해서 필요한 토크를 발생하게 하는 강전기자형으로 한다.

09 단상 직권 정류자 전동기는 그 전기자권선의 권선수를 계자 권수에 비해서 특히 많게 하고 있는데 그 이유가 아닌 것은?
① 주자속을 작게 하기 위해서
② 속도 기전력을 크게 하기 위해서
③ 변압기 기전력을 크게 하기 위하여
④ 역률 저하를 방지하기 위해서

해설 계자권선수를 가급적 작게 하고 전기자권선수를 크게 하여 토크의 감소를 보상하기 때문에 직렬 계자권선의 인덕턴스에 의한 역률 저하 및 단락코일의 변압기 기전력에 의한 정류 불량을 방지한다.

10 단상 정류자 전동기에서 보상권선과 저항도선의 작용을 설명한 것 중 옳지 않은 것은?
① 저항 도선은 변압기 기전력에 의한 단락전류를 작게 한다.
② 변압기 기전력을 크게 한다.
③ 역률을 좋게 한다.
④ 전기자 반작용을 제거해 준다.

해설 보상권선은 전기자 반작용을 상쇄하여 역률을 좋게 할 수 있고 변압기 기전력을 작게 해서 정류작용을 개선한다. 저항 도선은 변압기 기전력에 의한 단락전류를 작게 하여 정류를 좋게 한다.

11 단상 정류자 전동기에 보상권선을 사용하는 가장 큰 이유는?
① 정류개선
② 기동토크 조절
③ 속도제어
④ 역률개선

해설 단상 정류자 전동기는 약계자, 강전기자형이기 때문에 전기자권선의 리액턴스가 크게 되어 역률 저하의 원인이 되기 때문에 고정자 권선에 보상권선을 설치해서 전기자 반작용을 상쇄하여 역률을 개선한다.

정답 7. ③ 8. ④ 9. ③ 10. ② 11. ④

12 교류 정류자 전동기에 대한 설명 중 틀린 것은?
① 높은 효율과 연속적인 속도제어가 가능하다.
② 회전자는 정류자를 갖고 고정자는 집중 분포 권선이다.
③ 기동 브러시 이동만으로 큰 기동 토크를 얻는다.
④ 정류작용은 직류기와 같이 간단히 해결된다.

해설 교류 정류자 전동기의 제작에서 제일 힘든 것으로 되어 있는 정류 작용 출력에 제한을 받는다.

13 직류 직권전동기를 단상 정류자 전동기로 사용하기 위하여 교류를 인가했을 때 발생하는 문제점이 아닌 것은?
① 철손이 크다.
② 역률이 나쁘다.
③ 계자권선이 필요없다.
④ 정류가 불량하다.

해설 직류 직권전동기는 교류전원을 사용할 수 있으나 자극이 철로 되어 있기 때문에 철손이 크고, 계자권선 및 전기자권선의 인덕턴스 때문에 역률이 나쁘다. 브러시에 의해 단락된 전기자 코일 내에 자속의 교번 변화 때문에 큰 기자력이 유기되어 정류가 불량하다는 단점이 있다.

14 3상 직권 정류자 전동기의 중간 변압기의 사용 목적은?
① 실효 권수비의 조정
② 역회전을 위하여
③ 직권 특성을 얻기 위하여
④ 역회전의 방지

해설 3상 직권 정류자 전동기의 중간 변압기는 고정자 권선과 회전자 권선 사이에 직렬로 접속되며 사용 목적으로는 정류자 전압의 조정, 회전자 상수의 증가, 경부하 시 속도 이상 상승의 방지, 실효 권수비의 조정 등이다.

15 교류 정류자 전동기가 아닌 것은?
① 만능 전동기
② 콘덴서 전동기
③ 시라게 전동기
④ 반발 전동기

해설 교류 정류자 전동기는 단상 직권 정류자 전동기, 단상 반발 전동기, 3상 직권 정류자 전동기, 단상 분권 정류자 전동기, 3상 분권 정류자 전동기가 있다.

16 속도가 일정하고 구조가 간단하며 동기 이탈이 없는 전동기로서, 전기시계, 오실로그래프 등에 많이 사용되는 전동기는?
① 유도 동기전동기
② 초동기전동기
③ 단상 동기전동기
④ 반동 전동기

해설 반동전동기는 직류여자권선을 갖지 않는 돌극형 동기전동기로 돌극성에 의한 반작용 토크에 의해서 회전한다. 출력이 작고 역률도 낮으나, 직류여자가 필요 없으며, 일단 동기속도가 되면 쉽게 동기변위를 일으키지 않으므로, 오실로그래프·콘택트메이커·전기시계 등 동기속도를 필요로 하는 장치에 사용된다.

정답 12. ④ 13. ③ 14. ① 15. ② 16. ④

17 직류 교류 양용에 사용되는 만능 전동기는?
① 직권 정류자 전동기
② 복권전동기
③ 유도전동기
④ 동기전동기

해설 단상 직권 정류자 전동기는 교류 및 직류 양용이므로 만능 전동기라고도 한다. 보상권선을 갖지 않는 단상 직권전동기는 가정용 미싱, 영사기, 소형 공구 등의 75[W] 이하의 소용량 전동기로 사용되고, 그 이상의 용량인 것은 보상권선을 소유한 단상 직권전동기가 사용된다.

18 속도변화에 편리한 교류 전동기는?
① 농형 전동기
② 2중 농형 전동기
③ 동기전동기
④ 시라게 전동기

해설 시라게 전동기는 브러시의 이동으로 간단히 원활하게 속도제어가 되고 적당한 편각을 주면 역률이 좋아진다.

19 교류분권전동기는 다음 중 어느 때 가장 적당한 특성을 가지는가?
① 속도의 연속 가감과 정속도 운전을 함께 요하는 경우
② 속도를 여러 단으로 변화시킬 수 있고, 각 단에서 정속도 운전을 요하는 경우
③ 부하토크에 관계없이 일정 속도를 요하는 경우
④ 무부하와 전부하의 속도변화가 적고 거의 일정 속도를 요하는 경우

해설 교류분권전동기는 토크의 변화에 대한 속도의 변화가 매우 작아 분권 특성의 정속도 전동기인 동시에 가감 속도 전동기로서 널리 사용된다.

20 단상 유도전압조정기에서 단락권선의 직접적인 역할은?
① 누설리액턴스로 인한 전압강하 방지
② 절연 보호
③ 전압 조정 용이
④ 전압강하 경감

해설 단락권선은 2차 권선에 부하전류가 흐를 때 누설리액턴스 때문에 발생하는 전압강하를 방지하기 위해 설치

21 3상 유도전압조정기의 동작원리는?
① 회전자계에 의한 유도작용을 이용하여 2차 전압의 위상 전압 조정에 따라 변한다.
② 교번자계의 전자유도작용을 이용한다.
③ 충전된 두 물체 사이에 작용하는 힘을 이용한다.
④ 두 전류 사이에 작용하는 힘을 이용한다.

해설 3상 유도전압 조정기는 회전자계에 의한 유도 작용을 이용하여 2차 전압의 위상을 변경시켜 2차 전압을 조정한다.

22 3상 유도전압조정기의 1차 권선은 어디에 감는가?
① 정류자
② 고정자
③ 회전자
④ 전기자

해설 유도전압조정기
- 유도전동기와 유사한 홈을 가진 철심의 회전자에 1차 권선을 감고 고정자에는 2차 권선을 감는다.
- 직렬권선과 분로권선의 자속 교차 각도를 조정함으로써 전압을 조정할 수 있다.

23 단상유도전압 조정기와 3상 유도전압조정기의 비교 설명으로 옳지 않은 것은?
① 모두 회전자와 고정자가 있으며 한편에 1차 권선을, 다른 편에 2차 권선을 둔다.
② 모두 입력 전압과 이에 대응한 출력전압 사이에 위상차가 있다.
③ 단상 유도전압조정기에는 단락코일이 필요하나 3상에는 필요없다.
④ 모두 회전자의 회전각에 따라 조정된다.

해설 3상 유도전압조정기는 3상 유도전동기의 경우와 같이 직렬권선에 의한 기전력은 회전자계의 위치와 관계없이 항상 1차 부하전류에 의한 분로 권선의 기자력에 의해서 소멸되므로 단락권선이 필요없다. 단상 유도전압조정기는 입력전압과 출력전압의 위상차가 없다.

24 유도전압조정기에 대한 설명으로 옳은 것은?
① 단락권선은 단상 및 3상 유도전압조정기 모두 필요하다.
② 3상 유도전압조정기에는 단락권선이 필요없다.
③ 3상 유도전압 조정기의 1차와 2차 전압은 동상이다.
④ 단상 유도전압조정기의 기전력은 회전자계에 의해서 유도된다.

해설 3상 유도전압 조정기는 회전자계에 의한 유도 작용을 이용하여 2차 전압의 위상을 변경시켜 2차 전압을 조정한다. 단상 유도전압 조정기는 교번 자계의 전자유도를 이용하고 전압, 위상의 변화가 없으나 단락코일이 필요하다.

25 1차 전압과 2차 전압 간의 위상이 같도록 설계된 유도 전압 조정기는?
① 3상 유도 전압 조정기
② 대각 유도 전압 조정기
③ 단상 유도 전압 조정기
④ 회전 변류기

해설 3상 유도전압조정기는 전압의 조정과 함께 2차의 위상각에 변화가 생기므로 용도에 따라서는 곤란할 때가 있다. 대각 유도 전압조정기는 위상각의 변화가 생기지 않도록 한 것이다.

26 단상 유도전동기의 특성을 나타낸 설명이 아닌 것은?
① 2차 저항이 증가하면 최대 토크의 값은 감소한다.
② 2차 저항이 어느 정도 이상이 되면 토크는 부(-)가 된다.
③ 슬립이 1인 경우, 토크는 발생하지 않는다.
④ $\dfrac{r_2}{s}$의 비가 일정하면 최대 토크는 일정하다.

해설 단상 유도전동기는 최대 토크를 발생하는 슬립뿐만 아니라 최대 토크의 크기가 변화한다. 2차 저항 r_2를 크게 할수록 최대 토크는 작아지고 토크를 발생하는 슬립은 증가하며 2차 저항이 어느 정도 이상이 되면 토크가 부(-)가 된다.

27 1차 100[V], 2차 최대 130[V], 2차 정격 50[A]인 단상 유도전압조정기의 정격출력[kVA]은?
① 1.5
② 2.5
③ 3.5
④ 4

정답 23. ② 24. ② 25. ② 26. ④ 27. ①

해설 정격출력(조정용량)
$P = E_2 I_2 \times 10^{-3} [\text{kVA}]$ 이고,
$V_2 = V_1 + E_2 \cos\alpha$ 이므로
최대일 때 $\cos 0° = 1$,
$E_2 = V_2 - V_1 = 130 - 100 = 30 [\text{V}]$
$P = E_2 I_2 \times 10^{-3} = 30 \times 50 \times 10^{-3} = 1.5 [\text{kVA}]$

28 정격 2차전류 I_2, 조정전압 E_2 일 때 3상 유도전압조정기의 정격출력 [kVA]은?

① $\sqrt{3} E_2 I_2 \times 10^3$
② $\sqrt{3} E_2 I_2 \times 10^{-3}$
③ $3 E_2 I_2 \times 10^3$
④ $3 E_2 I_2 \times 10^{-3}$

해설 정격출력(조정용량)
$P = \sqrt{3} E_2 I_2 \times 10^{-3} [\text{kVA}]$

29 3상 유도전압조정기의 정격출력 [kVA]은? (단, I_2는 정격 2차 전류[A], E_2는 정격 2차 상전압[V]이다.)

① $\sqrt{3} E_2 I_2 \times 10^3$
② $\sqrt{3} E_2 I_2 \times 10^{-3}$
③ $3 E_2 I_2 \times 10^3$
④ $3 E_2 I_2 \times 10^{-3}$

해설 3상 유도전압조정기의 정격출력(조정용량)
$P = \sqrt{3} E_2 I_2 \times 10^{-3} [\text{kVA}]$에서
E_2는 2차 조정 전압을 나타내므로 선간전압이 된다. 따라서
$P = \sqrt{3} (\sqrt{3} E_2) I_2 \times 10^{-3}$
$= 3 E_2 I_2 \times 10^{-3} [\text{kVA}]$

30 회전 변류기의 직류측 전압을 조정하려는 방법이 아닌 것은?
① 직렬 리액턴스에 의한 방법
② 유도 전압조정기를 사용하는 방법
③ 여자전류를 조정하는 방법
④ 동기 승압기에 의한 방법

해설 회전변류기는 교류 측과 직류 측의 전압비가 일정하므로 직류 측 여자전류를 가감하여 직류전압을 조정할 수 없다. 직류 전압을 조정하기 위해서는 슬립 링에 가해지는 교류전압을 조정하여야 한다. 직렬 리액턴스에 의한 방법, 유도 전압조정기를 사용하는 방법, 부하 시 전압 조정 변압기를 사용하는 방법, 동기 승압기에 의한 방법 등이 있다.

정답 28. ② 29. ④ 30. ③

과년도 출제문제

01 분상 기동형 단상 유도전동기의 회전방향을 바꾸려면? [02] [10]
① 주권선 및 기동권선 단자의 접속을 모두 바꾼다.
② 기동권선이나 주권선 중 어느 한 권선의 단자접속을 바꾼다.
③ 전원의 두 선을 바꾸어 접속한다.
④ 정지 후 손으로 회전방향을 바꾼 다음에 기동시킨다.

해설 분상 기동형 단상 유도전동기의 회전방향을 바꾸려면 운전권선이나 기동권선 중 한 권선의 단자접속을 바꾸면 된다.

02 단상 유도전동기 중에서 콘덴서 기동 전동기의 특징은? [05]
① 기동토크가 크다.
② 기동전류가 크다.
③ 소출력의 것에 사용된다.
④ 정류자, 브러시 등을 이용한다.

해설 기동권선에 직렬로 콘덴서를 넣고 권선에 흐르는 기동전류를 앞선 전류로 하고 운전권선에 흐르는 전류와 위상차를 갖도록 한 것이다. 기동 시 위상차가 2상식에 가까우므로 기동특성을 좋게 할 수 있고 시동전류가 적고, 시동 토크가 큰 특징을 갖고 있다.

03 간단한 전축, 녹음기 등에 가장 많이 쓰이는 전동기는? [03]
① 콘덴서 전동기
② 반발유도전동기
③ 세이딩 코일형 전동기
④ 농형 유도전동기

해설 세이딩 코일형 전동기
• 고정자에 돌극을 만들고 여기에 세이딩 코일이라는 동대로 만든 단락 코일을 끼워 놓는다. 이 코일이 이동자계를 만들어 그 방향으로 회전한다.
• 슬립이나 속도 변동이 크고 효율이 낮아 극히 소형 전동기에 한해 사용되고 있다.

04 단상 유도전동기의 기동방법 중 기동 토크가 가장 큰 것은? [12]
① 분상 기동형   ② 콘덴서 기동형
③ 반발 기동형   ④ 세이딩 코일형

해설 단상 유도전동기 기동 토크의 크기는 반발기동형 > 콘덴서기동형 > 분상기동형 > 세이딩 코일형

05 다음은 콘덴서형 전동기 회로로서 보조 권선에 콘덴서를 접속하여 보조 권선에 흐르는 전류와 주 권선에 흐르는 전류의 위상각을 더욱 크게 한 것으로 회로에 사용한 콘덴서의 목적으로 옳지 않은 것은? [13]

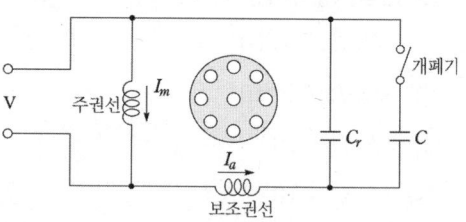

① 정·역 운전에 도움을 준다.
② 운전 시에 효율을 개선한다.
③ 운전 시에 역률을 개선한다.
④ 기동 회전력을 크게 한다.

해설 기동용 콘덴서 C 외에 운전 중에도 사용하는 콘덴

정답 1. ② 2. ① 3. ③ 4. ③ 5. ①

서 Cr을 접속한 것으로, 기동이 완료되면 C만이 차단되고 보조권선과 Cr은 전동기 역률을 개선한다. 기동 시에 가장 적합한 콘덴서의 용량은 운전 시 콘덴서 용량의 5~6배 정도가 되며, 기동 토크가 크고 운전 시 역률이 좋다.

06 소형 유도전동기의 슬롯을 사구(Skew Slot)로 하는 이유는? [13]
① 기동 토크를 증가시키기 위하여
② 게르게스 현상을 방지하기 위하여
③ 제동 토크를 증가시키기 위하여
④ 크로우링을 방지하기 위하여

해설 크로우링 현상(차동기 운전)은 소용량의 농형 유도 전동기에서 주로 생기는 현상으로 고조파의 영향으로 가속이 안 되는 현상이며, 경사 슬롯을 채용하여 어느 정도 방지할 수 있다.

07 다음 중 크로우링 현상은 어느 것에서 일어나는가? [07] [09]
① 농형 유도전동기 ② 직류 직권전동기
③ 3상 직권전동기 ④ 회전 변류기

해설 유도전동기의 기동이 안 되는 현상은 권선형에서는 게르게스현상이라 하고, 농형은 크로우링 현상이라 하며, 고정자 및 회전자의 슬롯에 의한 고조파에 의해 속도-토크 특성이 왜곡되어 매끄럽게 상승하지 못하고 속도-토크 곡선이 갑자기 감소하는 현상

08 게르게스현상은 다음 중 어느 기기에서 일어나는가? [14]
① 직류 직권전동기
② 단상 유도전동기
③ 3상 농형 유도전동기
④ 3상 권선형 유도전동기

해설 게르게스 현상은 3상 권선형 유도전동기의 2차 회로 중 한 개가 단선된 경우 슬립 $S=50[\%]$ 부근에서 더 이상 가속되지 않는 현상

09 콘덴서 기동형 단상 유도전동기의 설명으로 옳은 것은? [14]
① 콘덴서를 주 권선에 직렬 연결한다.
② 콘덴서를 기동권선에 직렬 연결한다.
③ 콘덴서를 기동권선에 병렬 연결한다.
④ 콘덴서는 운전권선과 기동권선을 구별하지 않고 연결한다.

해설 콘덴서 기동형 단상 유도전동기는 기동권선에 직렬로 콘덴서를 넣고 권선에 흐르는 기동전류를 앞선 전류로 하고 운전권선에 흐르는 전류와 위상차를 갖도록 한 것

10 서보(servo) 전동기에 대한 설명으로 틀린 것은? [14]
① 회전자의 직경이 크다.
② 교류용과 직류용이 있다.
③ 속응성이 높다.
④ 기동·정지 및 정회전·역회전을 자주 반복할 수 있다.

해설 서보 전동기는 빠른 응답과 넓은 속도제어의 범위를 가진 제어용 전동기로, 그 전원에 따라 직류 서보모터와 교류 서보모터로 분류된다.
교류 서보모터의 대부분은 3상 서보모터이며 정지·시동·역전 등의 동작을 반복하므로, 방열효과를 좋게 하거나, 동작의 변화가 빨라지도록 설계상 고려되어 있다.

정답 6.④ 7.① 8.④ 9.② 10.①

11 교류 서보전동기(Servo Motor)로 많이 사용된 것은? [11]
① 콘덴서형 전동기
② 권선형 유도전동기
③ 타여자전동기
④ 영구자석형 동기전동기

해설 교류서보 전동기는 교류 서보 기구에 사용하는 전동기. 일반적으로는 2상 유도전동기이다. 고정자는 직교한 기준 계자권선과 제어 계자권선으로 이루어진다. 두 권선은 90°의 위상차를 가지고 있으므로 이들에 의해 생기는 회전 자계에서 회전자를 회전시킨다. 토크는 제어 신호 전압의 크기에 거의 비례하고 있다. 또 토크가 속도에 따라서 직선적으로 감소한다.

12 100[V]의 단상전동기를 입력 200[W], 역률 95[%]로 운전하고 있을 때의 전류는 몇 [A]인가? [11]
① 1 ② 2.1
③ 3.5 ④ 4

해설 $I = \dfrac{P}{V\cos\theta} = \dfrac{200}{100 \times 0.95} ≒ 2.1[A]$

13 단상 직권 정류자 전동기의 회전 속도를 높이는 이유는? [09]
① 리액턴스 강하를 크게 한다.
② 전기자에 유도되는 역기전력을 적게 한다.
③ 역률을 개선한다.
④ 토크를 증가시킨다.

해설
- 직권전동기와 동일한 구성으로 단상교류전압을 가하는 것으로 높은 속도를 얻을 수 있으므로 가정용 전기청소기나 믹서, 전기드릴 등에 사용된다.
- 계자권선의 권선 수를 적게 감아서 주 자속을 감소시켜 리액턴스 때문에 역률이 낮아지는 것을 방지한다.

14 직류용 직권전동기를 교류에 사용할 때 여러 가지 어려움이 발생되는데 다음 중 교류용 단상 직권전동기에서 강구할 대책으로 옳은 것은? [14]
① 원통형 고정자를 사용한다.
② 계자권선의 권수를 크게 한다.
③ 전기자 반작용을 적게 하기 위해 전기자 권수를 증가시킨다.
④ 브러시는 접촉저항이 적은 것을 사용한다.

해설 계자 및 전기자권선의 리액턴스에 의한 역률 저하를 방지하기 위해서 계자권선을 줄여 약계자로 하고, 고정자 권선에 보상권선을 설치하여 전기자 반작용을 보상하는 동시에 전기자권선수를 증가해서 필요한 토크를 발생하게 하는 강전기자형으로 한다.

15 단상 유도전압조정기의 동작 원리 중 가장 적당한 것은? [14]
① 교번자계의 전자유도 작용을 이용한다.
② 두 전류 사이에 작용하는 힘을 이용한다.
③ 충전된 두 물체 사이에 작용하는 힘을 이용한다.
④ 회전자계에 의한 유도작용을 이용하여 2차 전압의 위상, 전압조정에 따라 변화한다.

해설 회전자 권선을 1차 권선, 고정자 권선을 2차 권선으로 하여 단권변압기처럼 1차 권선과 2차 권선을 공유하여 회전자를 이동하며 전압을 조정하는 기기로, 교번 자계의 전자유도 작용을 이용한다.

정답 11. ④ 12. ② 13. ③ 14. ① 15. ①

Chapter 04 동기기

1. 동기기의 구조와 원리

(1) 동기기의 구조

동기발전기와 동기전동기는 동일한 구조로 되어 있으며 동기발전기의 구조는 전기자로 불리는 고정자가 있으며, 유도전동기의 고정자와 동일하다. 3상 전원이 공급되면 유도전동기와 마찬가지로 회전 자계가 발생한다.

회전자에 감겨 있거나 회전자 면에 설치되어 있는 코일에 직류 전원을 공급하면 전자석이 되며, 이 전자석의 극과 고정자 회전 자계의 반대 방향의 극이 만나 동기속도를 유지한다. 회전자의 극수는 고정자의 극수와 동일하게 만들어진다.

1) 동기기의 원통형 고속 회전자

① 고속 운전에 의한 큰 원심력을 견딜 수 있게 강철 단조로 만들어짐.
② 펌프, 팬, 송풍기와 같이 낮은 기동 토크가 요구되는 분야에 제한적으로 사용된다.

2극 원통형 회전자

2) 동기기의 돌극형 저속 회전자

① 큰 관성 저속의 부하에 맞게 제작되었으며 여러 개의 극을 가지고 있다.
② 기동 권선이라고 불리는 농형 권선은 회전자를 가속시켜 동기 속도에 가까운 속도로 회전시키는 데에 사용된다.

③ 회전자 회로는 슬립 링에서 끝나며, 슬립 링에 접촉되는 흑연 브러시를 통하여 계자권선이 직류의 여자 전원에 연결된다.
④ 전기자에서 발생된 직류 전류는 여자기의 정류자 편을 지나 흑연 브러시와 슬립 링을 통하여 동기기의 회전자에 있는 계자권선에 제공된다.

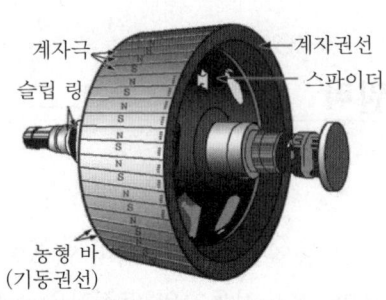

돌극형 저속 회전자

3) 브러시리스 동기기의 회전자 구조

① 브러시가 없는 브러시리스 여자 시스템을 가지고 있는 돌극형 회전자이다.
② 여자는 동일한 축에 설치되어 있는 소형 3상 여자기의 전기자, 3상 정류기, 제어 회로에 의하여 이루어진다.

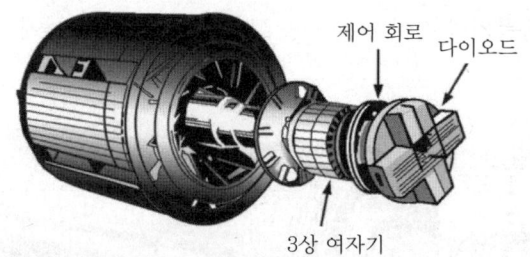

브러시리스 돌극형 회전자

4) 회전자형에 의한 분류

① 회전 전기자형
계자를 고정해 두고 전기자가 회전하는 형태로 저전압, 소용량의 특수 발전기에 채용된다.
② 회전 계자형
전기자를 고정해 두고 계자를 회전시키는 형태로 중, 대형기기에 일반적으로 채

용된다.
- 동기기는 주로 회전계자형이므로 고정자가 전기자이고 회전자가 계자이다.
- 전기자 및 계자철심 : 규소강판을 성층하여 철손을 적게 한다.
- 전기자 및 계자도체 : 동선을 절연하여 권선으로 만든다.

③ 유도자형
수백~수천[Hz]의 고주파 전기로용 발전기

5) 원동기에 의한 분류

① 수차 발전기 : 100~150[rpm], 1,000~1,200[rpm]
② 터빈 발전기 : 1,500~1,600[rpm] 비돌극형
③ 기관 발전기 : 100~1,000[rpm]

6) 수소냉각 발전기

전폐냉각형으로, 냉각 매체로 수소를 사용하여 순환시키도록 한 것이며 다음과 같은 특징이 있다.

① 수소의 밀도가 공기의 약 7[%]이므로 풍손이 1/10로 감소한다.
② 열전도율이 공기의 약 6.7배로 냉각효과가 크므로 같은 출력에서 기계의 크기를 약 25[%] 적게 할 수 있다.
③ 불활성 기체이므로 코일의 절연수명이 길어진다.
④ 전폐형으로 하기 때문에 소음을 감소시킬 수 있으나 공기와 혼합되면 폭발하는 것을 방지하기 위한 설비가 필요하므로 설비비가 많이 들며, 터빈 발전기, 대용량의 동기 조상기에 많이 사용한다.

7) 여자기

계자권선에 여자전류를 공급하는 직류전원 공급 장치
① 직류여자기 : 타여자 직류발전기를 이용하는 방식
② 정류여자기 : 발전기에서 발생된 전력의 일부를 정류기를 통해 정류하여 계자권선에 공급하는 방식
③ 브러시 없는 여자기 : 같은 축상에 회전 전기자형 발전기를 설치하여 발생된 교류를 반도체 정류기로 정류하여 주 발전기의 계자권선에 공급하는 방식

8) 전기자권선법
   ① 집중권, 분포권
      - 집중권 : 1극 1상당 슬롯 수가 하나인 권선법
      - 분포권 : 1극 1상당 슬롯 수가 2개 이상인 권선법으로 기전력의 파형이 개선되고, 권선의 누설 리액턴스를 감소시키며, 전기자 동손으로 발생하는 열이 고르게 분포되어 과열을 방지하며 집중권에 비해 유기기전력이 감소한다.

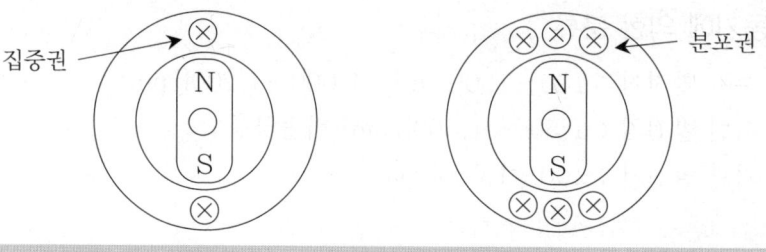

| 집중권 | 분포권 |

   ② 전절권, 단절권
      - 전절권 : 권선절과 극절이 같은 것
      - 단절권 : 권선절이 극절보다 작은 것으로 특정 고조파를 제거하여 기전력의 파형을 개선할 수 있으며, 권선단의 길이가 짧아져 기계 전체의 길이가 축소되며, 동량이 적게 들어 전절권에 비해 유기기전력이 감소한다.

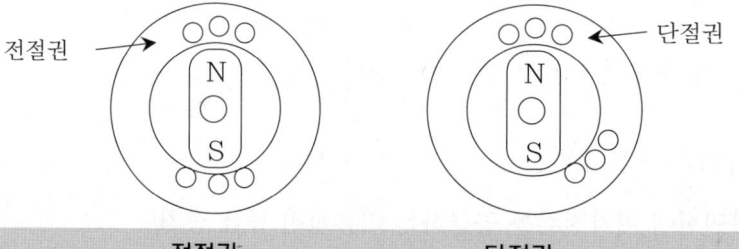

| 전절권 | 단절권 |

   ③ 권선계수 : 분포계수와 단절계수의 곱
      - 분포계수 : 분포권은 집중권에 비해 기전력이 감소되는 비율(0.955 이상)

      1극 1상의 홈수를 q, 상수를 m이라 하면 분포권 계수 $K_d = \dfrac{\sin\dfrac{\pi}{2m}}{q\sin\dfrac{\pi}{2mq}}$

      - 단절계수 : 단절권은 전절권에 비해 기전력이 감소되는 비율(0.914 이상)

단절권 계수 $K_p = \sin\dfrac{\beta\pi}{2}$, $\beta = \dfrac{코일피치}{극피치}$

9) 결선방식

동기발전기는 대부분 3상인데 상간의 결선방식은 Y결선, △결선이 있다. 주로 Y결선법이 쓰이는데 그 이유는 다음과 같다.

① 선간전압에서 제3고조파가 나타나지 않아서 순환전류가 흐르지 않는다.

② 상전압이 $\dfrac{1}{\sqrt{3}}$ 배이므로 권선의 절연이 쉬워진다.

③ 중성점 접지가 가능하고 지락사고 시 보호계전방식이 간단해진다.

④ 코로나 발생률이 적다.

10) 용도

수력발전의 수차발전기는 물의 용량 및 낙차에 따라 6~48극과 같은 저속도 운전을 위한 다극기를 사용하고, 화력이나 원자력발전의 터빈 발전기는 고속도로 회전하는 발전기로 2극기가 많이 쓰인다.

(2) 동기기의 원리

1) 교류 기전력의 발생

동기발전기는 내부 회전자에서 N-S의 극을 만들기 위하여 여자 코일을 권선하여 직류 전압 V를 가한 후, 이 자극을 동기 속도로 회전시킨다. 이때, 고정자의 권선 u-u'에서는 1상의 전자 유도기전력이 발생한다. 이를 회전계자형 동기발전기라고 한다. u 상의 유도기전력 e_u는 사인파의 교류 기전력으로 되고, 120° 전기각으로 배치되어 있는 전기자 3상 권선 u, v, w에서는 평형 3상 파형 e_u, e_v, e_w가 발전되어 출력된다.

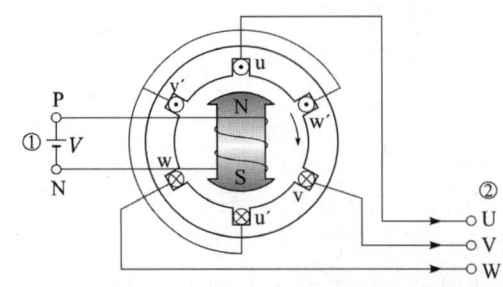
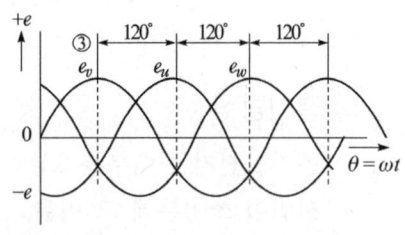

2극 회전자계형 3상 동기발전기   3상 교류 기전력

2) 동기속도와 극수

3상 동기발전기의 극수가 p인 회전자가 분당 회전수 N_s[rpm]으로 회전할 때의 고정자의 전기자권선 출력 파형의 주파수는

$$f = \frac{p}{2} \times \frac{N_s}{60} [\text{Hz}]$$

극수가 p인 발전기가 주파수 f[Hz]의 기전력을 발생시키기 위한 동기 속도 N_s는

$$N_s = \frac{120f}{p} [\text{rpm}]$$

동기 속도 N_s는 주파수 f에 비례하고 동기발전기의 회전자 극수 p에 반비례한다.

(3) 동기발전기의 이론

1) 유도기전력

패러데이의 전자유도법칙에 의해 실효값은

$E = 4.44fN\phi$

N : 1상의 권선수

2) 전기자 반작용

발전기의 부하전류에 의한 기자력이 주자속에 영향을 주는 작용

① 교차자화작용(횡축반작용)

동기발전기에 저항 부하를 연결하면 기전력과 전류가 동위상이 되고 전기자전류에 의한 자속과 주 자속이 직각이 되는 현상

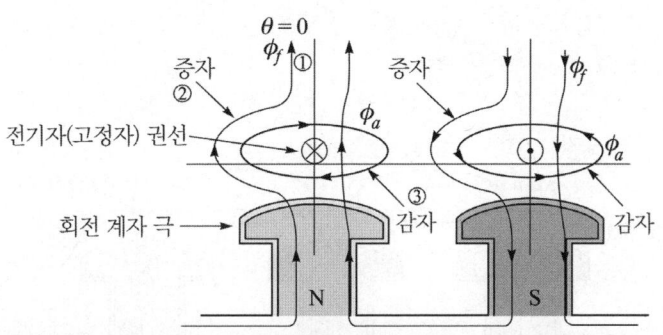

전기자 반작용(교차자화작용)

② 감자작용(직축반작용)

동기발전기에 리액터 부하를 연결하면 기전력보다 전류가 90° 늦은 위상이 되고, 전기자전류에 의한 자속이 주 자속을 감소시키는 방향으로 작용한다.

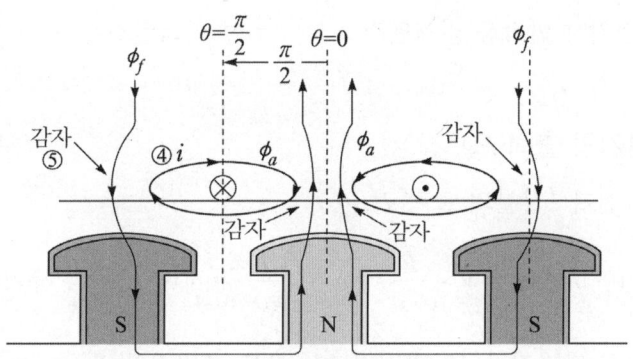

전기자 반작용(감자작용)

③ 증자작용(자화작용)

동기발전기에 콘덴서 부하를 연결하면 기전력보다 전류가 90° 앞선 위상이 되고, 전기자전류에 의한 자속이 주 자속을 증가시키는 방향으로 작용한다.

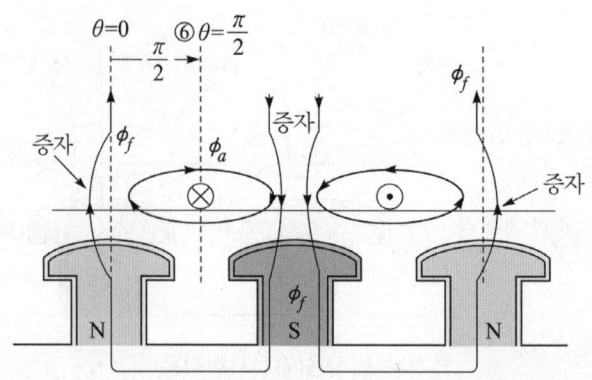

전기자 반작용(증자작용)

3) 동기 리액턴스

$$x_s = x_a + x_l$$

x_a : 전기자 반작용 리액턴스, x_l : 누설 리액턴스

4) 동기발전기의 출력(P_s)

① 동기발전기 1상분의 출력 P_s는

$$P_s = V \cdot I\cos\theta = V \cdot \frac{E}{x_s}\sin\delta = \frac{VE}{x_s}\sin\delta[\text{W}], \quad x_s : 동기리액턴스$$

② 1상 부하 단자전압 V, 발전기 1상 유도 출력전압 E, x_s가 일정하면, 출력 P_s는 $\sin\delta$에 비례한다.

③ 동기발전기는 내부 임피던스에 의해 유도기전력(E)과 단자전압(V)의 위상차가 생기며, 위상각 δ를 부하각이라 하며 이론상으로 90°까지 허용한다.

④ 동기발전기의 3상의 출력

$$P_{s3} = 3\frac{EV}{x_s}\sin\delta[\text{W}])$$

⑤ 최대 출력 부하각
- 원통형(비돌극형) : $\delta = 90°$
- 철극형(돌극형) : $\delta = 60°$

2 동기발전기의 특성과 운전

(1) 동기발전기의 특성곡선

1) 무부하 포화곡선
① 무부하 시에 단자전압(V)과 계자전류(I_f)의 관계곡선
② 전압이 낮은 부분에서는 유기기전력이 계자전류에 비례하여 증가하지만 전압이 높아짐에 따라 철심의 자기 포화로 자기 저항이 증가하여 일정한 기전력을 발생한다.

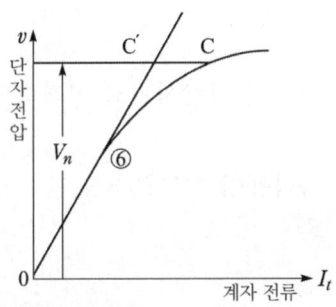

무부하 포화곡선

2) 외부특성곡선
① 계자전류 I_f를 일정하게 유지하면서 부하의 크기를 변화시켰을 때 단자전압 V와 부하전류 I의 관계를 나타내는 곡선
② 지상역률이 되는 유도성 부하를 증가시키면 $\cos\theta = 0.8$(뒤짐) 곡선으로 되어 단자전압 V는 감소
③ 진상역률이 되는 용량성 부하를 증가시키면 $\cos\theta = 0.8$(앞섬) 곡선으로 되어 단자전압 V는 증가
④ $\cos\theta = 1$인 저항 부하가 증가될 때는 단자전압이 일정한 것이 동기발전기의 외부 출력 특성이다.

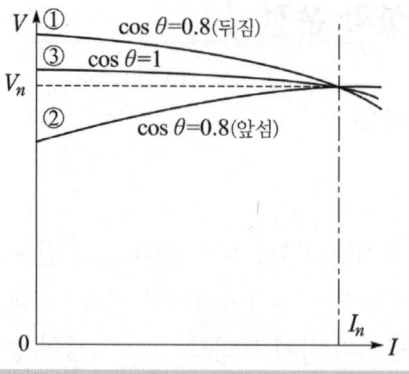

외부특성곡선

3) 3상 단락곡선

① 동기발전기의 모든 단자를 단락시키고 정격속도로 운전할 때 계자전류와 단락 전류와의 관계곡선
② 전기자 반작용이 감자작용이 되므로 3상 단락곡선은 직선이 된다.

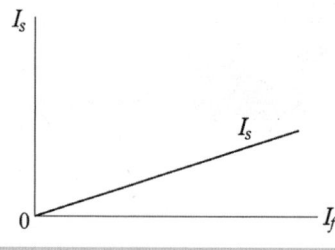

단락곡선

4) 단락비

정격 속도에서 무부하 정격 전압을 발생시키는 데 필요한 계자전류와, 단락전류가 정격전류가 되는 데 필요한 계자전류의 비

① 무부하 포화곡선과 3상 단락곡선에서 단락비 K_s는

$$K_s = \frac{\text{무부하에서 정격전압을 유지하는 데 필요한 계자전류}(I_{fs})}{\text{정격전류와 같은 단락전류를 흘려주는 데 필요한 계자전류}(I_{fn})}$$

$$= \frac{100}{\%Z_s}$$

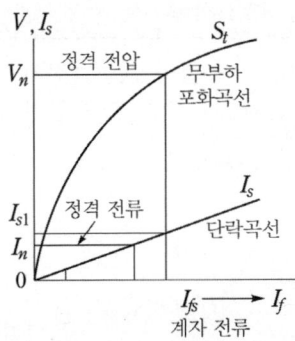

동기기의 단락곡선

② 단락비가 큰 동기기
- 전기자반작용이 작고 전압변동률이 작다.
- 공극이 크고 과부하 내량이 크다.
- 기계의 중량이 무겁고 효율이 낮다.

③ 단락비가 작은 동기기
- 전기자반작용이 크고 전압변동률이 크다
- 공극이 좁고 안정도가 낮다.
- 기계의 중량이 가볍고 효율이 좋다.

5) 전압변동률

정격부하일 때 전압(V_n)과 무부하일 때 전압(V_0)이 변동하는 비율

$$\epsilon = \frac{V_0 - V_n}{V_n} \times 100 [\%]$$

6) 자기여자

동기발전기에 진상전류가 흐르면 전기자 반작용은 계자를 강하게 하는 방향으로 작용하여 진상 전류가 증가하는 현상이 반복되어 발전기 전압이 급속히 상승해서 기기 절연을 위협하는 것으로, 고압 장거리 송전선로의 수전단을 개방하고, 동기발전기로 충전하는 경우 등에 볼 수 있는 현상이다.

> **자기여자 방지법**
> ① 수전단에 동기 조상기 설치　　② 발전기 병렬운전
> ③ 수전단에 리액터를 병렬로 설치　④ 변압기 병렬운전
> ⑤ 단락비 증대

(2) 동기발전기의 운전

1) 병렬운전 조건
① 기전력의 크기가 같을 것(같지 않을 땐 무효 순환전류 흐름)
② 기전력의 위상이 같을 것(같지 않을 땐 동기화 전류 흐름)
③ 기전력의 파형이 같을 것(같지 않을 땐 고조파 무효순환전류 흐름)
④ 기전력의 주파수가 같을 것
⑤ 기전력의 상회전이 같을 것

2) 난조의 발생과 대책
① 난조
부하 급변 시 동기속도보다 낮아져 속도 재조정을 위한 진동이 발생하게 되며 진동주기가 동기기의 고유진동에 가까워지면 공진작용으로 진동이 계속 증대하는 현상

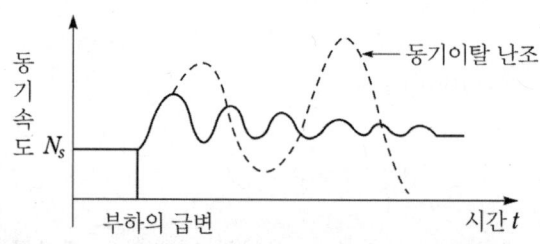

동기기의 난조

② 동기이탈
난조 현상의 정도가 심해지면 동기운전을 이탈하게 되는 현상
③ 난조 발생원인
　• 조속기의 감도가 지나치게 예민한 경우
　• 원동기에 고조파 토크가 포함된 경우

- 전기자 저항이 큰 경우

④ 난조방지법
- 제동권선 설치
- 회전자에 플라이 휠 부착
- 부하의 급변을 피한다.
- 원동기의 조속기가 예민하지 않도록 한다.

출제예상문제

01 전기자는 고정되어 있고 자극을 회전시키는 동기발전기는?
① 회전계자형 ② 회전정류자형
③ 회전전기자형 ④ 직렬저항형

해설
- 회전 전기자형 : 계자를 고정하고 전기자가 회전하는 형태
- 회전 계자형 : 전기자를 고정하고 계자가 회전하는 형태

02 동기발전기 중 회전계자형 발전기의 설명으로 타당성이 적은 것은?
① 고전압 대전류용으로 적당하다.
② 계자회로는 구조가 간단하다.
③ 계자회로는 고전압 대용량의 직류회로이다.
④ 동기발전기는 대부분 회전계자형이다.

해설 회전계자형을 쓰는 이유는 기계적으로 유리하고 고전압에 유리하며(Y결선), 절연이 용이

03 동기발전기는 회전계자형이 대부분인 이유로 옳지 않은 것은?
① 계자회로 구조가 간단하다.
② 고전압 대전류용으로 적당하다.
③ 회전자계를 얻는 것이 쉽다.
④ 절연이 용이하다.

해설 동기발전기에서 회전계자형을 쓰는 이유는 계자회로 구조가 간단하고 절연이 용이하여 기계적으로 유리하며 고전압, 대전류용으로 적당하다.

04 동기발전기의 전기자권선을 분포권으로 하면? [17]
① 권선의 누설 리액턴스가 증가한다.
② 기전력의 파형이 좋아진다.
③ 집중권에 비해 유도기전력이 높아진다.
④ 난조를 방지한다.

해설 분포권의 권선 특징으로는 기전력의 파형이 개선, 권선의 누설 리액턴스 감소, 분포계수만큼 유도기전력이 감소한다.

05 동기기의 전기자권선법 중 단절권, 분포권으로 하는 이유 중 가장 중요한 목적은?
① 높은 전압을 얻기 위해서
② 일정한 전류를 얻기 위해서
③ 좋은 파형을 얻기 위해서
④ 효율을 좋게 하기 위해서

해설 단절권은 코일의 간격이 자극의 간격보다 작게 하는 것으로, 고조파 제거로 파형이 좋아지고 코일 단부가 단축되어 동량이 적게 드는 장점이 있다. 분포권은 기전력의 파형이 좋아지고 권선의 누설 리액턴스가 감소하며 분포계수만큼 합성 유도기 전력이 감소한다.

06 6극 3상 60[Hz]의 동기발전기에 90개의 홈이 있을 때 분포계수는 대략 얼마인가?
① 0.96 ② 0.85
③ 0.68 ④ 0.47

해설 분포권을 채용하면 집중권에 비해 기전력이 감소하게 되는데, 감소하는 비율은 보통 0.955 이상이 된다.

정답 1.① 2.③ 3.③ 4.② 5.③ 6.①

07 터빈 발전기의 구조가 아닌 것은?

① 고속운전 채용
② 지름이 큰 회전자 사용
③ 원통형 전기자 사용
④ 극수는 2극 또는 4극 사용

해설 터빈 발전기는 주파수를 안정적으로 확보하기 위해 고속운전을 주로 채용한다. 극수가 작은 2극을 주로 사용하며 원심력이 적도록 지름이 작은 긴 회전자를 사용한다. 고속기에는 원통형 전기자를 사용하고 저속기에는 철극형을 사용한다.

08 터빈 발전기의 특징이 잘못된 것은?

① 회전자는 지름을 작게 하고 축방향으로 길게 하여 원심력을 작게 한다.
② 회전자는 원통형 회전자로 하여 풍손을 작게 한다.
③ 기계적으로 평형이 되도록 하여 진동 발생을 방지한다.
④ 전기자 철심은 저규소 강판을 사용하기 때문에 철손이 크다.

해설 전기자 철심은 규소가 많이 포함된 고규소 강판(규소 함유율 2~4[%])을 사용하여 철손을 적게 한다.

09 동기발전기의 풍손은 공기냉각방식에 비해 수소냉각방식은?

① 10[%] 감소
② 10[%] 증가
③ 20[%] 감소
④ 20[%] 증가

해설 수소냉각 방식은 수소의 밀도가 공기의 약 7[%]이므로 공기냉각방식에 비하여 풍손이 1/10로 감소한다.

10 동기발전기의 직접 냉각방식의 설명으로 옳은 것은?

① 적용 한계 출력은 20만[kVA]까지이다.
② 회전자 철심의 내부에 덕트를 설치하고 냉각 매체를 흘려 냉각시킨다.
③ 고정자 철심의 내부에 덕트를 설치하고 냉각 매체를 흘려 냉각시킨다.
④ 고정자 코일의 내부에 덕트를 설치하고 냉각 매체를 흘려 냉각시킨다.

해설 직접 냉각방식은 고정자 및 회전자 코일의 내부에 덕트를 설치하고 냉각 가스 또는 냉각수를 흘려 직접 냉각시키는 것이다. 간접 냉각방식의 한계 출력은 약 20만[kVA]에 비하여 직접 냉각방식의 경우는 약 100만[kVA]까지 비약적으로 크게 된다.

11 동기발전기에서 전기자 반작용이 발생하는 원인은?

① 전기자전류
② 동기 임피던스
③ 여자전류
④ 히스테리시스손

해설 전기자전류로 인한 자속의 계자극에 영향을 미치는 것을 전기자 반작용이라 한다.

12 3상 교류발전기의 기전력에 대하여 90° 늦은 전류가 통할 때의 전기자 반작용은?

① 자극축보다 90° 빠른 증자작용
② 자극축과 일치하는 감자작용
③ 자극축보다 90° 늦은 감자작용
④ 자극축과 직교하는 교차자화작용

해설 기전력에 대하여 90° 늦은 전류가 통하는 도체의 위치는 자극과 전기각으로 90° 위상차가 있으므로 코일의 중심축과 자극의 중심축과는 일치한다. 뒤진 전류이므로 전류가 발생하는 주자극과 반대이므로 감자작용을 한다.

정답 7. ② 8. ④ 9. ① 10. ④ 11. ① 12. ②

13 3상 교류발전기에서 기전력에 대하여 90° 뒤진 전기자전류가 흐를 때 전기자 반작용의 역할은?

① 횡축반작용으로 기전력 증가
② 교차자화작용으로 기전력 감소
③ 감자작용으로 기전력 감소
④ 증자작용으로 기전력 증가

해설 유도성 부하에 의한 감자작용은 전류가 기전력보다 90° 늦은 위상이 된다.

14 철극형 동기발전기의 특징은?

① 형이 커진다.
② 회전이 빨라진다.
③ 전기자 반작용 자속수가 역률의 영향을 받는다.
④ 소음이 많다.

해설 철극형의 극의 중앙(직축)과 극간(횡축)에서의 자기저항이 큰 차이가 있으므로 반작용 리액턴스는 횡축이 작다.

15 돌극형 동기발전기의 특성이 아닌 것은?

① 리액션 토크가 존재한다.
② 최대 출력의 출력각이 90°이다.
③ 내부 유기기전력과 관계없는 토크가 존재한다.
④ 직축 리액턴스 및 횡축 리액턴스의 값이 다르다.

해설 돌극형 발전기의 출력은 대체로 60° 부근에서 최대 출력이 되고 안정 운전 시의 부하각은 20° 부근이 된다. 비돌극기의 출력은 90°에서 최대가 된다.

16 발전기의 단자 부근에서 단락이 일어났다고 하면 단락전류는?

① 처음은 큰 전류이나 점차로 감소한다.
② 계속 증가한다.
③ 일정한 큰 전류가 흐른다.
④ 발전기가 즉시 정지한다.

해설 평형 3상 전압을 유기하고 있는 발전기의 단자를 갑자기 단락하면 단락 초기에 전기자 반작용이 순간적으로 나타나지 않기 때문에 막대한 과도 전류가 흐르고, 수초 후에는 영구 단락 전류값에 이르게 된다.

17 동기발전기에서 동기 임피던스 값과 실용상 같은 것은? (단, 전기자 저항은 무시한다.)

① 전기자 누설 리액턴스
② 동기 리액턴스
③ 등가 리액턴스
④ 유도 리액턴스

해설 동기기에는 전기자 저항은 리액턴스에 비하여 무시할 정도이므로 실용상 동기 임피던스는 동기 리액턴스와 같다고 해도 좋다.

18 교류발전기에서 철심이 포화될 때 동기 임피던스는?

① 증가
② 감소하다가 증가
③ 변화없다.
④ 감소

해설 동기임피던스는 단자전압과 단락전류의 비로서 철심이 포화하면 무부하 포화특성 때문에 단자전압이 감소하므로 동기 임피던스가 감소한다.

정답 13. ③ 14. ③ 15. ② 16. ① 17. ② 18. ④

19 동기발전기의 출력 $P = \dfrac{VE}{X_s}\sin\delta[\text{W}]$에 대한 설명이 잘못된 것은?
① V : 단자전압
② E : 유도기전력
③ δ : 역률각
④ X_s : 동기 리액턴스

해설 δ는 단자전압(V)와 유기기전력(E)이 이루는 위상차로써 상차각 또는 부하각이라고 한다.

20 동기발전기의 단락비가 1.3인 % 동기 임피던스는?
① 약 66[%]
② 약 77[%]
③ 약 88[%]
④ 약 99[%]

해설 단락비 $K_s = \dfrac{100}{\%Z_s}$ 에서
$\%Z_s = \dfrac{100}{K_s} = \dfrac{100}{1.3} = 76.92[\%]$

21 단락비가 큰 동기기의 특징으로 옳은 것은?
① 전기자 반작용이 크다.
② 동기 임피던스가 크다.
③ 과부하 내량이 작다.
④ 전압 변동률이 작다.

해설 단락비가 큰 동기기를 철기계라고 하며 전기자 반작용이 작고, 전압 변동률이 작으며 동기 리액턴스가 작다. 공극이 크고 과부하 내량이 크며 기계의 중량이 무겁고 효율이 낮다.

22 전압 변동률이 작은 동기발전기의 특징은?
① 동기 리액턴스가 크다.
② 전기자 반작용이 크다.
③ 단락비가 크다.
④ 가격이 저렴해진다.

해설 전압 변동률은 작을수록 좋으며 전압변동률이 작은 발전기는 동기 리액턴스가 작다.
전기자 반작용이 작고 단락비가 큰 기계가 되어 값이 비싸다.

23 단락비가 큰 동기발전기의 특징으로 옳은 것은?
① 기계가 작다.
② 효율이 좋다.
③ 전압변동률이 크다.
④ 전기자 반작용이 작다.

해설 전압 변동률은 작고 전기자 반작용이 작으며 기계가 커서 효율이 나쁘고 값이 비싸다.

24 동기발전기에서 단락비가 작은 기계는?
① 전압변동률이 작다.
② 전기자 반작용이 크다.
③ 공극이 넓다.
④ 안정도가 높다.

해설 단락비가 작은 동기기는 동기계라 하며 전기자 반작용이 크고 전압변동률이 크며 공극이 좁고 안정도가 낮다. 기계 중량이 가볍고 효율이 좋다.

정답 19. ③ 20. ② 21. ④ 22. ③ 23. ④ 24. ②

25 동기발전기의 공극이 넓어질 때 작아지는 것은?
① 발전기 중량 ② 전압변동률
③ 단락비 ④ 안정도

해설 공극이 크면 안정도가 좋아지며 전압변동률도 낮아진다.

26 동기발전기의 무부하 포화곡선은?
① 전기자전류와 단자전압의 관계
② 전기자전류와 정격전압의 관계
③ 계자전류와 정격전압의 관계
④ 계자전류와 단자전압의 관계

해설 무부하 포화곡선은 계자전류와 단자전압의 관계이다.

27 동기발전기의 3상 단락곡선은?
① 계자전류와 단락전류
② 전기자전류와 계자전류
③ 여자전류와 전기자전류
④ 전기자전류와 단락전류

해설 3상 단락곡선은 동기발전기의 모든 단자를 단락시키고 정격속도로 운전할 때 계자전류와 단락전류와의 관계 곡선을 말한다.

28 다음 중 동기기의 3상 단락곡선이 직선이 되는 이유는?
① 무부하 상태이므로
② 자기포화가 있으므로
③ 전기자 반작용이므로
④ 누설 리액턴스가 크므로

해설 전기자반작용으로 발생하는 감자작용으로 인해서 철심의 포화가 일어나지 않게 된다.

29 동기발전기의 단락 시험, 무부하 시험으로 구할 수 없는 것은?
① 기계손
② 동기 리액턴스
③ 전기자 반작용
④ 단락비

해설 단락시험에서는 동기 임피던스, 동기 리액턴스, 무부하 시험에서는 철손, 기계손 등이 단락비 산출에는 무부하(포화) 시험과 단락시험 등이 필요하다.

30 동기발전기의 역률과 계자전류를 일정하게 유지할 때 단자전압과 부하전류의 관계 곡선은?
① 부하 특성곡선
② 외부 특성곡선
③ 토크 특성곡선
④ 전류 특성곡선

해설 외부특성곡선은 직류발전기를 정격 속도로 운전하고, 정격 부하전류일 때 정격 단자전압을 발생하도록 여자 전류를 정하고 그 여자 회로의 저항을 일정하게 유지하면서 부하전류를 변화시켰을 때의 부하전류와 단자전압과의 관계를 나타내는 곡선

31 동기발전기의 병렬운전 중 한 쪽의 계자전류를 증가하여 유기기전력을 크게 하면?
① 위상차가 생긴다.
② 역률이 모두 낮아진다.
③ 동기화 전류가 흐른다.
④ 무효순환 전류가 흐른다.

해설 동기발전기의 병렬운전 시에 기전력의 크기가 같지 않으면 무효 순환전류가 발생하여 기전력의 차를 0으로 하는 작용을 한다.

정답 25. ② 26. ④ 27. ① 28. ③ 29. ③ 30. ② 31. ④

32 동기발전기가 병렬운전 중일 때 유효 전력의 분담을 변화시키려면?

① 무효 순환 전류의 크기 조절
② 균압선 접속
③ 원동기의 입력 조절
④ 동기 조상기 동작

해설 병렬운전 중인 동기발전기의 유효 전력의 분담을 변화시키려면 원동기의 입력을 조절하여 출력을 변화시킨다.

33 병렬운전 중 3상 동기발전기에 무효 순환전류가 흐르는 경우는?

① 여자전류의 변화
② 부하전류의 변화
③ 부하의 증가
④ 부하의 감소

해설 동기발전기의 병렬운전 시에 기전력의 크기가 같지 않으면 무효 순환전류가 발생하여 기전력의 차를 0으로 하는 작용을 한다. 또한 병렬운전 중 한쪽의 여자전류를 증가시켜도 무효 순환전류가 흘러서 여자를 강하게 한 발전기의 역률은 낮아지고 다른 발전기의 역률은 높게 되어 두 발전기의 역률만 변할 뿐 유효 전력의 분담은 바꿀 수 없다.

34 병렬운전 중 3상 동기발전기에 동기화 전류가 흐르는 경우는?

① 부하의 증가　② 여자전류의 변화
③ 부하의 감소　④ 원동기 출력 변화

해설 병렬운전 중 원동기의 출력이 변화하면 기전력의 위상이 다르게 되어 유효 순환전류(동기화 전류)가 흘러서 두 기전력의 위상을 동 위상으로 유지하게 작용한다. 위상차각 δ의 변화를 0이 되도록 작용하는 동기화 전류에 의한 전력을 동기화력이라고 한다.

35 난조 현상의 원인과 대책이 아닌 것은?

① 부하급변 시 난조 발생
② 제동권선을 설치하여 난조 현상 방지
③ 난조 정도가 커지면 동기 이탈 또는 탈조라고 한다.
④ 난조가 생기면 바로 멈춰야 한다.

해설 난조 발생의 원인과 대책
- 관성모멘트가 작은 경우 : 제동권선 설치(가장 효과적), 플라이휠 부착(관성모멘트 크게)
- 부하급변으로 인한 조속기가 너무 예민할 경우 : 조속기의 성능을 너무 예민하지 않도록 할 것
- 고조파가 포함된 경우 : 고조파 제거(분포권, 단절권, Y결선)
- 동기화력이 줄어든 경우
- 난조로 인한 진동은 일반적으로 그 진폭이 점점 작아져서 정상상태로 되돌아갈 수 있다.

36 동기발전기에서 난조 방지를 위해 설치하는 것은?

① 계자권선　② 제동권선
③ 전기자권선　④ 난조권선

해설 제동권선의 효능
- 동기전동기 기동장치로 이용 : 기동 토크 발생
- 동기전동기 난조 방지
- 송전선 불평형 부하 시 전압, 전류의 파형 개선
- 송전선 불평형 단락 시 역상 서지 흡수 및 이상전압 방지

37 3상 동기기에 제동권선을 설치하는 주된 목적은?

① 출력 증가 및 섬락방지
② 출력 증가 및 난조 방지
③ 기동 작용 및 난조 방지
④ 기동 작용 및 섬락방지

정답 32. ③　33. ①　34. ④　35. ④　36. ②　37. ③

해설 제동권선은 회전 자극 표면에 설치한 유도전동기의 농형 권선과 같은 권선으로서 회전자가 동기속도로 회전하고 있는 동안에 전압을 유도하지 않으므로 아무런 작용이 없다. 조금이라도 동기속도를 벗어나면 전기자 자속을 끊어 전압이 유기되어 단락전류가 흐르므로 동기속도로 되돌아가게 된다. 제동권선은 3상 동기기의 난조방지에 가장 효과적이다.

38 동기기의 안정도를 증진시키는 방법이 아닌 것은?

① 속응 여자방식을 채용한다.
② 영상 및 역상 임피던스를 크게 한다.
③ 회전부의 플라이 휠 효과를 크게 한다.
④ 단락비를 작게 한다.

해설 안정도를 증진시키기 위하여 정상 과도 리액턴스를 작게, 영상 및 역상 임피던스는 크게 하고 단락비를 크게 한다.

39 동기기 조상기를 부족 여자로 사용하면?

① 리액터로 작용
② 저항손의 보상
③ 일반 부하의 뒤진 전류의 보상
④ 콘덴서로 작용

해설 동기 조상기의 여자를 과여자로 운전하면 선로에 앞선 전류가 흘러 일종의 콘덴서로 작용해서 보통 부하의 뒤진 전류를 보상하여 송전 선로의 역률을 양호하게 하고 전압강하를 보상한다.
부족여자로 운전하면 뒤진 전류가 흘러서 일종의 리액터로 작용하여 무부하의 장거리 송전 선로에 흐르는 충전전류에 의하여 발전기의 자기 여자 작용으로 일어나는 단자전압의 이상 상승을 방지할 수 있다.

40 발전기 권선의 층간 단락보호에 가장 적합한 계전기는?

① 과부하 계전기
② 온도 계전기
③ 접지 계전기
④ 차동 계전기

해설
• 과부하 계전기 : 선로의 과부하 및 단락 검출용
• 온도 계전기 : 절연유 및 권선의 온도 상승 검출용
• 접지 계전기 : 선로의 접지 검출용
• 차동 계전기 : 발전기 및 변압기의 층간 단락 등 내부 고장 검출용에 사용한다.

정답 38. ④ 39. ① 40. ④

과년도 출제문제

01 여자기(Exciter)에 대한 설명으로 옳은 것은? [02] [03] [06] [11] [12] [17]
① 발전기 속도를 일정하게 하는 것이다.
② 부하변동을 방지하는 것이다.
③ 직류전류를 공급하는 것이다.
④ 주파수를 조정하는 것이다.

해설 여자기는 주발전기 또는 주전동기의 계자권선에 여자전류를 공급하기 위한 별개의 발전기

02 회전 전기자형 동기발전기에서 3상 교류 기전력은 어느 부분을 통하여 출력해내는가? [07] [10]
① 모선　　　② 전기자권선
③ 회전자 권선　④ 슬립링

해설 회전 전기자형 동기발전기는 전기자가 회전하므로 슬립링을 통하여 외부회로와 연결한다.

03 동기발전기의 전기자권선법으로 사용되지 않는 것은? [02] [07] [09] [12]
① 2층권　　② 중권
③ 분포권　　④ 전절권

해설 동기기의 전기자권선법은 분포권-단절권-중권-2층권을 사용한다.

04 교류발전기에서 권선을 절약할 뿐 아니라 특정 고주파분이 없는 권선은? [03]
① 전절권　　② 집중권
③ 단절권　　④ 분포권

해설 권선절이 극절보다 작은 것을 단절권이라 하며 권선절을 적당히 선정하면 특정 고조파를 제거하여 기전력의 파형을 개선할 수 있으며 권선단의 길이가 짧아져 기계 전체의 길이가 축소되며 동량이 적게 들기 때문에 동기기는 단절권을 주로 사용한다.

05 동기발전기에서 전기자권선을 단절권으로 하는 이유는? [03] [06] [07] [13] [17]
① 고조파를 제거한다.
② 역률을 좋게 한다.
③ 기전력의 크기를 높게 한다.
④ 절연을 좋게 한다.

해설 단절권은 코일의 양변 간의 피치가 1자극 피치보다 짧은 코일을 사용한 권선으로 고조파 제거로 파형이 좋아지고 코일 단부가 줄어 동량이 적게 드는 장점이 있다.

06 3상 동기발전기의 각 상의 유기기전력 중에서 제5고조파를 제거하려면 코일간격/극간격을 어떻게 하면 되는가? [09] [14]
① 0.5　　② 0.6
③ 0.7　　④ 0.8

해설
• 동기발전기의 전기자권선을 단절권으로 하면 코일 길이가 짧아져 구리의 양이 적게 들고, 고조파를 제거하므로 파형이 좋게 된다.
• n 고조파에 대한 단절 계수 :
$$k_{pn} = \frac{\sin n\beta\pi}{2} = \frac{\sin 5\beta\pi}{2} = 0$$
$\frac{5\beta\pi}{2} = 180$ 에서 $\beta = 0.8$

정답 1.③　2.④　3.④　4.③　5.①　6.④

07 영구자석을 회전자로 하고, 회전자의 자극 근처에 반대 극성의 자극을 가까이 놓고 회전시키면 회전자가 이동하는 자석에 흡인되어 회전하는 전동기는? [13]
① 유도전동기   ② 직권전동기
③ 동기전동기   ④ 분권전동기

해설 동기전동기의 회전원리는 영구자석을 회전자로 하고 회전자의 자극 가까이에 권선으로 만든 전자석을 가까이 하여 회전시키면 회전자는 이동하는 전자석에 흡인되어 회전한다.

08 수소냉각 발전기의 특징으로 옳지 않은 것은? [03]
① 풍손이 대폭으로 감소한다.
② 절연물의 수명이 길다.
③ 비열이 공기보다 작다.
④ 코로나 발생 전압이 높다.

해설 수소의 열 전도율은 공기의 약 6.7배, 비열은 약 14배, 표면의 열 발산율은 약 1.5배로 냉각 효과가 크므로 같은 출력의 기계에서 기계의 크기를 공냉식보다 약 25[%] 적게 할 수 있다. 수소는 공기보다 불활성이므로 권선의 절연이 오래 간다. 코로나 전압이 높고 코로나가 발생해도 절연물에 끼치는 해가 적다.

09 수소냉각 발전기에서 발전기 내 수소 순환용 팬[Fan]의 전후 압력차로 식별하고자 하는 것은? [05] [07]
① 발전기 내 수소압력
② 수소가스의 순도
③ 팬의 회전속도
④ 가스의 수분함량

해설 수소냉각 발전기에서 수소가스의 순도와 입력을 일정하게 유지하기 위하여 자동압력 제어장치를 사용한다.

10 동기기의 상간 접속을 Y결선으로 하는 이유가 아닌 것은? [03]
① 선간전압 파형개선
② 절연 용이
③ 중성점 이용
④ 권선 절약

해설 동기기 3상 결선에 Y결선이 쓰이는 이유
- 제3고조파가 나타나지 않아서 순환전류가 흐르지 않는다.
- 상전압이 $\frac{1}{\sqrt{3}}$ 배이므로 권선의 절연이 쉬워진다.
- 중성점 접지를 통해 지락사고 시 보호계전방식이 간단해진다.
- 코로나 발생률이 적다.

11 3상 발전기의 전기자권선에서 Y결선을 채택하는 이유로 볼 수 없는 것은? [02] [03] [06] [08]
① 중성점을 이용할 수 있다.
② 같은 상전압이면 △결선보다 높은 선간전압을 얻을 수 있다.
③ 같은 상전압이면 △결선보다 상절연이 쉽다.
④ 발전기 단자에서 높은 출력을 얻을 수 있다.

해설 Y결선은 △결선에 비해 상전압이 $\frac{1}{\sqrt{3}}$ 배이므로 권선의 절연이 쉬워지며 선간전압은 동일하다.

12 1200[rpm]의 회전수를 만족하는 동기기의 극수 P와 주파수 f[Hz]에 해당하는 것은? [08]
① $P=6$, $f=50$ ② $P=8$, $f=50$
③ $P=6$, $f=60$ ④ $P=8$, $f=60$

해설 $N_s = \frac{120f}{P}$ [rpm]에서

$P = 6$일 때 $1200 = \dfrac{120 \times 60}{6}$ [rpm]에서 $f = 60$[Hz]

$P = 8$일 때 $1200 = \dfrac{120 \times 80}{8}$ [rpm]에서 $f = 80$[Hz]

13 회전수 1800[rpm]을 만족하는 동기기의 극수(㉠)와 주파수(㉡)는? [12]

① ㉠ 4극, ㉡ 50[Hz]
② ㉠ 6극, ㉡ 50[Hz]
③ ㉠ 4극, ㉡ 60[Hz]
④ ㉠ 6극, ㉡ 60[Hz]

해설 $N_s = \dfrac{120f}{P}$ [rpm]에서

$P = 4$일 때 $1800 = \dfrac{120 \times f}{4}$ [rpm]에서 $f = 60$

$P = 6$일 때 $1800 = \dfrac{120 \times f}{6}$ [rpm]에서 $f = 90$이다.

14 4극 1500[rpm]의 동기발전기와 병렬운전하는 24극 동기발전기의 회전수[rpm]는? [02] [11]

① 50[rpm]
② 250[rpm]
③ 1500[rpm]
④ 3600[rpm]

해설 $N_s = \dfrac{120f}{P}$ [rpm]에서 $f = \dfrac{1500 \times 4}{120} = 50$[Hz]

$\therefore N_s = \dfrac{120 \times 50}{24} = 250$[rpm]

15 동기주파수 변환기를 사용하여 4극의 동기전동기에 60[Hz]를 공급하면, 8극의 동기발전기에는 몇 [Hz]의 주파수를 얻을 수 있는가? [11]

① 15[Hz]
② 120[Hz]
③ 180[Hz]
④ 240[Hz]

해설 4극의 동기속도

$N_s = \dfrac{120f}{p} = \dfrac{120 \times 60}{4} = 1800$[rpm]

4극 동기전동기와 8극 동기발전기는 동기속도가 같아야 한다.

8극 동기발전기의 주파수

$f = \dfrac{N_s \times p}{120} = \dfrac{1800 \times 8}{120} = 120$[Hz]

16 극수 16, 회전수 450[rpm], 1상의 코일수 83, 1극의 유효자속 0.3[wb]의 3상 동기발전기가 있다. 권선계수가 0.96이고, 전기자 권선을 성형결선으로 하면 무부하 단자전압은 약 몇 [V]인가? [12]

① 8000[V]
② 9000[V]
③ 10000[V]
④ 11000[V]

해설 유도기전력 $E = 4.44fN\phi K_w$[V]

(N : 1상의 권선수, K_w : 권선계수)

주파수 $f = \dfrac{N_s P}{120} = \dfrac{450 \times 16}{120} = 60$[Hz]

($\because N_s = \dfrac{120f}{P}$)

1상의 유도기전력은
$E = 4.44 \times 60 \times 83 \times 0.3 \times 0.96 ≒ 6368$[V]
이다. 성형결선할 때
선간전압 $= \sqrt{3} \times$ 상전압이므로,
선간전압 $= \sqrt{3} \times 6368 ≒ 11000$[V]

17 동기기의 전기자 도체에 유기되는 기전력의 크기는 그 주파수를 2배로 했을 경우 어떻게 되는가? [05] [09]

① 2배로 증가
② 2배로 감소
③ 4배로 증가
④ 4배로 감소

해설 $E = 4.44fN\phi$[V]에서 유도기전력은 주파수와 비례 관계가 있다.

18 정전압 계통에 접속된 동기발전기가 그 여자를 약하게 하면? [04] [05] [10]
① 출력이 감소한다.
② 전압강하가 생긴다.
③ 진상 무효전류가 증가한다.
④ 지상 무효전류가 증가한다.

해설 $E = 4.44fN\phi$[V] 이므로 부족여자로 하면, 자속이 감소하여 기전력이 감소하며 계통전압과 크기가 달라져 발전기 내부에 순환전류가 흐르게 되며 이 순환전류는 기전력을 높이기 위한 역률이 거의 0인 진상 무효전류이다.

19 동기발전기에서 전기자전류가 무부하 유도 기전력보다 $\frac{\pi}{2}$ 만큼 뒤진 경우의 전기자반작용은? [11] [13]
① 교차자화작용   ② 자화작용
③ 감자작용   ④ 편자작용

해설
- 교차자화작용 : 기전력과 전류가 동위상
- 감자작용 : 전류가 기전력보다 90° 늦은 위상
- 증자작용 : 전류가 기전력보다 90° 앞선 위상

20 동기발전기의 돌발 단락전류를 주로 제한하는 것은? [06] [08]
① 동기 리액턴스
② 권선저항
③ 누설 리액턴스
④ 역상 리액턴스

해설 돌발 단락 전류가 단락 초기에 매우 큰 것은 전기자 반작용이 순간적으로 나타나지 않으므로 단락 최초에 전류를 제한하는 것은 전기자 저항을 무시하면 누설 리액턴스뿐이다.

21 3상 동기발전기를 정격속도로 운전하며, 무부하 정격전압을 유기하는 데 필요한 계자전류를 I_1, 3상 단락 시 정격전류 I와 같은 크기의 지속단락전류를 흘리는 데 필요한 계자전류를 I_2라 하면 단락비는? [05]

① $\frac{I}{I_1}$ ② $\frac{I_2}{I_1}$
③ $\frac{I}{I_2}$ ④ $\frac{I_1}{I_2}$

해설
$$K_s = \frac{\text{무부하에서 정격전압을 유지하는데 필요한 계자전류}(I_{fs})}{\text{정격전류와 같은 단락전류를 흘려주는데 필요한 계자전류}(I_{fn})}$$
$$= \frac{100}{\%Z_s}$$

22 % 동기 임피던스가 130[%]인 3상 동기발전기의 단락비는 약 얼마인가? [08] [17]
① 0.7   ② 0.77
③ 0.8   ④ 0.88

해설 단락비 $K_s = \frac{100}{\%Z_s} = \frac{100}{130} = 0.77$

23 정격전압 6600[V], 용량 500[kVA]의 Y결선 3상 동기발전기가 있다. 여자전류 200[A]에서의 무부하 단자전압 6000[V], 단락전류 6000[A]일 때, 이 발전기의 단락비는? [14]
① 1   ② 1.25
③ 1.55   ④ 1.75

해설 $\%Z_s = \frac{E}{I_s} \times 100 = \frac{6000}{6000} \times 100 = 100$이므로
단락비 $K_s = \frac{100}{\%Z_s} = \frac{100}{100} = 1$

정답 18. ③ 19. ③ 20. ③ 21. ④ 22. ② 23. ①

24 동기 임피던스가 작은 동기발전기는? [05] [09]
① 단락비가 작다
② 전기자 반작용이 작다.
③ 전압변동률이 크다.
④ 과부하 내량이 작다.

해설 동기 임피던스가 작은 기기는 철기계로 전기자 반작용이 작고, 전압 변동률이 작으며, 공극이 크고 과부하 내량이 크며, 기계의 중량이 무겁고 효율이 낮다.

25 단락비가 큰 기계를 설명한 것 중 옳지 않은 것은? [02]
① 공극이 작다.
② 철기계로 불린다.
③ 과부하 내량이 크다.
④ 전기자권선의 권수가 적고, 계자전류가 크다.

해설 단락비가 큰 동기기를 철기계라고 하며 전기자 반작용이 작고, 전압 변동률이 작으며 동기 리액턴스가 작다. 공극이 크고 과부하 내량이 크며 기계의 중량이 무겁고 효율이 낮다.

26 3상 동기발전기의 단락비를 산출하는데 필요한 시험은? [09] [10] [13]
① 외부특성시험과 3상 단락시험
② 돌발 단락시험과 부하시험
③ 무부하 포화시험과 3상 단락시험
④ 대칭분의 리액턴스 측정시험

해설 동기발전기의 단락비는 무부하 포화곡선과 3상 단락곡선으로 구할 수 있다.

27 그림은 3상 동기발전기의 무부하 포화곡선이다. 이 발전기의 포화율은 얼마인가? [14]

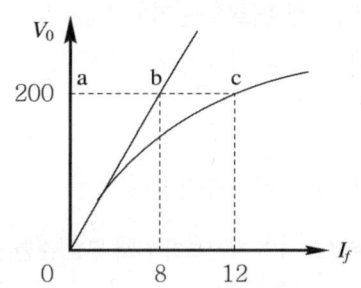

① 0.5   ② 0.67
③ 0.8   ④ 1.5

해설 포화율은 $\dfrac{bc}{ab} = \dfrac{12-8}{8} = 0.5$

28 동기발전기를 병렬운전할 때 동기 검정기(Synchro Scope)를 사용하여 측정이 가능한 것은? [07] [18]
① 기전력의 크기   ② 기전력의 파형
③ 기전력의 진폭   ④ 기전력의 위상

해설 교류전원의 주파수와 위상이 일치하는가를 검출하기 위해서 사용하는데, 반복해서 일어나는 2개의 현상이 같은 순간에 일어나고 있는가를 검출하는 장치

29 3상 동기발전기를 병렬운전시키는 경우 고려하지 않아도 되는 조건은?
[02] [08] [09] [10] [11] [17]
① 기전력의 위상이 같을 것
② 회전수가 같을 것
③ 기전력의 크기가 같을 것
④ 상회전방향이 같을 것

해설 동기발전기의 병렬운전 조건으로 기전력의 크기, 위상, 파형, 주파수, 상회전이 같아야 한다.

정답 24. ② 25. ① 26. ③ 27. ① 28. ④ 29. ②

30 병렬운전 중 A, B 두 동기발전기에서 A 발전기의 여자를 B보다 강하게 하면 A 발전기는 어떻게 변화되는가? [08] [16]
① 90° 진상 전류가 흐른다.
② 90° 지상 전류가 흐른다.
③ 동기화 전류가 흐른다.
④ 부하전류가 증가한다.

해설 과여자로 하면 기전력이 커져 무효 순환 전류가 흐른다.

31 A, B 두 대의 동기발전기를 병렬운전하는 중 계통 주파수를 바꾸지 않고 B기의 역률을 좋게 하는 방법은? [04]
① A기의 여자전류를 증대시킨다.
② A기의 원동기 출력을 증대시킨다.
③ B기의 여자전류를 증대시킨다.
④ B기의 원동기 출력을 증대시킨다.

해설 여자전류를 가감하면 무효순환전류가 변하므로 역률이 변한다.
여자전류를 증가시키면 그 발전기의 역률은 낮아지고 다른 발전기의 역률은 좋아진다.

32 병렬운전하고 있는 동기발전기에서 부하가 급변하면 발전기는 동기 화력에 의하여 새로운 부하에 대응하는 속도에 이르지 않고 새로운 속도를 중심으로 전후로 진동을 반복하는데 이러한 현상은? [11]
① 난조   ② 플러깅
③ 비례추이   ④ 탈조

해설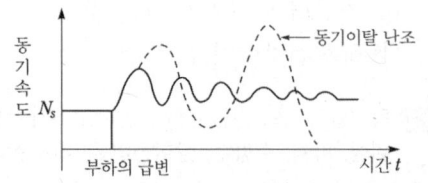

33 동기발전기에서 부하가 갑자기 변화할 때 발전기의 회전속도가 동기속도 부근에서 진동하는 현상을 무엇이라 하는가? [14]
① 탈조   ② 공조
③ 난조   ④ 복조

해설 난조는 동기발전기에서 부하 급변 시 동기속도보다 낮아져 속도 재조정을 위한 진동이 발생하게 되며 진동주기가 동기기의 고유진동에 가까워지면 공진작용으로 진동이 계속 증대하는 현상이다.

동기기가 부하각 델타에서 정상적으로 운전 중에 부하가 갑자기 변동하게 되면 부하 토크와 전기자를 발생시키는 토크 간 평형이 깨져서 새로운 부하각 델타로 이동하려고 하게 되는데 이 때 회전자 관성에 의해 새로운 부하각 중심으로 주기적으로 진동이 계속 증대하는 현상(난조)으로, 정도가 심해지면 동기 운전을 이탈하게 되는데, 이것을 동기이탈(탈조)이라 한다.

34 3상 동기기의 제동권선의 효용은? [06] [08]
① 출력증가   ② 효율증가
③ 역률개선   ④ 난조방지

해설 제동권선은 3상 동기기의 난조방지에 가장 효과적이다.

35 수차발전기가 난조를 일으키는 가장 큰 원인은? [04] [05]
① 발전기의 관성 모멘트가 크다.
② 발전기의 자극에 제동권선이 감겨있다.
③ 수차의 속도변동률이 작다.
④ 수차의 조속기가 예민하다.

해설 난조의 발생 원인으로는 조속기의 감도가 지나치게 예민한 경우, 원동기에 고조파 토크가 포함된 경우, 전기자 저항이 큰 경우이다.

정답 30. ② 31. ① 32. ① 33. ③ 34. ④ 35. ④

36 발전기 탈조보호에 해당하지 않는 것은?
[04]
① 지나친 과부하 방지
② 급격한 부하변동 방지
③ 고장발생 시 과도 안정도의 한계 초과 방지
④ 동기화력의 증가 방지

해설 난조 발생의 원인
- 관성모멘트가 작은 경우
- 부하급변으로 인한 조속기가 너무 예민할 경우
- 고조파가 포함된 경우
- 동기화력이 줄어든 경우

정답 36. ④

3 동기전동기 특성과 특수전동기

(1) 동기전동기의 원리

1) 동기전동기의 원리

① 3상 동기전동기의 전기자권선에 평형 3상 전압을 공급하면 동기 속도로 회전하는 회전 자계가 전기자권선에 발생한다.

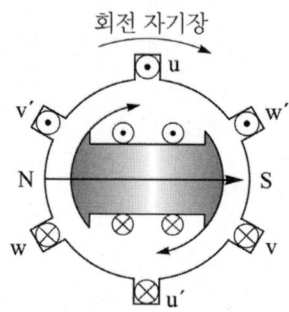

무부하인 경우에 회전자극과 고정자 회전자기장의 일치

② 회전자가 정지하고 있는 경우는 회전 자계의 자극과 회전자 자극 사이에는 흡입력과 반발력이 $f/2$초의 주기로 반복되므로 평균 회전력은 0이 되어 기동 회전력은 발생하지 않으므로 정지 상태에서 동기 속도가 되도록 하는 기동 방법이 필요하다.

2) 회전속도

$$N_s = \frac{120f}{P}[\text{rpm}]$$

(2) 동기전동기의 이론

1) 위상특성곡선(V곡선)

단자전압을 일정하게 하고, 회전자의 계자전류 변화에 대한 전기자전류의 크기와 위상변화를 나타낸 곡선

① 여자가 약할 때(부족여자) : I가 V보다 지상(뒤진 역률)

② 여자가 강할 때(과여자) : I가 V보다 진상(앞선역률)
③ 여자가 적합할 때 : I와 V가 동위상이 되어 역률이 100[%]

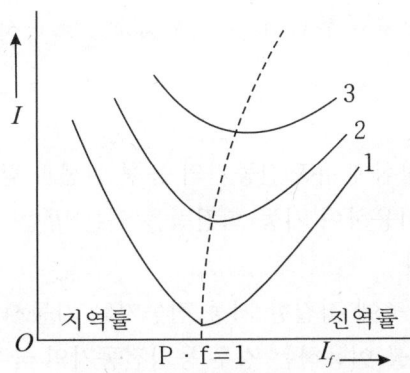

위상특성곡선

2) 동기조상기

전력 계통의 전압 조정과 역률 개선을 위하여 계통에 무부하의 동기전동기를 접속하여 사용하는 동기전동기

① 부족여자로 운전

지상무효전류가 증가하여 리액터로 작용하며, 발전기의 자기 여자 작용 방지

② 과여자로 운전

진상무효전류가 증가하여 부하의 뒤진 전류를 보상하며, 송전 선로의 역률을 좋게 하고 전압 강하를 감소

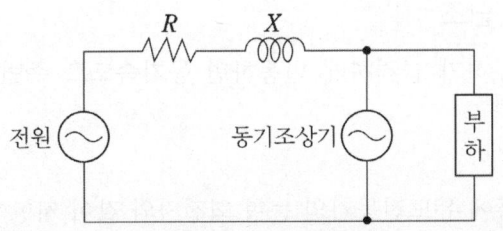

동기조상기 결선

(3) 동기전동기의 운전

1) 기동특성
① 동기전동기는 회전자가 동기 속도에 가까운 속도일 때만 회전력을 발생
② 기동법
- 자기동법
  철극형 계자 철심에 유도전동기의 농형 권선과 같은 제동 권선을 권선하여 기동 권선으로 이용하여 기동 회전력을 얻는 방법
- 기동 전동기법
  동기전동기의 축에 직결한 기동 전동기로 기동시키는 방법으로, 기동 전동기로 유도전동기를 이용하는 경우 동기전동기의 극수보다 2극 적은 극수의 유도전동기 사용
- 저주파 시동법
  저주파 저전압 전원으로 기동하고 동기화한 후에 그 전원의 전압주파수를 서서히 올려 동기속도로 하여 병렬로 운전하는 방법

2) 운전특성
① 전동기에 부하가 있는 경우, 회전자가 뒤쪽으로 밀리면서 회전자기장과 각도를 유지하면서 회전을 계속하는데 이 각도를 부하각 δ라 한다.
② 회전자의 고유 진동과 전원 또는 부하의 주기적 변화로 인한 강제 진동이 일치하였을 때에는 한층 더 심하게 되어 결국은 동기를 이탈하여 정지한다.

3) 동기전동기의 난조
① 전동기의 부하가 급격하게 변동하면 동기속도로 주변에서 회전자가 진동하는 현상
② 방지책
  자극면의 홈에 유도전동기의 농형 회전자와 같이 저항이 적은 단락 권선을 설치하는 것으로 자극 표면에 홈을 파고 도체를 넣어 도체 양 끝에 2개의 단락고리로 접속한 제동권선 설치

4) 제동권선의 효과

　① 난조 방지
　② 기동하는 경우 유도전동기의 농형 권선으로서 기동 토크를 발생
　③ 불평형 부하 시의 전류 전압 파형의 개선
　④ 송전선의 불평형 단락 시의 이상전압의 방지

(4) 동기전동기의 특징

1) 동기전동기의 장점

　① 부하의 변화에 속도가 불변이다.
　② 역률을 임의적으로 조정할 수 있다.
　③ 공극이 넓으므로 기계적으로 견고하다.
　④ 공급전압의 변화에 대한 토크 변화가 적다.
　⑤ 전부하 시에 효율이 양호하다.

2) 동기전동기의 단점

　① 여자를 필요로 하므로 직류전원장치가 필요하고 가격이 비싸다.
　② 취급이 복잡하다.(기동 시)
　③ 난조가 발생하기 쉽다.
　④ 보통 구조의 것은 기동 토크가 작다.

출제예상문제

01 동기전동기의 용도가 아닌 것은?
① 압축기   ② 압연기
③ 송풍기   ④ 크레인

해설 동기전동기는 저속도, 대용량에 많이 사용된다. 시멘트 공장의 분쇄기나 각종 압연기, 압축기, 송풍기, 제지용 쇄목기, 소형기로는 전기 시계, 오실로그래프, 전송사진에 많이 사용이 된다.

02 동기전동기의 전기자 반작용의 설명으로 옳지 않은 것은
① 전류가 90°만큼 뒤진 때에는 감자 작용을 한다.
② 전기자전류의 세기에 따라 다르다.
③ 동상인 부하전류는 교차자화작용으로 주자속을 편자하게 하는 횡축반작용을 한다.
④ 전류가 90°만큼 앞선 때에는 증자 작용을 한다.

해설 전기자 반작용
• 저항부하에 의한 교차자화작용 : 기전력과 전류가 동위상이 된다.
• 유도성 부하에 의한 감자작용 : 전류가 기전력보다 90° 늦은 위상이 된다.
• 용량성 부하에 의한 증자작용 : 전류가 기전력보다 90° 앞선 위상이 된다.

03 동기전동기의 위상특성곡선에서 횡축이 표시하는 것은? [17]
① 계자전류   ② 전기자전류
③ 단자전압   ④ 유기기전력

해설 위상특성곡선은 종축이 전기자전류, 횡축은 계자전류를 나타낸다.

04 동기전동기의 여자전류를 변화시켜도 변하지 않는 것은?
① 역률
② 전기자전류
③ 전동기 속도
④ 역기전력

해설 동기전동기는 속도가 일정하다는 것이 가장 큰 장점이다.

05 60[Hz] 12극 동기전동기 회전자계의 기동조건에 대한 설명으로 옳지 않은 것은?
① 동기전동기는 무부하 조건에서 부하각이 0이므로 기동 토크가 없다.
② 동기전동기는 고정자 권선에 기동 권선을 설치하여 유도 자기장에 의하여 기동된다.
③ 회전자가 회전 토크를 유지하기 위하여 항상 부하각을 유지시킨다.
④ 동기전동기는 기동 회전력을 얻기 위하여 기동 콘덴서가 부착되어 있다.

해설 동기전동기는 기동 시 고정자 권선의 회전자기장은 동기속도 N_s로 빠르게 회전하고 정지되어 있는 회전자는 관성이 커서 바로 반응하지 못하기 때문에 기동토크가 발생되지 않아 회전하지 못하므로 자기기동법, 타시동법, 저주파 시동법 등으로 기동하여야 한다.

정답 1. ④ 2. ② 3. ① 4. ③ 5. ④

06 동기전동기에서 회전자는 동기 속도로 회전한다. 회전 손실과 부하가 걸리면 동기 속도에서 감속된다. 어떻게 동기 속도로 유지하는가?
① 동기전동기의 1차 측 전기자전류를 증가시킨다.
② 2차 측 회전자 권선의 여자 전류를 증가시킨다.
③ 부하를 감소시키는 수밖에 없다.
④ 동기전동기의 1차 측 전기자전류를 감소시킨다.

해설 동기전동기는 동기속도보다 속도가 낮아지면 2차 측 회전자 권선의 여자 전류를 증가시켜 동기 속도를 유지한다.

07 동기전동기를 자체 기동법으로 기동시킬 때 계자회로는?
① 단락   ② 개방
③ 직류 공급   ④ 교류 공급

해설 자기기동법은 계자극 표면에 단락권선을 감고 회전계자 이 권선에 유도되는 전류와의 전자력으로 기동토크를 얻어 기동하는 방식으로 고전압 유도에 의한 절연파괴 위험방지를 위하여 계자권선을 단락하고 기동한다.

08 동기전동기의 자기 기동에서 계자권선을 단락하는 이유는?
① 기동 용이
② 기동권선으로 이용
③ 고전압 유도에 의한 절연파괴 방지
④ 전기자 반작용 방지

해설 위의 문제풀이 참조

09 동기전동기의 난조 방지에 가장 유효한 방법은?
① 자극수를 적게 한다.
② 회전자의 관성을 크게 한다.
③ 동기리액턴스를 작게 한다.
④ 자극면에 제동권선을 설치한다.

해설 동기전동기의 난조 방지 방법으로는 자극면에 제동권선 설치하는 것이 가장 효과적인 방법이다.

10 동기전동기의 난조 방지와 기동을 위해 설치하는 것은?
① 제동 권선   ② 보극
③ 정류자   ④ 단락 권선

해설 동기전동기의 부하가 급격하게 변동하면 동기속도로 주변에서 회전자가 진동하는 현상이다. 난조가 심하면 전원과의 동기를 벗어나 정지하기도 한다. 난조방지를 위해 회전자 자극표면에 홈을 파고 도체를 넣어 도체 양 끝에 2개의 단락고리로 접속한 제동권선을 설치한다. 제동권선은 기동용 권선으로 이용되기도 한다.

11 동기전동기에서 제동 권선의 역할이 아닌 것은?
① 불평형 부하시의 전류 전압 파형 개선
② 난조방지
③ 송전선의 불평형 단락 시 이상 전압 방지
④ 과부하 내량의 증대

해설 제동권선의 효과
 • 난조방지
 • 기동하는 경우 유도전동기의 농형 권선으로써 기동 토크를 발생
 • 불평형 부하 시의 전류 전압 파형의 개선
 • 송전선의 불평형 단락 시의 이상전압의 방지

12 동기전동기를 전력계통의 전압 조정과 역률 개선용으로 사용되는 것은?

① 전압조정기 ② 동기조상기
③ 전력용콘덴서 ④ 제동권선

해설 동기조상기는 전력계통의 전압조정과 역률 개선을 하기 위해 계통에 접속한 무부하의 동기전동기를 말한다.

13 3상 8,000[kW], 역률 80[%]를 역률 95[%]로 개선하고자 할 때 동기조상기 용량[kVA]은?

① 3370 ② 3480
③ 3520 ④ 3610

해설
$$Q = P(\tan\theta_1 - \tan\theta_2) = P\left(\frac{\sin\theta_1}{\cos\theta_1} - \frac{\sin\theta_2}{\cos\theta_2}\right)$$
$$= 8000 \times \left(\frac{\sqrt{1-0.8^2}}{0.8} - \frac{\sqrt{1-0.95^2}}{0.95}\right)$$
$$= 3370[\text{kVA}]$$

정답 12. ② 13. ①

과년도 출제문제

01 60[Hz], 12극의 동기전동기 회전자계의 주변속도는 몇 [m/s]인가?(단, 회전자계의 극 간격은 1[m]이다.) [08]
① 60 ② 90 ③ 120 ④ 180

해설 $N_s = \dfrac{120f}{p} = \dfrac{120 \times 60}{12} = 600[\text{rpm}] = 10[\text{rps}]$
회전자 둘레는 12극×1[m] = 12[m] 이므로,
회전자계 주변속도는 12[m]×10[rps] = 120[m/s]

02 운전 중 역률이 가장 좋은 전동기는? [11]
① 농형유도전동기   ② 동기전동기
③ 반발전동기   ④ 권선형 유도전동기

해설 동기전동기는 계자전류를 조정하여 역률 100[%]로 운전할 수 있다.

03 역률을 항상 1로 운전할 수 있는 전동기는? [02] [03] [10]
① 단상 유도전동기
② 3상 유도전동기
③ 동기전동기
④ 3상 권선형 유도전동기

해설 동기전동기는 계자전류를 조정하여 역률을 항상 100%로 운전할 수 있다.

04 동기전동기는 유도전동기에 비하여 어떤 장점이 있는가? [14]
① 기동특성이 양호하다.
② 속도를 자유롭게 제어할 수 있다.
③ 구조가 간단하다.
④ 역률을 1로 운전할 수 있다.

해설 동기전동기의 장점은 부하의 변화에 속도가 불변이고 역률을 임의적으로 조정할 수 있으며 공급전압의 변화에 대한 토크 변화가 적으며 전부하 시에 효율이 양호하다.

05 부하를 일정하게 유지하고 역률 1로 운전 중인 동기전동기의 계자전류를 증가시키면? [03] [12]
① 아무 변동이 없다.
② 리액터로 작용한다.
③ 뒤진 역률의 전기자전류가 증가한다.
④ 앞선 역률의 전기자전류가 증가한다.

해설
- 부족여자일 때 I가 V보다 지상(뒤짐)으로 리액터 역할을 한다.
- 과여자일 때 I가 V보다 진상(앞섬)으로 콘덴서 역할을 한다.
- 여자가 적합할 때 I와 V가 동위상이 되어 역률이 100[%]

06 동기전동기의 여자전류가 증가하면 어떤 현상이 생기나? [09] [12]
① 토크가 증가한다.
② 전기자전류의 위상이 앞선다.
③ 난조가 생긴다.
④ 앞선 무효 전류가 흐르고 유도기전력은 높아진다.

해설 동기전동기의 여자전류가 증가하면 과여자 상태로 되어 콘덴서 역할을 하며 전류가 전압보다 90° 앞선 전류가 흐른다.

정답 1. ③ 2. ② 3. ③ 4. ④ 5. ④ 6. ②

07 전압이 일정한 도선에 접속되어 역률 1로 운전하고 있는 동기전동기의 여자전류를 증가시키면 이 전동기의 역률과 전기자전류는? [14]

① 역률은 앞서고 전기자전류는 증가한다.
② 역률은 앞서고 전기자전류는 감소한다.
③ 역률은 뒤지고 전기자전류는 증가한다.
④ 역률은 뒤지고 전기자전류는 감소한다.

해설
- 여자가 약할 때(부족여자) : I가 V보다 지상(뒤짐) : 리액터 역할
- 여자가 강할 때(과여자) : I가 V보다 진상(앞섬) : 콘덴서 역할
- 여자가 적합할 때 : I와 V가 동위상이 되어 역률이 100[%]

08 다음 중 동기전동기의 특징을 설명하고 있는 것으로 옳은 것은? [08] [13]

① 저속도에서 유도전동기에 비해 효율이 나쁘다.
② 기동 토크가 크다.
③ 필요에 따라 진상전류를 흘릴 수 있다.
④ 직류전원이 필요 없다.

해설 동기전동기는 과여자 또는 부족여자로 하여 진상전류 또는 지상전류를 흘릴 수 있다.

09 동기전동기의 특성에 대한 설명으로 잘못된 것은? [05] [11] [17]

① 기동 토크가 작다.
② 여자기가 필요하다.
③ 난조가 일어나기 쉽다.
④ 역률을 조정할 수 없다.

해설 동기전동기의 특징
- 효율이 좋고 정속도 전동기이며 역률 1, 또는 앞선 역률, 뒤진 역률로 운전할 수 있다.
- 공극이 넓어 기계적으로 튼튼하고 보수가 용이하다.
- 직류 여자 장치가 필요하고 기동 토크를 얻기가 곤란하며 난조가 일어나기 쉽다.

10 주파수와 극수에 의하여 정하여지는 일정속도를 필요로 하여 동기전동기를 설치하고자 한다. 다음 중 동기전동기의 장점이 아닌 것은? [03] [05]

① 시동특성이 좋고 또 여자장치가 필요 없다.
② 역률과 효율이 좋기 때문에 운전경비가 경감된다.
③ 부하에 관계없이 역률을 임의로 설정할 수 있다.
④ 유도전동기에 비하여 효율이 좋고 공극도 크다.

해설 위의 문제풀이 참조

11 동기전동기의 기동을 다른 전동기로 할 경우에 대한 설명으로 옳은 것은? [06] [15]

① 유도전동기를 사용할 경우 동기전동기의 극수보다 2극 정도 적은 것을 택한다.
② 유도전동기의 극수를 동기전동기의 극수와 같게 한다.
③ 다른 동기전동기로 기동시킬 경우 2극 정도 많은 전동기를 택한다.
④ 유도전동기로 기동시킬 경우 동기전동기보다 2극 정도 많은 것을 택한다.

해설 동기전동기를 유도전동기로 기동시킬 때 동기전동기보다 2극 적게 하여 동기속도 이상으로 회전시킨다.

정답 7. ① 8. ③ 9. ④ 10. ① 11. ①

12 8극 동기전동기의 기동방법에서 유도전동기로 기동하는 기동법을 사용하려면 유도전동기의 필요한 극수는 몇 극인가? [02] [07] [17]

① 6 ② 8 ③ 10 ④ 12

해설 유도전동기나 직류전동기로 동기속도까지 회전시켜 주전원에 투입하는 방식으로 유도전동기를 사용할 경우 극수가 2극 적은 것을 사용하여야 하므로 6극 유도전동기로 기동한다.

13 동기기의 안정도를 증진시키기 위한 방법으로 잘못된 것은? [10]

① 속응여자방식을 채용한다.
② 단락비를 크게 한다.
③ 회전부의 관성을 크게 한다.
④ 역상 및 영상임피던스를 작게 한다.

해설 동기기의 안정도 증진법
- 정상 과도 리액턴스를 작게 하고, 단락비를 크게 한다.
- 영상임피던스와 역상임피던스를 크게 한다.
- 회전자의 관성을 크게 한다.
- 속응 여자방식을 채용

14 동기전동기에서 제동 권선의 사용목적으로 가장 옳은 것은 어느 것인가? [02] [05] [06] [07] [13]

① 난조방지 ② 정지시간의 단축
③ 운전토크의 증가 ④ 과부하 내량의 증가

해설 제동권선의 효과
- 난조방지
- 기동하는 경우 유도전동기의 농형 권선으로서 기동 토크를 발생
- 불평형 부하 시의 전류 전압 파형의 개선
- 송전선의 불평형 단락 시의 이상전압의 방지

15 동기전동기를 무부하로 하였을 때 계자전류를 조정하면 동기기는 마치 L, C 소자로 동작하고, 계자전류를 어떤 일정 값 이하의 범위에서 가감하면 가변 리액턴스가 되고 어떤 일정 값 이상에서 가감하면 가변 커패시턴스로 동작한다. 이와 같은 목적으로 사용되는 것을 무엇이라 하는가? [03] [10]

① 변압기 ② 동기조상기
③ 균압환 ④ 제동권선

해설 동기조상기는 송전계통의 역률 개선이나 전압 조정에 사용되는 동기기

16 역률을 개선하기 위하여 진상이나 지상전류를 흘릴 수 있는 장치는? [02]

① 유도전압조정기
② 부하 시 전압조정기
③ 전력용 콘덴서
④ 동기조상기

해설 동기조상기는 전력계통의 전압조정과 역률 개선을 하기 위해 계통에 접속한 무부하의 동기전동기를 말한다.

17 동기조상기를 부족여자로 해서 운전하였을 때 나타나는 현상이 아닌 것은? [06] [14]

① 역률을 개선시킨다.
② 리액터로 작용한다.
③ 뒤진 전류가 흐른다.
④ 자기여자에 의한 전압상승을 방지한다.

해설 동기조상기를 부족여자로 운전하면 지상 무효 전류가 증가하여 리액터의 역할로 자기여자에 의한 전압상승을 방지한다.

정답 12. ① 13. ④ 14. ① 15. ② 16. ④ 17. ①

18 동기조상기를 과여자로 해서 운전하였을 때 나타나는 현상이 아닌 것은? [07] [09] [11]
① 리액턴스로 작용한다.
② 전압강하를 감소시킨다.
③ 진상전류를 취한다.
④ 콘덴서로 작용한다.

해설 동기조상기를 과여자로 할 때 I가 V보다 앞서고 콘덴서 역할을 하여 역률이 개선되고, 전류가 감소하여 전압강하가 감소한다.

19 동기조상기에 대한 설명으로 옳은 것은? [02] [12] [15]
① 유도부하와 병렬로 접속한다.
② 부하전류의 가감으로 위상을 변화시켜 준다.
③ 동기전동기에 부하를 걸고 운전하는 것이다.
④ 부족여자로 운전하여 진상전류를 흐르게 한다.

해설 계자전류의 가감으로 위상을 변화시킬 수 있으며 과여자로 운전하여 진상전류를 흐르게 하는 무부하의 동기전동기를 동기 조상기라 한다.

20 회전변류기의 직류측 전압을 조정하는 방법이 아닌 것은? [06]
① 동기승압기 사용방법
② 부하 시 전압조정 변압기 사용방법
③ 직렬리액턴스를 이용한 방법
④ 여자전류를 조정하는 방법

해설 교류 전력을 직류 전력으로 바꾸는 회전기로, 전기자는 직류발전기의 전기자에 슬립 링을 붙인 구조이고 고정자는 직류발전기의 고정자에 자극면으로 제동 권선을 붙인 구조의 것이다. 슬립 링에서 교류 전력을 가하면 회전자는 동기전동기의 전기자로서 동기 속도로 회전하고, 동시에 직류발전기의 전기자로서 정류자에서 직류 전력을 발생한다.

21 회전변류기의 전압제어에 쓰이지 않는 것은? [05]
① 직렬 리액턴스
② 유도전압조정기
③ 변압기 탭 절환
④ 계자저항기

해설 여자전류를 변화시키면 역률만 변화하게 되므로 전압을 조정하여 교류전압을 변화시켜야 한다.

22 다음 중 "무효전력을 조정하는 전기기계기구"로 용어 정의되는 것은? [10]
① 배류코일   ② 변성기
③ 조상설비   ④ 리액터

해설 조상설비에는 계통의 무효 전력, 전압제어를 위한 동기 조상기, 전력용 콘덴서, 분로 리액터 등이 있다.

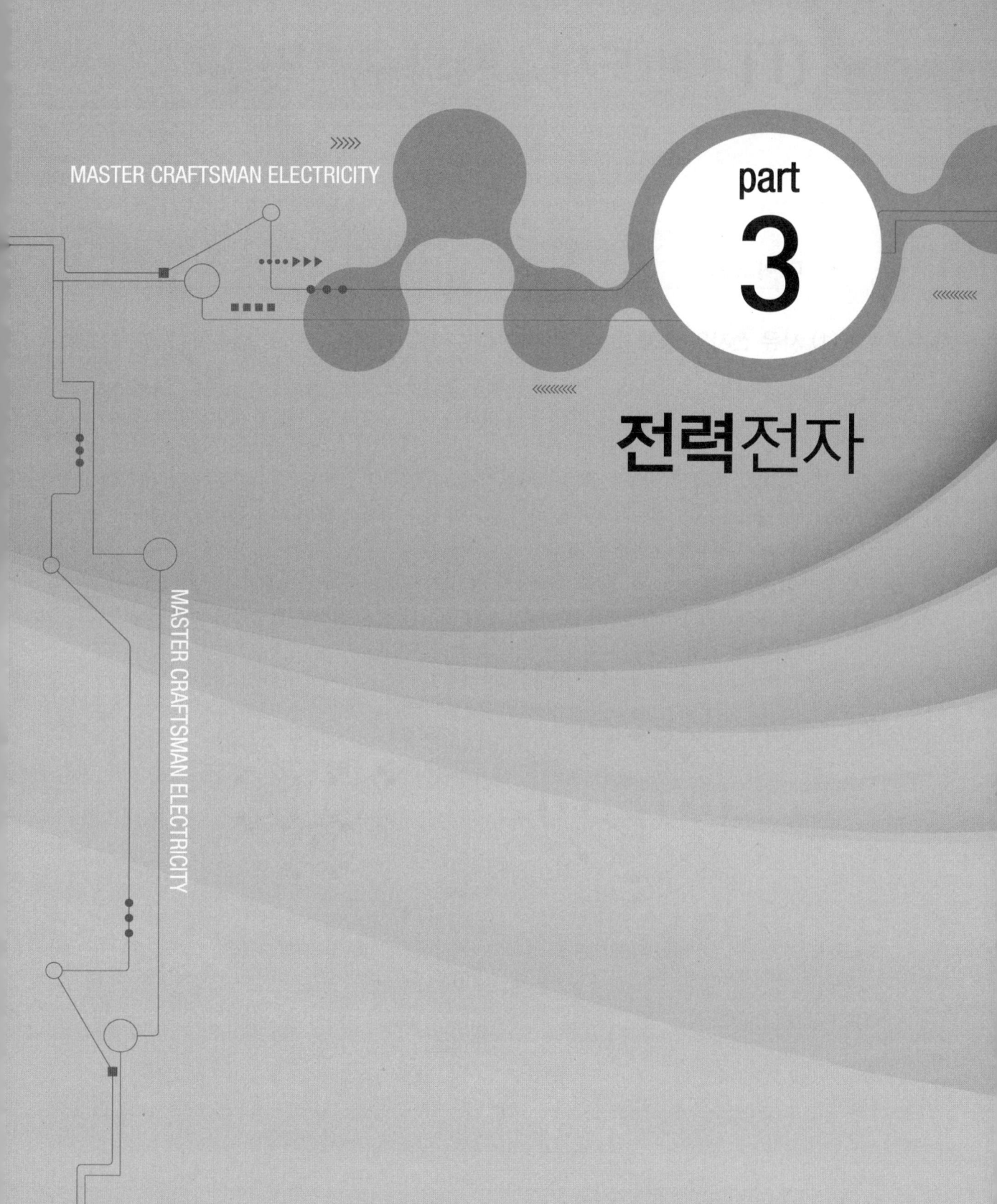

Chapter 01 반도체 소자의 구조 및 원리

1 다이오드

(1) 자유 전자와 정공

① 가전자 : 원자의 가장 바깥쪽 궤도를 회전하는 전자
② 자유전자 : 열, 빛, 전기장 등에 의하여 외부로부터 충분한 에너지를 얻은 전자가 원자의 속박으로부터 완전히 벗어난 상태로서 공간을 자유롭게 이동할 수 있는 전자
③ 정공(Hole) : 양(+) 전하를 가진 전자와 같은 거동을 하는 가상 입자로, p형 반도체에서 전류를 운반하는 것
④ 반송자(Carrier) : 반도체 내에서 전기 전도에 기여하는 정공이나 전자
⑤ 공유결합 : 화학결합의 하나로 2개의 원자가 서로 전자를 방출하여 전자쌍을 형성하고, 이를 공유함으로써 생기는 결합

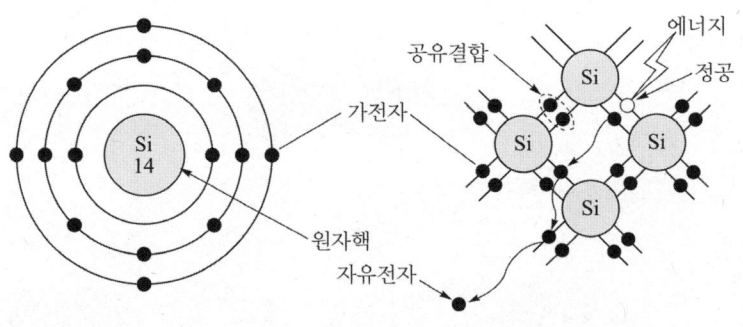

(a) 실리콘의 원자 구조　　　　(b) 실리콘의 단결정

실리콘 원자의 구조와 단결정

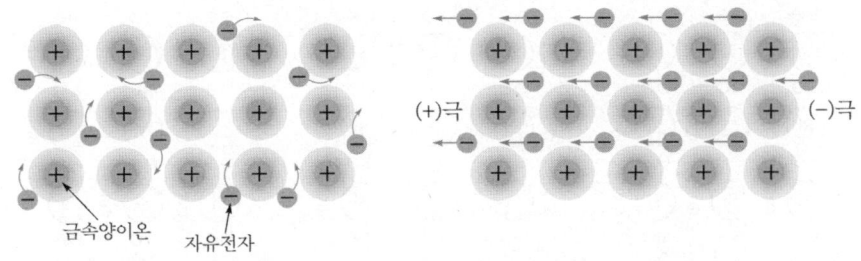

(a) 전류가 흐르기 전　　　　(b) 전류가 흐를 때

자유 전자

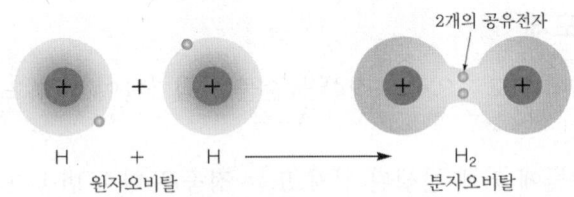

(a) 수소의 공유결합

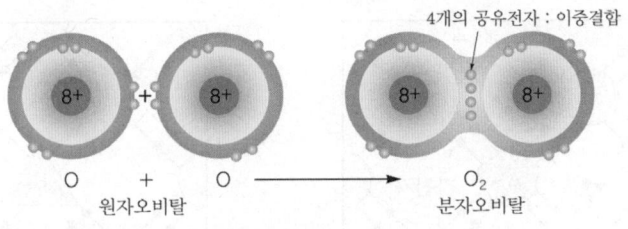

(b) 산소의 공유결합

공유 결합

(2) 진성 반도체

단결정 구조를 가진 반도체로 실리콘(Si)이나 게르마늄(Ge) 등과 같이 원자핵의 가장 바깥 궤도에 4개의 전자가 존재하는 4족 원소이며 불순물이 섞이지 않은 순수 반도체이다.

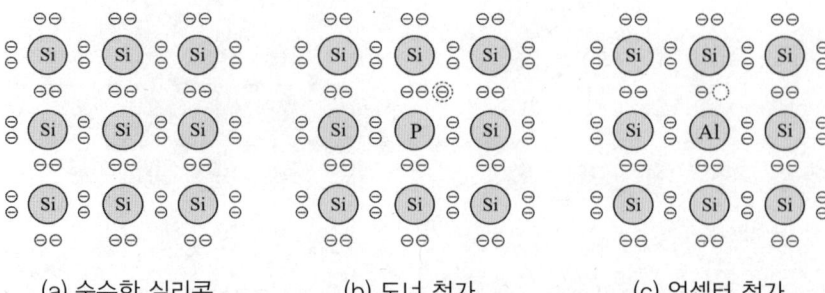

(a) 순수한 실리콘　　(b) 도너 첨가　　(c) 억셉터 첨가

공유결합과 불순물 첨가

(3) 불순물 반도체

진성 반도체에 의도적으로 특정한 불순물을 첨가하여 전자 또는 정공이 크게 증가하도록 한 것이다.

첨가된 불순물에 의해 발생된 전자 또는 정공은 다수 반송자를 구성하며 다수 반송자가 전자이면 n형 반도체, 정공이면 p형 반도체라 부른다.

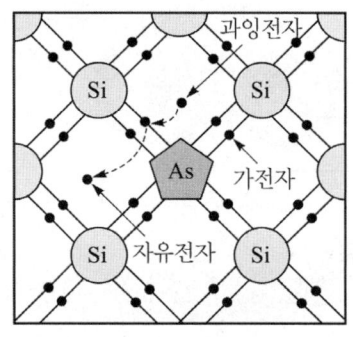 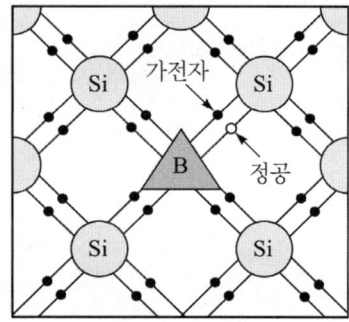

(a) n형 반도체의 구조　　　　　　(b) p형 반도체의 구조

P형 반도체와 N형 반도체 구조

1) n형 반도체

안티몬(Sb), 비소(As), 인(P) 등 5족의 원소를 불순물로 사용하며 다수 반송자가 전자이다.

이때 첨가된 불순물을 도너라고 하며 도너에 의한 과잉 전자는 상온에서 쉽게 전도대로 옮겨진다.

2) p형 반도체

붕소(B), 알루미늄(Al), 갈륨(Ga), 인듐(In) 등 3족의 원소를 불순물로 사용하며 다수 반송자가 정공이다.
이때 첨가된 불순물을 억셉터라고 하며 억셉터에 의한 과잉 정공은 상온에서 쉽게 충만대로 옮겨진다.

(4) PN 접합

1) PN 접합의 특징

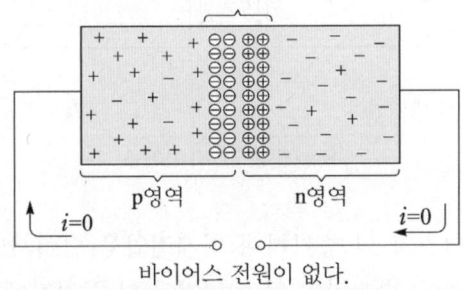

공간 전하와 전위 장벽

PN 접합면의 공간 전하 영역은 P형 영역에 음(-) 극성, N형 영역에 양(+) 극성을 갖는 역방향 전위 장벽을 발생시키며 실리콘 접합에서 0.7[V], 게르마늄 접합에서 0.3[V] 수준의 전위 장벽이 발생한다.

2) PN 접합 바이어스

전압의 방향에 따라 전류를 흐르게 하거나 흐르지 못하게 하는 정류 특성을 가진다.
① 공핍층
　pn 접합 반도체는 정상 상태에서는 그 접합면과 같이 캐리어(전자 또는 정공)가 존재하지 않는 영역이다.
　pn 접합 반도체의 양단에 역방향 전압을 가하면 접합부에 대하여 반대측 양단에 캐리어가 모이므로 공핍층은 더욱 커진다.
② 순방향 바이어스
　P형 영역에 양(+) 전압, N형 영역에 음(-) 전압을 인가하면 전원으로부터 다수

반송자의 주입으로 공핍층이 좁혀져 역방향 전위 장벽을 넘어 다수 반송자에 의해서 순방향 전류가 급격히 상승하여 도통 상태가 된다.

③ 역방향 바이어스

P형 영역에 음(-) 전압, N형 영역에 양(+) 전압을 인가하면 공핍층 양쪽에 존재하는 다수 반송자들이 접합면 반대 방향으로 이동하여 공핍층은 더욱 넓어져 전위 장벽이 높아져 차단상태가 된다.

④ 항복전압

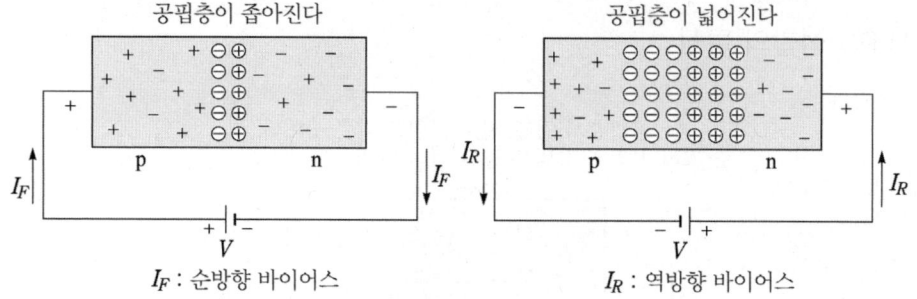

PN 접합의 바이어스

역방향 바이어스가 더 증가하여 임계전압을 넘어서면 역방향 바이어스 전압에 의해 가속된 소수 반송자가 큰 에너지로 다른 전자에 충돌하여 공유결합을 깨뜨리게 됨으로써 원래의 소수 반송자 외에 새로운 전자-정공쌍이 2차적으로 생성되어 함께 가속되어 연쇄적인 가속-충돌-생성의 반복과정에 의해 순간적으로 반송자가 폭발적으로 증가하여 순식간에 큰 전류가 흐르게 되는 현상을 전자사태(Electron Avalanche)라 하며 그 임계전압을 항복전압이라 한다.

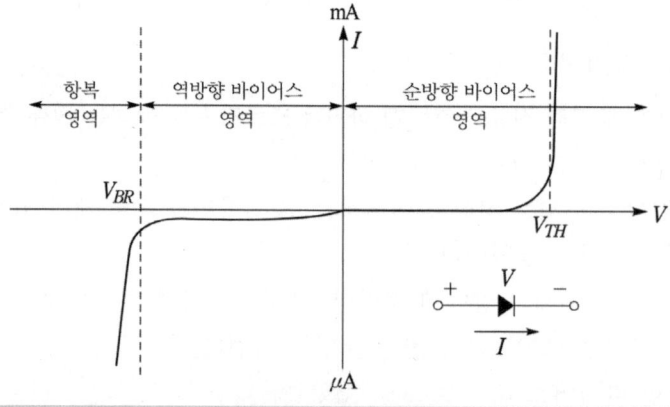

다이오드의 특성곡선

(5) 다이오드

1) 다이오드의 구조

PN 접합의 양쪽 영역에 외부 전극을 연결한 것으로, P형 쪽을 양극 또는 애노드(A), N형 쪽을 음극 또는 캐소드(K)라고 하며, 캐소드 쪽에 띠 모양의 표식이 있다.

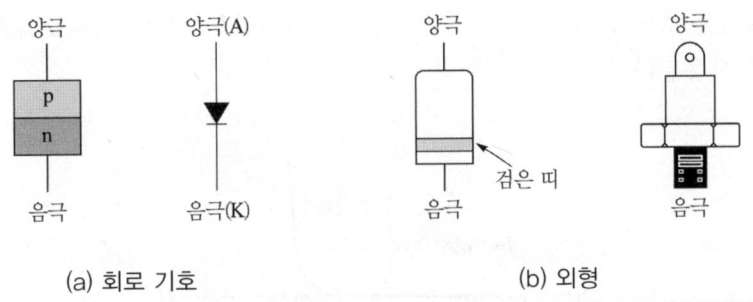

(a) 회로 기호   (b) 외형

다이오드의 구조

2) 다이오드의 검사

아날로그 회로 시험기의 흑색 단자를 애노드(A)에 적색 단자를 캐소드(K)에 연결한 순방향 측정에서 낮은 저항값을 나타내고 역방향 측정에서 높은 저항값을 나타내야 하며 디지털 회로 시험기에서는 내부 전원의 극성과 측정단자의 연결이 아날로그 회로 시험기와 반대로 되어 있으므로 주의해야 한다.

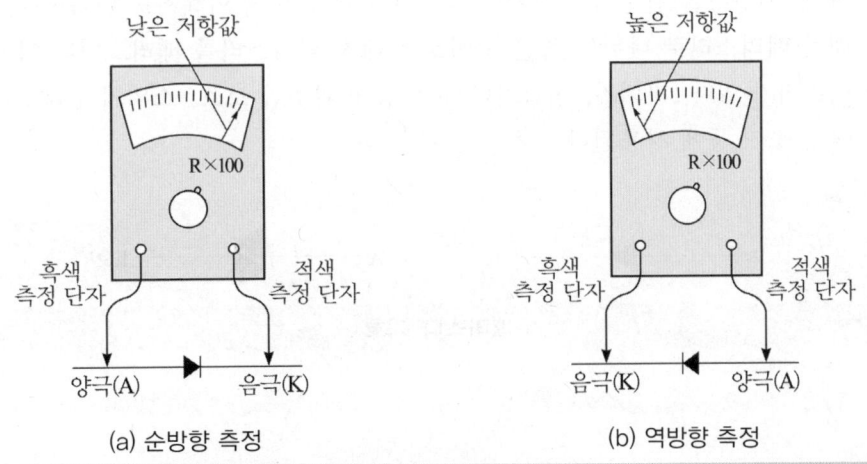

(a) 순방향 측정   (b) 역방향 측정

아날로그 회로 시험기를 이용한 다이오드 검사

3) 제너 다이오드

반도체 다이오드의 일종으로 정전압 다이오드라고도 한다.

다이오드와 유사한 PN 접합 구조이나, 다른 점은 매우 낮고 일정한 항복 전압 특성을 갖고 있어 역방향으로 어느 일정값 이상의 항복 전압이 가해졌을 때 전류가 흐른다. 제너 다이오드는 제너 항복 현상이 주 특성이 된다. 제너 항복에서는 온도 계수가 부성이며 전자사태 항복에서는 그 반대가 된다. 넓은 전류 범위에서 안정된 전압특성을 보여 간단히 정전압을 만들거나 과전압으로부터 회로소자를 보호하는 용도로 사용된다.

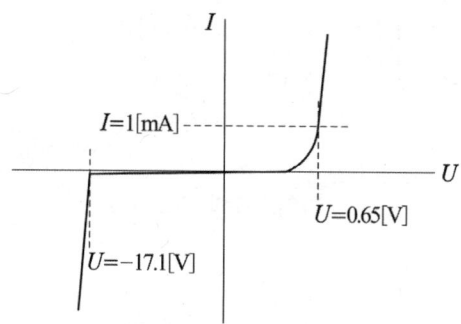

제너 다이오드의 특성

4) 배리스터 다이오드

저항값이 전압에 비 직선적으로 변화되는 성질을 가진 두 전극의 반도체 소자를 말한다. 저항값은 전압이 높아지면 감소하고 또 온도에 의해서도 변화한다. 대칭, 비대칭 배리스터로 나뉘며 좁은 의미로는 대칭 배리스터를 배리스터라 하고 SiC 배리스터가 있다. 피뢰기, 변압기나 코일 등의 과전압 보호, 스위치나 계전기의 접점 불꽃 소거 등에 사용된다.

배리스터 기호

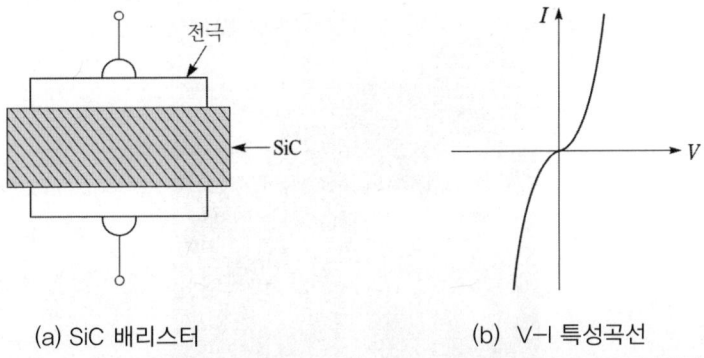

(a) SiC 배리스터 (b) V-I 특성곡선

배리스터 기호 및 특성곡선

5) 쇼트키 다이오드

반도체 + 금속으로 된 다이오드로, 문턱전압이 일반 다이오드의 0.7[V] 정도보다 낮은 0.4~0.5[V] 정도이며 소수 캐리어가 아닌 다수 캐리어에 의해서 전류가 흐르기 때문에 축적효과 없이 역회복 시간이 매우 짧으나 누설전류가 높고 내압이 100[V]이하로 낮으며 대전류, 고속 정류 등에 사용된다.

6) 서미스터

코발트, 구리, 망간, 철, 니켈, 티타늄 등의 산화물을 적당한 저항률과 온도계수를 가지도록 2~3종류 혼합하여 소결한 반도체이다.

금속과 달리, 온도가 높아지면 저항값이 감소하는 부저항 온도계수의 특성을 가지고 있는데 이것을 NTC(negative temperature coefficient thermistor)라 한다. 구조적으로 직렬형, 방열형, 지연형으로 분류되는데, 외형은 깨알만한 것에서부터 동전 크기만 한 것까지 여러 종류가 있다.

열용량이 적어서 미소한 온도 변화에도 급격한 저항 변화가 생기므로 온도제어용 센서로 많이 이용되며, 체온계, 온도계, 습도계, 기압계, 풍속계, 마이크로파 전력계 등의 측정용이나 통신장치의 온도에 의한 특성변화의 보상, 통신회선의 자동이득조정 등 이용 분야가 넓다.

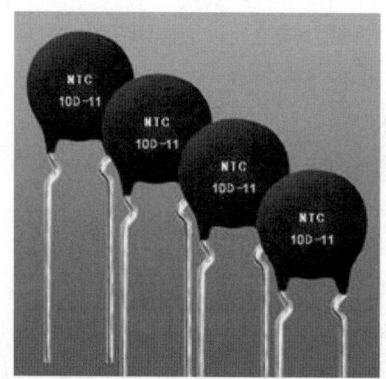

NTC 서미스터

7) 다이오드의 종류와 특성

회로 기호	다이오드 종류	주요 응용 분야
─▶│─	정류 다이오드	교류를 직류로 변환하는 정류 회로
─▶│─	스위칭 다이오드	고속 ON/OFF 특성을 이용한 스위칭 회로
─▶│─	정전압(제너) 다이오드	정전압 특성을 이용한 전압 안정화 회로
─▶│─ (LED)	발광 다이오드(LED)	발광 특성을 이용한 표시용 램프/디스플레이
─▶│─ (포토)	포토 다이오드	광 검출 특성을 이용한 광센서
─▶│├─	가변용량(바랙터) 다이오드	가변 용량 특성을 이용한 FM 변조 회로
─▶│─	터널(에사키) 다이오드	음 저항 특성을 이용한 마이크로파 발진 회로
─▶│─	배리스터 다이오드	트랜지스터 출력단의 온도 보상 회로

출제예상문제

01 정공이 발생되는 경우는?
① 가전대에서 전도대로 옮길 때
② 전도대에서 가전대로 옮길 때
③ 자유전자가 만들어질 때
④ 전자가 공유결합을 이탈할 때

해설 공유결합되어 있는 순수한 반도체에 에너지를 가하면 충만대에 속박되어 있던 전자 가운데 일부가 금지대를 넘어 전도대로 이동할 수 있다. 충만대에서 전도대로 이동한 전자는 충만대에 하나의 빈자리를 남기게 되는데 원래 음(-) 전하가 있어야 할 자리에 마치 양(+) 전하가 출현한 것과 같으며, 정공이라 한다.

02 P형 반도체에서 다수 반송자는?
① 정공
② 양성자
③ 전자
④ 중성자

해설 붕소(B), 알루미늄(Al), 갈륨(Ga), 인듐(In) 등 3족의 원소를 불순물로 사용하며 다수 반송자가 정공이다. 첨가된 불순물을 억셉터라고 하며 억셉터에 의한 과잉 정공은 상온에서 쉽게 충만대로 옮겨진다.

03 실리콘 PN 접합에서 발생하는 순방향 전위 장벽의 크기는?
① 0.3[V] ② 0.5[V]
③ 0.7[V] ④ 0.9[V]

해설 게르마늄 다이오드의 순방향 전압은 약 0.3[V] 정도이고 실리콘 다이오드는 약 0.7[V] 정도이다.

04 도체 속을 이동하며 열과 전기 에너지를 전달하는 것은?
① 속박전자
② 전도전자
③ 자유전자
④ 열전자

해설 전도전자는 원자의 안쪽 궤도에 속박되었던 전자가 외부 에너지를 받아 전기 전도현상을 일으킬 수 있는 새로운 바깥쪽 궤도로 이동한 상태이다.

05 다음 중 반도체의 저항값과 온도의 관계가 바른 것은?
① 저항값은 온도에 비례한다.
② 저항값은 온도에 반비례한다.
③ 저항값은 온도의 제곱에 비례한다.
④ 저항값은 온도의 제곱에 반비례한다.

해설 반도체는 부(-)의 온도계수를 가지므로 반비례한다.

06 서미스터의 온도가 증가할 때 저항은?
① 감소한다.
② 증가한다.
③ 임의로 변화한다.
④ 변화 없다.

해설 서미스터는 온도보상용으로 사용되는 소자이며 온도 상승 시 저항이 감소하는 부(-)의 온도계수를 가지고 있다.

정답 1. ④ 2. ① 3. ③ 4. ② 5. ② 6. ①

07 PN접합 다이오드에서 Cut-in-voltage란 무엇인가?

① 순방향에서 전류가 현저히 증가하기 시작하는 전압
② 순방향에서 전류가 현저히 감소하기 시작하는 전압
③ 역방향에서 전류가 현저히 증가하기 시작하는 전압
④ 역방향에서 전류가 현저히 감소하기 시작하는 전압

해설 Cut-in-voltage는 순방향에서 전류가 현저히 증가하기 시작하는 전압으로서 실리콘 다이오드는 0.7[V], 게르마늄 다이오드는 0.3[V] 정도이다.

정답 7. ①

과년도 출제문제

01 일반적으로 활용하고 있는 불순물 반도체의 결정 구조 형태는? [05]
① 이온결합 ② 공유결합
③ 금속결합 ④ 반데르발스

해설 불순물 반도체는 진성 반도체에 의도적으로 특정한 불순물을 첨가하여 전자 또는 정공이 크게 증가하도록 한 것이다.
첨가된 불순물에 의해 발생된 전자 또는 정공은 다수 반송자를 구성하며 다수 반송자가 전자이면 n형 반도체, 정공이면 p형 반도체라 부르며 불순물과 공유결합을 하고 있다.

02 다음 중 온도에 따라 저항값이 부(−)의 방향으로 변하는 특수 반도체는? [09]
① 서미스터 ② 배리스터
③ SCR ④ PUT

해설 서미스터는 금속과는 달리, 온도가 높아지면 저항값이 감소하는 부저항 온도계수의 특성을 가지고 있는데 이것을 NTC라 하며 온도 보상용으로 사용된다.

03 배리스터의 주된 용도는? [03] [07] [08] [09] [10] [14]
① 전압의 증폭용
② 서지전압에 대한 회로보호용
③ 출력전류의 조절용
④ 과전류방지 보호용

해설 배리스터는 저항값이 전압에 비 직선적으로 변화되는 성질을 가진 두 전극의 반도체 소자로 피뢰기, 변압기나 코일 등의 과전압 보호, 스위치나 계전기 접점 불꽃 소거 등에 사용된다.

04 낮은 전압에서 큰 저항을 나타내며, 높은 전압에서는 작은 저항을 갖는 소자는? [04] [09]
① 서미스터 ② 바렉터
③ 배리스터 ④ 사이리스터

해설 위의 문제풀이 참조

05 다이오드의 애벌란시(Avalanche) 현상이 발생되는 것을 옳게 설명한 것은? [07] [13]
① 역방향 전압이 클 때 발생한다.
② 순방향 전압이 클 때 발생한다.
③ 역방향 전압이 작을 때 발생한다.
④ 순방향 전압이 작을 때 발생한다.

해설 단일 입자 또는 광량자가 복수 개의 이온을 발생하고, 이들 이온이 가속 전계에 의해 충분한 에너지를 얻어 다시 많은 이온을 만들어내는 현상을 전자사태라 하고, 그 임계 전압을 항복전압이라 한다.

06 PN 접합 다이오드의 순방향 특성에서 실리콘 다이오드의 브레이크 포인터는 약 몇 [V]인가? [13]
① 0.2[V] ② 0.5[V]
③ 0.7[V] ④ 0.9[V]

07 전력용 반도체 소자 중 일정한 전압값을 얻기 위해 역바이어스 상태에서 항복전압과 관련된 특성을 사용하는 반도체 소자는? [06]
① SCR ② Zenor diode
③ IGBT ④ Transistor

정답 1. ② 2. ① 3. ② 4. ③ 5. ① 6. ③ 7. ②

해설 제너 다이오드는 전자 사태 항복 영역에서 역전압의 한정된 좁은 범위에서 역전류가 급격하게 증가한다. 다이오드를 흐르는 역전류가 어느 정도 변화하여도 다이오드 전압은 거의 일정하게 유지되므로 전압 기준 장치로 이용된다.

08 PN접합 정류 소자에 대한 설명 중 틀린 것은? [03] [06]
① 정류비가 클수록 정류특성이 좋다.
② 역방향 전압에서는 극히 적은 전류만이 흐른다.
③ 순방향 전압은 P에 [+], N에 [−]전압을 가함을 말한다.
④ 온도가 높아지면 순방향 및 역방향전류가 모두 감소한다.

해설 PN접합 다이오드의 전류는 온도가 높아지면 순방향일 때는 지수 함수적으로 증가하고, 역방향일 때는 일정하다.

09 PN 접합 다이오드에 공핍층이 생기는 경우는?
① 전압을 가하지 않을 때 생긴다.
② 다수 반송파가 많이 모여 있는 순간에 생긴다.
③ 음(−) 전압을 가할 때 생긴다.
④ 전자와 정공의 확산에 의하여 생긴다.

해설 pn접합 반도체는 정상 상태에서는 그 접합면과 같이 캐리어가 존재하지 않는 영역을 가지고 있는 영역을 공핍층이라 하며 pn접합 반도체의 양단에 역방향 전압을 가하면 접합부에 대하여 반대측 양단에 캐리어가 모이므로 공핍층은 더욱 커진다.

10 피크 역전압(PIV)을 결정하는 것은? [02] [06]
① PN 접합 다이오드에 걸리는 전압
② PN 접합 다이오드 역바이어스 특성으로 애벌란시 영역
③ PN 접합에 걸리는 전압
④ 유지전류

해설 피크 역전압(PIV)은 항복전압을 말한다.

정답 8. ④ 9. ④ 10. ②

2 트랜지스터

(1) 바이폴라 트랜지스터

1) 트랜지스터의 구성

① p형과 n형 반도체를 3개 층으로 접합한 것으로 이미터(E), 베이스(B), 컬렉터(C)의 3개 전극이 있으며 npn형과 pnp형 트랜지스터가 있다.

② 양극성 접합 트랜지스터(BJT)이며 증폭기로 사용될 때 베이스(B)-이미터(E) 사이에 역방향 바이어스를 가하여 사용한다.

이때 다수 반송자 전류와 소수 반송자 전류가 함께 존재하며 트랜지스터의 다수 반송자 전류는 npn형에서 전자 전류, pnp형에서 정공 전류이다.

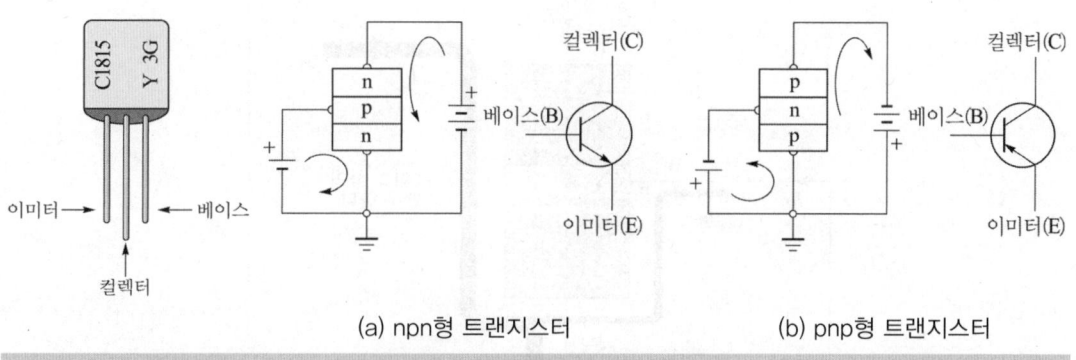

(a) npn형 트랜지스터   (b) pnp형 트랜지스터

트랜지스터의 구조와 기호

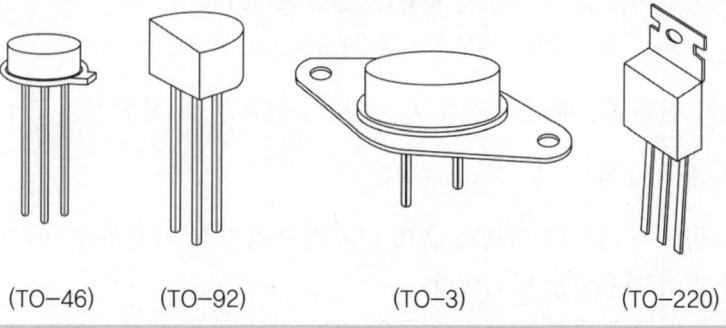

(TO-46)   (TO-92)   (TO-3)   (TO-220)

트랜지스터의 외형

2) 트랜지스터의 동작원리

컬렉터-이미터 사이의 전압 V_{CC}만 인가하면 트랜지스터는 동작되지 않으며 베이스-이미터 사이에 순방향 전압 V_{BB}를 가하면 이미터의 전자는 (-) 전원에 반발되어 베이스로 이동한다. 베이스에 유입된 전자의 일부는 베이스 내의 정공과 재결합하여 소멸된다.

재결합분의 전류는 베이스 단자에서 공급되므로 베이스 전류가 되며, 매우 작은 값이다.

그러나 베이스 폭이 매우 좁고 V_{CC}의 전압이 높기 때문에 이미터 전자의 대부분은 V_{CC}의 (+) 전원에 의하여 베이스를 지나 컬렉터로 이동되며 컬렉터에는 큰 전류가 흐른다.

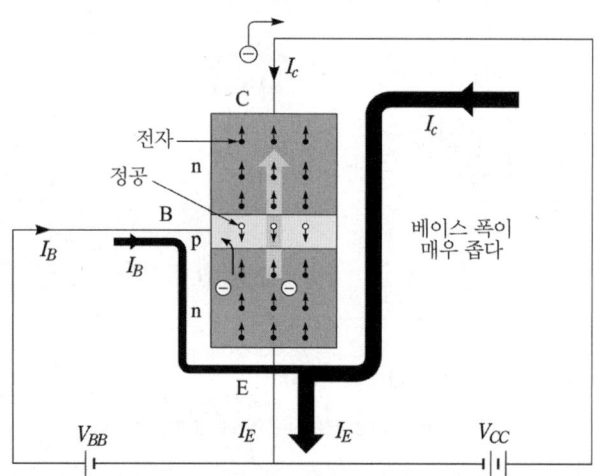

NPN 트랜지스터의 동작원리

컬렉터 전류 I_C, 베이스 전류 I_B, 이미터 전류 I_E 라 하면

$$I_E = I_C + I_B$$

위 그림은 이미터를 입력과 출력 단자의 공통으로 사용하는 이미터 접지회로이며 가장 많이 사용되는 방식이다.

베이스 전류에 대한 컬렉터 전류의 비를 직류 증폭률(h_{FE})이라 하고

$$h_{FE} = \frac{I_C}{I_B}$$

3) 트랜지스터의 규격

소신호용, 전력용, 고주파용 등으로 분류하며 트랜지스터의 일본식 명칭법은 다음과 같다.

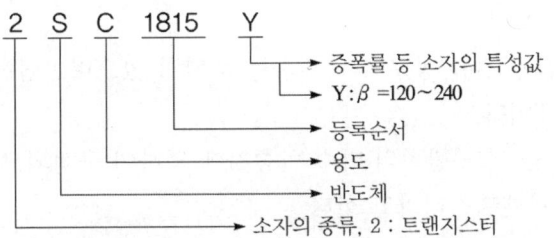

트랜지스터 명칭

트랜지스터는 실리콘과 같은 반도체 결정 속의 전자 또는 정공의 작용을 이용하여 증폭, 스위칭, 발진, 변조, 검파 등에 사용된다.

4) 달링톤 트랜지스터

2개의 트랜지스터를 컬렉터만 병렬로 연결하고 TR1의 이미터를 TR2의 베이스에 연결하여 증폭률을 높인 것을 달링톤 접속이라 하며 전체의 증폭률은 각각의 트랜지스터 증폭률의 곱으로, 작은 베이스 전류로 매우 큰 컬렉터 전류를 제어할 수 있다.

트랜지스터의 증폭률은 30~100정도 되나, 달링톤 트랜지스터의 증폭률은 100~1,000 정도 되고 슈퍼베타 트랜지스터의 증폭률은 1,000~3,000 이상으로 매우 높다.

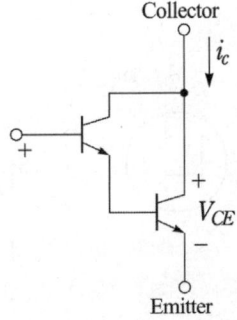

달링톤 회로도

(2) 전계효과 트랜지스터(FET)

1) 전계효과 트랜지스터의 구조

전기장에 의해 트랜지스터의 신호 증폭 동작이 이루어지며 게이트(G), 소스(S), 드레인(D)의 3개 전극을 갖고 있다.

소스에서 드레인까지 연결된 전류 통로가 존재하는 채널이 있으며 n형이면 n채널 FET, p형이면 p채널 FET이다.

채널 전류는 전자나 정공 중 어느 한쪽의 다수 반송자에 의하여 구성되므로 전계효과 트랜지스터는 단극성 트랜지스터라고 한다.

2) 전계효과 트랜지스터의 종류

① 접합형 FET(JFET) : pn 접합형 게이트 (p 채널, n 채널)
② 금속 산화물 반도체형 FET(MOS FET) : 금속 산화물 절연형 게이트 (증가형, 공핍형)
③ 금속 반도체형 FET(MES FET) : 갈륨비소(GaAs)를 사용하며 빠른 동작속도가 얻어지므로 높은 주파수에 사용

3) 전계효과 트랜지스터의 동작원리

게이트 단자에 적당한 크기의 역방향 전압을 가하여 형성된 전기장으로 채널 전류의 크기를 제어하며 이 때 게이트 단자는 채널과 전기적으로 절연성을 유지하며 양극성 접합 트랜지스터(BJT)와 달리 게이트에 입력저항이 매우 높아서 미약한 신호의 증폭에 효과적이다.

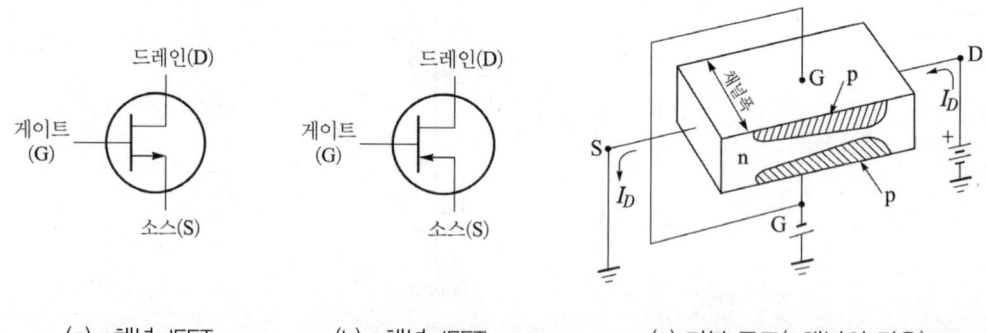

(a) n채널 JFET   (b) p채널 JFET   (c) 기본 구조(n채널의 경우)

접합형 전계효과 트랜지스터(JFET)의 기호와 구조

반송자가 흘러 들어가는 쪽이 소스, 흘러 나가는 쪽이 드레인, 반송자가 드레인으로 이동할 때 채널 폭을 결정해주는 전극이 게이트이며 드레인-소스 간에 전압을 가하면 소스에서 드레인 방향으로 전자가 흘러간다. V_{GS}가 0일 때 V_{DS}의 증가에 따라 전자의 흐름은 증가한다. V_{GS}가 증가하면 공핍층이 넓어져 채널이 좁아지므로 전류의 양은 줄어들며 V_{GS} 전압으로 전류를 제어한다.

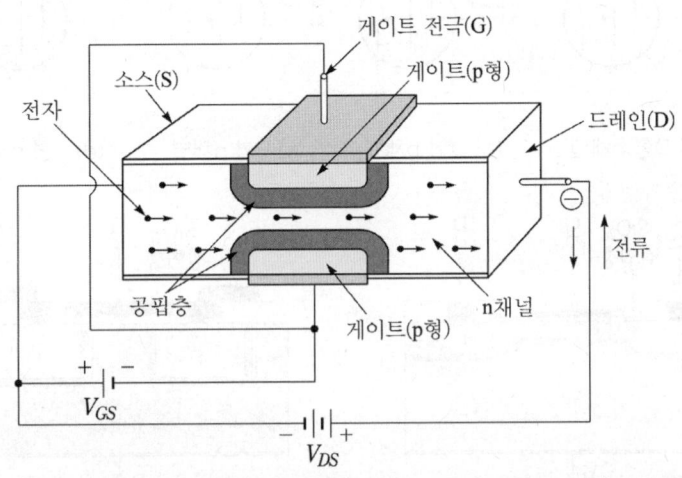

FET(n채널)의 동작 원리도

4) MOSFET와 CMOS

JFET는 게이트의 전압이 0[V]일 때 채널 폭이 최대이므로 외부 바이어스 전압을 가하지 않았을 때 전류가 잘 흐르는 상시 도통 소자이다. JFET는 게이트-소스 (G-S) 사이에 가한 역바이어스의 크기가 클수록 채널의 폭이 감소한다. 이와 같이 JFET는 제어를 통하여 드레인 전류를 감소시키는 방식으로 동작하므로 공핍형(D형) 소자라고 한다.

MOSFET는 공핍형 동작 외에 증가형 동작이 가능하다. 증가형(E형) MOSFET는 게이트의 전압이 0[V]일 때 채널이 형성되지 않기 때문에 외부 바이어스 전압을 가하지 않았을 때 전류가 거의 흐르지 못하는 상시 차단 소자이다. MOSFET는 게이트의 전압이 임계 전압 V_{TH} 이상으로 커지면 채널이 형성되기 시작하여 점점 채널의 폭이 증가한다.

공핍형 MOSFET는 게이트의 전압이 0[V] 일 때에도 채널이 존재하며 게이트 전압의 극성과 크기를 변화시키면 채널의 폭이 감소 또는 증가한다.

상보형 MOSFET(CMOS)는 n채널 MOSFET(NMOS)와 p채널 MOSFET(PMOS)의 쌍으로 기본 회로를 구성하며 전력 소모가 극히 낮으므로 대규모 집적 회로의 발열 문제를 해결한 반도체 소자이다.

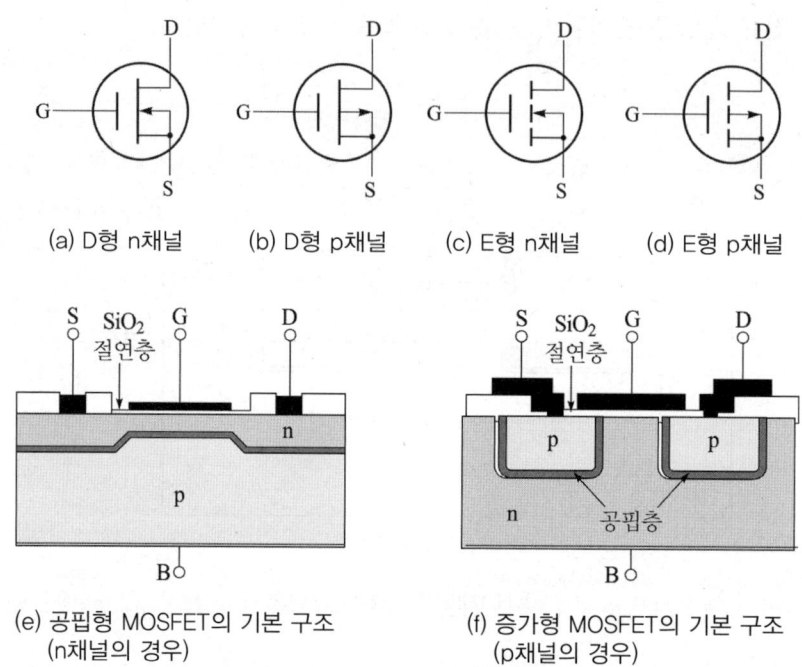

(a) D형 n채널　(b) D형 p채널　(c) E형 n채널　(d) E형 p채널

(e) 공핍형 MOSFET의 기본 구조 (n채널의 경우)

(f) 증가형 MOSFET의 기본 구조 (p채널의 경우)

MOSFET의 회로 기호와 구조

BJT와 FET의 비교

항 목	양극성 접합 트랜지스터(BJT)	전계효과 트랜지스터(FET)
기본 동작 원리	전류로 전류를 제어	전압(전계)으로 전류를 제어
반송자 종류	• Bipolar 소자(쌍극성)	• Unipolar 소자(단극성) • 자유전자와 정공 중 하나만이 전도현상에 참여
단자명칭	베이스/ 이미터/ 컬렉터	게이트/ 소스/ 드레인
장 점	• 동작속도가 빠르다 • 전류 용량이 크다	• 입력 임피던스가 크다. • 온도에 덜 예민하다. • 제조가 간편하고 동작 해석이 단순하다.
소지의 구분	NPN, PNP	N 채널, P 채널

(3) 절연 게이트형 트랜지스터(IGBT)

바이폴러 트랜지스터와 MOSFET를 복합한 형태이며, FET와 같이 입력 임피던스가 높고 100[kHz] 정도의 고속 스위칭이 가능하며 BJT와 같이 대전류의 출력 특성을 갖추고 있어 사이리스터의 대체용 소자로서 범용 인버터, 스위칭 모드 전원장치(SMPS), 무정전 전원장치(UPS) 등에서 사용되고 있다.

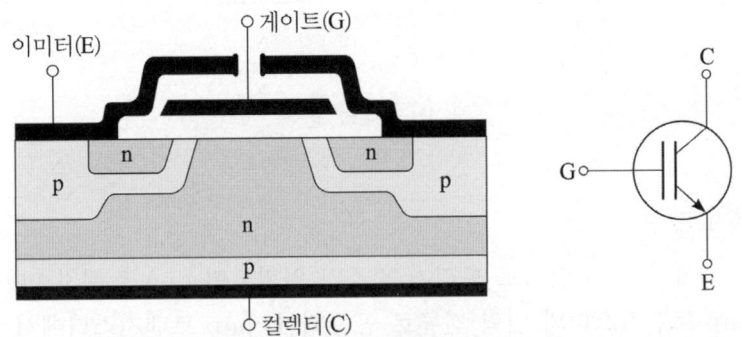

IGBT의 구조와 기호

3 사이리스터

(1) 사이리스터

PNPN 구조를 가지는 스위칭 소자의 총칭으로 사이리스터는 PN접합 3개 이상 내장하고 전압, 전류 특성이 적어도 한 개의 상한에서 ON, OFF 두 개의 안정 상태를 가지고 OFF 상태에서 ON 상태로 절환되며 또 그 역으로 전환될 수 있는 반도체 소자이다. 사이리스터는 쇼클리 다이오드, 실리콘 제어 정류기와 같은 단방향 제어 소자와 트리거용 다이오드인 다이액, 교류용 실리콘 제어 정류기인 트라이액과 같은 쌍방향 제어 소자 등이 있다.

(2) SCR

1) SCR의 구조

실리콘 제어 정류기는 pnpn 접합의 구조를 가지며 두 개의 pnp 및 npn 트랜지스터가 증폭된 전류를 서로 양 되먹임하는 구조로 연결되어 있으며 게이트 전극을 붙인 것이다.

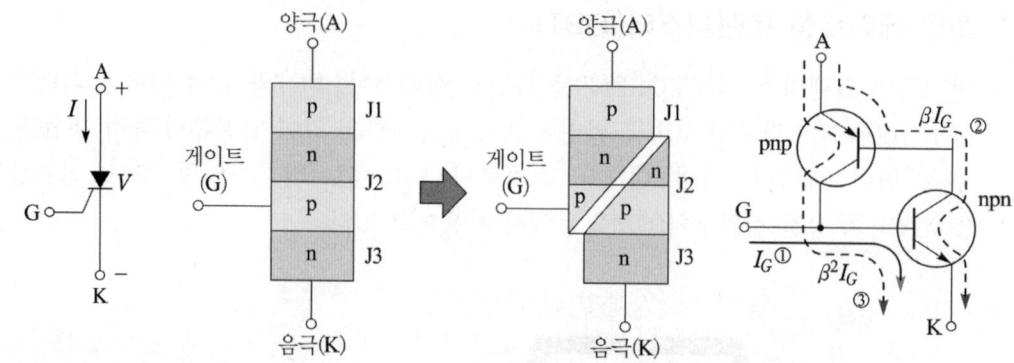

SCR 기호와 동작

2) SCR의 동작

SCR의 게이트(G) 단자로 트리거 펄스가 입력되면 npn 트랜지스터에서 출력전류가 pnp 트랜지스터의 입력 전류로 공급되며, pnp 트랜지스터에서 출력전류는 다시 npn 트랜지스터의 입력전류로 공급되므로 순간적으로 역방향 항복전압이 무너지면서 평범한 순방향 다이오드처럼 도통한다. SCR의 전류는 양극(A) – 음극(K) 전압의 극성이 바뀌면 차단된다. 이러한 특성의 사이리스터는 무접점 ON/OFF 스위치로 사용된다.

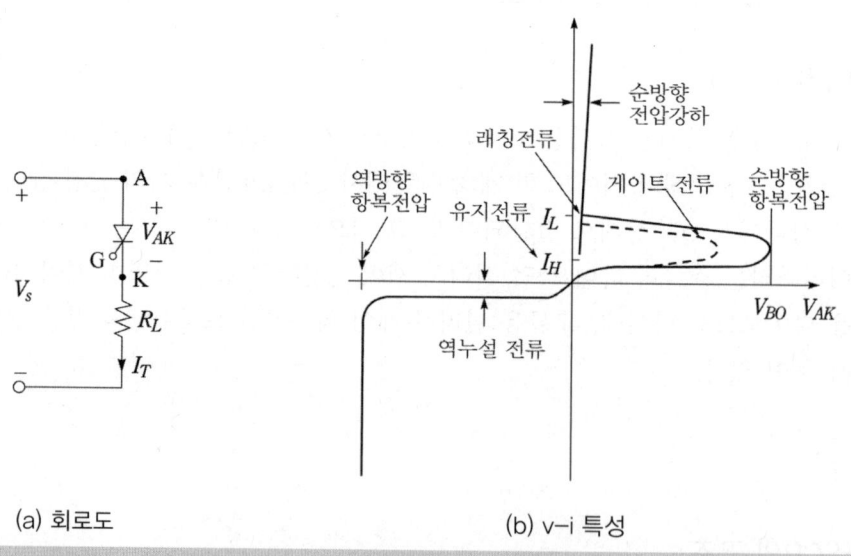

(a) 회로도   (b) v-i 특성

SCR 회로와 전압 – 전류특성

3) SCR의 특징

① 턴 온(Turn on) 시간 : 게이트 전류를 가하여 도통 완료까지의 시간
② 래칭전류 : SCR을 턴 온 시키기 위하여 게이트에 흘려야 할 최소 전류(80[mA])
③ 유지전류 : SCR이 on 상태를 유지하기 위해 필요한 최소 전류(20[mA])
④ 제어전극에 가하는 신호가 전압인 소자의 특징은 구동 전력이 작고 구동회로가 간단하며 소형화할 수 있다
⑤ 사이리스터를 이용한 변환장치의 특징은 위상 제어에 의해 직류전압을 가변할 수 있다.
⑥ 사이리스터의 양극 전류 상승률 $\frac{di}{dt}$가 커지면 접합부 온도가 상승 과열되어 파괴가 되는 경우도 있다.
⑦ 단방향성 소자로 한 쪽 방향으로만 도통하기 때문에 교류의 경우는 반파에서만 동작한다.
⑧ SCR은 직류의 가변 전압회로, 스위칭용, 인버터, 교류의 위상제어 등에 사용된다.

4) 사이리스터의 접속

① 직렬접속 : 고전압, 저전류
② 병렬접속 : 저전압, 대전류
③ 직,병렬접속 : 고전압, 대전류

5) 사이리스터 보호

① CR 서지 완충기
전원 변압기의 인덕턴스 L에서 발생한 에너지를 스위치 개방 시 커패시터 C에 충전시켜 과전압을 억제하고 커패시터와 직렬로 저항 R을 접속한 것은 LC 공진에 의한 진동 전류를 방지하는 것을 목적으로 한다.

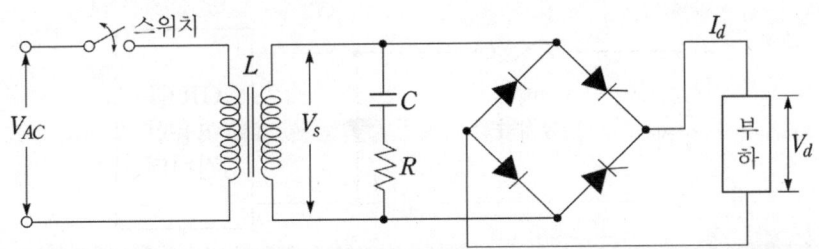

서지 완충기에 의한 과전압 보호

② 스너버 회로
인덕턴스 부하를 릴레이 또는 반도체 스위칭 소자로 ON/OFF시킬 때 발생하는 과도전압을 억제시키기 위해 사용되는 회로로 과도 전압으로부터 사이리스터를 보호하고 사이리스터가 오프될 때의 전압 상승률을 억제하며 첨두 회복 전압의 크기와 소자의 스위칭 손실을 감소시키는 역할을 한다. 사이리스터에 인가되는 전압을 억제하기 때문에 임피던스가 낮을수록 좋고 사이리스터에 가깝게 배치하여 회로의 자체 임피던스를 줄이도록 하고 저항은 무유도 저항을 사용한다.

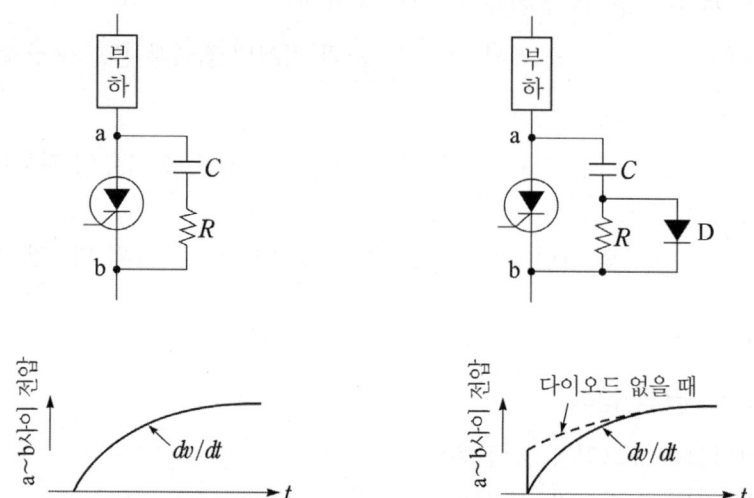

스너버 회로

③ 크로우바 회로
전력 변환 회로에 과도한 전류가 발생하면 전원 양단에 접속된 사이리스터를 턴 온 시켜 전원을 단락하고 퓨즈가 동작되게 하여 전원이 차단되는 구조이다.
퓨즈의 선정 시 사이리스터의 I^2t 정격을 고려해야 하며, 퓨즈의 I^2t 정격은 사이리스터의 I^2t 정격보다 작아야 한다.

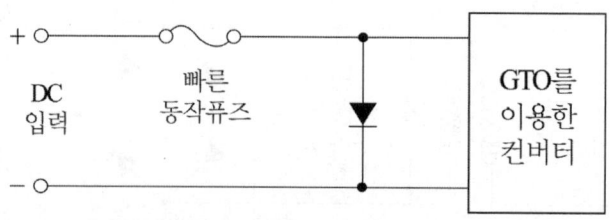

크로우바 회로

6) 사이리스터 측정

① 순전압 강하의 측정
오실로스코프법, 직류법, 평균 순전압 강하 측정법 등이 있다.
② 과도 열 임피던스의 측정 : 가열법, 냉각법

7) 사이리스터 신뢰성 향상 시험
열 충격 시험, 케이스 누설 시험, 고온 방치 시험,
고온 중 저지 전압 인가 시험, 동작 수명 시험

(3) GTO

자기 소호 소자로서 양(+) 게이트 전류에 의하여 턴 온 시킬 수 있고 음(−)의 게이트 전류에 의하여 턴 오프(Turn off) 시킬 수 있다.
2 kHz 주파수 이하의 대용량 고전압제어에 적합하나 턴 오프 시키기 위한 게이트 전류가 주 전류의 20%나 되어, 대용량 게이트 구동 회로가 필요한 단점이 있다.

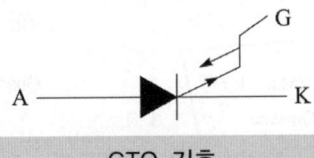

GTO 기호

(4) SCS

역저지 단방향성 사이리스터이며 구성은 pnpn의 4층 접합으로, SCR과 같은 정류 특성을 나타내지만, 게이트가 없고, 턴 온은 브레이크 오버 전압을 가함으로써 이루어진다.

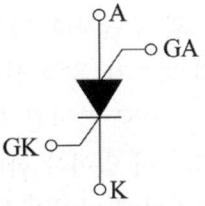

SCS 기호

(5) TRIAC

양방향성의 전류 제어가 행하여지는 반도체 제어 부품으로, 규소의 5층 pn접합으로 구성된다. 2개의 주전극과 1개의 게이트가 있으며, 게이트 신호가 없으면 어느 방향으로도 OFF이지만 게이트 신호가 있으면 주전극의 극성에 관계없이 턴 온 할 수 있다.

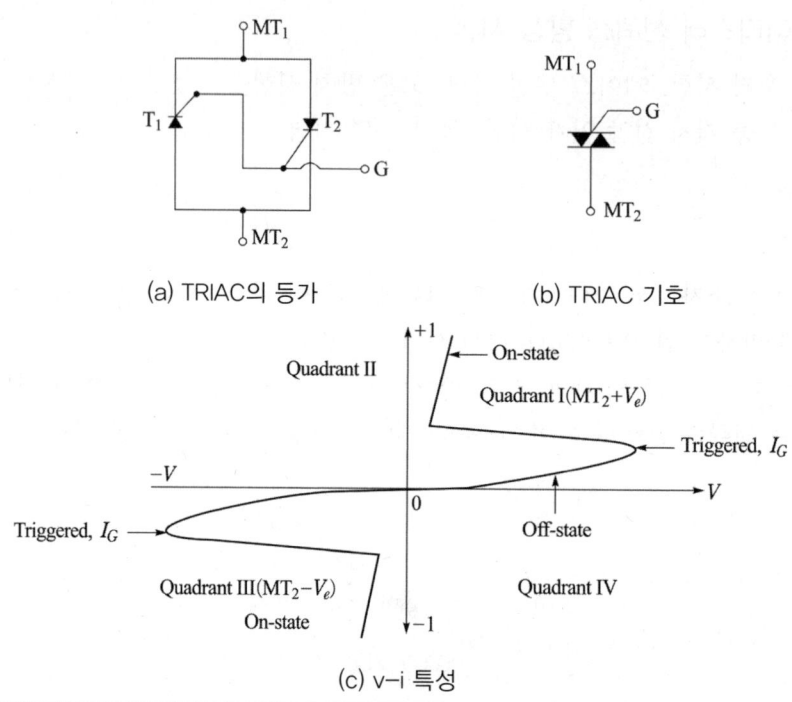

(a) TRIAC의 등가 (b) TRIAC 기호

(c) v-i 특성

TRIAC의 특성

1) TRIAC의 특성

① 2개의 병렬 연결된 SCR로서 작용
② 트라이액은 양방향 사이리스터 소자이며 래칭소자이다.
③ MT1, MT2 : 주 단자, G : 제어단자
④ 게이트 펄스는 게이트(G)와 주단자(MT1) 사이로 입력한다.
⑤ 양의 전류 방향에는 양의 펄스가 음의 전류 방향에는 음의 펄스가 사용된다.
⑥ 한번 턴 온 되면 전류가 "0"으로 떨어진 후 스위칭이 가능하며, 다시 턴 온 하기 위해서는 또 다른 펄스 입력이 있어야 한다.
⑦ 스위칭 동 특성은 사이리스터에 미치지 못한다.
⑧ SCR 같은 사이리스터처럼 고전류, 고전압에서 시용할 수 없다.
⑨ 트라이액을 대신하여 SCR의 조합한 교류 스위치가 많이 사용되고 있다.

(6) 광실리콘 제어정류기(LASCR)

pnpn 4층 소자에 전압을 인가하여 중앙의 J_2 접합부에 빛을 조사하면 전자 정공대가 유기되고 이들은 각각 전계에 의해 이동하여 디바이스를 on 상태로 변환한다.
고전압 대전류 응용에 많이 사용되며 전력용 컨버터의 스위칭 소자 사이에 완전한 전기적 절연이 가능하다.

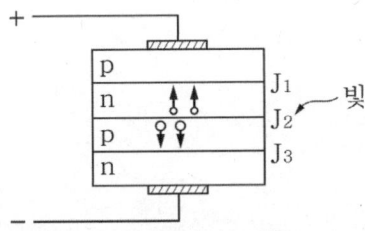

LASCR 구조

(7) 정전유도 사이리스터(SITH)

사이리스터와 같이 양(+)의 게이트 전압을 인가하여 턴 온하고 게이트에 대하여 음(-)의 전압을 인가하여 턴 오프 할 수 있다. 낮은 온 상태 저항과 전압강하를 나타내므로 고압의 전압, 전류 정격의 소자를 만들 수 있다.

(8) 쌍방향 2단자 사이리스터(SSS)

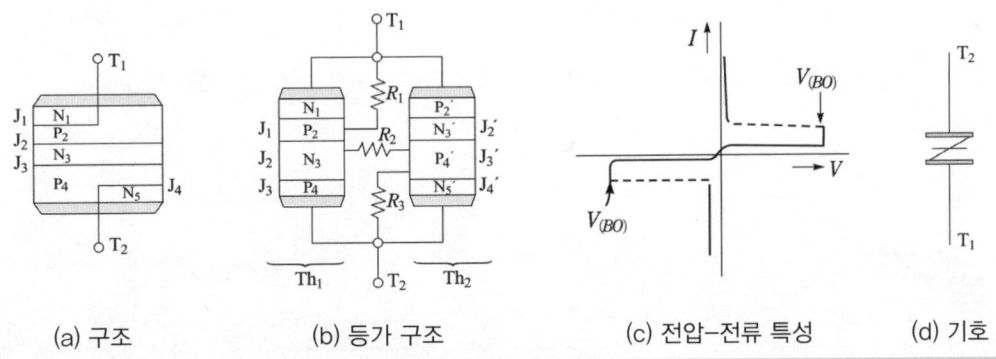

(a) 구조　　(b) 등가 구조　　(c) 전압-전류 특성　　(d) 기호

쌍방향 2단자 사이리스터

5층의 PN 접합을 갖는 양방향 사이리스터로 2개의 역저지 3단자 사이리스터를 역병렬 접속하고 게이트 단자가 없는 소자로 턴 온하기 위해서는 T_1과 T_2 사이에 펄스상의

브레이크 오버 전압 이상의 전압을 가하는 V_{BO}와 상승이 빠른 전압을 가하는 $\dfrac{dv}{dt}$ 점호가 필요하며 SCR과 같이 과전압이 걸려도 파괴되는 일이 없이 턴 온이 된다는 장점이 있기 때문에 과전압이 걸리기 쉬운 옥외용 네온사인의 조광 등에 알맞다.

출제예상문제

01 트랜지스터의 턴 오프 시간은?
① 상승시간
② 하강시간 + 지연시간
③ 축적시간 + 상승시간
④ 축적시간 + 하강시간

해설 턴 온(turn on) 시간 : 축적시간 + 상승시간
턴 오프(turn off) 시간 : 축적시간 + 하강시간

02 전력용 MOS FET에 대한 설명 중 잘못된 것은?
① 전압제어 소자이다.
② BJT에 비해 온도에 덜 민감하다.
③ 입력 임피던스가 작아 구동전력이 작다.
④ 넓은 안정동작 특성을 갖는다.

해설 MOS FET는 입력 임피던스가 크며 제조가 간편하고 동작 해석이 단순하다.

03 공핍형 동작과 증가형 동작이 모두 가능한 소자는?
① BJT
② JFET
③ MOSFET
④ PUT

해설 MOSFET는 공핍형 동작 외에 증가형 동작이 가능하다. 증가형(E형) MOSFET는 게이트의 전압이 0[V]일 때 채널이 형성되지 않기 때문에 외부 바이어스 전압을 가하지 않았을 때 전류가 거의 흐르지 못하는 상시 차단 소자이다. 공핍형 MOSFET는 게이트의 전압이 0[V]일 때에도 채널이 존재하며 게이트 전압의 극성과 크기를 변화시키면 채널의 폭이 감소 또는 증가한다.

04 전력소모가 가장 낮은 전계 효과 트랜지스터의 구조는?
① CMOS
② MES
③ MOS
④ MDS

해설 CMOS는 n채널 NMOS와 p채널 PMOS의 쌍으로 기본 회로를 구성하며 전력 소모가 극히 낮으므로 대규모 집적 회로의 발열 문제를 해결한 반도체이며 게이트 전압에 의한 채널 전류의 제어 효과를 크게 하기 위하여 게이트와 채널 간 절연층을 가능한 얇게 하기 때문에 과도한 게이트-소스 전압이 가해지면 절연층이 파괴되기 쉽다.

05 FET의 고입력 저항과 BJT의 대전류 용량의 장점을 취한 것은?
① IGBT
② MOSFET
③ JFET
④ SCR

해설 IGBT는 전압 제어 소자로서 게이트와 이미터 간 입력 임피던스가 매우 높아 BJT보다 구동이 쉽고 100[kHz] 정도의 고속 스위칭이 가능하며 BJT처럼 on-drop이 전류에 관계없이 낮고 거의 일정하여 MOSFET보다 훨씬 큰 전류를 흘릴 수 있다.

06 게이트 신호를 지속적으로 주어야 하는 소자는?
① TRIAC
② SCR
③ GTO
④ MOSFET

해설 1회 신호로 제어가 가능한 소자 : TRIAC, SCR, GTO

정답 1. ④ 2. ③ 3. ③ 4. ① 5. ① 6. ④

07 SCR의 설명 중 잘못된 것은?
① 1방향성 3단자 소자이다.
② 대전류 제어 정류용으로 이용된다.
③ 게이트 전압이 0 이면 SCR이 소호된다.
④ 실리콘의 PNPN 4층으로 되어 있다.

해설 SCR은 점호능력은 있으나 자기 소호능력이 없으므로 주전류를 유지전류 이하 또는 애노드, 캐소드 간에 역전압을 인가하여 소호시킨다.

08 사이리스터는 자기소호 능력이 없는 소자로서 턴-오프 방법이 아닌 것은?
① 유지전류 이하로 한다.
② 역바이어스 전압을 가한다.
③ 게이트 전류를 (-)로 한다.
④ 주전원을 차단한다.

해설 사이리스터를 턴 오프하기 위해서는 주전류를 유지전류 이하로 하거나 애노드, 캐소드 사이에 역전압을 인가 또는 주전원을 완전히 차단하면 된다.

09 SCR의 PN 접합 구조를 옳게 나타낸 것은?

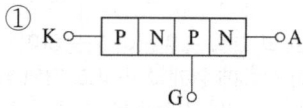

해설 SCR은 실리콘 제어 정류기(SCR)는 pnpn 접합의 구조를 가지며 두 개의 pnp 및 npn 트랜지스터가 증폭된 전류를 서로 양 되먹임하는 구조로 연결되어 있으며 P형 전극에 게이트 전극을 붙인 것이다.

10 사이리스터를 사용하는 회로에서 턴-온 시간과 사이리스터 자체의 턴-온 시간과의 관계로 옳은 것은?
① 회로의 턴-온 시간 < 사이리스터 자체의 턴-온 시간
② 회로의 턴-온 시간 = 사이리스터 자체의 턴-온 시간
③ 회로의 턴-온 시간 > 사이리스터 자체의 턴-온 시간
④ 회로의 턴-온 시간과 사이리스터 자체의 턴-온 시간은 인가전압에 따라 달라진다.

해설 회로의 턴-온 시간 > 사이리스터 자체의 턴-온 시간

11 고전압, 소전류에 사용하는 SCR의 접속법은?
① 직렬접속   ② 병렬접속
③ 직, 병렬접속   ④ 혼합접속

해설 위의 문제풀이 참조

12 사이리스터를 병렬 접속할 때 발생하는 전류 불평형에 관한 설명으로 잘못된 것은?
① 사이리스터에 저항을 병렬로 연결한다.
② 사이리스터에 인덕터를 직렬로 연결한다.
③ 전류 평형용 밸런서를 사용한다.
④ 전류가 많이 흐르면 사이리스터의 내부 저항이 감소한다.

정답 7. ③ 8. ③ 9. ② 10. ③ 11. ① 12. ①

해설 전류가 많이 흐르게 되면 전력 손실이 커지고 접합부 온도가 증가하여 내부 저항이 감소되므로 사이리스터와 저항을 직렬로 접속하여 전류 분담을 일정하게 해야 한다.

13 사이리스터를 병렬 접속할 때 부하 전류를 균등하게 부담하기 위한 방법은?
① 저항을 직렬 연결
② 저항을 병렬 연결
③ 콘덴서를 직렬 연결
④ 콘덴서를 병렬 연결

해설 위의 문제풀이 참조

14 SCR을 직렬 접속 시 소자의 특성 차이로 문제가 발생되지 않는 것은?
① 순저지 상태
② 저지 능력 회복 상태
③ 온 상태
④ 역저지 상태

해설 순 저지상태, 턴 온 저지 능력 회복 상태, 역저지 상태에서는 인가된 전압이 평형되어야 한다.

15 사이리스터의 과전압 발생 원인이 아닌 것은?
① 낙뢰에 의한 서지 전압
② 차단기 개폐 시 이상 전압
③ 사이리스터의 역회복 특성
④ 내압 시험기에 의한 이상 전압

해설 사이리스터의 과전압 발생은 차단기 개폐 시 이상 전압, 낙뢰에 의한 서지전압, 사이리스터의 역회복 특성 등에 기인한다.

16 크로우바 회로란 무엇인가?
① 정류 회로
② 과전류 보호 회로
③ 과전압 보호 회로
④ 고조파제거용 회로

해설 크로우바 회로는 과전류 발생 시 전원 양단에 연결된 사이리스터를 턴 온시켜 전원을 단락시키고 단락으로 회로 전류가 증가되면 이 전류에 의해 전원측 퓨즈가 끊어져 전원이 차단되게 하는 2차 보호 회로이다.

17 SCR의 과도열 임피던스를 측정할 때 사용하는 측정법은?
① 순전압 강하법   ② 직류법
③ 오실로스코프법   ④ 냉각법

해설 과도열 임피던스 측정할 때는 가열법과 냉각법이 있다.

18 전력제어에 사용되는 반도체 제어 정류기는?
① 다이오드   ② 트랜지스터
③ 사이리스터   ④ 다이액

해설 다이오드 : 정류작용, 트랜지스터 : 증폭작용, 다이액 : 트라이액의 트리거 펄스용

19 트라이액에 대한 설명 중 잘못된 것은?
① AC 전력제어에 사용된다.
② SCR 2개를 역병렬로 조합한 것이다.
③ 단방향성 3단자 사이리스터이다.
④ 턴 오프는 주전극 간의 극성을 바꾸면 된다.

해설 트라이액은 두 개의 SCR을 게이트 공통으로 하여 역병렬 연결한 것으로 2방향성 3단자 사이리스터이다.

정답 13. ① 14. ③ 15. ④ 16. ② 17. ④ 18. ③ 19. ③

과년도 출제문제

01 파워(Power) 트랜지스터에 관한 설명이다. 옳은 것은? [04]
① 자기소호형 반도체 소자이다.
② 파워 트랜지스터는 그 동작원리에 따라 3종류로 나뉜다.
③ 유니폴라 트랜지스터는 증폭작용을 한다.
④ 유니폴라 트랜지스터는 내압특성이 우수하다.

해설 대전력 동작이 가능하도록 설계된 트랜지스터로 컬렉터 허용 전류가 크고, 컬렉터 역내압이 높아야 한다. 그 때문에 PNIP 또는 NPIN 구조로 된 경우가 많다. 컬렉터 접합부에서 상당한 열이 발생되기 때문에 방열이 잘 되는 구조로 되어 있다

02 파워 트랜지스터를 병렬 접속하는 주목적은? [03] [17]
① 대용량화   ② 소형화
③ 고주파화   ④ 저손실화

해설 병렬 접속하면 전류용량이 커져 대용량화 할 수 있다.

03 파워 트랜지스터의 파워 스위칭 전원의 용도로 사용되지 않는 것은? [02] [07]
① 용접기 전원
② 고주파 전원
③ UPS 전원
④ 직류 안정화 전원

해설 직류 및 교류 전동기의 구동, 지하철 차량의 구동 전동기, 무정전 전원공급 장치, 고주파 전원장치, 반도체 릴레이 등 중 용량급 전력전자회로에 주로 사용된다.

04 바이폴라 트랜지스터의 동작영역 중 트랜지스터가 정상적으로 증폭동작을 하는 영역은? [06]
① 포화영역   ② 항복영역
③ 차단영역   ④ 활성영역

해설 트랜지스터는 활성영역에서 증폭작용을 한다.

05 달링톤(Darlington)형 바이폴라 트랜지스터의 전류 증폭률은? [13]
① 1~3   ② 10~30
③ 30~100   ④ 100~1000

해설 2개의 트랜지스터를 컬렉터만 병렬로 연결하고 TR1의 이미터를 TR2의 베이스에 연결하여 증폭률을 높인 것을 달링톤 접속이라 하며 전체의 증폭률은 각각의 트랜지스터 증폭률의 곱으로 작은 베이스 전류로 매우 큰 컬렉터 전류를 제어할 수 있다.
일반적인 트랜지스터의 증폭률은 30~100정도 되나, 달링톤 트랜지스터의 증폭률은 100~1000 정도 된다.

06 트랜지스터에 있어서 아래 그림과 같이 달링톤(Darlington) 구조를 사용하는 경우 맞는 설명은? [12]

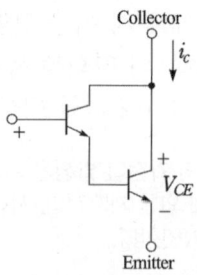

정답 1.① 2.① 3.④ 4.④ 5.④ 6.④

① 같은 크기의 컬렉터 전류에 대해 트랜지스터가 2개 사용되므로 구동회로 손실이 증가한다.
② 달링톤 구조를 사용하면 트랜지스터의 전체적인 전류이득은 감소한다.
③ 같은 크기의 컬렉터 전류에 대해 트랜지스터 컬렉터-이미터 전압(V_{CE})을 2배로 하는데 사용한다.
④ 같은 크기의 컬렉터 전류에 대해 트랜지스터 구동에 필요한 구동회로 전류를 감소시키는데 효과를 얻을 수 있다.

해설 달링톤은 증폭도를 높이기 위해 TR를 2개 이상 여러 단으로 결합하여 만든 회로로, 소 신호를 큰 신호로 증폭할 때 사용한다.

07 파워 트랜지스터에서 달링톤 트랜지스터가 널리 이용되는 이유는 무엇인가? [04]
① 스위칭 특성이 뛰어나고 전류 증폭률이 높다.
② 포화전압 특성이 뛰어나다.
③ 전류 증폭률이 높고 베이스 드라이브 회로가 소형화된다.
④ 전류 분포가 균일하다.

해설 달링톤 트랜지스터는 한 개의 트랜지스터 소자 내에 두 개의 트랜지스터가 달링톤 쌍으로 연결된 구조의 트랜지스터 모듈로서 매우 큰 전류 증폭률을 갖는 트랜지스터이다.

08 MOS-FET의 드레인 전류는 무엇으로 제어하는가? [08] [12] [16]
① 게이트 전압 ② 게이트 전류
③ 소스 전류   ④ 소스 전압

해설 MOS-FET의 드레인 전류는 소스와 드레인 사이의 게이트 전압에 의해 조절한다.

09 전력용(Power) MOSFET의 특징을 설명한 것이다. 잘못된 것은? [02] [05]
① 직렬접속이 용이하다.
② 열(熱)적으로 안정하다.
③ 고속 스위칭이 가능하다.
④ 구동전력이 작다.

해설 Power MOSFET는 큰 전력을 처리하기 위해 설계된 금속 산화막 반도체 전계효과 트랜지스터의 특정 종류로 다른 전력 반도체 소자(절연 게이트 양극성 트랜지스터(IGBT), 사이리스터)들에 비해 주요한 장점은 낮은 전압에서 통신 속도가 빠르고 효율이 좋다는 것이다. 이것은 절연 게이트 양극성 트랜지스터의 격리된 게이트와 공유되어 신호 인가를 쉽게 한다.

10 일반적으로 동작 주파수가 가장 빠른 반도체 소자는? [02]
① MOS-FET ② 바이폴라 트랜지스터
③ IGBT   ④ GTO

해설 MOS-FET는 전압제어소자로서 높은 입력의 임피던스, 전류이득이 크다(10^9). 스위칭 속도가 바이폴라 트랜지스터보다 빠르다.
주파수 속도 : MOSFET > IGBT > 바이폴라 트랜지스터 > GTO

11 MOSFET의 드레인(drain) 전류 제어는? [13]
① 소스(source) 단자의 전류로 제어
② 드레인(drain)과 소스(source)간 전압으로 제어
③ 게이트(gate)와 소스(source)간 전류로 제어
④ 게이트(gate)와 소스(source)간 전압으로 제어

해설 MOSFET는 게이트와 소스 사이의 전압을 제어하여 드레인 전류를 제어한다.

정답 7. ③ 8. ① 9. ① 10. ① 11. ④

12 파워용 전력반도체 소자 중 IGBT는 스위칭 속도가 빨라서 응용 범위가 확대되고 있는데 이 소자의 구동방식은? [02]
① 전류구동
② 클램프 구동
③ 자연전류구동
④ 전압구동

해설 IGBT는 전압제어 소자로 전류를 제어하는데 입력 임피던스가 매우 높아 BJT보다 구동이 쉽고, 전력 소모가 적다.

13 IGBT는 파워 트랜지스터에 비하여 고속 스위칭이 가능하고 게이트 회로가 간단하여 많이 사용되는데 그림에서 IGBT가 on 되는 조건은? [03] [07]

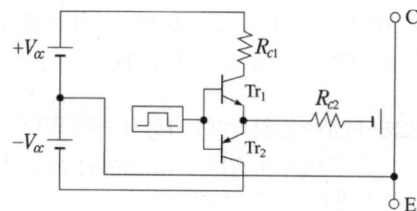

① Tr_1이 on
② Tr_1이 off
③ Tr_2가 on
④ Tr_2가 off

해설 Tr_1을 on하면 IGBT의 Gate에 + V_{cc} 전압이 가해져 IGBT가 턴 온 된다.

14 사이리스터에 대한 설명 중 틀린 것은? [06]
① PNPN 구조를 이용하여 2개의 안정된 ON/OFF 동작을 한다.
② SCR도 사이리스터의 일부분으로 이 소자는 학산공정에 의하여 제조된다.
③ 단자의 수에 의하여 2단자, 3단자 또는 4단자가 있고 전류가 흐르는 방향에 따라 구분하기도 한다.
④ NPN 또는 PNP의 3층 구조로서 베이스 신호에 의하여 ON/OFF를 제어할 수 있다.

해설 NPN, PNP의 3층 구조로서 증폭작용을 하는 소자는 트랜지스터이다.

15 SCR의 전압 공급방법(Turn-On) 중 가장 타당한 것은? [03] [05] [07] [10]
① 애노드에 (−) 전압, 캐소드에 (+) 전압, 게이트에 (+) 전압을 공급한다.
② 애노드에 (−) 전압, 캐소드에 (+) 전압, 게이트에 (−) 전압을 공급한다.
③ 애노드에 (+) 전압, 캐소드에 (−) 전압, 게이트에 (+) 전압을 공급한다.
④ 애노드에 (+) 전압, 캐소드에 (−) 전압, 게이트에 (−) 전압을 공급한다.

해설 SCR의 턴 온 조건은 애노드(+), 캐소드(−), 게이트(+) 전압을 인가하면 된다.

16 SCR의 게이트에 전류를 흘리기 전에 애노드에 정(+)의 전압, 캐소드에 부(−)의 전압을 인가하는 상태는? [05]
① 역저지 상태
② 순저지 상태
③ Turn-on 상태
④ Turn-off 상태

해설 순방향 저지는 사이리스터에 걸리는 순방향 전압이 브레이크 오버점에 이르지 않는 영역으로, 사이리스터는 도통이 저지되고 있는 상태

정답 12. ④ 13. ① 14. ④ 15. ③ 16. ②

17 SCR에 대한 설명으로 옳지 않은 것은?
[02] [04] [07] [09] [12]
① 대전류 제어 정류용으로 이용된다.
② 게이트 전류로 통전전압을 가변시킨다.
③ 주전류를 차단하려면 게이트 전압을 영 또는 부(-)로 해야 한다.
④ 게이트 전류의 위상각으로 통전전류의 평균값을 제어시킬 수 있다.

해설 SCR은 점호능력은 있으나 자기 소호능력이 없으므로 주전류를 유지전류 이하 또는 애노드, 캐소드 간에 역전압을 인가하여 소호시킨다.

18 SCR의 단자 명칭과 거리가 먼 것은? [10]
① gate ② base
③ anode ④ cathode

해설 SCR은 3단자 사이리스터로 애노드, 캐소드, 게이트가 있으며 base는 트랜지스터 단자 명칭이다.

19 그림은 어떤 소자의 구조와 기호이다. 이 소자의 명칭과 ⓐ~ⓒ의 단자기호를 모두 옳게 나타낸 것은? [14]

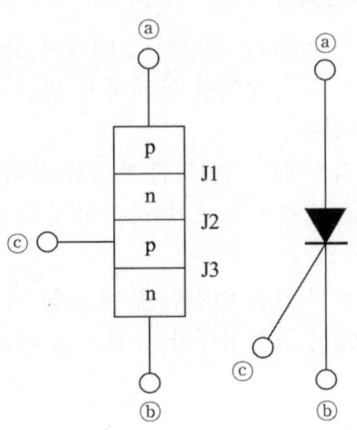

① UJT, ⓐ K(cathode), ⓑ A(anode), ⓒ G(gate)
② UJT, ⓐ A(anode), ⓑ G(gate), ⓒ K(cathode)
③ SCR, ⓐ K(cathode), ⓑ A(anode), ⓒ G(gate)
④ SCR, ⓐ A(anode), ⓑ K(cathode), ⓒ G(gate)

해설 SCR 소자의 기호로서
ⓐ A(anode), ⓑ K(cathode), ⓒ G(gate)이다.

20 사이리스터가 아닌 것은? [10]
① SCR ② diode
③ triac ④ SUS

해설 사이리스터에는 SCR, GTO, SCS, SUS, SSS, SBS, LASCR, DIAC, TRIAC 등이 있다.

21 SCR의 설명이 옳은 것은? [02] [06] [08]
① 게이트 전류로 애노드 전류를 제어할 수 있다.
② 단락상태에서 전원 전압을 감소시켜 차단상태로 할 수 있다.
③ 게이트 전류를 차단하면 애노드 전류가 차단된다.
④ 단락상태에서 애노드 전압을 0 또는 부(-)로 하면 차단상태가 된다.

해설 SCR은 점호능력은 있으나 자기 소호능력이 없으므로 주전류를 유지전류 이하 또는 애노드, 캐소드 간에 역전압을 인가하여 소호시킨다.

정답 17. ③ 18. ② 19. ④ 20. ② 21. ④

22 다음은 SCR의 특징을 설명하고 있다. 옳지 않은 것은? [14]
① SCR 소자 자신은 게이트 전류를 흘리면 on 능력이 있다.
② 유지전류는 보통 20[mA] 정도이다.
③ Turn off 시키려면 원하는 시점에서 양극과 음극 사이에 역전압을 가해 준다.
④ 유지전류 이하의 소호회로를 외부에서 부가시키면 Turn on 이 된다.

해설 SCR의 특징
- 유지전류 : SCR이 on 상태를 유지하기 위해 필요한 최소 전류(20[mA])
- 온 상태에 있는 사이리스터는 순방향 전류를 유지전류 미만으로 감소시키거나 역전압을 턴 오프 과정 동안 사이리스터 양단에 인가하면 턴 오프시킬 수 있다.

23 OFF 상태에 있던 SCR을 ON 상태로 되게 하는 방법이 아닌 것은? [04]
① 온도를 높인다.
② 게이트 전류를 흘린다.
③ 애노드에 (+)의 전압을 내압까지 인가한다.
④ 애노드에 인가되는 전압 상승률을 작게 잡는다.

해설 애노드-캐소드 전압의 상승률을 높게 할 때 접합면의 충전전류가 충분히 커지게 되어 사이리스터가 턴 온 된다.

24 유지전류(Holding Current)의 설명 중 옳은 것은? [03]
① 일반적으로 부의 온도 특성을 가지며 온도가 상승하면 유지전류는 감소한다.
② SCR을 ON 상태로 유지하는데 필요한 최소의 게이트 전류를 말한다.
③ SCR을 게이트로 턴 온시킨 직후에 ON 상태로 유지하는데 필요한 최소한의 양극전류이다.
④ 일반적으로 부(-)의 온도 특성을 가지며 온도가 상승하면 유지전류는 증가한다.

해설 유지전류는 SCR은 ON 상태로 유지하는데 필요한 최소 양극 전류(20[mA])이다.

25 도통상태의 SCR을 턴 오프(Turn Off)하려면 애노드 전류의 값은? [02] [05]
① 래칭(Latching) 전류보다 작게 해야 한다.
② 래칭(Latching) 전류보다 크게 해야 한다.
③ 유지전류보다 작게 해야 한다.
④ 래칭전류보다는 작게, 유지전류보다는 크게 한다.

해설 유지전류는 SCR이 ON 상태를 유지하기 위한 최소전류이기 때문에 유지전류보다 작게 하면 SCR은 턴 오프한다.

26 사이리스터의 유지전류(Holding Current)에 관한 설명 중 옳은 것은? [05] [09] [12]
① 사이리스터가 턴 온(Turn On)하기 시작하는 순전류
② 게이트 전류를 개방한 상태에서 사이리스터가 도통상태를 유지하기 위한 최소의 순전류
③ 사이리스터의 게이트를 개방한 상태에서 전압을 상승하면 급히 증가하게 되는 순전류
④ 게이트 전압을 인가한 후에 급히 제거한 상태에서 도통상태가 유지되는 최소 순전류

해설 SCR을 ON 상태로 유지하기 위한 최소전류(20[mA] 이상)를 유지전류라 한다.

정답 22. ④ 23. ④ 24. ③ 25. ③ 26. ②

27 사이리스터에 관한 설명이다. 적합하지 않은 것은? [05] [14]
① 사이리스터를 턴 온시키기 위해 필요한 최소의 순방향 전류를 래칭 전류라고 한다.
② 도통 중인 사이리스터에 유지전류 이하가 흐르면 사이리스터는 턴 오프된다.
③ 유지전류의 값은 항상 일정하다.
④ 래칭 전류는 유지전류보다 크다.

해설 래칭전류는 SCR을 턴 온 시키기 위한 최소한의 양극전류이며 유지전류는 SCR이 ON 상태를 유지하기 위한 최소전류로 래칭전류(80[mA])가 유지전류(20[mA])보다 크다.

28 어떤 제어소자를 턴 온하려고 할 때에는 유지전류 이상의 순방향 전류가 필요하고 턴 온시키기 위한 최소의 순방향 전류를 무엇이라 하는가? [02] [04]
① 유지전류
② 래칭전류
③ 브레이크 오버 전류
④ 브레이크 다운 전류

해설 위의 문제풀이 참조

29 SCR의 턴 온 시 10[A]의 전류가 흐를 때 게이트 전류를 1/2로 줄이면 SCR의 전류는 몇 [A]인가? [02] [11]
① 5   ② 10
③ 20 ④ 40

해설 SCR은 점호능력은 있으나 자기 소호능력이 없으므로 주전류를 유지전류 이하 또는 애노드, 캐소드 간에 역전압을 인가하여 소호시킨다.
게이트 전류를 1/2로 줄여도 소호되지 않으므로 애노드와 캐소드 사이에는 10[A]가 그대로 흐른다.

30 도통 상태에 있는 SCR을 차단 상태로 만들기 위해서는 어떻게 하여야 하는가? [12]
① 게이트 전압을 (-)로 가한다.
② 게이트 전류를 증가한다.
③ 게이트 펄스전압을 가한다.
④ 전원 전압이 (-)가 되도록 한다.

해설 SCR은 점호능력은 있으나 자기 소호능력이 없으므로 주전류를 유지전류 이하 또는 애노드, 캐소드 간에 역전압을 인가하여 소호시킨다.

31 실리콘정류기의 동작 시 최고 허용온도를 제한하는 가장 주된 이유는? [02] [07] [11] [15]
① 브레이크 오버(Break Over) 전압의 저하 방지
② 브레이크 오버(Break Over) 전압의 상승 방지
③ 역방향 누설전류의 감소 방지
④ 정격 순 전류의 저하 방지

해설 실리콘 정류기의 동작 시 최고 허용온도를 제한하는 가장 주된 이유는 브레이크 오버 전압의 저하방지를 위함이다.

32 사이리스터에 관한 설명이다. 옳은 것은? [03]
① 브레이크 오버(Break Over) 전압에서 소자는 파괴된다.
② 브레이크 다운(Break Down) 전압은 브레이크 오버(Break Over) 전압과 거의 같은 값이다.
③ 유지(Holding)전류 이상이 되면 순방향 저지 상태가 된다.
④ 래칭(Latching) 전류는 유지(Holding) 전류보다 적다.

정답 27. ③ 28. ② 29. ② 30. ④ 31. ① 32. ②

해설 래칭전류는 SCR을 턴 온 시키기 위하여 게이트 전류를 흘려야 할 최소전류이므로 유지전류보다 크며 브레이크 다운 전압은 브레이크 오버전압과 거의 같은 값이다.

33 래칭전류(Latching Current)를 올바르게 설명한 것은? [14]
① 사이리스터를 온(on) 상태로 스위칭 시킨 후의 애노드 순저지 전류
② 사이리스터를 턴-온 시키는데 필요한 최소의 양극 전류
③ 사이리스터를 온(on) 상태로 유지시키는 데 필요한 게이트 전류
④ 유지전류보다 조금 낮은 전류값

해설 래칭전류는 SCR을 턴 온 시키기 위한 최소 양극전류(80[mA])

34 SCR을 제어회로에 사용할 때의 설명으로 잘못된 것은? [03]
① AC를 완전히 제어하기 위해서는 SCR 2개를 사용한다.
② DC 회로를 제어할 때에는 Gate의 전류를 기준치 이하로 떨어뜨린다.
③ DC 회로를 제어할 때에는 순간적인 역전압을 애노드에 가한다.
④ AC를 완전히 제어하기 위해서는 쌍방향 대칭 특성을 가진 소자를 쓴다.

해설 SCR의 게이트 전압은 도통능력은 있으나 차단능력은 없다.

35 사이리스터가 오프(Off)되었을 때의 등가회로는? [02]

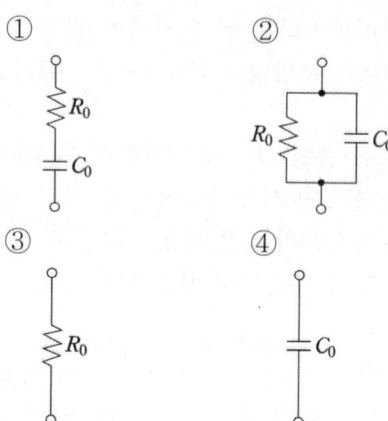

36 사이리스터를 턴 온하기 위한 게이트 전류의 펄스폭은? [02]
① 지연시간 이상
② 상승시간 이상
③ 턴 온시간 이상
④ 턴 온시간에서 상승시간을 뺀 시간 이상

해설 사이리스터가 턴 온하기 위해서는 게이트 전류의 펄스폭은 턴 온 시간 이상이어야 한다.

37 사이리스터의 순전압 강하의 측정방법이 아닌 것은? [11]
① 오실로스코프에 의해 순시값을 측정
② 정현파 전류를 흘렸을 때의 평균 순전압 강하를 측정
③ 직류를 흘려서 측정
④ 온도가 정상상태로 되기 전에 측정

해설 순전압 강하의 측정 방법에는 오실로스코프법, 직류법, 평균 순전압 강하 측정법 등이 있다.

정답 33. ② 34. ② 35. ② 36. ③ 37. ④

38 SCR의 신뢰성 향상을 위해 실시하는 시험이 아닌 것은? [05]
① 서지전류 시험
② 열충격 시험
③ 고온 방치 시험
④ 저지전압 인가 시험

해설 SCR의 신뢰성 향상을 위한 시험에는 열 충격 시험, 케이스 누설 시험, 고온 방치 시험 고온 중 저지전압 인가 시험, 동작 수명 시험이 있다.

39 다음은 전력용 반도체 소자인 GTO에 관한 설명이다. 적합하지 않은 것은? [05]
① Gate Turn Off Transistor의 약자이다.
② GCS라고도 한다.
③ 자기소호 기능을 갖고 있다.
④ 역저지 3단자 사이리스터의 일종이다.

해설 GTO는 양(+)의 게이트 전류에 의하여 턴 온시킬 수 있고 음(-)의 게이트 전류에 의해 턴 오프 시킬 수 있다.
GTO(Gate Turn Off thyristor),
GCS(Gate Controlled Switch)

40 반도체 트리거 소자로서 자기 회복능력이 있는 것은? [02] [03] [06] [13]
① GTO
② SSS
③ SCS
④ SCR

해설 위의 문제풀이 참조

41 사이리스터의 응용에 대한 설명이 잘못된 것은? [05]
① 가격이 비싸고 주파수 제어, 직류제어가 되지 않는다.
② 무접점 스위치로 응답 특성이 빠르고 손실이 작다.
③ 위상제어에 의한 AC 전력제어가 된다.
④ AC-DC 변환, 제어가 가능하다.

해설 SCR의 특징
• 제어전극에 가하는 신호가 전압인 소자의 특징은 구동 전력이 작고 구동회로가 간단하며 소형화 할 수 있다
• 사이리스터를 이용한 변환장치의 특징은 위상 제어에 의해 직류전압을 가변할 수 있다.
• 직류의 가변 전압회로, 스위칭용, 인버터, 교류의 위상제어 등에 사용된다.

42 GTO의 동작원리를 올바르게 설명한 것은? [07]
① 게이트에 정(+)의 전류 인가로 턴 온, 부(-)의 전류로 턴-오프
② 한번 턴 온되면 게이트 입력에 관계없이 계속 유지
③ 게이트 입력은 오직 삼각파이어야 한다.
④ 빛에 의해서만 턴 온, 턴 오프된다.

해설 GTO는 양(+)의 게이트 전류로 턴 온시킬 수 있고 음(-)의 게이트 전류로 턴 오프시킬 수 있다.

43 전력용 반도체 소자인 GTO를 턴-오프하기 위해서는 어떻게 해야 하는가? [04]
① 게이트에 (+)의 신호를 준다.
② 게이트에 (-)의 신호를 준다.
③ 게이트에 전류를 0으로 한다.
④ 전류(轉流)회로가 필요하다.

정답 38. ① 39. ① 40. ① 41. ① 42. ① 43. ②

해설 GTO를 턴-오프하기 위해서는 게이트에 부(-) 신호를 주면 된다.

44 사이리스터의 턴 오프(Turn-off) 조건은?
[13]
① 게이트에 역방향 전류를 흘린다.
② 게이트에 역방향 전압을 가한다.
③ 게이트에 순방향 전류를 0으로 한다.
④ 애노드 전류를 유지전류 이하로 한다.

해설 사이리스터의 유지전류는 사이리스터의 턴 온 상태를 유지하기 위한 최소전류이기 때문에 애노드 전류를 유지전류보다 작게 하면 사이리스터가 턴 오프한다.

45 사이리스터의 내압(V_{DRM})은 전원전압에 몇 배를 곱한 값을 기준으로 하는가? [04]
① 1.5~2.0 ② 2.0~2.5
③ 2.5~3.0 ④ 3.0~3.5

해설 사이리스터의 내압은 전원 전압의 2.5 ~ 3.0배 정도로 한다.

46 사이리스터에서 양극전류 상승률 $\frac{di}{dt}$가 커지면 나타나는 현상은? [02]
① 게이트 전류는 지수 함수적으로 증가한다.
② 양극전류가 감소한다.
③ $\frac{di}{dt}$를 증가시키면 고주파 진동을 억제할 수 있다.
④ 접합부 온도가 상승 과열되어 파괴가 되는 경우도 있다.

해설 SCR은 턴 온했을 때 전류 상승률의 제한값 이상의 상승률 전류가 게이트 턴 온 시에 흐르면 게이트 부근의 접합부가 국부적으로 과열해서 파괴된다.

47 전력용 반도체 소자의 턴-오프 시 소자에 가해지는 과전압과 스위칭 손실을 저감시키거나 전력용 트랜지스터의 역바이어스 2차 항복 파괴방지를 목적으로 하는 회로는? [04]
① 스너버회로   ② 드라이브회로
③ 정류회로   ④ 브리지회로

해설 스너버 회로는 전력용 반도체 디바이스의 턴 오프 시 디바이스에 인가되는 과전압과 스위칭 손실을 저감시키거나 전력용 트랜지스터의 역바이어스 2차 항복 파괴방지를 목적으로 하는 보호 회로이다.

48 클램프 회로와 스너버 회로는 전력전자 회로에서 주로 어떤 곳에 사용하는가? [03]
① 스위칭 속도의 증가
② 정전용량 발생 억제
③ 래치업(Latch-up) 상승
④ 과전압 방지

해설 위의 문제풀이 참조

49 과도한 전류변화($\frac{di}{dt}$)나 전압변화($\frac{dv}{dt}$)에 의한 전력용 반도체 스위치의 소손을 막기 위해 사용하는 회로는? [12]
① 스너버 회로   ② 게이트 회로
③ 필터회로   ④ 스위치 제어회로

해설 스너버 회로는 급격한 변화를 누그러뜨리고, 입력 신호에서 원하지 않는 노이즈 등을 제거하기 위하여 사용하는 회로

정답 44. ④ 45. ③ 46. ④ 47. ① 48. ④ 49. ①

50 다음은 스너버(Snubber) 회로에 관한 설명이다. 옳지 않은 것은? [05] [17]
① R, C로 구성된다.
② 반도체 소자와 병렬로 접속된다.
③ 반도체 소자의 전류 상승률($\frac{di}{dt}$)을 제한하기 위한 것이다.
④ 반도체 소자의 보호 회로에 사용된다.

해설 스너버 회로는 반도체 소자의 전압 상승률($\frac{dv}{dt}$)을 제한하기 위한 것이다.

51 전력용 사이리스터를 사용한 회로에서 과전류 보호를 위한 회로가 아닌 것은? [04]
① 전류 제한 퓨즈 사용회로
② 리액터 사이리스터 클로버 회로
③ 접합부의 온도 상승 저지회로
④ RC 서지 흡수기 회로

해설 RC 서지 흡수기 회로는 과전압 보호 회로에 사용된다.

52 다음 중 SCR의 응용과 관계없는 것은? [05]
① 접점의 스파크 제거장치
② 자동전압 제어장치
③ 조광장치
④ 전동기 제어장치

해설 사이리스터의 응용분야
- 개폐횟수가 많은 곳이나 방폭을 위해 불꽃이 생겨서는 안 되는 곳에 무접점 스위치로 사용
- 전등의 밝기 조정, 전동기의 속도제어, 전열제어에 위상 제어하여 전력을 제어
- 전동기의 속도제어, 비상용 전원, 고주파 전원에 초퍼와 인버터를 사용

53 SCR의 용도 중 틀린 것은? [05]
① 증폭기
② 전동기 제어장치
③ 조명장치
④ 교류 온-오프 제어장치

해설 증폭기는 트랜지스터의 증폭작용을 이용한 것이다.

54 전력용 반도체 소자 중 양방향으로 전류를 흘릴 수 있는 것은? [03] [07]
① GTO
② TRIAC
③ DIODE
④ SCR

해설 양방향성 소자 : SSS, TRIAC, SBS, DIAC

55 트라이액(TRIAC)에 대하여 바르게 설명한 것은? [06]
① 단일방향 특성을 가진 소자이다.
② 정(+)의 게이트 전류만을 흐르게 하는 소자이다.
③ 부(−)의 게이트 전류만을 흐르게 하는 소자이다.
④ 쌍방향 특성을 가진 소자이다.

해설 TRIAC은 양방향 도통이 가능하며 일반적으로 AC 위상제어에 사용된다. 두 개의 SCR을 게이트 공통으로 하여 역병렬 연결한 것이다. 게이트 트리거 단자가 하나로 되어 있기 때문에 트리거 회로가 간단해지며 정(+), 부(−) 게이트 전류를 흘릴 수 있다.

정답 50. ③ 51. ④ 52. ① 53. ① 54. ② 55. ④

56 다음의 그림기호와 같은 반도체 소자의 명칭은? [05] [08] [10]

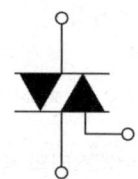

① SCR ② UJT
③ TRIAC ④ FET

해설 트라이액은 두 개의 SCR을 게이트 공통으로 하여 역병렬 연결한 것이다.

57 TRIAC을 사용하는 소용량 저항부하의 AC 전력제어를 하려고 한다. 게이트용 소자로 가장 간단히 사용할 수 있는 것은? [03] [07] [09]

① UJT ② PUT
③ DIAC ④ SUS

해설 DIAC은 정상 동작 시에 양방향으로 전류를 흘릴 수 있는 pn-pn 4층 구조의 2단자 반도체 사이리스터로 트라이액의 게이트 신호용으로 많이 이용된다.

58 트라이액에 대한 설명 중 틀린 것은? [12]

① 3단자 소자이다.
② 항상 정(+)의 게이트 펄스를 이용
③ 두 개의 SCR을 역병렬로 연결한 것이다.
④ 게이트를 갖는 대칭형 스위치이다.

해설
- 트라이액은 2개의 병렬 연결된 SCR로 양방향 사이리스터 소자이며 래칭소자이다.
- 게이트 펄스는 게이트(G)와 주단자(MT1) 사이로 입력한다.
- 양의 전류 방향에는 양의 펄스가 음의 전류 방향에는 음의 펄스가 사용된다.

59 전파제어 정류회로에 사용하는 쌍방향성 반도체 소자는? [08] [14]

① SCR
② UJT
③ SSS
④ PUT

해설 양방향성 소자는 SSS, TRIAC, SBS, DIAC 등이 있고 단방향성 소자는 SCR, UJT, PUT 등이 있다.

60 SSS의 트리거에 대한 설명 중 옳은 것은? [04] [05] [07] [15]

① 게이트에 (+) 펄스를 가한다.
② 게이트에 (-) 펄스를 가한다.
③ 게이트에 빛을 비춘다.
④ 브레이크 오버 전압을 넘는 전압의 펄스를 양 단자 간에 가한다.

해설 SSS는 2개의 역저지 3단자 사이리스터를 역병렬 접속시킨 소자이며 게이트 단자가 없는 사이리스터이며 턴 온하기 위해서는 T1과 T2 사이에 브레이크 오버 전압을 가하는 V_{BO}와 전압 상승률이 높은 점호가 필요하다.

61 다음 SSS에 대한 설명 중 잘못된 것은? [03]

① 쌍방향성 소자이다.
② SCR 2개를 직렬 접속한 것과 같은 구조
③ V_{BO} 이상의 전압 인가로 통전(V_{BO} : 브레이크 오버 전압)
④ 구조가 간단하다.

해설 SSS는 5층 PN접합을 갖는 양방향 사이리스터로 2개의 역저지 3단자 사이리스터를 역병렬 접속시킨 소자이며 게이트 단자가 없는 2단자 소지이다.

정답 56. ③ 57. ③ 58. ② 59. ③ 60. ④ 61. ②

62 그림은 어떤 반도체의 특성 곡선인가?
[03] [14]

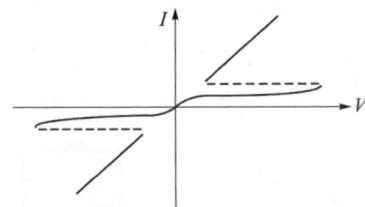

① SSS   ② UJT
③ FET   ④ GTO

해설 SSS는 5층의 PN 접합을 갖는 양방향 사이리스터로 2개의 역저지 3단자 사이리스터를 역병렬 접속하고 게이트 단자가 없는 소자로 SCR과 같이 과전압이 걸려도 파괴되는 일이 없이 턴 온이 된다는 장점이 있기 때문에 과전압이 걸리기 쉬운 옥외용 네온사인의 조광 등에 알맞다.

63 과전압이 걸리기 쉬운 옥외용 네온사인의 조광회로에 사용되는 소자는? [04] [09]
① SCR   ② TRIAC
③ SSS   ④ TR

해설 SSS는 브레이크 오버 전압 이상의 펄스로 온(on)시킬 수 있고 과전압이 걸려도 파괴되는 일 없이 온(on)이 되므로 과전압이 걸리기 쉬운 옥외용 네온사인의 조광 등에 적합하다.

64 GTO를 바르게 설명한 것은? [07]
① 게이트에 역방향 전류를 흘려서 주전류를 차단한다.
② 게이트에 순방향 전류를 흘려서 주전류를 차단한다.
③ 게이트에 역방향 전류를 흘려서 주전류를 흐르게 한다.
④ 게이트에 의한 제어전력이 적게 든다.

해설 위의 문제풀이 참조

65 다음 사이리스터 중 순방향 전압에서 양(+)의 전류에 의하여 턴-온 시킬 수 있고, 음(-)의 전류로 턴-오프 할 수 있는 것은?
[14]
① GTO   ② BJT
③ UJT   ④ FET

해설 GTO는 자기 소호 소자로서 양(+) 게이트 전류에 의하여 턴 온 시킬 수 있고 음(-)의 게이트 전류에 의하여 턴 오프 시킬 수 있다.

66 쌍방향 3단자 사이리스터는? [09] [11]
① SCR   ② GTO
③ TRIAC   ④ DIAC

해설 TRIAC은 3단자 소자로서 양방향 도통이 가능하며 일반적으로 AC 위상제어에 사용된다. 두 개의 SCR을 게이트 공통으로 하여 역병렬 연결한 것이다.

67 양방향성 소자가 아닌 것은? [05]
① DIAC   ② SBS
③ SSS   ④ GTO

해설 양방향성 소자는 SSS, TRIAC, SBS, DIAC이 있고 단방향성 소자는 SCR, GTO, SCS, LASCR 등이 있다.

정답 62. ① 63. ③ 64. ① 65. ① 66. ③ 67. ④

4 트리거 소자

(1) UJT

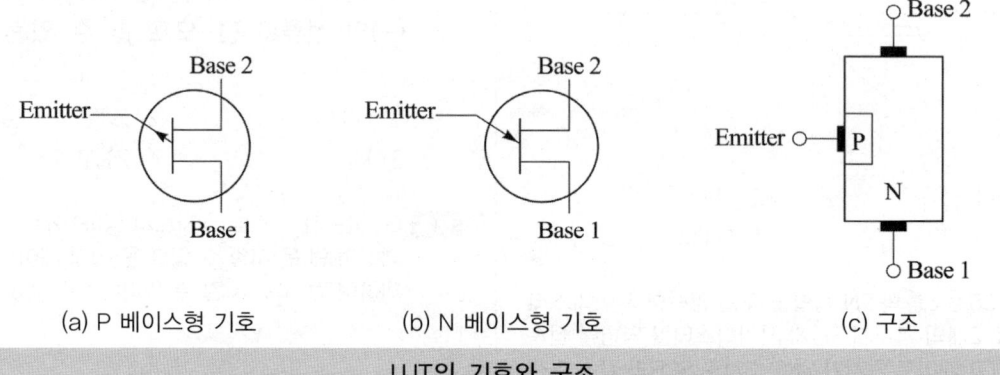

(a) P 베이스형 기호 (b) N 베이스형 기호 (c) 구조

UJT의 기호와 구조

반도체의 n형 막대 한쪽에 p합금 영역을 가진 구조의 트랜지스터로 막대 양단의 베이스와 p영역에 전극이 설치된다. 두 베이스 단자 간에 전압을 부여함으로써 혹은 p영역의 바이어스 전압을 변화시킴으로써 on 상태로 트리거 되어 p영역의 바이어스를 리셋하면 오프(off)된다.

① 사이리스터의 트리거 신호 발생에 일반적으로 이용되고 있다.
② 세 개의 단자를 가지고 있으며 이미터, 베이스1(B1), 베이스2(B2)이다.
③ B1과 B2 사이의 단일접합은 보통 저항의 특성을 가지고 있으며 이 저항이 베이스 저항 R_{BB}이고 4.7~9.1[kΩ] 범위의 저항값을 가지고 있다.
④ UJT는 일명 더블 베이스 다이오드라고 한다.
⑤ 트리거 발생기로 사용되는 이유는 정격피크 전류가 크고 트리거 전압이 안정되며 특히 소비 전력이 적고 소형이며 간단하다.

(2) PUT

① 소형 사이리스터이며 발진용 전문 트랜지스터로 N게이트 사이리스터이다.
② UJT는 성능 고정 소자라면 PUT는 성능 가변 소자이다.
③ 게이트 전압이 인가되어 있는 경우에 애노드 전압이 게이트 전압보다 높을 경우에만 턴 온한다.

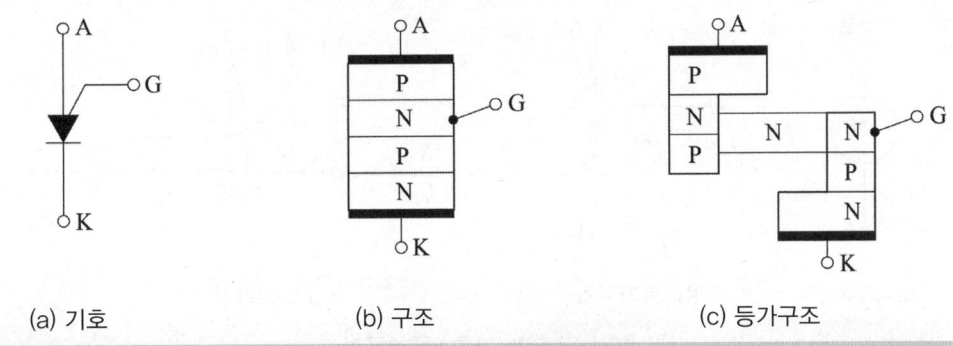

PUT의 기호와 구조

(3) DIAC

2단자의 교류 스위칭 소자로 교류 전원으로부터 트리거 펄스를 얻는 회로에 사용되며 트리거 다이오드라고도 한다. 일반 다이오드와 달리 쌍방향성으로 교류 전원을 한 순간만 도통시켜 트리거 펄스를 만들며 간단하고 값이 싸기 때문에 가정용 전화, SCR나 트라이액의 트리거용으로 사용된다.

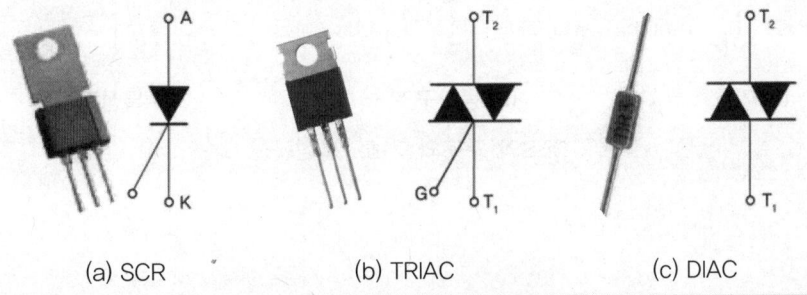

특수 반도체의 외관과 기호

(4) SUS

게이트와 캐소드 사이에 저전압 제너 다이오드를 가진 소형의 단방향성 3단자 트리거 소자로 내부의 애벌란시 전압으로 결정되는 일정 전압으로 스위칭된다.

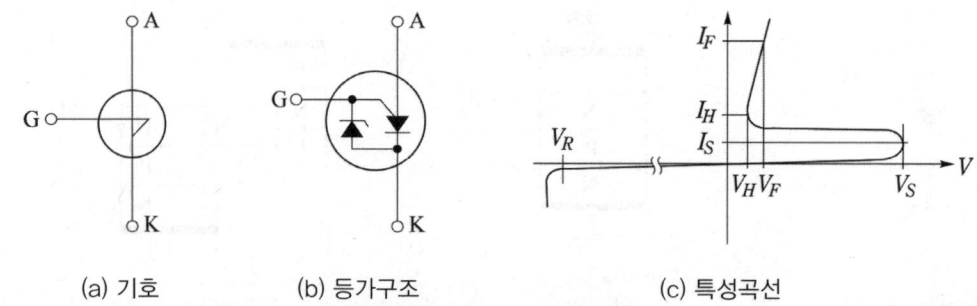

(a) 기호　　(b) 등가구조　　(c) 특성곡선

SUS의 구조와 기호, 특성곡선

(5) SBS

쌍방향성 3단자 트리거 소자로 두 개의 같은 SUS를 역병렬로 접속한 것과 같다.

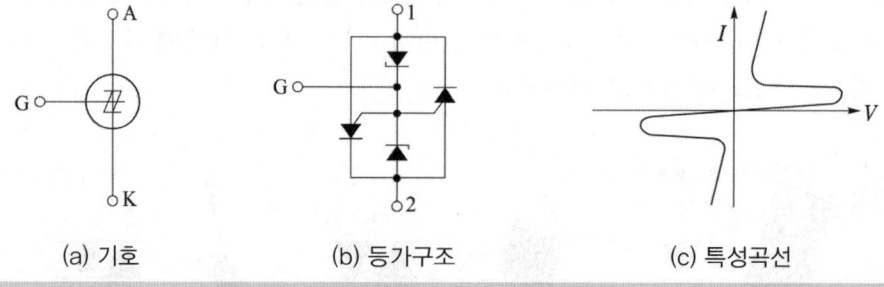

(a) 기호　　(b) 등가구조　　(c) 특성곡선

SBS의 구조와 기호, 특성곡선

5 기타 부품 소자

(1) 포토커플러

① 발광소자와 수광소자가 마주 보고 있는 구조로 작은 케이스 속에 봉입되어 있으며 전기적으로 절연되어 있는데 광에 의하여 신호가 전달되는 광결합소자이다.
② 발광 다이오드에 신호가 입력되면 발광하고 이 광을 수광하는 포토트랜지스터에 입사시키면 전도 상태로 된다.
③ 포토커플러는 1방향성으로 되어 있다.
④ 구조는 GaAs 적외선 발광 다이오드와 실리콘 포토트랜지스터로 이루어져 발광부와 수광부가 투명한 수지에 넣어져 광학적으로 결합되어 있으며 바깥쪽에는 빛을 차단시키기 위하여 흑색 수지로 두껍게 피복되어 있다.

⑤ 전기 회로와 기계 부분을 가진 단말기기 등에 포토커플러를 사용하여 결합하면 전원 전압이 다르고, 기계부에서 발생하는 잡음 등이 완전히 절연 분리되어 회로설계가 극히 간단하게 된다.
⑥ 고속 스위칭용은 수광부가 Pin형으로 포토다이오드와 집적 회로(IC)의 조합으로 되어 있어서 높은 이득을 목적으로 하는 데는 달링톤 접속형 포토트랜지스터가 사용되며, 대전력용으로는 광구동 사이리스터가 수광부에 사용된다.

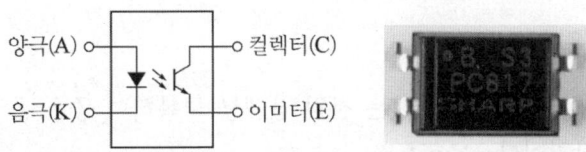

포토 커플러의 기호와 실물

(2) 펄스 변압기

20[kHz] 이상의 주파수나 구형파를 다루는 것으로 철심은 와류손을 줄이기 위해서 페라이트 재질을 사용하며 2개의 회로 사이에 전기적인 절연을 목적으로 쓰인다.

펄스 변압기

(3) Cds

카드뮴(Cd)과 황(S)의 화합물로 황화카드뮴이라고도 한다.
Cds에 빛을 비추면 자유 전자가 증가하여 저항이 감소하고 빛을 비추지 않으면 저항이 커져 전류의 흐름을 방해하게 된다. Cds는 광 신호를 전기 신호로 변환하는데 이용되고 각종 자동제어 회로, 도난방지기, 자동문, 자동 점멸기 등에도 이용된다.

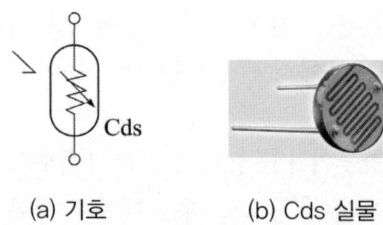

(a) 기호   (b) Cds 실물

Cds 기호와 실물

(4) 무정전 전원장치(UPS)

상용 전원에서 일어날 수 있는 전원 장애를 극복하여 좋은 품질의 안정된 교류 전력을 공급하는 장치이다.

무정전 전원 공급장치에는 크게 분류하면 변압기, 컨버터(정류기), 인버터(역변환 장치), 축전지가 있다.

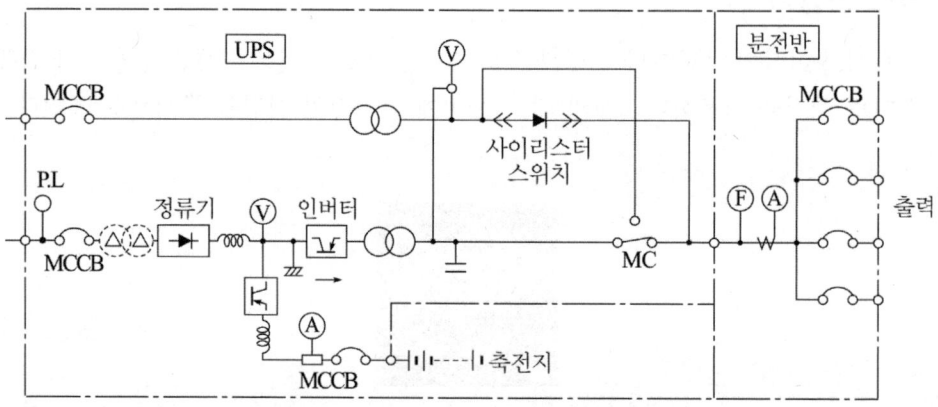

무정전 전원장치 계통도

(5) 태양전지

태양, 빛 에너지를 전기 에너지로 바꾸는 것으로, P형 반도체와 N형 반도체를 이용해 전기를 발생시킨다. 태양전지에 빛을 비추면 내부에서 전자와 정공이 발생한다. 발생된 전하들은 P, N극으로 이동하며 이 현상에 의해 P극과 N극 사이에 전위차가 발생하게 된다. 이렇게 양극으로 모인 전하를 가진 것이 태양전지이다.

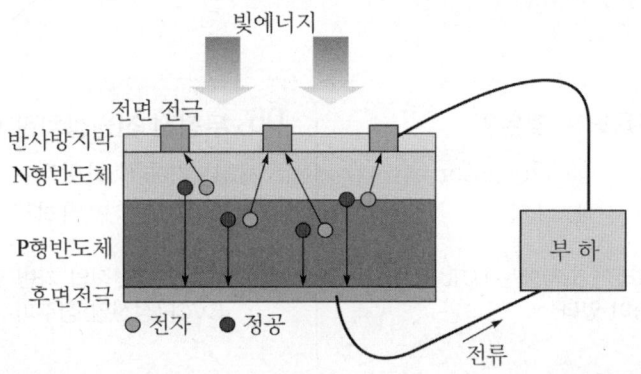

태양전지의 개념

출제예상문제

01 펄스 발생기로 이용되는 것은?
① SCR   ② Thyristor
③ MOS-FET   ④ UJT

해설 펄스를 발생하는 트리거 소자에는 UJT, PUT, DIAC, SBS, SUS 등이 있다.

02 트리거소자 중 PN접합 중 N형 영역에 게이트 단자를 붙인 소형의 N게이트 사이리스터는?
① SCS   ② DIAC
③ PUT   ④ SSS

해설 PUT는 PN접합 중 N형 영역에 게이트 단자를 붙인 소형의 N게이트 사이리스터이다.
게이트 전압이 유지되어 있는 경우에 애노드 전압이 게이트 전압보다 높을 경우에만 턴 온한다.

03 다음 사이리스터 중 단방향성 소자는?
① SSS   ② SCR
③ SBS   ④ DIAC

해설 단방향성 소자 : SCR, GTO, SCS, LASCR
쌍방향성 소자 : SSS, TRIAC, DIAC, SBS

04 무정전 전원장치를 분류 시 포함되지 않는 요소는?
① 축전지   ② 주파수변환기
③ 컨버터   ④ 인버터

해설 무정전 전원 공급장치에는 크게 분류하면 컨버터, 인버터, 축전지가 있다.

05 무정전 전원장치란 어느 것인가?
① VVVF 인버터   ② CVCF 인버터
③ VVCF 인버터   ④ CVVF 인버터

해설 VVVF(가변전압 가변 주파수 방식)
CVCF(정전압 정주파수 방식)

정답 1.④ 2.③ 3.② 4.② 5.②

과년도 출제문제

01 다음 중 UJT를 맞게 설명한 것은? [03]
① 보통 트랜지스터와 같은 접합이다.
② 1개의 접합밖에 없다.
③ 2개의 Emitter 전극을 가지고 있다.
④ Gate 전극이 있다.

해설 단일접합 트랜지스터(UJT)는 세 개의 단자를 가지고 있으며 각각은 이미터(E), 베이스1(B1), 베이스2(B2)이며 사이리스터 트리거 신호 발생에 일반적으로 이용되고 있다.

02 PUT가 UJT에 비하여 좋은 점을 설명한 것은? [02] [07]
① 외부 저항에 의해 효율값을 조정할 수 있다.
② 베이스 간 저항을 조절할 수 있다.
③ 누설전류가 적다.
④ 발진 주파수의 변화폭이 크다.

해설 위의 문제풀이 참조

03 단일 방향성 3단자 트리거(SUS, Silicon Unilateral Switch)에 의한 펄스 정형회로이다. 그림과 같이 톱니파를 입력으로 인가한 경우 출력파형은? [02]

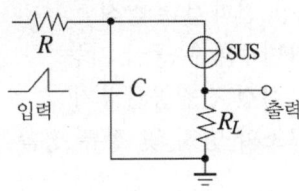

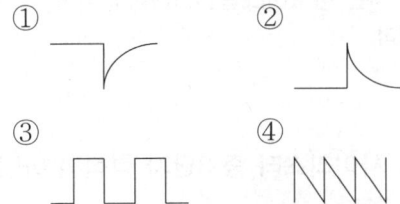

04 그림과 같은 소자는? [03] [05]

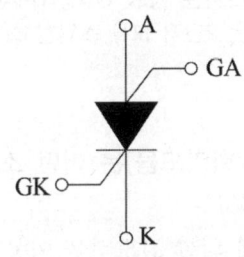

① PUT ② VRD
③ SCR ④ SCS

해설 SCS는 게이트와 캐소드 사이에 저전압 제어 다이오드를 가진 소형의 단방향성 4단자 트리거 소자이다.

05 다이액(DIAC, Diode AC Switch)에 대한 설명으로 잘못된 것은? [06] [11]
① 트리거 펄스 전압은 약 6~10[V] 정도가 된다.
② 트라이액 등의 트리거 용도로 사용된다.
③ 역저지 4극 사이리스터이다.
④ 양방향으로 대칭적인 부성 저항을 나타낸다.

해설 다이액은 2단자의 교류 스위칭 소자로 교류 전원으로부터 트리거 펄스를 얻는 회로에 사용되며, 트

정답 1.② 2.④ 3.② 4.④ 5.③

리거 다이오드라고도 한다. 일반 다이오드와 달리 쌍방향성으로 교류 전원을 한 순간만 도통시켜 트리거 펄스를 만들며 간단하고 값이 싸기 때문에 가정용 전화, SCR이나 트라이액의 트리거용으로 사용된다.

06 다음 사이리스터 중 3단자 형식이 아닌 것은? [05]
① SCR ② GTO
③ DIAC ④ TRIAC

해설 3단자 소자는 SCR, GTO, TRIAC 등이며 다이액(DIAC)은 2단자 교류 스위칭 소자이다.

07 Cds(황화카드뮴)은 어떤 소자인가? [03] [04] [08]
① 빛에 의한 전도성을 이용한 소자이다.
② 빛에 의한 기전력이 발생하는 소자이다.
③ 태양 전지에서 0.55[V]의 기전력을 발산하는 소자이다.
④ 광전 트랜지스터를 만드는 소자이다.

해설 Cds는 빛이 있으면 저항값이 낮아지고, 빛이 없어지면 저항값이 높아지는 센서로 각종 자동제어 회로, 도난 방지기, 자동문, 자동 점멸기 등에 이용된다.

08 발광소자와 수광소자를 하나의 용기에 넣어 빛을 차단한 구조로, 출력 측의 전기적인 조건이 입력 측에 전혀 영향을 끼치지 않는 소자는? [07] [09] [11]
① 포토다이오드
② 포토트랜지스터
③ 서미스터
④ 포토커플러

해설 포토커플러는 발광소자와 수광소자가 마주 보고 있는 구조로 작은 케이스 속에 봉입되어 있으며 입출력이 전기적으로 절연되어 있어 전기적인 잡음 제거에 널리 이용되고 있다.

09 다음 중 포토커플러(Photo Coupler) 소자와 용도가 유사한 것은? [03]
① 펄스 변압기 ② 서미스터
③ LASCR ④ GTO

해설 펄스 변압기는 2개의 회로 사이에 전기적인 절연을 목적으로 쓰이며 트리거 펄스 발생기와 사이리스터를 결합하기 위해 사용된다. LASCR은 광 실리콘 제어 정류기이다.

10 빛의 에너지를 전기 에너지로 변화시키는 것은? [06] [08]
① 광전 다이오드
② 광전로 소자
③ 광전 트랜지스터
④ 태양전지

해설 태양전지는 태양, 빛 에너지를 전기 에너지로 바꾸는 것으로, P형 반도체와 N형 반도체를 이용해 전기를 발생시킨다.

11 다음 중 UPS의 기능으로 옳은 것은? [07] [09] [15]
① 3상 전파정류 방식
② 가변주파수 공급 가능
③ 무정전 전원공급장치
④ 고조파 방지 및 정류 평활

해설 UPS(Uninterrupted Power Supply)는 무정전 전원 공급장치이다.

정답 6. ③ 7. ① 8. ④ 9. ① 10. ④ 11. ③

12 사이리스터의 게이트 트리거용 반도체 소자로 적합하지 않은 것은? [03] [04]
① UJT
② SUS
③ DIAC
④ TRIAC

해설 트리거 소자에는 UJT, SUS, SBS, DIAC, PUT, 펄스 변압기 등이 있다.

13 반파 위상제어에 의한 트리거 회로에서 발진용 저항이 필요한 경우의 트리거 소자가 아닌 것은? [12]
① SUS
② PUT
③ UJT
④ TRIAC

해설 발진용 저항이 필요한 소자는 SBS, SUS, PUT, UJT, DIAC 등이 있다.

정답 12. ④ 13. ④

Chapter 02 정류회로

1. 정류회로의 특성

(1) 정류회로

양(+) 방향 및 음(-) 방향으로 전류를 흐르게 하는 교류 전원을 다이오드를 사용하여 한쪽 방향으로만 흐르게 하는 회로로서 반파 정류회로, 전파 정류회로, 브리지 정류회로 등이 있다.

1) 정류기
교류 전력을 직류 전력으로 변환하는 전력 변환기

2) 정류기 전원회로

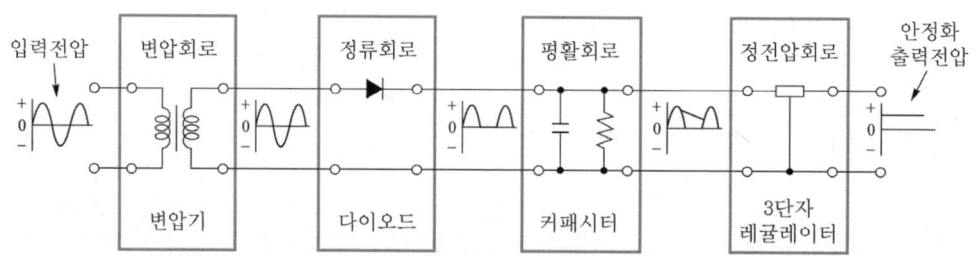

정류기 전원회로의 구조

3) 정류회로
전원회로의 정류는 변압기 2차측 교류전압을 한쪽으로만 전류를 흐르게 하는 다이오드 특성을 이용하여 양(+) 또는 음(-)의 한쪽 방향의 직류전압으로 변환하는 회로

4) 평활회로
정류회로를 통과한 맥류 파형을 제거하여 평활한 직류를 만드는 회로로, 맥류 성분

을 제거하고 직류 성분만을 출력하기 위해 저주파 필터 회로가 사용되는데 교류 전원의 60[Hz]의 맥류 파형이 나타나고 이 신호는 인덕터와 커패시터를 사용한 저주파 필터인 π형 필터를 통과하면서 120[Hz] 성분이 제거된다.

(2) 정류효율

① 정류회로에서 출력전압과 전류의 평균값을 V_{dc}, I_{dc}라고 할 때 직류출력은

$$P_{dc} = V_{dc} \times I_{dc}$$

② 정류회로에서 입력전압과 전류의 실효값을 V_{rms}, I_{rms}라고 할 때 교류출력은

$$P_{ac} = V_{rms} \times I_{rms}$$

③ 정류효율 : $\eta = \dfrac{P_{dc}}{P_{ac}}$

(3) 맥동률

다이오드에서 정류된 파형을 맥류라고 하며 정류된 직류 출력에 교류성분이 얼마나 포함되어 있는지의 정도를 맥동률이라 한다.

$$\gamma = \dfrac{\text{파형 속의 맥류분 실효값}}{\text{정류된 파형의 평균값(직류)}} = \sqrt{\left(\dfrac{I_{rms}}{I_{dc}}\right)^2 - 1}$$

(4) 전압 변동률

정류회로에서 전원전압이나 부하의 변동에 따라 직류 출력전압이 변화하는 정도

$$e = \dfrac{\text{무부하 직류전압} - \text{전부하 직류전압}}{\text{전부하 직류전압}} \times 100 = \dfrac{V_0 - V_{dc}}{V_{dc}} \times 100\,[\%]$$

전원회로는 부하 전류의 크기에 관계없이 항상 일정한 출력전압을 유지하여야 하고, 전압 변동률은 작을수록 좋다.

2 다이오드 정류회로

(1) 단상 정류회로

1) 단상 반파 정류회로

교류 성분의 양(+)과 음(-) 2종류의 전류 중 한쪽만을 통과시키므로 반파 정류라고 한다.

전파 정류회로보다 효율은 반으로 떨어지지만 정류 회로 중 가장 간단하게 구성할 수 있으며 스위칭 모드 전원 회로처럼 주파수가 높은 정류 회로에 사용된다.

① 입력 전압의 (+) 반주기만 통전하여(순방향 전압) 반파만 출력되며 출력 전압은

$$V_d = \frac{1}{2\pi}\int_0^\pi \sqrt{2}\,V\sin d\theta = \frac{\sqrt{2}}{\pi}V = 0.45\,V$$

② 역전압 첨두값(PIV)은 $\sqrt{2}\,V = \pi V_d$

③ 정류 효율 40.6[%]

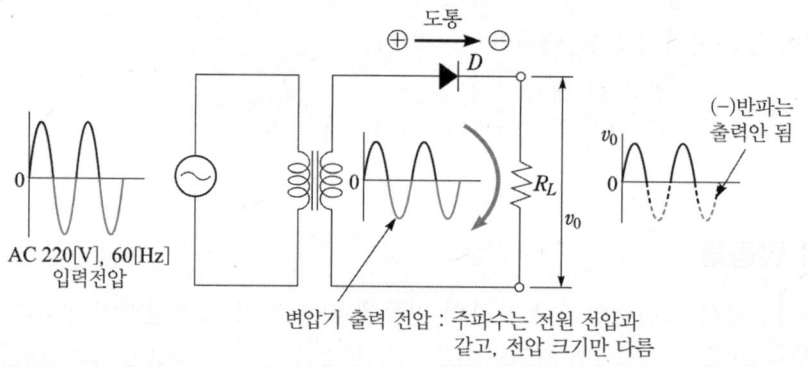

단상 반파 정류회로

2) 단상 전파 정류회로

2개의 다이오드를 사용하여 교류의 양(+)과 음(-)의 전 주기를 정류하므로 전파 정류라고 한다. 양(+)의 반주기 동안은 다이오드 D_1만 도통되고 음(-)의 반주기동안은 다이오드 D_2만 도통된다. 즉, 부하 저항 R_L에는 양(+)과 음(-)의 전 주기에 대한 모든 파형이 출력된다.

전파 정류회로로 정류한 전압은 반파 정류회로에 비하여 교류분이 적게 포함되어 있고 정류효율도 더 좋다.

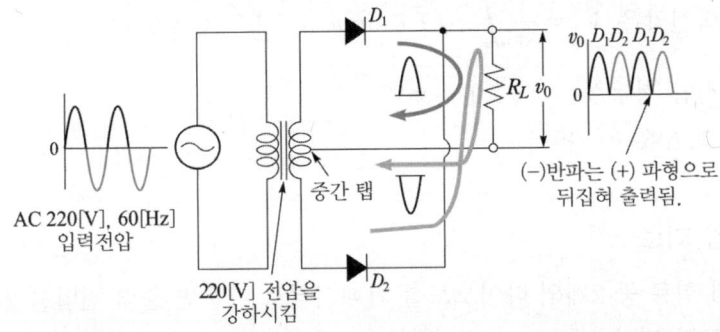

단상 전파 정류회로

① 출력 전압은 $V_d = \dfrac{1}{\pi}\int_0^{\pi} \sqrt{2}\,V\sin d\theta = \dfrac{2\sqrt{2}}{\pi}V = 0.9\,V$

② 역전압 첨두값은 $2\sqrt{2}\,V = \pi V_d$

③ 정류 효율 81.2[%]

3) 단상 브리지 전파 정류회로

4개의 다이오드를 사용하여 교류의 양(+)과 음(-)의 전 주기를 정류하는 전파 정류 방식이다. 브리지 정류회로에서 양(+)의 반주기 동안은 D_2, D_3가 도통되고 음(-)의 반주기 동안에는 D_1, D_4가 도통된다.

다이오드 수가 4개로 많다는 것과 2개의 다이오드를 통과하므로 순방향 전압강하가 2배로 되는 단점이 있지만 가격 면이나 전체 정류 효율에 있어서 가장 좋기 때문에 가장 많이 사용되는 정류회로이다.

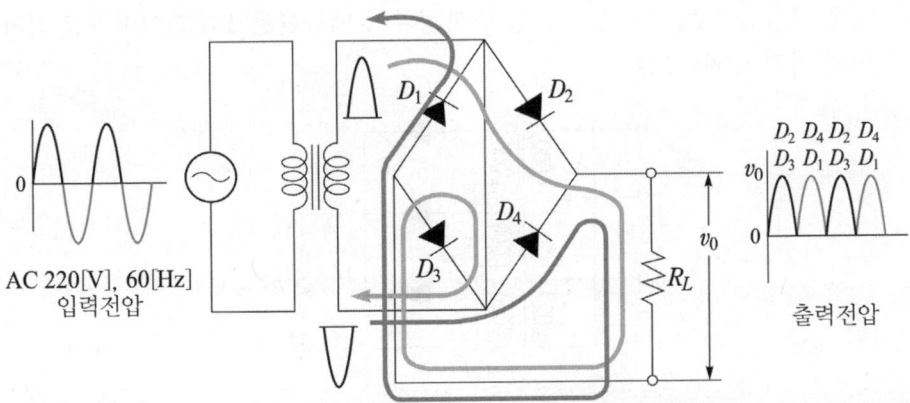

단상 브리지 전파 정류회로

① 출력전압은 $V_d = \dfrac{1}{\pi}\displaystyle\int_0^\pi \sqrt{2}\,V\sin d\theta = \dfrac{2\sqrt{2}}{\pi}V = 0.9V$

② 역전압 첨두값은 $2\sqrt{2}\,V = \pi V_d$

③ 정류 효율 $81.2[\%]$

4) 배전압 회로

브리지 회로 중 2개의 다이오드를 커패시터로 바꾸면 출력 전압을 2배로 하는 배전압 회로가 된다.

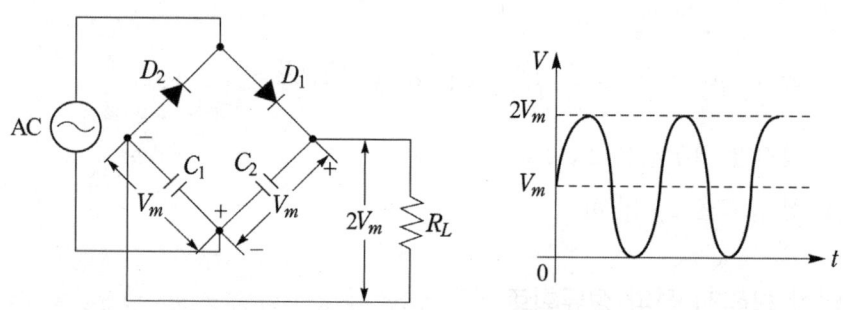

배전압 회로

(2) 3상 정류회로

1) 3상 반파 정류회로

직류 전원은 교류를 실리콘 정류기나 사이리스터 정류기를 사용하여 직류로 정류하여 사용하며, 3상 반파정류를 사용하는 일이 많다. 완전한 평류가 아닌 직류 전압은 맥류를 포함하고 있고 3상 반파정류의 맥동률은 17[%]이며 3상 전파정류에 비해 가격이 싸다.

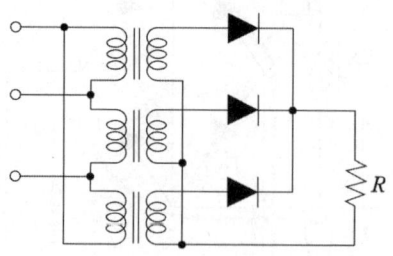

① 직류 전압의 평균값 $V_d = 1.17V$
② 역전압 첨두값은 $\sqrt{3} \times \sqrt{2}\,V = \sqrt{6}\,V$
③ 정류 효율 96.7[%]

2) 3상 전파 정류회로(3상 브리지 회로)

3상 전파정류의 직류전압 맥동률은 4[%]로 3상 반파정류와 비교하면 맥동이 작은 평활한 직류를 얻을 수 있다. 정류기는 실리콘 정류기나 사이리스터 정류기가 많고, 3상 반파정류나 3상 전파정류가 많이 사용된다.

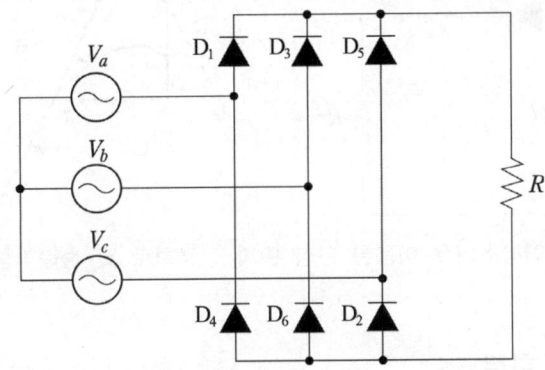

① 직류 전압의 평균값 $V_d = 1.35V$
② 역전압 첨두값은 $\sqrt{3} \times \sqrt{2}\,V = \sqrt{6}\,V$
③ 정류 효율 99.8[%]

3) 맥동률과 맥동 주파수

정류 종류	단상 반파	단상 전파	3상 반파	3상 전파
평균(직류)값	$0.45V$	$0.9V$	$1.17V$	$1.35V$
맥 동 률	121[%]	48[%]	17[%]	4[%]
맥동 주파수	f	$2f$	$3f$	$6f$
정류효율	40.6[%]	81.2[%]	96.7[%]	99.8[%]

3 사이리스터 정류회로

(1) 단상 반파 정류회로

$$E_d = \frac{1}{2\pi}\int_0^\pi \sqrt{2}\,V\sin\omega t\,d(\omega t) = \frac{\sqrt{2}\,V}{2\pi}[-\cos\omega t]_a^\pi$$
$$= \frac{\sqrt{2}}{\pi}V(\frac{1+\cos\alpha}{2}) = 0.45\,V(\frac{1+\cos\alpha}{2})$$

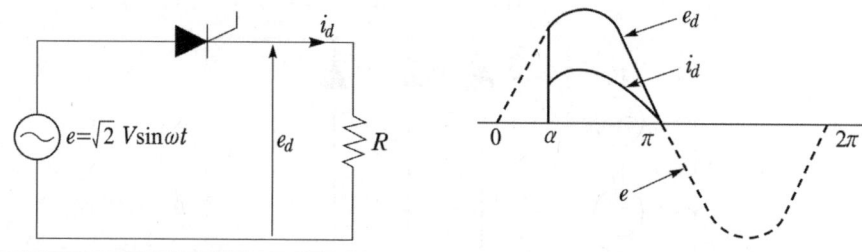

사이리스터를 이용한 단상 반파 정류회로 및 출력파형

(2) 단상 전파 정류회로

사이리스터는 게이트에 전류를 흘려주어야 도통되기 때문에 게이트에 T_1, T_2를 위상 α의 시점에서 T_3, T_4를 180°+α의 시점에서 각각 점호하였을 때 점호각 α만큼 정류된 파형의 일부가 잘려나간 것 같은 파형이 얻어진다. 점호 신호를 지연하는 시간을 지연각 또는 점호각이라 한다.

점호각에 따라 직류 출력 평균 전압이 달라진다. 사이리스터의 점호하는 위상을 조절하여 출력 전압을 원하는 값으로 바꾸어 주는 것을 위상 제어라 한다.

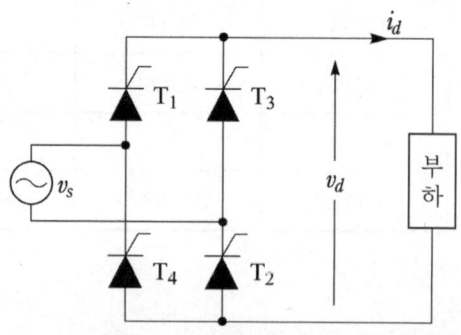

사이리스터를 이용한 단상 전파 정류회로

1) 저항만의 부하

$$V_d = \frac{1}{\pi}\int_0^\pi \sqrt{2}\,V\sin\omega t\,d(\omega t) = \frac{\sqrt{2}\,V}{\pi}[-\cos\omega t]_a^\pi = \frac{2\sqrt{2}\,V}{\pi}\left(\frac{1+\cos\alpha}{2}\right)$$

$$= \frac{\sqrt{2}}{\pi}V(1+\cos\alpha) = 0.45\,V(1+\cos\alpha)$$

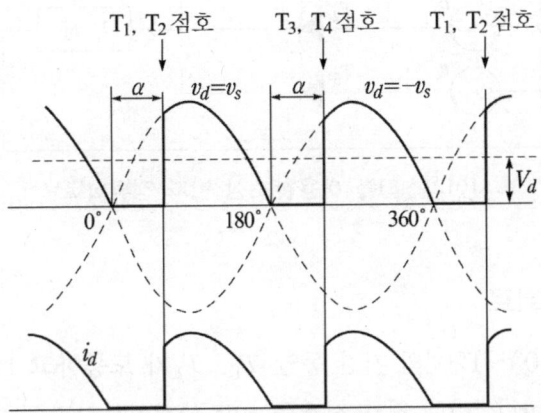

단상 사이리스터 정류회로의 저항만의 부하 동작파형

2) 유도성 부하

$$V_d = \frac{2\sqrt{2}}{\pi}V\cos\alpha = 0.9\,V\cos\alpha$$

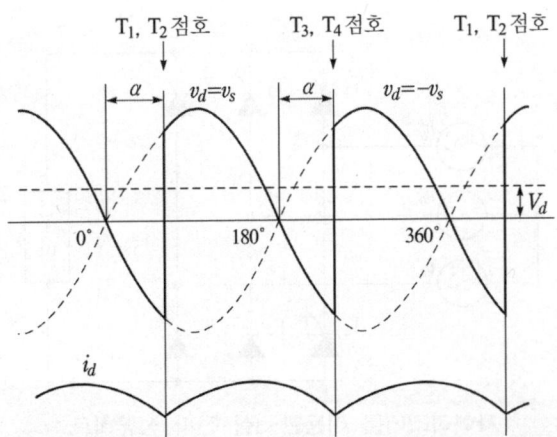

단상 사이리스터 정류회로의 유도성 부하 동작파형

(3) 3상 반파 정류회로

$$V_d = \frac{3\sqrt{6}}{2\pi} V\cos\alpha = 1.17 V\cos\alpha \text{ (유도성 부하)}$$

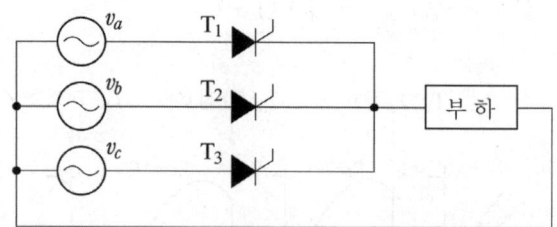

사이리스터를 이용한 3상 반파 정류회로

(4) 3상 전파 정류회로

교류 사인파의 60°~120°의 기간 동안 T_1, T_2가 도통하고 120°의 시점에 T_1은 꺼지고 T_3가 도통한다. 이때 점호 신호를 α만큼 지연시키면 T_3이 점호될 때까지 T_1이 계속 도통하고 그 이전의 전압 파형이 계속 연장되어 나타난다.

180° 시점에서 T_6이 T_2로 절환될 때에도 똑같이 적용된다.

점호각이 60°를 넘으면 전압 파형이 부(-)의 값을 가지는 구간이 존재하는데 이는 부하가 인덕턴스를 가지는 경우에 나타난다.

$$V_d = \frac{3\sqrt{6}}{2\pi} V\cos\alpha = 1.35 V\cos\alpha \text{ (유도성 부하)}$$

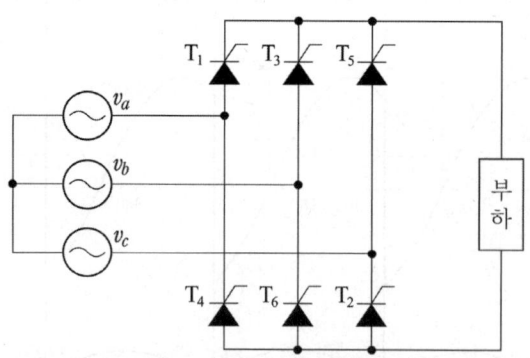

사이리스터를 이용한 3상 전파 정류회로

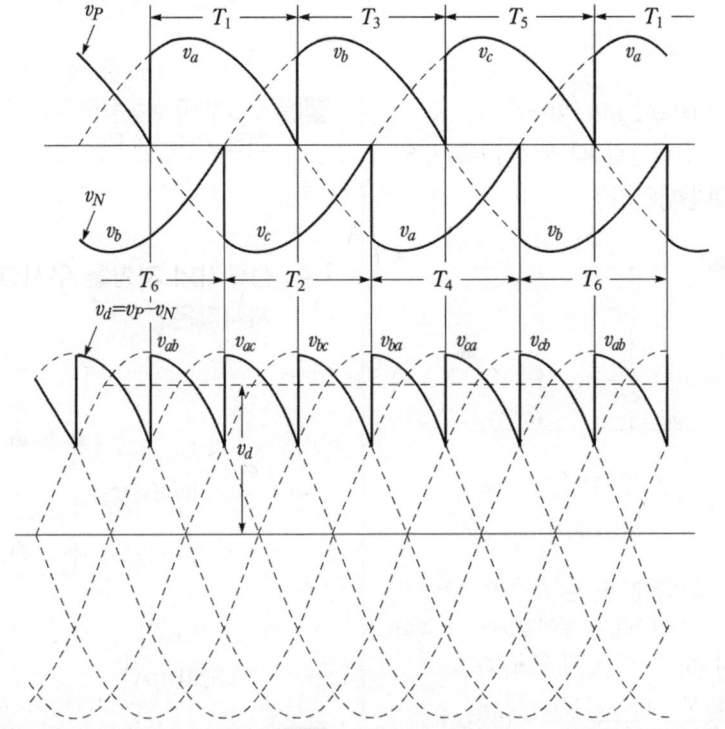

3상 사이리스터 전파 정류회로의 전압 파형

출제예상문제

01 회로에서 $v = 110\sqrt{2}\sin 120\pi t[\text{V}]$, $R = 2.5[\Omega]$, $L = 50[\text{mH}]$일 때 부하전류 i_0의 평균치는 약 몇 [A]인가?

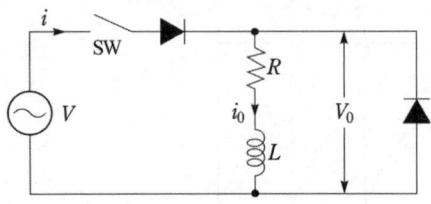

① 9.9 ② 12.3
③ 19.8 ④ 24.6

해설 환류 정류회로의 출력전압 V_0는 L값에 무관하게 저항부하를 갖는 단상반파 정류회로에서의 출력전압과 동일하다. 부하전류 i_0의 평균값

$$I_{dc} = \frac{V_{dc}}{R} = \frac{0.45\,V}{R} = \frac{0.45 \times 110}{2.5} = 19.8[\text{A}]$$

02 220[V] 단상 교류전압을 SCR을 이용하여 전파정류 제어할 때 SCR 한 개의 최대 역전압은 약 몇 [V] 이상이어야 하는가?

① 110 ② 220
③ 311 ④ 380

해설 사이리스터를 이용한 브리지형 전파정류회로의 최대 역전압 $PIV = V_m$이므로
$V_m = \sqrt{2}\,V = \sqrt{2} \times 220 = 311[\text{V}]$

03 단상 반파 정류회로에서 직류 출력전압이 100[V]이고 부하저항이 5[Ω]일 때 각 다이오드에 걸리는 최대 역전압은 몇 [V]인가?

① 10π ② 13π
③ 50π ④ 100π

해설 단상 반파 정류회로의 다이오드에 걸리는 최대 역전압 $PIV = \pi V_d = 100\pi$

04 정류기의 저항을 무시할 때 회로의 전류계 지시값은?

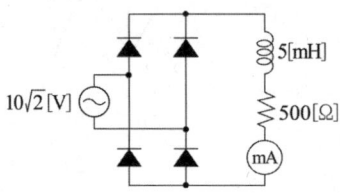

① 9.2[mA] ② 12.7[mA]
③ 18.4[mA] ④ 25.4[mA]

해설 저항만을 갖는 전파정류회로와 동일하므로
$V_d = \dfrac{2V_m}{\pi} = \dfrac{2\sqrt{2}}{\pi}V = 0.9\,V$에서
$I_d = \dfrac{V_d}{R} = \dfrac{0.9\,V}{R} = \dfrac{0.9 \times 10\sqrt{2}}{500} = 25.4[\text{mA}]$

05 상전압이 110[V], 주파수 60[Hz], 부하저항 5[Ω]일 때 부하저항에 흐르는 전류는 약 몇 [A]인가?

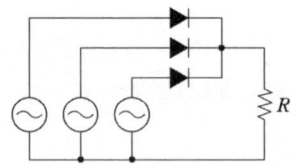

① 25.7 ② 34.4
③ 51.4 ④ 61.7

정답 1. ③ 2. ③ 3. ④ 4. ④ 5. ①

해설 3상 반파정류회로이므로
$V_d = 1.17 V$
$I_d = 1.17 \dfrac{V}{R} = \dfrac{1.17 \times 110}{5} = 25.7[A]$

06 회로에 스위치 S_1이 닫히면 전압 V_L에 나타나는 파형은?

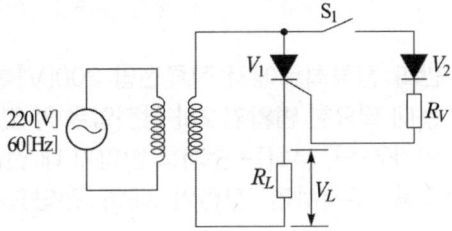

①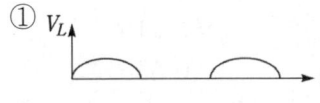

②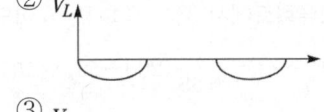

③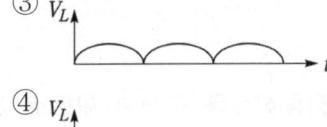

④ V_L

해설 SCR을 이용한 반파정류 회로이므로 입력 전압의 (+) 주기만 통전하게 된다.

07 정류기 회로에 사용되는 고조파 제거용 필터에 관한 설명으로 옳은 것은?
① 정류기의 입력측에는 DC 필터를 사용한다.
② 정류기의 출력측에는 AC 필터를 사용한다.
③ DC 필터로는 LC형이 주로 사용된다.
④ AC 필터로는 L형과 C형이 사용된다.

해설 맥류 파형을 제거하여 평활한 직류를 만드는 회로에 필터 회로가 사용되는데 인덕터(L)와 커패시터(C)를 사용한 π형 필터를 주로 사용한다.

08 정류회로에 사용하는 평활회로는?
① 저역 여파기
② 고역 여파기
③ 대역 여파기
④ 중대역 여파기

해설 평활한 직류를 만들기 위해 LC를 사용한 저주파 필터인 π형 필터를 주로 사용한다.

09 순저항 부하를 갖는 3상 반파 정류회로에서 출력전류가 연속되기 위한 점호각 α의 범위는?
① $\alpha \leq 30°$
② $\alpha \leq 45°$
③ $\alpha \leq 60°$
④ $60° \leq \alpha \leq 90°$

과년도 출제문제

01 저항부하 정류회로의 특성 중 맥동률이 가장 큰 것은? [05]
① 단상반파 ② 단상전파
③ 삼상반파 ④ 삼상전파

해설 단상반파 정류회로는 입력전압의 (+) 반주기만 통전하므로 정류효율, 직류출력이 좋지 않으며 맥동률이 크다.

02 다음 중 저항부하 시 맥동률이 가장 적은 정류방식은? [02] [04] [08] [12]
① 단상반파식 ② 단상전파식
③ 3상반파식 ④ 3상전파식

해설 맥동률은 정류된 직류 출력에 교류 성분이 얼마나 포함되어 있는지의 정도를 나타내며, 맥동률 크기의 순서는 3상 전파식 < 3상 반파식 < 단상 전파식 < 단상 반파식

03 정류회로에서 순저항 부하에 유도성 부하가 포함되면 공급 전력은? [05]
① 증가한다.
② 감소한다.
③ 변함이 없다.
④ 부하의 조건에 따라 달라진다.

해설 단상 전파정류회로에서 순저항 부하 시
$V_d = 0.45(1+\cos\alpha)$
유도성 부하 시 $V_d = 0.9\cos\alpha$

04 단상반파 정류회로의 최대 정류효율(%)은? [04]
① 30.6 ② 40.6
③ 50 ④ 81.2

해설 $\eta = \dfrac{0.406}{1+(\dfrac{R_d}{R_L})}$ 다이오드 순방향 저항값 R_d를 무시한다면 $\eta = 0.406$이며 이론상 최대효율은 40.6[%]

05 반파 정류회로에서 직류전압 200[V]를 얻는데 필요한 변압기 2차 상전압은 약 몇 [V]인가? (단, 부하는 순저항 변압기 내 전압강하를 무시하면 정류기 내의 전압강하는 50[V]로 한다.) [08] [16]
① 68 ② 113
③ 333 ④ 555

해설 단상 반파 정류회로에서 $V_d = 0.45V - e$ 이므로
$V = \dfrac{1}{0.45}(V_d + e) = \dfrac{1}{0.45}(200+50) = 555[V]$

06 단상전파 정류회로를 구성한 회로로 가장 알맞은 것은? [03] [06] [16]

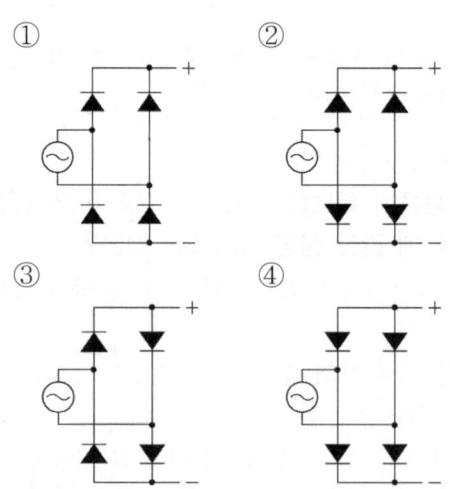

정답 1.① 2.④ 3.② 4.② 5.④ 6.①

07 반파 정류회로에서 직류전압 200[V]를 얻는데 필요한 변압기 2차 전압은 약 몇 [V]인가? (단, 부하는 순저항이고 전압강하는 15[V]로 한다.) [05]

① 74   ② 185   ③ 392   ④ 478

해설 $V_d = 0.45V - e$ 에서
$$V = \frac{1}{0.45}(V_d + e) = \frac{1}{0.45}(200 + 15) = 478[V]$$

08 220[V], 60[Hz]의 정현파 단상교류를 반파 정류하고자 한다. 순저항 부하 시 평균 출력 전압은 몇 [V]인가? (단, 정류기의 전압강하는 9[V]이다.) [02]

① 80   ② 90   ③ 100   ④ 110

해설 $V_d = 0.45V - e = (0.45 \times 220) - 9 = 90[V]$

09 그림과 같은 환류 다이오드 회로의 부하전류 평균값은 몇 [A]인가?(단, 교류전압 $V = 220[V]$, 60[Hz], 부하저항 $R = 10[\Omega]$이며 인덕턴스 L은 매우 크다.) [12]

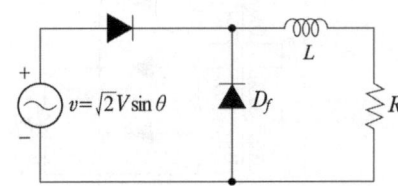

① 6.7[A]   ② 8.5[A]
③ 9.9[A]   ④ 11.7[A]

해설 환류 정류회로의 출력전압 V_0는 L과 무관하며 저항부하를 갖는 단상반파 정류회로에서의 출력전압과 동일하므로 부하전류 i_0의 평균값
$$I_{dc} = \frac{V_{dc}}{R} = \frac{0.45V}{R} = \frac{0.45 \times 220}{10} = 9.9[A]$$

10 단상전파 정류회로에서 맥동률은 약 [%]인가? [05]

① 4   ② 17   ③ 48   ④ 96

해설 $\gamma = \sqrt{(\frac{I}{0.9I})^2 - 1} = 0.48$

맥동률은 단상 반파 121[%], 단상 전파 48[%], 3상 반파 17[%], 3상 전파 4[%]이다.

11 상전압 300[V]의 3상 반파 정류회로의 직류전압은 몇 [V]인가? [07] [12]

① 117[V]   ② 200[V]
③ 283[V]   ④ 351[V]

해설 3상 반파 전류회로의 출력 전압은
$V_d = 1.17V = 1.17 \times 300 = 351[V]$

12 입력 전원 전압이 $v_s = V_m \sin\theta$인 경우, 아래 그림의 전파 다이오드 정류기의 출력전압 $v_0(t)$에 대한 평균치와 실효치를 각각 옳게 나타낸 것은? [10]

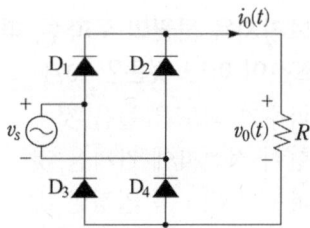

① 평균치 : $\frac{V_m}{\pi}$, 실효치 : $\frac{V_m}{2}$

② 평균치 : $\frac{V_m}{2}$, 실효치 : $\frac{V_m}{\pi}$

③ 평균치 : $\frac{V_m}{2\pi}$, 실효치 : $\frac{V_m}{\sqrt{2}}$

④ 평균치 : $\frac{2V_m}{\pi}$, 실효치 : $\frac{V_m}{\sqrt{2}}$

정답 7. ④ 8. ② 9. ③ 10. ③ 11. ④ 12. ④

해설 평균값 $V_{av} = \dfrac{2}{2\pi}\int_0^\pi V_m\sin\theta d\theta = \dfrac{2V_m}{\pi}$

실효값 $V_{\rm rms} = \sqrt{\dfrac{1}{\pi}\int_0^\pi (V_m\sin\theta)^2 d\theta} = \dfrac{V_m}{\sqrt{2}}$

13 그림의 회로에서 입력 전원(v_s)의 양(+)의 반주기 동안에 도통하는 다이오드는?
[14] [17]

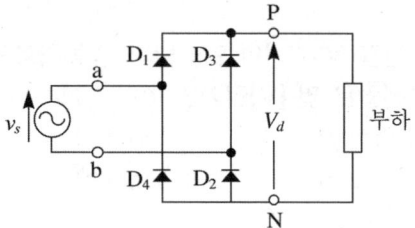

① D_1, D_2　　② D_2, D_3
③ D_4, D_1　　④ D_1, D_3

해설 4개의 다이오드를 사용하여 교류의 양(+)과 음(-)의 전 주기를 정류하는 전파 정류 방식이다. 브리지 정류회로에서 양(+)의 반주기 동안은 D_1, D_2가 도통되고 음(-)의 반주기 동안에는 D_3, D_4가 도통된다.

14 교류 브리지용 전원의 주파수, 파형에 대한 구비조건이 아닌 것은? [07]
① 주파수가 되도록 높을 것
② 파형이 정현파에 가까울 것
③ 주파수가 되도록 일정할 것
④ 취급이 간단할 것

15 단상전파 정류회로에 입력 교류전압 200[V]를 인가하여 출력되는 직류전압은 몇 [V]인가? (단, 소자의 전압강하는 무시하며 부하는 순저항 부하이다.) [03]
① 90　　② 180
③ 270　　④ 360

해설 단상 전파 정류회로의 출력 전압
$V_d = 0.9V = 0.9 \times 200 = 180[V]$

16 그림과 같은 회로에서 AB 간의 전압의 실효값을 200[V]라고 할 때 RL 양단에서 전압의 평균값은 약 몇 [V]인가? (단, 다이오드는 이상적인 다이오드이다.) [04] [07]

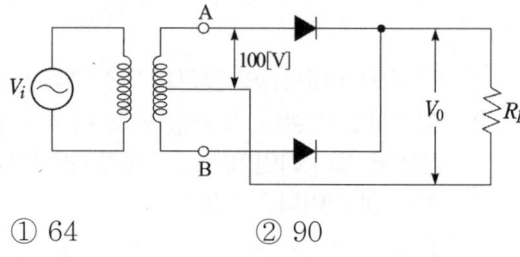

① 64　　② 90
③ 141　　④ 282

해설 단상 전파 정류회로의 출력 전압
$V_d = 0.9V = 0.9 \times 100 = 90[V]$

17 그림의 정류회로는 어떠한 회로인가? [04]

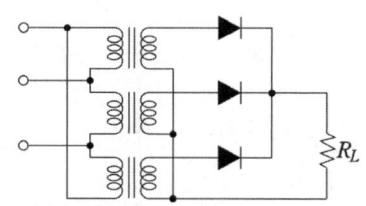

① 단상전파 정류회로
② 브리지 정류회로
③ 단상 3배압 정류회로
④ 3상 반파 정류회로

해설 입력이 3상이고 다이오드 3개를 사용한 3상 반파 정류회로

18 단상 220[V], 60[Hz]의 정현파 교류전압을 점호각 60°로 반파 위상제어 정류하여 직류로 변환하고자 한다. 순저항 부하 시 평균 출력전압은 약 몇 [V]인가? [13]
① 74[V]　　② 84[V]
③ 92[V]　　④ 110[V]

해설
$$V_d = 0.45V\left(\frac{1+\cos\alpha}{2}\right)$$
$$= 0.45 \times 220 \times \left(\frac{1+0.5}{2}\right) = 74.25[V]$$

19 120° 씩 위상차를 갖는 3상 평형전원이 아래 3상 전파 정류회로에 인가되어 있는 경우 다음 설명 중 적절하지 않은 것은? [13]

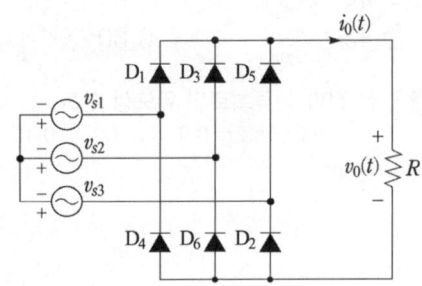

① 3상 전파 정류회로의 출력전압 $v_0(t)$은 3상 반파 정류회로의 경우보다 리플(ripple) 성분의 크기가 작다.
② 상단부 다이오드(D_1, D_3, D_5)는 임의의 시간에 3상 전원 중 전압의 크기가 양의 방향으로 가장 큰 상에 연결되어 있는 다이오드가 온(On)된다.
③ 3상 전파 정류회로의 출력전압 $v_0(t)$은 120°의 간격을 가지고 전원의 한 주기당 각 상전압의 크기를 따라가는 3개의 펄스로 나타난다.
④ 출력전압 $v_0(t)$의 평균치는 전원 선간전압 실효치의 약 1.35배이다.

해설 전원전압의 한 주기 내에 펄스폭이 120°인 6개의 펄스 형태의 선간전압으로 직류 출력전압이 얻어지므로 3상 전파 정류기를 6-펄스 정류기라고도 한다.
출력전압의 평균치는 전원 선간전압 실효치의 1.17배(3상 반파), 1.35배(3상 전파)이다.

20 단상 반파 위상제어 정류회로에서 지연각을 α로 하면 출력전압의 평균값(E_d)은 몇 [V]인가?(단, $e = \sqrt{2}E\sin\omega t$이고 $\alpha > 90°$이다.) [14]

① $\dfrac{\sqrt{2}}{2\pi}E(1+\cos\alpha)$

② $\dfrac{\sqrt{2}}{\pi}E(1+\sin\alpha)$

③ $\dfrac{\sqrt{2}}{\pi}E(1-\cos\alpha)$

④ $\dfrac{\sqrt{2}}{\pi}E(1-\sin\alpha)$

해설
$$E_d = \frac{\sqrt{2}}{2\pi}E(1+\cos\alpha)$$

21 다음 회로는 3상 전파 정류기(컨버터)의 회로도를 나타내고 있다. 점선 부분의 역할로 가장 적당한 것은? [13]

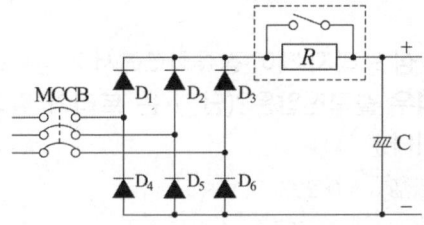

① 전압파형 개선회로　② 전류 증폭회로
③ 돌입전류 억제회로　④ 전류 차단회로

해설 스위치를 열고 닫을 때 발생하는 돌입전류는 저항을 통하여 억제한다.

정답 18. ①　19. ③　20. ①　21. ③

22 맥동전압 주파수가 전원 주파수의 6배가 되는 정류 방식은? [07]
① 단상 전파 정류   ② 단상 브리지 정류
③ 3상 반파 정류   ④ 3상 전파 정류

해설 맥동 주파수는 단상 반파 f, 단상 전파 $2f$, 3상 반파 $3f$, 3상 전파 $6f$ 이다.

23 220[V]의 교류전압을 배전압 정류할 때 최대 정류전압은? [05] [10] [11]
① 약 440[V]   ② 약 566[V]
③ 약 622[V]   ④ 약 880[V]

해설 최대 정류 전압 = $2V_m = 2 \times \sqrt{2} \times 220 = 622[V]$

24 사이리스터를 이용한 정류회로에서 직류전압의 맥동률이 가장 작은 정류회로는? [09]
① 단상 반파 정류회로
② 단상 전파 정류회로
③ 3상 전파 정류회로
④ 3상 반파 정류회로

해설 맥동률 크기순서는 3상 전파 < 3상 반파 < 단상 전파 < 단상 반파 정류회로이다.

25 단상 브리지 제어 정류회로에서 저항부하인 경우 출력전압은?(단, α는 트리거 위상각이다.) [11]
① $E_d = 0.225\,E(1+\cos\alpha)$
② $E_d = \dfrac{2\sqrt{2}}{\pi} E(\dfrac{1+\cos\alpha}{2})$
③ $E_d = \dfrac{2\sqrt{2}}{\pi} E\cos\alpha$
④ $E_d = 0.225\,E(1+\cos\alpha)$

해설 단상 전파 사이리스터 정류회로의 출력 전압
$E_d = \dfrac{2\sqrt{2}}{\pi} E(\dfrac{1+\cos\alpha}{2}) = \dfrac{\sqrt{2}}{\pi} E(1+\cos\alpha)$
$= 0.45 E(1+\cos\alpha)$

26 그림과 같은 회로에서 위상각 $\theta = 60°$의 유도부하에 대하여 점호각 α를 0°에서 180°까지 가감하는 경우 전류가 연속되는 α의 각도는 몇 °까지인가? [14]

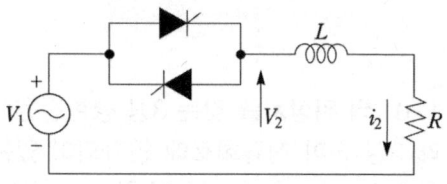

① 90   ② 60
③ 45   ④ 30

해설 단상 전파 정류회로의 유도성 부하
$V_d = 0.9\,V\cos\alpha = 0.9\,V\cos 60° = 0.45\,V$에서
$\alpha = 60°$

27 아래 그림은 3상 교류 위상제어 회로에서 사이리스터 T_1, T_4는 a상에, T_3, T_6은 b상에, T_5, T_2는 c상에 연결되어 있다. 이 때 그림의 3상 교류 위상제어 회로에 대한 설명으로 옳지 않은 것은? [12]

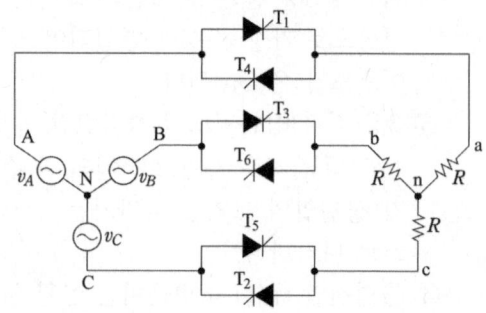

① 사이리스터 T_1, T_6, T_2만 Turn On 되어 있는 경우, 각상 부하저항에 걸리는 전압은 전원전압의 각 상전압과 동일하다.
② 사이리스터 T_1, T_6만 Turn On 되어 있고 나머지 사이리스터들이 모두 Turn Off 되어 있는 경우에는 a상 부하저항에 걸리는 전압은 ab 선간전압의 반이 걸리게 된다.
③ 6개의 사이리스터가 모두 Turn Off 되어 있는 경우에는 부하저항에 나타나는 모든 출력전압은 0 이다.
④ 사이리스터 T_2, T_3만 Turn On 되어 있고 나머지 사이리스터들이 모두 Turn Off 되어 있는 경우에는 a상 부하저항에 걸리는 전압은 전원의 A상 전압이 그대로 걸리게 된다.

해설 사이리스터 T_2, T_3만 턴온 되어 있고 나머지 사이리스터들이 턴오프 되어 있는 경우는 a상 부하저항의 전압은 0[V]이다.

28 교류를 직류로 변화시키는 정류회로에서 맥류를 직류에 가깝도록 파형을 개선하는 평활회로에 반드시 필요한 콘덴서는? [02]
① 세라믹 콘덴서
② 전해 콘덴서
③ 공기 콘덴서
④ 무극성 콘덴서

해설 정류회로에서 맥류를 직류에 가깝도록 파형을 개선하는 평활용 콘덴서는 전해 콘덴서가 사용된다.

정답 28. ②

Chapter 03 컨버터 및 인버터회로

1 컨버터 회로(AC-AC Converter)

(1) 교류전력 제어

교류 전압을 주파수 변화 없이 전압 크기만 바꾸어주는 교류-교류 전력 제어로서 사이리스터의 제어각을 변화시켜 부하 전압을 제어하며 조광용 디머, 전기담요, 전기밥솥 등의 온도조절장치 등에 이용된다.

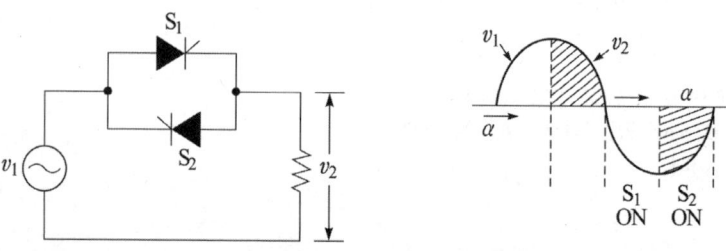

단상 교류 전력 제어

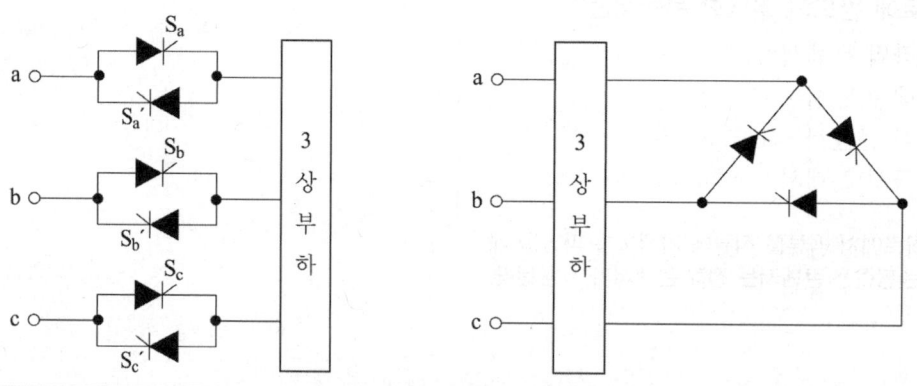

3상 교류 전력 제어

(2) 사이클로 컨버터

교류 입력의 주파수와 전압 크기를 바꾸어 주는 교류-교류 전력 제어장치로서 교류전력을 다른 주파수의 교류전력으로 변환하는 것을 주파수 변환이라 하며 직접식과 간접식이 있으며 직접식은 직접 교류로 변환시키는 방식으로 사이클로 컨버터라고 하고 간접식은 정류기와 인버터를 결합시켜 변환하는 방식이다.

사이클로컨버터는 입력 전원보다 낮은 주파수의 교류로 직접 변환시키므로 효율은 좋지만 출력파형의 일그러짐이 크며 다상방식에서 사이리스터 소자의 이용률이 나쁘고 제어회로가 복잡하다.

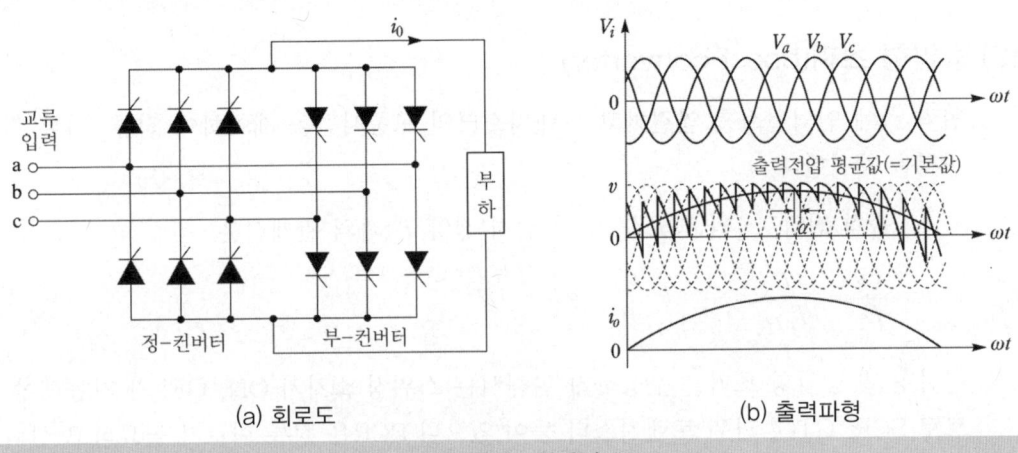

(a) 회로도   (b) 출력파형

사이클로 컨버터

2 초퍼 회로(DC-DC Converter)

(1) 강압형 초퍼(buck converter)

초퍼는 직류를 다른 크기의 직류로 변환하는 장치이며 강압형 초퍼는 트랜지스터의 도통시간을 제어하여 직류-직류 전력변환을 제어한다.

출력 전압 e_2의 평균값

$$E_2 \text{는 } E_2 = \frac{T_{on}}{T_{on}+T_{off}}E_1 = \frac{T_{on}}{T}E_1$$

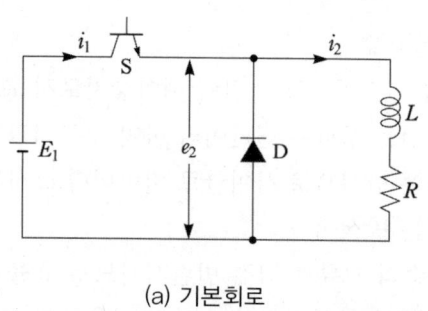 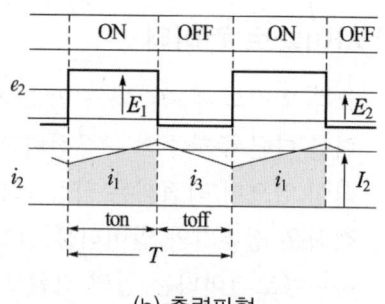

(a) 기본회로 　　　　　　　　　(b) 출력파형

강압형 초퍼

(2) 승압형 초퍼(boost converter)

입력 측에 인덕턴스를 연결하고 트랜지스터의 도통시간을 제어하여 직류-직류 전력 변환을 제어한다.

출력 전압 e_2의 평균값 E_2와 입력 전압 E_1과의 관계식은

$$\frac{E_2}{E_1} = \frac{T}{T_{off}}$$

강압형 및 승압형 초퍼를 구성하기 위해서는 스위칭 소자가 ON, OFF가 가능해야 하므로 SCR, GTO, 파워 트랜지스터 등이 있으나 SCR은 정류 회로가 필요하고 신뢰성이 낮아 거의 이용되지 않는다.

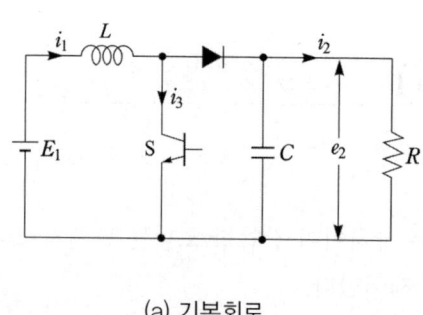 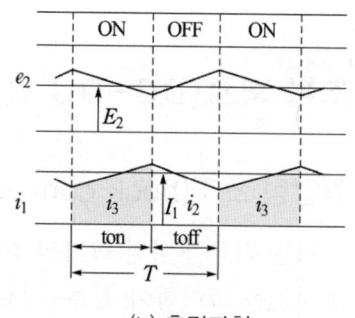

(a) 기본회로 　　　　　　　　　(b) 출력파형

승압형 초퍼

3 인버터 회로(DC-AC Converter)

(1) 인버터의 원리

반도체 소자의 스위칭 기능을 이용하여 직류 전력을 교류 전력으로 변환하는 전력 변환 장치로 VVVF 기능을 하며 제어 소자로 GTO, 사이리스터, IGBT 소자를 사용하여 직류 전력을 교류로 변환하는 역변환 장치이다.

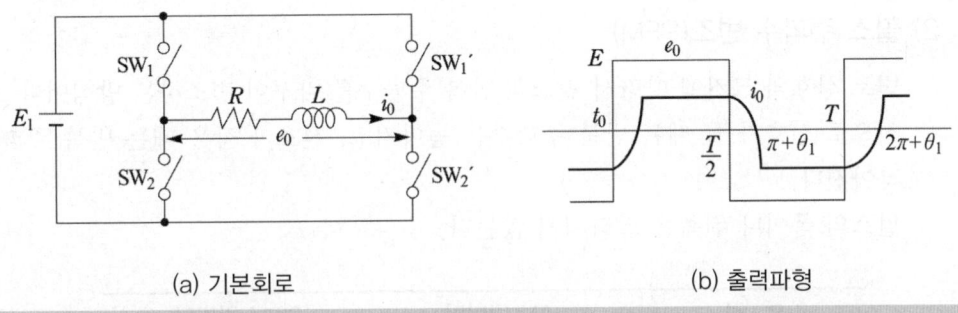

(a) 기본회로   (b) 출력파형

인버터

$t = t_0$에서 SW_1과 SW_2'를 동시에 닫으면 a점의 전위가 +로 되어 a점에서 b점으로 전위가 흐르고 $t = \dfrac{T}{2}$에서 SW_1과 SW_2'를 개방하고 SW_1'과 SW_2를 닫으면 b점의 전위가 +로 되어 b점에서 a점으로 전류가 흐르게 된다. 주기 T마다 반복하면 부하저항에 걸리는 전압은 직사각형파 직류를 얻을 수 있다.

(2) 인버터의 특징

구 분	VSI (전압형 인버터)	CSI (전류형 인버터)
출력 전압	전압파형이 구형파	전압파형이 톱니파
출력 전류	전류파형이 톱니파	전류파형이 구형파
회로구성의 특징	1) 주 소자와 역병렬로 귀환 다이오드를 갖는다. 2) 직류전원은 저임피던스의 전압원(평활 콘덴서)을 갖는다.	1) 주 소자는 한 방향으로만 전류를 흘린다. (귀환 다이오드가 없다.) 2) 직류전원은 고임피던스의 전류원(전류 리액터)을 갖는다.

(3) 출력 전압의 제어

1) 펄스 진폭 변조(PAM)

펄스의 폭 및 주기를 일정하게 하고 신호파에 따라서 그 진폭만을 변화시키는 방식이다. 변조와 복조기가 간단하지만 잡음이 혼입되면 그대로 출력이 나타나는 결점이 있다. 단독으로 쓰이는 경우는 적고, PAM-FM의 형식으로 중계하거나 다른 변조에 대한 예비 변환으로 쓰인다.

2) 펄스 주파수 변조(PFM)

변조 신호의 크기에 따라서 펄스의 반복 주파수를 바꾸어 변조하는 방식이다. 일반적으로 신호가 클 때는 반복 주파수는 높아지고, 신호가 작을 때는 반복 주파수는 낮아진다.
펄스의 폭이나 진폭은 달라지지 않는다.

항 목	PAM 인버터	PWM 인버터
전력회로	복잡하다	간단하다
제어회로	간단하다	다소 복잡하다
역률, 효율	나쁘다	좋다
속응성	나쁘다	좋다
스위칭 주파수	낮다	높다

3) 펄스 폭 변조(PWM)

변조 신호의 크기에 따라서 펄스의 폭을 변화시켜 변조하는 방식.
신호파의 진폭이 클 때는 펄스의 폭이 넓어지고, 진폭이 작을 때는 펄스의 폭이 좁아진다. 펄스의 위치나 진폭은 변하지 않는다.
SCR, GTO 등의 전력용 반도체 소자를 ON, OFF 스위치로 사용하여 교류측의 전압, 전류 크기와 주파수를 제어한다.

4) 인버터의 출력파형 개선방법

교류 필터 사용, 인버터의 다중화, 펄스폭의 최적 선정

(4) 단상 인버터

회로에 직류 전압을 공급하고 T_1, T_4와 T_2, T_3를 주기적으로 ON 시켜 주면 구형파 교류 전압이 출력되며 R, L 부하일 경우에 출력 전류의 파형은 i_0와 같은 파형이 된다.

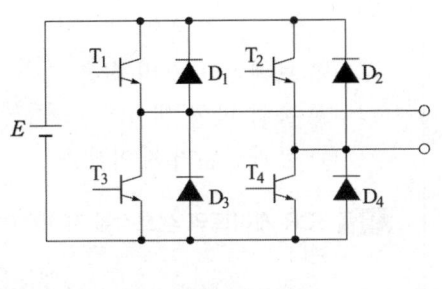

(a) 단상 인버터 회로

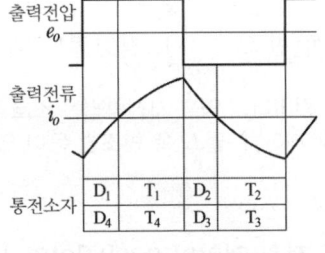

(b) 출력전압, 전류 및 통전소자

단상 인버터

(5) 3상 인버터

회로에서 트랜지스터 T_1, T_2, T_3, T_4, T_5, T_6 순서로 턴 온하면 3상 교류를 얻을 수 있다.

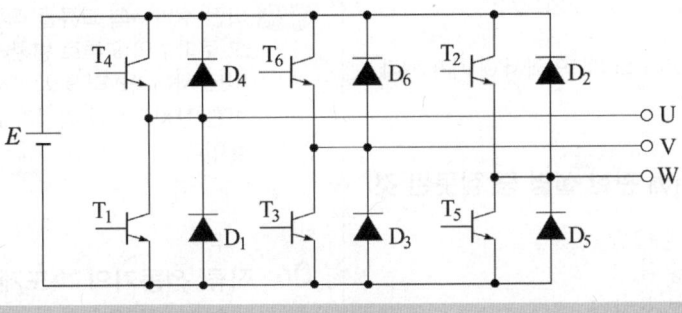

3상 인버터

출제예상문제

01 위상제어 컨버터의 역률 개선방법이 아닌 것은?
① 소호각 제어 ② 대칭각 제어
③ 펄스 폭 변조 ④ 지연전류 제어

해설 위상 제어 컨버터의 역률 개선방법은 소호각 제어법, 대칭각 제어법, 펄스 폭 변조법 등이 있다.

02 회로에서 전원 전압이 220[V]이면 사이리스터에 인가되는 역전압[V]은?

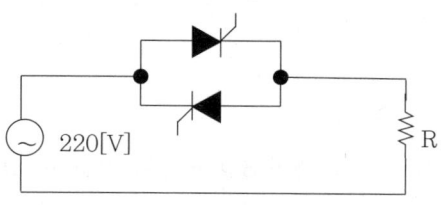

① 0 ② 155
③ 220 ④ $220\sqrt{2}$

해설 역방향 전압은 사이리스터에 의해서 0[V]가 된다.

03 사이클로 컨버터에 관한 설명 중 잘못된 것은?
① 출력파형이 좋다.
② 제어회로가 복잡하다.
③ 다상 정류결선이고 각 상의 이용률이 나쁘다.
④ 직류를 이용하지 않으므로 종합효율이 높다.

해설 입력 전원보다 낮은 주파수의 교류로 직접 변환시키므로 효율은 좋지만 출력파형의 일그러짐이 크며 다상방식에서 사이리스터 소자의 이용률이 나쁘고 제어회로가 복잡하다.

04 사이클로 컨버터에서 SCR 게이트의 작용은?
① 온-오프 작용
② 브레이크 오버 작용
③ 출력 파형 개선
④ 통과전류의 제어작용

해설 SCR 게이트의 점호각을 제어하여 주전류를 제어한다.

05 저속, 대용량 동기 전동기의 구동에 적합한 장치는?
① 전류 제어형 PWM 인버터
② 전압 제어형 PWM 인버터
③ 구형파 전류원 인버터
④ 사이클로 컨버터

해설 어떤 주파수의 교류를 직류 회로로 변환하지 않고 그 주파수의 교류로 변환하는 직접 주파수 변환 장치로 사이리스터를 사용하는 것은 전력용 주파수 변환 장치로서가 아니라 교류 전동기의 속도 제어용이다.

06 직류 전동기의 속도제어에 이용되는 전력 변환기기는?
① 단상 인버터
② 사이클로 컨버터
③ 3상 인버터
④ 초퍼

해설 초퍼는 직류를 출력하는 것으로 직류 전동기의 전압을 변환하여 속도를 제어한다.

정답 1.④ 2.① 3.① 4.④ 5.④ 6.④

07 승압형 초퍼를 맞게 설명한 것은?
① 출력전압이 입력전압보다 높다.
② 출력전압이 입력전압보다 낮다.
③ 출력전압이 입력전압이 같다.
④ 출력전압이 부하와 비례한다.

해설 강압형 초퍼는 출력전압이 입력전압보다 낮고 승압형 초퍼는 출력전압이 입력전압보다 높은 직류를 얻는다.

08 직류 2000[V]이고 스위칭 소자의 유효 ON 시간은 20[μs]일 때 기동 시와 저속 운전 시 초퍼의 출력전압이 직류 10[V]라면 초퍼의 주파수[Hz]는?
① 200 ② 250
③ 500 ④ 750

해설
$$E_2 = \frac{T_{on}}{T_{on} + T_{off}} E_1 = \frac{T_{on}}{T} E_1$$
$$T = \frac{E_1}{E_2} T_{on} = \frac{2000}{10} \times 20 \times 10^{-6} = 4[\text{ms}]$$
$$f = \frac{1}{T} = \frac{1}{4 \times 10^{-3}} = 250[\text{Hz}]$$

09 인버터의 출력전압 제어에 주로 사용되는 방식은?
① 펄스폭 변조(PWM)방식
② 펄스 진폭 변조(PAM)방식
③ 펄스 주파수 변조(PFM)방식
④ 혼합 변조(PWM+PFM)방식

해설 펄스 폭 변조(PWM)방식은 SCR, GTO 등의 전력용 반도체 소자를 ON, OFF 스위치로 사용하여 교류측의 전압, 전류 크기와 주파수를 제어하는 방식으로 인버터 출력제어에 많이 사용되고 있다.

10 인버터의 출력파형을 개선하여 정현파를 얻는 방법이 아닌 것은?
① 교류 필터 사용
② 스너버 회로 사용
③ 인버터의 다중화
④ 인버터의 최적 펄스폭 선정

해설 인버터의 출력파형 개선방법으로는 교류 필터 사용, 인버터의 다중화, 펄스폭의 최적 선정이 있다.

11 PWM 인버터에 관한 설명으로 옳은 것은?
① 스위칭 소자로 SCR을 사용한다.
② 직류 입력 전원의 크기는 일정하다.
③ 출력 전압의 주파수만 가변할 수 있다.
④ 스위치 모드 인버터라 한다.

해설 PWM 인버터는 펄스폭 변조제어에 의하여 직류를 교류로 변환하는 역변환장치로 스위치 모드 인버터라고도 한다.

12 직렬 공진형 컨버터에서 회로에 무엇을 연결하는가?
① 저항 직렬 연결
② 콘덴서 직렬 연결
③ 인덕터 직렬 연결
④ 콘덴서와 인덕터 직렬 연결

해설 직렬공진형 컨버터에는 회로에 L-C를 직렬로 연결한다.

13 인버터의 부하로 적합하지 않은 것은?
① 동기 전동기 ② 단상 유도 전동기
③ 직류 전동기 ④ 3상 유도 전동기

해설 인버터는 직류를 교류전압으로 전력 변환하기 때문에 직류 전동기는 구동할 수 없다.

14 PWM 방식에서 반송신호로 많이 사용되는 것은?
① 삼각파　② 왜형파
③ 구형파　④ 고조파

해설 PWM 방식에서 반송신호로 삼각파가 많이 사용된다.

15 유도 전동기를 전류형 인버터로 구동할 때의 설명이 잘못된 것은?
① 출력전압 파형은 톱니파이다.
② 출력전류 파형은 구형파이다.
③ 저속 스위칭 SCR을 사용할 수 있다.
④ 인버터 자체에서 출력전류의 크기를 제어할 수 있다.

해설 전류형 인버터의 출력전압의 파형은 톱니파, 출력전류 파형은 구형파이다.

16 전압형 인버터의 특징이 아닌 것은?
① 귀환 다이오드가 있다.
② 출력전압 파형은 구형파이다.
③ 출력전류 파형은 톱니파이다.
④ 직류 전원에 직렬로 큰 인덕턴스를 접속한다.

해설 전압형 인버터의 출력전압의 파형은 구형파, 출력전류 파형은 톱니파이며 주 소자와 역병렬로 귀환 다이오드를 연결하고 직류전원은 저임피던스의 전압원(평활 콘덴서)을 갖는다.

정답　14. ①　15. ④　16. ④

과년도 출제문제

01 그림과 같은 회로에서 위상각 $\theta = 60°$의 유도부하에 대해 점호각 α를 0°에서 180°까지 가감하는 경우에 전류가 연속되는 α의 각도는 몇 도인가? [02] [06] [11]

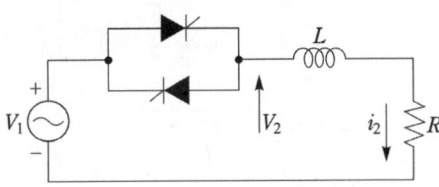

① 30 ② 60
③ 90 ④ 120

해설 단상 전파 정류회로의 유도성 부하
$V_d = 0.9\,V\cos\alpha = 0.9\,V\cos 60° = 0.45\,V$에서
$\alpha = 60°$

02 단상 전파 제어회로인 그림에서 전원 전압이 2300[V]이고 부하의 저항은 1.15[Ω]에서 2.3[Ω] 사이를 변동하지만 항상 출력부하는 2300[kW]가 되어야 한다. 이 경우에 사이리스터의 최대 전압[V]은? [02]

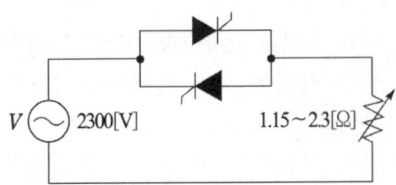

① 2308 ② 2830
③ 3252 ④ 4600

해설 $I_m = \sqrt{\dfrac{P}{R}} = \sqrt{\dfrac{2300 \times 10^3}{1.15}} = 1414.2[A]$
$R_m = 2.3[\Omega]$
$V_m = I_m \times R_m = 1414.2 \times 2.3 = 3252[V]$

03 위상 제어 스위치를 통해 부하에 10[Ω]의 저항이 연결되어 있다. 220[V] 전원에서 출력 전력을 2[kW]에서 제어하려고 한다. 제어각 α에서 부하전류의 실효값은 몇 [A]인가? [03]

① 14.14 ② 22.36
③ 33.94 ④ 8.76

해설 $I = \sqrt{\dfrac{P}{R}} = \sqrt{\dfrac{2 \times 10^3}{10}} = 14.14[A]$

04 그림의 회로에 단상 220[V], 60[Hz]를 인가할 때 부하에 흐르는 전류의 파형은? (단, 부하는 순저항 부하이고 보기의 빗금 친 부분은 통전됨을 나타낸다.) [03]

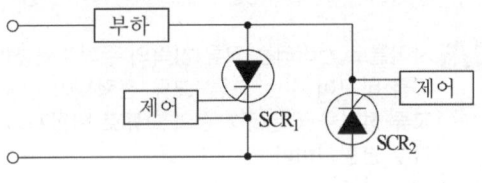

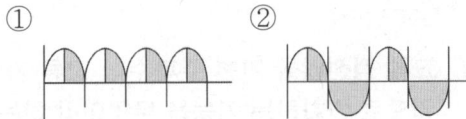

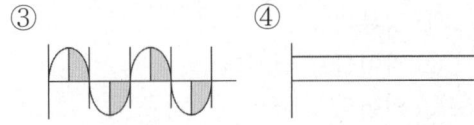

해설 회로는 SCR 2개를 역병렬로 연결하여 양의 반주기와 음의 반주기를 제어하는 단상 교류 전력 제어이다.

정답 1. ② 2. ③ 3. ① 4. ③

05 사이리스터 브리지를 이용한 일반적인 변환 장치의 특징인 것은? [02]

① 위상 제어에 의해 직류전압은 연속 가변된다.
② 자여식 전류가 가능하다.
③ 교류전류는 일련의 우수파 고조파를 함유하고 있다.
④ 제어각이 커짐에 따라 기본파 역률은 앞선 방향으로 저하된다.

해설 브리지 회로는 전파 정류이므로 위상제어를 통하여 정류 전압은 연속 가변된다.

06 사이클로 컨버터(Cycloconverter)란? [07]

① 실리콘 양방향성 소자이다.
② 제어 정류기를 사용한 주파수 변환기이다.
③ 직류 제어 소자이다.
④ 전류 제어 소자이다.

해설 사이클로 컨버터는 교류 입력의 주파수와 전압 크기를 바꾸어 주는 교류-교류 전력제어 장치로서 교류 전력을 낮은 주파수의 교류로 변환시키는 주파수 변환기이다.

07 교류 정전압을 가변 주파수나 교류 가변전압으로 변화하는 기능을 무엇이라 하는가? [04]

① 정류기
② 사이클로 컨버터
③ 인버터
④ 초퍼

해설 위의 문제풀이 참조

08 그림은 사이클로 컨버터의 출력전압과 전류의 파형이다. $\theta_2 \sim \theta_3$ 구간에서 동작되는 컨버터의 동작모드는? [13]

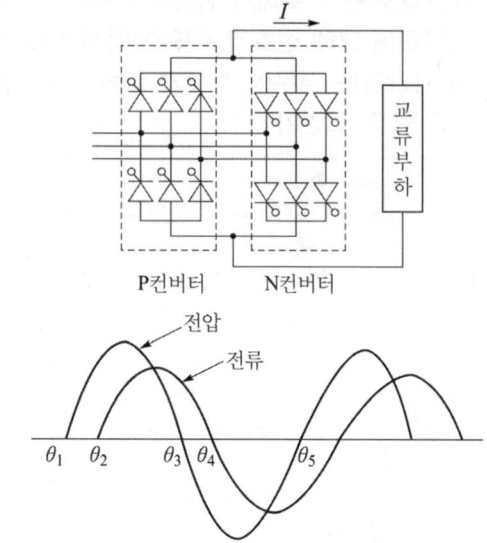

① P 컨버터, 순변환
② P 컨버터, 역변환
③ N 컨버터, 순변환
④ N 컨버터, 역변환

해설 $\theta_4 - \theta_5$ 구간 : N 컨버터, 역변환

09 사이클로 컨버터에 대한 설명으로 옳은 것은? [11]

① 교류 전력의 주파수를 변환하는 장치이다.
② 직류 전력을 교류 전력으로 변환하는 장치이다.
③ 교류 전력을 직류 전력으로 변환하는 장치이다.
④ 직류 전력 및 교류 전력을 변성하는 장치이다.

해설 교류 입력의 주파수와 전압을 바꾸어 주는 교류-교류 전력제어 장치이며 입력 전원보다 낮은 주파수의 교류로 변환시키므로 주파수 변환장치라고도 한다.

10 다음 전력변환방식 중 직류를 크기가 다른 직류로 변환하는 것은? [08]
① 인버터 ② 컨버터
③ 반파정류 ④ 직류초퍼

해설 초퍼는 직류를 다른 크기의 직류로 변환하는 직류-직류 컨버터이다.

11 전력변환을 하기 위한 반도체 전력변환장치의 변환회로에 해당하지 않는 것은? [04]
① 직류변환회로
② 교류변환회로
③ 순변환회로
④ 클리핑회로

해설 클리핑 회로는 파형의 상부나 하부 또는 상하를 일정한 레벨로 잘라내어 파형변환을 하는 회로이다.

12 그림과 같은 초퍼회로에서 $V=600[V]$, $V_C=350[V]$, $R=0.1[\Omega]$, 스위칭 주기 $T=1800[\mu s]$, L은 매우 크기 때문에 출력전류는 맥동이 없고 $I_0=100[A]$로 일정하다. 이 때 요구되는 t_{on} 시간은 몇 $[\mu s]$인가? [12]

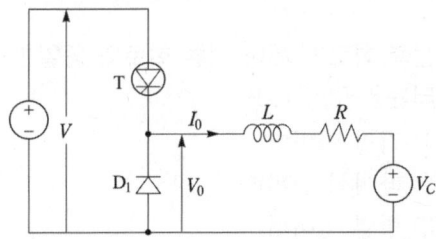

① 950[μs] ② 1050[μs]
③ 1080[μs] ④ 1110[μs]

해설 강압형 초퍼의 출력전압
$V_0 = V_c + I_0 R = 350 + (100 \times 0.1) = 360[V]$

$V_0 = \dfrac{T_{on}}{T_{on}+T_{off}} \times V = \dfrac{T_{on}}{T} \times V$ 에서

$T_{on} = \dfrac{V_0}{V} \times T = \dfrac{360}{600} \times 1800 = 1080[\mu s]$

13 사이리스터의 온(on) 기간, 오프(off) 기간 및 동작주기를 제어하여 부하의 직류 출력 전압을 직접 제어하는 것은? [04]
① 단상 인버터
② 초퍼 회로
③ 브리지형 인버터
④ 3상 인버터

해설 인버터는 직류를 교류로 전력 변환하고 초퍼는 직류를 직류로 전력 변환한다.

14 초퍼에 의한 전력제어 방법이 아닌 것은? [05]
① 위상제어방식
② 펄스 폭 변조방식
③ 혼합 변조방식
④ 펄스 주파수 변조방식

해설 초퍼는 직류를 직류로 전력 변환하고 위상제어방식은 교류를 전력 변환한다.

15 일반적으로 공진형 컨버터에 사용되지 않는 소자는? [03] [08] [10]
① MOS-FET
② SCR
③ 트랜지스터
④ IGBT

해설 컨버터의 스위치로 TR, MOS-FET, GTO, IGBT 등이 이용된다.
RLC 중에 L과 C를 공진하게 하여 소모 전력을 줄

정답 10. ④ 11. ④ 12. ③ 13. ② 14. ① 15. ②

이고 스위칭 반도체의 열도 감소시킬 수 있는 초퍼를 공진형 컨버터라고 한다. SCR은 정류회로가 필요하고 신뢰성이 낮아 거의 이용되지 않는다.

16 Boost 컨버터에서 입·출력 전압비 $\frac{V_o}{V_i}$는? (단, D는 시비율(duty cycle)이다.) [14]

① D
② $1-D$
③ $\frac{1}{1-D}$
④ $\frac{1}{D}$

해설 Boost 컨버터는 승압용 컨버터로 전압비는
$$\frac{V_o}{V_i} = \frac{T}{T_{off}} = \frac{T}{T-T_{on}} = \frac{1}{1-D}$$

17 벅 컨버터(Buck Converter)에 대한 설명으로 옳지 않은 것은? [14]

① 직류 입력전압 대비 직류 출력전압의 크기를 낮출 때 사용하는 직류-직류 컨버터이다.
② 입력전압(V_i)에 대한 출력전압(V_o)의 비 ($\frac{V_o}{V_i}$)는 스위칭 주기(T)에 대한 스위치 온(ON) 시간(t_{on})의 비인 듀티비(시비율)로 나타낸다.
③ 벅 컨버터의 출력단에는 보통 직류성분은 통과시키고 교류성분을 차단하기 위한 LC저역통과 필터를 사용한다.
④ 벅 컨버터는 일반적으로 고주파 트랜스포머(변압기)를 사용하는 절연형 컨버터이다.

해설 벅 컨버터는 강압용 DC-DC 컨버터로 출력단에는 직류성분은 통과시키고 교류성분을 차단하기 위한 LC 저역통과 필터를 사용한다.

18 반도체 전력변환 기기에서 인버터의 역할은? [02] [05] [07] [08] [09] [10]

① 직류 → 직류변환
② 직류 → 교류변환
③ 교류 → 교류변환
④ 교류 → 직류변환

해설 컨버터는 교류를 직류로 변환하는 장치이고 인버터는 직류를 교류로 변환하는 역변환 장치이다.

19 인버터(Inverter)의 전력변환에 대한 설명으로 옳은 것은? [03] [10]

① 직류를 교류로 변환시키기 위한 전력변환기이다.
② 교류를 직류로 변환시키기 위한 전력변환기이다.
③ 하나의 다른 크기를 갖는 직류를 또 다른 크기의 직류값으로 변환하기 위한 전력변환기이다.
④ 다른 크기(Amplitude)나 주파수(Frequency)를 갖는 교류값으로 변환하기 위한 전력변환기이다.

해설 인버터는 직류를 교류로 변환하는 장치이다.

20 전력 회로가 제어 정류 회로와 동일한 인버터는? [02] [03]

① 직렬 인버터
② 타여식 인버터
③ 병렬 인버터
④ 전류원 인버터

해설 타여식 인버터는 변환장치가 외부에 설치되어 인버터에 DC를 공급하는 방식이다.

정답 16. ③ 17. ④ 18. ② 19. ① 20. ②

21 인버터 제어라고도 불리며 유도 전동기에 인가되는 전압과 주파수를 동시에 변환시켜 직류 전동기 제어와 동등한 성능을 갖는 제어방식은? [02] [06] [07] [09] [16]
① VVVF 제어방식
② 궤환 제어방식
③ 워드레오나드 제어방식
④ 1단 속도 제어방식

해설 가변전압 가변 주파수(VVVF), 일정전압 일정 주파수(CVCF)

22 유도 전동기의 주파수 제어를 위한 정지형 전력변환장치는? [03] [06]
① 정류기 ② 여자기
③ 인버터 ④ 초퍼

해설 인버터는 주파수와 전압을 동시에 제어한다.

23 인버터의 스위칭 주기가 10[ms]이면 주파수는 몇 [Hz]인가? [05]
① 100 ② 60
③ 20   ④ 1

해설 $f = \dfrac{1}{T} = \dfrac{1}{10 \times 10^{-3}} = 100[\text{Hz}]$

24 CVCF의 용도는? [03]
① 자동전압조정기
② 콘덴서 차단장치
③ 실리콘형 정류기
④ 정전압 및 정주파수장치

해설 일정전압 일정주파수 제어
(CVCF, Constant Voltage Constant Frequency)

25 다음 중 직렬 인버터를 사용하는 경우는? [05]
① 비교적 주파수가 높고 출력파형이 정현파에 가까운 것을 원할 때
② 비교적 주파수가 낮고 출력파형이 정현파에 가까운 것을 원할 때
③ 비교적 주파수가 높고 출력파형이 삼각파를 원할 때
④ 비교적 주파수가 낮고 출력파형이 삼각파를 원할 때

26 전자계산기용 전원, FA 기기나 OA 기기 또는 의료기기 등 전력의 고품질화를 요구하는 기기에 광범위하게 사용되는 장치는? [02]
① CVCF 장치
② VVVF 인버터 장치
③ 컨버터 장치
④ 승압기

해설 FA, OA 기기, 의료용 기기에는 전압변동이 없는 일정한 전압, 일정 주파수가 요구되기 때문에 일정전압 일정주파수 제어(CVCF)장치가 많이 사용된다.

27 다음 설명 중 옳은 것은? [05]
① 전류형 인버터의 직류회로에는 평활 콘덴서가 필요하다.
② 전류형 인버터의 교류전압은 부하에 따라 변한다.
③ 전류형 인버터의 직류회로에는 다이오드가 직렬로 접속된다.
④ 전류형 인버터의 출력전류는 구형파다.

정답 21.① 22.③ 23.① 24.④ 25.① 26.① 27.④

해설 전압형 인버터는 출력 전압 파형은 구형파, 전류 파형은 톱니파이고 평활 콘덴서와 귀환 다이오드가 필요하고, 전류형 인버터는 출력 전압 파형은 톱니파, 전류 파형은 구형파이며 전류 리액터가 필요하다.

28 브리지형 인버터에서는 상하 암(Arm)의 전류를 바꿀 때 동시에 온(on)하면 직류 단락 상태가 되며 과전류가 발생한다. 이것을 방지하는 방법은? [05]
① 클램프 회로를 부하와 병렬로 접속한다.
② 스너버 회로를 소자와 병렬로 접속한다.
③ 암에 대한 양쪽 모두 동시에 off 상태를 유지하는 구간을 설정한다.
④ 배선의 인덕턴스를 작게 한다.

29 다음은 인버터에 관한 설명이다. 옳지 않은 것은? [12]
① 전압원 인버터에는 직류 리액터가 필요하다.
② 전압원 인버터는 전압 파형은 구형파이다.
③ 전류원 인버터는 부하의 변동에 따라 전압이 변동된다.
④ 전류원 인버터는 비교적 큰 부하에 사용된다.

해설 전압형 인버터는 출력 전압 파형은 구형파, 전류 파형은 톱니파이고 평활 콘덴서와 귀환 다이오드가 필요하고, 전류형 인버터는 출력 전압 파형은 톱니파, 전류 파형은 구형파이며 전류 리액터가 필요하다.

30 다음은 3상 전압형 인버터를 이용한 전동기 운전회로의 일부이다. 회로에서 트랜지스터의 기본적인 역할로 가장 적당한 것은? [14]

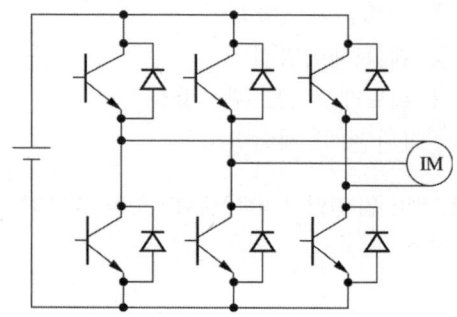

① 전압증폭
② ON · OFF
③ 전류증폭
④ 정류작용

해설 3상 전압형 인버터의 TR을 순서대로 ON, OFF하여 교류로 변환하여 3상 유도전동기를 운전할 수 있다.

31 그림과 같은 연산 증폭기에서 입력에 구형파 전압을 가했을 때 출력파형은? [03] [15]

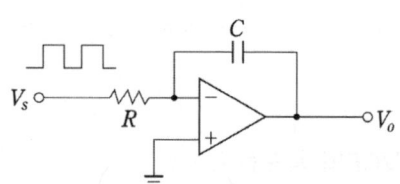

① 정현파   ② 대형파
③ 삼각파   ④ 구형파

해설 적분기이므로 구형파 입력을 가하면 삼각파 출력이 나온다.

정답 28. ③ 29. ① 30. ② 31. ③

32 전력전자 제어용 센서 소자의 구비요건이 아닌 것은? [04]
① 안전성과 직진성이 좋을 것
② 잔류편차가 없을 것
③ 리플 노이즈가 있을 것
④ 선로의 응답성이 좋을 것

해설 센서의 구비조건으로는 우수한 감도, 선택도, 안정도 및 복귀도를 갖추어야 한다.

33 서지보호장치(SPD)의 기능에 따라 분류할 경우 해당되지 않는 것은? [08] [17]
① 전류 스위칭형 SPD
② 전압 스위칭형 SPD
③ 전압 제한형 SPD
④ 복합형 SPD

해설 서지보호장치(SPD)는 기능에 따라 전압 스위칭형 SPD, 전압 제한형 SPD, 복합형 SPD 등이 있다.

34 그림과 같은 신호파와 반송파를 비교기에 인가한 경우 출력파형은? [04]

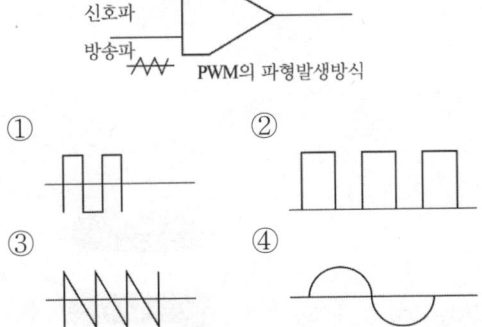

해설 신호파와 반송파를 비교하여 신호파가 반송파보다 작은 구역에서만 ON된다.

35 서지보호장치(SPD) 중 서지가 인가되지 않은 경우는 높은 임피던스 상태에 있으며 전압서지에 응답한 경우는 임피던스가 연속적으로 낮아지는 기능을 갖는 것은? [10]
① 전압 스위칭형 SPD
② 전압 제한형 SPD
③ 임피던스 스위칭형 SPD
④ 임피던스 제한형 SPD

Chapter 01 전기설비설계

01 배선재료 및 공구

1 전기설비용 공구 및 측정기구

(1) 전기 공사용 공구

공구명	그림	용도
오스터		금속관 끝에 나사를 내는 파이프 나사 절삭기로, 손잡이가 달린 래칫과 나사 날의 다이스로 구성
파이프 바이스		금속관을 절단할 때나 금속관에 나사를 죌 때 파이프를 고정시키는 것
파이프 커터		금속관 절단에 사용
리머		금속관을 절단 후 거친 관구의 가공
클리퍼		굵은 전선을 절단할 때 사용하는 가위
피시테이프		전선관에 전선을 넣을 때 사용하는 평각 강철선

공구명	그림	용도
토치램프		합성수지관을 구부릴 때 사용
펜치		전선의 절단 및 접속 시 사용 150[mm] - 소 기구용 175[mm] - 내선용 200[mm] - 외선용
와이어 스트리퍼		절연전선 피복을 벗기는 공구로서 도체의 손상 없이 정확한 길이의 피복 절연물을 쉽게 처리
프레셔툴 (압착기)		커넥터, 솔더리스 터미널 접속 시 사용
녹아웃펀치		배전반, 분전반 등의 구멍을 뚫는 공구

(2) 측정 게이지

공구명	그림	용도
마이크로미터		전선의 굵기, 철판 등의 두께를 측정하는 것으로 원형 눈금과 축 눈금을 합하여 읽는다.
와이어 게이지		전선의 굵기를 측정하는 공구로 측정할 전선을 홈에 끼워 맞는 곳의 홈의 숫자가 전선의 굵기를 나타낸다.
버니어캘리퍼스		어미자와 아들자의 눈금을 이용하여 전선관 등의 안지름, 바깥지름, 두께, 깊이를 측정

(3) 측정계기

① 저압 옥내배선의 공사순서 : 점검 – 절연저항 측정 – 접지저항 측정 – 충전시험
② 메거 : 절연저항 측정
③ 어스 테스터, 콜라우시 브리지 : 접지저항 측정
④ 네온 검정기 : 충전 유무 조사(전압 유무)
⑤ 멀티테스터, 회로 시험기 : 전압, 저항, 전류 측정, 도통시험
⑥ 훅온미터, 클램프 메터 : 통전 중인 전선의 전류, 전압 측정

2 전선 및 케이블

(1) 전선의 구비조건과 규격

1) 전선의 구비조건

① 도전율, 기계적 강도가 클 것
② 내구성이 있을 것
③ 비중(밀도)이 작고, 가요성이 풍부할 것
④ 가격이 저렴하고, 구입이 쉬울 것
⑤ 시공 및 보수의 취급이 용이할 것

2) 단선과 연선

① 단선 : 전선의 도체가 한 가닥으로 이루어진 전선
② 연선 : 단선을 꼬아 합친 전선으로 단선에 비해 잘 꼬이고 취급하기 편리하다.

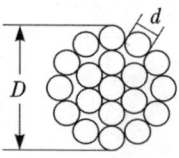

- 총 소선수 : $N = 3n(n+1) + 1$ [개]
- 바깥지름 : $D = (2n+1)d$ [mm^2]
- 단면적 $A = aN$ [mm^2]

n : 중심 소선을 뺀 층수, d : 소선의 지름, a : 한 가닥의 단면적 [mm^2]

층수(n)	1	2	3	4	5
총 소선수(N)	7	19	37	61	91

③ 전선의 굵기

전선의 종류	굵기의 명칭	종 류
단선	단면적[mm²]	1.5, 2.5, 4, 6, 10, 16, 25[mm²] 등
연선	공칭단면적[mm²]	0.9~1,000[mm²]

(2) 전선의 종류

1) 전선의 분류

전선은 나전선, 절연전선, 코드, 케이블로 나뉘고, 도체는 구리, 알루미늄, 철 등이 있다.

2) 절연전선의 종류와 약호

명 칭	약 호
450/750[V] 일반용 단심 비닐 절연전선	NR
450/750[V] 일반용 유연성 비닐 절연전선	NF
300/500[V] 기기 배선용 단심 비닐 절연전선(70[℃])	NRI(70)
300/500[V] 기기 배선용 유연성 단심 비닐 절연전선(70[℃])	NFI(70)
300/500[V] 기기 배선용 단심 비닐 절연전선(90[℃])	NRI(90)
300/500[V] 기기 배선용 유연성 단심 비닐 절연전선(90[℃])	NFI(90)
750[V] 내열성 고무 절연전선(110[℃])	HR(0.75)
300/500[V] 내열 실리콘 고무 절연전선(180[℃])	HRS
옥외용 비닐 절연전선	OW
인입용 비닐 절연전선	DV
형광방전등용 비닐 절연전선	FL
비닐절연 네온전선	NV
6/10[kV] 고압 인하용 가교 폴리에틸렌 절연전선	PDC
6/10[kV] 고압 인하용 가교 EP 고무 절연전선	PDP

① 450/750[V] 일반용 단심 비닐 절연전선(NR/종전 IV 전선)
   600[V] 이하, 60[℃] 이하에 사용되며 내수성, 내유성, 내약품성이 좋으며 검정, 백색, 적색, 청색, 녹색, 황색, 보라, 황적 및 회백색의 9종류가 있다.
② 450/750[V] 내열성 에틸렌 아세테이트 고무절연전선 (HR/종전 RB 전선)
   600[V] 이하의 옥내용에 사용된다.
③ 옥외용 비닐 절연전선(OW)
   옥외 저압 가공전선으로 사용되며 경동선을 도체로 PVC로 피복한 절연전선으로 내후성 및 내구성이 우수하나 피복의 두께가 얇고 옥내에서는 사용할 수 없다.
④ 인입용 비닐 절연전선 (DV)
   600[V] 이하의 가공인입선으로 사용되며 선심이 구분되어 배선시에 편리하고 내후성이 매우 우수하다.
⑤ 플루오르 수지 절연전선
   테프론으로 피복한 전선으로 내열성이 우수하고 기계적 강도가 크다.
⑥ 폴리에틸렌 절연전선
   600[V] 이하의 저압에 사용하며 내식성이 우수하다.
⑦ 형광등 전선(FL)
   주석 도금한 0.75[mm^2]의 연동 연선에 염화비닐 수지를 피복한 것으로 형광방전등의 관등로 전압 1000[V] 이하에 사용하며(약호 1000[V]FL) 슬립라인 형광등, 냉음극 형광등용 변압기의 고압측에 사용된다.
⑧ 네온전선
   - 고압쪽에서부터 네온관까지의 배선에 사용하는 네온 변압기의 전선으로, 2[mm^2]의 도체 위에 비닐피복을 입힌 것으로 7,500[V]용과 15,000[V]용의 2종류가 있다.
   - 네온전선의 규격(KSC 3308-1988)

명 칭	약 호
15[kV] 고무 비닐 네온전선	15[kV] N-RV
15[kV] 고무 클로로프렌 네온전선	15[kV] N-RC
15[kV] 폴리에틸렌 비닐 네온전선	15[kV] N-EV
7.5[kV] 고무 비닐 네온전선	7.5[kV] N-RV
7.5[kV] 고무 클로로프렌 네온전선	7.5[kV] N-RC
7.5[kV] 폴리에틸렌 비닐 네온전선	7.5[kV] N-EV
7.5[kV] 비닐 네온전선	7.5[kV] N-V

3) 코드

① 유연성에 중점을 두고 심선에 주석 도금한 연동선을 여러 가닥으로 꼬아서 만든 절연전선이며 0.18~0.32[mm] 정도의 극히 가는 연동선으로 된 연선에 고무, 비닐 등을 피복하여 절연한 것이다.

② 가요성이 좋아 주로 가전제품에 사용되며 특히, 전기 면도기, 헤어드라이기, 전기 다리미 등에 적합하나, 기계적 강도가 약하여 일반적인 옥내배선용으로는 사용하지 못한다.

③ 코드선의 심별 색 구분

선심 수	색
2심	흑, 백
3심	흑, 백, 적 또는 흑, 백, 녹
4심	흑, 백, 적, 녹

④ 대편코드, 원편코드(전등, 일반기구용), 방습코드(습기 있는 장소의 전등용), 캡타이어 코드(소형 전기기기용), 고무코드, 비닐코드, 내열 비닐코드, 금사코드 등이 있다.
- 고무코드 : 공칭단면적 0.5~5.5[mm^2]의 심선에 고무 절연을 하고 실로 겉을 편조한 코드
- 전열기용 코드 : 연동 연선에 종이테이프나 면사로 감아 고무 혼합물로 피복하고 석면사로 편조하여 무명실로 표면을 편조한 전선이다.
- 비닐코드 : 공칭단면적 0.5~2.0[mm^2]의 주석 도금한 연동 연선에 염화비닐 수지를 주 절연체로 만든 코드
- 금사코드 : 가용성이 좋고 부드러워서 전기 이발기, 전기 면도기, 헤어드라이기 등에 사용되며 허용전류는 보통 0.5[A] 이하로 길이는 2.5[m] 이하로 제한된다.

4) 케이블

① 소선을 꼬아서 단일 도체로 정리하여 만든 것을 한 개 또는 여러 겹으로 서로 절연시키고 이것을 하나로 합친 것으로, 도체는 서로 절연되어 보통 공통의 외피로 덮여 있다.

② 절연전선보다 절연성 및 안정성이 좋아서 높은 전압이나 전류가 많이 흐르는 배선에 사용한다.

③ 케이블의 종류와 약호

명 칭	약 호
0.6/1[kV] 비닐절연 비닐시스 케이블	VV
0.6/1[kV] 비닐절연 비닐 캡타이어 케이블	VCT
0.6/1[kV] 가교 폴리에틸렌 절연 비닐시스 케이블	CV1
0.6/1[kV] 가교 폴리에틸렌 절연 저독성 난연 폴리올레핀시스 전력케이블	HFCO
6/10[kV] 가교 폴리에틸렌 절연 비닐시스 케이블	CV10
동심중성선 차수형 전력케이블	CN-CV
폴리에틸렌 절연 비닐시스 케이블	EV
콘크리트 직매용 폴리에틸렌 절연 비닐시스 케이블(환형)	CB-EV
미네랄 인슈레이션 케이블	MI
고무 시스 용접용 케이블	AWR

④ 캡타이어 케이블
  ㉠ 비닐 시스 케이블
    2심 또는 3심의 비닐 절연선 위에 염화비닐수지 혼합물로 포장한 것으로 저압 가공 케이블, 인입구 배선, 옥외조명 가공케이블 등에 사용된다.
  ㉡ 플렉시블 시스 케이블
    고무 절연전선 또는 비닐 절연전선 위에 크래프트지를 감고 외장 내면과 전기적 접속을 접지용 나 동대를 전반에 걸쳐 삽입하고 그 위에 아연 도금 연강제의 편조를 나선모양으로 감은 케이블
  ㉢ 고무 캡타이어 케이블

분류	특 징
제1종	표면 피복에 캡타이어(천연고무 혼합물) 고무로 피복한 것
제2종	제1종보다 질 좋은 고무를 사용한 것
제3종	캡타이어 고무 피복 중간에 면포를 넣어서 강도를 보강한 것
제4종	제3종과 같고, 각 심선 사이를 고무로 채워서 튼튼하게 만든 것

주석 도금한 연동 연선을 종이테이프로 감거나 무명실로 감은 위에 순고무 30[%] 이상을 함유한 고무 혼합물로 피복하고 내수성, 내산성 내알칼리성, 내유성을 가진 질긴 고무 혼합물로 위를 다시 피복한 것으로 전기적 성질 보다 기계적 성질이 우수해 광산, 공장, 농사, 의료, 수중, 무대 등에 사용된다.

㉣ 용접용 케이블

종 류	기 호
리드용 제1종 케이블(용접용 모재에 연결선)	WCT
리드용 제2종 케이블	WNCT
홀더용 제1종 케이블(용접봉 잡는 선)	WRCT
홀더용 제2종 케이블	WRNCT

5) 전선의 선정 조건

① 허용 전류   ② 전압 강하   ③ 기계적 강도

(3) 허용전류

1) 허용전류

① 전선에 흐르는 전류의 줄열로 절연체 절연이 약화되기 때문에 전선에 흐르는 한계전류를 말한다.

② 전선의 허용전류는 도체의 굵기, 절연체 종류, 시설 조건에 따라서 결정되는 것이 일반적이다. 따라서 배선공사 방법과 절연물에 허용온도, 주위온도 등을 고려한 계산식으로 구할 수 있지만, 실제로는 전류감소계수를 보정하여 산정하는 경우가 많다.

구리도체의 공칭단면적 [mm²]	450/750[V] 일반용 단심 비닐 절연전선(NR) (도체의 허용온도 70[℃], 단위[A])	0.6/1[kV] 가교 폴리에틸렌 절연 비닐시스 케이블(CV1) (도체의 허용온도 70[℃], 단위[A])
1.5	14.5	19
2.5	19.5	26
4	26	35
6	34	45
10	46	61
16	61	81
25	80	106
35	99	131
50	119	158
70	151	200
95	182	241
120	210	278

2) 전류감소계수

절연전선을 합성수지몰드, 합성수지관, 금속몰드, 금속관, 가요전선관에 넣어 사용할 경우에는 전선의 허용전류는 전류감소계수를 곱한 것으로 한다.

동일관 내의 전선 수	전류감소계수
3 이하	0.70
4	0.63
5 또는 6	0.56
7 이상 15 이하	0.49
16 이상 40 이하	0.43
41 이상 60 이하	0.39
61 이상	0.34

3 배선기구

전선을 연결하기 위한 전기기구라고 하며 스위치류, 플러그와 소켓 등이 있다.

(1) 개폐기

1) 개폐기 설치장소

① 인입구
② 퓨즈의 전원 측
③ 부하전류를 개폐할 필요가 있는 장소

2) 개폐기의 종류

구 분	그 림	특 징	용 도
나이프 스위치	(핸들, 퓨즈(fuse))	대리석이나 백크라이트판 위에 고정된 칼과 칼받이의 접촉에 의해 전류의 흐름을 제어	일반용에는 사용할 수 없고, 전기실과 같이 취급자만이 출입하는 장소의 배전반이나 분전반에 사용

구 분	그 림	특 징	용 도
커버 나이프 스위치		나이프 스위치에 절연체 커버를 설치한 것	옥내배선의 인입 또는 분기 개폐기로 사용되며, 전기회로의 이상이 생겨 퓨즈의 용량 이상 전류가 흐르게 되면, 퓨즈가 용단되어 전기의 흐름을 차단하는 역할
안전 (세이프티) 스위치		나이프 스위치를 금속제의 함 내부에 장치하고 외부에서 핸들을 조작하여 개폐할 수 있도록 만든 것	전류계나 표시등을 부착한 것도 있으며, 전등과 전열기구 및 저압 전동기의 주 개폐기로 사용
전자 개폐기		전자석의 힘으로 개폐조작을 하는 전자 접촉기와 과전류를 감지하기 위한 열동계전기를 조합한 것	전동기의 자동조작, 원격조작에 이용

(2) 점멸기

명 칭	그 림	용 도
매입 텀블러 스위치		스위치 박스에 고정하고 플레이트로 덮은 구조이며, 토글형과 파동형의 2종이 있다.
연용 매입 텀블러 스위치		2, 3개를 연용하여 고정테에 조합하여 사용할 수 있으며, 표시 램프나 콘센트와 조합하여 사용
버튼 스위치		두 개의 버튼으로 불을 켜고 끌 수 있는 스위치
로터리 스위치		회전 스위치라고도 하며 벽이나 기둥에 붙여 전등의 점멸용으로 주로 사용하며 노브를 돌려가며 개로나 폐로 또는 강약으로 점멸

명 칭	그 림	용 도
펜던트 스위치		전등을 하나씩 따로 점멸하는 곳에 사용하고, 코드의 끝에 붙여 버튼식으로 점멸하는 스위치
코드 스위치		전기기구의 코드 도중에 넣어 회로를 개폐하는 것으로 중간 스위치라고도 하며 전기담요, 전기방석 등의 코드 중간에 사용
조광 스위치		불의 밝기를 조절할 수 있는 스위치
썬 스위치		가로등을 주위의 밝기에 따라 자동적으로 점멸하는 스위치
타임 스위치		시계기구를 내장한 스위치로 지정한 시간에 점멸을 할 수 있게 된 것과 일정시간 동안 동작하게 된 것이 있다.
풀 스위치		조명 기구나 환기 팬 등에 붙이는 끈을 당겨서 작동시키는 소형 스위치

(3) 기타 배선기구

1) 콘센트

벽 또는 표면에 붙여 시설하는 노출형과 벽이나 기둥에 매입하여 시설하는 매입형이 있다.

① 방수용 콘센트
   가옥의 외부 등에 시설하는 것으로 사용하지 않을 때에는 물이 들어가지 않도록 뚜껑으로 덮어 둘 수 있는 구조로 되어 있다.

② 시계용 콘센트
   콘센트 위에 시계를 거는 갈고리가 달려 있다.

③ 플로어 콘센트
   플로어 덕트 공사에 사용한다.

④ 턴 로크 콘센트

트위스트 콘센트라고 하며 콘센트에 끼운 플러그가 빠지는 것을 방지하기 위하여 플러그를 끼우고 약 90° 쯤 돌려 두면 빠지지 않도록 되어 있다.

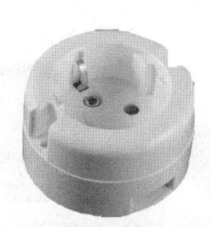 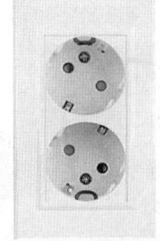 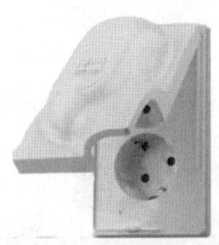

원형노출 콘센트 　　　매입형 콘센트 　　　방수형 콘센트

2) 플러그

코드와 배선의 접속 기구. 코드 끝에 부착하여 소켓이나 잭에 꽂도록 되어 있으며 플러그에는 회로 접속용, 회로와 어스 접속 병용이 있다.

명 칭	그 림	용 도
코드 접속기		코드를 서로 접속할 때 사용
멀티 탭		하나의 콘센트에 2~3가지의 기구를 사용할 때 사용
테이블 탭		코드 길이가 짧을 때 연장하여 사용
아이언 플러그		코드의 한 쪽은 꽂임 플러그로 전원 콘센트에 연결하고 다른 한 쪽은 아이언 플러그가 달려서 전기기구용 콘센트에 끼우는 것으로 전기다리미, 온탕기 등에 사용한다.

3) 소켓

전구·형광등 등에 전기를 공급하기 위한 투입구인 동시에 그것들을 지지하기 위한 기구로 키 소켓, 키리스 소켓, 리셉터클, 방수 소켓, 분기 소켓 등이 있다.

키 소켓   키리스 소켓   방수 소켓   리셉터클

출제예상문제

01 절연전선으로 가선된 배전선로에서 활선 상태인 전선의 피복을 벗기는 공구는?
① 전선피박기 ② 와이어 스트리퍼
③ 압착기 ④ 오스터

해설 전선피박기는 활선상태에서 전선의 피복을 제거하는 공구이다.

02 금속관을 절단 후 거친 관구를 매끈하게 가공하기 위한 공구는?
① 리머 ② 파이프 커터
③ 오스터 ④ 클리퍼

해설 리머는 금속관 절단 후 거친 관구를 매끈하게 가공하기 위한 공구

03 저압 전로와 대지 사이의 절연저항을 측정하는 계측기는?
① 콜라우시 브리지 ② 메거
③ 네온 검정기 ④ 혹 온 미터

해설 메거는 절연저항을 측정하는 기구이다.

04 다음의 검사방법 중 옳은 것은?
① 어스 테스터로 절연저항 측정
② 검전기로 전압을 측정
③ 콜라우시 브리지로 접지저항을 측정
④ 메거로 회로의 저항을 측정

해설 어스 테스터 : 접지저항 측정
검전기 : 충전 유무 확인
메거 : 절연저항 측정

05 동심 연선에서 심선을 뺀 총수를 n, 소선의 지름을 d, 소선 단면적을 S라 할 때 소선의 총수(N)를 구하는 식은?
① $N = 2n(n+1)$
② $N = 3n(n+1)+1$
③ $N = (1+2n)d+1$
④ $N = (1+2n)d$

해설 연선의 총 소선수 $N = 3n(n+1)+1$로 표시한다.

06 공칭단면적 8[mm²] 되는 연선의 구성은 소선의 지름이 1.2[mm]일 때 소선수는 몇 가닥으로 되어 있는가?
① 3 ② 4
③ 6 ④ 7

해설 총 단면적은 $A = aN[\text{mm}^2]$에서
$$\text{소선수} = \frac{A}{a} = \frac{\text{연선 전체 단면적}}{\text{소선 한가닥의 단면적}}$$
$$= \frac{8}{\frac{\pi \times 1.2^2}{4}} = 7[\text{가닥}]$$

07 직경 2.5[mm] 19가닥의 경동 연선의 바깥지름[mm]은?
① 8 ② 10
③ 12.5 ④ 14

해설 연선의 바깥지름
$D = (2n+1)d = (2\times 2+1)\times 2.5 = 12.5[\text{mm}]$

정답 1.① 2.① 3.② 4.③ 5.② 6.④ 7.③

08 NR 전선이라고도 하며 내수성, 내유성 및 내약품성이 매우 좋으며 오래 되어도 절연성이 그대로 유지되는 전선은?

① 450/750[V] 일반용 단심 비닐 절연전선
② 폴리에틸렌 절연전선
③ 플루오르 수지 절연전선
④ 인입용 비닐 절연전선

해설 NR전선은 600[V] 이하, 60[℃] 이하에 사용하며 내수성, 내유성, 내약품성이 좋다.

09 전기 특성이 우수하고 저압에서 특고압에 이르기까지 널리 사용되고 내약품성이 우수하며 폴리에틸렌 절연 비닐 외장 케이블의 약호는?

① VV   ② EV
③ BN   ④ RN

해설 비닐 절연 비닐 외장 케이블(VV), 폴리에틸렌 절연 비닐 시스 케이블(EV), 부틸고무 절연 클로로프렌 시스 케이블(BN), 고무 절연 클로로프렌 시스 케이블(RN)

10 전력 케이블로 저압에서 고압에 이르기까지 널리 사용하고 가교 폴리에틸렌 케이블이라고 하는 케이블은?

① VV   ② EV
③ CV   ④ RN

해설

명 칭	약호
0.6/1[kV] 가교 폴리에틸렌 절연 비닐시스 케이블	CV1
6/10[kV] 가교 폴리에틸렌 절연 비닐시스 케이블	CV10

11 내열성이 우수하고 기계적 강도가 크며 화학적으로 안정된 절연전선은?

① 플루오르 수지 절연전선
② 폴리에틸렌 절연전선
③ 비닐 절연전선
④ 인입용 비닐 절연전선

해설 테프론이라고 하는 합성수지 절연체로 피복한 플루오르 수지 절연전선은 내열성이 우수하고 기계적 강도가 크며 흡수성은 없으나 화학적으로 안정된 전선이다.

12 노출하면 외부로부터 손상을 받을 우려가 있으므로 관에 넣어 시공하는 케이블은?

① 연피 케이블
② 비닐시스 케이블
③ 고무시스 케이블
④ 주트권 연피 케이블

해설 연피 케이블은 케이블 주위에 케이블 심선이 외부 습기의 영향을 받지 않도록 연피를 씌운 케이블을 이르며, 손상, 부식의 우려가 없는 관로식 지중전선로 등에 사용한다.

13 연피가 없는 케이블은?

① 캡타이어 케이블
② 강대 외장 케이블
③ 주트권 케이블
④ 연피 케이블

해설 연피가 없는 케이블은 캡타이어 케이블, 비닐 외장 케이블, 고무 외장 케이블, 클로로플렌 외장 케이블 등이고, 연피가 있는 케이블은 주트권 케이블, 연피 케이블, 강대 외장 케이블 등이다.

정답 8. ① 9. ② 10. ③ 11. ① 12. ① 13. ①

14 절연전선의 피복 표면에 15[kV] N-RV의 표시가 되어 있는 전선은?
① 15[kV] 고무절연 비닐 네온 전선
② 15[kV] 형광등 전선
③ 15[kV] 폴리에틸렌 비닐 네온 전선
④ 15[kV] 고무절연 폴리에틸렌 네온 전선

해설 네온전선의 표면에 N-RV로 표시하는데 N은 네온전선, R은 절연체가 고무, V는 외부 피복이 비닐을 나타낸다.

15 형광등 전선의 최대 사용전압은 몇 [V]인가?
① 300[V] 이하
② 600[V] 이하
③ 750[V] 이하
④ 1000[V] 이하

해설 형광등 전선에는 1000[V] FL로 되어 있다.

16 전기적 특성이 우수하고 내식성도 좋으며 내열전선으로 300[℃]의 고온에도 사용되는 전선은?
① 폴리우레탄 전선
② 폴리에틸렌 전선
③ 연피 케이블
④ 테프론 전선

해설 테프론 전선은 내열성, 내화학성, 내충격성, 내 전기적 특성이 우수하여 내한, 내열을 요구하는 장소에 사용된다.

17 주석으로 도금한 연동연선에 종이테이프 또는 무명실을 감고 규정된 고무 혼합물을 입힌 후 질긴 고무로 외장한 것으로 이동용 배선에 쓰이는 것은?
① 권선류　　　　② 캡타이어 케이블
③ 면 절연전선　　④ 에나멜선

해설 캡타이어 케이블은 주석 도금한 연동연선을 종이테이프로 감거나 무명실로 감은 위에 순 고무 30[%] 이상을 함유한 고무 혼합물로 피복하고 내수성, 내산성, 내알칼리성, 내유성을 가진 질긴 고무 혼합물로 피복한 것이다.

18 다음 중 사용전압이 가장 높은 케이블은?
① 벨트 케이블　　② SL 케이블
③ H 케이블　　　④ OF 케이블

해설 벨트 케이블은 10[kV] 이하, SL 케이블은 20~30[kV], H 케이블은 30[kV], OF 케이블은 66~154[kV]에 사용된다.

19 코드선에 있어서 고무 코드선의 5심선 색깔은?
① 흑, 백, 적, 황, 녹
② 흑, 백, 적, 녹, 황
③ 흑, 적, 청, 녹, 황
④ 흑, 적, 청, 황, 녹

해설

선심 수	색
단심	흑
2심	흑, 백
3심	흑, 백, 적 또는 흑, 백, 녹
4심	흑, 백, 적, 녹
5심	흑, 백, 적, 녹, 황

정답 14. ①　15. ④　16. ④　17. ②　18. ④　19. ②

20 내열성이 가장 큰 절연전선은?
① 비닐 절연전선
② 알루미늄 비닐 절연전선
③ 플루오르 수지 절연전선
④ 폴리에틸렌 절연전선

해설 플루오르지 수지 절연전선은 내열성이 우수하고 기계적 강도가 크며, 흡수성이 없고 화학적으로 안정된 전선이다.

21 전선의 굵기 선정 시 고려하지 않아도 되는 것은?
① 허용전류 ② 기계적 강도
③ 전압강하 ④ 외부온도

해설 전선의 굵기 선정 시 허용전류, 기계적 강도, 전압강하를 고려하여야 한다.

22 저항선을 직렬로 접속 변경하여 발열량 또는 조도를 조절할 수 있는 스위치는?
① 로터리 스위치 ② 텀블러 스위치
③ 나이프 스위치 ④ 풀 스위치

해설 로터리 스위치는 회전식의 절환 스위치로서 노출형으로 노브를 돌려가며 개로나 폐로 또는 강약으로 점멸할 수 있는 스위치

23 3개소에서 전등을 자유롭게 점멸하기 위한 배선을 할 때 필요한 스위치 수량은?
① 3로 스위치 3개
② 4로 스위치 3개
③ 3로 스위치 2개, 4로 스위치 1개
④ 3로 스위치 1개, 4로 스위치 2개

해설 3개소에서 점멸스위치 1개가 필요하고 4개소에서 점멸할 경우에는 3로 스위치 2개, 4로 스위치 2개가 필요하다.

24 콘센트에 플러그를 끼우고 약 90° 쯤 돌려주면 빠지지 않도록 되어 있는 콘센트는?
① 플로어 콘센트
② 아이언 플러그
③ 테이블 탭
④ 턴 로크 콘센트

해설 턴 로크 콘센트는 플러그를 끼우고 90° 정도 돌려 플러그가 빠지는 것을 방지하는 기능을 가지고 있다.

25 섬유 등 먼지가 많은 장소에서 사용하는 배선 기구에 대하여 틀린 것은?
① 소켓은 키리스 소켓을 쓴다.
② 로젯은 절연성 불가연성 물질로 만들어진 것일 것
③ 로젯 안에는 반드시 퓨즈를 장치할 것
④ 로젯은 진동으로 뚜껑이 풀리지 않는 구조로 할 것

해설 먼지가 많은 장소이므로 배선기구 내부에서 불꽃이 발생되면 화재위험이 있으므로 소켓도 키가 없는 것이 좋고 로젯은 절연성 불가연성으로 만들며 파손이나 뚜껑이 풀리지 않도록 하며 로젯 내에 퓨즈를 사용하지 않는다.

26 통형 퓨즈의 종별기호 "CF6R"에서 "F"는 무엇을 의미하는가?
① 정격전압 ② 재생형
③ 나이프형 단자 ④ 통형단자

정답 20. ③ 21. ④ 22. ① 23. ③ 24. ④ 25. ③ 26. ④

해설 C : 통형퓨즈, F : 통형단자
6 : 정격전압 600[V], R : 재생형

해설 개폐기 설치 장소는 부하전류를 개폐할 필요가 있는 장소, 인입구, 퓨즈의 전원측

27 전압계, 전류계 등의 소손방지용으로 계기 내에 장치하고 봉입하는 퓨즈는?
① 텅스텐 퓨즈   ② 플러그 퓨즈
③ 고리형 퓨즈   ④ 통형 퓨즈

해설 텅스텐 퓨즈는 유리관 내에 가용제 텅스텐을 봉입한 것으로 작은 전류에 민감하게 용단되므로 전압계, 전류계 등의 소손 방지용으로 계기 내에 장치하고 봉입한 것

28 다음 중 과전류 차단기를 반드시 설치해야 할 곳은?
① 저압 옥내 간선의 전원 측 전선
② 접지공사의 접지선
③ 다선식 전로의 중성선
④ 전로의 일부에 접지공사를 한 저압 가공전로의 접지측 전선

해설 배전용 변압기의 1차 측, 발전기, 변압기, 전동기 등의 기계 기구를 보호하는 곳
저압 옥내 간선의 전원 측 전선

29 저압 개폐기를 생략해도 무방한 장소는?
① 인입구, 퓨즈의 전원 측
② 부하전류를 개폐할 필요가 있는 장소
③ 인입구 기타 고장, 점검, 측정, 수리 등에서 개로할 필요가 있는 개소
④ 퓨즈의 전원 측으로 분기회로용 과전류 차단기 이후의 퓨즈가 플러그 퓨즈와 같이 퓨즈 교환 시에 충전부에 접촉될 우려가 없는 경우

30 형광 방전등에 초크 코일을 취부하는 목적은?
① 역률을 좋게 하기 위하여
② 방전을 기동시키기 위하여
③ 잡음을 방지하기 위하여
④ 방전을 안정시키기 위하여

해설 형광 방전등에 초크 코일을 취부하는 목적은 방전을 안정시키기 위해 사용한다.

31 지락차단기 시설이 제외된 사항이 아닌 것은?
① 기계기구를 건조한 장소에 시설하는 경우
② 기계기구를 발전소, 변전소 또는 개폐소나 이에 준하는 곳에 시설하는 경우
③ 기계기구가 유도전동기의 2차측 전로에 접속되는 경우
④ 금속제 외함으로 60[V]를 넘는 저압의 기계기구에 사람의 접촉 우려가 있는 경우

해설 누전 차단기 설치장소
• 주택의 옥내에 시설하는 것으로 대지전압 150[V] 초과 300[V] 이하의 인입구
• 사람이 쉽게 접촉할 우려가 있는 장소에 시설하는 사용전압 60[V]를 초과하는 저압의 금속제 외함을 가지는 기계 기구에 전기를 공급하는 전로

정답 27. ① 28. ① 29. ④ 30. ④ 31. ④

과년도 출제문제

01 다음 중 전선의 구비조건이 아닌 것은?
[04] [11]
① 도전율이 크고 기계적인 강도가 클 것
② 신장률이 크고 내구성이 있을 것
③ 비중(밀도)이 크고, 가선이 용이할 것
④ 가격이 저렴하고, 구입이 쉬울 것

해설 전선의 구비조건
- 비중이 적을 것
- 가격이 저렴할 것
- 크고, 기계적 강도가 클 것
- 가요성이 풍부하고, 내구성이 있을 것

02 직경 2.6[mm] 단선 19가닥을 사용한 연선의 규격은? [06]
① 60[mm²]   ② 80[mm²]
③ 100[mm²]   ④ 120[mm²]

해설 소선의 단면적
$$a = \frac{\pi D^2}{4} = \frac{3.14 \times 2.6^2}{4} ≒ 5.3[\text{mm}^2]$$
연선의 단면적은 $5.3 \times 19 ≒ 100[\text{mm}^2]$

03 옥내배선에 사용하는 600[V] 비닐절연전선에서 공칭단면적 38[mm²]인 연선의 소선구성(소선수/소선의 지름)은? (단, 절연물의 최고허용온도가 60[℃]이다) [04]
① 7/1.6   ② 7/2.0
③ 7/2.3   ④ 7/2.6

해설 연선의 단면적 : 소선수 $\times \pi(\frac{\text{소선지름}}{2})^2$ 에서
$7 \times 3.14 \times (\frac{2.6}{2})^2 = 37.16 ≒ 38[\text{mm}^2]$ 이므로 2.6[mm] 7가닥으로 구성되어 있다.

04 전선에 대한 약호 중에서 HIV는 무엇을 말하는가? [09]
① 인입용 비닐절연전선
② 내열용 비닐절연전선
③ 옥외용 비닐절연전선
④ 형광방전등용 비닐절연전선

해설
- 인입용 비닐절연전선(DV)
- 내열용 비닐절연전선(HIV)
- 옥외용 비닐절연전선(OW)
- 형광방전등용 비닐절연전선(FL)

05 전선 약호 중 NRI(70)의 품명은? [10]
① 450/750[V] 일반용 단심 비닐절연전선(70℃)
② 450/750[V] 일반용 유연성 단심 비닐절연전선(70℃)
③ 300/500[V] 기기 배선용 단심 비닐절연전선(70℃)
④ 300/500[V] 기기 배선용 유연성 단심 비닐절연전선(70℃)

해설 NRI(70)은 300/500[V] 기기 배선용 단심 비닐절연전선(70℃)

06 비닐절연 비닐외장 평형 케이블의 약어는?
[02] [03] [05]
① CV   ② EV
③ VVF   ④ RN

해설
- 가교 폴리에틸렌 절연 비닐시스 케이블(CV)
- 폴리에틸렌 절연 비닐시스 케이블(EV)
- 비닐절연 비닐외장 평형 케이블(VVF)
- 고무 절연 클로로프렌 시스 케이블(RN)

정답 1. ③ 2. ③ 3. ④ 4. ② 5. ③ 6. ③

07 EV 600[V], 14[mm²]×3C로 표시되어 있는 것 중에서 EV의 정확한 명칭은? [02]
① 폴리에틸렌 절연 비닐외장 케이블
② 비닐 절연 비닐외장 케이블
③ 부틸고무절연 클로로프렌 외장 케이블
④ 고무절연 클로로프렌 외장 케이블

해설 폴리에틸렌 절연 비닐시스 케이블(EV)

08 0.6/1[kV] 비닐절연 비닐 캡타이어 케이블의 약호로서 옳은 것은? [13]
① VCT   ② CVT
③ VV   ④ VTF

해설 비닐 캡타이어 케이블(VCT), 비닐 절연 비닐 외장 케이블(VV), 2개연 비닐 코드(VTF)

09 주석 도금한 0.75[mm²](30/0.18)의 연동연선에 비닐을 피복한 것으로 형광등용 안정기의 2차 배선에 주로 사용되는 전선은? [06]
① IAL 전선   ② RB 전선
③ FL 전선   ④ ACRS 전선

해설 형광방전등용 비닐 절연전선(FL)은 형광등용 내부회로 배선에 사용된다.

10 네온관용 전선 표기가 15 kV N-EV 일 때 E는 무엇을 의미하는가? [08] [14]
① 네온전선   ② 클로로프렌
③ 비닐   ④ 폴리에틸렌

해설 15 kV N-EV은 15[kV] 폴리에틸렌 비닐 네온전선으로 N은 네온전선, E는 폴리에틸렌, V는 비닐을 나타낸다.

11 절연체 폴리에틸렌, 보호층으로 연질의 비닐 외장으로 반 경질비닐을 사용한 것으로 600[V] 이하의 저압 분기회로에 사용하는 케이블은? [06]
① CV 케이블   ② CB-EV 케이블
③ MI 케이블   ④ TFR-CV 케이블

해설
• CV 케이블 : 플라스틱 전력 케이블의 대표격으로 저압에서 특고압까지 사용
• CB-EV 케이블 : 콘크리트 직매용 폴리에틸렌 절연 비닐외장 케이블
• MI 케이블 : 압력, 심한 기계적 충격을 받는 장소에 사용

12 리드용 2종 케이블의 약호로 옳은 것은? [07]
① WRNCT   ② WNCT
③ WCT   ④ WRCT

해설 용접용 케이블의 구분에서 리드용 1종 케이블(WCT), 리드용 2종 케이블(WNCT), 홀더용 1종 케이블(WRCT), 홀더용 2종 케이블(WRNCT)이다.

13 옥내배선 공사에 사용할 수 없는 케이블은? [02]
① OF 케이블   ② VV 케이블
③ IV 케이블   ④ MI 케이블

해설 OF 케이블은 케이블 절연체와 도체 내부에 절연유를 대기압 이상의 압력으로 가득 채워 밀봉한 전력용 케이블로서 66~154[kV] 특고압에 사용한다.

14 다음 중 보호선과 전압선의 기능을 겸한 전선은? [09] [17]
① PEM선   ② PEL선
③ PEN선   ④ DV선

정답 7.① 8.① 9.③ 10.④ 11.② 12.② 13.① 14.②

해설
- PEM선 : 보호선과 중간선의 기능을 겸한 전선
- PEL선 : 보호선과 전압선의 기능을 겸한 전선
- PEN선 : 보호선과 중성선의 기능을 겸한 전선

해설 전선의 허용전류 선정 시 주위온도는 30[℃] 이하이다.

15 다음 중 전력용 케이블의 손실과 거리가 가장 먼 것은? [02] [07]
① 철손
② 저항손
③ 유전체손
④ 차폐손

해설 철손은 전기기기의 철심에서 생기는 손실로, 히스테리시스손과 와류손의 합이다.

18 조명용 전등에 일반적으로 타임스위치를 시설하는 곳은? [07]
① 병원
② 은행
③ 아파트 현관
④ 공장

해설 조명용 전등을 호텔, 여관의 객실 입구에 타임스위치를 설치하여 1분 이내에 소등하며, 일반주택, 아파트 각 호실의 현관은 3분 이내 소등되도록 한다.

16 3상 4선식 Y접속 시 전등과 동력을 공급하는 옥내배선의 경우는 상별 부하 전류가 평형으로 유도되도록 상별로 결선하기 위하여 전압 측 전선에 색별 배선을 하거나 색 테이프를 감는 등 방법으로 표시하여야 한다. 이때 전압 측 전선의 색별 표시에서 B상의 색상은? [08]
① 백색 또는 회색
② 흑색
③ 적색
④ 청색

해설 전선의 색상은 L1(갈색), L2(흑색), L3(회색), 중성선 N상(청색), 접지/보호도체(PE)(녹황교차)을 사용한다.

19 생산 공장 작업의 자동화에 널리 사용되며, 바이메탈과 조합하여 실내 난방장치의 자동온도조절에 사용되는 스위치는? [09]
① 압력 스위치
② 부동 스위치
③ 수은 스위치
④ 타임 스위치

해설 유리 용기 속에서 전극 사이를 수은으로 단락 또는 차단하는 구조의 것으로, 관 속에 수소나 불활성 가스를 채우거나 또는 진공으로 한 것으로 자동화에 널리 이용된다.

17 전기설비기술 기준령 및 내선규정에 규정된 허용전류에 의한 절연전선의 굵기 산정 시 주위온도가 몇 [℃]를 넘는 경우 전류보정 계수를 계산하여 이를 적용한 허용전류 값을 갖는 전선의 굵기를 선정하는가? [05]
① 20
② 25
③ 30
④ 35

20 전선이나 케이블의 절연물에 손상 없이 안전하게 흘릴 수 있는 최대 전류는? [10]
① 허용전류
② 상용전류
③ 부하전류
④ 안전전류

해설 허용전류는 전선의 단면적에 대응하여 안전하게 흘릴 수 있는 전류의 한도

정답 15. ① 16. ② 17. ③ 18. ③ 19. ③ 20. ①

21 자기 또는 특수 유리제의 나사식 통 안에서 아연재료로 된 퓨즈를 넣어 나사식으로 고정을 시키며 위험성이 적은 퓨즈는? [05]
① 판 퓨즈
② 통형 퓨즈
③ 플러그 퓨즈
④ 유리관 퓨즈

해설 플러그 퓨즈는 하얀 자기제의 퓨즈 커버 내에 퓨즈를 삽입하여 나사 형식으로 돌려 내부에서 서로 접촉하게 한 것이다.

22 저압 옥내간선의 전원 측 전로에 그 저압옥내 간선을 보호할 목적으로 설치하는 것은? [11]
① 조가용선
② 과전류차단기
③ 콘덴서
④ 단로기

해설 간선을 보호하기 위해 시설하는 과전류 차단기의 정격전류는 옥내 간선의 허용전류 이하의 정격전류의 것을 사용해야 한다.

23 옥내 배선 회로에 누전이 발생 했을 때 이를 감지하고, 회로를 자동 차단하여, 감전사고 및 화재를 방지할 수 있는 것은? [09]
① 커버 나이프 스위치
② 세프티 스위치
③ 배선용 차단기
④ 누전차단기

해설 누전차단기는 전동기계기구가 접속되어 있는 전로에서 누전에 의한 감전 위험을 방지하기 위해 사용되는 기기이다.

24 배전반 또는 분전반의 배관을 변경하거나 이미 설치된 캐비닛에 구멍을 뚫을 때 사용하며 수동식과 유압식이 있다. 이 공구는 무엇인가? [12]
① 클리퍼
② 클릭볼
③ 커터
④ 녹아웃 펀치

해설 녹아웃 펀치는 배전반, 분전반 등의 구멍을 뚫는 공구이다.

정답 21. ③ 22. ② 23. ④ 24. ④

02 전기설비설계 이론

1 전압과 배전방식

(1) 전압

1) 전압의 종류
   ① 저압 : 교류 1[kV] 이하, 직류 1.5[kV] 이하인 것
   ② 고압 : 교류 1[kV]를 초과하고 7[kV] 이하인 것
   　　　　 직류 1.5[kV]를 초과하고 7[kV] 이하인 것
   ③ 특고압 : 7[kV]를 초과하는 것

2) 전압의 용어
   ① 공칭전압 : 송배전선로에서 그 수전 끝의 선간 전압으로, 공칭되고 있는 전압
   ② 정격전압 : 전기기계기구, 선로 등의 정상적인 동작을 유지시키기 위해 공급해 주어야 하는 기준 전압
   ③ 대지전압 : 배전방식이 접지방식의 경우에는 전선과 대지와의 사이의 전압

(2) 배전방식

전기방식	결선도	장점 및 단점	사용장소
단상 2선식	1차측 / 220[V] / 2차측 / 접지	• 구성이 간단하다. • 전력손실과 소요 동량이 크다. • 부하의 불평형이 없다. • 대용량 부하에 부적합하다.	전등부하가 많은 주택 등에 적합하며 220[V] 사용
단상 3선식	1차측 / 110[V] 220[V] 110[V] / 2차측 / 접지	• 부하를 110/220[V] 동시 사용 • 부하의 불평형 • 소요 동량이 2선식의 37.5[%] • 중성선 단선 시 과전압 발생	소규모 공장 등에 전등, 전력공급에 사용되며 빌딩이나 주택에서는 거의 사용하지 않음

전기방식	결선도	장점 및 단점	사용장소
3상 3선식	220[V], 220[V], 220[V] 접지	• 전압변동이 적다. • 동력부하에 적합 • 소요 동량이 2선식의 75[%]	고압 수용의 구내설비, 공장 동력용으로 사용
3상 4선식	380[V], 380[V], 380[V], 220[V] 접지	• 경제적인 방식 • 중성선 단선 시 과전압 발생 • 단상과 3상부하를 동시 사용 • 부하의 불평형 발생 • 소요 동량이 2선식의 33.3[%]	대용량의 상가, 빌딩은 물론 공장 등에서 가장 많이 사용

(3) 옥내배선 선로의 대지전압의 제한

옥내전로의 대지전압은 300[V] 이하로 해야 하며, 옥내 전선로의 경우 전압을 400[V] 이하로 사용해야 하고 주택 등의 전선로 인입구에는 누전차단기를 설치하여야 한다.

① 취급자 이외의 사람이 쉽게 접촉할 우려가 없도록 할 것
② 전구소켓은 키나 점멸기구가 없는 것일 것
③ 백열전등 및 형광등 안정기는 옥내배선과 직접 접속하여 시설할 것
④ 정격 소비전력이 2[kW] 이상의 전기장치는 옥내배선과 직접 시설하고, 전용의 개폐기 및 과전류 차단기를 시설할 것
⑤ 주택 이외의 장소에서는 은폐된 장소에 합성수지관, 금속관, 케이블공사로 시설할 것

(4) 불평형 부하의 제한

1) 설비불평형률

다선식 배전에서 각 선 사이(또는 중성선과 전압쪽 전선 사이)에 접속되는 단상 부하설비 용량의 최대와 최소의 차와 총부하 설비용량의 평균치에 대한 비

전기방식	설비불평형률
단상 3선식	$\dfrac{중성선과\ 각\ 전압선간의\ 부하설비\ 용량의\ 차}{총\ 부하\ 설비용량의\ 1/2}$
3상 3선식 3상 4선식	$\dfrac{각\ 전압선에\ 연결된\ 단상부하\ 설비용량의\ 최대와\ 최소의\ 차}{총\ 부하\ 설비용량의\ 1/3}$

2) 설비불평형 부하의 문제점

설비불평형률이 커지면 선로손실이 증가하고 설비 이용률이 작아지며 중성선에 흐르는 전류가 증가하게 되고 변압기의 온도상승과 절연물의 열화가 발생

3) 불평형 부하의 제한

① 단상 3선식 : 40[%] 이하
② 3상 3선식 또는 3상 4선식 : 30[%] 이하

(5) 전압강하의 제한

1) 전압강하

부하 전선길이		허용 전압강하
분기회로		2[%] 이하
조명용 간선		3[%] 이하
동력용 배선	60[M] 이하	3[%] 이하
	120[M] 이하	4[%] 이하
	200[M] 이하	5[%] 이하
	200[M] 초과	6[%] 이하
고압계통		공급점에서 말단까지 10[%] 이하

2) 전압강하의 계산식

구 분	전압강하 계산식	전선의 최대 길이 (허용 전압강하 이내의 길이)
단상 2선식	$e = \dfrac{35.6LI}{1,000A}$ [V]	$L = \dfrac{1,000Ae}{35.6I}$ [m]
3상 3선식	$e = \dfrac{30.8LI}{1,000A}$ [V]	$L = \dfrac{1,000Ae}{30.8I}$ [m]
3상 4선식 또는 단상 3선식	$e = \dfrac{17.8LI}{1,000A}$ [V]	$L = \dfrac{1,000Ae}{17.8I}$ [m]

A : 도체 단면적[mm²], L : 선로의 길이(부하중심까지 거리)[m], e : 허용전압강하[V]

2 간선

(1) 간선의 개요

1) 간선

인입 개폐기 또는 변전실 배전반에서 분기 개폐기까지의 전선

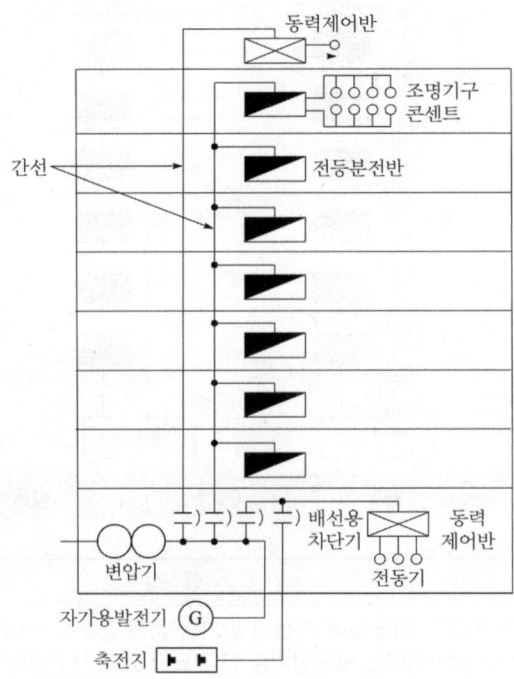

(2) 간선의 종류

1) 저압 간선

단상 2선식(220[V]), 단상 3선식(220[V]), 3상 3선식(220/380[V]), 3상 4선식(220/380[V])

2) 고압 간선

3상 3선식(3.3, 6.6[kV])

3) 특고압 간선

3상 4선식(22.9[kV])

(3) 간선의 시공

1) 간선 계통 결정

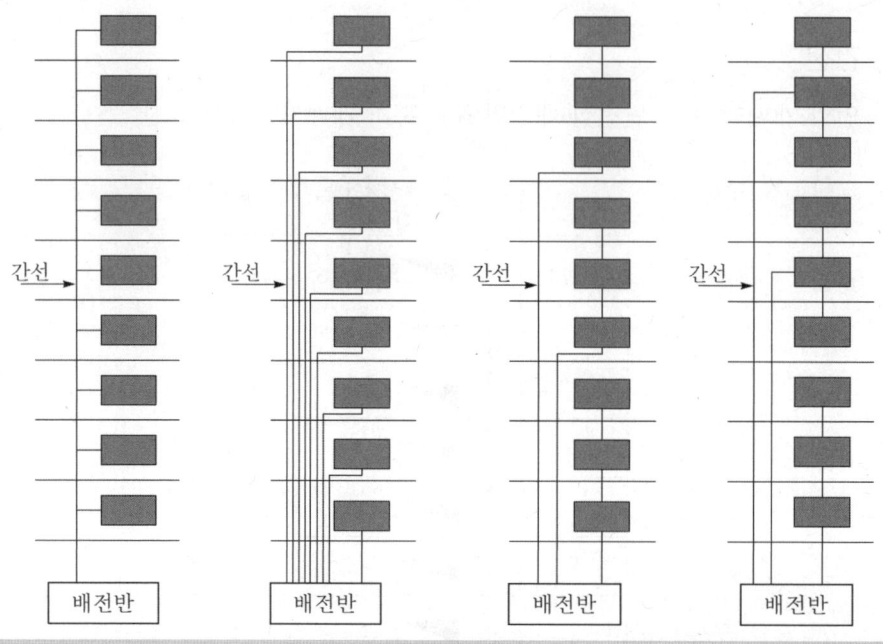

구 분	특 징
분기형 (나뭇가지식)	각 분전반을 차례로 경유하여 간선의 굵기를 점점 감소시켜 배선비는 적게 들지만 간선의 굵기가 변하는 접속점에는 보완장치를 할 필요가 있고 각 분전반 사이의 단자 전압이 차이가 생기므로 규모가 작은 경우에 이용된다.
단독형 (평행식)	각 분전반마다 전용간선을 설치하므로 각 분전반마다 전압을 균일하게 할 수 있고 사고 시 영향을 적게 할 수 있는 이점과 비용이 많이 드는 단점도 있지만 가장 이상적인 방법이다.
횡접속형 (병용식)	위의 두 가지 방식의 중간 방식으로 일반적으로 많이 쓰이고 있고 각 층마다 부하 규모가 비교적 적은 경우에 사용되며, 여러 층을 묶어 간선의 회선 수를 줄일 수 있는 점이 특징이다.

3 부하의 상정

(1) 부하의 상정

전등 및 소형 전기 기계기구의 부하용량 산정

부하설비용량[VA] = (표준부하밀도 × 바닥면적) + (부분부하밀도 × 바닥면적) + 가산부하

부하구분	건물의 종류 및 부분	표준부하밀도[VA/m²]
표준부하	공장, 공회당, 사원, 교회, 극장, 영화관, 연회장	10
	기숙사, 여관, 호텔, 병원, 학교, 음식점, 다방, 대중목욕탕	20
	사무실, 은행, 상점, 이발소, 미장원	30
	주택, 아파트	40
부분부하	계단, 복도, 세면장, 창고, 다락	5
	강당, 관람석	10
가산부하	주택, 아파트	세대 당 500~1000[VA] 언급 없으면 1000[VA]
	상점 진열장	길이 1[m]마다 300[VA]
	전광사인, 옥외 광고등, 무대조명, 특수 전등부하	실[VA] 수

(2) 분기 회로수의 결정

분기 회로수는 부하상정에 따라 상정한 부하설비용량을 110[V]인 경우에는 1760[VA], 220[V]인 경우에는 3520[VA]로 나눈 값을 원칙으로 한다.

$$분기\ 회로수[N] = \frac{부하\ 산정용량[VA]}{전압[V] \times 분기회로\ 정격[A]}$$

(3) 분기 회로 구성 시 주의사항

① 전등과 콘센트는 전용의 분기회로로 구분하는 것을 원칙으로 하며 분기회로의 길이는 전압강하와 시공을 고려하여 약 30[m] 이하로 한다.
② 정확한 부하산정이 어려울 때에는 사무실, 상점, 대형 건물에서 36[m²]마다 1회로로 구분하고 복도나 계단은 70[m²]마다 1회로로 적용한다.
③ 복도와 계단 및 습기가 있는 장소의 전등수구는 별도의 회로로 한다.

4 배전반 및 분전반

(1) 배전반

1) 데드 프런트식 배전반

배전반 표면은 각종 기계와 개폐기의 조작 핸들만이 나타나고, 모든 충전 부분은 배전반 이면에 장치한 것으로 4수직형, 벤치형, 포스트형, 조합형 등이 있다.

주로 철제가 많이 사용되고 조작이 안전하므로 고압 수전반, 고압 전동기 운전반 등에 사용된다.

2) 라이브 프런트식 배전반

보통 수직형이며 대리석, 철판 등으로 만들고 개폐기가 표면에 나타나 있으며 주로 저압 간선용에 많이 사용한다.
단독으로 사용하거나 세로로 1단, 2단 또는 3단으로 포개어 놓거나 필요한 수를 가로로 배열하며 절연내력이 크나, 기계적 강도가 약하여 운반 및 가공에 곤란하며 특수한 곳에 사용한다.

3) 폐쇄식 배전반(cubicle type)

데드 프런트식 배전반의 옆면 및 뒷면을 폐쇄하여 만든 것으로 조립형과 장갑형이 있으며 조립형은 차단기 등을 철제함에 조립하여 쓰는 것이다. 장갑형은 회로별로 모선, 계기용변성기, 차단기 등을 하나의 함 내에 장치한 것이다. 점유면적이 좁고 운전, 보수에 안전하므로 공장, 빌딩 등에 많이 사용된다.

(2) 분전반

간선에서 각 기계기구로 배선하는 전선을 분기하는 곳에 주개폐기, 분기 개폐기 및 자동 차단기를 설치하기 위해 시설하는 것으로 분전반은 철제 캐비닛 안에 나이프 스위치, 텀블러 스위치 또는 배선용 차단기를 설치하며, 내열 구조로 만든 것이 많이 사용된다. 두께 1.2[mm], 문이 달린 뚜껑은 3.2[mm] 두께의 철판으로 되어 있다.

1) 나이프식 분전반

퓨즈가 붙은 나이프 스위치와 모선을 시설, 철제 캐비닛에 장치한다.

2) 텀블러식 분전반

개폐기로 텀블러 스위치, 자동 차단기에는 퓨즈 등을 시설

3) 브레이크식 분전반

열동계전기 또는 전자 코일로 만든 차단기 유닛을 철제 캐비닛에 조립한 것으로, 개폐기와 자동 차단기의 두 가지 역할을 하게 되므로 분전반 전체가 소형으로 되고 또 조작이 안전하고 간편하여 누구나 쉽게 취급할 수 있다.

(3) 차단기

1) 유입차단기(OCB)

아크를 절연유의 소호작용에 의하여 소호하는 구조로 다른 종류의 차단기에 비해 차단성능, 보수 면에서 불리한 점이 많으나 가격이 저렴하고 넓은 전압 범위에서 적용할 수 있으며 기름을 사용하므로 화재의 위험과 무거운 것이 단점으로, 최근에는 많이 사용되지 않는다.

2) 자기차단기(MBB)

아크와 직각으로 자기장을 주어 소호실 안에 아크를 밀어넣고 아크 전압을 증대시키고 냉각하여 소호작용을 하도록 하는 것으로, 소전류에 대해서는 아크에 의한 자기장이 약하여 소호능력이 저하되므로 차단 기구에 연결한 부스터에 압축공기를 만들어 소호하도록 되어 있으며 3.3~6.6[kV]까지 고압 전로에 많이 사용된다. 화재의 염려가 없고 보수가 간단하지만 소호 능력 면에서 특고압에는 적당하지 않다.

3) 공기차단기(ABB)

개방할 때 접촉자가 떨어지면서 발생하는 아크를 강력한 압축공기(10~30[kg/cm^2 · g])로 소호하는 방식으로, 소호 능력이 변하지 않고 일정한 소호 능력을 갖추고 있으며 화재의 위험성이 적고 차단 능력이 뛰어나다. 유지 보수에도 용이하나 별도의 압축공기를 위한 부대설비가 필요하며 대용량 차단기로서 널리 쓰이는 이외에는 전기로 등 개폐 빈도가 심한 장소에 많이 쓰인다.

4) 진공차단기(VCB)

진공 상태에서 높은 절연내력과 아크 생성물이 급속한 확산을 이용하여 소호하는 구조로 매우 높은 절연내력을 가지고 있으며 소형이고 가볍다. 기름을 사용하지 않으므로 화재의 위험이 없어 많이 채용되고 있으나 동작 시 높은 서지전압이 발생하는 단점이 있다.

5) 가스차단기(GCB)

절연 능력과 소호능력이 뛰어난 불활성 가스인 SF_6 가스를 이용한 차단기로, 개폐 시에 발생한 아크를 SF_6 가스를 분사하여 소호하는 방식이다. 보수 점검 횟수와 소음이 적고 차단성이 좋으며 고가이다. 설치 면적이 커 대부분 초고압 계통의 차단기로 많이 사용된다.

6) 기중차단기(ACB)

자연공기 내에서 회로를 개방할 때 접촉자가 떨어지면서 자연 소호되는 방식을 가진 차단기로써 저압의 교류 또는 직류 차단기로 많이 사용된다.

5 수·변전설비

(1) 부하용량

건물의 용도, 규모 등에 따라 각 부하마다의 소요 전력, 즉 부하밀도[VA/m^2]를 추정하고 이에 연면적을 곱하여 설비용량을 산출한다.

부하설비용량[VA] = 부하밀도[VA/m^2] × 연면적[m^2]

(2) 변압기 용량

부하설비용량이 산정되면 수용률, 부등률, 부하율 등을 적용하여 설비에 적정한 변압기 용량을 산정한다.

1) 수용률

최대사용전력과 설비용량과의 비율로 1보다 작은 값이다

$$수용률 = \frac{최대\ 수용전력[kW]}{총설비용량[kW]} \times 100[\%]$$

2) 부등률

한 계통 내의 각 개의 부하의 최대 수용전력의 합계와 그 계통의 합성최대 수용전력과의 비이며 1보다 큰 값인데 값이 클수록 설비의 이용도가 높다.

$$부등률 = \frac{최대\ 수용전력의\ 합[kW]}{합성최대\ 수용전력[kW]} \geq 1$$

3) 부하율

일정한 기간의 평균부하전력의 최대부하전력에 대한 비로, 부하율이 클수록 설비가 효율적으로 사용되고 있다.

$$부하율 = \frac{부하의\ 평균전력[kW]}{최대\ 수용전력[kW]} \times 100[\%]$$

4) 수용률, 부등률, 부하율과의 관계

① 최대부하 = 부하의 설비합계 $\times \dfrac{수용률}{부등률}$ [kW]

② 합성최대수용전력 = $\dfrac{최대\ 수용전력의\ 합}{부등률} = \dfrac{수용설비용량의\ 합 \times 수용률}{부등률}$

③ 부하율 = $\dfrac{부하의\ 평균전력}{총\ 설비용량} \times \dfrac{부등률}{수용률}$

5) 변압기 용량

$$변압기용량 = \frac{총부하설비용량 \times 수용률}{부등률} \times 여유율\ (10[\%]\ 정도)$$

출제예상문제

01 우리나라의 공칭전압에 해당되는 것은?
① 330[V]
② 2300[V]
③ 6900[V]
④ 154000[V]

해설 우리나라의 공칭전압은 220[V], 380[V], 22.9[kV], 154[kV], 345[kV], 765[kV] 등이 있다.

02 저압 단상 3선식 회로의 중성선에는 어떻게 해야 하는가?
① 다른 선의 퓨즈와 같은 용량의 퓨즈를 넣는다.
② 다른 선의 퓨즈의 2배 용량의 퓨즈를 넣는다.
③ 다른 선의 퓨즈의 1/2배 용량의 퓨즈를 넣는다.
④ 퓨즈를 넣지 않는다.

해설 저압 단상 3선식 회로의 중성선에는 퓨즈를 넣어서는 안 된다.

03 옥내전로의 대지전압의 제한에서 잘못된 것은?
① 백열등 또는 방전등 및 이에 부속하는 전선은 사람이 접촉할 우려가 없도록 한다.
② 백열전등 및 방전등용 안정기는 옥내배선에서 직접 접속하여 시설한다.
③ 백열전등의 전구 소켓은 키나 그 밖의 점멸기구가 있는 것으로 한다.
④ 사용전압은 400[V] 이하일 것

해설 옥내전로의 대지전압은 300[V] 이하로 해야 하며, 옥내 전선로의 경우 전압을 400[V] 이하로 사용해야 하고 주택 등의 전선로 인입구에는 누전차단기를 설치하여야 한다.
- 전구소켓은 키나 점멸기구가 없는 것일 것
- 백열전등 및 형광등 안정기는 옥내배선과 직접 접속하여 시설할 것
- 정격 소비전력이 2[kW] 이상의 전기장치는 옥내배선과 직접 시설하고, 전용의 개폐기 및 과전류차단기를 시설할 것
- 주택 이외의 장소에서는 은폐된 장소에 합성수지관, 금속관, 케이블공사로 시설할 것

04 저압, 고압 및 특고압 수전의 3상 3선식 또는 3상 4선식에서 설비 불평형률 몇 [%] 이하로 하는 것을 원칙으로 하는가?
① 10
② 20
③ 30
④ 40

해설 설비 불평형률은 단상 3선식은 40[%] 이하, 3상 3선식 또는 3상 4선식은 30[%] 이하

05 단상 3선식 선로에 그림과 같이 부하가 접속되어 있을 경우 설비 불평형률은 약 몇 [%]인가?

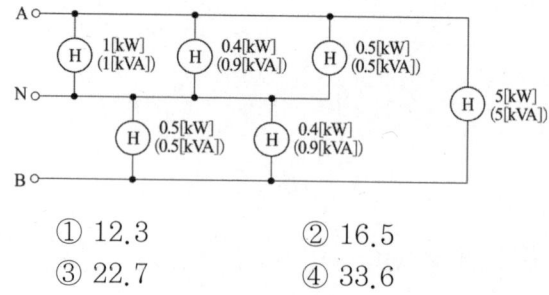

① 12.3
② 16.5
③ 22.7
④ 33.6

정답 1. ④ 2. ④ 3. ③ 4. ③ 5. ③

해설 설비불평형률
$= \dfrac{(1+0.9+0.5)-(0.5+0.9)}{\dfrac{(1+0.9+0.5)+(0.5+0.9)+5}{2}} \times 100$
$= 22.7[\%]$

해설 배전방식에 따른 전압강하

단상 2선식 $e = \dfrac{35.6LI}{1000A}[V]$

3상 3선식 $e = \dfrac{30.8LI}{1000A}[V]$

3상 4선식 또는 단상 3선식 $e = \dfrac{17.8LI}{1000A}[V]$

06 3상 3선식 선로에 그림과 같이 부하가 접속되어 있을 경우 설비 불평형률은 약 몇 [%]인가?

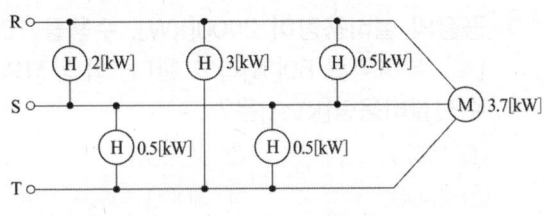

① 58.8 ② 44.7
③ 33.5 ④ 17.3

해설 설비불평형률
$= \dfrac{3-(0.5+0.5)}{\dfrac{(2+0.5)+(0.5+0.5)+3+3.7}{3}} \times 100$
$= 58.8[\%]$

07 다음 중 3상 3선식 방식에 대한 전압강하 식으로 올바른 것은?

① $e = \dfrac{30.8LI}{1000A}[V]$
② $e = \dfrac{35.6LI}{1000A}[V]$
③ $e = \dfrac{17.8LI}{1000A}[V]$
④ $e = \dfrac{23.4LI}{1000A}[V]$

08 전동기용 분기선에 퓨즈를 넣을 경우 정격전류의 몇 배 이내로 하여야 하는가?
① 1배 ② 2배
③ 3배 ④ 6배

해설 간선에 전동기와 일반부하가 접속되어 있다면, 전동기의 기동전류를 보상하기 위하여 [전동기 정격전류 합계의 3배와 일반 부하의 정격전류의 합]과 [간선의 허용전류의 2.5배 한 값] 중에서 작은 값으로 시설해야 한다.

09 간선에서 분기하여 분기 과전류 차단기를 거쳐서 부하에 이르는 사이의 배선을 무엇이라 하는가?
① 간선 ② 인입선
③ 중성선 ④ 분기회로

해설 간선에서 분기하여 부하에 이르는 전로

10 분산 부하 배전 선로에서 선로의 전력 손실은?
① 전류에 비례
② 전류에 반비례
③ 전류의 제곱에 비례
④ 전류의 제곱에 반비례

해설 전압강하는 전류에 비례하고 전력손실은 전류의 제곱에 비례한다.

11 가스 절연 개폐기나 가스차단기에 사용되는 가스인 SF_6의 성질이 아닌 것은?
① 연소하지 않는 성질이다.
② 색깔, 독성, 냄새가 없다.
③ 절연유의 1/140로 가볍지만 공기보다 5배 무겁다.
④ 공기의 25배 정도로 절연내력이 낮다.

해설 동일한 압력 하에서 공기보다 2.5~3배 정도로 절연내력이 높다.

12 설비용량이 3[kW]인 주택에서 최대 사용전력이 1.2[kW]이었다면 수용률은 몇 [%]가 되겠는가?
① 25   ② 30
③ 35   ④ 40

해설 수용률 = $\dfrac{\text{최대수용전력}}{\text{수용설비용량}} \times 100 = \dfrac{1.2}{3} \times 100 = 40[\%]$

13 최대수용전력이 5[kW], 7[kW], 8[kW], 10[kW], 14[kW]의 수용가에 있어서 그 합성 최대 수용전력이 40[kW]이다. 부등률은?
① 0.9   ② 1
③ 1.1   ④ 1.2

해설 부등률 = $\dfrac{\text{각 부하의 최대 수용전력의 합계}}{\text{합성최대 수용전력}}$
$= \dfrac{5+7+8+10+14}{40} = 1.1$

14 최대 수용전력이 35[kW]인 수용가에서 1일 소비전력이 700[kW]일 때 1일 부하율[%]은?
① 65.3   ② 74.9
③ 83.3   ④ 92.4

해설 부하율 = $\dfrac{700}{35 \times 24} \times 100 = 83.3[\%]$

15 공장의 설비용량이 2000[kW], 수용률 70[%], 부하역률 80[%]라고 한다. 이 공장의 수전설비용량[kVA]은?
① 1750   ② 2000
③ 2500   ④ 3000

해설 수전설비용량 = $\dfrac{\text{설비용량} \times \text{수용률}}{\text{역률}}$
$= \dfrac{2000 \times 0.7}{0.8} = 1750[\text{kVA}]$

정답 11. ④ 12. ④ 13. ③ 14. ③ 15. ①

과년도 출제문제

01 특고압은 몇 [V]를 초과하는 전압을 말하는가? [09]
① 3300
② 6600
③ 7000
④ 9000

해설 • 저압 : 교류는 1[kV] 이하, 직류는 1.5[kV] 이하
• 고압 : 교류는 1[kV] 초과 7[kV] 이하,
  직류는 1.5[kV] 초과 7[kV] 이하
• 특고압 : 7[kV] 초과

02 정격전압 13.2[kV]의 전원 3개를 Y결선하여 3상 전원으로 할 때 이 전원의 정격전압[kV]은? [05]
① 22.9
② 13.2
③ 7.6
④ 30

해설 Y결선의 3상 전원방식에서는 선간전압을 정격으로 표시하므로 $13.2[\text{kV}] \times \sqrt{3} = 22.9[\text{kV}]$ 이다.

03 표준전압이란 전기를 공급하는 전선로의 전압을 말하며 그 표시는 전선로를 대표하는 선간전압으로 나타낸다. 그 표준전압에 해당하지 않는 것은? [04]
① 100[V]
② 110[V]
③ 220[V]
④ 380[V]

해설 우리나라의 표준전압은 110[V], 220[V], 380[V], 22.9[kV], 154[kV], 345[kV], 765[kV] 등이 있다.

04 저압전기설비에서 적용되고 있는 용어 중 "사람이나 동물이 도전성 부위를 접촉하지 않은 경우 동시에 접근 가능한 전선 간 전압"을 무엇이라 하는가? [11]
① 예상접촉전압
② 공칭전압
③ 스트레스전압
④ 예상감전전압

05 단상3선식 전원에 한 (A)상과 중성선(N) 간에 각각 1[kVA], 0.8[kVA], 0.5[kVA]의 부하가 병렬 접속되고 다른 한 (B)상과 중성선(N)에 0.5[kVA] 및 0.8[kVA]의 부하가 병렬 접속된 회로의 양단[(A)상 및 (B)상]에 5[kVA]의 부하가 접속되었을 경우 설비 불평형률[%]은 약 얼마인가? [07] [09] [11]
① 11
② 23
③ 42
④ 56

해설
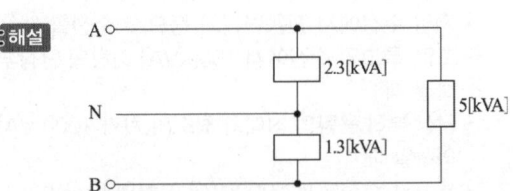

설비불평형률
$$= \frac{2.3 - 1.3}{\frac{(2.3 + 1.3 + 5)}{2}} \times 100 = 23.25[\%]$$

정답 1. ③ 2. ① 3. ① 4. ① 5. ②

06 3상 불평형 전압에서 역상전압 40[V], 정상전압 200[V], 영상전압이 20[V]라고 할 때 전압의 불평형률은 얼마인가? [07]
① 0.1　　② 0.2
③ 5　　　④ 6

해설 불평형률 = $\dfrac{역상전압}{정상전압}$ = $\dfrac{40}{200}$ = 0.2

07 고압수전의 3상 3선식에서 불평형부하의 한도는 단상접속 부하로 계산하여 설비불평형률을 30[%]이하로 하는 것을 원칙으로 한다. 다음 중 이 제한에 따르지 않을 수 있는 경우가 아닌 것은? [10] [14] [18]
① 저압 수전에서 전용변압기 등으로 수전하는 경우
② 고압 및 특고압 수전에서 100[kVA] 이하의 단상부하의 경우
③ 고압 및 특고압 수전에서 단상부하용량의 최대와 최소의 차가 100[kVA] 이하인 경우
④ 특고압 수전에서 100[kVA] 이하의 단상변압기 3대로 △결선하는 경우

해설 [3상 3선식, 4선식에서 설비 불평형률 30[%] 이하의 제한을 따르지 않아도 되는 경우]
- 저압 수전에서 전용변압기 등으로 수전할 때
- 고압, 특고압 수전에서 100[kVA] 이하의 단상부하일 때
- 단상 부하 용량의 최대와 최소의 차가 100[kVA] 이하일 때
- 특고압 수전에서 100[kVA] 이하의 단상변압기 2대로 역V결선 할 때

08 저압배선 중의 전압강하는 간선 및 분기회로에서 각각 표준전압의 몇 [%] 이하로 하는 것을 원칙으로 하는가? [03] [05] [08]
① 2　　② 3
③ 4　　④ 6

해설 저압 배선의 전압강하는 표준전압의 2[%] 이하가 원칙이나 사용 장소 내에 설치한 변압기로 공급할 때는 3[%] 이하로 할 수 있다.

09 배전방식에서 간선계통의 종류가 아닌 것은? [03]
① 단독형 간선
② 분기형 간선
③ 방사형 간선
④ 횡접속형 간선

해설 간선계통의 종류에는 나뭇가지(분기형), 평행식(단독형), 병용식(횡접속형)이 있다.

10 옥내저압 배전선의 전선 굵기를 결정하는 3대 요소가 아닌 것은? [04]
① 허용전류　　② 절연종류
③ 기계적 강도　④ 전압강하

해설 전선의 굵기는 허용전류, 전압강하, 기계적 강도를 고려하여 선정

11 정격전류 30[A]의 전동기 1대와 정격전류 5[A]의 전열기 2대를 공급하는 저압옥내 간선을 보호할 과전류차단기의 정격전류는 몇 [A]인가? [13]
① 40[A]　　② 55[A]
③ 70[A]　　④ 100[A]

해설 간선에 전동기와 일반부하가 접속되어 있다면 전동기의 기동전류를 보상하기 위하여 『전동기 정격전류 합계의 3배와 일반부하의 정격전류의 합』과

정답 6. ②　7. ④　8. ①　9. ③　10. ②　11. ④

『간선의 허용전류의 2.5배 한 값』 중에서 작은 값으로 시설해야 한다.
$(30 \times 3) + (5 \times 2) = 100[A]$

12 전원측 전로에 시설한 배선용 차단기의 정격전류가 몇 [A] 이하의 것이면 이 선로에 접속하는 단상전동기에 과부하 보호장치를 생략할 수 있는가? [02] [08] [10]
① 15 ② 20
③ 30 ④ 50

해설 [옥내에 시설하는 전동기에 과전류 경보장치나 차단기 설치를 생략할 수 있는 경우]
- 운전 중 취급자가 상시 감시할 수 있는 위치에 전동기를 설치하는 경우
- 구조적으로 전동기가 소손될 과전류가 생길 우려가 없는 경우
- 단상 전동기로서 과전류 차단기의 정격전류가 15[A] 이하인 경우

13 220[V] 저압옥내전로의 인입구 가까운 곳에 반드시 시설하여야 하는 인입구 장치는 어느 것인가? [08]
① 계량기 및 배선용 차단기
② 계량기 및 누전 차단기
③ 분전반 및 배선용 차단기
④ 개폐기 및 과전류 차단기

해설 저압옥내전로의 인입구 가까운 곳에는 개폐기 및 과전류 차단기를 시설하여야 한다.

14 누전경보기는 전압 몇 [V] 이하의 전로의 누전을 검출하는 것인가? [05]
① 100 ② 200
③ 600 ④ 7000

해설 누전 경보기는 금속류 등이 누전의 경로가 되어 화재를 발생시키기 쉬우므로 이것을 방지하기 위하여 600[V] 이하인 경계전로의 누설전류를 검출하여 자동적으로 경보

15 관등회로에 대한 설명으로 옳은 것은? [06]
① 방전등용 안정기로부터 방전관까지의 전로
② 전선 지지점의 거리가 2[m] 이하인 전로
③ 전선 상호간의 간격이 0.8[m] 이상인 전로
④ 금속관공사로서 콘크리트에 매설하는 깊이가 0.2[m] 이상인 전로

해설 관등회로는 방전등용 안정기로부터 방전관까지의 전로

16 기숙사, 여관, 병원의 표준부하는 몇 [VA/m^2]으로 상정하는가? [02] [07]
① 10 ② 20
③ 30 ④ 40

해설 기숙사, 여관, 호텔, 병원, 음식점, 다방 등의 표준부하는 20[VA/m^2]

17 전등 및 소형 전기기계 기구의 부하 산정에 있어 배선도면에 대형 전등 수구만 표시되고 부하의 종류, 용량 등의 표시가 없을 경우 이 수구의 예상부하[VA]는? [02] [05]
① 150 ② 300
③ 500 ④ 600

해설 소형 전등 수구, 콘센트의 예상부하는 150[VA/개], 대형 전등 수구의 예상부하는 300[VA/개]

정답 12. ② 13. ④ 14. ③ 15. ① 16. ② 17. ①

18 빌딩의 부하 설비용량이 2000[kW], 부하역률 90[%], 수용률이 75[%]일 때 수전설비의 용량은 약 몇 [kVA]인가? [09] [12]
① 1554[kVA] ② 1667[kVA]
③ 1800[kVA] ④ 2222[kVA]

해설 최대수용전력(수전설비 용량)
=설비용량×수용률
$= \dfrac{2000}{0.9} \times 0.75 ≒ 1667[kVA]$이다.

19 분기회로시설 중 저압 옥내간선과의 분기점에서 전선의 길이가 몇 [m] 이하인 곳에 개폐기 및 과전류 차단기를 시설하여야 하는가? [06] [15]
① 3 ② 4
③ 5 ④ 6

해설 옥내 간선의 분기점에서 전선의 길이가 3[m] 이하의 장소에는 개폐기 및 과전류 차단기를 시설하여야 한다.

20 공급점 30[m]인 지점에서 70[A], 45[m]인 지점에서 50[A], 60[m]인 지점에서 30[A]의 부하가 걸려 있을 때 부하중심까지의 거리를 산출하여 전압강하를 고려한 전선의 굵기를 결정하고자 한다. 부하중심까지의 거리는 몇 [m]인가? [10] [13]
① 62[m] ② 50[m]
③ 41[m] ④ 36[m]

해설 부하중심점 $= \dfrac{\sum(각각의\ 거리 \times 전류\ 합)}{전류의\ 합}$
$= \dfrac{(30 \times 70)+(45 \times 50)+(60 \times 30)}{70+50+30} = 41[m]$

21 일반적으로 큐비클형이라 하여 점유면적이 좁고 운전보수에 안전하므로 공장, 빌딩 등의 전기실에 많이 사용되며 조립형, 장갑형이 있는 배전반은? [07]
① 데드 프런트식 배전반
② 철제수직형 배전반
③ 라이브 프런트식 배전반
④ 폐쇄식 배전반

해설 폐쇄식 배전반은 차단기, 배전반, 변압기 모선, 애자류 등을 전부 또는 일부를 금속상자 안에 조립하는 방식으로 조립형, 장갑형이 있으며 현재 가장 많이 채택하고 있는 방식

22 다음 심벌의 명칭은 어느 것인가? [07] [09] [11]

① 전류제한기 ② 지진감지기
③ 전압제한기 ④ 역률제한기

해설 전류제한기는 전력 회사가 수용가의 인입구에 설치하여 미리 정한 값 이상의 전류가 흘렀을 때 일정 시간 내의 동작으로 정전시키기 위한 장치

23 디지털 계전기의 특징으로 부적합한 것은? [14]
① 고도의 보호기능, 보호특성을 실현한다.
② 고도의 자동감시기능을 실현한다.
③ 스위치 조작이 간편하며 동작 특성의 선택이 쉽다.
④ 계전기의 정정작업이 복잡하다.

해설 디지털 계전기의 특징
• 다양한 계측·표시 기능과 자기진단 기능에 의한 신뢰성 향상

정답 18. ② 19. ① 20. ③ 21. ④ 22. ① 23. ④

- Data 통신이 가능하고, 다양한 보호 기능이 구현되며, 고장시 분석이 매우 용이하여 사고 대응에 유리

24 다음 중 전동기 제어반에 부착하여 과전류에 의한 전동기의 소손을 방지하기 위해 널리 사용되는 보호기구는? [11]
① 차동 계전기 ② 부흐홀츠 계전기
③ 리미트 스위치 ④ EOCR

해설 과전류에 의한 전동기의 소손을 방지하기 위해 열동 계전기(THR) 또는 전자식 과전류계전기(EOCR)를 전동기 주회로에 설치한다.

25 전류계 및 전압계를 확도에 따라 분류할 때 일반 배전반용으로 사용되는 지시계기의 계급은? [06] [10]
① 0.5급 ② 1.0급
③ 1.5급 ④ 2.5급

해설 지시계기의 분류

계급	용도
0.2급	부 표준기용
0.5급	정밀측정용
1.0급	보통측정용
1.5급	공업용의 보통측정용

26 변전소에 사용하는 주요기기로써 VCB는 무엇을 의미하는가? [02] [05]
① 유입차단기 ② 자기차단기
③ 진공차단기 ④ 공기차단기

해설 유입차단기(OCB), 자기차단기(MBB), 진공차단기(VCB), 공기차단기(ABB)

27 변전실에서 전로차단이 6불화[SF_6]과 같은 특수한 기체를 매질로 하여 동작하는 차단기는? [05]
① VCB ② MBB
③ GCB ④ OCB

해설 가스차단기(GCB)는 절연내력이 높고, SF_6 가스를 소호 매질로 사용

28 어느 빌딩의 부하설비 용량이 4500[kW], 부하역률 85[%], 수용률 55[%]이라면 이 건물의 변전설비용량 최저값은 약 얼마인가? [05]
① 2104[kVA] ② 2912[kVA]
③ 2955[kVA] ④ 9626[kVA]

해설 최대수용전력
= 총 수용설비용량×수용률
= $\dfrac{4500}{0.85} \times 0.55 = 2911.76 [kVA]$

29 그림에서 전압방식은 2단 강압식을 채택하였다. 부등률을 1.2로 적용할 경우 주변압기 용량을 산정하면 몇 [kVA]인가? [04]

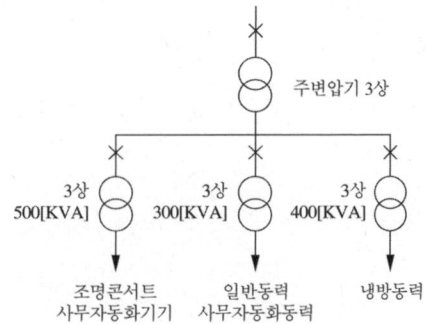

① 1000 ② 1200
③ 1300 ④ 1440

정답 24. ④ 25. ③ 26. ③ 27. ③ 28. ② 29. ①

[해설] 합성최대수용전력
$$= \frac{\text{각 부하의 최대수용전력의 합}}{\text{부등률}}$$
$$= \frac{500+300+400}{1.2} = 1000[\text{kVA}]$$

30 3상 유도전동기가 여러 대 설치되어 있는 공장에서 역률을 개선하기 위하여 경제성, 보수성만 유리하게 콘덴서를 설치한다면 다음 중 어떤 방법이 가장 적절한가? [06]
① 고압 측에 설치한다.
② 저압 측에 일괄해서 설치한다.
③ 대용량 전동기에만 설치한다.
④ 저압 측에 각 전동기마다 개별적으로 설치한다.

[해설] 진상용 콘덴서 설치방법으로는 모선에 일괄 설치하는 방법이 가장 경제적이며, 고저압 병용 설치, 개개의 부하에 설치하는 방법이 있다.

31 그림은 산업현장에서 많이 응용되고 있는 회로이다. 이 회로에서 점선 부분에 가장 타당한 회로로 맞는 것은? [08]

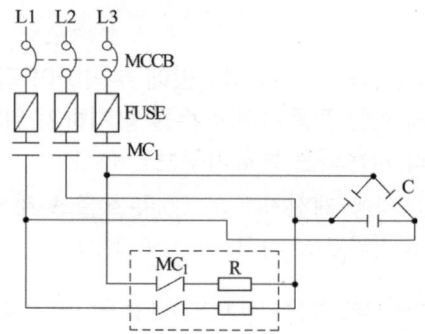

① 정역회로　　② Y-△기동회로
③ 방전장치회로　④ 역률개선회로

[해설] 저항 R은 콘덴서의 잔류전하를 방전시키는 역할을 한다.

정답 30. ①　31. ③

6 조명설비

(1) 조명의 용어

1) 조명의 4대 요소

　① 밝기(제1조건)
　　빛이 없거나 충분하지 않으면 물체가 보이지 않는다.
　② 물체의 크기(제2조건)
　　물체가 보이기 위해서는 적당한 크기가 있어야 한다. 물체의 크기란 물체의 치수가 아니라 시각(視覺)의 크기를 말한다.
　③ 대비(제3조건)
　　배경의 밝음과 보려는 물체의 밝음의 차이가 크지 않으면 잘 보이지 않는다.
　④ 시간과 속도(제4조건)
　　빠른 속도로 날아가는 총알은 볼 수 없으나 빠르더라도 달리는 자동차나 비행기는 볼 수 있는 것과 같이 시간의 조건이 좌우한다.

2) 광속(lumen, F[lm])

　어떤 면을 단위시간 내에 통과하는 빛의 전 에너지, 즉, 단위시간에 통과하는 광량

3) 광도(candela, I[cd])

　어떤 방향의 단위입체각에서 포함되는 광속수, 즉, 발산광속의 입체각 밀도

$$I = \frac{F}{\omega}[\text{cd}] \, (F : \text{광속}, \, \omega : \text{입체각}), \quad \omega = 2\pi(1-\cos\theta)$$

　(구(球) : $\omega = 4\pi$, 반구(半球) : $\omega = 2\pi$, 평판(平板) : $\omega = \pi$,
　원통(圓筒) : $\omega = \pi^2$)

4) 조도(lux, E[lx])

　어떤 면에 광속이 입사하여 그 면이 밝게 빛나는 정도, 즉, 어떤 면에 투사되는 광속 밀도

$$E = \frac{F}{A}[\text{lx}] = [\text{lm}/\text{m}^2], \, [\text{lm}/\text{m}^2] = 10^4 [\text{lm}/\text{cm}^2]$$

- 조도의 거리의 역제곱 법칙 : $E = \dfrac{I}{r^2}[\text{lx}]$
- $1[\text{m}^2]$의 피조면에 들어가는 광속이 $1[\text{lm}]$일 때의 조도를 $1[\text{lx}]$라 한다.

5) 휘도($B[\text{sb}]$)

어떤 면이 빛나는 정도, 즉, 광도의 밀도

$B = \dfrac{I}{A}[\text{cd/m}^2] = [\text{nt}]$, 여기서 A : 광원의 면적

사람이 장시간 바라볼 수 없는 휘도의 한계는 $0.5[\text{sb}] = 5000[\text{nt}]$ 이상이다.

$[\text{cd/m}^2] = [\text{nt}]$, $[\text{cd/cm}^2] = [\text{sb}]$, $1[\text{sb}] = 10^4[\text{nt}]$

6) 광속발산도($R[\text{rlx}]$)

어느 면의 단위면적으로부터 발산되는 광속, 즉, 발산광속의 밀도

$R = \dfrac{F}{A}$, 여기서 A : 단면적$[\text{m}^2]$, $F =$ 광속$[\text{lm}]$

$[\text{lm/m}^2] = [\text{rlx}] = [\text{asb}]$

7) 반사율(ρ), 투과율(τ), 흡수율(α) 관계

① 글로브 효율 $\eta = \dfrac{\tau(\rho)}{1-\rho}$

② 전등효율 $= \dfrac{\text{출력(광속)}}{\text{입력(전력)}} = \dfrac{F}{P}[\text{lm/W}]$

③ 완전 확산면

가을하늘이나 유백색 유리구와 같이 어느 방향에서 관측하여도 휘도가 동일한 표면

$R = \pi B = \rho E = \tau E$

8) 삼파장 형광램프

파장폭이 좁은 청색, 녹색, 적색 3가지 색의 빛을 조합하여 높은 백색 빛을 얻는 램프. 최근 백화점이나 고급 의상실 등에서 많이 사용하고 있다.

(2) 광원의 종류와 용도

종류		크기[W]	구조	특징	적합장소
전구	일반 백열전구	10~200	온도 복사의 발광원리를 이용한 것	가격이 싸고, 취급이 간단	국부조명, 보안용
	반사용 전구	40~500		취급이 간단하고 고광도	국부조명, 먼지 많은 곳
	할로겐 전구	100~150		소형, 고효율	전반, 국부조명
형광등	형광등	4~40	방전에 의하여 생긴 자외선이 형광 방전관 내벽에 칠한 형광물질을 자극해서 빛을 발생시키는 것	고효율, 저휘도, 긴 수명	낮은 천장 전반조명, 국부조명
	고연색 형광등	20~40		연색성 좋고, 고효율	연색성이 중시되는 장소
고압 수은등		40~2,000	유리구 내에 들어있는 수증기의 방전현상을 이용한 것	고효율, 광속이 크고, 수명이 길다.	높은 천장의 전반조명용
메탈 할라이드등		250~2,000	고압 수은등의 발광관 내에 할로겐 화합물을 넣은 것	고효율, 광속이 크다.	연색성이 중요한 장소, 전반조명(높은 천장)
고압 나트륨등		70~1,000	발광관 내에 금속나트륨증기가 봉입된 것	고효율, 광속이 크다.	연색성이 필요치 않은 장소, 투시성이 우수하여 도로, 터널, 안개지역에 사용

(3) 조명방식

1) 기구의 배치에 의한 분류

조명방식	특징
전반조명	실내 등의 조명에서 천장등 등에 의해 방 전체를 조명하는 방식, 광원을 일정한 높이와 간격으로 배치하며, 일반적으로 사무실, 학교, 공장 등에 채용된다. 이 방식은 설치가 쉽고, 작업대의 위치가 변해도 균등한 조도를 얻을 수 있다.
국부조명	필요한 곳만을 강하게 조명하는 조명방식으로 정밀한 작업을 할 때, 혹은 높은 조도를 필요로 할 때 사용되는 방식으로 밝고 어둠의 차이가 커서 눈부심을 일으키고 눈이 피로하기 쉬운 결점이 있다.
전반 국부 병용 조명	전반조명에 의하여 시각 환경을 좋게 하고, 국부조명을 병용해서 필요한 장소에 고조도를 경제적으로 얻는 방식으로 병원 수술실, 공부방, 기계공작실 등에 채용된다.

2) 조명기구의 배광에 의한 분류

조명방식	조명기구	상향광속	하향광속	특징
직접 조명	반사갓(금속)	10[%] 정도	90~100[%]	효율이 높고 경제적이지만, 그림자와 눈부심이 생기기 쉽다.
반직접 조명		10~40[%]	90~60[%]	밝음의 분포가 크게 개선된 방식으로 일반사무실, 주택, 상점 등에 적용된다.
전반확산 조명	노출 글로브	40~60[%]	40~60[%]	입체감이 있어 사무실, 학교, 상점, 주택, 공장 등에 적용한다.
반간접 조명	반사 접시(유리)	60~90[%]	10~40[%]	그늘짐이 부드러우며 눈부심도 적으나 효율은 나빠진다. 세밀한 작업을 오랫동안 하는 장소, 분위기 조명 등에 적용된다.
간접 조명	반사 접시(금속)	90~100[%]	10[%] 정도	빛이 부드럽고 눈부심이 적어 온화한 분위기를 연출할 수 있으나 조명 효율이 나쁘고, 설비비가 많이 든다. 대합실, 회의실, 입원실 등에 적용한다.

3) 건축화 조명

건축구조나 표면마감이 조명기구의 일부가 되는 것으로 건축디자인과 조명과의 조화를 도모하는 조명방식

조명방식	특징
광량조명	등기구를 천장에 반 매입하는 설치하는 조명
광천장조명	구름이 낀 날에 가까운 상태로 실내를 재현할 수 있는 천장면 광원 중에서는 가장 조명률이 높다.
코니스조명	벽면 상부를 구절하여 돌출시킨 부분의 내측에 조명기구를 설치하는 방식
코퍼조명	천장면을 원형이나 4각형으로 파서 내부에 기구를 매립하는 식으로 천장의 단조로움을 커버한 조명
루버조명	광원하에 글레어를 방지하기 위해 복수의 차광판을 격자 모양으로 배치하고, 빛의 방향을 조정하여 원하는 밝기를 얻는 조명방법
밸런스 조명	벽면조명으로 벽면에 나무나 금속판을 시설하여 그 내부에 램프를 설치하는 방식
다운라이트 조명	천장에 작은 구멍을 뚫어 그 속에 등기구를 매입시키는 방식
코브 조명	천장이나 벽 상부에 빛을 보내기 위한 조명 장치로 광원이 선반이나 오목한 부분에 의해서 가려져 있는 점이 특징이며, 휘도가 균일

(4) 우수한 조명의 요건

① 조도가 적당할 것
  장소마다 필요한 만큼의 밝음의 정도
② 시야 내의 조도차가 없을 것
  잘 보이지 않을 뿐만 아니라 눈의 피로를 초래함.
③ 눈부심이 일어나지 않도록 할 것
  불쾌하거나 대상이 보기 힘들어짐.
④ 적당한 그림자가 있을 것
  요철부와 같은 곳처럼 구분을 명확하게 할 것
⑤ 광색이 적당할 것
  인공조명을 자연광에 가까운 광색으로 선정하는 것

(5) 옥내 조명설계

1) 조명설계 순서

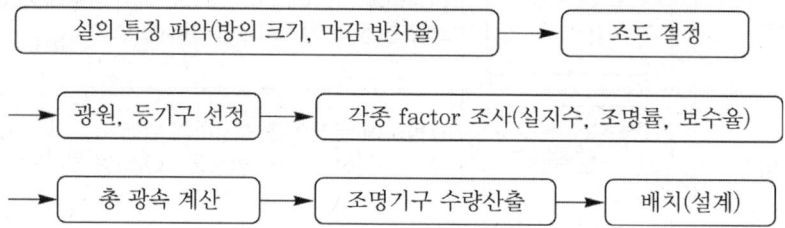

2) 조명기구의 간격과 배치

균등한 조도 분포를 얻기 위해 광원의 간격을 근접하면 좋으나 경제적인 면을 고려하여 등 간격과 등의 크기를 결정하여야 한다.

① 광원의 높이
  - 직접 조명일 때 : $H = \dfrac{2}{3}H_0$(천장과 조명 사이의 거리는 $\dfrac{H_0}{3}$)
  - 간접 조명일 때 : $H = H_0$(천장과 조명 사이의 거리는 $\dfrac{H_0}{5}$)

② 광원의 간격
- 광원 상호 간 간격 : $S \leq 1.5H$
- 등과 벽 사이의 간격 : $S_0 \leq \dfrac{H}{2}$
- 등과 벽 사이의 간격 : $S_0 \leq \dfrac{H}{3}$ (벽측을 사용할 때)

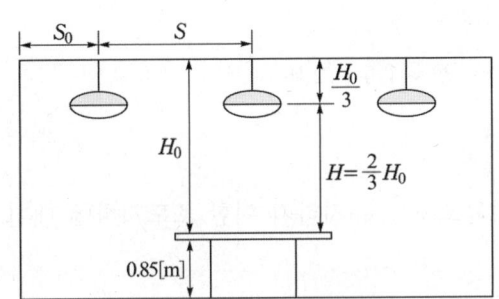

직접 조명방식에서 전등의 높이와 간격

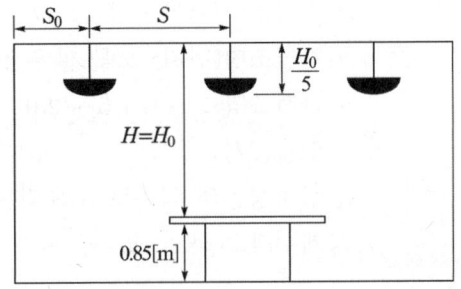

간접 조명방식에서 전등의 높이와 간격

3) 조명의 계산

① 광속의 결정(F)

총 광속 $N \times F = \dfrac{E \times A}{U \times M} = \dfrac{EAD}{U}$[lm]

E : 평균 조도 A : 실내의 면적 U : 조명률 D : 감광 보상률 $= \dfrac{1}{U}$

M : 보수율 N : 소요 등수 F : 1등당 광속

② 조명률 결정(U)
광원에서 방사되는 전 광속에 대한 작업 면에 입사하는 광속의 비율을 말하며, 실지수, 조명기구의 종류, 반사율, 감광보상률에 따라 결정된다.

③ 실지수의 결정
실지수는 광속법에 의해 실내의 전등 조명 계산을 하는 경우, 조명률을 구하기 위한 하나의 지수로, 방의 모양에 의한 영향을 나타낸 것

실지수 $= X \cdot \dfrac{Y}{H(X+Y)}$

X : 방의 가로 길이
Y : 방의 세로 길이
H : 작업면으로부터 광원의 높이

④ 반사율

조명률에 대하여 천장, 벽, 바닥의 반사율이 각각 영향을 주지만 이들 중 천장의 영향이 가장 크고, 벽면, 바닥, 순서이다.

⑤ 감광보상률(D)

광원으로부터의 광속수는 광원의 수명과 더불어 감소하고, 또 광원 표면·반사면 등의 먼지(보수 상태)에 의해 감소하는 비율

- 직접조명(보통 장소) : $D = 1.3$
- 직접조명(먼지, 오물 많은 장소) : $D = 1.5 \sim 2.0$
- 간접조명 : $D = 1.5 \sim 2.0$

⑥ 보수율(M)

감광보상률의 역수로 소요되는 평균조도를 유지하기 위한 조도저하에 대한 보상계수라고 볼 수 있다.

7 동력설비

(1) 동력설비

1) 동력설비의 용도별 종류

① 급·배수, 소화관계 동력
  급·배수 펌프, 소화 펌프, 스프링클러 펌프 등
② 공기조화설비 동력
  냉동기, 냉수 펌프, 냉각수 펌프, 쿨링 타워 팬, 공조기 팬, 급·배기 팬, 배연 팬 등
③ 건축 부대 동력
  엘리베이터, 에스컬레이터, 승강기 리프트, 턴 테이블, 셔터 등
④ 기타 동력
  공장 동력, 의료용 동력, 일반 동력 설비 등

2) 운전 기간별 종류

① 상시 동력 부하
② 여름철, 겨울철 동력 부하

(2) 동력설비의 운전

1) 운반·수송 설비
① 엘리베이터
② 에스컬레이터

2) 급·배수 동력설비
① 급수설비의 동력설비
② 배수설비의 동력설비

(3) 전동기 용량 산정

1) 펌프용 전동기

$$P = \frac{KQH}{6.12\eta} [\text{kW}]$$

Q : 양수량[m³/min]　H : 총양정　K : 계수(1.1~1.2)　η : 효율

2) 송풍용 전동기

$$P = \frac{KQH}{6120\eta} [\text{kW}]$$

Q : 풍량[m³/min]　H : 풍압[mmAq]　K : 계수(1.1~1.5)

3) 권상용 전동기

$$P = \frac{9.8WV}{\eta} [\text{kW}]$$

W : 권상하중[kg]　V : 권상속도[m/min]

4) 엘리베이터용 전동기

$$P = \frac{KVW}{6120\eta} [\text{kW}]$$

V : 속도[m/min]　W : 적재하중[ton]　K : 평형률

출제예상문제

01 반사율 80[%]의 완전 확산면에 100[lx]로 비추었을 때 이 면의 휘도[cd/m²]는?
① 약 25 ② 약 33
③ 약 42 ④ 약 48

해설 $\pi B = \rho E$ 에서
$$B = \frac{\rho E}{\pi} = \frac{0.8 \times 100}{\pi}$$
$$= 25.47[\text{nt}]\,([\text{cd/m}^2]=[\text{nt}])$$

02 구형의 균등 휘도가 200[cd/m²]이면 그 광원의 광속 발산도는?
① 31.4[rlx] ② 62.8[rlx]
③ 314[rlx]   ④ 628[rlx]

해설 휘도가 균일한 경우 광속 발산도
$R = \pi B = \pi \times 200 = 628[\text{rlx}]$

03 50[cd]의 점광원으로부터 2[m]의 거리에서 그 방향과 직각인 면과 30° 기울어진 평면 위의 조도[lx]는?
① 10.8 ② 12 ③ 12.9 ④ 13.5

해설 입사각이 30°이므로
$$E = \frac{I}{r^2}\cos\theta = \frac{50}{2^2} \times \cos 30°$$
$$= 12.5 \times \frac{\sqrt{3}}{2} = 10.83[\text{lx}]$$

04 우수한 조명의 조건이 아닌 것은?
① 조도가 적당할 것
② 균등한 광속발산도 분포일 것
③ 그림자가 없을 것
④ 휘도 대비가 적당할 것

해설 우수한 조명의 조건으로는 조도, 그림자, 광색, 휘도의 대비가 적당하고 균등한 광속발산도 분포를 가질 것

05 어느 면에 1000[lm]을 조사하여 600[lm]이 반사되고 350[lm]이 투과하였다. 이 면의 흡수율[%]은?
① 5 ② 10 ③ 15 ④ 20

해설 흡수량 $x = 1000 - (600 + 350) = 50$
흡수율 $\alpha = \frac{50}{1000} \times 100 = 5[\%]$

06 다음 중 가장 많은 조도가 필요한 장소는?
① 곡선도로 ② 직선도로
③ 교차로   ④ 경사도로

해설 도로에서 가장 많은 조도가 필요한 곳은 곡선도로이다.

07 조명기구의 배광에 의한 분류에서 40~60[%] 정도의 빛이 위, 아래쪽으로 고루 향하고 상·하 좌우로 빛이 모두 나와 부드러운 조명이 되는 방식은?
① 직접 조명방식
② 반직접 조명방식
③ 전반확산 조명방식
④ 반간접 조명방식

해설 전반확산조명방식은 상향 40~60[%], 하향광속 40~60[%]로 고급사무실, 상점, 주택, 공장 등에 적용한다.

정답 1.① 2.④ 3.① 4.③ 5.① 6.① 7.③

08 공장 및 사무실 등의 조명기구 배치에 알맞은 것은?
① 전반조명
② 국부조명
③ 전반국부 병용 조명
④ 전반 확산 조명

해설 에너지 절약과 높은 조도를 얻기 위해서는 전반 국부 병용 조명방식을 채택한다.

09 직접조명의 장점이 아닌 것은?
① 조명률이 크므로 소비전력은 간접조명의 1/2~1/3이다.
② 설비비가 저렴하며 설계가 단순하다.
③ 그늘이 생기므로 물체의 식별이 입체적이다.
④ 등기구의 사용을 최소화하여 조명효과를 얻을 수 있다.

해설 간접조명은 전체적으로 부드러우며, 눈부심과 그늘이 적은 조명을 얻을 수 있다. 그러나 효율이 매우 나쁘고, 설비비가 많이 든다.

10 바닥면적 100[m²]인 방의 조명률이 0.5이고 평균 수평조도를 200[lx]로 하려면 형광등(2등용 40[W])의 설치 수량은?(단, 40[W] 형광등 한 등당 전 광속 3000[lm], 감광보상률은 1.8로 한다.)
① 12   ② 24
③ 36   ④ 48

해설 $N = \dfrac{EAD}{FU} = \dfrac{200 \times 100 \times 1.8}{3000 \times 0.5} = 24[\text{등}]$

형광등 1개가 2등용이므로 $\dfrac{24}{2} = 12[\text{등}]$

정답 8. ③ 9. ③ 10. ①

과년도 출제문제

01 물체의 보임에 큰 영향을 미치는 네 가지 조건을 조명의 4대 요소라 한다. 해당하지 않는 것은? [02]
① 밝음　② 물체의 크기
③ 색온도　④ 시간

해설 밝기, 물체의 크기, 물체가 움직이는 속도 및 시간, 주변과의 색깔 대비의 차가 있어야 물체가 잘 보인다.

02 고압수은등에 대하여 틀린 것은? [03]
① 청백색의 광색으로 색온도가 높다.
② 연색성을 고려하지 않는 장소의 조명등에 사용된다.
③ 백열전구에 비하여 효율이 높다.
④ 연색성이 좋다.

해설 연색성이 우수한 조명등은 메탈 할라이드등, 고연색 형광등이 있다.

03 최근에 백화점이나 고급 의상실 등에서 많이 사용되는 삼파장 형광램프는 파장 폭이 좁은 3가지 색의 빛을 조합하여 효율이 높은 백색 빛을 얻는 램프인데 이 3가지 색에 포함되지 않는 색은? [06]
① 청색　② 녹색
③ 적색　④ 황색

해설 파장폭이 좁은 청색, 녹색, 적색 3가지 색의 빛을 조합하여 높은 백색 빛을 얻는 램프, 최근 백화점이나 고급 의상실 등에서 많이 사용하고 있다.

04 어느 면의 면적으로부터 발산하는 광속을 무엇이라 하는가? [09]
① 광도　② 조도
③ 광속 발산도　④ 휘도

해설 물체의 어느 면에서 반사되어 발산하는 광속을 광속 발산도라 한다.

05 물체가 그 온도에 상응하여 방출하는 복사를 온도복사라 한다. 이는 어떤 스펙트럼을 이루는가? [07]
① 구형 스펙트럼
② 선 스펙트럼
③ 대상 스펙트럼
④ 연속 스펙트럼

해설 연속스펙트럼은 아무리 분해능을 높여도 선스펙트럼처럼 낱낱의 선으로 분해되지 않고, 해당 영역의 전 파장에 대해 연속적으로 펼쳐진 스펙트럼이 나타난다. 선스펙트럼이 밀집해 나타나는 띠스펙트럼과도 다르다. 고체와 액체의 열복사나 기체가 이온화될 때 방출하는 빛을 분광기로 관찰하면 연속스펙트럼을 얻을 수 있다.

06 반사율이 50[%], 면적이 50[cm]×40[cm]인 완전 확산면에서 100[lm]의 광속을 투사하면 그 면의 휘도는 약 몇 [nt]인가? [08]
① 60　② 80
③ 100　④ 120

해설 조도 $E = \dfrac{F}{A} = \dfrac{100}{0.5 \times 0.4} = 500[\text{lx}]$

휘도 $B = \dfrac{\rho E}{\pi} = \dfrac{0.5 \times 500}{\pi} = 79.6[\text{nt}]$

정답 1.③ 2.④ 3.④ 4.③ 5.④ 6.②

07 조명방식 중 원하는 곳에서 원하는 방향으로 조도를 줄 수 있으며, 불필요한 장소는 소등할 수 있어 필요한 만큼의 조도를 가장 경제적으로 얻을 수 있는 특징을 갖는 조명방식은? [10]
① 국부조명 방식 ② 전반조명 방식
③ 간접조명 방식 ④ 직접전반조명 방식

해설 국부조명 방식은 실내 전체를 균등하게 비추는 전반조명(균일조명)에 비하여 희망하는 방향에서 희망하는 조도를 낼 수 있어 조명의 효과를 올리는 이점이 있고 조명률이 높으므로 전력비가 적게 든다.

08 반사 갓을 사용하여 90~100[%] 정도의 빛이 아래로 향하고, 10[%] 정도가 위로 향하는 방식으로 빛의 손실이 적고, 효율은 높지만, 천장이 어두워지고 강한 그늘과 눈부심이 생기기 쉬운 조명방식은? [12]
① 직접조명 ② 반직접조명
③ 전반확산조명 ④ 반간접조명

해설 직접조명방식은 상향 10[%], 하향광속 90~100[%]로 빛의 손실이 적고, 효율은 높지만, 천장이 어두워지고 강한 그늘이 생기며 눈부심이 생기기 쉽다.

09 건축화 조명이란? [05]
① 물체의 보임, 작업에 필요한 조명
② 건물에 필요한 조명기구의 종류
③ 상업조명과 같이 매상의 증가와 비교하여 조명비를 고려한 조명
④ 조명기구를 건축내장재의 마무리 일부로써 건축의 장과 조명기구를 일체화한 조명

해설 보통의 조명기구를 쓰지 않고 천장·벽·기둥·보 등 건축 구조체 중에 광원을 설치하거나, 건축물 표면의 반사광에 의하여 채광하는 조명방법

10 1200[lm]의 광속을 갖는 전등 10개를 120[m^2]의 사무실에 설치할 때 조명률이 0.5이고 감광보상률이 1.5이면 이 사무실의 평균조도는 약 몇 [lx]인가? [14] [16]
① 7.5 ② 15.2
③ 33.3 ④ 66.6

해설 $N \times F = \dfrac{EAD}{U}$[lm]에서
$E = \dfrac{N \times F \times U}{A \times D} = \dfrac{10 \times 1200 \times 0.5}{120 \times 1.5} = 33.33$[lx]

11 평균 구면광도 100[cd]의 전구 5개를 지름 10[m]인 원형의 방에 점등할 때, 방의 평균조도[lx]는?(단, 조명률은 0.5, 감광보상률은 1.5이다.) [13] [14] [16]
① 약 26.7[lx] ② 약 35.5[lx]
③ 약 48.8[lx] ④ 약 59.4[lx]

해설 광속 $F = 4\pi I = 4\pi \times 100 = 1,256$[lm]
방의 면적 $A = \pi r^2 = \pi \times (\dfrac{10}{2})^2 = 78.5$[m^2]
조명률 $U = 0.5$, 감광보상률 $D = 1.5$로 계산하면
조도 $E = \dfrac{FNU}{AD} = \dfrac{1,256 \times 5 \times 0.5}{78.5 \times 1.5}$
$= 26.667 ≒ 26.7$[lx]

12 폭 20[m] 도로의 양쪽에 간격 10[m]를 두고 대칭배열(맞보기 배열)로 가로등이 점등되어 있다. 한 등당의 전광속이 4000[lm], 조명률 45[%]일 때 도로의 평균조도는? [11]
① 9[lx] ② 17[lx]
③ 18[lx] ④ 19[lx]

해설 가로등 1등당 면적 $A = 10 \times 10 = 100$[m^2], 조명률 0.45, 감광보상률 1로 계산하면
$E = \dfrac{NFU}{AD} = \dfrac{1 \times 4000 \times 0.45}{10 \times 10 \times 1} = 18$[lx]

정답 7. ① 8. ① 9. ④ 10. ③ 11. ① 12. ③

13 옥내 전반 조명에서 바닥면의 조도를 균일하게 하기 위하여 등 간격은 등 높이의 얼마가 적당한가? (단, 등 간격은 S, 등 높이는 H이다.) [13]
① $S \leq 0.5H$ ② $S \leq H$
③ $S \leq 1.5H$ ④ $S \leq 2H$

해설 조명기구 상호 간의 거리 $S \leq 1.5H$
벽 쪽에 있는 전등과 벽과의 거리 $S \leq \dfrac{H}{2}$(벽 쪽을 사용하지 않을 때)
벽 쪽에 있는 전등과 벽과의 거리 $S \leq \dfrac{H}{3}$(벽 쪽을 사용할 때)

14 실지수가 높을수록 조명률이 높아진다. 방의 크기가 가로 9[m], 세로 6[m]이고, 광원의 높이는 작업면에서 3[m]인 경우 이 방의 실지수(방지수)는? [11]
① 0.2 ② 1.2 ③ 18 ④ 27

해설 실지수 $= \dfrac{X \cdot Y}{H(X+Y)} = \dfrac{9 \times 6}{3 \times (9+6)} = 1.2$

15 광원은 점등시간이 진행됨에 따라서 특성이 약간 변화한다. 방전램프의 경우 초기 100시간의 떨어짐이 특히 심한데 이와 같은 특성은 무엇인가? [13]
① 수명특성 ② 동정특성
③ 온도특성 ④ 연색성

해설
- 동정특성은 광원이 점등할 때 광속의 변화를 나타내는 특성
- 연색성은 광원이 물체의 색감에 영향을 미치는 현상

16 권상하중 25[ton]인 기중기의 권상용 전동기의 출력이 25[kW]인 경우 권상 속도는? (단, 권상장치의 효율은 0.7이다) [10]
① 약 0.7[m/min]
② 약 1[m/min]
③ 약 4.28[m/min]
④ 약 6.12[m/min]

해설 권상기용 전동기 용량 $P = \dfrac{9.8\,WV}{\eta}$[kW] 에서
$V = \dfrac{P \times \eta}{9.8\,W} = \dfrac{25 \times 0.7}{9.8 \times 25} = 0.0714$[m/s]
$= 4.28$[m/min]

17 양수량 10[m³/min], 총 양정 20[m]의 펌프용 전동기의 용량[kW]은? (단, 여유계수 1.1, 펌프효율은 75[%]이다.) [07] [12] [13]
① 36 ② 48
③ 72 ④ 144

해설 $P = \dfrac{9.8kQH}{\eta} = \dfrac{9.8 \times 1.1 \times \dfrac{10}{60} \times 20}{0.75}$
$= 47.911 \fallingdotseq 48$[kW]

18 양수량이 매분 10[m³]이고, 총양정이 10[m]인 펌프용 전동기의 용량은? (단, 펌프효율은 70[%]이고, 여유계수는 1.2라고 한다.) [10]
① 5[kW] ② 20[kW]
③ 28[kW] ④ 280[kW]

정답 13. ③ 14. ② 15. ② 16. ③ 17. ② 18. ③

해설
$$P = \frac{9.8kQH}{\eta} = \frac{9.8 \times 1.2 \times \frac{10}{60} \times 10}{0.7}$$
$$= 28[\text{kW}]$$

19 에스컬레이터의 적재하중이 1500[kg], 속도 30[m/min], 경사각 30°, 에스컬레이터의 총 효율 0.6, 승객 승입률 0.85일 때, 에스컬레이터 전동기의 용량은 약 몇 [kW]인가? [10]
① 2.2[kW] ② 5.2[kW]
③ 32[kW]   ④ 64[kW]

해설
$$P = \frac{9.8\,WVK}{\eta}$$
$$= \frac{9.8 \times 1.5 \times 0.85 \times \frac{30}{60} \times \sin 30°}{0.6}$$
$$\simeq 5.2[\text{kW}]$$

정답 19. ②

03 공사비 산출

1 적산

(1) 적산(견적)

예정 가격을 산출하기 위하여 실계도면과 시방서 및 시공 현장의 조건에 따라 시설공사에 소요되는 재료와 노무의 품을 계산하는데 일련의 과정과 업무를 말한다.

(2) 예정 가격 결정 기준

물품 또는 공사를 계약하기 위하여 계약 상대방을 정하기 위한 기준적 금액을 결정하는 방법을 말한다.
① 거래 실례 가격 : 적정한 거래가 형성된 경우
② 원가계산에 의한 방법
③ 감정 가격
④ 통제 가격
⑤ 견적가격
⑥ 유사한 거래 실례 가격

2 공사 원가

(1) 순공사 원가

공사 시공과정에서 발생한 재료비, 노무비, 경비의 합계액

1) 재료비 산정 시 유의사항

① 재료비의 내역을 구성하고 있는 세부 비목과 내용 또는 범위의 설정
② 적산 수량의 계산
③ 품목별, 규격별 적용할 단가의 결정

2) 재료비

공사원가를 구성하는 재료비는 직접재료비와 간접재료비로 구성되어 있고 그 합계액에서 시공 중에 발생되는 작업설이나 부산물의 매각액 또는 이용가치를 추정 산출하여 공제

① 직접재료비 : 공사 목적물의 실체를 형성하는 물품의 가치
② 간접재료비 : 공사 목적물의 실체를 형성하지 않으나 공사에 보조적으로 소비되는 물품의 가치
③ 재료의 구입과정에서 당해 재료에 직접 관련되어 발생하는 운임, 보험료, 보관비 등의 부대비용은 재료비로서 계산하며 재료 구입 후 발생되는 부대 비용은 경비의 각 비목으로 계산
④ 계약 목적물의 시공 중에 발생하는 작업설, 부산물 등은 그 매각액 또는 이용가치를 추산하여 재료비로부터 공제
⑤ 소모재료비 : 기계오일, 접착제, 장갑 등 소모성 물품의 가치
⑥ 소모공구, 기구, 비품 : 내용년수 1년 미만으로서 구입 단가가 "법인세법" 또는 "소득세법" 규정에 의한 상당금액 이하인 감가상각 대상에서 제외되는 소모성 공구, 기구, 지품의 가치
⑦ 가설재료비 : 비계, 거푸집, 동바리 등 공사목적물의 실체를 형성하는 것이 아니나 동 시공을 위하여 필요한 가설재의 가치

3) 운임, 보험료, 보관비

재료의 구입과정에서 발생되는 부대비용(단, 재료구입 후 발생되는 부대비용은 경비의 각 비목으로 계상)

4) 작업설, 부산물

공사시공 중에 발생되는 것으로 그 매각액 또는 이용가치를 추산하여 재료비에서 공제

5) 노무비

공사원가를 구성하는 직접노무비, 간접노무비

① 직접노무비
  ㉠ 공사현장에서 건축물을 완성하기 위하여 직접 작업에 종사하는 노무비 및 종업원에게 제공되는 노동력의 대가

ⓛ 기본급, 제수당, 상여금(년 400[%]), 퇴직급여충당금 등
ⓒ 대부분 일용직 근로자에 해당되는 공사 관련 직종 노무자의 노무비는 노무소요량 × 시중노임단가 산정

② 간접노무비
㉠ 작업현장에서 보조작업에 종사하는 노무자, 종업원과 현장감독자 등의 기본급, 제수당, 상여금, 퇴직급여충당금의 합계액
ⓛ 상용직 근로자로 노무비용을 산정하나, 수령산정 기준이 모호하고 확실한 근거를 제시해야 하기 때문에, 일정 비율을 적용하여 간접 노무비를 산정

$$간접노무비율 = \frac{최근년도\ 간접노무비\ 합계액}{최근년도\ 직접노무비\ 합계액}$$

6) 경비
① 산정방법
㉠ 공사의 시공을 위하여 소요되는 공사원가 중 재료비, 노무비를 제외한 원가를 말하며, 기업의 유지를 위한 관리활동 부문에서 발생하는 일반관리비와 구분
ⓛ 경비는 해당 계약 목적물 시공기간의 소요(소비)량을 측정하거나 원가계산 자료나 계약서, 영수증 등을 근거로 산정
ⓒ 소요량 산출이 불확실한 세목은 대한건설협회에서 제공하는 공사 원가분석 자료를 이용하여 경비율을 적용해서 산출하는 방법

② 항목
㉠ 전력비, 기계경비, 수도 광열비, 특허권사용료, 운반비, 기술료, 연구개발비, 품질관리비, 가설비, 지급 임차료, 보험료, 복리후생비, 보관비, 외주 가공비, 산업안전보건 관리비, 소모품비, 여비, 교통비, 통신비, 폐기물처리비, 도서인쇄비, 지급수수료, 환경보전비, 보상비, 안전관리비, 건설근로자 퇴직공제부금비, 관급자재 관리비, 기타 법정경비
ⓛ 가설비는 공사 목적물의 실체를 형성하는 것은 아니나 현장사무소, 창고, 식당, 숙사, 화장실 등 등 시공을 위하여 필요한 가설물의 설치에 소요되는 비용(노무비, 재료비를 포함한다)을 말한다.
ⓒ 지급 임차료는 계약 목적물을 시공하는 데 직접 사용되거나 제공되는 토지, 건물, 기계기구(건설기계를 제외한다)의 사용료를 말한다.

ⓔ 복리후생비는 계약 목적물을 시공하는 데 종사하는 노무자, 종업원, 현장사무소 직원 등의 의료위생 약품대, 공상 치료비, 지급피복비, 건강진단비, 급식비 등 작업조건 유지에 직접 관련되는 복리후생비를 말한다.

ⓜ 산업안전보건 관리비는 작업현장에서 산업재해 및 건강장해 예방을 위하여 법령에 따라 요구되는 비용을 말한다.

(2) 일반관리비

1) 일반관리비

① 기업의 유지를 위한 관리 활동 부문에서 발생하는 제비용으로서 공사원가에 속하지 아니하는 모든 영업비용 중 판매비 등을 제외한 임원 급료, 사무실 직원의 급료, 제수당, 퇴직 급여 충당금, 복리후생비, 여비, 교통비, 경상시험 연구개발비, 보험료 등

② 일반관리율을 초과하여 계상할 수 없으며, 공사규모(금액)에 따라 체감 적용한다.

③ 일반관리비 = (재료비 + 노무비 + 경비) × 비율(5~6[%] 적용)

④ 일반관리비율 = (일반관리비 + 매출원가) × 100[%]

2) 일반관리비의 계상 방법

일반관리비는 공사원가에 일반 관리비율을 초과하여 계상할 수 없으며 공사 규모별로 체감 적용한다.

시설공사		전문, 전기, 전기통신공사	
공사원가	일반관리비율	공사원가	일반관리비율
50억원 미만	6[%]	5억원 미만	6[%]
50억원~300억원 미만	5.5[%]	5억원~30억원 미만	5.5[%]
300억원 이상	5[%]	30억원 이상	5[%]

영업이익을 말하며 공사원가 중 노무비, 경비와 일반관리비의 합계액(기술료 및 외주 가공비는 제외)에 이윤 15[%]를 초과하여 계상할 수 없다.

(3) 이윤

1) 이윤은 영업이익을 말하며 공사원가 중 노무비, 경비와 일반관리비의 합계액(이 경우에 기술료 및 외주 가공비는 제외한다)의 15[%]를 초과하여 계상할 수 없다.
2) 이윤 = (노무비 + 경비 + 일반관리비) × 이윤율(%)

3 재료 산출

(1) 적산에서 조사할 사항

1) 시방서, 도면
   ① 시방서에 대해서는 요점을 확인하고 특별한 사항이 있는지 파악.
   ② 도면의 기재사항, 상세도 등을 파악.
   ③ 타 공사와의 관련사항 및 공사의 한계를 파악.
   ④ 건축물의 각 층 높이, 천장 높이, 천장 및 벽체, 바닥 마감 사항 등 건축도면을 참고

2) 현장 설명 및 도면 검토
   ① 계약 조건
   ② 특기사항
   ③ 건물의 구조
   ④ 배관
   ⑤ 배선
   ⑥ 현장조사
   ⑦ 기기 및 자재의 제조업체 지정 유무

(2) 적산방법

건설공사는 여러 가지 복잡한 현지 조건에 따라 좌우되므로 적산자는 여러 가지 변동 요소를 염두에 두고 현지를 충분히 조사하여 특징을 파악하고 현지에 부합한 확실한 시공계획을 세워 이를 기초로 적정한 적산을 하여야 한다.

1) 적산 순서(흐름도)

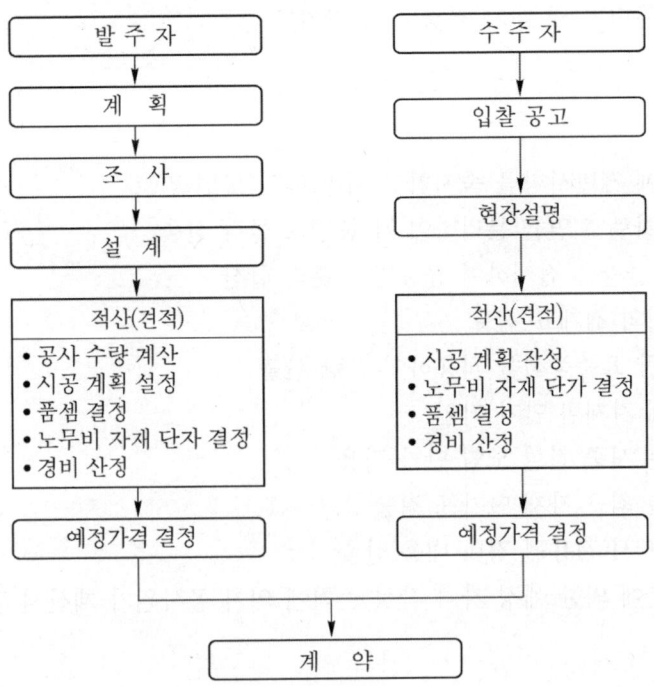

2) 적산 요령

적산자는 도면과 시방서에 재료의 종류, 공법 등의 명기가 누락된 사항은 적산 과정에서 설계 도면이나 시방서에 보완하여야 하며 공사 시공 상 당연히 추가되어야 할 사항은 보완, 수정

① 공사 수량 계산
- 집계순위 결정
- 수량 산출 구분(종류별, 재료별, 위치별, 강도별 구분)
- 할증률
- 수량의 공제

② 시공의 결정
- 시공법 및 작업순위 결정
- 작업 기종 선정, 조합 결정
- 작업능력 결정

③ 표준품셈 및 단가 결정
- 단위 공종별 표준품셈 결정
- 표준단가 및 대가 결정(복합 단가)

(3) 적산 순서

① 적산 전에 제반사항을 숙지하고 시방서 및 도면 검토
② 각 공종별로 도면을 분리하여 각 층별로 물량 산출
③ 각 층의 물량을 집계하여 공종별로 분리 합산
④ 산출근거와 집계표 검토
⑤ 산출 물량 표준품셈을 적용하여 공량 산출
⑥ 내역서에 자재별 단가 기입
⑦ 인건비는 시중 건설 노임 단가 적용
⑧ 재료비는 최근 자재 단가표 적용
⑨ 원가계산 시 적용될 경비 내용 산출
⑩ 원가계산에 의한 예정 가격 작성 준칙에 의거 공사원가 계산서 작성

4 품셈적용 및 노무량 산출

(1) 품셈

① 인력 또는 건설장비를 이용하여 어떤 목적물을 완성하기 위하여 단위당 소요로 하는 인력과 재료량을 수량으로 표시한 것
② 표준품셈
여러 가지 환경과 기후 및 현장여건 등을 고려하여 현장의 작업이 시행되기 전에도 공사비를 계산할 수 있도록 각 작업의 내용에 따라 재료, 인력 및 장비의 소요량 등을 표준화한 것

(2) 품셈 적용 및 공량 산출

1) 적산 수량의 계산

각 공사의 종류별로 소요되는 재료의 수량을 산출 집계하여 표준품셈 상의 규정된 재료할증 적용하며 할증 부분의 재료 수량에는 품을 계상하지 않는다.

2) 재료의 할증률

① 강재

종류	할증률[%]
철근	5
이형철근	3
일반볼트	5
고장력 볼트	3
강판	10
강관	5
대형형강	7
소형형강	5
정량형강, 각 파이프	5
봉강	5
평강대강	5
리벳제품	5

② 전기 통신 재료

종류	할증률[%]	철거 손실률[%]
옥외전선	5	2.5
옥내전선	10	
옥외 케이블	3	1.5
옥내 케이블	5	
전선관 배관	10	
Trollytjs	1	
동대, 동봉	3	1.5
애자류 100개 미만	5	2.5
애자류 100개 이상	4	2
애자류 200개 이상	3	1.5
애자류 500개 이상	1.5	0.75
애자류 1000개 이상	1	0.5
전선로 철물류 100개 미만	3	6
전선로 철물류 100개 이상	2.5	5
전선로 철물류 200개 이상	2	4
전선로 철물류 500개 이상	1.5	3
전선로 철물류 1000개 이상	1	2
조가선(철, 강)	4	4
합성수지 파형 전선관 (파상형 경질 폴리에틸렌 전선관)	3	

3) 공구손료와 잡품 및 소모재료

품셈에 규정되지 않은 공사용 경장비 손료, 공구손료 및 잡소모 재료는 별도 계상한다.

① 공구손료
  ㉠ 공구손료는 일반 공구 및 시험용 계측 기구류의 손료로 직접노무비(노임 할증 제외)의 3[%]까지 계상한다.
  ㉡ 체인 호이스트, Block, Pipe expander, Straightedge, 절연 내압 시험기, 변압기 탈기기, 자동 전압 조정기 등 특수 시험 검사용 기구류의 손료 산정은 경장비 손료에 준한다.

② 경장비 손료
  ㉠ 전기 용접기, 그라인더, 윈치 등 중장비에 속하지 않는 동력장치에 대해 구동되는 장비류의 손료로 별도 계상한다.
  ㉡ 경장비의 시간 당 손료에 대해서는 기계 경비 산정표에 명시된 가장 유사한 장비의 제수치를 참조하여 계상한다.

③ 잡품 및 소모재료비
  ㉠ 잡품 및 소모재료는 실계내역에 표시하여 계상한다.
  ㉡ 동력 및 조명공사부분에서 계상이 어렵고 금액이 근소한 조명공사의 소모품레 대해서는 직접 재료비(전선과 배관 자재비)의 2~5[%]까지 계상한다.

4) 소운반

20[m] 이내의 수평거리를 소운반이라 하며 20[m]를 초과분은 별도 계상하며 소운반 거리는 직고 1[m] 수평거리 6[m] 비율로 본다.

5) 운반차량

① 공사용 자재의 운반 차량은 덤프트럭을 원칙으로 하되 훼손의 위험이 있는 기자재는 화물 자동차로 운반한다.
② 화물 자동차의 운반비는 자동차 운수 사업법에 의한 규정에 따르고 싣기 및 부리기에 대한 경비는 물자 조달 조율표를 기준으로 한다.

③ 운반비 산출

차량 운반비[원] = (계산 차량 대수 × 교통부 요금) + 총 상·하차임

계산 차량 대수 = $\dfrac{1}{480}(T_1 + T_2)$

T_1(총 주행 소요시간 : 분) = $[\dfrac{L}{V_1}(1+\alpha) + \dfrac{L}{V_2}] \times 60 \times N$

T_2 : 적상하 시간(분)
L : 운반 거리(편도)[km]
V_1 : 적재 시 평균 속도[km/h]
V_2 : 공차 시 평균 속도[km/h]
N(대수) = $\dfrac{\text{총 운반할 중량}}{\text{차량의 적재능력}}$
α : 품목별 할증률 및 할인율

6) 인력 운반 적상하 시간

인부 운반과 장대물, 중량물 등 목도 운반비

운반비 = $\dfrac{A}{T} \times M \times (\dfrac{60 \times 2 \times L}{V}) + t$

A : 목도공의 노임
L : 운반거리[km]
V : 왕복 평균 속도[km/h]
T : 1일 실 작업시간(분)
t : 준비 작업시간 2[분](1회 운반량 40[kg]/인)
M : 필요한 목도공의 수($M = \dfrac{\text{총 운반량[kg]}}{\text{1인당 1회 운반량[kg]}}$)

7) 품의 산출과 할증

주간 작업으로서 통상적인 기후, 날씨와 작업조건에서 실작업 8시간(목도공 6시간) 기준으로 작업 시공이 불리한 조건 하에서 정상적인 능률을 낼 수 없는 경우 일정 비율 품을 보충해야 한다.

과년도 출제문제

01 플랜트 프로세스의 자동제어장치, 공업제어장치, 공업계측 및 컴퓨터 설비의 시공 및 보수는 어느 기능공인가? [07]
① 내선전공
② 배전전공
③ 플랜트전공
④ 계장공

해설 계장공의 업무는 플랜트 프로세스의 자동제어장치, 공업제어장치, 공업계측 및 컴퓨터 설비의 시공 및 보수

02 정부나 공공기관에서 발주하는 전기공사의 물량 산출 시 전기재료의 할증률 중 옥내 케이블은 일반적으로 몇 [%] 값 이내로 하여야 하는가? [13]
① 1[%]
② 3[%]
③ 5[%]
④ 10[%]

해설 전선의 할증률은 옥외전선 5[%], 옥내전선 10[%], 옥외 케이블 3[%], 옥내 케이블 5[%]

03 전기재료의 할증에서 옥외전선은 몇 [%]의 할증률을 적용하는가? [07]
① 1.5
② 2.5
③ 5
④ 10

해설 전기공사 시 옥외전선의 할증률은 5[%], 옥내전선의 할증률은 10[%]

04 공사원가는 공사 시공과정에서 발생한 항목의 합계액을 말하는데, 여기에 포함되지 않는 것은? [06] [09] [15] [17]
① 경비
② 재료비
③ 노무비
④ 일반관리비

해설 공사원가는 공사 시공과정에서 발생한 재료비, 노무비, 경비의 합계액

05 품셈에서 규정된 소운반이라 함은 몇 [m] 이내의 수평거리를 말하는가? [10]
① 10[m]
② 20[m]
③ 30[m]
④ 40[m]

해설 소운반은 20[m] 이내의 수평거리로 20[m]를 초과할 경우에는 초과분에 대하여 별도 계상하며 경사면의 운반거리는 직고 1[m]를 수평거리 6[m]의 비율로 계산한다.

정답 1. ④ 2. ③ 3. ③ 4. ④ 5. ②

Chapter 02 전기설비시공

01 배관공사

1 시설 장소에 의한 분류

시설장소의 구분	사용전압의 구분	400[V] 이하	400[V] 초과
전개된 장소	건조한 장소	애자사용공사, 합성수지몰드공사 금속몰드공사, 금속덕트공사 버스덕트공사, 라이팅덕트공사	애자사용공사 금속덕트공사 버스덕트공사
전개된 장소	기타 장소	애자사용공사, 버스덕트공사	애자사용공사
점검할 수 있는 은폐된 장소	건조한 장소	금속몰드공사, 금속덕트공사 버스덕트공사, 셀룰라덕트공사 라이팅덕트공사	금속덕트공사 버스덕트공사
점검할 수 없는 은폐된 장소	건조한 장소	플로어덕트공사, 셀룰라덕트공사	

2 합성수지관 공사

(1) 합성수지관의 특징

1) 장점
   ① 관이 절연물로 구성되어 누전의 우려가 없다.
   ② 내식성이 커서 화학공장 등의 부식성 가스나 용액이 있는 곳에 적당하다.
   ③ 무게가 가볍고 시공이 쉽다.
   ④ 접지할 필요가 없고 피뢰기, 피뢰침이 접지선 보호에 적당하다.

2) 단점

① 외상을 받아 파괴될 우려가 많다.
② 고온 및 저온의 장소에는 사용할 수 없다.

(2) 합성수지관의 종류

1) 경질비닐 전선관(Hi-Pipe)

① 기계적 충격이나 중량물에 의한 압력 등 외력에 견디도록 보완된 전선관으로, 딱딱한 형태이므로 구부리거나 하는 가공방법은 토치램프로 가열하여 가공한다.
② 한 본의 길이는 4[m]이며 관의 굵기를 안지름의 크기에 가까운 짝수로 표시하고, 지름 14~82[mm]로 9종(14, 16, 22, 28, 36, 42, 54, 70, 82[mm])이 있다.

관의 호칭[mm]	바깥지름[mm]	두께[mm]	안지름[mm]
14	18	2.0	14.0
16	22	2.0	18.0
22	26	2.0	22.0
28	34	3.0	28.0
36	42	3.5	35.0
42	48	4.0	40.0
54	60	4.5	51.0
70	76	4.5	67.0
82	89	5.9	77.2

2) 폴리에틸렌 전선관(PE, PF관)

① 경질비닐 전선관에 비하여 연한 성질이 있어 배관작업에 토치램프로 가열할 필요가 없으나 외부 압력에 견디는 성질이 약하다.
② 한 가닥의 길이가 6~100[m]로 롤(roll) 형태로 제작관의 굵기를 안지름의 크기에 가까운 짝수로 표시(14, 16, 22, 28, 36, 42[mm])한다.

3) 합성수지제 가요전선관(CD관)

① 특징
- 무게가 가벼워 어려운 현장 여건에서도 운반 및 취급 용이
- 금속관에 비해 결로현상이 적어 영하의 온도에서도 사용 가능
- PE 및 난연성 PVC로 되어 있기 때문에 내약품성이 우수하고 내후, 내식성도 우수
- 가요성이 뛰어나므로 굴곡된 배관작업에 공구가 불필요하며 배관작업 용이
- 관의 내면이 파부형으로 마찰계수가 적어 굴곡이 많은 배관 시에도 전선의 인입이 용이

② 한 가닥의 길이가 100~50[m]로써 롤(roll) 형태로 되어 있으며 관의 굵기를 안지름의 크기에 가까운 짝수로 표시(14, 16, 22, 28, 36, 42[mm])한다.

관의 호칭[mm]	바깥지름[mm]		안지름[mm]	
	PE관	CD관	PE관	CD관
14	21.5	19.0	14.0	14.0
16	23.0	21.0	16.0	16.0
22	30.5	27.5	22.0	22.0
28	36.5	34.0	28.0	28.0
36	45.5	42.0	36.0	36.0
42	52.0	48.0	42.0	42.0

(3) 합성수지관의 시공

① 중량물의 압력, 심한 기계적 충격을 받는 장소에 시설해서는 안 되며(콘크리트 매입은 제외) 지지점 간의 거리는 1.5[m] 이하로 하고, 관과 박스의 접속점 및 상호 간의 접속점 등에는 가까운 곳(30[cm] 이내)에 지지점을 시설해야 한다.

② 박스와 전선관의 접속방법은 아래 그림과 같다.

 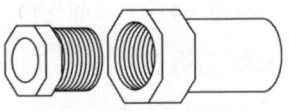

1호 커넥터   2호 커넥터

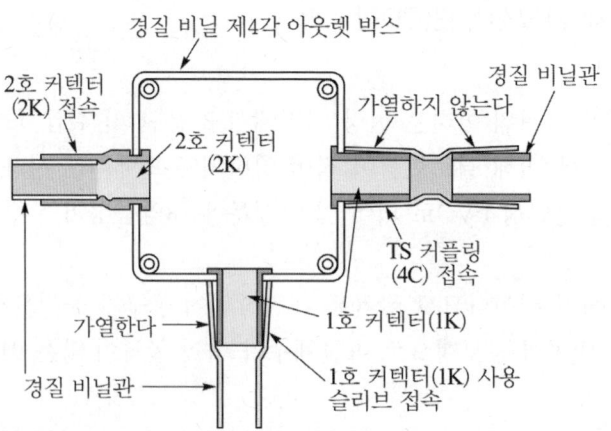

아웃렛박스와 전선관 접속

③ 관 상호접속은 커플링을 이용하여 접속한다.

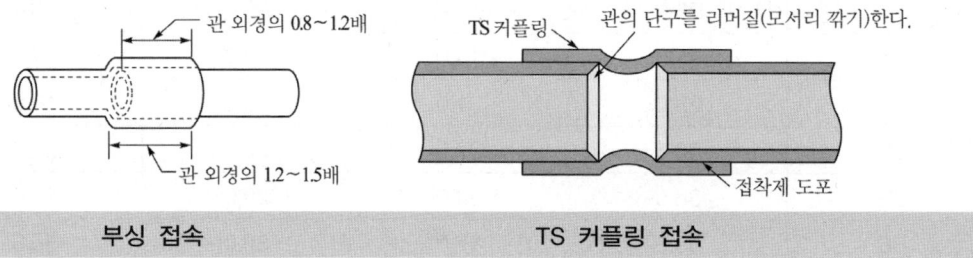

부싱 접속   TS 커플링 접속

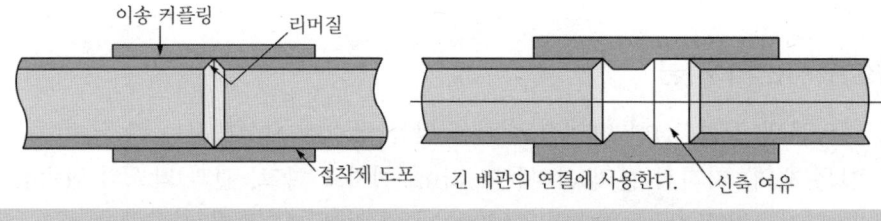

이송 접속   신축 커플링 접속

㉠ 커플링에 들어가는 관의 길이는 관 바깥지름의 1.2배 이상으로 한다.(접착제를 사용할 때는 0.8배 이상)

㉡ 관 상호 접속점의 양쪽 관과 박스 접속개소의 가까운 곳(30[cm] 이내)에 관을 고정해야 한다.

3 금속 전선관 공사

(1) 금속 전선관

1) 금속 전선관의 특징
① 기계적으로 완전히 보호되며 건축 도중에 전선피복이 손상받을 우려가 적다.
② 접지공사를 하면 감전의 우려가 없으며 단락, 접지사고 등에 있어서 화재의 우려가 적다.
③ 전선의 교환이 쉽다.

2) 금속 전선관 공사 방법
① 매입배관공사 : 콘크리트 또는 흙벽 속에 시설
② 노출배관공사 : 벽면, 천장면 등을 따라 시설하거나 천장 등에 매달아 시설

(2) 금속 전선관의 종류

1) 전선관의 종류

구 분	후강 전선관	박강 전선관
관의 호칭	안지름의 크기에 가까운 짝수	바깥지름의 크기에 가까운 홀수
관의 종류[mm]	16, 22, 28, 36, 42, 54, 70, 82, 92, 104 (10종류)	15, 19, 25, 31, 39, 51, 63, 75 (8종류)
관의 두께	2.3~3.5[mm]	1.2~2.0[mm]
한 본의 길이	3.6[m]	3.6[m]

2) 전선관의 두께
① 콘크리트에 매설하는 경우 : 1.2[mm] 이상
② 기타의 경우 : 1[mm] 이상

(3) 금속 전선관의 시공

1) 금속 전선관의 굽힘
① 금속 전선관을 구부릴 때 히키(밴더)를 사용하여 관의 단면이 심하게 변형되지

않도록 구부려야 하고, 구부러지는 관의 안쪽 반지름은 관 내경의 6배 이상으로 구부려야 한다.

단, 전선관의 안지름이 25[mm] 이하이고 건조물의 구조상 부득이한 경우는 관의 내 단면이 현저하게 변형되지 않고 관에 금이 생기지 않을 정도까지 구부릴 수 있다.

② 금속 전선관의 굵기가 36[mm] 이상이 되면 노멀밴드와 커플링을 이용하여 시설한다.

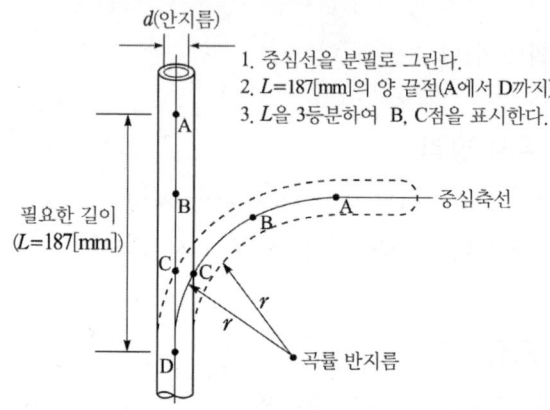

곡률 반경

2) 전선관의 절단과 나사 내기

① 파이프 바이스에 고정시키고 파이프 커터 또는 쇠톱으로 절단하고 절단한 내면을 리머로 다듬어 전선의 피복이 손상되지 않도록 한다.
② 오스터를 이용하여 나사를 낸다.

3) 금속전선관 시공

금속 전선관으로 연결되는 박스 상호 간이나 전기기구와 박스 사이의 전선관에는 3개소를 초과하는 굴곡 개소를 만들면 안 되며, 굴곡 개소가 많은 경우 또는 관의 길이가 30[m]를 초과하는 경우에는 전선의 인입을 쉽게 하기 위하여 배관 중간에 풀박스를 시설한다.

4) 관 상호 접속

관 상호접속은 커플링을 이용하여 접속한다.

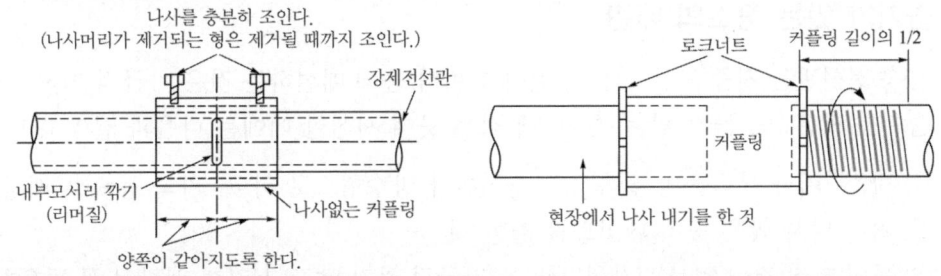

| 나사없는 커플링 접속 | 나사있는 커플링 접속 |

5) 전선관과 박스 접속

금속 전선관을 박스에 접속하려면 나사가 내어져 있는 관 끝을 구멍(녹아웃)에 끼우고, 부싱과 로크너트를 사용하여 전기적, 기계적으로 완전히 접속한다. 녹아웃 크기가 클 때는 링리듀서를 사용한다.

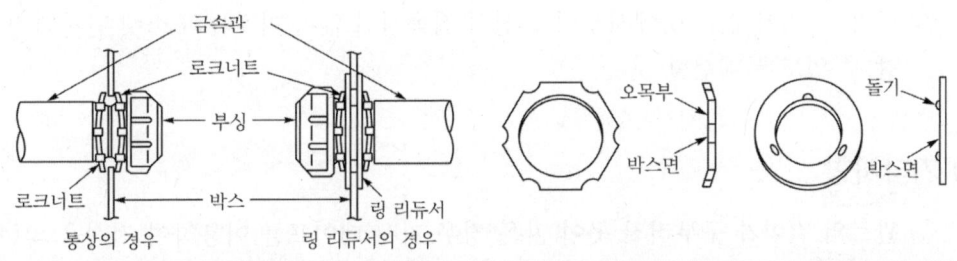

| 관과 접속함 접속 | 로크너트 | 링리듀서 |

(4) 금속 전선관의 접지

① 금속전선관은 철제이기 때문에 금속관 및 그 부속품은 누전에 의한 사고를 방지하기 위하여 접지공사를 하여야 한다.
② 강전류 회로의 전선과 약전류 회로의 전선을 전선관에 시공할 때는 접지공사를 하여야 한다.
③ 400[V] 이하인 다음의 경우에는 접지공사를 생략할 수 있다.
   • 건조한 장소 또는 사람이 쉽게 접촉할 우려가 없는 장소의 직류 300[V], 교류 대지전압이 150[V] 이하, 8[m] 이하의 금속관을 시설할 경우
   • 대지전압이 150[V]를 초과할 때 4[m] 이하의 전선을 건조한 장소에 시설하는 경우
④ 금속관과 접지선의 접속은 접지 클램프를 사용하거나 기타 적당한 방법에 의하여야 한다.

(5) 습기가 있는 장소의 배관

금속 전선관을 지중 또는 건물의 최하층 바닥 등에 매설하는 것은 가급적 피해야 한다. 습기가 많은 곳, 물기 있는 곳, 비에 젖는 곳에 시설할 때에는 다음과 같이 한다.

① 박스, 기타 부속품의 접속은 나사식이나 방수형으로 하고, 가죽 등으로 패킹을 하거나 나사 박은 곳에 페인트를 칠할 것
② 물이 빠질 길이 없는 U자형 배관은 가급적 하지 말고, U자형 배관이 꼭 필요하다면 최저부에 배수구를 만들 것
③ 수평 배관은 배수되는 쪽으로 기울여 둘 것
④ 배수구는 수증기가 발생하는 곳에 시설하지 않아야 하고 배수구는 뚜껑 있는 엘보 또는 박스를 사용하고 이것을 적당히 열어 두어 그곳에서 배수되도록 하는 방법 등을 사용할 것
⑤ 건물 밖의 브래킷, 욕실, 부엌의 전등 기구의 플랜지 또는 이와 접하는 박스 안에서 전선을 접속하지 말 것
⑥ 물기, 습기가 없는 곳에서부터 전선의 접속점이 없이 이것들의 소켓 단자까지 끌고 갈 수 있도록 배선할 것

(6) 기타사항

① 관로의 길이가 구부러진 곳이 많은 경우 피시 테이프를 이용하여 전선을 넣는다.
② 콘크리트에 매입할 때에는 관의 두께가 1.2[mm] 이상이어야 한다.
③ 전선의 접속은 반드시 박스 내에서 실시해야 한다.
④ 금속 전선관은 2[m] 이하마다 고정하여야 한다.

절연부싱

엔트런스 캡

금속관의 단구에 사용하는 재료

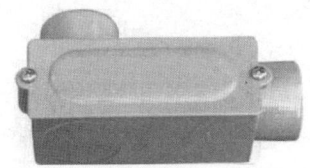
유니버설 엘보

뚜껑부 엘보

노멀밴드

서비스 엘보

금속관 굴곡부에 사용하는 재료

4 가요전선관 공사

(1) 금속제 가요전선관

① 가요전선관은 두께 0.8[mm] 이상의 연강대에 아연 도금을 하고 약 반폭씩 겹쳐서 나선모양으로 만들어 자유로이 구부리게 된 전선관이다.
② 전선관의 굵기는 안지름에 가까운 홀수로 15, 19, 25, 31, 39, 51, 63[mm]가 있으며 길이는 10, 15, 30[m]가 있다.
③ 작은 길이의 배선, 안전함과 전동기 사이의 배선 등의 시설에 적당하다.
④ 가요 전선관은 제1종 금속제 가요 전선관과 제2종 금속제 가요 전선관이 있으며, 전기공사에 사용되는 가요전선관은 제2종 금속제 가요 전선관을 말한다.

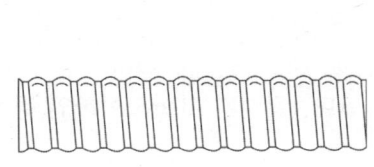
1종 가요관

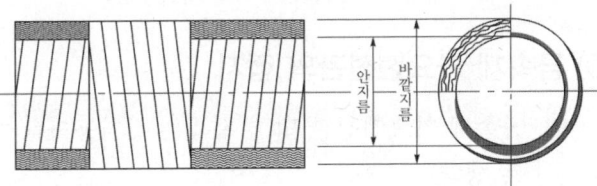
2종 가요관

가요 전선관 종류

(2) 금속제 가요전선관의 시공

① 건조하고 전개된 장소와 점검할 수 있는 은폐장소에 한하여 시설할 수 있으며 무게의 압력 또는 심한 기계적 충격을 받을 우려가 있는 장소는 피해야 한다.
② 관의 지지점 간 거리는 1[m] 이하마다 새들로 고정시키고 곡선부분의 안쪽 반지름은 전선관 안지름의 6배 이상으로 하여야 한다.
③ 금속제 가요전선관의 부속품으로는 가요전선관 상호의 접속에 스플릿 커플링, 가요전선관과 금속관의 접속에 콤비네이션 커플링, 가요전선관과 박스와의 접속에는 스트레이트 박스 커넥터, 앵글 박스 커넥터를 사용한다.
④ 절연전선으로 단면적 10[mm^2](알루미늄선은 16[mm^2])를 넘는 것은 연선을 사용해야 하며, 관내에서는 전선의 접속점을 만들지 않아야 한다.

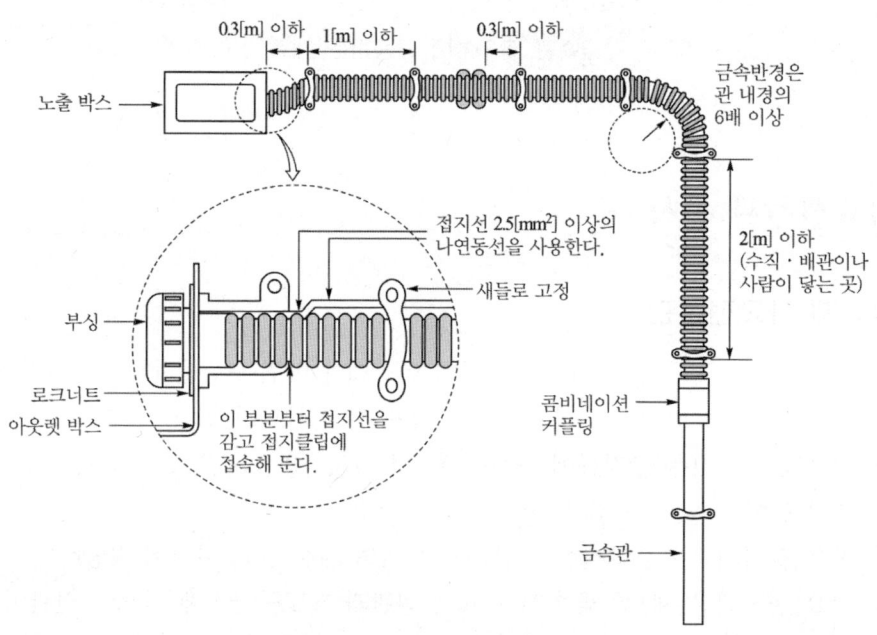

금속제 가요전선관 지지점과 접지 공사

(3) 금속제 가요전선관의 접지

① 금속제 가요전선관 및 부속품은 접지공사를 해야 한다.(길이가 4[[m] 이하인 경우는 생략)
② 강전류 회로의 전선과 약전류 회로의 전선을 전선관에 시공할 때는 접지공사를 하여야 한다.

③ 금속제 가요전선관은 접지효과를 충분하게 하기 위해 나 연동선을 접지선으로 하여 배관의 안쪽에 삽입 또는 첨가한다.

5 덕트 배선 공사

(1) 덕트의 종류

1) 금속 덕트 공사

① 공장, 빌딩 등에서 간선 등 다수의 전선을 수용하는 부분에 사용되며, 다른 전선관 공사에 비해 경제적이고 외관도 좋으며 배선의 증설 및 변경 등이 용이하다.

② 금속 덕트는 폭 5[cm]가 넘고 두께 1.2[mm] 이상의 철판으로 직사각형 형태로 견고하게 제작하고, 내면은 아연도금 또는 에나멜 등으로 피복한다.

③ 금속 덕트의 시공
- 옥내에서 건조한 노출장소와 점검 가능한 은폐장소에 시설할 수 있다.
- 천장 또는 벽에 3[m] 이하마다 견고하게 지지한다. 단, 취급자 이외의 자가 출입할 수 없고 수직으로 설치하는 경우 6[m] 이하로 지지한다.
- 뚜껑이 쉽게 열리지 않도록 하고 덕트 내부에 먼지가 침입하지 않도록 하며 덕트의 종단부는 막는다.
- 금속 덕트에는 접지공사를 하여야 한다.

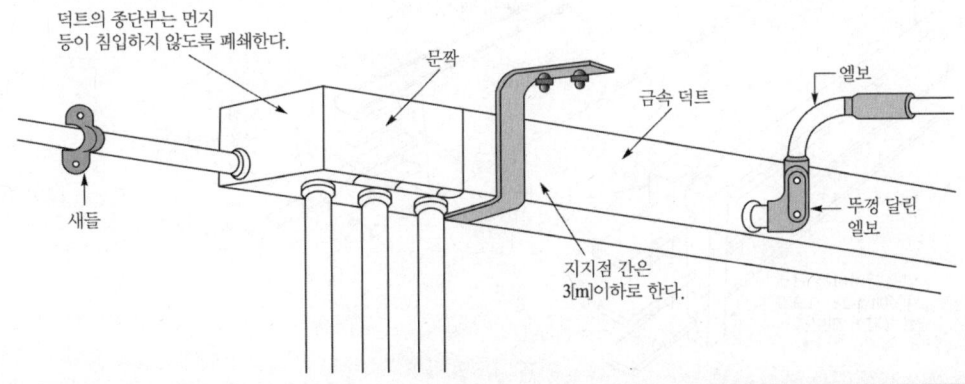

금속 덕트 공사

④ 전선과 전선관의 단면적 관계
- 절연물을 포함하는 단면적의 총합이 금속 덕트 내 단면적의 20[%] 이하가 되도록 한다.
- 전광사인 장치, 출퇴 표시등, 기타 이와 유사한 장치 또는 제어회로 등의 배선에 사용하는 전선만을 넣는 경우에는 50[%] 이하로 할 수 있다.
- 전선수는 30가닥 이하로 하는 것이 좋다.

2) 버스 덕트 공사

① 빌딩, 공장 등의 저압 대용량의 배선설비 또는 이동 부하에 전원을 공급하는 수단으로 사용되며 전류 용량이 800[A] 이상이면 금속관 또는 케이블 공사보다 경제적이다.
② 철판제의 덕트 안에 단면적 20[mm^2] 이상의 구리 또는 단면적 30[mm^2] 이상의 알루미늄으로 된 띠 모양의 나도체를 자기제 절연물로 간격 50[cm] 이내로 지지하여 만든 것이다.
③ 신뢰도가 높으며, 배선이 간단하여 보수가 쉽고, 시공이 용이하다.

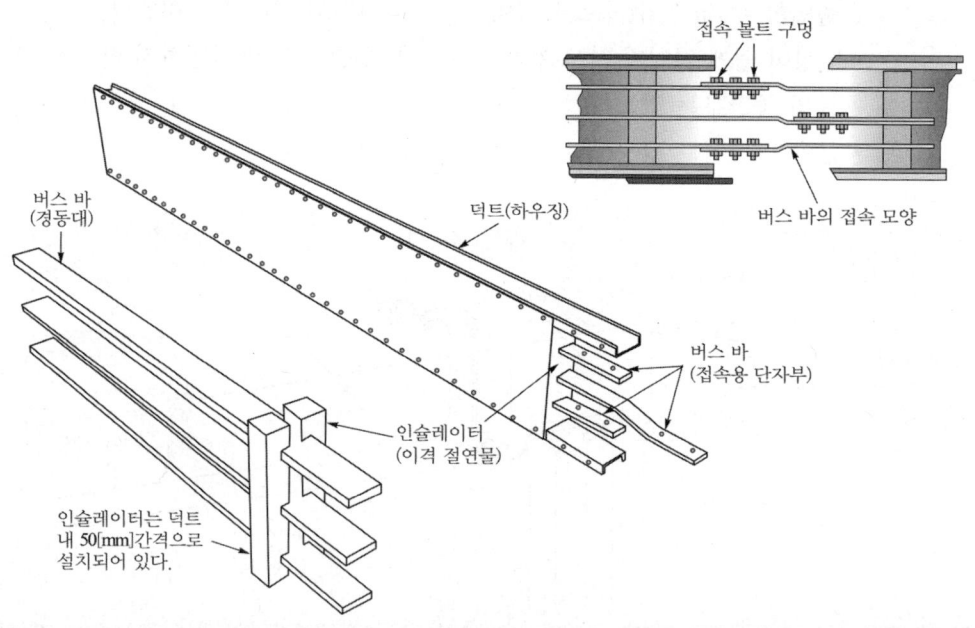

버스 덕트 공사

④ 버스 덕트의 시공
- 옥내에서 건조한 노출장소와 점검 가능한 은폐장소에 시설할 수 있다.
- 덕트를 조영재에 붙이는 경우에는 지지점 간의 거리는 3[m] 이하로 지지하고, 내부에 먼지가 들어가지 못하도록 한다. 단, 취급자 이외의 자가 출입할 수 없고 수직으로 설치하는 경우 6[m] 이하로 지지한다.
- 습기가 많은 장소 또는 물기가 있는 장소에 시설하는 경우에는 옥외용 버스 덕트를 사용하고 버스덕트 내부에 물이 침입하여 고이지 않도록 하여야 한다.
- 버스덕트에는 접지공사를 하여야 한다.

⑤ 버스덕트의 종류
- 피더 버스 덕트 : 도중에 부하를 접속하지 않는 것
- 플러그인 버스 덕트 : 도중에 접속용 플러그를 접속할 수 있는 구조
- 트롤리 버스 덕트 : 이동부하 접속 시 사용
- 로우 임피던스 버스 덕트 : 전압강하 보상 목적으로 사용

3) 플로어 덕트 공사

① 마루 밑에 매입하는 배선용의 덕트로 마루 위로 전선 인출을 목적으로 하는 것
② 사무용 빌딩에서 전화 및 전기배선 시설을 위해 사용하며, 사무기기의 위치가 변경될 때 쉽게 전원을 연결할 수 있으므로 사무실, 은행, 백화점 등의 실내 공간이 크고 조명, 콘센트, 전화 등의 배선이 분산된 장소에 적합하다.
③ 플로어 덕트의 시공
- 옥내의 건조한 콘크리트 바닥에 매입할 경우에 한하여 시설한다.
- 절연전선으로 단면적 10[mm^2](알루미늄선은 16[mm^2]) 이하를 사용하고 초과 시에는 연선을 사용해야 되며 관 내에서는 전선의 접속점을 만들어서는 안 된다. 다만, 전선을 분기하는 경우에 접속점을 쉽게 점검할 수 있을 때에는 그러하지 아니하다.
- 절연물을 포함하는 단면적의 총합이 플로어 덕트 내 단면적의 32[%] 이하가 되도록 한다.
- 플로어 덕트 및 기타 부속품은 두께 2[mm] 이상의 강판으로 제작하고 아연도금 또는 에나멜로 피복한다.
- 플로어덕트는 400[V] 이하에서 주로 사용하며, 덕트에는 접지공사를 하여야 한다.

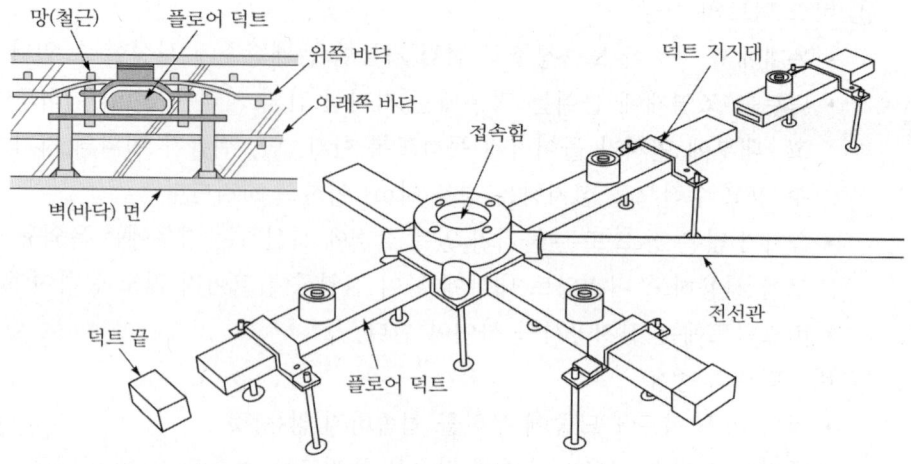

플로어 덕트 공사

4) 셀룰러 덕트 공사

① 덱 플레이트의 하단에 철판을 깔고, 만들어진 공간을 배선 덕트로 사용하는 것. 사무 자동화를 위한 바닥 배선 방식으로서 쓰인다.

② 셀룰러 덕트의 시공

- 옥내의 건조한 곳으로 점검할 수 있는 은폐장소이거나, 점검할 수 없는 은폐장소로서 콘크리트 바닥 내에 매설하는 부분에 한하여 시설할 수 있다.
- 400[V] 이하이고, 전선은 절연전선으로 단면적 10[mm^2](알루미늄선은 16[mm^2]) 이상은 연선을 사용해야 되고, 관내에서는 전선의 접속점을 만들지 말아야 한다.
- 절연물을 포함하는 단면적의 총합이 셀룰러 덕트 내 단면적의 20[%] 이하가 되도록 한다. 단, 전광사인 장치, 출퇴 표시등 및 이와 유사한 장치 또는 제어회로 등의 전선만을 넣는 경우에는 50[%] 이하로 할 수 있다.
- 셀룰러 덕트 및 부속품에 물이 고이지 않도록 시설하고, 덕트의 종단부는 폐쇄한다.
- 접지공사를 하여야 하며 부속품의 판 두께는 1.6[mm] 이상이어야 한다.

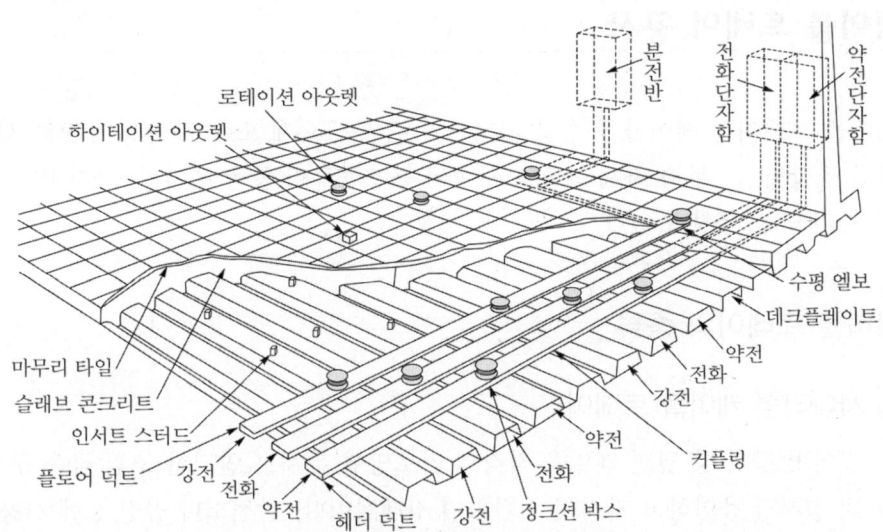

셀룰러 덕트 공사

5) 라이팅 덕트 공사
① 조명 기구나 콘센트 등의 설치를 덕트 임의의 곳에 배선할 수 있는 것으로 백화점 또는 상가 등에서 조명기구의 위치가 자주 변경되는 곳에 적합한 공사 방법이다.
② 라이팅 덕트의 시공
- 400[V] 이하의 조영재에 부착할 경우 지지점 간 거리는 2[m] 이하로 한다.
- 금속제 부분에는 접지공사를 한다.
- 건조하고 노출장소 또는 점검할 수 있는 은폐 장소에 한하여 시설할 수 있다.
- 사람이 쉽게 접촉할 우려가 있는 장소에 시설하는 경우 전원 측에 누전차단기(정격 감도 30[mA] 이하, 동작시간 0.03초 이내)를 시설한다.

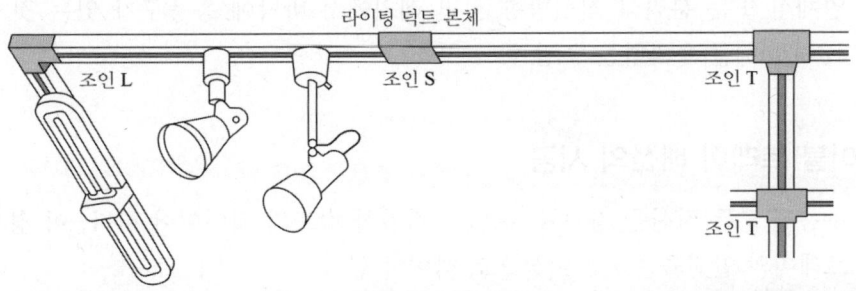

라이팅 덕트 공사

6 케이블 트레이 공사

케이블 트레이는 케이블을 수납 지지하기 위한 금속제 또는 불연성 재질로 제작된 유닛 집합체, 그 부속 자재 등으로 구성된 구조물로써 통풍 채널형, 사다리형, 바닥 밀폐형, 바닥 통풍형이 있다.

(1) 케이블 트레이의 종류

1) 사다리형 케이블 트레이

길이 방향의 양 옆면 레일을 각각의 가로방향 부재로 연결한 조립 금속 구조로, 옥외 설치가 용이하고 가격이 저렴하여 경제적이다. 발전소나 공장 등에 사용되며 강도가 강하여 열악한 환경에 사용되고 있다.

2) 통풍 채널형 케이블 트레이

① 바닥 통풍형과 바닥 밀폐형의 복합채널 부품으로 구성된 조립 금속구조로 폭이 150[mm] 이하인 케이블 트레이를 말한다.
② 바닥 펀칭 형상에 강한 엠보 처리로 높은 강도가 유지되며 터널, 플랜트 시설, 오피스텔, 아파트, 할인점, 백화점, 운동장, 공장 등 모든 분야에 사용되고 있다.

3) 바닥 밀폐형 케이블 트레이

일체식 또는 분리식 직선방향 옆면 레일에서 바닥에 통풍구가 없는 조립 금속 구조로서, 케이블 보호에 탁월하여 필요 개소에는 뚜껑을 설치한다.

4) 바닥 통풍형 케이블 트레이

일체식 또는 분리식 직선방향 옆면 레일에서 바닥에 통풍구가 있는 것으로 폭이 100[mm]를 초과하는 조립 금속 구조

(2) 케이블 트레이 배선의 시공

① 수용된 모든 전선을 지지할 수 있는 적합한 강도의 것이어야 한다. 이 경우 케이블 트레이의 안전율은 1.5 이상으로 하여야 한다.
② 내부 깊이 150[mm] 이하의 사다리형 또는 펀칭형 케이블 트레이에 제어용 또는 신

호용 다심 케이블만을 넣는 경우 혹은 케이블을 함께 넣는 경우에는 케이블의 단면적의 합계는 케이블 트레이의 내부 단면적의 50[%] 이하로 하여야 한다.
③ 내부 깊이 150[mm] 이하의 바닥 밀폐형 케이블 트레이에 제어용 또는 다심 신호용 다심 케이블만을 넣는 경우, 혹은 제어용 및 신호용 다심 케이블을 함께 시설하는 경우에 케이블의 단면적의 합계는 케이블 트레이의 내부 단면적의 40[%] 이하로 하여야 한다.
④ 저압 케이블과 고압 또는 특고압 케이블은 동일 케이블 트레이 내에 시설해서는 안 된다. 단, 견고한 불연성 격벽을 시설하거나 금속 외장 케이블을 사용하는 경우는 가능하다.
⑤ 단심 50[mm^2] 미만의 케이블은 케이블 트레이 내에 시설할 수 없으며, 다심케이블을 사용하여야 한다.
⑥ 케이블 트레이 내에서 전선을 접속하는 경우에는 접속부분에 사람이 접근할 수 있으며, 접속부분이 옆면 레일 위로 나오지 않도록 하여야 한다.
⑦ 케이블트레이에는 접지공사를 하여야 한다.

7 몰드 배선 공사

(1) 합성수지 몰드 공사

1) 합성수지 몰드의 특징

매립 배선이 곤란한 경우의 노출배선이며, 접착테이프와 나사못 등으로 고정시키고 절연전선 등을 넣어 배선하는 방법으로 옥내의 건조한 노출장소와 점검할 수 있는 은폐장소에 한하여 시공할 수 있다.

2) 합성수지 몰드 시공

① 염화비닐 수지로 만든 베이스와 뚜껑으로 구성되며 베이스 홈의 폭과 깊이는 3.5[cm] 이하이고, 두께는 2[mm] 이상을 사용해야 한다. 단, 사람이 쉽게 접촉될 우려가 없도록 시설한 경우에는 폭 5[cm] 이하, 두께 1[mm] 이상인 것을 사용할 수 있다.
② 사용전압은 400[V] 이하이고, 절연전선을 사용하며 몰드 내에서는 접속점을 만들지 않는다.

③ 합성수지 몰드의 베이스를 조영재에 부착할 경우 40~50[cm] 간격마다 나사못 또는 접착제를 이용하여 견고하게 부착해야 한다.

(2) 금속 몰드 공사

1) 금속 몰드의 특징

① 금속 몰드는 금속 또는 황동이나 동으로 만든 연강판으로써 베이스와 뚜껑으로 구성된다. 몰드의 폭은 5[cm] 이하, 두께는 0.5[mm] 이상이어야 한다.
② 교류 회로의 왕복선은 반드시 같은 몰드 안에 전자적 평형이 이루어지도록 해야 한다.
③ 콘크리트 건물 등의 건조한 전개장소의 노출 공사용으로 부분적인 증설공사 또는 개수공사에 적합한 공사방법이며, 금속전선관 공사와 병용하여 점멸 스위치, 콘센트 등의 배선기구의 인하용으로 사용된다.

2) 금속 몰드 시공

① 옥내의 외상을 받을 우려가 없는 건조한 노출장소와 점검할 수 있는 은폐장소에 한하여 시공할 수 있다.
② 전선은 절연전선을 사용하며 금속 몰드 내에서는 접속점을 만들지 않는다. 다만, 2종 금속제 몰드의 경우 전선을 분기하는 경우에는 예외로 한다.
③ 사용전압은 400[V] 이하이고, 조영재에 부착할 경우 1.5[m] 이하마다 고정하고, 금속몰드 및 기타 부속품에는 접지공사를 하여야 한다.

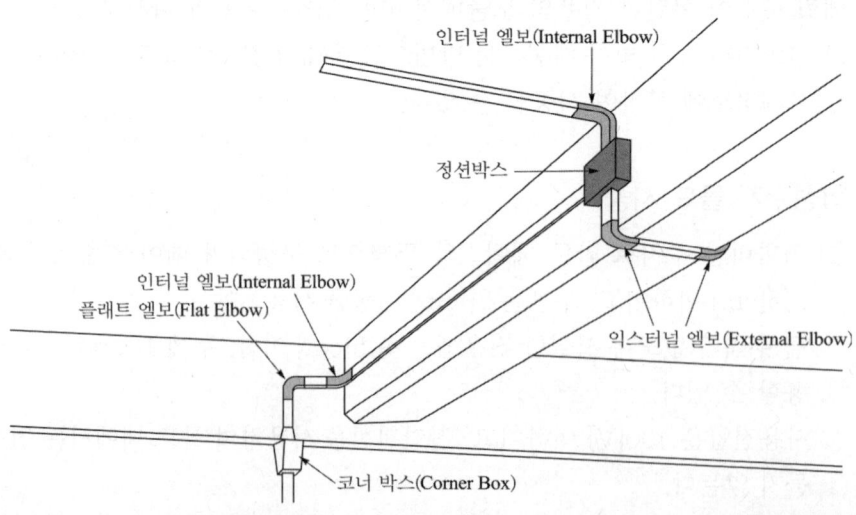

금속 몰드 공사

출제예상문제

01 합성수지관 공사의 장점으로 다음 중 잘못된 것은?

① 누전의 우려가 없다.
② 무게가 가볍고 시공이 쉽다.
③ 고온 및 저온의 곳에서 사용하기 좋다.
④ 부식성 가스 또는 용액이 발산되는 곳에 적당하다.

해설 합성수지관의 특징
- 염화비닐수지로 만든 것으로 금속관에 비하여 가격이 싸다.
- 절연성과 내부식성이 우수하고 재료가 가볍기 때문에 시공이 편리하다.
- 관 자체가 비자성체이므로 접지할 필요가 없다.
- 열에 약할 뿐 아니라 충격강도가 떨어지는 단점이 있다.

02 합성수지관 공사에 대한 설명으로 틀린 것은?

① 합성수지관은 절연전선을 사용하여야 한다.
② 합성수지관 내에서 전선의 접속점을 만들어서는 안 된다.
③ 합성수지관 배선은 중량물의 압력 또는 심한 기계적 충격을 받는 장소에 시설하여서는 안 된다.
④ 합성수지관의 배선에 사용되는 관 및 박스, 기타 부속품은 온도변화에 따른 신축을 고려할 필요가 없다.

해설
- 합성수지관의 배선에는 절연전선(옥외용 절연전선 제외)을 사용해야 한다.
- 절연전선은 지름 10[mm^2](알루미늄선 16[mm^2]) 이하의 단선을 사용하며, 그 이상일 경우에는 연선을 사용하고 전선에 접속점이 없도록 해야 한다.

- 합성수지관은 전개된 장소나 은폐된 장소 등 어느 곳에서나 시공할 수 있지만, 중량물의 압력 또는 심한 기계적 충격을 받는 장소에 시설해서는 안 된다.(콘크리트 매입은 제외)
- 관의 지지점 간의 거리는 1.5[m] 이하로 하고, 관과 박스의 접속점 및 상호 간의 접속점 등에서는 가까운 곳(30[cm] 이내)에 지지점을 시설하여야 한다.

03 합성수지관 또는 금속관 공사 시 반드시 연선으로 시공해야 하는 전선의 굵기는 몇 [mm^2] 초과하는 것이어야 하는가? (단, 알루미늄 전선이다.)

① 5.5   ② 8
③ 10   ④ 16

해설 절연전선은 지름 10[mm^2](알루미늄선 16[mm^2]) 이하의 단선을 사용하며 그 이상의 경우에는 연선을 사용한다.

04 PVC 전선관 부속자재 중 커넥터(또는 파이프 커넥터)의 사용 시 용도는?

① 관과 노멀밴드의 접속에 사용한다.
② 관과 관 또는 관과 박스와의 접속에 사용된다.
③ 관과 박스와의 접속에 사용된다.
④ 관과 관의 접속에 사용된다.

해설 PVC 전선관 공사 시 커넥터는 관과 박스 접속에 사용된다.

정답 1. ③ 2. ④ 3. ④ 4. ③

05 콘크리트에 매입하는 금속관 공사에서 직각으로 배관할 때 사용하는 것은?
① 노멀밴드
② 뚜껑이 있는 엘보
③ 서비스 엘보
④ 유니버설 엘보

해설
- 금속 전선관 구부리기 히키(밴더)를 사용하여 관이 심하게 변형되지 않도록 구부려야 하며, 구부러지는 관의 안쪽 반지름은 관 안지름의 6배 이상으로 구부려야 한다.
- 금속관의 굵기가 36[mm] 이상이 되면 노멀밴드와 커플링을 이용하여 시설한다.

06 엔트런스 캡의 주된 사용장소는 다음 중 어느 것인가?
① 버스 덕트의 끝부분의 마감재
② 저압 인입선 공사 시 전선관 공사로 넘어갈 때 전선관의 끝부분
③ 케이블 트레이의 끝부분의 마감재
④ 케이블 헤드를 시공할 때 케이블 헤드의 끝부분

해설 엔트런스 캡(우에샤 캡)은 인입구, 인출구의 관단에 설치하여 금속관에 접속하여 옥외의 빗물을 막는데 사용한다.

07 절연부싱을 사용하는 이유는?
① 관의 끝이 퍼지는 것을 방지
② 박스 내에서 전선의 접촉을 방지
③ 관의 입구에서 조영재의 접속을 방지
④ 관 안에서 전선의 손상 방지

해설 절연부싱은 전선관에 전선을 배선할 때 전선의 절연피복을 보호하기 위해서 금속관 끝에 취부하여 사용한다.

08 금속관 구부리기에 있어서 안쪽 반지름은 금속관 안지름의 몇 배 이상으로 구부려야 하는가?
① 4배 ② 6배
③ 8배 ④ 12배

해설 금속 전선관 구부리기 히키(밴더)를 사용하여 관이 심하게 변형되지 않도록 구부려야 하며, 구부러지는 관의 안쪽 반지름은 관 안지름의 6배 이상으로 구부려야 한다.

09 금속관 공사 시 관을 접지하는 데 사용하는 것은?
① 엘보
② 접지 클램프
③ 노출배관용 박스
④ 터미널 캡

해설 접지클램프 또는 접지 부싱을 사용하여 분전반, 배전반 등의 인입 개폐기에 가까운 곳에서 각 관로마다 접속한다.

10 금속관 공사에 의한 저압 옥내배선을 점검하였더니 다음과 같은 개소가 있었다. 올바르지 못한 것은?
① 관의 길이가 4[m]인 것을 접지공사를 생략
② 지름이 10[mm^2]인 인입용 비닐 절연선을 사용
③ 지름이 6[mm^2]인 600[V] 비닐 절연선을 사용
④ 애자사용 공사로 전환하는 곳에 강제 부싱을 사용

해설 ① 사용전압이 400[V] 이하인 다음의 경우에는 접지공사를 생략할 수 있다.

- 건조한 장소 또는 사람이 쉽게 접촉할 우려가 없는 장소의 대지전압이 150[V] 이하, 8[m] 이하의 금속관을 시설할 경우
- 대지전압이 150[V]를 초과할 때 4[m] 이하의 전선을 건조한 장소에 시설하는 경우

② 절연전선은 10[mm^2](알루미늄 선은 16[mm^2]) 이하의 단선을 사용하며, 그 이상일 경우는 연선을 사용하며, 전선에 접속점이 없도록 해야 하며 금속관 공사에서 애자사용 공사로 전환하는 곳에 절연부싱을 금속관 끝에 취부하여 전선의 절연피복을 보호한다.

11 금속관 공사에서 다음 중 옳지 않은 것은?

① 22[mm] 금속관의 나사의 유효길이는 19~20[mm]가 적당하다.
② 콘크리트에 매설하는 관의 두께는 1[mm] 이상일 것
③ 16[mm] 금속관에 2.5[mm^2] 비닐전선 최대 4가닥을 넣을 수 있다.
④ 관의 굵기 선정은 절연전선의 피복을 포함한 총 단면적이 관내 단면적의 40[%] 이하가 되어야 한다.

해설 금속관을 콘크리트에 매설하는 경우 관의 두께는 1.2[mm] 이상, 기타의 경우는 1[mm] 이상

12 금속관 공사에서 접지공사를 생략해도 좋은 것은?

① 관의 길이가 4[m] 이하인 건조한 장소에 시설하는 경우
② 건조한 장소의 100[V] 전등회로로서 관의 길이가 10[m] 이상
③ 사람이 접촉할 우려가 있는 100[V] 회로로서 관의 길이가 6[m] 이상
④ 사람이 접촉할 우려가 없는 장소의 3상 200[V] 회로로서 관의 길이가 8[m] 이상

해설 금속관 공사 시 사용전압이 400[V] 이하인 다음의 경우 접지공사를 생략할 수 있다.
- 건조한 장소 또는 사람이 쉽게 접촉할 우려가 없는 장소의 대지전압이 150[V] 이하, 8[m] 이하의 금속관을 시설하는 경우
- 대지전압이 150[V]를 초과할 때 4[m] 이하의 전선을 건조한 장소에 시설하는 경우

13 가요전선관의 크기를 호칭하는 방법은?

① 안지름에 가까운 홀수
② 안지름에 가까운 짝수
③ 금속 두께에 가까운 홀수
④ 금속 두께에 가까운 짝수

해설 가요전선관의 굵기는 안지름에 가까운 홀수로 정하는데 15, 19, 25, 31, 39, 51, 63[mm]가 있으며 길이는 10, 15, 30[m]로 제작된다.

14 가요전선관을 설명한 것으로 옳은 것은?

① 가요전선관의 크기는 바깥지름에 가까운 홀수로 만든다.
② 가요전선관은 건조하고 점검할 수 없는 은폐장소에 한하여 시설한다.
③ 작은 증설공사, 안전함과 전동기 사이의 공사 등에 적합하다.
④ 가요전선관을 고정할 때에는 조영재에 2[m] 이하마다 새들로 고정한다.

해설
- 가요전선관공사는 작은 증설 배선, 안전함과 전동기 사이의 배선, 기차나 전차 안의 배선 등의 시설에 적당하다.
- 전선관의 굵기는 안지름에 가까운 홀수로 정하는데 15, 19, 25, 31, 39, 51, 63[mm]가 있으며 길이는 10, 15, 30[m]로 제작된다.
- 건조하고 전개된 장소와 점검할 수 있는 은폐장소에 한하여 시설할 수 있다. 그러나 무게의 압력

정답 11. ② 12. ① 13. ① 14. ③

또는 심한 기계적 충격을 받을 우려가 있는 장소는 피해야 한다.
- 관의 지지점 간의 거리는 1[m] 이하마다 새들로 고정하고 곡률반경은 전선관 안지름의 6배 이상으로 하여야 한다.

15 가요전선관과 금속관을 접속하는 데 사용하는 것은?
① 컴비네이션 커플링
② 앵글박스 커넥터
③ 플렉시블 커플링
④ 스트레이트 박스 커넥터

해설
- 가요전선관과 금속관을 접속 : 컴비네이션 커플링
- 가요전선관과 박스의 접속 : 스트레이트 박스 커넥터, 앵글박스 커넥터

16 금속 덕트의 시설로 옳지 않은 것은?
① 덕트의 끝부분은 열어 놓을 것
② 덕트의 뚜껑은 쉽게 열리지 않도록 시설할 것
③ 덕트 상호 간은 견고하고 전기적으로 완전하게 접속할 것
④ 덕트를 조영재에 붙이는 경우에는 덕트의 지지점 간의 거리를 3[m] 이하로 하고 견고하게 붙일 것

해설 금속 덕트 배선의 시공
- 옥내에서 건조한 노출장소와 점검 가능한 은폐장소에 시설할 수 있다.
- 지지점 간의 거리는 3[m] 이하로 견고하게 지지하고, 뚜껑이 쉽게 열리지 않도록 하며, 덕트의 끝 부분을 막는다.
- 절연전선을 사용하고 덕트 내에서는 전선의 접속점을 만들어서는 안 된다.

17 금속 덕트 공사에서 금속관과의 접속부는 전기적, 기계적으로 완전히 접속하여야 하며, 그 지지점 간의 거리는 몇 [m] 이하로 하여야 하는가?
① 2[m] ② 3[m]
③ 4[m] ④ 6[m]

해설 위의 문제해설 참조

18 금속 덕트 안에 넣는 전선의 고무절연전선, 비닐절연전선 또는 케이블로서 그 피복을 포함한 총 단면적은 덕트 내 단면적을 몇 [%] 이내로 하여야 가장 적당한가?
① 10 ② 20
③ 30 ④ 40

해설 절연물을 포함하는 단면적의 총합이 금속 덕트 내 단면적의 20[%] 이하가 되도록 한다.

19 철제판의 덕트 안에 평각 구리선 또는 평각 알루미늄선을 자기제 절연물로 간격 50[cm] 이내로 지지하여 만든 것을 다음 중 무엇이라 하는가?
① 금속덕트 ② 플로어덕트
③ 버스덕트 ④ 덕트서포트

해설 버스덕트는 철판제의 덕트 안에 단면적 20[mm^2] 이상의 구리 또는 단면적 30[mm^2] 이상의 알루미늄으로 된 띠 모양의 나도체를 자기제 절연물로 간격 50[cm] 이내로 지지하여 만든 것이다.

정답 15. ① 16. ① 17. ② 18. ② 19. ③

20 저압 440[V] 옥내배선공사에서 건조하고 전개된 장소에 시설할 수 없는 배선공사는?
① 애자공사
② 금속덕트 공사
③ 플로어덕트 공사
④ 버스덕트 공사

해설 플로어덕트 공사는 옥내의 건조한 콘크리트 바닥에 매입할 경우에 한하여 시설한다.

21 다음 중 플로어 덕트의 전선 접속은 어디에서 하는가?
① 전선 입출구에서 한다.
② 접속함 내에서 한다.
③ 플로어 덕트 내에서 한다.
④ 덕트 끝단부에서 한다.

해설 플로어 덕트 배선에 사용되는 전선은 절연전선으로, 단면적 10[mm^2](알루미늄선은 16[mm^2]) 이하를 사용하고 초과하는 경우에는 연선을 사용해야 하고, 관 내에서는 전선의 접속점을 만들어서는 안 된다. 다만, 전선을 분기하는 경우에 접속점을 쉽게 점검할 수 있을 때에는 예외로 한다.

22 금속몰드 공사 방법으로 적합하지 않은 것은?
① 분기점에는 익스터널 앨보 사용
② 연강판제 베이스와 뚜껑으로 구성
③ 기계적, 전기적으로 완전 접속할 것
④ 쇠톱과 줄로 홈을 파서 절단

해설 금속 몰드 공사의 분기점에는 정션박스를 사용한다.

정답 20. ③ 21. ② 22. ①

과년도 출제문제

01 합성수지관 공사에 의한 저압 옥내배선의 시설 기준으로 옳지 않은 것은? [13]
① 전선은 옥외용 비닐 절연전선을 사용할 것
② 습기가 많은 장소에 시설하는 경우 방습 장치를 할 것
③ 전선은 합성수지관 안에서 접속점이 없도록 할 것
④ 관의 지지점 간의 거리는 1.5[m] 이하로 할 것

해설
- 전선은 절연전선(옥외용 비닐절연전선 제외)을 사용해야 한다.
- 관의 지지점 간의 거리는 1.5[m] 이하로 하고, 관과 박스의 접속점 및 상호 간의 접속점 등에서는 가까운 곳(30[cm] 이내)에 지지점을 시설하여야 한다.
- 관 상호 접속은 커플링을 이용하며 커플링에 들어가는 관의 길이는 관 바깥지름의 1.2배 이상으로 한다.(단, 접착제를 사용할 때는 0.8배 이상으로 한다.)

02 합성수지관(PVC 관)공사에 의한 저압 옥내배선에 대한 내용으로 틀린 것은? [14]
① 전선은 절연전선으로 14[mm²]의 연선을 사용하였다.
② 관의 지지점 간의 거리를 2[m]로 하였다.
③ 관 상호 간 및 박스와는 관을 삽입하는 깊이를 관의 바깥지름의 1.2배로 하였다.
④ 습기가 많은 장소의 관과 박스의 접속 개소에 방습장치를 하였다.

해설 위의 문제풀이 참조

03 경질비닐 전선관 접속에서 관의 삽입 깊이는 관의 바깥지름의 최소 몇 배인가?(단, 접착제는 사용하지 않음) [09] [11]
① 1배   ② 1.1배
③ 1.2배   ④ 1.25배

해설 경질비닐 전선관 접속 시 커플링에 들어가는 관의 길이는 관 바깥 지름의 1.2배 이상으로 하나, 접착제를 사용할 때는 0.8배 이상으로 한다.

04 직접 콘크리트에 매입하여 시설하거나 전용의 불연성 또는 난연성 덕트에 넣어야만 시공할 수 있는 전선관은? [06] [15]
① CD관
② PE관
③ PF-P관
④ 두께 2mm 합성수지관

해설 CD전선관은 매입공사, 신축공사 시 전등이나 전열의 매입 배관공사에만 사용되며 시공, 운반이 편리하고 복원력이 우수한 제품으로 가격이 저렴한 장점이 있다.

05 금속전선관의 굵기[mm]를 부르는 것으로 옳은 것은? [10] [12]
① 후강 전선관은 바깥지름에 가까운 홀수로 정한다.
② 후강 전선관은 안지름에 가까운 짝수로 정한다.
③ 박강 전선관은 바깥지름에 가까운 짝수로 정한다.
④ 박강 전선관은 안지름에 가까운 홀수로 정한다.

정답 1. ① 2. ② 3. ③ 4. ① 5. ②

해설 후강 전선관은 관의 안지름의 크기에 가까운 짝수 (16, 22, 28, 36, 42, 54, 70, 82, 92, 104)로 표시하고 박강 전선관은 관의 바깥지름의 크기에 가까운 홀수(15, 19, 25, 31, 39, 51, 63, 75)로 표시한다.

06 후강 전선관이란 관의 두께가 두꺼운 전선관을 말한다. 후강 전선관의 규격 중 관의 호칭으로 잘못된 것은? [10]
① 28
② 34
③ 42
④ 54

해설 후강 전선관은 관의 안지름의 크기에 가까운 짝수로 호칭하며 종류는 16, 22, 28, 36, 42, 54, 70, 82, 92, 104가 있다.

07 사용전압이 400[V] 이하인 저압 옥내배선 공사를 점검할 수 없는 은폐된 건조한 장소에 시설하는 공사방법은? [04]
① 합성수지 몰드공사
② 금속몰드 공사
③ 금속관 공사
④ 금속덕트 공사

해설 금속관 공사는 모든 장소에서 사용 가능하다.

08 금속관 공사에 의한 저압 옥내배선에서 사용하는 금속관을 콘크리트에 매설하는 경우 관의 두께는 몇 [mm] 이상이어야 하는가? [03] [04] [10] [12]
① 0.5[mm]
② 0.75[mm]
③ 1.0[mm]
④ 1.2[mm]

해설 금속관을 콘크리트에 매설할 때 관의 두께는 1.2[mm] 이상, 기타의 경우는 1[mm] 이상

09 금속관 배선에서 관의 굴곡에 관한 사항이다. 금속관의 굴곡개소가 많은 경우에는 어떻게 하는 것이 바람직한가? [11] [14]
① 링 리듀서를 사용한다.
② 풀박스를 설치한다.
③ 덕트를 설치한다.
④ 행거를 3[m] 간격으로 지지한다.

해설 아우트렛박스 사이 또는 전선 인입구를 가지는 기구 사이의 금속관은 3개소를 초과하는 직각 또는 직각에 가까운 굴곡개소를 만들어서는 안 되며 굴곡개소가 많은 경우 길이가 30[m]를 초과하는 경우에는 풀박스를 설치하는 것이 바람직하다.

10 유니온 커플링의 사용 목적으로 옳은 것은? [13] [15]
① 금속관 상호의 나사를 연결하는 접속
② 금속관과 박스와 접속
③ 안지름이 다른 금속관 상호의 접속
④ 돌려 끼울 수 없는 금속관 상호의 접속

해설 유니온 커플링은 금속관 상호 접속용으로 관이 고정되어 있어 돌려 끼울 수 없는 장소에 사용한다.

11 다음 중 앤트런스 캡의 주된 사용 장소는? [13] [17]
① 부스 덕트의 끝부분의 마감재
② 저압 인입선공사 시 전선관 공사로 넘어갈 때 전선관의 끝부분
③ 케이블 트레이의 끝부분 마감재
④ 케이블 헤드를 시공할 때 케이블 헤드의 끝부분

해설 앤트런스 캡은 저압 인입선 공사 시 전선관 공사로 넘어갈 때 빗물 등의 들어가지 않도록 전선관 끝부분에 사용한다.

정답 6. ② 7. ③ 8. ④ 9. ② 10. ④ 11. ②

12 저압 인입선의 인입용으로 수직 배관 시 비의 침입을 막는 금속관 공사의 재료는 다음 중 어느 것인가? [14]
① 유니버설 캡
② 와이어 캡
③ 엔트런스 캡
④ 유니온 캡

해설 엔트런스 캡은 인입구, 인출구 관단에 설치하여 금속관에 접속하여 옥외의 빗물을 막는데 사용한다.

13 금속 전선관을 조영재에 따라서 시설하는 경우에는 새들 또는 행거(Hanger) 등으로 견고하게 지지하고, 그 간격을 최대 몇 [m] 이하로 하는 것이 바람직한가? [08]
① 1.0
② 1.5
③ 2.0
④ 2.5

해설 금속관은 2[m] 이하, 합성수지관은 1.5[m] 이하, 가요전선관 또는 케이블은 1[m] 이하 간격으로 견고하게 지지한다.

14 가요전선관 공사에 사용되는 부품 중 전선관 상호 간에 접속되는 연결구로 사용되는 부품의 명칭은? [02] [07]
① 스플릿 커플링
② 콤비네이션 커플링
③ 콤비네이션 유니온 커플링
④ 앵글 박스 커넥터

해설 가요전선관 상호 접속은 스프리트 커플링, 가요전선관과 박스와의 접속은 스트레이트 박스 커넥터, 앵글 박스 커넥터, 가요전선관과 금속관 접속은 콤비네이션 커플링을 사용한다.

15 2중 천장 내 옥내배선에서 분기하여 조명기구에 접속하는 시공방법 중 바르게 된 것은? [05]
① IV 또는 합성수지관 배선
② IV 또는 가요전선관 배선
③ 케이블 또는 합성수지관 배선
④ 케이블 또는 금속제 가요전선관 배선

16 2종 가요전선관을 구부리는 경우 노출장소 또는 점검 가능한 은폐장소에서 관을 시설하고 제거하는 것이 부자유하거나 또는 점검이 불가능할 경우는 곡률 반지름을 2종 가요전선관 안지름의 몇 배 이상으로 하여야 하는가? [10] [18]
① 3배
② 6배
③ 8배
④ 12배

해설 노출장소 또는 점검 가능한 은폐장소에서 2종 가요전선관을 구부리는 경우 관을 시설, 제거하는 것이 자유로운 경우에는 곡률반경은 관 안지름의 3배 이상, 관을 시설, 제거하는 것이 부자유하거나 점검이 불가능한 경우 곡률반경은 안지름의 6배 이상으로 한다.

17 바닥 통풍형과 바닥 밀폐형의 복합채널 부품으로 구성된 조립 금속구조로 폭이 150[mm] 이하이며, 주 케이블 트레이로부터 말단까지 연결되어 단일 케이블을 설치하는 데 사용되는 트레이는?
[08] [10] [11] [15]
① 통풍 채널형 케이블 트레이
② 사다리형 케이블 트레이
③ 바닥 밀폐형 케이블 트레이
④ 트로프형 케이블 트레이

정답 12. ③ 13. ③ 14. ① 15. ④ 16. ② 17. ①

해설 채널형 케이블 트레이는 바닥 통풍형과 바닥 밀폐형의 복합채널 부품으로 구성된 조립 금속구조로 폭이 150[mm] 이하인 케이블 트레이를 말하며, 바닥 펀칭 형상에 강한 엠보 처리로 높은 강도가 유지되며, 터널, 플랜트 시설, 오피스텔, 아파트, 할인점, 백화점, 운동장, 공장 등 모든 분야에 사용되고 있다.

18 금속 덕트 공사 시 조영재에 붙이는 경우 덕트의 지지점 간의 거리[m]는 얼마 이하로 하여야 하는가? [11]
① 2[m]　② 3[m]
③ 4[m]　④ 5[m]

해설 금속 덕트의 지지점 간격은 수평 3[m] 이하, 수직 6[m] 이하로 한다.

19 버스덕트 공사에서 지지점의 최대 간격은 몇 [m] 이하인가?(단, 취급자 이외의 자가 출입할 수 없도록 설비한 장소로 수직으로 설치하는 경우이다.) [11]
① 4　② 5
③ 6　④ 7

해설 버스 덕트는 3[m] 이하마다 견고하게 지지하여야 하나, 취급자 이외의 자가 출입할 수 없도록 설비한 곳에서 수직으로 설치하는 경우에는 6[m] 이하로 할 수 있다.

20 버스덕트 배선에 사용되는 버스덕트의 종류가 아닌 것은? [11]
① 피더 버스덕트
② 플러그인 버스덕트
③ 탭붙이 버스덕트
④ 플로어 버스덕트

해설 버스덕트의 종류
- 피더 버스덕트
- 플러그인 버스덕트
- 트롤리 버스덕트
- 트랜스포지션 버스덕트
- 익스펜션 버스덕트
- 탭붙이 버스덕트

21 버스덕트 배선에 의하여 시설하는 도체의 단면적은 알루미늄 띠 모양인 경우 얼마 이상의 것을 사용하여야 하는가? [12]
① 20[mm^2]　② 25[mm^2]
③ 30[mm^2]　④ 40[mm^2]

해설 버스덕트에 사용하는 도체로 구리는 20[mm^2] 이상의 띠 모양 또는 지름 5[mm^2] 이상의 관모양이나 둥글고 긴 막대 모양, 알루미늄은 30[mm^2] 이상의 띠 모양을 사용한다.

22 버스덕트 공사 중 도중에서 부하를 접속할 수 있도록 꽂음 구멍이 있는 덕트는? [08]
① Feeder Bus Way
② Plug-in Way
③ Trolley Bus Way
④ Floor Bus Way

해설 플러그인버스 덕트는 피더버스 덕트의 측면에 적당한 간격으로 분기장치를 할 수 있도록 한 것이다.

23 플로어덕트 배선에 수용하는 전선은 피복절연물을 포함하는 단면적의 총합이 플로어덕트 내 단면적의 몇 [%] 이하가 되도록 하는가? [14]
① 20　② 32
③ 40　④ 60

정답 18.② 19.③ 20.④ 21.③ 22.② 23.②

해설 플로어 덕트에 수용하는 전선은 절연물을 포함하는 단면적의 총합이 덕트 내 단면적의 32[%] 이하가 되도록 한다.

24 셀룰러 덕트 배선공사 시 부속품의 판 두께는 몇 [mm] 이상이어야 하는가? [05]
① 1.0　　② 1.2
③ 1.4　　④ 1.6

해설 셀룰러 덕트 배선공사 시 부속품의 판 두께는 1.6[mm] 이상이어야 한다.

25 합성수지 몰드 공사에 의한 저압 옥내배선의 시설방법으로 옳은 것은? [14]
① 전선으로는 단선만을 사용하고 연선을 사용하여서는 안된다.
② 전선은 옥외용 비닐절연전선을 사용한다.
③ 합성수지 몰드 안에 전선의 접속점을 두기 위하여 합성 수지제의 조인트 박스를 사용한다.
④ 합성수지 몰드 안에는 전선의 접속점을 최소 2개소 두어야 한다.

해설 합성수지 몰드 공사의 시공
- 합성수지몰드의 배선에는 절연전선(옥외용 절연전선 제외)을 사용해야 한다.
- 합성수지 몰드 내에서는 전선의 접속점을 만들어서는 안 된다. 다만, 전기용품 안전관리법의 적용을 받는 합성수지제 접속함을 사용하는 경우에는 그러하지 아니하다.

26 합성수지몰드 공사에 사용하는 몰드 홈의 폭과 깊이는 몇 [cm] 이하가 되어야 하는가? [07] [16]
① 1.5　　② 2.5
③ 3.5　　④ 4.5

해설 홈의 폭과 깊이가 3.5[cm] 이하, 두께는 2[mm] 이상의 것이어야 한다. 단, 사람이 쉽게 접촉될 우려가 없도록 시설한 경우에는 폭 5[cm] 이하, 두께 1[mm] 이상인 것을 사용할 수 있다.

27 교류회로의 왕복회선을 동일관 내에 넣어 전자적으로 평형을 유지시켜야 하는 공사 방법은? [04]
① 경질비닐전선관
② 연질전선관
③ 합성수지 몰드공사
④ 금속전선관 공사

정답 24. ④　25. ③　26. ③　27. ④

02 배선공사

1 애자사용공사

(1) 시설기준

사용전압 거리	400[V] 이하	400[V] 초과
전선 상호 간의 거리	6[cm] 이상	6[cm] 이상
전선과 조영재 간의 거리	2.5[cm] 이상	4.5[cm] 이상 (건조한 장소 2.5[cm] 이상)
지지점간 거리	조영재의 윗면 또는 옆면에 따라 붙일 경우 2[m] 이하	조영재의 윗면 또는 옆면에 따라 붙일 경우 6[m] 이하

(2) 시설방법

① 전선은 절연전선(옥외용 비닐 절연전선 및 인입용 비닐 절연전선을 제외)을 사용해야 한다.
② 400[V] 초과의 저압 옥내배선은 사람이 접촉할 우려가 없도록 시설해야 한다.
③ 전선이 조영재를 관통하는 경우에는 관통하는 부분의 전선을 각각 별개의 난연성 및 내수성이 있는 절연관에 넣어 시공한다. 다만, 150[V] 이하인 전선을 건조한 장소에 시설하는 경우로서 관통하는 부분의 전선에 내구성이 있는 절연 테이프를 감을 때에는 예외로 한다.
④ 애자는 절연성, 난연성 및 내수성의 것을 사용한다.

(3) 노브애자

애자사용공사에 일반적으로 사용되는 애자는 노브애자가 사용된다.

애자와 전선의 굵기

애자의 종류	사용하는 전선의 최대굵기[mm²]	KSC IEC 60364적용되는 전선의 최대굵기[mm²]
소노브애자	14	10
중노브애자	50	50
대노브애자	100	95
특대노브애자	250	240
특캡애자	22	16
소핀애자	50	50
중핀애자	100	95
대핀애자	200	185

(4) 전선 바인드법

① 일자 바인드법 : 10[mm²] 이하의 전선
② 십자 바인드법 : 16[mm²] 이상의 전선

사용전선의 굵기	바인드선의 굵기
16[mm²] 이하	0.9[mm]
50[mm²] 이하	1.2[mm] (또는 0.9[mm]×2)
50[mm²] 이상	1.6[mm] (또는 1.2[mm]×2)

2 케이블 배선공사

(1) 케이블의 종류

전선은 케이블, 3종 캡타이어 케이블, 3종 클로로프렌 캡타이어 케이블, 3종 클로로설폰화 폴리에틸렌 캡타이어 케이블, 4종 캡타이어 케이블, 4종 클로로프렌 캡타이어 케이블을 사용하여야 하며 400[V] 이하인 저압 옥내배선을 전개된 장소 또는 점검할 수 있는 은폐된 장소에 시설할 경우에 2종 클로로프렌 캡타이어 케이블, 2종 클로로설폰화 폴리에틸렌 캡타이어 케이블 또는 비닐 캡타이어 케이블을 사용할 수 있다.

(2) 케이블 배선의 시공

① 중량물의 압력 또는 심한 기계적 충격을 받을 우려가 있는 장소 또는 마루바닥, 벽, 천장, 기둥 등에 직접 매입하는 곳에 케이블을 시설하여서는 안 된다. 단, 케이블을 금속관 또는 합성수지관 등으로 방호하는 경우에는 사용 가능하다.

② 옥측 및 옥외에 케이블을 설치할 때는 구내는 지표상 1.5[m], 구외는 2[m] 이상의 높이로 한다.

③ 케이블을 수용장소의 구내에 매설하는 경우에는 직접 매설식 또는 관로식으로 시설한다.

④ 케이블을 구부리는 경우 피복이 손상되지 않도록 하고, 그 굴곡부의 곡률 반지름은 원칙적으로 케이블 바깥지름의 6배(단심은 8배) 이상으로 하여야 한다.

⑤ 케이블 지지점 간의 거리
  ㉠ 조영재의 수직방향으로 시설할 경우 : 2[m] 이하
    (사람이 접촉할 우려가 없는 곳에서 수직으로 붙이는 경우에는 6[m] 이하, 캡타이어 케이블은 1[m] 이하)
  ㉡ 조영재의 수평방향으로 시설할 경우 : 1[m] 이하

⑥ 케이블 상호 접속은 캐비닛, 아웃렛 박스 또는 접속함 내부에서 케이블을 기구단자에 접속하는 경우는 캐비닛, 아웃렛 박스 내부에서 접속한다.

⑦ 케이블과 절연전선의 접속은 절연전선 상호 접속법에 따라서 접속을 한다.

⑧ 400[V] 이하인 경우는 금속제 부분에는 접지공사로 접지하여야 한다.

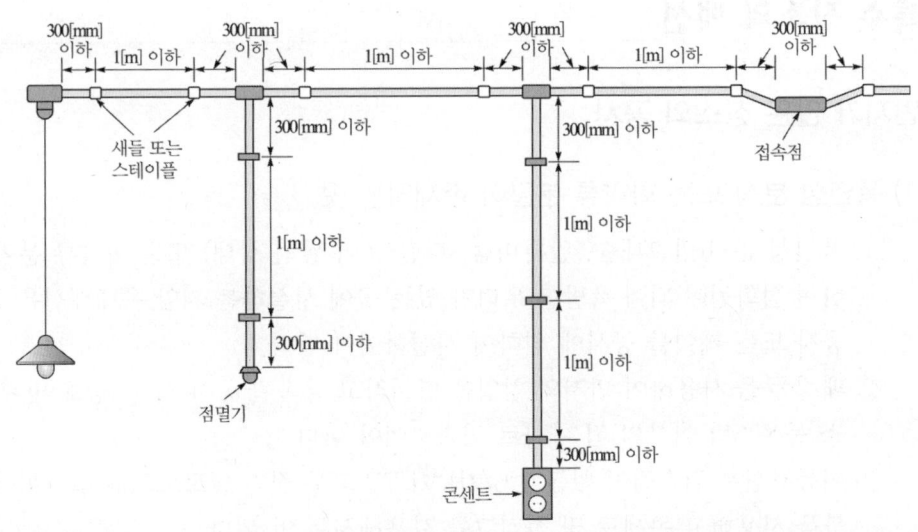

캡타이어 케이블 설치 구분과 지지점 간의 거리

3 평형 보호층 공사

(1) 평형 보호층 공사

평형 보호층 공사는 특수한 박형의 전선을 카펫과 바닥 사이에 포설하여 전기를 공급하는 것으로써 언더 카펫 배선 시스템이라고도 한다.

(2) 평형 보호층 공사의 시공

① 조영물의 바닥면 또는 벽면에 시설할 것
② 주택, 여관, 호텔, 학교 등의 교실, 병원, 진료소 등의 병실, 플로어 히팅 등 발열선이 시설된 바닥면 이외의 장소에 시설할 것
③ 전선은 평형 도체 합성수지 절연전선일 것
④ 전선은 정격전류가 30[A] 이하의 과전류차단기로 보호되는 분기회로에서 사용할 것
⑤ 전로의 대지전압은 150[V] 이하일 것
⑥ 평형 보호층은 조영재를 관통하여 시설하지 아니할 것
⑦ 평형 보호층 공사에 사용하는 상부 보호층 및 상부 접지용 보호층 또는 조인트 박스 및 꽂임 접속기의 금속제 외함에는 접지공사를 할 것.

4 특수 장소의 배선

(1) 먼지가 많은 장소의 공사

1) 폭연성 분진 또는 화약류 분말이 존재하는 곳

① 폭연성 분진(마그네슘, 알루미늄, 티탄 등이 쌓인 상태) 또는 화약류 분말로 인하여 점화원이 되어 폭발할 우려가 있는 곳에 시설하는 저압 옥내배선은 금속관 공사 또는 케이블 공사에 의하여 시설하여야 한다.
② 패킹 등을 사용하여 먼지의 침입을 방지하고 금속관 공사 시 관 상호 및 관과 박스 등은 5턱 이상의 죔 나사로 접속하여야 한다.
③ 이동전선은 접속점이 없는 0.6/1[kV] EP 고무 절연 클로로프렌 캡타이어 케이블을 사용하고 콘센트 및 플러그를 사용해서는 안 된다.
④ 전동기에 접속하는 부분에는 분진 방폭형 플렉시블 피팅을 사용한다.

2) 가연성 분진이 존재하는 곳

① 가연성 분진(소맥분, 전분, 유황, 기타의 가연성 먼지)이 발화원이 되어 폭발할 우려가 있는 곳의 저압 옥내배선은 합성수지관 배선, 금속관 배선, 케이블 배선에 의하여 시설한다.

② 이동전선은 접속점이 없는 0.6/1[kV] EP 고무 절연 클로로프렌 캡타이어 케이블 또는 0.6/1[kV] 비닐 절연 비닐 캡타이어 케이블을 사용하고 분진 방폭 보통 방진 구조의 것을 사용하고, 손상 받을 우려가 없도록 시설한다.

3) 폭연성, 가연성 분진 이외의 분진이 많은 곳

① 정미소, 제분소, 시멘트 공장 등과 같은 먼지가 많아서 열방산을 방해하거나, 절연성을 열화시킬 우려가 있는 곳의 저압 옥내배선은 애자사용공사, 합성수지관 공사, 금속관 공사, 금속제 가요전선관 공사, 금속덕트 공사, 버스덕트 공사, 케이블 배선에 의하여 시설한다.

② 키레스 소켓을 사용하고 개폐기 등은 방진형의 것을 사용하며 진동에 의하여 헐거워지지 않도록 기계적, 전기적으로 완전히 접속한다.

(2) 가연성 가스가 존재하는 장소의 공사

① 가연성 가스나 인화성 물질의 증기가 새거나 체류하여 폭발할 우려가 있는 곳의 장소에는 금속관 공사 또는 케이블 공사에 의하여 시설하여야 한다.

② 이동용 전선은 접속점이 없는 0.6/1[kV] EP 고무절연 클로로프렌 캡타이어 케이블을 사용한다.

③ 전기기계기구는 내압 방폭구조, 유입 방폭구조 또는 이와 동등 이상의 방폭 성능을 가지는 것을 사용하여야 한다.

④ 관 상호간 및 관과 박스 또는 전기기계 기구의 접속은 5턱 이상 나사 조임으로 접속하는 방법, 기타 동등 이상의 효력이 있는 방법으로 견고하게 접속하여야 한다.

(3) 위험물이 있는 장소의 공사

① 셀룰로이드, 성냥, 석유류, 기타 타기 쉬운 위험한 물질을 제조하거나 저장하는 곳은 케이블, 금속관, 합성수지관 공사로 시설한다.

② 이동용 전선은 접속점이 없는 0.6/1[kV] EP 고무절연 클로로프렌 캡타이어 케이블 또는 0.6/1[kV] 비닐 절연 비닐 캡타이어 케이블을 사용한다.

③ 불꽃 또는 아크가 발생될 우려가 있는 개폐기, 콘센트, 코드 접속기, 전동기 또는

온도가 현저하게 상승될 우려가 있는 가열장치 등의 전기기계기구는 전폐구조로 하여 위험물에 착화될 우려가 없도록 시설하여야 한다.

(4) 화약류 저장소의 공사

화약류 저장소 안에는 전기설비를 시설하여서는 안 되나 백열전등이나 형광등 또는 이들에 전기를 공급하기 위한 전기설비는 케이블, 금속관 공사로 다음과 같이 시설할 수 있다.
① 전로의 대지전압은 300[V] 이하이고 전기기계기구는 전폐형이어야 한다.
② 케이블을 전기기계기구에 인입할 때에는 인입구에서 케이블이 손상될 우려가 없도록 시설하여야 한다.
③ 화약류 저장소 이외의 곳에 전용 개폐기 및 과전류 차단기를 각 극에 취급자 이외의 자가 쉽게 조작할 수 없도록 시설하고, 전로에 지기가 발생했을 때에 자동적으로 전로를 차단하거나 경보하는 장치를 시설한다.
④ 전폐용 개폐기 또는 과전류 차단기에서 화약류 저장소의 인입구까지의 배선은 케이블을 사용하고 지중선로로 시설한다.

(5) 부식성 가스 등이 있는 장소의 공사

① 부식성 가스 또는 용액이 발산하는 곳(산류, 알칼리류, 염소산칼리, 표백분, 염료나 인조비료의 제조공장, 동, 아연 등의 제련소, 전기도금 공장, 개방형 축전지실 또는 이와 유사한 장소)에 시설하는 저압 옥내 전기설비는 부식성 가스 또는 용액에 의하여 침식되지 않도록 적당한 도료를 칠하거나 적당한 예방조치를 위하여야 하며 애자사용공사, 금속관 공사, 합성수지관 공사, 2종 금속제 가요전선관 공사, 케이블 공사에 의하여 시설한다.
② 전동기와 전력장치 등은 내부에 부식성 가스 또는 용액이 침입할 우려가 없는 구조의 것을 사용해야 하며 개폐기, 과전류 차단기, 콘센트를 시설해서는 안 된다.

(6) 광산, 터널 및 갱도의 공사

① 상시 통행하는 터널의 배선은 저압에 한하여 케이블 공사, 애자사용공사, 금속전선관 공사, 합성수지관 공사, 금속제 가요전선관 공사로 시공하여야 한다.
② 터널의 인입구 가까운 곳에 전용의 개폐기를 시설하고 광산, 갱도 내의 배선은 저압 또는 고압에 한하며 케이블 공사로 시공하여야 한다.

(7) 습기가 많은 장소

① 습기가 많은 장소(물기가 있는 장소)의 저압배선은 금속관 공사, 합성수지관 공사, 2종 금속제 가요전선관 공사, 케이블 공사로 시공하여야 한다.
② 조명기구의 플랜지 내에는 전선의 접속점이 없도록 한다.
③ 개폐기 또는 과전류 차단기, 콘센트, 전동기 등에는 방수형 구조의 것을 사용해야 한다.
④ 전기를 공급하는 전로에는 누전차단기를 설치해야 한다.

(8) 흥행장소

① 무대, 무대마루 밑, 오케스트라 박스, 영사실 등은 400[V] 이하이어야야 하고 무대 밑 배선은 케이블, 금속관, 합성수지관공사로 시공하여야 하며 전등 등의 부하에 공급하는 전로에는 전용 개폐기 및 과전류 차단기를 설치하여야 한다.
② 온도가 현저하게 상승될 우려가 있는 기구류는 무대의 막, 목조의 마루나 벽 등의 가연성 물질과 쉽게 접촉되지 아니하도록 그 사이를 충분히 이격하여 시설하여야 한다.

특수장소의 공사방법

구 분		케이블	금속관	합성수지관	금속제 가요전선관	덕트	애자	비고
먼지	폭발성	○	○	×	×	×	×	
	가연성	○	○	○	×	×	×	
	불연성	○	○	○	○	○	○	
가연성 가스		○	○	×	×	×	×	
위험물		○	○	○	×	×	×	
화약류		○	○	×	×	×	×	300[V] 미만 조명배선만 가능
부식성 가스		○	○	○	○ (2종만 가능)	×	○	
광산, 터널, 갱도		○	○	○	○	○	○	
습기있는 장소		○	○	○	○ (2종만 가능)	×	×	
흥행장		○	○	○	×	×	×	400[V] 이하

5 기타 전기시설 공사

(1) 옥내배선용 심벌

천장은폐배선	바닥은폐배선	노출배선	바닥노출배선	지중매설배선
————	- - - - - - - -	— — — —	— ‥ — ‥ — ‥ —	— · — · — · — · —

(2) 조명배선

1) 풀용 수중 조명등의 시설

① 1차 전로 400[V] 이하, 2차 전로 150[V] 이하의 절연 변압기를 사용해야 하며 2차 전압 30[V] 이하인 경우에는 1차 권선과 2차 권선 사이에 금속제 혼촉 방지판을 설치하고 접지공사를 하여야 한다. 2차측 전로의 사용전압이 30[V]를 넘으면 그 전로에 지기가 생겼을 때 자동적으로 전로를 차단하는 장치를 시설하여야 한다.

② 변압기의 2차측 전로에는 개폐기 및 과전류 차단기를 설치하고 금속관으로 시공한다.

③ 전선은 단면적 $0.75[mm^2]$ 이상의 클로로프렌 캡타이어 케이블 또는 클로로설폰화 폴리에틸렌 캡타이어 케이블을 사용하여야 하며 조명등기구 및 방호장치의 금속제 부분은 접지공사를 하여야 한다.

2) 쇼윈도 또는 쇼케이스 안의 배선공사

건조한 곳에 시설하고 400[V] 이하인 저압 옥내배선은 외부에서 보기 쉬운 곳에 한하여 코드 또는 캡타이어 케이블을 조영재에 접촉하여 시설할 수 있다. 전선은 단면적 $0.75[mm^2]$ 이상의 코드 또는 캡타이어 케이블을 1[m] 이하마다 고정하고 배선에는 전구 또는 기구의 중량을 지지시켜서는 안 된다.

전력량계	전동기	전열기	룸 에어콘	배선용 차단기	발전기
(WH)	(M)	(H)	[RC]	[B]	(G)
실링라이트	샹들리에	리셉터클	형광등(1등용)	형광등(2등용)	스위치
(CL)	(CH)	(R)	⊸F40⊸	⊸F40×2⊸	●
유도등	콘센트 (벽붙이)	콘센트 (천장형)	(제어반, 분전반, 배전반 공용)	(동력용)	(분전반)	(제어반)
⊗	◐:	⊙⊙	▭	⊠	◣	▶◀
벽등	콘센트 (바닥형)	옥외등	일반 조명	벽붙이 조명	환기팬	누전차단기	피뢰기
⊶	☻	⊛	○	◐	∞	E	↕

(3) 기타 전기시설의 공사

1) 농사용 저압 가공 전선로의 시설

농사용의 전동기, 전등에 공급하는 저압 가공 전선이 건조물, 도로, 철도가공 약전선 등과 근접하지 않을 시에는 저압으로 전용의 개폐기 및 과전류 차단기를 각 극에 시설하고 전선은 2[mm]의 경동선 이상, 경간은 30[m] 이하이고, 높이는 3.5[m] 이상으로 설치하여야 한다.

2) 전기온상 등의 시설

식물의 재배, 양잠, 부화 등의 용도로 사용하는 전열 장치는 전로의 대지전압 300[V] 이하이어야 하며 발열선의 온도는 80[℃]를 넘지 않아야 한다.

3) 전기 울타리의 시설

전선은 인장강도 1.38[kN] 이상의 것 또는 2.5[mm^2]의 경동선 이상의 전선과 이를 지지하는 기둥과의 이격거리는 2.5[cm] 이상, 전선과 다른 시설물 또는 수목 사이의 이격거리는 30[cm] 이상이어야 한다. 전로에는 쉽게 개폐할 수 있는 곳에 전용개폐기를 시설하여야 하며 사용전압은 400[V] 이하이어야 한다.

출제예상문제

01 고압 옥내배선에서 애자사용공사 시 전선의 지지점간 거리는 몇 [m] 이하인가?
① 2 ② 2.5
③ 4.5 ④ 6

해설 애자사용공사에서 애자의 지지점 간의 거리는 2[m] 이하이다.

02 노브애자사용 공사에서 전선 교차 시 사용하는 것은?
① 애관 ② 부목
③ 동관 ④ 테이프

해설 저압 옥내배선에서 노브애자 공사 시 전선 교차장소에 절연용으로 애관을 사용한다.

03 케이블 공사에서 비닐 외장 케이블을 조영재의 측면에 따라 붙이는 경우 지지점 간 거리의 최댓값[m]은?
① 1.0 ② 1.5
③ 2.0 ④ 2.5

해설 케이블 지지점 간의 거리는 조영재의 수직방향으로 시설할 경우에는 2[m] 이하(단, 캡타이어 케이블은 1[m]), 조영재의 수평방향으로 시설할 경우에는 1[m] 이하

04 고층건물에서 케이블을 수직으로 배선하는 경우에 가장 적당한 방법은?
① 매 층마다
② 2층마다
③ 3층마다
④ 4층마다

해설 고층건물에 케이블을 수직으로 배선하는 경우에는 매 층마다 2개소를 지지한다.

05 화약고 등 위험장소의 배선공사에서 전로의 대지전압은 몇 [V] 이하이어야 하는가?
① 300 ② 400
③ 500 ④ 600

해설 화약고 등 위험장소의 배선공사의 전로의 대지전압은 300[V] 이하이고 전기기계기구는 전폐형이어야 한다.

06 도전성 분진이 있는 장소 또는 가연성 분진이 떠돌아다녀 분진 폭발이 발생될 우려가 있는 장소에 사용하는 전동기의 구조는?
① 분진 방폭 구조
② 내압 방폭 구조
③ 안전 중 폭파 구조
④ 분진 방폭 방진 구조

해설 도전성 분진이 있는 장소 또는 가연성 분진이 떠돌아다녀 분진 폭발이 발생될 우려가 있는 장소에는 분진 방폭 방진 구조의 것을 사용해야 한다.

정답 1. ① 2. ① 3. ① 4. ① 5. ① 6. ④

07 광산이나 갱도 가스 또는 먼지의 발생에 의해서 폭발 우려가 있는 장소의 공사방법이 아닌 것은?
① 고정 전선은 갱내 외장 연피 케이블 공사가 가장 안전함
② 스파크나 과열 전기기구는 기밀함 기름 속에 넣을 것
③ 이동 전선은 1종 캡타이어 케이블을 사용할 것
④ 백열등은 진동이 없도록 고정된 키 없는 소켓에 끼워 외장 글로우브를 끼울 것

해설 광산, 터널 및 갱도의 시공방법
- 사람이 상시 통행하는 터널 내의 배선은 저압에 한하여 애자사용공사, 금속전선관 공사, 합성수지관 공사, 금속제 가요전선관 공사, 케이블 공사로 시공하여야 한다.
- 터널의 인입구 가까운 곳에 전용의 개폐기를 시설하여야 한다.
- 광산, 갱도 내의 배선은 저압 또는 고압에 한하고, 케이블 배선으로 시공하여야 한다.

08 가연성 가스가 존재하는 장소의 저압 시설 공사 방법으로 옳은 것은?
① 금속몰드 공사
② 금속관 공사
③ 가요 전선관 공사
④ 합성 수지관 공사

해설 가연성 가스 또는 인화성 물질의 증기가 새거나 체류하여 전기설비가 발화원이 되어 폭발할 우려가 있는 곳의 장소에는 금속관 공사 또는 케이블 공사에 의하여 시설하여야 한다.

09 가연성 분진이 존재하는 장소의 저압 옥내 배선 방법이 아닌 것은?
① 합성수지관 공사
② 금속관 공사
③ 3종 캡타이어 케이블 공사
④ CD 케이블 공사

해설 가연성 분진이 존재하는 곳의 가연성 먼지로서 공중에 떠다니는 상태에서 착화되었을 때 폭발의 우려가 있는 곳의 저압 옥내배선은 합성수지관 공사, 금속관 공사, 케이블 공사에 의하여 시설한다.

10 폭발성 분진이 존재하는 곳의 금속관 공사에 있어서 관 상호 및 관과 박스, 기타의 부속품이나 풀 박스 또는 전기기계 기구와의 접속은 몇 턱 이상의 나사 조임으로 접속하여야 하는가?
① 2턱
② 3턱
③ 4턱
④ 5턱

해설 폭발성 분진이 존재하는 곳의 금속관 공사 시 패킹 등을 사용하여 먼지의 침입을 방지하고 관 상호 및 관과 박스 등은 5턱 이상의 죔 나사로 접속하여야 한다.

11 흥행장의 저압공사에서 잘못된 것은?
① 무대용의 콘센트 박스 플라이 덕트 및 보더 라이트의 금속제 외함에는 접지공사를 하여야 한다.
② 무대 마루 밑 오케스트라 박스 및 영사실의 전로에는 전용 개폐기 및 과전류 차단기를 시설할 필요가 없다.
③ 플라이 덕트는 조영재 등에 견고하게 시설할 것
④ 플라이 덕트 내의 전선을 외부로 인출할 경우는 1종 캡타이어 케이블을 사용한다.

정답 7. ③ 8. ② 9. ④ 10. ④ 11. ②

해설 무대, 무대 밑, 오케스트라 박스 및 영사실에서 사용하는 전등 등의 부하에 공급하는 전로에는 이들의 전로에 전용 개폐기 및 과전류 차단기를 설치하여야 한다.

12 극장의 무대 영사실 등에 공급하는 전로의 최고 사용전압은?

① 150[V] ② 200[V]
③ 300[V] ④ 400[V]

해설 무대, 무대마루 밑, 영사실, 기타의 사람이나 무대 도구가 접촉할 우려가 있는 곳에 시설하는 저압 옥내배선, 전구선 또는 이동전선은 사용전압이 400[V] 이하이어야 한다.

13 풀용 수중 조명등에 전기를 공급하기 위하여 사용되는 절연변압기 1차 측 및 2차 측 전로의 사용 전압은 각각 최대 몇 [V] 이하인가?

① 200, 150 ② 300, 100
③ 400, 150 ④ 600, 300

해설 풀용 수중 조명등에는 1차 전로 400[V] 이하, 2차 전로 150[V] 이하의 절연 변압기를 사용해야 한다.

14 지중 또는 수중에 시설되어 있는 금속체의 부식을 방지하기 위한 전기 방식 회로의 사용 전압은 최대 몇 [V] 이하이어야 하는가?

① 교류 60[V]   ② 직류 60[V]
③ 교류 120[V] ④ 직류 120[V]

해설 지중 또는 수중에 시설되는 금속체의 부식을 방지하기 위하여 지중, 수중의 양극과 금속체 사이에 방식 전류를 통하는 시설의 전기 방식 회로의 사용 전압은 직류 60[V] 이하로 해야 한다.

15 농사용 저압 가공 전선로의 시설 시 전선은 몇 [mm] 이상의 경동선이어야 하는가?

① 2.0 ② 2.6
③ 3.2 ④ 4.0

해설 농사용 저압 가공 전선로의 전선은 2[mm]의 경동선 이상일 것

16 전기배선의 그림 중 –·–·–·– 의 배선은 무슨 배선인가?

① 천장 은폐 배선
② 바닥면 노출 배선
③ 지중 매설선
④ 벽면 은폐 배선

해설

천장 은폐배선	바닥 은폐배선	노출 배선	바닥 노출배선	지중 매설배선
————	··········	– – – –	–··–··–··	–·–·–·–

정답 12. ④ 13. ③ 14. ② 15. ① 16. ③

과년도 출제문제

01 애자사용 공사에 의한 고압 옥내배선의 시설에 있어서 적당하지 않는 것은? [13]
① 전선이 조영재를 관통할 때에는 난연성 및 내수성이 있는 절연관에 넣을 것
② 애자사용 공사에 사용하는 애자는 난연성일 것
③ 전선과 조영재와 이격거리는 4.5[cm]로 할 것
④ 고압 옥내배선은 저압 옥내배선과 쉽게 식별되도록 시설할 것

해설 애자사용 배선공사에서 전선 상호 간의 거리는 6[cm] 이상, 전선과 조영재와 거리는 400[V] 이하는 2.5[cm] 이상, 400[V] 초과는 4.5[cm] 이상(건조한 곳은 2.5[cm] 이상)

02 사용전압이 220[V]인 경우에 애자사용공사에서 전선과 조영재와의 이격거리는 최소 몇 [cm] 이상이어야 하는가? [13]
① 2.5   ② 4.5
③ 6.0   ④ 8.0

해설 위 문제풀이 참조

03 네온관등 회로의 배선공사 방법은? [02]
① 금속몰드공사
② 가요전선관공사
③ 애자사용공사
④ 합성수지 몰드공사

04 평형 보호층 공사에 의한 저압 옥내 배선은 전로의 대지 전압 몇 [V] 이하에서 시설해야 하는가? [07]
① 150   ② 220
③ 300   ④ 400

해설 평형 보호층 공사 시 전선은 정격전류가 30[A] 이하의 과전류 차단기로 보호되는 분기 회로에서 사용하여야 하며 전로의 대지 전압은 150[V] 이하일 것

05 평형 보호층 배선의 시설장소로 적합한 것은? [06]
① 호텔   ② 병원
③ 학교   ④ 연구소

해설 평형 보호층 배선은 건조한 장소로 노출 또는 점검이 가능한 은폐장소에서만 배선이 가능
주택, 여관, 호텔 등의 숙박시설, 학교, 병원 등 진료소, 플로어히팅 등 발열선이 시설된 바닥면 등에는 시설할 수 없다.

06 화약류 저장장소에 있어서의 전기설비 시설에 대한 기준으로 적합한 것은? [13]
① 전선로의 대지전압 400[V] 이하일 것
② 전기기계기구는 개방형일 것
③ 인입구의 전선은 비닐절연전선으로 노출배선으로 한다.
④ 지락차단장치 또는 경보장치를 시설한다.

해설 화약류 저장소의 안에는 전기설비를 시설해서는 안된다. 다만, 백열전등이나 형광등 또는 이들에 전기를 공급하기 위한 전기설비는 금속관 공사 또

정답 1. ③ 2. ① 3. ③ 4. ① 5. ④ 6. ④

는 케이블 공사에 의하여 다음과 같이 시설할 수 있다.
- 전로의 대지전압은 300[V] 이하이고 전기기계기구는 전폐형이어야 한다.
- 전로에 지기가 발생했을 때 자동적으로 전로를 차단하거나 경보하는 장치를 시설한다.
- 전폐용 개폐기 또는 과전류 차단기에서 화약류 저장소의 인입구까지의 배선은 케이블을 사용하고 지중선로로 시설한다.

07 화약류 등의 제조소 내에 전기설비를 시공할 때 준수할 사항이 아닌 것은? [12]
① 전열기구 이외의 전기기계기구는 전폐형으로 할 것
② 배선은 두께 1.6[mm] 합성수지관에 넣어 손상 우려가 없도록 시설할 것
③ 전열기구는 시스선 등의 충전부가 노출되지 않는 발열체를 사용할 것
④ 온도가 현저히 상승 또는 위험발생 우려가 있는 경우 전로를 자동 차단하는 장치를 갖출 것

해설 위의 문제풀이 참조

08 소맥분·전분·유황 등 가연성 분진에 전기설비가 발화원이 되어 폭발할 우려가 있는 곳에 시설하는 저압 옥내배선의 공사방법으로 옳지 않은 것은? [10] [12] [13] [16]
① 가요전선관 공사
② 금속관 공사
③ 합성수지관 공사
④ 케이블 공사

해설 위의 문제풀이 참조

09 셀룰로이드, 성냥, 석유류 등 기타 가연성 위험물질을 제조 또는 저장하는 장소의 배선에서 사용할 수 없는 공사방법은? [09]
① 케이블 공사
② 금속관 공사
③ 애자 사용 공사
④ 합성수지관 공사

해설 위의 문제풀이 참조

10 폭연성 분진 또는 화약류의 분말이 전기설비의 발화원이 되어 폭발할 우려가 있는 곳의 저압 옥내 배선의 공사 방법으로 적당한 것은? [14]
① 애자 사용 공사 또는 가요 전선관 공사
② 금속몰드 공사
③ 금속관 공사
④ 합성수지관 공사

해설 폭연성 분진(마그네슘, 알루미늄, 티탄 등이 쌓인 상태) 또는 화약류 분말로 인하여 점화원이 되어 폭발할 우려가 있는 곳에 시설하는 저압 옥내배선은 금속관 공사 또는 케이블 공사에 의하여 시설하여야 한다.

11 폭연성 분진이 있는 곳의 금속관 공사이다. 박스 기타의 부속품 및 풀 박스 등이 쉽게 마모, 부식, 기타 손상을 일으킬 우려가 없도록 하기 위해 쓰이는 재료는? [07]
① 새들 ② 커플링
③ 노멀 밴드 ④ 패킹

해설 패킹은 기밀성을 유지하기 위해 파이프의 이음새나 용기의 접합면 등에 끼우는 재료

정답 7. ② 8. ① 9. ③ 10. ③ 11. ④

12 전기온돌 등에 발열선을 시설할 경우 대지전압은 몇 [V] 이하로 하여야 하는가? [11]

① 200 ② 300
③ 400 ④ 500

해설 전기 온상 등의 시설의 전로 대지전압은 300[V] 이하가 되어야 한다.

13 교통신호등의 시설기준으로 틀린 것은? [10]

① 교통신호등 회로의 사용전압은 300[V] 이하이어야 한다.
② 전선을 매다는 금속선에는 지지점 또는 이에 근접하는 곳에 애자를 삽입한다.
③ 교통신호등 제어장치의 전원 측에는 전용 개폐기 및 과전류 차단기를 각 극에 시설한다.
④ 신호등회로 인하선의 전선은 지표상 3.5[m] 이상이 되도록 한다.

해설 교통신호등의 시설
- 교통신호등 회로의 사용전압은 300[V] 이하이며 금속제 외함에는 접지공사를 하여야 한다.
- 배선이 절연전선인 경우에는 인장강도 3.7[kN]의 금속선 또는 지름 4[mm] 이상의 철선 2가닥 이상을 꼰 금속선에 매달고 금속선에는 지지점 또는 이에 근접하는 곳에 애자를 삽입할 것
- 교통신호등 회로의 인하선은 지표상의 높이가 2.5[m] 이상일 것
- 교통신호등 제어장치의 전원 측에는 전용 개폐기 및 과전류 차단기를 각 극에 시설하여야 하며 또한 사용전압이 150[V]를 초과하는 경우에는 전로에 지락이 생겼을 때에 자동적으로 전로를 차단하는 장치를 시설할 것

14 온도의 급상승 시 공기의 부피 팽창을 이용하여 동작하는 것으로, 완만한 온도상승에 대하여는 리이크 구멍을 통한 공기 분출로 다이어프램의 평형이 유지되어 완만한 온도상승에는 동작하지 않는 구조의 감지기는? [06]

① 보상식 분포형 감지기
② 차동식 분포형 감지기
③ 차동식 스포트형 감지기
④ 정온식 스포트형 감지기

해설
- 차동식 분포형 감지기는 주위 온도의 상승률이 소정의 값 이상일 때 동작하는 감지기
- 정온식 스포트형 감지기는 일국소의 주위온도가 일정한 온도 이상이 되었을 경우에 작동하는 감지기

15 자동화재 탐지설비의 감지기 회로에 사용되는 비닐절연전선의 최고 규격은? [13]

① $1.0[mm^2]$ ② $1.5[mm^2]$
③ $2.5[mm^2]$ ④ $4.0[mm^2]$

정답 12. ② 13. ④ 14. ③ 15. ②

03 전선 접속

1 전선 접속 조건

① 접속 시 전기적 저항을 증가시키지 않는다.
② 접속부위의 기계적 강도를 20[%] 이상 감소시키지 않는다.(80[%] 이상 유지할 것)
③ 접속점의 절연이 약화되지 않도록 테이핑 또는 와이어 커넥터로 절연한다.
④ 전선의 접속은 박스 안에서 하고 접속점에 장력이 가해지지 않도록 한다.
⑤ 접속부분은 접속관 기타의 기구를 사용하거나 납땜을 할 것

2 전선 접속 방법

전선의 접속에는 납땜 접속, 슬리브 접속, 커넥터 접속, 쥐꼬리 접속이 있다.

(1) 단선의 직선접속

① 트위스트 접속 : 6[mm²] 이하의 단선

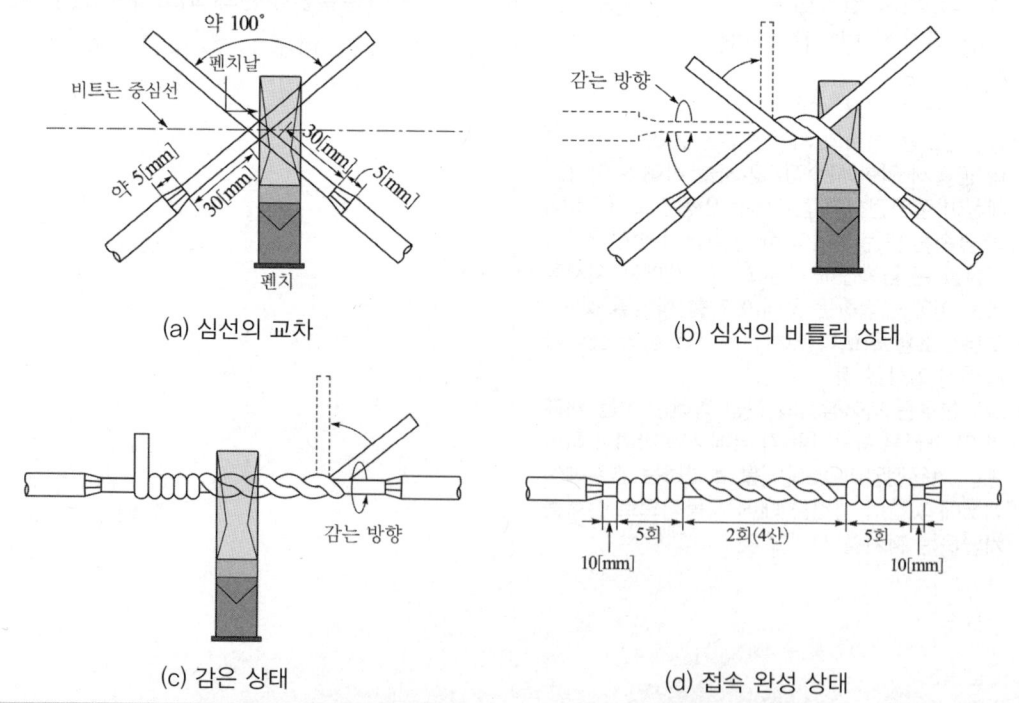

(a) 심선의 교차 (b) 심선의 비틀림 상태

(c) 감은 상태 (d) 접속 완성 상태

트위스트 접속

② 브리타니어 접속 : 10[mm²] 이상의 접속

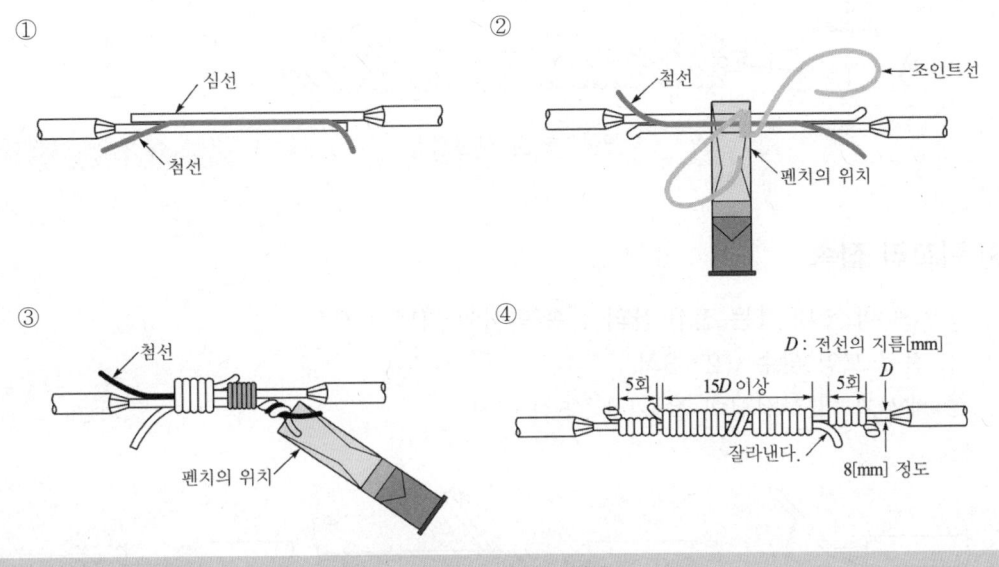

브리타니어 접속

(2) 연선의 직선접속

① 단권 접속 : 소선을 하나씩 차례로 감아서 접속하는 방법

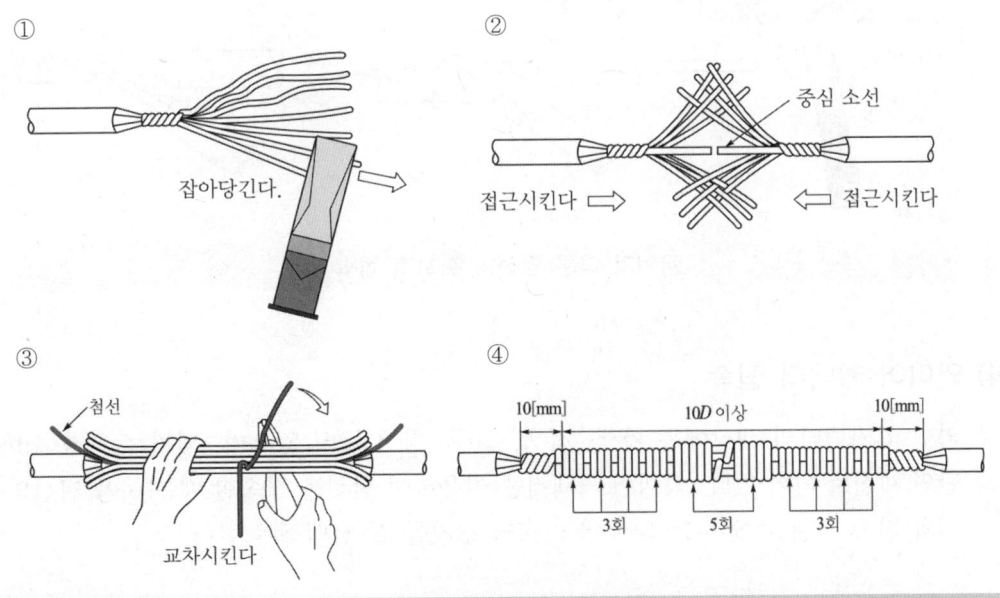

연선 단권 직선접속

② 복권 접속 : 소선을 한꺼번에 돌리면서 감아 접속하는 방법

연선 복권 직선접속

(3) 쥐꼬리 접속

조인트 박스 내 가는 전선 간의 접속(와이어 커넥터 사용)
① 전선 꼬임 횟수 : 2~3회
② 배선과 기구 심선의 접속 시 : 5회 이상

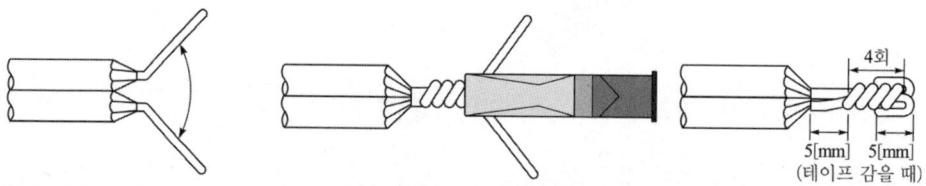

굵기가 같은 단선의 쥐꼬리 접속

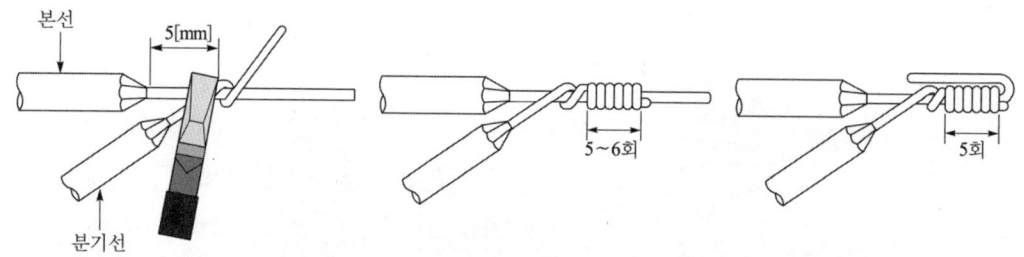

굵기가 다른 단선의 쥐꼬리 접속

(4) 와이어 커넥터 접속

와이어 커넥터의 색상에는 황색, 적색, 회색, 청색 등이 있으며, 외피는 자기 소화성 난연 재질로 되어 있다. 와이어 커넥터를 이용하여 전선을 접속할 때는 사용 전선의 굵기와 접속 전선 수에 따라 와이어 커넥터 크기를 잘 선택해야 한다.

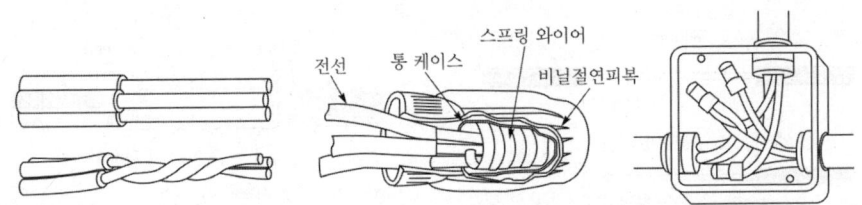

와이어 커넥터를 이용한 접속

③ 기타 접속

(1) 슬리브 접속

S형 및 관형이 있으며 분기 접속은 S형 슬리브를 사용하며 옥내배선에서 납땜하지 않고 접속 시 사용한다.

① 관형(링) 슬리브 접속

링 슬리브 접속은 주로 가는 전선을 박스 안에서 접속할 때, 또는 리드선이 붙은 조명 기구 등을 접속할 때 사용하는 접속 방법으로 압착 공구를 사용하여 2개소를 압착한다. 굵은 전선을 접속할 때는 C형 접속기나 터미널러그에 의한 접속을 한다.

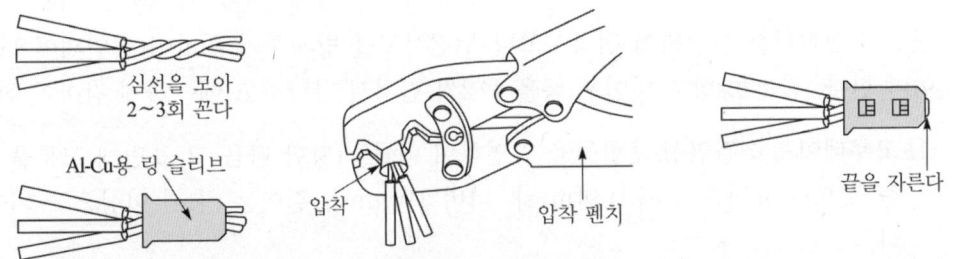

링 슬리브 접속

② S형 슬리브 분기접속

단선과 연선 모두 사용 가능하며 슬리브는 전선 굵기에 가장 가까운 굵기의 것을 선정한다.

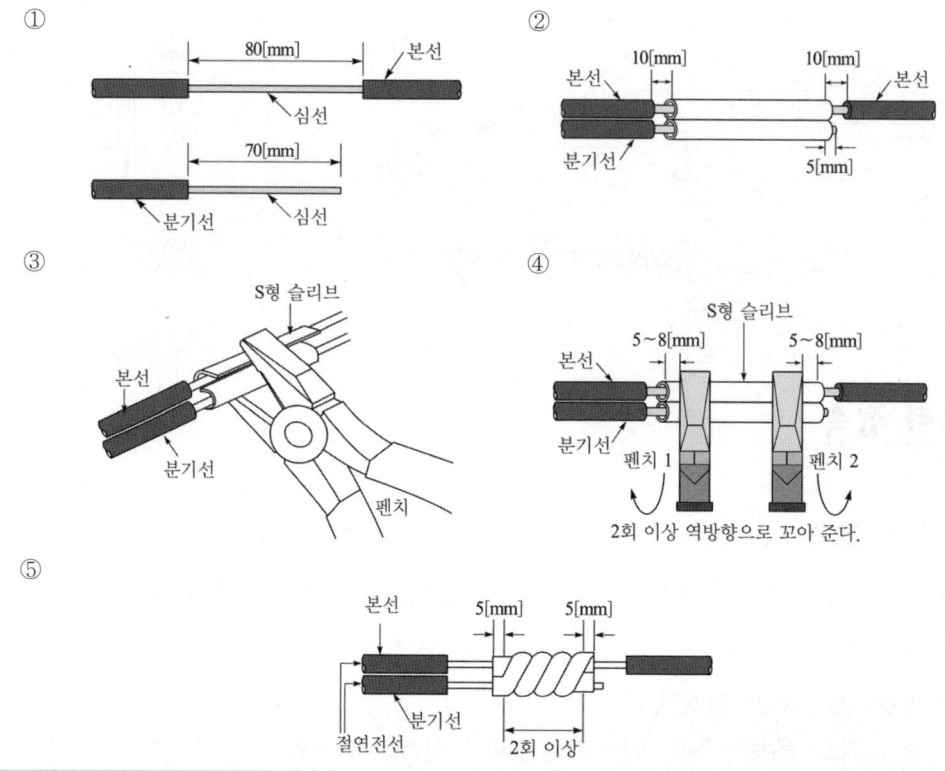

S형 슬리브 분기접속

(2) 테이프

전선의 접속부를 절연하여 접촉사고나 누전사고를 방지하기 위하여 절연테이프를 감아야 한다. 감는 방법은 테이프 폭을 1/2씩 겹쳐서 탄탄하고 매끈하게 감아야 한다.

① 고무테이프 : 절연성 혼합물을 압연하여 이를 가황한 다음 그 표면에 고무풀을 칠한 것으로 규격은 두께 0.9[mm], 너비 19[mm], 길이는 8[m] 이상으로 되어 있다.

② 비닐테이프 : 염화비닐 컴파운드로 만든 것으로 두께 0.15, 0.20, 0.25[mm] 3가지가 있으며 너비 19[mm], 길이는 10[m], 20[m]가 있다.

③ 리노 테이프 : 엇갈리게 짠 건조한 목면에 절연성 니스를 몇 차례 바르고 다시 건조시킨 것으로 노란색 반투명, 검은색이 있으며 두께 0.18, 0.25[mm], 너비 13, 19, 25[mm], 길이는 6[m] 이상이 있으며 점착성이 없으나 절연성, 내온성/내유성으로 연피 케이블 접속 시 사용한다.

④ 자기융착 테이프 : 합성수지와 합성고무를 주성분으로 만든 판상의 것을 압연하여 적당한 격리물과 함께 감아서 만든 것으로 두께 0.5~1.0[mm], 너비 19[mm], 길

이 5~10[m] 이상이 있으며 내오존성, 내수성, 내약품성, 내온성, 내열화성이 우수하며 비닐외장 케이블 및 클로로프렌 외장 케이블 접속 시 사용하며 2배 늘려서 감는다.

(3) 전선과 기구 단자의 접속

① 단선 10[mm^2], 연선 6[mm^2] 이하의 것은 기구 단자에 직접 접속하고 그 이상의 것은 동관단자 또는 압착단자를 이용해서 접속한다.
② 진동이 있는 기계기구의 접속 시 2중 너트 또는 스프링 와셔를 사용한다.

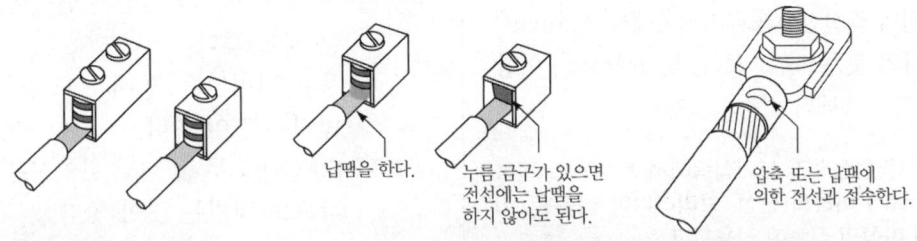

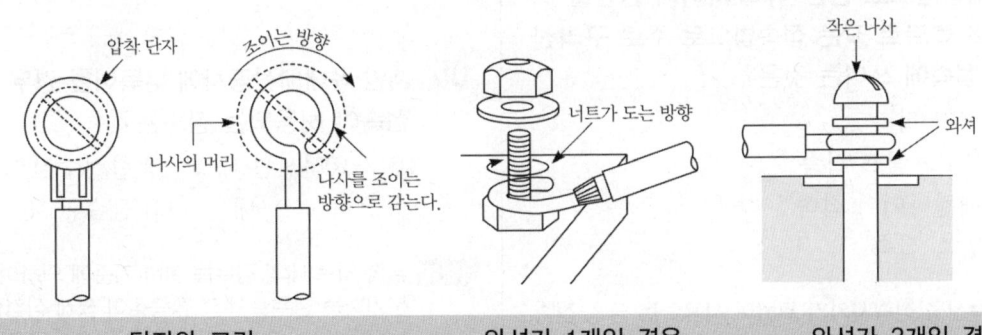

출제예상문제

01 전선의 접속 방법 중 잘못된 것은?
① 전선의 접속법에는 트위스트 접속, 슬리브 접속, 커넥터 접속 등이 있다.
② 전선의 피복을 벗기는 길이는 2.5[mm²] 전선의 경우에는 약 80[mm] 정도로 한다.
③ 전선의 피복을 벗기는 길이는 4[mm²] 전선의 경우에는 약 100[mm] 정도로 한다.
④ 단선의 직선접속과 분기접속에서 2.5[mm²] 이하의 것은 트위스트 접속, 10[mm²] 이상의 것은 커넥터 접속으로 한다.

해설 단선의 직선접속과 분기접속에서 트위스트 접속은 6[mm²] 이하의 단선, 브리타니어 접속은 10[mm²] 이상의 접속에 사용한다.

02 구리합금으로 만든 꺽쇠 사이에 전선을 끼우고 볼트로 죄는 접속법으로 주로 구리선의 접속에 쓰이는 것은?
① 신연 접속
② PG 크램프 접속
③ 매킹타이어 접속
④ 압축 접속

해설 금속선을 접속시키기 위하여 사용하는 금속 접속기의 일종으로 두 가닥의 평행 홈통이 패어 있는 두 장의 편평한 철물 사이에 선을 끼우고 볼트로 죄도록 되어 있다.

03 전선을 서로 접속할 때 비닐제 캡을 필요로 하는 것은?
① 관형 슬리브   ② S형 슬리브
③ 압축 슬리브   ④ 동관단자

해설 압축 슬리브는 스프링으로 죄고 스코치 캡을 덮는 압축 접속기외 전선에 연금속을 끼우고 프레스로 압축하는 프레스 커넥터 등 여러 종류가 있다.

04 전선의 피복을 벗기는 방법으로 틀린 것은?
① 600[V] 고무 절연선의 경우는 절연물의 단락법이 좋다.
② 600[V] 고무 절연선은 연필 깎듯이 벗기는 것이 좋다.
③ 동관 터미널을 쓸 때는 도체에 직각으로 벗기는 것이 좋다.
④ 600[V] 고무 및 비닐 절연선은 도체에 직각으로 벗기는 것이 좋다.

해설 전선의 피복을 벗기는 방법은 고무절연 전선 및 비닐절연 전선은 피복을 연필모양으로 벗긴다.

05 저압 옥내배선공사에 부득이한 경우 전선의 접속이 허용되는 장소는?
① 가요전선관 내   ② 합성수지관 내
③ 금속 덕트 내   ④ 금속관 내

해설 금속 덕트 내의 경우는 설비 기준에 의하여 전선을 분기하는 경우로서 그 접속점이 쉽게 점검할 수 있는 경우에는 접속하여도 좋은 것으로 규정되어 있다.

06 연피 케이블의 접속 방법은?
① 단자 접속함 접속
② 주철 직선 접속함 접속
③ 무단자 접속함 접속
④ 애자 사용 접속

정답 1. ④ 2. ② 3. ③ 4. ④ 5. ③ 6. ③

해설 연피가 있는 케이블은 반드시 접속기, 접속함을 써서 접속해야 하며 고압 케이블 및 빗물 맞는 장소 또는 땅속은 연공 접속을 해야 한다.

해설 쥐꼬리 접속은 접속부위에 납땜 또는 테이프로 절연할 필요가 없다.

07 연피 케이블의 접속에 반드시 사용하여야 하는 테이프는?
① 고무 테이프
② 자기융착 테이프
③ 리노 테이프
④ 비닐 테이프

해설 리노 테이프는 점착성이 없으며 절연성, 내온성/내유성으로 연피 케이블 접속 시 사용

08 비닐외장 케이블 및 클로로프렌 외장 케이블 접속에 이용되고 내수성, 내약품성, 내온성이 우수한 테이프는?
① 고무 테이프
② 자기융착 테이프
③ 리노 테이프
④ 비닐 테이프

해설 자기융착 테이프는 내오존성, 내수성, 내약품성, 내온성, 내열화성이 우수하며 비닐외장 케이블/클로로프렌 외장 케이블 접속 시 사용하며 2배 늘려서 감는다.

09 박스 내에서 절연전선을 쥐꼬리 접속한 후 처리방법이 옳은 것은?
① 납땜만 하면 된다.
② 납땜하고 테이프를 감아야 한다.
③ 테이프만 감으면 된다.
④ 납땜과 테이프를 감을 필요가 없다.

정답 7. ③ 8. ② 9. ④

과년도 출제문제

01 전선의 접속법에 대한 설명으로 잘못된 것은? [06] [07] [08] [09] [11] [17]
① 접속 부분은 접속슬리브, 전선접속기를 사용하여 접속한다.
② 접속부는 전선의 강도(인장하중)를 20[%] 이상 유지한다.
③ 접속 부분은 절연전선의 절연물과 동등 이상의 절연효력이 있는 것으로 충분히 피복한다.
④ 전기 화학적 성질이 다른 도체를 접속하는 경우에는 접속부분에 전기적 부식이 생기지 않도록 하여야 한다.

해설 접속부위의 기계적 강도를 20[%] 이상 감소(80[%] 이상 유지)시키지 않는다.

02 다음 중 전선접속에 관한 설명으로 옳지 않은 것은? [11]
① 전선의 강도는 60[%] 이상 유지해야 한다.
② 접속부분의 전기저항을 증가시켜서는 안 된다.
③ 접속부분의 절연은 전선의 절연물과 동등 이상의 절연효력이 있는 테이프로 충분히 피복한다.
④ 접속슬리브, 전선접속기를 사용하여 접속한다.

해설 접속부위의 기계적 강도를 20[%] 이상 감소(80[%] 이상 유지)시키지 않는다.

03 나전선 상호 또는 나전선과 절연전선, 캡타이어케이블 또는 케이블과 접속하는 경우의 설명으로 옳은 것은? [13] [16]
① 접속 슬리브(스프리트 슬리브 제외), 전선 접속기를 사용하여 접속하여야 한다.
② 접속부분의 절연은 전선 절연물의 80[%] 이상의 절연효력이 있는 것으로 피복하여야 한다.
③ 접속부분의 전기저항을 증가시켜야 한다.
④ 전선의 강도를 30[%] 이상 감소시키지 않는다.

해설 코드 상호, 캡타이어 케이블 상호, 케이블 상호 또는 이들 상호를 접속하는 경우에는 코드 접속기, 접속함 기타의 기구를 사용할 것

04 단선의 브리타니아 접속은 몇 [mm] 이상의 전선을 접속할 때 사용되는 방법인가? [07]
① 1.2
② 1.6
③ 2.0
④ 3.2

해설 단선의 직선접속 방법 중 브리타니아 접속은 지름 3.2[mm] 이상의 굵은 단선, 10[mm²] 이상의 접속에 사용한다.

정답 01. ② 02. ① 03. ① 04. ④

05 전선의 접속법에서 두 개 이상의 전선을 병렬로 시설하여 사용하는 경우에 대한 사항으로 옳지 않은 것은? [14]

① 병렬로 사용하는 각 전선의 굵기는 동선 50[mm^2] 이상으로 하고, 전선은 같은 도체, 재료, 길이, 굵기의 것을 사용할 것
② 같은 극의 각 전선은 동일한 터미널러그에 완전히 접속할 것
③ 병렬로 사용하는 전선에는 각각에 퓨즈를 설치할 것
④ 교류회로에서 병렬로 사용하는 전선은 금속관 안에 전자적 불평형이 생기지 않도록 시설할 것

해설 옥내배선에서 전선 병렬 사용 시 관내에 전자적 불평형이 생기지 아니하도록 시설하여야 하며 전선의 굵기는 동은 50[mm^2] 이상, 알루미늄은 80[mm^2] 이상이고 동일한 도체, 굵기, 길이이어야 하며 전선의 접속은 동일한 터미널 러그에 완전히 접속해야 하고 전선의 각각에는 퓨즈를 설치하지 말아야 한다.

정답 05. ③

04 시험 · 운용 · 검사

1 전로의 절연

(1) 전로 절연

전로의 전선 상호 간 및 전로와 대지 간은 충분히 절연되어 있지 않으면 누전에 의하여 화재나 감전, 전력손실 방지, 지락전류에 의한 통신선에 유도장애 방지, 그 밖의 장해가 발생하므로 전로를 절연하여야 한다.

① 저압 전로에 접지공사를 하는 경우의 접지점
② 전로의 중성점에 접지공사를 하는 경우의 접지점
③ 계기용변압기 2차측 전로에 접지공사를 하는 경우의 접지점
④ 저압과 특고압을 병가하는 부분에서 접지공사를 하는 경우의 접지점
⑤ 중성점이 접지된 특고압 가공전선로의 중성선에 다중접지하는 경우의 접지점
⑥ 저압전로와 사용전압 300[V] 이하의 저압전로를 결합하는 변압기의 2차측 전로

(2) 저압 전선로의 절연

① 옥내 저압 전선로의 절연 저항값은 개폐기 또는 과전류 차단기로 구분할 수 있는 전로마다 다음 표의 값 이상이어야 하며 다만, 저압 전로에서 정전이 어려운 경우 등 절연저항 측정이 곤란한 경우 저항성분의 누설전류가 1[mA] 이하이면 그 전로의 절연성능은 적합한 것으로 본다.

전로 사용전압	DC 시험전압	절연저항값
SELV 및 PELV	250[V]	0.5[MΩ]
FELV, 500[V] 이하	500[V]	1.0[MΩ]
500[V] 초과	1000[V]	1.0[MΩ]

② 옥외 절연부분의 전선과 대지 사이의 절연저항은 사용전압에 대한 누설전류가 최대공급전류의 1/2000(1가닥)을 초과하지 않도록 해야 한다.

$$누설전류 \leq \frac{최대공급전류}{2000}$$

$$옥외배선의\ 절연저항 \geq \frac{사용전압}{누설전류}[\Omega]$$

2 절연내력 시험

(1) 시험전압 인가장소

고압 및 특고압의 전로는 다음 표에 정한 시험전압을 전로와 대지 간에 연속하여 10분간 가하여 절연내력을 시험하였을 때 이에 견디어야 한다. 다만, 전선에 케이블을 사용하고 교류 전로로써 다음 표에 정한 시험전압의 2배의 직류 전압을 전로와 대지 간에 연속하여 10분간 가하여 절연내력을 시험하였을 때 이에 견디는 것에 대하여는 예외이다.

구 분	시험전압 인가장소
회전기	권선과 대지 사이
변압기	권선과 다른 권선 사이, 권선과 철심 사이, 권선과 외함 사이
전기기계기구	충전부와 대지 사이

(2) 시험전압

1) 고압 및 특고압의 전로, 변압기, 차단기, 기타의 기구

전로의 종류	시험전압	최저 시험전압
7[kV] 이하인 전로	1.5배	500[V]
7~60[kV] 이하인 전로	1.25배	10,500[V]
60[kV] 초과 중성점 비접지식 전로	1.25배	
7~25[kV] 이하인 중성점 접지 전로	0.92배	
60[kV] 초과 중성점 접지식 전로	1.1배	75[kV]
60[kV] 초과 중성점 직접 접지식 전로	0.72배	
170[kV] 초과 중성점 직접 접지식 전로	0.64배	

2) 회전기 및 정류기

종류			시험전압	최저 시험전압	시험방법
회전기	발전기, 전동기, 조상기, 기타 회전기	7[kV] 이하	최대사용전압×1.5배	500[V]	권선과 대지 간 10분간
		7[kV] 초과	최대사용전압×1.25배	10500[V]	
	회전변류기		직류 측 최대사용전압×1	500[V]	
정류기	최대 사용전압 60[kV] 이하		직류 측 최대사용전압×1배	500[V]	충전부분과 외함 간 10분간
	최대 사용전압 60[kV] 초과		교류 측 최대사용전압×1.1배		충전부분과 외함 간

(3) 공칭전압과 최대사용전압

공칭전압[kV]	최대사용전압[kV] (IEC 기준)
3.3	3.6
6.6	7.2
22.9	25.8
154	161
345	360
765	800

출제예상문제

01 최대 사용전압 440[V]인 전동기의 절연내력 시험전압[V]은?
① 440　　② 500
③ 660　　④ 880

해설 7[kV] 이하의 발전기, 전동기, 조상기, 기타 회전기는 사용전압의 1.5배(최저 500[V])로 절연내력 시험을 하여야 하므로 $440 \times 1.5 = 660[V]$

02 최대 사용전압 7200[V]인 중성점 비접지식 변압기의 절연내력 시험전압[V]은?
① 9000　　② 10500
③ 12500　　④ 20500

해설 7[kV]를 초과하여 60[kV] 이하인 권선에는 사용전압의 1.25배(최저 10500[V])로 절연내력 시험을 하여야 하므로 $7200 \times 1.25 = 9000[V]$이나 최저 시험전압은 10500[V]가 된다.

03 최대 사용전압 22000[V]인 변압기가 비접지식으로 되어 있다. 이 변압기 절연내력 시험전압은 몇 [V]인가?
① 20240　　② 24200
③ 27500　　④ 33000

해설 비접지식 접지방식에서 7[kV] 이하 1.5배(최저 500[V]), 7[kV] 초과 1.25배(최저 10500[V])이므로 $22000 \times 1.25 = 27500[V]$

04 3상 4선식 22.9[kV]인 공통 중성선 다중 접지방식에 접속된 변압기의 최대 사용전압이 23[kV]라 하면, 이 변압기 권선의 절연내력 시험 전압[V]은?
① 21160　　② 25300
③ 28750　　④ 34500

해설 중성점 직접 접지식 전로의 25[kV] 이하인 권선에는 사용전압의 0.92배로 절연내력 시험을 하여야 하므로 $23000 \times 0.92 = 21160[V]$

05 발전기, 전동기 등의 회전기의 절연내력 시험 시 시험전압을 어느 곳에 가하면 되는가?
① 권선과 대지
② 외함과 권선
③ 외함과 대지
④ 회전자와 고정자

해설 회전기는 권선과 대지 사이에 시험전압을 10분간 연속적으로 가하여 견디어야 한다.

06 수은 정류기의 절연내력 시험은 직류측 최대 사용전압 2배의 교류전압을 어디에 가하면 되는가?
① 음극과 대지 간
② 음극과 주양극 간
③ 음극과 외함 간
④ 주양극과 외함 간

해설 수은 정류기의 절연내력 시험은 주양극과 외함 간 2배의 교류전압, 음극과 대지 간에는 1배의 교류전압을 가한다.

정답 1. ③　2. ②　3. ③　4. ①　5. ①　6. ④

07 고압 및 특고압의 전로에 절연내력 시험을 하는 경우, 시험 전압을 연속 얼마 동안 가하는가?

① 10초　　② 1분
③ 5분　　　④ 10분

해설 고압 및 특고압 전로의 절연 내력 시험은 전선과 대지 간에 시험 전압으로 10분간 가하여 견디어야 하며, 전로에 케이블을 사용하는 경우 시험 전압의 2배의 직류 전압으로 시험할 수 있다.

08 1차측 3300[V], 2차측 200[V]의 비접지식 변압기의 내압 시험전압은 어느 것에서 10분간 견디어야 하는가?

① 1차측 4500[V], 2차측 300[V]
② 1차측 4950[V], 2차측 500[V]
③ 1차측 4500[V], 2차측 400[V]
④ 1차측 3300[V], 2차측 200[V]

해설 7[kV] 이하의 비접지식에서 사용전압의 1.5배이므로 1차측은 $3300 \times 1.5 = 4950[V]$
2차측은 $200 \times 1.5 = 300[V]$가 되나 최저 시험전압은 500[V]가 된다.

정답 7. ④　8. ②

과년도 출제문제

01 전기설비가 고장이 나지 않은 상태에서 대지 또는 회로의 노출 도전성 부분에 흐르는 전류는? [10] [18]
① 접촉전류
② 누설전류
③ 스트레스 전류
④ 계통 외 도전성 전류

해설 전선이나 전동기 등에 쓰이는 종이, 고무, 운모, 유리 등의 절연물은 도체에 비하면 상당히 큰 저항을 "절연저항"이라 하며 절연물은 완전히 전류를 차단할 수 없기 때문에 절연물을 통해서 흐르는 전류를 "누설전류"라 한다.

02 전로의 절연저항 및 절연내력 측정에 있어 사용전압이 저압인 전로에서 정전이 어려운 경우 등 절연저항 측정이 곤란한 경우에는 누설전류를 몇 [mA] 이하로 유지하여야 하는가? [10]
① 1[mA]
② 2[mA]
③ 3[mA]
④ 4[mA]

해설 저압 전로에서 정전이 어려운 경우로 절연저항을 측정할 수 없는 경우에는 누설전류를 1[mA] 이하로 유지하여야 한다.

03 22900/220[V]의 15[kVA] 변압기로 공급되는 저압 가공 전선로의 절연부분의 전선에서 대지로 누설하는 전류의 최고 한도는? [10]
① 약 34[mA]
② 약 45[mA]
③ 약 68[mA]
④ 75[mA]

해설 옥외 절연부분의 전선과 대지 사이의 누설전류가 최대공급전류의 1/2000(1가닥)을 초과하지 않아야 하므로

최대공급전류 $= \dfrac{15 \times 10^3}{220} = 68.2[A]$

누설전류 $\leq \dfrac{최대공급전류}{2000} = \dfrac{68.2}{2000} ≒ 34[mA]$

04 저압전선로 중 절연 부분의 전선과 대지 사이의 절연저항은 사용전압에 대한 누설전류가 최대 공급전류의 얼마를 넘지 않도록 하여야 하는가? [14] [18]
① $\dfrac{1}{1000}$
② $\dfrac{1}{2000}$
③ $\dfrac{1}{10000}$
④ $\dfrac{1}{20000}$

해설 저압 전선로 절연부분의 전선과 대지 사이의 절연저항은 사용전압에 대한 누설전류가 최대 공급전류의 1/2000(1가닥)을 초과하지 않도록 해야 한다.

05 220[V] 저압 전동기의 절연내력을 시험하고자 한다. ( ) 안의 알맞은 내용은? [14]

> 권선과 대지 사이에 시험전압 (㉮)[V]를 연속하여 (㉯)분간 가한다.

① ㉮ 330 ㉯ 10
② ㉮ 330 ㉯ 1
③ ㉮ 500 ㉯ 10
④ ㉮ 500 ㉯ 1

해설 절연내력 시험전압 7[kV] 이하의 전로(회전기)는 최대 사용전압×1.5배이며 시험전압을 권선과 대지 간에 10분간 연속적으로 가하여 견디어야 한다. 절연내력 시험전압 220[V]×1.5 = 330[V]이나 7[kV] 이하의 회전기 최저 시험전압은 500[V]이다.

정답 1.② 2.① 3.① 4.② 5.③

06
고압 및 특고압의 전로에서 절연내력 시험을 할 때 규정에 정한 시험전압을 전로와 대지 사이에 몇 분간 가하여 견디어야 하는가? [13]
① 1분 ② 5분
③ 10분 ④ 20분

해설 고압 및 특고압 전로의 절연내력 시험은 전로와 대지 간에 시험전압을 10분간 연속적으로 가하여 견디어야 한다.

07
최대사용전압 3300[V]의 고압 전동기가 있다. 이 전동기의 절연내력 시험전압은 몇 [V]인가? [09] [12]
① 3925 ② 4250
③ 4950 ④ 10500

해설

구분	시험전압
7[kV] 이하의 전로	회전기(회전변류기 제외) 최대사용전압×1.5배

3300[V] × 1.5 = 4950[V]이다.

08
욕실 등 인체가 물에 젖어 있는 상태에서 물을 사용하는 장소에 콘센트를 시설하는 경우에는 인체감전 보호용 누전차단기가 부착된 콘센트나 절연변압기로 보호된 전로에 접속하여야 한다. 여기서 절연변압기의 정격용량은 얼마 이하인 것에 한하는가? [11]
① 2[kVA] ② 3[kVA]
③ 4[kVA] ④ 5[kVA]

해설 인체감전보호용 누전차단기(정격감도전류 15[mA] 이하, 동작시간 0.03초 이하) 또는 절연변압기(정격용량 3[kVA] 이하)로 보호된 전로에 콘센트를 시설하여야 한다.

09
고체 유전체의 파괴시험을 기름(Oil) 중에서 행하는 이유로 가장 적당한 것은? [05] [08]
① 선행 불꽃방전을 방지하기 위하여
② 공기 중에서의 실행에 따른 위험을 방지하기 위하여
③ 연면섬락을 방지하기 위하여
④ 매질효과를 없애기 위하여

해설 고체 유전체의 파괴시험을 기름 중에서 행하는 이유는 연면섬락을 방지하기 위하여

10
전기설비의 절연 열화 정도를 판정하는 측정방법이 아닌 것은? [05]
① Corona 진동법
② Megger법
③ tanδ법
④ 보이스 Camera

해설 직류 고압법, 부분 방전 측정법(Corona 진동법), 유전정접(tanδ) 측정법, 절연저항계법(Megger법)으로 절연열화 정도를 판정한다.

11
케이블 포설공사가 끝난 후 하여야 할 시험의 항목에 해당되지 않는 것은? [08] [14]
① 절연저항 시험
② 절연내력 시험
③ 접지저항 시험
④ 유전체손 시험

해설 케이블 포설공사 후 심선 상호 간 및 심선과 대지 간의 절연저항 시험, 전로와 대지 간, 심선과 대지 간의 절연내력 시험, 케이블 차폐막의 접지저항 시험, 상순 시험을 하여야 한다.

정답 6.③ 7.③ 8.② 9.③ 10.④ 11.④

Chapter 03 신재생에너지

1 태양광 발전

(1) 태양 에너지

1) 태양열 에너지

태양열 장치란 태양광선의 파동성질을 이용하여 태양열을 흡수, 저장 및 열변환 등의 과정을 거쳐 건물의 냉난방 및 급탕, 태양열 발전 등에 활용하는 장치를 말한다.
① 집열부는 태양의 에너지를 모아서 열로 변환하는 장치로 가장 중요한 부분이다.
② 집열판은 태양열을 잘 흡수할 수 있도록 검은 색의 투명 유리나 플라스틱, 섬유유리 등으로 만들며 태양빛을 가장 잘 받을 수 있도록 적당한 각도로 경사지게 세운다.
③ 축열부는 태양열을 저장하여 우천 또는 야간에 이용할 수 있도록 하는 부분이다.
④ 이용부는 저장된 태양열을 효율적으로 수송하여 이용하는 부분으로써 열전달관을 통하여 난방용 온수를 데울 수 있도록 구성된다.

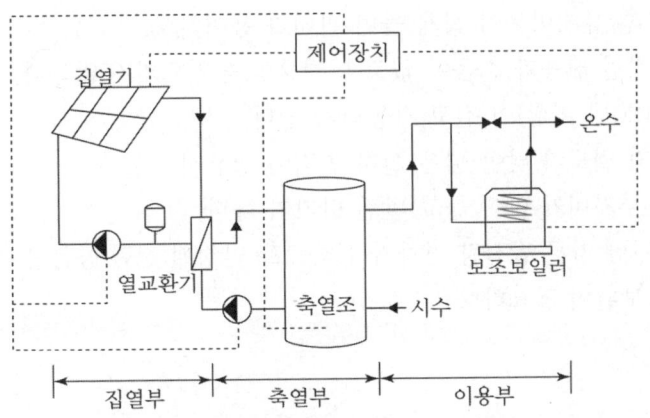

태양열 장치

2) 태양열 에너지의 장단점

① 무공해이며 무한정한 청정 에너지원이다.
② 기존의 화석 에너지에 비해 지역적 편중이 적다.
③ 다양한 부분에 적용이 가능하고 이용하기가 쉽다.
④ 유지·보수비가 저렴하다.
⑤ 초기 설치비용이 많이 필요하다.
⑥ 기후 및 계절에 따라 일사량의 변동이 심하다.
⑦ 하루 중 이용시간이 한정되어 있다.

(2) 태양광 발전

태양전지를 이용하여 태양빛을 직접 전기 에너지로 변환시키는 발전방식으로 태양전지를 부착한 패널을 지표면에 설치하고 태양광 에너지를 이용하여 전기를 만드는 것

1) 태양광발전시스템의 구성

① 태양 – 에너지 공급원
② 태양 전지판 – 태양빛을 받아 반도체의 성질을 이용하여 전기를 발생시키는 장치
③ 전력변환장치 – 태양전지에서 생산된 직류(DC)를 교류(AC)로 바꿔주는 장치

2) 태양광 발전의 장단점

① 햇빛이 있는 곳이면 어느 곳에서나 간단히 설치할 수 있다.
② 설치 후 유지비용이 적게 들며 관리가 용이하다.
③ 기계적인 진동과 소음이 없고 환경오염을 일으키지 않는다.
④ 수명(20년 이상)이 길고 자동화가 쉽다.
⑤ 에너지 밀도가 낮아 넓은 설치 면적이 필요하다.
⑥ 초기 투자비가 많이 들고 발전 단가가 높다.
⑦ 일사량에 따른 발전량 편차가 심하므로 안정된 전력 공급을 위한 추가적인 전력 설비 보완이 필요하다.

2 전기저장장치

(1) 전력저장장치

전력저장장치는 전지, BMS, 전력변환장치로 구성되며 생산된 전력을 전력계통에 저장했다가 전력이 가장 필요한 시기에 공급하여 에너지 효율을 높이는 시스템이다.

경부하 시에 유휴전력을 저장하고 피크 부하 시에 사용하여 부하를 평준화하여 피크전력을 낮추어 발전설비 투자비를 절감하고 전력운영의 안정화에 기여할 수 있다.

출력 변동성이 심한 태양광, 풍력 등과 같은 신재생 에너지 전원 출력을 고품질 전력으로 전환하고 전력망에 연계하여 전력망의 안정성과 신뢰도를 향상시킨다. 전력저장장치를 전력계통에 적용했을 때 연료측면에서는 위험을 방지할 수 있고 발전측면에서는 기저부하를 중재하는 효과가 있고, 송배전 측면에서는 안정화를 도모할 수 있으며 판매 측면에서는 전력 품질을 향상시킬 수 있다.

전력저장의 효과

구분		설비측면	운용측면
발전	부하 평준화	• 피크용 발전설비 감소 • 기초 전원의 설비증가 • 예비전력의 절감	• 연료비 절약 • 화력설비 이용향상을 통한 열효율 상승 • 피크용 화력발전 기동 손실절감
	계획	• 입지제약이 적다. • 건설기간 단축 • 전원계획에 대한 유연성 • 일시적 부하 증가대응	• 연료의 저장과 구입량의 유연성
계통 신뢰성		• 조정설비 감소 • 동요설비 감소 • 정전 시의 비상용 전원 감소 • 단락 시 보상설비 감소	• 보조연비 감소 • 조정설비 등 연료비 감소
송배전, 기타		• 설비 감소 • 건설의 연장	• 환경보전효과

(2) 전력저장장치의 종류

에너지를 저장하는 형태에는 역학, 열, 화학, 전자기가 있다. 이 중에서 석유 등 화학물질은 에너지 밀도가 가장 큰 에너지이다. 에너지 밀도는 전기화학, 고온 열, 운동 에너지, 전자기, 압축 공기, 위치 에너지의 순서로 작아진다. 고밀도의 에너지일수록 저장 특성이 우수하다.

전력저장 기술에는 이미 상용화하고 있는 양수 발전과 축전지 외에 압축공기, 플라이

휠, 초전도 등이 있다. 전력저장 밀도는 저장되는 에너지의 종류에 따라서 달라 물에 의한 위치 에너지나 열의 저장 밀도는 운동, 화학, 자기에 비해 작다. 축전지와 플라이 휠은 에너지를 화학, 운동 에너지에 의해 저장할 수 있기 때문에 저장 밀도를 크게 할 수 있어 장치가 소형으로도 가능하다. 또한 기동 정지와 부하 응답성이라고 하는 시스템 운용에도 우수하다. 저장 밀도와 운용 특성을 높이기 위해서 장치를 정밀하게 하고 있기 때문에 그 만큼 수명이 짧고 또한 저장의 단위 에너지 근처에서 본 설비비도 비싸진다. 저장 밀도는 작지만 양수 발전과 압축 공기는 비교적 염가로 저장 설비를 건설할 수 있다.

전력저장 기술의 비교

	구분	양수발전	압축공기	축전지	초전도	플라이휠
저장 특성	규모	중~대	중	소~중	소~중	소
	용량(만kWh)	50~1000	50~250	~80	~10	~1
	밀도(만kWh/m^3)	~1	8	100	10	50
	저장효율	70	75~80	70~75	80~90	~70
	종합효율	25	27~29	25~27	29~32	~25
운전 특성	기동, 정지	1분	20~30분	순간	순간	순간
	부하 추종성	대	중	대	대	대
	신뢰성	유	유	유	확립 중	확립 중
	수명	40년 이상	20년 이상	10년 이상	30년 이상	10년 이상
건설비	발전부(만엔/kW)	14	14	4	4	4
	저장부(만엔/kW)	1	0.5~1.5	2~3	2~3	15 이상
	건설기간	8~12	2~6	1~3	2~5	1~2

운용성과 경제성 면에서 비교하면 화학이나 운동 에너지로 저장하는 축전지와 플라이 휠은 소형의 저장 설비로서 뛰어나며 압력이나 위치 에너지로 저장하는 압축 공기와 양수 발전은 대형에 적합하며 초전도는 그 중간 정도에 위치한다.

1) 양수 발전

상부 저수지와 하부 저수지를 만들고 야간이나 휴일의 오프 피크 시에 대형 화력발전이나 원자력 발전의 전기를 이용해 하부에서 상부로 물을 퍼 올려 두어 주간의 전력 수요가 피크 시에 이 물을 사용해 발전하는 시스템이다.

양수 발전은 종전에는 하천을 대상으로 해 건설 지점이 선택되고 있었지만 해수 양수 발전도 연구되고 있다. 해수 양수의 특징은 하부 저수지가 불필요해져 건설 코스트의 저감과 대용량화를 꾀할 수 있는 것이다. 그러나 펌프 수차나 수로계통의 부식, 주변 환경으로의 해수 침투나 비산 등 해결해야 할 과제도 있다. 양수 발전의 규모가 증가함에 따라 입지지점이 전력 수요지로부터 멀어져 경제성이 떨어지고 있다.

2) 초전도

초전도 전력저장은 코일에 흐르는 전류에 에너지를 저장하는 기술이다. 저장 효율은 90[%] 이상으로 크며 또한 축전지와 같이 부하의 변동에 순간적으로 추종할 수 있는 뛰어난 특성을 가지고 있다.

초전도 전력저장 장치의 도입은 초전도의 부하 변동에의 즉각 응답성을 살려 전압이나 주파수를 안정화하는 조정 설비가 바람직하며 실용화에는 냉각 설비의 간소화와 경제성을 기대할 수 있는 고온 초전도의 선재철강 개발이 필요하다.

3 풍력발전 및 기타발전

(1) 풍력 발전

바람의 힘으로 풍차를 돌리고 풍차에 연결되어 있는 발전기를 회전시킴으로써 전기를 생산하는 발전방식이다.

1) 풍력 발전 시스템 구성

① 풍차 : 바람에 의해 회전함으로써 풍력 에너지를 기계적인 에너지로 바꾼다.
② 동력전달장치 : 풍차에서 발생한 회전력을 변속 기어를 사용하여 적절한 속도로 변환
③ 발전기 : 동력전달장치의 기계적인 에너지를 전기 에너지로 변환하는 장치이다.

2) 풍력 발전의 장단점

① 자원이 풍부하고 재생 가능한 청정 에너지원이다.
② 비용이 적게 들고 건설 및 설치기간이 짧다.
③ 유지·보수가 용이하다.
④ 단지 내 농사, 목축 등으로 토지의 효율적 이용 및 관광 자원화가 가능하다.

⑤ 바람 불 때만 발전 가능하므로 에너지 저장시설이나 상호 보완적 발전 시설이 필요하다.
⑥ 풍력 발전기의 규모가 거대하여 조망권에 지장을 줄 수 있다.
⑦ 가까운 곳에 소음 공해를 일으킬 수 있다.

(2) 소수력 발전

자연적인 물의 흐름을 방해하지 않는 소형 수력발전을 소수력 발전이라 하며, 낙차가 큰 곳에 관을 설치하고 관속을 통과하는 물의 힘으로 터빈을 돌려 발전하거나 흐르는 물을 그대로 통과시키면서 발전하는 방식이 있으며, 설비 용량 15[MW] 미만의 소규모 수력발전을 의미하며 댐을 건설할 필요가 없고 강을 크게 변형시키지 않으므로 환경 친화적인 발전방식이다.

1) 소수력 발전의 종류

① 관을 설치하는 경우
　강물의 일부를 따로 끌어서 관속에 흐르도록 하고 이 물이 터빈을 돌려 전기를 생산한다.
② 하천의 낙차가 크지 않은 경우
　물 속에 전구형 터빈을 설치해서 전기를 생산하는 것으로, 전구형 터빈은 회전축이 물이 흐르는 방향과 평행으로 설치되어 강물은 터빈 속으로 직접 들어가서 흘려 나오고, 물의 흐르는 힘에 의해 발전기가 회전하면서 전기 에너지를 발생시킨다.
③ 기타 수력발전 방식
　㉠ 수로식
　　하천의 한 지점에서 흐르는 물을 수로를 이용하여 낙차가 큰 지역으로 유도하고 이 낙차로 발전하는 방식
　㉡ 댐식
　　하천에 댐을 만들고 낙차를 이용해 발전하는 방식
　㉢ 댐수로식
　　댐식과 수로식을 혼합하여 낙차를 만들어 발전하는 방식
　㉣ 양수식
　　발전소 지점보다 높은 곳에 상부댐을 만들거나 천연호수를 이용하여 심야의 남는 전력으로 물을 퍼 올려 두었다가 전기 수요가 많을 때 하부댐으로 물을 흘려서 발전하는 방식

2) 소수력 발전의 장단점

① 댐을 건설할 필요가 없으므로 대수력 발전에 비해 친환경적이다.
② 연간 유지비가 저렴하다.
③ 비교적 설계와 시공기간이 짧다.
④ 초기 투자비용이 많고 강수량에 따라 발전량의 변동이 심하다.
⑤ 자연 낙차가 큰 소수력발전 장소가 드물다.
⑥ 첨두부하에 대한 기여도가 작다.

(3) 지열 에너지

지열은 지구가 생성될 때부터 있던 열로 아직 방열되지 않은 상태이거나 우라늄이나 토륨 같은 방사선 원소의 붕괴에 의하여 생기는 열을 말한다.

1) 지열 에너지의 이용분야

① 지열발전
② 지역난방
③ 양어, 양식
④ 관광레저
⑤ 농업 : 시설영농, 원예, 건조장, 저장고

2) 지열 발전

지구 내부의 암석과 마그마에 저장된 지열을 활용하여 순환 지열 유체를 데우고 이 열을 이용하여 물을 데워 고온의 건조 증기를 얻어 터빈으로 보내고 터빈 출구 쪽의 증기를 냉각시키면 터빈은 고속으로 회전하고 터빈에 연결된 발전기에서 전기 에너지가 발생된다.

3) 지열 발전의 장단점

① 발전 비용이 비교적 저렴하고 운전 기술이 비교적 간단하다.
② 공해가 없는 깨끗한 에너지이다.
③ 가동률이 높으며 남는 열은 지역 에너지로 이용할 수 있다.
④ 지열발전의 조건을 갖춘 지역이 한정되어 있어 우리나라는 적합한 장소가 드물다.
⑤ 다시 보충할 수 없어 재생 불가능한 에너지이다.

⑥ 땅의 침하가 발생할 수 있으며 지중 상황 파악이 곤란하다.

(4) 해양 에너지

해양에 존재하는 무한한 에너지를 전기 에너지로 변환하는 것으로 에너지 이용방식에 따라 조력발전, 파력발전, 조류발전, 온도차 발전 등으로 나눌 수 있다.

1) 조력발전

조석이 발생하는 하구나 만을 방조제로 막아 조석 시 발생하는 외해와 내해의 수위차를 이용하여 수차 발전기로 발전하는 방식이다. 조력발전 방식은 한 방향 발전방식인 단류식과 양방향 발전방식인 복류식이 있다. 해양에너지 발전방식 중에서 조력발전이 가장 먼저 개발되었다.

① 조력발전의 원리

밀물 때 수문을 열면 물이 들어오면서 터빈을 돌려 발전하고 밀물이 끝나는 시점에 수문을 닫는다. 썰물 때 호수와 바닷물의 수위차가 일정 높이 이상 차이가 생기면 수문을 열고 터빈의 날개를 반대 방향으로 돌리면서 다시 발전을 한다. 수력발전소의 원리와 비슷하나 수력발전의 낙차가 수십[m]인데 비하여 조력발전의 낙차는 보통 10[m] 이하이므로 효율이 좋은 수차발전기를 개발하여야 한다.

② 조력발전의 입지조건

입지조건에 제한을 많이 받지만 에너지원이 무한정이고, 공해가 발생되지 않기 때문에 장차 유망한 발전방법으로 평가 받고 있으며 입지조건은 다음과 같다.
㉠ 평균 조차 : 3[m] 이상
㉡ 폐쇄된 만의 형태를 이룰 것
㉢ 해저의 지반이 튼튼하고 강할 것
㉣ 에너지 수요처와 거리가 가까울 것

③ 조력발전의 장단점

조력발전은 달이 지구에 가하는 압력에 의해서 일어나는 조수 간만의 차를 이용하는 것으로 다음과 같은 특징을 지니고 있다.
㉠ 발전 지점의 조위 변화 예측이 가능하다.
㉡ 무한정의 청정 에너지원이다.
㉢ 에너지 공급량이 규칙적이다.
㉣ 유효 낙차가 작고 발전이 불연속적이다.
㉤ 간만의 차가 큰 지역에만 가능하다.

ⓑ 댐을 설치해야 하고 시설 규모가 크므로 해안 생태계에 영향을 미칠 수 있다.

2) 파력발전

파도 때문에 수면은 주기적으로 상하 운동을 하고 물 입자는 전후로 움직인다. 이 운동 에너지를 변환장치를 통하여 회전운동 또는 축방향 운동으로 변환시켜 전기 에너지를 발생시키는 것을 파력발전이라 한다.

파고가 2 [m]에 달할 경우 공기의 운동 속도는 평균 17[m/s]에 달한다.

① 파력발전의 원리

파도의 운동 에너지를 전기 에너지로 변환시키는 것으로 파도가 진행하는 힘을 이용하는 방식과 파도의 상하 운동을 이용하는 방식이 있다.

가동 물체형 방식은 수면에 떠있는 물체가 파랑에 의하여 상하 또는 회전운동으로 발전기를 회전시킨다.

진동 수주방식은 파력발전 시스템의 내부가 밑 빠진 병 모양으로 아래쪽이 바다에 잠겨있어 파도가 출렁거리면서 공기실 내부 공기를 위 아래로 움직인다. 이 때 공기실 내의 공기가 압축·팽창되면서 위쪽의 좁은 구멍에서는 공기의 운동속도가 빨라지고 이 공기의 흐름으로 터빈을 돌려 발전하는 방법이다.

② 파력발전의 입지조건

파력발전은 파도의 운동에너지를 이용하는 것으로 다음과 같은 입지조건이 필요하다.
 ㉠ 파랑이 풍부한 해안
 ㉡ 육지에서 거리가 가까울 것
 ㉢ 수심 300[m] 미만의 해상
 ㉣ 항해와 항만의 기능에 방해되지 않을 것

③ 파력발전의 장단점

 ㉠ 소규모 개발이 가능하고 방파제로 활용할 수 있어 실용성이 크다.
 ㉡ 한번 설치해 놓으면 거의 영구적으로 사용할 수 있고 공해를 유발하지 않는다.
 ㉢ 심한 출력변동과 대규모 발전 시설을 해상에 계류시키는데 기술적인 어려움이 있다.
 ㉣ 건설비가 비싸고 유지·관리비가 많이 든다.

3) 조류발전

조류발전은 날씨나 계절에 상관없이 항상 일정한 양의 발전이 가능한 신뢰성이 높은 에너지이다. 댐을 건설할 필요가 없기 때문에 비용이 적게 드는 편이나 수차 발전기를 설치할 적합한 장소를 찾기가 쉽지 않다. 발전량은 자연적인 흐름의 세기에 따라 좌우되므로 조력발전처럼 임의적으로 조절할 수 없다.

해수의 유통이 자유롭고 해양환경에 미치는 영향이 거의 없어 조력발전보다 환경 친화적인 것으로 평가된다.

조류발전은 빠른 해수의 흐름이 나타나는 해역에 적합하며, 우리나라의 서·남해안에 조류발전 후보지가 다수 존재한다. 전남 해남군과 진도군 사이에 위치한 울돌목은 시속 13노트(약 24[km/h])의 강한 조류의 흐름이 발생하는 곳으로 조류발전의 장소로 적합하다.

① 조류발전의 원리

조류발전은 유속이 빠른 바다 속에 큰 프로펠러식 터빈을 설치하고, 자연적인 조류 흐름을 이용하여 터빈을 돌려 전기를 생산하는 것이다. 조류발전은 댐을 막을 필요가 없고 선박의 통행이 자유로우며 어류의 이동을 방해하지 않으므로 생태계에 영향을 주지 않는 환경 친화적 재생에너지 시스템이다.

② 조류발전의 종류

㉠ 수평축 방식

물살과 로터 회전축의 방향이 평행을 유지하는 형태로 조류가 흐르는 방향의 변화에 따라 발전기의 방향을 조정하도록 설계한다.

㉡ 수직축 방식

조류가 흐르는 방향이 바뀌어도 계속 한 방향으로 회전하도록 설계되어 있어 항상 물살과 터빈 회전축이 직각을 이룬다.

발전기가 수면 위에 위치하여 유지 보수 및 수리에 용이하며, 터빈 주위의 구조물이 관 모양으로 되어있어 유속이 증폭되는 특징이 있다.

③ 조류발전의 입지조건

㉠ 조류의 흐름이 빠르고(2[m/s] 이상) 유속의 지속시간이 길 것

㉡ 조류 흐름의 특징이 분명할 것

㉢ 발전소를 건설하기 위한 수심과 수로폭 등 공간적 조건이 충분할 것

④ 조류발전의 장단점

㉠ 에너지 밀도가 높다.

㉡ 날씨나 계절에 상관없이 연중 안정적인 발전이 가능하다.

㉢ 생태계에 미치는 영향이 거의 없는 친환경적인 에너지이다.

㉣ 발전기의 제작비가 비싸다.

㉤ 강한 조류 흐름이 있는 곳에만 설치가 가능하다.

(5) 온도차 발전

해양의 표층부과 심층부 사이의 수온차(20[°C] 정도)를 이용하여 발전하는 방법이다. 표층부의 온수로 끓는점이 낮은 매체(암모니아, 프레온 등)를 증발시킨 후 심층의 냉각수로 응축시킬 때 발생하는 압력차를 이용하여 터빈을 돌려 전기를 생산하는 발전방식이다.

1) 온도차 발전의 원리

열대 부근의 바다는 태양열로 데워진 해수면과 수심 600~700[m]의 바닷물 사이에는 20[°C] 이상 온도차가 존재하게 된다. 가열된 바닷물(표층수)로 끓는점이 낮은 암모니아나 프레온을 증기로 만들고 터빈을 돌려 발전한다. 터빈을 통과한 증기는 해저로부터 끌어올린 냉수(심층수)에 의하여 응축기에서 응축액으로 바꾸어 다시 재순환시킨다.

2) 온도차 발전의 종류

① 폐회로 시스템

오존층을 파괴하지 않으면서 15~25[°C]에서 증발하는 암모니아나 프로필렌과 같은 작동유체를 표층온수를 사용하여 증발시키고, 이 증기를 사용하여 터빈을 구동시켜 발전하는 방식이다. 바다 표층의 온수는 증발기에 유입되고 작동 유체는 해수가 지닌 열을 빼앗아 작동 증기가 생성된다. 이 증기가 터빈을 회전시켜 전기를 생산한다. 터빈을 통과한 증기는 응축기로 보내지고 해저로부터 끌어올린 심층냉수(0~12[°C])에 의하여 액체 상태로 바뀌어 다시 재순환된다. 이 시스템은 간단하여 전력만을 생산할 때 가장 실용적인 방법으로 알려져 있다. 이때 전력전환 효율은 약 5[%], 터빈 효율과 펌프 효율 등을 포함한 전체 시스템 효율은 약 2.5[%]정도이며 플랜트 설비단가가 저렴하기 때문에 화석연료 시스템과 경쟁력이 있다고 할 수 있다.

② 개회로 시스템

해양 표층 온수를 작동유체로 직접 사용하는 방법이다. 표층 온수는 펌프로 증발기에 유입되고, 증발기는 진공펌프로 압력을 낮추어 온수가 상온에서 비등하게 하며, 생성된 증기로 저압터빈을 구동시켜 전력을 생산하게 된다. 터빈을 나온 증기는 심해에서 펌프로 퍼 올려진 냉수로 응축기에서 응축되어 부산물로 담수를 얻는다. 이러한 직접접촉 열 교환방식은 그 효율이 높아 더 많은 전력을 생산하는 장점이 있다.

③ 혼합형 시스템

폐회로와 개회로 시스템의 장점을 결합한 것으로 열원을 최대로 사용하도록 설계하여 전력과 담수를 동시에 얻게 하는 방법이다. 유입된 표면온수로 폐회로 사이클에서 1차적으로 전력을 생산하며, 여기에서 나오는 온수를 2차적으로 개회로 사이클에 보내어 직접 접촉식 증발기를 통과시켜 다시 응축기로 보내는 2단계 시스템을 사용함으로써 충분한 담수를 동시에 안정적으로 생산할 수 있게 한다.

3) 온도차발전의 입지조건

① 연중 바닷물 표층수와 심층수의 온도차가 17[°C] 이상인 기간이 많을 것
② 어업과 선박 운항에 지장을 주지 않을 것

4) 온도차발전의 장단점

① 에너지 공급원이 무한하다.
② 이산화탄소와 같은 유해 물질을 발생시키지 않는 청정 자연에너지이다.
③ 주간, 야간 구별 없이 전력 생산이 가능한 안정적 에너지원이다.
④ 바닷물의 부식에 강한 재료로 발전 설비를 만들어야 한다.
⑤ 생물 때문에 생기는 오염을 막기 위한 대책이 필요하다.

(6) 바이오 에너지

동·식물이나 유기성 폐기물이 분해될 때 나오는 액체나 기체를 이용하여 만들어진 에너지를 바이오 에너지라고 한다. 식물이 광합성을 통하여 성장하면서 만들어지며, 자연적인 성장 속도를 거스르지 않는 한 재생성을 지니고 있어 자원의 고갈 문제가 없고, 광합성을 하는 과정에서 이산화탄소를 흡수하기 때문에 지구 온난화 방지에도 효과적인 자원이라 할 수 있다.

1) 바이오 에너지 종류

① 고체 바이오 매스(직접연소 또는 액체 바이오 매스의 원료)
  ㉠ 나무류
  ㉡ 잡초
  ㉢ 농업 폐기물(작물과 작물의 껍질 및 줄기)
  ㉣ 동물 배설물

② 액체 바이오 매스(연료용 또는 산업용)
　㉠ 바이오 알콜(에탄올, 메탄올, 부탄올)
　㉡ 식물추출 오일
　㉢ 바이오 디젤(동·식물 지방의 변환물질)
③ 바이오 가스(연료용 또는 산업용)
　㉠ 바이오 메탄(매립지 가스)

2) 바이오 에너지의 생성 원리

광합성에 의해 생성된 각종 생물자원, 유기성 폐기물 등을 미생물 전환에 의하여 연료용 가스와 액체연료를 생산하거나 전력으로 변환하여 이용한다.

① 열화학적 변환
　㉠ 연소
　　바이오 매스를 직접 연소를 통하여 태워서 얻는 방법으로 이때 나오는 열로 난방열과 전기를 생산한다.
　㉡ 가스화
　　바이오 매스를 소량의 산소가 공급되는 상태에서 가열하면 중질의 가스가 만들어진다.
　㉢ 열분해
　　바이오 매스를 공기를 완전히 차단한 상태에서 섭씨 500[°C] 정도의 고온으로 가열하여 바이오 기름, 가스 및 목탄 등을 얻는다.

② 생화학적 변환
　㉠ 혐기성 분해
　　박테리아를 이용한 소화와 유사한 것으로 축산, 농산 폐기물과 생활하수, 분뇨 등의 유기물질을 공기를 차단한 상태에서 박테리아를 이용하여 분해시켜 농도가 짙은 메탄가스를 얻는다.
　　예) 음식물 쓰레기, 가축 분뇨, 동물체 : 혐기성 발효를 통해 메탄가스를 얻는다.
　㉡ 발효
　　바이오 매스를 미생물로 발효시켜 알코올, 수소가스로 변환한다.
　　예) 에탄올 : 보리, 사탕수수, 사탕무, 옥수수, 나무, 볏짚 등 섬유소 식물체 등에 함유된 당분을 발효과정을 거쳐 생산하며 수송용 연료로 활용한다.
　㉢ 직접적인 기름 추출 방식
　　바이오 매스로 부터 유기질 기름을 직접 추출하고 촉매를 사용하여 에탄올이나 메탄올과 결합시켜 에스테르로 변환한다.
예) 유채, 콩 : 직접 짜서 기름 추출한 뒤 바이오 디젤을 얻는다.

3) 바이오 에너지의 장단점

① 저장하기 쉽다.
② 바이오 매스는 재생되는 에너지원이다.
③ 물과 온도 조건만 갖추어지면 어느 곳에서나 얻을 수 있다.
④ 최소의 자본으로 이용 기술의 개발이 가능하다.
⑤ 바이오매스 생산에 넓은 면적의 토지가 필요하다.
⑥ 토지 이용 면에서 농업과 경합한다.
⑦ 자원량의 지역차가 크다.
⑧ 비료, 토양, 물 그리고 에너지의 투입이 필요하다.

(7) 폐기물 에너지

가연성 폐기물 중 에너지 함량이 높은 폐기물을 열분해에 의한 오일화, 성형 고체연료의 제조, 가스화에 의한 가연성 가스 제조, 소각에 의한 열의 회수 등을 통해 에너지를 생산하여 이를 산업 생산 활동에 활용하는 것을 말한다.

1) 폐기물 에너지 종류

① 성형 고체 연료(RDF)
  종이, 나무, 플라스틱 등의 가연성 고체 폐기물을 파쇄, 분리, 건조, 성형 등의 공정을 거쳐 제조한 고체연료로 폐기물 발전이나 보일러 연료 등으로 사용된다.
② 폐유 정제유
  폐유를 이온정제법, 열분해정제법, 감압증류법 등의 공정으로 정제하여 생산한 재생유이다.
③ 플라스틱 열분해 연료유
  플라스틱, 합성수지, 고무, 타이어 등의 고분자 폐기물이 열분해 과정을 거쳐 생산되는 청정 연료유이다.
④ 폐기물 가스화
  가스화란 고체와 액체 연료로부터 기체 연료를 제조하는 조작반응이다.
  탄화수소로 구성된 폐기물에 산소 또는 수증기를 첨가하거나 무산소 상태에서 탄화수소, CO, H_2 등으로 구성되는 합성가스를 추출하여 메탄올을 합성한다.

⑤ 폐기물 소각열

가연성 폐기물을 소각할 때 발생하는 열을 뜻하며 스팀 생산 및 발전, 철광석 소성로 등의 열원으로 이용한다.

2) 폐기물 에너지의 장단점

① 가연성 성분이 많이 포함되어 있기 때문에 발열량이 높다.
② 비교적 단기간 내에 상용화가 가능하다.
③ 폐기물의 청정 처리 및 자원으로의 재활용 효과가 크다.
④ 원료(폐기물)의 가격이 싸거나 처리비를 받을 수 있어 에너지 회수의 경제성이 높다.
⑤ 폐기물로 인하여 발생하는 환경문제 해소에 기여한다.
⑥ 다른 신·재생에너지에 비하여 경제성이 매우 높고 조기 보급이 가능하다.
⑦ 고도의 기술과 연구개발이 요구된다.
⑧ 폐기물의 에너지화 과정에서 환경오염을 유발할 수 있다.
⑨ 문화나 산업의 특성에 따라 복잡한 처리 기술이 필요하다.

4 연료전지 발전

(1) 연료전지 특징

연료전지는 연료를 소모하여 전력을 생산하며 연료전지의 전극은 촉매작용을 하므로 상대적으로 안정하다.

수소 연료전지는 수소를 연료로, 산소를 산화제로 이용하며, 그 외에 탄화수소, 알코올 등을 연료로, 공기, 염소, 이산화 염소 등을 산화제로 이용할 수 있다.

① 연료전지의 발전 효율은 40~60[%] 정도로 대단히 높으며, 반응 과정에서 나오는 배출열을 이용하면 전체 연료의 최대 80[%]까지 에너지로 바꿀 수 있다.
② 천연가스와 메탄올, LPG, 나프타, 등유, 가스화된 석탄 등의 다양한 연료를 사용할 수 있기 때문에 에너지자원을 확보하기 쉽다.
③ 연료를 태우지 않기 때문에 지구 환경보호에도 기여할 수 있다.
④ 질소산화물(NOx)과 이산화탄소의 배출량이 석탄 화력발전의 각각 1/38과 1/3 정도
⑤ 소음은 화력발전 방식에 비해 매우 적다.

⑥ 모듈화에 의한 건설 기간의 단축, 설비 용량의 증감이 가능하다.
⑦ 적은 토지 면적을 필요로 하기 때문에 입지 선정이 용이하다.
⑧ 도심 지역 또는 건물 내에 설치하는 것이 가능하여 경제적으로 에너지를 공급할 수 있다.
⑨ 분산 전원용 발전소, 열병합 발전소, 무공해 자동차의 전원 등에 적용될 수 있다.

(2) 연료전지 발전 장치

1) 연료 개질기

화학적으로 수소를 함유하는 일반 연료(LPG, LNG, 메탄, 석탄가스 메탄올 등)로부터 연료전지가 요구하는 수소를 많이 포함하는 가스로 변환하는 장치

2) 연료전지 본체

연료 개질 장치에서 들어오는 수소와 공기 중의 산소로 직류 전기와 물 및 부산물인 열을 발생시킨다. 용융탄산염 연료전지(MCFC), 고분자전해질 연료전지(PEMFC), 고체산화물 연료전지(SOFC), 직접메탄올 연료전지(DMFC), 인산형 연료전지(PAFC) 등의 다양한 종류의 연료전지가 개발되어 있다.

3) 전력 변환 장치

연료 전지에서 나오는 직류 전원을 교류 전원으로 변환시킨다.

4) 기타 장치

연료전지 발전설비의 효율을 높이기 위하여 연료 전지 반응에서 생기는 반응열과 연료 개질 과정에서 나오는 폐열 등을 이용하는 장치가 부수적으로 필요하다.

(3) 연료전지의 종류

1) 용융탄산염 연료전지

① 제 2세대 연료전지로 불리는 용융탄산염 연료전지(MCFC)는 열효율과 환경 친화성이 높고 모듈화가 특성되었으며 설치공간이 작다.
② 650[℃]의 고온 운전으로 전극 재료에 쓰이는 촉매를 백금 대신 저렴한 니켈 사용으로 경제성이 높다.
③ 니켈 전극의 수성가스 전환반응을 통하여 연료로 이용할 수 있다.

④ 석탄가스, 천연가스, 메탄올, 바이오매스 등 다양한 연료를 MCFC에는 이용할 수 있다.
⑤ 양질의 고온 폐열을 회수로 발전 시스템의 열효율은 약 60[%] 이상
⑥ 고온 운전으로 연료전지 스택 내부에서 전기화학반응과 연료개질반응이 동시에 진행될 수 있게 하는 내부개질 형태로 시스템의 열효율이 증가하며, 시스템 구성이 간단해진다.
⑦ 고온에서 부식성이 높은 용융탄산염을 사용하기 위한 내식성 재료의 개발에 따르는 경제성 문제 및 수명, 신뢰성 확보가 어렵다.

2) 고분자전해질 연료전지

수소 이온을 투과시킬 수 있는 고분자막을 전해질로 사용하는 고분자전해질 연료전지는 다른 형태의 연료전지에 비하여 전류밀도가 큰 고출력 연료전지이다.

① 100[℃] 미만의 비교적 저온에서 작동되고 구조가 간단하다.
② 빠른 시동과 응답특성, 우수한 내구성을 가진다.
③ 수소 이외에도 메탄올이나 천연가스를 연료로 사용할 수 있어 자동차의 동력원으로서 적합한 시스템이다.
④ 무공해자동차의 동력원 외에도 분산형 현지 설치용 발전, 군수용 전원, 우주선용 전원 등으로 응용될 수 있다.
⑤ 충전 시 많은 시간을 요구하고, 에너지 밀도가 낮다.
⑥ 배터리의 수명이 짧다.

3) 고체산화물 연료전지

3세대 연료전지로 불리는 고체산화물 연료전지는 산소 또는 수소 이온을 투과시킬 수 있는 고체산화물을 전해질로 사용하는 연료전지이다.
산소 이온전도성 전해질과 그 양면에 위치한 공기극(양극, cathode) 및 연료극(음극, anode)으로 이루어져 있다. 공기극에서 산소의 환원 반응에 의해 생성된 산소 이온이 전해질을 통해 연료극으로 이동하여, 다시 연료극에 공급된 수소와 반응함으로써 물을 생성하게 되며, 이 때 연료극에서 전자가 생성되고 공기극에서 전자가 소모되므로 두 전극을 서로 연결하여 전류를 발생시킨다

① 현존하는 연료전지 중 가장 높은 온도(700 - 1000[℃])에서 동작한다.
② 구성요소가 고체로 이루어져 있기 때문에 다른 연료전지에 비해 구조가 간단하고, 전해질의 손실 및 보충과 부식의 문제가 없다.

③ 고온에서 작동하기 때문에 귀금속 촉매가 필요하지 않으며, 직접 내부 개질을 통한 연료 공급이 용이하다.
④ 고온의 가스를 배출하기 때문에 폐열을 이용한 열 복합 발전이 가능하다

4) 직접메탄올 연료전지

직접메탄올 연료전지(DMFC)는 고분자 전해질 막을 사이에 두고 양쪽에 각각 음극과 양극이 위치한다. 음극에서는 메탄올과 물이 반응하여 수소 이온과 전자를 생성한다. 생성된 수소이온은 전해질 막을 통해 양극 쪽으로 이동하고, 양극에서는 수소 이온과 전자가 산소와 결합하여 물을 생성시킨다. 이 때 전자가 외부 회로를 통과하면서 전류를 발생시키는 것이 작동원리이다.

실제 사용시에는 출력을 높이기 위해 이러한 단위전지를 여러 개 묶어서 스택을 만들어 사용하는데, 일반적인 연료전지의 스택에서는 양극판(bipolar plate)을 사용하지만 마이크로 연료전지에서는 단극판(monopolar plate)을 사용한다. DMFC는 고분자전해질 연료전지(PEMFC)와 똑같은 구성요소를 사용하지만, 메탄올을 개질하여 수소로 만들 필요가 없이 직접 연료로 사용할 수 있기 때문에 소형화가 가능하다. DMFC는 PEMFC에 비해 출력밀도는 낮지만, 연료의 공급이 용이하고 2차전지에 비해 높은 출력밀도를 갖기 때문에 자동차의 동력원으로서 2차전지를 대체할 수 있는 가능성이 매우 높은 것으로 알려져 있다.

5) 직접에탄올 연료전지

직접에탄올 연료전지는 직접 메탄올 연료전지와 메커니즘은 같으나, 연료는 에탄올을 사용하며, 출력 전압은 0.5~45[V]의 연료전지이다.

6) 인산형 연료전지

인산형 연료전지는 액체 인산을 전해질로 이용하는 연료전지이다.

① 전극은 카본지로 이루어지는데, 백금 촉매를 이용하기 때문에 제작 단가가 비싸다.
② 액체 인산은 40[℃]에서 응고되어 버리기 때문에 시동이 어려우며, 지속적인 운전 또한 제약이 따른다.
③ 150~200[℃]의 운전 온도에 이르게 되면 반응 결과물로 생성되는 물을 증기로 바꾸어 공기나 물의 가열에 이용할 수 있게 된다.

④ 전체 효율은 80[%]로 높으며, 일산화탄소에 내성이 있어서 고정형 연료전지로 널리 이용된다.

7) 직접탄소 연료전지

고온형 연료전지인 고체산화물 연료전지와 용융탄산염 연료전지로부터 파생된 차세대 고온형 연료전지 기술이다. 고온형 연료전지도 일반적으로 수소를 연료로 가장 많이 이용하며 최근 메탄, 에탄, 부탄, 디젤과 같은 탄화수소계 연료를 이용하려는 연구가 활발히 진행되고 있지만 사용되는 촉매(Ni 기반)가 대부분 연료 중에 포함되어 있는 탄소 증착(침착) 문제로 장기 가동에 문제를 가지고 있다.

① 높은 열역학 에너지 전환율 ($\eta th = \dfrac{\triangle G}{\triangle H} \geq 100[\%]$)

엔트로피 변환값이 모든 작동 온도 (T > 600℃) 구간에서 0가까운 양의 값을 가지며, 자유에너지 변환 값이 엔탈피 변환 값보다 항시 크기 때문이다.

② $2NO_X$, SO_X와 같은 부생 가스를 배출을 최소로 줄일 수 있으며, 매우 순도 높은 CO_2 가스를 배출로 탄소 저장 및 포집CCS 기술과 연계가 용이하다.

③ 고온에서 작동으로 고체 형태의 탄소 연료뿐만 아니라 바이오 매스도 연료로 이용이 가능하다.

④ 화력 발전소 혹은 석탄가스화복합발전과 연계하여 부생 가스(CH_4, H_2)와 잔존 석탄 찌꺼기 등을 연료로 이용이 가능하다.

출제예상문제

01 다음 중 태양열 장치의 구성이 아닌 것은?
① 집열부   ② 집열판
③ 이용부   ④ 증기터빈

해설 태양열 장치는 집열부, 집열판, 축열부, 이용부로 구성된다.

02 태양열 에너지의 특징이 아닌 것은?
① 무공해이며 무한정한 청정 에너지원이다.
② 유지·보수비가 저렴하다.
③ 첨두부하에 대한 기여도가 작다.
④ 기후 및 계절에 따라 일사량의 변동이 심하다.

해설 장점은 무공해, 무한정한 청정 에너지원, 기존의 화석 에너지에 비해 지역적 편중이 적고, 다양한 부분에 적용이 가능하고 이용하기가 쉬우며, 유지·보수비가 저렴하다.
단점은 초기 설치비용이 고가이고, 기후 및 계절에 따라 일사량의 변동이 심하며, 하루 중 이용시간이 한정되어 있다.

03 태양광 발전의 장점이 아닌 것은?
① 진동과 소음이 없고 환경오염을 일으키지 않는다.
② 에너지 밀도가 높아 설치 면적이 좁아도 된다.
③ 설치 후 유지비용이 적게 들며 관리가 용이하다.
④ 햇빛이 있는 곳이면 어느 곳에서나 간단히 설치할 수 있다.

해설 장점은 햇빛이 있는 곳에 간단히 설치, 유지비용이 적게 들며 관리가 용이, 진동과 소음이 없고 환경오염을 일으키지 않으며 수명(20년 이상)이 길고 자동화가 쉽다.
단점은 에너지 밀도가 낮아 넓은 설치 면적이 필요, 초기 투자비가 많이 들고 발전 단가가 높으며 일사량에 따른 발전량 편차가 심하므로 안정된 전력 공급을 위한 추가적인 전력설비 보완이 필요하다.

04 에너지를 저장하는 형태 중 에너지 밀도가 가장 큰 것은?
① 전기화학   ② 고온 열
③ 운동 에너지   ④ 압축공기

해설 에너지 밀도는 전기화학, 고온 열, 운동 에너지, 전자기, 압축 공기, 위치 에너지의 순서로 작아진다.

05 전력저장 기술에 해당되지 않는 것은?
① 양수발전   ② 축전지
③ 압축공기   ④ 전도체

해설 전력저장 기술에는 양수 발전과 축전지 외에 압축공기, 플라이 휠, 초전도 등이 있다

06 전력저장 기술 중에 건설비가 가장 많이 드는 것은?
① 축전지   ② 압축공기
③ 초전도   ④ 플라이 휠

해설 전력저장 기술 중에 플라이 휠>압축공기>양수발전>축전지 = 초전도 순으로 건설비가 많이 든다.

정답 1. ④ 2. ③ 3. ② 4. ① 5. ④ 6. ④

07 전력저장 기술 중에 코일에 흐르는 전류에 에너지를 저장하는 기술은?
① 축전지　　② 슈퍼 커패시터
③ 초전도　　④ 플라이 휠

해설 초전도 전력저장은 코일에 흐르는 전류에 에너지를 저장하는 기술이다.

08 해양 에너지를 이용한 발전방식이 아닌 것은?
① 조력발전　　② 파력발전
③ 온도차 발전　　④ 풍력발전

해설 해양 에너지의 종류는 조력발전, 파력발전, 조류발전, 온도차 발전 등이 있다.

09 조력발전의 입지조건으로 가장 거리가 먼 것은?
① 파랑이 풍부할 것
② 폐쇄된 만의 형태를 이룰 것
③ 평균조차가 3[m] 이상일 것
④ 해저의 지반이 튼튼하고 강할 것

해설 조력발전의 입지조건은 평균조차가 3[m] 이상일 것, 폐쇄된 만의 형태를 이룰 것, 해저의 지반이 튼튼하고 강할 것, 에너지 수요처와 거리가 가까울 것

10 우리나라에서 가장 큰 비중을 차지하고 있는 신·재생에너지 분야는?
① 태양 에너지
② 바이오 에너지
③ 폐기물 에너지
④ 풍력발전

해설 우리나라에서 신·재생에너지 분야의 발전 비중은 폐기물 에너지>바이오 에너지>풍력>수력>해양>태양광>지열>태양열 순이나 폐기물 중심에서 바이오 에너지, 태양 에너지, 풍력 등 자연 재생에너지 중심으로 전환되며 해양 에너지, 지열, 태양열, 풍력 등의 증가율이 높으며, 현재 비중이 높은 폐기물과 수력의 증가율은 낮아질 것으로 예상된다.

11 풍력 발전의 특징이 아닌 것은?
① 자원이 풍부하고 재생 가능한 청정 에너지원이다.
② 비용이 많이 들고 건설 및 설치기간이 길다.
③ 유지·보수가 용이하다.
④ 토지의 효율적 이용 및 관광 자원화가 가능하다.

해설 장점은 자원이 풍부하고 재생 가능한 청정 에너지원, 비용이 적게 들고 건설 및 설치기간이 짧고, 유지·보수가 용이하며, 토지의 효율적 이용 및 관광 자원화가 가능하다.
단점은 바람 불 때만 발전 가능하므로 에너지 저장 시설이나 상호 보완적 발전 시설이 필요, 규모가 거대하여 조망권에 지장을 줄 수 있으며 소음 공해를 일으킬 수 있다.

12 소수력 발전 방식이 아닌 것은?
① 수로식
② 댐수로식
③ 양수식
④ 펌프식

해설 소수력 발전 방식은 수로식, 댐식, 댐수로식, 양수식이 있다.

정답 7. ③　8. ④　9. ①　10. ③　11. ②　12. ④

13 소수력 발전의 특징이 아닌 것은?
① 연간 유지비가 저렴하다.
② 대수력 발전에 비해 친환경적이다.
③ 비교적 설계와 시공기간이 짧다.
④ 첨두부하에 대한 기여도가 크다.

해설 장점은 대수력 발전에 비해 친환경적, 연간 유지비 저렴, 비교적 설계와 시공기간이 짧다.
단점은 초기 투자비용이 많고 강수량에 따라 발전량의 변동이 심하며, 자연 낙차가 큰 소수력발전 장소가 드물고 첨두부하에 대한 기여도가 작다.

14 지열 에너지의 이용분야가 아닌 것은?
① 지열발전   ② 지역난방
③ 관광레저   ④ 전기철도

해설 지열 에너지는 지열발전, 지역난방, 양어, 양식, 관광레저, 시설영농, 원예, 건조장, 저장고 등에 이용된다.

15 조력발전의 입지조건이 아닌 것은?
① 평균 조차가 2[m] 이상일 것
② 폐쇄된 만의 형태를 이룰 것
③ 해저의 지반이 튼튼할 것
④ 에너지 수요처와 거리가 가까울 것

해설 조력발전의 입지조건은 평균 조차가 3[m] 이상, 폐쇄된 만의 형태, 해저 지반이 튼튼할 것, 에너지 수요처와 거리가 가까워야 한다.

16 파력발전의 입지조건이 아닌 것은?
① 항해와 항만의 기능에 방해되지 않을 것
② 육지에서 거리가 가까울 것
③ 수심 300[m] 이상의 해상
④ 파랑이 풍부한 해안

해설 파력발전의 입지조건은 파랑이 풍부한 해안, 육지에서 거리가 가까울 것, 수심 300[m] 미만의 해상, 항해와 항만의 기능에 방해되지 않을 것

17 조류 발전의 장점이 아닌 것은?
① 안정적인 발전이 가능하다.
② 에너지 밀도가 높다.
③ 발전기 제작비가 싸다.
④ 친환경적인 에너지이다.

해설 조류발전의 특징은 에너지 밀도가 높고, 날씨와 상관없이 안정적인 발전이 가능하며, 생태계에 미치는 영향이 거의 없는 친환경적인 에너지이나, 발전기의 제작비가 비싸고 강한 조류 흐름이 있는 곳에만 설치가 가능하다.

18 온도차 발전의 특징이 아닌 것은?
① 에너지 공급원이 한정적이다.
② 이산화탄소와 같은 유해 물질을 발생시키지 않는 청정 에너지이다.
③ 주간, 야간 구별 없이 전력 생산이 가능한 안정적 에너지원이다.
④ 바닷물의 부식에 강한 재료로 발전 설비를 만들어야 한다.

해설 온도차 발전의 특징은 에너지 공급원이 무한, 이산화탄소와 같은 유해 물질을 발생시키지 않는 청정 에너지, 주간, 야간 구별 없이 전력 생산이 가능한 안정적 에너지원, 바닷물의 부식에 강한 재료로 발전 설비 제작, 생물 때문에 생기는 오염을 막기 위한 대책이 필요하다.

정답 13. ④ 14. ④ 15. ① 16. ③ 17. ③ 18. ①

19 바이오 에너지의 종류가 아닌 것은?

① 액체 바이오 매스
② 금속 바이오 매스
③ 고체 바이오 매스
④ 바이오 가스

해설 바이오 에너지의 종류는 액체 바이오 매스(바이오 알콜, 식물 추출 오일, 바이오 디젤), 고체 바이오 매스(나무류, 잡초, 농업 폐기물), 바이오 가스(바이오 메탄)가 있다.

20 폐기물 에너지의 종류가 아닌 것은?

① 성형 액체 연료
② 폐유 정제유
③ 플라스틱 열분해 연료유
④ 폐기물 소각열

해설 폐기물 에너지의 종류는 성형 고체 연료, 폐유 정제유, 플라스틱 열분해 연료유, 폐기물 가스화, 폐기물 소각열 등이 있다.

정답   19. ②   20. ①

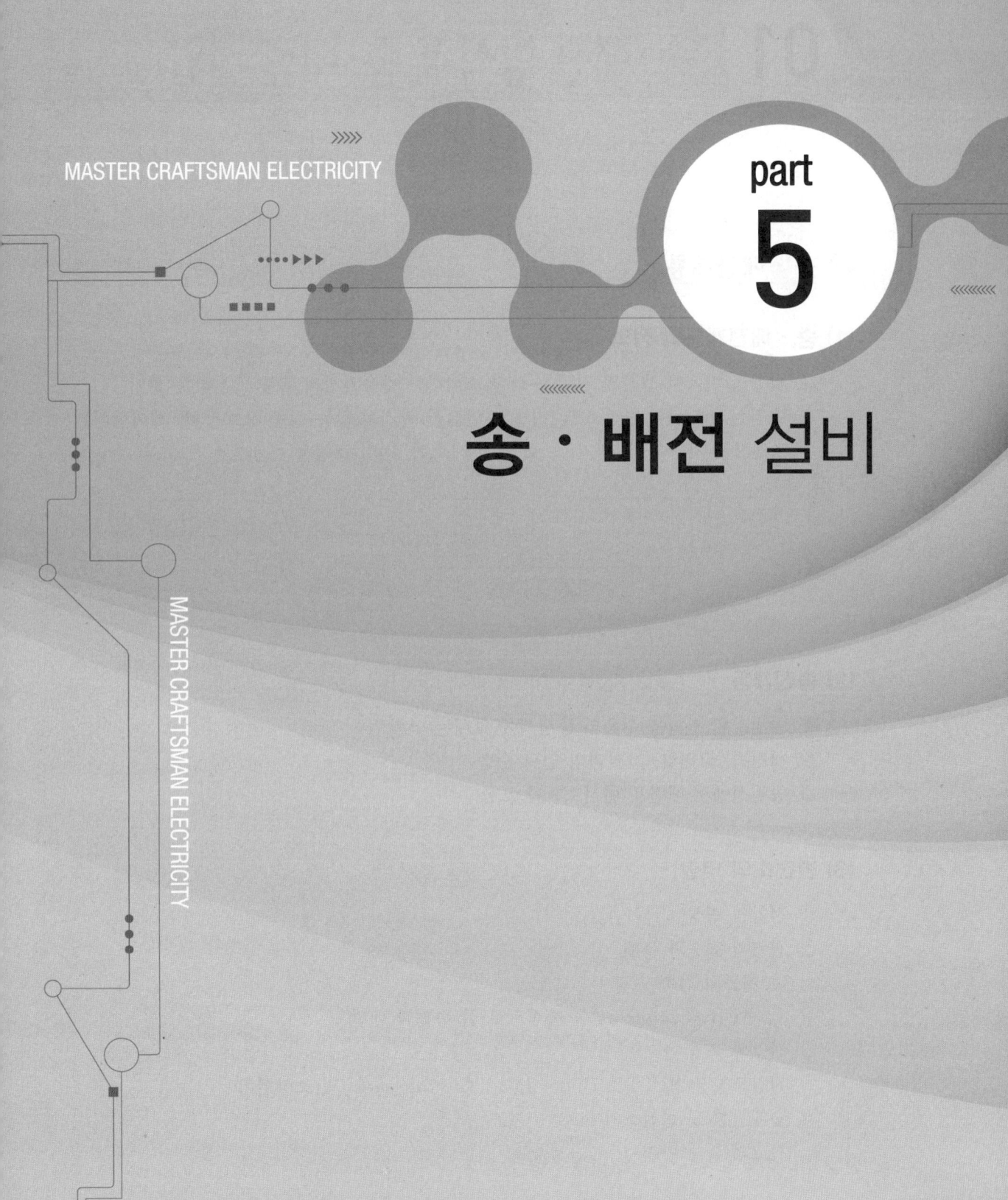

Chapter 01 송·배전 방식과 송·배전 전압

1 송·배전계통

(1) 송·배전계통의 정의
① 발전 설비에서 생산된 전력을 직접 소비하는 수용가까지 유통 배분하는 설비
② 송전선, 배전선, 변전소 및 이들과 밀접한 관계를 갖는 각종 보호장치, 제어장치, 조정장치(차단기, 피뢰기, 보호 계전 시스템, 전압 조정용 콘덴서)

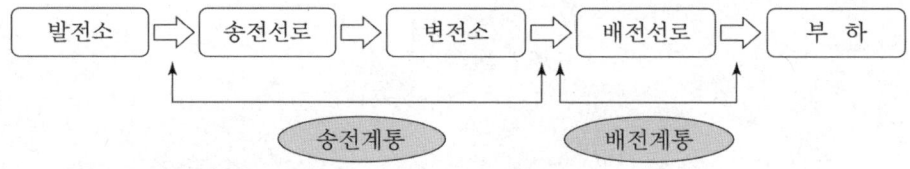

(2) 송전계통
① 발전소의 전력을 수용의 중심지에 보내는 역할
② 대전력, 고전압, 장거리의 일관 수송
③ 송전선에서 배전용 변전소까지 포함

(3) 변전소의 역할
① 전압의 변성
② 전력의 집중과 분배
  ㉠ 계통의 접속 변경
  ㉡ 변전소의 모선(Bus)을 중심으로 한 송전과 배전
③ 전압의 조정
  전압조정장치(ULTC, Under Load Tap Changer) 및 조상설비
④ 송배전선 및 변전소의 보호
  사고의 확대 방지

(4) 변전소의 설비

① 주변압기　　② 조상설비　　③ 모선 및 개폐설비
④ 보호 계전기(Relay)　　⑤ 피뢰기　　⑥ 접지장치
⑦ 배전반

(5) 배전계통의 구성

① 급전선 : 변전소에서 수용가에 이르는 배전선로 중 분기선과 변압기가 없는 부분의 선로
② 간　선 : 급전선에서 분기한 주요 선로
③ 분기선 : 간선에서 분기된 선로
④ 급전점 : 급전선과 간선이 접속하는 점
⑤ 부하점 : 간선과 분기선이 접속하는 점

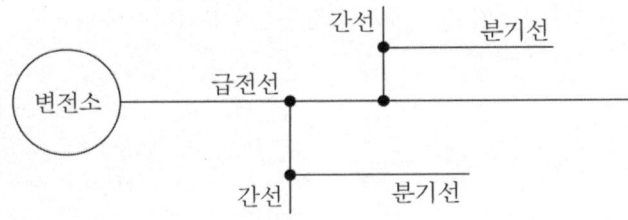

(6) 고압 배전 선로의 구성형식

1) 가지식(Tree system)

수용 부하에 따라 나뭇가지와 같이 분기되어 가는 방식이다.

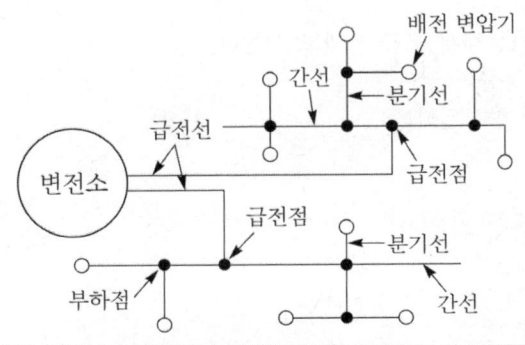

가지식 고압 배선 선로

장점
① 선로를 쉽게 연장할 수 있고 고장선의 분리가 쉽다.
② 시설비가 저렴하다.

단점
① 전력손실이 많다.　② 전압 변동이 심하다.

2) 환상식(Loop system)

한 부하점에서 좌우 두 간선으로부터 전력이 공급된다.

장점
① 전력손실과 선로 전압강하가 적다.
② 간선의 일부에 고장이 생긴 경우에 그 고장구간을 분리하여도 다른 구간에 배전을 계속할 수 있다.

단점
① 시설비가 많이 든다.

3) 네트워크식(Network system)

환상식 간선을 여러 곳에서 접속하여 배전망을 만들고 여러 점에 급전점을 만든 방식이다.

장점
① 무정전 공급이 가능해서 공급 신뢰도가 높다.
② 플리커, 전압 변동률이 적다.
③ 기기의 이용률이 향상된다
④ 전력손실이 감소된다.
⑤ 부하 증가에 대한 적응성이 좋다.
⑥ 변전소의 수를 줄일 수 있다.

단점
① 건설비가 비싸다.
② 특별한 보호장치가 필요하다.

4) 뱅킹식(Banking system)

동일한 고압 전선로에 접속되어 있는 2대 이상의 배전용 변압기를 경유해서 저압측 간선을 병렬접속하는 방식이다.
① 변압기의 공급전력을 서로 융통시킴으로써 변압기 용량을 저감할 수 있다.
② 전압변동 및 전력손실이 경감된다.
③ 부하의 증가에 대응할 수 있는 탄력성이 향상된다.
④ 고장 보호방식이 적당할 때 공급 신뢰도가 향상된다.(정전의 감소)

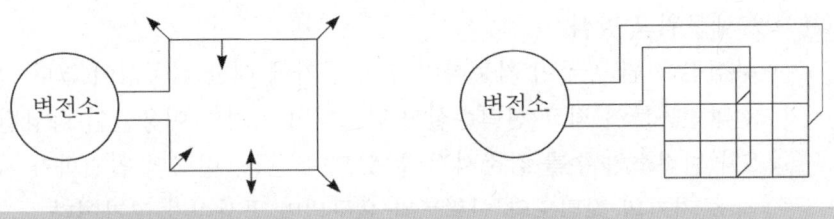

환상식 고압 배선 선로　　　　　　　망상식 고압 배선 선로

(7) 수·변전설비

1) 시설장소에 의한 분류

① 옥외 수·변전설비
주변압기, 개폐장치, 고압 배전반 등을 옥외에 설치하는 방식으로, 교외의 공장, 플랜트 시설 등과 같이 부하기기의 배치가 넓게 되어 있는 경우의 설비

② 옥내 수·변전설비
주변압기, 개폐장치, 배전반 및 제어기기 전부를 큐비클에 담아 옥내에 설치하는 방식으로, 도시의 과밀지역에 건설되는 빌딩 또는 대학, 호텔, 백화점 등에 시설

2) 수전방식에 의한 분류

① 1회선 수전방식
계통이 가장 간단하고 경제적인 방식으로 다른 수용가의 사고 영향으로 인한 정전 발생 시에 복구 시간이 많이 걸리기 때문에 공급 신뢰도가 가장 나쁜 방식이지만 대부분 일반 수용가는 1회선 수전방식을 채용

② 2회선 수전방식
정전 발생 시 공급 신뢰도가 매우 좋은 방식이지만 설비비가 많이 들며, 전산센터, 빌딩, 인텔리전트 빌딩, 대형 호텔, 대형 병원 등 중요한 부하를 가지고 있는 수용가에 시설

㉠ 예비선방식은 1회선 수전이지만 예비선으로 무정전 변환이 필요할 때에는 차단기가 필요하다.
㉡ 평형 2회선 수전방식은 어느 한 쪽의 수전선 사고에 대해서도 무정전 수전을 할 수 있으며 수전선 보호장치와 2회선 평행 수전장치가 필요하다.
㉢ 루프 수전방식은 임의 배전선 혹은 뱅크 사고에 의해 루프가 분리될 뿐이므로 무정전 운전이 가능하고 전압 변동률이 적어 손실이 감소된다.
㉣ 수전방식이 복잡하여 제어하기가 어렵고 루프 회로에 삽입되는 기기는 루프 분리 시 루프 내의 전 계통 용량이 필요하며 설치면적 및 공사비가 크다.

③ 스폿 네트워크 방식
㉠ 무정전 전원 공급이 가능하며 부하 증가에 대한 적응성이 크다.
㉡ 전압변동률이 적고 전력손실이 감소되며 기기의 이용률이 향상된다.
㉢ 2차 변전소의 수를 감소시킬 수 있으며 전등, 전력의 일원화가 가능하다.
㉣ 각종 기기의 정밀도와 신뢰도가 요구되며 공사비가 고가이다.

3) 수·변전설비의 구비조건

① 설비의 신뢰성이 높고 조작이 안전하며 감전사고 등의 위험이 없을 것
② 보수, 점검이 용이하고 증설 및 확장에 대처할 수 있을 것
③ 전기설비에 의한 화재의 위험이 없고 설비비, 보수비가 저렴할 것

4) 수·변전설비의 기기

① 케이블 헤드(CH)
  케이블 단말처리 및 접지를 용이하게 하고 케이블의 절연 열화방지를 위해 사용
② 계기용변성기(MOF)
  전력량계로서 고저압 전기회로의 전기사용량을 적산하기 위해 고압의 전압과 전류를 저압의 전압과 전류로 변성하는 장치로, PT와 CT를 하나의 탱크 내에 넣은 것

계기용 변성기의 등급

등급	호칭	용도
0.1급	표준용	계기용 변성기 시험용 표준기
0.2급		정밀 계측용
0.5급	일반계기용	정밀 계측용
1.0급		보통 계측용, 배전반용
3.0급		배전반용

③ 단로기(DS)

기기의 점검, 수리를 할 때 기기를 활선으로부터 분리하여 확실하게 회로를 열어 놓을 목적으로 사용하며, 무부하 상태에서 전로를 개폐할 수 있다.

④ 피뢰기(LA)

고압 가공 전선로에 의하여 수전하는 자가용 변전실의 입구에 설치하여 낙뢰나 혼촉사고 등에 의하여 이상전압이 발생하였을 때 선로와 기기를 보호한다.

피뢰기는 저항형, 밸브형, 밸브저항형, 방출형, 산화아연형, 지형 등이 있으나 자가용 변전실에는 거의가 밸브저항형이 채택되고 있는 실정이다.

피뢰기의 정격전압은 직접접지 계통에서는 0.8~1.0배, 기타 접지계통에서는 1.4~1.6배가 정격이다.

㉠ 피뢰기의 정격전압은 속류를 차단하는 교류 최고 전압

전력계통		정격전압[kV]	
공칭전압[kV]	중성점 접지방식	송전선로	배전선로
345	유효접지	288	
154	유효접지	144	
66	소호 리액터 접지 또는 비접지	72	
22	소호 리액터 접지 또는 비접지	24	
22.9	중성점 다중 접지	21	18
6.6	비접지	7.5	7.5
3.3	비접지	7.5	7.5

㉡ 피뢰기의 제한전압이란 피뢰기 동작 중 피뢰기 단자의 최고전압
㉢ 피뢰기 설치장소별 공칭방전전류

공칭방전전류	설치장소	적용조건
10000[A]	변전소	1. 154[kV] 계통 이상 2. 66[kV] 및 그 이하 계통에서 뱅크용량 3000[kVA]를 초과하거나 특히 중요한 곳 3. 장거리 송전선 케이블(전압 피더 인출용 단거리 케이블은 제외)
5000[A]	변전소	1. 66[kV] 및 그 이하 계통에서 뱅크용량 3000[kVA] 이하인 곳
2500[A]	선로, 배전소	1. 배전선로 2. 배전선 피더 인출 측

㉣ 피뢰기는 일반적으로 속류를 제한하는 특성요소와 속류를 차단하는 직렬갭 및 성능을 유지하기 위한 기밀구조의 애관으로 구성되어 있다. 근래에 개발된 산화아연형 피뢰기는 직렬갭을 필요로 하지 않고 특성요소와 애관만으로

구성되어 있다.
ⓜ 피뢰기의 구비조건
- 이상전압의 침입에 대하여 신속하게 방전특성을 가질 것
- 이상전압 방전완료 이후 속류를 차단하여 절연의 자동 회복능력을 가질 것
- 방전 개시 이후 이상전류 통전 시의 단자전압을 일정전압 이하로 억제할 것
- 반복 동작에 대하여 특성이 변화하지 않을 것

ⓗ 피뢰기의 시설장소
- 발전소, 변전소의 가공전선 인입구 및 인출구
- 가공전선로에 접속하는 배전용 변압기의 고압 측 및 특고압 측
- 고압 또는 특고압 가공전선로부터 공급을 받는 수용장소의 인입구
- 가공전선로와 지중전선로가 접속되는 곳

⑤ 영상변류기(ZCT)

지락계전기와 조합하여 전원에 가장 가까운 위치에 설치하여 고압전로에 지락사고가 생겼을 때 흐르는 영상전류를 검출하여 차단기를 동작시켜 사고를 예방하고 3상 선로의 불평형, 왕복선의 전류차, 접지선의 전류를 검출하여 누전계전기, 접지계전기, 화재경보기를 동작시킨다.

⑥ 지락계전기(GR)

지락사고가 생겼을 때 영상변류기에 의하여 검출된 영상전류의 크기가 어떤 일정한 값에 도달하면 동작하는 비방향성의 것이 대부분이지만 영상전류와 영상전압과 그 상호간의 위상 동작이 결정되는 방향성 지락 계전기(SGR)도 있다.

⑦ 계기용변압기(PT)

고압회로의 전압을 저압으로 변성하기 위해서 사용하는 것으로, 2차 측 정격전압은 110[V]가 표준이며 배전반의 전압계나 전력계, 주파수계, 역률계, 표시등 및 부족전압 트립코일의 전원으로 사용된다.

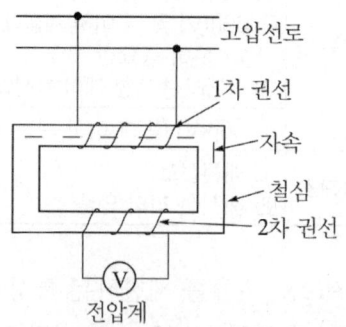

계기용 변압기(PT)

⑧ 유입차단기(OCB)

부하전류 개폐 및 고장전류 차단하는 차단기

⑨ 트립코일(TC)

사고가 발생하였을 때 전류가 흘러 차단기를 개로한다.

⑩ 계기용변류기(CT)

고압회로의 대전류를 소전류로 변성하기 위하여 사용하는 것으로 배전반의 전류계 및 트립코일의 전원으로 사용되며 2차 전류는 5[A]가 표준이다. 2차 코일이 개방되면 2차 측에 매우 높은 기전력이 발생하여 코일이 손상되고 감전 사고를 유발하기 때문에 2차 측을 절대로 개방해서는 안된다.

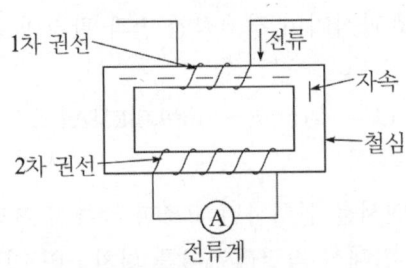

계기용 변류기(CT)

⑪ 과전류 계전기(OCR)

변류기(CT)의 2차 측에 접속되어 전류가 계전기의 정정 전류값을 초과할 때 동작하는 계전기로 트립코일을 여자시키며 단락 및 과부하 보호용으로 많이 사용된다.

⑫ 전력용 퓨즈(PF)

고전압 회로 및 기기의 단락 보호용의 퓨즈로 소호방식에 따라 한류형과 비한류형이 있다.

전력퓨즈는 차단기에 비하여 부피가 작고 가벼우며 가격이 싸고 차단용량이 크며 고속 차단을 할 수 있으며 보수가 간단하나 한번 사용된 퓨즈는 다시 사용할 수 없다.

㉠ 한류형 퓨즈는 높은 아크저항을 발생하여 사고 전류를 강제적으로 억제시켜 차단하는 퓨즈이다.

㉡ 비한류 퓨즈는 퓨즈가 용단된 후 발생한 아크열에 의하여 생성되는 소호성 가스가 분출구를 통하여 방출하여 전류 영점에서 극 간의 절연내력을 높여 차단하는 퓨즈이다.

⑬ 컷아웃 스위치(COS)

변압기의 고압측 또는 특고압측 개폐기로 변압기 용량이 300[kVA] 이하인 것에 많이 사용된다. 절연내력이 높은 자기제이고, 개폐기 내부에 퓨즈를 삽입할 수 있는 장치가 있는 소형 단극 개폐기이다.

⑭ 변압기(TR)

수변전설비의 주체를 형성하는 기기이며 그 신뢰성은 전체의 신뢰도를 결정한다. 1차 전압 6[kV], 22[kV], 22.9[kV], 154[kV] 급을 2차 전압 220[V] 등으로 강압하는 데 사용된다.

⑮ 전력용 콘덴서(SC)

진상 무효전력을 공급하여 부하의 역률을 개선하기 위하여 설치하며 부하에 가까울수록 가장 효과적이며 경제적인 면과 관리의 편이성 등을 고려하여 위치를 정한다.

㉠ 콘덴서 용량 $Q = P(\tan\theta_1 - \tan\theta_2)[\mathrm{kVA}]$

㉡ 직렬리액터

대용량의 콘덴서를 설치하면 고조파 전류가 흘러 파형이 일그러지므로 파형을 개선하기 위해서 직렬리액터를 설치하며 직렬리액터는 콘덴서 임피던스의 6[%]를 설치한다.

㉢ 방전코일

콘덴서를 회로로부터 개방하였을 때 전하가 잔류함으로써 일어나는 위험의 방지와 재투입할 때 콘덴서에 걸리는 과전압을 방지하기 위하여 방전코일을 설치한다.

⑯ 차동계전기

변압기의 1차, 2차에 CT를 설치하고, 전류 차동회로에 과전류계전기를 삽입한 것으로 변압기 내부고장 시는 1차, 2차 전류의 차이가 발생하여 계전기가 동작하는 방식이다.

⑰ 비율차동계전기

차동계전기의 오동작을 방지하기 위하여 그림과 같이 억제 코일을 삽입하여 통과전류로 억제력을 발생시키고, 차전류로 동작력을 발생시키도록 한 방식이다.

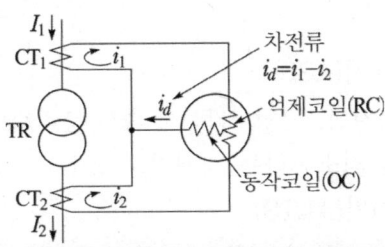

비율차동계전기

⑱ 부흐홀츠계전기

변압기 내부 고장으로 인한 절연유의 온도 상승 시 발생하는 유증기를 검출하여 경보 및 차단하기 위한 계전기로, 변압기 탱크와 컨서베이터 사이에 설치한다.

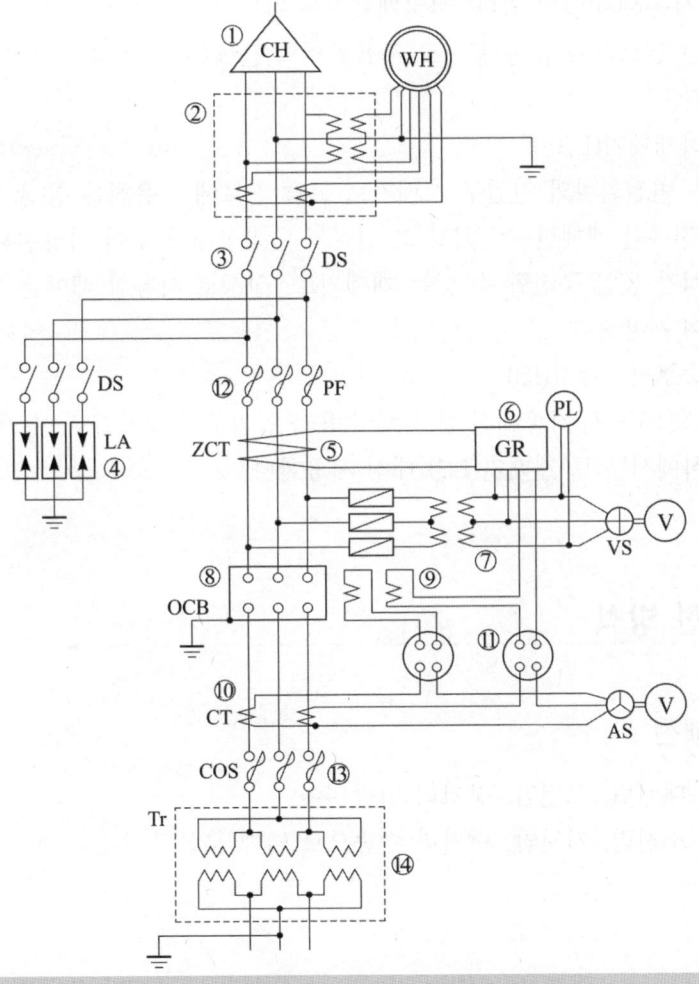

수변전설비의 복선결선도

5) 개폐기

① 자동고장구분개폐기(ASS)

수용가 구내에서 지락, 단락 사고 시 즉시 분리하여 사고의 확산을 방지하여 구내 설비의 피해를 최소화하는 개폐기

② 자동부하전환개폐기(ALTS)

22.9[kV-Y] 접지계통의 지중 배전선로에 사용되는 개폐기로 중요 시설 수용가에서 이중 전원을 확보하여 주전원 정전 시 예비전원으로 자동 전환되어 무정전 전원을 공급한다.

③ 선로개폐기(LS)

보안상의 책임분계점에 보수 점검 시 전로를 구분하기 위하여 선로개폐기를 시설했으나 최근에는 내선규정에 따라 13.2/22.9kV-Y의 자가용 수변전 설비에는 사용하지 않고 있다. 선로개폐기는 반드시 무부하 상태에서 개방하여야 하며 이는 단로기와 같은 용도로 사용하며 최근에는 LS 대신 ASS를 사용하는 추세이다.

④ 부하개폐기(LBS)

수·변전설비의 인입구 개폐기로 고압 전로에 사용하는 통상 상태에서는 소정의 전류를 개폐할 수 있고, 그 전로가 단락상태가 되어 이상전류가 투입되면 규정시간 동안 통전할 수 있는 개폐기로, 실제로 사용할 때에는 전력퓨즈를 부착하여 사용한다.

⑤ 기중부하개폐기(IS)

22.9[kV-Y] 가공배전 선로 및 수용가 인입구의 개폐기로, 수전용량 300[kVA] 이하에서 선로 개폐기(LS) 대신 사용한다.

2 송·배전 방식

(1) 송전과 배전

① 송전 : 대전력, 고전압, 장거리 일괄 수송
② 배전 : 소전력, 저전압, 단거리 수송으로 넓게 분산된 수용가에 전력 배분

(2) 전기방식별 송전 전력의 비교

전기방식		전선의 무게의 비[%]	전선 1가닥 당	
			송전 전력	전력의 비교[%]
직류	직류 2선식	100	$\dfrac{VI}{2}$	100
	직류 3선식	37.5	$\dfrac{2VI}{3}$	133
교류	단상 2선식	100	$\dfrac{VI}{2}$	100
	단상 3선식	37.5	$\dfrac{2VI}{3}$	133
	3상 3선식	75	$\dfrac{\sqrt{3}\,VI}{3}$	115
	3상 4선식	33.3	$\dfrac{\sqrt{3}\,VI}{4}$	87

(3) 교류 송전방식의 장점

① 전압의 승압, 강압 변경이 용이하다.
② 교류방식으로 회전자계를 쉽게 얻을 수 있다.
③ 교류방식으로 일관된 운용을 기할 수 있다.
④ 구조가 간단하고 효율이 좋다.

(4) 직류 송전방식의 장점

① 절연계급을 낮출 수 있다.
② 장거리 케이블 선로에 유리하며 송전효율이 좋다.
③ 리액턴스에 의한 위상각을 고려할 필요가 없어 안정도가 좋다.
④ 전력손실, 전압변동이 적다.
⑤ 전력 및 전압제어가 용이하다.
⑥ 비동기 연계가 가능하므로 주파수가 다른 계통 간의 연계가 가능하다.

(5) 직류 송전 적용분야

① 대용량 장거리 송전
② 해저 케이블을 포함한 직류송전
③ 교류 계통 간 연계(비동기 연계, 서로 다른 주파수 교류 계통 간 연계)
④ 도시 밀집지역 직류송전(단락용량 대책에 의한 교류 계통 간 연계)

(6) 3상 3선식 송전선로 채용 이유

① 전선 한 가닥 당의 송전 전력이 크다.
② 회전자계를 쉽게 얻을 수 있어서 회전기기의 사용이 편리하다.
③ 3상분을 합계한 송전 전력 순시값이 일정해서 단상처럼 맥동하지 않는다.

3 송·배전 전압

(1) 송전선로의 표준전압

1) 154[kV]

과거의 기간 송전계통으로 60년대 초반 방사형에서, 60년대 후반 환상(Loop)계통으로 확장

2) 345[kV]

현재 우리나라의 기간 송전계통으로 각 선로가 2회선으로 구성되어 있으며 네트웍(Network)구조

3) 765[kV]

차세대 송전계통으로 향후 우리나라의 중추 송전계통

(2) 경제적인 송전전압

① 같은 부하 전력에 대하여 송전전압이 증가하면 전류 감소로 송전손실 감소
② 송전전압을 높이면 대용량 송전, 송전손실 감소
③ 경제성 분석 필요
  ㉠ 각종 기기(애자, 지지물, 변압기나 차단기 등) 가격 증가
  ㉡ 기타 환경비용, 운전 유지비는 전압에 비례하여 증가

(3) 배전선로 표준전압

① 배전전압 : 3상 4선식 22.9[kV], 380/220[V]
② 기타 공장 내 배선전압으로는 3[kV], 6[kV] 등의 전압이 사용된다.

출제예상문제

01 배전선로 보호에 대한 설명 중 틀린 것은?
① 보호장치로 자동 재폐로 차단기, 고장 구간 자동 개폐기 등이 있다.
② 고장 구간 자동 개폐기는 주로 고객 설비의 재산 한계점에 설치한다.
③ 배전 자동화 시스템으로 원거리의 개폐기를 원격으로 제어할 수 있다.
④ 자동 재폐로 차단기는 최대 4회까지 재폐로를 실행할 수 있다.

해설 자동 재폐로 차단기는 단상 재폐로는 0.4~0.5[S], 1회, 3상 재폐로는 0.5+15[S], 2회에 동작하는 고속도 재폐로 방식을 채용

02 초고압 장거리 송전 선로에 접속되는 1차 변전소에 병렬 리액터를 설치하는 목적은?
① 페란티 현상 방지
② 전압 강하의 방지
③ 전력 손실의 경감
④ 계통 안정도의 증진

해설 조상설비로서는 지상과 진상을 보상할 수 있는 동기 조상기, 진상만 공급하는 전력용 콘덴서와 지상을 공급시켜 주는 분로 리액터가 있으며 선로의 진상 전류는 계통에 페란티 효과를 유발시키므로 병렬(분로) 리액터를 설치하여 페란티 현상을 방지한다.

03 송전 계통의 안정도를 향상시키는 방법이 아닌 것은?
① 직렬 리액턴스를 증가시킨다.
② 전압 변동률을 적게 한다.
③ 고장시간, 고장전류를 적게 한다.
④ 동기기간의 임피던스를 감소시킨다.

해설 안정도 향상 대책
• 계통의 직렬 리액턴스를 감소시킨다.
• 전압 변동률을 적게 한다.(속응여자방식 채용, 계통의 연계, 중간 조상방식)
• 계통에 주는 충격을 적게 한다.(적당한 중성점 접지방식, 고속차단방식, 재폐로 방식)
• 고장 중의 발전기 입출력의 불평형을 적게 한다.

04 송전 계통에 있어 지락보호 계전기의 동작이 가장 확실한 접지방식은?
① 직접 접지방식
② 저저항 접지방식
③ 고저항 접지방식
④ 비접지방식

해설 직접 접지방식은 지락전류가 가장 많이 흐르므로 계전기 동작이 확실하다.

05 송전 선로에 단선 고장 시 이상전압이 가장 큰 접지방식은?
① 직접 접지방식
② 저항 접지방식
③ 소호 리액터 접지방식
④ 비접지방식

해설 소호 리액터 접지방식은 지락전류는 가장 적고 이상전압 발생은 가장 크다.

06 다음 중 급전에 사고가 생기면 고장전류가 평상 운전 때와는 반대방향으로 흐를 때가 있다. 이런 저압 배전방식은?
① 가지식　　② 직선뱅킹식
③ 환상식　　④ 네트워크식

정답 1. ④　2. ①　3. ①　4. ①　5. ③　6. ③

[해설] 환상식은 한 부하점에서 좌우 두 간선으로부터 전력이 공급되어 간선의 일부에 고장이 생긴 경우에 그 고장 구간을 분리하여도 다른 구간에 배전을 계속할 수 있다.

07 뱅킹 배전방식이 적당한 경우는?
① 부하가 밀집된 지역
② 산촌
③ 바람이 많은 어촌
④ 농촌

[해설] 뱅킹식은 1개의 고압전선로에 2대 이상의 배전용 변압기의 2차측을 연결하여 사용하는 방식으로 부하 밀집지역에 적당하며 전압안정, 변압기 설비 감소의 이점이 있다.

08 우리나라의 저압 배전선로 구성 형식은 일반적으로 어떤 방식이 많이 쓰이는가?
① 가지식   ② 환상식
③ 망상식   ④ 뱅킹식

[해설] 우리나라의 저압 배전선로 구성 형식은 일반적으로 뱅킹방식이 많이 쓰이고 있다.

09 저압 배전선로에서 신뢰도가 가장 좋아 부하밀도가 높고 무정전 배전이 필요한 경우 채용되는 방식은?
① 가지식   ② 뱅킹식
③ 환상식   ④ 네트워크식

[해설] 네트워크식은 환상식 간선을 여러 곳에서 접속하여 배전망을 만들고 여러 점에 급전점을 만든 방식으로 전압강하가 매우 적고, 사고 시 정전 범위를 좁게 할 수 있으며 대도시 수용 밀집 지대에 이상적인 배전방식이다.

10 부하에 따라 전압 변동이 심한 급전선을 가진 배전 변전소의 전압장치는?
① 단권 변압기
② 전력용 콘덴서
③ 주변압기 탭
④ 유도 전압 조정기

[해설] 유도전압조정기는 모선 전압 조정, 급전선 전압 조정, 선로 도중에서 전압 재조정이 가능

11 송전선로에서 역섬락을 방지하기 위하여 가장 필요한 것은?
① 피뢰기를 설치한다.
② 초호각을 설치한다.
③ 가공지선을 설치한다.
④ 탑각 접지저항을 작게 한다.

[해설] 탑각 접지저항이 충분히 작지 않으면 가공지선이 포착한 직격뢰는 대지로 흐를 수 없고 철탑 전위가 상승하여 철탑부가 애자를 통하여 또는 경간 내에서 가공지선과 전력선 간의 공기를 통하여 전력선에 방전하는 역섬락을 일으킨다.

12 배전선로 보호에 대한 설명 중 틀린 것은?
① 보호장치로 자동 재폐로 차단기, 고장 구간 자동 개폐기 등이 있다.
② 고장 구간 자동 개폐기는 주로 고객 설비의 재산 한계점에 설치한다.
③ 배전 자동화 시스템으로 원거리의 개폐기를 원격으로 제어할 수 있다.
④ 자동 재폐로 차단기는 최대 4회까지 재폐로를 실행할 수 있다.

[해설] 자동 재폐로 차단기는 단상 재폐로는 0.4~0.5[S], 1회, 3상 재폐로는 0.5+15[S], 2회에 동작하는 고속도 재폐로 방식을 채용

정답 7. ① 8. ④ 9. ④ 10. ④ 11. ④ 12. ④

13 송전 계통의 안정도를 향상시키는 방법이 아닌 것은?

① 직렬 리액턴스를 증가시킨다.
② 전압 변동률을 적게 한다.
③ 고장시간, 고장전류를 적게 한다.
④ 동기기간의 임피던스를 감소시킨다.

해설 안정도 향상 대책
- 계통의 직렬 리액턴스를 감소시킨다.
- 전압 변동률을 적게 한다. (속응여자방식 채용, 계통의 연계, 중간 조상방식)
- 계통에 주는 충격을 적게 한다. (적당한 중성점 접지방식, 고속차단방식, 재폐로 방식)
- 고장 중의 발전기 입출력의 불평형을 적게 한다.

14 송전 계통에 있어 지락보호 계전기의 동작이 가장 확실한 접지방식은?

① 직접 접지방식
② 저저항 접지방식
③ 고저항 접지방식
④ 비접지방식

해설 직접 접지방식은 지락전류가 가장 많이 흐르므로 계전기 동작이 확실하다.

15 송전 선로에 단선 고장 시 이상전압이 가장 큰 접지방식은?

① 직접 접지방식
② 저항 접지방식
③ 소호 리액터 접지방식
④ 비접지방식

해설 소호 리액터 접지방식은 지락전류는 가장 적고 이상전압 발생은 가장 크다.

16 변전소의 회로를 분리 또는 계통의 접속을 바꾸거나 하는 경우에 회로를 확실하게 개방하기 위해 사용되는 것은?

① 변성기 ② 전자접촉기
③ 단로기 ④ 차단기

해설 단로기는 송전선이나 변전소 등에서 차단기를 개방한 무부하상태에서 주회로의 접속을 변경하기 위해 회로를 개폐하는 장치이다.

17 부하와 진상 콘덴서의 결선방법은?

① 직렬결선 ② 병렬결선
③ Y 결선 ④ V결선

해설 역률을 개선하기 위해 사용하는 진상용 콘덴서는 부하와 병렬로 연결한다.

18 진상용 콘덴서를 설치하여 역률을 개선하고 있는데 경제적인 면을 고려한다면 역률을 몇 [%] 정도로 하는 것이 좋은가?

① 75~80 ② 80~85
③ 85~90 ④ 90.5~95

해설 역률을 1로 하면 좋지만 경제성을 고려하여 역률이 90.5~95[%] 정도가 적당하다.

19 직렬 리액터는 송전선로에 접속하는 방법 및 위상은?

① 직렬, 진상 ② 직렬, 지상
③ 병렬, 진상 ④ 병렬, 지상

해설 직렬리액터는 송전선로에 직렬로 연결하여 지상 무효전력을 공급하여 제5 고조파를 제거한다.

정답 13. ① 14. ① 15. ③ 16. ③ 17. ② 18. ④ 19. ②

20 피뢰기의 정격전압이란?

① 충격파 전류가 흐를 때의 단자전압
② 충격파의 방전 개시 전압
③ 속류의 차단이 되는 최고의 교류전압
④ 사용 주파수의 방전 개시 전압

해설 피뢰기의 정격전압은 전압을 선로단자와 접지단자에 인가한 상태에서 동작책무를 반복수행할 수 있는 정격 주파수의 상용주파전압 최고한도(실효치)를 말한다.

21 피뢰기의 제한전압이란?

① 사용 주파 전압에 대한 피뢰기의 충격 방전 개시 전압
② 충격파 침입 시 피뢰기의 충격 방전 개시 전압
③ 피뢰기가 충격파 방전 종료 후 언제나 속류를 확실히 차단할 수 있는 사용 주파 허용 단자 전압
④ 충격파 전류가 흐르고 있을 때 피뢰기의 단자 전압

해설 피뢰기의 제한전압은 충격파 전류가 흐르고 있을 때 피뢰기의 단자 전압을 말한다.

22 피뢰기의 직렬 갭의 역할은?

① 특성요소 보호
② 전압 분배 개선
③ 속류 차단
④ 재료 절약

해설 직렬 갭의 역할은 뇌전류를 방전하고 속류를 차단한다.

23 피뢰기가 구비해야 할 조건 중 잘못된 것은?

① 뇌전류 방전능력이 클 것
② 속류의 차단능력이 충분할 것
③ 충격 방전 개시전압이 낮을 것
④ 제한전압이 높을 것

해설 피뢰기의 구비조건
- 충격방전 개시전압과 제한전압이 낮을 것
- 뇌전류 방전능력이 클 것
- 속류차단을 확실하게 할 수 있을 것
- 반복동작이 가능하고, 구조가 견고하며 특성이 변화하지 않을 것

24 역률을 개선하기 위하여 전압을 조정하는 장치로 진상이나 지상전류를 흘릴 수 있는 것은?

① 동기 조상기
② 유도전압조정기
③ 변압기
④ 밸런스

해설 동기조상기는 전압의 조정뿐만 아니라 계통 조류를 조정하여 송전 계통의 안정도를 향상시키고 무효전력을 조정하여 역률을 개선하고 손실을 경감하는 역할을 한다.

25 조상설비에 대한 설명이 아닌 것은?

① 전력용 콘덴서는 회전기형 조상설비이다.
② 정지기형 조상설비를 최근에 많이 사용하고 있다.
③ 전력용 콘덴서는 병렬로 연결하여 역률을 개선하는 데 사용하고 있다.
④ 직렬 리액터는 콘덴서를 투입 시 돌입전류를 억제한다.

해설 전력용 콘덴서는 정지기형 조상설비이다.

정답 20. ③ 21. ④ 22. ③ 23. ④ 24. ① 25. ①

26 차단기의 차단시간은?

① 개극 시간을 말하며 대개 3~8 사이클이다.
② 개극 시간과 아크 시간을 합친 것을 말하며 3~8 사이클이다.
③ 아크 시간을 말하며 8 사이클 이하이다.
④ 개극과 아크 시간에 따라 3 사이클 이하이다.

해설 차단기의 차단시간은 차단기의 가동 전극이 고정 전극으로부터 이동을 개시하여 개극할 때까지의 개극 시간과 접점이 충분히 떨어져 아크가 완전히 소호할 때까지의 아크 시간의 합으로, 3~8[c/s]이다.

27 차단기의 표준 동작 책무가 O – 3분 – CO – 3분 – CO 부호인 것은 어느 경우에 적합한가? (단, O : 차단동작, C : 투입동작, CO : 투입 동작 후 곧바로 차단동작이다.)

① 일반 차단기
② 자동 재폐로용
③ 정격 차단용량 50[mA] 미만일 것
④ 차단용량 무한대의 것

해설 차단기의 표준 동작 책무
- 일반용 $\begin{cases} O-3분-CO-3분-CO \\ CO-15초-CO \end{cases}$
- 고속도 재투입용
  O – 0.3초 – CO – 3분(또는 15초, 1분) – CO

28 재폐로 차단기에 대한 설명 중 옳은 것은?

① 배전선로용은 고장구간을 고속 차단하여 제거한 후 다시 수동조작에 의해 배전이 되도록 설계된 것이다.
② 재폐로 계전기와 함께 설치하여 계전기가 고장을 검출하여 이를 차단기에 통보하면 차단하도록 된 것이다.
③ 송전선로의 고장구간을 고속 차단하고 재송전하는 조작을 자동적으로 시행하는 재폐로 차단기를 장비한 자동 차단기이다.
④ 3상 재폐로 차단기는 1상의 차단이 가능하고 무전압 시간을 약 20~30초로 정하여 재폐로 하도록 되어 있다.

해설 재폐로 방식은 일반적으로 반송 보호 계전방식에 의하여 고속 차단 – 재폐로의 조작을 자동적으로 실시하여 오동작이 없도록 하는 방식이다.

29 전력용 콘덴서에 직렬로 콘덴서 용량의 5[%] 정도의 유도 리액턴스를 삽입하는 목적은?

① 제3 고조파 전류의 억제
② 제5 고조파 전류의 억제
③ 이상 전압 발생 방지
④ 정전 용량의 조절

해설 송전선로에는 변압기의 유기 기전력이 발생할 때 생기는 기수 고조파가 존재하게 되는데 제3 고조파는 변압기의 △결선에서 제거되고, 제5 고조파는 전력용 콘덴서에 직렬로 5[%] 가량의 직렬 리액터를 삽입하여 제거시킨다.

정답 26. ② 27. ① 28. ③ 29. ②

과년도 출제문제

01 랙(Rack)을 이용한 배선방법은 어떤 전선로에 사용되는가? [09]
① 저압 가공 선로
② 고압 가공 선로
③ 저압 지중 선로
④ 고압 지중 선로

해설 랙배선은 저압가공선로에 완금을 설치하지 않고 전주에 수직으로 애자를 설치하는 배선

02 간선의 배선방식 중 고조파 발생의 저감대책이 아닌 것은? [12]
① 전원의 단락용량 감소
② 교류리액터의 설치
③ 콘덴서의 설치
④ 교류 필터의 설치

해설
- 계통의 단락용량 증대
- 공급배전선의 전용선화
- 배전선 선간전압의 평형화
- 교류 필터, 콘덴서 설치
- 변환장치의 다 펄스화
- 기기 자체의 고조파 내량 증가
- PWM 방식 채용
- 변압기의 델타결선

03 케이블 포설공사가 끝난 후 하여야 할 시험의 항목에 해당되지 않는 것은? [08] [14]
① 절연저항 시험 ② 절연내력 시험
③ 접지저항 시험 ④ 유전체손 시험

해설 케이블 포설공사 후 심선 상호 간 및 심선과 대지 간의 절연저항 시험, 전로와 대지 간, 심선과 대지 간의 절연내력 시험, 케이블 차폐막의 접지저항 시험, 상순 시험을 하여야 한다.

04 변전실의 위치 선정 시 고려해야 할 사항이 아닌 것은? [11]
① 부하의 중심에 가깝고 배전에 편리한 장소일 것
② 전원의 인입과 기기의 반출이 편리할 것
③ 설치할 기기를 고려하여 천장의 높이가 4[m] 이상으로 충분할 것
④ 빌딩의 경우 지하 최저층의 동력부하가 많은 곳에 선정

해설 변전실 위치 선정 시 빌딩의 수변전실은 지하층의 동력부하가 많은 곳에 설치하나 지하층에 변전실 설치가 곤란할 때에는 지상층 또는 옥상층에 설치하고, 고층 빌딩에서는 중간층, 옥상 부근 층에 제2, 제3 변전실을 설치한다.

05 발전기, 변압기, 선로 등의 단락보호용으로 사용되는 것으로 보호할 회로의 전류가 적정치보다 커질 때 동작하는 계전기는? [03] [05] [08]
① OCR ② SGR
③ OVR ④ UCR

해설 과전류계전기(OCR), 방향성 지락계전기(SGR), 과전압계전기(OVR)

06 과부하 또는 외부의 단락사고 시에 동작하는 계전기는? [03]
① 차동계전기
② 과전압계전기
③ 과전류계전기
④ 부족전력계전기

정답 1.① 2.① 3.④ 4.④ 5.① 6.③

해설 과부하 또는 단락 사고 시 과전류가 흐르기 때문에 과전류 계전기가 동작한다.

07 변압기 고장 중에서 특히 지속적 과부하에 의한 과열을 방지하기 위한 계전기는? [05]
① 가스검출계전기 ② 과전류계전기
③ 접지계전기 ④ 역상계전기

해설 위의 문제풀이 참조

08 방향계전기의 기능이 적합하게 설명이 된 것은 어느 것인가? [12]
① 예정된 시간지연을 가지고 응동(應動)하는 것을 목적으로 한 계전기
② 계전기가 설치된 위치에서 보는 전기적 거리 등을 판별해서 동작
③ 보호구간으로 유입하는 전류와 보호구간에서 유출되는 전류와의 벡터차와 출입하는 전류와의 관계비로 동작하는 계전기
④ 2개 이상의 벡터량 관계위치에서 동작하며 전류가 어느 방향으로 흐르는가를 판정하는 것을 목적으로 하는 계전기

해설 ② 거리계전기, ③ 차동계전기

09 다음은 과전류계전기가 동작하여 차단기를 동작하는 순서이다. ( ) 속에 들어가야 할 것은? [02]

과전류 검출 - 판단 - (　) - 차단기 동작

① OCB 동작 ② 트립코일 여자
③ UVR 동작 ④ GR 동작

해설 상시 폐로형은 트립 전류 회로에 직류 전원 대신 변류기 2차 전류를 그대로 이용한 계전기로, 정해진 값보다 초과되었을 때 OCR이 동작하여 접점이 동작하여 트립코일이 여자되어 차단기를 트립시키게 된다.

10 전압이 설정값보다 내려갔을 때 동작하는 계전기는? [02]
① 과전압계전기 ② 부족전압계전기
③ 과전류계전기 ④ 부족전류계전기

해설 전압이 낮아졌을 때 부족전압 계전기(UVR)이 동작한다.

11 계전기별 기구번호의 제어 약호 중 87B의 명칭은? [08]
① 전류 차동계전기
② 모선보호 차동계전기
③ 발전기용 차동계전기
④ 주변압기 차동계전기

해설 87B : 모선보호 차동계전기

12 계전기 중 변압기의 보호에 사용되지 않는 계전기는? [03]
① 비율차동계전기
② 차동전류계전기
③ 부흐홀츠계전기
④ 임피던스계전기

해설 임피던스 거리 계전기는 동작 임계 전압이 임피던스의 절대값에만 관계하고 임피던스의 위상각에는 본질적으로 관계가 없는 것으로 선로 이상시 계전기가 고장점까지의 거리를 측정하여 그 거리에 비례하여 동작하는 계전기

정답 7. ② 8. ④ 9. ② 10. ② 11. ② 12. ④

13 차동계전기의 동작요소는? [03] [04] [05]
① 양쪽 전압차
② 정상전압과 역상전압의 차
③ 양쪽 전류의 차
④ 정상전류와 역상전류의 차

해설 정상시에는 계전기를 적용한 2개소의 회로의 전압 또는 전류가 같지만 변압기 내부 고장시에는 전압 또는 전류에 차가 생겨서 이에 의해 동작하는 계전기

14 대형 변압기의 단락보호용 계전기는 주로 어느 것인가? [03]
① 차동계전기   ② 비율차동계전기
③ 과전류계전기 ④ 역기전력계전기

해설 비율차동계전기는 차동계전기의 오동작을 방지하기 위하여 억제 코일을 삽입하여 통과전류로 억제력을 발생시키고, 차전류로 동작력을 발생시키도록 한 방식이다.

15 2000[kVA] 이상의 발전기 고정자 권선의 단락보호에 쓰이는 계전기는? [03]
① 접지계전기   ② 저항접지계전기
③ 비율차동계전기 ④ 과전압계전기

해설 위의 문제풀이 참조

16 발전기의 층간 단락보호를 위하여, 각 상이 2회로 혹은 2 이상의 병렬권으로 되어 있을 때는 발전기 정격전류가 1/2 정격의 CT를 차동으로 연결하고 그 2차에 무엇을 사용하는가? [02]
① 비율차동계전기 ② 지락보호계전기
③ 피뢰기   ④ 영상변류기

해설 위의 문제풀이 참조

17 그림과 같이 변압기의 1차, 2차에 각각 CT를 접속하고 CT의 2차를 상호 접속한 ○내에 들어갈 보호 계전기는? [02]

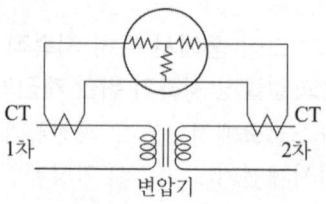

① 과부하계전기 ② 과전압계전기
③ 지락계전기   ④ 차동계전기

해설 차동계전기는 변압기의 1차, 2차에 CT를 설치하고, 전류 차동회로에 과전류계전기를 삽입한 것으로 변압기 내부고장 시는 1차, 2차 전류의 차이가 발생하여 계전기가 동작하는 방식이다.

18 22.9[kV] 수전설비에 50[A]의 부하전류가 흐른다. 이 수전계통에 변류기(CT) 60/5[A], 과전류차단기(OCR)를 시설하여 120[%]의 과부하에서 차단기가 동작되게 하려면 과전류차단기 전류 탭의 설정값은? [12] [13]
① 4[A]   ② 5[A]
③ 6[A]   ④ 7[A]

해설 $50 \times 1.2 = 60[A]$
변류기(CT)가 60/5[A]이므로 5[A]

19 변류기 개방 시 2차 측을 단락하는 이유는? [06] [10]
① 2차 측 절연보호 ② 2차 측 과전류보호
③ 측정오차 방지   ④ 1차 측 과전류방지

해설 계기용 변류기의 2차가 개방되면 철심이 자기포화로 과열되고 권선수가 많은 2차 권선에는 고전압이 유기되어 감전과 아크, 절연파괴 등이 발생하여 위험하다.

20 단로기의 사용상 목적으로 가장 적합한 것은? [11]
① 무부하 회로의 개폐
② 부하 전류의 개폐
③ 고장 전류의 차단
④ 3상 동시 개폐

해설 단로기는 송전선이나 변전소 등에서 차단기를 개방한 무부하상태에서 주회로의 접속을 변경하기 위해 회로를 개폐하는 장치이다.

21 서지 흡수기는 보호하고자 하는 기기의 전단 및 개폐 서지를 발생하는 차단기 2차에 각상의 전로와 대지 간에 설치하는데 다음 중 설치가 불필요한 경우의 조합은 어느 것인가? [12]
① 진공차단기 – 유입식 변압기
② 진공차단기 – 건식 변압기
③ 진공차단기 – 몰드식 변압기
④ 진공차단기 – 유도 전동기

해설 진공차단기를 사용하는 발전기, 몰드식, 건식 변압기, 변압기와 유도기를 혼용하여 사용하는 경우에 서지 흡수기를 설치하고 유입식 변압기에는 설치가 불필요하다.

22 콘덴서를 회로로부터 개방하였을 때 잔류전하로 인한 사고의 방지와 재투입 시 콘덴서에 걸리는 과전압의 방지를 위하여 필요한 장치는? [02] [04]
① 직렬 리액터 ② 방전코일
③ 단로기   ④ 소호리액터

해설 콘덴서는 회로에서 개방시켜도 잔류전하가 남아있어서 장시간 단자전압이 저하되지 않아 감전우려 등 취급하기가 위험하기 때문에 방전장치를 설치한다.

23 송전계통의 절연협조에 있어 절연 레벨을 가장 낮게 잡고 있는 기기는? [04]
① 단로기   ② 피뢰기
③ 변압기   ④ 차단기

해설 피뢰기는 이상전압 발생 시 대지로 방전시키고 속류를 차단

24 하나 이상의 부하를 한 전원에서 다른 전원으로 자동절환 할 수 있는 장치는? [13]
① ASS   ② ACB
③ LBS   ④ ATS

해설 ATS(Auto Transfer Switch)는 자동절환 스위치이다.

25 전선로나 전기기기를 수리 및 점검하는 경우 전로를 확실하게 열기(open) 위하여 사용하는 개폐기의 명칭은? [02]
① 단로기   ② 차단기
③ PF   ④ PT

해설 단로기는 차단기로 부하전류를 차단한 후 무부하 상태의 전로를 확실하게 개폐하기 위해 사용된다.

26 변전실에서 지락사고를 검출하기 위하여 이용되는 것은? [05]
① CT   ② OCR
③ ZCT   ④ PT

해설 영상변류기(ZCT)는 지락계전기와 조합하여 고압 전로에 지락이 생겼을 때 전로를 자동적으로 차단할 수 있도록 전원에 가장 가까운 위치에 설치한다.

정답 20.① 21.① 22.② 23.② 24.④ 25.① 26.③

27 3상 3선식 수전설비에서 영상변류기와 조합하여 차단기를 동작시키는 계전기는? [04]

① 과전류계전기
② 과부하계전기
③ 지락계전기
④ 거리계전기

해설 지락계전기는 영상변류기(ZCT)와 영상변압기(GPT)에 의하여 지락사고를 검출하여 차단기를 동작시키는 계전기이다.

28 역률 개선은 전동기에 적정 부하의 선로에 콘덴서 삽입으로 이루어지며, 콘덴서는 삽입된 위치로부터 전원 측으로 향하여 역률이 개선된다. 다음 중 역률이 개선되었을 때 이루어지지 않는 것은? [03] [05]

① 변압기의 저항 손실 감소
② 설비용량의 실질적 감소
③ 부하단에 전압 확보
④ 선로에 저항 손실 감소

해설 역률을 개선하면 전압 강하, 선로 손실, 동손이 감소된다.

29 다음 중 배전 변전소에서 전력용 콘덴서를 설치하는 주된 목적은? [09] [13]

① 변압기 보호
② 선로 보호
③ 역률 개선
④ 코로나손 방지

해설 전력용 콘덴서는 전력 계통에 사용되는 병렬 콘덴서로 역률 개선, 전압강하 경감, 설비 용량을 증가시키는 작용을 한다.

30 역률 개선용 콘덴서에서 고조파 영향을 억제하기 위하여 사용하는 것은? [10]

① 직렬저항
② 병렬저항
③ 직렬리액터
④ 병렬리액터

해설 대용량의 콘덴서를 설치하면 고조파 전류가 흘러 파형이 일그러지므로 파형을 개선하기 위해서 직렬 리액터를 설치하며 직렬 리액터는 콘덴서 임피던스의 6[%]를 설치한다.

31 진상용 고압 콘덴서에 방전 코일이 필요한 이유는? [10] [15]

① 전압 강하의 감소
② 낙뢰로부터 기기 보호
③ 역률 개선
④ 잔류 전하의 방전

해설 콘덴서에 축적된 잔류전하를 방전하여 감전사고를 방지하고 선로에 재투입 시 콘덴서에 걸리는 과전압을 방지하기 위해 방전코일을 설치한다.

32 3상 배전선로의 말단에 늦은 역률 80[%], 150[kW]의 평형 3상 부하가 있다. 부하점에 부하와 병렬로 전력용 콘덴서를 접속하여 선로손실을 최소화하려고 한다. 이 경우 필요한 콘덴서 용량은? (단, 부하단 전압은 변하지 않는 것으로 한다.) [08] [12] [13] [16]

① 105.5[kVA]
② 112.5[kVA]
③ 135.5[kVA]
④ 150.5[kVA]

해설 역률 개선용 콘덴서 용량
$Q = P(\tan\theta_1 - \tan\theta_2)[kVA]$ 이다.
$Q = 150 \times [\tan(\cos^{-1}0.8) - \tan(\cos^{-1}1.0)]$
$= 112.5[kVA]$

33 지상역률 80[%]인 1000[kVA]의 부하를 100[%]의 역률로 개선하는 데 필요한 전력용 콘덴서의 용량은 몇 [kVA]인가? [02] [06] [09] [11]

① 200
② 400
③ 600
④ 800

해설 $Q = P(\tan\theta_1 - \tan\theta_2)$
$= 1000 \times 0.8(\tan(\cos^{-1}0.8) - \tan(\cos^{-1}1.0))$
$= 600[kVA]$

34 역률 80[%], 150[kW]의 전동기를 95[%]의 역률로 개선하는 데 필요한 콘덴서의 용량은 약 몇 [kVA]가 필요한가? [03] [09] [14]

① 32
② 42
③ 63
④ 84

해설 역률 개선용 콘덴서 용량
$Q = P(\tan\theta_1 - \tan\theta_2)[kVA]$이다.
$Q = 150(\tan \cdot \cos^{-1}0.8 - \tan \cdot \cos^{-1}0.95)$
$= 63[kVA]$

35 역률을 개선하면 전력요금의 절감과 배전선의 손실경감, 전압강하의 감소, 설비여력의 증가 등을 기할 수 있으나, 너무 과보상하면 역효과가 나타난다. 즉, 경부하 시에 콘덴서가 과대 삽입되는 경우의 결점에 해당되는 사항이 아닌 것은? [11] [16]

① 모선전압의 과상승
② 송전손실의 증가
③ 고조파 왜곡의 증대
④ 전압변동폭의 감소

해설 무부하나 경부하 시 선로는 콘덴서로 작용하기 때문에 진상 전류가 흐르고, 송전단 전압보다 수전단 전압이 높아지는 현상이 발생하며 전압 변동폭이 증가한다.

36 전력용 콘덴서의 내부소자 사고 검출방식이 아닌 것은? [13]

① 콘덴서 외함 팽창변위 검출방식
② 중성점 간 전압 검출방식
③ 중성점 간 전류 검출방식
④ 회선 전류 위상비교 검출방식

해설 콘덴서의 내부소자 사고 검출방식
- 중성점 간 전류 검출방식은 스타(Y)로 결선된 콘덴서를 2조로 하여 콘덴서 고장 시 중성점 간에 흐르는 전류를 검출하는 방식
- ARN 스위치 보호방식은 콘덴서의 외함의 팽창변위를 검출하여 고장을 판별하는 방식
- Lead Cut 보호방식은 콘덴서가 절연 파괴되면 내부의 압력이 상승하게 되어 외함이 변형을 일으켜 보호장치가 동작하는 방식

37 피뢰기(LA)는 일반적으로 속류를 제한하는 특성요소(Element)와 속류를 차단하는 직렬 갭(Series-gap) 및 성능을 유지하는 기밀구조의 애관(Insulator)으로 되어 있으나, 최근 직렬 갭이 필요없는 피뢰기의 종류는? [05]

① 산화아연형
② 변저항형
③ 방출형
④ 지형

해설 산화아연형은 특성요소만으로 밀봉된 구조로 직렬 갭이 없어서 방전특성 및 내오손 특성이 우수하고 제한전압이 낮으며 구조가 간단, 소형화, 경량화하여 근래 피뢰기의 주류를 이루고 있다.

38 피뢰기가 동작할 때 방전 중의 단자전압의 파고값을 무엇이라고 하는가? [06]

① 특성요소의 방전전류
② 방전개시전압
③ 속류
④ 제한전압

정답 33. ③ 34. ③ 35. ④ 36. ④ 37. ① 38. ④

해설 제한전압은 피뢰기 방전 시 단자 간에 남게 되는 충격전압으로 방전 중에 피뢰기 단자 간에 걸리는 전압

39 다음 중 피뢰기를 반드시 시설하여야 하는 곳은? [08] [10] [11]
① 고압전선로에 접속되는 단권변압기의 고압 측
② 발·변전소의 가공전선 인입구 및 인출구
③ 수전용 변압기의 2차 측
④ 가공전선로

해설 피뢰기 시설장소
- 발·변전소의 인입구 및 인출구
- 가공전선로와 지중전선로가 접속되는 곳
- 가공 전선로에 접속하는 배전용 변압기의 고압 측 및 특고 측
- 고압 및 특고압 측 가공 전선로로부터 공급받는 수용가의 인입구

40 피뢰기의 제한전압이 750[kV]이고, 변압기의 절연강도가 1050[kV]라고 하면 보호 여유도는? [10]
① 20[%]   ② 30[%]
③ 40[%]   ④ 60[%]

해설 보호 여유도
$= \dfrac{\text{절연강도} - \text{제한전압}}{\text{제한전압}} \times 100[\%]$
$= \dfrac{1050 - 750}{750} \times 100[\%]$
$= 40[\%]$이다.

41 고압 또는 특고압 가공전선로에서 공급을 받을 수용장소의 인입구 또는 이와 근접한 곳에서 무엇을 시설하여야 하는가? [08] [12] [17]
① 동기조상기   ② 직렬리액터
③ 정류기   ④ 피뢰기

해설 고압 또는 특고압 가공전선로부터 공급을 받는 수용장소의 인입구에는 피뢰기를 설치하여야 한다.

42 전압이 22[kV]인 변전소에 피뢰기의 정격전압은 몇 [kV]인가? [02]
① 18   ② 21
③ 24   ④ 28

해설

전력계통		피뢰기 정격전압[kV]	
공칭전압 [kV]	중성점 접지방식	송전선로	배전선로
345	유효접지	288	
154	유효접지	144	
22	소호 리액터 접지 또는 비접지	24	
22.9	중성점 다중 접지	21	18
6.6	비접지	7.5	7.5
3.3	비접지	7.5	7.5

43 조상기의 내부고장이 생긴 경우 자동적으로 전로를 차단하는 장치를 설치하여야 하는 용량의 기준은? [14]
① 15000 [kVA] 이상
② 20000 [kVA] 이상
③ 30000 [kVA] 이상
④ 50000 [kVA] 이상

정답 39. ② 40. ③ 41. ④ 42. ③ 43. ①

해설 조상기 용량이 15000[kVA] 이상일 때 내부고장이 생긴 경우 자동적으로 전로를 차단하는 장치를 시설하여야 한다.

44 송전단전압 66[kV], 수전단전압 61[kV]인 송전선로에서 수전단의 부하를 끊은 경우의 수전단 전압이 63[kV]이면 전압변동률은? [10]
① 약 2.8[%]
② 약 3.3[%]
③ 약 4.8[%]
④ 약 8.2[%]

해설 전압변동률
$$= \frac{\left(\begin{array}{c}무부하시\\수전단전압\end{array}\right) - \left(\begin{array}{c}전부하시\\수전단전압\end{array}\right)}{전부하시\ 수전단전압}$$
$$= \frac{63-61}{61} \times 100 = 3.3[\%]$$

해설 피뢰기의 공칭 방전전류

공칭방전전류	설치장소	적용조건
10000[A]	변전소	1. 154[kV] 계통 이상 2. 66[kV] 및 그 이하 계통에서 뱅크용량 3000[kVA]를 초과하거나 특히 중요한 곳 3. 장거리 송전선 케이블(전압 피더 인출용 단거리 케이블은 제외)
5000[A]	변전소	1. 66[kV] 및 그 이하 계통에서 뱅크용량 3000[kVA] 이하인 곳
2500[A]	선로, 배전소	1. 배전선로 2. 배전선 피더 인출 측

45 피뢰기의 보호 제1 대상은 전력용 변압기이며, 피뢰기에 흐르는 정격방전전류는 변전소의 차폐 유무와 그 지방의 연간 뇌우 발생일수 등을 고려하여야 한다. 다음 표의 ( )에 적당한 설치장소별 피뢰기의 공칭 방전전류[A]는? [12]

공칭 방전전류[A]	설치장소
(ㄱ)	154[kV] 이상 계통의 변전소
(ㄴ)	66[kV] 이하의 계통에서 뱅크용량이 3000[kVA] 이하인 변전소
(ㄷ)	배전선로

① (ㄱ) 15000 (ㄴ) 10000 (ㄷ) 5000
② (ㄱ) 10000 (ㄴ) 5000   (ㄷ) 2500
③ (ㄱ) 10000 (ㄴ) 2500   (ㄷ) 2500
④ (ㄱ) 5000   (ㄴ) 5000   (ㄷ) 2500

정답 44. ② 45. ②

가공 송·배전선의 전기적 특성

1 선로정수

① 선로의 저항, 인덕턴스, 정전 용량 및 누설 컨덕턴스를 선로정수라 하며, 선로정수는 전선의 종류, 굵기, 배치 등에 따라 결정되며 송전전압, 전류, 주파수, 역률 및 기상 등에는 영향을 받지 않는다.
② 선로는 4개의 상수가 연속적으로 분포한 회로로 볼 수 있으며 이와 같은 회로상수를 분포정수라고 한다.
③ 분포정수가 선로의 어느 부분에서도 균등한 경우, 단위 길이 당 왕복 저항 R, 한 선으로부터 다른 선으로의 단위 길이당 누설 컨덕턴스 g, 단위 길이당 왕복선의 인덕턴스 L, 단위 길이당 선간 정전용량 C를 선로의 1차 정수라고 한다.
④ 1차 정수로부터 유도되는 감쇠정수 a, 위상정수 b 및 특성 임피던스 Z_0 등을 2차 정수라 하며 통틀어 선로정수라 한다.
⑤ 선로정수는 선로의 전압강하, 전력손실, 충전전류 등 송배전선로의 전기적 특성을 해석하는 데 필요하다.

(1) 저항

1) 전선의 저항

$$R = \rho \frac{l}{A} = \frac{1}{58} \times \frac{100}{C} \times \frac{l}{A} [\Omega]$$

ρ : 고유 저항[$\Omega/m \cdot mm^2$], $\quad l$: 선로 길이[m]
A : 단면적[mm^2], $\qquad\quad C$: 도전율[%]

2) 저항률

$$\rho = \frac{1}{58} \times \frac{100}{C} [\Omega/m \cdot mm^2]$$

① 연동선의 저항률

$$\rho = \frac{1}{58} \times \frac{100}{100} = \frac{1}{58}[\Omega/\text{m}\cdot\text{mm}^2]$$

② 경동선의 저항률

$$\rho = \frac{1}{58} \times \frac{100}{95} \fallingdotseq \frac{1}{55}[\Omega/\text{m}\cdot\text{mm}^2]$$

③ 알루미늄의 저항률

$$\rho = \frac{1}{58} \times \frac{100}{61} \fallingdotseq \frac{1}{35}[\Omega/\text{m}\cdot\text{mm}^2]$$

도체의 도전율과 저항률 및 비중

도체명	도전율[%]	저항률[$\Omega/\text{m}\cdot\text{mm}^2$]	비중
연동선	100	1/58	8.89
경동선	95	1/55	8.89
알루미늄선	61	1/35	2.7

(2) 인덕턴스

1) 단도체 인덕턴스

$$L = 0.4605\log_{10}\frac{D}{r} + 0.05[\text{mH/km}]$$

2) 복도체 인덕턴스

$$L_n = 0.4605\log_{10}\frac{D}{\sqrt[n]{rs^{n-1}}} + \frac{0.05}{n}[\text{mH/km}]$$

복도체수가 2인 경우

$$L_2 = 0.4605\log_{10}\frac{D}{\sqrt[2]{rs}} + 0.025[\text{mH/km}]$$

r : 전선의 반지름, D : 등가 선간 거리
s : 소도체 간격, n : 복도체 수1

3) 등가 선간 거리

인덕턴스의 계산식에는 대수항이 포함되어 있기 때문에 거리 및 높이는 산술적 평균값이 아니고 기하학적 평균값으로 해야 한다.

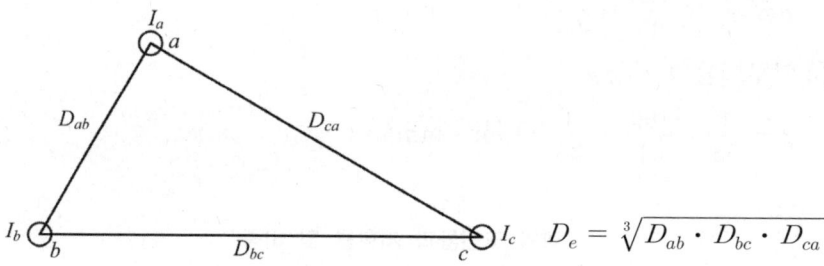

$$D_e = \sqrt[3]{D_{ab} \cdot D_{bc} \cdot D_{ca}}$$

종류	도체 배치도	등가선간거리
수평배열	A, B, C 배치 (간격 D[m], D[m], 반지름 r[m])	$D_e = \sqrt[3]{D \cdot D \cdot 2D} = \sqrt[3]{2}\,D$
삼각배열	삼각형 (D_1, D_2, D_3)	$D_e = \sqrt[3]{D_1 \cdot D_2 \cdot D_3}$
정4각배열	정사각형 a, b, c, d (변 S, 대각선 $\sqrt{2}S$)	$D_e = \sqrt[6]{S \cdot S \cdot S \cdot S \cdot \sqrt{2}S \cdot \sqrt{2}S} = \sqrt[6]{2}\,S$

4) 등가 반지름

복도체의 경우 등가 반지름을 적용하여 인덕턴스를 계산한다.

$$r_e = \sqrt[n]{rs^{n-1}}$$

n : 소도체 수, r : 소도체 반지름, s : 소도체간의 거리

(3) 정전용량

1) 작용 정전용량

정전 용량은 정상 운전 시 선로의 충전전류를 계산한다.

① 단도체 정전 용량

$$C = \frac{0.02413}{\log_{10}\frac{D}{r}}[\mu F/km]$$

② 복도체 정전 용량

$$C_w = \frac{0.02413}{\log_{10}\frac{D}{\sqrt{rs^{n-1}}}}[\mu F/km]$$

③ 부분 정전 용량

㉠ 단상 1회선인 경우 $C_w = C_s + 2C_m$

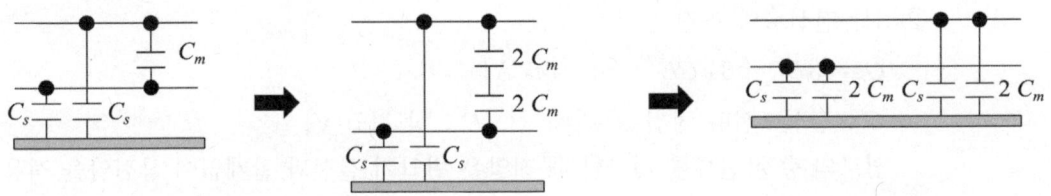

㉡ 3상 1회선인 경우 $C_w = C_s + 3C_m$

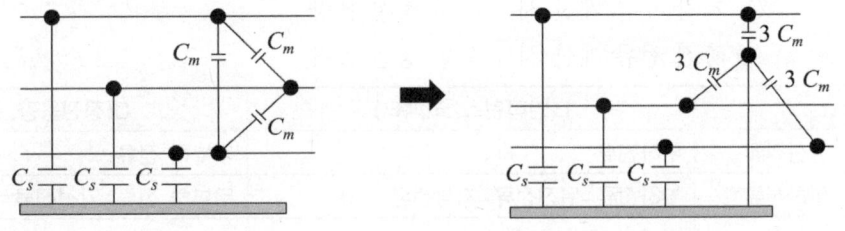

$3C_m$ 사이의 중성점에는 0 전위이므로 대지와 접속하여도 무방하다.

㉢ 3상 2회선인 경우 $C_w = C_s + 3(C_m + C_m')$

C_w : 작용 정전 용량, C_s : 대지 정전 용량
C_m : 선간 정전 용량, C_m' : 다른 회선간의 선간 정전 용량

2) 3상 1회선인 경우 대지 정전용량

$$C_s = \frac{0.02413}{\log_{10} \frac{8h^3}{rD^2}} [\mu\text{F/km}]$$

3) 전선 지표상의 평균 높이

$$h = h' - \frac{2}{3}d\,[\text{m}]$$

h' : 지지점의 높이[m], d : 이도[m]

4) 충전 용량

① 전선의 충전 전류

$$I_c = \omega C \times \frac{V}{\sqrt{3}} = \omega CE = 2\pi f CE\,[\text{A}]$$

② 3상 전선로의 충전 용량

$$Q_c = 3EI_c = 3\omega CE^2 \times 10^{-3}\,[\text{kVA}]$$

C : 전선 1선당 정전 용량[F], E : 상 전압[V]

선로의 충전 전류를 계산할 때 전압은 변압기 결선과 관계없이 상전압을 적용하여야 한다.

5) 정전 용량의 적용

① 지락 전류 계산 시 : 대지 정전 용량
② 충전 전류 계산 시 : 작용 정전 용량

	L(인덕턴스, 리액터)	C(정전용량, 콘덴서)
정상전류	부하전류	무부하 전류
부하전류	부하전류=뒤진전류=지상전류	무부하 전류=앞선전류=진상전류
원인	부하의 증가	부하의 감소
영향	플리커 현상 : 운전이 안된다. 전압의 감소	페란티 현상 : 절연의 파괴, 전압의 증가
대책	콘덴서 설비 병렬 콘덴서 : 역률 개선 직렬 콘덴서 : 플리커 방지	리액터 설비 병렬(분로) 리액터 : 페란티 방지 직렬 리액터 : 5고조파 제거 한류 리액터 : 단락전류 제한 소호 리액터 : 이상전압 방지
공식	$L = 0.4605\log_{10}\frac{D}{r} + 0.05[\text{mH/km}]$ r : 반지름, D : 선간거리	$C = \dfrac{0.02413}{\log_{10}\dfrac{D}{r}}[\mu\text{F/km}]$

(4) 누설 컨덕턴스

① 송전선로에서는 애자 표면에 약간의 누설 전류가 흐르게 되어 유전체 손실, 히스테리시스 손실이 발생한다.
② 손실을 표현하기 위하여 누설 저항을 등가적으로 나타낼 수 있으며 누설저항은 매우 크다.
③ 코로나가 발생한 경우 이 영향을 등가적으로 누설 컨덕턴스로 다루는 경우가 있다.
④ 누설 컨덕턴스는 누설저항의 역수로 나타낸다.

2 표피작용 및 근접효과

(1) 표피효과

① 직류 전류가 흐를 때에는 같은 전선밀도로 흐르지만 주파수가 있는 교류에서는 전선의 표면으로 갈수록 전류가 많이 흐르게 되고 전선의 중심부 일수록 전류가 흐르기 어렵다.
② 전선 단면적의 중심부일수록 자속 쇄교수가 커져서 인덕턴스가 증대하므로 중심부에는 전류가 잘 흐르지 못하고 표면으로 몰려 흐르게 된다.
③ 표피효과는 주파수, 전선의 단면적, 도전율, 비투자율이 클수록 커진다.
④ 표피효과를 줄이기 위해 송전선은 소선 직경이 작은 연선을 사용한다.

(2) 근접효과

① 많은 도체가 근접해서 배치되어 있는 경우 각 도체에 흐르는 전류의 크기와 방향 및 주파수에 따라 각 도체 단면에 흐르는 전류밀도 분포가 변화하는 현상
② 주파수가 높을수록, 도체가 가까이 배치될수록 현저하게 나타난다.
③ 두 도체에 같은 방향의 전류가 흐를 경우 반발력에 의해 바깥쪽 전류밀도가 높아지고 반대의 경우에는 서로 흡인력이 발생하여 가까운 쪽으로 전류밀도가 높아진다.
④ 전선 배치 시 근접효과를 고려해야 한다.

3 송·배전 특성

(1) 연가

1) 연가의 필요성

① 3상 송전선로의 전선 배치는 비대칭이며 선로 긍장에 따라 지형이 다르기 때문에 각 상의 선로정수가 다르다.
② 선로정수의 불평형으로 송전단에서 대칭 전압을 인가해도 수전단 전압이 비대칭된다.
③ 중성점의 전위가 0이 되지 않고 잔류 전압이 생긴다.
④ 잔류 전압은 소호 리액터 계통에서는 직렬 공진의 원인이 된다.
⑤ 상시 중성점에 전류가 흘러서 전력 손실이 생기고 인접 통신선 유도 장해가 발생한다.
⑥ 저항 접지계통에서는 각 선의 인덕턴스가 불평형되어 각 상의 전압강하가 다르고 3상 불평형이 되어 수전단 측 역률이 저하된다.
⑦ 연가를 하면 선로정수가 평형하게 되어 근접 통신선에 대한 유도장해를 줄일 수 있다.

2) 연가 방법

① 선로정수의 불평형을 방지하기 위하여 송전 선로를 세 구간으로 나누거나 혹은 세 배수의 구간으로 등분하고 송전선의 위치를 바꾸도록 하며, 이를 전 구간에 적용하여 송전선의 위치가 완전히 일순하도록 위치를 바꾼다.
② 송전선의 위치는 대개 30~50[km]마다 바꾼다.

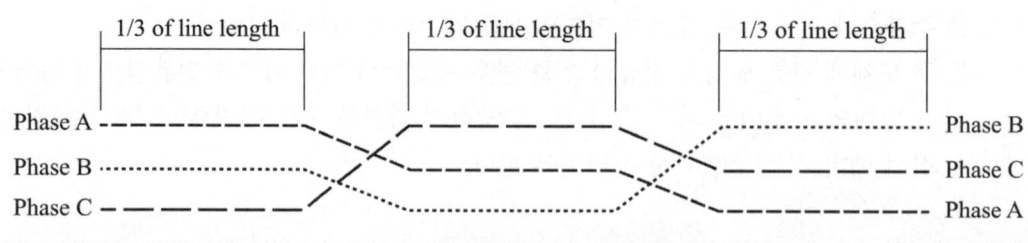

연가(Transposition)

3) 연가의 효과

① 소호 리액터 접지 시 직렬공진에 의한 이상 전압 상승 방지
② 통신선 유도장해 감소
③ 선로정수 평형
④ 각상 전압강하 동일
⑤ 등가 선간거리 동일

(2) 복도체

1) 복도체의 필요성

① 송전선에서 1상당 도체수를 2~4개 정도로 하고, 적당한 간격으로 배치하여 조합한 것
② 복도체를 사용하여 전선의 등가 반지름을 증가시켜 인덕턴스는 감소, 정전용량은 증가하도록 하여 안정도를 증가시키고 코로나 발생을 억제하는 것을 목적으로 한다.
③ 절연 스페이서는 한 상에 복수 도체를 다발로 사용할 때 전선 상호의 접근, 충돌을 방지하기 위해 사용한다.

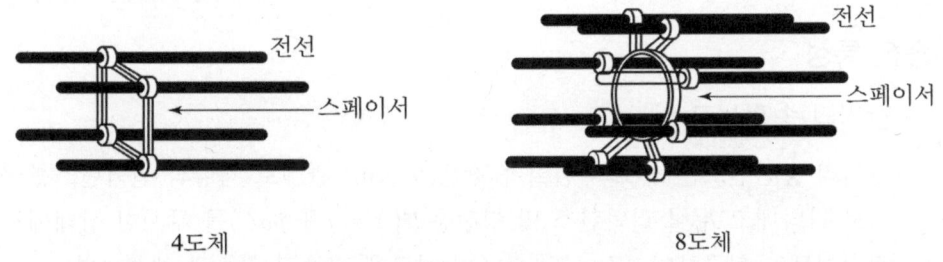

복도체

2) 복도체 방식의 장점

복도체의 경우 전선의 등가 반지름 $\sqrt[n]{rs^{n-1}}$ 이 단도체의 반지름 r 보다 증가한다.
① 선로의 인덕턴스 감소 (20~30%)

$$L_n = 0.4605 \log_{10} \frac{D}{\sqrt[n]{rs^{n-1}}} + \frac{0.05}{n}$$ 에서 $\sqrt[n]{rs^{n-1}}$ 가 증가하므로 인덕턴스 감소

② 선로의 정전용량 증가 (20~30%)

$C_n = \dfrac{0.02413}{\log_{10}\dfrac{D}{\sqrt[n]{rs^{n-1}}}}$ 에서 $\sqrt[n]{rs^{n-1}}$ 가 증가하므로 정전용량 증가

③ 코로나 임계전압 상승 (15~20%)

$E_0 = 24.3m_0 m_1 \delta d \log_{10} \dfrac{D}{r}$ 에서 d 가 증가하므로 임계전압 상승

④ 선로의 송전용량 증가 (20%)

$P = \dfrac{V_s V_r}{X} \sin\delta$ 에서 X 가 감소하므로 송전용량 증가

⑤ 안정도 증대

$P = \dfrac{E_G E_M}{X} \sin\theta$ 에서 X 가 감소하므로 θ 가 감소하여 안정도 증대

3) 복도체 방식의 단점

① 정전용량 증가로 경부하 시 페란티 효과에 의한 수전단 전압 상승 - 분로 리액터 설치
② 단락 고장 시 정전 흡인력으로 인한 소도체간 상호 충돌로 전선 표면이 손상 - 절연 스페이서 설치
③ 강풍 또는 빙설 부착에 의한 전선의 진동, 동요가 발생 - 댐퍼 설치

(3) 송전 특성

1) 단거리 송전선로

단거리 송전선로는 선로의 길이가 짧은(수 km) 관계로 저항과 인덕턴스를 직렬회로로 나타내고 누설 컨덕턴스 및 정전용량($Y = g + j\omega C$)를 무시한 상태에서 집중 정수회로로 취급하여 $Z = R + j\omega L$이 선로에 집중된 것으로 해석한다.

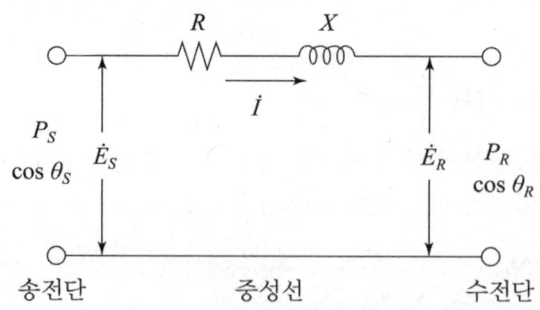

단거리 송전선로의 등가회로

① 전압강하

송전단 전압은 수전단 전압과 저항과 임피던스의 전압강하의 합과 같다.

송전단 전압 E_S, 송전단 전류 I_S, 수전단 전압 E_R, 수전단 전류 I_R

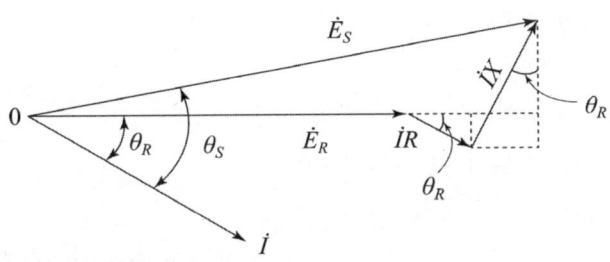

E_R 기준의 벡터도

㉠ 단상 송전단 전압

$$\dot{E}_S = \dot{E}_R + \dot{I}R + j\dot{I}X = E_R + IR\cos\theta_R + IX\sin\theta_R + j(IX\cos\theta_R - IR\sin\theta_R)$$

$$E_S = \sqrt{(E_R + IR\cos\theta_R + IX\sin\theta_R)^2 + (IX\cos\theta_R - IR\sin\theta_R)^2}$$

전력 계통은 저항손과 대지 정전용량은 극히 적으므로 무시하면

$$E_S \fallingdotseq E_R + I(R\cos\theta_R + X\sin\theta_R)$$

㉡ 3상 송전단 전압

$$V_S \fallingdotseq V_R + \sqrt{3}\,I(R\cos\theta_R + X\sin\theta_R)$$

㉢ 전압강하

$$e = V_S - V_R = \sqrt{3}\,I(R\cos\theta_R + X\sin\theta_R)$$

$I = \dfrac{P}{\sqrt{3}\,V\cos\theta}$ 이므로

$$e = \sqrt{3}\,I(R\cos\theta_R + X\sin\theta_R) = \sqrt{3} \times \dfrac{P}{\sqrt{3}\,V\cos\theta}(R\cos\theta + X\sin\theta)$$

$$= \dfrac{P}{V}(R + X\dfrac{\sin\theta}{\cos\theta}) = \dfrac{P}{V}(R + X\tan\theta)$$

전압강하는 전압에 반비례한다.

② 전압 강하율과 전압 변동률

㉠ 전압 강하율

$$\epsilon = \dfrac{e}{V_R} \times 100 = \dfrac{V_S - V_R}{V_R} \times 100 = \dfrac{\sqrt{3}\,I(R\cos\theta_R + X\sin\theta_R)}{V_R} \times 100\,[\%]$$

$e = \dfrac{P}{V}(R+X\tan\theta)$ 이므로 $\epsilon = \dfrac{P}{V^2}(R+X\tan\theta) \times 100[\%]$

전압 강하율은 전압의 제곱에 반비례한다.

ⓒ 전압 변동률

$$\delta = \dfrac{V_{R_0} - V_R}{V_R} \times 100[\%]$$

V_{R_0} : 무부하 시 수전단 전압

V_R : 정격 부하 시 수전단 전압

③ 선로 손실

$$P_l = 3I^2R = \dfrac{P^2R}{V^2\cos^2\theta} \times 10^6 = \dfrac{P^2R}{V^2\cos^2\theta} \times 10^3 [\text{kW}]$$

P : 전력

R : 1선의 저항

전력 손실은 전압의 제곱에 반비례한다.

④ 전력 손실률

$$K = \dfrac{P_l}{P} = \dfrac{3I^2R}{P} = \dfrac{3R}{P}\left(\dfrac{P}{\sqrt{3}\,V\cos\theta}\right)^2 = \dfrac{RP}{V^2\cos^2\theta} \times 100[\%]$$

전력 손실률은 전압의 제곱에 반비례하며 공급전력은 전압의 제곱에 비례한다.

항목	관계식	비고
송전전력(P)	$P \propto V^2$	전압의 제곱에 비례
전압강하(e)	$e \propto \dfrac{1}{V}$	전압에 반비례
전력손실(P_l)	$\propto \dfrac{1}{V^2}$	전압의 제곱에 반비례
전압 강하율(ϵ)		
전선의 단면적(A)		

2) 중거리 송전선로

중거리 송전선로는 선로의 길이가 수 10[km]인 관계로 누설 컨덕턴스를 무시하고 R, L, C만의 회로로 직렬 임피던스와 병렬 어드미턴스로 구성되는 T형, π형으로 해석한다.

① 4단자 정수

4단자망은 임의의 선형 회로망에 대해 입력 측과 출력 측에 각각의 변수 E_S, E_R, I_S, I_R의 상호 관계(파라미터)로 표시된다.

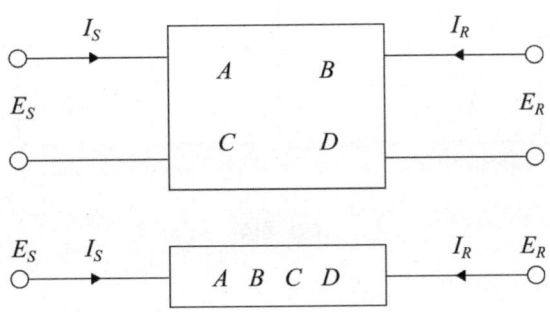

$E_s = AE_R + BI_R$ $I_s = CE_R + DI_R$
$AD - BC = 1$ $A = D$

$$\begin{bmatrix} E_s \\ I_s \end{bmatrix} = \begin{bmatrix} A & B \\ C & D \end{bmatrix} \begin{bmatrix} E_R \\ I_R \end{bmatrix}$$

A : 개방 역방향 전압 이득(전압비) $A = \dfrac{E_s}{E_R}\bigg|_{I_R = 0}$

B : 단락 역방향 전달 임피던스(임피던스 차원) $B = \dfrac{E_s}{I_R}\bigg|_{E_R = 0}$

C : 개방 역방향 전달 어드미턴스(어드미턴스 차원) $C = \dfrac{I_s}{E_R}\bigg|_{I_R = 0}$

D : 단락 역방향 전류 이득(전류비) $D = \dfrac{I_s}{I_R}\bigg|_{E_R = 0}$

$$\begin{bmatrix} A & B \\ C & D \end{bmatrix} = AD - BC = 1$$

대칭 4단자망의 경우에는 $A = D$

② 중거리 송전선로 해석
　㉠ T형 회로
　　선로의 임피던스 Z를 2등분하여 그 가운데 어드미턴스 Y를 집중시킨 회로이다.

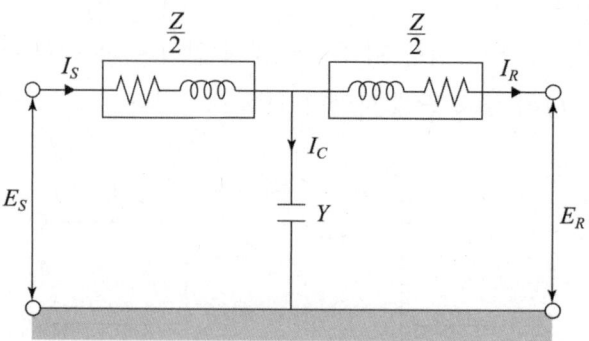

T형 회로

$$A = \frac{E_s}{E_R}\big|_{I_R=0} = 1+\frac{YZ}{2} \qquad B = \frac{E_s}{I_R}\big|_{E_R=0} = Z(1+\frac{YZ}{4})$$

$$C = \frac{I_s}{E_R}\big|_{I_R=0} = Y \qquad D = \frac{I_s}{I_R}\big|_{E_R=0} = 1+\frac{YZ}{2}$$

송전단 전압 $E_s = E_R(1+\frac{YZ}{2})+I_R Z(1+\frac{YZ}{4})$

송전단 전류 $I_s = I_R + I_c = I_R + YE_s = I_R + Y(E_R + \frac{1}{2}I_R Z)$

$$= I_R + E_R Y + Z\frac{Y}{2}I_R = I_R(1+\frac{ZY}{2})+E_R Y$$

$$= (1+\frac{ZY}{2})I_R + E_R Y$$

ⓒ π형 회로

선로의 어드미턴스 Y를 이등분하여 송전단 및 수전단에서 선로의 임피던스 Z를 중앙에 집중시킨 회로이다.

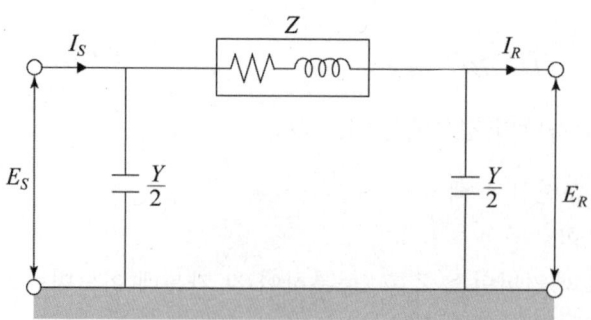

π형 회로

$$A = \frac{E_s}{E_R}\Big|_{I_R=0} = 1 + \frac{YZ}{2} \qquad B = \frac{E_s}{I_R}\Big|_{E_R=0} = Z$$

$$C = \frac{I_s}{E_R}\Big|_{I_R=0} = Y\left(1 + \frac{YZ}{4}\right) \qquad D = \frac{I_s}{I_R}\Big|_{E_R=0} = 1 + \frac{YZ}{2}$$

송전단 전압 $E_s = E_R\left(1 + \dfrac{YZ}{2}\right) + I_R Z$

송전단 전류 $I_s = E_R Y\left(1 + \dfrac{YZ}{4}\right) + I_R\left(1 + \dfrac{YZ}{2}\right)$

③ 선로의 병렬접속
　㉠ 1회선 송전 선로

$$E_s = A_1 E_R + B_1 \frac{1}{2} I_R$$

$$\frac{1}{2} I_s = C_1 E_R + D_1 \frac{1}{2} I_R$$

$$I_s = 2 C_1 E_R + D_1 I_R$$

　㉡ 2회선 송전 선로

$$E_s = A E_R + B I_R$$

$$I_s = C E_R + D I_R$$

$$A = A_1,\ B = \frac{1}{2} B_1,\ C = 2 C_1,\ D = D_1$$

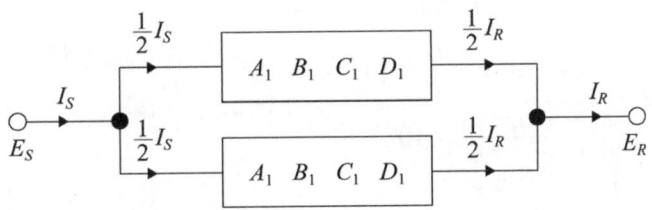

4단자 정수가 A, B, C, D인 두 선로를 병렬로 접속할 경우 A, D는 전압비와 전류비이므로 불변하며, 직렬 요소의 임피던스 값인 B는 병렬접속이므로 $\dfrac{1}{2}$배로 감소, 병렬 요소의 어드미턴스 값인 C는 병렬접속이므로 2배로 증가한다.

④ 무부하 충전전류
　A, B, C, D이고 송전단 상전압이 E_s인 경우 무부하 시의 충전 전류는 4단자 정수로부터

$E_s = AE_R + BI_R$에서 무부하($I_R = 0$)이므로 $E_s = AE_R$이며 $E_R = \dfrac{E_s}{A}$

$I_s = CE_R + DI_R$에서 무부하($I_R = 0$)이므로 $I_s = CE_R = \dfrac{C}{A}E_s$가 된다.

3) 장거리 송전선로

장거리 송전선로는 선로의 길이가 100[km] 이상인 관계로 R, L, C, g 모두 존재하는 것으로 다루어 분포 정수 회로를 해석한다.

장거리 송전선로를 특성 임피던스와 전파정수로 해석하는데 있어 무부하 시험(개방 시험)으로 Y를 구하고, 단락시험으로 Z를 구한다.

① 특성 임피던스

$$Z_0 = \sqrt{\dfrac{Z}{Y}} = \sqrt{\dfrac{(r+j\omega L)}{(g+j\omega C)}}\,[\Omega]$$

선로의 특성 임피던스는 선로의 저항(r)과 누설 컨덕턴스(g)를 무시하면

$$Z_0 \fallingdotseq \sqrt{\dfrac{L}{C}}$$

② 전파정수

$$\gamma = \sqrt{ZY} = \sqrt{(r+j\omega L)(g+j\omega C)}\,[\text{rad/km}]$$

③ 인덕턴스와 정전용량

$$Z_0 = \sqrt{\dfrac{Z}{Y}} = \sqrt{\dfrac{(r+j\omega L)}{(g+j\omega C)}} \fallingdotseq \sqrt{\dfrac{L}{C}}$$

$$= \sqrt{\dfrac{0.4605\log_{10}\dfrac{D}{r}\times 10^{-3}}{\dfrac{0.02413}{\log_{10}\dfrac{D}{r}}\times 10^{-6}}} = 138\log_{10}\dfrac{D}{r}\,[\Omega]$$

㉠ 인덕턴스 $L \fallingdotseq 0.4605\log_{10}\dfrac{D}{r} = 0.4605 \times \dfrac{Z_0}{138}\,[\text{mH/km}]$

㉡ 정전용량 $C = \dfrac{0.02413}{\log_{10}\dfrac{D}{r}} = \dfrac{0.02413}{\dfrac{Z_0}{138}}\,[\mu\text{F/km}]$

(4) 전력 원선도

송전 계통의 송전단, 수전단의 전압이 일정하다 하고, 수전단 전압에 대한 송전단 전압의 앞선각을 θ로 하면, 송전 전력 $P_s + jQ_s$ 및 수전 전력 $P_R + jQ_R$은 각각 유효 전력

P 및 무효 전력 Q를 가로축 및 세로축 성분으로 하는 직각 좌표상에서 일정 반지름의 원으로 주어진다. 원의 중심, 반지름, $\theta = 0$의 위치는 선로 파라미터로 구할 수 있다. 이와 같은 원선도로부터 정전압 송전 계통에 대한 송전 특성을 구한다.

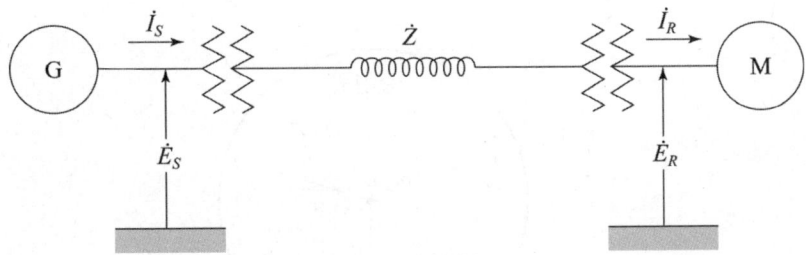

부하전류 증가 시 전압을 조정하면 변전기기의 절연문제가 발생하므로 E_s와 E_R의 크기를 일정하게 하고 부하변화에 대해 상차각만 변화시킨다. 이 상차각 변화에 따라 전력 P, Q의 관계를 표시한 것이 전력 원선도이다.

1) 교류 전력의 표시

$$EI = E(\cos\theta_1 + j\sin\theta_1) \times I(\cos\theta_2 + j\sin\theta_2)$$
$$= EI\cos\theta_1 + jEI\sin\theta_2 = P + jQ$$

2) 전력 방정식

$$W_s = P_s + jQ_s = \frac{D}{B}E_s^2 - \frac{1}{B}E_s E_R e^{j\theta}$$

$$W_R = P_R + jQ_R = \frac{1}{B}E_s E_R e^{j\theta} - \frac{A}{B}E_R^2$$

3) 전력 원선도

① 송전단 원선도
$$\rho^2 = (P_s - m'E_s^2)^2 + (Q_s - n'E_s^2)^2$$

② 수전단 원선도
$$\rho^2 = (P_R - m'E_R^2)^2 + (Q_R + nE_R^2)^2$$

4) 원선도 반지름

$$\rho : \frac{E_s E_R}{B} \quad \text{중심 좌표 } S : (m'E_s^2,\ n'E_s^2), \quad R : (-mE_R^2,\ -nE_R^2)$$

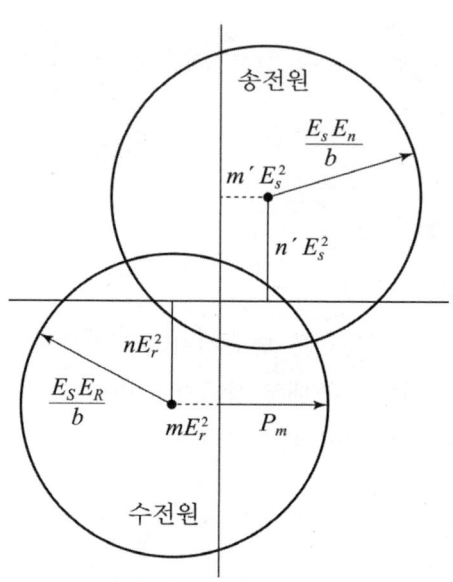

전력 원선도

5) 전력 원선도로 구할 수 있는 것

　　① 정태안정 극한전력(최대출력)
　　② 필요한 전력을 보내기 위한 송수전단 상차각
　　③ 요구하는 부하 전력을 수전단에서 받기 위해서 필요로 하는 조상설비용량
　　④ 선로손실과 송전효율
　　⑤ 송·수전할 수 있는 최대전력
　　⑥ 수전단 역률(조상 용량의 공급에 의해 조정된 후의 값)

6) 전력 원선도로 구할 수 없는 것

　　① 과도극한 전력
　　② 코로나 손실

4 전압조정과 페란티 현상

(1) 코로나 현상

1) 코로나
전선로 주변의 공기 절연이 국부적으로 파괴되면서 부분 방전으로 인해 빛과 잡음을 내는 현상

2) 파열극한 전위경도
① 공기의 절연내력에 한계가 있으며 일정 이상의 전위경도를 가하면 절연이 파괴되는 것
② 기온 기압의 표준상태(20℃, 760[mmHg])에서
직류 : 30[kV/cm]
교류 : 21.2[kV/cm] (실효값 $= \dfrac{최대값}{\sqrt{2}} = \dfrac{30}{\sqrt{2}} = 21.2[kV]$)
③ 송전선로의 전선표면 부분에서만 공기 절연이 파괴되어 섬락에까지 이르지 않는다.

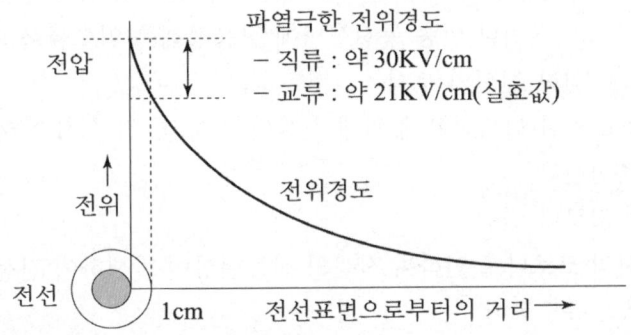

전위 경도

3) 코로나 임계전압

$$E_0 = 24.3 m_0 m_1 \delta d \log_{10} \dfrac{D}{r} [kV]$$

m_0 : 전선 표면계수 m_1 : 기후에 관한 계수 δ : 상대공기밀도
d : 전선의 직경[m] D : 선간거리[m] r : 전선 반지름[m]

4) 코로나 손실

전선 표면의 공기가 이온화되어 코로나 방전이 되고, 송전 전력이 소리, 빛, 열 등으로 변환되어 전력 손실을 일으킨다.

$$P = \frac{241}{\delta}(f+25)\sqrt{\frac{r}{D}}(E-E_0)^2 \times 10^{-5} [\text{kW/km/선}] - \text{F.W. Peek 식}$$

E : 전선의 대지전압[kV]
E_0 : 코로나 임계전압[kV]
δ : 상대공기밀도
r : 전선의 반지름[cm]
D : 선간거리[cm]
f : 주파수[Hz]

5) 코로나의 영향

① 전력손실의 발생

코로나 발생에 의하여 생긴 선로전압과 같은 극성의 공간 전하는 대지와 다른 선으로 이동하며 전계 중을 이동하는데 필요한 에너지는 코로나 손실이 되어 송전효율을 저하시키며 코로나 손실은 전압의 2승에 비례한다.

② 전력선 반송장치의 기능저하

송전 선로상에서 코로나 방전 시 발생하는 코로나 펄스는 선로를 따라 좌우로 전파되어 광범위한 주파수 스펙트럼을 가진 코로나 잡음이 되며 전력 반송을 이용한 보호 릴레이나 반송 통신설비에 잡음장해를 일으켜 신뢰도를 저하시킨다.

③ 오존으로 인한 전선의 부식

코로나로 인한 화학작용에 의해 전선의 지지점, 전선 접속부, 바인드선 등에 부식을 촉진한다.

④ 전선의 코로나 진동

우천 시의 코로나로 인하여 전선의 진동현상이 발생하여 전선이 피로 열화된다.

⑤ 통신선의 유도장해

코로나로 인한 고조파 전류 중 제3고조파 성분은 중성점 전류로서 나타나기 때문에 중성점 직접 접지방식의 송전선로에서는 부근의 통신선에 유도장해가 발생한다.

⑥ 소호 리액터의 소호능력 저하

1선 지락 시 건전상의 대지전압 상승으로 인한 코로나 발생은 고장점의 잔류전류 유효분을 증가시켜서 소호능력을 저하시킨다.

⑦ 진행파의 파고값 감쇠(코로나의 장점)

뇌 서지 등의 진행파가 코로나 방전을 수반하여 송전선 상을 진행하면 코로나 방전 개시 전압보다 높은 부분의 파형이 일그러져 감소된다.

6) 코로나 방지대책

전선의 표면 전위경도, 표고, 전선 표면 조건, 기후 조건, 시간, 먼지 등 이물질이 전선 표면에 접촉되어 돌출부가 생길 경우 코로나 영향이 심화된다. 코로나의 발생을 방지하기 위해서는 무엇보다도 코로나 발생의 임계전압을 높여주어야 한다.
① 코로나 임계전압을 크게 한다.
② 굵은 전선을 사용한다.
③ 복도체를 사용한다.
  (154[kV], 345[kV]는 복도체 또는 4도체 방식을 채용하고 765[kV]는 6도체 방식을 채용)
④ 가선 금구를 개량한다.
⑤ 전선 표면을 매끄럽게 한다.

(2) 페란티 현상

1) 페란티 현상

장거리 송전선로에서는 정전용량의 영향이 크게 나타난다. 부하의 역률은 지상역률이기 때문에 비교적 큰 부하가 걸려 있을 때에는 전류가 전압보다 위상이 뒤져 있는 것이 보통이며 지상전류가 송전선이나 변압기에 흐르게 되면 송전단 전압은 수전단 전압보다 높아진다.
경부하 또는 무부하 시에는 선로의 정전용량 때문에 전압보다 위상이 90° 앞선 충전전류의 영향이 커져서 선로에 흐르는 진상전류와 선로의 자기 인덕턴스에 의한 기전력 때문에 수전단의 전압이 송전단의 전압보다 높아지는 것을 페란티 현상이라 한다.
페란티 현상이 발생하는 경우에는 진상무효전력이 커져 송전용량이 감소하게 되고 심한 경우에는 송전이 불가능하게 되어 전력붕괴를 유발할 수 있다.
충전용량은 전압의 제곱에 비례하므로 송전전압이 높을수록 그 영향은 커진다.

2) 페란티 현상 방지대책

① 선로에 흐르는 전류가 지상이 되도록 한다.
② 수전단에 분로 리액터를 설치한다.
③ 동기 조상기의 부족여자 운전

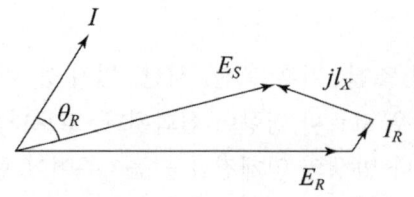
진상 전류가 흐를 때 벡터도

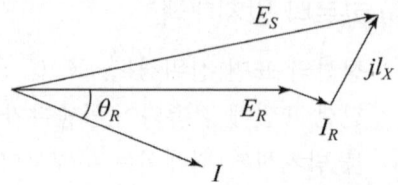
지상 전류가 흐를 때 벡터도

출제예상문제

01 송전선로의 선로정수에 대한 설명으로 맞는 것은?
① 저항
② 저항, 인덕턴스
③ 저항, 정전 용량
④ 저항, 인덕턴스, 정전 용량

해설 송전선로의 선로정수 : 저항(R), 인덕턴스(L), 정전용량(C), 누설 컨덕턴스(g)

02 선로정수 중에서 그 영향이 다른 정수에 비하여 매우 적어서 보통의 계산에서는 무시하여도 실용상 지장이 없는 것은?
① 리액턴스
② 인덕턴스
③ 정전용량
④ 누설 컨덕턴스

해설 선로의 저항, 인덕턴스, 정전 용량 및 누설 컨덕턴스를 선로정수라고 하며 이들 값은 선로의 종류, 굵기, 배치 등에 따라 결정된다. 선로를 전기적 입장에서 보면 이들 4개의 상수가 연속적으로 분포한 회로로 볼 수 있으며 누설 컨덕턴스는 다른 정수에 비해 매우 적어 무시하여도 실용상으로 큰 지장이 없다.

03 가공 전선로의 선로정수에 대한 설명 중 틀린 것은?
① 송배전 선로는 저항, 인덕턴스, 정전용량, 누설 컨덕턴스라는 4개의 정수로 이루어진다.
② 선로정수를 평형 시키기 위해서는 연가를 하지 않는다.
③ 장거리 송전 선로에 대해서는 분포 정수 회로로 취급한다.

④ 도체와 도체 사이 또는 도체와 대지 사이에는 정전용량이 존재한다.

해설 선로정수를 평형 시키고 통신선의 유도장해를 방지하기 위하여 선로를 3배수 등분하여 연가를 실시한다.

04 송전선로의 저항을 R, 리액턴스를 X라 하면 다음의 어느 식이 성립하는가?
① $R > X$
② $R < X$
③ $R = X$
④ $R \leq X$

해설 송전선로에서는 리액턴스에 비하여 저항은 매우 적어 무시할 때가 많다.

05 간격 S인 정4각형 배치의 4도체에서 소선 상호간의 기하학적 평균 거리는? (단, 각 도체간의 거리는 d 라 한다.)
① $\sqrt{2}S$
② $\sqrt{S}$
③ $\sqrt[3]{S}$
④ $\sqrt[6]{2}S$

해설 $\sqrt[6]{S \cdot S \cdot S \cdot S \cdot \sqrt{2}S \cdot \sqrt{2}S} = \sqrt[6]{2}S$

06 전선 a, b, c가 일직선으로 배치되어 있다. a와 b, b와 c 사이의 거리가 각각 5[m]일 때 이 선로의 등가 선간거리는 몇 [m]인가?
① 5
② 10
③ $5\sqrt[3]{2}$
④ $5\sqrt{2}$

해설
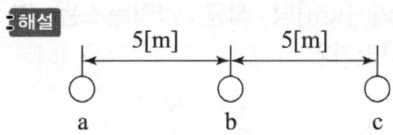

정답 1. ④ 2. ④ 3. ② 4. ② 5. ④ 6. ③

등가 선간 거리
$$D = \sqrt[3]{D_{ab} \cdot D_{bc} \cdot D_{ca}} = \sqrt[3]{5 \times 5 \times 10} = 5\sqrt[3]{2}$$

07 3상 3선식에서 전선의 선간거리가 각각 1[m], 2[m], 4[m]로 삼각형으로 배치되어 있을 때 등가 선간거리는 몇 [m]인가?
① 1 ② 2 ③ 3 ④ 4

해설 등가 선간 거리
$$D = \sqrt[3]{D_1 \cdot D_2 \cdot D_3} = \sqrt[3]{1 \times 2 \times 4} = 2$$

08 3상 3선식 송전 선로의 선간 거리가 D_1, D_2, D_3[m], 전선의 직경이 d[m]로 연가된 경우에 전선 1[km]의 인덕턴스[mH]는?

① $0.4605\log_{10}\dfrac{\sqrt[3]{D_1 \cdot D_2 \cdot D_3}}{d} + 0.05$

② $0.4605\log_{10}\dfrac{2\sqrt[3]{D_1 \cdot D_2 \cdot D_3}}{d} + 0.05$

③ $0.4605\log_{10}\dfrac{d\sqrt[3]{D_1 \cdot D_2 \cdot D_3}}{d} + 0.05$

④ $0.4605\log_{10}\dfrac{d}{\sqrt[3]{D_1 \cdot D_2 \cdot D_3}} + 0.05$

해설 $D_e = \dfrac{\sqrt[3]{D_1 \cdot D_2 \cdot D_3}}{r} = \dfrac{2\sqrt[3]{D_1 \cdot D_2 \cdot D_3}}{d}$ 에서
$$L = 0.4605\log_{10}\dfrac{2\sqrt[3]{D_1 \cdot D_2 \cdot D_3}}{d} + 0.05$$

09 반지름 14[mm]의 ACSR 전선으로 완전 연가된 3상 1회선 송전 선로가 있다. 각 상간의 등가 선간거리가 2800[mm]라고 할 때, 이 선로의 [km]당 작용 인덕턴스는 몇 [mH/km]인가? [17]
① 1.11 ② 1.06 ③ 0.83 ④ 0.33

해설 $L = 0.4605\log_{10}\dfrac{D}{r} + 0.05$
$$= 0.4605\log_{10}\dfrac{2800}{14} + 0.05 = 1.11[\text{mH/km}]$$

10 3상 3선식 송전선에서 바깥지름 20[mm]의 경동연선을 2[m] 간격으로 일직선 수평배치로 하여 연가를 했을 때 인덕턴스는 약 몇 [mH/km]인가?
① 1.16 ② 1.32 ③ 1.48 ④ 1.64

해설 $D_e = \sqrt[3]{2 \times 2 \times 4} = 2\sqrt[3]{2}$[m], $r = 10 \times 10^{-3}$[m]
$$L = 0.4605\log_{10}\dfrac{D_e}{r} + 0.05$$
$$= 0.4605\log_{10}\dfrac{2\sqrt[3]{2}}{10 \times 10^{-3}} + 0.05$$
$$= 1.16\,[\text{mH/km}]$$

11 430[mm²]의 ACSR(반지름 $r = 14.6$[mm])이 그림과 같이 배치되어 완전 연가된 송전 선로가 있다. 이 경우 인덕턴스[mH/km]를 구하면? (단, 지표상의 높이는 딥(dip)의 영향을 고려한 것이다.)

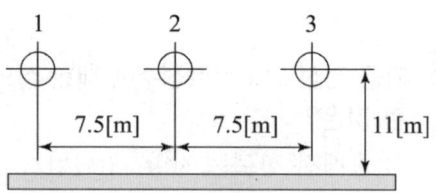

① 1.34 ② 1.35
③ 1.37 ④ 1.38

해설 기하학적 평균 거리
$$D = \sqrt[3]{7.5 \times 7.5 \times 2 \times 7.5} = 9.45[\text{m}] = 9450[\text{mm}]$$
이므로

$$L = 0.4605\log_{10}\frac{D}{r} + 0.05$$
$$= 0.4605\log_{10}\frac{9450}{14.6} + 0.05 = 1.3445 \,[\text{mH/km}]$$

12 등가 선간거리 9.37[m], 공칭 단면적 330 [mm²], 도체 외경 25.3[mm], 복도체 ACSR 인 3상 송전선의 인덕턴스는 몇 [mH/km] 인가? (단, 소도체 간격은 40[cm]이다.)

① 1.001 ② 0.010
③ 0.100 ④ 1.100

해설
$$L_n = 0.4605\log_{10}\frac{D}{\sqrt[n]{rs^{n-1}}} + \frac{0.05}{n}$$
$$= 0.4605\log_{10}\frac{9370}{\sqrt{12.65\times 400}} + \frac{0.05}{2}$$
$$= 1.0011 \,[\text{mH/km}]$$

13 송전 선로의 정전 용량은 등가 선간거리 D 가 증가하면 어떻게 되는가?

① 증가한다.
② 감소한다.
③ 변하지 않는다.
④ D^2에 비례하여 증가한다.

해설 $C = \dfrac{0.02413}{\log_{10}\dfrac{D}{r}}$ 에서 $C \propto \dfrac{1}{\log_{10}\dfrac{D}{r}}$ 이므로

C는 D가 증가하면 감소한다.

14 선간 거리 D이고 반지름 r인 선로의 정전 용량 C는?

① $C = \dfrac{0.2413}{\log_{10}\dfrac{r}{D}} [\mu\text{F/km}]$

② $C = \dfrac{0.02413}{\log_{10}\dfrac{r}{D}} [[\mu\text{F/km}]$

③ $C = \dfrac{0.2413}{\log_{10}\dfrac{D}{r}} [\mu\text{F/km}]$

④ $C = \dfrac{0.02413}{\log_{10}\dfrac{D}{r}} [\mu\text{F/km}]$

해설 $C = \dfrac{0.02413}{\log_{10}\dfrac{D}{r}} [\mu\text{F/km}]$

15 단상 2선식 배전 선로에 있어서 대지 정전 용량을 C_s, 선간 정전 용량을 C_m이라 할 때 작용 정전 용량 C_n은?

① $C_s + C_m$ ② $C_s + 2C_m$
③ $C_s + 3C_m$ ④ $2C_s + C_m$

해설
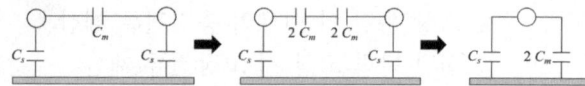
1선 당 작용하는 정전 용량은 $C_n = C_s + 2C_m$

16 3상 1회선 전선로의 작용 정전 용량을 C, 선간 정전 용량을 C_1, 대지 정전 용량을 C_2 라 할 때 C, C_1, C_2의 관계는?

① $C = C_1 + 3C_2$
② $C = 3C_1 + C_2$
③ $C = C_1 + C_2$
④ $C = 3(C_1 + C_2)$

해설
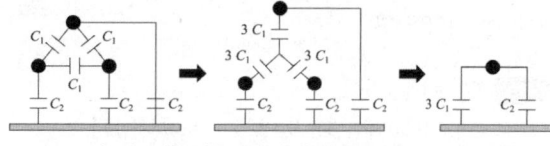
1선 당 작용하는 정전 용량은 $C = 3C_1 + C_2$

17 소도체 두 개로 된 복도체 방식인 3상 3선식 송전 선로가 있다. 소도체의 지름 2[cm], 소도체 간격 16[cm], 등가 선간 거리 200[cm]인 경우 1상당 작용 정전 용량[μF/km]은?

① 0.014 ② 0.14
③ 0.065 ④ 0.090

해설 복도체의 작용 정전 용량

$$C = \frac{0.02413}{\log_{10}\frac{D}{\sqrt{rs}}} = \frac{0.02413}{\log_{10}\frac{200}{\sqrt{1\times 16}}}$$

$$= 0.014[\mu F/km]$$

18 송배전 선로의 작용 정전 용량은 무엇을 계산하는데 사용되는가? [17]

① 비접지 계통의 1선 지락 고장 시 지락 고장전류 계산
② 정상 운전 시 선로의 충전전류 계산
③ 선간 단락 고장 시 고장전류 계산
④ 인접 통신선의 정전 유도전압 계산

해설 작용 정전 용량은 정상 운전 시 선로의 충전전류를 계산하는데 사용된다.

19 3상 3선식 송전 선로에 있어서 각 선의 대지 정전 용량이 0.5096[μF]이고, 선간 정전 용량이 0.1295[μF]일 때 1선의 작용 정전 용량은 몇 [μF]인가?

① 0.6391
② 0.7686
③ 0.8981
④ 1.5288

해설 $C_n = C_s + 3C_m$
$= 0.5096 + 3 \times 0.1295 = 0.8981[\mu F]$

20 전선의 지지점의 높이가 12[m], 이도가 2.7[m], 경간이 300[m]일 때, 전선의 지표상으로부터 평균 높이[m]는?

① 11.1 ② 10.2
③ 10.6 ④ 9.3

해설 $h = h' - \frac{2}{3}d = 12 - \frac{2}{3} \times 2.7 = 10.2[m]$

21 송전 선로의 정전 용량 $C = 0.008[\mu F/km]$, 선로의 길이 $L = 100[km]$, 전압 $E = 37[kV]$이고 주파수 $f = 60[Hz]$일 때 충전 전류[A]는?

① 11.1 ② 10.2
③ 10.6 ④ 9.3

해설 $I_c = \omega C l E = 2\pi f C l E$
$= 2 \times 3.14 \times 60 \times 0.008 \times 10^{-6} \times 100 \times 37000$
$= 11.1[A]$

22 선로 정수를 전체적으로 평형되게 만들어서 근접 통신선에 유도 장해를 줄일 수 있는 방법은?

① 연가를 한다.
② 딥(dip)을 준다.
③ 복도체를 사용한다.
④ 소호 리액터 접지를 한다.

해설 선로 정수를 평형시키고 통신선의 유도 장해를 방지하기 위하여 선로를 3배수 등분하여 연가를 실시한다.

23 전선에서 전류의 밀도가 도선의 중심으로 들어갈수록 작아지는 현상은?

① 접지 효과 ② 표피 효과
③ 근접 효과 ④ 페란티 효과

정답 17. ① 18. ② 19. ③ 20. ② 21. ① 22. ① 23. ②

해설 표피 효과는 전류 밀도가 도선의 중심에는 낮고 바깥 부분에는 높은 현상

24 연가에 대한 설명으로 옳지 않은 것은?
① 3상 2선식 선로에서 선간거리가 일정하지 않을 때 실시한다.
② 통신선로에 대한 유도장해를 경감시킨다.
③ 등가선간거리는
$D = \sqrt[2]{D_{ab} \times D_{bc} \times D_{ca}}$
④ 전선로의 전 구간을 3등분하여 전선의 배치를 바꾸어 각선의 인덕턴스를 같게 한다.

해설 등가선간거리 $D = \sqrt[3]{D_{ab} \times D_{bc} \times D_{ca}}$

25 3상 3선식 송전선을 연가할 경우 전 긍장의 몇 배수로 등분해서 연가하는가?
① 2　　② 3
③ 4　　④ 6

해설 3상 3선식에서는 3상의 선로 정수를 평형하게 하려면 선로 긍장을 3배수로 등분하여 연가를 실시하여야 한다.

26 3상 3선식 송전 선로를 연가하는 목적은?
① 미관상 필요
② 선로 정수의 평형
③ 유도뢰의 방지
④ 직격뢰의 방지

해설 연가의 목적은 선로 정수(임피던스)를 평형하게 하여 소호 리액터 접지 시 직렬공진 방지, 이상 전압 상승 방지, 각 상의 전압 강하 및 등가 선간거리 동일, 통신선의 유도 장해를 감소시킨다.

27 연가의 효과가 아닌 것은?
① 작용 정전 용량의 감소
② 통신선의 유도 장해 감소
③ 각 상의 임피던스 평형
④ 직렬 공진의 방지

해설 위의 문제풀이 참조

28 다음 중 전선의 도약을 방지하기 위한 방법이 아닌 것은?
① 전선의 배열을 수직으로 한다.
② 애자는 내장형으로 연결하여 사용한다.
③ 빙설의 부착이 쉬운 곳은 피한다.
④ 전선의 딥을 알맞게 한다.

해설 전선의 도약을 방지하기 위해 전선의 배열을 오프셋(off-set)을 한다.

29 송전선로에서 매설지선의 설치 목적은 무엇인가?
① 절연증가
② 기계적 강도 증가
③ 코로나 전압 가감
④ 피뢰작용을 높인다.

해설 매설지선은 접지를 위해 땅 속에 매설한 전선으로 송전선의 철탑, 소규모 발전기 또는 피뢰기 등의 낮은 저항 값을 필요로 하는 장소에서 채용되는 공법으로 피뢰작용을 높인다.

30 초고압 송전선에 사용되는 복도체 방식의 전선을 단도체 방식과 비교할 때 맞지 않는 것은?
① 선로리액턴스가 작아진다.
② 정전용량이 작아진다.
③ 코로나 손실을 적게 한다.
④ 송전용량을 증가시킨다.

정답 24. ③　25. ②　26. ②　27. ①　28. ①　29. ④　30. ②

해설 복도체 방식의 특성
- 코로나 임계전압 상승
- 선로의 정전용량 및 송전용량 증가
- 선로의 인덕턴스 감소
- 전위경도 감소
- 페란티 효과에 의한 수전단 전압 상승
- 안정도 증대

31 송전 계통에 복도체가 사용되는 주된 목적은?
① 전력 손실의 경감
② 역률 개선
③ 선로 정수의 평형
④ 코로나 방지

해설 복도체의 사용 목적은 정전 용량을 증가시켜 송전 용량을 증가시키고, 코로나 임계 전압을 높일 수 있어 코로나 발생을 방지한다.

32 송전선로에서 복도체를 사용하는 가장 주된 목적은?
① 건설비를 절감하기 위하여
② 진동을 방지하기 위하여
③ 전선의 이도를 주기 위하여
④ 코로나를 방지하기 위하여

해설 위의 문제풀이 참조

33 345[kV]용에 사용하는 복도체는 같은 단면적의 단도체에 비하여 어떠한가?
① 인덕턴스는 증가하고, 정전 용량은 감소한다.
② 인덕턴스는 감소하고, 정전 용량은 증가한다.
③ 인덕턴스, 정전 용량이 감소한다.
④ 인덕턴스, 정전 용량이 증가한다.

해설 단도체 $L = 0.4605\log_{10}\dfrac{D}{r}+0.05$

$C = \dfrac{0.02413}{\log_{10}\dfrac{D}{r}}$

복도체 $L = 0.4605\log_{10}\dfrac{D}{\sqrt[n]{rs^{n-1}}}+\dfrac{0.05}{n}$

$C = \dfrac{0.02413}{\log_{10}\dfrac{D}{\sqrt[n]{rs^{n-1}}}}$

복도체는 단도체에 비하여 인덕턴스는 감소하고, 정전 용량은 증가한다.

34 복도체를 사용하면 송전 용량이 증가하는 가장 주된 이유는?
① 코로나가 발생하지 않는다.
② 선로의 작용 인덕턴스는 감소하고 작용 정전 용량은 증가한다.
③ 전압강하가 적다.
④ 무효전력이 적어진다.

해설 복도체를 사용하면 전선의 등가 반지름이 증가하므로 선로의 작용 인덕턴스는 감소하고 작용 정전 용량은 증가하여 송전 용량을 증가시키고, 코로나 임계 전압을 높일 수 있어 코로나 발생을 방지하며 초고압 송전 선로에 적당하다.

35 복도체 또는 다도체에 대한 설명으로 옳지 않은 것은?
① 복도체는 3상 송전선의 1상의 전선을 2본으로 분할한 것이다.
② 2본 이상으로 분할된 도체를 일반적으로 다도체라고 한다.
③ 복도체 또는 다도체를 사용하는 주목적은 코로나 방지에 있다.
④ 복도체의 선로정수는 같은 단면적의 단도체 선로에 비교할 때 변함이 없다.

정답 31. ④ 32. ④ 33. ② 34. ② 35. ④

해설 복도체를 사용하면 같은 단면적의 단도체에 비해 인덕턴스는 감소하고 정전용량은 증가하므로 선로정수(R, L, C, g)가 달라진다.

36 복도체 방식이 가장 적당한 송전 선로는?
① 저전압 송전 선로
② 고압 송전 선로
③ 특고압 송전 선로
④ 초고압 송전 선로

해설 위의 문제 풀이 참조

37 지중선 계통은 가공선 계통에 비하여 인덕턴스와 정전 용량은 어떠한가?
① 인덕턴스, 정전 용량이 모두 크다.
② 인덕턴스, 정전 용량이 모두 작다.
③ 인덕턴스는 크고, 정전 용량은 작다.
④ 인덕턴스는 작고, 정전 용량은 크다.

해설 지중선 계통은 가공선 계통에 비하여 선간거리가 수십 배 작으므로 인덕턴스는 작고, 정전 용량은 크다.

38 송전 계통의 안정도를 향상시키는 방법이 아닌 것은?
① 직렬 리액턴스를 증가시킨다.
② 전압 변동률을 적게 한다.
③ 고장시간, 고장전류를 적게 한다.
④ 동기기간의 임피던스를 감소시킨다.

해설 안정도 향상 대책으로는 계통의 직렬 리액턴스 감소, 속응여자방식 채용, 계통의 연계, 중간 조상방식으로 전압 변동률을 적게 하며 적당한 중성점 접지방식, 고속차단방식, 재폐로 방식으로 계통에 주는 충격을 적게 하며 고장 중의 발전기 입출력의 불평형을 적게 한다.

39 송전 선로의 안정도 향상 대책이 아닌 것은?
① 병행 다회선이나 복도체 방식 채용
② 속응 여자 방식 채용
③ 계통의 직렬 리액턴스 증가
④ 고속 차단기 이용

해설 위의 문제풀이 참조

40 3상 3선식 송전선로에서 선전류가 144[A]이고, 1선당의 저항이 7.12[Ω]이라면 이 선로의 전력 손실은 몇 [kW]인가? (단, 이 선로의 수전단 전압은 60[kV], 역률은 0.8이라 한다.)
① 148   ② 296
③ 443   ④ 587

해설 $P_l = 3I^2R = 3 \times 144^2 \times 7.12 \times 10^{-3}$
$\fallingdotseq 443[kW]$

41 송전단 전압이 6600[V], 수전단 전압은 6100[V]였다. 수전단의 부하를 끊은 경우 수전단 전압이 6300[V]라면, 이 회로의 전압 강하율[%]과 전압 변동률[%]은?
① 3.28, 8.2   ② 8.2, 3.28
③ 4.14, 6.8   ④ 6.8, 4.14

해설 전압 강하율
$\epsilon = \dfrac{V_s - V_r}{V_r} \times 100 = \dfrac{6600 - 6100}{6100} \times 100$
$= 8.2[\%]$
전압 변동률
$\delta = \dfrac{V_{r_0} - V_r}{V_r} \times 100 = \dfrac{6300 - 6100}{6100} \times 100$
$= 3.28[\%]$

42 수전단 전압은 60000[V], 전류 200[A], 선로의 저항 $R = 7.5[\Omega]$, 리액턴스 $X = 10.8[\Omega]$, 역률 0.8일 때 전압 강하율[%]은? [16]

① 6.38 ② 6.82 ③ 7.21 ④ 7.87

해설
$V_s = V_r + \sqrt{3} I(R\cos\theta + X\sin\theta)$
$= 60000 + \sqrt{3} \times 200(7.5 \times 0.8 + 10.8 \times 0.6)$
$= 64323 [V]$
전압 강하율
$\epsilon = \dfrac{V_s - V_r}{V_r} \times 100$
$= \dfrac{64323 - 60000}{60000} \times 100 = 7.21[\%]$

43 수전단 전압은 66[kV], 전류 100[A], 선로 저항 10[Ω], 선로 리액턴스 15[Ω]인 3상 단거리 송전 선로의 전압 강하율은 몇 [%]인가? (단, 수전단의 역률은 0.80이다.)

① 2.57 ② 3.25 ③ 3.74 ④ 4.46

해설
$\epsilon = \dfrac{V_s - V_r}{V_r} \times 100$
$= \dfrac{\sqrt{3} I(R\cos\theta + X\sin\theta)}{V_r} \times 100$
$= \dfrac{\sqrt{3} \times 100(10 \times 0.8 + 15 \times 0.6)}{66000} \times 100$
$= 4.46[\%]$

44 동일한 부하전력에 대하여 전압을 2배로 승압하면 전압강하, 전압 강하율, 전력 손실률은 각각 어떻게 되는지 순서대로 나열한 것은?

① $\dfrac{1}{2}, \dfrac{1}{2}, \dfrac{1}{2}$ ② $\dfrac{1}{2}, \dfrac{1}{2}, \dfrac{1}{4}$
③ $\dfrac{1}{2}, \dfrac{1}{4}, \dfrac{1}{4}$ ④ $\dfrac{1}{4}, \dfrac{1}{4}, \dfrac{1}{4}$

해설 전압 V를 n배 승압 송전할 경우 전압강하는 $\dfrac{1}{n}$배이고, 전압 강하율과 전력 손실률은 $\dfrac{1}{n^2}$배가 된다.

45 저항 10[Ω], 리액턴스 15[Ω]인 3상 송전선이 있다. 수전단 전압 60[kV], 부하 역률 0.8(늦음), 전류 100[A]라 한다. 이 때 송전단 전압[kV]은?

① 61.69 ② 62.70
③ 62.94 ④ 63.94

해설
$V_s = V_r + \sqrt{3} I(R\cos\theta + X\sin\theta)$
$= 60000 + \sqrt{3} \times 100(10 \times 0.8 + 15 \times 0.6)$
$= 62.94[kV]$

46 역률 0.8, 출력 360[kW]인 3상 평형 유도부하가 3상 배전선로에 접속되어 있다. 부하단의 수전전압이 6000[V], 배전선 1조의 저항 및 리액턴스가 각각 5[Ω], 4[Ω]라고 하면 송전단 전압은 몇 [V]인가?

① 6120 ② 6277
③ 6300 ④ 6480

해설 $P = \sqrt{3} VI\cos\theta$에서
$I = \dfrac{P \times 10^3}{\sqrt{3} V\cos\theta} = \dfrac{360 \times 10^3}{\sqrt{3} \times 6000 \times 0.8} = 43.3[A]$
송전단 전압
$V_s = V_r + \sqrt{3} I(R\cos\theta + X\sin\theta)$
$= 6000 + \sqrt{3} \times 43.3 \times (5 \times 0.8 + 4 \times 0.6)$
$\fallingdotseq 6480[V]$

47. 송전선의 전압 변동률
$\delta = \dfrac{V_{R1} - V_{R2}}{V_{R2}} \times 100[\%]$ 식에서 V_{R1}은 무엇인가?

① 무부하 시 송전단 전압
② 부하 시 송전단 전압
③ 무부하 시 수전단 전압
④ 부하 시 수전단 전압

정답 42. ③ 43. ④ 44. ③ 45. ③ 46. ④ 47. ③

해설 전압 변동률

$$= \frac{\left(\begin{array}{c}\text{무부하시}\\\text{수전단전압}\end{array}\right) - \left(\begin{array}{c}\text{수전단}\\\text{정격전압}\end{array}\right)}{\text{수전단 정격 전압}} \times 100[\%]$$

48 송전선의 단면적 $A[\text{mm}^2]$와 송전 전압 $V[\text{kV}]$와의 관계로 옳은 것은?

① $A \propto V$ ② $A \propto V^2$
③ $A \propto \dfrac{1}{V^2}$ ④ $A \propto \dfrac{1}{\sqrt{V}}$

해설 $P_l = 3I^2R = \dfrac{P^2 \rho l}{V^2\cos^2\theta A}$에서

$A = \dfrac{P^2 \rho l}{P_l V^2 \cos^2\theta} \propto \dfrac{1}{V^2}$

49 3상 3선식 송전선에서 일정한 거리에 일정한 전력을 송전할 경우 선로에서의 저항손은?

① 선간 전압에 비례
② 선간 전압에 반비례
③ 선간 전압의 2승에 비례
④ 선간 전압의 2승에 반비례

해설 저항손 $P_l = 3I^2R = \dfrac{P^2 \rho l}{V^2\cos^2\theta A}$에서

$P_l \propto \dfrac{1}{V^2}$

50 송전 전압을 높일 때 발생하는 경제적 문제 중 옳지 않은 것은?

① 송전 전력과 전선의 단면적이 일정하면 선로의 전력 손실이 감소한다.
② 절연 애자의 개수가 증가한다.
③ 변전소에 시설할 기기의 값이 고가로 된다.
④ 보수 유지에 필요한 비용이 적어진다.

해설 송전 전압을 높이면 보수 유지에 필요한 비용이 많아진다.

51 일정 거리를 동일 전선으로 송전할 때 송전 전력은 송전 전압의 대략 몇 승에 비례하는가?

① 2 ② $\dfrac{1}{2}$
③ 1 ④ $\dfrac{1}{3}$

해설 전력 손실률이 일정한 경우 송전 전력은 송전 전압의 2승에 비례한다.

52 고압 배전 선로의 선간 전압을 3300[V]에서 5700[V]로 승압하는 경우, 같은 전선으로 전력 손실을 같게 한다면 몇 배의 전력을 공급할 수 있겠는가?

① 1.5배 ② 2배
③ 3배 ④ 4배

해설 $P \propto V^2$이므로 $P = \left(\dfrac{5700}{3300}\right)^2 ≒ 3$

53 154[kV]의 송전 선로의 전압을 345[kV]로 승압하고 같은 손실률로 송전한다고 가정하면 송전 전력은 승압 전의 몇 배인가?

① 2 ② 3
③ 4 ④ 5

해설 송전 전력 $P = KV^2 = K\left(\dfrac{345}{154}\right)^2 = 5K$

정답 48. ③ 49. ④ 50. ④ 51. ① 52. ③ 53. ④

54 전압과 역률이 일정할 때 전력 손실을 2배로 하면 전력을 몇 [%] 증가시킬 수 있는가?
① 약 41 ② 약 50
③ 약 73 ④ 약 82

해설 전력 손실 $P_l = 3I^2R = \dfrac{P^2R}{V^2\cos^2\theta}$에서

$P_l = KP^2$이므로 $P = \dfrac{1}{\sqrt{K}}\sqrt{P_l}$

전력 손실을 두 배로 한 후 전력 $P' = \sqrt{2}\,P$ 증가시킬 수 있는 전력 증가율은

$\dfrac{\sqrt{2}\,P - P}{P} \times 100 = \dfrac{\sqrt{2}-1}{1} \times 100 = 141[\%]$

55 중거리 송전선로에서 T형 회로일 경우 4단자 정수 A는?
① $1 + \dfrac{ZY}{2}$ ② $1 - \dfrac{ZY}{4}$
③ Z ④ Y

해설
$\begin{bmatrix} A & B \\ C & D \end{bmatrix} = \begin{bmatrix} 1 & \dfrac{Z}{2} \\ 0 & 1 \end{bmatrix}\begin{bmatrix} 1 & 0 \\ Y & 1 \end{bmatrix}\begin{bmatrix} 1 & \dfrac{Z}{2} \\ 0 & 1 \end{bmatrix}$

$= \begin{bmatrix} 1 + \dfrac{ZY}{2} & Z\left(1 + \dfrac{ZY}{4}\right) \\ Y & 1 + \dfrac{ZY}{2} \end{bmatrix}$

56 π형 회로의 일반 회로 정수에서 B는 무엇을 의미하는가?
① 저항 ② 리액턴스
③ 임피던스 ④ 어드미턴스

해설 π형 회로의 B는 임피던스이며 T형 회로에서 C는 어드미턴스이다.

57 2회선 송전선로가 있다. 사정에 따라 그 중 1회선을 정지하였다고 하면 이 송전선로의 일반 회로정수(4단자 정수) 중 B의 크기는?
① 변화 없다. ② $\dfrac{1}{2}$로 된다.
③ 2배로 된다. ④ 4배로 된다.

해설 2회선은 병렬 회로이므로 합성 임피던스 B_0는 1회선일 때의 $\dfrac{1}{2}$배이므로 1회선이 정지하면 임피던스 B는 2배로 된다.

58 중거리 송전 선로의 T형 회로에서 송전단 전류 I_s는? (단, Z, Y는 선로의 직렬 임피던스와 병렬 어드미턴스이고 E_r은 수전단 전압, I_r은 수전단 전류이다.)
① $I_r\left(1 + \dfrac{ZY}{2}\right) + E_r Y$
② $E_r\left(1 + \dfrac{ZY}{2}\right) + ZI_r\left(1 + \dfrac{ZY}{4}\right)$
③ $E_r\left(1 + \dfrac{ZY}{2}\right) + Z_r$
④ $I_r\left(1 + \dfrac{ZY}{2}\right) + E_r Y\left(1 + \dfrac{ZY}{4}\right)$

해설 T형 회로 $I_s = I_r\left(1 + \dfrac{ZY}{2}\right) + E_r Y$

π형 회로 $I_s = E_r\left(1 + \dfrac{ZY}{4}\right)Y + I_r\left(1 + \dfrac{ZY}{2}\right)$

59 그림과 같은 정수가 서로 같은 평행 2회선의 4단자 정수 중 C_0는?

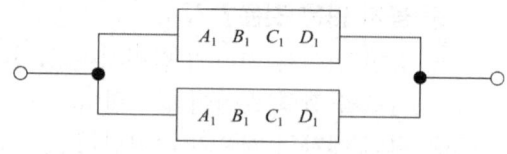

① $\dfrac{C_1}{4}$ ② $\dfrac{C_1}{2}$
③ $2C_1$ ④ $4C_1$

해설 2회선 송전 선로의 병렬접속에서 A, D는 불변, 임피던스 값인 B는 $\frac{1}{2}$배로 감소, 어드미턴스 값인 C는 2배로 증가한다.

60 3상 3선식 송전 선로 1선 1[km]의 임피던스를 Z, 어드미턴스를 Y라 하면 특성 임피던스는?

① $\sqrt{\dfrac{Y}{Z}}$
② $\sqrt{\dfrac{Z}{Y}}$
③ $\sqrt{ZY}$
④ $\sqrt{Z+Y}$

해설 특성 임피던스 $Z_0 = \sqrt{\dfrac{Z}{Y}} ≒ \sqrt{\dfrac{L}{C}}$

61 장거리 송전선에서 단위 길이 당 임피던스 $Z = r + j\omega L [\Omega/\text{km}]$, 어드미턴스 $Y = g + j\omega C [\mho/\text{km}]$라 할 때 저항과 누설 컨덕턴스를 무시하는 경우 특성 임피던스의 값은?

① $\sqrt{\dfrac{L}{C}}$
② $\sqrt{\dfrac{C}{L}}$
③ $\dfrac{L}{C}$
④ $\dfrac{C}{L}$

해설 특성 임피던스
$Z_0 = \sqrt{\dfrac{Z}{Y}} = \sqrt{\dfrac{r+j\omega L}{g+jC}} ≒ \sqrt{\dfrac{j\omega L}{j\omega C}} = \sqrt{\dfrac{L}{C}}$

62 장거리 송전선로의 특성은 무슨 회로로 다루는 것이 가장 좋은가?

① 특성 임피던스 회로
② 집중 정수 회로
③ 분포 정수 회로
④ 분산 부하 회로

해설 단거리 송전 선로는 R과 L만의 직렬회로로 해석하고 중거리 송전 선로는 R, L, C만의 회로로 다루어 T형 회로와 π형 회로로 해석하며 장거리 송전 선로는 R, L, C, g 모두 존재하는 것으로 다루어 분포 정수 회로로 해석한다.

63 수전단을 단락한 송전단에서 본 임피던스는 200[Ω]이고, 수전단을 개방한 경우에는 800[Ω]일 때 이 선로의 특성 임피던스[Ω]는?

① 600
② 500
③ 400
④ 300

해설 특성 임피던스
$Z_0 = \sqrt{\dfrac{Z}{Y}} = \sqrt{\dfrac{200}{\frac{1}{800}}} = 400[\Omega]$

64 선로의 특성 임피던스는?

① 선로의 길이가 길어질수록 값이 커진다.
② 선로의 길이가 길어질수록 값이 작아진다.
③ 선로의 길이보다는 부하전력에 따라 값이 변한다.
④ 선로의 길이에 관계없이 일정하다.

해설 특성 임피던스 $Z_0 = \sqrt{\dfrac{Z}{Y}} ≒ \sqrt{\dfrac{L}{C}}$로 길이에 무관하다.

65 전력 원선도에서 알 수 없는 것은?

① 전력
② 손실
③ 역률
④ 코로나 손실

정답 60. ② 61. ① 62. ③ 63. ③ 64. ④ 65. ④

해설 전력 원선도에서 정태 안정 극한 전력(최대 전력), 송수전단 전압간의 상차각, 조상 용량, 수전단 역률, 선로 손실과 송전 효율을 알 수 있다.

66 전력 원선도에서 구할 수 없는 것은?
① 조상용량
② 송전손실
③ 정태안정 극한전력
④ 과도안정 극한전력

해설 위의 문제풀이 참조

67 정전압 송전 방식에서 전력 원선도를 그리려면 무엇이 주어져야 하는가?
① 송수전단 전압, 선로의 일반회로 정수
② 송수전단 전류, 선로의 일반회로 정수
③ 조상기 용량, 수전단 전압
④ 송전단 전압, 수전단 전류

해설 전력 원선도 작성 시 필요한 것은 송전단 전압, 수전단 전압, 회로 정수(A, B, C, D)

68 전력 원선도의 가로축과 세로축은 각각 다음 중 어느 것을 나타내는가?
① 전압과 전류
② 전압과 전력
③ 전류와 전력
④ 유효 전력과 무효 전력

해설 전력 원선도의 가로축은 유효 전력, 세로축은 무효 전력

69 송전단의 전력원 방정식이 $P_s^2 + (Q_s - 300)^2 = 250000$인 전력계통에서 최대 전송 가능한 유효전력은 얼마인가? [17]
① 300
② 400
③ 500
④ 600

해설 최대 전송 가능한 유효전력은 무효분이 0일 때 이므로
$P_s^2 + 0 = 500^2$에서 $P_s = \sqrt{500^2} = 500$

70 송수 양단의 전압을 E_s, E_r라 하고 4단자 정수를 A, B, C, D라 할 때 전력 원선도의 반지름은?
① $\dfrac{E_s E_r}{A}$
② $\dfrac{E_s E_r}{B}$
③ $\dfrac{E_s E_r}{C}$
④ $\dfrac{E_s E_r}{D}$

해설 전력 원선도의 반지름 $\rho = \dfrac{E_s E_r}{B}$

71 선로 길이 100[km], 송전단 전압 154[kV], 수전단 전압 140[kV]의 3상 3선식 정전압 송전선에서 선로정수는 저항 0.315[Ω/km], 리액턴스 1.035[Ω/km]라고 할 때 수전단 3상 전력 원선도의 반경을 [MVA] 단위로 표시하면 약 얼마인가?
① 200
② 300
③ 450
④ 600

해설 저항과 인덕턴스만의 단거리 송전 선로이므로
$A = D = 1$, $B = Z$, $C = 0$
$B = Z = \sqrt{R^2 + X^2} = \sqrt{0.315^2 + 1.035^2}$
$= 1.082$[Ω/km] $= 1.082 \times 100 = 108.2$[Ω]
전력 원선도의 반지름
$\rho = \dfrac{E_s E_r}{B} = \dfrac{140 \times 154}{108.2} ≒ 200$[MVA]

정답 66. ④ 67. ① 68. ④ 69. ③ 70. ② 71. ①

72 전선 간에 가해지는 전압이 어떤 값 이상으로 되면 전선 주위의 전장이 강하게 되어 전선표면의 공기가 국부적으로 절연이 파괴되어 빛과 낮은 소리를 내는 현상은?

① 표피작용 ② 페란티효과
③ 코로나현상 ④ 혼현상

해설 전선로나 애자 부근에 임계전압 이상의 전압이 가해지면 공기의 절연이 부분적으로 파괴되어 낮은 소리나 엷은 빛을 내면서 방전되는 현상을 코로나 현상이라 한다.

73 코로나 현상에 대한 설명 중 옳지 않은 것은?

① 코로나 현상은 전력의 손실을 일으킨다.
② 코로나 손실은 전원 주파수의 2/3 제곱에 비례한다.
③ 코로나 방전에 의하여 전파 장해가 일어난다.
④ 전선을 부식시킨다.

해설 코로나 손실(F.W. Peek의 식)

$$P = \frac{241}{\delta}(f+25)\sqrt{\frac{r}{D}}(E-E_0)^2 \times 10^{-5} [\text{kW/km/선}]$$

E : 전선의 대지전압[kV]
E_0 : 코로나 임계전압[kV]
δ : 상대공기밀도
r : 전선의 반지름[cm]
D : 선간거리[cm]
f : 주파수[Hz]

74 송전선의 코로나손과 가장 관계가 깊은 것은?

① 상대 공기 밀도
② 송전선의 정전 용량
③ 송전 거리
④ 송전선의 전압 변동률

해설 위의 문제풀이 참조

75 표준 상태의 기온, 기압 하에서 공기의 절연이 파괴되는 전위 경도는 정현파 교류의 실효값[kV/cm]으로 얼마인가?

① 40 ② 30
③ 21 ④ 12

해설 절연 파괴 전위 경도는 직류에 있어서는 30[kV/cm], 교류에 있어서는 교류 최댓값이 30[kV/cm]이므로 실효값은 $\frac{30}{\sqrt{2}} = 21$[kV/cm]이다.

76 3상 3선식 송전선로에서 코로나 임계전압 E_0[kV]의 계산식은? (단, $d=2r=$전선의 지름[cm], $D=$전선(3선)의 평균 선간거리[cm]이며, 전선 표면계수, 날씨계수, 상대공기밀도 등의 영향계수는 곱하지 않는 것으로 한다.)

① $E_0 = 24.3 d \log_{10} \frac{D}{r}$

② $E_0 = 24.3 d \log_{10} \frac{r}{D}$

③ $E_0 = \frac{24.3}{d \log_{10} \frac{D}{r}}$

④ $E_0 = \frac{24.3}{d \log_{10} \frac{r}{D}}$

해설 코로나 임계전압 $E_0 = 24.3 m_0 m_1 \delta d \log_{10} \frac{D}{r}$에서 전선 표면계수, 날씨계수, 상대공기밀도 등의 계수는 고려하지 않으므로 $E_0 = 24.3 d \log_{10} \frac{D}{r}$

정답 72. ③ 73. ② 74. ① 75. ③ 76. ①

77 송전선로의 코로나 임계전압이 높아지는 것은?
① 기압이 낮아지는 경우
② 전선의 지름이 큰 경우
③ 온도가 높아지는 경우
④ 상대 공기 밀도가 작은 경우

해설 기압이 낮아지거나 온도가 높아지면 상대 공기밀도가 작아지므로 코로나 임계전압은 낮아지게 되고 전선의 지름이 큰 경우에는 코로나 임계전압이 높아진다.

78 송전선에 코로나가 발생하면 전선이 부식된다. 무엇에 의해 부식되는가?
① 산소   ② 질소
③ 수소   ④ 오존

해설 오존과 산화질소는 코로나 방전 시에 발생하며 습기와 혼합하면 질산이 되므로 전선이나 부속물이 부식된다.

79 송전 선로에 코로나가 발생하였을 때 이점이 있다면 다음 중 어느 것인가?
① 계전기의 신호에 영향을 준다.
② 라디오 수신에 영향을 준다.
③ 전력선 반송에 영향을 준다.
④ 고전압의 진행파가 발생했을 때 뇌 서지에 영향을 준다.

해설 뇌 서지 등의 진행파가 코로나 방전을 수반하여 송전선 상을 진행하면 코로나 방전 개시 전압보다 높은 부분의 파형이 일그러져 감소된다.

80 코로나 방지대책으로 적당하지 않은 것은?
① 전선의 바깥지름을 크게 한다.
② 선간 거리를 증가시킨다.
③ 복도체 방식을 채용한다.
④ 가선 금구를 개량한다.

해설 코로나 방지대책으로는 전선의 지름을 크게 하고 복도체를 사용하고 가선 금구를 개량하고 가선 시에 전선 표면의 금구가 손상되지 않게 한다.

81 송전 선로의 코로나 발생을 방지하는 대책으로 가장 효과적인 방법은?
① 전선의 선간거리를 증가시킨다.
② 선로의 대지 절연을 강화한다.
③ 철탑의 접지저항을 낮게 한다.
④ 전선을 굵게 한다.

해설 위의 문제풀이 참조

82 코로나 방지에 가장 효과적인 방법은?
① 선간거리를 증가시킨다.
② 전선의 높이를 가급적 낮게 한다.
③ 선로의 절연을 강화한다.
④ 전선의 바깥지름을 크게 한다.

해설 위의 문제풀이 참조

83 다음 사항 중 가공 송전선로의 코로나 손실과 관계가 없는 사항은?
① 전원 주파수
② 전선의 연가
③ 상대공기밀도
④ 선간거리

정답 77. ② 78. ④ 79. ④ 80. ② 81. ④ 82. ④ 83. ②

해설 코로나 손실(F.W. Peek의 식)
$$P = \frac{241}{\delta}(f+25)\sqrt{\frac{r}{D}}(E-E_0)^2 \times 10^{-5} [\text{kW/km/선}]$$
에서 전선의 연가는 관계가 없다.

해설 조상설비로서는 지상과 진상을 보상할 수 있는 동기 조상기, 진상만 공급하는 전력용 콘덴서와 지상을 공급시켜 주는 분로 리액터가 있으며 선로의 진상 전류는 계통에 페란티 효과를 유발시키므로 병렬(분로) 리액터를 설치하여 페란티 현상을 방지한다.

84 페란티 현상이 생기는 원인은?
① 선로의 인덕턴스
② 선로의 정전 용량
③ 선로의 누설 컨덕턴스
④ 선로의 저항

해설 페란티 현상은 선로의 정전 용량으로 인하여 무부하시나 경부하시에 수전단 전압이 송전단 전압보다 높아지는 현상으로 분로 리액터나 동기 조상기의 지상 용량으로 방지할 수 있다.

85 수전단 전압이 송전단 전압보다 높아지는 현상을 무엇이라 하는가?
① 옵티마 현상
② 자기 여자 현상
③ 페란티 현상
④ 동기화 현상

해설 위의 문제풀이 참조

86 초고압 장거리 송전 선로에 접속되는 1차 변전소에 병렬 리액터를 설치하는 목적은?
① 페란티 현상 방지
② 전압 강하의 방지
③ 전력 손실의 경감
④ 계통 안정도의 증진

정답 84. ② 85. ③ 86. ①

5 가공 송·배전 선로의 구성설비

(1) 장주

지지물에 전선, 그 밖의 기구를 고정시키기 위하여 완목, 완금, 애자 등을 장치하는 것

1) 장주 작업 시 고려사항

① 작업이 간단하고 전선, 기구 등이 튼튼하게 고정될 것
② 혼촉, 누전의 우려가 없고 경제적이고 미관이 좋을 것

2) 완금

지지물에 전선을 고정시키기 위하여 사용하는 금구로, 아연 도금을 한 앵글을 많이 사용하며 완금이 상하로 움직이는 것을 방지하기 위하여 암 타이를 사용하고 암 타이를 고정시키려면 암 타이 밴드, 지선에 붙일 때에는 지선 밴드를 사용한다.
완금의 길이는 경(□형)완금은 900/1400/1800/2400[mm], ㄱ 완금은 2600/3200/5400[mm]가 있다.

3) 랙(Rack)배선

저압선의 경우에 완금을 설치하지 않고 전주에 수직방향으로 애자를 설치하는 배선

4) 주 변압기의 설치

주상 변압기는 행거밴드를 사용하여 고정시키며, 행거밴드를 사용하기 곤란한 경우에는 변대를 만들어 변압기를 설치한다. 구분 개폐기(OS 또는 AS)는 완목 또는 완금에 시설하여 끈으로 조작할 수 있도록 시설하고 고압 콘덴서는 개폐기를 거쳐서 완목 또는 완금에 행거로 시설하거나 용량이 큰 것은 변대를 이용한다. 피뢰기는 완목 또는 완금에 직접 설치하고 접지공사에 의하여 접지한다.

(2) 건주

지지물(전주)을 땅에 세우는 것으로, 인력 굴착에 의한 방법과 건주차(오가 크레인)에 의한 방법, 백호우 방법 등이 있다.
가공 전선로 지지물의 기초 안전율 2(이상 시 상정 하중에 대한 철탑의 경우 1.33) 이상이어야 한다. 다만 다음의 경우에는 그러하지 아니한다.

① 강관주 또는 철근 콘크리트주로서 그 전체 길이가 16[m] 이하이고 또한 설계 하중이 6.8[kN] 이하인 것 또는 목주를 다음에 의하여 시설하여야 한다.

목주의 길이	묻히는 깊이
15[m] 이하	전체 길이 1/6 이상
15[m] 초과	2.5[m] 이상

② 철근 콘크리트주로써 길이가 16[m] 초과, 20[m] 이하이고 설계하중이 6.8[kN] 이하인 경우 아래 기준에 따라 시설하는 경우

지지물 길이	설계하중	묻히는 깊이
16[m] 초과 20[m] 이하	6.8[kN] 이하	2.8[m] 이상
14[m] 이상 20[m] 이하	6.8[kN] 초과 9.8[kN] 이하	①의 기준에 0.3[m] 가산
16[m] 이상 20[m] 이하	9.8[kN] 초과 14.72[kN] 이하	15[m] 이하 : ①의 기준에 0.5[m] 가산 15[m] 초과 18[m] 이하 : 3[m] 이상 18[m] 초과 : 3.2[m] 이상

(3) 지선

전선로의 안정성을 증대시키거나, 지지물의 강도를 보강시키고자 할 때 전선로의 건조물과 접근할 경우 보완을 이루고자 할 때와 불평형 하중에 대한 평형을 이루고자 할 때 설치한다.

① 가공전선로의 지지물로 사용하는 철탑은 지선을 사용하여 그 강도를 분담시켜서는 안된다.
② 철주 또는 철근콘크리트주는 지선을 사용하지 아니한 상태에서 풍압하중의 1/2 이상의 풍압하중에 견디는 강도를 가지는 경우 이외에는 지선을 사용하여 그 강도를 분담시켜서는 안된다.
③ 가공전선로의 지지물에 시설하는 지선은 다음 각 호에 의하여야 한다.
　㉠ 지선의 안전율은 2.5(고압 및 특고압 가공전선로 목주 등의 규정에 의하여 시설하는 지선은 1.5) 이상일 것. 이 경우에 허용 인장하중의 최저는 4.31[kN]으로 한다.
　㉡ 지선에 연선을 사용할 경우에는 소선 3가닥 이상의 연선으로, 소선은 지름 2.6[mm] 이상의 금속선을 사용한 것일 것. 다만, 소선의 지름이 2[mm] 이상인 아연도강 연선으로써 소선의 인장강도가 0.68[kN/mm^2] 이상인 것을 사용하는 경우에는 그러하지 아니하다.

ⓒ 지중의 부분 및 지표상 30[cm]까지의 부분에는 내식성이 있는 것 또는 아연도 금을 한 철봉을 사용하고 이를 쉽게 부식하지 아니하는 근가에 견고하게 붙일 것
ⓔ 도로를 횡단하여 시설하는 지선의 높이는 지표상 5[m] 이상으로 하여야 한다. 다만, 기술상 부득이한 경우로서 교통에 지장을 초래할 우려가 없는 경우에는 지표상 4.5[m] 이상, 보도의 경우에는 보도상 2.5[m] 이상으로 할 수 있다.
ⓜ 저압 및 고압 또는 25000[V] 미만인 특고압 가공전선로의 지지물에 시설하는 지선으로써 전선과 접촉할 우려가 있는 것에는 그 상부에 애자를 삽입하여야 한다.
ⓗ 가공전선로의 지지물에 시설하는 지선은 이와 동등 이상의 효력이 있는 지주로 대체할 수 있다.
ⓢ 지선애자는 감전을 방지하기 위하여 지표상 2.5[m] 되는 곳에 설치하고, 지선의 부착 각도는 30~45°로 하되, 60° 이하로 설치한다.

④ 폭풍에 견딜 수 있도록 5기마다 1기의 비율로 선로방향으로 전주 양측에 지선을 설치한다.
⑤ 송배전 선로로 수목 접촉 및 건물과의 이격거리를 유지함으로써 낙뢰에 의한 피해를 최소화시키고 선로 보호를 위해 최상단에 가공지선을 설치하며 직선형과 내장형이 있다.

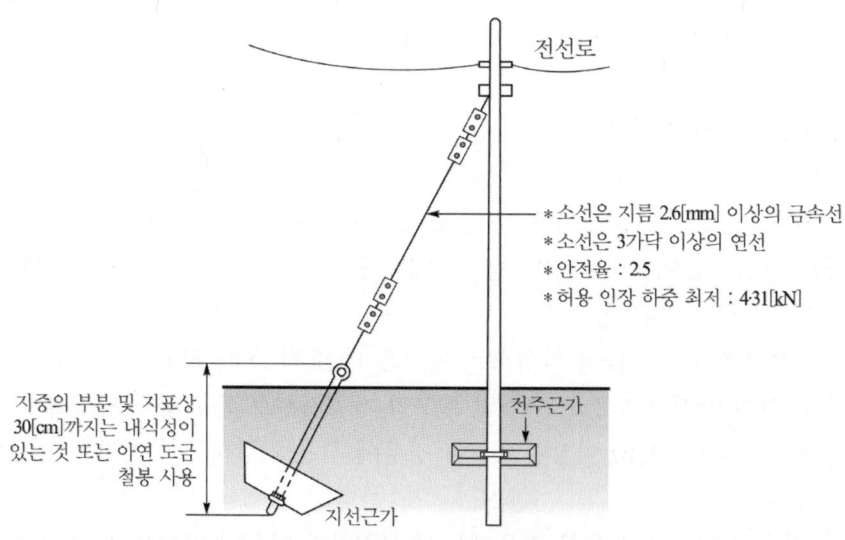

지선 시설

⑥ 지선의 종류
　㉠ 보통지선 : 전주 근원으로부터 전주길이의 약 1/2 거리에 지선용 근가를 매설하여 설치하는 지선으로써 일반적인 경우에 사용된다.
　㉡ 수평지선 : 지형의 상황 등으로 보통지선을 시설할 수 없을 경우에 적용하며, 전주와 전주간, 전주와 지선주간에 시설한 지선
　㉢ 공동지선 : 두 개의 지지물에 공통으로 시설하는 지선으로써 지지물 상호거리가 비교적 근접한 경우에 시설한다.
　㉣ Y 지선 : 다단의 완철이 설치되고 또한 장력이 클 때 또는 H주일 때 보통지선을 2단으로 부설하는 것
　㉤ 궁지선 : 장력이 비교적 적고 다른 종류의 지선을 시설할 수 없을 경우에 설치하는 것으로 A형, R형이 있다.

(4) 가선공사

1) 가공전선의 세기, 굵기 및 종류

① 전압에 따른 전선
- 저압 가공전선 : 절연전선, 다심형 전선, 케이블, 나전선(중성선으로 사용하는 경우)
- 고압 가공전선 : 고압 절연전선, 특고압 절연전선, 케이블

② 가공전선의 굵기와 종류

전압	전선의 종류
400[V] 이하	인장강도 3.43[kN] 이상 또는 지름 3.2[mm] 경동선(절연전선인 경우 인장강도 2.3[kV] 이상 또는 지름 2.6[mm] 이상의 경동선)
400[V] 초과의 저압 또는 고압 -시가지 내 -시가지 외	인장강도 8.01[kN] 이상 또는 지름 5.0[mm] 이상의 경동선 인장강도 5.26[kN] 이상 또는 지름 4.0[mm] 이상의 경동선
특고압 -시가지 외 -시가지 내 170[kV] 미만 -100[kV] 이상 170[kV] 이하 -170[kV] 초과	인장강도 8.71[kN] 이상의 연선 또는 22[mm^2]의 경동연선 인장강도 21.67[kN] 이상의 연선 또는 55[mm^2]의 경동연선 인장강도 58.84[kN] 이상의 연선 또는 150[mm^2]의 경동연선 단면적 240[mm^2] 이상의 ACSR 사용
22.9[kV]-Y	인장강도 8.71[kN] 이상의 연선 또는 22[mm^2]의 경동연선 ACSR인 경우 32[mm^2] 사용

2) 가공전선의 높이

시설장소		높이[m]
도로	횡단	지표상 6.0
	기타	
철도 또는 궤도 횡단		레일면상 6.5
횡단보도교 상방		노면상 3.5 (절연전선, 케이블인 경우 3.0)
그 밖의 장소		지표상 5.0

3) 가공전선의 안전율

특고압 및 고압 가공전선은 케이블인 경우 이외에는 다음에 규정하는 경우에 그 안전율이 경동선 또는 내열 동합금선은 2.2 이상, 그 밖의 전선은 2.5 이상이 되는 이도(dip)로 시설하여야 한다.

4) 풍압하중

가공 전선로에 사용하는 지지물의 강도 계산에 적용하는 풍압 하중은 갑종, 을종, 병종으로 구분한다.

- 갑종 풍압 하중

풍압을 받는 구분	구성재의 수직 투영면적 풍압을 받는 구분 1[m^2]에 대한 풍압
목주	588[Pa]
철주(원형)	588[Pa]
철근 콘크리트주(원형)	588[Pa]
철탑(단주, 원형)	588[Pa]

- 을종 풍압 하중 : 전선 기타의 가섭선 주위에 두께 6[mm], 비중 0.9의 빙설이 부착된 상태에서 수직 투영면적당 372[Pa], 그 외의 것은 갑종 풍압하중의 1/2을 기초로 하여 계산
- 병종 풍압 하중 : 갑종 풍압 하중에 1/2을 기초로 하여 계산

5) 전선의 소요량 계산

① 전선의 실소요량은 이도(dip)나 점퍼선 등을 가산하여 산출한다.

- 이도 $D = \dfrac{WS^2}{8T}[\text{m}]$

  (W : 전선의 무게[kg/m], S : 경간, T : 장력)

- 전선의 실제 길이 $L = S + \dfrac{8D^2}{3S}[\text{m}]$

② 위의 ①항과 같이 산출하지 않을 때는 다음과 같이 산출한다.
- 선로가 평탄할 때 : 선로의 길이 × 전선조 수 × 1.02
- 선로의 고저가 심할 때 : 선로의 길이 × 전선조 수 × 1.03
- 철거 시 회수량 : 선로의 길이 × 전선조 수

(5) 가공 인입선의 시설

가공 전선로의 지지물로부터 다른 가공전선의 지지물을 거치지 않고 수용장소의 인입점에 이르는 가공전선으로, 저압 가공 인입선과 고압 가공 인입선이 있다.

1) 인입선의 굵기 및 종류

구분		저압 인입선	고압 인입선	특고압 인입선
전선의 종류		절연전선, 다심형전선, 케이블	고압 절연전선 고압 케이블	특고압 케이블
전선 규격	절연 전선	케이블 이외에 인장강도 2.30[kN] 이상 또는 지름 2.6[mm] 인입용 비닐절연전선	전선은 인장강도 8.01[kN] 이상 또는 지름 5[mm] 이상의 경동선 또는 동등 이상의 굵기	• 변전소, 개폐소에 준하는 곳 이외의 인입하는 특고압 가공 인입선은 사용전압 100[kV] 이하 • 전선은 케이블인 경우 이외 인장강도 8.71[kN] 이상의 것 또는 단면적 22[mm^2]의 경동연선 사용
	케이블	가공케이블 규정에 준함	좌동	

2) 인입선의 높이

구분		저압 인입선	고압 인입선	특고압 인입선
도로(노면상)		5[m]	6[m]	6[m]
철도, 궤도(궤조면상)		6.5[m]	6.5[m]	6.5[m]
횡단보도교 위	노면상	3[m]	3.5[m]	전압 35[kV] 이하이고 전선에 케이블 사용 시 지표상 4[m] 이상
	이외의 곳	4[m]	5[m]	
교통에 지장이 없는 경우	도로	3[m]	전선 아래에 위험 표시할 때는 3.5[m]	
	이외의 곳	2.5[m]		

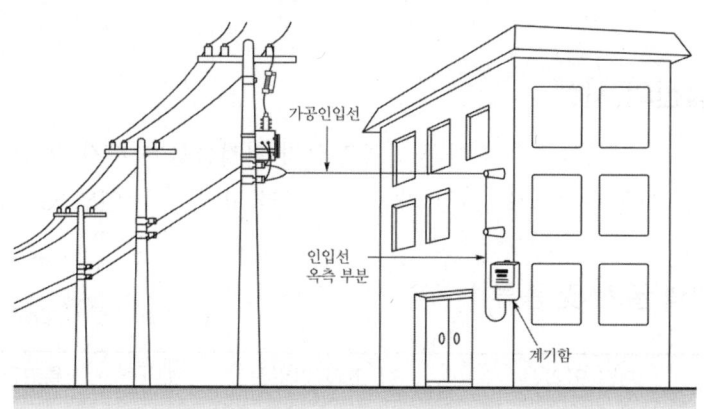

가공 인입선

(6) 연접 인입선의 시설

① 수용 장소의 인입선에서 분기하여 다른 지지물을 거치지 않고 다른 수용장소의 인입구에 이르는 부분의 전선을 말하며, 고압 및 특고압 연접인입선은 시설하여서는 안된다.

② 저압 연접인입선은 저압 인입선의 시설 규정에 준하여 시설하는 외에는 다음에 의하여 시설하여야 한다.

　㉠ 인입선에서 분기하는 점으로부터 100[m]를 넘는 지역에 미치지 않을 것
　㉡ 폭 5[m]를 넘는 도로를 횡단하지 아니할 것
　㉢ 옥내를 통과하지 아니할 것

㉣ 전선은 인장강도 2.30[kN] 이상 또는 지름 2.6[mm] 인입용 비닐절연전선 사용 (단, 경간이 15[m] 이하인 경우 인장강도 1.25[kN] 이상 또는 2.0[mm] 이상의 인입용 비닐절연전선일 것)

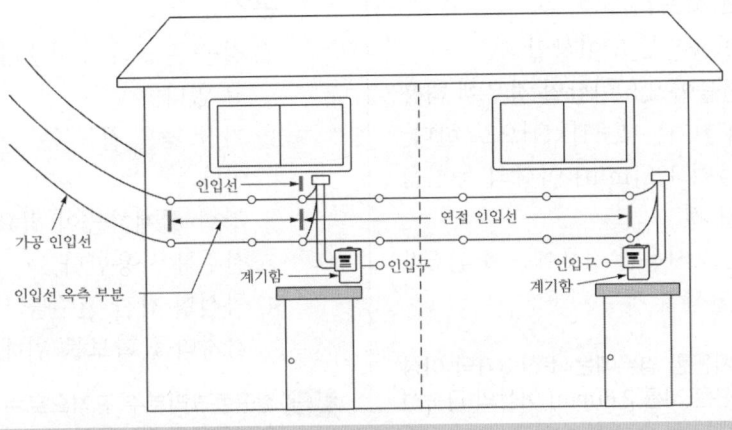

연접 인입선

출제예상문제

01 가공전선로의 지지물에 시설하는 지선 설치 공사로 잘못된 것은?
① 지선의 안전율은 2.5 이상일 것
② 지선의 안전율이 2.5 이상일 경우에 허용 인장하중의 최저는 4.31[kN]으로 한다.
③ 소선의 지름이 1.6[mm] 이상의 동선을 사용한 것일 것
④ 지선에 연선을 사용할 경우에는 소선 3가닥 이상의 연선일 것

해설 지선에 연선을 사용할 경우에는 소선 3가닥 이상의 연선으로 소선은 지름 2.6[mm] 이상의 금속선을 사용하여야 한다.

02 지선이나 지주를 설치할 때 고려하여야 할 사항으로 옳은 것은?
① 전선 수평 장력의 합성점에 가까운 곳에 설치한다.
② 가능한 한 고압선의 위쪽에 시설한다.
③ 양측 지선은 저압선의 위쪽에 설치한다.
④ 전주와의 각도는 약 60~70° 정도 되게 한다.

해설 지선의 시공
- 완금 하부에 지선밴드로 설치하고 장력의 합성점에 가깝게 설치
- 가능한 한 전선의 아래쪽에 설치하고 도로 횡단 시 지선의 높이는 5[m] 이상
- 지선의 부착 각도는 30~45°로 하되 60° 이하로 설치

03 배전선로 지지물에 대한 설명 중 잘못된 것은?
① 철근 콘크리트 전주가 가장 많이 사용되고 있다.
② 가장 높은 철근 콘크리트 전주는 20[m]이다.
③ 강한 설계하중이 필요한 개소에는 강관 전주를 사용한다.
④ 곡선형 강관 전주를 사용하는 이유는 이격거리를 확보를 위해서이다.

해설 철근콘크리트주 규격으로는
경하중용은 10~16[m],
중하중용은 12~16[m],
고강도용은 14~16[m]가 있다.

04 완목이나 완금을 목주에 붙이는 경우에는 볼트를 사용하고, 철근콘크리트주에 붙이는 경우에는 어느 것을 사용하는가?
① 지선밴드   ② 암타이
③ 암밴드   ④ U볼트

해설 U볼트는 U자형으로 양단에 나사를 낸 볼트로 완목이나 완금을 철근콘크리트주에 직교하여 붙여 체결하는데 사용된다.

05 완철과 랙에 대한 설명 중 옳은 것은?
① ㄱ형 완철이 가벼워서 주로 사용한다.
② 우리나라는 경완철을 수직으로 사용한다.
③ 완철은 저압선로, 랙은 고압선로에 사용
④ 랙은 특고압 선로의 중성선용으로 사용

해설 완철은 전선 등을 지지하기 위하여 전주의 상부 가까이에 직각으로 붙어있는 앵글 스틸이며 랙은 특고압 선로의 중성선용으로 사용

정답 1. ③ 2. ① 3. ② 4. ④ 5. ④

과년도 출제문제

01 구내에 시설하는 22.9[kV-Y] 가공 전선로의 지지물에 기기를 장치하는 경우의 콘크리트주의 최소 길이는 몇 [m]인가? [02]
① 10 ② 12
③ 14 ④ 16

해설 22.9[kV-Y] 가공 전선로에서 지지물의 길이는 10[m] 이상이어야 하며, 전주에 기기를 장치하는 경우에는 12[m] 이상이어야 한다.

02 지선의 시설 목적에 적합하지 않는 것은? [05]
① 지지물의 강도보강
② 전선로의 안정성 증대
③ 전선로와 건조물과의 이격
④ 불평형 하중에 대한 평형

해설 지선은 전선로의 안정성을 증대시키거나, 지지물의 강도를 보강시키고자 할 때 전선로의 건조물과 접근할 경우 보완을 이루고자 할 때와 불평형 하중에 대한 평형을 이루고자 할 때 설치한다.

03 지지물에 완금, 완목, 애자 등을 장치하는 것을 무슨 공사라 하는가? [06]
① 근가공사
② 지선공사
③ 장주공사
④ 가선공사

해설 지지물에 전선이나 그 밖의 기구를 고정시키기 위하여 완금, 완목, 애자들을 장치하는 공정을 장주공사라 한다.

04 행거밴드라 함은? [12]
① 전주에 COS 또는 LA를 고정시키기 위한 밴드
② 전주 자체에 변압기를 고정시키기 위한 밴드
③ 완금을 전주에 설치하는 데 필요한 밴드
④ 완금에 암타이를 고정시키기 위한 밴드

해설 행거밴드는 철근콘크리트 전주에 주상변압기를 고정시키기 위한 밴드

05 다음 ( )안의 알맞은 내용으로 옳은 것은? [14]

가공전선로의 지지물에 시설하는 지선의 안전율은 (㉠) 이상이어야 하고 허용 인장하중의 최저는 (㉡) kN으로 한다.

① ㉠ 2.0, ㉡ 3.81 ② ㉠ 2.0, ㉡ 4.05
③ ㉠ 2.5, ㉡ 4.31 ④ ㉠ 2.5, ㉡ 4.51

해설 지선용 철선은 4.0[mm] 아연도금 철선 3조 이상 또는 7/2.6[선/mm] 아연도금 철선을 사용하며, 안전율 2.5 이상, 허용인장 하중 값은 4.31[kN] 이상으로 한다.

06 주상변압기에 시설하는 캐치 홀더는 다음 어느 부분에 직렬로 삽입하는가? [04]
① 1차 측 양선
② 1차 측 1선
③ 2차 측 비접지 측선
④ 2차 측 접지된 선

정답 1.② 2.③ 3.③ 4.② 5.③ 6.③

해설 캐치 홀더는 배전용 변압기의 2차 측에 부착하는 퓨즈대로 수용가 인입구에 이르는 회로의 사고에 대한 보호장치이다.

07 저압인입선을 설비할 경우 보호장치로 캐치홀더(Catch-holder)를 설치하고 고리 퓨즈(Fuse)를 시설할 경우 잘못 표현된 것은? [05]
① 저압배전선에서 분기하는 저압 측 인입선에는 그 분기점 가까운 곳에 설치한다.
② 캐치홀더의 부하전류 합계 100[A]까지는 공용할 수 있다.
③ 동력부하의 경우에는 인입개폐기의 퓨즈 용량과 동일 또는 측근 상위의 것을 사용할 수 있다.
④ 전등 공용방식의 저압배선에서 인하하는 동력 인입선에는 각 상마다 시설해야 한다.

해설 캐치홀더는 저압배선에서 배전용변압기의 2차 측 인출구나 인입선의 분기점 등에 취부하는 퓨즈대로, 20~200[A] 정도까지 여러 가지가 있다.

08 경간이 100미터인 저압 보안공사에 있어서 지지물의 종류가 아닌 것은? [12]
① 철탑
② A종 철근 콘크리트주
③ A종 철주
④ 목주

해설 저압 보안공사에서 경간이 100[m] 이하일 때는 목주, A종 철주, A종 철근 콘크리트주, 150[m] 이하일 때는 B종 철주, B종 철근 콘크리트주, 400[m] 이하일 때는 철탑을 사용한다.

09 가공 전선로에 사용하는 원형 철근 콘크리트주의 수직 투영 면적 1[m²]에 대한 갑종 풍압 하중은? [13] [14]
① 333[Pa] ② 588[Pa]
③ 745[Pa] ④ 882[Pa]

해설 가공 전선로에 사용하는 지지물의 강도 계산에 적용하는 풍압 하중은 갑종, 을종, 병종으로 구분한다.

갑종 풍압 하중

풍압을 받는 구분	구성재의 수직 투영면적 풍압을 받는 구분 1[m²]에 대한 풍압
목주	588[Pa]
철주(원형)	588[Pa]
철근 콘크리트주(원형)	588[Pa]
철탑(단주, 원형)	588[Pa]

10 전주 사이의 경간이 50[m]인 가공 전선로에서 전선 1[m]의 하중이 0.37[kg], 전선의 딥이 0.8[m]라면 전선의 수평 장력은 약 몇 [kg]인가? [08] [12]
① 80 ② 120 ③ 145 ④ 165

해설 딥$(D) = \dfrac{WS^2}{8T}$ 에서 수평장력

$T = \dfrac{WS^2}{8D} = \dfrac{0.37 \times 50^2}{8 \times 0.8} = 144.53[kg]$

11 66[kV]의 가공송전선에 있어 전선의 인장 하중이 240[kgf]로 되어 있다. 지지물과 지지물 사이에 이 전선을 접속할 경우 이 전선 접속부분의 전선의 세기는 최소 몇 [kgf] 이상이어야 하는가? [10] [14]
① 85[kgf] ② 176[kgf]
③ 185[kgf] ④ 192[kgf]

해설 전선을 접속할 때에는 접속부위의 기계적 강도를 20[%] 이상 감소시키지 않아야 하므로, 240[kgf]×80[%] = 192[kgf] 이상이어야 한다.

12 철근콘크리트주로서 그 전체의 길이가 16[m] 초과 20[m] 이하이고, 설계하중이 6.8[kN] 이하인 것을 지반이 튼튼한 곳에 시설하려고 한다. 지지물의 기초의 안전율을 고려하지 않기 위해서 묻히는 깊이는 몇 [m] 이상으로 하여야 하는가? [10] [17]

① 2.5[m] 이상
② 2.8[m] 이상
③ 3.0[m] 이상
④ 3.2[m] 이상

해설 철근콘크리트 전주로서 길이가 16[m] 초과 20[m] 이하이고 설계하중이 6.8[kN] 이하인 경우 전주가 땅에 묻히는 깊이는 2.8[m] 이상

13 특고압 가공전선로의 지지물로 사용하는 철탑의 종류에 대한 설명으로 잘못된 것은? [10]

① 직선형은 전선로의 직선부분에 그 보강을 위하여 사용하는 것
② 각도형은 전선로 중 3도를 초과하는 수평각도를 이루는 곳에 사용하는 것
③ 인류형은 전기접선을 인류하는 곳에 사용하는 것
④ 내장형은 전선로의 지지물 양쪽 경간의 차가 큰 곳에 사용하는 것

해설 직선형은 선로의 직선 구간 또는 선로방향의 수평각도가 3° 이하인 곳에 사용

14 저압 인입선의 시설에서 인입용 비닐절연전선을 사용하는 경우 지름은 몇 [mm] 이상이어야 하는가? [10]

① 1.6[mm]
② 2.6[mm]
③ 3.2[mm]
④ 3.6[mm]

해설 저압 인입선은 케이블 이외에 인장강도 2.30[kN] 이상 또는 지름 2.6[mm] 인입용 비닐절연전선일 것

15 저압가공 인입선의 시설 기준으로 옳지 않은 것은? [12]

① 전선이 옥외용 비닐절연전선일 경우에는 사람이 접촉할 우려가 없도록 시설할 것
② 전선의 인장강도는 2.31[kN] 이상일 것
③ 전선은 나전선, 절연전선, 케이블일 것
④ 철도 또는 궤도를 횡단하는 경우에는 레일면상 6.5[m] 이상일 것

해설 저압가공 인입선은 절연전선, 다심형 전선, 케이블일 것

16 저압 옥상전선로를 전개된 장소에 시설하고자 할 때 다음 중 옳지 않은 것은? [14]

① 전선은 조영재에 견고하게 붙인 지지대에 절연성, 난연성 및 내수성이 있는 애자를 사용하여 지지하고 또한 그 지지점 간의 거리는 15[m] 이하로 한다.
② 전선은 인장강도 1.38[kN] 이상의 것 또는 지름 2.0[mm]의 경동선을 사용한다.
③ 전선과 그 저압 옥상 전선로를 시설하는 조영재와의 이격거리는 1.5[m] 이상으로 한다.
④ 전선은 상시 부는 바람 등에 의하여 식물에 접촉하지 아니하도록 시설하여야 한다.

해설 전선과 저압 옥상 전선로를 시설하는 조영재와의 이격거리는 2.0[m] 이상

17 가공전선이 건조물·도로·횡단 보도교·철도·가공 약전류 전선·안테나, 다른 가공전선, 기타의 공작물과 접근·교차하여 시설하는 경우에 일반 공사보다 강화하는 것을 보안공사라 한다. 고압 보안공사에서 전선을 경동선으로 사용하는 경우 몇 [mm] 이상의 것을 사용하여야 하는가? [12]

① 3[mm]
② 4[mm]
③ 5[mm]
④ 6[mm]

해설 고압 보안공사에서 케이블인 경우 이외에는 인장강도 8.01[kN] 이상 또는 지름 5.0[mm] 이상의 경동선을 사용해야 한다.

18 저압 연접 인입선의 시설에 대한 설명으로 잘못된 것은? [11] [14] [18]

① 인입선에서 분기하는 점으로부터 100[m]를 넘지 않아야 한다.
② 폭 5[m]를 초과하는 도로를 횡단하지 않아야 한다.
③ 옥내를 통과하지 않아야 한다.
④ 도로를 횡단하는 경우 높이는 노면 상 5[m]를 넘지 않아야 한다.

해설 저압 연접 인입선은 폭 5[m]를 초과하는 도로를 횡단하지 않아야 하며 횡단하는 경우 노면상 5[m] 이상으로 시설해야 한다.

19 저압 연접 인입선은 인입선에서 분기하는 점으로부터 100[m]를 넘지 않는 지역에 시설하고 폭 몇 [m]를 초과하는 도로를 횡단하지 않아야 하는가? [07] [12] [17]

① 4   ② 5
③ 6   ④ 6.5

해설 저압 연접인입선은
- 인입선의 분기점에서 100[m]를 초과하지 말 것
- 폭 5[m]를 넘는 도로를 횡단하지 말 것
- 옥내를 관통하지 않아야 하며 고압 연접 인입선은 시설할 수 없다.
- 지름 2.6[mm]의 경동선 또는 이와 동등 이상의 세기 및 굵기일 것

20 저압 연접인입선의 시설기준으로 옳은 것은? [06] [09] [13] [16]

① 인입선에서 분기되는 점에서 100[m]를 초과하지 말 것
② 폭 2.5[m]를 초과하는 도로를 횡단하지 말 것
③ 옥내를 통과하여 시설할 것
④ 지름은 최소 2.5[mm^2] 이상의 경동선을 사용할 것

해설 위의 문제 풀이 참조

정답 17. ③ 18. ④ 19. ② 20. ①

Chapter 03 지중 송·배전 선로

1 지중케이블의 종류

(1) 동심중성선케이블(CNCV)

1) 동심중성선 CV케이블
① CV케이블은 절연체로서 가교폴리에틸렌을 사용한 케이블
② 가교폴리에틸렌은 폴리에틸렌을 가교하고 분자를 입체망 구조로 해서 폴리에틸렌의 결점인 열연화성을 대폭 개선
③ 저압 이하의 케이블에서는 전기력선의 밀도를 균일하게 하거나 차단하기 위한 차폐층이 없으나 고압 이상의 케이블에서는 동 테이프로 된 차폐층을 둔 구조 (CV-CU케이블, 통상 CV케이블로 불린다.)
④ 동심 중성선 CV케이블은 CV케이블의 차폐층(동 테이프)을 동선으로 대체하여, 다중접지계통의 중성선으로 사용하고 부하전류나 다중접지계통의 과대한 지락전류를 흘릴 수 있도록 제작
⑤ 22.9[kV]-Y 다중접지계통에서 지중배전이나 수용가의 수전설비 인입케이블로 널리 사용
  - CV케이블 : 가교폴리에틸렌절연 비닐시즈 케이블
      Corss Linked Poliethilene Insulated PVC Sheathed Power Cable
  - XLPE : Cross Linked Poliethilene

2) 동심중성선 CV케이블의 종류
① CVCN
  ㉠ 중성선층의 수밀처리가 되지 않은 동심중성선 CV케이블
  ㉡ CVCN : 동심중성선 가교폴리에틸렌절연 비닐시즈 케이블
  ㉢ XLPE Insulated, Concentric Netutral Conductor And PVC Sheathed Power Cable

② CNCV
  ㉠ 중성선층의 수밀처리가 된 동심중성선 CV케이블
  ㉡ 중성선층 안쪽과 바깥쪽에 발포성 차수테이프(부풀음테이프)를 사용한 것이다.
  ㉢ CNCV는 현재에도 사용되고 있으나 CNCV-W로 대체되고 있다.
  ㉣ CNCV : 동심중성선 가교폴리에틸렌절연 차수형 비닐시즈 케이블
  ㉤ XLPE Insulated, Concentric Netutral Conductor With Water Bolcking Tapes And PVC Sheathed Power Cable
③ CNCV-W
  ㉠ 중성선층의 수밀처리 외에 도체부분까지 수밀처리한 케이블을 말한다.
  ㉡ 도체를 구성하는 원형소선을 압축 연선하고, 수밀컴파운드를 소선 사이에 충전하여 도체에 수분 침투를 방지하는 구조
  ㉢ CNCV-W : 동심중성선 가교폴리에틸렌절연 수밀형 비닐시즈 케이블
④ FR-CNCO
  ㉠ CNCV에서 비닐시즈(재질 : PVC)를 무독성 난연 시즈로 대체한 것이다.
  ㉡ 무독성 난연 수지로서 할로겐프리 폴리올레핀이 사용되고 있다.
  ㉢ 근래에 케이블트레이 배선 시 난연 기준 강화에 따라 많이 사용되고 있다.
  ㉣ FR-CNCO : 동심중성선 가교폴리에틸렌절연 폴리올레핀시즈 난연 케이블
⑤ TR-CNCV
  ㉠ CNCV에서 절연체로 사용되는 가교폴리에틸렌을 수트리 억제형 가교폴리에틸렌으로 대체한 것으로 난연성이 우수하여 노출배선 가능 및 방재처리가 필요없어 경제적임
  ㉡ 가교폴리에틸렌에 특수한 첨가제를 첨가하여 수트리현상을 억제할 수 있도록 특성을 개선한 것이다.
  ㉢ TR-CNCV : 동심중성선 수트리억제형 가교폴리에틸렌절연 비닐시즈 케이블
⑥ FR-CNCO-W
  ㉠ CNCV-W의 시즈를 PVC 대신 할로겐프리 폴리올레핀을 사용한 것이다.
  ㉡ 근래에 많이 사용되고 있다.
  ㉢ FR-CNCO-W : 동심중성선 가교폴리에틸렌절연 수밀형 폴리올레핀시즈 난연 케이블
⑦ TR-CNCV-W
  ㉠ CNCV-W에서 절연체로 사용되는 가교폴리에틸렌을 수트리 억제형 가교폴리에틸렌으로 대체한 것이다.

ㄴ TR-CNCV-W : 동심중성선 수트리억제형 가교폴리에틸렌절연 수밀형 비닐시즈 케이블
⑧ HFCO
  ㄱ 저독 난연성 폴리올레핀으로 시스한 Halogen Free(HF) 케이블
  ㄴ 백화점, 영화관, 전차 등 많은 군중을 상대로 하는 시설물에 적합
  ㄷ 600V XLPE Insulated and Halogen Free Polyefin Power Cable

(2) 지중케이블 전압별 종류 및 규격

전압별 종류		도체			절연체 종별	시이즈 종별
전압	케이블 종류	종별	공칭단면적 [mm^2]			
특고압 (22.9[kV])	CNCV-W FR-CNCO-W	동	500	400	가교 폴리에틸렌	비닐
			325	250		
			200	150		할로겐프리폴리올레핀
			100	60		
	TR CNCE-W/AL FR CNCO-W/AL	알루미늄	400	240		할로겐프리폴리올레핀
				95		
고압 (6.6[kV])	XLPE, FR-CV, HFCO	동	400	300		
			240	185		
저압 (600[V])	XLPE FR-CV HFCO		150	120		비닐 할로겐프리폴리올레핀
			95	70		
			50	35		
			25	16		
			10	62.5		
			4	1.5		

(3) 케이블의 선정

1) 특고압 및 고압 지중전선로
① 케이블 종류
특고압 및 고압 지중전선로에는 동 및 알루미늄 케이블을 사용할 수 있으며, 지하 구간, 옥내, 터널 구간은 수밀형 저독성 난연케이블을 토공 구간은 수밀형 케이블 사용한다.
  ㄱ 관로, 직매 등 일반적인 장소에는 수밀형 케이블을 적용한다.

ⓒ 전력구, 덕트, 건물 구내, 터널, 입상구간 등 화재의 우려가 있는 장소에는 수밀형 저독성 난연케이블을 사용한다.
ⓒ 일반 대중이 이용하는 장소에 사용하는 고압 케이블은 저독성 난연케이블(HFCO 등)을 사용한다.

② 케이블 규격 선정
케이블 규격은 장래 부하증가 및 계통운영 등을 고려하여 선정한다.
㉠ 케이블 도체규격은 상시허용전류, 단시간허용전류, 단락 시 허용전류를 만족하고 전압강하를 고려하여 선정
㉡ 최대부하 시 말단전압이 규정전압 범위 내에 있을 것
㉢ 장래 부하증가 및 전압강하를 고려할 것
㉣ 기계적 강도를 고려할 것
㉤ 부하와 융통성을 고려할 것

③ 장소별 케이블 선정
㉠ 특고압, 저압기반
- 특고압 차단기반-변압기반 : 22.9[kV] FR-CNCO-W 케이블
- 변압기반-저압배전반-MCC반 (조명 분전반) : 0.6/1[kV] HF-CO 케이블
- 상시 전원 인터록 결선 : 0.6/1[kV] HF-CO 케이블
- 저압배전반-충전기반 : 0.6/1[kV] HF-CO 케이블
- 충전기반-축전기반 : 0.6/1[kV] HF-CO 케이블

㉡ 간선
- 동력간선 : 0.6/1[kV] HFCO 케이블
- 조명간선 : 0.6/1[kV] HFCO 케이블 또는 450/750[V] HFIX 전선
- 접지선 : F-GV 전선
- 배연팬, 소방용 설비 전원 : 450/750[V] HFIX 전선 또는 F-FR-8전선
- 비상용 조명 간선 : 450/750[V] HFIX전선

㉢ 분기회로
- 동력회로 : 0.6/1[kV] HFCO 케이블 또는 450/750V HFIX 전선
- 전등회로 : 450/750[V] HFIX 전선
- 일반용 콘센트 : 450/750[V] HFIX 전선
- 비상등 : 450/750[V] HFIX 전선
- 비상 콘센트 : 450/750[V] HFIX 전선
- 원격제어 : F-CVV-S 케이블 또는 F-CVV 케이블

④ 저압 지중전선로
㉠ 저압 지중전선로에 사용하는 케이블은 600[V] XLPE 케이블

ⓛ 전력구, 건물 구내, 터널 및 일반 대중이 이용하는 장소 등에서는 저독성 난연 절연전선 및 케이블을 사용한다.
⑤ 케이블 허용곡률반경
   ㉠ 케이블을 구부리는 경우에는 케이블에 외상을 주지 않도록 주의하고, 곡률반경은 다음 표 이상으로 하여야 한다.
   ㉡ 반대 측으로 구부리는 경우에 일단 직선상으로 폈다가 서서히 반대 측으로 구부리며 급격히 구부리지 않도록 하여야 한다.

케이블 종류	단심		다심	비고
	비분할 도체	분할 도체		
차폐가 없는 것	8D	12D	6D	
차폐가 있는 것	10D	12D	8D	강대개장케이블 포함

2 지중선로의 부설방식

(1) 지중송전선로

1) 지중전선로의 시설

① 지중전선로는 전선에 케이블을 사용하고 관로식, 암거식 또는 직접 매설식에 의하여 시설하여야 한다.
② 지중전선로를 관로식 또는 암거식에 의하여 시설하는 경우에는 견고하고 차량 등 기타 중량물의 압력에 견디는 것을 사용하여야 한다.
③ 지중전선로를 직접 매설식에 의하여 시설하는 경우에는 매설 깊이를 차량 등 기타 중량물의 압력을 받을 우려가 있는 장소에는 1.0[m] 이상, 기타 장소에는 60[cm] 이상으로 하고 또한 지중전선을 견고한 트로프, 기타 방호물에 넣어 시설하여야 한다.
④ 암거에 시설하는 지중전선 난연 조치 또는 암거 내에 자동소화설비를 시설한다.

2) 지중전선로의 시설방식

① 직접 매설식
   ㉠ 견고한 트로프 내에 케이블을 포설한 다음 모래를 채워서 넣은 뒤에 뚜껑을 덮고 매설

    ⓒ 케이블 매설 깊이
     • 차량 등 중량물의 압력을 받을 우려가 있는 장소 : 1.0[m] 이상
     • 기타 장소 : 0.6[m] 이상
    ⓒ 지중 케이블의 상부에 견고한 판 또는 경질 비닐판 등으로 덮어서 매설
    ② 케이블 회선수가 2회선 이하
    ⓜ 장래 회선증설이 예상되지 않을 경우
    ⓑ 추후 굴착이 용이하거나 기타 여건상 부득이한 경우
  ② 관로식
    ㉠ 케이블을 포설한 관로를 만들어 놓고 여기에 케이블을 포설하는 방식
    ⓒ 케이블 회선수가 3회선 이상 9회선 미만, 장래에 부하의 변경이 예상되는 장소에 사용
    ⓒ 도로 예정지역으로 도로포장계획이 있는 경우
  ③ 암거식
    ㉠ 지중에 암거를 시설하고 그 속에 케이블을 포설하는 방식으로 9회선 이상일 때 시설
    ⓒ 케이블은 암거의 측벽에 받침대나 선반에 의해 지지하며 작업자의 보행을 위한 통로를 확보

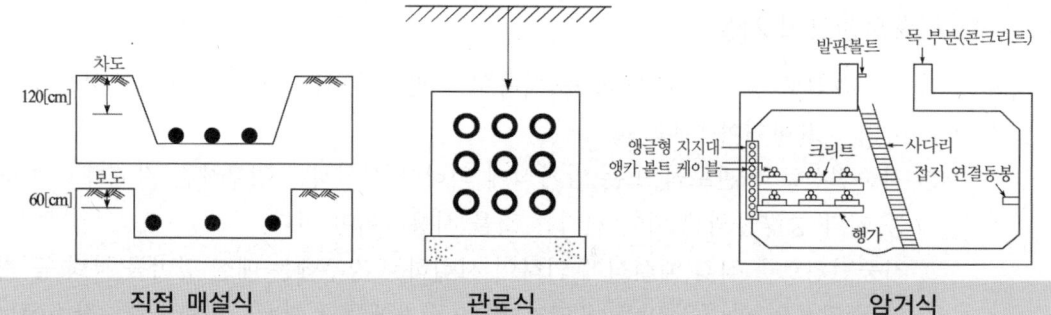

| 직접 매설식 | 관로식 | 암거식 |

매설방식	장점	단점
직매식	• 열방산 양호 • 포설 공사비 적고 공사기간 짧음 • 굴곡 개소 포설 용이	• 외상으로 인한 고장 발생 가능 • 보수 점검, 증설, 철거 어려움
관로식	• 증설, 철거 관리 용이 • 보수 점검 용이, 다회선 포설가능	• 회선수가 많을수록 송전용량 감소 • 열팽창에 의한 케이블 흡수력 저조 • 굴곡개소 시공 곤란
암거식	• 열 발산 양호, 유지보수 용이 • 다회선 포설가능, 외상 고장 없음	• 공사비 고가 및 공사기간 장기 • 케이블 화재 파급대책 필요

3) 지중함의 시설

① 지중함은 견고하고 차량, 기타 중량물의 압력에 견디는 구조
② 지중함은 그 안의 고인 물을 제거할 수 있는 구조
③ 폭발성 또는 연소성의 가스가 침입할 우려가 있는 지중함은 그 크기가 $1[m^3]$ 이상이고 통풍장치, 기타 가스를 방산시키기 위한 적당한 장치를 시설
④ 지중함의 뚜껑은 시설자 이외의 자가 쉽게 열 수 없도록 시설

4) 지중전선과 이격거리

지중전선이 지중 약전류 전선 등과 접근하거나 교차할 경우 이격거리
① 저압 또는 고압의 지중전선 : 30[cm] 이상
② 특고압 지중전선 : 60[cm]
③ 이격거리가 확보되지 않은 경우에는 견고한 내화성 격벽을 설치해야 한다.

5) 지중전선로의 장·단점

① 기상조건에 의한 영향 및 사고 시 인축 및 건축물에 미치는 영향이 적고 안전하다.
② 보안상 위험이 적고 도시 미관에 좋으며 신뢰도가 높다.
③ 약전류 전선에 대한 유도장해가 적다.
④ 전력케이블 및 시설 비용이 많다.
⑤ 고장 발생 시 고장점 검출이 곤란하며 복구에 시간이 많이 걸린다.

(2) 지중전선로 방식

1) 방사상 방식

① 전원변전소로부터 1회선 인출 수용가 공급
② 경제적 공급방식
③ 신규부하 증설 용이
④ 케이블 고장, 공사, 설비점검 시 모든 수용가 정전
⑤ 지중선 계통 부적합

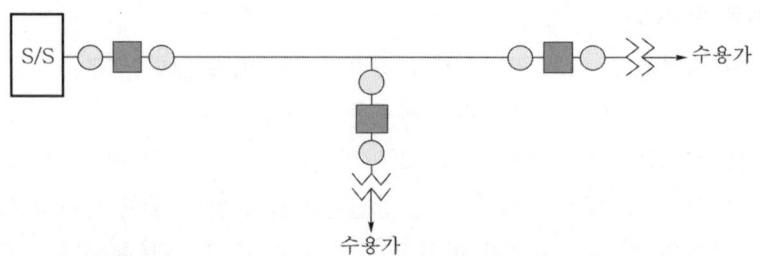

방사상 방식

2) 상용 예비선 전환방식

① 일반적으로 서로 다른 변전소나 뱅크에서 본선과 예비선 인출
② 상시 본선으로 공급하고 본 선로 고장이나 공사 시 예비선으로 전환 공급
③ 예비선 전환 시 순간 정전 내지 단시간 정전 수반
④ 개폐기 전환방식
    ㉠ 자동전환 방식   ㉡ 원격조작 방식   ㉢ 수동조작 방식

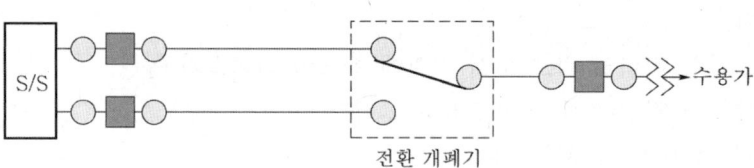

상용 예비선 전환방식

3) 환상 공급방식

① 순수 환상방식(loop system)
    ㉠ 동일 변전소 동일 뱅크(bank)에서 2회선으로 상시 공급
    ㉡ 선로 고장 시 고장 구간 양측의 계전기 통해 차단기를 동작
    ㉢ 건전선로에 의한 수용가 - 무정전 공급 가능
    ㉣ 보호 및 차단장치 등으로 설비구성 고가
② 개방 환상방식(open loop system)
    ㉠ 동일 변전소 동일 뱅크 또는 변전소나 뱅크를 달리하여 양 계통을 연계하고 선로 부하중심을 상시 개방 운전
    ㉡ 선로 고장 시 고장점 탐색 및 개폐기 조작방식에 따라 정전시간 좌우
    ㉢ 설비의 경제적 이점 등으로 실제 지중계통에 많이 적용

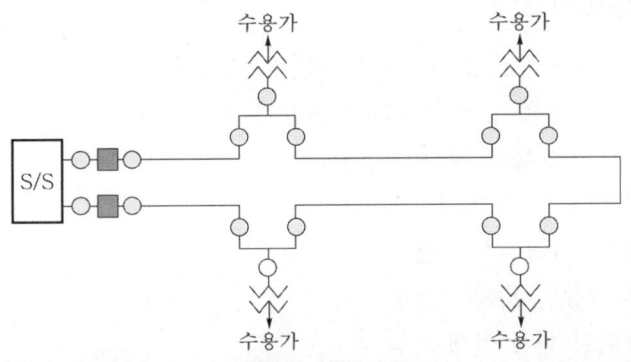

환상 공급방식

4) 스포트 네트워크 방식

① 동일 뱅크에서 보통 3회선을 인출하여 필요 개소에서 각각 분기하고 차단기나 단로기를 거친 후 변압기와 연결
② 변압기 2차측에 퓨즈와 차단기로 구성된 네트워크 프로텍타를 통해 2차측 모선이 서로 연결되어 각 변압기 병렬운전
③ 변압기 1차측 1선로 고장 시 나머지 2회선으로 2차측 병렬 모선을 통해 부하측에 무정전 전력공급할 수 있으나 공사비 고가
④ 선진외국의 경우 대형빌딩 단위로 본 공급방식이 보편화
⑤ 우리나라의 경우 아직 한 군데도 적용되어 있지 않음

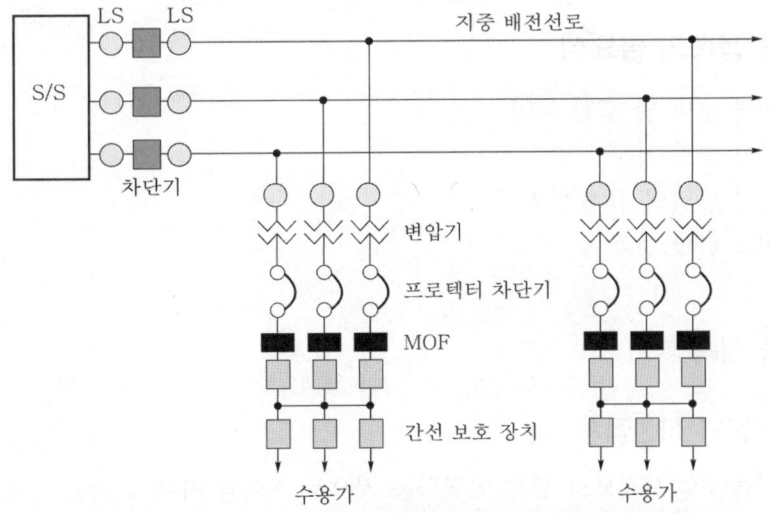

스포트 네트워크방식

5) 저압 뱅킹 방식

① 1회선의 동일선로에 여러 대의 변압기를 접속
② 변압기 2차측을 상호 접속하여 변압기 병렬운전
③ 2차측 모선을 통해 부하 전력공급
④ 공급 신뢰도 높은 편임
⑤ 전압강하, 전력손실 작음
⑥ 신규 부하증설 용이
⑦ 캐스케이딩 현상 발생 가능

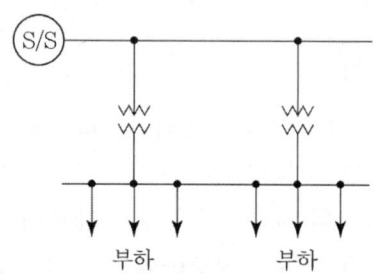

저압 뱅킹방식

3 케이블 접속

(1) 케이블 접속의 필요성

① 케이블 운반 및 포설 용이
② 케이블 고장 복구
③ 케이블 단말의 전계 완화
④ 케이블 단말 방수

(2) 케이블 접속

1) 케이블의 직선접속

케이블을 직선적으로 상호 연결하는 것으로 케이블 자체의 절연 성능과 기능을 유지할 수 있도록 매우 정확하고 세심하게 접속해야 한다.

케이블의 직선접속은 전선의 접속 규정 이외에는 다음 각호에 의한다.
① 도체의 접속에 접속관을 사용하는 경우에는 압축에 의하여 완전하게 접속하고 표면을 매끈하게 처리한다.
② 도체에 알루미늄(알루미늄 합금을 포함)을 사용하는 케이블과 동을 사용하는 케이블을 접속하는 경우에는 접속하는 부분의 도체를 잘 닦고 전기적 부식이 생기지 않도록 알루미늄-동 접속용 압축 슬리브 등에 의하여 완전히 접속한다.
③ 접속부의 절연은 케이블 절연물과 동등 이상의 절연효력이 있는 접속기를 사용하거나 또는 케이블 절연물과 동등 이상의 절연효력이 있는 삽입형 절연함 또는 절연테이프 감기 등에 의하여 충분히 피복한다.
④ 금속피복이 없는 케이블 상호를 접속하는 경우에 있어서 접속함 기타의 기구를 사용하지 않는 경우에는 접속부분을 그 부분의 케이블 외장과 동등 이상의 보호효력이 있는 절연테이프 감기 등에 의하여 충분히 피복한다.
⑤ 고압 및 특고압 케이블의 접속부에는 전기적 차폐층을 설치한다.
⑥ 고압 및 특고압 케이블의 접속부에 있어서 케이블 상호의 차폐층을 전기적으로 접속하는 경우에는 케이블의 차폐층과 동등 이상의 전류용량을 가지게 할 것.
⑦ CV케이블의 접속에 있어서 워터트리(water tree) 현상의 발생을 방지하기 위하여 도체 내부에 수분이 들어가지 않는 것을 철저히 확인하여야 하며 작업 중에 수분이 침입하는 것을 피하기 위하여 다음 각목의 사항에 유의할 것.
㉠ 우천 공사를 피한다.
㉡ 작업자의 땀이 침입하지 않도록 한다.
㉢ 맨홀 내 등에서는 벽면에 결로된 물방울이 침입하지 않도록 한다.

2) 중간접속부의 시설

① 고압 및 특고압 케이블의 접속부는 다음 각호 중 하나에 의하여 설치하여야 한다.
㉠ 사람이 쉽게 접촉할 우려가 없을 것.
㉡ 온도 상승에 의하여 또는 고장 시 그 근처 대지와의 사이에 발생하는 전위차에 의하여 사람, 가축 또는 타의 공작물에 위험의 우려가 없을 것.
② 접속부의 배치는 시설장소에 따라서 다음 각호에 의한다.
㉠ 맨홀 내의 경우 다음 각목에 의해 설치한다.
- 최소 오프셋(offset) 폭은 100[mm] 이상으로 한다.
- 측벽과 접속부 중심과의 간격은 200[mm] 이상으로 한다
- 허용 곡률반경은 제조 허용 곡률반경표에 의한다.

ⓒ 직접매설식의 경우는 케이블 포설방법의 규정에 의한다.
ⓒ 전용 트로프 내에 접속부를 설치하는 경우는 각 접속부의 이격거리를 1000[mm] 이상 이격한다.

3) 케이블의 종단접속

케이블의 양 끝 부분에 적절한 방수와 전기적 스트레스 완화 작업이 이루어져야 케이블 양 끝 단에서 절연파괴 사고가 발생하지 않는다.

케이블 끝단은 단말 처리재 또는 종단 접속재로 전기적, 물이 침투하지 않도록 처리하는 작업을 케이블 헤드 작업, 단말처리 또는 종단접속이라고 한다.

케이블의 종단접속은 전선의 접속 규정에 의하는 외에 다음 각호에 의해 설치하여야 한다.

① 도체의 접속은 중간 접속부에 준하여 시행할 것.
② 나전선 혹은 절연전선 또는 기계기구와 고압 및 특고압 케이블과의 접속에 있어서 케이블 차폐층 종단부가 케이블 절연효과를 해칠 우려가 있는 경우에는 절연 테이프 감기 또는 매입형 스트레스콘 또는 매입형 종말 등에 의하여 충분히 절연을 보강할 것.
③ 케이블의 종단부에 있어서 염진해 등의 우려가 있는 장소에 시설하는 경우에는 충분한 표면누설 거리를 둘 것.
④ CV케이블에 있어서 워터트리(water tree) 현상 방지대책은 중간접속에 경우에 준할 것.
⑤ 고압 케이블의 차폐 금속체의 접지는 단말처리 개소에서의 그 한쪽 끝에 접지를 한다. 다만 케이블의 긍장이 1.5[km] 이상일 경우는 중간 접속부에서 동 테이프를 절연하고 양단에 접지를 설치하여야 한다.
⑥ 사고 발생 시에 탐색이 곤란한 곳에는 단말처리의 접지 개소에 고압 케이블 고장표시장치를 설치하여야 한다.
⑦ 케이블 접속작업은 자격을 갖춘 기술자가 시공하여야 한다.

4) 케이블의 종단 접속부의 시설

고압 및 특고압 케이블의 종단 접속부는 다음 각호 중 하나에 의하여 설치하여야 한다.

① 종단 접속부의 주위에 사람이 접촉할 우려가 없도록 울타리를 설치하고 울타리의 높이와 울타리로부터 충전부분까지의 거리의 합계를 5[m] 이상으로 하고 또한 위험표시를 한다.

② 옥내 종단 접속부는 케이블 외장의 종단부가 지표상 4.5[m](시가지에 있어서는 4[m]) 이상의 높이가 되도록 시설하고 사람이 접촉할 우려가 없도록 설치한다.
③ 공장 등의 구내에 있어서 종단 접속부의 주위에 사람이 접촉할 우려가 없도록 적당한 울타리를 설치한다.
④ 실내의 관계자 이외의 자가 출입할 수 없도록 설비한 장소에 설치한다.
⑤ 콘크리트제의 함 또는 접지공사를 한 금속제의 함에 넣어서 충전부분이 노출되지 않도록 설치한다.
⑥ 충전부분이 노출되지 않도록 시설하고 사람이 용이하게 접촉할 우려가 없도록 설치한다.

(5) 케이블 충전부와 비충전부의 이격거리

고압 및 특고압의 종단부 충전부와 도전성의 비충전부(접지한 철대 및 금속제의 외함 등)의 이격거리는 다음 표의 값 이상으로 시설하여야 한다.

공칭전압[kV]	실외[mm]		실내[mm]	
	표준	최소	표준	최소
6.6	250	150	120	70
22.9(22)	400	300	250	200

4 케이블 보수

(1) 선로 측정

지중전선로는 고장이 발생하면 고장점의 발견과 복구에 장시간이 소요되므로 선로 상태를 주기적으로 점검하여 적기에 보수, 교체하여 사전에 정전 사고를 방지해야 한다.

1) 유전체의 역률 측정

정상 케이블은 유전체 역률과 전압 관계는 거의 일정하나 절연체가 열화된 케이블은 전압이 어떤 값 이상으로 되면 유전체의 역률이 급격히 커진다.

2) 직류 누설 전류의 측정

① 케이블의 도체와 차폐층 간 또는 도체 상호 간에 직류 고압을 가하고 누설전류의 변화와 크기를 측정한다.
② 절연불량으로 판정하는 조건
  ㉠ 누설전류가 과대한 것
  ㉡ 누설전류가 시간과 함께 증가하는 것
  ㉢ 누설전류가 불안정한 것

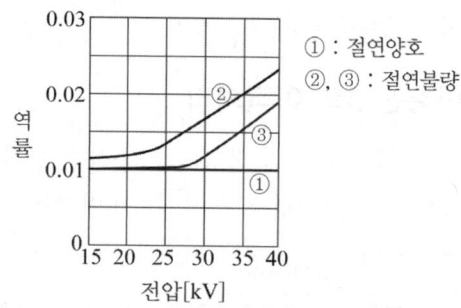

유전 역률 곡선

3) 교류 전압에 의한 직류분의 판정

① 케이블의 도체와 차폐층 사이에 교류전압을 가하고 필터로 직류성분을 잡아내어 그 크기에 따라 판정한다.
② 건전한 케이블의 직류분은 미소하지만 열화된 케이블의 직류분은 값이 크며 전압을 증가시키면 어떤 전압에서 급격히 증가한다.

(2) 고장 탐지

1) 머레이 루프법(Murray Loop)

휘트스톤 브리지법을 이용한 고장점까지의 거리를 계산하는 원리
① 계산방법
  ㉠ 지락사고의 경우
  $$x = \frac{(2r_2 \times l - r_1 R)}{r_1 + r_2}[\text{m}]$$

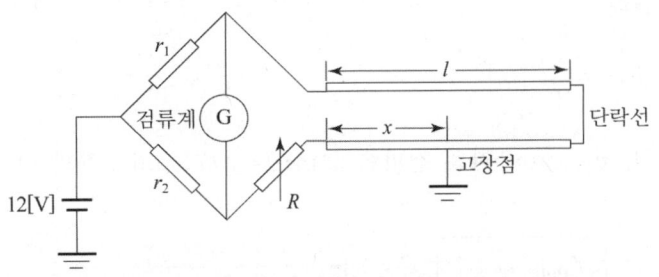

지락사고 고장점 측정

ⓒ 선간단락 사고의 경우

$$x = \frac{(2r_2 \times l - r_1 R)}{2r_2}[\text{m}]$$

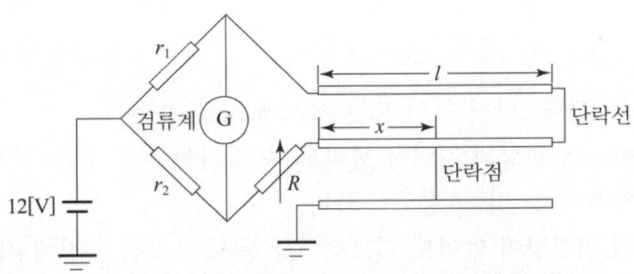

선간단락 고장점 측정

② 특징
  ㉠ 측정오차가 1[%] 이하로 정밀도가 높다.
  ㉡ 대부분 1선 지락사고이며 측정 조작 및 운반이 쉬워 활용도가 높다.
  ㉢ 건전상이 없는 3상 단락사고 및 3상 지락사고 시에 적용 불가
  ㉣ 지락저항이 높고 사고점이 방전하는 경우는 적용이 곤란하다.

2) 펄스 레이더법(Pulse Radar)

단선된 케이블의 한쪽 끝에서 펄스를 보내면 고장점에서 반사되는 펄스파를 감지하여 전파시간을 측정함으로써 사고점까지의 거리를 계산

① 측정원리

$$x = \frac{v \times t}{2}[m]$$

여기서, v : pulse파의 전파속도[m/us], t : pulse파의 진행시간

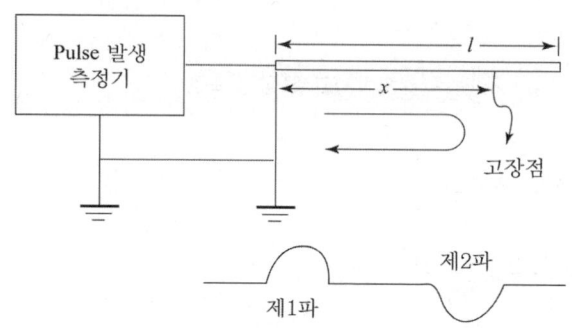

펄스 레이더법

② 특징
  ㉠ 지락, 단락, 단선 등의 모든 사고에 사용 가능
  ㉡ 케이블의 전장의 길이를 몰라도 측정 가능
  ㉢ 오차폭이 2~5[%] 정도로 크다.
  ㉣ 병행 건전상이 없어도 되므로 3상 동시 사고점 측정에 적합하다.
  ㉤ 측정기의 조작 및 판독이 어려워 숙련자만 다룰 수 있다.

3) 정전 용량법

① 건전상의 정전용량(C_0)과 사고상의 정전용량(C)을 비교하여 사고점을 검출하는 방식

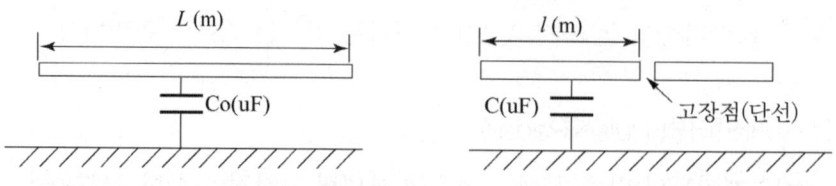

(a) 고장 전 또는 건전 상의 대지 간 정전용량   (b) 단선 시의 측정 측 대지 간 정전용량

정전 용량법

② 단선된 경우에만 적용한다.

$$l = \frac{C}{C_0} \times L \, (L : 케이블의 긍장)$$

③ 특징

단선사고의 간편한 측정법으로 원리적으로 측정 정밀도가 높으나 고장점의 접지저항 변동 및 케이블 개개의 특성상 정전용량이 불균일하여 오차가 발생할 수 있어 실용성이 적다.
- ㉠ 정전용량을 정확히 측정이 어렵다.
- ㉡ 케이블 정전용량 자체가 온도, 습도, 포설환경에 따라 변화한다.
- ㉢ 유도 영향을 받기 쉽다.
- ㉣ 불완전 단선 또는 지락저항이 있는 경우에는 오차가 크다.

4) 교류 브리지법

① 교류 브리지 회로를 사용하여 선로의 임피던스와 어드미턴스를 구하는 방법
② 평형 조건에서 대각선의 임피던스의 곱이 같게 되므로

5) 탐색 코일에 의한 방법

지중에 매설된 케이블의 접지점을 지상으로부터 탐색코일과 수화기로서 발견하려는 방법

접지가 생긴 케이블에 적당한 고전압을 가하여 완전 접지상태로 한 후에 그림과 같이 교류전원을 접속하여 교류를 보내고 지상에서 케이블에 따라서 탐색코일을 이동시켜 간다. 탐색코일에는 케이블에 흐르는 교류에 의하여 생기는 교번자속이 교차되어 교번기전력이 유기됨으로써 수화기에는 소리가 들리게 된다. 따라서 탐색코일이 접지점을 지나가면 그곳으로부터는 교류가 흐르지 않으므로 급격히 소리가 들리지 않거나 낮아지므로 이것에 의하여 접지점을 알아낼 수 있다

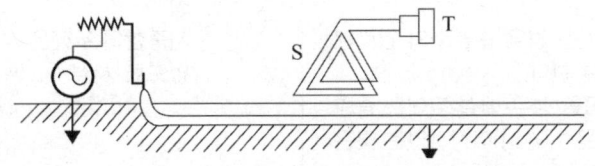

탐색 코일법

출제예상문제

01 지중 송전선로에 대한 설명 중 잘못된 것은?
① 지중 송전선로는 가공 송전선로에 비해 건설비가 많이 들지만 공급 신뢰도가 높다.
② 전력케이블의 기본 구조는 절연부, 보호부, 도체부로 나눌 수 있다.
③ XLPE 케이블은 절연유를 쓰기 때문에 가볍고 절연 성능이 우수하다.
④ 전력케이블 시공 방식으로는 관로식, 전력구식, 직매식 등의 방법이 있다.

해설 XLPE 절연 케이블(가교 폴리에틸렌 절연 비닐시스 케이블)은 용이한 취급성, 간단한 접속 및 보수, 우수한 전기적 특성 등의 장점으로 사용이 급격히 증가되고 있다.

02 지중 전선로를 직접 매설식에 의하여 시설하는 경우에는 토관을 차량 기타 중량물의 압력을 받을 우려가 있는 장소에는 몇 [m] 이상으로 해야 하는가?
① 1.0   ② 2.4
③ 3.1   ④ 4

해설
- 지중 전선은 케이블을 사용하고 관로식, 암거식, 직접 매설식에 의해 시공한다.
- 관로식, 암거식에 의하여 시설하는 경우 중량물의 압력에 견디고 물이 침입하지 않도록 해야 한다.
- 전선을 물로 냉각시키는 경우 순환수의 압력에 견디고 누수가 없도록 한다.
- 직접 매설식으로 시공할 경우 매설 깊이는 중량물의 압력이 있는 곳은 1.0[m] 이상, 없는 곳은 0.6[m] 이상으로 한다.

03 지중 전선로의 전선으로 사용되는 것은?
① 절연전선
② 케이블
③ 나 경동선
④ 강심 알루미늄 전선

해설 지중 전선은 케이블을 사용하고 관로식, 암거식, 직접 매설식에 의해 시공한다.

04 지중 전선로에 사용하는 지중함의 시설 기준으로 옳지 않은 것은?
① 견고하고 차량 기타 중량물의 압력에 견딜 수 있을 것
② 그 안에 고인 물을 제거할 수 있는 구조일 것
③ 뚜껑은 시설자 이외의 자가 쉽게 열 수 없도록 할 것
④ 조명 및 세척이 가능한 장치를 하도록 할 것

해설 지중함의 시설
- 지중함은 견고하고 차량, 기타 중량물의 압력에 견디는 구조
- 지중함은 그 안의 고인 물을 제거할 수 있는 구조
- 폭발성 또는 연소성의 가스가 침입할 우려가 있는 지중함은 그 크기가 1[m³] 이상이고 통풍장치 기타 가스를 방산시키기 위한 적당한 장치를 시설
- 지중함의 뚜껑은 시설자 이외의 자가 쉽게 열 수 없도록 시설

정답 1. ③ 2. ① 3. ② 4. ④

05 지중 전선로에 있어서 폭발성 가스가 침입할 우려가 있는 장소에 시설하는 지중함으로서 그 크기가 얼마 이상일 때 가스를 방산시키기 위한 장치를 시설해야 하는가?

① $0.6[m^3]$ ② $0.9[m^3]$
③ $1.0[m^3]$ ④ $2.0[m^3]$

해설 위의 문제풀이 참조

정답 5. ③

과년도 출제문제

01 다음 중 지중 송전전로의 구성 방식이 아닌 것은? [09] [12]
① 방사상 환상 방식
② 루프 방식
③ 가지식 방식
④ 단일 유닛 방식

해설 배전선로에서는 가지식 방식을 사용한다.

02 다음은 가공전선로에 비교한 지중 전선로의 장점이다. 이에 속하지 않는 것은? [03]
① 선로사고 시 복구가 용이하다.
② 도시환경미화를 향상시킨다.
③ 폭풍우, 뇌(雷)의 위험이 적다.
④ 지상노출이 적어 보안상 유리하다.

해설 전력사용의 안정도가 향상되고, 시가지 내 전력시설 건설에 도시 환경미관을 저해하지 않으나 건설비가 많이 들고 선로의 사고 복구에 많은 시간이 걸린다.

03 지중케이블의 고장점을 찾아내는 방법은 머레이루프, 발레이루프 시험법이 있는데 이들 시험방법은 어떤 브리지 원리를 이용하는가? [10]
① 휘스톤 브리지(Wheatston bridge)
② 쉐링 브리지(Schering's bridge)
③ 윈 브리지(Owen's bridge)
④ 임피던스 브리지(Impedance bridge)

해설 머레이루프법은 직류 브리지의 일종으로, 선로의 접지 위치를 검출하는 데 사용된다.

04 지중 전선로는 케이블을 사용하고 직접 매설식의 경우 매설 깊이는 차량 및 기타 중량물의 압력을 받는 곳에서는 지하 몇 [m] 이상이어야 하는가? [12] [13]
① 0.8   ② 1.0
③ 1.2   ④ 1.5

해설 직접 매설식에서 케이블 매설 깊이는 차량, 기타 중량물의 압력을 받을 우려가 있는 장소는 1.0[m] 이상, 기타 장소는 0.6[m] 이상이어야 한다.

05 지중 전선로에 사용하는 지중함의 시설기준으로 틀린 것은? [07] [14]
① 지중함은 조명 및 세척이 가능한 구조로 할 것
② 지중함은 견고하고 차량 기타 중량물의 압력에 견디는 구조일 것
③ 지중함의 뚜껑은 시설자 이외의 자가 쉽게 열 수 없도록 시설할 것
④ 지중함은 그 안에 고인물을 제거할 수 있는 구조로 할 것

해설 지중 전선로에 사용하는 지중함은 다음 각 호에 의하여 시설하여야 한다.
• 지중함은 견고하고 차량 기타 중량물의 압력에 견디는 구조일 것
• 지중함은 그 안의 고인 물을 제거할 수 있는 구조로 되어 있을 것
• 폭발성 또는 연소성의 가스가 침입할 우려가 있는 곳에 시설하는 1[m³] 이상의 지중함에는 통풍장치를 할 것
• 지중함의 뚜껑은 시설자 이외의 자가 쉽게 열 수 없도록 시설할 것

정답 1. ③ 2. ① 3. ① 4. ② 5. ①

06 지중 전선로 및 지중함의 시설방식으로 잘못된 것은? [10] [14]
① 지중 전선로는 전선에 케이블을 사용할 것
② 지중 전선로는 관로식, 암거식 또는 직접 매설식에 의하여 시설할 것
③ 지중함의 뚜껑은 시설자 이외의 자가 쉽게 열 수 없도록 시설할 것
④ 연소성 가스가 침입할 우려가 있는 곳에 시설하는 최소 0.5[m^3] 이상의 지중함에는 통풍장치를 할 것

해설 위의 문제풀이 참조

07 저압의 지중전선이 지중 약전류 전선 등과 접근하거나 교차하는 경우 상호 간의 이격거리가 몇 [cm] 이하인 때에는 지중전선과 지중 약전류 전선 등 사이에 견고한 내화성의 격벽을 설치하는가? [10] [13] [14]
① 15[cm] ② 30[cm]
③ 60[cm] ④ 100[cm]

해설 지중전선과 지중 약전류 전선과 접근 또는 교차 시 상호 이격거리가 저압 또는 고압의 지중전선은 30[cm] 이하, 특고압 지중전선은 60[cm] 이하일 때에는 견고한 내화성의 격벽을 설치한다.

08 지중에 매설되어 있는 케이블의 전식(전기적인 부식)을 방지하기 위한 대책이 아닌 것은? [07]
① 회생양극법 ② 외부전원법
③ 선택배류법 ④ 배양법

해설 지중케이블의 전식방지법으로는 금속표면 코팅, 회생양극법, 외부전원법, 배류법이 있다.

09 지중배전에 사용되는 기기는 별도의 설치공간에 적합한 구조로 제작되어 설치되는데 이에 사용되는 일반기기를 설치형태별로 구분한 종류에 해당하지 않는 것은? [07]
① 지상 설치형
② 지중 설치형
③ 지하공 설치형
④ 반가대 설치형

해설 반가대 설치형은 가공전선로에서 사용하는 방법

10 지중전선로 공사에서 케이블 포설시 케이블 끝단에 설치하여 당길 수 있도록 하는데 사용하는 것은? [14]
① 풀링그립(Pulling Grip)
② 피시테이프(Fish Tape)
③ 강철 인도선((Steel Wire)
④ 와이어 로프(Wire Rope)

해설 풀링그립은 고리가 없으면 양방향 그립이 가능하며 이중, 삼중 또는 단일로 엮은 아연 도금한 강철 그물로 만들어졌으며 송.배전, 지중 및 통신공사 시 각종 전선을 잡아주거나 끌어 당겨 배선하는데 사용하는 망

11 시공이 불편하고 포설 공사비의 고가, 공기의 지연 등 난점을 해결한 지중 전선관으로 사용하는 것은? [09]
① 흄관 ② 동관
③ PVC관 ④ ELP관

해설 ELP관은 파상형 형태로 지하의 각종 장애물에 구애됨이 없어 우회 시공이 가능하고 내구성이 뛰어나며 무게가 가볍고 케이블 입선이 용이하여 작업시간이 단축되며 공사비가 절감된다.

정답 6. ④ 7. ② 8. ④ 9. ④ 10. ① 11. ④

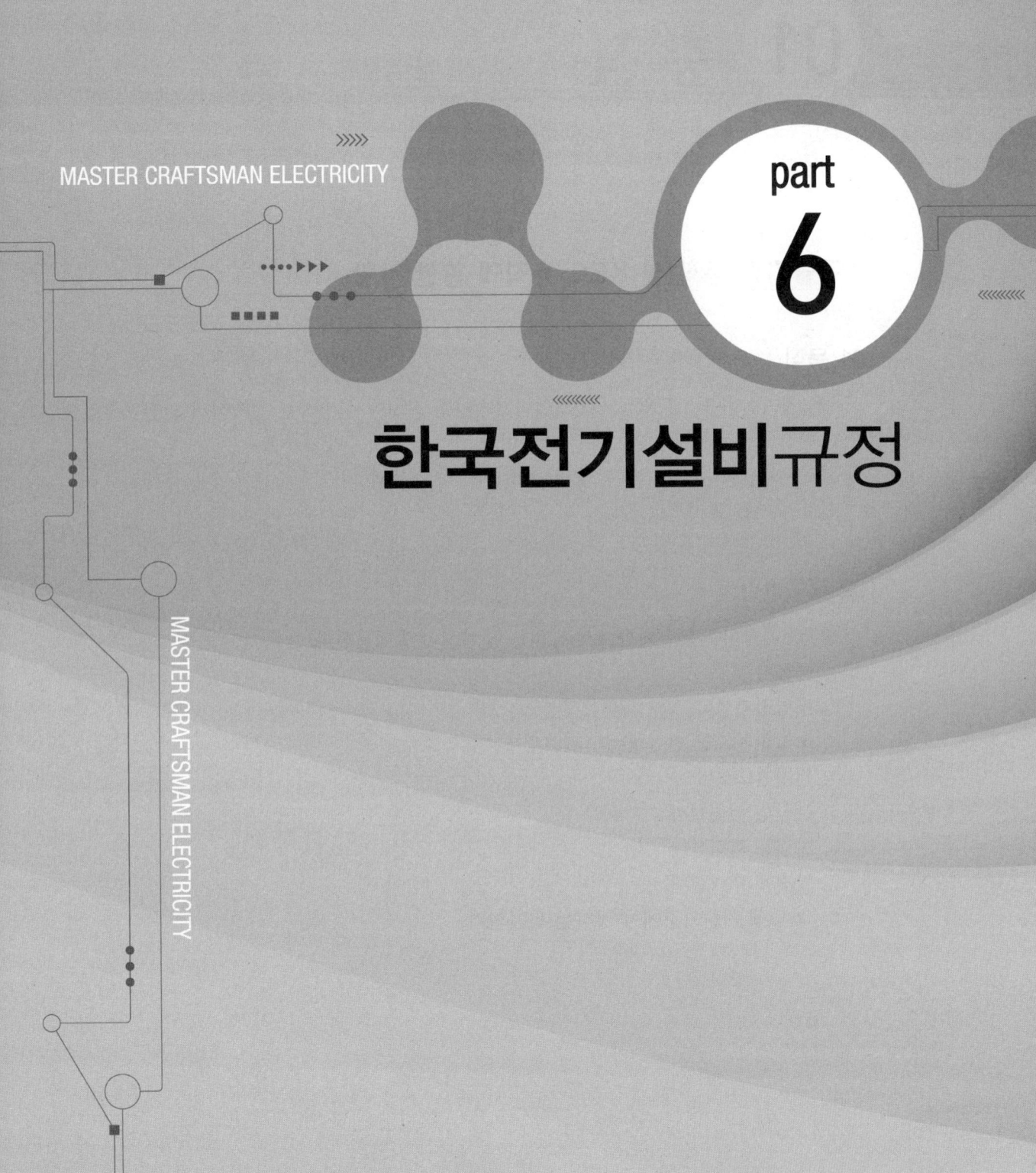

Chapter 01 총 칙

1 기술기준 총칙 및 KEC 총칙에 관한 사항

101 목적

한국전기설비규정(KEC)은 전기설비기술기준 고시에서 정하는 전기설비(발전·송전·변전·배전 또는 전기사용을 위하여 설치하는 기계·기구·댐·수로·저수지·전선로·보안통신선로 및 그 밖의 설비)의 안전성능과 기술적 요구사항을 구체적으로 정하는 것을 목적으로 한다.

102 적용범위

한국전기설비규정은 다음에서 정하는 전기설비에 적용한다.
1. 공통사항
2. 저압전기설비
3. 고압·특고압 전기설비
4. 전기철도설비
5. 분산형 전원설비
6. 발전용 화력설비
7. 발전용 수력설비
8. 그 밖에 기술기준에서 정하는 전기설비

2 일반사항

111 통칙

111.1 적용범위

1. 전압의 구분
   가. 저압 : 교류는 1[kV] 이하, 직류는 1.5[kV] 이하인 것.
   나. 고압 : 교류는 1[kV]를, 직류는 1.5[kV]를 초과하고, 7[kV] 이하인 것.
   다. 특고압 : 7[kV]를 초과하는 것.

112 용어 정의

1. "가공인입선"이란 가공전선로의 지지물로부터 다른 지지물을 거치지 아니하고 수용장소의 붙임점에 이르는 가공전선
2. "계통연계"란 둘 이상의 전력계통 사이를 전력이 상호 융통될 수 있도록 선로를 통하여 연결하는 것으로 전력계통 상호 간을 송전선, 변압기 또는 직류-교류변환설비 등에 연결하는 것. 계통연락이라고도 한다.
3. "계통외도전부"란 전기설비의 일부는 아니지만 지면에 전위 등을 전해줄 위험이 있는 도전성 부분
4. "계통접지"란 전력계통에서 돌발적으로 발생하는 이상현상에 대비하여 대지와 계통을 연결하는 것으로, 중성점을 대지에 접속하는 것.
5. "고장보호"란 고장 시 기기의 노출 도전부에 간접 접촉함으로써 발생할 수 있는 위험으로부터 인축을 보호하는 것.
6. "관등회로"란 방전등용 안정기 또는 방전등용 변압기로부터 방전관까지의 전로
7. "기본보호"란 정상운전 시 기기의 충전부에 직접 접촉함으로써 발생할 수 있는 위험으로부터 인축을 보호하는 것.
8. "내부 피뢰시스템"이란 등전위본딩 또는 외부 피뢰시스템의 전기적 절연으로 구성된 피뢰시스템의 일부
9. "노출 도전부"란 충전부는 아니지만 고장 시에 충전될 위험이 있고, 사람이 쉽게 접촉할 수 있는 기기의 도전성 부분
10. "등전위본딩"이란 등전위를 형성하기 위해 도전부 상호 간을 전기적으로 연결하는 것.

11. "등전위본딩망"이란 구조물의 모든 도전부와 충전도체를 제외한 내부설비를 접지극에 상호 접속하는 망
12. "리플프리 직류"란 교류를 직류로 변환할 때 리플성분의 실효값이 10[%] 이하로 포함된 직류
13. "보호도체(PE)"란 감전에 대한 보호 등 안전을 위해 제공되는 도체
    가. "PEN도체"란 교류회로에서 중성선 겸용 보호도체
    나. "PEM도체"란 직류회로에서 중간선 겸용 보호도체
    다. "PEL도체"란 직류회로에서 선도체 겸용 보호도체
14. "보호등전위본딩"이란 감전에 대한 보호 등과 같이 안전을 목적으로 하는 등전위본딩
15. "보호본딩도체"란 보호등전위본딩을 제공하는 보호도체
16. "보호접지"란 고장 시 감전에 대한 보호를 목적으로 기기의 한 점 또는 여러 점을 접지하는 것.
17. "서지보호장치(SPD)"란 과도 과전압을 제한하고 서지 전류를 분류하기 위한 장치
18. "수뢰부 시스템"이란 낙뢰를 포착할 목적으로 돌침, 수평도체, 메시도체 등과 같은 금속 물체를 이용한 외부 피뢰시스템의 일부
19. "스트레스전압"이란 지락고장 중에 접지부분 또는 기기나 장치의 외함과 기기나 장치의 다른 부분 사이에 나타나는 전압
20. "옥내배선"이란 건축물 내부의 전기사용장소에 고정시켜 시설하는 전선
21. "옥외배선"이란 건축물 외부의 전기사용장소에서 전기사용장소에서의 전기사용을 목적으로 고정시켜 시설하는 전선
22. "옥측배선"이란 건축물 외부의 전기사용장소에서 전기사용장소에서의 전기사용을 목적으로 조영물에 고정시켜 시설하는 전선
23. "외부피뢰시스템"이란 수뢰부 시스템, 인하 도선시스템, 접지극 시스템으로 구성된 피뢰시스템의 일종
24. "인하도선시스템"이란 뇌전류를 수뢰시스템에서 접지극으로 흘리기 위한 외부 피뢰시스템의 일부
25. "임펄스 내전압"이란 지정된 조건하에서 절연파괴를 일으키지 않는 규정된 파형 및 극성의 임펄스전압의 최대 파고값 또는 충격 내전압
26. "접지시스템"이란 기기나 계통을 개별적 또는 공통으로 접지하기 위하여 필요한 접속 및 장치로 구성된 설비

27. "제1차 접근상태"란 가공전선이 다른 시설물과 접근하는 경우에 가공전선이 다른 시설물의 위쪽 또는 옆쪽에서 수평거리로 가공전선로의 지지물의 지표상의 높이에 상당하는 거리 안에 시설됨으로써 가공 전선로의 전선의 절단, 지지물의 도괴 등의 경우에 그 전선이 다른 시설물에 접촉할 우려가 있는 상태
28. "제2차 접근상태"란 가공전선이 다른 시설물과 접근하는 경우에 가공전선이 다른 시설물의 위쪽 또는 옆쪽에서 수평거리로 3[m] 미만인 곳에 시설되는 상태
29. "전기철도용 급전선"이란 전기철도용 변전소로부터 다른 전기철도용 변전소 또는 전차선에 이르는 전선
30. "전기철도용 급전선로"란 전기철도용 급전선 및 이를 지지하거나 수용하는 시설물
31. "접지전위 상승(EPR)"이란 접지계통과 기준대지 사이의 전위차
32. "접촉범위"란 사람이 통상적으로 서 있거나 움직일 수 있는 바닥 면상의 어떤 점에서라도 보조장치의 도움없이 손을 뻗어서 접촉이 가능한 접근 구역
33. "지락전류"란 충전부에서 대지 또는 고장점(지락점)의 접지된 부분으로 흐르는 전류를 말하며, 지락에 의하여 전로의 외부로 유출되어 화재, 사람이나 동물의 감전 또는 전로나 기기의 손상 등 사고를 일으킬 우려가 있는 전류
34. "지중 관로"란 지중 전선로·지중 약전류 전선로·지중 광섬유 케이블 선로·지중에 시설하는 수관 및 가스관과 이와 유사한 것 및 이들에 부속하는 지중함 등
35. "충전부"란 통상적인 운전상태에서 전압이 걸리도록 되어 있는 도체 또는 도전부. 중성선을 포함하나 PEN 도체, PEM 도체 및 PEL 도체는 포함하지 않는다.
36. "특별저압(ELV)"이란 인체에 위험을 초래하지 않을 정도의 저압. 여기서 SELV는 비접지회로에 해당되며, PELV는 접지회로에 해당된다.
37. "피뢰등전위본딩"이란 뇌전류에 의한 전위차를 줄이기 위해 직접적인 도전접속 또는 서지보호장치를 통하여 분리된 금속부를 피뢰시스템에 본딩하는 것.
38. "피뢰레벨(LPL)"이란 자연적으로 발생하는 뇌방전을 초과하지 않는 최대 그리고 최소 설계값에 대한 확률과 관련된 일련의 뇌격전류 매개변수로 정해지는 레벨
39. "피뢰시스템(LPS)"이란 구조물 뇌격으로 인한 물리적 손상을 줄이기 위해 사용되는 전체 시스템을 말하며, 외부피뢰시스템과 내부피뢰시스템으로 구성

113 안전을 위한 보호

113.1 일반사항
전기설비 사용 시 위험과 장애로부터 인축 및 재산을 안전하게 보호

113.2 감전에 대한 보호
1. 기본보호
   가. 인축의 몸을 통해 전류가 흐르는 것을 방지
   나. 인축의 몸에 흐르는 전류를 위험하지 않는 값 이하로 제한
2. 고장보호
   가. 노출도전부에 접촉하여 위험으로부터 보호
   나. 고장전류 방지, 위험하지 않는 값 이하 및 고장전류의 지속시간 제한

113.4 과전류에 대한 보호
1. 과전류에 의한 과열 또는 전기·기계적 응력에 의한 위험방지
2. 과전류에 대한 보호는 과전류 방지 및 지속시간 제한

113.5 고장전류에 대한 보호
1. 고장전류가 흐르는 도체 및 허용온도상승 한계에 도달하지 않도록 보호장치 구비
2. 도체는 과전류에 대하여 보호

113.6 과전압 및 전자기 장애에 대한 대책
1. 충전부의 결함으로 발생한 전압에 의한 고장으로 보호
2. 전자기 장애로부터 적절한 수준의 내성을 가질 것.

113.7 전원공급 중단에 대한 보호
전원공급 중단으로 인해 위험과 피해방지 및 보호장치 구비

3 전선

121 전선의 선정 및 식별

121.1 전선 일반 요구사항 및 선정

1. 전선은 사용상태에서 온도에 견디고 전기·기계적 응력에 견딜 것.
2. 전선은 「전기용품 및 생활용품 안전관리법」의 적용을 받는 것 이외에는 한국산업 표준에 적합할 것.

121.2 전선의 식별

1. 전선의 색상

표 121.2-1 전선식별

상(문자)	색상
L1	갈색
L2	흑색
L3	회색
N	청색
보호도체	녹색-노란색

2. 나도체 등은 종단부에 도색, 밴드, 색 테이프 등으로 색상 표시

122 전선의 종류

122.1 저압 절연전선

1. 450/750[V] 비닐절연전선
2. 450/750[V] 저독성 난연 폴리올레핀절연전선
3. 450/750[V] 저독성 난연 가교폴리올레핀절연전선
4. 450/750[V] 고무절연 전선

122.2 코드

「전기용품 및 생활용품 안전관리법」에 의한 안전인증을 취득한 것.

122.3 캡타이어케이블

1. 캡타이어케이블은 「전기용품 및 생활용품 안전관리법」의 적용을 받는 것.
2. 정격 전압 1[kV]~30[kV] 압출 성형 절연 전력케이블에 적합한 것.

122.4 저압케이블

1. 0.6/1[kV] 연피케이블
2. 클로로프렌외장케이블
3. 비닐외장케이블
4. 폴리에틸렌외장케이블
5. 무기물 절연케이블
6. 금속외장케이블
7. 저독성 난연 폴리올레핀외장케이블
8. 300/500[V] 연질 비닐시스케이블
9. 유선텔레비전용 급전겸용 동축 케이블

122.5 고압 및 특고압 케이블

1. 고압 케이블
   클로로프렌외장케이블・비닐외장케이블・폴리에틸렌외장케이블・콤바인 덕트 케이블
2. 특고압 케이블
   에틸렌 프로필렌고무혼합물 또는 가교폴리에틸렌 혼합물인 케이블로서 선심 위에 금속제의 전기적 차폐층을 설치한 것, 파이프형 압력 케이블 그 밖의 금속피복을 한 케이블
3. 특고압 전로의 다중접지 지중 배전계통에 사용하는 동심중성선 전력케이블
   가. 최고전압은 25.8[kV] 이하일 것.
   나. 도체는 연동선 또는 알루미늄선을 소선으로 구성한 원형 압축연선으로 할 것.

123 전선의 접속

전선을 접속하는 경우에는 전기저항을 증가시키지 아니하도록 접속할 것.
1. 나전선 상호 또는 나전선과 절연전선 또는 캡타이어케이블과 접속하는 경우

가. 전선의 세기를 20[%] 이상 감소시키지 아니할 것.

나. 접속 부분은 접속관 기타의 기구를 사용할 것.

2. 절연전선 상호·절연전선과 코드, 캡타이어케이블과 접속하는 경우에는 접속 부분을 그 부분의 절연전선의 절연물과 동등 이상의 절연효력이 있는 것으로 충분히 피복할 것.

3. 코드 상호, 캡타이어케이블 상호 또는 이들 상호를 접속하는 경우에는 코드 접속기·접속함 기타의 기구를 사용할 것.

4. 도체에 알루미늄을 사용하는 전선과 동을 사용하는 전선을 접속하는 등 전기화학적 성질이 다른 도체를 접속하는 경우에는 접속 부분에 전기적 부식이 생기지 않도록 할 것.

5. 도체에 알루미늄을 사용하는 절연전선 또는 케이블을 옥내배선·옥측배선 또는 옥외배선에 사용하는 경우에 절연저항 및 내전압, 기계적 강도, 온도상승, 내열성에 적합한 기구를 사용할 것.

6. 두 개 이상의 전선을 병렬로 사용하는 경우에는 다음에 의하여 시설할 것.

가. 전선의 굵기는 동선 50[mm^2] 이상 또는 알루미늄 70[mm^2] 이상으로 하고, 전선은 같은 도체, 같은 재료, 같은 길이 및 같은 굵기의 것을 사용할 것.

나. 각 전선은 동일한 터미널 러그에 완전히 접속할 것.

다. 각 전선의 터미널 러그는 동일한 도체에 2개 이상의 리벳 또는 2개 이상의 나사로 접속할 것.

라. 병렬로 사용하는 전선에는 각각에 퓨즈를 설치하지 말 것.

마. 교류회로에서 병렬로 사용하는 전선은 금속관 안에 전자적 불평형이 생기지 않도록 시설할 것.

4 접지시스템

141 접지시스템의 구분 및 종류

1. 접지시스템은 계통접지, 보호접지, 피뢰시스템 접지 등으로 구분한다.
2. 접지시스템의 시설 종류에는 단독접지, 공통접지, 통합접지가 있다.

142 접지시스템의 시설

142.1 접지시스템의 구성요소 및 요구사항

142.1.1 접지시스템 구성요소
1. 접지시스템은 접지극, 접지도체, 보호도체 및 기타 설비로 구성한다.
2. 접지극은 접지도체를 사용하여 주 접지단자에 연결할 것.

142.1.2 접지시스템 요구사항
1. 접지시스템은 다음에 적합할 것.
    가. 전기설비의 보호 요구사항을 충족할 것.
    나. 지락전류와 보호도체 전류를 대지에 전달할 것. 다만, 열적, 열·기계적, 전기·기계적 응력 및 이러한 전류로 인한 감전 위험이 없어야 한다.
    다. 전기설비의 기능적 요구사항을 충족할 것.
2. 접지저항 값은 다음에 의한다.
    가. 부식, 건조 및 동결 등 대지 환경변화에 충족할 것.
    나. 인체감전보호를 위한 값과 전기설비의 기계적 요구에 의한 값을 만족할 것.

142.2 접지극의 시설 및 접지저항
1. 접지극의 시설
    가. 토양 또는 콘크리트에 매입되는 접지극의 재료 및 최소 굵기 등은 토양 또는 콘크리트에 매설되는 접지극으로 부식방지 및 기계적 강도를 대비하여야 한다.
    나. 콘크리트에 매입된 기초 접지극
    다. 토양에 매설된 기초 접지극
    라. 토양에 수직 또는 수평으로 직접 매설된 금속전극
    마. 케이블의 금속외장 및 그 밖에 금속피복
    바. 지중 금속구조물
    사. 대지에 매설된 철근콘크리트의 용접된 금속 보강재
2. 접지극의 매설
    가. 접지극은 매설하는 토양을 오염시키지 않아야 하며, 가능한 다습한 부분에 설치한다.

나. 접지극은 지표면으로부터 지하 0.75[m] 이상으로 매설한다.

다. 접지도체를 철주 기타의 금속체를 따라서 시설하는 경우에는 접지극을 철주의 밑면으로부터 0.3[m] 이상의 깊이에 매설하는 경우 이외에는 접지극을 지중에서 금속체로부터 1[m] 이상 떼어 매설할 것

3. 접지시스템 부식에 대한 고려

   가. 접지극에 부식을 일으킬 수 있는 폐기물 집하장 및 번화한 장소에 접지극 설치는 피해야 한다.

   나. 서로 다른 재질의 접지극을 연결할 경우 전식을 고려할 것.

   다. 콘크리트 기초접지극에 접속하는 접지도체가 용융아연도금강제인 경우 접속부를 토양에 직접 매설해서는 안 된다.

4. 접지극을 접속하는 경우에는 발열성 용접, 압착접속, 클램프 또는 그 밖의 적절한 기계적 접속장치로 접속할 것.

5. 가연성 액체나 가스를 운반하는 금속제 배관은 접지설비의 접지극으로 사용할 수 없다.

6. 수도관 등의 접지극

   가. 지중에 매설되어 있고 대지와의 전기저항값이 3[Ω] 이하의 값을 유지하고 있는 금속제 수도관로가 다음에 따르는 경우 접지극으로 사용 가능

   (1) 접지도체와 금속제 수도관로의 접속은 안지름 75[mm] 이상인 부분 또는 분기한 안지름 75[mm] 미만인 분기점으로부터 5[m] 이내의 부분에서 하여야 한다. 다만, 전기저항값이 2[Ω] 이하인 경우 5[m] 초과 가능

   (2) 접지도체와 금속제 수도관로의 접속부를 수도계량기로부터 수도 수용가 측에 설치하는 경우에는 수도계량기를 사이에 두고 양측 수도관로를 등전위 본딩하여야 한다.

   (3) 접지도체와 금속제 수도관로의 접속부를 사람이 접촉할 우려가 있는 곳에 설치하는 경우에는 손상을 방지하도록 방호장치 설치

   (4) 접지도체와 금속제 수도관로의 접속에 사용하는 금속제는 접속부에 전기적 부식이 생기지 않아야 한다.

   나. 건축물·구조물의 철골 기타의 금속제는 대지와의 사이에 전기저항값이 2[Ω] 이하인 경우 비접지식 고압전로에 시설하는 기계기구의 철대 또는 금속제 외함의 접지공사 또는 비접지식 고압전로와 저압전로를 결합하는 변압기의 저압전로의 접지공사의 접지극으로 사용할 수 있다.

142.3 접지도체·보호도체

142.3.1 접지도체

1. 접지도체의 선정
    가. 접지도체의 단면적
        (1) 구리는 6[mm^2] 이상
        (2) 철제는 50[mm^2] 이상
    나. 접지도체에 피뢰시스템이 접속되는 경우, 구리 16[mm^2] 또는 철 50[mm^2] 이상
2. 접지도체와 접지극의 접속
    가. 견고하고 전기적인 연속성이 보장되도록, 접속부는 발열성 용접, 압착접속, 클램프 또는 그 밖에 적절한 기계적 접속장치에 의해 접속할 것.
    나. 클램프를 사용하는 경우, 접지극 또는 접지도체를 손상시키지 않을 것.
3. 접지도체를 접지극이나 접지의 다른 수단과 연결하는 것은 견고하게 접속하고, 전기적, 기계적으로 적합하여야 하며, 부식에 대해 적절하게 보호되어야 한다. 또한, 다음과 같이 매입되는 지점에는 "안전 전기 연결" 라벨이 영구적으로 고정되도록 시설할 것.
    가. 접지극의 모든 접지도체 연결지점
    나. 외부도전성 부분의 모든 본딩도체 연결지점
    다. 주 개폐기에서 분리된 주 접지단자
4. 접지도체는 지하 0.75[m]부터 지표상 2[m]까지 부분은 합성수지관 또는 이와 동등 이상의 절연효과와 강도를 가지는 몰드로 덮을 것.
5. 특고압·고압 전기설비 및 변압기 중성점 접지시스템의 경우 접지도체가 사람이 접촉할 우려가 있는 곳의 접지도체는 절연전선 또는 케이블을 사용할 것. 다만, 접지도체를 철주 기타의 금속체를 따라서 시설하는 경우 이외에는 접지도체의 지표상 0.6[m]를 초과하는 부분에 대하여는 절연전선을 사용하지 않을 수 있다.
6. 접지도체의 굵기
    가. 특고압·고압 전기설비용 접지도체는 6[mm^2] 이상의 연동선 또는 동등 이상의 단면적 및 강도를 가질 것.
    나. 중성점 접지용 접지도체는 16[mm^2] 이상의 연동선 또는 동등 이상의 단면적 및 세기를 가질 것. 다만, 다음의 경우에는 6[mm^2] 이상의 연동선 또는 동등 이상의 단면적 및 강도를 가져야 한다.

(1) 7[kV] 이하의 전로
(2) 사용전압이 25[kV] 이하인 특고압 가공전선로. 다만, 중성선 다중접지식의 것으로서 전로에 지락이 생겼을 때 2초 이내에 자동적으로 이를 전로로부터 차단하는 장치가 되어 있는 것.

다. 이동하여 사용하는 전기기계기구의 금속제 외함 등의 접지시스템의 경우
(1) 특고압·고압용 접지도체 및 중성점 접지용 접지도체는 클로로프렌캡타이어케이블(3종 및 4종) 또는 클로로설포네이트폴리에틸렌캡타이어케이블(3종 및 4종)의 1개 도체 또는 다심 캡타이어케이블의 차폐 또는 기타의 금속체로 10[mm^2] 이상인 것.
(2) 저압용 접지도체는 다심 코드 또는 다심 캡타이어케이블의 1개 도체의 단면적이 0.75[mm^2] 이상인 것. 다만, 기타 유연성이 있는 연동연선은 1개 도체의 단면적이 1.5[mm^2] 이상인 것.

142.3.6 감전보호에 따른 보호도체

과전류보호장치를 감전에 대한 보호용으로 사용하는 경우, 보호도체는 충전도체와 같은 배선설비에 병합시키거나 근접한 경로로 설치할 것.

142.3.7 주 접지단자

1. 접지시스템은 주 접지단자를 설치하고, 다음의 도체들을 접속할 것.
    가. 등전위본딩도체
    나. 접지도체
    다. 보호도체
    라. 기능성 접지도체
2. 여러 개의 접지단자가 있는 장소는 접지단자 상호 접속할 것.
3. 주 접지단자에 접속하는 각 접지도체는 분리 및 접지저항을 측정할 수 있을 것.

142.4 전기수용가 접지

142.4.1 저압수용가 인입구 접지

1. 지중에 매설되어 있고 대지와의 저항값이 3[Ω] 이하의 금속제 수도관로
2. 대지 사이의 저항값이 3[Ω] 이하의 건물의 철골
3. 공칭단면적 6[mm^2] 이상의 연동선

142.4.2 주택 등 저압수용장소 접지

1. 저압수용장소에서 계통접지가 TN-C-S 방식인 경우에 중성선 겸용 보호도체(PEN)는 고정 전기설비에만 사용할 수 있고, 구리는 10[mm²] 이상, 알루미늄은 16[mm²] 이상이고, 그 계통의 최고전압에 대하여 절연되어야 한다.
2. 감전보호용 등전위본딩을 할 것. 다만, 이 조건을 충족시키지 못하는 경우에 중성선 겸용 보호도체를 수용장소의 인입구 부근에 추가로 접지하여야 하며, 접지 저항값은 접촉전압을 허용접촉전압 범위내로 제한하는 값 이하로 할 것.

142.5 변압기 중성점 접지

142.5.1 중성점 접지 저항값

1. 변압기의 중성점접지 저항값
   가. 변압기의 고압·특고압측 전로 1선 지락전류로 150을 나눈 값과 같은 저항값 이하
   나. 변압기의 고압·특고압측 전로 또는 사용전압이 35[kV] 이하의 특고압전로가 저압측 전로와 혼촉하고 저압전로의 대지전압이 150[V]를 초과하는 경우 저항값
      (1) 1초 초과 2초 이내에 고압·특고압 전로를 자동으로 차단하는 장치를 설치할 때는 300을 나눈 값 이하
      (2) 1초 이내에 고압·특고압 전로를 자동으로 차단하는 장치를 설치할 때는 600을 나눈 값 이하
2. 전로의 1선 지락전류는 실측값에 의한다.

143 감전보호용 등전위본딩

143.1 등전위본딩의 적용

1. 건축물·구조물에서 접지도체, 주 접지단자와 다음의 도전성부분은 등전위본딩을 할 것.
   가. 수도관·가스관 등 외부에서 내부로 인입되는 금속배관
   나. 건축물·구조물의 철근, 철골 등 금속보강재
   다. 일상생활에서 접촉이 가능한 금속제 난방배관 및 공조설비 등 계통외도전부

2. 주 접지단자에 보호등전위본딩 도체, 접지도체, 보호도체, 기능성 접지도체를 접속

143.2 등전위본딩 시설

143.2.1 보호등전위본딩

1. 건축물·구조물의 외부에서 내부로 들어오는 각종 금속제 배관
   가. 1개소에 집중하여 인입하고, 인입구 부근에서 서로 접속하여 등전위본딩 바에 접속할 것.
   나. 대형건축물 등으로 1개소에 집중하여 인입하기 어려운 경우에는 본딩도체를 1개의 본딩 바에 연결한다.
2. 수도관·가스관의 경우 내부로 인입된 최초의 밸브 후단에서 등전위본딩을 할 것.
3. 건축물·구조물의 철근, 철골 등 금속보강재는 등전위본딩을 할 것.

143.2.3 비접지 국부등전위본딩

1. 절연성 바닥으로 된 비접지 장소에서 다음의 경우 국부등전위본딩을 할 것.
   가. 전기설비 상호 간이 2.5[m] 이내인 경우
   나. 전기설비와 이를 지지하는 금속체 사이
2. 전기설비 또는 계통외도전부를 통해 대지에 접촉하지 않아야 한다.

143.3 등전위본딩 도체

143.3.1 보호등전위본딩 도체

1. 주접지단자에 접속하기 위한 등전위본딩 도체는 설비 내에 있는 가장 큰 보호접지 도체 단면적의 1/2 이상의 단면적을 가져야 하고 다음의 단면적 이상일 것.
   가. 구리도체 6[mm^2]
   나. 알루미늄 도체 16[mm^2]
   다. 강철 도체 50[mm^2]
2. 주접지단자에 접속하기 위한 보호본딩도체의 단면적은 구리도체 25[mm^2] 또는 다른 재질의 동등한 단면적을 초과할 필요는 없다.

143.3.2 보조 보호등전위본딩 도체

1. 두 개의 노출도전부를 접속하는 경우 도전성은 노출도전부에 접속된 더 작은 보호 도체의 도전성보다 커야 한다.
2. 노출도전부를 계통외 도전부에 접속하는 경우 도전성은 같은 단면적을 갖는 보호도체의 1/2 이상일 것.
3. 케이블의 일부가 아닌 경우 또는 선로도체와 함께 수납되지 않은 본딩도체는 다음 값 이상일 것.
   가. 기계적 보호가 된 것은 구리도체 2.5[mm^2], 알루미늄 도체 16[mm^2]
   나. 기계적 보호가 없는 것은 구리도체 4[mm^2], 알루미늄 도체 16[mm^2]

5 피뢰시스템

151 피뢰시스템의 적용범위 및 구성

151.1 적용범위

1. 전기전자설비가 설치된 건축물·구조물로서 낙뢰로부터 보호가 필요한 것 또는 지상으로부터 높이가 20[m] 이상인 것
2. 전기설비 및 전자설비 중 낙뢰로부터 보호가 필요한 설비

151.2 피뢰시스템의 구성

1. 직격뢰로부터 대상물을 보호하기 위한 외부피뢰시스템
2. 간접뢰 및 유도뢰로부터 대상물을 보호하기 위한 내부피뢰시스템

152 외부피뢰시스템

152.1 전기설비 보호를 위한 건축물·구조물 피뢰시스템

152.1.1 수뢰부시스템

1. 수뢰부시스템을 선정은 다음에 의한다.
   가. 돌침, 수평도체, 메시도체의 요소 중에 한가지 또는 이를 조합한 형식으로 시설할 것.

나. 구성요소로 자연적 구성부재를 이용할 수 있다.
2. 수뢰부시스템의 배치는 다음에 의한다.
    가. 보호각법, 회전구체법, 메시법 중 하나 또는 조합된 방법으로 배치할 것.
    나. 건축물·구조물의 뾰족한 부분, 모서리 등에 우선하여 배치한다.
3. 지상으로부터 높이 60[m]를 초과하는 건축물·구조물에 측뢰 보호가 필요한 경우에는 수뢰부시스템을 다음과 같이 시설할 것.
    가. 전체 높이 60[m]를 초과하는 건축물·구조물의 최상부로부터 20[%] 부분에 한한다.
    나. 자연적 부재가 규정에 적합하면 측뢰 보호용 수뢰부로 사용할 수 있다.
4. 건축물·구조물과 분리되지 않은 수뢰부시스템의 시설은 다음에 따른다.
    가. 지붕 마감재가 불연성 재료로 된 경우 지붕표면에 시설할 수 있다.
    나. 지붕 마감재가 높은 가연성 재료로 된 경우 지붕재료와 다음과 같이 이격하여 시설한다.
        (1) 초가지붕 또는 이와 유사한 경우 0.15[m] 이상
        (2) 다른 재료의 가연성 재료인 경우 0.1[m] 이상

152.2 인하도선시스템

1. 인하도선은 수뢰부시스템과 접지시스템을 연결하는 것으로 복수의 인하도선을 병렬로 구성해야 하며 경로의 길이가 최소가 되도록 한다.
2. 배치 방법은 다음에 의한다.
    가. 건축물·구조물과 분리된 피뢰시스템인 경우
        (1) 뇌전류의 경로가 보호대상물에 접촉하지 않도록 할 것.
        (2) 별개의 지주에 설치되어 있는 경우 각 지주 마다 1조 이상의 인하도선을 시설한다.
        (3) 수평도체 또는 메시도체인 경우 지지 구조물 마다 1조 이상의 인하도선을 시설한다.
    나. 건축물·구조물과 분리되지 않은 피뢰시스템인 경우
        (1) 벽이 불연성 재료로 된 경우에는 벽의 표면 또는 내부에 시설할 수 있다. 다만, 벽이 가연성 재료인 경우에는 0.1[m] 이상 이격하고, 이격이 불가능한 경우에는 도체의 단면적을 100[mm^2] 이상으로 한다.
        (2) 인하도선의 수는 2조 이상으로 한다.
        (3) 보호대상 건축물·구조물의 투영에 다른 둘레에 가능한 한 균등한 간격

으로 배치한다. 다만, 노출된 모서리 부분에 우선하여 설치한다.

　　　(4) 병렬 인하도선의 최대 간격은 피뢰시스템 등급에 따라 Ⅰ·Ⅱ 등급은 10[m], Ⅲ 등급은 15[m], Ⅳ 등급은 20[m]로 한다.

3. 수뢰부시스템과 접지극시스템 사이에 전기적 연속성이 형성되도록 시설할 것.

　가. 경로는 가능한 한 루프 형성이 되지 않아야 하고, 최단거리로 곧게 수직으로 시설하며, 처마 또는 수직으로 설치된 홈통 내부에 시설하지 않을 것.

　나. 철근콘크리트 구조물의 철근을 자연적 구성부재의 인하도선으로 사용하기 위해서는 전체 길이의 전기저항값은 0.2[Ω] 이하일 것.

　다. 시험용 접속점을 접지극시스템과 가까운 인하도선과 접지극시스템의 연결부분에 시설하고, 접속점은 항상 폐로되어야 하며 측정 시에 공구 등으로만 개방할 수 있어야 한다.

4. 인하도선으로 사용하는 자연적 구성부재는 다음에 의한다.

　가. 각 부분의 전기적 연속성과 내구성이 확실할 것
　나. 전기적 연속성이 있는 구조물 등의 금속제 구조체
　다. 구조물 등의 상호 접속된 강제 구조체
　라. 건축물 외벽 등을 구성하는 금속 구조제의 크기가 인하도선에 대한 요구사항에 부합하고 두께가 0.5[mm] 이상인 금속판 또는 금속관
　마. 인하도선을 구조물 등의 상호 접속된 철근·철골 등과 본딩하거나, 철근·철골 등을 인하도선으로 이용하는 경우 수평 환상도체는 설치하지 않아도 된다.

152.1.3 접지극시스템

1. 뇌전류를 대지로 방류시키기 위한 접지극시스템은 A형 접지극(수평 또는 수직 접지극) 또는 B형 접지극(환상도체 또는 기초접지극) 중 하나 또는 조합한 시설로 할 것.

2. 접지극시스템 배치는 다음에 의한다.

　가. A형 접지극은 최소 2개 이상을 균등한 간격으로 배치해야 하고, 피뢰시스템 등급별로 대지 저항률에 따른 최소길이 이상으로 한다.
　나. 접지극시스템의 접지저항이 10[Ω] 이하인 경우 최소길이 이하로 할 수 있다.

3. 접지극의 시설

　가. 지표면에서 0.75[m] 이상 깊이로 매설

나. 대지가 암반지역으로 대지저항이 높거나 건축물·구조물이 전자통신시스템을 많이 사용하는 시설의 경우에는 환상도체접지극 또는 기초접지극으로 한다.
다. 접지극 재료는 대지에 환경오염 및 부식의 문제가 없어야 한다.
라. 철근콘크리트 기초 내부의 상호 접속된 철근 또는 금속제 지하구조물 등 자연적 구성부재는 접지극으로 사용할 수 있다.

153 내부피뢰시스템

153.1 전기전자설비 보호

153.1.3 접지와 본딩

1. 전기전자설비를 보호하기 위한 접지와 피뢰등전위본딩
   가. 뇌서지 전류를 대지로 방류시키기 위한 접지 시설할 것.
   나. 전위차를 해소하고 자계를 감소시키기 위한 본딩을 구성할 것.
2. 접지극은 다음에 적합하여야 한다.
   가. 전자·통신설비의 접지는 환상도체접지극 또는 기초접지극으로 한다.
   나. 복수의 건축물·구조물 등을 각각 접지를 구성하고, 콘크리트덕트·금속제 배관의 내부에 케이블이 있는 경우 각각의 접지 상호 간은 병행 설치된 도체로 연결할 것.
3. 전자·통신설비에서 위험한 전위차를 해소하고 자계를 감소시킬 필요가 있는 경우 등전위본딩망을 시설할 것.
   가. 건축물·구조물의 도전성 부분 또는 내부설비 일부분을 통합하여 시설.
   나. 메시 폭이 5[m] 이내가 되도록 하여 시설하고 구조물과 구조물 내부의 금속 부분은 다중으로 접속한다.
   다. 도전성 부분의 등전위본딩은 방사형, 메시형, 조합형으로 한다.

153.2 피뢰 등전위본딩

153.2.1 일반사항

1. 피뢰시스템의 등전위화는 다음 설비들을 서로 접속함으로써 이루어진다.
   가. 금속제 설비

나. 구조물에 접속된 외부 도전성 부분
다. 내부시스템
2. 등전위본딩의 상호접속
   가. 자연적 구성부재로 인한 본딩으로 전기적 연속성을 확보할 수 없는 장소는 본딩도체로 연결한다.
   나. 본딩도체로 직접 접속할 수 없는 장소의 경우에는 서지보호장치로 연결한다.
   다. 본딩도체로 직접 접속이 허용되지 않는 장소에는 절연방전갭(ISG)을 이용한다.

153.2.2 금속제설비의 등전위본딩

1. 건축물・구조물과 분리된 외부피뢰시스템의 경우, 등전위본딩은 지표면 부근에서 시행할 것.
2. 건축물・구조물과 접속된 외부피뢰시스템의 경우, 피뢰등전위본딩은 다음에 따른다.
   가. 기초부분 또는 지표면 부근 위치에서 하여야 하며, 등전위본딩도체는 등전위본딩 바에 접속하고, 등전위본딩 바는 접지시스템에 접속하고, 쉽게 점검할 수 있도록 할 것.
   나. 절연 요구조건에 따른 안전 이격거리를 확보할 수 없는 경우에는 피뢰시스템과 건축물・구조물 또는 내부설비의 도전성 부분은 등전위본딩하여야 하며, 직접 접속하거나 충전부인 경우는 서지보호장치를 경유하여 접속할 것.
3. 건축물・구조물에는 지하 0.5[m]와 높이 20[m]마다 환상도체를 설치한다.

153.2.4 등전위본딩 바

1. 설치위치는 짧은 도전성 경로로 접지시스템에 접속할 수 있는 위치이어야 한다.
2. 접지 시스템에 짧은 경로로 접속하여야 한다.
3. 외부 도전성 부분, 전원선과 통신선의 인입점이 다른 경우 다수의 등전위본딩 바를 설치할 수 있다.

출제예상문제

01 전선의 상별 색상이 바르게 짝지어진 것은?
① L1 - 흑색   ② L2 - 회색
③ L3 - 갈색   ④ N - 청색

해설 전선의 상별 색상은 L1 : 갈색, L2 : 흑색, L3 : 회색, N : 청색, 보호도체 : 녹색-노란색이다.

02 전선의 접속에 관한 설명으로 옳지 않은 것은?
① 접속 부분은 접속관, 기타의 기구를 사용할 것
② 접속부위의 전선의 기계적 강도를 20[%] 이상 유지할 것
③ 전선을 접속하는 경우 전기저항을 증가시키지 아니하도록 접속할 것
④ 접속부분을 그 부분의 절연전선의 절연물과 동등 이상의 절연효력이 있는 것으로 충분히 피복할 것

해설 접속부위의 기계적 강도를 20[%] 이상 감소(80[%] 이상 유지)시키지 아니할 것.

03 두 개 이상의 전선을 병렬로 시설하여 사용하는 경우 전선의 접속법에 대한 사항으로 옳지 않은 것은?
① 각 전선은 동일한 터미널 러그에 완전히 접속할 것
② 병렬로 사용하는 전선에는 각각에 퓨즈를 설치하지 말 것
③ 각 전선의 굵기는 동선 30[mm^2] 이상 또는 알루미늄 60[mm^2] 이상으로 하고, 전선은 같은 도체, 재료, 길이, 굵기의 것을 사용할 것
④ 교류회로에서 병렬로 사용하는 전선은 금속관 안에 전자적 불평형이 생기지 않도록 시설할 것

해설 옥내배선에서 전선 병렬 사용 시 관내에 전자적 불평형이 생기지 아니하도록 시설하여야 하며 전선의 굵기는 동은 50[mm^2] 이상, 알루미늄 70[mm^2] 이상이고 동일한 도체, 굵기, 길이이어야 하며 전선의 접속은 동일한 터미널 러그에 완전히 접속해야 하고 전선의 각각에는 퓨즈를 설치하지 말아야 한다.

04 접지시스템의 구분방법으로 잘못된 것은?
① 계통접지   ② 공통접지
③ 보호접지   ④ 피뢰시스템 접지

해설 접지시스템은 계통접지, 보호접지, 피뢰시스템 접지 등으로 구분하며 접지시스템의 시설 종류에는 단독접지, 공통접지, 통합접지가 있다.

05 접지도체는 합성수지관 또는 이와 동등 이상의 절연효과와 강도를 가지는 몰드로 덮어야 하는 부분은?
① 지하 0.40[m]에서 지표상 1.2[m]까지의 부분
② 지하 0.6[m]에서 지표상 1.8[m]까지의 부분
③ 지하 0.75[m]에서 지표상 2[m]까지의 부분
④ 지하 0.9[m]에서 지표상 2.4[m]까지의 부분

정답 1. ④ 2. ② 3. ③ 4. ② 5. ③

해설 접지도체는 지하 0.75[m]로부터 지표상 2[m]까지의 부분은 합성수지관 또는 이와 동등 이상의 절연효과와 강도를 가지는 몰드로 덮을 것

06 접지도체의 단면적으로 옳지 않은 것은?
① 구리 6[mm^2] 이상
② 철제 50[mm^2] 이상
③ 접지도체에 피뢰시스템이 접속되는 경우, 구리 6[mm^2] 이상
④ 접지도체에 피뢰시스템이 접속되는 경우, 철 50[mm^2] 이상

해설 접지도체에 피뢰시스템이 접속되는 경우, 구리 16[mm^2] 이상

07 접지도체와 금속제 수도관로의 접속은 안지름 75[mm] 이상인 부분 또는 분기한 안지름 75[mm] 미만인 분기점으로부터 몇[m] 이내에서 시행하여야 하는가?
① 3[m] ② 5[m]
③ 8[m] ④ 12[m]

해설 접지도체와 금속제 수도관로의 접속은 안지름 75[mm] 이상인 부분 또는 분기한 안지름 75[mm] 미만인 분기점으로부터 5[m] 이내의 부분에서 하여야 한다. 다만, 전기저항값이 2[Ω] 이하인 경우 5[m] 초과 가능하다.

08 변압기의 중성점접지 저항값은 변압기의 고압·특고압측 전로 1선 지락전류를 얼마로 나눈 값 이하로 하여야 하는가?
① 150 ② 300
③ 600 ④ 900

해설 변압기의 중성점접지 저항값은 변압기의 고압·특고압측 전로 1선 지락전류로 150을 나눈 값과 같은 저항값 이하로 한다.

09 접지시스템 요구사항으로 잘못된 것은?
① 전기설비의 보호 요구사항을 충족할 것
② 전기설비의 기능적 요구사항을 충족할 것
③ 지락전류와 보호도체 전류를 전기기기에 전달할 것
④ 부식, 건조 및 동결 등 대지 환경변화에 충족할 것

해설 지락전류와 보호도체 전류를 대지에 전달할 것

10 다음 중 접지극의 매설방법으로 옳지 않은 것은?
① 접지극은 가능한 다습한 부분에 설치한다.
② 접지극은 매설하는 토양을 오염시키지 않아야 한다.
③ 접지극은 지표면으로부터 지하 0.75[m] 이상으로 매설한다.
④ 접지도체를 철주를 따라 시설하는 경우 접지극을 철주의 밑면으로부터 0.3[m] 이상의 깊이 매설하는 경우 이외에는 접지극을 지중에서 금속체로부터 2[m] 이상 떼어 매설하여야한다.

해설 접지극은 매설하는 토양을 오염시키지 않아야 하며, 가능한 다습한 부분에 설치하고, 접지극은 지표면으로부터 지하 0.75[m] 이상으로 매설할 것. 접지도체를 철주 기타의 금속체를 따라서 시설하는 경우에는 접지극을 철주의 밑면으로부터 0.3[m] 이상의 깊이에 매설하는 경우 이외에는 접지극을 지중에서 금속체로부터 1[m] 이상 떼어 매설할 것

정답 6. ③ 7. ② 8. ① 9. ③ 10. ④

11 지중에 매설되어 있는 금속제 수도관로를 접지극으로 사용할 수 있는 전기 저항값은?
① 3[Ω] 이하 ② 5[Ω] 이하
③ 10[Ω] 이하 ④ 100[Ω] 이하

해설 지중에 매설되어 있고 대지와의 전기저항값이 3[Ω] 이하의 값을 유지하고 있는 금속제 수도관로는 접지극으로 사용 가능하다.

12 다음 중 보호등전위본딩 시설방법으로 옳지 않은 것은?
① 건축물·구조물의 철근, 철골 등 금속보강재는 등전위본딩을 할 것
② 수도관·가스관의 경우 내부로 인입된 최초의 밸브 전단에서 등전위본딩을 할 것
③ 1개소에 집중하여 인입하고, 인입구 부근에서 서로 접속하여 등전위본딩 바에 접속할 것
④ 대형건축물 등으로 1개소에 집중하여 인입하기 어려운 경우에는 본딩도체를 1개의 본딩 바에 연결할 것

해설 지중에 매설되어 있고 대지와의 전기저항값이 3[Ω] 이하의 값을 유지하고 있는 금속제 수도관로는 접지극으로 사용 가능하다.

13 다음 중 주 접지단자에 접속하기 위한 등전위본딩도체는 설비 내에 있는 가장 큰 보호접지 도체의 단면적의 얼마 이상이어야 하는가?
① $\frac{1}{2}$ 이상 ② $\frac{1}{3}$ 이상
③ $\frac{1}{4}$ 이상 ④ $\frac{1}{8}$ 이상

해설 접지단자에 접속하기 위한 등전위본딩 도체는 설비 내에 있는 가장 큰 보호접지 도체 단면적의 1/2 이상의 단면적을 가져야 한다.

14 피뢰시스템은 전기전자설비가 설치된 건축물·구조물로서 낙뢰로부터 보호가 필요한 것 또는 지상으로부터 높이가 몇[m] 이상인 것에 시설하여야 하는가?
① 10 ② 20
③ 30 ④ 40

해설 피뢰시스템은 전기전자설비가 설치된 건축물·구조물로서 낙뢰로부터 보호가 필요한 것 또는 지상으로부터 높이가 20[m] 이상인 것에 시설해야 한다.

15 외부 피뢰시스템의 인하도선으로 사용하는 자연적 구성부재로 적합하지 않은 것은?
① 구조물 등의 상호 접속된 강제 구조체일 것
② 각 부분의 전기적 연속성과 내구성이 확실할 것
③ 전기적 연속성이 있는 구조물 등의 금속제 구조체일 것
④ 건축물 외벽 등을 구성하는 금속 구조제의 크기가 인하도선에 대한 요구사항에 부합하고 두께가 0.3[mm] 이상인 금속판 또는 금속관일 것

해설 건축물 외벽 등을 구성하는 금속 구조제의 크기가 인하도선에 대한 요구사항에 부합하고 두께가 0.5[mm] 이상인 금속판 또는 금속관일 것

정답 11. ① 12. ② 13. ① 14. ② 15. ④

16 외부 피뢰시스템에서 건축물·구조물과 분리되지 않은 피뢰시스템인 경우 인하도선의 배치방법으로 틀린 것은?

① 인하도선의 수는 2조 이상으로 한다.
② 벽이 불연성 재료로 된 경우에는 벽의 표면 또는 내부에 시설할 수 있다.
③ 보호대상 건축물·구조물의 투영에 다른 둘레에 가능한 한 균등한 간격으로 배치한다.
④ 벽이 가연성 재료인 경우에는 0.3[m] 이상 이격하고, 이격이 불가능한 경우에는 도체의 단면적을 $100[mm^2]$ 이상으로 한다.

해설 외부 피뢰시스템에서 건축물·구조물과 분리되지 않은 피뢰시스템인 경우 인하도선은 벽이 가연성 재료인 경우에는 0.1[m] 이상 이격하고, 이격이 불가능한 경우에는 도체의 단면적을 $100[mm^2]$ 이상으로 한다.

17 피뢰시스템 Ⅳ 등급의 병렬 인하도선의 최대 간격은?

① 10[m] ② 15[m]
③ 20[m] ④ 30[m]

해설 병렬 인하도선의 최대 간격은 피뢰시스템 등급에 따라 Ⅰ·Ⅱ 등급은 10[m], Ⅲ 등급은 15[m], Ⅳ 등급은 20[m]로 한다.

18 외부 피뢰시스템에서 접지극 시설은 지표면에서 몇 [m] 이상의 깊이에 매설하여야 하는가?

① 0.5   ② 0.75
③ 1.0   ④ 1.5

해설 접지극은 지표면에서 0.75[m] 이상의 깊이로 매설할 것

19 외부 피뢰시스템에서 접지극의 시설에 대한 설명으로 틀린 것은?

① 지표면에서 0.75[m] 이상 깊이로 매설한다.
② 접지극 재료는 대지에 환경오염 및 부식의 문제가 없을 것
③ 철근콘크리트 기초 내부의 상호 접속된 철근 또는 금속제 지하 구조물 등 자연적 구성 부재는 접지극으로 사용할 수 없다.
④ 대지가 암반지역으로 대지저항이 높거나 건출물이 전자통신시스템을 많이 사용하는 시설의 경우에는 환상도체접지극 또는 기초접지극으로 한다.

해설 철근콘크리트 기초 내부의 상호 접속된 철근 또는 금속제 지하 구조물 등 자연적 구성 부재는 접지극으로 사용할 수 있다.

20 전자·통신설비에서 위험한 전위차를 해소하고 자계를 감소시킬 필요가 있는 경우 등전위본딩망을 시설하여야 하는데 도전성 부분의 등전위본딩 방식이 아닌 것은?

① 방사형   ② 메시형
③ 조합형   ④ 환상형

해설 전자·통신설비에서 위험한 전위차를 해소하고 자계를 감소시킬 필요가 있는 경우 등전위본딩망을 시설하여야 하는데 도전성 부분의 등전위본딩은 방사형, 메시형, 조합형으로 한다.

정답 16. ④ 17. ③ 18. ② 19. ③ 20. ④

21 내부 피뢰시스템에서 전기전자설비 보호를 위한 접지와 본딩에 대한 설명으로 틀린 것은?

① 뇌서지 전류를 대지로 방류시키기 위한 접지 시설을 할 것
② 전위차를 해소하고 자계를 감소시키기 위한 본딩을 구성할 것
③ 건축물·구조물의 도전성 부분 또는 내부설비 일부분을 통합하여 시설한다.
④ 메시 폭이 8[m] 이내가 되도록 시설하고 구조물과 구조물 내부의 금속부분은 다중으로 접속한다.

해설 메시 폭이 5[m] 이내가 되도록 시설하고 구조물과 구조물 내부의 금속부분은 다중으로 접속한다.

정답 21 ④

Chapter 02 저압전기설비

1 통칙

201 적용범위

교류 1[kV] 또는 직류 1.5[kV] 이하인 저압 전기설비
1. 전기설비를 구성하거나, 연결하는 선로와 전기기계기구 등의 구성품
2. 저압 기기에서 유도된 1[kV] 초과 회로 및 기기

202 배전방식

202.1 교류 회로

1. 3상 4선식의 중성선 또는 PEN도체는 충전도체는 아니지만 운전전류를 흘리는 도체이다.
2. 3상 4선식에서 파생되는 단상 2선식 배전방식의 경우 두 도체 모두가 선도체이거나 하나의 선도체와 중성선 또는 하나의 선도체와 PEN도체이다.
3. 모든 부하가 선간에 접속된 전기설비에서는 중성선의 설치가 필요하지 않을 수 있다.

202.2 직류 회로

PEL과 PEM도체는 충전도체는 아니지만 운전전류를 흘리는 도체이며, 2선식 배전방식이나 3선식 배전방식을 적용

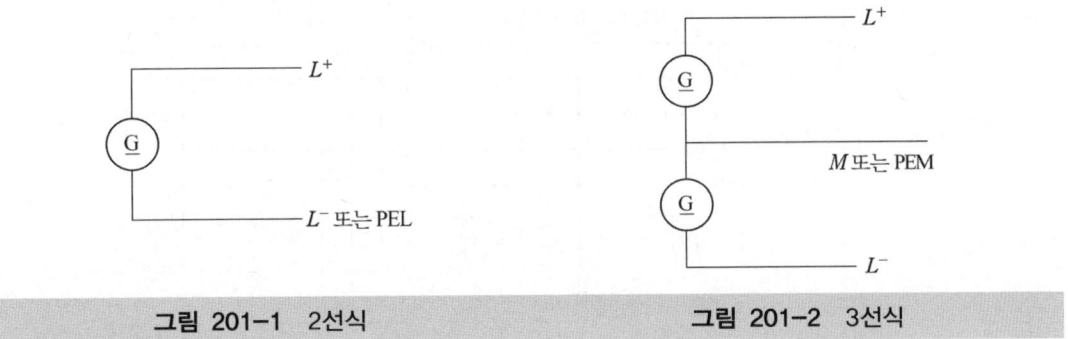

그림 201-1 2선식 　　　　　　　　　　　그림 201-2 3선식

203 계통접지의 방식

203.1 계통접지 구성

1. 저압전로의 보호도체 및 중성선의 접속방식에 따라 접지계통은 다음과 같이 분류한다.
   - 가. TN계통
   - 나. TT계통
   - 다. IT계통
2. 각 계통에서 나타내는 그림의 기호는 다음과 같다.

표 203.1-1 기호 설명

기호	설명
─/─	중성선(N), 중간도체(M)
─/─	보호도체(PE)
─/─	중성선과 보호도체겸용(PEN)

203.2 TN계통

전원측의 한 점을 직접접지하고 설비의 노출도전부를 보호도체로 접속시키는 방식으로 중성선 및 보호도체(PE도체)의 배치 및 접속방식에 따라 다음과 같이 분류한다.

1. TN-S계통은 계통 전체에 대해 별도의 중성선 또는 PE도체를 사용한다. 배전계통에서 PE도체를 추가로 접지할 수 있다.

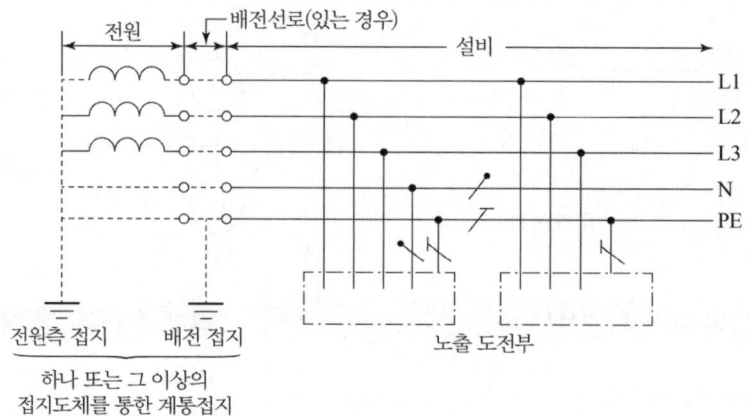

그림 203.2-1 계통 내에서 별도의 중성선과 보호도체가 있는 TN-S계통

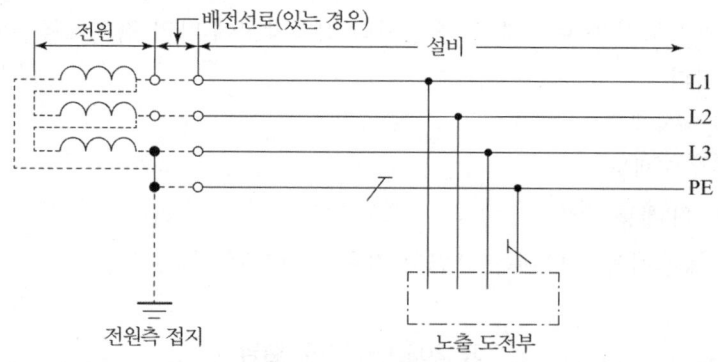

그림 203.2-2 계통 내에서 별도의 접지된 선도체와 보호도체가 있는 TN-S계통

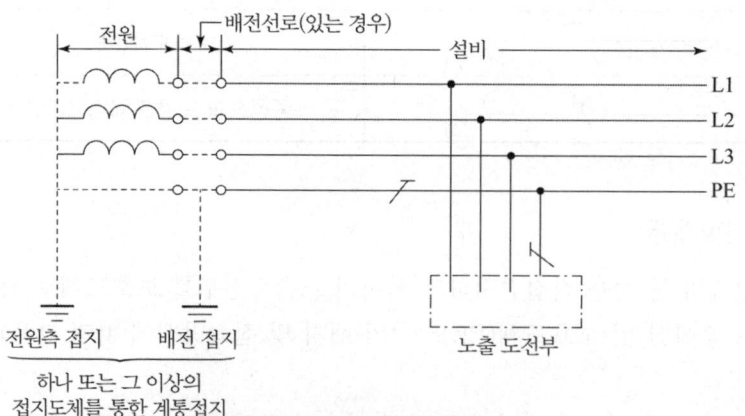

그림 203.2-3 계통 내에서 접지된 보호도체는 있으나 중성선의 배선이 없는 TN-S계통

2. TN-C계통은 그 계통 전체에 대해 중성선과 보호도체의 기능을 동일도체로 겸용한 PEN도체를 사용한다. 배전계통에서 PEN도체를 추가로 접지할 수 있다.

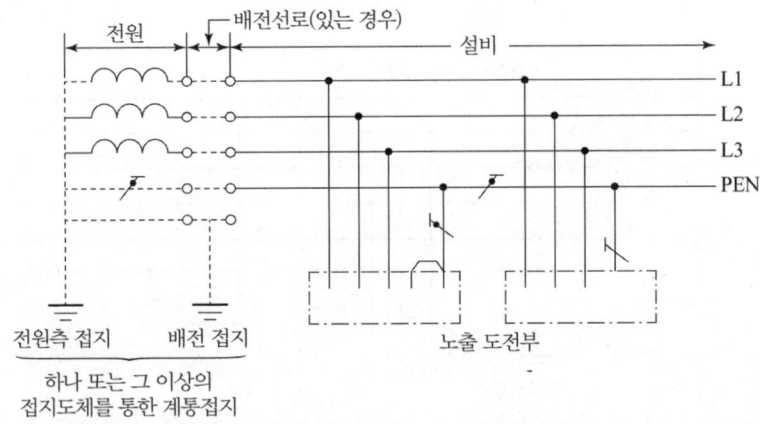

그림 203.2-4 TN-C계통

3. TN-C-S계통은 계통의 일부분에서 PEN도체를 사용하거나, 중성선과 별도의 PE도체를 사용하는 방식이 있다. 배전계통에서 PEN도체와 PE도체를 추가로 접지할 수 있다.

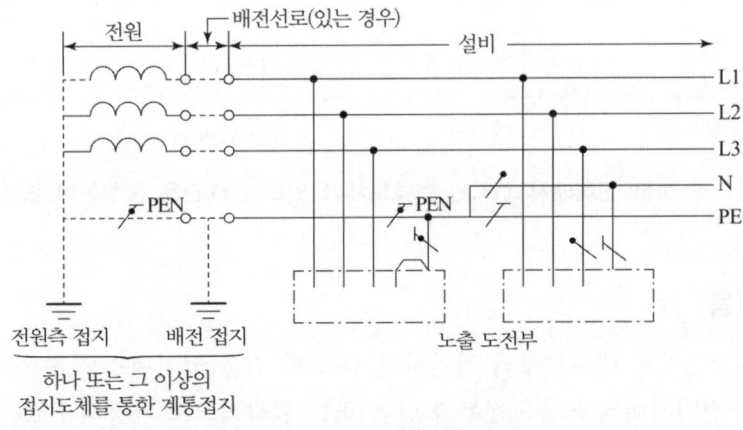

그림 203.2-5 설비의 어느 곳에서 PEN이 PE와 N으로 분리된 3상 4선식 TN-C-S계통

203.3 TT계통

전원의 한 점을 직접 접지하고 설비의 노출도전부는 전원의 접지전극과 전기적으로 독립적인 접지극에 접속시킨다. 배전계통에서 PE도체를 추가로 접지할 수 있다.

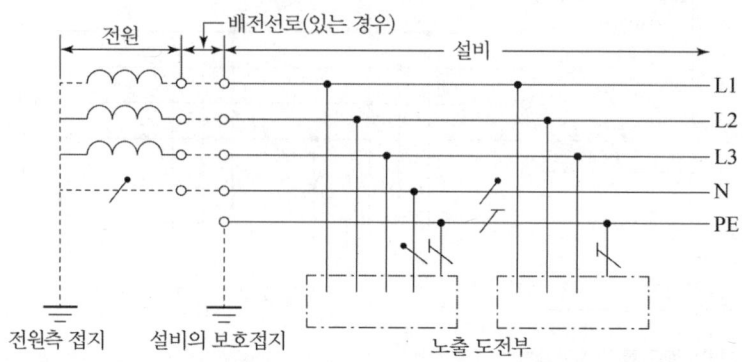

그림 203.3-1 설비 전체에서 별도의 중성선과 보호도체가 있는 TT계통

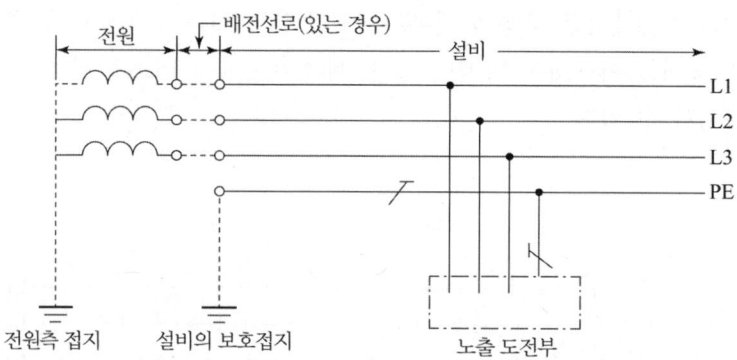

그림 203.3-2 설비 전체에서 접지된 보호도체가 있으나 배전용 중성선이 없는 TT계통

203.4 IT계통

1. 충전부 전체를 대지로부터 절연시키거나, 한 점을 임피던스를 통해 대지에 접속시킨다. 전기설비의 노출도전부를 단독 또는 일괄적으로 계통의 PE도체에 접속시킨다. 배전계통에서 추가 접지가 가능하다.
2. 계통은 충분히 높은 임피던스를 통하여 접지할 수 있다. 이 접속은 중성점, 인위적 중성점, 선도체 등에서 할 수 있다. 중성선은 배선할 수도 있고, 배선하지 않을 수도 있다.

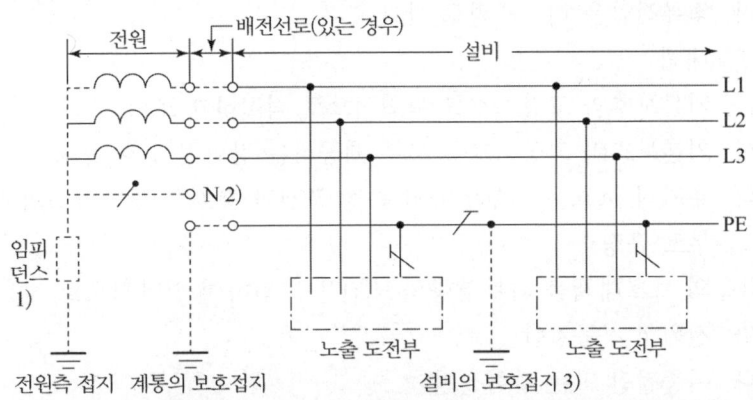

그림 203.4-1 계통 내의 모든 노출도전부가 보호도체에 의해 접속되어 일괄 접지된 IT계통

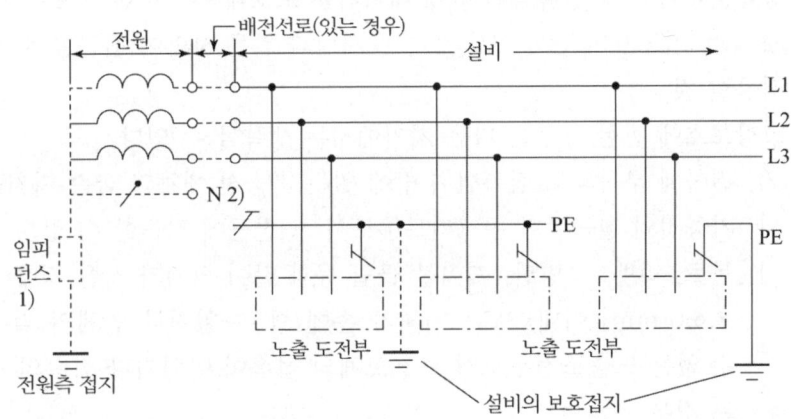

그림 203.4-2 노출도전부가 조합으로 또는 개별로 접지된 IT계통

2 안전을 위한 보호

211 감전에 대한 보호

211.1 보호대책 일반 요구사항

211.1.2 일반 요구사항

1. 안전을 위한 보호에서 다음의 전압 규정에 따른다.
   가. 교류전압은 실효값으로 한다.

나. 직류전압은 리플프리로 한다.
2. 보호대책
    가. 기본보호와 고장보호를 독립적으로 적절하게 조합
    나. 기본보호와 고장보호를 모두 제공하는 강화된 보호 규정
    다. 추가적 보호는 외부영향의 특정 조건과 특정한 특수장소의 보호대책의 일부로 규정
3. 다음의 보호대책을 외부영향의 조건을 고려하여 일반적으로 적용하여야 한다.
    가. 전원의 자동차단
    나. 이중절연 또는 강화절연
    다. 한 개의 전기사용기기에 전기를 공급하기 위한 전기적 분리
    라. SELV와 PELV에 의한 특별저압
4. 장애물을 두거나 접촉범위 밖에 배치하는 보호대책은 숙련자 또는 기능자, 숙련자 또는 기능자의 감독 아래에 있는 사람과 같은 사람이 접근할 수 있는 설비에 사용할 것.
5. 고장보호에 관한 규정은 다음 기기에서는 생략할 수 있다.
    가. 건물에 부착되고 접촉범위 밖에 있는 가공선 애자의 금속 지지물
    나. 가공선의 철근강화 콘크리트주로서 그 철근에 접근할 수 없는 것.
    다. 볼트, 리벳트, 명판, 케이블 클립 등과 같이 크기가 작은 경우(약 50[mm] × 50[mm] 이내) 또는 배치가 손에 쥘 수 없거나 인체의 일부가 접촉할 수 없는 노출도전부로서 보호도체의 접속이 어렵거나 접속의 신뢰성이 없는 경우
    라. 전기기기를 보호하는 금속관 또는 다른 금속제 외함

211.2 전원의 자동차단에 의한 보호대책

211.2.1 보호대책 일반 요구사항

1. 전원의 자동차단에 의한 보호대책
    가. 기본보호는 충전부의 기본절연 또는 격벽이나 외함에 의한다.
    나. 고장보호는 보호등전위본딩 및 자동차단에 의한다.
    다. 추가적인 보호로 누전차단기를 시설할 수 있다.
2. 누설전류감시장치는 보호장치는 아니지만 전기설비의 누설전류를 감시하는데 사용된다.

211.2.3 고장보호의 요구사항

1. 보호접지
    가. 노출도전부는 계통접지별로 규정된 특정조건에서 보호도체에 접속할 것.
    나. 동시에 접근 가능한 노출도전부는 개별적 또는 집합적으로 같은 계통접지에 접속할 것.
2. 도전성부분은 보호등전위본딩으로 접속하여야 하며, 건축물 외부로부터 인입된 도전부는 건축물 안쪽의 가까운 지점에서 본딩을 할 것.
3. 고장시의 자동차단
    가. 보호장치는 회로의 선도체와 노출 도전부 또는 선도체와 기기의 보호도체 사이의 임피던스가 무시할 정도로 되는 고장의 경우 규정된 차단시간 내에서 회로의 선도체 또는 설비의 전원을 자동으로 차단할 것.
    나. TN계통에서 배전회로(간선) 이외에는 5초 이하의 차단시간을 허용한다.
    다. TT계통에서 배전회로(간선) 이외에는 1초 이하의 차단시간을 허용한다.
4. 누전차단기에 의한 추가적 보호할 것.
    가. 일반적으로 사용되며 일반인이 사용하는 정격전류 20[A] 이하 콘센트
    나. 옥외에서 사용되는 정격전류 32[A] 이하 이동용 전기기기

211.2.4 누전차단기의 시설

1. 금속제 외함을 가지는 사용전압이 50[V]를 초과하는 저압의 기계기구로서 사람이 쉽게 접촉할 우려가 있는 곳에 시설하는 것에 전기를 공급하는 전로. 다만, 다음의 경우에는 적용하지 않는다.
    가. 기계기구를 발전소·변전소·개폐소 또는 이에 준하는 곳에 시설하는 경우
    나. 기계기구를 건조한 곳에 시설하는 경우
    다. 대지전압이 150[V] 이하인 기계기구를 물기가 있는 곳 이외의 곳에 시설하는 경우
    라. 이중 절연구조의 기계 기구를 시설하는 경우
    마. 그 전로의 전원측에 절연변압기(2차 전압이 300[V] 이하인 경우)를 시설하고 또한 그 절연 변압기의 부하측의 전로에 접지하지 아니하는 경우
    바. 기계기구가 고무·합성수지 기타 절연물로 피복된 경우
    사. 기계기구가 유도전동기의 2차측 전로에 접속되는 것일 경우
2. 특고압, 고압전로 또는 저압전로와 변압기에 의하여 결합되는 사용전압 400[V] 초과의 저압전로 또는 발전기에서 공급하는 사용전압 400[V] 초과의 저압전로

3. 저압용 비상용 조명장치·비상용승강기·유도등·철도용 신호장치, 비접지 저압전로, 기타 그 정지가 공공의 안전 확보에 지장을 줄 우려가 있는 기계기구에 전기를 공급하는 전로의 경우, 전로에서 지락이 생겼을 때에 기술원 감시소에 경보하는 장치를 설치한 때에는 시설하지 않을 수 있다.
4. 일반인이 접촉할 우려가 있는 장소에는 주택용 누전차단기를 시설하여야 하고, 정방향(세로)으로 부착할 경우에는 차단기의 위쪽이 켜짐(on), 아래쪽은 꺼짐(off)으로 시설할 것.

211.2.5 TN계통

1. TN계통에서 접지 신뢰성은 PEN도체 또는 PE도체와 접지극과의 효과적인 접속에 의한다.
2. 접지가 공공계통 또는 다른 전원계통으로부터 제공되는 경우 설비의 외부측에 필요한 조건은 전기공급자가 준수할 것.
3. 전원 공급계통의 중성점이나 중간점은 접지하여야 하며, 접지할 수 없는 경우에는 선도체 중 하나를 접지하여야 한다. 설비의 노출도전부는 보호도체로 전원공급계통의 접지점에 접속할 것.
4. 다른 유효한 접지점이 있다면, 보호도체(PE 및 PEN도체)는 건물이나 구내의 인입구 또는 추가로 접지할 것.
5. 고정설비에서 보호도체와 중성선을 겸하여(PEN도체) 사용될 수 있다.
6. TN계통에서 과전류보호장치 및 누전차단기는 고장보호에 사용할 수 있다. 누전차단기를 사용하는 경우 과전류보호 겸용의 것을 사용할 것.
7. TN-C계통에는 누전차단기를 사용해서는 아니 된다. TN-C-S계통에 누전차단기를 설치하는 경우에는 누전차단기의 부하측에는 PEN도체를 사용할 수 없다. PE도체는 누전차단기의 전원측에서 PEN도체에 접속할 것.

211.2.6 TT계통

1. 전원계통의 중성점이나 중간점은 접지하여야 한다. 중성점이나 중간점을 이용할 수 없는 경우, 선도체 중 하나를 접지할 것.
2. TT계통은 누전차단기를 사용하여 고장보호를 한다.

211.2.7 IT 계통

1. 노출도전부 또는 대지로 단일고장이 발생한 경우에는 고장전류가 작기 때문에 자동차단이 절대적 요구사항은 아니나 두 곳에서 고장발생 시 동시에 접근이 가

능한 노출도전부에 접촉되는 경우에는 인체에 위험을 피하기 위한 조치를 하여야 한다.
2. 노출도전부는 개별 또는 집합적으로 접지할 것.
3. IT계통은 감시장치와 보호장치를 사용할 수 있으며, 1차 고장이 지속되는 동안 작동되어야 한다. 절연감시장치는 음향 및 시각신호를 갖추어야 한다.
    가. 절연감시장치
    나. 누설전류감시장치
    다. 절연고장점검출장치
    라. 과전류보호장치
    마. 누전차단기

211.2.8 기능적 특별저압(FELV)

교류 50[V], 직류 120[V] 이하인 공칭전압을 사용하지만, SELV 또는 PELV에 대한 모든 요구조건이 충족되지 않고 SELV와 PELV가 필요치 않은 경우에는 기본보호 및 고장보호의 보장을 위해 다음에 따라야 한다. 이러한 조건의 조합을 FELV라 한다.
1. 기본보호는 다음 중 어느 하나에 따른다.
    가. 전원의 1차 회로의 공칭전압에 대응하는 기본절연
    나. 격벽 또는 외함
2. 고장보호는 1차 회로가 자동차단에 의한 보호가 될 경우 FELV회로 기기의 노출도전부는 전원의 1차 회로의 보호도체에 접속할 것.
3. FELV 계통용 플러그와 콘센트는 다음의 모든 요구사항에 부합하여야 한다.
    가. 플러그를 다른 전압계통의 콘센트에 꽂을 수 없어야 한다.
    나. 콘센트는 다른 전압계통의 플러그를 수용할 수 없어야 한다.
    다. 콘센트는 보호도체에 접속하여야 한다.

211.4 전기적 분리에 의한 보호

211.4.1 보호대책 일반 요구사항

1. 전기적 분리에 의한 보호대책
    가. 기본보호는 충전부의 기본절연, 벽과 외함에 의한다.
    나. 고장보호는 분리된 다른 회로와 대지로부터 단순한 분리에 의한다.
2. 단순 분리된 비접지 전원으로부터 한 개의 전기사용기기에 공급되는 전원으로 제한된다.

211.4.3 고장보호를 위한 요구사항

전기적 분리에 의한 고장보호
1. 분리된 회로는 최소한 단순 분리된 전원을 통하여 공급되어야 하며, 전압은 500[V] 이하일 것.
2. 충전부는 어떤 곳에서도 다른 회로, 대지 또는 보호도체에 접속되어서는 안되며, 전기적 분리를 보장하기 위해 회로 간에 기본절연을 할 것.
3. 가요 케이블과 코드는 기계적 손상을 받기 쉬운 전체 길이에 대해 육안 확인이 가능할 것.
4. 분리된 회로들에 대해서는 분리된 배선계통의 사용이 권장된다.
5. 노출도전부는 다른 회로의 보호도체, 노출도전부 또는 대지에 접속되어서는 아니 된다.

211.5 SELV와 PELV를 적용한 특별저압에 의한 보호

211.5.1 보호대책 일반 요구사항

1. 특별저압에 의한 보호는 다음의 특별저압 계통에 의한 보호대책이다.
    - 가. SELV(Safety Extra-Low Voltage)
    - 나. PELV(Protective Extra-Low Voltage)
2. 보호대책의 요구사항
    - 가. 특별저압 계통의 전압한계는 전압밴드 I의 상한값인 교류 50[V]이하, 직류 120[V] 이하일 것.
    - 나. 특별저압 회로를 제외한 모든 회로로부터 특별저압 계통을 보호 분리하고, 특별저압계통과 다른 특별저압계통 간에는 기본절연할 것.
    - 다. SELV 계통과 대지간의 기본절연할 것.

211.5.3 SELV와 PELV용 전원

특별저압 계통에는 다음의 전원을 사용해야 한다.
1. 안전절연변압기 전원 및 이와 동등한 절연의 전원
2. 축전지 및 디젤발전기 등과 같은 독립전원
3. 저압으로 공급되는 안전절연변압기, 이중 또는 강화 절연된 전동발전기 등 이동용 전원

211.5.4 SELV와 PELV회로에 대한 요구사항

1. SELV 및 PELV회로
   가. 충전부와 다른 SELV와 PELV회로 사이의 기본절연
   나. 이중절연 또는 강화절연 또는 최고전압에 대한 기본절연 및 보호차폐에 의한 SELV 또는 PELV 이외의 회로들의 충전부로부터 보호 분리
   다. SELV회로는 충전부와 대지 사이에 기본절연
   라. PELV회로 및 PELV회로에 의해 공급되는 기기의 노출도전부는 접지
2. 기본절연이 된 다른 회로의 충전부로부터 특별저압 회로 배선계통의 보호분리
   가. SELV와 PELV회로의 도체는 기본절연하고 비금속 외피 또는 절연된 외함으로 시설할 것.
   나. SELV와 PELV회로의 도체는 전압밴드 I보다 높은 전압회로의 도체들로부터 접지된 금속시스 또는 접지된 금속 차폐물에 의해 분리할 것.
   다. SELV와 PELV회로의 도체들이 사용 최고전압에 대해 절연된 경우 전압밴드 I보다 높은 전압의 다른 회로 도체들과 함께 다심케이블 또는 다른 도체 그룹에 수용할 수 있다.
3. SELV와 PELV 계통의 플러그와 콘센트
   가. 플러그는 다른 전압계통의 콘센트에 꽂을 수 없어야 한다.
   나. 콘센트는 다른 전압계통의 플러그를 수용할 수 없어야 한다.
   다. SELV 계통에서 플러그 및 콘센트는 보호도체에 접속하지 않아야 한다.
4. SELV 회로의 노출도전부는 대지 또는 다른 회로의 노출도전부나 보호도체에 접속하지 않아야 한다.
5. 건조한 상태에서 다음의 경우는 기본보호를 하지 않아도 된다.
   가. SELV 회로에서 공칭전압이 교류 25[V] 또는 직류 60[V]를 초과하지 않는 경우
   나. PELV 회로에서 공칭전압이 교류 25[V] 또는 직류 60[V]를 초과하지 않고 노출도전부 및 충전부가 보호도체에 의해서 주접지단자에 접속된 경우
6. SELV 또는 PELV 계통의 공칭전압이 교류 12[V] 또는 직류 30[V]를 초과하지 않는 경우에는 기본보호를 하지 않아도 된다.

212 과전류에 대한 보호

212.1 일반사항

212.1.2 일반 요구사항
과전류로 인하여 회로의 도체, 절연체, 접속부, 단자부 또는 도체를 감싸는 물체 등에 유해한 열적 및 기계적인 위험이 발생되지 않도록, 회로의 과전류를 차단하는 보호장치를 설치할 것.

212.2 회로의 특성에 따른 요구사항

212.2.1 선도체의 보호
1. 과전류검출기의 설치
    가. 모든 선도체에 대하여 과전류검출기를 설치하여 과전류가 발생할 때 전원을 안전하게 차단할 것.
    나. 3상 전동기 등과 같이 단상 차단이 위험을 일으킬 수 있는 경우 적절한 보호조치를 할 것.
2. 과전류검출기 설치 예외
    TT 계통 또는 TN 계통에서, 선도체만을 이용하여 전원을 공급하는 회로의 경우, 다음 조건들을 충족하면 선도체 중 어느 하나에는 과전류검출기를 설치하지 않아도 된다.
    가. 동일 회로 또는 전원 측에서 부하 불평형을 감지하고 모든 선도체를 차단하기 위한 보호장치를 갖춘 경우
    나. 보호장치의 부하측에 위치한 회로의 인위적 중성점으로부터 중성선을 배선하지 않는 경우

212.2.2 중성선의 보호
1. TT 계통 또는 TN 계통
    가. 중성선의 단면적이 선도체의 단면적과 동등 이상의 크기이고, 중성선의 전류가 선도체의 전류보다 크지 않을 것으로 예상될 경우, 중성선에는 과전류검출기 또는 차단장치를 설치하지 않아도 된다.
    나. 단락전류로부터 중성선을 보호해야 한다.
    다. 중성선과 보호도체 겸용 (PEN) 도체에도 적용한다.

2. IT 계통 중성선을 배선하는 경우 중성선에 과전류검출기를 설치해야 하며, 과전류가 검출되면 중성선을 포함한 해당 회로의 모든 충전도체를 차단해야 한다. 다음의 경우에는 과전류검출기를 설치하지 않아도 된다.
    가. 설비의 전력 공급점과 같은 전원 측에 설치된 보호장치에 의해 그 중성선이 과전류에 대해 효과적으로 보호되는 경우
    나. 정격감도전류가 해당 중성선 허용전류의 0.2배 이하인 누전차단기로 그 회로를 보호하는 경우

212.2.3 중성선의 차단 및 재폐로

중성선을 차단 및 재폐로하는 회로의 경우에 설치하는 개폐기 및 차단기는 차단 시에는 중성선이 선도체보다 늦게 차단되어야 하며, 재폐로 시에는 선도체와 동시 또는 그 이전에 재폐로 되는 것을 설치할 것.

212.3 보호장치의 종류 및 특성

212.3.1 과부하전류 및 단락전류 겸용 보호장치

과부하전류 및 단락전류 모두를 보호하는 장치는 그 보호장치 설치점에서 예상되는 단락전류를 포함한 모든 과전류를 차단 및 투입할 수 있는 능력이 있어야 한다.

212.3.3 단락전류 전용 보호장치

단락전류 전용 보호장치는 과부하 보호를 별도의 보호장치에 의하거나, 과부하 보호장치의 생략이 허용되는 경우에 설치할 수 있다.

212.3.4 보호장치의 특성

1. 과전류 보호장치는 KS C 또는 KS C IEC 관련 표준(배선차단기, 누전차단기, 퓨즈 등의 표준)의 동작특성에 적합하여야 한다.
2. 과전류차단기로 저압전로에 사용하는 범용의 퓨즈는 표 212.3-1에 적합한 것이어야 한다.

표 212.3-1 퓨즈(gG)의 용단특성

정격전류의 구분	시 간	정격전류의 배수	
		불용단전류	용단전류
4[A] 이하	60분	1.5배	2.1배
4[A] 초과 16[A] 미만	60분	1.5배	1.9배
16[A] 이상 63[A] 이하	60분	1.25배	1.6배
63[A] 초과 160[A] 이하	120분	1.25배	1.6배
160[A] 초과 400[A] 이하	180분	1.25배	1.6배
400[A] 초과	240분	1.25배	1.6배

3. 과전류차단기로 저압전로에 사용하는 산업용 배선차단기는 표 212.3-2에 주택용 배선차단기는 표 212.3-3 및 표 212.3-4에 적합한 것이어야 한다. 다만, 일반인이 접촉할 우려가 있는 장소(세대내 분전반 및 이와 유사한 장소)에는 주택용 배선차단기를 시설하여야 하고, 주택용 배선차단기를 정방향(세로)으로 부착할 경우에는 차단기의 위쪽이 켜짐(on)으로, 차단기의 아래쪽은 꺼짐(off)으로 시설하여야 한다.

표 212.3-2 과전류트립 동작시간 및 특성(산업용 배선차단기)

정격전류의 구분	시 간	정격전류의 배수(모든 극에 통전)	
		부동작 전류	동작 전류
63[A] 이하	60분	1.05배	1.3배
63[A] 초과	120분	1.05배	1.3배

표 212.3-3 순시트립에 따른 구분(주택용 배선차단기)

형	순시트립범위
B	$3I_n$ 초과 ~ $5I_n$ 이하
C	$5I_n$ 초과 ~ $10I_n$ 이하
D	$10I_n$ 초과 ~ $20I_n$ 이하

비고 1. B, C, D : 순시트립전류에 따른 차단기 분류
    2. I_n : 차단기 정격전류

표 212.3-4 과전류트립 동작시간 및 특성(주택용 배선차단기)

정격전류의 구분	시 간	정격전류의 배수(모든 극에 통전)	
		부동작 전류	동작 전류
63[A] 이하	60분	1.13배	1.45배
63[A] 초과	120분	1.13배	1.45배

212.4 과부하전류에 대한 보호

212.4.1 도체와 과부하 보호장치 사이의 협조

과부하에 대해 케이블(전선)을 보호하는 장치의 동작특성은 다음의 조건을 충족해야 한다.

$I_B \leq I_n \leq I_Z$ (식1)

$I_2 \leq 1.45 \times I_Z$ (식2)

I_B : 회로의 설계전류
I_Z : 케이블의 허용전류
I_n : 보호장치의 정격전류
I_2 : 보호장치가 규약시간 이내에 유효하게 동작하는 것을 보장하는 전류

1. 조정할 수 있게 설계 및 제작된 보호장치의 경우, 정격전류 I_n은 사용현장에 적합하게 조정된 전류의 설정값이다.
2. 보호장치의 유효한 동작을 보장하는 전류 I_2는 제조자로부터 제공되거나 제품표준에 제시되어야 한다.
3. 식 2에 따른 보호는 조건에 따라서는 보호가 불확실한 경우가 발생할 수 있다. 이러한 경우에는 식 2에 따라 선정된 케이블보다 단면적이 큰 케이블을 선정할 것.
4. I_B는 선도체를 흐르는 설계전류이거나, 함유율이 높은 영상분 고조파(특히 제3고조파)가 지속적으로 흐르는 경우 중성선에 흐르는 전류이다.

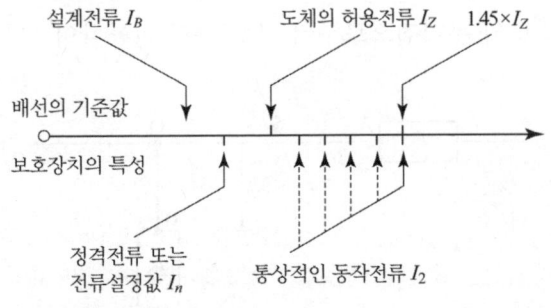

그림 212.4-1 과부하 보호 설계 조건도

212.4.2 과부하 보호장치의 설치 위치

1. 설치위치

   전로 중 도체의 단면적, 특성, 설치방법, 구성의 변경으로 분기점에 설치할 것.

2. 설치위치의 예외

   분기점에 설치해야 하나, 분기점과 분기회로의 과부하 보호장치의 설치점 사이의 배선 부분에 다른 분기회로나 콘센트 회로가 접속되어 있지 않고, 다음 중 하나를 충족하는 경우에는 변경이 있는 배선에 설치할 수 있다.

   가. 분기회로(S_2)의 과부하 보호장치(P_2)의 전원 측에 다른 분기회로 또는 콘센트의 접속이 없고 분기회로에 대한 단락보호가 이루어지고 있는 경우, P_2는 분기회로의 분기점으로부터 부하측으로 거리에 구애받지 않고 이동하여 설치할 수 있다.

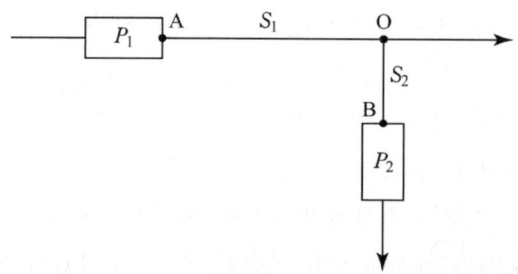

그림 212.4-2 분기회로(S_2)의 분기점에 설치되지 않은 분기회로 과부하보호장치(P_2)

   나. 분기회로(S_2)의 보호장치(P_2)는 보호장치(P_2)의 전원측에서 분기점 사이에 다른 분기회로 또는 콘센트의 접속이 없고, 단락의 위험과 화재 및 인체에 대한 위험성이 최소화되도록 시설된 경우, 분기회로의 보호장치(P_2)는 분기회로의 분기점으로부터 3[m]까지 이동하여 설치할 수 있다.

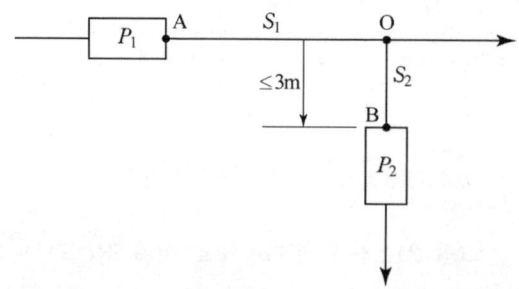

그림 212.4-3 분기회로(S_2)의 분기점에서 3m 이내에 설치된 과부하 보호장치(P_2)

212.4.3 과부하보호장치의 생략

다음과 같은 경우에는 과부하보호장치를 생략할 수 있다. 다만, 화재 또는 폭발 위험성이 있는 장소에 설치되는 설비 또는 특수설비 및 특수장소의 요구사항들을 별도로 규정하는 경우에는 과부하보호장치를 생략할 수 없다.

1. 일반사항 다음의 어느 하나에 해당되는 경우에는 과부하 보호장치 생략이 가능하다.
    - 가. 분기회로의 전원 측에 설치된 보호장치에 의하여 분기회로에서 발생하는 과부하에 대해 유효하게 보호되고 있는 분기회로
    - 나. 단락보호가 되고 있으며, 분기점 이후의 분기회로에 다른 분기회로 및 콘센트가 접속되지 않는 분기회로 중, 부하에 설치된 과부하 보호장치가 유효하게 동작하여 과부하전류가 분기회로에 전달되지 않도록 조치를 하는 경우
    - 다. 통신회로용, 제어회로용, 신호회로용 및 이와 유사한 설비
2. IT 계통에서 과부하 보호장치 설치위치 변경 또는 생략
3. 안전을 위해 과부하 보호장치를 생략할 수 있는 경우
    사용 중 예상치 못한 회로의 개방이 위험 또는 큰 손상을 초래할 수 있는 다음과 같은 부하에 전원을 공급하는 회로에 대해서는 과부하 보호장치를 생략할 수 있다.
    - 가. 회전기의 여자회로
    - 나. 전자석 크레인의 전원회로
    - 다. 전류변성기의 2차회로
    - 라. 소방설비의 전원회로
    - 마. 안전설비(주거침입경보, 가스누출경보 등)의 전원회로

212.4.4 병렬도체의 과부하 보호

하나의 보호장치가 여러 개의 병렬도체를 보호할 경우, 병렬도체는 분기회로, 분리, 개폐장치를 사용할 수 없다.

212.5 단락전류에 대한 보호

212.5.2 단락보호장치의 설치위치

1. 단락전류 보호장치는 분기점에 설치해야 한다. 다만, 분기회로의 단락보호장치 설치점과 분기점 사이에 다른 분기회로 또는 콘센트의 접속이 없고 단락, 화재

및 인체에 대한 위험이 최소화될 경우, 분기회로의 단락 보호장치 P_2는 분기점으로부터 3[m]까지 이동하여 설치할 수 있다.

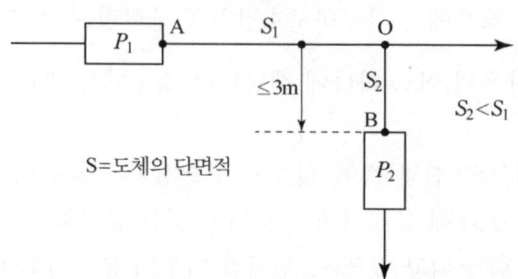

그림 212.5-1 분기회로 단락보호장치(P_2)의 제한된 위치 변경

2. 도체의 단면적이 줄어들거나 다른 변경이 이루어진 분기회로의 시작점과 분기회로의 단락보호장치(P_2) 사이에 있는 도체가 전원측에 설치되는 보호장치(P_1)에 의해 단락보호가 되는 경우에, P_2의 설치위치는 분기점으로부터 거리제한이 없이 설치할 수 있다.

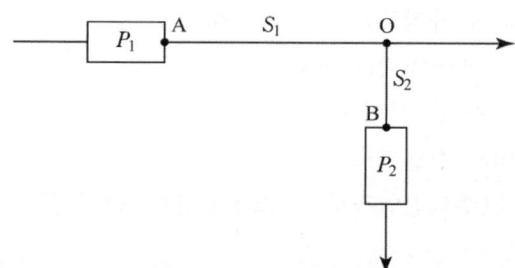

그림 212.5-2 분기회로 단락보호장치(P_2)의 설치 위치

212.5.3 단락보호장치의 생략

배선을 단락위험이 최소화할 수 있는 방법과 가연성 물질 근처에 설치하지 않는 조건이 모두 충족되면 다음과 같은 경우 단락보호장치를 생략할 수 있다.
1. 발전기, 변압기, 정류기, 축전지와 보호장치가 설치된 제어반을 연결하는 도체
2. 전원차단이 설비의 운전에 위험을 가져올 수 있는 회로
3. 특정 측정회로

212.5.4 병렬도체의 단락보호

1. 여러 개의 병렬도체를 사용하는 회로의 전원 측에 1개의 단락보호장치가 설치되어 있는 조건에서, 어느 하나의 도체에서 발생한 단락고장이라도 효과적인 동작이 보증되는 경우, 해당 보호장치 1개를 이용하여 그 병렬도체 전체의 단락보호장치로 사용할 수 있다.
2. 1개의 보호장치에 의한 단락보호가 효과적이지 못하면, 다음 중 1가지 이상의 조치를 취해야 한다.
   - 가. 배선은 기계적인 손상 보호와 같은 방법으로 병렬도체에서의 단락위험을 최소화할 수 있는 방법으로 설치하고, 화재 또는 인체에 대한 위험을 최소화할 수 있는 방법으로 설치할 것.
   - 나. 병렬도체가 2가닥인 경우 단락보호장치를 각 병렬도체의 전원측에 설치할 것.
   - 다. 병렬도체가 3가닥 이상인 경우 단락보호장치는 각 병렬도체의 전원측과 부하측에 설치할 것.

212.5.5 단락보호장치의 특성

1. 차단용량은 단락전류보호장치 설치점에서 예상되는 최대 크기의 단락전류보다 커야한다. 다만, 전원측 전로에 단락고장전류 이상의 차단능력이 있는 과전류차단기가 설치되는 경우에는 그러하지 아니하다.
2. 케이블 등의 단락전류 회로의 임의의 지점에서 발생한 모든 단락전류는 케이블 및 절연도체의 허용온도를 초과하지 않는 시간 내에 차단되도록 해야 한다. 단락 지속시간이 5초 이하인 경우, 통상 사용조건에서의 단락전류에 의해 절연체의 허용온도에 도달하기까지의 시간 t는 다음 식과 같이 계산할 수 있다.

$$t = (\frac{kS}{I})^2$$

t : 단락전류 지속시간[초]
S : 도체의 단면적[mm^2]
I : 유효 단락전류 [A, rms]
k : 도체 재료의 저항률, 온도계수, 열용량, 해당 초기온도와 최종온도를 고려한 계수

212.6 저압전로 중의 개폐기 및 과전류차단장치의 시설

212.6.1 저압전로 중의 개폐기의 시설

1. 저압전로 중에 개폐기를 시설하는 경우에는 그 곳의 각 극에 설치할 것.
2. 사용전압이 다른 개폐기는 상호 식별이 용이하도록 시설할 것.

212.6.2 저압 옥내전로 인입구에서의 개폐기의 시설

1. 인입구에 가까운 곳으로서 쉽게 개폐할 수 있는 곳에 개폐기를 각 극에 시설할 것.
2. 400[V] 이하인 옥내 전로로서 다른 옥내전로(정격전류가 16[A] 이하인 과전류차단기 또는 정격전류가 16[A]를 초과하고 20[A] 이하인 배선용 차단기로 보호되고 있는 것)에 접속하는 길이 15[m] 이하의 전로에서 전기의 공급을 받는 것은 설치하지 않을 수 있다.
3. 전원측 저압 옥내 전로의 인입구에 가까운 곳에 전용의 개폐기를 쉽게 개폐할 수 있는 곳의 각 극에 시설하는 경우에는 설치하지 않을 수 있다.

212.6.4 저압전로 중의 전동기 보호용 과전류보호장치의 시설

1. 과전류차단기로 저압전로에 시설하는 과부하보호장치와 단락보호 전용 차단기 또는 과부하보호장치와 단락보호 전용 퓨즈를 조합한 장치는 전동기에만 연결하는 저압전로에 사용하고 다음 각각에 적합한 것일 것.
   가. 과부하 보호장치, 단락보호 전용 차단기 및 단락보호 전용 퓨즈는 한국산업표준에 적합하여야 하며, 다음에 따라 시설할 것.
      (1) 과부하 보호장치로 전자접촉기를 사용할 경우에는 반드시 과부하계전기가 부착되어 있을 것.
      (2) 단락보호전용 차단기의 단락동작 설정 전류값은 전동기의 기동방식에 따른 기동 돌입전류를 고려할 것.
      (3) 단락보호전용 퓨즈는 표 212.6-5의 용단특성에 적합한 것일 것.

표 212.6-5 단락보호전용 퓨즈(aM)의 용단특성

정격전류의 배수	불용단시간	용단시간
4배	60초 이내	-
6.3배	-	60초 이내
8배	0.5초 이내	-
10배	0.2초 이내	-
12.5배	-	0.5초 이내
19배	-	0.1초 이내

나. 과부하 보호장치와 단락보호 전용 차단기 또는 단락보호 전용 퓨즈를 하나의 전용함 속에 넣어 시설한 것일 것.

다. 과부하 보호장치가 단락전류에 의하여 손상되기 전에 단락전류를 차단하는 능력을 가진 단락보호 전용 차단기 또는 단락보호 전용 퓨즈를 시설한 것일 것.

라. 과부하 보호장치와 단락보호 전용 퓨즈를 조합한 장치는 단락보호 전용 퓨즈의 정격전류가 과부하 보호장치의 설정 전류값 이하가 되도록 시설한 것일 것.

2. 저압 옥내 시설하는 보호장치의 정격전류 또는 전류 설정값은 전동기 등이 접속되는 경우에는 그 전동기의 기동방식에 따른 기동전류와 다른 전기사용기계기구의 정격전류를 고려하여 선정하여야 한다.

3. 옥내에 시설하는 전동기(정격출력이 0.2[kW] 이하인 것을 제외)에는 전동기가 손상될 우려가 있는 과전류가 생겼을 때에 자동적으로 이를 저지하거나 이를 경보하는 장치를 하여야 한다. 다만, 다음의 어느 하나에 해당하는 경우에는 그러하지 아니하다.

가. 전동기를 운전 중 상시 취급자가 감시할 수 있는 위치에 시설하는 경우

나. 전동기의 구조나 부하의 성질로 보아 전동기가 손상될 수 있는 과전류가 생길 우려가 없는 경우

다. 단상전동기로써 전원측 전로에 시설하는 과전류차단기의 정격전류가 16[A] (배선용 차단기는 20[A]) 이하인 경우

212.7 과부하 및 단락 보호의 협조

212.7.1 한 개의 보호장치를 이용한 보호

과부하 및 단락전류 보호장치는 212.4 및 212.5의 관련 요구사항을 만족하여야 한다.

212.7.2 개별 장치를 이용한 보호

212.4 및 212.5의 요구사항을 과부하 보호장치와 단락 보호장치에 각각 적용한다. 단락 보호장치의 통과에너지가 과부하 보호장치에 손상을 주지 않고 견딜 수 있는 값을 초과하지 않도록 보호장치의 특성을 협조시켜야 한다.

212.8 전원 특성을 이용한 과전류 제한

도체의 허용전류를 초과하는 전류를 공급할 수 없는 전원으로부터 전류를 공급받은 도체의 경우 과부하 및 단락보호가 적용된 것으로 간주한다.

3 전선로

221 구내·옥측·옥상·옥내 전선로의 시설

221.1 구내인입선

221.1.1 저압 인입선의 시설

1. 전선은 절연전선 또는 케이블일 것.
2. 전선이 케이블인 경우 이외에는 인장강도 2.30[kN] 이상의 것 또는 지름 2.6[mm] 이상의 인입용 비닐절연전선일 것. 다만, 경간이 15[m] 이하인 경우는 인장강도 1.25[kN] 이상의 것 또는 지름 2[mm] 이상의 인입용 비닐절연전선일 것.
3. 전선이 옥외용 비닐절연전선인 경우에는 사람이 접촉할 우려가 없도록 시설하고, 옥외용 비닐절연전선 이외의 절연전선인 경우에는 사람이 쉽게 접촉할 우려가 없도록 시설할 것.
4. 전선의 높이는 다음에 의할 것.
    가. 도로를 횡단하는 경우에는 노면상 5[m](교통에 지장이 없는 경우 3[m]) 이상
    나. 철도 또는 궤도를 횡단하는 경우에는 레일면상 6.5[m] 이상
    다. 횡단보도교의 위에 시설하는 경우에는 노면상 3[m] 이상
    라. 기타의 경우에는 지표상 4[m](교통에 지장이 없는 경우 2.5[m]) 이상

표 221.1-1 저압 가공인입선 조영물의 구분에 따른 이격거리

시설물의 구분		이격거리
조영물의 상부 조영재	위쪽	2[m] (저압 절연전선인 경우는 1.0[m], 고압, 특고압 절연전선, 케이블인 경우 0.5[m])
	옆쪽 또는 아래쪽	0.3[m] (고압, 특고압 절연전선, 케이블인 경우 0.15[m])
조영물의 상부 조영재 이외의 부분 또는 조영물 이외의 시설물		0.3[m] (고압, 특고압 절연전선, 케이블인 경우 0.15[m])

221.1.2 연접 인입선의 시설

1. 인입선에서 분기하는 점으로부터 100[m]를 초과하는 지역에 미치지 아니할 것.
2. 폭 5[m]를 초과하는 도로를 횡단하지 아니할 것.
3. 옥내를 통과하지 아니할 것.

221.2 옥측전선로

1. 저압 옥측전선로
   가. 1 구내 또는 동일 기초구조물 및 복수의 건물과 구조적으로 일체화된 하나의 건물에 시설하는 전선로의 전부 또는 일부로 시설하는 경우
   나. 1 구내 등 전용의 전선로 중 그 구내에 시설하는 부분의 전부 또는 일부로 시설하는 경우

2. 저압 옥측전선로의 시설
   가. 저압 옥측전선로는 다음의 공사방법에 의할 것.
      (1) 애자공사(전개된 장소)
      (2) 합성수지관공사
      (3) 금속관공사(목조 이외의 조영물에 시설하는 경우)
      (4) 버스덕트공사(목조 이외의 조영물에 시설하는 경우)
      (5) 케이블공사(연피 케이블, 알루미늄피 케이블 또는 무기물절연(MI) 케이블을 사용하는 경우에는 목조 이외의 조영물에 시설하는 경우)
   나. 애자공사에 의한 저압 옥측전선로는 다음에 의하고 또한 사람이 쉽게 접촉될 우려가 없도록 시설할 것.
      (1) 전선은 공칭단면적 4[mm^2] 이상의 연동 절연전선일 것.
      (2) 전선 상호 간의 간격 및 전선과 그 저압 옥측전선로를 시설하는 조영재 사이의 이격거리는 표 221.2-1에서 정한 값 이상일 것.

표 221.2-1 시설장소별 조영재 사이의 이격거리

시설 장소	전선 상호 간의 간격		전선과 조영재 사이의 이격거리	
	400[V] 이하	400[V] 초과	400[V] 이하	400[V] 초과
비나 이슬에 젖지 않는 장소	0.06[m]	0.06[m]	0.025[m]	0.025[m]
비나 이슬에 젖는 장소	0.06[m]	0.12[m]	0.025[m]	0.045[m]

(3) 전선의 지지점 간의 거리는 2[m] 이하일 것.

(4) 전선에 인장강도 1.38[kN] 이상의 것 또는 지름 2[mm] 이상의 경동선을 사용하고 또한 전선 상호 간의 간격을 0.2[m] 이상, 전선과 조영재 사이의 이격거리를 0.3[m] 이상으로 하여 시설하는 경우에 한하여 옥외용 비닐절연전선을 사용하거나 지지점 간의 거리를 2[m]를 초과하고 15[m] 이하로 할 수 있다.

(5) 400[V] 이하인 경우에 다음에 의하고 또한 전선을 손상할 우려가 없도록 시설할 때에는 (1) 및 (2)에 의하지 아니할 수 있다.

   (가) 전선은 공칭단면적 4[mm^2] 이상의 연동 절연전선 또는 지름 2[mm] 이상의 인입용 비닐절연전선일 것.

   (나) 전선을 바인드선로 애자에 붙이는 경우에는 각각의 선심을 애자의 다른 홈에 넣고 다른 바인드선으로 선심 상호 간 및 바인드선 상호 간이 접촉하지 않도록 견고하게 시설할 것.

   (다) 전선을 접속하는 경우에는 각각의 선심의 접속점은 0.05[m] 이상 띄울 것.

   (라) 전선과 조영재 사이의 이격거리는 0.03[m] 이상일 것.

(6) 전선과 조영재 사이의 이격거리를 0.3[m] 이상으로 시설하는 경우에는 지지점 간의 거리를 2[m]를 초과하고 15[m] 이하로 할 수 있다.

(7) 애자는 절연성·난연성 및 내수성이 있는 것일 것.

3. 애자공사에 의한 전선이 다른 시설물과 접근하는 경우 또는 다른 시설물의 위나 아래에 시설되는 경우에 저압 옥측전선로의 전선과 다른 시설물 사이의 이격거리는 표 221.2-2에서 정한 값 이상이어야 한다.

표 221.2-2 저압 옥측전선로 조영물의 구분에 따른 이격거리

다른 시설물의 구분		이격 거리
조영물의 상부 조영재	위 쪽	2[m] (고압, 특고압 절연전선, 케이블인 경우 1[m])
	옆 쪽 또는 아래 쪽	0.6[m] (고압, 특고압 절연전선, 케이블인 경우 0.3[m])
조영물의 상부 조영재 이외의 부분 또는 조영물 이외의 시설물		0.6[m] (고압, 특고압 절연전선, 케이블인 경우 0.3[m])

4. 애자공사에 의한 저압 옥측전선로의 전선과 식물 사이의 이격거리는 0.2[m] 이상이어야 한다. 다만, 고압 또는 특고압 절연전선인 경우에 전선을 식물에 접촉하지 않도록 시설하는 경우에는 적용하지 아니한다.

221.3 옥상 전선로

1. 저압 옥상 전선로
   가. 1 구내 또는 동일 기초 구조물 및 복수의 건물과 구조적으로 일체화된 하나의 건물에 시설하는 전선로의 전부 또는 일부로 시설하는 경우
   나. 1 구내 등 전용의 전선로 중 구내에 시설하는 부분의 전부 또는 일부로 시설하는 경우
2. 저압 옥상 전선로는 전개된 장소에 위험의 우려가 없도록 시설할 것.
   가. 전선은 인장강도 2.30[kN] 이상의 것 또는 지름 2.6[mm] 이상의 경동선을 사용할 것.
   나. 전선은 절연전선 또는 이와 동등 이상의 절연효력이 있는 것을 사용할 것.
   다. 전선은 조영재에 견고하게 붙인 지지주 또는 지지대에 절연성·난연성 및 내수성이 있는 애자를 사용하여 지지하고 지지점 간의 거리는 15[m] 이하일 것.
   라. 전선과 조영재와의 이격거리는 2[m](전선이 고압, 특고압 절연전선, 케이블인 경우에는 1[m]) 이상일 것.
3. 전선이 케이블인 경우의 시설
   가. 전선을 전개된 장소에 조영재에 견고하게 붙인 지지주 또는 지지대에 의하여 지지하고 조영재 사이의 이격거리를 1[m] 이상으로 하여 시설하는 경우
   나. 전선을 조영재에 견고하게 붙인 견고한 관 또는 트라프에 넣고 취급자 이외의 자가 쉽게 열 수 없는 구조의 철제 또는 철근 콘크리트제 기타 견고한 뚜껑을 시설하는 외에 시설하는 경우
4. 전선이 저압, 고압, 특고압 옥측전선, 다른 저압 옥상 전선로의 전선, 약전류전선 등, 안테나·수관·가스관 또는 이들과 유사한 것과 접근하거나 교차하는 경우에는 저압 옥상 전선로의 전선과 이들 사이의 이격거리는 1[m](저압 옥상 전선로의 전선 또는 저압 옥측전선이나 다른 저압 옥상 전선로의 전선이 저압 방호구에 넣은 절연전선 등·고압 또는 특고압 절연전선, 케이블인 경우에는 0.3[m]) 이상일 것.
5. 전선이 다른 시설물과 접근하거나 교차하는 경우에는 전선과 이격거리는 0.6[m](전선이 고압, 특고압 절연전선, 케이블인 경우에는 0.3[m]) 이상일 것.
6. 전선은 상시 부는 바람 등에 의하여 식물에 접촉하지 아니하도록 시설할 것.

222 저압 가공전선로

222.5 저압 가공전선의 굵기 및 종류

1. 저압 가공전선은 나전선, 절연전선, 다심형 전선 또는 케이블을 사용할 것.
2. 400[V] 이하인 저압 가공전선은 케이블인 경우를 제외하고는 인장강도 3.43[kN] 이상의 것 또는 지름 3.2[mm](절연전선인 경우는 인장강도 2.3[kN] 이상의 것 또는 지름 2.6[mm] 이상의 경동선) 이상
3. 400[V] 초과인 저압 가공전선은 케이블인 경우 이외에는 시가지에 시설하는 것은 인장강도 8.01[kN] 이상의 것 또는 지름 5[mm] 이상의 경동선, 시가지 외에 시설하는 것은 인장강도 5.26[kN] 이상의 것 또는 지름 4[mm] 이상의 경동선
4. 400[V] 초과인 저압 가공전선에는 인입용 비닐절연전선을 사용하지 말 것.

222.7 저압 가공전선의 높이

1. 도로를 횡단하는 경우에는 지표상 6[m] 이상
2. 철도 또는 궤도를 횡단하는 경우에는 레일면상 6.5[m] 이상
3. 횡단보도교의 위에 시설하는 경우에는 노면상 3.5[m][전선이 저압 절연전선(인입용 비닐절연전선·450/750[V] 비닐절연전선·450/750[V] 고무 절연전선·옥외용 비닐절연전선)·다심형 전선 또는 케이블인 경우에는 3[m]] 이상
4. 기타의 경우에는 지표상 5[m] 이상
5. 다리의 하부 기타 이와 유사한 장소에 시설하는 저압의 전기철도용 급전선은 지표상 3.5[m]까지로 감할 수 있다.

222.8 저압 가공전선로의 지지물의 강도

저압 가공전선로의 지지물은 목주인 경우에는 풍압하중의 1.2배의 하중, 기타의 경우에는 풍압하중에 견디는 강도를 가지는 것일 것.

222.10 저압 보안공사

1. 전선은 케이블인 경우 이외에는 인장강도 8.01[kN] 이상의 것 또는 지름 5[mm] (400[V] 이하인 경우에는 인장강도 5.26[kN] 이상의 것 또는 지름 4[mm] 이상의 경동선) 이상의 경동선
2. 목주는 다음에 의할 것.
    가. 풍압하중에 대한 안전율은 1.5 이상일 것.
    나. 목주의 굵기는 말구의 지름 0.12[m] 이상일 것.

3. 경간은 표 222.10-1에서 정한 값 이하일 것.

표 222.10-1 지지물 종류에 따른 경간

지지물의 종류	경간
목주 · A종 철주 또는 A종 철근 콘크리트주	100[m]
B종 철주 또는 B종 철근 콘크리트주	150[m]
철탑	400[m]

222.16 저압 가공전선 상호 간의 접근 또는 교차

저압 가공전선이 다른 저압 가공전선과 접근상태로 시설되거나 교차하여 시설되는 경우에는 저압 가공전선 상호 간의 이격거리는 0.6[m](한쪽의 전선이 고압, 특고압 절연전선 또는 케이블인 경우에는 0.3[m]) 이상, 저압 가공전선과 다른 저압 가공전선로의 지지물 사이의 이격거리는 0.3[m] 이상일 것.

222.18 저압 가공전선과 다른 시설물의 접근 또는 교차

1. 저압 가공전선이 건조물·도로·횡단보도교·철도·궤도·삭도, 가공약전류전선로 등, 안테나, 교류 전차선, 저압/고압 전차선, 다른 저압 가공전선, 고압 가공전선 및 특고압 가공전선 이외의 시설물과 접근상태로 시설되는 경우에는 저압 가공전선과 다른 시설물 사이의 이격거리는 표 222.18-1에서 정한 값 이상이어야 한다.

표 222.18-1 저압 가공전선과 조영물의 구분에 따른 이격거리

다른 시설물의 구분		이격 거리
조영물의 상부 조영재	위 쪽	2[m] (고압, 특고압 절연전선, 케이블인 경우 1[m])
	옆쪽 또는 아래쪽	0.6[m] (고압, 특고압 절연전선, 케이블인 경우 0.3[m])
조영물의 상부 조영재 이외의 부분 또는 조영물 이외의 시설물		0.6[m] (고압, 특고압 절연전선, 케이블인 경우 0.3[m])

2. 저압 가공전선이 다른 시설물과 접근하는 경우 또는 저압 가공전선이 다른 시설물의 아래쪽에 시설되는 때에는 상호 간의 이격거리를 0.6[m](전선이 고압, 특고압 절연전선 또는 케이블인 경우에 0.3[m]) 이상으로 하고 위험의 우려가 없도록 시설할 것.

3. 저압 절연전선 또는 저압 방호구에 넣은 저압 가공 나전선을 조영물에 시설된 간이한 돌출간판, 기타 사람이 올라갈 우려가 없는 조영재에 0.3[m] 이상 이격하여 시설하는 경우

222.22 농사용 저압 가공전선로의 시설

농사용 전등·전동기 등에 공급하는 저압 가공전선로는 건조물의 위에 시설되는 경우, 도로·철도·궤도·삭도, 가공약전류전선 등, 안테나, 다른 가공전선 또는 전차선과 교차하여 시설되는 경우 및 수평거리로 저압 가공전선로의 지지물의 지표상 높이에 상당하는 거리 안에 접근하여 시설되는 경우 이외에 한하여 다음에 따라 시설하는 때에는 규정에 의하지 아니할 수 있다.
1. 사용전압은 저압일 것.
2. 저압 가공전선은 인장강도 1.38[kN] 이상의 것 또는 지름 2[mm] 이상의 경동선일 것.
3. 저압 가공전선의 지표상의 높이는 3.5[m] 이상일 것. 다만, 저압 가공전선을 사람이 쉽게 출입하지 못하는 곳에 시설하는 경우에는 3[m]까지로 감할 수 있다.
4. 목주의 굵기는 말구 지름이 0.09[m] 이상일 것.
5. 전선로의 지지점 간 거리는 30[m] 이하일 것.
6. 다른 전선로에 접속하는 곳 가까이에 저압 가공전선로 전용의 개폐기 및 과전류차단기를 각 극에 시설할 것.

222.23 구내에 시설하는 저압 가공전선로

1. 1 구내에만 시설하는 400[V] 이하인 저압 가공전선로의 전선이 건조물의 위에 시설되는 경우, 도로(폭이 5[m]를 초과하는 것)·횡단보도교·철도·궤도·삭도, 가공약전류전선 등, 안테나, 다른 가공전선 또는 전차선과 교차하여 시설되는 경우 및 이들과 수평거리로 저압 가공전선로의 지지물의 지표상 높이에 상당하는 거리 이내에 접근하여 시설되는 경우 이외에 한하여 다음에 따라 시설하는 때에는 규정에 의하지 아니할 수 있다.
    가. 전선은 지름 2[mm] 이상의 경동선의 절연전선 또는 이와 동등 이상의 세기 및 굵기의 절연전선일 것. 다만, 경간이 10[m] 이하인 경우에 4[mm^2] 이상의 연동 절연전선을 사용할 수 있다.
    나. 전선로의 경간은 30[m] 이하일 것
    다. 전선과 다른 시설물과의 이격거리는 표 222.23-1에서 정한 값 이상일 것

표 222.23-1 구내에 시설하는 저압 가공전선로 조영물의 구분에 따른 이격거리

다른 시설물의 구분		이격 거리
조영물의 상부 조영재	위 쪽	1[m]
	옆쪽 또는 아래쪽	0.6[m] (고압, 특고압 절연전선, 케이블인 경우 0.3[m])
조영물의 상부 조영재 이외의 부분 또는 조영물 이외의 시설물		0.6[m] (고압, 특고압 절연전선, 케이블인 경우 0.3[m])

2. 1 구내에만 시설하는 400[V] 이하인 저압 가공전선로의 전선은 도로(폭이 5[m]를 초과하는 것)·횡단보도교·철도 또는 궤도를 횡단하여 시설하는 경우 이외에 다음에 따라 시설하는 때에는 규정에 의하지 아니할 수 있다.
   가. 도로를 횡단하는 경우에는 4[m] 이상이고 교통에 지장이 없는 높이일 것
   나. 도로를 횡단하지 않는 경우에는 3[m] 이상의 높이일 것

4 배선 및 조명설비

231 일반사항

231.3 저압 옥내배선의 사용전선 및 중성선의 굵기

231.3.1 저압 옥내배선의 사용전선

1. 저압 옥내배선의 전선의 단면적 2.5[mm^2] 이상의 연동선 또는 이와 동등 이상의 강도 및 굵기의 것.
2. 400[V] 이하인 경우로 다음 중 어느 하나에 해당하는 경우에는 제1을 적용하지 않는다.
   가. 전광표시장치 기타 이와 유사한 장치 또는 제어회로 등에 사용하는 배선에 1.5[mm^2] 이상의 연동선을 사용하고 합성수지관공사·금속관공사·금속몰드공사·금속덕트공사·플로어덕트공사 또는 셀룰러덕 트공사에 의하여 시설하는 경우
   나. 전광표시장치 기타 이와 유사한 장치 또는 제어회로 등의 배선에 0.75[mm^2] 이상인 다심케이블 또는 다심 캡타이어케이블을 사용하고 과전류가 생겼을 때에 자동적으로 전로에서 차단하는 장치를 시설하는 경우

다. 0.75[mm²] 이상인 코드 또는 캡타이어케이블을 사용하는 경우
라. 리프트 케이블을 사용하는 경우

231.3.2 중성선의 단면적

1. 다음의 경우는 중성선의 단면적은 최소한 선도체의 단면적 이상일 것.
   가. 2선식 단상회로
   나. 선도체의 단면적이 구리선 16[mm²], 알루미늄선 25[mm²] 이하인 다상 회로
   다. 제3고조파 및 제3고조파의 홀수배수의 고조파 전류가 흐를 가능성이 높고 전류 종합 고조파왜형률이 15~33[%]인 3상회로
2. 제3고조파 및 제3고조파 홀수배수의 전류 종합 고조파왜형률이 33[%]를 초과하는 경우, 아래와 같이 중성선의 단면적을 증가시켜야 한다.
   가. 다심케이블의 경우 선도체의 단면적은 중성선의 단면적과 같아야 하며, 단면적은 선도체의 $1.45 \times I_B$를 흘릴 수 있는 중성선을 선정한다.
   나. 단심케이블은 선도체의 단면적이 중성선 단면적보다 작을 수도 있다.
      (1) 선 : I_B (회로 설계전류)
      (2) 중성선 : 선도체의 $1.45 I_B$와 동등 이상의 전류
3. 다상 회로의 각 선도체 단면적이 구리선 16[mm²] 또는 알루미늄선 25[mm²]를 초과하는 경우 다음 조건을 모두 충족한다면 중성선의 단면적을 선도체 단면적보다 작게 해도 된다.
   가. 통상적인 사용 시에 상과 제3고조파 전류 간에 회로 부하가 균형을 이루고 있고, 제3고조파 홀수배수 전류가 선도체 전류의 15[%]를 넘지 않는다.
   나. 중성선의 과전류 보호.
   다. 중성선의 단면적은 구리선 16[mm²], 알루미늄선 25[mm²] 이상.

232 배선설비

232.2 배선설비 공사의 종류

1. 전선 또는 케이블의 종류에 따른 배선설비의 설치방법은 표 232.2-1에 따른다.

표 232.2-1 전선 및 케이블의 구분에 따른 배선설비의 공사방법

전선 및 케이블	공사방법							
	케이블공사			전선관 시스템	케이블 트렁킹 시스템	케이블 덕팅 시스템	케이블 트레이 시스템	애자 공사
	비고정	직접고정	지지선					
나전선	×	×	×	×	×	×	×	○
절연전선	×	×	×	○	○	○	×	○
케이블 다심	○	○	○	○	○	○	○	×
케이블 단심	×	○	○	○	○	○	○	×

2. 공사방법의 분류

종류	공사방법
전선관시스템	합성수지관공사, 금속관공사, 가요전선관공사
케이블트렁킹시스템	합성수지몰드공사, 금속몰드공사, 금속트렁킹공사
케이블덕팅시스템	플로어덕트공사, 셀룰러덕트공사, 금속덕트공사
애자공사	애자공사
케이블트레이시스템	케이블트레이공사
케이블공사	고정하지 않는 방법, 직접 고정하는 방법, 지지선 방법

232.3 배선설비 적용 시 고려사항

232.3.2 병렬접속

두 개 이상의 선도체 또는 PEN도체를 계통에 병렬로 접속하는 경우, 다음에 따른다.

1. 병렬도체 사이에 부하전류가 균등하게 배분될 수 있도록 조치를 취한다. 도체가 같은 재질, 길이, 단면적을 가지고, 분기회로가 없으며 다음과 같을 경우 이 요구사항을 충족하는 것으로 본다.
   가. 병렬도체가 다심케이블, 트위스트 단심케이블 또는 절연전선인 경우
   나. 병렬도체가 비트위스트 단심케이블 또는 삼각형태 혹은 직사각형 형태의 절연전선이고 구리 $50[mm^2]$, 알루미늄 $70[mm^2]$ 이하인 것
   다. 병렬도체가 비트위스트 단심케이블 또는 삼각형태 혹은 직사각형 형태의 절연전선이고 구리 $50[mm^2]$, 알루미늄 $70[mm^2]$를 초과하고 이 형상에 필요한 특수 배치를 적용한 것.
2. 부하전류를 배분하는데 주의해야 하며, 적절한 전류분배를 할 수 없거나 4가닥 이상의 도체를 병렬로 접속하는 경우에는 버스바트렁킹시스템의 사용을 고려한다.

232.3.7 배선설비와 다른 공급설비와의 접근

1. 다른 전기 공급설비의 접근에 의한 전압밴드Ⅰ과 전압밴드Ⅱ 회로는 다음의 경우를 제외하고는 동일한 배선설비 중에 수납하지 않아야 한다.
    - 가. 모든 케이블 또는 도체가 존재하는 최대 전압에 대해 절연되어 있는 경우
    - 나. 다심케이블의 각 도체가 케이블에 존재하는 최대 전압에 절연되어 있는 경우
    - 다. 케이블이 그 계통의 전압에 대해 절연되어 있으며, 케이블이 케이블덕팅시스템 또는 케이블 트렁킹 시스템의 별도 구획에 설치되어 있는 경우
    - 라. 케이블이 격벽으로 분리되는 케이블트레이시스템에 설치되어 있는 경우
    - 마. 별도의 전선관, 케이블트렁킹시스템 또는 케이블덕팅시스템을 이용하는 경우
    - 바. 저압 옥내배선이 다른 저압 옥내배선 또는 관등회로의 배선과 접근, 교차하는 경우에 애자사용공사에 의하여 시설하는 저압 옥내배선과 다른 저압 옥내배선 또는 관등회로의 이격거리는 0.1[m](애자사용공사에 의하여 시설하는 저압 옥내배선이 나전선인 경우 0.3[m]) 이상일 것. 다만, 다음의 어느 하나에 해당하는 경우에는 그러하지 아니하다.
        - (1) 애자사용공사에 의하여 시설하는 저압 옥내배선과 다른 애자사용공사에 의하여 시설하는 저압 옥내배선 사이에 절연성의 격벽을 견고하게 시설하거나 어느 한쪽의 저압 옥내배선을 충분한 길이의 난연성 및 내수성이 있는 견고한 절연관에 넣어 시설하는 경우
        - (2) 애자사용공사에 의하여 시설하는 저압 옥내배선과 애자사용공사에 의하여 시설하는 다른 저압 옥내배선 또는 관등회로의 배선이 병행하는 경우에 상호 간의 이격거리를 60[mm] 이상으로 하여 시설할 때
        - (3) 애자사용공사에 의하여 시설하는 저압 옥내배선과 다른 저압 옥내배선 또는 관등회로의 배선 사이에 절연성의 격벽을 견고하게 시설하거나 애자사용공사에 의하여 시설하는 저압 옥내배선이나 관등회로의 배선을 충분한 길이의 난연성 및 내수성이 있는 견고한 절연관에 넣어 시설하는 경우
2. 통신케이블과의 접근 지중 통신케이블과 지중 전력케이블이 교차하거나 접근하는 경우 100[mm] 이상의 간격을 유지하거나 "가" 또는 "나"의 요구사항을 충족하여야 한다.
    - 가. 케이블 사이에 내화격벽을 갖추거나, 케이블 전선관 또는 내화물질로 만든 트로프에 의해 추가 보호조치를 하여야 한다.

나. 교차하는 부분에 대해서는, 케이블 사이에 케이블 전선관, 콘크리트제 케이블 보호 캡, 성형블록 등과 같은 기계적인 보호조치를 하여야 한다.

다. 지중전선이 지중 약전류전선 등과 접근하거나 교차하는 경우에 상호 간의 이격거리가 저압 지중전선은 0.3[m] 이하인 때에는 지중전선과 지중 약전류전선 사이에 견고한 내화성의 격벽을 설치하는 경우 이외에는 지중전선을 견고한 불연성 또는 난연성의 관에 넣어 관이 지중 약전류전선 등과 직접 접촉하지 아니하도록 하여야 한다. 다만, 다음의 어느 하나에 해당하는 경우에는 그러하지 아니하다.

　(1) 지중 약전류전선 등이 전력보안 통신선인 경우에 불연성 또는 자소성이 있는 난연성의 재료로 피복한 광섬유케이블인 경우 또는 불연성 또는 자소성이 있는 난연성의 관에 넣은 광섬유케이블인 경우

　(2) 지중 약전류전선 등이 전력보안 통신선인 경우

　(3) 지중 약전류전선 등이 불연성 또는 자소성이 있는 난연성의 재료로 피복한 광섬유케이블인 경우 또는 불연성 또는 자소성이 있는 난연성의 관에 넣은 KEC 광섬유케이블로서 관리자와 협의한 경우

라. 저압 옥내배선이 약전류전선 등 또는 수관·가스관이나 이와 유사한 것과 접근하거나 교차하는 경우에 저압 옥내배선을 애자사용공사에 의하여 시설하는 때에는 저압 옥내배선과 약전류전선 등 또는 수관·가스관이나 이와 유사한 것과의 이격거리는 0.1[m](전선이 나전선인 경우에 0.3[m]) 이상일 것.

마. 저압 옥내배선이 약전류전선 또는 수관·가스관이나 이와 유사한 것과 접근하거나 교차하는 경우에 저압 옥내배선을 합성수지몰드공사·합성수지관공사·금속관공사·금속몰드공사·가요전선관공사·금속덕트공사·버스덕트공사·플로어덕트공사·셀룰러덕트공사·케이블공사·케이블트레이공사 또는 라이팅덕트공사에 의하여 시설할 때에는 저압 옥내배선이 약전류전선 또는 수관·가스관이나 이와 유사한 것과 접촉하지 아니하도록 시설하여야 하며 다음의 어느 하나에 해당하는 경우 이외에는 전선과 약전류전선을 동일한 관·몰드·덕트·케이블 트레이나 이들의 박스 기타의 부속품 또는 풀 박스 안에 시설하여서는 아니 된다.

　(1) 저압 옥내배선을 합성수지관공사·금속관공사·금속몰드공사 또는 가요전선관공사에 의하여 시설하는 전선과 약전류전선을 각각 별개의 관 또는 몰드에 넣어 시설하는 경우에 전선과 약전류전선 사이에 견고한 격벽을 시설하고 또한 금속제 부분에 접지공사를 한 박스 또는 풀박스 안에 전선과 약전류전선을 넣어 시설할 때

(2) 저압 옥내배선을 금속덕트공사·플로어덕트공사 또는 셀룰러덕트공사에 의하여 시설하는 경우에 전선과 약전류전선 사이에 견고한 격벽을 시설하고 또한 접지공사를 한 덕트 또는 박스 안에 전선과 약전류전선을 넣어 시설할 때

(3) 저압 옥내배선을 버스덕트공사 및 케이블트레이공사 이외의 공사에 의하여 시설하는 경우에 약전류전선이 제어회로 등의 약전류전선이고 또한 약전류전선에 절연전선과 동등 이상의 절연효력이 있는 것을 사용할 때

(4) 저압 옥내배선을 버스덕트공사 및 케이블트레이공사 이외에 공사에 의하여 시설하는 경우에 약전류전선에 접지공사를 한 금속제의 전기적 차폐층이 있는 통신용 케이블을 사용할 때

(5) 저압 옥내배선을 케이블트레이공사에 의하여 시설하는 경우에 약전류전선이 제어회로 등의 약전류전선이고 또한 약전류전선을 금속관 또는 합성수지관에 넣어 케이블트레이에 시설할 때

232.3.9 수용가 설비에서의 전압강하

1. 수용가 설비의 인입구로부터 기기까지의 전압강하는 표 232.3-1의 값 이하이어야 한다.

표 232.3-1 수용가설비의 전압강하

설비의 유형	조명 [%]	기타 [%]
저압으로 수전하는 경우	3	5
고압 이상으로 수전하는 경우	6	8

배선설비가 100[m]를 넘는 부분의 전압강하는 미터 당 0.005[%] 증가할 수 있으나 이러한 증가분은 0.5[%]를 넘지 않아야 한다.

2. 다음의 경우에는 표 232.3-1보다 더 큰 전압강하를 허용할 수 있다.
   가. 기동 시간 중의 전동기
   나. 돌입전류가 큰 기타 기기
3. 다음과 같은 일시적인 조건은 고려하지 않는다.
   가. 과도 과전압
   나. 비정상적인 사용으로 인한 전압 변동

232.5 허용전류

232.5.1 절연물의 허용온도

정상적인 사용상태에서 전선에 흘려야 할 전류는 통상적으로 표 232.5-1에 따른 절연물의 허용온도 이하이어야 한다.

표 232.5-1 절연물의 종류에 대한 최고허용온도

절연물의 종류	최고허용온도 [℃]
열가소성 물질[폴리염화비닐(PVC)]	70(도체)
열경화성 물질[가교폴리에틸렌(XLPE) 또는 에틸렌프로필렌고무 (EPR) 혼합물]	90(도체)
무기물(열가소성 물질 피복 또는 나도체로 사람이 접촉할 우려가 있는 것)	70(시스)
무기물(사람의 접촉에 노출되지 않고, 가연성 물질과 접촉할 우려가 없는 나도체)	105(시스)

232.5.2 허용전류의 결정

절연도체와 비외장케이블에 대한 전류가 필요한 보정 계수를 적용한 허용전류를 초과하지 않는 경우 232.5.1의 요구사항을 충족하는 것으로 간주한다.

232.11 합성수지관공사

232.11.1 시설조건

1. 전선은 절연전선일 것.
2. 전선은 연선일 것. 다만, 다음의 것은 적용하지 않는다.
    가. 짧고 가는 합성수지관에 넣은 것.
    나. $10[mm^2]$(알루미늄선은 $16[mm^2]$) 이하의 것.
3. 전선은 합성수지관 안에서 접속점이 없도록 할 것.
4. 중량물의 압력 또는 현저한 기계적 충격을 받을 우려가 없도록 시설할 것.
5. 이중천장(반자 속 포함) 내에는 시설할 수 없다.

232.11.2 합성수지관 및 부속품의 선정

1. 관의 끝부분 및 안쪽 면은 전선의 피복을 손상하지 아니하도록 매끈한 것일 것.
2. 관의 두께는 2[mm] 이상일 것. 다만, 400[V] 이하로 전개된 장소 또는 점검할 수 있는 은폐된 장소로서 건조한 장소에 사람이 접촉할 우려가 없도록 시설한 경우에는 그러하지 아니하다.

232.11.3 합성수지관 및 부속품의 시설

1. 관 상호 간 및 박스와는 관을 삽입하는 깊이를 관의 바깥지름의 1.2배(접착제를 사용하는 경우에는 0.8배) 이상으로 하고 또한 꽂음접속에 의하여 견고하게 접속할 것.
2. 관의 지지점 간의 거리는 1.5[m] 이하로 하고, 또한 지지점은 관의 끝·관과 박스의 접속점 및 관 상호 간의 접속점 등에 가까운 곳에 시설할 것.
3. 습기가 많은 장소 또는 물기가 있는 장소에 시설하는 경우에는 방습장치를 할 것.
4. 합성수지관을 금속제의 박스에 접속하여 사용하는 경우 접지공사를 할 것. 다만, 400[V] 이하로서 건조한 장소에 시설하는 경우 또는 직류 300[V], 교류 대지전압이 150[V] 이하로서 사람이 쉽게 접촉할 우려가 없도록 시설하는 경우에는 생략해도 된다.
5. 난연성이 없는 콤바인 덕트관은 직접 콘크리트에 매입하여 시설하는 경우 이외에는 전용의 불연성 또는 난연성의 관 또는 덕트에 넣어 시설할 것
6. 합성수지제 가요전선관 상호 간은 직접 접속하지 말 것.

232.12 금속관공사

232.12.1 시설조건

1. 전선은 절연전선일 것.
2. 전선은 연선일 것. 다만, 다음의 것은 적용하지 않는다.
    가. 짧고 가는 금속관에 넣은 것.
    나. 10[mm^2](알루미늄선은 16[mm^2]) 이하의 것.
3. 전선은 금속관 안에서 접속점이 없도록 할 것.

232.12.2 금속관 및 부속품의 선정

금속관공사에 사용하는 금속관과 박스 기타의 부속품은 다음에 적합한 것이어야 한다.

1. 금속제의 전선관 및 금속제 박스 기타의 부속품 또는 황동이나 동으로 견고하게 제작한 것일 것.
2. 관의 두께는 콘크리트에 매입하는 것은 1.2[mm] 이상, 그 이외의 것은 1[mm] 이상. 다만, 이음매가 없는 길이 4[m] 이하인 것을 건조하고 전개된 곳에 시설하는 경우에는 0.5[mm]까지로 감할 수 있다.

3. 관의 끝부분 및 안쪽 면은 전선의 피복을 손상하지 아니하도록 매끈한 것일 것.

232.12.3 금속관 및 부속품의 시설

1. 관 상호 간 및 관과 박스 기타의 부속품과는 나사접속 기타 이와 동등 이상의 효력이 있는 방법에 의하여 견고하고, 전기적으로 완전하게 접속할 것.
2. 관의 끝부분에는 전선의 피복을 손상하지 아니하도록 적당한 구조의 부싱을 사용할 것. 다만, 금속관공사로부터 애자사용공사로 옮기는 경우에는 그 부분의 관의 끝부분에는 절연부싱 또는 이와 유사한 것을 사용하여야 한다.
3. 습기가 많은 장소 또는 물기가 있는 장소에 시설하는 경우에는 방습장치를 할 것.
4. 관에는 접지공사를 할 것. 다만, 400[V] 이하로서 다음 중 하나에 해당하는 경우에는 생략할 수 있다.
    가. 관의 길이가 4[m] 이하인 것을 건조한 장소에 시설하는 경우
    나. 직류 300[V] 또는 교류 대지 전압 150[V] 이하, 관의 길이가 8[m] 이하인 것을 사람이 쉽게 접촉할 우려가 없도록 시설하는 경우 또는 건조한 장소에 시설하는 경우

232.13 금속제 가요전선관공사

232.13.1 시설조건

1. 전선은 절연전선일 것.
2. 전선은 연선일 것. 다만, 10[mm^2](알루미늄선은 16[mm^2]) 이하인 것은 그러하지 아니하다.
3. 가요전선관 안에는 전선에 접속점이 없도록 할 것.
4. 가요전선관은 2종 금속제 가요전선관일 것. 다만, 전개된 장소 또는 점검할 수 있는 은폐된 장소에는 1종 가요전선관을 사용할 수 있다.

232.13.3 가요전선관 및 부속품의 시설

1. 관 상호 간 및 관과 박스 기타의 부속품과는 견고하고 전기적으로 완전하게 접속할 것.
2. 가요전선관의 끝부분은 피복을 손상하지 아니하는 구조로 되어 있을 것.
3. 2종 금속제 가요전선관을 사용하는 경우에 습기 많은 장소 또는 물기가 있는 장소에 시설하는 때에는 비닐 피복 2종 가요전선관일 것.

4. 1종 금속제 가요전선관에는 2.5[mm^2] 이상의 나연동선을 전체 길이에 걸쳐 삽입 또는 첨가하여 나연동선과 1종 금속제가요전선관을 양쪽 끝에서 전기적으로 완전하게 접속할 것. 다만, 관의 길이가 4[m] 이하인 것을 시설하는 경우에는 그러하지 아니하다.
5. 가요전선관에는 접지공사를 할 것.

232.21 합성수지몰드공사

232.21.1 시설조건

1. 전선은 절연전선일 것.
2. 합성수지몰드 안에는 전선에 접속점이 없도록 할 것.
3. 몰드 상호 간 및 몰드와 박스 기타의 부속품과는 전선이 노출되지 아니하도록 접속할 것.

232.22 금속몰드공사

232.22.1 시설조건

1. 전선은 절연전선일 것.
2. 몰드 안에는 전선에 접속점이 없도록 할 것. 다만, 「전기용품 및 생활용품 안전관리법」에 의한 금속제 조인트 박스를 사용할 경우에는 접속할 수 있다.
3. 금속몰드의 사용전압이 400[V] 이하로 옥내의 건조한 장소로 전개된 장소 또는 점검할 수 있는 은폐장소에 한하여 시설할 수 있다.

232.22.3 금속몰드 및 박스 기타 부속품의 시설

1. 몰드 상호 간 및 몰드 박스 기타의 부속품과는 견고하고 전기적으로 완전하게 접속할 것.
2. 몰드에는 접지공사를 할 것. 다만, 몰드의 길이가 4[m] 이하인 것을 시설하는 경우 또는 직류 300[V], 교류 대지 전압이 150[V] 이하로서 관의 길이가 8[m] 이하인 것을 사람이 쉽게 접촉할 우려가 없는 경우 또는 건조한 장소에 시설하는 경우에는 그러하지 아니하다.

232.24 케이블트렌치공사

1. 케이블트렌치에 의한 옥내배선은 다음에 따라 시설하여야 한다.

가. 케이블트렌치 내의 전선의 접속부는 방습효과를 갖도록 절연처리하고 점검이 용이하도록 할 것
나. 케이블은 배선 회로별로 구분하고 2[m] 이내의 간격으로 받침대 등을 시설할 것.
다. 케이블트렌치에서 케이블트레이, 덕트, 전선관 등 다른 공사방법으로 변경되는 곳에는 전선에 물리적 손상을 주지 않도록 시설할 것
라. 케이블트렌치 내부에는 전기배선설비 이외의 수관·가스관 등 다른 시설물을 설치하지 말 것
2. 케이블트렌치는 다음에 적합한 구조이어야 한다.
    가. 케이블트렌치의 바닥 또는 측면에는 전선의 하중에 충분히 견디고 전선에 손상을 주지 않는 받침대를 설치할 것
    나. 케이블트렌치의 뚜껑, 받침대 등 금속재는 내식성의 재료이거나 방식처리를 할 것
    다. 케이블트렌치 굴곡부 안쪽의 반경은 통과하는 전선의 허용 곡률반경 이상이어야 하고 배선의 절연피복을 손상시킬 수 있는 돌기가 없는 구조일 것
    라. 케이블트렌치의 뚜껑은 바닥 마감면과 평평하게 설치하고 장비의 하중 또는 통행 하중 등 충격에 의하여 변형되거나 파손되지 않도록 할 것
    마. 케이블트렌치의 바닥 및 측면에는 방수처리하고 물이 고이지 않도록 할 것
    바. 케이블트렌치는 외부에서 고형물이 들어가지 않도록 IP2X 이상으로 시설할 것
3. 케이블트렌치가 건축물의 방화구획을 관통하는 경우 관통부는 불연성의 물질로 충전하여야 한다.
4. 케이블트렌치의 금속재는 접지공사를 할 것.

232.31 금속덕트공사

232.31.1 시설조건

1. 전선은 절연전선일 것.
2. 금속덕트에 넣은 전선의 단면적(절연피복의 단면적을 포함)의 합계는 덕트의 내부 단면적의 20[%](전광표시장치 기타 이와 유사한 장치 또는 제어회로 등의 배선만을 넣는 경우에는 50[%]) 이하일 것.
3. 금속덕트 안에는 전선에 접속점이 없도록 할 것.
4. 금속덕트 안의 전선을 외부로 인출하는 부분은 금속 덕트의 관통부분에서 전

선이 손상될 우려가 없도록 시설할 것.
5. 금속덕트 안에는 전선의 피복을 손상할 우려가 있는 것을 넣지 아니할 것.
6. 금속덕트에 의하여 저압 옥내배선이 건축물의 방화구획을 관통하거나 인접 조영물로 연장되는 경우 방화벽 또는 조영물 벽면의 덕트 내부는 불연성의 물질로 차폐하여야 함.

232.31.2 금속덕트의 선정

1. 폭이 40[mm] 이상, 두께가 1.2[mm] 이상인 철판 또는 동등 이상의 기계적 강도를 가지는 금속제의 것으로 견고하게 제작한 것일 것.
2. 안쪽 면은 전선의 피복을 손상시키는 돌기가 없는 것일 것.
3. 안쪽 면 및 바깥 면에는 산화 방지를 위하여 아연도금 또는 이와 동등 이상의 효과를 가지는 도장한 것일 것.

232.31.3 금속덕트의 시설

1. 덕트 상호 간은 견고하고 전기적으로 완전하게 접속할 것.
2. 덕트를 조영재에 붙이는 경우에는 덕트의 지지점 간의 거리를 3[m](취급자 이외의 자가 출입할 수 없도록 설비한 곳에서 수직으로 붙이는 경우에는 6[m]) 이하로 하고 또한 견고하게 붙일 것.
3. 덕트의 본체와 구분하여 뚜껑을 설치하는 경우에는 쉽게 열리지 아니하도록 시설할 것.
4. 덕트의 끝부분은 막을 것.
5. 덕트 안에 먼지가 침입하지 아니하도록 할 것.
6. 덕트는 물이 고이는 낮은 부분을 만들지 않도록 시설할 것.
7. 덕트는 접지공사를 할 것.

232.32 플로어덕트공사

232.32.1 시설조건

1. 전선은 절연전선일 것.
2. 전선은 연선일 것. 다만, 10[mm^2](알루미늄선은 16[mm^2]) 이하인 것은 그러하지 아니하다.
3. 플로어덕트 안에는 전선에 접속점이 없도록 할 것.

232.32.3 플로어덕트 및 부속품의 시설

1. 덕트 상호 간 및 덕트와 박스 및 인출구와는 견고하고 전기적으로 완전하게 접속할 것.
2. 덕트 및 박스 기타의 부속품은 물이 고이는 부분이 없도록 시설할 것.
3. 박스 및 인출구는 마루 위로 돌출하지 아니하도록 시설하고 또한 물이 스며들지 아니하도록 밀봉할 것.
4. 덕트의 끝부분은 막을 것.
5. 덕트는 접지공사를 할 것.

232.33 셀룰러덕트공사

232.33.1 시설조건

1. 전선은 절연전선일 것.
2. 전선은 연선일 것. 다만, 10[mm^2](알루미늄선은 16[mm^2]) 이하의 것은 그러하지 아니하다.
3. 셀룰러덕트 안에는 전선에 접속점을 만들지 아니할 것. 다만, 전선을 분기하는 경우 그 접속점을 쉽게 점검할 수 있을 때에는 그러하지 아니하다.
4. 셀룰러덕트 안의 전선을 외부로 인출하는 경우에는 셀룰러덕트의 관통 부분에서 전선이 손상될 우려가 없도록 시설할 것.

232.33.2 셀룰러덕트 및 부속품의 선정

1. 강판으로 제작한 것일 것.
2. 덕트 끝과 안쪽 면은 전선의 피복이 손상하지 아니하도록 매끈한 것일 것.
3. 셀룰러덕트의 판 두께는 표 232.33-1에서 정한 값 이상일 것.

표 232.33-1 셀룰러덕트의 선정

덕트의 최대 폭	덕트의 판 두께
150[mm] 이하	1.2[mm]
150[mm] 초과 200[mm] 이하	1.4[mm]
200[mm] 초과하는 것	1.6[mm]

4. 부속품의 판 두께는 1.6[mm] 이상일 것.
5. 저판을 덕트에 붙인 부분은 다음 계산식에 의하여 계산한 값의 하중을 저판에 가할 때 덕트의 각부에 이상이 생기지 않을 것.

$$P = 5.88D$$

P : 하중[N/m]
D : 덕트의 단면적[cm^2]

232.33.3 셀룰러덕트 및 부속품의 시설

1. 덕트 상호 간, 덕트와 조영물의 금속 구조체, 부속품 및 덕트에 접속하는 금속체와는 견고하고 전기적으로 완전하게 접속할 것.
2. 덕트 및 부속품은 물이 고이는 부분이 없도록 시설할 것.
3. 인출구는 바닥 위로 돌출하지 아니하도록 시설하고 물이 스며들지 아니하도록 할 것.
4. 덕트의 끝부분은 막을 것.
5. 덕트는 접지공사를 할 것.

232.41 케이블트레이공사

232.41.1 시설조건

1. 전선은 연피케이블, 알루미늄피 케이블 등 난연성 케이블, 기타 케이블 또는 금속관 혹은 합성수지관 등에 넣은 절연전선을 사용하여야 한다.
2. 케이블트레이 안에서 전선을 접속하는 경우에는 전선 접속 부분에 사람이 접근할 수 있고 또한 그 부분이 측면 레일 위로 나오지 않도록 하고 그 부분을 절연처리 할 것.
3. 수평으로 포설하는 케이블 이외의 케이블은 케이블트레이의 가로대에 견고하게 고정할 것.
4. 저압 케이블과 고압 또는 특고압 케이블은 동일 케이블트레이 안에 포설하여서는 아니 된다. 다만, 견고한 불연성의 격벽을 시설하는 경우 또는 금속외장케이블인 경우에는 그러하지 아니하다.
5. 수평 트레이에 다심케이블을 포설 시 다음에 적합하여야 한다.
    가. 사다리형, 바닥밀폐형, 펀칭형, 메시형 케이블트레이 내에 다심케이블을 포설하는 경우 케이블의 지름의 합계는 트레이의 내측폭 이하로 하고 단층으로 시설할 것.
    나. 벽면과의 간격은 20[mm] 이상 이격하여 설치할 것.
    다. 트레이 설치 및 케이블 허용전류의 저감계수는 KS C IEC 60364-5-52 표 B.52.20을 적용한다.

6. 수평 트레이에 단심케이블 포설 시 다음에 적합하여야 한다.
   가. 사다리형, 바닥밀폐형, 편칭형, 메시형 케이블 트레이 내에 단심케이블을 포설하는 경우 케이블의 지름의 합계는 트레이의 내측폭 이하로 하고 단층으로 포설할 것. 단, 삼각포설 시에는 묶음 단위 사이의 간격은 단심케이블 지름의 2배 이상 이격하여 포설할 것.
   나. 벽면과의 간격은 20[mm] 이상 이격하여 설치할 것.
   다. 트레이 설치 및 케이블 허용전류의 저감계수는 KS C IEC 60364-5-52 표 B.52.21을 적용한다.

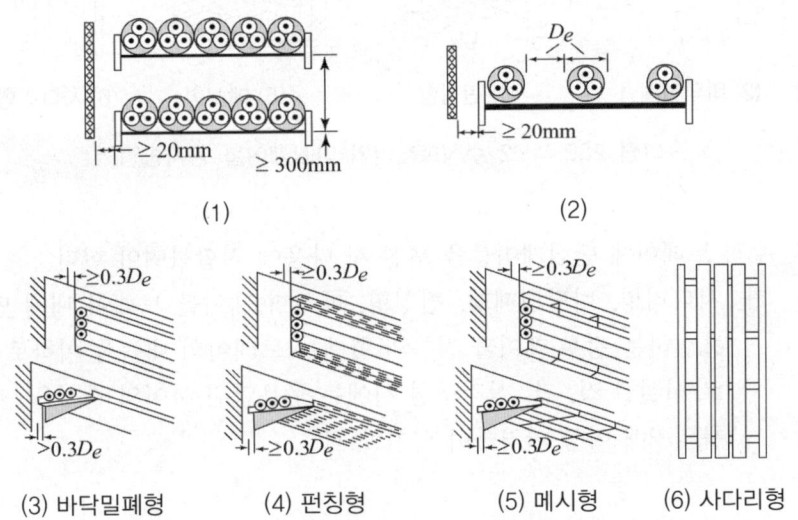

그림 232.41-1 수평트레이의 다심케이블 공사방법

7. 수직 트레이에 다심케이블을 포설 시 다음에 적합하여야 한다.
   가. 사다리형, 바닥밀폐형, 편칭형, 메시형 케이블트레이 내에 다심케이블을 포설하는 경우 케이블 지름의 합계는 트레이의 내측폭 이하로 하고 단층으로 시설할 것.
   나. 벽면과의 간격은 가장 굵은 케이블의 바깥지름의 0.3배 이상 이격하여 설치할 것.
   다. 트레이 설치 및 케이블 허용전류의 저감계수는 KS C IEC 60364-5-52 표 B.52.20을 적용한다.

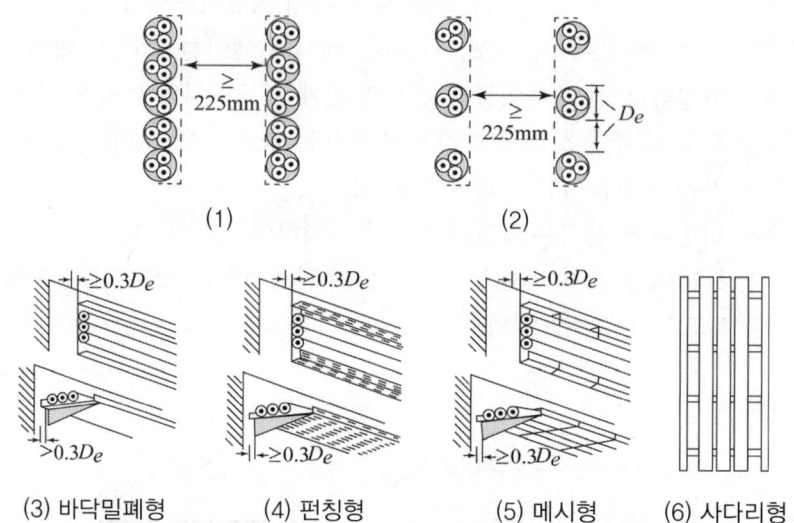

그림 232.41-2 수직트레이의 다심케이블 공사방법

8. 수직 트레이에 단심케이블을 포설 시 다음에 적합하여야 한다.
   가. 사다리형, 바닥밀폐형, 펀칭형, 메시형 케이블 트레이 내에 단심케이블을 포설하는 경우 케이블 지름의 합계는 트레이의 내측폭 이하로 하고 단층으로 시설할 것. 단, 삼각포설 시에는 묶음단위 사이의 간격은 단심케이블 지름의 2배 이상 이격하여 설치할 것.

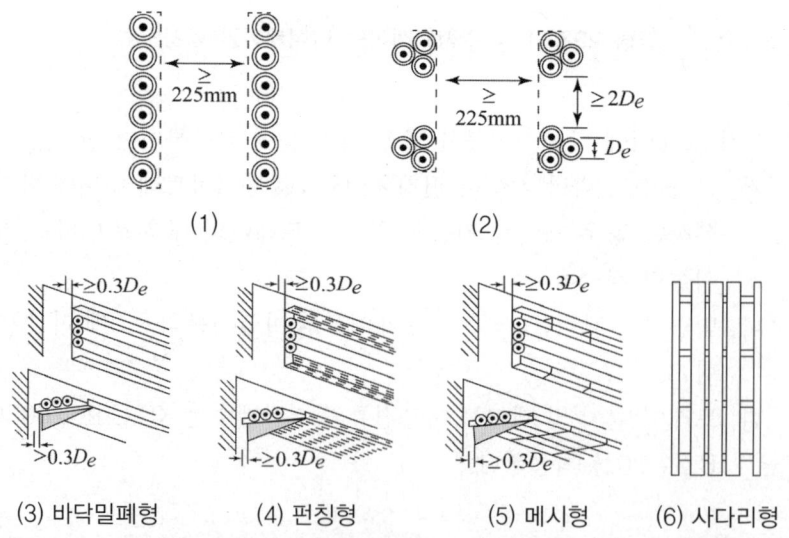

그림 232.41-3 수직트레이의 단심케이블 공사방법

나. 벽면과의 간격은 가장 굵은 단심케이블 바깥지름의 0.3배 이상 이격하여 설치할 것.

다. 트레이 설치 및 케이블 허용전류의 저감계수는 KS C IEC 60364-5-52 표 B.52.21을 적용한다.

232.41.2 케이블트레이의 선정

1. 케이블 트레이의 안전율은 1.5 이상으로 하여야 한다.
2. 지지대는 트레이 자체 하중과 케이블 하중을 충분히 견딜 수 있는 강도를 가져야 한다.
3. 전선의 피복 등을 손상시킬 돌기 등이 없이 매끈하여야 한다.
4. 금속재의 것은 적절한 방식처리를 한 것이거나 내식성 재료의 것이어야 한다.
5. 비금속제 케이블 트레이는 난연성 재료의 것이어야 한다.
6. 금속제 케이블트레이시스템은 기계적 및 전기적으로 완전하게 접속하여야 하며 금속제 트레이는 접지공사를 할 것.
7. 케이블이 케이블트레이시스템에서 금속관, 합성수지관 등 또는 함으로 옮겨가는 개소에는 케이블에 압력이 가하여지지 않도록 지지할 것.
8. 방호를 필요로 하는 배선부분에는 필요한 방호력이 있는 불연성의 커버 등을 사용할 것.
9. 케이블트레이가 방화구획의 벽, 마루, 천장 등을 관통하는 경우에 관통부는 불연성의 물질로 충전하여야 한다.

232.51 케이블공사

232.51.1 시설조건

1. 전선은 케이블 및 캡타이어케이블일 것.
2. 중량물의 압력 또는 현저한 기계적 충격을 받을 우려가 있는 곳에 포설하는 케이블에는 적당한 방호장치를 할 것.
3. 전선을 조영재의 아랫면 또는 옆면에 따라 붙이는 경우에는 지지점 간의 거리를 케이블은 2[m](사람이 접촉할 우려가 없는 곳에서 수직으로 붙이는 경우에는 6[m]) 이하 캡타이어케이블은 1[m] 이하로 하고 또한 그 피복을 손상하지 아니 하도록 붙일 것.
4. 관 기타의 전선을 넣는 방호장치의 금속제 부분·금속제의 전선 접속함 및 전선의 피복에 사용하는 금속체에는 접지공사를 할 것. 다만, 400[V] 이하로서

다음 중 하나에 해당할 경우에는 관 기타의 전선을 넣는 금속제 부분에 대하여는 그러하지 아니하다.
　가. 금속제 부분의 길이가 4[m] 이하인 것을 건조한 곳에 시설하는 경우
　나. 직류 300[V] 또는 교류 대지전압이 150[V] 이하로서 금속제 부분의 길이가 8[m] 이하인 것을 사람이 쉽게 접촉할 우려가 없는 경우 또는 건조한 것에 시설하는 경우

232.51.2 콘크리트 직매용 포설

1. 전선은 미네럴인슈레이션케이블·콘크리트 직매용 케이블일 것.
2. 박스는 금속제이거나 합성수지제의 것 또는 황동이나 동으로 견고하게 제작한 것일 것.
3. 전선을 박스 또는 풀박스 안에 인입하는 경우는 물이 박스 또는 풀박스 안으로 침입하지 아니하도록 적당한 구조의 부싱 또는 이와 유사한 것을 사용할 것.
4. 콘크리트 안에는 전선에 접속점을 만들지 아니할 것.

232.51.3 수직 케이블의 포설

전선을 건조물의 전기 배선용의 파이프 샤프트 안에 수직으로 매어 달아 시설하는 저압 옥내배선은 다음에 따라 시설할 것.
1. 전선은 다음 중 하나에 적합한 케이블일 것.
　가. 비닐외장케이블 또는 클로로프렌외장케이블로서 도체에 동은 25[mm^2] 이상, 도체에 알루미늄은 35[mm^2] 이상의 것.
　나. 수직 조가용선 부 케이블로서 다음에 적합할 것.
　　(1) 케이블은 인장강도 5.93[kN] 이상의 금속선 또는 22[mm^2] 아연 도강연선으로서 5.3[mm^2] 이상의 조가용선을 비닐외장케이블 또는 클로로프렌외장케이블의 외장에 견고하게 붙인 것일 것.
　　(2) 조가용선은 케이블의 중량의 4배의 인장강도에 견디도록 붙인 것일 것.
　다. 비닐외장케이블 또는 클로로프렌외장케이블의 외장 위에 외장을 손상하지 아니하도록 좌상을 시설하고 또 위에 아연도 금을 한 철선으로서 인장강도 294[N] 이상의 것 또는 지름 1[mm] 이상의 금속선을 조밀하게 연합한 철선 개장 케이블
2. 안전율은 4 이상일 것.
3. 전선 및 지지부분은 충전부분이 노출되지 아니하도록 시설할 것.

4. 전선과의 분기부분에 시설하는 분기선은 케이블일 것.
5. 분기선은 장력이 가하여지지 아니하도록 시설하고 또한 전선과의 분기부분에는 진동 방지장치를 시설할 것.

232.56 애자공사

232.56.1 시설조건

1. 전선은 다음의 경우 이외에는 절연전선일 것.
   가. 전기로용 전선
   나. 전선의 피복 절연물이 부식하는 장소에 시설하는 전선
   다. 취급자 이외의 자가 출입할 수 없도록 설비한 장소에 시설하는 전선
2. 전선 상호 간의 간격은 0.06[m] 이상일 것.
3. 전선과 조영재 사이의 이격거리는 400[V] 이하인 경우에는 25[mm] 이상, 400[V] 초과인 경우에는 45[mm](건조한 장소에 시설하는 경우에는 25[mm]) 이상일 것.
4. 전선의 지지점 간의 거리는 전선을 조영재의 윗면 또는 옆면에 따라 붙일 경우에는 2[m] 이하일 것.
5. 400[V] 초과인 것은 전선의 지지점 간의 거리는 6[m] 이하일 것.
6. 저압 옥내배선은 사람이 접촉할 우려가 없도록 시설할 것. 다만, 400[V] 이하인 경우에 사람이 쉽게 접촉할 우려가 없도록 시설하는 때에는 그러하지 아니하다.
7. 전선이 조영재를 관통하는 경우에는 전선을 전선마다 난연성 및 내수성이 있는 절연관에 넣을 것. 다만, 150[V] 이하인 전선을 건조한 장소에 시설하는 경우로서 관통하는 부분의 전선에 내구성이 있는 절연 테이프를 감을 때에는 그러하지 아니하다.
8. 애자는 절연성·난연성 및 내수성의 것이어야 한다.

232.61 버스덕트공사

232.61.1 시설조건

1. 덕트 상호 간 및 전선 상호 간은 견고하고, 전기적으로 완전하게 접속할 것.
2. 덕트를 조영재에 붙이는 경우에는 지지점 간의 거리를 3[m](취급자 이외의 자가 출입할 수 없도록 설비한 곳에서 수직으로 붙이는 경우에는 6[m]) 이하로 하고 견고하게 붙일 것.

3. 덕트의 끝부분은 막아야 하며 덕트의 내부에 먼지가 침입하지 아니하도록 할 것.
4. 덕트는 접지공사를 할 것.
5. 습기가 많은 장소 또는 물기가 있는 장소에 시설하는 경우에는 옥외용 버스덕트를 사용하고 버스덕트 내부에 물이 침입하여 고이지 아니하도록 할 것.

232.61.2 버스덕트의 선정

1. 도체는 20[mm^2] 이상의 띠 모양, 지름 5[mm] 이상의 관모양이나 둥글고 긴 막대 모양의 동 또는 30[mm^2] 이상의 띠 모양의 알루미늄을 사용한 것일 것.
2. 도체 지지물은 절연성·난연성 및 내수성이 있는 견고한 것일 것.
3. 덕트는 표 232.61-1의 두께 이상의 강판 또는 알루미늄판으로 견고히 제작한 것일 것.

표 232.61-1 버스덕트의 선정

덕트의 최대 폭[mm]	덕트의 판 두께[mm]		
	강 판	알루미늄판	합성수지판
150 이하	1.0	1.6	2.5
150 초과 300 이하	1.4	2.0	5.0
300 초과 500 이하	1.6	2.3	–
500 초과 700 이하	2.0	2.9	–
700 초과하는 것	2.3	3.2	–

232.71 라이팅덕트공사

232.71.1 시설조건

1. 덕트 상호 간 및 전선 상호 간은 견고하고 전기적으로 완전히 접속할 것.
2. 덕트는 조영재에 견고하게 붙일 것.
3. 덕트의 지지점 간의 거리는 2[m] 이하로 할 것.
4. 덕트의 끝부분은 막을 것.
5. 덕트의 개구부는 아래로 향하여 시설할 것. 다만, 사람이 쉽게 접촉할 우려가 없는 장소에서 덕트의 내부에 먼지가 들어가지 아니하도록 시설하는 경우에 한하여 옆으로 향하여 시설할 수 있다.
6. 덕트는 조영재를 관통하여 시설하지 아니할 것.

7. 덕트에는 접지공사를 할 것. 다만, 대지 전압이 150[V] 이하이고 덕트의 길이가 4[m] 이하인 때는 그러하지 아니하다.
8. 덕트를 사람이 쉽게 접촉할 우려가 있는 장소에 시설하는 경우에는 전로에 지락이 생겼을 때에 자동적으로 전로를 차단하는 장치를 시설할 것.

232.81 옥내에 시설하는 저압 접촉전선 배선

1. 이동기중기 · 자동청소기 그 밖에 이동하며 사용하는 저압의 전기기계기구에 전기를 공급하기 위하여 사용하는 접촉전선을 옥내에 시설하는 경우에는 기계기구에 시설하는 경우 이외에는 전개된 장소 또는 점검할 수 있는 은폐된 장소에 애자공사 또는 버스덕트공사 또는 절연트롤리공사에 의하여야 한다.
2. 저압 접촉전선을 애자공사에 의하여 옥내의 전개된 장소에 시설하는 경우에는 기계기구에 시설하는 경우 이외에는 다음에 따라야 한다.
   가. 전선의 바닥에서의 높이는 3.5[m] 이상으로 하고 또한 사람이 접촉할 우려가 없도록 시설할 것. 다만, 60[V] 이하이고 또한 건조한 장소에 시설하는 경우로서 사람이 쉽게 접촉할 우려가 없도록 시설하는 경우에는 그러하지 아니하다.
   나. 전선과 건조물 또는 주행 크레인에 설치한 보도 · 계단 · 사다리 · 점검대이거나 이와 유사한 것 사이의 이격거리는 위쪽 2.3[m] 이상, 1.2[m] 이상으로 할 것.
   다. 전선은 인장강도 11.2[kN] 이상의 것 또는 지름 6[mm]의 경동선으로 단면적이 28[mm^2] 이상인 것일 것. 다만, 400[V] 이하인 경우에는 인장강도 3.44[kN] 이상의 것 또는 지름 3.2[mm] 이상의 경동선으로 단면적이 8[mm^2] 이상인 것을 사용할 수 있다.
   라. 전선은 각 지지점에 견고하게 고정시켜 시설하는 것 이외에는 양쪽 끝을 장에 견디는 애자장치에 의하여 견고하게 인류할 것.
   마. 전선의 지지점간의 거리는 6[m] 이하일 것. 다만, 전선에 구부리기 어려운 도체를 사용하는 경우 이외에는 전선 상호 간의 거리가 수평으로 배열하는 경우에는 0.28[m] 이상, 기타의 경우에는 0.4[m] 이상으로 하는 때에는 12[m] 이하로 할 수 있다.
   바. 전선 상호 간의 간격은 수평으로 배열하는 경우에는 0.1[4m] 이상, 기타의 경우에는 0.2[m] 이상일 것. 다만, 다음에 해당하는 경우에는 그러하지 아니하다.

(1) 전선 상호 간 및 집전장치의 충전부분과 극성이 다른 전선 사이에 절연성이 있는 견고한 격벽을 시설하는 경우
(2) 전선을 표 232.81-1에서 정한 값 이하의 간격으로 지지하고 또한 동요하지 아니하도록 시설하는 이외에 전선 상호 간의 간격을 60[mm] 이상으로 하는 경우

표 232.81-1 전선 상호 간의 간격 판정을 위한 전선의 지지점 간격

단면적의 구분	지지점 간격
1[cm²] 미만	1.5[m](굴곡 반지름이 1[m] 이하인 곡선 부분에서는 1[m])
1[cm²] 이상	2.5[m](굴곡 반지름이 1[m] 이하인 곡선 부분에서는 1[m])

(3) 150[V] 이하인 경우로서 건조한 곳에 전선을 0.5[m] 이하의 간격으로 지지하고 또한 집전장치의 이동에 의하여 동요하지 아니하도록 시설하는 이외에 전선 상호 간의 간격을 30[mm] 이상으로 하고 전선에 전기를 공급하는 옥내배선에 정격전류가 60[A] 이하인 과전류차단기를 시설하는 경우

사. 전선과 조영재 사이의 이격거리 및 전선에 접촉하는 집전장치의 충전부분과 조영재 사이의 이격거리는 습기가 많은 곳 또는 물기가 있는 곳에 시설하는 것은 45[mm] 이상, 기타의 곳에 시설하는 것은 25[mm] 이상일 것.

아. 애자는 절연성, 난연성 및 내수성이 있는 것일 것.

3. 저압 접촉전선을 애자공사에 의하여 옥내의 점검할 수 있는 은폐된 장소에 시설하는 경우에는 기계기구에 시설하는 경우 이외에는 제2의 "다", "라" 및 "아"의 규정에 준하여 시설하는 이외에 다음에 따라 시설할 것.

가. 전선에는 구부리기 어려운 도체를 사용하고 또한 이를 위의 표에서 정한 값 이하의 지지점 간격으로 동요하지 아니하도록 견고하게 고정시켜 시설할 것.

나. 전선 상호 간의 간격은 0.12[m] 이상일 것.

다. 전선과 조영재 사이의 이격거리 및 그 전선에 접촉하는 집전장치의 충전부분과 조영재 사이의 이격거리는 45[mm] 이상일 것.

234 조명설비

234.1 등기구의 시설

234.1.2 설치 요구사항

1. 등기구는 다음을 고려하여 설치하여야 한다.
   - 가. 기동 전류
   - 나. 고조파 전류
   - 다. 보상
   - 라. 누설 전류
   - 마. 최초 점화 전류
   - 바. 전압강하
2. 램프에서 발생되는 모든 주파수 및 과도전류에 관련된 자료를 고려하여 보호방법 및 제어장치를 선정하여야 한다.

234.1.3 열 영향에 대한 주변의 보호

등기구의 주변에 발광과 대류 에너지의 열 영향을 고려하여 선정 및 설치할 것.
1. 램프의 최대 허용 소모전력
2. 가연성 재료로부터 적절한 간격을 유지하여야 하며, 스포트라이트나 프로젝터는 모든 방향에서 가연성 재료로부터 다음의 최소 거리를 두고 설치할 것.
   - 가. 정격용량 100[W] 이하 : 0.5[m]
   - 나. 정격용량 100[W] 초과 300[W] 이하 : 0.8[m]
   - 다. 정격용량 300[W] 초과 500[W] 이하 : 1.0[m]
   - 라. 정격용량 500[W] 초과 : 1.0[m] 초과

234.1.5 등기구의 집합

하나의 공통 중성선만으로 3상회로의 3개 선도체 사이에 나뉘어진 등기구의 집합은 모든 선도체가 하나의 장치로 동시에 차단되어야 한다.

234.2 코드의 사용

1. 코드는 조명용 전원코드 및 이동전선으로만 사용할 수 있으며, 고정배선으로 사용하여서는 안 된다.
2. 코드는 400[V] 이하의 전로에 사용한다.

234.3 코드 및 이동전선

1. 조명용 전원코드 또는 이동전선은 0.75[mm^2] 이상의 코드 또는 캡타이어케이블을 용도에 따라서 표 234.3-1에 따라 선정하여야 한다.
2. 조명용 전원코드를 비나 이슬에 맞지 않도록 시설하고 사람이 쉽게 접촉되지 않도록 시설할 경우에는 0.75[mm^2] 이상인 450/750[V] 내열성 에틸렌아세테이트 고무절연전선을 사용할 수 있다. 이 경우 전구수구의 리드 인출부의 전선간격이 10[mm] 이상인 전구소켓을 사용하는 것은 0.75[mm^2] 이상인 450/750[V] 일반용 단심 비닐절연전선을 사용할 수 있다.

표 234.3-1 코드 또는 캡타이어케이블의 선정

종류	용도	옥내 조명용 전원코드	옥내 이동전선	옥외·옥측 조명용 전원코드	옥외·옥측 이동전선
코드	비닐	×	△○	×	×
코드	고무	○	○	×	×
코드	편조 고무			●	□
코드	금사	×	▲	×	×
코드	실내장식전등기구용		○	×	×
캡타이어 케이블	고무	◎	◎	◎	◎
캡타이어 케이블	비닐	×	△◎	×	△◎

○, □, ● : 300/300[V] 이하
◎ : 0.6/1[kV] 이하
× : 사용 불가
△ : 전기를 열로 사용하지 않는 소형기계 기구에 사용할 경우 또는 고온부가 노출되지 않은 것으로 전선이 접촉될 우려가 없는 구조의 가열장치에 사용할 경우
▲ : 소형 가정용 전기기계기구를 길이가 2.5[m] 이하이며 건조한 장소에서 사용될 경우
● : 사람이 쉽게 접촉할 우려가 없도록 시설하는 경우
□ : 옥측에 비나 이슬에 맞지 아니하도록 시공한 경우

3. 옥내에서 조명용 전원코드 또는 이동전선을 습기가 많은 장소 또는 수분이 있는 장소에 시설할 경우에는 고무코드(400[V] 이하인 경우에 한함) 또는 0.6/1[kV] EP 고무절연 클로로프렌 캡타이어케이블로서 0.75[mm^2] 이상일 것.

234.4 코드 또는 캡타이어케이블의 접속

234.4.1 코드 또는 캡타이어케이블과 옥내배선과의 접속

1. 점검할 수 없는 은폐장소에는 시설하지 말 것.

2. 옥내에 시설하는 저압의 이동전선과 저압 옥내배선과의 접속에는 꽂음접속기 기타 이와 유사한 기구를 사용하여야 한다. 다만, 이동전선을 조가용선에 조가하여 시설하는 경우에는 그러하지 아니하다.
3. 접속점에는 조명기구 및 기타 전기기계기구의 중량이 걸리지 않도록 할 것.

234.4.2 코드 상호 또는 캡타이어케이블 상호의 접속

코드 상호, 캡타이어케이블 상호 또는 이들 상호 간의 접속은 코드접속기, 접속함 및 기타 기구를 사용하여야 한다.
1. 절연피복에는 자기융착성 테이프를 사용하거나 또는 동등이상의 절연효력을 갖도록 할 것.
2. 접속 부분의 외면에는 견고한 금속제의 방호장치를 할 것.

234.4.3 코드 또는 캡타이어케이블과 전기사용 기계기구와의 접속

1. 동 전선과 전기기계기구 단자의 접속은 접촉이 완전하고 헐거워질 우려가 없도록 다음에 의하여야 한다.
   가. 전선을 나사로 고정할 경우에 나사가 진동 등으로 헐거워질 우려가 있는 장소는 2중 너트, 스프링와셔 및 나사풀림 방지기구가 있는 것을 사용할 것.
   나. 전선을 1본만 접속할 수 있는 구조의 단자는 2본 이상의 전선을 접속하지 말 것.
   다. 기구단자가 누름나사형, 크램프형이거나 이와 유사한 구조가 아닌 경우는 $10[mm^2]$를 초과하는 단선 또는 $6[mm^2]$를 초과하는 연선에 터미널 러그를 부착할 것. 다만, 기구의 용량이 30[A] 이하이고, 기구단자에 접속하는 전선이 연선인 경우는 적당히 연선의 소선수를 감소하여 터미널 러그를 생략할 수 있다.
   라. 연선에 터미널 러그를 부착하지 않는 경우는 연선의 소선이 흩어지지 않도록 할 것.
   마. 터미널 러그는 납땜으로 전선을 부착할 것.
   바. 접속점에 장력이 걸리지 않도록 시설할 것.
   사. 누름나사형 단자 등에 전선을 접속하는 경우는 전선을 정해진 위치까지 확실하게 삽입할 것.
2. 알루미늄전선과 전기기계기구 단자의 접속은 접촉이 완전하고 헐거워질 우려가 없도록 하고 다음에 따라야 한다.

가. 전기기계기구 단자는 알루미늄전선용 또는 알루미늄전선, 동전선 공용의 표시가 있는 것을 사용할 것.
나. 전선에 터미널 러그 등을 부착하는 경우는 도체에 손상을 주지 않도록 피복을 벗기고 접속작업 직전에 도체의 표면을 잘 닦을 것.
다. 나사단자에 전선을 접속하는 경우는 전선을 나사의 홈에 가능한 한 밀착하여 3/4 바퀴 이상 1바퀴 이하로 감을 것.
라. 누름나사단자 등에 전선을 접속하는 경우는 전선을 정해진 위치까지 확실하게 삽입할 것.
마. 장식단자 등에 전선을 접속하는 경우는 터미널러그 등을 부착할 것.
3. 충전부분이 노출되지 않는 구조의 단자금구에 나사로 고정하거나 또는 기구용 플러그 등을 사용할 것.
4. 기구단자가 누름나사형, 크램프형 또는 이와 유사한 구조로 된 것을 제외하고 $6[mm^2]$를 초과하는 코드 및 캡타이어케이블에는 터미널 러그를 부착할 것.
5. 코드와 형광등기구의 리드선과 접속은 전선접속기로 접속할 것.

234.5 콘센트의 시설

1. 콘센트의 정격전압은 사용전압과 동등 이상의 적합한 제품을 사용하고 다음에 의하여 시설하여야 한다.
    가. 노출형 콘센트는 기둥과 같은 내구성이 있는 조영재에 견고하게 부착할 것.
    나. 콘센트를 조영재에 매입할 경우는 매입형의 것을 견고한 금속제 또는 난연성 절연물로 된 박스 속에 시설할 것.
    다. 콘센트를 바닥에 시설하는 경우는 방수구조의 플로어박스에 설치하거나, 박스의 표면 플레이트에 틀에서 부착할 수 있도록 된 콘센트를 사용할 것.
    라. 욕조나 샤워시설이 있는 욕실 또는 화장실 등 인체가 물에 젖어있는 상태에서 전기를 사용하는 장소에 콘센트를 시설하는 경우에는 다음에 따라 시설할 것.
      (1) 인체감전 보호용 누전차단기 또는 절연변압기(정격용량 3[kVA] 이하)로 보호된 전로에 접속하거나, 인체감전 보호용 누전차단기가 부착된 콘센트를 시설할 것.
      (2) 콘센트는 접지극이 있는 방적형 콘센트를 사용하여 접지할 것.
    마. 습기가 많은 장소 또는 수분이 있는 장소에 시설하는 콘센트 및 기계기구용 콘센트는 접지용 단자가 있는 것을 사용하여 접지하고 방습장치를 할 것.
2. 주택의 옥내전로에는 접지극이 있는 콘센트를 사용하여 접지할 것.

234.6 점멸기의 시설

1. 점멸기는 전로의 비접지측에 시설하고 분기개폐기에 배선용차단기를 사용하는 경우는 이것을 점멸기로 대용할 수 있다
2. 노출형의 점멸기는 기둥 등의 내구성이 있는 조영재에 견고하게 설치할 것.
3. 점멸기를 조영재에 매입할 경우는 다음 중 어느 하나에 의할 것.
   가. 매입형 점멸기는 금속제 또는 난연성 절연물의 박스에 넣어 시설할 것.
   나. 점멸기 자체가 단자부분 등의 충전부가 노출되지 않도록 견고한 난연성 절연물로 덮여 있는 것은 벽 등에 견고하게 설치하고 방호 커버를 설치한 경우에 박스 사용을 생략할 수 있다. 다만, 방호 커버는 벽 내의 충진재가 접촉할 우려가 있는 경우를 제외하고는 생략할 수 있다.
4. 욕실 내는 점멸기를 시설하지 말 것.
5. 가정용 전등은 매 등기구마다 점멸이 가능하도록 할 것.
6. 공장·사무실·학교·상점 및 기타 이와 유사한 장소의 옥내에 시설하는 전체 조명용 전등은 부분조명이 가능하도록 전등군으로 구분하여 전등군마다 점멸이 가능하도록 하되, 태양광선이 들어오는 창과 가장 가까운 전등은 따로 점멸이 가능하도록 할 것.
7. 여인숙을 제외한 객실 수가 30실 이상인 호텔이나 여관의 각 객실의 조명용 전원에는 출입문 개폐용 기구 또는 집중제어방식을 이용한 자동 또는 반자동의 점멸이 가능한 장치를 할 것.
8. 다음의 경우에는 센서등(타임스위치 포함)을 시설할 것.
   가. 관광숙박업 또는 숙박업에 이용되는 객실의 입구등은 1분 이내에 소등되는 것.
   나. 일반주택 및 아파트 각 호실의 현관등은 3분 이내에 소등되는 것.
9. 가로등, 보안등 또는 옥외에 시설하는 공중전화기를 위한 조명등용 분기회로에는 주광센서를 설치하여 주광에 의하여 자동점멸 하도록 시설할 것.
10. 국부 조명설비는 그 조명대상에 따라 점멸할 수 있도록 시설할 것.
11. 자동조명제어장치의 제어반은 쉽게 조작 및 점검이 가능한 장소에 시설하고, 자동 조명제어장치에 내장된 전자회로는 다른 전기설비 기능에 전기적 또는 자기적인 장애를 주지 않도록 시설할 것.

234.8 진열장 또는 이와 유사한 것의 내부 배선

1. 건조한 장소에 시설하고 또한 내부를 건조한 상태로 사용하는 진열장 또는 이와 유사한 것의 내부에 400[V] 이하의 배선을 외부에서 잘 보이는 장소에 한하여

코드 또는 캡타이어케이블로 직접 조영재에 밀착하여 배선할 수 있다.
2. 0.75[mm²] 이상의 코드 또는 캡타이어케이블일 것.
3. 배선 또는 이것에 접속하는 이동전선과 다른 사용전압이 400[V] 이하인 배선과의 접속은 꽂음 플러그 접속기 기타 이와 유사한 기구를 사용하여 시공할 것.

234.9 옥외등

234.9.1 사용전압
옥외등에 전기를 공급하는 전로의 사용전압은 대지전압을 300[V] 이하일 것.

234.9.2 분기회로
1. 옥외등과 옥내등을 병용하는 분기회로는 20[A] 과전류차단기 분기회로로 할 것.
2. 옥내등 분기회로에서 옥외등 배선을 인출할 경우는 인출점 부근에 개폐기 및 과전류차단기를 시설할 것.

234.9.4 옥외등의 인하선
1. 애자공사(지표상 2[m] 이상의 높이에서 노출된 장소에 시설할 경우)
2. 금속관공사
3. 합성수지관공사
4. 케이블공사(알루미늄피 등 금속제 외피가 있는 것은 목조 이외의 조영물에 시설하는 경우)

234.9.5 기구의 시설
1. 개폐기, 과전류차단기, 기타 이와 유사한 기구는 옥내에 시설할 것. 다만, 견고한 방수함 속에 설치하거나 또는 방수형의 것은 적용하지 않는다.
2. 노출하여 사용하는 소켓 등은 선이 부착된 방수소켓 또는 방수형 리셉터클을 사용하고 하향으로 시설할 것.
3. 브라켓 등을 부착하는 목대에 삽입하는 절연관은 하향으로 하고 전선을 따라 빗물이 새어 들어가지 않도록 할 것.
4. 파이프 펜던트 및 직부기구는 하향으로 부착하지 말 것. 다만, 처마 밑에 부착하는 것 또는 방수장치가 되어 플렌지 내에 빗물이 스며들 우려가 없는 것은 적용하지 않는다.

5. 파이프 펜던트 및 직부기구를 상향으로 부착할 경우는 홀더의 최하부에 지름 3[mm] 이상의 물 빼는 구멍을 2개소 이상 만들거나 또는 방수형으로 할 것.

234.9.6 누전차단기

옥측 및 옥외에 시설하는 저압의 전기간판에 전기를 공급하는 전로에는 전로에 지락이 생겼을 때에 자동으로 차단하는 누전차단기를 시설할 것.

234.10 전주외등

234.10.1 적용범위

대지전압 300[V] 이하의 백열전등, 형광등, 수은등, LED등 등을 배전선로의 지지물 등에 시설하는 경우에 적용한다.

234.10.2 조명기구 및 부착금구

1. 기구는 광원의 손상을 방지하기 위하여 원칙적으로 갓 또는 글로브가 붙은 것.
2. 기구는 전구를 쉽게 갈아 끼울 수 있는 구조일 것.
3. 기구의 인출선은 $0.75[mm^2]$ 이상일 것.
4. 기구의 부착밴드 및 부착용 부속금구류는 아연도금하여 방식 처리한 강판제 또는 스테인레스제이고, 쉽게 탈부착할 수 있는 것일 것.

234.10.3 배선

1. 배선은 $2.5[mm^2]$ 이상의 절연전선 또는 이와 동등 이상의 절연효력이 있는 것을 사용하고 다음 공사방법 중에서 시설할 것.
    가. 케이블공사
    나. 합성수지관공사
    다. 금속관공사
2. 배선이 전주에 연한 부분은 1.5[m] 이내마다 새들 또는 밴드로 지지할 것.
3. 등주 안에서 전선의 접속은 절연 및 방수성능이 있는 방수형 접속재를 사용하거나 적절한 방수함 안에서 접속할 것.
4. 400[V] 이하인 관등회로의 배선에 사용하는 전선은 케이블을 사용하거나 이와 동등 이상의 절연성능을 가진 전선을 사용할 것.

234.10.4 누전차단기

가로등, 보안등, 조경등 등으로 시설하는 방전등에 공급하는 전로의 사용전압이 150[V]를 초과하는 경우에는 다음에 따라 시설할 것.
1. 전로에 지락이 생겼을 때에 자동적으로 전로를 차단하는 장치를 각 분기회로에 시설할 것.
2. 전로의 길이는 상시 충전전류에 의한 누설전류로 인하여 누전차단기가 불필요하게 동작하지 않도록 시설할 것.
3. 가로등, 보안등, 조경등 등의 금속제 등주에는 접지공사를 할 것.

234.11 1[kV] 이하 방전등

234.11.1 적용범위

1. 관등회로의 사용전압이 1[kV] 이하인 방전등을 옥내에 시설할 경우에 적용한다.
2. 방전등에 전기를 공급하는 전로의 대지전압은 300[V] 이하로 하여야 하며, 다음에 의하여 시설하여야 한다. 다만, 대지전압이 150[V] 이하의 것은 적용하지 않는다.
   가. 방전등은 사람이 접촉될 우려가 없도록 시설할 것.
   나. 방전등용 안정기는 옥내배선과 직접 접속하여 시설할 것.

234.11.2 방전등용 안정기

1. 방전등용 안정기는 조명기구에 내장하여야 한다.
   가. 안정기를 견고한 내화성의 외함 속에 넣을 때
   나. 노출장소에 시설할 경우는 외함을 가연성의 조영재에서 0.01[m] 이상 이격하여 견고하게 부착할 것.
   다. 간접조명을 위한 벽안 및 진열장 안의 은폐장소에는 외함을 가연성의 조영재에서 10[mm] 이상 이격하여 견고하게 부착하고 쉽게 점검할 수 있도록 시설할 것.
   라. 은폐장소에 시설할 경우는 외함을 또 다른 내화성 함 속에 넣고 그 함은 가연성의 조영재로부터 10[mm] 이상 이격하여 견고하게 부착하고 쉽게 점검할 수 있도록 시설할 것.
2. 방전등용 안정기를 물기 등이 유입될 수 있는 곳에 시설할 경우는 방수형이나 이와 동등한 성능이 있는 것을 사용할 것.

234.11.3 방전등용 변압기

1. 관등회로의 사용전압이 400[V] 초과인 경우는 방전등용 변압기를 사용할 것.
2. 절연변압기를 사용할 것. 다만, 방전관을 떼어냈을 때 1차측 전로를 자동적으로 차단할 수 있도록 시설할 경우에는 그러하지 아니하다.

234.11.4 관등회로의 배선

1. 400[V] 이하인 배선은 전선에 형광등 전선 또는 2.5[mm^2] 이상의 연동선과 이와 동등 이상의 세기 및 굵기의 절연전선, 캡타이어케이블 또는 케이블을 시설할 것.
2. 400[V] 초과이고, 1[kV] 이하인 배선은 시설장소에 따라 합성수지관공사·금속관공사·가요전선관공사나 케이블공사에 의할 것.
3. 애자공사일 경우는 전선에 사람이 쉽게 접촉될 우려가 없도록 시설할 것.
4. 전선은 형광등 전선일 것. 다만, 전개된 장소에 600[V] 이하인 경우에는 2.5[mm^2] 이상의 연동선과 동등 이상의 세기 및 굵기의 절연전선을 사용할 수 있다.

표 234.11-1 관등회로의 공사방법

시설장소의 구분		공사방법
전개된 장소	건조한 장소	애자공사·합성수지몰드공사 또는 금속몰드공사
	기타의 장소	애자공사
점검할 수 있는 은폐된 장소	건조한 장소	금속몰드공사

표 234.11-2 애자공사의 시설

공사방법	전선 상호 간의 거리	전선과 조영재의 거리	전선 지지점 간의 거리	
			400[V] 초과 600[V] 이하	600[V] 초과 1[kV] 이하
애자공사	60[mm] 이상	25[mm] 이상 (습기가 많은 장소는 45[mm] 이상)	2[m] 이하	1[m] 이하

234.11.5 진열장 또는 이와 유사한 것의 내부 관등회로 배선

1. 전선은 형광등 전선을 사용할 것.
2. 전선에는 방전등용 안정기의 리드선 또는 방전등용 소켓 리드선과의 접속점 이

외에는 접속점을 만들지 말 것.
3. 전선의 접속점은 조영재에서 이격하여 시설할 것.
4. 전선은 건조한 목재·석재 등 기타 이와 유사한 절연성이 있는 조영재에 그 피복을 손상하지 아니하도록 적당한 기구로 붙일 것.
5. 전선의 부착점간의 거리는 1[m] 이하로 하고 배선에는 전구 또는 기구의 중량을 지지하지 않도록 할 것.

234.11.6 에스컬레이터 내의 관등회로의 배선
건조한 장소에 시설하는 에스컬레이터 내의 관등회로의 배선을 압출 튜브에 넣어 시설하는 경우에는 다음에 따라 시설할 것.
1. 전선은 형광등전선을 사용하고 또한 전선마다 각각 별개의 압출 튜브에 넣을 것.
2. 전선에는 방전등용 안정기의 출구선 또는 방전등용 소켓의 출구선과의 접속점 이외의 접속점을 만들지 말 것.
3. 전선과 접속하는 금속제의 조영재에는 접지공사를 할 것.

234.11.7 배선과 다른 배선의 이격거리
관등회로의 배선이 다른 배선, 약전류전선, 광섬유케이블, 수관, 가스관 또는 이와 유사한 것과 접근하거나 또는 교차할 경우는 직접 접촉되지 않도록 시설할 것.

234.11.9 접지
1. 방전등용 안정기의 외함 및 전등기구의 금속제부분에는 접지공사를 할 것.
2. 다음에 해당될 경우는 접지공사를 생략할 수 있다.
    가. 대지전압 150[V] 이하의 것을 건조한 장소에서 시공할 경우
    나. 400[V] 이하의 것을 사람이 쉽게 접촉될 우려가 없는 건조한 장소에서 시설할 경우로 안정기의 외함 및 조명기구의 금속제부분이 금속제의 조영재와 전기적으로 접속되지 않도록 시설할 경우
    다. 400[V] 이하 또는 변압기의 정격 2차 단락전류 혹은 회로의 동작전류가 50[mA] 이하의 것으로 안정기를 외함에 넣고, 조명기구와 전기적으로 접속되지 않도록 시설할 경우
    라. 건조한 장소에 시설하는 목제의 진열장 속에 안정기의 외함 및 금속제 부분을 사람이 쉽게 접촉되지 않도록 시설할 경우

234.12 네온방전등

234.12.1 적용범위

1. 네온방전등을 옥내, 옥측 또는 옥외에 시설할 경우에 적용한다.
2. 대지전압은 300[V] 이하로 하여야 하며, 다음에 의하여 시설할 것. 다만, 대지전압이 150[V] 이하인 경우는 적용하지 않는다.
   가. 네온관은 사람이 접촉될 우려가 없도록 시설할 것.
   나. 네온변압기는 옥내배선과 직접 접촉하여 시설할 것.

234.12.2 네온변압기

네온변압기는 다음에 의하는 외에 사람이 쉽게 접촉될 우려가 없는 장소에 위험하지 않도록 시설할 것.
1. 네온변압기는 2차측을 직렬 또는 병렬로 접속하여 사용하지 말 것.
2. 네온변압기를 우선 외에 시설할 경우는 옥외형의 것을 사용할 것.

234.12.3 관등회로의 배선

1. 관등회로의 배선은 애자공사로 다음에 따라서 시설할 것.
   가. 전선은 네온전선을 사용할 것.
   나. 배선은 외상을 받을 우려가 없고 사람이 접촉될 우려가 없는 노출장소 또는 점검할 수 있는 은폐장소에 시설할 것.
   다. 전선은 자기 또는 유리제 등의 애자로 견고하게 지지하여 조영재의 아랫면 또는 옆면에 부착하고 다음과 같이 시설할 것.
   (1) 전선 상호간의 이격거리는 60[mm] 이상일 것.
   (2) 전선과 조영재 이격거리는 노출장소에서 표 234.12-1에 따를 것.
   (3) 전선 지지점 간의 거리는 1[m] 이하로 할 것.
   (4) 애자는 절연성·난연성 및 내수성이 있는 것일 것.

표 234.12-1 전선과 조영재의 이격거리

전압 구분	이격거리
6[kV] 이하	20[mm] 이상
6[kV] 초과 9[kV] 이하	30[mm] 이상
9[kV] 초과	40[mm] 이상

2. 관등회로의 배선 중 방전관의 관극 사이를 접속하는 부분, 방전관 붙임틀 안에 시설하는 부분 또는 조영재에 따라 시설하는 부분(방전관에서 길이가 2[m] 이하)을 다음에 따라 시설할 경우는 제1의 규정을 적용하지 않아도 된다.
   가. 전선은 두께 1[mm] 이상의 유리관 속에 넣을 것.
   나. 유리관의 지지점간 거리는 0.5[m] 이하일 것.
   다. 유리관의 지지점 중 관의 끝에 가까운 것은 관의 끝에서 0.08[m] 이상, 0.12[m] 이하의 부분에 설치할 것.
   라. 유리관은 조영재에 견고하게 부착할 것.
3. 염해로 인하여 애자 등이 오손될 우려가 많은 장소는 애자, 애관을 접지된 금속판에 부착하는 등 가연재에 누설전류가 흐르는 일이 없도록 시설할 것.

234.14 수중조명등

234.14.1 사용전압
1. 절연변압기의 1차측 전로의 사용전압은 400[V] 이하일 것.
2. 절연변압기의 2차측 전로의 사용전압은 150[V] 이하일 것.

234.14.2 전원장치
1. 절연변압기의 2차측 전로는 접지하지 말 것.
2. 절연변압기는 교류 5[kV]의 시험전압으로 하나의 권선과 다른 권선, 철심 및 외함 사이에 계속적으로 1분간 가하여 절연내력을 시험할 경우, 이에 견디는 것일 것.

234.14.3 2차측 배선 및 이동전선
1. 절연변압기의 2차측 배선은 금속관공사에 의하여 시설할 것.
2. 수중조명등에 전기를 공급하기 위하여 사용하는 이동전선은 다음에 의하여 시설할 것.
   가. 접속점이 없는 2.5[mm^2] 이상의 0.6/1[kV] EP 고무절연 클로프렌 캡타이어 케이블일 것.
   나. 이동전선은 유영자가 접촉될 우려가 없도록 시설할 것. 또한 외상을 받을 우려가 있는 곳에 시설하는 경우는 금속관에 넣는 등 적당한 외상 보호장치를 할 것.

다. 이동전선과 배선과의 접속은 꽂음접속기를 사용하고 물이 스며들지 않고 물이 고이지 않는 구조의 금속제 외함에 넣어 수중 또는 이에 준하는 장소 이외의 곳에 시설할 것.
라. 수중조명등의 용기, 각종 방호장치와 금속제 부분, 금속제 외함 및 배선에 사용하는 금속관과 접지도체와의 접속에 사용하는 꽂음접속기의 1극은 전기적으로 서로 완전하게 접속할 것.

234.14.5 개폐기 및 과전류차단기

수중조명등의 절연변압기의 2차측 전로에는 개폐기 및 과전류차단기를 각 극에 시설할 것.

234.14.6 접지

1. 수중조명등의 절연변압기는 2차측 전로의 사용전압이 30[V] 이하인 경우는 1차 권선과 2차권선 사이에 금속제의 혼촉방지판을 설치하고 접지공사를 할 것.
2. 개폐기 및 과전류차단기, 누전차단기는 견고한 금속제의 외함에 넣고, 외함에는 접지공사를 할 것.
3. 용기 및 방호장치의 금속제부분에는 접지공사를 하여야 한다. 이동전선 심선의 하나를 접지도체로 사용하고, 접지도체와 접속은 꽂음접속기의 1극을 사용할 것.

234.14.7 누전차단기

수중조명등의 절연변압기의 2차측 전로의 사용전압이 30[V]를 초과하는 경우에는 전로에 지락이 생겼을 때에 자동적으로 전로를 차단하는 정격감도전류 30[mA] 이하의 누전차단기를 시설할 것.

234.14.8 사람 출입의 우려가 없는 수중조명등의 시설

1. 조명등에 전기를 공급하는 전로의 대지전압은 150[V] 이하일 것.
2. 조명등에 전기를 공급하기 위한 이동전선은 다음에 의하여 시설할 것.
   가. 케이블은 450/750[V] 이하 고무 절연케이블을 사용해야 한다.
   나. 전선에는 접속점이 없을 것.
3. 조명등 용기의 금속제 부분에는 접지공사를 할 것.

234.14.9 수중조명등의 용기

1. 조사용 창으로는 유리 또는 렌즈, 기타의 부분은 녹이 잘 슬지 아니하는 금속 또는 카드뮴도금, 아연도금, 도장 등으로 방청을 한 금속으로 견고하게 제작한 것일 것.
2. 내부의 적당한 곳에 접지용 단자를 설치할 것. 이 경우에 접지단자의 나사는 지름이 4[mm] 이상일 것.
3. 조명등을 나사접속기 및 소켓은 자기제일 것.
4. 완성품은 도전부분 이외의 부분과의 사이에 2[kV]의 교류전압을 연속하여 1분간 가하여 절연내력을 시험하였을 때에 이에 견디는 것일 것.
5. 완성품은 최대적용 전등 와트 수의 전구를 끼워 정격최대수심이 0.15[m]를 초과하는 것은 정격최대수심 이상, 정격최대수심이 0.15[m] 이하 것은 0.15 [m] 이상 깊이의 수중에 넣어 해당 전등의 정격전압으로 30분간 전기를 공급하고, 30분간 전기의 공급을 중단하는 조작을 6회 반복할 때 용기 내에 물이 스며드는 등 이상이 없는 것일 것.
6. 최대 적용 전등의 와트 수 및 정격최대수심의 표시를 보기 쉬운 곳에 표시한 것.

234.15 교통신호등

234.15.1 사용전압

교통신호등 제어장치의 2차측 배선의 최대사용전압은 300[V] 이하일 것.

234.15.2 2차측 배선

교통신호등의 2차측 배선은 다음에 의하여 시설할 것.
1. 제어장치의 2차측 배선 중 케이블로 시설하는 경우에는 222.4 및 223의 지중전선로 규정에 따라 시설할 것.
2. 전선은 케이블인 경우 이외에는 공칭단면적 2.5[mm^2] 연동선과 동등 이상의 세기 및 굵기의 450/750[V] 일반용 단심 비닐절연전선 또는 450/750[V] 내열성 에틸렌아세테이트 고무절연전선일 것.
3. 제어장치의 2차측 배선 중 전선을 조가용선으로 조가하여 시설하는 경우에는 다음에 의할 것.
    가. 조가용선은 인장강도 3.7[kN] 이상의 금속선 또는 지름 4[mm] 이상의 아연도 철선을 2가닥 이상 꼰 금속선을 사용할 것.
    나. "가"에서 규정하는 전선을 매다는 금속선에는 지지점 또는 이에 근접하는 곳에 애자를 삽입할 것.

234.15.3 가공전선의 지표상 높이 등

1. 234.15.2에서 규정하는 가공전선의 지표상 높이는 222.7에 따른다.
2. 교통신호등 회로의 배선이 건조물·도로·횡단보도교·철도·궤도·삭도·가공 약전류전선등·안테나·가공전선 및 전차선 또는 다른 교통신호등 회로의 배선과 접근하거나 교차하는 경우에는 222.11 내지 222.16의 저압 가공전선의 규정에 준하여 시설하고, 이외의 시설물과 접근하거나 교차하는 경우 교통신호등 회로의 배선과 이격거리는 0.6[m] (교통신호등 회로의 배선이 케이블인 경우에는 0.3[m] 이상일 것.

234.15.4 교통신호등의 인하선

교통신호등의 전구에 접속하는 인하선은 234.15.2의 2 및 222.19의 규정에 준하는 이외에는 다음에 의하여 시설할 것.
1. 전선의 지표상의 높이는 2.5[m] 이상일 것.
2. 전선을 애자공사에 의하여 시설하는 경우에는 전선을 적당한 간격마다 묶을 것.

234.15.5 개폐기 및 과전류차단기

1. 교통신호등의 제어장치 전원 측에는 전용 개폐기 및 과전류차단기를 각 극에 시설할 것.
2. 개폐기 및 과전류차단기는 212.6에 따라 시설할 것.

234.15.6 누전차단기

교통신호등 회로의 사용전압이 150[V]를 넘는 경우는 전로에 지락이 생겼을 경우 자동적으로 전로를 차단하는 누전차단기를 시설할 것.

234.15.7 접지

교통신호등의 제어장치의 금속제외함 및 신호등을 지지하는 철주에는 211과 140의 규정에 준하여 접지공사를 할 것.

234.15.8 조명기구

LED를 광원으로 사용하는 교통신호등의 설치는 KS C 7528(LED 교통신호등)에 적합할 것.

5 특수설비

241 특수 시설

241.2 전기욕기

241.2.1 전원장치

1. 전기욕기에 전기를 공급하기 위한 전기욕기용 전원장치(내장되는 전원 변압기의 2차측 전로의 10[V] 이하)는 안전기준에 적합할 것.
2. 전기욕기용 전원장치는 욕실 이외의 건조한 곳으로서 취급자 이외의 자가 쉽게 접촉하지 아니하는 곳에 시설할 것.

241.2.2 2차측 배선

전기욕기용 전원장치로부터 욕기 안의 전극까지의 배선은 2.5[mm^2] 이상의 연동선과 이와 동등이상의 세기 및 굵기의 절연전선이나 케이블 또는 1.5[mm^2] 이상의 캡타이어케이블을 합성수지관공사, 금속관공사 또는 케이블공사에 의하여 시설하거나 또는 1.5[mm^2] 이상의 캡타이어 코드를 합성수지관이나 금속관에 넣고 관을 조영재에 견고하게 고정할 것.

241.2.3 욕기내의 시설

1. 욕기내의 전극간의 거리는 1[m] 이상일 것.
2. 욕기내의 전극은 사람이 쉽게 접촉될 우려가 없도록 시설할 것.

241.2.4 접지

전기욕기용 전원장치의 금속제 외함 및 전선을 넣는 금속관에는 접지공사를 할 것.

241.2.5 절연저항

욕기안의 전극까지의 전선 상호 간 및 전선과 대지 사이의 절연저항은 132에 따를 것.

241.3 은 이온(ion) 살균장치

241.3.1 전원장치

1. 은 이온 살균장치에 전기를 공급하기 위해서는 「전기용품 및 생활용품 안전관리법」에 적합한 전기욕기용 전원장치를 사용할 것.
2. 은 이온 살균장치에 전기를 공급하기 위하여 사용하는 전기욕기용 전원장치는 욕실 이외의 건조한 장소로서 취급자 이외의 사람이 쉽게 접촉하지 아니하는 장소에 시설할 것.

241.3.2 2차측 배선

1.5[mm^2] 이상의 캡타이어 코드 또는 이와 동등 이상의 절연효력 및 세기를 갖는 것을 사용하고 합성수지관 또는 금속관 내에 넣고 관을 조영재에 견고하게 고정할 것.

241.3.3 이온 발생기

이온 발생기가 설치된 욕조 내의 전극은 사람이 쉽게 접촉할 우려가 없도록 시설할 것.

241.3.4 접지

전기욕기용 전원장치의 금속제 외함 및 전선을 넣는 금속관에는 접지공사를 할 것.

241.3.5 절연저항

전기욕기용 전원장치로부터 욕기 내의 전극까지의 전선 상호 간 및 전선과 대지 사이의 절연저항은 132에 따를 것.

241.4 전극식 온천온수기

241.4.1 사용전압

수관을 통하여 공급되는 온천수의 온도를 올려서 수관을 통하여 욕탕에 공급하는 전극식 온천온수기의 사용전압은 400[V] 이하이어야 한다.

241.4.2 전원장치

전극식 온천온수기 또는 이에 부속하는 급수 펌프에 직결되는 전동기에 전기를 공급하기 위해서는 400[V] 이하인 절연변압기를 다음에 따라 시설할 것.

1. 절연변압기 2차측 전로에는 전극식 온천온수기 및 이에 부속하는 급수펌프에 직결하는 전동기 이외의 전기사용 기계기구를 접속하지 아니할 것.
2. 절연변압기는 교류 2[kV]의 시험전압을 하나의 권선과 다른 권선, 철심 및 외함 사이에 연속하여 1분간 가하여 절연내력을 시험하였을 때에 이에 견디는 것일 것.

241.4.3 전극식 온천온수기의 시설

1. 전극식 온천온수기의 온천수 유입구 및 유출구에는 차폐장치를 설치할 것.
2. 전극식 온천온수기에 접속하는 수관 중 전극식 온천온수기와 차폐장치 사이 및 차폐장치에서 수관에 따라 1.5[m]까지의 부분은 절연성 및 내수성이 있는 견고한 것일 것.
3. 급수 펌프는 전극식 온천온수기와 차폐장치 사이에 시설하고 급수펌프 및 전동기는 사람이 쉽게 접촉될 우려가 없도록 시설할 것.
4. 전극식 온천온수기 및 차폐장치의 외함은 절연성 및 내수성이 있는 견고한 것일 것.

241.4.4 개폐기 및 과전류차단기

절연변압기 1차측 전로에는 개폐기 및 과전류차단기를 각 극에 시설할 것.

241.4.5 접지

절연변압기 철심 및 금속제 외함과 차폐장치의 전극에는 접지공사를 할 것. 차폐장치 접지공사의 접지극은 수도관로를 접지극으로 사용하는 경우 이외에는 다른 접지공사의 접지극과 공용해서는 안 된다.

241.7 전격살충기

241.7.1 전격살충기의 시설

1. 전격살충기는 「전기용품 및 생활용품 안전관리법」의 적용을 받는 것일 것.
2. 전격살충기의 전격격자는 지표 또는 바닥에서 3.5[m] 이상의 높은 곳에 시설할 것. 다만, 2차측 개방 전압이 7[kV] 이하의 절연변압기를 사용하고 또한 보호격

자의 내부에 사람의 손이 들어갔을 경우 또는 보호격자에 사람이 접촉될 경우 절연변압기의 1차측 전로를 자동적으로 차단하는 보호장치를 시설한 것은 지표 또는 바닥에서 1.8[m]까지 감할 수 있다.
3. 전격살충기의 전격격자와 다른 시설물 또는 식물과의 이격거리는 0.3[m] 이상 일 것.

241.7.2 전파장해방지
전격살충기는 그 장치 및 이에 접속하는 전로에서 발생하는 전파 또는 고주파전류가 무선설비의 기능에 계속적이고 또한 중대한 장해를 줄 우려가 있는 장소에 시설해서는 안 된다.

241.7.3 개폐기
전용의 개폐기를 전격살충기에 가까운 장소에서 쉽게 개폐할 수 있도록 시설할 것.

241.7.4 위험표시
전격살충기를 시설한 장소는 위험표시를 할 것.

241.8 유희용 전차

241.8.1 사용전압
유희용 전차에 전기를 공급하기 위하여 사용하는 변압기의 1차 전압은 400[V] 이하일 것.

241.8.2 전원장치
유희용 전차에 전기를 공급하는 전원장치는 다음에 의하여 시설할 것.
1. 전원장치의 2차측 단자의 최대사용전압은 직류의 경우 60[V] 이하, 교류의 경우 40[V] 이하일 것.
2. 전원장치의 변압기는 절연변압기일 것.

241.8.3 2차측 배선
유희용 전차의 전원장치에 있어서 2차측 회로의 배선은 다음에 의하여 시설할 것.
1. 접촉전선은 제3레일 방식에 의하여 시설할 것.

2. 변압기・정류기 등과 레일 및 접촉전선을 접속하는 전선 및 접촉전선 상호 간을 접속하는 전선은 케이블공사에 의하여 시설하는 경우 이외에는 사람이 쉽게 접촉할 우려가 없도록 시설할 것.
3. 귀선용 레일은 용접에 의하는 경우 이외에는 적당한 본드로 전기적으로 완전하게 접속할 것.

241.8.4 전차내 전로의 시설

1. 유희용 전차의 전차내의 전로는 취급자 이외의 사람이 쉽게 접촉될 우려가 없도록 시설할 것.
2. 유희용 전차의 전차 내에서 승압하여 사용하는 경우는 다음에 의하여 시설할 것.
   가. 변압기는 절연변압기를 사용하고 2차 전압은 150[V] 이하로 할 것.
   나. 변압기는 견고한 함 내에 넣을 것.
   다. 전차의 금속제 구조부는 레일과 전기적으로 완전하게 접촉되게 할 것.

241.8.5 개폐기

유희용 전차에 전기를 공급하는 전로에는 전용의 개폐기를 시설할 것.

241.8.6 전로의 절연

1. 유희용 전차에 전기를 공급하는 접촉전선과 대지 사이의 절연저항은 사용전압에 대한 누설전류가 레일의 연장 1[km]마다 100[mA]를 넘지 않도록 유지할 것.
2. 유희용 전차안의 전로와 대지 사이의 절연저항은 사용전압에 대한 누설전류가 규정 전류의 5000분의 1을 넘지 않도록 유지할 것.

241.10 아크 용접기

1. 용접변압기는 절연변압기일 것.
2. 1차측 전로의 대지전압은 300[V] 이하일 것.
3. 1차측 전로에는 용접 변압기에 가까운 곳에 쉽게 개폐할 수 있는 개폐기를 시설할 것.

241.14 소세력 회로

전자 개폐기의 조작회로 또는 초인벨·경보벨 등에 접속하는 전로로서 최대 사용 전압이 60[V] 이하인 것은 다음에 따라 시설할 것.

241.14.1 사용전압

소세력 회로에 전기를 공급하기 위한 절연변압기의 사용전압은 대지전압 300[V] 이하로 할 것.

241.14.2 전원장치

1. 소세력 회로에 전기를 공급하기 위한 변압기는 절연변압기일 것.
2. 제1의 절연변압기의 2차 단락전류는 소세력 회로의 최대사용전압에 따라
    표 241.14-1에서 정한 값 이하의 것일 것. 다만, 변압기의 2차측 전로에
    표 241.14-1에서 정한 값 이하의 과전류차단기를 시설하는 경우에는 예외.

표 241.14-1 절연변압기의 2차 단락전류 및 과전류차단기의 정격전류

소세력 회로의 최대 사용전압의 구분	2차 단락전류	과전류차단기의 정격전류
15[V] 이하	8[A]	5[A]
15[V] 초과 ~ 30[V] 이하	5[A]	3[A]
30[V] 초과 ~ 60[V] 이하	3[A]	1.5[A]

241.14.3 소세력 회로의 배선

1. 소세력 회로의 전선을 조영재에 붙여 시설하는 경우에는 다음에 의하여 시설할 것.
    가. 전선은 케이블인 경우 이외에는 공칭단면적 1[mm^2] 이상의 연동선 또는 이와 동등 이상의 세기 및 굵기의 것일 것.
    나. 전선은 코드·캡타이어케이블 또는 케이블일 것.
    다. 전선이 손상을 받을 우려가 있는 곳에는 적절한 방호장치를 할 것.
    라. 전선을 금속망 또는 금속판을 사용한 목조 조영재에 시설하는 경우에는 전선을 방호장치에 넣어 시설하는 경우 및 전선에 캡타이어케이블 또는 케이블을 사용하는 경우 이외에는 다음과 같이 시설한다.
        (1) 전선이 금속망 또는 금속판을 사용한 목조 조영재에 붙여 시설하는 경우에는 절연성·난연성 및 내수성이 있는 애자로 지지하고 조영재 사이

의 이격거리를 6[mm] 이상으로 할 것.
　　　(2) 전선이 금속망 또는 금속판을 사용한 목재 조영재를 관통하는 경우에는 221.2의 3의 "가" 및 "나"에 따라 시설할 것.
　마. 전선을 금속망 또는 금속판을 사용한 목조 조영물에 시설하는 경우에는 전선을 금속제의 방호장치에 넣어 시설하는 경우 또는 전선이 금속피복으로 되어 있는 케이블인 경우에 해당할 때에는 다음과 같이 시설한다.
　　　(1) 목조 조영물의 금속망 또는 금속판과 다음의 것과는 전기적으로 접속하지 아니하도록 시설할 것.
　　　　(가) 전선을 넣는 금속제의 방호장치 등에 사용하는 금속제 부분
　　　　(나) 케이블공사에 사용하는 관 기타의 방호 장치의 금속제 부분 또는 금속제의 전선 접속함
　　　　(다) 케이블의 피복에 사용하는 금속제
　　　(2) 전선을 금속망 또는 금속판을 사용한 목재 조영재를 관통하는 경우에는 그 부분의 금속망 또는 금속판을 충분히 절개하고 금속제 방호장치 및 금속피복 케이블에 내구성이 있는 절연관을 끼우거나 내구성이 있는 절연테이프를 감아서 금속망 또는 금속관과 전기적으로 접속하지 아니하도록 시설할 것.
　바. 전선은 금속제의 수관·가스관 또는 이와 유사한 것과 접촉되지 않도록 시설할 것.
2. 소세력 회로의 전선을 지중에 시설하는 경우는 다음에 의하여 시설할 것.
　가. 전선은 450/750[V] 일반용 단심 비닐절연전선, 캡타이어케이블, 케이블을 사용할 것.
　나. 전선을 차량 기타 중량물의 압력에 견디는 견고한 관·트라프 기타의 방호장치에 넣어서 시설하는 경우를 제외하고는 매설깊이를 0.3[m](차량 기타 중량물의 압력을 받을 우려가 있는 장소에 시설하는 경우는 1.2[m]) 이상으로 하고 전선의 상부를 견고한 판 또는 홈통으로 덮어서 손상을 방지할 것.
3. 소세력 회로의 전선을 지상에 시설하는 경우는 제2의"가"의 규정에 따르는 외에 전선을 견고한 트라프 또는 개거에 넣어서 시설할 것.
4. 소세력 회로의 전선을 가공으로 시설하는 경우에는 다음에 의하여 시설할 것.
　가. 전선은 인장강도 508[N/mm^2] 이상의 것 또는 지름 1.2[mm]의 경동선일 것. 다만, 인장강도 2.36[kN/mm^2] 이상의 금속선 또는 지름 3.2[mm]의 아연도금철선으로 매달아 시설하는 경우에는 그러하지 아니하다.
　나. 전선은 절연전선·캡타이어케이블 또는 케이블을 사용할 것. 다만, 인장강도 2.30[kN/mm^2] 이상의 것 또는 지름 2.6[mm] 경동선을 사용하는 경우

에는 그러하지 아니하다.
다. 전선이 케이블인 경우에는 지름 3.2[mm]의 아연도금 철선 또는 이와 동등 이상의 세기의 금속선으로 매달아 시설할 것. 다만, 전선에 금속피복 이외의 피복을 가진 케이블을 사용하는 경우로서 전선의 지지점간의 거리가 10[m] 이하인 경우에는 그러하지 아니하다.
라. 전선의 높이는 다음에 의할 것.
  (1) 도로를 횡단하는 경우는 지표면상 6[m] 이상
  (2) 철도 또는 궤도를 횡단하는 경우는 레일면상 6.5[m] 이상
  (3) (1) 및 (2) 이외의 경우는 지표상 4[m] 이상. 다만, 전선을 도로 이외의 곳에 시설하는 경우로서 위험의 우려가 없는 경우는 지표상 2.5[m]까지 감할 수 있다.
마. 전선의 지지물은 풍압하중에 견디는 강도를 가질 것. 이 경우에 풍압하중은 331.6의 규정에 준하여 계산하여야 한다.
바. 전선의 지지점간의 거리는 15[m] 이하일 것. 다만, 다음에 해당하는 경우에는 그러하지 아니하다.
  (1) 전선을 222.5의 1의 규정에 따라 시설하는 이외에 나전선을 사용하는 경우로서 222.6의 규정에 따라 시설하는 경우
  (2) 전선에 절연전선 또는 케이블을 사용하고 지지점 간의 거리를 25[m] 이하로 하는 경우 또는 케이블을 332.2(1의"라"를 제외한다)의 규정에 따라 시설하는 경우
사. 전선과 약전류전선 또는 광섬유케이블이 접근하거나 교차하는 경우 또는 전선과 다른 시설물이 접근하거나 전선이 다른 시설물의 위에 시설될 경우는 전선에 절연전선·캡타이어케이블 또는 케이블을 사용하고 또한 전선과 약전류전선·광섬유케이블 또는 다른 시설물과의 이격거리를 0.3[m] 이상으로 유지하는 경우를 제외하고는 222.11부터 222.16까지 및 222.18의 저압 가공전선로 규정에 따라 시설할 것.
아. 전선에 나전선을 사용하는 경우는 전선과 식물과의 이격거리를 0.3[m] 이상 유지할 것.
5. 소세력 회로의 이동전선은 코드·캡타이어케이블 또는 제1의"나"의 단서에서 규정하는 절연전선이나 통신용 케이블일 것. 이 경우 절연전선은 적당한 방호장치에 넣어서 사용하여야 한다.
6. 232.11·232.12·232.13 및 232.51의 규정은 242.2(242.2.3를 제외한다)부터 242.5까지에 규정하는 장소에 시설하는 소세력 회로에 준용한다.

241.17 전기자동차 전원설비

241.17.2 전기자동차 전원공급 설비의 저압전로 시설

1. 전용의 개폐기 및 과전류차단기를 각 극에 시설하고 또한 전로에 지락이 생겼을 때 자동적으로 그 전로를 차단하는 장치를 시설할 것.
2. 옥내에 시설하는 저압용 배선기구의 시설은 다음에 따라 시설할 것.
   가. 옥내에 시설하는 저압용의 배선기구는 충전 부분이 노출되지 아니하도록 시설할 것.
   나. 옥내에 시설하는 저압용의 비포장 퓨즈는 불연성의 것으로 제작한 함 또는 안쪽면 전체에 불연성의 것을 사용하여 제작한 함의 내부에 시설할 것. 다만, 400[V] 이하인 저압 옥내전로에 다음에 적합한 기구에 넣어 시설하는 경우에는 그러하지 아니하다.
      (1) 극과 극 사이에는 개폐하였을 때 또는 퓨즈가 용단되었을 때 생기는 아크가 다른 극에 미치지 않도록 절연성의 격벽을 시설한 것일 것.
      (2) 커버는 내 아크성의 합성수지로 제작한 것이어야 하며 또한 진동에 의하여 떨어지지 않는 것일 것.
   다. 옥내의 습기가 많은 곳 또는 물기가 있는 곳에 시설하는 저압용의 배선기구에는 방습 장치를 하여야 한다.
   라. 옥내에 시설하는 저압용의 배선기구에 전선을 접속하는 경우에는 나사로 고정시키거나 기타 이와 동등 이상의 효력이 있는 방법에 의하여 견고하게 또한 전기적으로 완전히 접속하고 접속점에 장력이 가해지지 않도록 할 것.
   마. 저압 콘센트는 접지극이 있는 콘센트를 사용하여 접지할 것.

241.17.3 전기자동차의 충전장치 시설

1. 충전부분이 노출되지 않도록 시설하고, 외함에는 접지공사를 할 것.
2. 외부 기계적 충격에 대한 충분한 기계적 강도를 갖는 구조일 것.
3. 침수 등의 위험이 있는 곳에 시설하지 말아야 하며, 옥외에 설치 시 강우·강설에 대하여 충분한 방수 보호등급(IPX4 이상)을 갖는 것일 것.
4. 분진이 많은 장소, 가연성 가스나 부식성 가스 또는 위험물 등이 있는 장소에 시설하는 경우에는 부식이나 감전·화재·폭발의 위험이 없도록 시설할 것.
5. 충전장치에는 전기자동차 전용임을 나타내는 표지를 쉽게 보이는 곳에 설치할 것.
6. 충전장치는 쉽게 열 수 없는 구조일 것.

7. 충전장치 또는 충전장치를 시설한 장소에는 위험표시를 쉽게 보이는 곳에 표지할 것.
8. 충전장치는 부착된 충전케이블을 거치할 수 있는 거치대 또는 충분한 수납공간(옥내 0.45[m] 이상, 옥외 0.6[m] 이상)을 갖는 구조이며, 충전케이블은 반드시 거치할 것.
9. 충전장치의 충전케이블 인출부는 옥내용의 경우 지면으로부터 0.45[m] 이상 1.2[m] 이내에, 옥외용의 경우 지면으로부터 0.6[m] 이상에 위치할 것.

241.17.4 전기자동차의 충전케이블 및 부속품 시설

1. 충전장치와 전기자동차의 접속에는 연장코드를 사용하지 말 것.
2. 충전케이블은 유연성이 있는 것으로서 충전전류를 흘릴 수 있는 충분한 굵기의 것일 것.
3. 전기자동차 커플러는 다음에 적합할 것.
   가. 다른 배선기구와 대체 불가능한 구조로서 극성이 구분이 되고 접지극이 있는 것일 것.
   나. 접지극은 투입 시 제일 먼저 접속되고, 차단 시 제일 나중에 분리되는 구조일 것.
   다. 의도하지 않은 부하의 차단을 방지하기 위해 잠금 또는 탈부착을 위한 기계적 장치가 있는 것일 것.
   라. 전기자동차 커넥터가 전기자동차 접속구로부터 분리될 때 충전케이블의 전원공급을 중단시키는 인터록 기능이 있는 것일 것.
4. 전기자동차 커넥터 및 플러그는 낙하 충격 및 눌림에 대한 기계적 강도를 가질 것일 것.

241.17.5 충전장치 등의 방호장치 시설

1. 충전 중 전기자동차의 유동을 방지하기 위한 장치를 갖추어야 하며, 전기자동차 등에 의한 물리적 충격의 우려가 있는 경우에는 이를 방호하는 장치를 시설할 것.
2. 충전 중 환기가 필요한 경우에는 충분한 환기설비를 갖추어야 하며, 환기설비를 나타내는 표지를 쉽게 보이는 곳에 설치할 것.
3. 충전 중에는 충전상태를 확인할 수 있는 표시장치를 쉽게 보이는 곳에 설치할 것.
4. 충전 중 안전과 편리를 위하여 적절한 밝기의 조명설비를 설치할 것.

242 특수 장소

242.9 마리나 및 이와 유사한 장소

242.9.1 적용범위

마리나 및 이와 유사장소의 놀이용 수상 기계기구 또는 선상가옥에 전원을 공급하는 회로에만 적용한다. 다만, 다음의 경우에는 적용하지 아니한다.
1. 공공 전력망에서 직접 전력을 공급받는 선상가옥
2. 놀이용 수상 기계기구나 선상가옥의 내부 전기설비

242.9.2 계통접지 및 전원공급

1. 마리나에서 TN 계통의 사용 시 TN-S 계통만을 사용하여야 한다. 육상의 절연변압기를 통하여 보호하는 경우를 제외하고 누전차단기를 사용할 것. 또한, 놀이용 수상 기계기구 또는 선상가옥에 전원을 공급하는 최종회로는 PEN 도체를 포함해서는 아니 된다.
2. 표준전압은 220/380[V]를 초과하지 말 것.

242.9.3 안전 보호

1. 회로는 적합하게 고정된 절연변압기를 통하여 공급되어야 한다. 절연변압기로 전원을 공급하는 보호도체는 놀이용 수상 기계기구에 공급하는 콘센트의 접지극에 연결되어서는 아니 된다.
2. 놀이용 수상 기계기구의 등전위본딩은 육상 공급전원의 보호도체에 접속해서는 안 된다.

242.9.5 배선방식

1. 마리나 내의 배선은 다음에 따라 시설하여야 한다.
    가. 지중케이블
    나. 가공케이블 또는 가공 절연전선
    다. 구리 도체로서 열가소성 또는 탄성재료 절연케이블로 움직임·충격·부식 및 주위온도 등의 외부영향을 고려한 적절한 케이블 관리시스템에 따라 설치된 케이블
    라. PVC 보호피복의 무기질 절연케이블
    마. 열가소성 또는 탄성재료 피복의 외장케이블

2. 마리나 내의 배선은 다음의 경우에 시설해서는 안 된다.
   가. 지지선에 매달리거나 지지대를 사용하여 공기 중에 가설된 가공케이블 또는 가공도체
   나. 알루미늄 도체 케이블
   다. 무기질 절연케이블
3. 케이블 및 케이블 관리시스템은 조류 및 물에 뜨는 구조물의 다른 움직임에 의한 기계적 손상이 없도록 선정 및 시공할 것.
4. 지중케이블의 지중 배전회로는 추가적인 기계적 보호가 제공되지 않는 한 수송매체 등의 이동에 따른 손상을 피할 수 있도록 매설 깊이를 차량 기타 중량물의 압력을 받을 우려가 있는 장소에는 1.0[m] 이상, 기타 장소에는 0.6[m] 이상일 것.
5. 가공케이블 또는 가공 절연전선은 다음에 따라 시설할 것.
   가. 모든 가공전선은 절연할 것.
   나. 가공배선을 위한 전주 또는 다른 지지물은 차량의 이동에 의하여 손상을 받지 않는 장소에 설치하거나 손상을 받지 않도록 보호할 것.
   다. 가공전선은 수송매체가 이동하는 모든 지역에서 지표상 6[m], 다른 모든 지역에서는 4[m] 이상의 높이로 시설할 것.

242.9.6 전원의 자동차단에 의한 고장보호

1. 누전차단기의 시설
   가. 정격전류가 63[A] 이하인 모든 콘센트는 정격감도전류가 30[mA] 이하인 누전차단기에 의해 개별적으로 보호되어야 하며 중성극을 포함한 모든 극을 차단할 것.
   나. 정격전류가 63[A]를 초과하는 콘센트는 정격감도전류 300[mA] 이하이고, 중성극을 포함한 모든 극을 차단하는 누전차단기에 의해 개별적으로 보호될 것.
   다. 주거용 선박에 전원을 공급하는 접속장치는 30[mA]를 초과하지 않는 개별 누전차단기로 보호되어야 하며, 누전차단기는 중성극을 포함한 모든 극을 차단할 것.
2. 과전류에 대한 보호장치
   가. 각 콘센트는 과전류 보호장치에 의해 개별적으로 보호될 것.
   나. 선상가옥에 전원공급을 위한 고정 접속용의 최종 분기회로는 과전류 보호장치에 의해 개별적으로 보호될 것.

242.10 의료장소

242.10.1 적용범위

의료장소는 의료용 전기기기의 장착부의 사용방법에 따라 다음과 같이 구분한다.
1. 그룹 0 : 일반병실, 진찰실, 검사실, 처치실, 재활치료실 등 장착부를 사용하지 않는 의료장소
2. 그룹 1 : 분만실, MRI실, X선 검사실, 회복실, 구급처치실, 인공투석실, 내시경실 등 장착부를 환자의 신체 외부 또는 심장 부위를 제외한 환자의 신체 내부에 삽입시켜 사용하는 의료장소
3. 그룹 2 : 관상동맥질환 처치실, 심혈관 조영실, 중환자실, 마취실, 수술실, 회복실 등 장착부를 환자의 심장 부위에 삽입 또는 접촉시켜 사용하는 의료장소

242.10.2 의료장소별 접지 계통

242.10.1의 의료장소별로 다음과 같이 접지계통을 적용한다.
1. 그룹 0 : TT 계통 또는 TN 계통
2. 그룹 1 : TT 계통 또는 TN 계통. 다만, 전원 자동차단에 의한 보호가 의료행위에 중대한 지장을 초래할 우려가 있는 의료용 전기기기를 사용하는 회로에는 의료 IT 계통을 적용할 수 있다.
3. 그룹 2 : 의료 IT 계통. 다만, 이동식 X-레이 장치, 정격출력이 5[kVA] 이상인 대형 기기용 회로, 생명유지 장치가 아닌 일반 의료용 전기기기에 전력을 공급하는 회로 등에는 TT 계통 또는 TN 계통을 적용할 수 있다.
4. 의료장소에 TN 계통을 적용할 때에는 주 배전반 이후의 부하 계통에서는 TN-C 계통으로 시설하지 말 것.

242.10.3 의료장소의 안전을 위한 보호 설비

1. 그룹 1 및 그룹 2의 의료 IT 계통은 다음과 같이 시설할 것.
    - 가. 전원측에 이중 또는 강화절연을 한 비단락 보증 절연변압기를 설치하고 그 2차측 전로는 접지하지 말 것.
    - 나. 비단락 보증 절연변압기는 함 속에 설치하여 충전부가 노출되지 않도록 하고 의료장소의 내부 또는 가까운 외부에 설치할 것.
    - 다. 비단락보증 절연변압기의 2차측 정격전압은 교류 250[V] 이하로 하며 공급방식 및 정격출력은 단상 2선식, 10[kVA] 이하로 할 것.

라. 3상 부하에 대한 전력공급이 요구되는 경우 비단락 보증 3상 절연변압기를 사용할 것.
마. 비단락 보증 절연변압기의 과부하 및 온도를 지속적으로 감시하는 장치를 적절한 장소에 설치할 것.
바. 의료 IT 계통의 분전반은 의료장소의 내부 혹은 가까운 외부에 설치할 것.
사. 의료 IT 계통에 접속되는 콘센트는 TT 계통 또는 TN 계통에 접속되는 콘센트와 혼용됨을 방지하기 위하여 적절하게 구분 표시할 것.

2. 그룹 1과 그룹 2의 의료장소에서 사용하는 교류 콘센트는 배선용 꽂음접속기에 따른 배선용 콘센트를 사용할 것.
3. 의료장소에 무영등 등을 위한 특별저압(SELV 또는 PELV)회로를 시설하는 경우에는 사용전압은 교류 실효값 25[V] 또는 리플프리 직류 60[V] 이하로 할 것.
4. 의료장소의 전로에는 정격 감도전류 30[mA] 이하, 동작시간 0.03초 이내의 누전차단기를 설치할 것. 다만, 다음의 경우는 그러하지 아니하다.
    가. 의료 IT 계통의 전로
    나. TT 계통 또는 TN 계통에서 전원 자동차단에 의한 보호가 의료행위에 중대한 지장을 초래할 우려가 있는 회로에 누전경보기를 시설하는 경우
    다. 의료장소의 바닥으로부터 2.5[m]를 초과하는 높이에 설치된 조명기구의 전원회로
    라. 건조한 장소에 설치하는 의료용 전기기기의 전원회로

242.10.4 의료장소 내의 접지 설비

1. 의료장소마다 그 내부 또는 근처에 기준접지 바를 설치할 것. 다만, 인접하는 의료장소와의 바닥 면적 합계가 50[m^2] 이하인 경우에는 기준접지 바를 공용할 수 있다.
2. 의료장소 내에서 사용하는 모든 전기설비 및 의료용 전기기기의 노출도전부는 보호도체에 의하여 기준접지 바에 각각 접속되도록 할 것.
    가. 콘센트 및 접지단자의 보호도체는 기준접지 바에 직접 접속할 것.
    나. 보호도체의 공칭 단면적은 기준에 맞게 선정할 것.
3. 그룹 2의 의료장소에서 환자환경(환자가 점유하는 장소로부터 수평방향 1.5[m], 의료장소의 바닥으로부터 2.5[m] 높이 이내의 범위) 내에 있는 계통외도전부와 전기설비 및 의료용 전기기기의 노출도전부, 전자기장해 차폐선, 도전성 바닥 등은 등전위본딩을 시행할 것.

가. 계통외도전부와 전기설비 및 의료용 전기기기의 노출도전부 상호 간을 접속한 후 기준접지 바에 각각 접속할 것.

나. 한 명의 환자에게는 동일한 기준접지 바를 사용하여 등전위본딩을 시행할 것.

4. 접지도체는 다음과 같이 시설할 것.

가. 접지도체의 단면적은 기준접지 바에 접속된 보호도체 중 가장 큰 것 이상으로 할 것.

나. 철골, 철근콘크리트 건물에서는 철골 또는 2조 이상의 주철근을 접지도체의 일부분으로 활용할 수 있다.

5. 보호도체, 등전위 본딩도체 및 접지도체의 종류는 450/750[V] 일반용 단심 비닐절연전선으로서 절연체의 색이 녹/황의 줄무늬이거나 녹색인 것을 사용할 것.

242.10.5 의료장소 내의 비상전원

상용전원 공급이 중단될 경우 의료행위에 중대한 지장을 초래할 우려가 있는 전기설비 및 의료용 전기기기에는 다음에 따라 비상전원을 공급하여야 한다.

1. 절환시간 0.5초 이내에 비상전원을 공급하는 장치 또는 기기

    가. 0.5초 이내에 전력공급이 필요한 생명유지 장치

    나. 그룹 1 또는 그룹 2의 의료장소의 수술등, 내시경, 수술실 테이블, 기타 필수 조명

2. 절환시간 15초 이내에 비상전원을 공급하는 장치 또는 기기

    가. 15초 이내에 전력공급이 필요한 생명유지 장치

    나. 그룹 2의 의료장소에 최소 50[%]의 조명, 그룹 1의 의료장소에 최소 1개의 조명

3. 절환시간 15초를 초과하여 비상전원을 공급하는 장치 또는 기기

    가. 병원 기능을 유지하기 위한 기본 작업에 필요한 조명

    나. 그 밖의 병원 기능을 유지하기 위하여 중요한 기기 또는 설비

출제예상문제

01 저압전기설비의 저압전로의 보호도체 및 중성선의 접속방식에 따라 분류하는데 접지계통에 해당하지 않는 것은?
① TN계통 ② TT계통
③ IT계통 ④ ET계통

해설 저압전로의 보호도체 및 중성선의 접속방식에 따라 접지계통은 TN계통, TT계통, IT계통으로 분류한다.

02 저압전기설비에서 고장보호 요구사항으로 잘못된 것은?
① 노출 도전부는 계통접지별로 규정된 특정조건에서 보호도체에 접속할 것
② 도전성부분은 보호등전위본딩으로 접속하여야 하며 건축물 외부로부터 인입된 도전부는 건축물 바깥쪽의 가까운 지점에서 본딩할 것
③ 일반적으로 사용되며 일반인이 사용하는 정격전류 20[A] 이하 콘센트나 옥외에서 사용되는 정격전류 32[A] 이하 이동용 전기기기는 누전차단기에 의한 추가적 보호를 할 것
④ TT계통에서 배전회로(간선)의 선도체와 노출 도전부 또는 선도체와 기기의 보호도체 사이의 임피던스가 무시할 정도로 되는 고장의 경우 1초 이하로 회로의 선도체 또는 설비의 전원을 자동으로 차단할 것

해설 도전성부분은 보호등전위본딩으로 접속하여야 하며 건축물 외부로부터 인입된 도전부는 건축물 안쪽의 가까운 지점에서 본딩할 것

03 금속제 외함을 가지는 사용전압이 50[V]를 초과하는 저압의 기계기구로서 사람이 쉽게 접촉할 우려가 있는 곳에 시설하는 것에 전기를 공급하는 전로에는 누전차단기를 시설하여야 한다. 다음 중 누전차단기를 시설해야 하는 경우는?
① 기계기구를 건조한 곳에 시설하는 경우
② 이중 절연구조의 기계 기구를 시설하는 경우
③ 대지전압이 150[V] 이하인 기계기구를 물기가 있는 곳에 시설하는 경우
④ 그 전로의 전원측에 절연변압기(2차 전압이 300[V] 이하인 경우)를 시설하고 또한 그 절연 변압기의 부하측의 전로에 접지하지 아니하는 경우

해설 대지전압이 150[V] 이하인 기계기구를 물기가 있는 곳 이외의 곳에 시설하는 경우에는 누전차단기 시설을 생략할 수 있다.

04 SELV 또는 PELV 계통의 공칭전압이 몇 [V]를 초과하지 않는 경우에는 기본보호를 하지 않아도 되는가?
① 교류 12[V], 직류 30[V]
② 교류 25[V], 직류 30[V]
③ 교류 25[V], 직류 50[V]
④ 교류 30[V], 직류 60[V]

해설 SELV 또는 PELV 계통의 공칭전압이 교류 12[V] 또는 직류 30[V]를 초과하지 않는 경우에는 기본보호를 하지 않아도 된다.

정답 1. ④ 2. ② 3. ③ 4. ①

05 과부하에 대해 케이블(전선)을 보호하는 장치의 동작특성으로 맞는 것은? (단, I_2 : 보호장치가 규약시간 이내에 유효하게 동작하는 것을 보장하는 전류, I_Z : 케이블의 허용전류이다.)

① $I_2 \leq 1.1 \times I_Z$
② $I_2 \leq 1.25 \times I_Z$
③ $I_2 \leq 1.45 \times I_Z$
④ $I_2 \leq 1.6 \times I_Z$

해설 과부하에 대해 케이블(전선)을 보호하는 장치는 $I_2 \leq 1.45 \times I_Z$ 을 충족해야 한다.

06 사용 중 예상치 못한 회로의 개방이 위험 또는 큰 손상을 초래할 수 있는 부하에 전원을 공급하는 회로에 대해서는 과부하 보호장치를 생략할 수 있다. 다음 중 해당되지 않는 것은?

① 변압기의 여자회로
② 소방설비의 전원회로
③ 전류변성기의 2차회로
④ 전자석 크레인의 전원회로

해설 사용 중 예상치 못한 회로의 개방이 위험 또는 큰 손상을 초래할 수 있는 부하에 전원을 공급하는 다음과 같은 경우의 회로에 대해서는 과부하 보호장치를 생략할 수 있다.
① 회전기의 여자회로
② 소방설비의 전원회로
③ 전류변성기의 2차회로
④ 전자석 크레인의 전원회로
⑤ 안전설비(주거침입경보, 가스누출경보 등)의 전원회로

07 저압 옥내전로 인입구에 가까운 곳으로서 쉽게 개폐할 수 있는 곳에 개폐기를 각 극에 시설하여야 하나 400[V] 이하인 옥내 전로로서 다른 옥내전로(정격전류가 16[A] 이하인 과전류차단기 또는 정격전류가 16[A]를 초과하고 20[A] 이하인 배선용 차단기로 보호되고 있는 것)에 접속하는 길이 몇 [m] 이하의 전로에서 전기의 공급을 받는 것은 설치하지 않아도 되는가?

① 10 ② 15
③ 20 ④ 30

해설 400[V] 이하인 옥내 전로로서 다른 옥내전로(정격전류가 16[A] 이하인 과전류차단기 또는 정격전류가 16[A]를 초과하고 20[A] 이하인 배선용 차단기로 보호되고 있는 것)에 접속하는 길이 몇5[m] 이하의 전로에서 전기의 공급을 받는 것은 설치하지 않을 수 있다.

08 저압전로 중의 전동기 보호용 과전류보호장치의 시설로 적합하지 않은 것은?

① 과부하 보호장치로 전자접촉기를 사용할 경우에는 반드시 과부하계전기가 부착되어 있을 것
② 단락보호전용 차단기의 단락동작 설정전류값은 전동기의 기동방식에 따른 기동 돌입전류를 고려할 것
③ 과부하 보호장치와 단락보호 전용 차단기 또는 단락보호 전용 퓨즈를 하나의 전용함 속에 넣어 시설한 것일 것
④ 과부하 보호장치와 단락보호 전용 퓨즈를 조합한 장치는 단락보호 전용 퓨즈의 정격전류가 과부하 보호장치의 설정 전류값 이상이 되도록 시설한 것일 것

정답 5. ③ 6. ① 7. ② 8. ④

해설 과부하 보호장치와 단락보호 전용 퓨즈를 조합한 장치는 단락보호 전용 퓨즈의 정격전류가 과부하 보호장치의 설정 전류값 이하가 되도록 시설한 것일 것

09 다음 중 저압 인입선의 시설방법으로 옳지 않은 것은?

① 전선은 절연전선 또는 케이블일 것
② 전선이 인입용 비닐절연전선인 경우 지름 2.6[mm] 이상일 것
③ 전선이 케이블인 경우 이외에는 인장강도 1.25[kN] 이상일 것
④ 전선이 옥외용 비닐절연전선인 경우에는 사람이 접촉할 우려가 없도록 시설할 것

해설 전선이 케이블인 경우 이외에는 인장강도 2.30[kN] 이상의 것 또는 지름 2.6[mm] 이상의 인입용 비닐절연전선일 것. 다만, 경간이 15[m] 이하인 경우는 인장강도 1.25[kN] 이상의 것 또는 지름 2[mm] 이상의 인입용 비닐절연전선일 것.

10 다음 중 저압 인입선의 시설 시 전선의 높이로 옳지 않은 것은?

① 도로를 횡단하는 경우에는 노면상 5[m]
② 횡단보도교의 위에 시설하는 경우에는 노면상 3.5[m] 이상
③ 철도 또는 궤도를 횡단하는 경우에는 레일면상 6.5[m] 이상
④ 기타의 경우에는 지표상 4[m] (교통에 지장이 없는 경우 2.5[m]) 이상

해설 저압 인입선을 횡단보도교의 위에 시설하는 경우에는 노면상 3[m] 이상

11 저압 가공인입선 조영물의 구분에 따른 이격거리 중 조영물의 상부와 조영재 사이의 위쪽 이격거리는? (단, 저압, 고압, 특고압 절연전선, 케이블이 아닌 경우이다.)

① 0.5[m] 이상   ② 1.0[m] 이상
③ 1.5[m] 이상   ④ 2.0[m] 이상

해설 저압 가공인입선 조영물의 구분에 따른 이격거리 중 조영물의 상부와 조영재 사이는 위쪽 2[m], 옆쪽 또는 아래쪽 0.3[m] 이상의 이격하여야 한다.

12 저압 연접인입선은 인입선에서 분기하는 점으로부터 100[m]를 넘지 않는 지역에 시설하고 폭 몇 [m]를 초과하는 도로를 횡단하지 않아야 하는가?

① 4   ② 5
③ 6   ④ 7

해설 저압 연접인입선은
- 인입선의 분기점에서 100[m]를 초과하지 말 것
- 폭 5[m]를 넘는 도로를 횡단하지 말 것
- 옥내를 관통하지 아니할 것

13 애자공사로 400[V] 초과의 저압 옥측전선로를 시설할 때 사람이 쉽게 접촉될 우려가 없도록 시설하여야 하며 비나 이슬에 젖지 않는 장소에서 전선 상호 간의 간격은?

① 2.5[cm]   ② 4.5[cm]
③ 6[cm]   ④ 12[cm]

해설 애자공사로 400[V] 초과의 저압 옥측전선로를 시설할 때 전선 상호 간은 비나 이슬에 젖지 않는 장소는 6[cm], 비나 이슬에 젖는 장소는 12[cm] 이상 간격을 유지하여야 한다.

정답 9. ③ 10. ② 11. ④ 12. ② 13. ③

14 애자공사에 의한 저압 옥측전선로를 시설방법으로 옳지 않은 것은?

① 전선의 지지점 간의 거리는 3[m] 이하일 것
② 애자는 절연성·난연성 및 내수성이 있는 것일 것
③ 전선은 공칭단면적 4[mm²] 이상의 연동 절연전선일 것
④ 전선에 인장강도 1.38[kN] 이상의 것 또는 지름 2[mm] 이상의 경동선을 사용할 것

해설 전선의 지지점 간의 거리는 2[m] 이하일 것. 다만 전선 상호 간의 간격을 0.2[m] 이상, 전선과 조영재 사이의 이격거리를 0.3[m] 이상으로 하여 시설하는 경우에 한하여 옥외용 비닐절연전선을 사용하거나 지지점 간의 거리를 2[m]를 초과하고 15[m] 이하로 할 수 있다.

15 저압 옥상 전선로는 전개된 장소에 위험의 우려가 없도록 시설하여야 한다. 시설방법으로 틀린 것은?

① 전선은 절연전선 또는 이와 동등 이상의 절연효력이 있는 것을 사용한다.
② 전선은 인장강도 2.30[kN] 이상의 것 또는 지름 2.6[mm] 이상의 경동선을 사용한다.
③ 전선과 조영재와의 이격거리는 2[m](전선이 고압, 특고압 절연전선, 케이블인 경우에는 1[m]) 이상으로 한다.
④ 전선은 조영재에 견고하게 붙인 지지주 또는 지지대에 절연성·난연성 및 내수성이 있는 애자를 사용하여 지지하고 지지점 간의 거리는 5[m] 이하로 한다.

해설 전선은 조영재에 견고하게 붙인 지지주 또는 지지대에 절연성·난연성 및 내수성이 있는 애자를 사용하여 지지하고 지지점 간의 거리는 15[m] 이하로 한다.

16 저압 가공전선의 굵기 및 종류로 잘못 설명한 것은?

① 저압 가공전선은 나전선, 절연전선, 다심형 전선 또는 케이블을 사용할 것
② 400[V] 초과인 저압 가공전선에는 인입용 비닐절연전선을 사용하지 말 것
③ 400[V] 이하인 저압 가공전선은 케이블인 경우를 제외하고는 인장강도 2.3[kN] 이상의 것 또는 지름 3.2[mm] 이상일 것
④ 400[V] 초과인 저압 가공전선은 케이블인 경우 이외에는 시가지에 시설하는 것은 인장강도 8.01[kN] 이상의 것 또는 지름 5[mm] 이상의 경동선을 사용할 것

해설 400[V] 이하인 저압 가공전선은 케이블인 경우를 제외하고는 인장강도 3.43[kN] 이상의 것 또는 지름 3.2[mm](절연전선인 경우는 인장강도 2.3[kN] 이상의 것 또는 지름 2.6[mm] 이상의 경동선) 이상의 것이어야 한다.

17 저압 가공전선이 다른 저압 가공전선과 접근상태로 시설되거나 교차하여 시설되는 경우에는 저압 가공전선 상호 간의 이격거리는?

① 0.3[m]   ② 0.6[m]
③ 1.0[m]   ④ 2.0[m]

해설 저압 가공전선이 다른 저압 가공전선과 접근상태로 시설되거나 교차하여 시설되는 경우에는 저압 가공전선 상호 간의 이격거리는 0.6[m](한쪽의 전

정답 14. ① 15. ④ 16. ③ 17. ②

선이 고압, 특고압 절연전선 또는 케이블인 경우에는 0.3[m] 이상, 저압 가공전선과 다른 저압 가공전선로의 지지물 사이의 이격거리는 0.3[m] 이상일 것.

18 합성수지관 및 부속품의 시설에 대한 설명으로 틀린 것은?
① 합성수지제 가요전선관 상호 간은 직접 접속할 것
② 습기가 많은 장소 또는 물기가 있는 장소에 시설하는 경우에는 방습장치를 할 것
③ 관의 지지점 간의 거리는 1.5[m] 이하로 하고, 또한 지지점은 관의 끝·관과 박스의 접속점 및 관 상호 간의 접속점 등에 가까운 곳에 시설할 것
④ 관 상호 간 및 박스와는 관을 삽입하는 깊이를 관의 바깥지름의 1.2배(접착제를 사용하는 경우에는 0.8배) 이상으로 하고 또한 꽂음접속에 의하여 견고하게 접속할 것

해설 합성수지제 가요전선관 상호 간은 직접 접속하지 말 것

19 금속전선관을 건조한 장소에 시설하는 경우 접지공사를 생략할 수 있는 전선관의 길이는?(단, 사람이 쉽게 접촉할 우려가 있다.)
① 4[m] 이하　② 6[m] 이하
③ 8[m] 이하　④ 10[m] 이하

해설 금속전선관 길이가 4[m] 이하인 것을 건조한 장소에 시설하는 경우, 직류 300[V] 또는 교류 대지 전압 150[V] 이하, 관의 길이가 8[m] 이하인 것을 사람이 쉽게 접촉할 우려가 없도록 시설하는 경우 또는 건조한 장소에 시설하는 경우 접지공사를 생략할 수 있다.

20 금속덕트에 넣은 전선의 단면적(절연피복의 단면적을 포함)의 합계는 덕트의 내부 단면적의 몇[%] 이하이어야 하는가?
① 10[%] 이하　② 20[%] 이하
③ 40[%] 이하　④ 50[%] 이하

해설 금속덕트에 넣은 전선의 단면적(절연피복의 단면적을 포함)의 합계는 덕트의 내부 단면적의 20[%](전광표시장치 기타 이와 유사한 장치 또는 제어회로 등의 배선만을 넣는 경우에는 50[%]) 이하일 것

21 플로어덕트 및 부속품의 시설할 때 올바르지 않은 것은?
① 덕트의 끝부분은 막지 않을 것
② 덕트 및 박스 기타의 부속품은 물이 고이는 부분이 없도록 시설할 것
③ 덕트 상호 간 및 덕트와 박스 및 인출구와는 견고하고 전기적으로 완전하게 접속할 것
④ 박스 및 인출구는 마루 위로 돌출하지 아니하도록 시설하고 또한 물이 스며들지 아니하도록 밀봉할 것

해설 플로어덕트 공사를 할 때 덕트의 끝부분을 막아야 한다.

22 케이블공사에서 케이블을 전선을 조영재의 아랫면 또는 옆면에 따라 붙이는 경우 지지점 간의 거리는?
① 1.0[m]　② 2.0[m]
③ 4.0[m]　④ 6.0[m]

해설 케이블공사에서 전선을 조영재의 아랫면 또는 옆면에 따라 붙이는 경우에는 지지점 간의 거리를 케이블은 2[m](사람이 접촉할 우려가 없는 곳에서

정답　18. ①　19. ①　20. ②　21. ①　22. ②

수직으로 붙이는 경우에는 6[m]) 이하 캡타이어케이블은 1[m] 이하로 하고 또한 그 피복을 손상하지 아니 하도록 붙일 것

23 등기구는 주변에 발광과 대류 에너지의 열영향을 고려하여 선정하여야 하며 가연성 재료로부터 적절한 간격을 유지하여야 하며, 정격용량 300[W] 초과 500[W] 이하의 스포트라이트나 프로젝터 설치 시 모든 방향에서 가연성 재료로부터 최소 이격거리는?

① 0.5[m]   ② 0.8[m]
③ 1.0[m]   ④ 1.2[m]

해설 가연성 재료로부터 적절한 간격을 유지하여야 하며, 스포트라이트나 프로젝터는 모든 방향에서 가연성 재료로부터 다음의 최소 거리를 두고 설치할 것
- 정격용량 100[W] 이하 : 0.5[m]
- 100[W] 초과 300[W] 이하 : 0.8[m]
- 300[W] 초과 500[W] 이하 : 1.0[m]
- 500[W] 초과 : 1.0[m] 초과

24 수중조명등과 함께 설치되는 절연변압기의 1차측 전로의 사용전압은 몇 [V] 이하인가?

① 150   ② 200
③ 300   ④ 400

해설 수중조명등과 함께 설치되는 절연변압기의 1차측 전로의 사용전압은 400[V], 2차측 전로의 사용전압은 150[V] 이하일 것

25 전격살충기의 전격격자는 지표 또는 바닥에서 몇 [m] 이상의 높은 곳에 시설해야 하는가?

① 2.0[m]   ② 2.5[m]
③ 3.0[m]   ④ 3.5[m]

해설 전격살충기의 전격격자는 지표 또는 바닥에서 3.5[m] 이상의 높은 곳에 시설할 것

26 마리나 및 이와 유사장소의 놀이용 수상 기계기구의 정격전류가 63[A] 이하인 모든 콘센트는 정격감도전류가 몇 [mA] 이하인 누전차단기에 의해 개별적으로 보호되어야 하는가?

① 10   ② 20
③ 30   ④ 300

해설 마리나 및 이와 유사장소의 놀이용 수상 기계기구 정격전류가 63[A] 이하인 모든 콘센트는 정격감도전류가 30[mA] 이하인 누전차단기에 의해 개별적으로 보호되어야 하며 중성극을 포함한 모든 극을 차단할 것

정답 23. ③ 24. ④ 25. ④ 26. ③

Chapter 03 고압·특고압 전기설비

1 통칙

301 적용범위

교류 1[kV] 초과 또는 직류 1.5[kV]를 초과하는 고압 및 특고압 전기를 공급하거나 사용하는 전기설비에 적용한다.

302 기본원칙

302.2 전기적 요구사항

1. 중성점 접지방법
   중성점 접지방식의 선정 시 다음을 고려하여야 한다.
   가. 전원공급의 연속성 요구사항
   나. 지락고장에 의한 기기의 손상제한
   다. 고장부위의 선택적 차단
   라. 고장위치의 감지
   마. 접촉 및 보폭전압
   바. 유도성 간섭
   사. 운전 및 유지보수 측면
2. 전압 등급
   사용자는 계통 공칭전압 및 최대운전전압을 결정하여야 한다.
3. 정상 운전 전류
   설비의 모든 부분은 정의된 운전조건에서의 전류를 견딜 수 있어야 한다.
4. 단락전류
   가. 설비는 단락전류로부터 발생하는 열적 및 기계적 영향에 견딜 수 있도록 설치할 것.

나. 설비는 단락을 자동으로 차단하는 장치에 의하여 보호할 것.
다. 설비는 지락을 자동으로 차단하는 장치 또는 지락상태 자동표시장치에 의하여 보호할 것.

5. 정격 주파수

   설비는 운전될 계통의 정격주파수에 적합하여야 한다.

6. 전계 및 자계

   가압된 기기에 의해 발생하는 전계 및 자계의 한도가 인체에 허용 수준 이내로 제한할 것.

7. 과전압

   기기는 낙뢰 또는 개폐동작에 의한 과전압으로부터 보호할 것.

8. 고조파

   고조파 전류 및 고조파 전압에 의한 영향이 고려될 것.

302.3 기계적 요구사항

1. 기기 및 지지구조물

   기기 및 지지구조물은 그 기초를 포함하며, 예상되는 기계적 충격에 견딜 것.

2. 인장하중

   인장하중은 현장의 가혹한 조건에서 계산된 최대도체 인장력을 견딜 수 있을 것.

3. 빙설하중

   전선로는 빙설로 인한 하중을 고려할 것.

4. 풍압하중

   풍압하중은 그 지역의 지형적인 영향과 주변 구조물의 높이를 고려할 것.

5. 개폐 전자기력

   지지물을 설계할 때에는 개폐 전자기력이 고려될 것.

6. 단락 전자기력

   단락 시 전자기력에 의한 기계적 영향을 고려할 것.

7. 도체 인장력의 상실

   인장 애자련이 설치된 구조물은 최악의 하중이 가해지는 애자나 도체(케이블)의 손상으로 인한 도체 인장력의 상실에 견딜 수 있을 것.

8. 지진하중

   지진의 우려성이 있는 지역에 설치하는 설비는 지진하중을 고려하여 설치할 것.

2 안전을 위한 보호

311 안전보호

311.1 절연수준의 선정

절연수준은 기기 최고전압 또는 충격내전압을 고려하여 결정할 것.

311.2 직접 접촉에 대한 보호

1. 전기설비는 충전부에 무심코 접촉하거나 충전부 근처의 위험구역에 무심코 도달하는 것을 방지하도록 설치할 것.
2. 계통의 도전성 부분(충전부, 기능상의 절연부, 위험전위가 발생할 수 있는 노출도전성 부분 등)에 대한 접촉을 방지하기 위한 보호가 이루어질 것.
3. 보호는 그 설비의 위치가 출입제한 전기운전구역 여부에 의하여 다른 방법으로 이루어질 것.

311.4 아크고장에 대한 보호

전기설비는 운전 중에 발생되는 아크 고장으로부터 운전자가 보호될 수 있도록 시설할 것.

311.5 직격뢰에 대한 보호

낙뢰 등에 의한 과전압으로부터 전기설비 등을 보호하기 위해 피뢰시스템을 시설하고, 그 밖의 적절한 조치를 할 것.

311.7 절연유 누설에 대한 보호

1. 환경보호를 위하여 절연유를 함유한 기기의 누설에 대한 대책이 있을 것.
2. 옥내기기의 절연유 유출방지설비
   가. 옥내기기가 위치한 구역의 주위에 누설되는 절연유가 스며들지 않는 바닥에 유출방지 턱을 시설하거나 건축물 안에 지정된 보존구역으로 집유한다.
   나. 유출방지 턱의 높이나 보존구역의 용량을 선정할 때 기기의 절연유량 뿐만 아니라 화재보호시스템의 용수량을 고려할 것.

3. 옥외설비의 절연유 유출방지설비

    가. 절연유 유출 방지설비의 선정은 기기에 들어 있는 절연유의 양, 우수 및 화재보호시스템의 용수량, 근접 수로 및 토양조건을 고려할 것.

    나. 집유조 및 집수탱크가 시설되는 경우 집수탱크는 최대 용량 변압기의 유량에 대한 집유능력이 있어야 한다.

    다. 벽, 집유조 및 집수탱크에 관련된 배관은 액체가 침투하지 않는 것이어야 한다.

    라. 절연유 및 냉각액에 대한 집유조 및 집수탱크의 용량은 물의 유입으로 지나치게 감소되지 않아야 하며, 자연배수 및 강제배수가 가능할 것.

    마. 다음의 추가적인 방법으로 수로 및 지하수를 보호할 것.

    (1) 집유조 및 집수탱크는 바닥으로부터 절연유 및 냉각액의 유출을 방지할 것.

    (2) 배출된 액체는 유수분리장치를 통하여야 하며 이 목적을 위하여 액체의 비중을 고려할 것.

311.8 SF_6의 누설에 대한 보호

1. 환경보호를 위하여 SF_6가 함유된 기기의 누설에 대한 대책이 있을 것.
2. SF_6 가스 누설로 인한 위험성이 있는 구역은 환기가 되어야 한다.

311.9 식별 및 표시

1. 표시, 게시판 및 공고는 내구성과 내부식성이 있는 물질로 만들고 지워지지 않는 문자로 인쇄할 것.
2. 개폐기반 및 제어반의 운전 상태는 주 접점을 운전자가 쉽게 볼 수 있는 경우를 제외하고 표시기에 명확히 표시할 것.
3. 케이블 단말 및 구성품은 확인되어야 하고 배선목록 및 결선도에 따라서 확인할 수 있도록 관련된 상세 사항을 표시할 것.
4. 모든 전기기기실에는 바깥쪽 및 각 출입구의 문에 전기기기실 및 어떤 위험성을 확인할 수 있는 안내판 또는 경고판과 같은 정보를 표시할 것.

3 접지설비

321 고압·특고압 접지계통

321.1 일반사항

1. 고압 또는 특고압 기기는 접촉전압 및 보폭전압의 허용값 이내의 요건을 만족하도록 시설할 것.
2. 고압 또는 특고압 기기가 출입제한 된 전기설비 운전구역 이외의 장소에 설치되었다면 KS C IEC 61936-1(교류 1[kV] 초과 전력설비-제1부 : 공통규정)의 "10 접지시스템"에 의한다.
3. 모든 케이블의 금속시스 부분은 접지를 시행할 것.

321.2 접지시스템

고압 또는 특고압과 저압 접지시스템이 서로 근접한 경우에는 다음과 같이 시공할 것.

1. 고압 또는 특고압 변전소 내에서만 사용하는 저압 전원이 있을 때 저압 접지시스템이 고압 또는 특고압 접지시스템의 구역 안에 포함되어 있다면 각각의 접지시스템은 서로 접속할 것.
2. 고압 또는 특고압 변전소에서 인입 또는 인출되는 저압 전원이 있을 때, 접지시스템은 다음과 같이 시공할 것.
    가. 고압 또는 특고압 변전소의 접지시스템은 공통 및 통합접지의 일부분이거나 또는 다중접지된 계통의 중성선에 접속할 것.
    나. 고압 또는 특고압과 저압 접지시스템을 분리하는 경우의 접지극은 고압 또는 특고압 계통의 고장으로 인한 위험을 방지하기 위해 보폭전압과 접촉전압을 허용값 이내로 할 것.
    다. 고압 및 특고압 변전소에 인접하여 시설된 저압 전원의 경우, 기기가 너무 가까이 위치하여 접지계통을 분리하는 것이 불가능한 경우에는 공통 또는 통합접지로 시공할 것.

322 혼촉에 의한 위험방지시설

322.1 고압 또는 특고압과 저압의 혼촉에 의한 위험방지 시설

1. 고압전로 또는 특고압전로와 저압전로를 결합하는 변압기의 저압측의 중성점에는 접지공사를 할 것. 다만, 저압전로의 사용전압이 300[V] 이하인 경우에 접지공사를 변압기의 중성점에 하기 어려울 때에는 저압측의 1단자에 시행할 수 있다.
2. 접지공사는 변압기의 시설장소마다 시행할 것. 다만, 토지의 상황에 의하여 변압기의 시설장소에서 규정된 접지저항값을 얻기 어려운 경우, 인장강도 5.26[kN] 이상 또는 지름 4[mm] 이상의 가공 접지도체를 저압 가공전선에 관한 규정에 준하여 시설할 때에는 변압기의 시설장소로부터 200[m]까지 떼어놓을 수 있다.
3. 접지공사는 변압기의 시설장소마다 시행하기 어려울 때에는 다음에 따라 가공공동지선을 설치하여 2 이상의 시설장소에 규정에 의하여 접지공사를 할 수 있다.
   가. 가공공동지선은 인장강도 5.26[kN] 이상 또는 지름 4[mm] 이상의 경동선을 사용하여 저압가공전선에 관한 규정에 준하여 시설할 것.
   나. 접지공사는 각 변압기를 중심으로 하는 지름 400[m] 이내의 지역으로서 변압기에 접속되는 전선로 바로 아래의 부분에서 각 변압기의 양쪽에 있도록 할 것.
   다. 가공공동지선과 대지 사이의 합성 전기저항값은 1[km]를 지름으로 하는 지역 안마다 규정에 의해 접지저항값을 가지는 것으로 하고 각 접지도체를 가공공동지선으로부터 분리하였을 때 각 접지도체와 대지 사이의 전기저항값은 300[Ω]이하로 할 것.
4. 제3의 가공공동지선에는 인장강도 5.26[kN] 이상 또는 지름 4[mm]의 경동선을 사용하는 저압 가공전선의 1선을 겸용할 수 있다.

322.2 혼촉방지판이 있는 변압기에 접속하는 저압 옥외전선의 시설 등

고압전로 또는 특고압전로와 비접지식의 저압전로를 결합하는 변압기로서 고압권선 또는 특고압권선과 저압권선 간에 금속제의 혼촉방지판이 있고 혼촉방지판에 규정에 의하여 접지공사(35[kV] 이하의 특고압전로로서 전로에 지락이 생겼을 때 1초 이내에 자동적으로 이것을 차단하는 장치를 한 것과 특고압 가공전선로의 전로 이외의 특고압전로와 저압전로를 결합하는 경우에 계산된 접지저항값이 10[Ω]을 넘을 때에는 접지저항값이 10[Ω] 이하인 것)를 한 것에 접속하는 저압전선을 옥외

에 시설할 때에는 다음에 따라 시설할 것
1. 저압전선은 1 구내에만 시설할 것.
2. 저압 가공전선로 또는 저압 옥상 전선로의 전선은 케이블일 것.
3. 저압 가공전선과 고압 또는 특고압의 가공전선을 동일 지지물에 시설하지 아니할 것. 다만, 고압 가공전선로 또는 특고압 가공전선로의 전선이 케이블인 경우에는 그러하지 아니하다.

322.3 특고압과 고압의 혼촉 등에 의한 위험방지 시설

변압기에 의하여 특고압전로에 결합되는 고압전로에는 사용전압의 3배 이하인 전압이 가하여진 경우에 방전하는 장치를 그 변압기의 단자에 가까운 1극에 설치할 것.

322.4 계기용변성기의 2차측 전로의 접지

고압 또는 특고압의 계기용변성기의 2차측 전로에는 접지공사를 할 것.

322.5 전로의 중성점의 접지

1. 전로의 보호장치의 확실한 동작의 확보, 이상전압의 억제 및 대지전압의 저하를 위하여 필요한 경우에 전로의 중성점에 접지공사를 할 경우에는 다음에 따라야 한다.
    가. 접지극은 고장 시 대지 사이에 생기는 전위차에 의하여 사람이나 가축 또는 다른 시설물에 위험을 줄 우려가 없도록 시설할 것.
    나. 접지도체는 16[mm^2] 이상의 연동선 또는 이와 동등 이상의 세기 및 굵기의 쉽게 부식하지 아니하는 금속선으로서 고장 시 흐르는 전류가 안전하게 통할 수 있는 것을 사용하고 손상을 받을 우려가 없도록 시설할 것.
    다. 접지도체에 접속하는 저항기·리액터 등은 고장 시 흐르는 전류를 안전하게 통할 수 있는 것을 사용할 것.
    라. 접지도체·저항기·리액터 등은 취급자 이외의 자가 출입하지 아니하도록 설비한 곳에 시설하는 경우 이외에는 사람이 접촉할 우려가 없도록 시설할 것.
2. 제1에 규정하는 경우 이외의 경우로서 저압전로에 시설하는 보호장치의 확실한 동작을 확보하기 위하여 필요한 경우에 전로의 중성점에 접지공사를 할 경우 접지도체는 6[mm^2] 이상의 연동선 또는 이와 동등 이상의 세기 및 굵기의 쉽게 부식하지 않는 금속선으로서 고장 시 흐르는 전류가 안전하게 통할 수 있는 것을

사용하고 접지규정에 준하여 시설할 것.
3. 변압기의 안정권선이나 유휴권선 또는 전압조정기의 내장권선을 이상전압으로부터 보호하기 위하여 특히 필요할 경우에 권선에 접지공사를 할 것.

전선로

331 전선로 일반 및 구내·옥측·옥상 전선로

331.1 전파장해의 방지

1. 가공전선로는 무선설비의 기능에 계속적이고 중대한 장해를 주는 전파를 발생할 우려가 있는 경우에는 이를 방지하도록 시설할 것.
2. 1[kV] 초과의 가공전선로에서 발생하는 전파장해 측정용 루우프 안테나의 중심은 가공전선로의 최외측 전선의 직하로부터 가공전선로와 직각방향으로 외측 15[m] 떨어진 지표상 2[m]에 있게 하고 안테나의 방향은 잡음 전계강도가 최대로 되도록 조정하며 측정기의 기준 측정 주파수는 0.5[MHz] ± 0.1[Mhz] 범위에서 방송주파수를 피하여 정한다.
3. 1[kV] 초과의 가공전선로에서 발생하는 전파의 허용한도는 531[kHz]에서 1602[kHz]까지의 주파수대에서 신호대잡음비가 24[dB] 이상 되도록 가공전선로를 설치해야 하며, 잡음강도는 청명시의 준첨두치로 측정하되 장기간 측정에 의한 통계적 분석이 가능하고 정규분포에 해당 지역의 기상조건이 반영될 수 있도록 충분한 주기로 샘플링 데이터를 얻어야 하고 또한 지역별 여건을 고려하지 않은 단일 기준으로 전파장해를 평가할 수 있도록 신호강도는 저잡음지역의 방송전계강도인 71[dBμV/m]로 한다.

331.2 가공전선 및 지지물의 시설

1. 가공전선로의 지지물은 다른 가공전선, 가공약전류전선, 가공광섬유케이블, 약전류전선 또는 광섬유케이블 사이를 관통하여 시설해서는 안된다.
2. 가공전선은 다른 가공전선로, 가공 전차전로, 가공약전류전선로 또는 가공광섬유케이블선로의 지지물을 사이에 두고 시설해서는 안된다.
3. 가공전선과 다른 가공전선, 가공약전류전선, 가공 광섬유케이블 또는 가공전차선을 동일 지지물에 시설하는 경우에는 제1 및 제2에 의하지 아니할 수 있다.

331.4 가공전선로 지지물의 철탑오름 및 전주오름 방지

가공전선로의 지지물에 취급자가 오르고 내리는데 사용하는 발판 볼트 등을 지표상 1.8[m] 미만에 시설해서는 안된다. 다만, 다음의 어느 하나에 해당되는 경우에는 그러하지 아니하다.
1. 발판 볼트 등을 내부에 넣을 수 있는 구조로 되어 있는 지지물에 시설하는 경우
2. 지지물에 철탑오름 및 전주오름 방지장치를 시설하는 경우
3. 지지물 주위에 취급자 이외의 사람이 출입할 수 없도록 울타리·담 등의 시설을 하는 경우
4. 지지물이 산간 등에 있으며 사람이 쉽게 접근할 우려가 없는 곳에 시설하는 경우

331.6 풍압하중의 종별과 적용

1. 가공전선로에 사용하는 지지물의 강도 계산에 적용하는 풍압하중은 다음의 3종으로 한다.
   가. 갑종 풍압하중

표 331.6-1 구성재의 수직 투영면적 1[m²]에 대한 풍압

풍압을 받는 구분			구성재의 수직 투영면적 1[m²]에 대한 풍압
목주			588[Pa]
지지물	철주	원형의 것	588[Pa]
		삼각형 또는 마름모형의 것	1412[Pa]
		강관으로 구성되는 4각형의 것	1117[Pa]
		기타의 것	복재가 전·후면에 겹치는 경우 1627[Pa], 기타의 경우 1784[Pa]
	철근 콘크리트주	원형의 것	588[Pa]
		기타의 것	882[Pa]
	철탑	단주 - 원형의 것	588[Pa]
		단주 - 기타의 것	1117[Pa]
		강관으로 구성되는 것	1255[Pa]
		기타의 것	2157[Pa
전선 기타 가섭선	다도체를 구성하는 전선		666[Pa]
	기타의 것		745[Pa]
애자장치(특고압 전선용의 것)			1039[Pa]
목주·철주 및 철근 콘크리트주의 완금류			단일재로서 사용하는 경우 1196[Pa], 기타의 경우 1627[Pa]

나. 을종 풍압하중

전선 기타의 가섭선 주위에 두께 6[mm], 비중 0.9의 빙설이 부착된 상태에서 수직 투영면적 372[Pa](다도체를 구성하는 전선은 333[Pa]), 그 이외의 것은 갑종 풍압의 2분의 1을 기초로 하여 계산한 것.

다. 병종 풍압하중

갑종 풍압의 2분의 1을 기초로 하여 계산한 것.

2. 각 풍압은 가공전선로의 지지물의 형상에 따라 다음과 같이 가하여지는 것으로 한다.

　가. 단주형상의 것.

　　(1) 전선로와 직각의 방향에서는 지지물·가섭선 및 애자장치에 제1의 풍압의 1배

　　(2) 전선로의 방향에서는 지지물·애자장치 및 완금류에 제1의 풍압의 1배

　나. 기타 형상의 것.

　　(1) 전선로와 직각의 방향에서는 그 방향에서의 전면 결구·가섭선 및 애자장치에 제1의 풍압의 1배

　　(2) 전선로의 방향에서는 그 방향에서의 전면 결구 및 애자장치에 제1의 풍압의 1배

3. 제1의 풍압하중의 적용은 다음에 따른다.

　가. 빙설이 많은 지방 이외에서 고온계절에는 갑종 풍압하중, 저온계절에는 병종 풍압하중

　나. 빙설이 많은 지방에서는 고온계절에는 갑종 풍압하중, 저온계절에는 을종 풍압하중

　다. 빙설이 많은 지방 중 해안지방 기타 저온계절에 최대풍압이 생기는 지방에서는 고온계절에는 갑종 풍압하중, 저온계절에는 갑종 풍압하중과 을종 풍압하중 중 큰 것.

4. 인가가 많이 연접되어 있는 장소에 시설하는 가공전선로의 구성재 중 다음의 풍압하중에 대하여는 갑종 풍압하중 또는 을종 풍압하중 대신에 병종 풍압하중을 적용할 수 있다.

　가. 저압 또는 고압 가공전선로의 지지물 또는 가섭선

　나. 35[kV] 이하의 전선에 특고압 절연전선 또는 케이블을 사용하는 특고압 가공전선로의 지지물, 가섭선 및 특고압 가공전선을 지지하는 애자장치 및 완금류

331.7 가공전선로 지지물의 기초의 안전율

가공전선로의 지지물에 하중이 가하여지는 경우에 그 하중을 받는 지지물의 기초의 안전율은 2 이상이어야 한다. 다만, 다음에 따라 시설하는 경우에는 적용하지 않는다.

1. 강관을 주체로 하는 철주 또는 철근콘크리트주로서 16[m] 이하, 설계하중이 6.8[kN] 이하인 것 또는 목주를 다음에 의하여 시설하는 경우
    가. 15[m] 이하인 경우는 땅에 묻히는 깊이를 전체 길이의 6분의 1 이상으로 할 것.
    나. 15[m]를 초과하는 경우는 땅에 묻히는 깊이를 2.5[m] 이상으로 할 것.
    다. 논이나 그 밖의 지반이 연약한 곳에서는 견고한 근가를 시설할 것.
2. 철근콘크리트주로서 16[m] 초과 20[m] 이하이고, 설계하중이 6.8[kN] 이하의 것을 논이나 그 밖의 지반이 연약한 곳 이외에 그 묻히는 깊이를 2.8[m] 이상으로 시설하는 경우
3. 철근콘크리트주로서 14[m] 이상 20[m] 이하이고, 설계하중이 6.8[kN] 초과 9.8[kN] 이하의 것을 논이나 그 밖의 지반이 연약한 곳 이외에 시설하는 경우 그 묻히는 깊이는 기준보다 30[cm]를 가산하여 시설하는 경우
4. 철근콘크리트주로서 14[m] 이상 20[m] 이하이고, 설계하중이 9.81[kN] 초과 14.72[kN] 이하의 것을 논이나 그 밖의 지반이 연약한 곳 이외에 다음과 같이 시설하는 경우
    가. 15[m] 이하인 경우에는 묻히는 깊이를 기준보다 0.5[m]를 더한 값 이상으로 할 것.
    나. 15[m] 초과 18[m] 이하인 경우에는 묻히는 깊이를 3[m] 이상으로 할 것.
    다. 18[m]를 초과하는 경우에는 묻히는 깊이를 3.2[m] 이상으로 할 것.

331.11 지선의 시설

1. 가공전선로의 지지물로 사용하는 철탑은 지선을 사용하여 강도를 분담시켜서는 안 된다.
2. 가공전선로의 지지물로 사용하는 철주 또는 철근콘크리트주는 지선을 사용하지 않는 상태에서 2분의 1 이상의 풍압하중에 견디는 강도를 가지는 경우 이외에는 지선을 사용하여 강도를 분담시켜서는 안 된다.
3. 가공전선로의 지지물에 시설하는 지선은 다음에 따라야 한다.
    가. 지선의 안전율은 2.5 이상이고 허용 인장하중의 최저는 4.31[kN]으로 한다.
    나. 지선에 연선을 사용할 경우에는 다음에 의할 것.

(1) 소선 3가닥 이상의 연선일 것.

(2) 소선의 지름이 2.6[mm] 이상의 금속선을 사용한 것일 것. 다만, 소선의 지름이 2[mm] 이상인 아연도강 연선으로서 소선의 인장강도가 0.68 [kN/mm^2] 이상인 것을 사용하는 경우에는 적용하지 않는다.

다. 지중부분 및 지표상 0.3[m]까지의 부분에는 내식성이 있는 것 또는 아연도금을 한 철봉을 사용하고 쉽게 부식되지 않는 근가에 견고하게 붙일 것. 다만, 목주에 시설하는 지선에 대해서는 적용하지 않는다.

라. 지선근가는 지선의 인장하중에 충분히 견디도록 시설할 것.

4. 도로를 횡단하여 시설하는 지선의 높이는 지표상 5[m] 이상으로 하여야 한다. 다만, 기술상 부득이한 경우로서 교통에 지장을 초래할 우려가 없는 경우에는 지표상 4.5[m] 이상, 보도의 경우에는 2.5[m] 이상으로 할 수 있다.

5. 저압 및 고압, 25[kV] 미만인 특고압 가공전선로의 지지물에 시설하는 지선으로서 전선과 접촉할 우려가 있는 것에는 그 상부에 애자를 삽입할 것.

6. 고압 가공전선로 또는 특고압 전선로의 지지물로 사용하는 목주·A종 철주 또는 A종 철근 콘크리트주에는 다음에 따라 지선을 시설할 것.

가. 전선로의 직선 부분(5° 이하의 수평각도를 이루는 곳을 포함)에서 그 양쪽의 경간차가 큰 곳에 사용하는 목주 등에는 양쪽의 경간 차에 의하여 생기는 불평균 장력에 의한 수평력에 견디는 지선을 전선로의 방향으로 양쪽에 시설할 것.

나. 전선로 중 5°를 초과하는 수평각도를 이루는 곳에 사용하는 목주 등에는 전 가섭선에 대하여 각 가섭선의 상정 최대장력에 의하여 생기는 수평횡분력에 견디는 지선을 시설할 것

다. 전선로 중 가섭선을 인류하는 곳에 사용하는 목주 등에는 전 가섭선에 대하여 각 가섭선의 상정 최대장력에 상당하는 불평균 장력에 의한 수평력에 견디는 지선을 전선로의 방향에 시설할 것.

331.12 구내인입선

331.12.1 고압 가공인입선의 시설

1. 고압 가공인입선은 인장강도 8.01[kN] 이상의 고압, 특고압 절연전선 또는 지름 5[mm] 이상의 경동선의 고압, 특고압 절연전선 또는 인하용 절연전선을 애자사용배선에 의하여 시설하거나 케이블을 규정에 준하여 시설할 것.

2. 고압 가공인입선의 높이는 지표상 3.5[m]까지로 감할 수 있다. 이 경우에 고압 가공인입선이 케이블 이외의 것인 때에는 전선의 아래쪽에 위험표시를 하여야

한다.
3. 고압 연접인입선은 시설하여서는 안 된다.

331.13 옥측전선로

331.13.1 고압 옥측전선로의 시설

1. 고압 옥측 전선로는 다음의 어느 하나에 해당하는 경우에 한하여 시설할 수 있다.
    가. 1 구내 또는 동일 기초 구조물 및 여기에 구축된 복수의 건물과 구조적으로 일체화된 하나의 건물에 시설하는 전선로의 전부 또는 일부로 시설하는 경우
    나. 1 구내 등 전용의 전선로 중 그 구내에 시설하는 부분의 전부 또는 일부로 시설하는 경우
    다. 옥외에 시설한 복수의 전선로에서 수전하도록 시설하는 경우
2. 고압 옥측전선로는 전개된 장소에는 다음에 따라 시설할 것.
    가. 전선은 케이블일 것.
    나. 케이블은 견고한 관 또는 트라프에 넣거나 사람이 접촉할 우려가 없도록 시설할 것.
    다. 케이블을 조영재의 옆면 또는 아랫면에 따라 붙일 경우에는 케이블의 지지점 간의 거리를 2[m] (수직으로 붙일 경우에는 6[m])이하로 하고 또한 피복을 손상되지 않도록 붙일 것.
    라. 케이블을 조가용선에 조가하여 시설하는 경우에 규정에 준하여 시설하고 전선이 고압 옥측 전선로를 시설하는 조영재에 접촉하지 않도록 시설할 것.
    마. 관 기타의 케이블을 넣는 방호장치의 금속제 부분·금속제의 전선 접속함 및 케이블의 피복에 사용하는 금속제에는 이들의 방식조치를 한 부분 및 대지와의 사이의 전기저항값이 10[Ω] 이하인 부분을 제외하고 접지공사를 할 것.
3. 고압 옥측전선로의 전선이 고압 옥측전선로를 시설하는 조영물에 시설하는 특고압 옥측전선·저압 옥측전선·관등회로의 배선·약전류 전선 등이나 수관·가스관 또는 이와 유사한 것과 접근하거나 교차하는 경우에는 고압 옥측전선로의 전선과 이들 사이의 이격거리는 0.15[m] 이상일 것.
4. 고압 옥측전선로의 전선이 다른 시설물과 접근하는 경우에는 고압 옥측전선로의 전선과 이들 사이의 이격거리는 0.3[m] 이상일 것.

331.14 옥상 전선로

331.14.1 고압 옥상 전선로의 시설

1. 고압 옥상 전선로는 케이블을 사용하고 또한 다음의 어느 하나에 해당하는 경우에 한하여 시설할 수 있다.
   가. 전선을 전개된 장소에서 규정에 준하여 시설하는 외에 조영재에 견고하게 붙인 지지주 또는 지지대에 의하여 지지하고 또한 조영재 사이의 이격거리를 1.2[m] 이상으로 하여 시설하는 경우
   나. 전선을 조영재에 견고하게 붙인 견고한 관 또는 트라프에 넣고 트라프에는 취급자 이외의 자가 쉽게 열 수 없는 구조의 철제 또는 철근 콘크리트제 기타 견고한 뚜껑을 시설하는 외에 대지와의 사이의 전기저항값이 10[Ω] 이하인 부분을 제외하고 접지공사를 할 것.
2. 전선이 다른 시설물과 접근하거나 교차하는 경우에는 고압 옥상 전선로의 전선과 이들 사이의 이격거리는 0.6[m] 이상일 것.
3. 전선은 상시 부는 바람 등에 의하여 식물에 접촉하지 않도록 시설할 것.

331.14.2 특고압 옥상 전선로의 시설

특고압 옥상 전선로(특고압의 인입선의 옥상부분을 제외)는 시설하여서는 아니 된다.

332 가공전선로

332.1 가공약전류전선로의 유도장해 방지

1. 저압 가공전선로 또는 고압 가공전선로와 기설 가공약전류전선로가 병행하는 경우에는 유도작용에 의하여 통신상의 장해가 생기지 않도록 전선과 기설 약전류전선 간의 이격거리는 2[m] 이상일 것.
2. 기설 가공약전류전선로에 장해를 줄 우려가 있는 경우에는 다음 중 한 가지 또는 두 가지 이상을 기준으로 하여 시설할 것.
   가. 가공전선과 가공약전류전선 간의 이격거리를 증가시킬 것.
   나. 교류식 가공전선로의 경우에는 가공전선을 적당한 거리에서 연가할 것.
   다. 가공전선과 가공약전류전선 사이에 인장강도 5.26[kN] 이상의 것 또는 지름 4[mm] 이상인 경동선의 금속선 2가닥 이상을 시설하고 접지공사를 할 것.

332.2 가공케이블의 시설

1. 저압 또는 고압 가공전선에 케이블을 사용하는 경우에는 다음에 따라 시설할 것.
   가. 케이블은 조가용선에 행거로 시설할 것. 고압인 때에는 행거의 간격은 0.5[m] 이하로 하는 것이 좋다.
   나. 조가용선은 인장강도 5.93[kN] 이상의 것 또는 22[mm^2] 이상인 아연도강 연선일 것.
   다. 조가용선 및 케이블의 피복에 사용하는 금속체에는 접지공사를 할 것.
2. 조가용선의 케이블에 접촉시켜 그 위에 쉽게 부식하지 아니하는 금속 테이프 등을 0.2[m] 이하의 간격을 유지하며 나선상으로 감는 경우, 조가용선을 케이블의 외장에 견고하게 붙이는 경우 또는 조가용선과 케이블을 꼬아 합쳐 조가하는 경우에 조가용선이 인장강도 5.93[kN] 이상의 금속선의 것 또는 22[mm^2] 이상인 아연도강 연선의 경우에는 제1의 "가" 및 "나"의 규정에 의하지 아니할 수 있다.
3. 고압 가공전선에 반도전성 외장 조가용 고압케이블을 사용하는 경우는 조가용선을 반도전성 외장 조가용 고압 케이블에 접속시켜 그 위에 쉽게 부식하지 아니하는 금속 테이프를 0.06[m] 이하의 간격을 유지하면서 나선상으로 감아 시설할 것.

332.3 고압 가공전선의 굵기 및 종류

고압 가공전선은 고압 절연전선, 특고압 절연전선 또는 케이블을 사용할 것.

332.4 고압 가공전선의 안전율

고압 가공전선은 케이블인 경우 이외에는 다음에 규정하는 경우에 안전율이 경동선 또는 내열 동합금선은 2.2 이상, 그 밖의 전선은 2.5 이상이 되는 이도로 시설할 것.

1. 빙설이 많은 지방 이외의 지방에서는 그 지방의 평균온도에서 전선의 중량과 전선의 수직 투영면적 1[m^2]에 대하여 745[Pa]의 수평풍압과의 합성하중을 지지하는 경우 및 그 지방의 최저온도에서 전선의 중량과 전선의 수직 투영면적 1[m^2]에 대하여 372[Pa]의 수평풍압과의 합성하중을 지지하는 경우.
2. 빙설이 많은 지방에서는 그 지방의 평균온도에서 전선의 중량과 전선의 수직 투영면적 1[m^2]에 대하여 745[Pa]의 수평풍압과의 합성하중을 지지하는 경우 및 그 지방의 최저온도에서 전선의 주위에 두께 6[mm], 비중 0.9의 빙설이 부착한

때의 전선 및 빙설의 중량과 빙설이 부착한 전선의 수직 투영면적 1[m^2]에 대하여 372[Pa]의 수평풍압과의 합성하중을 지지하는 경우.
3. 빙설이 많은 지방 중 해안지방, 기타 저온계절에 최대풍압이 생기는 지방에서는 그 지방의 평균온도에서 전선의 중량과 전선의 수직 투영면적 1[m^2]에 대하여 745[Pa]의 수평풍압과의 합성하중을 지지하는 경우 및 그 지방의 최저온도에서 전선의 중량과 전선의 수직 투영면적 1[m^2]에 대하여 745[Pa]의 수평풍압과의 합성하중 또는 전선의 주위에 두께 6[mm], 비중 0.9의 빙설이 부착한 때의 전선 및 빙설의 중량과 빙설이 부착한 전선의 수직 투영면적 1[m^2]에 대하여 372[Pa]의 수평풍압과의 합성하중 중 어느 것이나 큰 것을 지지하는 경우.

332.5 고압 가공전선의 높이

1. 고압 가공전선의 높이는 다음에 따라야 한다.
   가. 도로를 횡단하는 경우에는 지표상 6[m] 이상
   나. 철도 또는 궤도를 횡단하는 경우에는 레일면상 6.5[m] 이상
   다. 횡단보도교의 위에 시설하는 경우에는 노면상 3.5[m] 이상
   라. 기타의 경우에는 지표상 5[m] 이상
2. 고압 가공전선을 수면상에 시설하는 경우에는 전선의 수면상의 높이를 선박의 항해 등에 위험을 주지 않도록 유지할 것.
3. 고압 가공전선로를 빙설이 많은 지방에 시설하는 경우에는 전선의 적설상의 높이를 사람 또는 차량의 통행 등에 위험을 주지 않도록 유지하여야 한다.

332.6 고압 가공전선로의 가공지선

고압 가공전선로에 사용하는 가공지선은 인장강도 5.26[kN] 이상의 것 또는 지름 4[mm] 이상의 나경동선을 사용하고 또한 이를 332.4의 규정에 준하여 시설할 것.

332.7 고압 가공전선로의 지지물의 강도

1. 고압 가공전선로의 지지물로서 사용하는 목주는 다음에 따라 시설할 것.
   가. 풍압하중에 대한 안전율은 1.3 이상일 것.
   나. 굵기는 말구 지름 0.12[m] 이상일 것.
2. A종 철근콘크리트주 중 복합 철근콘크리트주 이외의 것으로서 고압 가공전선로의 지지물로 사용하는 것은 풍압하중에 견디는 강도를 가지는 것일 것.

332.8 고압 가공전선 등의 병행설치

1. 저압과 고압 가공전선을 동일 지지물에 시설하는 경우에는 다음에 따를 것.
    가. 저압 가공전선을 고압 가공전선의 아래로 하고 별개의 완금류에 시설할 것.
    나. 저압 가공전선과 고압 가공전선 사이의 이격거리는 0.5[m] 이상일 것.
2. 다음의 어느 하나에 해당하는 경우에는 제1에 의하지 아니할 수 있다.
    가. 고압 가공전선에 케이블을 사용하고, 케이블과 저압 가공전선 사이의 이격거리를 0.3[m] 이상으로 하여 시설하는 경우
    나. 저압 가공인입선을 분기하기 위하여 저압 가공전선을 고압용의 완금류에 견고하게 시설하는 경우
3. 저압 또는 고압의 가공전선과 교류전차선 또는 이와 전기적으로 접속되는 조가용선, 브래킷이나 장선을 동일 지지물에 시설하는 경우에는 저압 또는 고압의 가공전선을 지지물이 교류전차선 등을 지지하는 쪽의 반대쪽에서 수평거리를 1[m] 이상으로 하여 시설할 것. 이 경우에 저압 또는 고압의 가공전선을 교류전차선 등의 위로 할 때에는 수직거리를 수평거리의 1.5배 이하로 하여 시설할 것.
4. 저압 또는 고압의 가공전선과 교류전차선 등의 수평거리를 3[m] 이상으로 하여 시설하는 경우 또는 구내 등에서 지지물의 양쪽에 교류전차선 등을 시설하는 경우에 다음에 따라 시설할 때에는 저압 또는 고압의 가공전선을 지지물의 교류전차선 등을 지지하는 쪽에 시설할 수 있다.
    가. 저압 또는 고압의 가공전선로의 경간은 60[m] 이하일 것.
    나. 저압 또는 고압 가공전선은 인장강도 8.71[kN] 이상의 것 또는 22[mm^2] 이상의 경동연선일 것. 다만, 저압 가공전선을 교류전차선 등의 아래에 시설할 경우는 저압 가공전선에 인장강도 8.01[kN] 이상의 것 또는 지름 5[mm] (저압 가공전선로의 경간이 30[m] 이하인 경우에는 인장하중 5.26[kN] 이상의 것 또는 지름 4[mm] 이상의 경동선) 이상의 경동선을 사용할 수 있다.

332.9 고압 가공전선로 경간의 제한

1. 고압 가공전선로의 경간은 표 332.1-1에서 정한 값 이하이어야 한다.

표 332.9-1 고압 가공전선로 경간 제한

지지물의 종류	경간[m]
목주·A종 철주 또는 A종 철근콘크리트주	150
B종 철주 또는 B종 철근콘크리트주	250
철탑	600

2. 고압 가공전선로의 경간이 100[m]를 초과하는 경우에는 그 부분의 전선로는 다음에 따라 시설하여야 한다.
   가. 고압 가공전선은 인장강도 8.01[kN] 이상의 것 또는 지름 5[mm] 이상의 경동선의 것.
   나. 목주의 풍압하중에 대한 안전율은 1.5 이상일 것.
3. 고압 가공전선로의 전선에 인장강도 8.71[kN] 이상의 것 또는 22[mm^2] 이상의 경동연선의 것을 다음에 따라 지지물을 시설하는 때에는 제1의 규정에 의하지 아니할 수 있다. 이 경우에 전선로의 경간은 지지물에 목주·A종 철주 또는 A종 철근콘크리트주를 사용하는 경우에는 300[m] 이하, B종 철주 또는 B종 철근콘크리트주를 사용하는 경우에는 500[m] 이하일 것.
   가. 목주·A종 철주 또는 A종 철근콘크리트주에는 전 가섭선마다 각 가섭선의 상정 최대장력의 3분의 1에 상당하는 불평균 장력에 의한 수평력에 견디는 지선을 전선로의 방향으로 양쪽에 시설할 것.
   나. B종 철주 또는 B종 철근콘크리트주에는 규정에 준하는 장력에 견디는 형태의 철주나 철근콘크리트주 혹은 이와 동등 이상의 강도를 가지는 형식의 철주나 철근콘크리트주를 사용하거나 지선을 시설할 것.

332.10 고압 보안공사

고압 보안공사는 다음에 따라야 한다.
1. 전선은 케이블인 경우 이외에는 인장강도 8.01[kN] 이상의 것 또는 지름 5[mm] 이상의 경동선일 것.
2. 목주의 풍압하중에 대한 안전율은 1.5 이상일 것.
3. 경간은 표 332.10-1에서 정한 값 이하일 것. 다만, 전선에 인장강도 14.51[kN] 이상의 것 또는 38[mm^2] 이상의 경동연선을 사용하는 경우로서 지지물에 B종 철주·B종 철근콘크리트주 또는 철탑을 사용하는 때에는 그러하지 아니하다.

표 332.10-1 고압 보안공사 경간 제한

지지물의 종류	경간[m]
목주·A종 철주 또는 A종 철근콘크리트주	100
B종 철주 또는 B종 철근콘크리트주	150
철탑	400

332.11 고압 가공전선과 건조물의 접근

1. 저압 또는 고압 가공전선이 건조물과 접근상태로 시설되는 경우에는 다음에 따라야 한다.

   가. 고압 가공전선로는 고압 보안공사에 의할 것.

   나. 저압 가공전선과 건조물의 조영재 사이의 이격거리는 표 332.11-1에서 정한 값 이상일 것.

   다. 고압 가공전선과 건조물의 조영재 사이의 이격거리는 표 332.11-2에서 정한 값 이상일 것.

표 332.11-1 저압 가공전선과 건조물의 조영재 사이의 이격거리

건조물 조영재의 구분	접근형태	이격거리
지붕·챙·옷 말리는 곳 기타 사람이 올라갈 우려가 있는 조영재	위쪽	2[m](고압, 특고압 절연전선, 케이블인 경우 1[m])
	옆쪽 또는 아래쪽	1.2[m] (전선에 사람이 쉽게 접촉할 우려가 없도록 시설한 경우 0.8[m], 고압, 특고압 절연전선, 케이블인 경우 0.4[m])
기타의 조영재		1.2[m] (전선에 사람이 쉽게 접촉할 우려가 없도록 시설한 경우 0.8[m], 고압, 특고압 절연전선, 케이블인 경우 0.4[m])

표 332.11-2 고압 가공전선과 건조물의 조영재 사이의 이격거리

건조물 조영재의 구분	접근형태	이격거리
상부 조영재	위쪽	2[m] (전선이 케이블인 경우 1[m])
	옆쪽 또는 아래쪽	1.2[m] (전선에 사람이 쉽게 접촉할 우려가 없도록 시설한 경우 0.8[m], 케이블인 경우 0.4[m])
기타의 조영재		1.2[m] (전선에 사람이 쉽게 접촉할 우려가 없도록 시설한 경우 0.8[m], 케이블인 경우 0.4[m])

2. 저고압 가공전선이 건조물과 접근하는 경우에 저고압 가공전선이 건조물의 아래쪽에 시설될 때에는 저고압 가공전선과 건조물 사이의 이격거리는 표 332.11-3에서 정한 값 이상으로 하고 또한 위험의 우려가 없도록 시설할 것.

표 332.11-3 저고압 가공전선과 건조물 사이의 이격거리

가공전선의 구분	이격거리
저압 가공전선	0.6[m](전선이 고압, 특고압 절연전선, 케이블인 경우 0.3[m])
고압 가공전선	0.8[m](전선이 케이블인 경우 0.4[m])

3. 가공전선과 건조물의 조영재 사이의 수직 이격거리는 건조물의 조영재로부터 수직방향으로 떨어져야 할 거리, 수평 이격거리는 수평방향으로 떨어져야 할 거리를 말하며 이격거리의 관계는 그림 332.11-1과 같다.

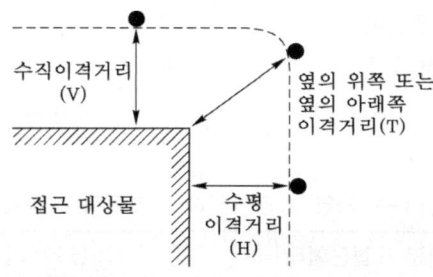

그림 332.11-1 이격거리의 관계

332.12 고압 가공전선과 도로 등의 접근 또는 교차

1. 저압 또는 고압 가공전선이 도로・횡단보도교・철도・궤도・삭도 또는 저압 전차선과 접근상태로 시설되는 경우에는 다음에 따라야 한다.
   가. 고압 가공전선로는 고압 보안공사에 의할 것.
   나. 저압 가공전선과 도로 등의 이격거리는 표 332.12-1에서 정한 값 이상일 것. 다만, 저압 가공전선과 도로・횡단보도교・철도 또는 궤도와의 수평 이격거리가 1[m] 이상인 경우에는 그러하지 아니하다.

표 332.12-1 저압 가공전선과 도로 등의 이격거리

도로 등의 구분	이격거리
도로・횡단보도교・철도 또는 궤도	3[m]
삭도나 그 지주 또는 저압 전차선	0.6[m] (고압, 특고압 절연전선, 케이블인 경우 0.3[m])
저압 전차선로의 지지물	0.3[m]

다. 고압 가공전선과 도로 등의 이격거리는 표 332.12-2에서 정한 값 이상일 것. 다만, 고압 가공전선과 도로·횡단보도교·철도 또는 궤도와의 수평 이격거리가 1.2[m] 이상인 경우에는 그러하지 아니하다.

표 332.12-2 저압 가공전선과 도로 등의 이격거리

도로 등의 구분	이격거리
도로·횡단보도교·철도 또는 궤도	3[m]
삭도나 그 지주 또는 저압 전차선	0.8[m](전선이 케이블인 경우 0.4[m])
저압 전차선로의 지지물	0.6[m](고압 가공전선이 케이블인 경우 0.3[m])

2. 저압 또는 고압 가공전선이 삭도와 접근하는 경우에는 저압 또는 고압 가공전선은 삭도의 아래쪽에 수평거리로 삭도의 지주의 지표상의 높이에 상당하는 거리 안에 시설해서는 안 된다. 다만, 가공전선과 삭도의 수평거리가 저압은 2[m] 이상, 고압은 2.5[m] 이상이고, 삭도의 지주가 넘어지는 경우에 삭도가 가공전선에 접촉할 우려가 없는 경우 또는 가공전선이 삭도와 수평거리로 3[m] 미만에 접근하는 경우에 가공전선의 위쪽에 견고한 방호장치를 전선과 0.6[m] (전선이 케이블인 경우 0.3[m]) 이상 이격하여 시설하고 금속제 부분에 접지공사를 한 때에는 그러하지 아니하다.

3. 저압 또는 고압 가공전선이 삭도와 교차하는 경우에는 저압 또는 고압 가공전선은 삭도의 아래에 시설하여서는 아니 된다. 다만, 가공전선의 위쪽에 견고한 방호장치를 전선과 0.6[m](전선이 케이블인 경우 0.3[m]) 이상 이격하여 시설하고 금속제 부분에 접지공사를 한 경우에는 그러하지 아니하다.

332.13 고압 가공전선과 가공약전류전선 등의 접근 또는 교차

1. 저압 또는 고압 가공전선이 가공약전류전선 또는 가공 광섬유 케이블과 접근상태로 시설되는 경우에는 다음에 따라야 한다.
   가. 고압 가공전선은 고압 보안공사에 의할 것.
   나. 저압 가공전선이 가공약전류전선 등과 접근하는 경우에는 저압 가공전선과 가공약전류전선 등 사이의 이격거리는 0.6[m] (가공약전류 전선로 또는 가공 광섬유케이블 선로로서 가공약전류전선 등이 절연전선과 동등 이상의 절연효력이 있는 것 또는 통신용 케이블인 경우는 0.3[m]) 이상일 것.

다. 고압 가공전선이 가공약전류전선 등과 접근하는 경우는 고압 가공전선과 가공약전류전선 등 사이의 이격거리는 0.8[m](전선이 케이블인 경우에는 0.4[m]) 이상일 것.

라. 가공전선과 약전류전선로 등의 지지물 사이의 이격거리는 저압은 0.3[m] 이상, 고압은 0.6[m] (전선이 케이블인 경우에는 0.3[m]) 이상일 것.

2. 저압 또는 고압 가공전선이 가공약전류전선 등과 교차하는 경우, 저압 또는 고압 가공전선이 가공약전류전선 등의 위에 시설될 때는 규정에 준하여 시설할 것. 이 경우 저압 가공전선로의 중성선에는 절연전선을 사용할 것.

332.16 고압 가공전선 등과 저압 가공전선 등의 접근 또는 교차

1. 고압 가공전선이 저압 가공전선 또는 고압 전차선과 접근상태로 시설되거나 고압 가공전선이 저압 가공전선 등과 교차하는 경우에 고압 가공전선 등의 위에 시설되는 때에는 다음에 따라야 한다.

   가. 고압 가공전선로는 고압 보안공사에 의할 것.

   나. 고압 가공전선과 저압 가공전선 등 또는 그 지지물 사이의 이격거리는 표 332.16-1에서 정한 값 이상일 것.

표 332.16-1 고압 가공전선과 저압 가공전선 등 또는 그 지지물 사이의 이격거리

저압 가공전선 등 또는 그 지지물의 구분	이격거리
저압 가공전선 등	0.8[m](고압 가공전선이 케이블인 경우 0.4[m])
저압 가공전선 등의 지지물	0.6[m](고압 가공전선이 케이블인 경우 0.3[m])

2. 고압 가공전선 또는 고압 전차선이 저압 가공전선과 접근하는 경우에는 고압 가공전선 등은 저압 가공전선의 아래쪽에 수평거리로 그 저압 가공전선로의 지지물의 지표상의 높이에 상당하는 거리 안에 시설하여서는 아니 된다. 다만, 기술상의 부득이한 경우에 저압 가공전선이 다음에 따라 시설되는 경우 또는 고압 가공전선 등과 저압 가공전선과의 수평거리가 2.5[m] 이상인 때에 저압 가공전선로의 전선 절단·지지물의 도괴 등에 의하여 저압 가공전선이 고압 가공전선 등에 접촉할 우려가 없는 경우에는 그러하지 아니하다.

   가. 저압 가공전선로는 저압 보안공사에 의할 것.

   나. 저압 가공전선과 고압 가공전선 등 또는 그 지지물 사이의 이격거리는 표 332.16-2에서 정한 값 이상일 것.

표 332.16-2 저압 가공전선과 고압 가공전선 등 또는 그 지지물 사이의 이격거리

고압 가공전선 등 또는 그 지지물의 구분	이격거리
고압 가공전선	0.8[m](고압 가공전선이 케이블인 경우 0.4[m])
고압 전차선	1.2[m]
고압 가공전선 등의 지지물	0.3[m]

    다. 저압 가공전선로의 지지물과 고압 가공전선 등 사이의 이격거리는 0.6[m](고압 가공전선로가 케이블인 경우에는 0.3[m]) 이상일 것.
3. 저압 가공전선과 고압 가공전선 등 사이의 수평거리가 2.5[m] 이상인 경우 또는 수평거리가 1.2[m] 이상이고 또한 수직거리가 수평거리의 1.5배 이하인 경우에는 저압 가공전선로는 저압 보안공사에 의하지 아니할 수 있다.
4. 고압 가공전선 등이 저압 가공전선과 교차하는 경우에는 고압 가공전선 등은 저압 가공전선의 아래에 시설하여서는 아니 된다.

332.17 고압 가공전선 상호 간의 접근 또는 교차

고압 가공전선이 다른 고압 가공전선과 접근상태로 시설되거나 교차하여 시설되는 경우에는 다음에 따라 시설할 것.
1. 위쪽 또는 옆쪽에 시설되는 고압 가공전선로는 고압 보안공사에 의할 것.
2. 고압 가공전선 상호 간의 이격거리는 0.8[m](어느 한쪽의 전선이 케이블인 경우에는 0.4[m]) 이상, 하나의 고압 가공전선과 다른 고압 가공전선로의 지지물 사이의 이격거리는 0.6[m] (전선이 케이블인 경우에는 0.3[m]) 이상일 것.

332.18 고압 가공전선과 다른 시설물의 접근 또는 교차

1. 고압 가공전선이 건조물·도로·횡단보도교·철도·궤도·삭도·가공약전류전선 등·안테나·교류 전차선 등·저압 또는 전차선·저압 가공전선·다른 고압 가공전선 및 특고압 가공전선 이외의 시설물과 접근상태로 시설되는 경우에는 고압 가공전선과 다른 시설물의 이격거리는 표 332.18-1에서 정한 값 이상일 것. 고압 가공전선로의 전선의 절단, 지지물이 도괴 등에 의하여 고압 가공전선이 사람에게 위험을 줄 우려가 있을 때에는 고압 가공전선로는 고압 보안공사에 의할 것.

표 332.18-1 고압 가공전선과 다른 시설물의 이격거리

다른 시설물의 구분	접근형태	이격거리
조영물의 상부 조영재	위쪽	2[m](전선이 케이블인 경우 1[m])
	옆쪽 또는 아래쪽	0.8[m](전선이 케이블인 경우 0.4[m])
조영물의 상부 조영재 이외의 부분 또는 조영물 이외의 시설물		0.8[m](전선이 케이블인 경우 0.4[m])

2. 고압 가공전선이 다른 시설물과 접근하는 경우에 고압 가공전선이 다른 시설물의 아래쪽에 시설되는 때에는 상호 간의 이격거리를 0.8[m] (전선이 케이블인 경우에는 0.4[m]) 이상으로 하고 위험의 우려가 없도록 시설할 것.

332.19 고압 가공전선과 식물의 이격거리

고압 가공전선은 상시 부는 바람 등에 의하여 식물에 접촉하지 않도록 시설할 것. 다만, 고압 가공절연전선을 방호구에 넣어 시설하거나 절연내력 및 내마모성이 있는 케이블을 시설하는 경우는 그러하지 아니하다.

333 특고압 가공전선로

333.1 시가지 등에서 특고압 가공전선로의 시설

특고압 가공전선로는 전선이 케이블인 경우 또는 전선로를 다음과 같이 시설하는 경우에는 시가지 그 밖에 인가가 밀집한 지역에 시설할 수 있다.
1. 170[kV] 이하인 전선로를 다음에 의하여 시설하는 경우
    가. 특고압 가공전선을 지지하는 애자장치는 다음 중 어느 하나에 의할 것.
        (1) 50[%] 충격섬락전압값이 전선의 근접한 다른 부분을 지지하는 애자장치값의 110[%](130[kV]를 초과하는 경우는 105[%]) 이상인 것.
        (2) 아크 혼을 붙인 현수애자·장간애자 또는 라인포스트 애자를 사용하는 것.
        (3) 2련 이상의 현수애자 또는 장간애자를 사용하는 것.
        (4) 2개 이상의 핀애자 또는 라인포스트 애자를 사용하는 것.
    나. 특고압 가공전선로의 경간은 표 333.1-1에서 정한 값 이하일 것.

표 333.1-1 시가지 등에서 170[kV] 이하 특고압 가공전선로의 경간 제한

지지물의 종류	경 간
A종 철주 또는 A종 철근 콘크리트주	75[m]
B종 철주 또는 B종 철근 콘크리트주	150[m]
철탑	400[m](단주인 경우 300[m]) 전선이 수평으로 2 이상 있는 경우에 전선 상호 간의 간격이 4[m] 미만인 때 250[m]

다. 지지물에는 철주·철근콘크리트주 또는 철탑을 사용할 것.
라. 전선은 단면적이 표 333.1-2에서 정한 값 이상일 것.

표 333.1-2 시가지 등에서 170[kV] 이하 특고압 가공전선로 전선의 단면적

사용전압의 구분	전선의 단면적
100[kV] 미만	인장강도 21.67[kN] 이상의 연선 또는 55[mm²] 이상의 경동연선 또는 동등이상의 인장강도를 갖는 알루미늄 전선이나 절연전선
100[kV] 이상	인장강도 58.84[kN] 이상의 연선 또는 150[mm²] 이상의 경동연선 또는 동등이상의 인장강도를 갖는 알루미늄 전선이나 절연전선

마. 전선의 지표상의 높이는 표 333.1-3에서 정한 값 이상일 것. 다만, 발전소·변전소 또는 이에 준하는 곳의 구내와 구외를 연결하는 1 경간 가공전선은 그러하지 아니하다.

표 333.1-3 시가지 등에서 170[kV] 이하 특고압 가공전선로 높이

사용전압의 구분	지표상의 높이
35[kV] 이하	10[m](특고압 절연전선인 경우 8[m])
35[kV] 초과	10[m]에 35[kV]를 초과하는 10[kV] 또는 그 단수마다 0.12[m] 를 더한 값

바. 지지물에는 위험표시를 보기 쉬운 곳에 시설할 것. 다만, 35[kV] 이하의 특고압 가공전선로의 전선에 특고압 절연전선을 사용하는 경우는 그러하지 아니하다.
사. 100[kV]를 초과하는 특고압 가공전선에 지락 또는 단락이 생겼을 때에는 1초 이내에 자동적으로 이를 전로로부터 차단하는 장치를 시설할 것.
2. 170[kV] 초과하는 전선로를 다음에 의하여 시설하는 경우
　가. 전선로는 회선수 2 이상 또는 그 전선로의 손괴에 의하여 현저한 공급지장이 발생하지 않도록 시설할 것.

나. 전선을 지지하는 애자장치에는 아크 혼을 부착한 현수애자 또는 장간애자를 사용할 것.

다. 전선을 인류하는 경우에는 압축형 클램프, 쐐기형 클램프 또는 이와 동등 이상의 성능을 가지는 클램프를 사용할 것.

라. 현수애자 장치에 의하여 전선을 지지하는 부분에는 아머로드를 사용할 것.

마. 경간 거리는 600[m] 이하일 것.

바. 지지물은 철탑을 사용할 것.

사. 전선은 240[mm^2] 이상의 강심알루미늄선 또는 이와 동등 이상의 인장강도 및 내아크 성능을 가지는 연선을 사용할 것.

아. 전선로에는 가공지선을 시설할 것.

자. 전선은 압축접속에 의하는 경우 이외에는 경간 도중에 접속점을 시설하지 아니할 것.

차. 전선의 지표상의 높이는 10[m]에 35[kV]를 초과하는 10[kV]마다 0.12[m]를 더한 값 이상일 것.

카. 지지물에는 위험표시를 보기 쉬운 곳에 시설할 것.

타. 전선로에 지락 또는 단락이 생겼을 때에는 1초 이내에 그리고 전선이 아크전류에 의하여 용단될 우려가 없도록 자동적으로 전로에서 차단하는 장치를 시설할 것.

333.2 유도장해의 방지

1. 특고압 가공 전선로는 기설 가공 전화선로에 대하여 상시정전유도작용에 의한 통신상의 장해가 없도록 시설할 것.

    가. 60[kV] 이하인 경우에는 전화선로의 길이 12[km]마다 유도전류가 2[μA]를 넘지 아니하도록 할 것.

    나. 60[kV]를 초과하는 경우에는 전화선로의 길이 40[km]마다 유도전류가 3[μA]을 넘지 아니하도록 할 것.

2. 특고압 가공전선로는 기설 통신선로에 대하여 상시정전 유도작용에 의하여 통신상의 장해를 주지 아니하도록 시설할 것.

3. 특고압 가공전선로는 기설 약전류 전선로에 대하여 통신상의 장해를 줄 우려가 없도록 시설할 것.

333.3 특고압 가공케이블의 시설

특고압 가공전선로는 전선에 케이블을 사용하는 경우에는 다음에 따라 시설할 것.
1. 케이블은 다음의 어느 하나에 의하여 시설할 것.
    가. 조가용선에 행거에 의하여 시설할 것. 이 경우에 행거의 간격은 0.5[m] 이하로 하여 시설할 것.
    나. 조가용선에 접촉시키고 그 위에 쉽게 부식되지 아니하는 금속 테이프 등을 0.2[m] 이하의 간격을 유지시켜 나선형으로 감아 붙일 것.
2. 조가용선은 인장강도 13.93[kN] 이상의 연선 또는 22[mm^2] 이상의 아연도강 연선일 것.
3. 조가용선 및 케이블의 피복에 사용하는 금속체에는 접지공사를 할 것.

333.4 특고압 가공전선의 굵기 및 종류

특고압 가공전선은 케이블인 경우 이외에는 인장강도 8.71[kN] 이상의 연선 또는 22[mm^2] 이상의 경동연선 또는 동등 이상의 인장강도를 갖는 알루미늄 전선이나 절연전선일 것.

333.5 특고압 가공전선과 지지물 등의 이격거리

특고압 가공전선과 그 지지물·완금류·지주 또는 지선 사이의 이격거리는 표 333.5-1에서 정한값 이상일 것.

표 333.5-1 특고압 가공전선과 지지물 등의 이격거리

사용전압	이격거리[m]
15[kV] 미만	0.15
15[kV] ~ 25[kV] 미만	0.2
25[kV] ~ 35[kV] 미만	0.25
35[kV] ~ 50[kV] 미만	0.3
50[kV] ~ 60[kV] 미만	0.35
60[kV] ~ 70[kV] 미만	0.4
70[kV] ~ 80[kV] 미만	0.45
80[kV] ~ 130[kV] 미만	0.65
130[kV] ~ 160[kV] 미만	0.9
160[kV] ~ 200[kV] 미만	1.1
200[kV] ~ 230[kV] 미만	1.3
230 [kV] 이상	1.6

333.7 특고압 가공전선의 높이

1. 특고압 가공전선의 지표상(철도 또는 궤도를 횡단하는 경우에는 레일면상, 횡단보도교를 횡단하는 경우에는 그 노면상)의 높이는 표 333.7-1에서 정한 값 이상일 것.

표 333.7-1 특고압 가공전선의 높이

사용전압의 구분	지표상의 높이
35[kV] 이하	5[m](철도 또는 궤도를 횡단하는 경우 6.5[m], 도로를 횡단하는 경우 6[m], 횡단보도교의 위에 시설하는 경우로서 전선이 특고압 절연전선 또는 케이블인 경우 4[m])
35[kV] 초과 160[kV] 이하	6[m](철도 또는 궤도를 횡단하는 경우 6.5[m], 산지 등에서 사람이 쉽게 들어갈 수 없는 장소에 시설하는 경우 5[m], 횡단보도교의 위에 시설하는 경우 전선이 케이블인 경우 5[m])
160[kV] 초과	6[m](철도 또는 궤도를 횡단하는 경우 6.5[m] 산지 등에서 사람이 쉽게 들어갈 수 없는 장소를 시설하는 경우 5[m])에 160[kV]를 초과하는 10[kV] 또는 그 단수마다 0.12[m]를 더한 값

2. 특고압 가공전선로를 빙설이 많은 지방에 시설하는 경우에는 전선의 적설 상의 높이를 사람 또는 차량의 통행 등에 위험을 주지 아니하도록 유지할 것.

333.8 특고압 가공전선로의 가공지선

특고압 가공전선로에 사용하는 가공지선은 다음에 따라 시설할 것.
1. 가공지선에는 인장강도 8.01[kN] 이상의 나선 또는 지름 5[mm] 이상의 나경동선, 22[mm^2] 이상의 나경동연선, 아연도강 연선 22[mm^2], 또는 OPGW 전선을 사용하고 또한 이를 332.4의 규정에 준하여 시설할 것.
2. 지지점 이외의 곳에서 특고압 가공전선과 가공지선 사이의 간격은 지지점에서의 간격보다 적게 하지 아니할 것.
3. 가공지선 상호를 접속하는 경우에는 접속관 기타의 기구를 사용할 것.

333.10 특고압 가공전선로의 목주 시설

특고압 가공전선로의 지지물로 사용하는 목주는 다음에 따르고 견고하게 시설할 것.
1. 풍압하중에 대한 안전율은 1.5 이상일 것.
2. 굵기는 말구 지름 0.12[m] 이상일 것.

333.11 특고압 가공전선로의 철주·철근콘크리트주 또는 철탑의 종류

특고압 가공전선로의 지지물로 사용하는 B종 철근·B종 콘크리트주 또는 철탑의 종류는 다음과 같다.

1. 직선형
   전선로의 직선부분(3° 이하인 수평각도를 이루는 곳을 포함)에 사용하는 것.
2. 각도형
   전선로중 3°를 초과하는 수평각도를 이루는 곳에 사용하는 것.
3. 인류형
   전가섭선을 인류하는 곳에 사용하는 것.
4. 내장형
   전선로의 지지물 양쪽의 경간의 차가 큰 곳에 사용하는 것.
5. 보강형
   전선로의 직선부분에 그 보강을 위하여 사용하는 것

333.16 특고압 가공전선로의 내장형 등의 지지물 시설

1. 특고압 가공전선로 중 지지물로 목주·A종 철주·A종 철근콘크리트주를 연속하여 5기 이상 사용하는 직선부분(5° 이하의 수평각도를 이루는 곳을 포함)에는 다음에 따라 목주·A종 철주 또는 A종 철근콘크리트주를 시설할 것.
   가. 5기 이하마다 지선을 전선로와 직각 방향으로 그 양쪽에 시설한 목주·A종 철주 또는 A종 철근콘크리트주 1기
   나. 연속하여 15기 이상으로 사용하는 경우에는 15기 이하마다 지선을 전선로의 방향으로 그 양쪽에 시설한 목주·A종 철주 또는 A종 철근콘크리트주 1기
2. 목주·A종 철주 또는 A종 철근콘크리트주는 지선을 시설한 목주·A종 철주 또는 A종 철근콘크리트주에 그 지선의 반대쪽에 지선을 더 시설함으로서 갈음할 수 있다.
3. 특고압 가공전선로 중 B종 철주 또는 B종 철근콘크리트주를 연속하여 10기 이상 사용하는 부분에는 10기 이하마다 장력에 견디는 형태의 철주 또는 철근콘크리트주 1기를 시설하거나 5기 이하마다 보강형의 철주 또는 철근콘크리트주 1기를 시설할 것.
4. 특고압 가공전선로 중 지지물로서 직선형의 철탑을 연속하여 10기 이상 사용하는 부분에는 10기 이하마다 장력에 견디는 애자장치가 되어 있는 철탑 또는 이와 동등 이상의 강도를 가지는 철탑 1기를 시설할 것.

333.17 특고압 가공전선과 저고압 가공전선 등의 병행설치

1. 35[kV] 이하인 특고압 가공전선과 저압 또는 고압의 가공전선을 동일 지지물에 시설하는 경우에는 다음에 따라야 한다.
   가. 특고압 가공전선은 저압 또는 고압 가공전선의 위에 시설하고 별개의 완금류에 시설할 것.
   나. 특고압 가공전선은 연선일 것.
   다. 저압 또는 고압 가공전선은 인장강도 8.31[kN] 이상의 것 또는 케이블인 경우 이외에는 다음에 해당하는 것.
      (1) 가공전선로의 경간이 50[m] 이하인 경우에는 인장강도 5.26[kN] 이상의 것 또는 지름 4[mm] 이상의 경동선
      (2) 가공전선로의 경간이 50[m]을 초과하는 경우에는 인장강도 8.01[kN] 이상의 것 또는 지름 5[mm] 이상의 경동선
   라. 특고압 가공전선과 저압 또는 고압 가공전선 사이의 이격거리는 1.2[m] 이상일 것. 다만, 특고압 가공전선이 케이블로서 저압 가공전선이 절연전선이거나 케이블인 때 또는 고압 가공전선이 고압 절연전선, 특고압 절연전선 또는 케이블인 때는 0.5[m]까지로 감할 수 있다.
   마. 저압 또는 고압 가공전선은, 특고압 가공전선 위험의 우려가 없도록 시설하는 경우 또는 특고압 가공전선이 케이블인 경우 이외에는 다음의 어느 하나에 해당하는 것일 것.
      (1) 특고압 가공전선과 동일 지지물에 시설되는 부분에 접지공사(접지저항 값이 10[Ω] 이하로서 접지도체는 16[mm^2] 이상의 연동선 또는 이와 동등 이상의 세기 및 굵기의 쉽게 부식하지 않는 금속선으로서 고장 시에 흐르는 전류를 안전하게 통할 수 있는 것을 사용한 것)를 한 저압 가공전선
      (2) 특고압과 고압의 혼촉 등에 의한 위험방지 시설하는 장치를 한 고압 가공전선
      (3) 직류 단선식 전기철도용 가공전선 그 밖의 대지로부터 절연되어 있지 아니하는 전로에 접속되어 있는 저압 또는 고압 가공전선
2. 35[kV]을 초과하고 100[kV] 미만인 특고압 가공전선과 저압 또는 고압 가공전선을 동일 지지물에 시설하는 경우에는 다음에 따라 시설할 것.
   가. 특고압 가공전선로는 제2종 특고압 보안공사에 의할 것.
   나. 특고압 가공전선과 저압 또는 고압 가공전선 사이의 이격거리는 2[m] 이상일 것.

다. 특고압 가공전선은 케이블인 경우를 제외하고는 인장강도 21.67[kN] 이상의 연선 또는 50[mm^2] 이상인 경동연선일 것.
라. 특고압 가공전선로의 지지물은 철주·철근콘크리트주 또는 철탑일 것.
3. 100[kV] 이상인 특고압 가공전선과 저압 또는 고압 가공전선은 동일 지지물에 시설하여서는 아니 된다.
4. 특고압 가공전선과 특고압 가공전선로의 지지물에 시설하는 저압의 전기기계기구에 접속하는 저압 가공전선을 동일 지지물에 시설하는 경우에는 특고압 가공전선과 저압 가공전선 사이의 이격거리는 표 333.17-1에서 정한 값 이상일 것.

표 333.17-1 특고압 가공전선과 저고압 가공전선의 병가 시 이격거리

사용전압의 구분	지표상의 높이
35[kV] 이하	1.2[m](특고압 가공전선이 케이블인 경우 0.5[m])
35[kV] 초과 60[kV] 이하	2[m](특고압 가공전선이 케이블인 경우 1[m])
60[kV] 초과	2[m](특고압 가공전선이 케이블인 경우 1[m])에 60[kV]를 초과하는 10[kV] 또는 그 단수마다 0.12[m]를 더한 값

333.21 특고압 가공전선로의 경간 제한

1. 특고압 가공전선로의 경간은 표 333.21-1에서 정한 값 이하이어야 한다.

표 333.21-1 특고압 가공전선로의 경간 제한

지지물의 종류	경간
목주 · A종 철주 또는 A종 철근콘크리트주	150[m]
B종 철주 또는 B종 철근 콘크리트주	250[m]
철탑	600[m](단주인 경우 400[m])

2. 특고압 가공전선로의 전선에 인장강도 21.67[kN] 이상의 것 또는 50[mm^2] 이상인 경동연선을 사용하는 경우로서 그 지지물을 다음에 따라 시설할 때에는 제1의 규정에 의하지 아니할 수 있다. 이 경우에 전선로의 경간은 지지물에 목주 · A종 철주 또는 A종 철근콘크리트주를 사용하는 경우에는 300[m] 이하, B종 철주 또는 B종 철근콘크리트주를 사용하는 경우에는 500[m] 이하일 것.
가. 목주 · A종 철주 또는 A종 철근콘크리트주에는 전 공중선에 대하여 각 공중선의 상정 최대장력의 3분의 1과 같은 불평균 장력에 의한 수평력에 견디는

지선을 전선로의 방향으로 양쪽에 시설할 것.
나. B종 철주 또는 B종 철근콘크리트주에는 장력에 견디는 형태의 철주나 철근콘크리트주를 사용하거나 "가"의 규정에 준하여 지선을 시설할 것.
다. 철탑에는 장력에 견디는 형태의 철탑을 사용할 것.

333.22 특고압 보안공사

1. 제1종 특고압 보안공사는 다음에 따라야 한다.
   가. 전선은 케이블인 경우 이외에는 단면적이 표 333.22-1에서 정한 값 이상일 것.

표 333.22-1 제1종 특고압 보안공사 시 전선의 단면적

사용전압	전선
100[kV] 미만	인장강도 21.67[kN] 이상의 연선 또는 55[mm^2] 이상의 경동연선 또는 동등이상의 인장강도를 갖는 알루미늄 전선이나 절연전선
100[kV] 이상 300[kV] 미만	인장강도 58.84[kN] 이상의 연선 또는 150[mm^2] 이상의 경동연선 또는 동등이상의 인장강도를 갖는 알루미늄 전선이나 절연전선
300[kV] 이상	인장강도 77.47[kN] 이상의 연선 또는 200[mm^2] 이상의 경동연선 또는 동등이상의 인장강도를 갖는 알루미늄 전선이나 절연전선

   나. 전선에는 압축접속에 의한 경우 이외에는 경간의 도중에 접속점을 시설하지 아니할 것.
   다. 전선로의 지지물에는 B종 철주·B종 철근콘크리트주 또는 철탑을 사용할 것.
   라. 경간은 표 333.22-2에서 정한 값 이하일 것. 다만, 전선의 인장강도 58.84[kN] 이상의 연선 또는 150[mm^2] 이상인 경동연선을 사용하는 경우에는 그러하지 아니하다.

표 333.22-2 제1종 특고압 보안공사 시 경간 제한

지지물의 종류	경간
B종 철주 또는 B종 철근 콘크리트주	150[m]
철탑	400[m](단주인 경우 300[m])

   마. 전선이 다른 시설물과 접근하거나 교차하는 경우에는 전선을 지지하는 애자장치는 다음의 어느 하나에 의할 것.

(1) 현수애자 또는 장간애자를 사용하는 경우, 50[%] 충격섬락 전압값이 전선의 근접하는 다른 부분을 지지하는 애자장치값의 110[%](130[kV]를 초과하는 경우는 105[%]) 이상인 것.
(2) 아크혼을 붙인 현수애자·장간애자 또는 라인포스트 애자를 사용한 것
(3) 2련 이상의 현수애자 또는 장간애자를 사용한 것.
바. 전선로에는 가공지선을 시설할 것. 다만, 100[kV] 미만인 경우에 애자에 아크혼을 붙인 때 또는 전선에 아마로드를 붙인 때에는 그러하지 아니하다.
사. 특고압 가공전선에 지락 또는 단락이 생겼을 경우에 3초(100[kV] 이상인 경우에는 2초) 이내에 자동적으로 이것을 전로로부터 차단하는 장치를 시설할 것.

2. 제2종 특고압 보안공사는 다음에 따라야 한다.
가. 특고압 가공전선은 연선일 것.
나. 지지물로 사용하는 목주의 풍압하중에 대한 안전율은 2 이상일 것.
다. 경간은 표 333.22-3에서 정한 값 이하일 것. 다만, 전선에 안장강도 38.05[kN] 이상의 연선 또는 95[mm^2] 이상인 경동연선을 사용하고 지지물에 B종 철주·B종 철근콘크리트주 또는 철탑을 사용하는 경우에는 그러하지 아니하다.

표 333.22-3 제2종 특고압 보안공사 시 경간 제한

지지물의 종류	경간
목주·A종 철주 또는 A종 철근콘크리트주	100[m]
B종 철주 또는 B종 철근콘크리트주	200[m]
철탑	400[m](단주인 경우 300[m])

라. 전선이 다른 시설물과 접근하거나 교차하는 경우에는 그 특고압 가공전선을 지지하는 애자장치는 다음의 어느 하나에 의할 것.
(1) 50[%] 충격섬락 전압값이 그 전선의 근접하는 다른 부분을 지지하는 애자장치의 값의 110[%](130[kV]를 초과하는 경우에는 105[%])이상인 것.
(2) 아크혼을 붙인 현수애자·장간애자 또는 라인포스트 애자를 사용한 것.
(3) 2련 이상의 현수애자 또는 장간애자를 사용한 것.
(4) 2개 이상의 핀애자 또는 라인포스트 애자를 사용한 것.

3. 제3종 특고압 보안공사는 다음에 따라야 한다.
   가. 특고압 가공전선은 연선일 것.
   나. 경간은 표 333.22-4에서 정한 값 이하일 것. 다만, 전선의 인장강도 38.05[kN] 이상의 연선 또는 95[mm^2] 이상인 경동연선을 사용하고 지지물에 B종 철주·B종 철근콘크리트주 또는 철탑을 사용하는 경우에는 그러하지 아니하다.

표 333.22-4 제3종 특고압 보안공사 시 경간 제한

지지물의 종류	경간
목주·A종 철주 또는 A종 철근콘크리트주	100[m](전선의 인장강도 14.51[kN] 이상의 연선 또는 38[mm^2] 이상인 경동연선을 사용하는 경우 150[m])
B종 철주 또는 B종 철근콘크리트주	200[m](전선의 인장강도 21.67[kN] 이상의 연선 또는 55[mm^2]) 이상인 경동연선을 사용하는 경우 250[m])
철탑	400[m](전선의 인장강도 21.67[kN] 이상의 연선 또는 55[mm^2] 이상인 경동연선을 사용하는 경우 600[m]) 다만, 단주의 경우 300[m](전선의 인장강도 21.67[kN] 이상의 연선 또는 55[mm^2] 이상인 경동연선을 사용하는 경우 400[m])

333.23 특고압 가공전선과 건조물의 접근

1. 특고압 가공전선이 건조물과 제1차 접근상태로 시설되는 경우에는 다음에 따라야 한다.
   가. 특고압 가공전선로는 제3종 특고압 보안공사에 의할 것.
   나. 35[kV] 이하인 특고압 가공전선과 건조물의 조영재 이격거리는 표 333.23-1에서 정한 값 이상일 것.

표 333.23-1 특고압 가공전선과 건조물의 이격거리(제1차 접근상태)

건조물과 조영재의 구분	전선종류	접근형태	이격거리
상부 조영재	특고압 절연전선	위쪽	2.5[m]
		옆쪽 또는 아래쪽	1.5[m] (전선에 사람이 쉽게 접촉할 우려가 없도록 시설한 경우 1[m])
	케이블	위쪽	1.2[m]
		옆쪽 또는 아래쪽	0.5[m]
	기타전선		3[m]
기타 조영재	특고압 절연전선		1.5[m] (전선에 사람이 쉽게 접촉할 우려가 없도록 시설한 경우 1[m])
	케이블		0.5[m]
	기타 전선		3[m]

다. 35[kV]를 초과하는 특고압 가공전선과 건조물과의 이격거리는 건조물의 조영재 구분 및 전선종류에 따라 각각 "나"의 규정 값에 35[kV]을 초과하는 10[kV] 또는 그 단수마다 15[cm]을 더한 값 이상일 것.

2. 35[kV] 이하인 특고압 가공전선이 건조물과 제2차 접근상태로 시설되는 경우에는 다음에 따라야 한다.
   가. 특고압 가공전선로는 제2종 특고압 보안공사에 의할 것.
   나. 특고압 가공전선과 건조물 사이의 이격거리는 제1의 "나"의 규정에 준할 것.

3. 35[kV] 초과 400[kV] 미만인 특고압 가공전선이 건조물과 제2차 접근상태에 있는 경우에는 다음에 따라 시설하여야 하며, 이 경우 이외에는 건조물과 제2차 접근상태로 시설하여서는 아니 된다.
   가. 특고압 가공전선로는 제1종 특고압 보안공사에 의할 것.
   나. 특고압 가공전선에는 아마로드를 시설하고 애자에 아크혼을 시설할 것. 또는 다음에 따라 시설할 것.
      (1) 특고압 가공전선로에 가공지선을 시설하고 특고압 가공전선에 아마로드를 시설할 것.
      (2) 특고압 가공전선로에 가공지선을 시설하고 애자에 아크혼을 시설할 것.
      (3) 애자에 아크혼을 시설하고 압축형 클램프 또는 쐐기형 클램프를 사용하여 전선을 인류 할 것.
   다. 건조물의 금속제 상부 조영재 중 제2차 접근상태에 있는 것에는 접지공사를 할 것.

4. 400[kV] 이상의 특고압 가공전선이 건조물과 제2차 접근상태로 있는 경우에는 다음에 따라 시설하여야 하며, 이 경우 이외에는 건조물과 제2차 접근상태로 시설하여서는 아니 된다.
   가. 전선 높이가 최저상태일 때 가공전선과 건조물 상부와의 수직거리가 28[m] 이상일 것.
   나. 독립된 주거생활을 할 수 있는 단독주택, 공동주택 및 학교, 병원 등 불특정 다수가 이용하는 다중 이용 시설의 건조물이 아닐 것.
   다. 건조물은 내화구조에 적합할 것.
   라. 폭연성 분진, 가연성 가스, 인화성물질, 석유류, 화학류 등 위험물질을 다루는 건조물에 해당되지 아니할 것.
   마. 건조물 최상부에서 전계(3.5[kV/m]) 및 자계(83.3[μT])를 초과하지 아니할 것.

바. 특고압 가공전선은 풍압하중, 지지물 기초의 안전율, 가공전선의 안전율, 애자장치의 안전율, 철탑의 강도 등의 안전율 및 강도 이상으로 시설하여 전선의 단선 및 지지물 도괴의 우려가 없도록 시설할 것.

5. 특고압 가공전선이 건조물과 접근하는 경우에 특고압 가공전선이 건조물의 아래쪽에 시설될 때에는 상호 간의 수평 이격거리는 3[m] 이상으로 시설할 것.

333.24 특고압 가공전선과 도로 등의 접근 또는 교차

1. 특고압 가공전선이 도로·횡단보도교·철도 또는 궤도와 제1차 접근상태로 시설되는 경우에는 다음에 따라야 한다.
   가. 특고압 가공전선로는 제3종 특고압 보안공사에 의할 것.
   나. 특고압 가공전선과 도로 등 사이의 이격거리는 표 333.24-1에서 정한 값 이상일 것. 다만, 특고압 절연전선을 사용하는 사용전압이 35[kV] 이하의 특고압 가공전선과 도로 등 사이의 수평 이격거리가 1.2[m] 이상인 경우에는 그러하지 아니하다.

표 333.24-1 특고압 가공전선과 도로 등과 접근 또는 교차 시 이격거리

사용전압의 구분	이격거리
35[kV] 이하	3[m]
35[kV] 초과	3[m]에 35[kV]를 초과하는 10[kV] 또는 그 단수마다 0.15[m] 을 더한 값

2. 특고압 가공전선이 도로 등과 제2차 접근상태로 시설되는 경우에는 다음에 따라야 한다.
   가. 특고압 가공전선로는 제2종 특고압 보안공사에 의할 것.
   나. 특고압 가공전선 중 도로 등에서 수평거리 3[m] 미만으로 시설되는 길이가 연속하여 100[m] 이하이고 또한 1 경간 안에서의 그 부분의 길이 합계가 100[m] 이하일 것.

3. 특고압 가공전선이 도로 등과 교차하는 경우에 특고압 가공전선이 도로 등의 위에 시설되는 때에는 다음에 따라야 한다.
   가. 특고압 가공전선로는 제2종 특고압 보안공사에 의할 것. 다만, 특고압 가공전선과 도로 등 사이에 다음에 의하여 보호망을 시설하는 경우에는 제2종 특고압 보안공사에 의하지 아니할 수 있다.

(1) 보호망은 접지공사를 한 금속제의 망상장치로 하고 견고하게 지지할 것.
(2) 보호망을 구성하는 금속선은 그 외주 및 특고압 가공전선의 직하에 시설하는 금속선에는 인장강도 8.01[kN] 이상의 것 또는 지름 5[mm] 이상의 경동선을 사용하고 그 밖의 부분에 시설하는 금속선에는 인장강도 5.26[kN] 이상의 것 또는 지름 4[mm] 이상의 경동선을 사용할 것.
(3) 보호망을 구성하는 금속선 상호의 간격은 가로, 세로 각 1.5[m] 이하일 것.
(4) 보호망이 특고압 가공전선의 외부에 뻗은 폭은 특고압 가공전선과 보호망과의 수직거리의 2분의 1 이상일 것. 다만, 6[m]를 넘지 아니하여도 된다.
(5) 보호망을 운전이 빈번한 철도선로의 위에 시설하는 경우에는 경동선 그 밖에 쉽게 부식되지 아니하는 금속선을 사용할 것.
나. 특고압 가공전선이 도로 등과 수평거리로 3[m] 미만에 시설되는 부분의 길이는 100[m]을 넘지 아니할 것.

333.26 특고압 가공전선과 저고압 가공전선 등의 접근 또는 교차

1. 특고압 가공전선이 가공약전류전선 등 저압 또는 고압의 가공전선이나 저압 또는 고압의 전차선과 제1차 접근상태로 시설되는 경우에는 다음에 따라야 한다.
    가. 특고압 가공전선로는 제3종 특고압 보안공사에 의할 것.
    나. 특고압 가공전선과 저고압 가공전선 등 또는 이들의 지지물이나 지주 사이의 이격거리는 표 333.26-1에서 정한 값 이상일 것.

표 333.26-1 특고압 가공전선과 저고압 가공전선 등의 접근 또는 교차 시 이격거리 (제1차 접근상태)

사용전압의 구분	이격거리
60[kV] 이하	2[m]
60[kV] 초과	2[m]에 60[kV]를 초과하는 10[kV] 또는 그 단수마다 0.12[m] 더한값

다. 특고압 절연전선 또는 케이블을 사용하는 사용전압이 35[kV] 이하인 특고압 가공전선과 저고압 가공전선 등 또는 이들의 지지물이나 지주 사이의 이격거리는 표 333.26-2에서 정한 값까지로 감할 수 있다.

표 333.26-2 [표 333.26-1]의 예외조건

저고압 가공전선 등 또는 이들의 지지물이나 지주의 구분	전선의 종류	이격거리
저압 가공전선 또는 저압이나 고압의 전차선	특고압 절연전선	1.5[m] (절연전선선 또는 케이블인 경우 1[m])
	케이블	1.2[m] (절연전선 또는 케이블인 경우 0.5[m])
고압 가공전선	특고압 절연전선	1[m]
	케이블	0.5[m]
가공 약전류 전선 등 또는 저고압 가공전선 등의 지지물이나 지주	특고압 절연전선	1[m]
	케이블	0.5[m]

2. 특고압 가공전선이 저고압 가공전선 등과 제2차 접근상태로 시설되는 경우에는 다음에 따라야 한다.
   가. 특고압 가공전선로는 제2종 특고압 보안공사에 의할 것. 다만, 35[kV] 이하인 특고압 가공전선과 저고압 가공전선 등 사이에 보호망을 시설하는 경우에는 제2종 특고압 보안공사에 의하지 아니할 수 있다.
   나. 특고압 가공전선과 저고압 가공전선 등과의 수평 이격거리는 2[m] 이상일 것. 다만, 다음의 어느 하나에 해당하는 경우에는 그러하지 아니하다.
      (1) 저고압 가공전선 등이 인장강도 8.01[kN] 이상의 것 또는 지름 5[mm] 이상의 경동선이나 케이블인 경우
      (2) 가공약전류전선 등을 인장강도 3.64[kN] 이상의 것 또는 지름 4[mm] 이상의 아연도 철선으로 조가하여 시설하는 경우 또는 가공약전류전선 등이 경간 15[m] 이하의 인입선인 경우
      (3) 특고압 가공전선과 저고압 가공전선 등의 수직거리가 6[m] 이상인 경우
      (4) 저고압 가공전선 등의 위쪽에 보호망을 시설하는 경우
      (5) 특고압 가공전선이 특고압 절연전선 또는 케이블을 사용하는 35[kV] 이하의 것인 경우
   다. 특고압 가공전선 중 저고압 가공전선 등에서 수평거리로 3[m] 미만으로 시설되는 부분의 길이가 연속하여 50[m] 이하이고 또한 1 경간 안에서의 그 부분의 길이의 합계가 50[m] 이하일 것.
3. 특고압 가공전선이 저고압 가공전선 등과 교차하는 경우에 특고압 가공전선이 저고압 가공전선 등의 위에 시설되는 때에는 다음에 따라야 한다.
   가. 특고압 가공전선로는 제2종 특고압 보안공사에 의할 것. 다만, 특고압 가공

전선과 저고압 가공전선 등 사이에 보호망을 시설하는 경우에는 제2종 특고압 보안공사에 의하지 아니할 수 있다.
나. 특고압 가공전선이 가공약전류전선이나 저압 또는 고압 가공전선과 교차하는 경우에는 특고압 가공전선의 양외선이 바로 아래에 접지공사를 한 인장강도 8.01[kN] 이상 또는 지름 5[mm] 이상의 경동선을 약전류전선이나 저압 또는 고압의 가공전선과 0.6[m] 이상의 이격거리를 유지하여 시설할 것.
다. 저고압 가공전선 등이 특고압 가공전선으로부터 수평거리로 3[m] 미만으로 시설되는 부분의 길이는 50[m] 이하일 것. 다만, 35[kV] 이하인 특고압 가공전선로를 시설하는 경우, 또는 35[kV]를 초과하는 특고압 가공전선로를 제1종 특고압 보안공사에 의하여 시설하는 경우에는 그러하지 아니하다.

333.27 특고압 가공전선 상호 간의 접근 또는 교차

특고압 가공전선이 다른 특고압 가공전선과 접근상태로 시설되거나 교차하여 시설되는 경우에는 다음에 따라야 한다.
1. 위쪽 또는 옆쪽에 시설되는 특고압 가공전선로는 제3종 특고압 보안공사에 의할 것.
2. 위쪽 또는 옆쪽에 시설되는 특고압 가공전선로의 지지물로 사용하는 목주·철주 또는 철근콘크리트주에는 다음에 의하여 지선을 시설할 것.

333.29 특고압 가공전선로의 지선의 시설

1. 특고압 가공전선이 건조물·도로·횡단보도교·철도·궤도·삭도·가공약전류전선 등·저압이나 고압의 가공전선 또는 저압이나 고압의 가공 전차선과 제2차 접근상태로 시설되는 경우 또는 35[kV]를 초과하는 특고압 가공전선이 건조물 등과 제1차 접근상태로 시설되는 경우에는 특고압 가공전선로의 지지물에는 건조물 등과 접근하는 쪽의 반대쪽에 지선을 시설하여야 한다. 다만, 다음의 어느 하나에 해당하는 경우에는 그러하지 아니하다.
가. 특고압 가공전선로가 건조물 등과 접근하는 쪽의 반대쪽에 10° 이상의 수평각도를 이루는 경우
나. 특고압 가공전선로의 지지물로 333.13에 규정하는 상시 상정하중에 1.96[kN]의 수평 횡하중을 가산한 하중에 의하여 생기는 부재응력의 1배의 응력에 대하여 견디는 B종 철주 또는 B종 철근콘크리트주를 사용하는 경우

다. 특고압 가공전선로가 특고압 절연전선
2. 특고압 가공전선이 건조물 등과 교차하는 경우에는 특고압 가공전선로의 지지물에는 특고압 가공전선로의 방향에 교차하는 쪽의 반대쪽 및 특고압 가공전선로와 직각 방향으로 그 양쪽에 지선을 시설할 것.

333.32 25[kV] 이하인 특고압 가공전선로의 시설

1. 15[kV] 이하인 특고압 가공전선로의 중성선의 다중접지 및 중성선의 시설은 다음에 의할 것.
   가. 접지도체는 6[mm^2] 이상의 연동선 또는 이와 동등 이상의 세기 및 굵기의 쉽게 부식하지 않는 금속선으로서 고장 시에 흐르는 전류를 안전하게 통할 수 있는 것일 것.
   나. 접지공사에 의해 접지한 곳 상호 간의 거리는 전선로에 따라 300[m] 이하일 것.
   다. 각 접지도체를 중성선으로부터 분리하였을 경우의 각 접지점의 대지 전기저항값과 1[km] 마다의 중성선과 대지 사이의 합성 전기저항값은 표 333.32 -1에서 정한 값 이하일 것.

표 333.32-1 15[kV] 이하인 특고압 가공전선로의 전기저항값

각 접지점의 대지 전기저항값	1 km마다의 합성 전기저항값
300[Ω]	30[Ω]

   라. 다중접지한 중성선은 저압전로의 접지측 전선이나 중성선과 공용할 수 있다.
2. 15[kV] 이하의 특고압 가공전선로의 전선과 저압 또는 고압의 가공전선를 동일 지지물에 시설하는 경우에 다음에 따라 시설할 때는 333.17의 1의 규정에 의하지 아니할 수 있다.
   가. 특고압 가공전선과 저압 또는 고압의 가공전선 사이의 이격거리는 0.75[m] 이상일 것. 다만, 각도주, 분기주 등에서 혼촉할 우려가 없도록 시설할 때는 그러하지 아니하다.
   나. 특고압 가공전선은 저압 또는 고압의 가공전선 위로 하고 별개의 완금류에 시설할 것.
3. 15[kV]를 초과하고 25[kV] 이하인 특고압 가공전선로(중성선 다중접지식의 것으로서 전로에 지락이 생겼을 때에 2초 이내에 자동적으로 이를 전로로부터 차단하는 장치가 되어 있는 것)를 다음에 따라 시설하는 경우에는 규정에 의하지

아니할 수 있다.
가. 특고압 가공전선이 건조물·도로·횡단보도교·철도·궤도·삭도·가공 약전류전선 등·안테나·저압이나 고압의 가공전선 또는 저압이나 고압의 전차선과 접근 또는 교차상태로 시설되는 경우의 경간은 표 333.32-2에서 정한 값 이하일 것.

표 333.32-2 15[kV] 초과 25[kV] 이하인 특고압 가공전선로 경간 제한

지지물의 종류	경간[m]
목주·A종 철주 또는 A종 철근콘크리트주	100
B종 철주 또는 B종 철근콘크리트주	150
철탑	400

나. 특고압 가공전선이 건조물과 접근하는 경우에 특고압 가공전선과 건조물의 조영재 사이의 이격거리는 표 333.32-3에서 정한 값 이상일 것.

표 333.32-3 15[kV] 초과 25[kV] 이하 특고압 가공전선로 이격거리(1)

건조물의 조영재	접근상태	전선의 종류	이격거리[m]
상부 조영재	위쪽	나전선	3.0
		특고압 절연전선	2.5
		케이블	1.2
	옆쪽 또는 아래쪽	나전선	1.5
		특고압 절연전선	1.0
		케이블	0.5
기타의 조영재		나전선	1.5
		특고압 절연전선	1.0
		케이블	0.5

다. 특고압 가공전선이 도로, 횡단보도교, 철도, 궤도와 접근하는 경우에는 다음에 의할 것.
  (1) 특고압 가공전선이 도로 등과 접근상태로 시설되는 경우 도로 등 사이의 이격거리는 3[m] 이상일 것. 다만, 특고압 가공전선이 특고압 절연전선인 경우 수평 이격거리를 1.5[m] 이상, 케이블인 경우 수평 이격거리를 1.2[m] 이상으로 시설하는 경우에는 그러하지 아니하다.
  (2) 특고압 가공전선이 도로 등의 아래쪽에서 접근하여 시설될 때에는 상호간의 이격거리는 표 333.32-4에서 정한 값 이상으로 하고 또한 위험의 우려가 없도록 시설할 것.

표 333.32-4 15[kV] 초과 25[kV] 이하 특고압 가공전선로 이격거리(2)

전선의 종류	이격거리[m]
나전선	1.5
특고압 절연전선	1.0
케이블	0.5

334 지중전선로

334.1 지중전선로의 시설

1. 지중 전선로는 전선에 케이블을 사용하고 또한 관로식·암거식 또는 직접 매설식에 의하여 시설할 것.
2. 지중 전선로를 관로식 또는 암거식에 의하여 시설하는 경우에는 다음에 따라야 한다.
   가. 관로식에 의하여 시설하는 경우에는 매설 깊이를 1.0[m] 이상으로 하되, 매설 깊이가 충분하지 못한 장소에는 견고하고 차량 기타 중량물의 압력에 견디는 것을 사용할 것. 다만 중량물의 압력을 받을 우려가 없는 곳은 0.6[m] 이상으로 한다.
   나. 암거식에 의하여 시설하는 경우에는 견고하고 차량 기타 중량물의 압력에 견디는 것을 사용할 것.
3. 지중 전선을 냉각하기 위하여 케이블을 넣은 관내에 물을 순환시키는 경우에는 지중 전선로는 순환수 압력에 견디고 또한 물이 새지 아니하도록 시설할 것.
4. 지중 전선로를 직접 매설식에 의하여 시설하는 경우에는 매설 깊이를 차량 기타 중량물의 압력을 받을 우려가 있는 장소에는 1.0[m] 이상, 기타 장소에는 0.6[m] 이상으로 하고 또한 지중 전선을 견고한 트라프 기타 방호물에 넣어 시설할 것.
5. 암거에 시설하는 지중전선은 다음의 어느 하나에 해당하는 난연조치를 하거나 암거 내에 자동소화설비를 시설할 것.
   가. 불연성 또는 자소성이 있는 난연성 피복이 된 지중전선을 사용할 것.
   나. 불연성 또는 자소성이 있는 난연성의 연소방지 테이프, 연소방지 시트, 연소방지 도료 기타 이와 유사한 것으로 지중전선을 피복할 것.
   다. 불연성 또는 자소성이 있는 난연성의 관 또는 트라프에 넣어 지중전선을 시설할 것.

334.2 지중함의 시설

지중전선로에 사용하는 지중함은 다음에 따라 시설하여야 한다.
1. 지중함은 견고하고 차량 기타 중량물의 압력에 견디는 구조일 것.
2. 지중함은 그 안의 고인 물을 제거할 수 있는 구조로 되어 있을 것.
3. 폭발성 또는 연소성의 가스가 침입할 우려가 있는 것에 시설하는 지중함으로서 크기가 $1[m^3]$ 이상인 것에는 통풍장치 기타 가스를 방산시키기 위한 적당한 장치를 시설할 것.
4. 지중함의 뚜껑은 시설자 이외의 자가 쉽게 열 수 없도록 시설할 것.
5. 저압 지중함의 경우에는 절연성능이 있는 고무판을 주철(강)재의 뚜껑 아래에 설치할 것.
6. 차도 이외의 장소에 설치하는 저압 지중함은 절연성능이 있는 재질의 뚜껑을 사용할 수 있다.

334.3 케이블 가압장치의 시설

압축가스를 사용하여 케이블에 압력을 가하는 장치는 다음에 따라 시설하여야 한다.
1. 압축가스 또는 압유를 통하는 관, 압축가스 탱크 또는 압유탱크 및 압축기는 각각의 최고 사용압력의 1.5배의 유압 또는 수압을 연속하여 10분간 가하여 시험을 하였을 때 이에 견디고 또한 누설되지 아니하는 것일 것.
2. 압력탱크 및 압력관은 용접에 의하여 잔류응력이 생기거나 나사조임에 의하여 무리한 하중이 걸리지 아니하도록 할 것.
3. 가압장치에는 압축가스 또는 유압의 압력을 계측하는 장치를 설치할 것.
4. 압축가스는 가연성 및 부식성의 것이 아닐 것.

334.4 지중전선의 피복금속체의 접지

관·암거 기타 지중전선을 넣은 방호장치의 금속제부분·금속제의 전선 접속함 및 지중전선의 피복으로 사용하는 금속체에는 접지공사를 할 것.

334.5 지중약전류전선의 유도장해 방지

지중전선로는 기설 지중약전류 전선로에 대하여 누설전류 또는 유도작용에 의하여 통신상의 장해를 주지 않도록 기설 약전류 전선로로부터 충분히 이격시키거나 기타 적당한 방법으로 시설할 것.

334.6 지중전선과 지중약전류전선 등 또는 관과의 접근 또는 교차

1. 지중전선이 지중약전류전선 등과 접근하거나 교차하는 경우에 상호 간의 이격거리가 저압 또는 고압의 지중전선은 0.3[m] 이하, 특고압 지중전선은 0.6[m] 이하인 때에는 지중전선과 지중약전류전선 등 사이에 견고한 내화성의 격벽을 설치하는 경우 이외에는 지중전선을 견고한 불연성 또는 난연성의 관에 넣어 그 관이 지중약전류전선 등과 직접 접촉하지 아니하도록 할 것. 다만, 다음의 어느 하나에 해당하는 경우에는 그러하지 아니하다.
    가. 지중약전류전선 등이 전력보안 통신선인 경우에 불연성 또는 자소성이 있는 난연성의 재료로 피복한 광섬유케이블인 경우 또는 불연성 또는 자소성이 있는 난연성의 관에 넣은 광섬유 케이블인 경우
    나. 지중전선이 저압의 것이고 지중약전류전선 등이 전력보안 통신선인 경우
    다. 고압 또는 특고압의 지중전선을 전력보안 통신선에 직접 접촉하지 아니하도록 시설하는 경우
    라. 지중약전류전선 등이 불연성 또는 자소성이 있는 난연성의 재료로 피복한 광섬유케이블인 경우 또는 불연성 또는 자소성이 있는 난연성의 관에 넣은 광섬유케이블로서 그 관리자와 협의한 경우
    마. 170[kV] 미만의 지중전선으로서 지중약전류전선 등의 관리자와 협의하여 이격거리를 0.1[m] 이상으로 하는 경우
2. 특고압 지중전선이 가연성이나 유독성의 유체를 내포하는 관과 접근하거나 교차하는 경우에 상호 간의 이격거리가 1[m] 이하(단, 25[kV] 이하인 다중접지방식 지중전선로인 경우에는 0.5[m] 이하)인 때에는 지중전선과 관 사이에 견고한 내화성의 격벽을 시설하는 경우 이외에는 지중전선을 견고한 불연성 또는 난연성의 관에 넣어 그 관이 가연성이나 유독성의 유체를 내포하는 관과 직접 접촉하지 아니하도록 시설할 것.
3. 특고압 지중전선이 제2에 규정하는 관 이외의 관과 접근하거나 교차하는 경우에 상호 간의 이격거리가 0.3[m] 이하인 경우에는 지중전선과 관 사이에 견고한 내화성 격벽을 시설하는 경우 이외에는 견고한 불연성 또는 난연성의 관에 넣어 시설할 것. 다만, 제2에 규정한 관 이외의 관이 불연성인 경우 또는 불연성의 재료로 피복된 경우에는 그러하지 아니하다.

334.7 지중전선 상호 간의 접근 또는 교차

지중전선이 다른 지중전선과 접근하거나 교차하는 경우에 지중함 내 이외의 곳에서 상호 간의 거리가 저압 지중전선과 고압 지중전선에 있어서는 0.15[m] 이하, 저

압이나 고압의 지중전선과 특고압 지중전선에 있어서는 0.3[m] 이하인 때에는 다음의 어느 하나에 해당하는 경우에 한하여 시설할 수 있다.
1. 각각의 지중전선이 다음 중 어느 하나에 해당하는 경우
   가. 다음의 시험에 합격한 난연성의 피복이 있는 것을 사용하는 경우
      (1) 6.6[kV] 이하의 저압 및 고압케이블
      (2) 66[kV] 이하의 특고압 케이블
      (3) 154[kV] 케이블
   나. 견고한 난연성의 관에 넣어 시설하는 경우
2. 어느 한쪽의 지중전선에 불연성의 피복으로 되어 있는 것을 사용하는 경우
3. 어느 한쪽의 지중전선을 견고한 불연성의 관에 넣어 시설하는 경우
4. 지중전선 상호 간에 견고한 내화성의 격벽을 설치할 경우
5. 25[kV] 이하인 다중접지방식 지중전선로를 관에 넣어 0.1[m] 이상 이격하여 시설하는 경우

335 특수장소의 전선로

335.1 터널 안 전선로의 시설

1. 철도·궤도 또는 자동차도 전용터널 안의 전선로는 다음에 따라 시설할 것.
   가. 저압 전선은 다음과 같이 시설할 것.
      (1) 인장강도 2.30[kN] 이상의 절연전선 또는 지름 2.6[mm] 이상의 경동선의 절연전선을 사용하고 애자사용배선에 의하여 시설하여야 하며 또한 이를 레일면상 또는 노면상 2.5[m] 이상의 높이로 유지할 것.
      (2) 케이블배선에 의하여 시설할 것.
   나. 고압 전선은 고압 옥측전선로의 시설규정에 준하여 시설할 것. 다만, 인장강도 5.26[kN] 이상의 것 또는 지름 4[mm] 이상의 경동선의 고압 절연전선 또는 특고압 절연전선을 애자사용배선에 의하여 시설하고 또한 이를 레일면상 또는 노면상 3[m] 이상의 높이로 유지하여 시설하는 경우에는 그러하지 아니하다.
2. 사람이 상시 통행하는 터널 안의 전선로 사용전압은 저압 또는 고압에 한하며, 저압 전선은 다음 중 하나에 의하여 시설할 것.
   가. 인장강도 2.30[kN] 이상의 절연전선 또는 지름 2.6[mm] 이상의 경동선의 절연전선을 애자사용배선에 의하여 시설하고 또한 노면상 2.5[m] 이상의 높이로 유지할 것.

나. 케이블배선에 의하여 시설할 것.

335.5 지상에 시설하는 전선로

1. 지상에 시설하는 저압 또는 고압의 전선로는 다음의 어느 하나에 해당하는 경우 이외에는 시설하여서는 아니 된다.
    가. 1 구내에만 시설하는 전선로의 전부 또는 일부로 시설하는 경우
    나. 1 구내 전용의 전선로 중 그 구내에 시설하는 부분의 전부 또는 일부로 시설하는 경우
    다. 지중전선로와 교량에 시설하는 전선로 또는 전선로 전용교 등에 시설하는 전선로와의 사이에서 취급자 이외의 자가 출입하지 않도록 조치한 장소에 시설하는 경우
2. 교통에 지장을 줄 우려가 없는 곳에서는 위험의 우려가 없도록 시설할 것.
    가. 전선은 케이블 또는 클로로프렌 캡타이어 케이블일 것.
    나. 전선이 케이블인 경우에는 철근콘크리트제의 견고한 개거 또는 트라프에 넣어야 하며 개거 또는 트라프에는 취급자 이외의 자가 쉽게 열 수 없는 구조로 된 철제 또는 철근콘크리트제 기타 견고한 뚜껑을 설치할 것.
    다. 전선이 캡타이어케이블인 경우에는 다음에 의할 것.
        (1) 전선의 도중에는 접속점을 만들지 아니할 것.
        (2) 전선은 손상을 받을 우려가 없도록 개거 등에 넣을 것. 다만, 취급자 이외의 자가 출입할 수 없도록 설치한 곳에 시설하는 경우에는 그러하지 아니하다.
        (3) 전선로의 전원측 전로에는 전용의 개폐기 및 과전류차단기를 각 극에 시설할 것.
        (4) 400[V] 초과하는 저압 또는 고압의 전로 중에는 전로에 지락이 생겼을 때에 자동적으로 전로를 차단하는 장치를 시설할 것.

335.6 교량에 시설하는 전선로

1. 교량의 윗면에 시설하는 것은 다음에 의하는 이외에 전선의 높이를 교량의 노면상 5[m] 이상으로 하여 시설할 것.
    가. 전선은 케이블인 경우 이외에는 인장강도 2.30[kN] 이상의 것 또는 지름 2.6[mm] 이상의 경동선의 절연전선일 것.
    나. 전선과 조영재 사이의 이격거리는 전선이 케이블인 경우 이외에는 0.3[m] 이상일 것.

다. 전선은 케이블인 경우 이외에는 조영재에 견고하게 붙인 완금류에 절연성
· 난연성 및 내수성의 애자로 지지할 것.
라. 전선이 케이블인 경우에는 규정에 준하는 이외에 전선과 조영재 사이의 이
격거리를 0.15[m] 이상으로 하여 시설할 것.
2. 교량에 시설하는 고압전선로는 다음에 따라 시설하여야 한다.
가. 교량의 윗면에 시설하는 것은 다음에 의하는 이외에 전선의 높이를 교량의
노면상 5[m] 이상으로 할 것.
나. 전선은 케이블일 것. 다만, 철도 또는 궤도 전용의 교량에는 인장강도 5.26
[kN] 이상의 것 또는 지름 4[mm] 이상의 경동선을 시설하는 경우에는 그
러하지 아니하다.
다. 전선이 케이블인 경우에는 전선과 조영재 사이의 이격거리는 0.3[m] 이상
일 것.
라. 전선이 케이블 이외의 경우에는 이를 조영재에 견고하게 붙인 완금류에 절
연성 · 난연성 및 내수성의 애자로 지지하고 또한 전선과 조영재 사이의 이
격거리는 0.6[m] 이상일 것.

 기계 · 기구 시설 및 옥내배선

341 기계 및 기구

341.1 특고압용 변압기의 시설 장소

특고압용 변압기는 발전소 · 변전소 · 개폐소 또는 이에 준하는 곳에 시설할 것. 다만, 다음의 변압기는 각각의 규정에 따라 필요한 장소에 시설할 수 있다.
1. 배전용 변압기
2. 다중접지식 특고압 가공전선로에 접속하는 변압기
3. 교류식 전기철도용 신호회로 등에 전기를 공급하기 위한 변압기

341.2 특고압 배전용 변압기의 시설

특고압 전선로에 접속하는 배전용 변압기를 시설하는 경우에는 특고압 전선에 특
고압 절연전선 또는 케이블을 사용하고 또한 다음에 따라야 한다.

1. 변압기의 1차 전압은 35[kV] 이하, 2차 전압은 저압 또는 고압일 것.
2. 변압기의 특고압측에 개폐기 및 과전류차단기를 시설할 것. 다만, 변압기를 다음에 따라 시설하는 경우는 특고압측의 과전류차단기를 시설하지 아니할 수 있다.
    가. 2 이상의 변압기를 각각 다른 회선의 특고압 전선에 접속할 것.
    나. 변압기의 2차측 전로에는 과전류차단기 및 2차측 전로로부터 1차측 전로에 전류가 흐를 때에 자동적으로 2차측 전로를 차단하는 장치를 시설하고 과전류차단기 및 장치를 통하여 2차측 전로를 접속할 것.
3. 변압기의 2차 전압이 고압인 경우에는 고압측에 개폐기를 시설하고 또한 쉽게 개폐할 수 있도록 할 것.

341.3 특고압을 직접 저압으로 변성하는 변압기의 시설

특고압을 직접 저압으로 변성하는 변압기는 다음의 것 이외에는 시설하여서는 아니 된다.
1. 전기로 등 전류가 큰 전기를 소비하기 위한 변압기
2. 발전소・변전소・개폐소 또는 이에 준하는 곳의 소내용 변압기
3. 특고압 전선로에 접속하는 변압기
4. 35[kV] 이하인 변압기로서 특고압측 권선과 저압측 권선이 혼촉한 경우에 자동적으로 변압기를 전로로부터 차단하기 위한 장치를 설치한 것.
5. 100[kV] 이하인 변압기로서 특고압측 권선과 저압측 권선 사이에 접지공사(접지저항값이 10[Ω] 이하인 것)를 한 금속제의 혼촉방지판이 있는 것.
6. 교류식 전기철도용 신호회로에 전기를 공급하기 위한 변압기

341.4 특고압용 기계기구의 시설

1. 특고압용 기계기구는 다음의 어느 하나에 해당하는 경우, 발전소・변전소・개폐소 또는 이에 준하는 곳에 시설하는 경우 이외에는 시설하여서는 아니 된다.
    가. 기계기구의 주위에 울타리・담 등을 시설하는 경우
    나. 기계기구를 지표상 5[m] 이상의 높이에 시설하고 충전부분의 지표상의 높이를 표 341.4-1에서 정한 값 이상으로 하고 또한 사람이 접촉할 우려가 없도록 시설하는 경우

표 341.4-1 특고압용 기계기구 충전부분의 지표상 높이

사용전압의 구분	울타리의 높이와 울타리로부터 충전부분까지의 거리의 합계 또는 지표상의 높이
35[kV] 이하	5[m]
35[kV] 초과 160[kV] 이하	6[m]
160[kV] 초과	6[m]에 160[kV]를 초과하는 10[kV] 또는 그 단수마다 0.12[m]를 더한 값

　다. 공장 등의 구내에서 기계기구를 콘크리트제의 함 또는 접지공사를 한 금속제의 함에 넣고 충전부분이 노출하지 아니하도록 시설하는 경우
　라. 옥내에 설치한 기계기구를 취급자 이외의 사람이 출입할 수 없도록 설치한 곳에 시설하는 경우
　마. 충전부분이 노출하지 아니하는 기계기구를 사람이 쉽게 접촉할 우려가 없도록 시설하는 경우
2. 특고압용 기계기구는 노출된 충전부분에 취급자가 쉽게 접촉할 우려가 없도록 시설할 것.

341.8 고압용 기계기구의 시설

1. 고압용 기계기구는 다음의 어느 하나에 해당하는 경우와 발전소·변전소·개폐소 또는 이에 준하는 곳에 시설하는 경우 이외에는 시설하여서는 아니 된다.
　가. 기계기구의 주위에 울타리·담 등을 시설하는 경우
　나. 기계기구를 지표상 4.5[m](시가지 외에는 4[m]) 이상의 높이에 시설하고 사람이 쉽게 접촉할 우려가 없도록 시설하는 경우
　다. 공장 등의 구내에서 기계기구의 주위에 사람이 쉽게 접촉할 우려가 없도록 적당한 울타리를 설치하는 경우
　라. 옥내에 설치한 기계기구를 취급자 이외의 사람이 출입할 수 없도록 설치한 곳에 시설하는 경우
　마. 기계기구를 콘크리트제의 함 또는 접지공사를 한 금속제 함에 넣고 충전부분이 노출하지 아니하도록 시설하는 경우
　바. 충전부분이 노출하지 아니하는 기계기구를 사람이 쉽게 접촉할 우려가 없도록 시설하는 경우
　사. 충전부분이 노출하지 아니하는 기계기구를 온도상승에 의하여 또는 고장 시 대지와의 사이에 생기는 전위차에 의하여 사람이나 가축 또는 다른 시설물에 위험의 우려가 없도록 시설하는 경우

2. 인하용 고압 절연전선은 6/10[kV] 인하용 절연전선에 적합한 것이어야 한다.
3. 고압용의 기계기구는 노출된 충전부분에 취급자가 쉽게 접촉할 우려가 없도록 시설할 것.

341.9 개폐기의 시설

1. 전로 중에 개폐기를 시설하는 경우에는 각 극에 설치할 것. 다만, 다음의 경우에는 그러하지 아니하다.
    가. 특고압 가공전선로로서 다중접지를 한 중성선을 가지는 것의 중성선을 이외의 각 극에 개폐기를 시설하는 경우
    나. 제어회로 등에 조작용 개폐기를 시설하는 경우
2. 고압용 또는 특고압용의 개폐기는 개폐상태를 표시하는 장치가 되어 있는 것일 것.
3. 고압용 또는 특고압용의 개폐기로서 중력 등에 의하여 자연히 작동할 우려가 있는 것은 자물쇠장치 기타 이를 방지하는 장치를 시설할 것.
4. 고압용 또는 특고압용의 개폐기로서 부하전류를 차단하기 위한 것이 아닌 개폐기는 부하전류가 통하고 있을 경우에는 개로할 수 없도록 시설할 것.
5. 전로에 이상이 생겼을 때 자동적으로 전로를 개폐하는 장치를 시설하는 경우에는 개폐기의 자동 개폐 기능에 장해가 생기지 않도록 시설할 것.

341.10 고압 및 특고압 전로 중의 과전류차단기의 시설

1. 과전류차단기로 시설하는 퓨즈 중 고압전로에 사용하는 포장 퓨즈는 정격전류의 1.3배의 전류에 견디고, 2배의 전류로 120분 안에 용단되는 것 또는 다음에 적합한 고압전류제한퓨즈이어야 한다.
2. 과전류차단기로 시설하는 퓨즈 중 고압전로에 사용하는 비포장 퓨즈는 정격전류의 1.25배의 전류에 견디고, 2배의 전류로 2분 안에 용단되는 것이어야 한다.
3. 고압 또는 특고압의 전로에 단락이 생긴 경우에 동작하는 과전류차단기는 이것을 시설하는 곳을 통과하는 단락전류를 차단하는 능력을 가지는 것일 것.
4. 고압 또는 특고압의 과전류차단기는 개폐상태를 표시하는 장치가 되어있는 것일 것.

341.11 과전류차단기의 시설 제한

접지공사의 접지도체, 다선식 전로의 중성선 및 전로의 일부에 접지공사를 한 저압 가공전선로의 접지측 전선에는 과전류차단기를 시설하여서는 안 된다. 다만, 다선식 전로의 중성선에 시설한 과전류차단기가 동작한 경우에 각 극이 동시에 차단될 때 또는 저항기·리액터 등을 사용하여 접지공사를 한 때에 과전류차단기의 동작에 의하여 접지도체가 비접지 상태로 되지 아니할 때는 적용하지 않는다.

341.12 지락차단장치 등의 시설

1. 특고압전로 또는 고압전로에 변압기에 의하여 결합되는 400[V] 초과의 저압전로 또는 발전기에서 공급하는 400[V] 초과의 저압전로에는 전로에 지락이 생겼을 때에 자동적으로 전로를 차단하는 장치를 시설할 것.
2. 고압 및 특고압 전로 중 다음에 열거하는 곳 또는 이에 근접한 곳에는 전로에 지락이 생겼을 때에 자동적으로 전로를 차단하는 장치를 시설할 것.
    가. 발전소·변전소 또는 이에 준하는 곳의 인출구
    나. 다른 전기사업자로부터 공급받는 수전점
    다. 배전용변압기의 시설 장소
3. 저압 또는 고압전로로서 비상용 조명장치·비상용승강기·유도등·철도용 신호장치, 300[V] 초과 1[kV] 이하의 비접지 전로, 전로의 중성점의 접지의 규정에 의한 전로, 기타 그 정지가 공공의 안전 확보에 지장을 줄 우려가 있는 기계기구에 전기를 공급하는 것에는 전로에 지락이 생겼을 때에 기술원 감시소에 경보하는 장치를 설치한 때에는 지락차단장치를 시설하지 않을 수 있다.

341.13 피뢰기의 시설

1. 고압 및 특고압의 전로 중 다음 장소 또는 근접한 곳에는 피뢰기를 시설할 것.
    가. 발전소·변전소 또는 이에 준하는 장소의 가공전선 인입구 및 인출구
    나. 특고압 가공전선로에 접속하는 배전용 변압기의 고압측 및 특고압측
    다. 고압 및 특고압 가공전선로로부터 공급을 받는 수용장소의 인입구
    라. 가공전선로와 지중전선로가 접속되는 곳
2. 다음의 어느 하나에 해당하는 경우에는 제1의 규정에 의하지 아니할 수 있다.
    가. 제1의 어느 하나에 해당되는 곳에 직접 접속하는 전선이 짧은 경우
    나. 제1의 어느 하나에 해당되는 경우 피보호기기가 보호범위 내에 위치하는 경우

341.14 피뢰기의 접지

고압 및 특고압의 전로에 시설하는 피뢰기 접지저항값은 10[Ω] 이하로 할 것.

342 고압·특고압 옥내 설비의 시설

342.1 고압 옥내배선 등의 시설

1. 고압 옥내배선은 다음에 따라 시설할 것.
   가. 고압 옥내배선은 다음 중 하나에 의하여 시설할 것.
      (1) 애자사용배선
      (2) 케이블배선
      (3) 케이블트레이배선
   나. 애자사용배선에 의한 고압 옥내배선은 다음에 의하고, 또한 사람이 접촉할 우려가 없도록 시설할 것.
      (1) 전선은 6[mm^2] 이상의 연동선 또는 이와 동등 이상의 세기 및 굵기의 고압 절연전선이나 특고압 절연전선 또는 인하용 고압 절연전선일 것.
      (2) 전선의 지지점 간의 거리는 6[m] 이하일 것. 다만, 전선을 조영재의 면을 따라 붙이는 경우에는 2[m] 이하이어야 한다.
      (3) 전선 상호 간의 간격은 0.08[m] 이상, 전선과 조영재 사이의 이격거리는 0.05[m] 이상일 것.
      (4) 애자사용배선에 사용하는 애자는 절연성·난연성 및 내수성의 것일 것.
      (5) 고압 옥내배선은 저압 옥내배선과 쉽게 식별되도록 시설할 것.
      (6) 전선이 조영재를 관통하는 경우에는 관통하는 부분의 전선을 전선마다 각각 별개의 난연성 및 내수성이 있는 견고한 절연관에 넣을 것.
   다. 케이블배선에 의한 고압 옥내배선은 케이블을 넣는 방호장치의 금속제 부분, 금속제의 전선 접속함 및 케이블의 피복에 사용하는 금속체에는 접지공사를 할 것.
2. 고압 옥내배선이 다른 고압 옥내배선·저압 옥내전선·관등회로의 배선·약전류 전선 등 또는 수관·가스관이나 이와 유사한 것과 접근하거나 교차하는 경우에는 고압 옥내배선과 다른 고압 옥내배선·저압 옥내전선·관등회로의 배선·약전류 전선 등 또는 수관·가스관이나 이와 유사한 것 사이의 이격거리는 0.15[m] (애자사용배선에 의하여 시설하는 저압 옥내전선이 나전선인

경우에는 0.3[m], 가스계량기 및 가스관의 이음부와 전력량계 및 개폐기와는 0.6[m]) 이상일 것.

342.2 옥내 고압용 이동전선의 시설

1. 옥내에 시설하는 고압의 이동전선은 다음에 따라 시설할 것.
   가. 전선은 고압용의 캡타이어케이블일 것.
   나. 이동전선과 전기사용기계기구는 볼트 조임 기타의 방법에 의하여 견고하게 접속할 것.
   다. 이동전선에 전기를 공급하는 전로에는 전용개폐기 및 과전류차단기를 각 극에 시설하고, 또한 전로에 지락이 생겼을 때에 자동적으로 전로를 차단하는 장치를 시설할 것.
2. 옥내에 시설하는 고압의 이동전선에 준용한다.

342.3 옥내에 시설하는 고압접촉전선 공사

1. 이동 기중기 기타 이동하여 사용하는 고압의 전기기계기구에 전기를 공급하기 위하여 사용하는 접촉전선을 옥내에 시설하는 경우에는 전개된 장소 또는 점검할 수 있는 은폐된 장소에 애자사용배선에 의하고 또한 다음에 따라 시설할 것.
   가. 전선은 사람이 접촉할 우려가 없도록 시설할 것.
   나. 전선은 인장강도 2.78[kN] 이상의 것 또는 지름 10[mm]의 경동선으로 70[mm^2] 이상인 구부리기 어려운 것일 것.
   다. 전선은 각 지지점에서 견고하게 고정시키고 또한 집전장치의 이동에 의하여 동요하지 아니하도록 시설할 것.
   라. 전선 지지점 간의 거리는 6[m] 이하일 것.
   마. 전선 상호 간의 간격 및 집전장치의 충전 부분 상호 간 및 집전장치의 충전 부분과 극성이 다른 전선 사이의 이격거리는 0.3[m] 이상일 것.
   바. 전선과 조영재와의 이격거리 및 그 전선에 접촉하는 집전장치의 충전부분과 조영재사이의 이격거리는 0.2[m] 이상일 것.
   사. 애자는 절연성·난연성 및 내수성이 있는 것일 것.
2. 옥내에 시설하는 고압접촉전선 및 고압접촉전선에 접촉하는 집전장치의 충전부분이 다른 옥내전선·약전류 전선 등 또는 수관·가스관이나 이와 유사한 것과 접근 또는 교차하는 경우에는 상호 간의 이격거리는 0.6[m] 이상이어야 한다.

3. 옥내에 시설하는 고압접촉전선에 전기를 공급하기 위한 전로에는 전용개폐기 및 과전류차단기를 시설할 것. 개폐기는 고압접촉전선에 가까운 곳에 쉽게 개폐할 수 있도록 시설하고 과전류차단기는 각 극에 시설할 것.
4. 제3의 전로 중에는 전로에 지락이 생겼을 때에 자동적으로 전로를 차단하는 장치를 시설할 것.
5. 옥내에 시설하는 고압접촉전선은 고압접촉전선에 접촉하는 집전장치의 이동에 의하여 무선설비의 기능에 계속적이고 또한 중대한 장해를 줄 우려가 없도록 시설할 것.

342.4 특고압 옥내 전기설비의 시설

1. 특고압 옥내배선은 다음에 따르고 또한 위험의 우려가 없도록 시설할 것.
   가. 100[kV] 이하일 것. 다만, 케이블트레이배선에 의하여 시설하는 경우에는 35[kV] 이하일 것.
   나. 전선은 케이블일 것.
   다. 케이블은 철재 또는 철근콘크리트제의 관·덕트 기타의 견고한 방호장치에 넣어 시설할 것.
   라. 관 그 밖에 케이블을 넣는 방호장치의 금속제 부분·금속제의 전선 접속함 및 케이블의 피복에 사용하는 금속체에는 접지공사를 할 것.
2. 특고압 옥내배선이 저압 옥내전선·관등회로의 배선·고압 옥내전선·약전류 전선 등 또는 수관·가스관이나 이와 유사한 것과 접근하거나 교차하는 경우에는 다음에 따라야 한다.
   가. 특고압 옥내배선과 저압 옥내전선·관등회로의 배선 또는 고압 옥내전선 사이의 이격거리는 0.6[m] 이상일 것. 다만, 상호 간에 견고한 내화성의 격벽을 시설할 경우에는 그러하지 아니하다.
   나. 특고압 옥내배선과 약전류 전선 등 또는 수관·가스관이나 이와 유사한 것과 접촉하지 아니하도록 시설할 것.
3. 특고압의 이동전선 및 접촉전선은 이동전선을 규정에 의하여 시설하는 경우 이외에는 옥내에 시설하여서는 아니 된다.
4. 옥내 또는 옥외에 시설하는 예비 케이블은 사람이 접촉할 우려가 없도록 시설하고 접지공사를 할 것.

6 발전소, 변전소, 개폐소 등의 전기설비

351 발전소, 변전소, 개폐소 등의 전기설비

351.1 발전소 등의 울타리·담 등의 시설

1. 고압 또는 특고압의 기계기구·모선 등을 옥외에 시설하는 발전소·변전소·개폐소 또는 이에 준하는 곳에는 다음에 따라 구내에 취급자 이외의 사람이 들어가지 아니하도록 시설할 것. 다만, 토지의 상황에 의하여 사람이 들어갈 우려가 없는 곳은 그러하지 아니하다.
   가. 울타리·담 등을 시설할 것.
   나. 출입구에는 출입금지의 표시를 할 것.
   다. 출입구에는 자물쇠장치 기타 적당한 장치를 할 것.
2. 울타리·담 등은 다음에 따라 시설할 것.
   가. 울타리·담 등의 높이는 2[m] 이상으로 하고 지표면과 울타리·담 등의 하단 사이의 간격은 0.15[m] 이하로 할 것.
   나. 울타리·담 등과 고압 및 특고압의 충전 부분이 접근하는 경우에는 울타리·담 등의 높이와 울타리·담 등으로부터 충전부분까지 거리의 합계는 표 351.1-1에서 정한 값 이상으로 할 것.

표 351.1-1 발전소 등의 울타리·담 등의 시설 시 이격거리

사용전압의 구분	울타리·담 등의 높이와 울타리·담 등으로부터 충전부분까지의 거리의 합계
35[kV] 이하	5[m]
35[kV] 초과 160[kV] 이하	6[m]
160[kV] 초과	6[m]에 160[kV]를 초과하는 10[kV] 또는 그 단수마다 0.12[m]를 더한 값

3. 고압 또는 특고압의 기계기구, 모선 등을 옥내에 시설하는 발전소·변전소·개폐소 또는 이에 준하는 곳에는 다음의 어느 하나에 의하여 구내에 취급자 이외의 자가 들어가지 아니하도록 시설할 것.
   가. 울타리·담 등을 제2의 규정에 준하여 시설하고 또한 그 출입구에 출입금지의 표시와 자물쇠장치 기타 적당한 장치를 할 것.
   나. 견고한 벽을 시설하고 그 출입구에 출입금지의 표시와 자물쇠장치 기타 적당한 장치를 할 것.

4. 고압 또는 특고압 가공전선과 금속제의 울타리·담 등이 교차하는 경우에 금속제의 울타리·담 등에는 교차점과 좌, 우로 45[m] 이내의 개소에 접지공사를 할 것. 또한 울타리·담 등에 문 등이 있는 경우에는 접지공사를 하거나 울타리·담 등과 전기적으로 접속하여야 하며, 고압 가공전선로는 고압보안공사, 특고압 가공전선로는 제2종 특고압 보안공사에 의하여 시설할 수 있다.

351.2 특고압전로의 상 및 접속 상태의 표시

1. 발전소·변전소 또는 이에 준하는 곳의 특고압전로에는 보기 쉬운 곳에 상별 표시를 할 것.
2. 발전소·변전소 또는 이에 준하는 곳의 특고압전로에 대하여는 접속상태를 모의 모선의 사용 기타의 방법에 의하여 표시하여야 한다. 다만, 이러한 전로에 접속하는 특고압전선로의 회선수가 2 이하이고 또한 특고압의 모선이 단일모선인 경우에는 그러하지 아니하다.

351.3 발전기 등의 보호장치

1. 발전기에는 다음의 경우에 자동적으로 이를 전로로부터 차단하는 장치를 시설할 것.
   가. 발전기에 과전류나 과전압이 생긴 경우
   나. 용량이 500[kVA] 이상의 발전기를 구동하는 수차의 압유장치의 유압 또는 전동식 가이드밴 제어장치, 전동식 니이들 제어장치 또는 전동식 디플렉터 제어장치의 전원전압이 현저히 저하한 경우
   다. 용량이 100[kVA] 이상의 발전기를 구동하는 풍차의 압유장치의 유압, 압축 공기장치의 공기압 또는 전동식 브레이드 제어장치의 전원전압이 현저히 저하한 경우
   라. 용량이 2000[kVA] 이상인 수차 발전기의 스러스트 베어링의 온도가 현저히 상승한 경우
   마. 용량이 10000[kVA] 이상인 발전기의 내부에 고장이 생긴 경우
   바. 정격출력이 10000[kW]를 초과하는 증기터빈은 그 스러스트 베어링이 현저하게 마모되거나 그의 온도가 현저히 상승한 경우
2. 연료전지는 자동적으로 전로에서 차단하고 연료전지에 연료가스 공급을 자동적으로 차단하며 연료전지 내의 연료가스를 자동적으로 배제하는 장치를 시설할 것.

가. 연료전지에 과전류가 생긴 경우
나. 발전요소의 발전전압에 이상이 생겼을 경우 또는 연료가스 출구에서의 산소농도 또는 공기 출구에서의 연료가스 농도가 현저히 상승한 경우
다. 연료전지의 온도가 현저하게 상승한 경우
3. 상용전원으로 쓰이는 축전지는 과전류가 생겼을 경우에 자동적으로 전로로부터 차단하는 장치를 시설할 것.

351.4 특고압용 변압기의 보호장치

특고압용의 변압기에는 내부에 고장이 생겼을 경우에 보호하는 장치를 표 351.4-1과 같이 시설할 것. 다만, 변압기의 내부에 고장이 생겼을 경우에 변압기의 전원인 발전기를 자동적으로 정지하도록 시설한 경우에는 발전기의 전로로부터 차단하는 장치를 하지 아니하여도 된다.

표 351.4-1 특고압용 변압기의 보호장치

뱅크용량의 구분	동작조건	장치의 종류
5000[kVA] 이상 10000[kVA] 미만	변압기 내부고장	자동차단장치 또는 경보장치
10000[kVA] 이상	변압기 내부고장	자동차단장치
타냉식 변압기	냉각장치에 고장이 생긴 경우 또는 변압기의 온도가 현저히 상승한 경우	경보장치

351.5 무효전력 보상장치의 보호장치

무효전력 보상장치에는 내부에 고장이 생긴 경우에 보호하는 장치를 표 351.5-1과 같이 시설할 것.

표 351.5-1 조상설비의 보호장치

설비종별	뱅크용량의 구분	자동적으로 전로로부터 차단하는 장치
전력용 커패시터 및 분로리액터	500[kVA] 초과 15000[kVA] 미만	내부에 고장이 생긴 경우에 동작하는 장치 또는 과전류가 생긴 경우에 동작하는 장치
	15000[kVA] 이상	내부에 고장이 생긴 경우에 동작하는 장치 및 과전류가 생긴 경우에 동작하는 장치 또는 과전압이 생긴 경우에 동작하는 장치
조상기	15000[kVA] 이상	내부에 고장이 생긴 경우에 동작하는 장치

351.7 배전반의 시설

1. 발전소·변전소·개폐소 또는 이에 준하는 곳에 시설하는 배전반에 붙이는 기

구 및 전선은 점검할 수 있도록 시설할 것.
2. 배전반에 고압용 또는 특고압용의 기구 또는 전선을 시설하는 경우에는 취급자에게 위험이 미치지 아니하도록 적당한 방호장치 또는 통로를 시설하여야 하며, 기기조작에 필요한 공간을 확보할 것.

351.8 상주 감시를 하지 아니하는 발전소의 시설

1. 발전소 운전에 필요한 지식 및 기능을 가진 자가 발전소에서 상주 감시를 하지 아니하는 발전소는 다음의 어느 하나에 의하여 시설하여야 한다.
    가. 원동기 및 발전기 또는 연료전지에 자동부하조정장치 또는 부하제한장치를 시설하는 수력발전소, 풍력발전소, 내연력발전소, 연료전지발전소 및 태양전지발전소로서 전기공급에 지장을 주지 아니하고 또한 기술원이 발전소를 수시 순회하는 경우
    나. 수력발전소, 풍력발전소, 내연력발전소, 연료전지발전소 및 태양전지발전소로서 발전소를 원격감시 제어하는 제어소에 기술원이 상주하여 감시하는 경우
2. 제1에서 규정하는 발전소는 비상용 예비전원을 얻을 목적으로 시설하는 것 이외에는 다음에 따라 시설할 것.
    가. 다음과 같은 경우에는 발전기를 전로에서 자동적으로 차단하고 수차 또는 풍차를 자동적으로 정지하는 장치 또는 내연기관에 연료 유입을 자동적으로 차단하는 장치를 시설할 것.
        (1) 원동기 제어용의 압유장치의 유압, 압축 공기장치의 공기압 또는 전동 제어장치의 전원 전압이 현저히 저하한 경우
        (2) 원동기의 회전속도가 현저히 상승한 경우
        (3) 발전기에 과전류가 생긴 경우
        (4) 정격출력이 500[kW] 이상의 원동기(풍차를 시가지 그 밖에 인가가 밀집된 지역에 시설하는 경우에는 100[kW] 이상) 또는 발전기의 베어링의 온도가 현저히 상승한 경우
        (5) 용량이 2000[kVA] 이상의 발전기의 내부에 고장이 생긴 경우
        (6) 내연기관의 냉각수 온도가 현저히 상승한 경우 또는 냉각수의 공급이 정지된 경우
        (7) 내연기관의 윤활유 압력이 현저히 저하한 경우
        (8) 내연력 발전소의 제어회로 전압이 현저히 저하한 경우
        (9) 시가지 그 밖에 인가 밀집지역에 시설하는 것으로서 정격출력이

　　　　　10[kW] 이상의 풍차의 중요한 베어링 또는 부근의 축에서 회전 중에
　　　　　발생하는 진동의 진폭이 현저히 증대된 경우
　　나. 연료전지를 자동적으로 전로로부터 차단하여 연료전지, 연료 개질계통 설
　　　　비 및 연료 기화기에의 연료의 공급을 자동적으로 차단하고 또한 연료전지
　　　　및 연료 개질계통 설비의 내부의 연료가스를 자동적으로 배제하는 장치를
　　　　시설할 것.
　　　　(1) 발전소의 운전 제어장치에 이상이 생긴 경우
　　　　(2) 발전소의 제어용 압유장치의 유압, 압축공기 장치의 공기압 또는 전동
　　　　　　식 제어장치의 전원전압이 현저히 저하한 경우
　　　　(3) 설비내의 연료가스를 배제하기 위한 불활성 가스 등의 공급 압력이 현
　　　　　　저히 저하한 경우
　　다. 발전소에서는 발전 제어소에 경보하는 장치를 시설할 것
　　　　(1) 원동기가 자동정지한 경우
　　　　(2) 운전조작에 필요한 차단기가 자동적으로 차단된 경우
　　　　(3) 수력발전소 또는 풍력발전소의 제어회로 전압이 현저히 저하한 경우
　　　　(4) 특고압용의 타냉식 변압기의 온도가 현저히 상승한 경우 또는 냉각장치
　　　　　　가 고장인 경우
　　　　(5) 발전소 안에 화재가 발생한 경우
　　　　(6) 내연기관의 연료 유면이 이상 저하된 경우
　　　　(7) 가스절연기기의 절연가스의 압력이 현저히 저하한 경우

351.9 상주 감시를 하지 아니하는 변전소의 시설

　1. 변전소의 운전에 필요한 지식 및 기능을 가진 자가 변전소에 상주하여 감시를 하
　　지 아니하는 변전소는 다음에 따라 시설하는 경우에 한한다.
　　가. 170[kV] 이하의 변압기를 시설하는 변전소로서 기술원이 수시로 순회하거
　　　　나 변전소를 원격감시 제어하는 제어소에서 상시 감시하는 경우
　　나. 170[kV]를 초과하는 변압기를 시설하는 변전소로서 변전제어소에서 상시
　　　　감시하는 경우
　2. 제1의 "가"에 규정하는 변전소는 다음에 따라 시설할 것.
　　가. 다음의 경우에는 변전 제어소 또는 기술원이 상주하는 장소에 경보장치를
　　　　시설할 것.
　　　　(1) 운전조작에 필요한 차단기가 자동적으로 차단한 경우
　　　　(2) 주요 변압기의 전원측 전로가 무전압으로 된 경우

(3) 제어회로의 전압이 현저히 저하한 경우
(4) 옥내변전소에 화재가 발생한 경우
(5) 출력 3000[kVA]를 초과하는 특고압용변압기의 온도가 현저히 상승한 경우
(6) 특고압용 타냉식변압기의 냉각장치가 고장난 경우
(7) 조상기의 내부에 고장이 생긴 경우
(8) 수소냉각식조상기는 조상기 안의 수소의 순도가 90[%] 이하로 저하한 경우, 수소의 압력이 현저히 변동한 경우 또는 수소의 온도가 현저히 상승한 경우
(9) 가스 절연기기의 절연가스의 압력이 현저히 저하한 경우

나. 수소냉각식 조상기를 시설하는 변전소는 조상기 안의 수소의 순도가 85[%] 이하로 저하한 경우에 조상기를 전로로부터 자동적으로 차단하는 장치를 시설할 것.

다. 전기철도용 변전소는 주요 변성기기에 고장이 생긴 경우 또는 전원측 전로의 전압이 현저히 저하한 경우에 변성기기를 자동적으로 전로로부터 차단하는 장치를 할 것.

출제예상문제

01 고압전기설비의 변압기의 시설장소마다 접지공사를 시행하기 어려울 때에는 가공공동지선을 설치하여 2 이상의 시설장소에 접지공사를 할 수 있다. 접지공사 방법으로 잘못된 것은?

① 가공공동지선은 인장강도 5.26[kN] 이상 또는 지름 4[mm] 이상의 경동선을 사용하여 저압가공전선에 관한 규정에 준하여 시설할 것.
② 제3의 가공공동지선에는 인장강도 5.26[kN] 이상 또는 지름 4[mm]의 경동선을 사용하는 저압 가공전선의 1선을 겸용할 수 있다.
③ 접지공사는 각 변압기를 중심으로 하는 지름 300[m] 이내의 지역으로서 변압기에 접속되는 전선로 바로 아래의 부분에서 각 변압기의 양쪽에 있도록 할 것.
④ 가공공동지선과 대지 사이의 합성 전기저항값은 1[km]를 지름으로 하는 지역 안마다 규정에 의해 접지저항값을 가지는 것으로 하고 각 접지도체를 가공공동지선으로부터 분리하였을 때 각 접지도체와 대지 사이의 전기저항값은 300[Ω] 이하로 할 것

해설 접지공사는 각 변압기를 중심으로 하는 지름 300[m] 이내의 지역으로서 변압기에 접속되는 전선로 바로 아래의 부분에서 각 변압기의 양쪽에 있도록 할 것.

02 변압기에 의하여 특고압전로에 결합되는 고압전로에는 사용전압의 몇 배 이하인 전압이 가하여진 경우에 방전하는 장치를 그 변압기의 단자에 가까운 1극에 설치하여야 하는가?

① 1배 ② 2배
③ 3배 ④ 4배

해설 변압기에 의하여 특고압전로에 결합되는 고압전로에는 사용전압의 3배 이하인 전압이 가하여진 경우에 방전하는 장치를 그 변압기의 단자에 가까운 1극에 설치할 것.

03 가공전선로의 지지물에 취급자가 오르고 내리는데 사용하는 발판 볼트 등을 지표상 몇 [m] 미만에 시설해서는 안 되는가?

① 1.5 ② 1.8
③ 2.0 ④ 2.3

해설 가공전선로의 지지물에 취급자가 오르고 내리는데 사용하는 발판 볼트 등을 지표상 1.8[m] 미만에 시설해서는 안된다.

04 가공전선로의 지지물에 하중이 가하여지는 경우에 그 하중을 받는 지지물의 기초의 안전율은?

① 1.5 ② 2
③ 2.5 ④ 3

해설 가공전선로의 지지물에 하중이 가하여지는 경우에 그 하중을 받는 지지물의 기초의 안전율은 2 이상이어야 한다.

정답 1. ③ 2. ③ 3. ② 4. ②

05 가공전선로의 지지물에 시설하는 지선의 설치기준으로 틀린 것은?

① 지선에 연선을 사용할 경우 소선 3가닥 이상의 연선일 것
② 소선의 지름이 2.6[mm] 이상의 금속선을 사용한 것일 것
③ 지중부분 및 지표상 0.3[m]까지의 부분에는 내식성이 있는 것
④ 지선의 안전율은 2 이상이고 허용 인장하중은 4.31[kN] 이상일 것

해설 지선의 안전율은 2.5 이상이고 허용 인장하중은 4.31[kN] 이상일 것

06 고압 옥측전선로를 전개된 장소에 시설할 때 기준에 맞지 않는 것은?

① 전선은 케이블일 것
② 케이블은 견고한 관 또는 트라프에 넣거나 사람이 접촉할 우려가 없도록 시설할 것
③ 케이블을 조영재의 옆면 또는 아랫면에 따라 붙일 경우에는 케이블의 지지점 간의 거리를 3[m] 이하로 할 것
④ 고압 옥측전선로의 전선이 다른 시설물과 접근하는 경우에는 고압 옥측전선로의 전선과 이격거리는 0.3[m] 이상일 것

해설 케이블을 조영재의 옆면 또는 아랫면에 따라 붙일 경우에는 케이블의 지지점 간의 거리를 2[m] (수직으로 붙일 경우에는 6[m]) 이하로 하고 또한 피복을 손상되지 않도록 붙일 것

07 고압 가공전선의 설치 높이가 잘못된 것은?

① 기타의 경우에는 지표상 5[m] 이상
② 도로를 횡단하는 경우에는 지표상 6[m] 이상
③ 횡단보도교의 위에 시설하는 경우에는 노면상 3[m] 이상
④ 철도 또는 궤도를 횡단하는 경우에는 레일면상 6.5[m] 이상

해설 고압 가공전선을 횡단보도교의 위에 시설하는 경우에는 노면상 3.5[m] 이상으로 할 것

08 고압 가공전선이 건조물과 접근하는 경우에 고압 가공전선이 건조물의 아래쪽에 시설될 때에는 고압 가공전선과 건조물 사이의 이격거리[m]? (단, 전선이 케이블인 경우이다.)

① 0.4[m] 이상
② 0.8[m] 이상
③ 1.2[m] 이상
④ 2[m] 이상

해설 고압 가공전선이 건조물과 접근하는 경우에 고압 가공전선이 건조물의 아래쪽에 시설될 때에는 고압 가공전선과 건조물 사이에는 0.8[m] 이상, 전선이 케이블인 경우에는 0.4[m] 이상 이격하여 시설해야 한다.

09 특고압 가공전선로의 지지물로 사용하는 B종 철근·B종 콘크리트주 또는 철탑으로 전선로의 지지물 양쪽의 경간의 차가 큰 곳에 사용하는 것은?

① 직선형
② 각도형
③ 인류형
④ 내장형

해설 철탑의 종류로는 전선로의 직선부분(3° 이하인 수평각도를 이루는 곳을 포함)에 사용하는 것은 직선형, 전선로 중 3°를 초과하는 수평각도를 이루는 곳에 사용하는 것은 각도형, 전가섭선을 인류하는 곳에 사용하는 것은 인류형, 선로의 지지물 양쪽의 경간의 차가 큰 곳에 사용하는 것은 내장형, 전선로의 직선부분에 그 보강을 위하여 사용하는 것은 보강형이 있다.

정답 5. ④ 6. ③ 7. ③ 8. ① 9. ④

10 35[kV]을 초과하고 100[kV] 미만인 특고압 가공전선과 저압 또는 고압 가공전선을 동일 지지물에 시설할 때 옳지 않은 것은?

① 특고압 가공전선로는 제2종 특고압 보안공사에 의할 것
② 특고압 가공전선로의 지지물은 목주·철근콘크리트주 또는 철탑일 것
③ 특고압 가공전선과 저압 또는 고압 가공전선 사이의 이격거리는 2[m] 이상일 것
④ 특고압 가공전선은 케이블인 경우를 제외하고는 인장강도 21.67[kN] 이상의 연선 또는 50[mm^2] 이상인 경동연선일 것

해설 35[kV]을 초과하고 100[kV] 미만인 특고압 가공전선과 저압 또는 고압 가공전선을 동일 지지물에 시설할 때 특고압 가공전선로의 지지물은 철주·철근콘크리트주 또는 철탑일 것

11 15[kV] 이하인 특고압 가공전선로의 중성선의 다중접지 및 중성선을 시설할 때 옳지 않은 것은?

① 접지공사에 의해 접지한 곳 상호 간의 거리는 전선로에 따라 300[m] 이하일 것
② 다중 접지한 중성선은 저압전로의 접지 측 전선이나 중성선과 공용으로 사용할 수 있다.
③ 각 접지도체를 중성선으로부터 분리하였을 경우의 각 접지점의 대지 전기저항값은 300[Ω] 이하일 것
④ 접지도체는 8[mm^2] 이상의 연동선 또는 이와 동등 이상의 세기 및 굵기의 쉽게 부식하지 않는 금속선으로서 고장 시에 흐르는 전류를 안전하게 통할 수 있는 것일 것

해설 접지도체는 6[mm^2] 이상의 연동선 또는 이와 동등 이상의 세기 및 굵기의 쉽게 부식하지 않는 금속선으로서 고장 시에 흐르는 전류를 안전하게 통할 수 있는 것일 것

12 지중전선로에 사용하는 지중함의 시설방법으로 옳지 않은 것은?

① 지중함은 견고하고 차량 기타 중량물의 압력에 견디는 구조일 것
② 지중함은 그 안의 고인 물을 제거할 수 있는 구조로 되어 있을 것
③ 지중함의 뚜껑은 시설자 이외의 자가 쉽게 열 수 없도록 시설할 것
④ 폭발성 또는 연소성의 가스가 침입할 우려가 있는 것에 시설하는 지중함으로서 크기가 3[m^3] 이상인 것에는 통풍장치 기타 가스를 방산시키기 위한 적당한 장치를 시설할 것

해설 폭발성 또는 연소성의 가스가 침입할 우려가 있는 것에 시설하는 지중함으로서 크기가 1[m^3] 이상인 것에는 통풍장치 기타 가스를 방산시키기 위한 적당한 장치를 시설할 것

13 교량의 윗면에 시설하는 전선의 높이를 교량의 노면상 몇 [m] 이상으로 시설하여야 하는가?

① 3[m]　　② 4[m]
③ 5[m]　　④ 6[m]

해설 교량의 윗면에 시설하는 전선의 높이를 교량의 노면상 5[m] 이상으로 하여 시설할 것

정답 10. ②　11. ④　12. ④　13. ③

14 과전류차단기로 시설하는 퓨즈 중 고압전로에 사용하는 포장 퓨즈는 정격전류의 1.3배의 전류에 견디고, 2배의 전류로 몇 분 안에 용단되어야 하는가?

① 30분 ② 60분
③ 90분 ④ 120분

해설 과전류차단기로 시설하는 퓨즈 중 고압전로에 사용하는 포장 퓨즈는 정격전류의 1.3배의 전류에 견디고, 2배의 전류로 120분 안에 용단되는 것이어야 한다.

15 고압 및 특고압의 전로 중 피뢰기를 반드시 시설하지 않아도 되는 장소는?

① 전기 수용장소 내의 차단기 2차측
② 가공전선로와 지중전선로가 접속되는 곳
③ 특고압 가공전선로에 접속하는 배전용 변압기의 고압측 및 특고압측
④ 발전소·변전소 또는 이에 준하는 장소의 가공전선 인입구 및 인출구

해설 피뢰기 시설장소
- 발·변전소의 인입구 및 인출구
- 가공전선로와 지중전선로가 접속되는 곳
- 가공 전선로에 접속하는 배전용 변압기의 고압측 및 특고압측
- 고압 및 특고압측 가공 전선로로부터 공급받는 수용가의 인입구

16 고압 및 특고압의 전로에 시설하는 피뢰기 접지저항값[Ω]은?

① 10[Ω] 이하
② 20[Ω] 이하
③ 100[Ω] 이하
④ 300[Ω] 이하

해설 고압 및 특고압의 전로에 시설하는 피뢰기 접지저항값은 10[Ω] 이하로 할 것

17 이동 기중기 기타 이동하여 사용하는 고압의 전기기계기구에 전기를 공급하기 위하여 사용하는 접촉전선을 옥내에 시설하는 경우에는 전개된 장소 또는 점검할 수 있는 은폐된 장소에 애자사용배선에 의해 시설할 때 전선 지지점 간의 거리[m]는?

① 3[m] 이하
② 4[m] 이하
③ 5[m] 이하
④ 6[m] 이하

해설 전선 지지점 간의 거리는 6[m] 이하일 것

18 고압 또는 특고압의 기계기구·모선 등을 옥외에 시설하는 발전소·변전소·개폐소 또는 이에 준하는 곳에는 구내에 취급자 이외의 사람이 들어가지 아니하도록 울타리·담 등을 시설하여야 하는데 울타리의 높이는[m]?

① 1[m] 이상
② 1.5[m] 이상
③ 2[m] 이상
④ 2.5[m] 이상

해설 울타리·담 등의 높이는 2[m] 이상으로 하고 지표면과 울타리·담 등의 하단 사이의 간격은 0.15[m] 이하로 할 것

정답 14. ④ 15. ① 16. ① 17. ④ 18. ③

19 다음 중 발전기 시설에서 자동적으로 전로로부터 차단하는 장치를 시설하지 않아도 되는 것은?

① 발전기에 과전류나 과전압이 생긴 경우
② 용량이 5000[kVA] 이상인 발전기의 내부에 고장이 생긴 경우
③ 용량이 2000[kVA] 이상인 수차 발전기의 스러스트 베어링의 온도가 현저히 상승한 경우
④ 용량이 100[kVA] 이상의 발전기를 구동하는 풍차의 압유장치의 유압, 압축 공기장치의 공기압 또는 전동식 브레이드 제어장치의 전원전압이 현저히 저하한 경우

해설 용량이 10000[kVA] 이상인 발전기의 내부에 고장이 생긴 경우에는 자동적으로 전로로부터 차단하는 장치를 시설하여야 한다.

20 발전기를 전로에서 자동적으로 차단하고 수차 또는 풍차를 자동적으로 정지하는 장치 또는 내연기관에 연료 유입을 자동적으로 차단하는 장치를 시설하지 않아도 되는 것은?

① 발전기에 과전류가 생긴 경우
② 원동기의 회전속도가 현저히 상승한 경우
③ 내연력 발전소의 제어회로 전압이 현저히 저하한 경우
④ 용량이 1000[kVA] 이상의 발전기의 내부에 고장이 생긴 경우

해설 용량이 2000[kVA] 이상의 발전기의 내부에 고장이 생긴 경우 자동적으로 전로로부터 차단하고 수차 또는 풍차를 자동적으로 정지하는 장치 또는 내연기관에 연료 유입을 자동적으로 차단하는 장치를 시설하여야 한다.

정답 19. ② 20. ④

01 수의 진법 및 코드화

1 진수의 변환

(1) 10진수와 2진수

10진수를 2진수로 변환하는 경우는 10진수를 2진수로 나누어 몫과 나머지를 구하고 그 몫이 0이 될 때까지 그 과정을 반복한 다음 나머지를 역순으로 써 나간다. 2진수를 10진수로 변환하는 경우 2진수 각 자리의 가중치를 적용하면 2진수를 10진수로 변환할 수 있다.

1) 2진수 → 10진수 변환

2진수 100101_2를 10진수로 변환

$$100101_2 = 1 \times 2^5 + 0 \times 2^4 + 0 \times 2^3 + 1 \times 2^2 + 0 \times 2^1 + 1 \times 2^0$$
$$= 32 + 0 + 0 + 4 + 0 + 1 = 37_{10}$$

2) 10진수 → 2진수 변환

10진수 53을 2진수로 변환

```
2 | 53
2 | 26  ...... 나머지 1
2 | 13  ...... 나머지 0
2 |  6  ...... 나머지 1
2 |  3  ...... 나머지 0
     1  ...... 나머지 1
```

답] 110101_2

(2) 10진수와 8진수, 16진수

10진수와 2진수 변환 방법이 동일하다.

1) 8진수 → 10진수 변환

8진수 237_8을 10진수로 변환

$$237_8 = 2 \times 8^2 + 3 \times 8^1 + 7 \times 8^0 = 128 + 24 + 7 = 159_{10}$$

2) 10진수 → 8진수 변환

10진수 153을 8진수로 변환

```
8 | 153
8 |  19  ------ 나머지 1
       2  ------ 나머지 3
```

답] 231_8

(3) 2진수, 8진수, 16진수

2진수와 8진수 사이 변환은 2진수 세 자리를 8진수 한 자리로 변환하고 2진수와 16진수 사이 변환은 2진수 네 자리를 16진수 한 자리로 변환한다.

1) 2진수 → 8진수 변환

2진수 110101111011_2을 8진수로 변환

$$\begin{array}{cccc} 110 & 101 & 111 & 011 \\ \downarrow & \downarrow & \downarrow & \downarrow \\ 6 & 5 & 7 & 3 \end{array}$$

$110101111011_2 \Rightarrow 6573_8$

2) 8진수 → 2진수 변환

8진수 5416_8을 2진수로 변환

```
5    4    1    6
↓    ↓    ↓    ↓
101  100  001  110
```

답] 101100001110_2

3) 2진수 → 16진수 변환

2진수 101110100110_2을 16진수로 변환

```
1011  1010  0110
 ↓     ↓     ↓
 B     A     6
```

101110100110_2 ➡ $BA6_{16}$

답] $BA6_{16}$

4) 16진수 → 2진수 변환

16진수 $8E5_{16}$을 2진수로 변환

```
 8     E     5
 ↓     ↓     ↓
1000  1110  0101
```

$8E5_{16}$ ➡ 100011100101_2

답] 100011100101_2

(4) 8진수와 16진수 사이의 변환

8진수를 16진수로 변환하는 과정은 8진수를 2진수로 변환한 다음 오른쪽부터 네 자리씩 묶어서 16진수로 변환하면 되고, 16진수를 8진수로 변환하는 과정은 16진수를 2진수로 변환한 다음 오른쪽부터 세 자리씩 묶어서 8진수로 변환한다.

1) 8진수 → 16진수 변환

8진수 5457_8을 16진수로 변환

5457_8 → 101   100   101   111$_2$
     → 1011   0010   1111$_2$
     → B2F$_{16}$

답] B2F$_{16}$

2) 16진수 → 8진수 변환

16진수 4F3$_{16}$을 8진수로 변환

4F3$_{16}$ → 0100   1111   0011$_2$
     → 010   011   110   011$_2$
     → 2363$_8$

답] 2363$_8$

2 2진수의 연산

(1) 4칙 연산

1) 덧셈과 뺄셈

덧셈	뺄셈
0 + 0 = 0	0 − 0 = 0
0 + 1 = 1	1 − 0 = 1
1 + 0 = 1	1 − 1 = 0
1 + 1 = 10 자리올림(carry)	10 − 1 = 1 자리빌림(borrow)

2) 곱셈과 나눗셈

10진수와 같이 곱하는 수의 하위 자리(오른쪽 자리)부터 곱셈을 수행하여 차례로 상위 자리(왼쪽 자리)로 이동하며 최종적으로 결과를 덧셈하면 된다.
나눗셈도 역시 10진수와 같은 방법으로 하면 되고 곱셈 또는 나눗셈하는 수가 항상 0이나 1이기 때문에 간단히 연산을 수행할 수 있다.

(2) 보수의 개념과 음수

1) 보수와 음수

① 부호-절대값 방식

부호-절대값 방식(부호-크기 방식)은 기억 소자에 음수를 저장할 때 사용한다. 8비트 중 가장 왼쪽의 비트를 부호 비트로 하여 그 값이 0이면 양수, 1이면 음수로 정하고 나머지 7개의 비트를 이용하여 크기를 나타내는 방식

② 1의 보수 방식

주어진 값을 11111111에서 빼지만 이것은 각 비트를 반전(0을 1로, 1을 0으로) 시킨 것과 같은 결과를 나타낸다. 00001101의 1의 보수는 11110010

③ 2의 보수 방식

디지털 시스템에서 음수를 표현하기 위해 가장 흔히 사용되는 방식으로 1의 보수를 구한 다음 1을 더하는 방식으로 뺄셈을 표시하는 방법이다.

−13을 8비트 2의 보수방식으로 표현하는 방법은 13에 대하여 2의 보수를 계산해 보면 13은 2진수로 00001101이므로 −13을 2의 보수를 구하면 되는데 00001101의 1의 보수는 11110010 이고 여기에 1을 더하여 2의 보수를 구하면 11110011 이 된다.

④ 2의 보수를 이용한 덧셈과 뺄셈

보수를 이용한 방식에서 1의 보수와 2의 보수 방식은 거의 같지만 1의 보수 방식에서 0값의 표현은 +0, −0 등 두 가지가 존재하지만 2의 보수 방식 표현에서는 0 값은 하나만 존재한다. 일반적으로 2의 보수방식이 많이 사용한다.

뺄셈의 원리를 보면 A−B 대신에 A+(B의 2의 보수)를 계산하는 것이며 A+(10000000−B)를 계산하는 것인데 결국 100000000(괄호 안의 가장 왼쪽 비트)은 8비트 자릿수 초과로 없어지게 되고 결과적으로 A−B를 얻게 된다.

보수 연산 시 주의 할 점으로는 8비트 기억 소자를 사용한 2의 보수 시스템의 경우 양수와 음수를 표현하려면 그 사용범위는 $-2^7 \sim +(2^7-1)$이 된다. 디지털 시스템에서 이 사용 범위를 벗어난 연산을 하는 경우 부정확한 결과를 얻게 되며 오버플로라고 한다.

음수의 2진 데이터 표현방식

4비트 기억 소자	부호-절대값 방식	1의 보수	2의 보수
0000	0	0	0
0001	1	1	1
0010	2	2	2
0011	3	3	3
0100	4	4	4
0101	5	5	5
0110	6	6	6
0111	7	7	7
10005	−0	−7	−8
1001	−1	−6	−7
1010	−2	−5	−6
1011	−3	−4	−5
1100	−4	−3	−4
1101	−5	−2	−3
1110	−6	−1	−2
1111	−7	−0	−1
표현할 수 있는 정보의 종류	15종류	15종류	16종류

⑤ 2진화 10진수(BCD)

10진수 1자리를 2진수 4자리(4bit)로 표시한 것으로 자리의 위치에 따라 8,4,2,1의 가중치를 가지고 있다.

3 디지털 코드

(1) BCD 코드

0~9까지의 10진수를 2진수인 0과 1로만 표시하는 코드이다.

① 모든 코드의 기본이 된다.
② 0과 1로만 표현되어 디지털 시스템에 바로 적용 가능
③ 2진수 4비트가 10진수의 한 자리에 1대 1로 대응되므로 상호 변환이 쉽다.

④ $2^6 = 64$가지의 문자 표현이 가능하다.

10진수의 BCD 코드 표현

10진수	0	1	2	3	4	5	6	7	8	9
BCD코드	0000	0001	0010	0011	0100	0101	0110	0111	1000	1001

10진수 256의 BCD 표현

10진수	2진수	BCD		
256	100000000	2 (0010)	5 (0101)	6 (0110)

(2) 3초과 코드

BCD 코드의 변형된 형태로 BCD 코드에 10진수 3(2진수로 0011)을 각각 더한 것으로 표현

10진수의 BCD와 3초과 코드의 표현

10진수	0	1	2	3	4	5	6	7	8	9
BCD 코드	0000	0001	0010	0011	0100	0101	0110	0111	1000	1001
3초과 코드	0011	0100	0101	0110	0111	1000	1001	1010	1011	1100

10진수 357의 BCD와 3초과 코드 표현

10진수	BCD			3초과 코드		
357	3 (0011)	5 (0101)	7 (0111)	3 (0110)	5 (1000)	7 (1010)

(3) 그레이(Gray) 코드

① 사칙연산에는 부적당하지만 서로 이웃하는 숫자와 1개의 비트만 변하는 코드로 입력 코드로 사용할 때 오류가 적다.
② 간단히 2진수 코드로 바꿀 수 있어 입출력 장치, 데이터 전송, A/D 변환기 등에 주로 이용된다.
③ 2진수의 최상위(가장 왼쪽) 비트는 그대로 내려쓰고(과정①), 2진수 최상위 비트와 그 다음 비트를 더하여(과정②), 자리 올림수를 제거한 나머지를 그레이 코드로 취

한다(과정③). 그리고 나머지도 같은 방법으로 수행하면 된다.

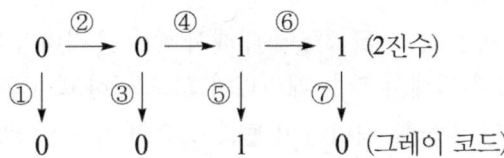

④ 그레이 코드에서 2진수로 변환하는 방법

그레이 코드의 최상위 비트를 그대로 2진수의 최상위 비트로 하고(과정①), 그 결과를 그레이 코드의 다음 비트와 더하여(과정②) 자리 올림을 제거하고 2진수로 취한다(과정③). 그리고 나머지 과정도 같은 방법으로 수행하면 된다.

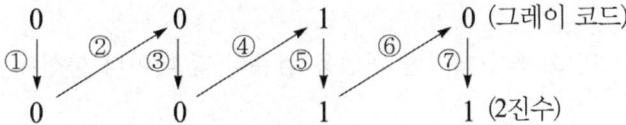

(4) 패리티 비트

① 패리티 비트는 문자 코드 내의 전체 1의 비트가 짝수 개가 되거나 홀수 개가 되도록 그 코드에 덧붙이는 비트이다.
② 데이터의 끝 부분에 추가된 여분의 비트로 하나의 문자 혹은 문자 블록 내의 1비트 오류를 검사하기 위해 사용한다.
③ 오류검사는 수행하나 오류를 정정하지는 못한다.
④ 패리티 비트를 추가하는 방법은 홀수의 규칙과 짝수의 규칙이 있는데 홀수 규칙은 전송 데이터의 각 코드의 1의 개수가 짝수이면 패리티 비트를 1로 만들고 홀수이면 0으로 만들어 패리티 비트까지 포함해서 각 코드의 1로 세트되는 비트의 개수가 항상 홀수가 되게 하는 것이고 짝수의 규칙은 패리티 비트를 포함해서 각 코드의 1로 세트되는 비트의 개수가 항상 짝수가 되게 하는 기법이다.

(5) 해밍(Hamming)코드

① 패리티 비트의 기능을 확장하여 오류를 검사하고, 정정할 수 있는 코드이다.
② 두 개의 비트가 동시에 오류된 경우는 에러를 발견하지 못할 수도 있다.
③ 4개의 순수한 정보 비트에 3개의 체크 비트를 추가하여 총 7비트를 만들어 전송한다.

④ 해밍 코드법의 구성은 왼쪽부터 1, 2, 4번에 패리티 비트를 두고 3, 5, 6, 7번 비트에 정보 비트를 둔다.

⑤ 패리티 비트 P_1에는 1, 3, 5, 7행에 대해서 짝수 패리티가 되도록 비트를 넣고 P_2에는 2, 3, 6, 7행에 대해서 짝수 패리티가 되도록 하고, P_3에는 4, 5, 6, 7행에 대해서 짝수 패리티가 되도록 패리티 비트를 넣으면 가장 이상적인 해밍 코드가 만들어진다.

행	1	2	3	4	5	6	7
비트	P_1	P_2	D_1	P_3	D_2	D_3	D_4

(6) ASCII 코드

1968년 ISO 위원회에서 제정한 개인용 컴퓨터 및 데이터 통신에서 주로 사용하는 문자 코드

① 문자 연산이 가능하며 데이터 통신에 널리 사용한다.
② 1개의 영숫자 코드가 7비트로 구성되어 있으나 실제 사용 시에는 자료 전송 시에 발생하는 오류 검사를 위해 1비트의 패리티 비트를 포함시켜 8비트로 구성하여 이용한다.
③ 패리티 비트의 중요성이 필요 없게 되어 ASCII 코드가 256개의 문자를 나타낼 수 있도록 여덟 번째 비트를 사용하는 ASCII 개정판을 개발하였다.
④ 본래의 128개 코드를 바꾸지 않고 개정함으로써 본래의 ASCII 체계를 기준으로 작성한 프로그램이나 소프트웨어들이 계속해서 사용될 수 있도록 하였다.

(7) EBCDIC 코드

IBM의 대형 컴퓨터 등에 많이 사용되는 코드로 8비트의 조합에서 1자를 표현하는 부호체계로, 이 8비트를 1바이트라 하며, 1바이트로 영자(A~Z), 숫자(0~9), 특수기호 등 256종의 문자를 표현할 수 있다. 특히, 숫자는 4비트를 사용하여 16진법으로 표현하고 있다.

출제예상문제

01 10진수 367를 16진수 값으로 변환한 것은?
① F16   ② 16F
③ 22F   ④ F22

해설
```
16 | 367
16 |  22  ------ 나머지 F
         1  ------ 나머지 6
```

02 2진수 (1011)₂와 (101)₂를 더하여 16진수로 변환하면?
① 5   ② 10
③ 11   ④ 16

해설 $1011_2 + 101_2 = 10000_2 \rightarrow 16_{10} \rightarrow 10_{16}$

03 2진수 101001의 1의 보수는?
① 101010   ② 011000
③ 010110   ④ 101010

해설 1의 보수는 0 → 1로, 1 → 0으로 변환하면 되므로 101001 → 010110

04 2진수 110101에서 011001을 뺄셈한 것은?
① 11100   ② 01010
③ 10010   ④ 11010

해설
```
   110101
 - 011001
   ──────
    11100
```

05 10진수 53을 2진수 8비트로 표현하여 1의 보수로 변환하면?
① 11110000   ② 11011010
③ 00111011   ④ 11001010

해설
```
2 | 53
2 | 26  ------ 나머지 1
2 | 13  ------ 나머지 0
2 |  6  ------ 나머지 1
2 |  3  ------ 나머지 0
     1  ------ 나머지 1
```
10진수 53을 2진수 8비트로 표현하면 00110101 이므로 1의 보수로 변환하면 11001010

06 2진수 1000을 그레이 코드(Gray Code)로 환산한 값은?
① 1100   ② 1011
③ 1010   ④ 1001

해설 서로 이웃하는 숫자와 1개의 비트만 변하는 코드로, 입력코드로 사용할 때 오류가 적다.

```
       ②     ④     ⑥
   1 → 0 → 0 → 0   2진수
  ①↓   ③↓   ⑤↓   ⑦↓
   1    1    0    0   그레이 코드
```

07 에러를 검출하지 못하는 코드는?
① 그레이 코드   ② 패리티 코드
③ BCD 코드   ④ 해밍 코드

해설 그레이 코드는 에러를 검출을 할 수 없다.

정답 1. ② 2. ② 3. ③ 4. ① 5. ④ 6. ① 7. ①

08 72_{10}의 3초과 코드는?

① 11110111   ② 01100100
③ 10100101   ④ 01001011

해설 3초과 코드는 BCD 코드의 변형된 형태로 BCD 코드에 10진수 3(2진수로 0011)을 각각 더한 것으로 표현한 코드이다.

BCD		3초과 코드	
7	2	7	2
(0111)	(0010)	(1010)	(0101)

09 주로 IBM의 대형 장비에서 사용되는 하나의 영숫자 코드가 8비트로 구성되어 있는 것은?

① 6비트 Code   ② 3초과 코드
③ EBCDIC Code   ④ ASCII Code

해설 EBCDIC Code는 IBM의 대형 컴퓨터 등에 많이 사용되는 코드이다.

과년도 출제문제

01 2진수 (110010.111)₂를 8진수로 변환한 값은? [03] [07] [13]
① (62.7)₈　② (32.7)₈
③ (62.6)₈　④ (32.6)₈

해설

2진수	110	010	.	111
	↓	↓	↓	↓
8진수	6	2	.	7

02 10진수 753₁₀을 8진수로 변환하면? [14]
① 752　② 357
③ 1250　④ 1361

해설

```
 8 | 753
 8 |  94 ········ 나머지 1
 8 |  11 ········ 나머지 6
       1 ········ 나머지 3
```

03 10진수 249를 16진수 값으로 변환한 것은? [04] [08]
① 189　② 9F
③ FC　④ F9

해설

```
16 | 249
16 |  15 ······ 나머지 9
        0 ······ 나머지 F
```

04 10진수 45를 2진수로 나타낸 것은? [14]
① 101101　② 110010
③ 110101　④ 100110

해설

```
2 | 45
2 | 22 ········ 나머지 1
2 | 11 ········ 나머지 0
2 |  5 ········ 나머지 1
2 |  2 ········ 나머지 1
     1 ········ 나머지 0
```

05 10진수 (14.625)₁₀을 2진수로 변환한 값은? [11]
① (1101.110)₂　② (1101.101)₂
③ (1110.101)₂　④ (1110.110)₂

해설 10진수 14를 2진수로 변환하면 (14)₁₀ = (1110)₂
(0.625)₁₀을 2진수로 변환하면 (0.101)₂
0.625×2 = 1.25 소수 첫째자리 → 1
0.25×2 = 0.5 소수 둘째자리 → 0
0.5×2 = 1.0 소수 셋째자리 → 1
소수 부분이 0이 나왔으므로 연산 종료
10진수 (14.625)₁₀을 2진수로 변환한 값은 (1110.101)₂

06 16진수 D28A를 2진수로 옳게 나타낸 것은? [12]
① 1101001010001010
② 0101000101001011
③ 1101011010011010
④ 1111011000000110

정답 1.① 2.④ 3.④ 4.① 5.③ 6.①

해설 16진수를 2진수로 변환하는 방법은 16진수의 각 자리에서 4비트 2진수로 변환
D = 13 = 1101, 2 = 0010, 8 = 1000, A = 1010
이므로 $(D28A)_{16} = (1101001010001010)_2$

07 2진수의 음수 표시법으로 −9의 8비트 부호화된 절대값의 표시값은? [12]
① 10001001 ② 11110110
③ 11110111 ④ 10011001

해설 9를 8비트 2진수로 나타내면 00001001
음수를 부호 표시법으로 할 때는 맨 앞자리에 1로 표시해 주면 된다. 10001001

08 2진수 01100110_2의 2의 보수는? [13]
① 01100110 ② 01100111
③ 10011001 ④ 10011010

해설 1의 보수는 0 → 1로, 1 → 0으로 변환
1의 보수를 구하면 01100110 → 10011001
2의 보수는 1의 보수 +1이므로 1의 보수
10011001 + 1 = 10011010

09 A = 01100, B = 00111인 두 2진수의 연산결과가 주어진 식과 같다면 연산의 종류는? [02] [12]

```
   01100
 + 11001
   00101
```

① 덧셈 ② 뺄셈
③ 곱셈 ④ 나눗셈

해설 B = 00111의 2의 보수는
100000 − 00111 = 11001이다(−B = 11001).
A + (−B) = A − B로 뺄셈 연산

10 2진수 10011의 2의 보수 표현으로 옳은 것은? [09]
① 01101 ② 10010
③ 01100 ④ 01010

해설 1의 보수는 0 → 1로, 1 → 0으로 변환하면 되므로
1의 보수를 구하면 10011 → 01100
2의 보수는 1의 보수 +1이므로
01100 + 1 = 01101

11 2진수 10101010 의 2의 보수 표현으로 옳은 것은? [14]
① 01010101 ② 00110011
③ 11001100 ④ 01010110

해설 1의 보수는 0 → 1로, 1 → 0으로 변환하면 되므로
1의 보수를 구하면 10101010 → 01010101
2의 보수는 1의 보수 +1이므로
01010101 + 1 = 01010110

12 101101에 대한 2의 보수는? [10]
① 101101 ② 010010
③ 010001 ④ 010011

해설 1의 보수는 0 → 1로, 1 → 0으로 변환하면 되므로
1의 보수를 구하면 101101 → 010010
2의 보수는 1의 보수 +1이므로
010010 + 1 = 010011

13 2진수 01100110_2의 2의 보수는? [13]
① 01100110 ② 01100111
③ 10011001 ④ 10011010

해설 1의 보수는 0 → 1로, 1 → 0으로 변환하면 되므로
1의 보수를 구하면 01100110 → 10011001
2의 보수는 1의 보수 +1이므로
10011001 + 1 = 10011010

정답 7. ① 8. ④ 9. ② 10. ① 11. ④ 12. ④ 13. ④

14 그림과 같은 회로의 기능은? [02] [06] [16]

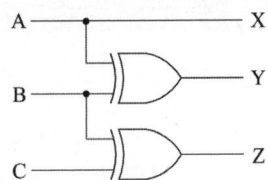

① 홀수 패리티 비트 발생기
② 크기 비교기
③ 2진 코드의 그레이 코드 변환기
④ 디코더

해설 그레이 코드는 연속한 두 수의 수 표시가 하나의 숫자 위치에서만 다른 것으로 2진수의 최대 자리 수(MSB)는 그대로 쓰고 그 다음은 MSB와 다음 수를 합해서 올림수를 제거한 합(배타적 OR)만을 그레이 코드의 다음 수로 정해 나간다.

15 2진수 $(1011)_2$를 그레이 코드(Gray Code)로 변환한 값은? [09] [13]

① $(1111)_G$ ② $(1101)_G$
③ $(1110)_G$ ④ $(1100)_G$

해설

```
     ②      ④      ⑥
  1  →  0  →  1  →  1   2진수
①↓    ③↓    ⑤↓    ⑦↓
  1      1      1      0   그레이 코드
```

Chapter 02 불대수 및 논리회로

MASTER CRAFTSMAN ELECTRICITY

1 불대수와 논리 게이트

(1) 논리 게이트의 종류

1) AND 연산

2개 이상의 논리 변수들을 논리적으로 곱하는 연산으로, 입력 논리 변수의 값이 동시에 모두 1이면 그 출력 결과는 1이고 그 외의 출력 결과는 0이다.

AND 게이트의 IC로 TTL에서는 7408(2입력), 7411(3입력) 등이 있고 CMOS에서는 4081(2입력), 4073(3입력) 등이 있다.

A	B	Y=AB
0	0	0
0	1	0
1	0	0
1	1	1

진리표   AND 스위치 회로   AND 회로의 동작도

AND 게이트의 논리 기호 및 논리식

IC 7408 실제모습	논리기호	논리식
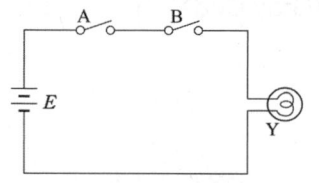	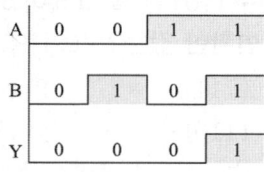	$Y = AB$ $= A \cdot B$ $= A \times B$

2) OR 연산

2개 이상의 논리 변수들을 논리적으로 합하는 연산으로, 입력 논리 변수의 값 중에서 하나라도 1이면 그 출력 결과는 1이 되는 연산이다.

OR 게이트의 IC로 TTL에서는 7432(2입력)와 CMOS에서는 4081(2입력), 4075(3입력) 등이 있다.

A	B	Y=A+B
0	0	0
0	1	1
1	0	1
1	1	1

진리표

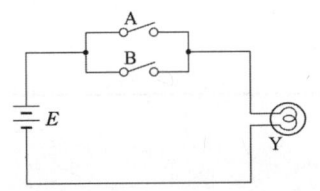

OR 스위치 회로

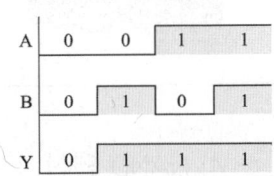

OR 회로의 동작도

OR 게이트의 논리 기호 및 논리식

IC 7432 실제모습	논리기호	논리식
		$Y = A + B$

3) NOT 연산

하나의 논리 변수에 대하여 부정을 하는 연산으로, 입력 논리 변수의 값이 1이면 그 출력 결과는 0이고 입력 논리 변수의 값이 0이면 그 출력 결과는 1이다.

NOT 게이트는 인버터(Inverter)라고도 불리며 입력에 대한 보수(complement)를 얻을 수 있다. NOT 게이트 IC로 TTL에서는 7404, 7405, 7406과 CMOS에서는 4049, 4069 등이 있다.

A	$Y = \overline{A}$
0	1
1	0

진리표

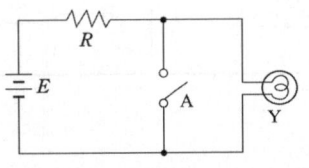

NOT 스위치 회로

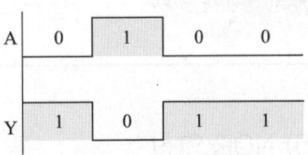

NOT 회로의 동작도

NOT 게이트의 논리 기호 및 논리식

IC 7432 실제모습	논리기호	논리식
	A ─▷○─ Y	$Y = \overline{A}$

4) NAND 연산

AND 연산의 결과에 NOT 연산을 결합한 것으로 AND 연산에 대한 부정(또는 보수)이다. 입력 값 중 어느 것 하나라도 0이면 출력 값이 1인 연산을 하고 모든 입력 값이 1일 때에만 0을 출력한다.

NAND 게이트 IC로 TTL에서는 7400(2입력), 7410(3입력) 등이 있으며, CMOS에서는 4011(2입력), 4023(3입력) 등이 있다.

A	B	$Y = \overline{AB}$
0	0	1
0	1	1
1	0	1
1	1	0

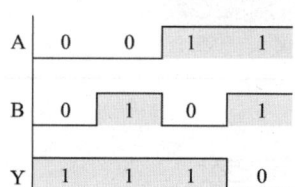

진리표   NAND 게이트의 동작도

NAND 게이트의 논리 기호 및 논리식

IC 7400 실제모습	게이트 구성	논리기호	논리식
	A,B ─&[NAND]─▷○─ Y	A,B ─&[NAND]○─ Y	$Y = \overline{AB}$ $= \overline{A \cdot B}$ $= \overline{A \times B}$

5) NOR 연산

OR 연산의 결과에 NOT 연산을 결합한 것으로 OR 연산에 대한 부정이다. 입력 값 중 어느 것 하나라도 1이면 출력 값이 0인 연산을 하고, 모든 입력 값이 0일 때에만 1을 출력한다.

NOR 게이트 IC로 TTL에서는 7402(2입력), 7427(3입력) 등이 있으며, CMOS에서는 4001(2입력), 4025(3입력) 등이 있다.

A	B	Y = $\overline{A+B}$
0	0	1
0	1	0
1	0	0
1	1	0

진리표   NOR 게이트의 동작도

NOR 게이트의 논리 기호 및 논리식

IC 7402 실제모습	게이트 구성	논리기호	논리식
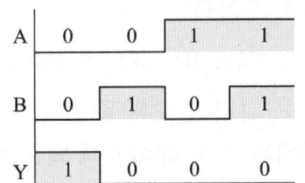	A, B → NOR → Y	A, B → NOR → Y	$Y = \overline{A+B}$

6) XOR 연산

XOR(EXOR, 배타적-OR, exclusive-OR)연산은 두 입력 변수의 값이 같을 때에는 출력이 0이 되고 입력 변수의 값이 서로 다를 때에는 출력 값이 1이 되는 연산이다. 반일치 회로라고도 하며 보수 회로에 응용된다.

XOR 게이트 IC로 TTL에서는 7486(2입력)과 CMOS에서는 4030(2입력) 등이 있다.

A	B	Y = A⊕B
0	0	0
0	1	1
1	0	1
1	1	0

진리표   XOR 게이트의 동작도

XOR 게이트의 논리 기호 및 논리식

IC 7486 실제모습	게이트 구성	논리기호	논리식
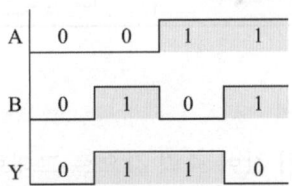		A, B → XOR → Y	$Y = A\overline{B} + \overline{A}B$ $= A \oplus B$

7) XNOR 연산

XNOR(EXNOR, 배타적-NOR, exclusive-NOR)연산은 XOR 연산을 부정한 것으로 두 입력 변수의 값이 같을 때에는 출력이 1이 되고 입력 변수의 값이 서로 다를 때에는 출력 값이 0이 되는 연산이다. 일치 회로라고도 하며 비교 회로에 응용된다.

XNOR 게이트 IC로 TTL에서 74266(2입력)이 있다.

A	B	$Y = \overline{A \oplus B}$
0	0	1
0	1	0
1	0	0
1	1	1

진리표

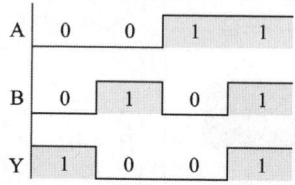

XNOR 게이트의 동작도

XNOR 게이트의 논리 기호 및 논리식

IC 7486 실제모습	게이트 구성	논리기호	논리식
			$Y = \overline{A}\,\overline{B} + AB$ $= \overline{A \oplus B}$ $= A \odot B$

8) 버퍼

입력 값이 출력 값으로 그대로 나타나는 것으로, 논리적으로 무의미해 보이나 실제로 회로에서는 중요한 기능을 가진다.

① 감쇄 신호의 회복 기능으로, 도선 및 여러 게이트의 통과로 약해진 신호를 버퍼의 출력으로 감쇄된 신호가 회복된다. 입력 신호를 그대로 통과시키는 것이 아니라 입력 신호를 감지해서 정격 출력 신호를 내보낸다.

② 지연 시간(delay time) 기능으로 입력된 신호가 버퍼를 통해서 출력되는 데 전달 지연 시간이 있다. 그 밖에 팬 아웃(fan out)의 확대나 CMOS의 출력을 여러 개의 TTL에 접속할 때에도 버퍼를 사용할 수 있다.

③ 대표적인 버퍼 게이트의 IC로는 TTL에서는 7434와 COMS에서는 4050 등이 있다.

A	Y=A
0	0
1	1

진리표

논리기호	논리식
A —▷— Y	Y = A

버퍼 게이트의 논리 기호 및 논리식

2 불대수의 정리

(1) 불대수의 기본 성질

① 공리 1 : 모든 연산자는 교환이 성립한다. (교환 법칙)

$A + B = B + A \qquad A \cdot B = B \cdot A$

② 공리 2 : 모든 연산자는 결합이 성립한다. (결합 법칙)

$A + (B + C) = (A + B) + C \qquad A \cdot (BC) = (AB) \cdot C$

③ 공리 3 : 모든 연산자는 상호 분배가 성립한다. (분배 법칙)

$A(B + C) = AB + AC \qquad A + (BC) = (A + B) \cdot (A + C)$

④ 공리 4 : 유일한 요소 0과 1이 존재한다. (항등원)

$A + 0 = 0 + A = A \qquad A \cdot 1 = 1 \cdot A = A$

⑤ 공리 5 : 각 요소는 보수(Complement)가 존재한다.

$A + \overline{A} = 1 \qquad A \cdot \overline{A} = 0$

⑥ 부정의 부정은 긍정

$\overline{\overline{A}} = A$

⑦ 정리 1 : 0과 1로 연산하면 다음과 같다.

$0 + 0 = 0 \qquad\qquad 1 + 0 = 1$
$1 \cdot 1 = 1 \qquad\qquad 0 \cdot 1 = 0$

⑧ 정리 2

$A + 1 = 1 \qquad\qquad A \cdot 0 = 0$

⑨ 정리 3

$A + A = A$ $\qquad$ $A \cdot A = A$

⑩ 정리 4

$A + A \cdot B = A$ $\qquad$ $A \cdot (A + B) = A$

⑪ 정리 5

$A + \overline{A} \cdot B = A + B$ $\qquad$ $A \cdot (\overline{A} + A \cdot B) = AB$

(2) 드 모르간의 정리

1) 제1정리

논리합의 전체 부정은 각 변수의 부정을 논리곱한 것과 같다.

$$\overline{A + B} = \overline{A} \cdot \overline{B}$$

2) 제2정리

논리곱의 전체 부정은 각 변수의 부정을 논리합한 것과 같다.

$$\overline{A \cdot B} = \overline{A} + \overline{B}$$

(3) 논리식의 쌍대성

① 논리 변수의 문자는 그대로 사용한다.
② 논리곱(AND)은 논리합(OR)으로, 논리합(OR)은 논리곱(AND)으로 대치한다.
③ "0"은 "1"로, "1"은 "0"으로 대치한다.

3 논리함수의 간소화

(1) 불대수에 의한 논리식의 간소화

$Y = AB + A\overline{B} + \overline{A}B$ 를 간소화 하면

$\quad = A(B+\overline{B}) + \overline{A}B$ (분배 법칙)

$\quad = A + \overline{A}B$ (보수성의 법칙)

$\quad = A(1+B) + \overline{A}B$ (흡수의 법칙)

$\quad = A + AB + \overline{A}B$ (분배 법칙)

$\quad = A + B(A + \overline{A})$ (보수성의 법칙)

$\quad = A + B$

$Y = A + AC + A\overline{C} + \overline{A}B + ABC + \overline{A}BC$ 를 간소화 하면

$\quad = A + A(C+\overline{C}) + \overline{A}B + BC(A + \overline{A})$ (분배 법칙)

$\quad = A + A + \overline{A}B + BC$ (보수성의 법칙)

$\quad = A + \overline{A}B + BC$ (동일 법칙)

$\quad = (A + \overline{A})(A + B) + BC$ (분배 법칙)

$\quad = A + B + BC$ (보수성의 법칙)

$\quad = A + B(1 + C)$ (분배 법칙)

$\quad = A + B$ (흡수 법칙)

(2) 카르노 맵에 의한 논리식의 간소화

진리표를 도식적으로 나타내어 적은 수의 변수(2~4개 정도)를 가지는 논리식을 단순화시키는 데 편리하다.

카르노 도는 n개의 변수로 표현될 수 있는 최소항 또는 최대항을 나타내기 위한 2^n개의 사각형(셀)들로 구성된다. 상하 또는 좌우에 인접된 셀에는 하나의 변수값만이 다르게 표현된 최소항 또는 최대항이 배치되도록 한다.

① 논리식을 최소항의 합 형태로 전개
② 카르노 도로 논리식의 최소항을 1로 표기하고 나머지는 0으로 표기
③ 불대수 정리를 이용하여 인접한 셀과의 변수를 단순화
④ 최소항이 1인 인접한 셀을 가능하면 16, 8, 4, 2, 단위로 묶는다.

⑤ 논리식의 최대항 함수는 0으로 된 셀을 묶고 소거한 함수에 드모르간 정리 적용

A\B	0	1
0	m_0	m_1
1	m_2	m_3

A\B	0	1
0	$\overline{A}\overline{B}$	$\overline{A}B$
1	$A\overline{B}$	AB

(a) 최소항

A\B	0	1
0	M_0	M_1
1	M_2	M_3

A\B	0	1
0	$A+B$	$A+\overline{B}$
1	$\overline{A}+B$	$\overline{A}+\overline{B}$

(b) 최대항

2변수 카르노 도

A\B	00	01	11	10
0	m_0	m_1	m_3	m_2
1	m_4	m_5	m_7	m_8

A\B	00	01	11	10
0	$\overline{A}\overline{B}\overline{C}$	$\overline{A}\overline{B}C$	$\overline{A}BC$	$\overline{A}B\overline{C}$
1	$A\overline{B}\overline{C}$	$A\overline{B}C$	ABC	$AB\overline{C}$

3변수 카르노 도

출제예상문제

01 다음 논리도에서 단자 A에 "0000" 단자 B에 "1010"이 입력된다고 할 때 그 출력은?

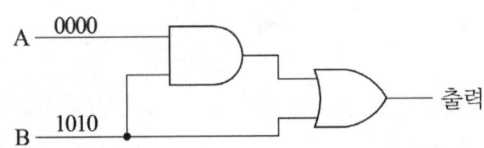

① 1111 ② 0110
③ 1010 ④ 0101

해설 출력 = AB + B = (0000) · (1010) + 1010
= 0000 + 1010 = 1010

02 다음 진리표에 해당하는 논리식은?

A	B	C	Y
0	0	0	1
0	0	1	0
0	1	0	0
0	1	1	1
1	0	0	0
1	0	1	1
1	1	0	0
1	1	1	1

① $Y = \overline{A}\,\overline{B}C + \overline{A}BC + AB\overline{C} + ABC$
② $Y = \overline{A}\,\overline{B}\,\overline{C} + \overline{A}BC + A\overline{B}C + ABC$
③ $Y = \overline{A}BC + \overline{A}\,\overline{B}C + AB\overline{C} + ABC$
④ $Y = \overline{A}BC + \overline{A}\,\overline{B}\,\overline{C} + AB\overline{C} + ABC$

해설 출력 Y가 1인 경우에서 입력 A, B, C가 0이면 $\overline{A}, \overline{B}, \overline{C}$으로 표현하고 1이면 A, B, C로 표현하는 방법으로 표시한다.

03 논리식 $Y = \overline{A}\,\overline{B}\,\overline{C} + A\overline{B}\,\overline{C} + \overline{A}BC + ABC$ 를 간소화한 것은?

① $Y = \overline{A}\,\overline{B} + AB$
② $Y = \overline{B}\,\overline{C} + BC$
③ $Y = \overline{A}C + A\overline{C}$
④ $Y = \overline{A}\,\overline{C} + AC$

해설 $Y = \overline{B}\,\overline{C}(\overline{A} + A) + BC(\overline{A} + A) = \overline{B}\,\overline{C} + BC$

04 그림과 같은 논리회로의 출력 Y는?

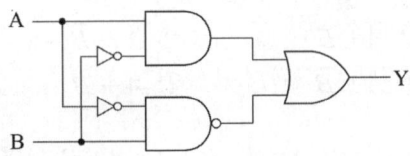

① $A + \overline{B}$ ② $A \cdot \overline{B}$
③ $\overline{A} + B$ ④ $\overline{A} \cdot B$

해설 $Y = A\overline{B} + \overline{A}B = A\overline{B} + A + \overline{B}$
$= A(\overline{B} + 1) + \overline{B} = A + \overline{B}$

05 다음 논리기호와 등가인 논리 기호는?

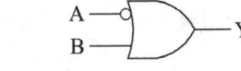

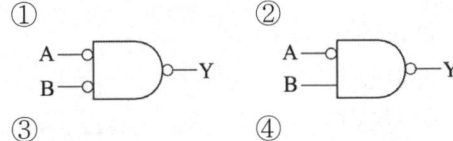

정답 1.③ 2.② 3.② 4.① 5.③

해설 $Y = \overline{A} + B$
① $Y = \overline{\overline{A} \cdot \overline{B}} = \overline{\overline{A}} + \overline{\overline{B}} = A + B$
② $Y = \overline{\overline{A} \cdot B} = \overline{\overline{A}} + \overline{B} = A + \overline{B}$
③ $Y = \overline{A \cdot \overline{B}} = \overline{A} + \overline{\overline{B}} = \overline{A} + B$
④ $Y = \overline{AB} = \overline{A} + \overline{B}$

06 그림과 같은 논리회로를 논리함수로 바꾸면?

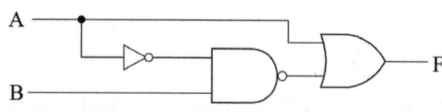

① $\overline{A} + B$
② $A + \overline{B}$
③ $\overline{A} + \overline{B}$
④ $A + B$

해설 $F = \overline{\overline{AB}} + A = A + \overline{B} + A = A + \overline{B}$

07 그림과 같은 다이오드 게이트의 출력값은?

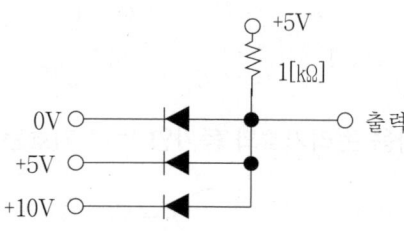

① 0[V]
② 5[V]
③ 10[V]
④ 15[V]

해설 AND 게이트 전자소자 회로로서 0[V] 측 다이오드로 인하여 출력이 0[V]가 된다.

08 그림과 같은 다이오드 게이트의 출력식은?

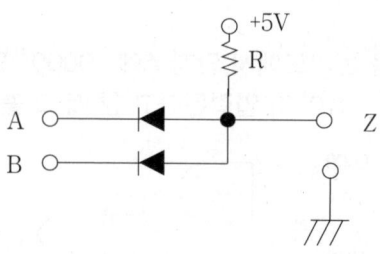

① $Z = A + B$
② $Z = \overline{A}\,\overline{B}$
③ $Z = AB$
④ $Z = \overline{A} + \overline{B}$

해설 AND 게이트 전자소자로서 논리식은 Z = AB

09 그림과 같은 회로는 어떤 논리동작을 하는가?

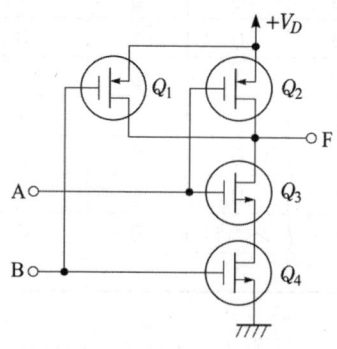

① NAND
② NOR
③ AND
④ OR

해설 A, B 입력이 하나라도 0이 되면 출력이 1이고, 두 입력 모두 1인 경우 출력이 0인 NAND 게이트 전자소자 회로

정답 6. ② 7. ① 8. ③ 9. ①

10 카르노 도가 그림과 같을 때 간략화된 논리식은?

CD \ AB	00	01	11	10
00	0	0	0	1
01	1	1	0	1
11	1	1	0	0
10	0	0	0	0

① $\overline{A}D + A\overline{B}\overline{C}$
② $\overline{A}D + \overline{B}C$
③ $\overline{A}D + BCD$
④ $A\overline{D} + \overline{A}BC$

해설 카르노 도표로 논리식을 간소화하면 $\overline{A}D + A\overline{B}\overline{C}$

CD \ AB	00	01	11	10
00	0	0	0	1
01	1	1	0	1
11	1	1	0	0
10	0	0	0	0

11 다음 카르노 도를 보고 논리함수를 최소화시키면?

A \ BC	00	01	11	10
00	0	1	1	0
01	1	0	0	1

① $\overline{A}C + A\overline{C}$
② $\overline{A}\,\overline{B} + AC$
③ $\overline{A}B + A\overline{B}$
④ $\overline{A}B + A\overline{C}$

해설 카르노 도표로 논리식을 간소화하면 $\overline{A}C + A\overline{C}$

A \ BC	00	01	11	10
0	0	1	1	0
1	1	0	0	1

정답 10. ① 11. ①

과년도 출제문제

01 논리회로의 출력함수가 뜻하는 논리게이트의 명칭은? [02] [06]

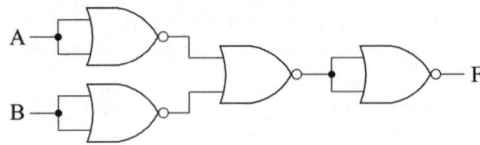

① AND ② OR
③ NAND ④ NOR

해설 $F = \overline{\overline{\overline{A+B}}} = \overline{A}+\overline{B} = \overline{AB}$, 즉 NAND

02 다음 진리표에 해당하는 논리회로는? [13]

입력		출력
A	B	X
0	0	0
0	1	1
1	0	1
1	1	0

① AND회로
② EX-NOR회로
③ NAND회로
④ EX-OR회로

해설 XOR 연산은 두 입력 변수의 값이 같을 때에는 출력이 0이 되고 입력 변수의 값이 서로 다를 때에는 출력 값이 1이 되고 반일치 회로라고도 하며 보수 회로에 응용된다.

03 다음 논리식 중 옳은 표현은? [07] [10] [13]

① $\overline{A+B} = \overline{A}\cdot\overline{B}$ ② $\overline{A+B} = \overline{A}+\overline{B}$
③ $\overline{A\cdot B} = \overline{A}\cdot\overline{B}$ ④ $\overline{A+B} = \overline{A}\cdot B$

해설 드모르간의 정리에 의해 $\overline{A+B} = \overline{A}\cdot\overline{B}$, $\overline{A\cdot B} = \overline{A}+\overline{B}$, $\overline{A+B} = \overline{A}\cdot\overline{B}$

04 논리식 "A · (A + B)"를 간단히 하면? [03] [09]

① A ② B
③ A · B ④ A + B

해설 A · (A + B) = A · A + A · B
= A + A · B = A(1 + B) = A

05 논리식 A+AB를 간단히 계산한 결과는? [09] [11]

① A ② $\overline{A}+B$
③ $A+\overline{B}$ ④ A + B

해설 A + AB = A(1 + B) = A

06 그림과 같은 논리회로를 1개의 게이트로 표현하면? [11]

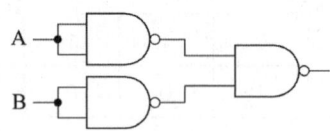

① AND ② NOR ③ NOT ④ OR

해설 $\overline{\overline{AB}} = \overline{\overline{A}+\overline{B}} = A+B$

정답 1. ③ 2. ④ 3. ① 4. ① 5. ① 6. ④

07 다음 그림은 어떤 논리 회로인가? [03] [07] [10] [17]

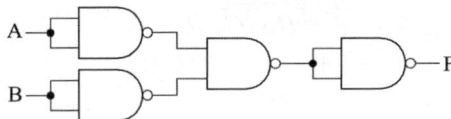

① NAND ② NOR
③ E-OR ④ E-NOR

해설 $F = \overline{\overline{\overline{A \cdot B}}} = \overline{A \cdot B} = \overline{A+B}$ 이므로 NOR회로이다.

08 그림과 같은 논리회로의 논리함수는? [07]

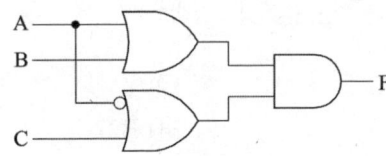

① $A\overline{B} + AC + BC$
② $\overline{A}B + \overline{A}C + BC$
③ $\overline{A}B + AC + BC$
④ $\overline{A}B + A\overline{C} + BC$

해설 $F = (A+B) \cdot (\overline{A}+C)$
$= A\overline{A} + AC + \overline{A}B + BC = \overline{A}B + AC + BC$

09 그림과 같은 타임차트의 기능을 갖는 논리 게이트는? [11]

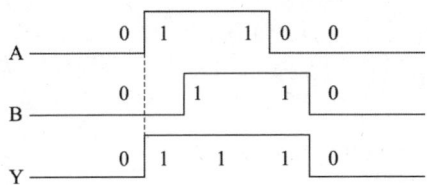

①

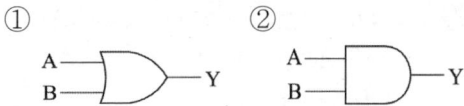

②

③ ④

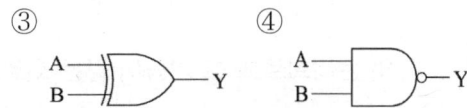

해설 입력 A와 B가 모두 0이면 출력이 0이고 하나라도 1이면 출력이 1인 회로는 OR회로이다.

10 그림과 같은 논리회로에서 X가 1이 되기 위한 입력 조건으로 옳은 것은? [03] [14]

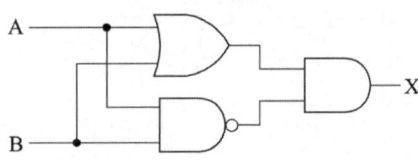

① A = 1, B = 1
② A = 1, B = 0
③ A = 0, B = 0
④ 위 3가지 경우가 모두 해당

해설 $X = (A+B)(\overline{AB}) = (A+B)(\overline{A}+\overline{B})$
$= A(\overline{A}+\overline{B}) + B(\overline{A}+\overline{B})$
$= A\overline{A} + A\overline{B} + \overline{A}B + B\overline{B} = A\overline{B} + \overline{A}B$
$= A \oplus B$
A와 B가 서로 같지 않을 때만 출력이 1이다.

11 다음 논리회로와 등가인 논리함수는? [07]

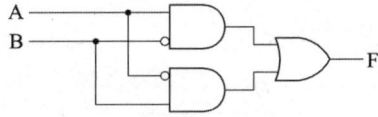

① $(\overline{A}+\overline{B})(A+B)$ ② $(A+\overline{B})(\overline{A}+B)$
③ $(\overline{A}+\overline{B})(\overline{A}+\overline{B})$ ④ $(\overline{A}+\overline{B})(\overline{A}+B)$

정답 7. ② 8. ③ 9. ① 10. ② 11. ①

해설 $F = A\overline{B} + \overline{A}B = (A\overline{B} + \overline{A})(A\overline{B} + B)$
$= (A + \overline{A})(\overline{B} + \overline{A})(A + B)(\overline{B} + B)$
$= (\overline{A} + \overline{B})(A + B)$

② $X = \overline{\overline{AB} \cdot \overline{CD}} = AB + CD$
③ $X = (A + B)(C + D)$
④ $X = \overline{\overline{A + B} \cdot \overline{C + D}}$
$= (A + B) + (C + D)$

12 그림의 논리회로와 그 기능이 같은 회로는?
[03] [14]

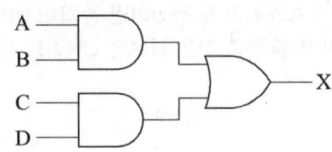

①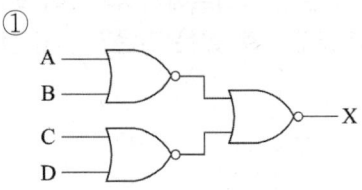

13 그림과 같은 논리회로의 간략화된 논리함수는? [06] [10]

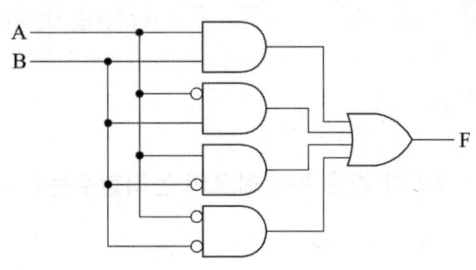

① 0   ② 1
③ A   ④ B

해설 $F = AB + \overline{A}B + A\overline{B} + \overline{A}\overline{B}$
$= (A + \overline{A})B + (A + \overline{A})\overline{B} = B + \overline{B} = 1$

14 다음 그림과 같은 논리회로의 논리식은?
[09]

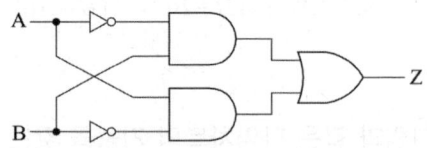

① $Z = (\overline{A + B})$
② $Z = A \oplus B$
③ $Z = AB + \overline{AB}$
④ $Z = \overline{A} \oplus \overline{B}$

해설 $Z = \overline{A}B + A\overline{B} = A \oplus B$

해설 $X = AB + CD$
① $X = \overline{\overline{A + B} + \overline{C + D}}$
$= (A + B)(C + D)$

정답 12. ②   13. ②   14. ②

15 그림의 논리회로와 그 기능이 같은 것은?
[08]

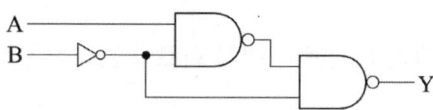

① A─┐AND─Y
② A─┐OR─Y
③ A─┐NOR─Y (A inverted)
④ A─┐AND, B inverted ─OR─Y

해설 $Y = \overline{(A\overline{B})} \cdot \overline{B} = \overline{A\overline{B}} + \overline{\overline{B}} = A\overline{B} + B$
$= (A+B)(B+\overline{B}) = A+B$

16 그림과 같은 회로는? [12] [16]

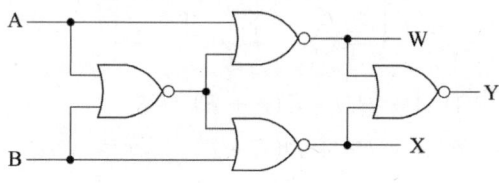

① 비교 회로
② 반일치 회로
③ 가산 회로
④ 감산 회로

해설 비교 회로는 두 수의 일치 여부를 비교하는 회로로 논리 회로를 조합시켜서 만든다.
$W = \overline{\overline{A+B}+A} = \overline{\overline{A}B}, \quad X = \overline{\overline{A+B}+B} = \overline{A\overline{B}}$
$Y = \overline{\overline{A}B + A\overline{B}} = \overline{\overline{A}B} \cdot \overline{A\overline{B}}$
$= (A+\overline{B}) \cdot (\overline{A}+B) = AB + \overline{A}\overline{B}$

17 논리회로의 출력함수가 뜻하는 논리게이트의 명칭은? [14]

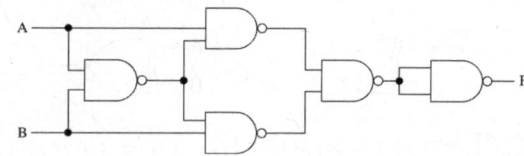

① EX-OR
② EX-NOR
③ NOR
④ NAND

해설 $F = \overline{\overline{A\overline{AB}} \cdot \overline{B\overline{AB}}} = (\overline{A} + AB)(\overline{B} + AB)$
$= \overline{A}\overline{B} + AB$

18 그림과 같은 스위칭 회로에서 논리식은?
[03]

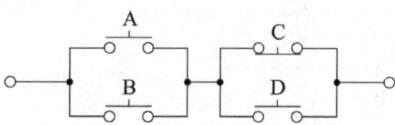

① $AB + \overline{C}D$
② $(A+\overline{C})(B+D)$
③ $(A+B)(\overline{C}+D)$
④ $(B+\overline{C})(A+D)$

해설 접점 회로의 논리식은 $(A+B)(\overline{C}+D)$

정답 15. ② 16. ① 17. ② 18. ③

19 그림과 같은 접점회로를 논리 게이트로 표현하면? [06] [10]

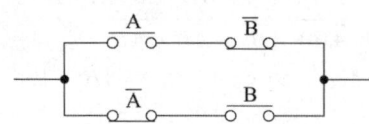

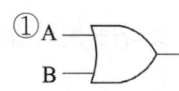   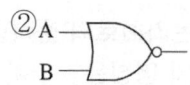

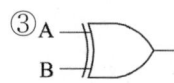

해설 접점 회로의 논리식은 $A\overline{B}+\overline{A}B = A\oplus B$ 이므로 XOR회로이다.

20 그림과 같은 접점회로를 논리 게이트로 표현하면? [04]

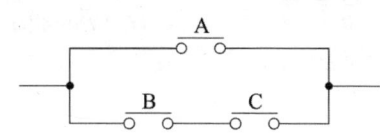

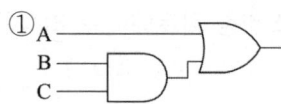

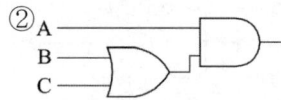

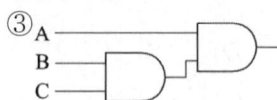

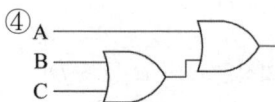

해설 접점 회로의 논리식은 A+BC

21 그림과 같은 스위치 회로의 논리식은? [11]

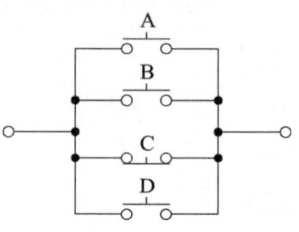

① $AB\overline{C}D$
② $A+B+\overline{C}+D$
③ $\overline{A}\,\overline{B}C\overline{D}$
④ $\overline{A}+\overline{B}+C+\overline{D}$

해설 접점 회로의 논리식은 $A+B+\overline{C}+D$

22 그림과 같은 스위칭 회로에서 논리식은? [12]

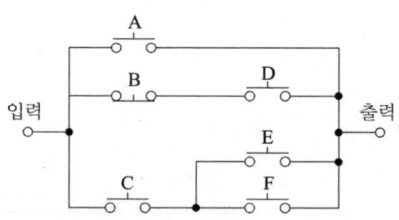

① $A+\overline{B}D+C(E+F)$
② $A+\overline{B}C+D(E+F)$
③ $A+\overline{B}C+D(E+F)$
④ $A+\overline{B}C+D(E+F)$

해설 접점의 논리식은 $A+\overline{B}D+C(E+F)$

정답 19. ③ 20. ① 21. ② 22. ①

23 그림과 같은 회로는 어떤 논리동작을 하는가? [02] [08] [16]

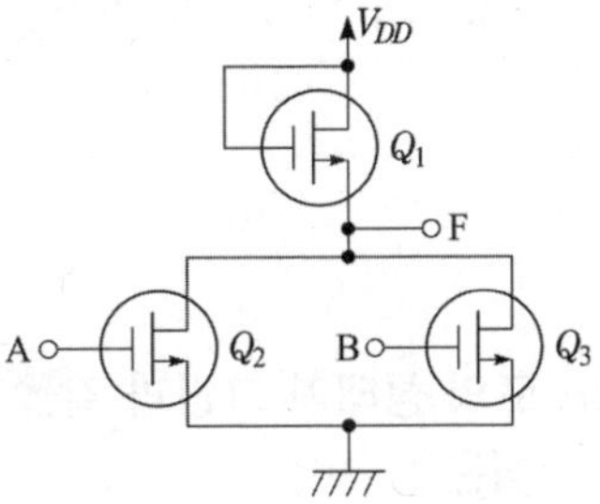

① NAND ② NOR
③ AND ④ OR

해설 A, B 입력이 하나라도 1이 되면 출력이 0이고, 두 입력 모두 0인 경우 출력이 1인 NOR 게이트 전자 소자 회로

24 그림과 같은 DTL 게이트의 출력 논리식은? [14]

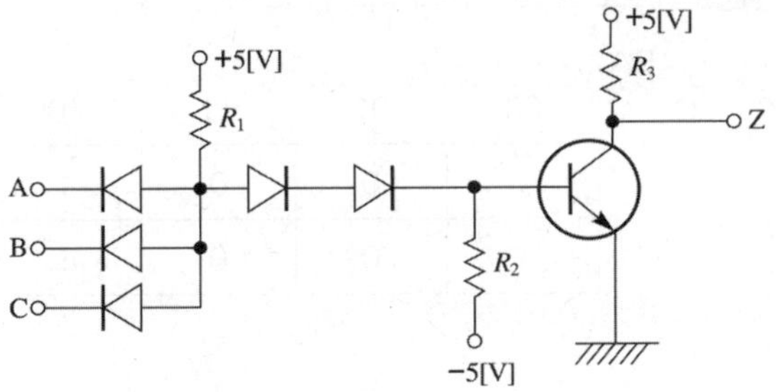

① $Z=\overline{ABC}$
② $Z=ABC$
③ $Z=A+B+C$
④ $Z=\overline{A+B+C}$

해설 출력 Z는 입력 A,B,C 중 하나라도 0이면 출력은 1이 된다. $Z=\overline{ABC}$

25 다음과 같은 회로에서 저항 R이 0[Ω]인 것을 사용하면 무슨 문제가 발생하는가? [07] [16]

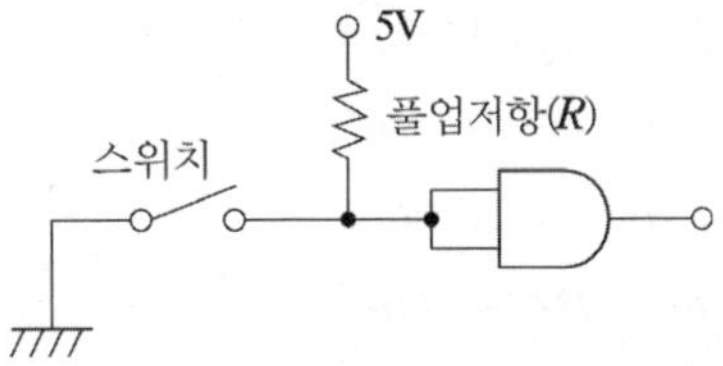

① 낮은 전압이 인가되어 문제가 없다.
② 저항 양단의 전압이 커진다.
③ 저항 양단의 전압이 작아진다.
④ 스위치를 ON 했을 때 회로가 단락된다.

해설 풀업저항이 없이 +5[V]를 직접 연결하면 스위치를 닫을 때 단락상태가 되어 과도한 전류가 흐른다.

26 다음 논리함수를 간략화 하면 어떻게 되는가? [12] [15]

$Y=\overline{A}\,\overline{B}\,\overline{C}\,\overline{D}+\overline{A}\,\overline{B}C\overline{D}+A\overline{B}\,\overline{C}\,\overline{D}+A\overline{B}C\overline{D}$

	$\overline{A}\,\overline{B}$	$\overline{A}B$	AB	$A\overline{B}$
$\overline{C}\,\overline{D}$	1			1
$\overline{C}D$				
CD				
$C\overline{D}$	1			1

① $\overline{B}\,\overline{D}$ ② $B\overline{D}$
③ $\overline{B}D$ ④ BD

해설 카르노 도표로 논리식을 간소화하면 $\overline{B}\,\overline{D}$

	$\overline{A}\,\overline{B}$	$\overline{A}B$	AB	$A\overline{B}$
$\overline{C}\,\overline{D}$	1			1
$\overline{C}D$				
CD				
$C\overline{D}$	1			1

정답 23. ② 24. ① 25. ④ 26. ①

27 논리식

$F = \overline{A}\,\overline{B}C + \overline{A}B\overline{C} + A\overline{B}C + AB\overline{C}$

를 간소화 한 것은? [14]

① $F = \overline{A}B + A\overline{B}$
② $F = \overline{A}B + B\overline{C}$
③ $F = \overline{A}C + A\overline{C}$
④ $F = \overline{B}C + B\overline{C}$

해설 카르노 도표로 논리식을 간소화하면
$F = \overline{B}C + B\overline{C}$

A \ BC	00	01	11	10
0	0	1	0	1
1	0	1	0	1

28 진리표와 같은 논리식을 간략화한 것은? [13]

입력			출력
A	B	C	X
0	0	0	0
0	0	1	1
0	1	0	0
0	1	1	1
1	0	0	0
1	0	1	0
1	1	0	1
1	1	1	1

① $\overline{A}B + \overline{B}C$
② $\overline{A}B + B\overline{C}$
③ $AC + \overline{B}\overline{C}$
④ $AB + \overline{A}C$

해설 카르노 도표로 논리식을 간소화하면 $AB + \overline{A}C$

C \ AB	00	01	11	10
0	0	0	1	0
1	1	1	1	0

29 카르노 도의 상태가 그림과 같을 때 간략화된 논리식은? [13]

C \ BA	00	01	11	10
0	1	0	0	1
1	1	0	0	1

① $\overline{A}\,\overline{B}\,\overline{C} + \overline{A}\overline{B}C + \overline{A}B\overline{C} + \overline{A}BC$
② $A\overline{B} + \overline{A}B$
③ A
④ $\overline{A}$

해설 카르노 도표로 논리식을 간소화하면 $\overline{A}$

C \ BA	00	01	11	10
0	1	0	0	1
1	1	0	0	1

정답 27. ④ 28. ④ 29. ④

Chapter 03 플립플롭

1. RS 래치와 RS 플립플롭

(1) RS 래치

1) NOR 게이트를 이용한 RS 래치회로

① 입력단자로 Reset과 Set이 있으며 입력의 상태에 따라서 출력이 정해진다.
② 출력 상태가 정해지면 입력이 "0"으로 변하여도 출력 상태는 그대로 유지되므로 래치회로라고 하며 입력 신호는 액티브 하이(Active High)를 사용한다.
③ 입력 R=S=0 이면 출력(Q)은 전 상태를 유지하고(불변), R=0, S=1 이면 출력(Q)은 "1", R=1, S=0 이면 출력(Q)은 "0", R=S=1은 사용하지 않는다.(금지)

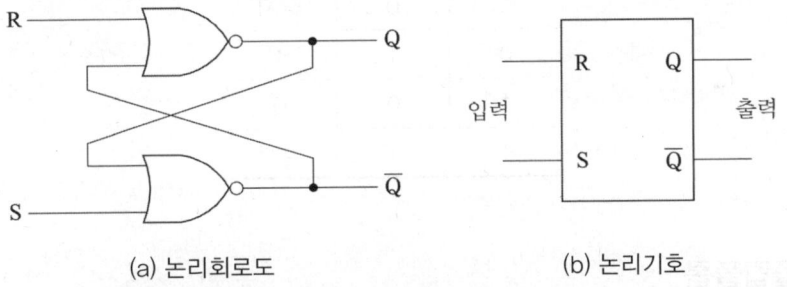

(a) 논리회로도   (b) 논리기호

NOR 게이트를 이용한 RS 래치회로

진리표

R	S	Q
0	0	불변
0	1	1
1	0	0
1	1	금지

2) NAND 게이트를 이용한 RS 래치회로

① $\overline{R}=\overline{S}=1$ 이면 출력(Q)은 전 상태를 유지하고(불변), $\overline{R}=1, \overline{S}=0$ 이면 출력(Q)은 "1", $\overline{R}=0, \overline{S}=1$ 이면 출력(Q)은 "0", $\overline{R}=\overline{S}=0$ 은 사용하지 않는다. (금지)

② 입력 신호 $\overline{R}, \overline{S}$는 액티브 로우(Active Low)를 사용한다.

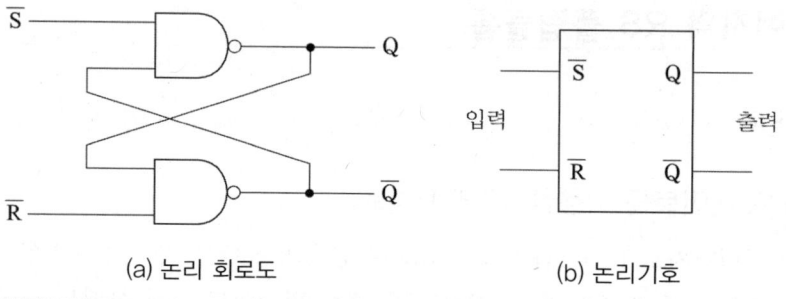

(a) 논리 회로도   (b) 논리기호

NAND 게이트를 이용한 RS 래치회로

진리표

$\overline{S}$	$\overline{R}$	Q
0	0	금지
0	1	1
1	0	0
1	1	불변

(2) RS 플립플롭

1) RS 플립플롭

플립플롭은 입력이 변해도 클록이 변하지 않으면 출력도 변하지 않는 회로로, 클록 신호가 변할 때에만 동작하는 RS 래치회로를 RS 플립플롭이라 한다.

CP 입력(클럭 펄스 또는 트리거 펄스)이 0에서 1로 변하는 것을 상승 에지라 하고, 1에서 0으로 변하는 것을 하강 에지라 하며, 상승 에지일 때에만 RS-F/F와 같은 동작을 하고 하강 에지일 때에는 입력 R, S의 상태에 무관하여 주어진 앞의 상태를 계속 유지한다. 3개의 입력 (R, S, CP)을 가지는 플립플롭이며 RST플립플롭이라고도 한다.

2) 동작설명

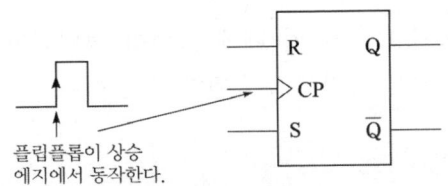

RS 플립플롭 블록도

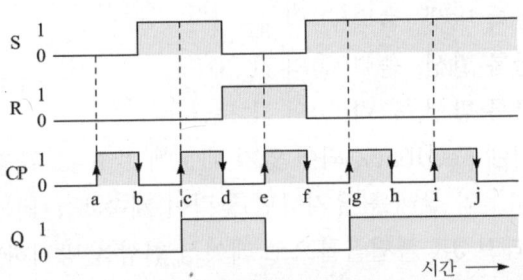

RS 플립플롭 동작도

3) 논리 회로도

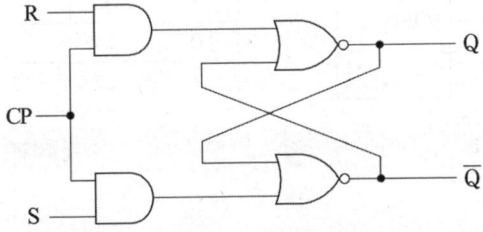

RS 플립플롭 논리 회로도

2 JK 플립플롭

RS 플립플롭의 결점인 R=S=1일 때에 출력이 정의되지 않는 점을 개선한 것으로 J=1, K=1의 입력인 경우 출력이 토글된다. 토글이란 0은 1로, 1은 0으로 각각 반전되는 것을 의미한다.

(1) 동작설명

① J=0, K=0, 클록 발생, 출력(Q) 불변
② J=1, K=0, 클록 발생, 출력(Q)의 값 "1"
③ J=0, K=1, 클록 발생, 출력(Q)의 값 "0"
④ J=1, K=1, 클록 발생, 출력(Q)의 값 토글
⑤ 출력 쪽이 입력에 Feedback 되어 있기 때문에 J=K=1 일 때 출력이 반전된 후에도 클럭 펄스가 "1"의 상태를 유지하면 출력이 계속 토글되는 레이싱 현상이 발생되어 마스터-슬래브 JK 플립플롭으로 레이싱 현상을 방지하였으나 최근에는 에지에서만 플립플롭이 동작하도록 설계한 에지 트리거 플립플롭으로 레이싱 현상을 방지하고 있다.

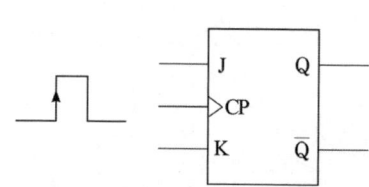

J	K	CP	Q
0	0	↑	Q_0(불변)
1	0	↑	1
0	1	↑	0
1	1	↑	$\overline{Q_0}$(반전)

논리기호   진리표

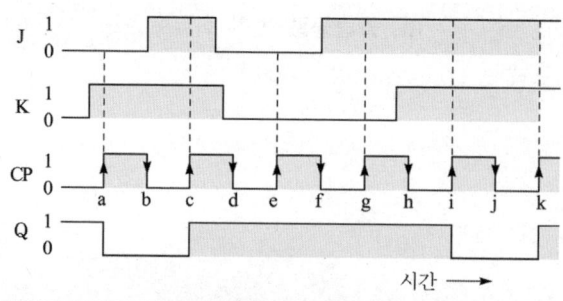

JK 플립플롭 동작도

(2) 논리 회로도

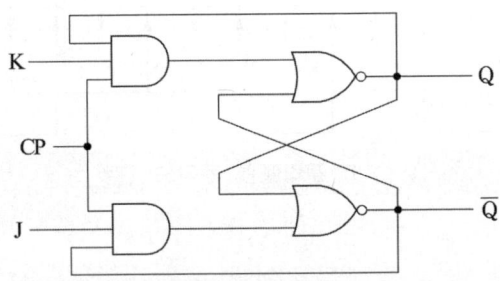

JK 플립플롭 논리 회로도

3 D 플립플롭

입력 상태를 일정 시간만큼 출력에 늦게 전달할 때 사용된다.
D는 입력 신호를 지연시키는 의미이며 시간 지연은 클럭 펄스에 의해 이루어진다.
RS 플립플롭의 S=1, R=1일 경우 부정이 되는 것을 방지하기 위하여 입력 값이 항상 보수가 되도록 변형한 것으로 S=0, R=1과 S=1, R=0인 2가지 상태 값만을 나타나도록 한 것이다.
D=0에서 클럭이 발생하면 Q=0이고, D=1에서 클럭이 발생하면 Q=1이 된다.

(1) 동작설명

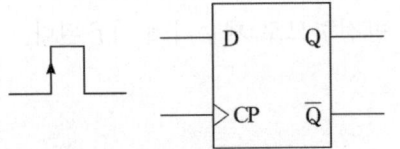

D	CP	$Q(t+1)$
0	↑	0
1	↑	1

논리기호 진리표

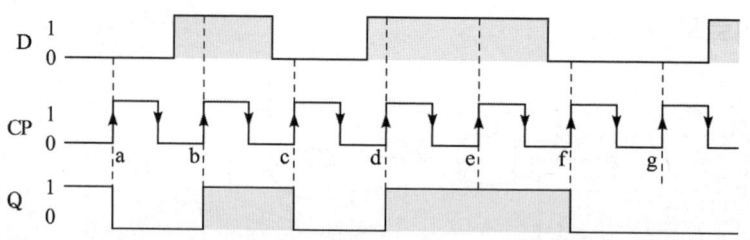

D 플립플롭 동작도

(2) 논리 회로도

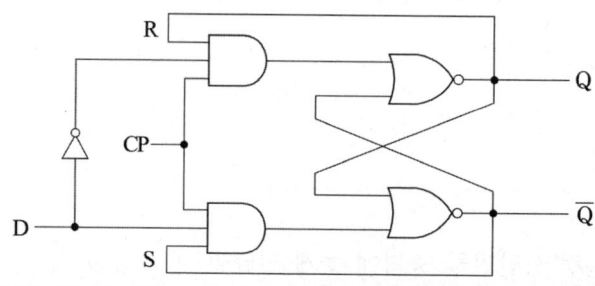

D 플립플롭 논리 회로도

4 T 플립플롭

토글 또는 보수(complement) 플립플롭으로서 JK 플립플롭의 J와 K를 묶어 데이터 입력(T)으로 하고 입력 T가 0일 경우에는 상태가 불변이고, T가 1일 때에는 JK 플립플롭에서 J=K=1이 되어 클럭이 발생하면 출력은 반전된다.
클럭 펄스가 발생할 때마다 출력이 반전하므로 계수기에 사용된다.

(1) 동작 설명

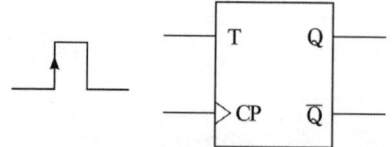

T	CP	$Q(t+1)$
0	↑	0(불변)
1	↑	1(반전)

논리기호   진리표

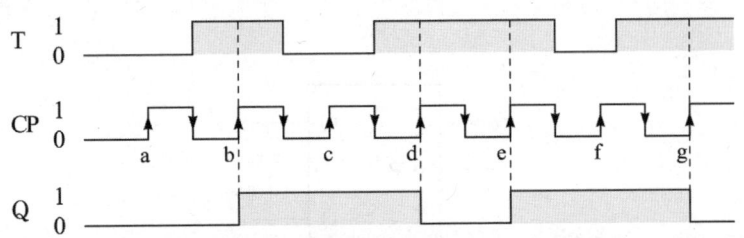

T 플립플롭 동작도

(2) 논리 회로도

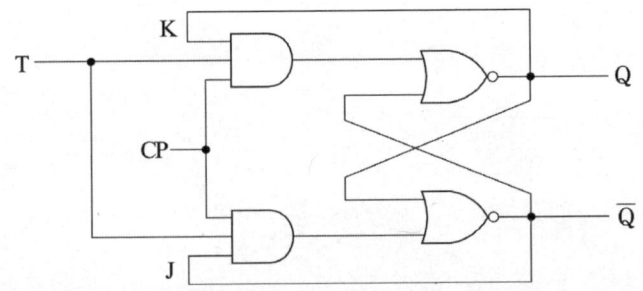

T 플립플롭 논리 회로도

5 비동기 입력

RS 플립플롭, JK 플립플롭, D 플립플롭, T 플립플롭 등 대부분의 플립플롭은 클럭 신호를 통해 플립플롭의 상태를 변하게 할 수 있다. 클럭 신호가 주어지는 동안에만 플립플롭이 동작하는 것을 동기 입력이라 한다.

클럭 신호에 관계없이 플립플롭의 상태를 변하게 할 수 있는 것을 비동기 입력이라고 한다. 비동기 입력은 프리셋 $\overline{PR}$(preset) 입력과 클리어 $\overline{CLR}$(clear) 입력이 있으며 액티브 로우인 부정으로 표시한다.

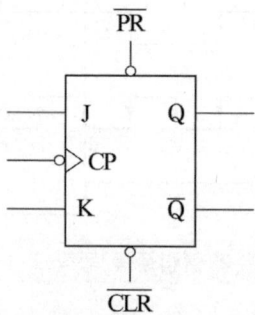

비동기 입력 논리기호

출제예상문제

01 RS 플립플롭에서 R = S = 1인 상태를 허용하지 않는 결점을 보완한 플립플롭은?
① D 플립플롭
② T 플립플롭
③ JK 플립플롭
④ 비동기 플립플롭

해설 JK 플립플롭은 RS 플립플롭에서 R = 1, S = 1인 상태를 금지하는 결점을 보완한 것으로 J = 1, K = 1의 입력인 경우 출력은 토글된다.

02 현재 출력(Q_n)과 관계없이 다음 출력(Q_{n+1})이 "0"이 되기 위해 입력이 "0"이 되어야 하는 플립플롭은?
① T 플립플롭
② D 플립플롭
③ RS 플립플롭
④ JK 플립플롭

해설 D 플립플롭은 D=0에서 클럭이 발생하면 Q=0이고, D=1에서 클럭이 발생하면 Q=1이 된다.

03 플립플롭 중 계수회로에 가장 적합한 것은?
① T 플립플롭   ② D 플립플롭
③ JK 플립플롭   ④ RS 플립플롭

해설 T 플립플롭은 JK 플립플롭의 J와 K를 묶어 데이터 입력(T)으로 하고 입력 T가 0일 경우에는 상태가 불변이고, T가 1일 경우에 클럭이 발생하면 출력은 반전된다.
클럭 펄스가 발생할 때마다 출력이 반전하므로 계수기에 사용된다.

04 JK 플립플롭에서 발생하는 레이싱 현상을 방지하기 위한 것은?
① 슈미트 트리거
② 단안정 멀티바이브레이터
③ 무안정 멀티바이브레이터
④ 에지 트리거 플립플롭

해설 JK 플립플롭은 출력 쪽이 입력에 Feedback 되어 있기 때문에 J = K = 1일 때 출력이 반전된 후에도 클럭 펄스가 "1"의 상태를 유지하면 출력이 계속 토글되는 레이싱 현상이 발생되어 마스터-슬래브 JK 플립플롭으로 레이싱 현상을 방지하였으나 최근에는 에지에서만 플립플롭이 동작하도록 설계한 에지 트리거 플립플롭으로 레이싱 현상을 방지한다.

05 NAND 게이트를 이용한 래치 회로에서 $\overline{S}=0$, $\overline{R}=1$일 때 $Q=1$, $\overline{Q}=0$이라면 동작상태는?
① 기억유지
② 세트
③ 리셋
④ 금지입력

해설 출력이 1이므로 세트상태가 된다.

06 RS 플립플롭에서 $\overline{R}=1$, $\overline{S}=1$일 때 출력은?
① 금지   ② 1
③ 0   ④ 불변

해설 $\overline{R}=1$, $\overline{S}=1$이므로 출력은 불변이다.

정답 1. ③ 2. ② 3. ① 4. ④ 5. ② 6. ④

07 비동기형 10진 계수기를 T 플립플롭으로 구성할 때 플립플롭이 필요한 수량은?
① 2 ② 4
③ 6 ④ 8

해설 10진 계수기에는 n 단일 때 2^n개의 플립플롭이 필요하므로 $2^3 = 8$, $2^4 = 16$이므로 4개가 필요하다.

08 JK 플립플롭의 J = K = 1로 하고 클록 펄스 신호에 의해서만 출력을 사용하는 플립플롭은?
① RS 플립플롭
② JK 플립플롭
③ D 플립플롭
④ T 플립플롭

해설 T 플립플롭은 JK 플립플롭의 J와 K를 묶어 데이터 입력(T)으로 하고 입력 T가 0일 경우에는 상태가 불변이고, T가 1일 경우에 클럭이 발생하면 출력은 반전된다.
클럭 펄스가 가해질 때마다 출력 상태가 반전하므로 J = K = 1인 경우의 JK 플립플롭과 같은 동작을 한다.

09 RS 플립플롭을 D 플립플롭으로 변환하려면?
① Q를 R에 궤환하고 S를 D로 대체한다.
② Q를 S에 궤환하고 S를 D로 대체한다.
③ $\overline{Q}$를 R에 궤환하고 S를 D로 대체한다.
④ S에서 NOT를 통하여 R에 연결하고 S를 D로 대체한다.

해설 RS 플립플롭에서 S에서 NOT 게이트를 통하여 R에 연결하고 S를 D로 대체하면 D 플립플롭과 같은 동작을 한다.

10 JK 플립플롭에서 J = K = 1일 때 동작 상태는?
① 반전 ② 세트
③ 리셋 ④ 불변

해설 J = K = 1일 때 출력은 클록 펄스가 입력될 때마다 반전된다.

11 입력상태를 일정시간 만큼 출력에 늦게 전달할 때 사용되는 플립플롭은?
① D 플립플롭
② T 플립플롭
③ RS 플립플롭
④ JK 플립플롭

해설 D 플립플롭은 입력 상태를 일정 시간만큼 출력에 늦게 전달할 때 사용된다.
D는 입력 신호를 지연시키는 의미이며 시간 지연은 클럭 펄스에 의해 이루어진다.

정답 7. ② 8. ④ 9. ④ 10. ① 11. ①

과년도 출제문제

01 플립플롭회로에 대한 설명으로 잘못된 것은? [03] [06] [09] [12]
① 두 가지 안정상태를 갖는다.
② 쌍안정 멀티바이브레이터이다.
③ 반도체 메모리 소자로 이용된다.
④ 트리거 펄스 1개마다 1개의 출력펄스를 얻는다.

해설 플립플롭회로는 클럭 펄스가 발생할 때마다 Q, $\overline{Q}$의 2개 출력을 얻는다.

02 JK 플립플롭에서 J입력과 K입력에 모두 1을 가하면 출력은 어떻게 되는가? [08]
① 반전된다.
② 불확정 상태가 된다.
③ 이전 상태가 유지된다.
④ 이전 상태에 상관없이 1이 된다.

해설 JK 플립플롭에서 J=K=1일 때 출력은 반전(토글)된다.

03 J-K FF에서 현재 상태의 출력 Q_n을 0으로 하고, J입력에 0, K입력에 1을 클럭펄스 CP에 라이징 에지(rising edge)의 신호를 가하게 되면 다음 상태의 출력 Q_{n+1}은?
[02] [08] [15] [16]

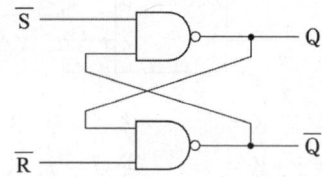

① X
② 0
③ 1
④ $\overline{Q_n}$

해설 현재 출력 Q가 0 이고 J=0, K=1일 때 클럭이 가해지면 출력은 불변이므로 출력은 0이다.

04 교차 결합 NAND 게이트 회로는 RS 플립플롭을 구성하며 비동기 FF 또는 RS NAND 래치라고도 하는데 허용되지 않는 입력 조건은? [04] [13]

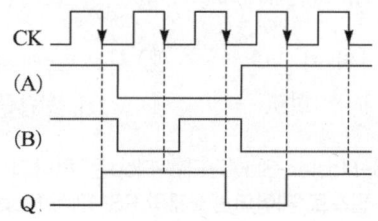

① $\overline{S}=0$, $\overline{R}=0$ ② $\overline{S}=1$, $\overline{R}=0$
③ $\overline{S}=0$, $\overline{R}=1$ ④ $\overline{S}=1$, $\overline{R}=1$

해설 NAND 게이트를 이용한 RS 래치에서 $\overline{S}=\overline{R}=0$인 경우는 허용하지 않고 $\overline{S}=0$, $\overline{R}=1$일 때는 출력이 1, $\overline{S}=1$, $\overline{R}=0$일 때는 출력이 0, $\overline{S}=\overline{R}=1$일 때는 출력이 불변이다.

05 그림은 어떤 플립플롭의 타임차트이다. (A), (B)에 해당되는 것은? [02] [10]

① (A) : S, (B) : R ② (A) : R, (B) : S
③ (A) : J, (B) : K ④ (A) : K, (B) : J

정답 1. ④ 2. ① 3. ② 4. ① 5. ③

해설 JK 플립플롭 타임차트로 J = K = 1이면 출력이 반전, J = K = 0이면 출력은 불변, J = 0, K = 1이면 출력은 0, J = 1, K = 0이면 출력은 1이 된다.

06 순서회로 설계의 기본인 JK-FF 여기표에서 현재 상태의 출력 Q_n이 0이고 다음 상태의 출력 Q_{n+1}이 1일 때 필요 입력 J 및 K의 값은? (단, x는 0 또는 1임) [11] [18]

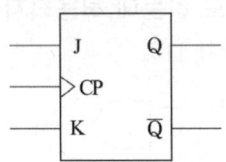

① J = 1, K = 0   ② J = 0, K = 1
③ J = x, K = 1   ④ J = 1, K = x

해설 JK 플립플롭에서 현재 출력이 0 이고 다음 상태의 출력이 1인 경우는 J = 1, K = 0 인 경우와 J = K = 1 인 경우이므로 J = 1, K = x

07 다음과 같은 S-R 플립플롭 회로는 어떤 회로 동작을 하는가? [06] [07]

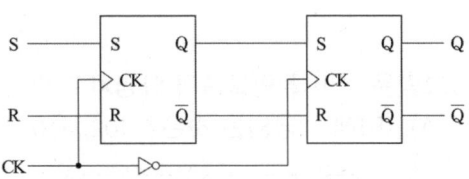

① 4진 카운터   ② 시프트 레지스터
③ 분주 회로   ④ M/S 플립플롭

해설 RS-Master-Slave-Flip-Flop은 하나의 공통 클록 펄스로 제어되는 2개의 RS-Flip-Flop으로 구성되어 있으며 각각의 클록 입력에 반전된 신호(180° 위상차)를 주어 공급하면 레이싱 현상이 없어지고 동작이 안정된다.

08 D 플립플롭의 현재 상태가 0일 때 다음 상태를 1로 하기 위한 D의 입력 조건은? [08]
① 1
② 0
③ 1과 0 모두 가능
④ 1에서 0으로 바뀌는 펄스

해설 D 플립플롭은 D = 0에서 클럭이 발생하면 Q = 0 이고, D = 1에서 클럭이 발생하면 Q = 1이 된다.

09 D형 플립플롭의 현재 상태[Q]가 0일 때 다음 상태 [Q(t + 1)]를 1로 하기 위한 D의 입력 조건은? [13]
① 1   ② 0
③ 1과 0 모두가능   ④ Q

해설 위의 문제풀이 참조

10 T형 플립플롭을 3단으로 직렬접속하고 초단에 1[kHz]의 구형파를 가하면 출력 주파수는 몇 [Hz]인가? [12]

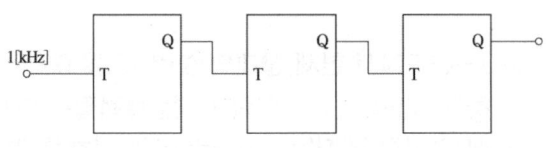

① 1   ② 125
③ 250   ④ 500

해설 출력 주파수 $f = \dfrac{1 \times 10^3}{2^3} = 125[Hz]$

(n단일 때 2^n이다)

정답 6. ④ 7. ④ 8. ① 9. ① 10. ②

Chapter 04 조합 논리회로

1 가산기

2진수의 덧셈을 수행하는 조합 논리회로이다. 2개의 숫자만 더하는 반가산기(HA)와 2개의 숫자와 함께 자리 올림수까지 더하는 전가산기(FA)가 있다.

(1) 반가산기(Half-Adder)

1비트로 구성된 2개의 2진수를 덧셈할 때 사용한다. 즉, 하위 자리에서 발생한 자리 올림 수를 포함하지 않고 덧셈을 수행한다. 2개의 2진수 입력과 2개의 2진수 출력을 가진다.

출력 변수는 합(S, sum)과 자리 올림 수 (C, carry)가 있다.

출력 변수의 합(S)는 2개의 입력 중 하나만 1일 때 1이 되며, 자리 올림 수(C)는 입력 (A, B)이 모두 1인 경우에만 1이 된다.

① 합 : $S = \overline{A}B + A\overline{B} = A \oplus B$
② 자리 올림 수 : $C = AB$

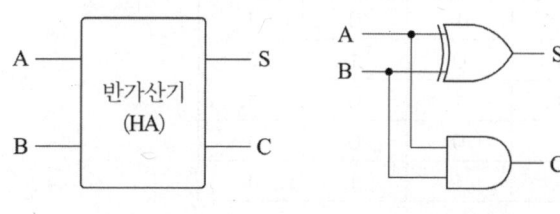

(a) 논리기호　　　(b) 논리 회로도　　　(c) 진리표

반가산기

(2) 전가산기(Full-Adder)

1비트로 구성된 2개의 2진수와 1비트의 자리 올림 수를 더할 때 사용한다. 즉, 하위 자리에서 발생한 자리 올림 수를 포함하여 덧셈을 수행한다. 3개의 입력(A, B, Z)과 2개의 출력(S, C)으로 구성된다.

합(S)은 3개의 입력 중 1이 홀수 개인 경우에만 1이 되며, 자리 올림 수(C)는 3개의 입력 중 2개 이상이 1인 경우에 1이 된다.

① 합 : $S = \overline{A}\overline{B}Z + \overline{A}B\overline{Z} + A\overline{B}\overline{Z} + ABZ = A \oplus B \oplus Z$

② 자리 올림 수 : $C = \overline{A}BZ + A\overline{B}Z + AB\overline{Z} + ABZ = AB + (A \oplus B)Z$

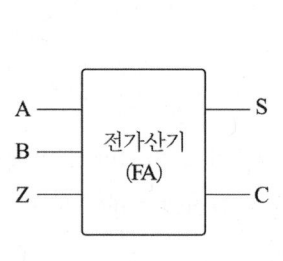

(a) 논리기호

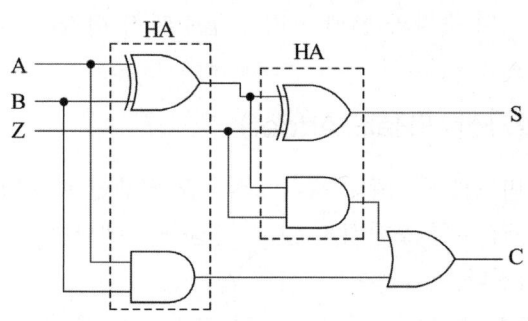

(b) 논리 회로도

A	B	Z	S	C
0	0	0	0	0
0	0	1	1	0
0	1	0	1	0
0	1	1	0	1
1	0	0	1	0
1	0	1	0	1
1	1	0	0	1
1	1	1	1	1

(c) 진리표

전가산기

③ 전가산기 논리회로는 반가산기 2개와 OR 게이트 1개로 구성되어 있다.

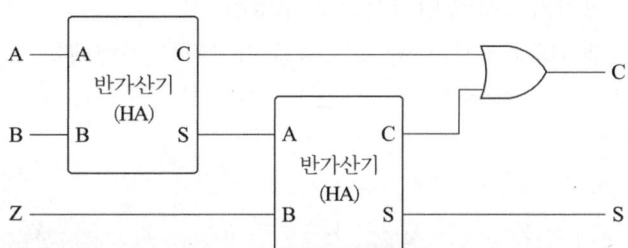

전가산기 논리 회로도

(3) 병렬 가산기

직렬 가산기는 1개의 전가산기를 사용하여 덧셈을 수행하기 때문에 회로는 간단하지만 속도가 느리다. 여러 개의 전가산기를 사용하여 동시에 덧셈을 수행하면 여러 개의 비트를 빠르게 더할 수 있다. 전가산기 여러 개를 병렬로 연결하여 연산 속도를 빠르게 한 것을 병렬 가산기라 한다.

1) 2진 병렬 가산기

1개의 전가산기와 1개의 반가산기로 구성된다.

2진수의 덧셈 01 + 11을 병렬 가산기로 수행해 보면 병렬 가산기에 $X_1 = 0$, $X_0 = 1$, $Y_1 = 1$, $Y_0 = 1$ 의 값이 각각 할당된다.

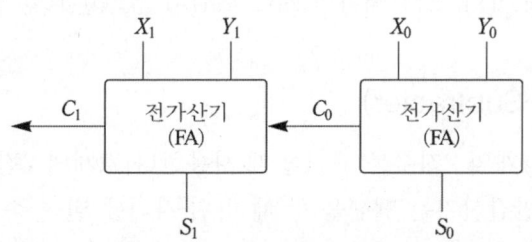

2진 병렬 가산기

$$\begin{array}{r} X_1 X_0 \\ + Y_1 Y_0 \\ \hline \end{array} \quad \Rightarrow \quad \begin{array}{r} 01 \\ + 11 \\ \hline 100 \end{array}$$

2) 4진 병렬 가산기

3개의 전가산기와 1개의 반가산기로 구성된다.

2진수의 덧셈 1011 + 0110을 4진 병렬 가산기로 수행해 보면 4진 병렬 가산기에 $X_3 = 1$, $X_2 = 0$, $X_1 = 1$, $X_0 = 1$, $Y_3 = 0$, $Y_2 = 1$, $Y_1 = 1$, $Y_0 = 0$ 의 값이 각각 할당된다.

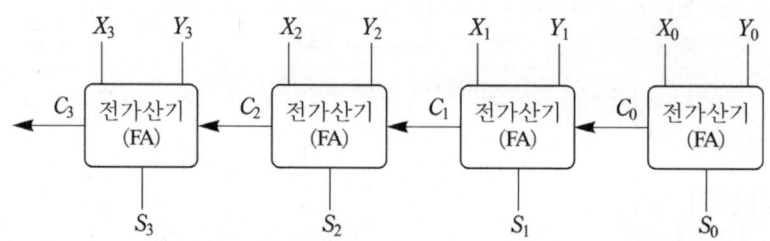

4진 병렬 가산기

$$\begin{array}{r} X_3X_2X_1X_0 \\ +\ Y_3Y_2Y_1Y_0 \\ \hline \end{array} \quad \Rightarrow \quad \begin{array}{r} 1011 \\ +\ 0110 \\ \hline 10001 \end{array}$$

2 감산기

2진수의 뺄셈을 수행하는 조합 논리회로이다. 2개의 숫자만 빼는 반감산기(HS)와 2개의 숫자와 함께 자리 빌림 수까지 빼는 전감산기(FS)가 있다.

(1) 반감산기(Half-Subtracter)

1비트로 구성된 2개의 2진수를 뺄셈할 때 사용한다. 2개의 2진수 입력과 2개의 2진수 출력을 가진다. 반감산기는 뺄셈을 할 때 하위 자리에 빌려 준 자리 빌림 수는 고려하지 않기 때문에 2개의 입력 변수를 가진다. 출력 변수는 차(D, Difference)와 1을 빌려왔는지 나타내는 자리 빌림 수(b, borrow)가 있다.

① 차 : $D = \overline{A}B + A\overline{B} = A \oplus B$
② 자리 빌림 수 : $b = \overline{A}B$

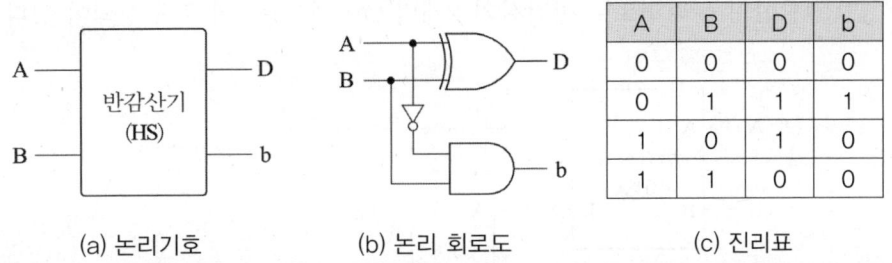

(a) 논리기호　　　(b) 논리 회로도　　　(c) 진리표

반감산기

(2) 전감산기(Full-Subtracter)

1비트로 구성된 2개의 2진수와 1비트의 자리 빌림 수를 뺄 때 사용한다. 즉, 하위 자리에서 빌려 준 자리 빌림 수를 포함하여 뺄셈을 수행한다. 따라서 3개의 입력(A, B, Y)과 2개의 출력(D, b)으로 구성된다.

① 차 : $D = \overline{A}\overline{B}Y + \overline{A}B\overline{Y} + A\overline{B}\overline{Y} + ABY = A \oplus B \oplus Y$

② 자리 빌림 수 : $b = \overline{A}\overline{B}Y + \overline{A}B\overline{Y} + \overline{A}BY + ABY = \overline{A}B + \overline{(A \oplus B)}Y$

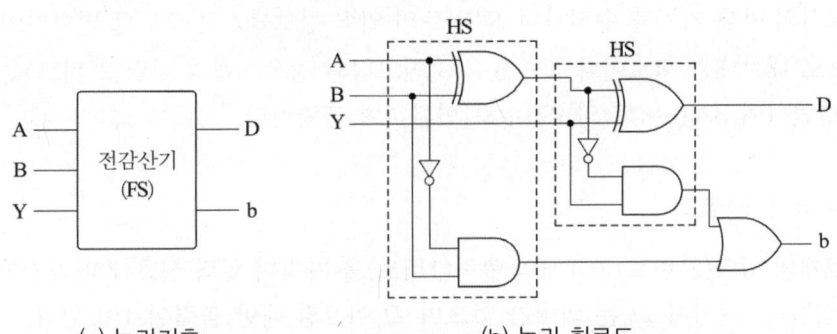

(a) 논리기호　　　(b) 논리 회로도

A	B	Y	D	b
0	0	0	0	0
0	0	1	1	1
0	1	0	1	1
0	1	1	0	1
1	0	0	1	0
1	0	1	0	0
1	1	0	0	0
1	1	1	1	1

(c) 진리표

전감산기

③ 전감산기 논리회로는 반감산기 2개와 OR 게이트 1개로 구성되어 있다.

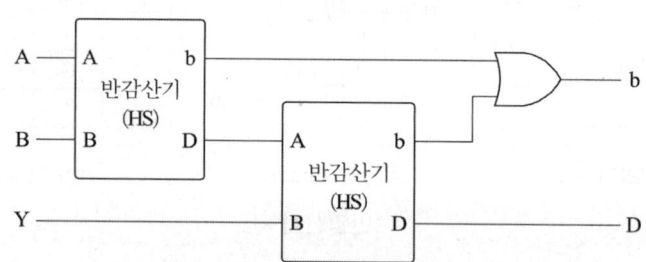

전감산기 논리 회로도

3 인코더와 디코더

(1) 인코더(Encoder)

부호기라고도 불리며 10진수나 다른 진수를 2진수로 바꿀 때 사용한다.
디코더의 반대 기능을 수행하며 S^m비트의 입력 정보를 2진 코드로 변환하여 n비트 출력으로 내보내는 회로이다. 즉, 8 × 3 인코더의 경우 8개의 입력(2^3비트)을 2진 코드로 변환하여 3개(3비트)의 2진수로 변환하여 출력한다.

1) 2 × 1 인코더

2개의 입력(2^1비트)과 1개의 출력(1비트)을 가지며 입력 신호에 따라 0이나 1을 출력한다. 여기서 D_0는 의미가 없으며 D_1이 1일 때만 출력이 1이 된다.
논리식 $Y = D_1$

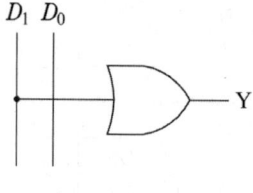

D_1	D_0	Y
0	1	0
1	0	1

(a) 회로도　　(b) 진리표

2 × 1 인코더

2) 4 × 2 인코더

4개의 입력(2^2비트)과 2개의 출력(2비트)을 가지며 입력 신호 중 2개 이상이 동시에 1이 되지 않아야 한다.

논리식 $Y_0 = D_1 + D_3$, $Y_1 = D_2 + D_3$

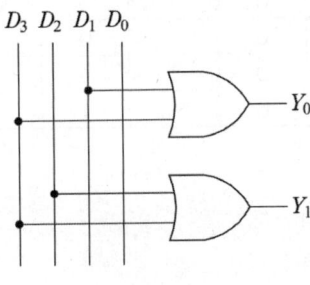

D_3	D_2	D_1	D_0	Y_1	Y_0
0	0	0	1	0	0
0	0	1	0	0	1
0	1	0	0	1	0
1	0	0	0	1	1

(a) 회로도   (b) 진리표

4 × 2 인코더

3) 8 × 3 인코더

8개의 입력(2^3비트)과 3개의 출력(3비트)을 가지며 $D_0 = 1$일 때 출력은 0이다. 또한, 8개의 입력 중 어느 하나가 1일 때에만 동작한다.

논리식 $Y_0 = D_1 + D_3 + D_5 + D_7$, Y_1
$= D_2 + D_3 + D_6 + D_7$, Y_2
$= D_4 + D_5 + D_6 + D_7$

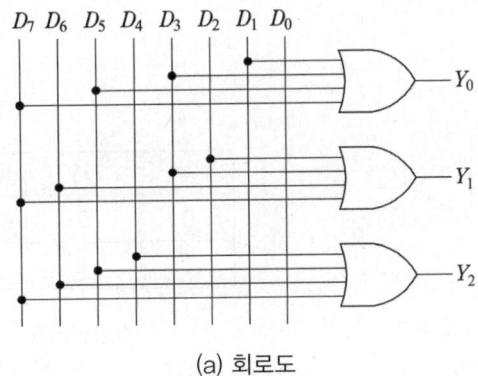

(a) 회로도

D_7	D_6	D_5	D_4	D_3	D_2	D_1	D_0	Y_2	Y_1	Y_0
0	0	0	0	0	0	0	1	0	0	0
0	0	0	0	0	0	1	0	0	0	1
0	0	0	0	0	1	0	0	0	1	0
0	0	0	0	1	0	0	0	0	1	1
0	0	0	1	0	0	0	0	1	0	0
0	0	1	0	0	0	0	0	1	0	1
0	1	0	0	0	0	0	0	1	1	0
1	0	0	0	0	0	0	0	1	1	1

(b) 진리표

8 × 3 인코더

(2) 디코더(Decoder)

복호기 또는 해독기라고도 불리며 2진수를 10진수나 다른 진수로 바꿀 때 사용한다. 인코더의 반대 기능을 수행하며 n비트의 입력 정보를 2^n비트 출력으로 만들어 준다. 즉, 3 × 8 디코더의 경우 3개의 입력(3비트)을 8개(2^3비트)의 출력으로 변환한다. 디코더는 컴퓨터의 중앙처리장치 내에서 번지의 해독, 명령의 해독, 제어 등에 사용되며 타이프라이터 등에서는 중앙처리장치로부터 들어온 2진 코드를 문자로 변환하여 인쇄할 때 사용되고 있다.

1) 1 × 2 디코더

1개의 입력(1비트)과 2개의 출력(2^1비트)을 가지며 1개의 입력에 따라 2개의 출력 중 1개가 선택된다.

논리식 $Y_0 = \overline{A}$, $Y_1 = A$

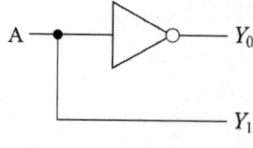

A	Y_1	Y_0
0	0	1
1	1	0

(a) 회로도　　　　　　(b) 진리표

1 × 2 디코더

2) 2 × 4 디코더

2개의 입력(2비트)과 4개의 출력(2^2비트)을 가지며 2개의 입력에 따라 4개의 출력 중 1개가 선택된다.

논리식 $Y_0 = \overline{A}\,\overline{B}$, $Y_1 = A\overline{B}$, $Y_2 = \overline{A}B$, $Y_3 = AB$

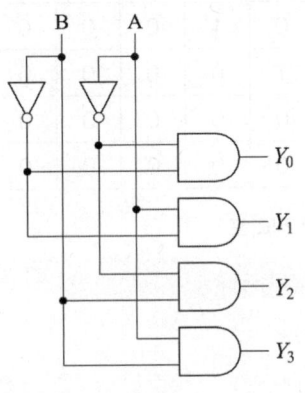

B	A	Y_3	Y_2	Y_1	Y_0
0	0	0	0	0	1
0	1	0	0	1	0
1	0	0	1	0	0
1	1	1	0	0	0

(a) 회로도   (b) 진리표

2 × 4 디코더

3) 3 × 8 디코더

3개의 입력(3비트)과 8개의 출력(2^3비트)을 가지며 3개의 입력에 따라 8개의 출력 중 1개가 선택된다.

논리식 $Y_0 = \overline{A}\,\overline{B}\,\overline{C}$, $Y_1 = A\overline{B}\,\overline{C}$, $Y_2 = \overline{A}B\overline{C}$, $Y_3 = AB\overline{C}$

$Y_4 = \overline{A}\,\overline{B}C$, $Y_5 = A\overline{B}C$, $Y_6 = \overline{A}BC$, $Y_7 = ABC$

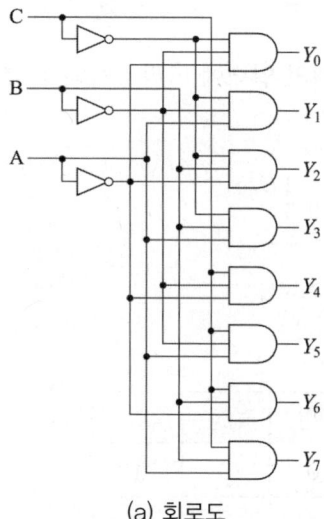

C	B	A	Y_7	Y_6	Y_5	Y_4	Y_3	Y_2	Y_1	Y_0
0	0	0	0	0	0	0	0	0	0	1
0	0	1	0	0	0	0	0	0	1	0
0	1	0	0	0	0	0	0	1	0	0
0	1	1	0	0	0	0	1	0	0	0
1	0	0	0	0	0	1	0	0	0	0
1	0	1	0	0	1	0	0	0	0	0
1	1	0	0	1	0	0	0	0	0	0
1	1	1	1	0	0	0	0	0	0	0

(a) 회로도   (b) 진리표

3 × 8 디코더

4 멀티플렉서와 디멀티플렉서

(1) 멀티플렉서(Multiplexer)

여러 개의 입력선 중에서 하나를 선택하여 출력선에 연결하는 회로이다. 많은 입력선 중에 하나를 선택하여 출력하기 때문에 데이터 선택기라고도 하며 2^n개의 입력선(D)과 n개의 선택선(S)으로 되어 있다.

1) 2 × 1 멀티플렉서

2개의 입력(D_0, D_1) 중 1개를 선택하여 선택선(S)에 입력된 값에 따라 출력한다.
2개의 입력(D_0, D_1)은 선택선(S)이 0이면 D_0이 선택되고 1이면 D_1이 선택된다.

논리식 $Y = \overline{S}D_0 + SD_1$

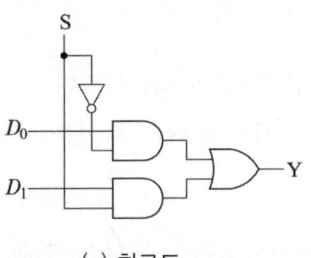

S	Y
0	D_0
1	D_1

(a) 회로도　　　　　　(b) 진리표

2 × 1 멀티플렉서

2) 4 × 1 멀티플렉서

4개의 입력 중 1개를 선택하여 선택선(S_0, S_1)에 입력된 값에 따라 출력한다.

논리식　$Y = \overline{S_1}\,\overline{S_0}I_0 + \overline{S_1}S_0I_1 + S_1\overline{S_0}I_2 + S_1S_0I_3$

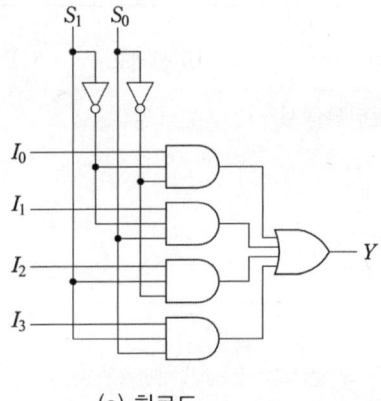

S_1	S_0	Y
0	0	I_0
0	1	I_1
1	0	I_2
1	1	I_3

(a) 회로도　　　　　　(b) 진리표

4 × 1 멀티플렉서

(2) 디멀티플렉서(Demultiplexer)

멀티플렉서의 정반대의 기능을 갖고 있다. 1개의 입력을 여러 개의 출력선에 연결한 후 이들 중 한 개의 회선을 선택하여 출력한다.

분배기라고도 불리며 2^n개의 출력선(D) 중에서 하나의 출력선을 선택하기 위해 n개의 선택선(S)이 필요하다.

1) 1 × 4 디멀티플렉서

1개의 입력과 4개의 출력선, 2개의 선택선으로 되어 있다. 2개의 선택선(S_0, S_1)에 의해 4개의 출력(D_0, D_1, D_2, D_3) 중에서 하나의 회선을 선택하여 입력(I)을 연결시켜 출력시킨다.

논리식 $D_0 = \overline{S_1}\,\overline{S_0}$, $D_1 = \overline{S_1}S_0$, $D_2 = S_1\overline{S_0}$, $D_3 = S_1 S_0$

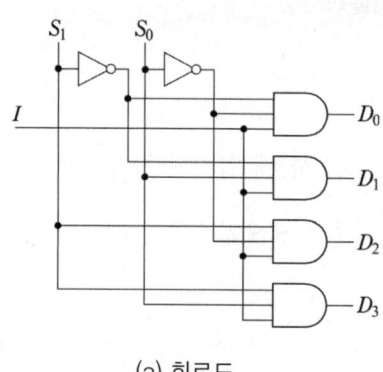

S_1	S_0	Y
0	0	D_0
0	1	D_1
1	0	D_2
1	1	D_3

(a) 회로도   (b) 진리표

1 × 4 디멀티플렉서

5 레지스터

(1) 레지스터/시프트 레지스터

1) 레지스터

여러 개의 플립플롭을 사용하여 1비트 이상의 2진 정보를 기억하며 플립플롭과 게이트들로 구성되어 있는데, 플립플롭은 2진 정보를 저장하고 게이트는 새로운 정보를 레지스터로 전송할 시점과 방법을 제어한다. 레지스터는 주로 외부에서 들어오는 정보를 저장하거나 이동하는 목적으로 사용한다. 카운터, 여러 비트의 일시적인 저장, 저장된 비트를 이동시켜 2진수의 보수를 구하거나 곱셈 및 나눗셈 연산 등에 사용된다.

입출력의 기능을 바꾸어 오른쪽으로 시프트 하거나 왼쪽으로 시프트 할 수 있도록 하는데 이와 같은 것을 범용 레지스터라고 한다.

시프트 레지스터는 2진수를 직렬로 1비트씩 차례로 입력시키면 레지스터가 기억하고 있는 데이터를 오른쪽 또는 왼쪽으로 한 자리씩 이동시킬 수 있는 레지스터이다.

2) 직렬 시프트 레지스터

① 직렬 시프트 레지스터
데이터를 직렬로 입력하여 직렬로 출력하며, 모뎀에 사용된다.

② 순환 레지스터
클럭 신호가 주어지면 시프트 레지스터와 같은 방법으로 비트가 이동된다. 순환 레지스터는 마지막 플립플롭의 출력 신호가 첫째 번 플립플롭의 입력 신호로 다시 돌아가는 점이 다르며, 각각의 출력 신호가 주기적으로 반복하게 되며 링 카운터라고도 한다.

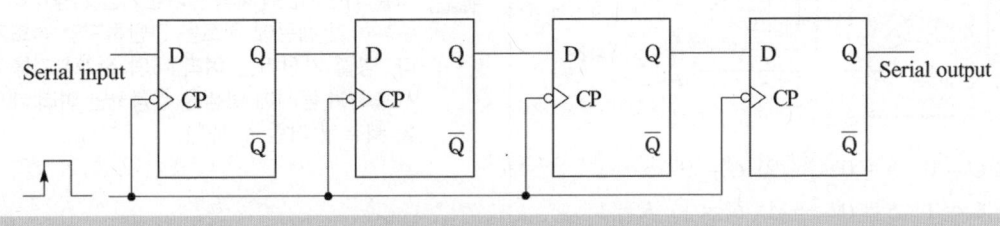

4비트 직렬 시프트 레지스터

3) 직렬 입력 병렬 출력 시프트 레지스터

레지스터의 모든 비트를 클럭 펄스에 의해 데이터를 직렬로 입력하여 병렬로 출력한다. 직렬 데이터 통신에 사용되며, 데이터를 1비트씩 직렬로 수신한 후 1바이트가 되면 데이터를 병렬로 변환하여 컴퓨터 내부로 읽어 들인다.

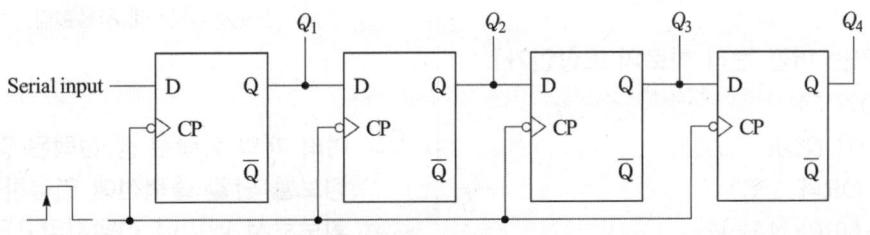

비트 병렬 시프트 레지스터

출제예상문제

01 그림과 같은 회로에서 A = B = Z = 1일 때 합(S)와 자리올림수(C)는?

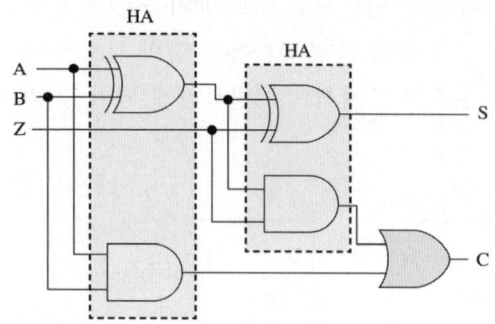

① $C=0,\ S=0$ ② $C=0,\ S=1$
③ $C=1,\ S=0$ ④ $C=1,\ S=1$

해설 전가산기의 합 :
$S = \overline{A}\,\overline{B}Z + \overline{A}B\overline{Z} + A\overline{B}\,\overline{Z} + ABZ$
$\quad = A \oplus B \oplus Z$
자리 올림 수 :
$C = \overline{A}BZ + A\overline{B}Z + AB\overline{Z} + ABZ$
$\quad = AB + (A \oplus B)Z$
A = B = Z = 1이므로 S = 1, C = 1 이다.

02 반가산기는 어떤 논리 회로의 조합인가?
① AND와 OR
② AND와 NOR
③ EX-OR와 AND
④ EX-OR와 NAND

해설 반가산기 논리회로도는 EX-OR와 AND의 조합회로이다.

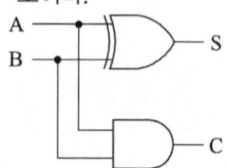

03 가산기 회로에서 병렬 가산기의 장점은?
① 기계가 간단하다.
② 가격이 저렴하다.
③ 가산 자릿수만큼 가산 회로가 필요하다.
④ 연산처리 속도가 직렬 가산기에 비해 빠르다.

해설 직렬 가산기는 1개의 전가산기를 사용하여 덧셈을 수행하기 때문에 회로는 간단하지만 속도가 느리다. 병렬 가산기는 여러 개의 전가산기를 병렬로 사용하여 동시에 덧셈을 수행하면 여러 개의 비트를 빠르게 더할 수 있다.

04 10진수나 다른 진수의 입력을 2진수로 변환시키는 장치는?
① 디코더
② 인코더
③ 멀티플렉서
④ 디멀티플렉서

해설 인코더는 부호기라고도 불리며 10진수나 다른 진수를 2진수로 바꿀 때 사용한다.

05 여러 개의 입력선 중 선택된 입력선의 2진 정보를 단일 출력선에 연결하는 조합논리회로로서 데이터 선택기라고도 불리는 것은?
① 인코더   ② 디코더
③ 멀티플렉서 ④ 디멀티플렉서

해설 멀티플렉서는 여러 개의 입력선 중에서 하나를 선택하여 단일 출력선에 연결하는 조합 논리회로이다.

정답 1. ④ 2. ③ 3. ④ 4. ② 5. ③

06 다음 회로의 기능은?

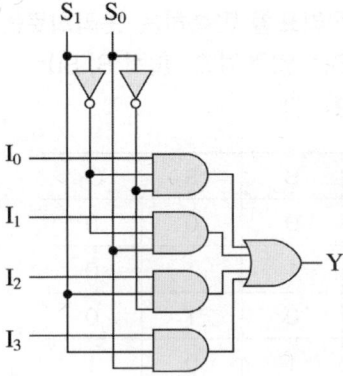

① 2 × 1 멀티플렉서
② 4 × 1 멀티플렉서
③ 2 × 1 디멀티플렉서
④ 4 × 1 디멀티플렉서

해설 4 × 1 멀티플렉서는 4개의 입력 중 1개를 선택하여 선택선(S_0, S_1)에 입력된 값에 따라 출력한다.
논리식 $Y = \overline{S_1}\,\overline{S_0}I_0 + \overline{S_1}S_0I_1 + S_1\overline{S_0}I_2 + S_1S_0I_3$

07 데이터 선이 3개라면 최대 몇 가지 상태로 나타낼 수 있는가?

① 3가지   ② 8가지
③ 16가지 ④ 32가지

해설 n개의 데이터 선은 2^n가지의 상태로 나타낼 수 있으므로 $2^3 = 8$가지 상태로 나타낼 수 있다.

08 멀티플렉서는 여러 개의 입력선 중 하나를 선택하여 출력선에 연결하는 회로이며 8 × 1 멀티플렉서의 경우 필요한 선택선의 개수는?

① 1개   ② 2개
③ 3개   ④ 4개

해설 디멀티플렉서는 분배기라고도 불리며 2^n개의 출력선(D) 중에서 하나의 출력선을 선택하기 위해 n개의 선택선(S)이 필요하므로 $2^3 = 8$로 선택선은 3개가 필요하다.

09 디코더는 어떤 입력을 해독하여 이에 대응하는 하나의 선택 신호로 출력하는가?

① BCD Code
② Gray Code
③ 3초과 Code
④ 해밍 Code

해설 디코더는 복호기 또는 해독기라고도 불리며 2진수를 10진수나 다른 진수로 바꿀 때 사용하며 n개의 입력과 2^n개의 출력을 가지며 입력 조건에 따라 2^n개의 출력 중 1개가 선택된다. 2진 코드나 BCD 코드를 해독하여 이에 대응하는 1개(10진수)의 선택 신호로 출력하는 것이다.

10 다음 그림과 같은 회로의 명칭은?

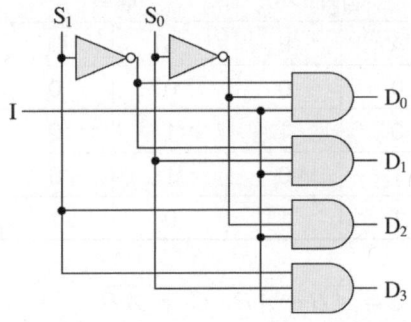

① 디코더   ② 인코더
③ 멀티플렉서   ④ 디멀티플렉서

해설 디멀티플렉서는 1개의 입력을 여러 개의 출력선에 연결한 후 이들 중 한 개의 회선을 선택하여 출력한다.

정답 6. ② 7. ② 8. ③ 9. ① 10. ④

과년도 출제문제

01 그림과 같은 회로의 기능은? [06] [07] [12]

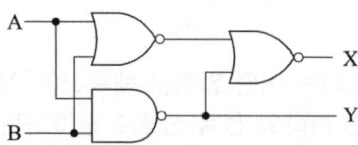

① 반일치회로　　② 감산기
③ 반가산기　　　④ 부호기

해설 합(Sum)
$X = \overline{\overline{A+B} + AB} = (A+B)(\overline{A}+\overline{B})$
$= A\overline{A} + A\overline{B} + \overline{A}B + B\overline{B} = A\overline{B} + \overline{A}B$
자리 올림 (Carry) $Y = AB$ 로 반가산기를 나타낸다.

02 반가산기의 진리표에 대한 출력함수는?
[02] [12]

입력		출력	
A	B	S	C_0
0	0	0	0
0	1	1	0
1	0	1	0
1	1	0	1

① $S = \overline{AB} + AB,\ C_0 = \overline{AB}$
② $S = \overline{A}B + A\overline{B},\ C_0 = AB$
③ $S = \overline{AB} + AB,\ C_0 = AB$
④ $S = \overline{A}B + A\overline{B},\ C_0 = \overline{AB}$

해설 반가산기의 합(Sum) $S = \overline{A}B + A\overline{B}$
자리올림수(Carry) $C_0 = AB$

03 다음의 진리표를 만족하는 논리회로는?
(단, A, B는 입력이고, 출력 S, Sum, C_0, Carry 임) [09]

A	B	S	C_0
0	0	0	0
0	1	1	0
1	0	1	0
1	1	0	1

① EX-OR 회로　　② 비교 회로
③ 반가산기 회로　　④ Latch 회로

해설 합(S) = $\overline{A}B + A\overline{B}$
자리 올림(C0) = $A \cdot B$ 로 반가산기회로이다.

04 반가산기의 동작을 옳게 나타낸 것은? [10]
① 2의 자리의 2진수 가산을 하는 동작을 한다.
② 1의 자리의 2진수 가산을 하는 동작을 한다.
③ 3의 자리의 2진수 가산을 하는 동작을 한다.
④ 1의 자리 carry를 덧셈과 같이 가산하는 동작을 한다.

해설 반가산기는 1비트로 구성된 2개의 2진수를 덧셈할 때 사용한다. 즉, 하위 자리에서 발생한 자리 올림 수를 포함하지 않고 덧셈을 수행한다.
합 : $S = \overline{A}B + A\overline{B} = A \oplus B$
자리 올림 수 : $C = AB$

정답 1. ③　2. ②　3. ③　4. ②

05 다음 그림과 같은 회로의 명칭은? [09] [11]

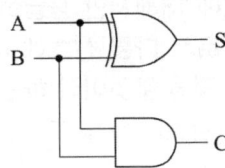

① 플립플롭(flip-flop) 회로
② 반가산기(half adder) 회로
③ 전가산기(full adder) 회로
④ 배타적 논리합(exclusive OR) 회로

해설 위의 문제풀이 참조

06 전가산기의 입력 변수가 x, y, z이고 출력 함수가 S, C일 때 출력의 논리식으로 옳은 것은? [05] [08]

① $S = x \oplus y \oplus z,\ C = xyz$
② $S = x \oplus y \oplus z,\ C = xy + xz + yz$
③ $S = x \oplus y \oplus z,\ C = (x \oplus y)z$
④ $S = x \oplus y \oplus z,\ C = xy + (x \oplus y)z$

해설 전가산기의 입력 변수가 x, y, z이고 출력함수가 S, C일 때 출력의 논리식은
합 : $S = \overline{x}\overline{y}z + \overline{x}y\overline{z} + x\overline{y}\overline{z} + xyz = x \oplus y \oplus z$
자리 올림 수 : $C = \overline{x}yz + x\overline{y}z + xy\overline{z} + xyz$
$= xy + (x \oplus y)z$

07 전가산기(Full adder) 회로의 기본적인 구성은? [13]

① 입력 2개, 출력 2개로 구성
② 입력 2개, 출력 3개로 구성
③ 입력 3개, 출력 2개로 구성
④ 입력 3개, 출력 3개로 구성

해설 1비트로 구성된 2개의 2진수와 1비트의 자리 올림 수를 더할 때 사용한다. 즉, 하위 자리에서 발생한 자리 올림 수를 포함하여 덧셈을 수행한다. 따라서 3개의 입력(A, B, Z)과 2개의 출력(S, C)으로 구성된다. 합(S)은 3개의 입력 중 1이 홀수 개인 경우에만 1이 되며, 자리 올림 수(C)는 3개의 입력 중 2개 이상이 1인 경우에 1이 된다.

08 다음 논리회로를 무엇이라 하는가? [09]

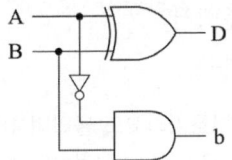

① 반가산기   ② 반감산기
③ 전가산기   ④ 전감산기

해설 반감산기 회로이며
차(D) = $\overline{A}B + A\overline{B} = A \oplus B$ 이고,
자리 빌림(b) = $\overline{A}B$ 이다.

09 표와 같은 반감산기의 진리표에 대한 출력 함수는? [11]

입력		출력	
A	B	D	B_0
0	0	0	0
0	1	1	1
1	0	1	0
1	1	0	0

① $D = \overline{A} \cdot \overline{B} + A \cdot B,\ B_0 = \overline{A} \cdot B$
② $D = \overline{A} \cdot B + A \cdot \overline{B},\ B_0 = \overline{A} \cdot B$
③ $D = \overline{A} \cdot B + A \cdot \overline{B},\ B_0 = A \cdot \overline{B}$
④ $D = \overline{A \cdot B} + A \cdot B,\ B_0 = \overline{A} \cdot \overline{B}$

정답 5. ② 6. ④ 7. ③ 8. ② 9. ②

해설 $D(차) = \overline{A} \cdot B + A \cdot \overline{B}$
$B_0(자리 빌림 수) = \overline{A} \cdot B$

10 2^n의 입력선과 n개의 출력선을 가지고 있으며 출력은 입력값에 대한 2진코드 혹은 BCD 코드를 발생하는 장치는? [13]
① 디코더
② 인코더
③ 멀티플렉서
④ 매트릭스

해설 인코더는 부호기라고도 불리며 10진수나 다른 진수를 2진수로 바꿀 때 사용하며 S^m비트의 입력 정보를 2진 코드로 변환하여 n비트 출력으로 내보내는 회로이다.

11 주어진 진리표는 무엇을 나타내는가? [04] [06] [11]

입력				출력	
D_0	D_1	D_2	D_3	B	A
1	0	0	0	0	0
0	1	0	0	0	1
0	0	1	0	1	0
0	0	0	1	1	1

① 디코더
② 인코더
③ 디멀티플렉서
④ 멀티플렉서

해설 4개의 입력과 부호화된 신호를 출력하는 2개의 출력을 가진 4 × 2 인코더이다.

12 어떤 시스템 프로그램에 있어서 특정한 부호와 신호에 대해서만 응답하는 일종의 장치 해독기로서 다른 신호에 대해서는 응답하지 않는 것을 무엇이라 하는가? [08] [12]
① 산술 연산기(ALU)
② 디코더(Decoder)
③ 인코더(Encoder)
④ 멀티플렉서(Multiflexer)

해설 디코더는 자료를 해독하는 장치. 인코더로 부호화했거나 형식을 바꾼 전기신호를 원상태로 회복하는 장치

13 다음은 무엇을 나타내는 진리표인가? [09]

입력		출력			
B	A	D_0	D_1	D_2	D_3
0	0	1	0	0	0
0	1	0	1	0	0
1	0	0	0	1	0
1	1	0	0	0	1

① 디코더
② 인코더
③ 디멀티플렉서
④ 멀티플렉서

해설 2 × 4 디코더는 2개의 입력(2비트)과 4개의 출력(2^2비트)을 가지며 2개의 입력에 따라 4개의 출력 중 1개가 선택된다.
논리식 : $D_0 = \overline{A}\overline{B}$, $D_1 = A\overline{B}$,
$D_2 = \overline{A}B$, $D_3 = AB$

정답 10. ② 11. ② 12. ② 13. ①

14 그림과 같은 다이오드 매트릭스 회로에서 A_1, A_0에 가해진 data가 1, 0 이면 B_3, B_2, B_1, B_0에 출력되는 data는? [13]

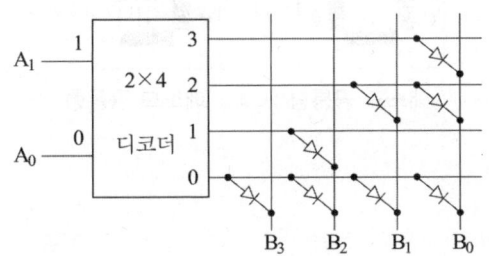

① 1111　　　② 1010
③ 1011　　　④ 0100

해설　2×4 디코더는 2개의 입력(2비트)과 4개의 출력(2^2비트)을 가지며 2개의 입력에 따라 4개의 출력 중 1개가 선택된다. $A_1 = 1$, $A_0 = 0$일 때 출력 B_3, B_2, B_1, B_0은 0100 이다.

15 진리표와 같은 입력 조합으로 출력이 결정되는 회로는? [02] [07] [10]

입력		출력			
A	B	X_0	X_1	X_2	X_3
0	0	1	0	0	0
0	1	0	1	0	0
1	0	0	0	1	0
1	1	0	0	0	1

① 인코더　　　② 디코더
③ 디멀티플렉서　④ 멀티플렉서

해설　2 × 4 디코더는 2개의 입력(2비트)과 4개의 출력(2^2비트)을 가지며 2개의 입력에 따라 4개의 출력 중 1개가 선택된다.
논리식 $X_0 = \overline{A}\overline{B}$, $X_1 = A\overline{B}$,
$X_2 = \overline{A}B$, $X_3 = AB$

16 멀티플렉서(MUX, Multiplexer)란? [11]

① n비트의 2진수를 입력하여 최대 2^n 비트로 구성된 정보를 출력하는 조합 논리회로이다.
② 2^n비트로 구성된 정보를 입력하여 n비트의 2진수를 출력하는 조합 논리회로이다.
③ 여러 개의 입력선 중에서 하나를 선택하여 단일 출력선으로 연결하는 조합 논리회로이다.
④ 하나의 입력선으로부터 정보를 받아 여러 개의 출력단자의 출력선으로 정보를 출력하는 회로이다.

해설　멀티플렉서는 여러 개의 입력선 중에서 하나를 선택하여 단일 출력선에 연결하는 조합 논리회로이며 많은 입력선 중에 하나를 선택하여 출력하기 때문에 데이터 선택기라고도 한다.

17 그림의 회로에서 S_0와 S_1을 선택 입력으로 하고 I를 데이터 입력단자로 사용할 경우 이 회로의 기능은? [03] [06]

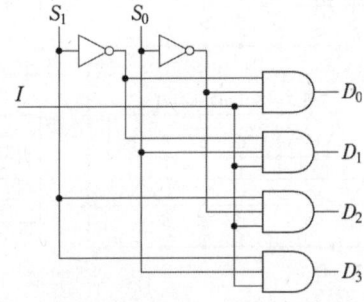

① 데이터 셀렉터　② 멀티플렉서
③ 인코더　　　　④ 디멀티플렉서

해설　디멀티플렉서는 데이터 분배 회로라고도 하며, 한 개의 선으로부터 입수된 정보를 받아들임으로써 n개의 선택 입력에 의해 2^n개의 가능한 출력선 중의 하나를 선택하여 정보를 전송하는 조합 회로

정답　14. ④　15. ②　16. ③　17. ④

18 디멀티플렉서(DeMUX)의 설명으로 옳은 것은? [14]

① n비트의 2진수를 입력하여 최대 2^n 비트로 구성된 정보를 출력하는 조합 논리회로
② 2^n 비트로 구성된 정보를 입력하여 n비트의 2진수로 출력하는 조합 논리회로
③ 여러 개의 입력선 중에서 하나를 선택하여 단일 출력선으로 연결하는 조합회로
④ 하나의 입력선으로부터 데이터를 받아 여러 개의 출력선 중의 한 곳으로 데이터를 출력하는 조합회로

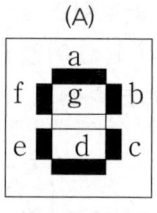
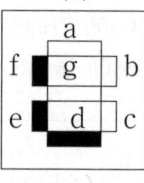
애노드 공통형   애노드 공통형

해설 위의 문제풀이 참조

19 다음은 7세그먼트에 의한 표시 회로를 나타내고 있다. (A), (B)의 표시는? [10]

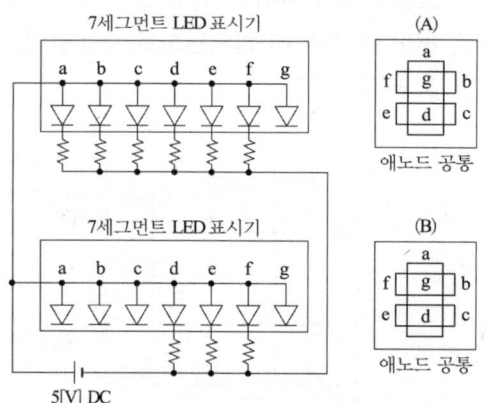

① (A) 6, (B) 3   ② (A) L, (B) 0
③ (A) 0, (B) 7   ④ (A) 0, (B) L

해설 (A) a=b=c=d=e=f=1, g=0 ⇒ 0
(B) a=b=c=g=0, d=e=f=1 ⇒ L

정답 18. ④ 19. ④

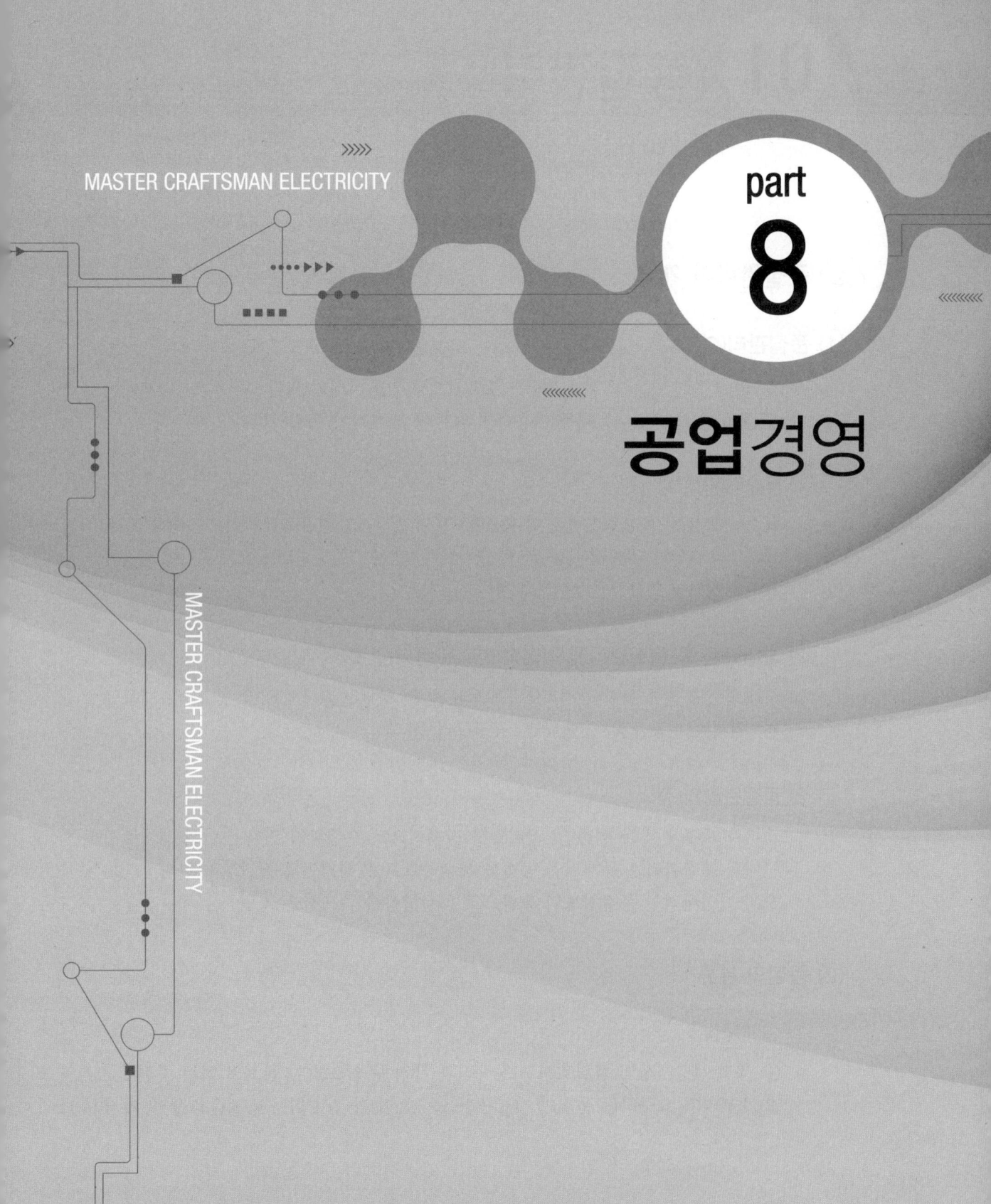

품질관리

1 품질관리의 개요

(1) 품질관리(QC)

수요자의 요구에 맞는 품질의 제품을 경제적으로 만들어내기 위한 모든 수단의 체계이다. 근대의 품질관리는 통계를 이용하기 때문에 통계적인 품질관리라고 부른다.

1) 표준화의 정의

표준이나 기준(규격) 등을 만들어 사용함으로써 합리적인 활동을 조직적으로 행하는 것. 표준화의 대상이 되는 것은 품질·형상·치수·성분·시험 방법 등으로 이들에 일정한 표준을 정하여 호환성을 높이도록 한다.

2) 사내표준 중 품질관리에 직접적으로 관련되는 것

사내표준 규정에 관한 규정, 사내표준의 체계, 사내표준서의 양식 및 관리, 제품규격, 원재료 부품규격, 구매규격, 공구규격 등

3) 품질관리의 정의

소비자 요구에 맞는 제품 및 서비스를 경제적으로 수행하기 위한 수단의 체계로서 근대적 품질관리는 통계적인 방법을 채택하므로 통계적인 품질관리라 한다.
TQC : 전사적인 품질정보의 교환으로 품질향상을 기도하는 기법

(2) 품질의 분류

1) 설계품질

① 품질 시방서상의 품질로서 시장품질과 가격 등을 고려한 목표로 하는 품질
② 소비자가 요구하는 품질인 시장품질(요구품질)과 경쟁회사의 제품품질 및 가격

등을 종합적으로 고려하여 제조능력을 최적화시킬 수 있는 품질시방을 결정한다.

2) 제조품질

제조현장에서 생산된 제품의 품질이 어느 정도 설계시방에 적합하게 제조되었는지가 문제되기 때문에 이를 적합품질 또는 제조품질이라 한다.

3) 사용품질

① 소비자가 요구하는 품질로써 소비자 품질이라고도 하며 품질개선의 최종적인 평가요소
② 설계와 시장 조사, 판매 정책에 반영

(3) 품질관리의 기능 및 수행절차

품질설계(Design) → 공정관리(Make) → 품질보증(Sell) → 품질조사(Test)

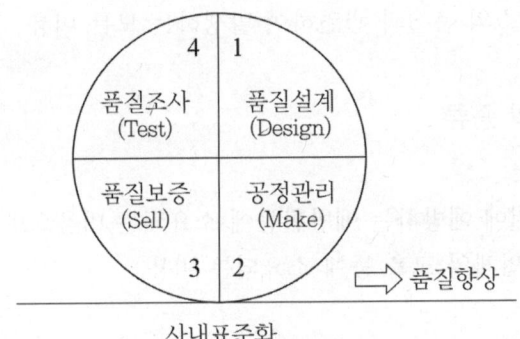

(4) 품질관리 효과

① 불량품이 감소되어 품질이 향상되고 원가가 절감된다.
② 사내에서는 각 부문 간 업무 효율이 높아지고 대외적으로는 신용도가 높아진다.
③ 품질에 대한 책임과 인식으로 작업의욕이 높아진다.
④ 생산자와 소비자 간 관계 개선
⑤ 신제품 개발이 빨라진다.

(5) 품질에 영향을 미치는 요소(4M)

4M을 적절한 품질로 염가 제작되는 데 가장 좋은 조건을 정한 것을 사내표준이라 한다.

① 작업자(Man)　　② 설비(Machine)
③ 재료(Material)　　④ 가공방법(Method)
⑤ 관리(Management) – 5M

(6) 관리 사이클

① Plan(계획, 설계) : 목표를 어떻게 달성할 것인지 방법과 일정을 정한다.
② Do(실행, 관리) : 계획된 방법과 일정을 그대로 실행한다.
③ Check(검토) : 계획과 일정을 결과와 비교하여 점검한다.
④ Action(조치, 개선) : 차이 분석을 실시하여 원인을 분석하여 다음 계획에 반영한다.

(7) 품질 코스트

1) 품질 코스트

물품이나 서비스의 품질과 관련하여 발생하는 모든 비용

2) 품질 코스트의 종류

① 예방 코스트
　불량을 사전에 예방하는 예방활동에 소요되는 비용으로 품질설계, 품질관리 및 교육, 외부업체의 교육 등에 소요되는 비용
② 평가 코스트
　원자재 수입검사 비용, 공정검사 비용, 완제품검사 비용, 검사 및 시험장비 유지보수 비용 등 소정의 품질 수준을 유지하고 있는지를 측정 및 평가하는 데 소요되는 비용
③ 실패 코스트
　일정 수준의 품질이 미달되어 야기되는 손실로 소요되는 비용으로서 초기단계에 가장 큰 비율로 들어가는 비용
　• 내부 실패 코스트 : 생산 공정에서 발생하는 불량손실로써 재작업, 수율손실 등으로 발생하는 비용
　• 외부 실패 코스트 : 제품을 생산하여 판매를 한 후 발생하는 손실로써 반품 및 클레임, 애프터 서비스 등이 있다.

2 통계적 방법의 기초

(1) 데이터의 분석

1) 평균($\bar{x}$)

자료의 전체 합을 전체 개수로 나눈 값

$$\bar{x} = \frac{\text{자료의 전체합}}{\text{자료의 개수}}$$

2) 중앙값(Me)

통계 집단의 변량을 크기의 순서로 늘어놓았을 때, 중앙에 위치하는 값
① 데이터의 개수가 홀수이면 데이터의 중앙값 선택
② 데이터의 개수가 짝수이면 중앙에 위치한 두 데이터의 평균값

3) 범위 중앙값(M)

데이터의 최댓값과 최솟값의 평균값

$$M = \frac{x_{\max} + x_{\min}}{2}$$

4) 제곱합(S)

편차(개개의 측정값과 표본 평균 간의 차이)의 제곱을 합한 값

5) 최빈값(Mo)

자료 분포 중에서 가장 빈번히 관찰된 최다 도수를 갖는 자료값

6) 시료 분산

표본자료의 경우 자료의 수에서 1을 뺀 수($n-1$)로 나눈 값

$$(S^2) = \frac{\sum(x_i - \bar{x})^2}{n-1}$$

n : 자료의 수, x_i : 자료에서 각각의 수, $\bar{x}$: 평균값

7) 범위(R)

데이터의 최댓값에서 최솟값을 뺀 값

$$R = x_{\max} - x_{\min}$$

(2) 데이터의 종류

1) 계수치 데이터

셀 수 있는 데이터로써 불량 개수, 흠의 수, 결점 수, 사고 건수 등이 있다.

2) 계량치 데이터

셀 수 없는 데이터로서 연속량으로 측정하여 얻어지는 품질 특성치를 말하며 길이, 무게, 두께, 눈금, 시간, 수분, 온도, 강도, 수율, 함유량 등이 있다.

(3) 데이터의 분석

① 품질 변동을 분포형상 또는 수량적으로 파악하는 통계적 기법으로 데이터의 흩어진 모양을 파악하고 평균치와 표준편차를 구할 때 사용
  ㉠ 분포 : 완성된 제품 중에는 품질이 고르지 못하여 분포를 갖는다.
  ㉡ 규격 한계 : 허용치 이내의 것을 양품으로 정하는 것

2) 도수분포법

① 샘플에 대한 품질특성 측정치를 도수로 나타낸 표. 그림으로써 세로축에 도수, 가로축에 품질특성을 취하여 만든다.
② 흩어진 데이터의 모양을 알 수 있다.
③ 많은 데이터로부터 평균치와 표준편차를 구한다.
④ 원 데이터를 규격과 대조하기가 쉽다.
⑤ 공정관리에 효과적이다.

키 [cm]	학생 수[명]
135 이상 ~ 140 미만	4
140 ~ 145	7
145 ~ 150	9
150 ~ 155	14
155 ~ 160	8
160 ~ 165	5
165 ~ 170	3
합계	50

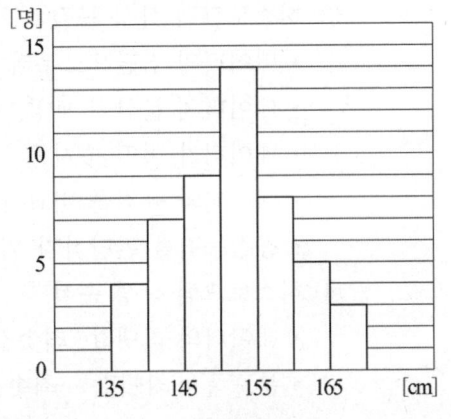

도수분포표의 예   히스토그램의 예

⑥ 도수분포표의 종류
- 단순 분포표 : 각 구간에 속하는 측정치의 빈도수만을 나타내는 분포표
- 상대도수 분포표 : 각 구간에 속하는 측정치의 비율을 나타내는 분포표
- 누적도수 분포표 : 각 구간에 대한 누적도수를 나타내는 분포표
- 누적상대도수 분포표 : 각 구간에 대한 누적상대도수를 나타내는 분포표

3) 히스토그램(주상도)

① 데이터 분포를 알 수 있는 가장 대표적인 그림으로써 막대그래프
② 도수 분포표로 정리된 데이터를 막대그래프로 표시함으로써 수평이나 수직으로 상호 비교가 쉽도록 만든 그림

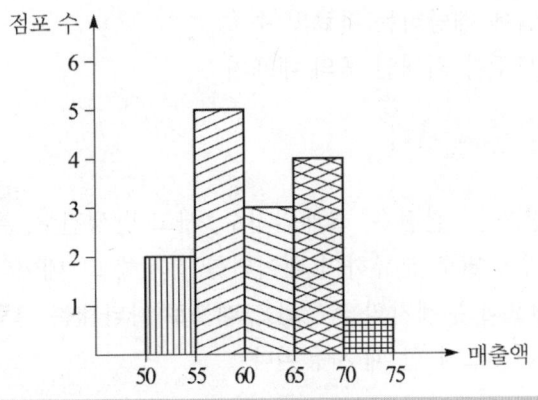

히스토그램

③ 히스토그램 작성 목적
- 데이터의 집단으로부터 정보 수집을 위해
- 데이터의 분산된 모양, 분포의 형태를 알기 위해
- 데이터가 어떤 수치로 산포되어 있는지 알기 위해
- 데이터와 규격을 비교하여 공정의 현황 파악을 위해
- 공정능력을 판단하기 위하여

④ 히스토그램 작성 순서
- 데이터의 최댓값, 최솟값을 찾는다.
- 분포폭 = 최댓값 – 최솟값
- 데이터의 분포폭을 정한다.
- 데이터를 분류한다.

4) 도수 분포표와 히스토그램에서 사용하는 용어
① 첨도 : 측정치의 형상을 대수화한 것으로, 첨도란 분포의 산의 뾰족한 형태의 정도
② 중위수 : 데이터를 크기 순서로 나열했을 때 중앙에 위치한 값
③ 비대칭도 : 비대칭의 방향 및 정도
④ 경계치 : 기둥과 기둥이 인접한 곳의 수치
⑤ 계급 : 히스토그램의 각각의 기둥
⑥ 계급의 폭 : 기둥의 굵기

$$계급의 폭(H) = \frac{자료의 범위(R)}{계급의 수(k)}$$

⑦ 도수 : 계급에 해당하는 자료의 수
⑧ 모우드 : 도수가 최대인 곳의 대표치

5) 파레토도

현장에서 불량품수, 결점수, 클레임건수, 사고 발생건수, 손실금액 등의 데이터를 그 현상이나 원인별로 분류하여 데이터를 집계해 그 데이터의 크기순으로 나열하고, 막대 그래프와 누계치의 꺾은선 그래프로 나타내는 그림으로써 불량이나 결점 등을 중점 관리하고자 할 때 사용된다.

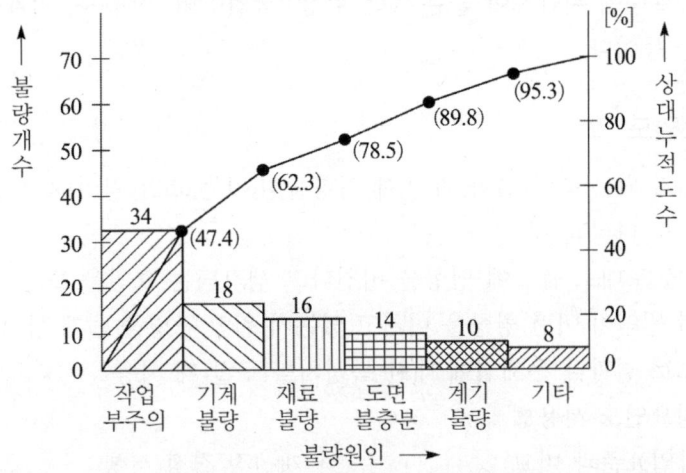

파레토도

① 파레토도의 이점
- 어떤 항목(원인)에 문제가 있는지를 알 수 있다. 파레토도에는 많은 불량항목이 있지만 그 중에서 어떤 불량항목이 제일 문제가 되는지를 알 수 있다.
- 문제가 되는 항목이나 원인의 영향도가 파악된다. 즉, 어떤 항목이 전체의 몇 [%] 이상을 차지하는지를 쉽게 알 수 있다.

② 파레토도의 목적
- 문제 해결을 위한 대책으로써 어느 항목부터 손을 써야 할 것인지를 결정하기 위해
- 품질팀조 활동의 목표(테마)를 결정하기 위해
- 불량이나 고장 등의 원인을 조사하고 싶을 때
- 보고하거나 기록을 올바로 남기기 위해 현재의 상황을 정확하게 나타내고 싶을 때

③ 파레토도 작성 시 주의사항
- 세로축은 되도록 금액을 표시한다.
- 기타 항목은 오른편 끝에 위치한다.
- 분류항목의 수는 5~10개로 한다.
- 파레토도를 세분하여 작성한다.
- 세로축에 취급해야 좋은 것은 품질, 금액, 시간, 안전, 출근율, 제안건수 등이다.

- 가로축에 취급해야 좋은 것은 현상, 작업방법, 작업자, 기계설비, 원재료, 시간 등이다.

6) 특성요인도

① 문제가 되는 특성(결과)과 이에 영향을 미치는 요인(원인)과의 관계를 알기 쉽게 도표로 나타낸 것
② 4M을 토대로 품질에 영향을 미친다고 생각되는 요인을 도시
③ 어떤 원인이 어떤 영향을 미치고 있는지 원인 규명을 쉽게 할 수 있도록 하는 기법으로 결과나 문제점에 대한 특성치를 구할 때 사용
④ 특성요인도 사용법
- 작업표준과 비교
- 개선점 결정 시행
- 중요한 요인 확인
- 철저히 주지
- 개선 개정 계속

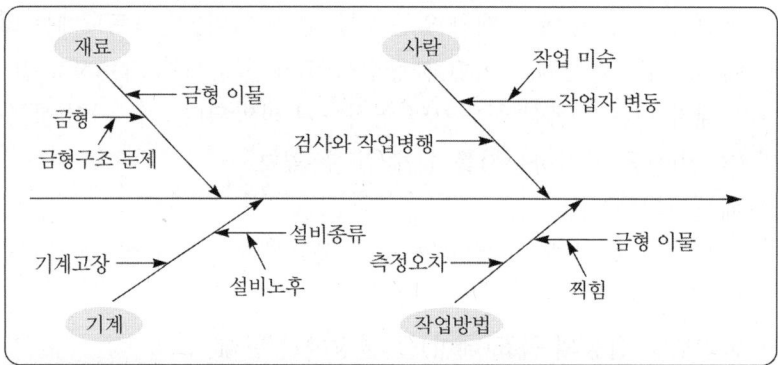

특성요인도

7) 산포도(산점도)

두 변수를 가로와 세로축으로 정하고 측정치를 타점하여 그리는 그림

8) 그래프

많은 것을 요약하여 빠르게 전하고자 할 때 사용하는 것으로 효과적인 결과를 기대할 수 있다.

(4) 확률 분포

1) 이산확률 분포

① 베르누이 분포 : 한번 실시했을 경우 일어날 사건의 수가 두 가지 뿐인 분포
제품 생산 시 품질검사를 할 경우 : 합격 또는 불합격

② 이항분포 : n회의 베르누이 시행에서 성공의 횟수를 X로 표시할 때, X의 확률분포
베르누이 시행의 결과는 오직 성공과 실패 중 한가지로 나타나고 각 시행마다 성공의 확률은 p로서 일정하며, n회의 시행은 독립을 이룬다.
- $p = 0.5$일 때 분포의 형태는 기대치 np에 대하여 좌우 대칭이 된다.
- $np \geq 5$이고 $nq \geq 5$일 때 정규 분포에 근사한다.
- $p \leq 0.1$이고 $np = 0.1 \sim 10$일 때는 포아송 분포에 근사한다.

  (여기서 p : 성공 확률, q : 실패 확률, n : 시행횟수)

③ 다항분포 : 통계학에서 우연 현상을 파악할 때 여러 번의 시행 결과 발생된 확률 분포

④ 초기하분포 : 크기가 유한한 모집단으로부터 비복원추출 시에 나타나는 확률분포

⑤ 포아송 분포 : 일정한 거리, 시간, 면적, 공간상에서 매우 드물게 발생하는 사건에 대한 확률을 계산할 때 사용하는 분포
- 단위 시간이나 단위공정에서 발생하는 확률은 독립적이다.
- 단위시간이나 단위공간에서 발생하는 횟수는 시간이나 공간의 단위에 비례한다.
- 작은 단위공간에서 수 개 이상의 사상이 발생할 확률은 무시할 정도로 작다.
- 특정 공간 내에서 사상이 발생하는 횟수를 세는 것으로 구성된다.

2) 연속적인 확률 분포

① 연속적인 확률 분포의 종류
- 정규분포
- t 분포
- 카이제곱 분포
- 지수분포

② 정규분포
- 평균을 중심으로 좌우 대칭인 종 모양이다.
- 특정한 값이 발생할 확률은 0이다.
- 정규분포곡선과 x축과의 면적은 1이다.
- 특정구간의 확률은 정규곡선 아래의 해당구역의 면적이다.

3 샘플링 검사

(1) 샘플링 검사의 목적

① 검사의 비용절감
② 품질향상의 자극
③ 나쁜 품질인 로트의 불합격
④ 공정의 변화
⑤ 검사원의 정확도
⑥ 측정기기의 정밀도 측정

(2) 샘플링 검사의 형태

1) 품질특성에 의한 분류

① 계수형 샘플링 검사
검사제품을 단순히 불량품의 개수 또는 결점수를 적용하여 합격 판정, 불합격 판정을 하는 샘플링 검사 기법
② 계량형 샘플링 검사
특성값(길이, 중량, 강도)이 연속적인 값을 갖는 경우에 평균값에 따라 합격 판정, 불합격 판정을 검사하는 샘플링 기법

2) 검사형태에 의한 분류

① 규준형 샘플링 검사
- 생산자와 구매자의 요구를 동시에 만족시킨다.
- 파괴검사와 같이 전수검사가 불가능할 때 사용
- 최초 거래 시 사용
- 계수 규준형 1회 샘플링 검사, 계량 규준형 샘플링 검사, 계량 규준형 1회 샘플링 검사
② 계수값 샘플링 검사
- 구입자 측에서 샘플링 검사 난이도를 조정
- 합격할 로트의 품질(AQL)을 정하고 이 수준보다 높은 품질의 로트에 대해서 합격시킬 것을 공급자 측에 보증

- 품질 높은 로트에 대해 샘플의 크기를 작게 하여 검사비용 절감
- AQL 지표형 샘플링 검사, LQ 지표형 샘플링 검사, 스킵로트 샘플링 검사

③ 조정형 샘플링 검사
양질의 제품을 검사하는 생산자에게는 검사의 수준을 쉽게 하고 나쁜 품질의 제품을 공급하는 생산자에게는 검사의 수준을 까다롭게 히는 것을 조정하여 주는 방식으로 품질향상을 권장하는 샘플링 검사 기법

④ 선별형 샘플링 검사
샘플링 검사에서 불합격된 로트 속에 있는 모든 제품을 하나하나 전수 검사하여 불량품과 양품을 선별하는 방법

⑤ 연속 생산형 샘플링 검사
샘플링 검사에서 로트로 구분하지 않고 연속해서 생산되어 나오는 제품의 특성을 고려하여 선별하는 방법

3) 검사를 행하는 장소에 의한 분류

① 정위치 검사
1개소에 검사하는 경우나 특정한 장소에 제품을 운반해서 검사하는 방법

② 순회 검사
검사원이 직접 현장을 순회하면서 품질을 검사하는 방법

③ 출장 검사
검사원이 공장에 출장하여 품질을 검사하는 방법

4) 검사의 성질에 의한 분류

① 관능 검사
식품의 냄새나 맛 등 인간의 감각에 의하여 검사하는 방법

② 파괴 검사
재료의 인장시험, 전구의 수명시험, 비닐관의 수압시험 등 제품을 떨어뜨리거나 파괴하여 목적을 달성하는 검사

③ 비파괴 검사
시료의 이물질 검사, 전구의 전등시험 등 제품을 시험하여도 품질이 저하되지 않고 검사의 목적을 달성하는 검사

5) 검사의 횟수에 의한 분류
   ① 1회 샘플링검사
   ② 2회 샘플링검사
   ③ 다회 샘플링검사
   ④ 축차 샘플링검사

6) 검사항목에 의한 분류
   ① 수량검사 : 규정된 수량의 이상 유무를 확인하는 검사
   ② 외관검사 : 외관상태가 기준에 적합한지 여부를 확인하는 검사
   ③ 치수검사 : 치수, 각도, 평행도 등 길이의 단위로 표시하는 품질의 특성을 확인하는 검사
   ④ 중량검사 : 제품의 중량이 기준에 적합한지의 여부를 확인하는 검사
   ⑤ 기능(성능)검사 : 기계적, 물리적, 전기적, 화학적 등 제품의 사용목적을 만족시키는 성능을 확인하는 검사

7) 검사공정에 의한 분류
   ① 수입검사 : 생산현장에서 원자재 또는 반제품에 대하여 원료로써의 적합성에 대한 검사
   ② 구입검사 : 제출된 로트의 원료를 구입하여도 품질에 문제가 없는가를 판정하는 검사
   ③ 공정검사 : 제품을 생산하는 공정에서 불량품이 다음 공정으로 진행되는 것을 방지하기 위한 검사
   ④ 최종검사 : 제조공정의 최종단계에서 행해지는 검사로써 생산제품의 요구사항을 만족하는지의 여부를 판정하는 검사
   ⑤ 출하검사 : 완제품을 출하하기 전에 출하 여부를 결정하는 검사

8) 판정대상에 따른 분류
   ① 관리 샘플링검사 : 공정의 관리, 공정의 조정 및 검사의 체크를 목적으로 행하는 검사
   ② 로트별 샘플링검사 : 로트별로 시료를 채취하여 품질을 조사하여 로트의 합격, 불합격을 판정하는 검사
   ③ 전수검사 : 검사를 위하여 제출된 제품 전부를 시험 또는 측정하여 합격과 불합격을 분류하는 검사
   ④ 자주검사 : 자기 회사의 제품을 품질관리 규정에 의하여 스스로 행하는 검사
   ⑤ 무 검사 : 제품에 대한 검사를 하지 않고 성적서만 확인하는 검사

(3) 생산자 위험과 소비자 위험

1) 생산자 위험 (제1종 과오)
합격시켜도 좋을 품질의 로트가 샘플링 검사에서 불합격될 확률

2) 소비자 위험(제2종 과오)
불합격되어야 할 나쁜 품질의 로트가 샘플링 검사에서 합격될 확률

(4) 샘플링 검사와 전수검사

1) 전수 검사가 필요한 경우
① 불량품이 절대 있어서는 안 되는 경우
② 검사항목수가 적고, 로트의 크기가 작을 때

2) 샘플링 검사가 유리한 경우
① 전수검사가 불가능한 경우 (예: 파괴검사)
② 기술적으로 개별검사가 무의미한 경우 (예: 금형으로 가공된 물품)
③ 전수검사에 비해 신뢰도가 높은 결과를 얻을 수 있는 경우
④ 경제적으로 유리한 경우
⑤ 생산자에게 품질 향상의 자극을 주고 싶을 때

(5) 샘플링 방법

1) 랜덤 샘플링 검사
모집단의 어느 부분이라도 같은 확률로 시료를 채취하는 방법
① 단순 랜덤 샘플링 검사
 • 크기 N의 로트로부터 n의 시료를 랜덤하게 뽑는 방법
 • 행운권 추첨, 난수표, 카드 배열법 등
② 계통 샘플링
 • N개의 물품 중 k개 단위의 샘플링 중 1개를 뽑고 계속 k번째를 선택하여 n개의 시료를 뽑는다.

- 시료가 같으면 단순 랜덤 샘플링보다 정밀도가 높다.
- 주기성이 없어야 한다.
③ 지그재그 샘플링
- 계통 샘플링에서 주기성에 의한 치우침의 발생 위험을 방지하기 위한 방법으로 하나씩 걸러서 일정한 간격으로 시료를 뽑는다.
- 샘플의 채취 간격이 주기성보다 긴 경우에는 단순랜덤 샘플링을 사용해야 한다.
- 샘플링 간격 $(k) = \dfrac{N(\text{모집단})}{n(\text{시료수})}$, 채취비율 $= \dfrac{n(\text{시료수})}{N(\text{모집단})}$

2) 2단계 샘플링 검사

① 전체 모집단이 여러 개의 하위 모집단으로 구성되어 있을 때 1차 샘플링으로 n의 시료를 뽑고 뽑힌 n시료에서 2차로 랜덤하게 샘플링한다.
② 샘플링이 용이하다는 장점이 있으나 랜덤 샘플링보다 추정 정밀도가 낮다.

3) 층별 샘플링 검사

① 전체 모집단이 서로 다른 이질적인 하위 모집단 층(상자)으로 구성되었을 때 모든 하위 모집단에서 샘플링하는 방법
② 이질적인 하위 모집단의 로트의 크기가 다른 경우에는 그 크기에 비례하여 샘플링하는 방법을 층별 비례 샘플링이라고 한다.
③ 랜덤 샘플링보다 시료수는 적으나 같은 정밀도를 얻을 수 있다.
④ 정밀도가 좋고 샘플링 조작이 용이하다.

4) 취락(집락) 샘플링 검사

전체 모집단이 동질적인 하위 모집단일 경우 1차 샘플링을 랜덤하게 하위 모집단을 선택하고 2차 샘플링에서는 하위 모집단 전체를 선택하는 방법

(6) 검사특성곡선(OC곡선)

1) OC 곡선(Operating Characteristic curve)

① 부적합품률 P(%)를 가로축, 로트가 합격 확률 L(P)를 세로축으로 나타낸 곡선
② 이 값은 초기하 분포, 이항 분포, 포아송 분포에 의해서 구한다.

③ 크기 N 모집단으로부터 크기 n의 시료를 랜덤하게 샘플링해서 조사하고, 시료 중에 포함된 불량품의 수(x)가 합격판정 개수(c) 이하이면 합격시키고 c를 초과하면 불합격시키는 샘플링 검사(N, n, c)의 특성 곡선이다.
④ 로트의 합격비율에 대한 로트의 부적합품률을 알 수 있다.

2) OC 곡선의 성질

① c(합격판정 개수), n(시료의 크기)이 일정하고 N(로트의 크기)이 변할 때
- N은 OC 곡선에 별로 영향을 미치지 않는다.
- N을 n에 비해서 너무 크게 설정하면 (N ≥ 10n) 불합격에 따른 상대적 위험률이 증가하므로 좋지 않다.

② N(로트의 크기), n(시료의 크기)이 일정하고 c(합격판정개수)가 변할 때
- c의 증가에 따라 OC 곡선은 오른쪽으로 이동한다. 그래프 (c) → (b) → (a)로 이동
- c의 증가에 따라 그래프의 기울기가 완만해져 β가 증가하고 α는 감소한다.

③ N(로트의 크기), c(합격판정개수)가 일정하고 n(시료의 크기)이 변할 때
- n(시료의 크기)이 증가하면 OC곡선은 점차로 일어나 급경사의 곡선을 나타낸다. 그래프 (a) → (d)로 이동
- n의 증가에 따라 그래프의 기울기가 급격히 변해서 β가 감소하고 α는 증가한다.

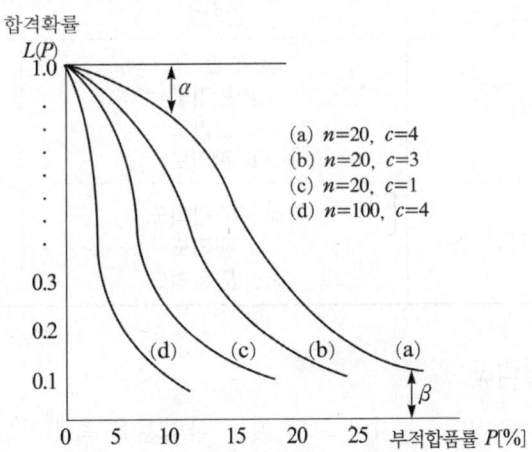

α : 생산자의 위험(합격시키고 싶은 로트 부적합률)
β : 소비자의 위험(불합격시키고 싶은 로트 합격될 확률)

4 관리도

(1) 관리도의 정의

공정이 안정한 상태에서 진행되는지 불안정한 상태에서 진행되는지를 조사하기 위해 또는 공정을 일정한 상태로 유지하기 위해 이용하는 그림이다.
① 품질을 차트로 나타낸 기록
② 보통의 그래프와 다른 점은 관리 한계선과 중심선을 표시
③ 여러 가지 방법의 데이터 분석을 통해서 개선이나 관리해야 할 품질특성이 정해지면 개선 및 관리방법을 알기 위해 관리도를 이용(공정관리)
④ 제품들의 품질특성을 측정하여 그 평균과 산포를 토대로 관리 한계선을 설정하고 그 한계선을 벗어나면 공정에 문제가 발생한 것으로 판단

(2) 관리도의 목적

공정, 특히 그 원인 관계에 해당하는 것을 잘 관리해 가는데 있으며 정확한 판단, 착오없이 원인규명, 신속한 조처에 대한 적절한 정보, 신호와 지침을 보여 주고자 한 것이다.

(3) 관리도의 종류

데이터	관리도	분포
계수치	nP 관리도 p 관리도	이항분포
	c 관리도 u 관리도	포아송 분포
계량치	$\bar{x}-R$ 관리도 x 관리도 $x-R$ 관리도	정규분포

1) 계수치 관리도

수량을 셀 수 있는 수치와 그에 따른 불량률을 측정하는 관리도
① nP(불량계수) 관리도
이항분포에 따르는 계수치의 관리도로써, n개로 이뤄지는 표본 중에서 어떤 사상이 생긴 것의 갯수(불량품의 갯수)로 관리하는 것으로 합격 여부 판정만이 목

적인 경우에 사용

- 불량 개수 $(\overline{nP}) = \dfrac{\Sigma nP}{k}$
- 관리 상한선 $(UCL) = \overline{nP} + 3\sqrt{\overline{nP}(1-\overline{P})}$
- 관리 하한선 $(LCL) = \overline{nP} - 3\sqrt{\overline{nP}(1-\overline{P})}$

② p(불량률)관리도

제품의 품질을 불량률에 따라 관리하는 경우에 이용하는 관리도로, 계수형 관리도 중에 가장 널리 사용

③ c(결점수)관리도

일정 단위 중에 나타나는 결점수를 관리하기 위하여 사용하는 관리도

- 중심선 $cL = \overline{c} = \dfrac{\Sigma c}{k}$
- 관리 상한선 $(UCL) = \overline{c} + 3\sqrt{\overline{c}}$
- 관리 하한선 $(LCL) = \overline{c} - 3\sqrt{\overline{c}}$

④ u(단위당 결점수)관리도

구조 대상의 시료 길이나 면적이 일정하지 않은 경우에 사용하는 관리도

- 중심선 $cL = \overline{u} = \dfrac{\Sigma c}{\Sigma n}$
- 관리 상한선 $(UCL) = \overline{u} + 3\sqrt{\dfrac{\overline{u}}{n}}$
- 관리 하한선 $(LCL) = \overline{u} - 3\sqrt{\dfrac{\overline{u}}{n}}$

2) 계량치 관리도

전압, 전류, 길이, 무게, 강도 등 연속변량을 측정하는 관리도

① $\overline{x} - R$ 관리도

품질관리의 한 수법으로, 평균치의 변화를 관리하는 $\overline{x}$ 관리도와 편차의 변화를 관리하는 R 관리도를 조합한 것으로 가장 많이 사용하며 축지름이나 담금질 경도 등 생산공정에서 관리할 특성을 일정 기간 마다 관리도에 기입해서 관리 상태를 파악하고, 관리 한계를 벗어난 때는 비정상으로 판단해서 조처한다.

② x 관리도

데이터를 군으로 나누지 않고 한 개의 측정치를 그대로 사용하여 공정을 관리할 경우에 사용하는 관리도로 정해진 공정으로 부터 한 개의 측정치밖에 얻을 수

없을 때에 사용 시간이 많이 소요되는 화학분석치, 알콜의 농도, 배치(batch)반응 공정의 수확률, 1일 전기 소비량 등

③ $x - R$ 관리도

관리대상이 되는 항목이 길이, 무게, 시간, 강도 등 계량값으로 나타나는 공정을 관리할 때 사용하며 R 관리도보다 취급이 간단하다.

④ R 관리도

공정의 산포도를 범위 R에 의하여 관리하기 위한 관리도 R은 측정치의 최댓값으로부터 최솟값을 뺀 것

(4) 관리도 판독법

관리도를 판독하여 공정의 이상 여부를 판단한다.

1) 주기

관리도의 점이 주기적으로 상, 하로 변동하는 파형을 나타내는 현상

2) 런(RUN)

① 관리도 중심선의 한쪽에 연속해서 나타난 점
② 길이가 5~6런에서는 공정 진행의 주의로 판단
③ 길이가 7런에서는 공정 진행의 이상으로 판단

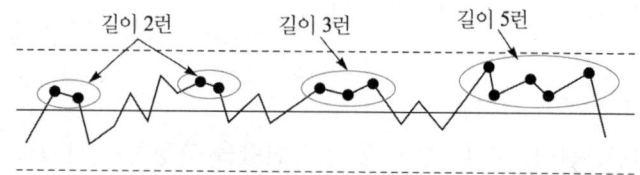

3) 경향

연속해서 7점 이상 점점 올라가거나 내려가는 상태

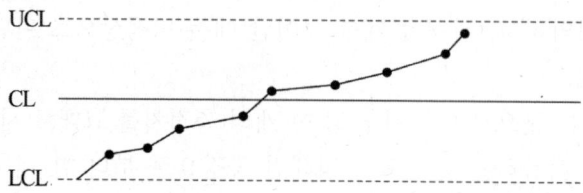

4) 산포

수집된 자료값이 평균을 중심으로부터 떨어져 있는 정도를 나타내는 값

5) 안정상태 판단

① 관리도 중심선 가까이 점들이 모이는 경우
- 점 배열의 이상 상태
- 이질적인 로트로부터 얻어진 데이터 때문에 발생

② 관리도 한계를 벗어나는 점이 많은 경우
- $\bar{x}$ 관리도에서 $\bar{x}$군 내의 산포가 변동에 비해 너무 작기 때문에 발생
- 시료의 채취 방법, 군 구분 방법을 바꾸어야 한다.

(5) 우연원인과 이상원인

1) 우연원인(불가피 원인)

생산 공정 조건이 최적의 상태로 관리하여도 발생되는 불가피한 변동을 주는 원인으로 관리상한과 관리하한의 사이에 있으면 점의 산포원인은 우연원인에 의한 것이다. 이 원인으로는 작업자의 숙련도의 차이, 작업환경의 차이, 식별되는 원자재 및 생산설비 등의 특성의 차이를 말한다.

2) 이상원인(우발적 또는 기피원인)

공정에서 만성적으로 존재하는 것은 아니고 산발적으로 발생하며 품질의 변동에 크게 영향을 끼치는 요주의 원인으로 우발적 원인인 것으로 작업자의 부주의, 생산설비의 이상, 불량 원자재 사용 등을 말한다.

5 설비보전

기계설비의 사용에 따른 마모, 부식, 노후화 등 열화가 되는 것을 지연시켜 설비의 효율을 높이는 것

(1) 설비보전의 종류

1) 예방보전(PM)

설비의 성능 저하나 고장, 사고를 미연에 방지하여 설비 성능을 유지하는 보전 방법
① 시간기준 보전(TBM)방식
  어떤 일정 기간마다 보수 또는 정비를 실시하는 보전 방법
② 상태기준 보전(CBM)방식
  설비의 열화 상태를 각 온라인 상태로 측정 해석하고 열화를 나타내는 값이 미리 정한 열화기준에 도달하면 보수하는 보전 방법

2) 보전예방(MP)

설비를 새롭게 계획·설계하는 단계에서 보전 정보나 새로운 기술을 채용해서 신뢰성, 보전성, 경제성, 조작성, 안전성 등을 고려하여 보전비나 열화 손실을 적게 하는 활동

3) 사후보전(BM)

점검, 정기 교환을 전혀 하지 않고 설비가 고장이나 기능 정지가 발생한 후에 보수하는 보전활동으로, 사후 수리가 비용이 적게 드는 설비에 적용

4) 개량보전(CM)

수명 연장이나 수리 시간 단축 등의 대책이나 비용을 절감하기 위한 대책을 취하는 것으로, 수명이 짧고 고장 빈도가 높으며 수리비가 많이 드는 설비에 적용

(2) 설비 열화형의 종류

1) 물리적 열화

시간의 경과에 따른 노후화로 기능 저하형의 열화발생

2) 기능적 열화

기능적 저하가 별로 없이 조업 정지되는 기능 정지형

3) 기술적 열화

새로운 설비의 도입으로 인한 구설비의 상대적 열화, 절대적 열화

4) 화폐적 열화

신설비의 구입을 위한 구설비와의 가격차

(3) 조직의 종류

1) 집중보전

중앙에 한 개가 있고 나머지는 파견 보냄. 가동률이 높으나 사후보전에 대한 반응이 느리다.

2) 지역보전

각 지역별로 보전조직 있음

3) 부문보전

각 제조군의 감독자 밑에 보전조직을 놓음

4) 절충보전

절충안(지역보전그룹 + 집중보전그룹)

출제예상문제

01 품질관리의 4대 기능이 아닌 것은?
① 공정 관리 ② 표준의 설정
③ 품질보증 ④ 품질조사

해설 품질관리의 4대 기능은 품질설계, 공정관리, 품질보증, 품질조사

02 품질보증에 대한 설명으로 옳지 않은 것은?
① 품질이 소정의 수준에 있음을 보증하는 것이다.
② 제품에 대한 소비자와 하나의 약속이며 계약이다.
③ 품질기준에 일치시키기 위하여 품질의 세부요소를 관리하는 기능이다.
④ 소비자에게 제품이 만족스럽고 신뢰할 수 있으며 경제적임을 보증하는 것이다.

해설 품질보증은 소비자가 요구하는 품질이 충분히 만족하는지를 보증하기 위하여 생산자가 실시하는 체계적인 활동. 즉 제품 또는 서비스가 제시된 품질 요건사항을 만족시키고 있다는 것을 적절히 신뢰감을 주기 위하여 실시하는 필요한 모든 계획적이고 체계적인 활동

03 파레토도 그리는 방법이 잘못된 것은?
① 데이터의 누적수를 막대그래프로 그린다.
② 불량항목이 많은 것부터 왼쪽에서 오른쪽으로 항목을 정한다.
③ 세로축은 불량개수, 결점수 등을 나타낼 뿐만 아니라 손실금액을 나타내는 수도 있다.
④ 분류항목이 많이 있을 경우 가로축이 길 경우 적은 항목은 몇 개씩 모아서 기타로 하여 오른쪽 끝에 그린다.

해설 파레토도는 불량이나 수정 손실, 크레임 손실 등에 따라 금액이나 건수 또는 백분율을 원인별로 분석하여 크기순으로 나열하고 막대그래프와 누계치의 꺾은선 그래프로 나타내는 그림

04 표준이 유지되도록 관리하기 위하여 이용되는 것은?
① 파레토도
② 전문화
③ 특성 요인도
④ 관리도, 샘플링 검사, 히스토그램

해설 히스토그램(주상도)는 도수분포표로 정리된 변수의 분포 특징이 한눈에 보이도록 기둥 모양으로 나타낸 것

05 관리도의 설명 중 맞는 것은?
① 과거의 데이터 해석에도 사용된다.
② 작업표준을 만들면 관리도는 필요 없다.
③ 표준화가 되지 않는 공정에는 사용할 수 없다.
④ 작업표준을 작성할 때까지만 필요하다.

해설 품질관리를 통계적으로 하는 경우 보조가 되는 그림. 대표적인 것으로는 $\bar{x}-R$ 관리도, p 관리도, pn 관리도, c 관리도, u 관리도 등이 있다.

06 관리도에서 공정이 관리 상태에 있다고 판단할 수 있는 경우는?
① 연속 5점이 중심선 한쪽에 있을 경우
② 연속 20점 중 1점이 관리한계를 벗어날 경우

정답 1. ② 2. ③ 3. ① 4. ④ 5. ① 6. ④

③ 연속 30점 중 한계를 벗어나는 점이 2점 이내일 경우
④ 연속 100점 중 한계를 벗어나는 점이 2점 이내일 경우

07 계수치 관리도 중 포아송 분포를 사용하지 않는 것은?
① P 관리도 ② nP 관리도
③ c 관리도 ④ u 관리도

해설 정규분포는 계량치($\bar{x}-R$ 관리도, x 관리도, $x-R$ 관리도)이고, 포아송 분포는 계수치(P 관리도, c 관리도, u 관리도)이며, 이항분포는 계수치(nP 관리도)이다.

08 공정이나 품질이 변화하는 주기와 다른 간격으로 시료를 채취하는 샘플링 방법은?
① 2단계 샘플링
② 취락 샘플링
③ 층별 샘플링
④ 지그재그 샘플링

해설 지그재그 샘플링은 계통 샘플링에서 주기성에 의한 치우침의 발생 위험을 방지하도록 고안한 것으로, 공정이나 품질이 변화하는 주기와는 다른 간격으로 시료를 채취하는 방법

09 샘플링 방법에 속하지 않는 것은?
① 랜덤 샘플링
② 지그재그 샘플링
③ 취락 샘플링
④ 2단계 샘플링

해설 샘플링 방법에는 랜덤 샘플링, 2단계 샘플링, 층별 샘플링, 취락(집락) 샘플링 등이 있다.

10 샘플링 검사가 적합하지 않은 것은?
① 검사항목이 많은 경우
② 검사비용이 많이 드는 경우
③ 생산자에게 품질 향상의 자극을 주고 싶은 경우
④ 치명적인 결점을 포함하고 있는 제품의 경우

해설 샘플링 검사가 유리한 경우
- 검사항목이 많은 경우
- 검사비용을 적게 하는 편이 이익이 되는 경우
- 생산자에게 품질향상의 자극을 주고 싶을 때
- 불완전한 전수검사에 비해 높은 신뢰성이 얻어질 때
- 다수, 다량의 것으로 어느 정도 불량품이 섞여도 허용되는 경우

11 주기성에 의한 치우침의 발생 위험을 방지하기 위해 품질이 변화하는 주기와 다른 주기로 시료를 채취하는 샘플링은?
① 랜덤 샘플링 ② 집락 샘플링
③ 지그재그 샘플링 ④ 층별 샘플링

해설 지그재그 샘플링은 계통 샘플링에서 주기성에 의한 치우침의 발생 위험을 방지하도록 고안한 것으로 공정이나 품질이 변화하는 주기와는 다른 간격으로 시료를 채취하는 방법

12 동일 시료를 무한횟수 측정하였을 때 데이터는 흩어지게 되는데 그 데이터의 분포 폭의 크기는?
① 오차 ② 정확성
③ 정밀도 ④ 신뢰성

해설 정밀도 : 데이터 분포 폭의 크기
오차 : 모집단의 참값과 측정 데이터의 차이
정확성 : 데이터 분포의 평균치와 참값의 차이

정답 7. ② 8. ④ 9. ② 10. ④ 11. ③ 12. ③

13 샘플링 방법 중에서 층별이란?
① 관리도를 종별로 구분하는 일
② 군의 크기를 바꾸는 것
③ 데이터를 측정 순서대로 구분하는 일
④ 측정치를 요인별로 나누는 일

해설 층별은 품질의 분산이나 불량 원인에 대해 기계·작업자·재료 등 각각의 자료를 요인별로 모아 몇 개의 층으로 나누어 해석하는 것

14 샘플링 합법화에서 목적의 명확화에 속하지 않는 것은?
① 모집단의 명확화
② 필요 정보량의 명확화
③ 판정기준의 명확화
④ 표준편차의 명확화

해설 샘플링 목적의 명확화에는 모집단의 명확화, 필요한 정보량의 명확화, 판정기준의 명확화, 행동기준의 명확화 등이 있다.

15 워크샘플링의 장점이 아닌 것은?
① 비반복적 작업에 유리하다.
② 작업분석에 유용하다.
③ 긴 작업에 적용이 용이하다.
④ 적은 표본수로도 가능하다.

해설 워크 샘플링의 용도는 인간, 기계, 재료에 관한 문제점을 집어냄. 작업자의 가동률 혹은 작업내용의 구성 비율을 파악하여 계산, 기계설비의 가동률이나 원인별로 기계 정지율을 파악하여 계산, 표준시간의 설정, 표준시간에 포함될 수 있는 부대 작업이나 여유율 측정

16 사내 표준화의 추진 순서는?
① 계획 – 운영 – 조치 – 평가
② 계획 – 운영 – 평가 – 조치
③ 운영 – 계획 – 평가 – 조치
④ 운영 – 계획 – 조치 – 평가

해설 관리 사이클은 P(Plan) → D(Do) → C(Check) → A(Action)으로 이루어진다.

17 사내 표준화의 요건이 아닌 것은?
① 실천 가능성이 있는 내용일 것
② 내용이 구체적이고 객관적일 것
③ 작업표준에는 수단 및 행동을 직접 지시할 것
④ 기여도가 작은 것부터 실행할 것

해설 사내 표준화 시 기여도가 큰 것부터 표준화한다.

18 ISO 9001과 9002의 차이점은?
① 경영 책임 ② 계약 검토
③ 품질 시스템 ④ 설계 관리

해설 ISO 9001 : 설계/개발, 제조 및 부대 서비스에 관한 품질보증
ISO 9002 : ISO 9001로부터 설계/개발과 부대 서비스를 제외한 품질보증

19 설비를 사용 중 윤활, 청소, 조정, 교체 등을 행하는 방법은?
① 부문보전 ② 예방보전
③ 개량보전 ④ 절충보전

해설 예방보전은 설비의 성능을 유지하려면, 설비의 열화를 방지하기 위한 예방조치가 필요하기 때문에 윤활, 조정, 점검, 교체 등의 일상적인 보전활동과

정답 13. ④ 14. ④ 15. ② 16. ② 17. ④ 18. ④ 19. ②

동시에 설비를 계획적으로 정기 점검, 정기 수리, 정기 교체를 실시하는 활동이 필요하다.

20 설비의 경제성 향상을 위하여 개량비와 열화손실 및 보전비가 최소가 되도록 하는 것은?
① 사후보전　　② 개량보전
③ 예방보전　　④ 집중예방

해설 개량보전은 설비고장 시에 단지 수리하는 것뿐만 아니라 보다 좋은 부품교체 등을 통하여 설비의 열화, 마모의 방지는 물론 수명의 연장을 기하도록 하는 활동이다.

21 고장이 없는 설비나 조기 수리가 가능한 설비의 설계 등에 적용하는 보전방식은?
① 예방보전　　② 개량보전
③ 보전예방　　④ 사후보전

해설 보전예방은 설비를 새로이 계획·설계하는 단계에서 보전 정보나 새로운 기술을 채용해서 신뢰성, 보전성, 경제성, 조작성, 안전성 등을 고려하여 보전비나 열화 손실을 적게하는 활동을 말하며, 구체적으로는 계획·설계단계에서 하는 것이 필요하며, 이 활동의 궁극적인 목적은 보전 불필요의 설비를 목표로 하는 것이다.

22 설비가 일정 기간을 지나면 고장이 없어도 생산량, 수율, 정도 등의 성능이나 효율이 감소하는 열화현상은?
① 기능 저하형　　② 기능 정지형
③ 기능 수축형　　④ 기능 단축형

해설 기능 저하형은 시스템이나 설비의 부분적인 기능 저하에 의해서 모든 기능 정지로는 이르지 않지만, 여러 가지 손실(불량, 속도저하, 공전, 순간정지)을 발생시키는 것이다.

23 TQC(Total Quality Control)에서 가장 핵심적인 계층은?
① 최고 경영자　　② 중간 관리자
③ 작업 감독자　　④ 일선 작업자

해설 TQC는 설계, 제조, 판매 등의 각 부문은 물론 총무나 인사 등 직접 제품에 관계하지 않는 부문까지 포함해서 제품을 잘 만들어 보자는 전사적 운동

정답 20. ② 21. ③ 22. ① 23. ④

과년도 출제문제

01 다음 중 품질관리 시스템에 있어서 4M에 해당하지 않는 것은? [08]
① Man   ② Machine
③ Material   ④ Money

해설 4M은 작업자(Man), 설비(Machine), 재료(Material), 가공방법(Method)이다.

02 소비자가 요구하는 품질로써 설계와 판매정책에 반영되는 품질을 의미하는 것은? [12]
① 시장품질   ② 설계품질
③ 제조품질   ④ 규격품질

해설
- 설계품질 : 제품의 설계 시 품질명세서에 의하여 설정된 최적의 목표품질이며 제조업자가 어떤 품질을 제작할 것인가 결정하는 것
- 제조품질 : 설계품질을 제품화했을 때의 품질, 적합품질
- 시장(서비스) 품질 : 소비자들이 시장에서 요구하는 품질수준, 사용품질

03 품질관리 기능의 사이클을 표현한 것으로 옳은 것은? [09]
① 품질개선 - 품질설계 - 품질보증 - 공정관리
② 품질설계 - 공정관리 - 품질보증 - 품질개선
③ 품질개선 - 품질보증 - 품질설계 - 공정관리
④ 품질설계 - 품질개선 - 공정관리 - 품질보증

해설 품질관리 사이클
Plan(계획, 설계) → Do(실행, 관리) → Check(검토) → Action(조치, 개선)

04 관리 사이클의 순서를 가장 적절하게 표시한 것은? (단, A는 조치(Act), C는 체크(Check), D는 실시(Do), P는 계획(Plan)이다.) [07] [12]
① P→D→C→A   ② A→D→C→P
③ P→A→C→D   ④ P→C→A→D

해설 위의 문제풀이 참조

05 공정에서 만성적으로 존재하는 것은 아니고 산발적으로 발생하며 품질의 변동에 크게 영향을 끼치는 요주의 원인으로 우발적 원인인 것을 무엇이라 하는가? [08]
① 우연 원인
② 이상 원인
③ 불가피 원인
④ 억제할 수 없는 원인

해설 이상 원인은 공정에서 만성적으로 존재하는 것은 아니고 산발적으로 발생하며 품질의 변동에 크게 영향을 끼치는 요주의 원인으로 우발적 원인

06 다음 중 모집단의 중심적 경향을 나타낸 측도에 해당하는 것은? [12]
① 범위(Range)
② 최빈값(Mode)
③ 분산(Variance)
④ 변동계수(Coefficient of variation)

정답 1. ④ 2. ① 3. ② 4. ① 5. ② 6. ②

[해설] 최빈값(Mode)은 주어진 자료에서 가장 자주 나타나는 자료의 값

07 도수분포표에서 도수가 최대인 계급의 대표값을 정확히 표현한 통계량은? [14]
① 중위수
② 시료평균
③ 최빈수
④ 미드-레인지(Mid-range)

[해설] 최빈수는 통계집단에서 가장 많이 나타나는 변량의 값

08 파레토도에 대한 설명으로 가장 거리가 먼 것은? [05]
① 부적합품(불량), 클레임 등의 손실금액이나 퍼센트를 그 원인별, 상황별로 취해 그림의 왼쪽에서부터 오른쪽으로 비중이 작은 항목부터 큰 항목 순서로 나열한 그림이다.
② 현재의 중요 문제점을 객관적으로 발견할 수 있으므로 관리방침을 수립할 수 있다.
③ 도수분포의 응용수법으로 중요한 문제점을 찾아내는 것으로써 현장에서 널리 사용된다.
④ 파레토 그림에서 나타난 1~2개 부적합품(불량) 항목만 없애면 부적합품(불량)률은 크게 감소된다.

[해설] 파레토도는 불량, 결점, 고장 등의 발생건수, 또는 손실금액을 항목별로 나누어 발생빈도의 순으로 나열하고 누적합도를 표시한 그림

09 다음 중 데이터를 그 내용이나 원인 등 분류 항목별로 나누어 크기의 순서대로 나열하여 나타낸 그림을 무엇이라 하는가? [08]
① 히스토그램(Histogram)
② 파레토도(Pareto Diagram)
③ 특성 요인도(Causes and Effects Diagram)
④ 체크시트(Check Sheet)

[해설] 위의 문제 풀이 참조

10 어떤 측정법으로 동일 시료를 무한 횟수 측정하였을 때 데이터 분포의 평균치와 참값과의 차를 무엇이라 하는가?
[03] [06] [09] [11]
① 신뢰성 ② 정확성
③ 정밀도 ④ 오차

[해설] 정확성은 참값에서 평균값을 뺀 것. 편차가 작은 정도를 말한다.

11 도수분포표를 작성하는 목적으로 볼 수 없는 것은? [02] [11]
① 로트의 분포를 알고 싶을 때
② 로트의 평균치와 표준편차를 알고 싶을 때
③ 규격과 비교하여 부적합품을 알고 싶을 때
④ 주요 품질항목 중 개선의 우선순위를 알고 싶을 때

[해설] 도수분포표는 다수의 제품을 측정하여 측정치를 차례대로 기록하여 놓은 표로 데이터가 어떻게 분포되는가를 보고 집단 품질을 확인할 수 있다.

정답 7. ③ 8. ① 9. ② 10. ② 11. ④

12 도수분포표에서 도수가 최대인 곳의 대표치를 말하는 것은? [02] [04]
① 중위수　　　② 비대칭도
③ 모드(Mode)　④ 첨도

해설 모드는 도수분포표의 도수가 최대인 곳의 대표치를 말한다.

13 다음 중 통계량의 기호에 속하지 않는 것은? [10]
① σ　　　② R
③ s　　　④ $\bar{x}$

해설 통계량은 표본의 특성을 기술하는 척도로서 표본평균($\bar{x}$), 표본 표준편차(s), 범위(R) 등이 있다.

14 문제가 되는 결과와 이에 대응하는 원인과의 관계를 알기 쉽게 도표로 나타낸 것은? [06]
① 산포도　　　② 파레토도
③ 히스토그램　④ 특성 요인도

해설 특성 요인도는 일의 결과(특성)와 그것에 영향을 미치는 원인(요인)을 계통적으로 정리한 그림

15 다음 중 브레인스토밍(Brainstorming)과 가장 관계가 깊은 것은? [10] [13] [17]
① 파레토도　　② 히스토그램
③ 회귀분석　　④ 특성요인도

해설 여러 사람이 모여 문제 해결을 위한 다양한 아이디어를 자유롭게 제시하고, 이러한 아이디어들을 취합·수정·보완해 정상적인 사고방식으로는 생각해낼 수 없는 독창적인 아이디어를 얻는 방법

16 관리도에 대한 설명 내용으로 가장 관계가 먼 것은? [03]
① 관리도는 공정의 관리만이 아니라 공정의 해석에도 이용된다.
② 관리도는 과거의 데이터의 해석에도 이용된다.
③ 관리도는 표준화가 불가능한 공정에는 사용할 수 없다.
④ 계량치인 경우에는 $\bar{x}-R$ 관리도가 일반적으로 이용된다.

해설 관리도는 표준화가 어려운 공정에도 사용할 수 있다.

17 품질특성을 나타내는 데이터 중 계수치 데이터에 속하는 것은? [08]
① 무게　　　　② 길이
③ 부적합품의 수　④ 인장강도

해설 계수치 자료는 불량개수, 재해발생 건수, 냉장고 표면의 긁힘 개수, 기차의 지연 도착률 등 세어서 얻을 수 있는 불연속적으로 변화하는 값

18 계수값 관리도는 어느 것인가? [04]
① R 관리도　　② $\bar{x}$ 관리도
③ p 관리도　　④ $\bar{x}-p$ 관리도

해설 계수형 관리도에는 nP 관리도, p 관리도, c 관리도, u 관리도가 있다.

19 다음 중 계량치 관리도는 어느 것인가? [05] [11]
① R 관리도　　② nP 관리도
③ c 관리도　　④ u 관리도

정답 12. ③　13. ①　14. ④　15. ④　16. ③　17. ③　18. ③　19. ①

해설 계량형 관리도에는 $\bar{x}-R$ 관리도, x 관리도, x-R 관리도, R 관리도 등이 있다.

20 다음 중 계량값 관리도만으로 짝지어진 것은? [12]
① c 관리도, u 관리도
② $x-R_s$ 관리도, P 관리도
③ $\bar{x}-R$ 관리도, nP 관리도
④ x-R 관리도, $\bar{x}-R$ 관리도

해설 계량형 관리도에는 $\bar{x}-R$ 관리도, x 관리도, x-R 관리도, R 관리도 등이 있다.

21 미리 정해진 일정 단위 중에 포함된 부적합(결점)수에 의거 공정을 관리할 때 사용하는 관리도는? [04]
① p 관리도
② nP 관리도
③ c 관리도
④ u 관리도

해설 c(결점수)관리도는 일정 단위 중에 나타나는 결점수를 관리하기 위하여 사용하는 관리도

22 다음 중 두 관리도가 모두 포아송 분포를 따르는 것은? [14]
① $\bar{x}$ 관리도, R 관리도
② c 관리도, u 관리도
③ np 관리도, p 관리도
④ c 관리도, p 관리도

해설 포아송 분포는 많은 사건 중에서 특정한 사건이 발생할 가능성이 매우 적은 확률변수가 갖는 분포이다

23 이항분포(Binomial distribution)의 특징에 대한 설명으로 옳은 것은? [11] [13]
① $P=0.01$일 때는 평균치에 대하여 좌·우 대칭이다.
② $P \leq 0.1$이고 $nP=0.1\sim10$일 때는 포아송 분포에 근사한다.
③ 부적합품의 출전 개수에 대한 표준 편차는 $D(x)=nP$이다.
④ $P \leq 0.5$이고, $nP \leq 5$일 때는 정규 분포에 근사한다.

해설 이항분포는 n회의 베르누이 시행에서 성공의 횟수를 X로 표시할 때, X의 확률분포
- $p=0.5$일 때 분포의 형태는 기대치 np에 대하여 좌우 대칭이 된다.
- $np \geq 5$이고 $nq \geq 5$일 때 정규 분포에 근사한다.
- $p \leq 0.1$이고 $np=0.1\sim10$일 때는 포아송 분포에 근사한다. (여기서 p : 성공 확률, q : 실패 확률, n = 시행횟수)

24 축의 완성 지름, 철사의 인장강도, 아스피린 순도와 같은 데이터를 관리하는 가장 대표적인 관리도는? [06] [12]
① c 관리도   ② nP 관리도
③ u 관리도   ④ $\bar{x}-R$ 관리도

해설 계량형 관리도에는 $\bar{x}-R$ 관리도, x 관리도, x-R 관리도, R 관리도 등이 있으며 길이, 무게, 강도, 전압, 전류 등 연속변량을 측정하여 데이터를 관리

25 M타입의 자동차 또는 LCD TV를 조립, 완성한 후 부적합수(결점수)를 점검한 데이터에는 어떤 관리도를 사용하는가? [07]
① p 관리도   ② nP 관리도
③ c 관리도   ④ u 관리도

정답 20. ④ 21. ③ 22. ② 23. ② 24. ④ 25. ③

해설 C관리도는 일정 단위 중에 나타나는 결점수에 의거 공정을 관리할 경우 사용

26 관리 한계선을 구하는 데 이항분포를 이용하여 관리선을 구하는 관리도는? [03]
① nP관리도　　② u 관리도
③ $\bar{x}-R$ 관리도　　④ x 관리도

해설 nP 관리도는 이항분포를 이용하여 불량개수, 관리 한계선을 구하며 합격 여부 판정만이 목적인 경우에 사용

27 c관리도에서 $k=20$인 군의 총 부적합(결점수) 합계는 58이었다. 이 관리도의 UCL, LCL을 구하면 약 얼마인가? [08] [13]
① ULC = 6.92, LCL = 0
② ULC = 4.90, LCL = 고려하지 않음
③ ULC = 6.92, LCL = 고려하지 않음
④ ULC = 8.01, LCL = 고려하지 않음

해설 c 관리도에서 중심선
$$CL = \bar{c} = \frac{\Sigma c}{k} = \frac{58}{20} = 2.9$$
관리 한계선
$$UCL = \bar{c} + 3\sqrt{\bar{c}} = 2.9 + 3\sqrt{2.9} = 8.01$$
$$LCL = \bar{c} - 3\sqrt{\bar{c}} = 2.9 - 3\sqrt{2.9} = -2.21$$
LCL 값이 음(−)이므로 고려하지 않는다.

28 부적합수 관리도를 작성하기 위해 $\Sigma c = 559$, $\Sigma n = 222$를 구하였다. 시료의 크기가 부분군마다 일정하지 않기 때문에 u관리도를 사용하기로 하였다. $n=10$일 경우 u관리도의 UCL 값은 약 얼마인가? [13]
① 4.023　　② 2.518
③ 0.502　　④ 0.252

해설 u관리도에서 중심선
$$CL = \bar{u} = \frac{\Sigma c}{\Sigma n} = \frac{559}{222} = 2.518$$
관리 상한선
$$(UCL) = \bar{u} + 3\sqrt{\frac{\bar{u}}{n}} = 2.518 + 3\sqrt{\frac{2.518}{10}}$$
$$= 4.023$$

29 nP 관리도에서 시료군마다 $n=100$이고, 시료군의 수가 $k=20$이며, $\Sigma nP = 77$이다. 이때 nP 관리도의 관리 상한선 UCL을 구하면 얼마인가? [05] [14]
① UCL = 8.94
② UCL = 3.85
③ UCL = 5.77
④ UCL = 9.62

해설 불량개수$(\overline{nP}) = \frac{\Sigma nP}{k} = \frac{77}{20} = 3.85$
$$\bar{P} = \frac{\Sigma nP}{nk} = \frac{77}{(100 \times 20)} = 0.0385$$
관리 상한선(UCL) $= \overline{nP} + 3\sqrt{\overline{nP}(1-\bar{P})}$
$$= 3.85 + 3\sqrt{3.85(1-0.0385)}$$
$$= 9.62$$

30 u 관리도의 관리 한계선을 구하는 식으로 옳은 것은? [10]
① $\bar{u} \pm \sqrt{\bar{u}}$
② $\bar{u} \pm 3\sqrt{\bar{u}}$
③ $\bar{u} \pm 3\sqrt{n\bar{u}}$
④ $\bar{u} \pm 3\sqrt{\frac{\bar{u}}{n}}$

해설 u 관리도에서 중심선 $CL = \bar{u} = \frac{\Sigma c}{\Sigma n}$
관리 한계선 $\bar{u} \pm 3\sqrt{\frac{\bar{u}}{n}}$

정답 26. ①　27. ④　28. ①　29. ④　30. ④

31 관리도에서 점이 관리 한계 내에 있으나 중심선 한 쪽에 연속해서 나타나는 점의 배열 현상을 무엇이라 하는가? [02] [10]
① 런　　　　　② 경향
③ 산포　　　　④ 주기

해설
- 런(Run) : 중심선의 한 쪽에 연속해서 나타나는 점
- 주기(Cycle) : 일정 간격을 갖고 점들이 오르내리는 현상
- 산포(Dispersion) : 고르지 못한 정도

32 관리도에서 측정한 값을 차례로 타점했을 때 점이 순차적으로 상승하거나 하강하는 것을 무엇이라 하는가? [11]
① 런(Run)
② 주기(Cycle)
③ 경향(Trend)
④ 산포(Dispersion)

해설 경향(Trend) : 길이 7의 상승경향과 하강경향(비관리상태)

33 다음의 워크 샘플링에 대한 설명이다. 틀린 것은? [03]
① 관측대상의 작업을 모집단으로 하고 임의의 시점에서 작업내용을 샘플로 한다.
② 업무나 활동의 비율을 알 수 있다.
③ 기초이론은 확률이다.
④ 한 사람의 관측자가 1인 또는 1대의 기계만을 측정한다.

해설 워크 샘플링은 다수의 무작위적이며 순간적인 관측에 의하여 특정활동에 소비된 시간의 비율을 측정하는 기법

34 계수 규준형 1회 샘플링 검사(KS A 3102)에 관한 설명 중 가장 거리가 먼 것은? [06] [08]
① 검사에 제출된 로트의 공정에 관한 사전 정보가 없어도 샘플링 검사를 적용할 수 있다.
② 생산자 측과 구매자 측이 요구하는 품질 보호를 동시에 만족시키도록 샘플링 검사방식을 선정한다.
③ 파괴검사의 경우와 같이 전수검사가 불가능한 때에는 사용할 수 없다.
④ 1회만 거래 시에도 사용할 수 없다.

해설 계수 규준형 1회 샘플링 검사는 생산자와 소비자의 요구조건을 동시에 만족시킬 수 있도록 설계된 것으로 검사 로트로부터 n개의 시료를 샘플링

35 계수 규준형 샘플링 검사의 OC 곡선에서 좋은 로트를 합격시키는 확률을 뜻하는 것은? (단, α는 제1종 과오, β는 제2종 과오이다.) [10] [16]
① α
② β
③ $1-\alpha$
④ $1-\beta$

해설 생산자 위험 확률(α)은 시료가 불량하기 때문에 로트가 불합격되는 확률이며 소비자 위험 확률(β)는 당연히 불합격되어야 할 로트가 합격되는 확률이므로 좋은 로트가 합격되는 확률은 전체에서 불합격되어야 할 로트가 시료가 불량하여 불합격된 확률(α)을 뺀 값이다.

정답 31. ① 32. ③ 33. ④ 34. ③ 35. ③

36 공급자에 대한 보호와 구입자에 대한 보증의 정도를 규정해 두고 공급자의 요구와 구입자의 요구 양쪽을 만족하도록 하는 샘플링 검사방식은? [02]

① 규준형 샘플링 검사
② 조정형 샘플링 검사
③ 선별형 샘플링 검사
④ 연속 생산형 샘플링 검사

해설 규준형 샘플링 검사는 생산자 위험 확률을 정하고 소비자 위험 확률을 정한 최소한의 로트 품질. 즉, 합격품질의 수준을 정하여 이 수준보다 양호하면 합격되도록 하는 검사방법

37 다음 중 로트별 검사에 대한 AQL 지표형 샘플링 검사 방식은 어느 것인가? [05]

① KS A ISO 2859-0
② KS A ISO 2859-1
③ KS A ISO 2859-2
④ KS A ISO 2859-3

해설
- KS A ISO 2859-1 : AQL 지표형 샘플링 검사로 연속 로트의 경우 적용
- KS A ISO 2859-2 : LQ 지표형 샘플링 검사로 고립 로트의 경우 적용
- KS A ISO 2859-3 : KS A ISO 2859-1의 옵션 개념의 샘플링 검사방법

38 전수검사와 샘플링 검사에 관한 설명으로 가장 올바른 것은? [14] [18]

① 파괴검사의 경우에는 전수검사를 적용한다.
② 전수검사가 일반적으로 샘플링검사보다 품질향상에 자극을 더 준다.
③ 검사항목이 많을 경우 전수검사보다 샘플링 검사가 유리하다.
④ 샘플링검사는 부적합품이 섞여 들어가서는 안되는 경우에 적용한다.

해설 전수(전체) 검사가 필요한 경우
불량품이 절대 있어서는 안되는 경우와 검사항목수가 적고 로트의 크기가 작을 때

샘플링 검사가 유리한 경우
전수검사가 불가능한 경우, 기술적으로 개별검사가 무의미한 경우, 전수검사에 비해 신뢰도가 높은 결과를 얻을 수 있는 경우, 경제적으로 유리한 경우, 생산자에게 품질향상의 자극을 주고 싶을 때

39 다음 중 샘플링 검사보다 전수검사를 실시하는 것이 유리한 경우는? [12]

① 검사항목이 많은 경우
② 파괴검사를 해야 하는 경우
③ 품질특성치가 치명적인 결점을 포함하는 경우
④ 다수 다량의 것으로 어느 정도 부적합품이 섞여도 괜찮을 경우

해설 전수 검사가 필요한 경우는 불량품이 절대 있어서는 안되는 경우와 검사항목수가 적고 로트의 크기가 작을 때

40 로트에서 랜덤하게 시료를 추출하여 검사한 후 그 결과에 따라 로트의 합격, 불합격을 판정하는 검사방법을 무엇이라 하는가? [08] [12] [15]

① 자주 검사
② 간접 검사
③ 전수 검사
④ 샘플링 검사

해설 샘플링 검사는 한 로트의 물품 중에서 발췌한 시료를 조사하고 그 결과를 판정 기준과 비교하여 그 로트의 합격 여부를 결정하는 검사

정답 36. ① 37. ② 38. ③ 39. ③ 40. ④

41 샘플링 검사의 목적으로 틀린 것은? [04]
① 검사비용 절감
② 생산 공정상의 문제점 해결
③ 품질 향상의 자극
④ 나쁜 품질인 로트의 불합격

[해설] 전수검사가 불가능한 경우, 기술적으로 개별검사가 무의미한 경우, 전수검사에 비해 신뢰도가 높은 결과를 얻을 수 있는 경우, 경제적으로 유리한 경우, 생산자에게 품질향상의 자극을 주고 싶을 때 샘플링 검사를 실시한다.

42 모집단을 몇 개의 층으로 나누고 각 층으로부터 각각 랜덤하게 시료를 뽑는 샘플링 방법은? [07]
① 층별 샘플링
② 2단계 샘플링
③ 계통 샘플링
④ 단순 샘플링

[해설] 층별 샘플링은 로트나 공정을 몇 개의 층으로 나누어 각층으로부터 임의로 시료를 취하는 방법

43 모집단으로부터 공간적, 시간적으로 간격을 일정하게 하여 샘플링하는 방식은? [13]
① 단순랜덤 샘플링 (simple random sampling)
② 2단계 샘플링 (two-stage sampling)
③ 취락 샘플링(cluster sampling)
④ 계통 샘플링(systematic sampling)

[해설] 계통 샘플링은 모집단으로부터 시간적 또는 공간적으로 일정간격에서 시료를 뽑는 방법으로 공정이나 품질에 주기적 연동이 있을 때 사용을 하지 않는다.

44 검사의 분류방법 중 검사가 행해지는 공정에 의한 분류에 속하는 것은? [13]
① 관리 샘플링 검사
② 로트별 샘플링 검사
③ 전수검사
④ 출하검사

[해설] 검사공정에 의한 분류 : 수입(구입)검사, 공정(중간)검사, 최종(완성)검사, 출하(출고)검사

45 다음 검사 중 판정의 대상에 의한 분류가 아닌 것은? [05] [07]
① 관리 샘플링 검사
② 로트별 샘플링 검사
③ 전수검사
④ 출하검사

[해설] 출하검사는 검사 공정에 의한 분류에 속한다.

46 다음 검사의 종류 중 검사공정에 의한 분류에 해당하지 않는 것은? [09] [11] [17]
① 수입검사　　② 출하검사
③ 출장검사　　④ 공정검사

[해설] 검사공정에 의한 분류로는 수입(구입)검사, 공정(중간)검사, 최종(완성)검사, 출하검사가 있다.

47 다음 중 사내표준을 작성할 때 갖추어야 할 요건으로 옳지 않은 것은? [09]
① 내용이 구체적이고 주관적일 것
② 장기적 방침 및 체계 하에서 추진할 것
③ 작업표준에는 수단 및 행동을 직접 제시할 것
④ 당사자에게 의견을 말하는 기회를 부여하는 절차로 정할 것

정답 41. ② 42. ① 43. ④ 44. ④ 45. ④ 46. ③ 47. ①

해설 사내표준화의 요건
내용은 구체적이고 객관적이며 이해 관계자들의 합의에 의해 결정, 다른 표준과 모순이 없어야 하며, 개정이 필요할 때 개정되어야 하고 사내표준은 준수되어야 한다.

48 로트의 크기 30, 부적합품률이 10[%]인 로트에서 시료의 크기를 5로 하여 랜덤 샘플링 할 때 시료 중 부적합품수가 1개 이상일 확률은 약 얼마인가?(단, 초기하분포를 이용하여 계산한다.) [10]

① 0.3695 ② 0.4335
③ 0.5665 ④ 0.6305

해설 불량품의 개수가 $x=1$개 이상 나올 확률

$P(x) = \dfrac{\binom{D}{x}\binom{N-D}{n-x}}{\binom{N}{n}}$ 이므로

$P(x \geq 1)$
$= P(1) + P(2) + P(3) + P(4) + P(5)$
$= \dfrac{\binom{3}{1}\binom{27}{4}}{\binom{30}{5}} + \dfrac{\binom{3}{2}\binom{27}{3}}{\binom{30}{5}} + \dfrac{\binom{3}{3}\binom{27}{2}}{\binom{30}{5}}$
$= \dfrac{{}_3C_1 \times {}_{27}C_4}{{}_{30}C_5} + \dfrac{{}_3C_2 \times {}_{27}C_3}{{}_{30}C_5} + \dfrac{{}_3C_3 \times {}_{27}C_2}{{}_{30}C_5}$
$≒ 0.4335$

49 그림의 OC 곡선을 보고 가장 올바른 내용을 나타낸 것은? [03] [14]

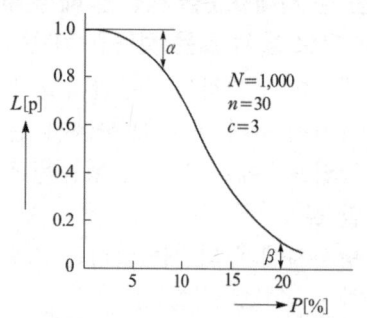

① α : 소비자 위험
② $L(p)$: 로트의 합격확률
③ β : 생산자 위험
④ 불량률 : 0.03

해설 발취검사에서 발취방법을 평가하기 위해 사용하는 그림과 같은 곡선으로 α는 합격되어야 할 로트를 불합격이라고 판정하는 확률(생산자 위험)이고 β는 불합격이 되어야 할 로트를 합격이라고 판정하는 확률(소비자 위험)이다.

50 로트의 크기가 시료의 크기에 비해 10배 이상 클 때, 시료의 크기와 합격판정개수를 일정하게 하고 로트의 크기를 증가시키면 검사특성곡선의 모양 변화에 대한 설명으로 가장 적합한 것은? [10] [12]

① 무한대로 커진다.
② 거의 변화하지 않는다.
③ 검사특성곡선의 기울기가 완만해진다.
④ 검사특성곡선의 기울기 경사가 급해진다.

해설 로트의 크기가 시료의 크기보다 커지면 검사특성곡선이 급격하게 기울어지나, 로트의 크기가 시료의 크기에 비해 10배 이상 크게 되면 거의 변화하지 않는다.

51 생산보전(PM, Productive Maintenance)의 내용에 속하지 않는 것은? [05]

① 사후보전 ② 안전보전
③ 예방보전 ④ 개량보전

해설 생산보전은 설비의 생산성을 높이고 생산의 경제성을 강조하는 보전방식으로서 생산보전을 위한 수단으로 보전예방, 예방보전, 개량보전, 사후보전 등이 있다.

정답 48. ② 49. ② 50. ② 51. ②

52 예방보전(Preventive Maintenance)의 효과가 아닌 것은? [10] [13]
① 기계의 수리비용이 감소한다.
② 생산시스템의 신뢰도가 향상된다.
③ 고장으로 인한 중단시간이 감소한다.
④ 작은 정비로 인해 제조원 단위가 증가한다.

해설 예방보전은 설비 사용 전 정기점검 및 검사와 조기 수리 등을 하여 설비성능의 저하와 고장 및 사고를 미연에 방지함으로써 설비의 성능을 표준 이상으로 유지하는 보전활동이다.

53 예방보전의 기능에 해당하지 않는 것은? [03]
① 취급되어야 할 대상설비의 결정
② 정비작업자에서 점검시기의 결정
③ 대상설비 점검개소의 결정
④ 대상설비의 외주 이용도 결정

해설 위의 문제풀이 참조

54 다음 내용은 설비보전 조직에 대한 설명이다. 어떤 조직의 형태인가? [05] [16]

> 보전작업자는 조직상 각 제조부문의 감독자 밑에 둔다.
> 단점 : 생산 우선에 의한 보전작업 경시, 보전기술의 향상의 곤란성
> 장점 : 운전과의 일체감 및 현장감독의 용이성

① 집중보전   ② 지역보전
③ 부문보전   ④ 절충보전

해설 부문보전의 장점으로는 운전부문과의 일체감, 현장감독의 용이성, 현장 왕복시간 단축, 보편 작업 일정 조정의 용이성, 특정설비에 대한 습숙의 용이성 등이 있고, 단점으로는 생산우선에 의한 보전 경시, 보전기술 향상의 곤란성, 보전책임의 분할, 노동력의 유효이용 곤란, 보전 설비공구의 중복성, 인원배치의 유연성 제약 등이 있다.

55 TPM 활동의 기본을 이루는 3정 5S 활동에서 3정에 해당되는 것은? [06]
① 정시간   ② 정돈
③ 정리   ④ 정량

해설 TPM(전사적 생산보전)에서 3정은 정위치, 정품, 정량이고 5S는 정리(Seiri), 정돈(Seiton), 청소(Seiso), 청결(Seiketsu), 습관화(Shitsuke)이다.

56 "무결점 운동"이라고 불리는 것으로 품질 개선을 위한 동기부여 프로그램은 어느 것인가? [07]
① TQC   ② ZD
③ MIL-STD ④ ISO

해설 ZD운동은 종업원 각자의 노력과 연구에 의해서 작업의 결함을 제로로 하여 고도의 제품 품질성, 보다 낮은 코스트, 납기 엄수에 의해서 고객의 만족을 높이기 위해 종업원을 계속적으로 동기를 부여하는 운동이다.

57 미국의 마틴 마리에타사(Martin Marietta Corp.)에서 시작된 품질 개선을 위한 동기부여 프로그램으로, 모든 작업자가 무결점을 목표로 설정하고, 처음부터 작업을 올바르게 수행함으로써 품질 비용을 줄이기 위한 프로그램은 무엇인가? [14]
① TPM 활동   ② 6 시그마 운동
③ ZD 운동   ④ ISO 9001 인증

해설 위의 문제풀이 참조

정답 52. ④ 53. ④ 54. ③ 55. ④ 56. ② 57. ③

58 TQC(Total Quality Control)란? [04]
① 시스템 사고방법을 사용하지 않는 품질관리 기법이다.
② 애프터 서비스를 통한 품질을 보증하는 방법이다.
③ 전사적인 품질정보의 교환으로 품질향상을 기도하는 기법이다.
④ QC부의 정보분석 결과를 생산부에 피드백하는 것이다.

해설 종합적 품질관리(TQC)는 제품관리를 비롯하여 비제조부문에 이르는 종합적인 경영관리 방식

59 일반적으로 품질 코스트 가운데 가장 큰 비율을 차지하는 코스트는? [03] [08] [16]
① 평가 코스트   ② 실패 코스트
③ 예방 코스트   ④ 검사 코스트

해설 품질관리 비용에서 예방 코스트는 약 10[%], 평가 코스트는 약 25[%], 실패 코스트는 50~75[%] 정도이다.

정답 58. ③ 59. ②

Chapter 02 생산관리

1 생산관리

특정 기업의 생산제품이나 서비스를 창출하여 시스템의 디자인을 운영, 개선하여 고객의 만족을 경제적으로 달성할 수 있도록 생산 활동이나 생산 과정을 체계적으로 관리하는 것

(1) 생산관리의 목적

경영적 생산활동을 대상으로 생산시스템에 알맞은 관리시스템의 설계와 운영·통제에 관한 체계적 연구를 목적으로 한다.
① 비용(cost)
② 품질(quality)
③ 납기(delivery data)
④ 유연성(flexibility) : 소비자의 다양한 기호와 취향에 맞추어 신제품이나 서비스를 개발할 수 있는 능력

(2) 생산관리의 내용

품질관리, 공정관리, 원가관리, 인사관리, 안전관리, 설비관리 등이 있으며 생산관리는 생산계획을 우선 수립한다.

1) 공정관리

생산 공장에서 일정한 품질·수량·가격의 제품을 일정한 시간 안에 가장 효율적으로 생산하기 위해 공장의 모든 활동을 총괄적으로 관리하는 활동

2) 품질관리

기업 경영상 제일 유리하다고 생각되는 품질을 보장하고 이것을 가장 경제적 제품으로서 생산하는 방법

3) 원가관리

원가계산을 근거로 하여 경영활동 전반을 합리화하고, 원가절감을 도모하도록 하는 경영활동의 관리

(3) 생산계획의 목표

① 이윤의 최대화　　　　　② 생산비용의 최소화
③ 고객 서비스의 최적화　　④ 재고량의 최소화
⑤ 생산변동의 최소화　　　⑥ 고용변동의 최소화
⑦ 잔업의 최소화　　　　　⑧ 설비이용의 최대화

(4) 생산계획에 이용되는 정보

① 기업 내의 정보 : 설비능력, 작업능력, 고용수준, 재고수준, 생산자원 정보 등
② 기업 외의 정보 : 제도 및 법규, 경제사정, 경쟁업체 정보, 고객요구, 시장수용 등

(5) 관리활동 경로

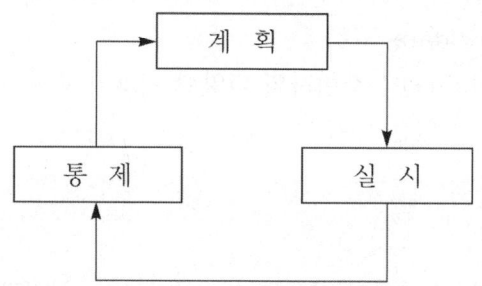

(6) 생산활동 요소

1) 생산의 3요소(3M)

Man(노동), Machine(기계), Material(원자재)

2) 생산의 5요소(5M)

생산의 3요소 + Method(방법), Management(관리)

(7) 생산관리의 원칙(3S)

1) 단순화(Simplification)
① 생산수단이나 작업방법을 단순화한다.
② 생산기간의 단축, 재료소모 감소, 제고관리 수월 등 효과가 있다.

2) 표준화(Standardization)
과학적으로 안정된 표준을 설정함으로써 대량 생산으로 생산비가 절감되고 품질 향상과 호환성이 좋아진다.

3) 전문화(Specialization)
① 각 작업별, 공정별로 분리하여 작업의 전문성을 높인다.
② 설비의 전문화와 숙련도가 높아져서 생산 능력이 증대되는 효과가 있다.

2 공정관리

(1) 공정관리의 목표
① 납기의 이행　　　　② 공정시간의 최소화
③ 생산시간의 최소화　④ 원료 조달시간의 최소화
⑤ 공정재고의 최소화　⑥ 생산비용의 최소화

(2) 공수계획
생산 계획표에 의하여 결정된 제품별의 납기와 생산량에 대하여 작업량작업을 결정하고 현유인원이나 기계의 능력과 대조하여 부하와 능력을 조정하는 것(Man-Hour 단위를 많이 사용)

1) 합리적인 공수계획 수립 조건
① 부하와 능력의 균형화　② 일정별 부하 변동을 방지
③ 가동률 향상　　　　　④ 부하와 능력에 여유
⑤ 적정배치와 전문화 촉진

2) 부하의 계산

부품 한 개당의 작업시간(표준공수) × 당월의 생산수

3) 능력 계산

① 작업자의 능력 = 1개월 실동시간 × 가동률 × 환산 인원수

실동시간 = 직접 작업시간 + 간접 작업시간

가 동 률 = 직접 작업률 = $\dfrac{\text{직접 작업시간}}{\text{실노동시간}}$

= 출근율 × (1 − 간접 작업률)

환산 인원 : 실제인원을 표준능력의 인원으로 환산 = 작업자수 × 능력 환산계수

② 기계능력(설비능력) = 1개월 실동시간 × 가동률 × 기계대수

③ 여력 = $\dfrac{\text{능력} - \text{부하}}{\text{능력}}$

4) 제조 로트의 결정

① 로트(Lot)의 의미
단위 생산 수량으로서 여러 개의 수량을 한 묶음이나 한 단위로 하여 생산이 이루어지는 경우의 단위

② 로트의 수
제조횟수를 나타내는 것으로서 생산 목표량을 몇 회로 분할 생산할 것인가를 결정할 때 사용

③ 로트의 크기
생산 목표량을 로트의 수로 나눈 것

④ 경제적 로트의 산출방식(F. W. Harris 식)

경제적 발주량(Lot의 크기) $Q = \sqrt{\dfrac{2RP}{CI}}$

R : 소비예측(연간 소비량)   P : 준비비(1회 발주비용)
C : 단위비(구입단가)   I : 단위당 연간 재고 유지비

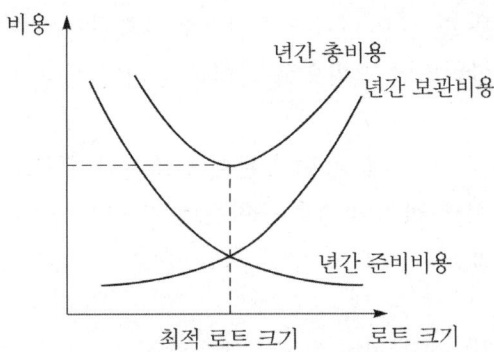

5) 공수 체감현상

대량 생산으로 동종 작업이 계속적으로 반복될 때 작업시간은 일정한 것이 아니고 시간이 경과됨에 따라 그 작업에 숙달되어 작업시간이 단축되는 현상

(3) 일정계획

생산 계획에서 결정된 기일을 목표로 하여 소요 재료의 입수, 작업원, 설비의 확보를 고려해 순서표 등에 기초를 두어 결정하는 작업 일정

1) 일정

실제 작업에 착수하여 끝날 때까지의 시간
실제 작업시간 + 정체시간(여유시간)

2) 부품 가공의 일정

① 작업시간 전, 후에 정체시간이 있음
② 일정계산은 1/2일이나 1일 단위로 한다.

3) PERT/CPM 기법

전체적인 작업일정을 세분화함으로써 작업시간 지연의 사전예방, 공기 단축 등의 효율적인 일정관리를 도모하기 위한 기법

$$비용구배 = \frac{특급비용 - 정상비용}{정상시간 - 특급시간}$$

① PERT

경영 관리자가 사업목적을 달성하기 위해 수행하는 기본계획, 세부계획 및 통제

기능에 도움을 줄 수 있는 수적기법으로 계획공정도를 중심으로 한 종합적인 관리기법이며 합리적인 계획으로 실패를 줄이며 성공하는 방법

② CPM

각 활동의 소요 일수 대 비용의 관계를 조사하여 최소 비용으로 공사계획이 수행될 수 있도록 최적의 공기를 구하는데 있으며 비용을 극소화하여 이윤을 극대화시키는 방법

③ 3점 견적법
- 낙관 시간치(optimistic time : to or a)
  평상시보다 잘 진행될 때 그 활동을 완성하는 데 필요한 최소시간
- 정상 시간치(most likely time : tm or m)
  작업활동을 완성하는 데 정상으로 소요되는 시간
- 비관 시간치(pessimistic time : tp or b)
  작업활동의 최대시간으로 일이 뜻대로 되지 않을 때의 소요시간
- 기대 시간치(expected time : t_e)
  세 가지 시간 추정치를 평균하여 하나의 추정 소요시간을 산출

$$t_e = \frac{a + 4m + b}{6}$$

- 분산(variance : δ^2)
  기대 시간치 t_e는 3개의 시간치를 사용하기 때문에 기대 시간치의 불확실성 정도를 파악하기 위해 분산을 구할 필요가 있다.

$$\delta^2 = (\frac{b-a}{6})^2$$

4) 단계계산에 의한 일정계산

① TE(Earliest expected time) : 가장 빠른 예정시기
② TL(Latest allowable time) : 가장 늦은 허용시기
③ 단계여유의 계산
- 정여유 : TL-TE > 0, S > 0
- 영여유 : TL-TE = 0, S = 0
- 부여유 : TL-TE < 0, S < 0

④ 애로공정(CP)

TL-TE를 계산해서 각 단계의 여유시간의 값이 0이 되는 단계를 연결하면 애로

공정이 된다. 이는 도중 끊겨서는 안 되며 최초와 최종이 연결되어야 한다.
⑤ 확률적 검토

예정달성기일(TS)이 주어지는 경우, 성공확률을 추정할 필요가 있다. 성공확률에 따라 자원을 적정 배분해야 하기 때문이다.

(4) 생산방식의 분류

1) 제품의 종류, 분량에 의한 생산

① 주문생산 : 주문을 받아서 생산하는 방식, 다품종 소량생산 (대용량 발전장치, 대규모 화학공업)
② 예정생산 : 제품의 수요를 예정하여 생산하는 방식, 소품종 대량생산

2) 제조방법에 의한 분류

① 개별생산 : 주문생산과 같은 개별적 생산방식으로 고가이며 큰 경우(항공기계)
② 로트생산 : 동일제품 또는 부품을 생산관리에 알맞은 수로 모으거나 나누어서 일괄 생산하는 방식
③ 연속생산 : 동일제품을 대량 생산하는 방식, 오토메이션 방식(시멘트 공업, 석유정제)

3) 생산방침에 의한 분류

① 수주생산
② 예정생산(계획생산) : 제품의 수요를 예정하여 만드는 것

4) 제조기술에 의한 분류

① 조립생산
② 분해 연속생산 : 원료의 분해나 화합에 의한 가공으로 제품생산

3 수요예측

(1) 수요예측 방법

1) 정성적 판단법

시계열분석법이나 인과형 예측법에 대칭하는 접근방법으로 시장조사법, 자료유출법, 판매원 의견법 등이 있고 이 방법은 신제품을 출시할 때 예측자료가 충분하지 않을 때 주로 사용한다.

2) 시계열 분석법

시계열(판매량이나 매출액과 같이 반복적인 관찰치를 발생순서대로 나열한 것)에 의하여 과거의 자료를 근거로 하여 추세나 경향을 분석하여 미래를 예측하는 방법으로 이동평균법, 지수평활법, 최소자승법, 박스-젠킨스 방법 등이 있다.

3) 인과형 예측법

수학적으로 인과관계를 나타내는 모델로서 수요를 방법으로 희구모델, 계량경제모델법, 선행지표법, 투입산출 모델법이 있다.

(2) 정성적 수요예측 방법

1) 델파이법

① 신제품의 수요 예측, 장기 예측에 사용하는 기법
② 전문가에게 의견 질의서를 배포하여 의견을 수집
③ 중장기 계획을 수립하는 데 있어 정성적 기법 중 정확도가 높은 기법

2) 시장조사법

① 제품 출시 전에 소비자들에 대한 시장조사로 수요를 예측하는 기법
② 단기 예측능력은 좋지만 장기 예측능력은 떨어진다.

3) 전문가 의견법

관련 전문가, 판매 담당자로부터 의견을 수집하여 예측하는 방법으로서 단기 예측능력은 있지만 다소 주관적으로 치우칠 우려가 있다.

(3) 시계열 분석에 의한 수요예측

1) 시계열적 변동에 의한 분류
① 추세변동 : 장기적인 변동의 추세를 나타내는 변동
② 순환변동 : 일정한 주기 없이 사이클 현상으로 반복되는 현상
③ 계절변동 : 1년 주기로 계절에 따라 되풀이되는 변동
④ 불규칙변동 : 불분명한 원인이나 돌발적인 원인으로 일어나는 우연변동이다.

2) 시계열적 분석방법에 의한 분류
① 전기수요법 : 최근의 수요실적으로 미래의 수요를 예측하는 방법
② 절반평균법 : 시계열의 각 항을 이등분하여 양쪽에 속하는 각 항을 각각 평균하여 그 평균값을 연결하는 방법
③ 이동평균법 : 과거의 실적치 전체를 대상으로 산술평균하여 미래의 수요를 예측하는 방법으로 계절 변동의 분석으로 이용된다.

$$예측치(F_t) = \frac{기간의\ 실적치}{기간의\ 수}$$

④ 최소자승법 : 한 기준변인을 하나 또는 그 이상의 예언변인으로써 직선적 가정에 의하여 예언하고자 할 때 실제 기준변인과 직선적 가정에 의하여 예언된 기준변인과의 거리의 제곱의 합이 최소가 되도록 하는 기준으로 수요의 예측 변동을 분석하는 경우에 이용
⑤ 지수평활법 : 이동평균법과 유사한 방법으로 평균법이 가진 단점을 보완하여 과거의 실적치를 최근에 가장 가까운 실적치에 상대적으로 큰 비중을 두어 수요를 예측하는 방법

(4) 수요예측의 목적
① 생산설비의 신설이나 확장의 필요성 유무의 검토 및 신설 확장 규모의 결정
② 기존 설비 장치에서 생산되는 복수 품목 전체의 기간 생산 계획량 결정
③ 기존 설비 장치에서 각 품목마다의 월별 생산 계획량 결정

출제예상문제

01 생산관리의 일반원칙이 아닌 것은?
① 표준화   ② 단순화
③ 전문화   ④ 규격화

해설 생산관리의 3S는 표준화, 단순화, 전문화이다.

02 표준화의 분류방법이 아닌 것은?
① 관리표준화   ② 물적표준화
③ 방법표준화   ④ 규격표준화

해설 표준화 : 관리표준화, 물적표준화, 방법표준화

03 전문화의 효과가 아닌 것은?
① 생산능력증대   ② 업무책임 감소
③ 인원 증가   ④ 설비의 특수화

해설 전문화의 효과는 생산능력 증대, 업무책임감소, 설비의 특수화

04 시스템의 공통적 성질과 관계가 없는 것은?
① 집합성   ② 기술 연구성
③ 환경 적응성   ④ 목적 추구성

해설 시스템의 공통적인 성질은 집합성, 관련성, 목적 추구성, 환경 적응성

05 공수의 단위로 많이 사용되는 것은?
① Man-Sec   ② Man-Minute
③ Man-Hour   ④ Man-Day

해설 공수의 단위로는 Man-Hour가 많이 사용된다.

06 생산관리의 목표에 속하지 않는 것은?
① 최소의 원가 제조
② 적기 제조
③ 최고의 품질제조
④ 많은 양의 제품을 제조

해설 생산관리의 목표는 최소의 원가, 최고의 품질, 최단 시간 납기, 소비자의 요구에 대한 유연성 등이다.

07 Lot의 크기에 따라 증가하는 비용은?
① 원가비   ② 준비비
③ 고정비   ④ 년간 보관비

08 제조 Lot란?
① 1회 제조 수량
② 시간당의 제조 수량
③ 1일 제조 수량
④ 제조횟수를 표시하는 개념

해설 제조 Lot는 1회 제조 수량을 말한다.

09 ABC 분석이란 무엇인가?
① 종합관리   ② 효율관리
③ 중점관리   ④ 설비관리

해설 ABC분석은 통계적 방법에 의해 관리대상을 A, B, C 그룹으로 나누고, 먼저 A그룹을 최중점 관리대상으로 선정하여 관리노력을 집중함으로써 관리 효과를 높이려는 분석방법

정답   1.④ 2.④ 3.③ 4.② 5.③ 6.④ 7.④ 8.① 9.③

10 합리적인 공수계획을 수립하기 위한 조건이 아닌 것은?

① 부하와 능력에 여유를 줄 것
② 일정별의 부하변동을 방지할 것
③ 설비 배치의 통일화를 기할 것
④ 부하와 능력의 균형화를 기할 것

해설 합리적인 공수계획을 수립하기 위한 조건
  • 부하와 능력의 균형화를 기할 것
  • 일정별 부하 변동을 방지할 것
  • 부하와 능력에 여유를 둘 것

11 작업 분배 시 고려해야 할 사항이 아닌 것은?

① 원가에 대한 관리
② 기술적인 문제의 발생
③ 불량품에 대한 조치
④ 능력 이상의 작업을 할당하지 말 것

해설 공정 계획과 일정 계획에 의해 작업 명령서와 진도표를 발행하여 작업자나 기계에 구체적으로 작업을 할당하고 착수할 것을 지시하는 것을 작업 분배 또는 작업 통제라고 한다. 작업 분배는 생산을 실제로 추진시키는 지휘 기능을 가진다.

12 공정대기란 무엇인가?

① 가공   ② 정체
③ 저장   ④ 운반

해설 공정대기는 생산 중 정체를 의미한다.

정답 10. ③ 11. ① 12. ②

과년도 출제문제

01 수요예측 방법의 하나인 시계열 분석에서 시계열적 변동에 해당되지 않는 것은? [05]
① 추세변동　② 순환변동
③ 계절변동　④ 판매변동

해설 시계열 분석법에는 동일한 현상을 시간의 경과에 따라 일정한 간격을 두고 반복적으로 측정하여 각 기간에 일어난 변화에 대한 추세를 알아보는 방법으로 이동평균법, 지수평활법, 최소자승법 등이 있다.

02 다음 중 신제품에 대한 수요예측방법으로 가장 적절한 것은? [09]
① 시장조사법
② 이동평균법
③ 지수평활법
④ 최소자승법

해설 정성적 판단법은 소비자를 가장 잘 파악하는 판매 경영자나 전문가 등의 판단법이나 시장 조사법을 이용하여 수요예측을 하는 기법

03 과거의 자료를 수리적으로 분석하여 일정한 경향을 도출한 후 가까운 장래의 매출액, 생산량 등을 예측하는 방법을 무엇이라 하는가? [10]
① 델파이법　② 전문가 패널법
③ 시장조사법　④ 시계열 분석법

해설 시계열분석법은 동일한 현상을 시간의 경과에 따라 일정한 간격을 두고 반복적으로 측정하여 각 기간에 일어난 변화에 대한 추세를 알아보는 기법

04 생산, 계획량을 완성하는 데 필요한 인원이나 기계의 부하를 결정하여 이를 현재인원 및 기계의 능력과 비교하여 조정하는 것은? [06]
① 일정계획　② 절차계획
③ 공수계획　④ 진도관리

해설 공수계획은 작업하기에 필요한 공수로부터 소요 인원수나 기계 대수를 산정해 이것과 현재 보유하는 능력(작업자와 기계)과의 조정을 꾀하는 일

05 다음 중 단속생산 시스템과 비교한 연속생산 시스템의 특징으로 옳은 것은? [14]
① 단위당 생산원가가 낮다.
② 다품종 소량생산에 적합하다.
③ 생산방식은 주문생산방식이다.
④ 생산설비는 범용설비를 사용한다.

해설 단속생산 시스템은 범용설비를 사용하고 주문생산방식으로 다품종 소량 생산에 적합하고 연속생산 시스템은 소품종 대량생산에 적합하여 단위당 생산원가 낮다.

06 다음 중 절차계획에서 다루어지는 주요한 내용으로 가장 관계가 먼 것은? [07]
① 각 작업의 소요시간
② 각 작업의 실시 순서
③ 각 작업에 필요한 기계와 공구
④ 각 작업의 부하와 능력의 조정

해설 각 작업의 부하와 능력의 조정은 공수계획이다.

정답 1.④　2.①　3.④　4.③　5.①　6.④

07 단순지수평활법을 이용하여 금월의 수요를 예측하려고 한다면 이 때 필요한 자료는 무엇인가? [04]

① 일정기간의 평균값, 가중값, 지수평활계수
② 추세선, 최소자승법, 매개변수
③ 전월의 예측치와 실제치, 지수평활계수
④ 추세변동, 순환변동, 우연변동

해설 단순지수평활법은 가장 최근 데이터에 가장 큰 가중치가 주어지고 시간이 지남에 따라 가중치가 기하학적으로 감소되는 가중치 이동 평균 예측 기법으로 차기 예측치는 당기 판매 실적치, 당기 예측치 등으로부터 구한다.

[단위 : 개]

월	1	2	3	4	5	6
실적	48	50	53	60	64	68

① 55개 ② 57개
③ 58개 ④ 59개

해설 단순이동평균법

당기예측치 $M_t = \dfrac{\sum X_t (당기\ 실적치)}{n}$

$= \dfrac{(50+53+60+64+68)}{5}$

$= \dfrac{295}{5} = 59$

08 다음과 같은 [데이터]에서 5개월 이동평균법에 의하여 8월의 수요를 예측한 값은 얼마인가? [02] [09] [12] [16]

월	1	2	3	4	5	6	7
판매실적	100	90	110	100	115	110	100

① 103 ② 105
③ 107 ④ 109

해설 단순이동평균법

당기예측치 $M_t = \dfrac{\sum X_t (당기\ 실적치)}{n}$

$= \dfrac{(110+100+115+110+100)}{5}$

$= \dfrac{535}{5} = 107$

09 다음 [표]를 참조하여 5개월 단순이동평균법으로 7월의 수요를 예측하면 몇 개인가? [14]

10 다음 중 반즈(Ralph M. Barnes)가 제시한 동작경제의 원칙에 해당되지 않는 것은? [09] [14]

① 표준작업의 원칙
② 신체의 사용에 관한 원칙
③ 작업장의 배치에 관한 원칙
④ 공구 및 설비의 디자인에 관한 원칙

해설 동작경제의 원칙으로는 신체 사용에 관한 원칙, 작업장 배치에 관한 원칙, 공구 및 설비 설계에 관한 원칙이 있다.

11 연간 소요량이 4,000개인 어떤 부품의 발주비용은 매회 200원이며 부품단가는 100원, 연간 재고유지비율이 10[%]일 때 F. W. Harris에 의한 경제적 주문량은 얼마인가? [07]

① 40개/회   ② 400개/회
③ 1000개/회 ④ 1300개/회

정답 7. ③ 8. ③ 9. ④ 10. ① 11. ②

해설 경제적 주문량 $= \sqrt{\dfrac{2OD}{C}} = \sqrt{\dfrac{2 \times 200 \times 4{,}000}{10}}$
$= 400$[개/회]
O(1회 주문비), D(연간 재고 수요량),
C(1단위당 연간 재고 유지비)

12 월 100대의 제품을 생산하는데 세이퍼 1대의 제품 1대당 소요공수가 14.4H라 한다. 1일 8H, 월 25일 가동한다고 할 때 이 제품 전부를 만드는데 필요한 세이퍼의 필요 대수를 계산하면?(단, 작업자 가동률 80[%], 세이퍼 가동률 90[%]이다.) [04]

① 8대
② 9대
③ 10대
④ 11대

해설 기계능력 = 1개월 실동시간×가동률×기계대수
100대×14.4시간 = 25일×8시간
　　　　　　　×(0.9×0.8)×기계대수
기계대수 = 10대

13 제품공정 분석표(Product Process Chart) 작성 시 가공시간 기입법으로 가장 올바른 것은? [07]

① $\dfrac{1개당\ 가공시간 \times 1로트의\ 수량}{1로트의\ 총\ 가공시간}$

② $\dfrac{1로트의\ 가공시간}{1로트의\ 총\ 가공시간 \times 1로트의\ 수량}$

③ $\dfrac{1개당\ 가공시간 \times 1로트의\ 총\ 가공시간}{1로트의\ 수량}$

④ $\dfrac{1개당\ 총\ 가공시간}{1개당\ 가공시간 \times 1로트의\ 수량}$

14 방법시간측정법(MTM, Method Time Measurement)에서 사용되는 1TMU(Time Measurement Unit)는 몇 시간인가? [08] [14]

① $\dfrac{1}{100000}$ 시간

② $\dfrac{1}{10000}$ 시간

③ $\dfrac{6}{10000}$ 시간

④ $\dfrac{36}{1000}$ 시간

해설 $1MTM = 0.036$[초] $= 0.0006$[분]
$= 0.00001$[시간] $= \dfrac{1}{100000}$[시간]

15 신제품에 가장 적합한 수요예측 방법은? [03]

① 시계열 분석　② 의견 분석
③ 최소자승법　④ 지수평활법

해설 신제품의 수요예측 방법은 크게 정성적 방법과 정량적 방법으로 구분할 수 있으며 정성적 방법은 과거 시장자료가 존재하지 않거나 존재하더라도 이에 대한 수리적 모형화가 불가능한 상황에서, 일반 소비자의 선호도 혹은 전문가의 지식과 의견을 바탕으로 미래의 수요를 예측하는 기법이다.
정성적 방법은 소비자 조사법, 주관적 예측법, 비교 유추법 등이 있다.

16 작업개선을 위한 공정분석에 포함되지 않는 것은? [10]

① 제품공정분석　② 사무공정분석
③ 직장공정분석　④ 작업자공정분석

해설 작업개선을 위한 공정분석에는 제품공정분석, 사무공정분석, 작업자 공정분석이 있다.

17 작업자가 장소를 이동하면서 작업을 수행하는 경우에 그 과정을 가공, 검사, 운반, 저장 등의 기호를 사용하여 분석하는 것을 무엇이라 하는가? [07]

① 작업자 연합작업분석
② 작업자 동작분석
③ 작업자 미세분석
④ 작업자 공정분석

해설 작업자 공정분석은 작업자가 한 장소에서 다른 장소로 이동하면서 수행하는 일련의 행위를 분석하는 것으로 창고계, 보전계, 운반계, 감독자 등의 행동을 분석을 통해 업무범위와 경로 등을 개선하는 데 사용된다.

18 공정 중에 발생하는 모든 작업, 검사, 운반, 저장, 정체 등이 도식화된 것이며 또한 분석에 필요하다고 생각되는 소요시간, 운반거리 등의 정보가 기재된 것은? [13]

① 작업분석(Operation Analysis)
② 다중활동분석표(Multiple Activity Chart)
③ 사무공정분석(Form Process Chart)
④ 유통공정도(Flow Process Chart)

해설 제품이 생산되는 과정을 공정기호로 표현하여 공정분석을 쉽게 이해할 수 있도록 표현한 도표를 공정도라 한다.

19 그림과 같은 계획공정도(Network)에서 주공정으로 옳은 것은?(단, 화살표 밑의 숫자는 활동시간 [단위 : 주]을 나타낸다.)
[04] [07] [11]

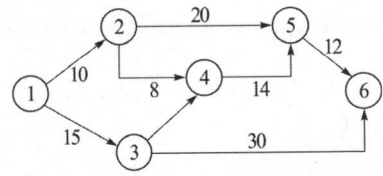

① 1-2-5-6
② 1-2-4-5-6
③ 1-3-4-5-6
④ 1-3-6

해설 주공정은 가장 긴 작업시간이 예상되는 공정
① : 10 + 20 + 12 = 42주
② : 10 + 8 + 14 + 12 = 44주
③ : 15 + 14 + 12 = 41주
④ : 15 + 30 = 45주

20 어떤 회사의 매출액이 80000원, 고정비가 15000원, 변동비가 40000원일 때 손익분기점 매출액은 얼마인가? [10]

① 25000원
② 30000원
③ 40000원
④ 55000원

해설 손익 분기점 매출액
$$= \frac{고정비}{한계이익률} = \frac{고정비}{1 - \frac{변동비}{매상고}}$$
$$= \frac{15000}{1 - \frac{40000}{80000}} = 30000원$$

21 정상 소요기간이 5일이고 이때의 비용이 20000원이며 특급 소요기간이 3일이고, 이때의 비용이 30000원이라면 비용구배는 얼마인가? [06] [08] [11]

① 4000원/일
② 5000원/일
③ 7000원/일
④ 10000원/일

해설 비용구배 $= \frac{특급비용 - 정상비용}{정상시간 - 특급시간}$
$= \frac{30000원 - 20000원}{5일 - 3일} = 5000원/일$

정답 17. ④ 18. ④ 19. ④ 20. ② 21. ②

22 일정통제를 할 때 1일당 그 작업을 단축하는 데 소요되는 비용의 증가를 의미하는 것은? [02] [08] [14]
① 비용구배(Cost Slope)
② 정상 소요시간(Normal Duration)
③ 비용견적(Cost Estimation)
④ 총비용(Total Cost)

해설 비용구배는 작업을 1일 단축할 때 추가되는 직접비용

23 PERT에서 Network에 관한 설명 중 틀린 것은? [06]
① 가장 긴 작업시간이 예상되는 공정을 주공정이라 한다.
② 명목상 활동(Dummy)은 점선 화살표(--->)로 표시한다.
③ 활동(Activity)은 하나의 생산 작업 요소로서 원(○)으로 표시한다.
④ Network는 일반적으로 활동과 단계의 상호관계로 구성된다.

해설 네트워크(계획 공정도)는 마디(○)로 단계를 나타내고, 가지(→)로 활동을 나타내며 활동의 연결을 중시하는 단계지향적인 PERT에서 주로 적용되며 단계(○)는 선후관계를 나타내므로 명목상의 활동(----->)이 필요하다.

24 PERT/CPM에서 Network 작도 시 → 은 무엇을 나타내는가? [06]
① 단계(Event)
② 명목상 활동(Dummy Activity)
③ 병행활동(Paralleled Activity)
④ 최초단계(Initial Event)

해설 명목상 활동은 실제 활동이 아니고 가상의 활동으로 화살표로 표시한다.

25 더미활동(Dummy Activity)에 대한 설명 중 가장 적합한 것은? [04]
① 가장 긴 작업시간이 예상되는 공정을 말한다.
② 공정의 시작에서 그 단계에서 이르는 공정별 소요시간들 중 가장 큰 값이다.
③ 실제활동은 아니며 활동의 선행조건을 네트워크에 명확히 표현하기 위한 활동이다.
④ 각 활동별 소요시간이 베타분포를 따른다고 가정할 때의 활동이다.

해설 위의 문제풀이 참조

정답 22. ① 23. ③ 24. ② 25. ③

Chapter 03 작업관리

1 작업관리

현장에서의 여러 작업 방법을 개선하여 원활한 작업을 할 수 있도록 최적의 작업조건을 이루도록 하는 활동

(1) 작업관리와 생산성

1) 작업관리
현장의 작업자가 방법과 조건을 조사, 연구하여 낭비 없이 작업을 원활히 할 수 있고 기업과 작업자의 입장에서 최선의 방법을 모색하는 활동이다.

2) 생산성
생산 요소가 생산 활동에 얼마나 중요하게 사용되었는지를 나타내는 하나의 척도로 입력은 줄이고 출력은 증대시키는 것이다.

$$생산성 = \frac{output}{input}$$

① 입력 : 자본, 원료, 노동, 기계, 설비 등 생산 요소의 투입량
② 출력 : 생산 활동을 한 결과로 나타난 산출량

(2) 관리절차
문제발견, 현상분석, 중요도 발견, 개선안 검토, 개선안 시행, 표준 작업설정

(3) 7가지 작업시스템의 요소
① 과업　　② 작업공정　　③ 투입　　④ 산출
⑤ 인간　　⑥ 설비　　　　⑦ 환경

2 작업관리 분석

(1) 공정분석

원재료가 제품으로 출하되기까지의 여러 경로에 대한 경과시간과 이동거리를 공정도 기호를 이용하여 계통적으로 나타내어 분석하는 기법

1) 제품공정분석
① 원재료가 제품이 되는 과정에서 일어나는 공정내용을 공정도 기호로 표시
② 설비계획, 일정계획, 운반계획, 인원계획, 재고계획 등에 활용되는 분석기법

2) 사무공정분석
① 서류를 중심으로 업무가 이루어지는 사무실의 사무제도, 업무현황이나 정보의 기록, 분석 및 보관하는 일을 분석
② 사무기록 체계를 간소화시키고 서류의 흐름을 효율적으로 만든다.

3) 작업자 공정분석
① 작업자가 다른 장소로 이동하면서 수행하는 일련의 행위를 분석
② 창고 업무, 운반 업무, 작업자 등의 행동분석을 통해 업무범위와 경로 등을 개선

4) 공정도 기호

공정분류	공정기호	내 용
가 공	◯	원료, 부품 또는 제품의 모양, 성질에 변화를 주는 과정
운 반	⇨	원료, 재료, 부품 또는 제품의 위치에 변화를 주는 과정
정 체	D	가공이나 운반 중 일시 대기 또는 다음 가공을 위한 정체
저 장	▽	원료, 재료, 부품 또는 제품을 계획에 따라 저장하고 있는 과정
검 사	□	원료, 재료, 부품 또는 제품의 양 또는 개수를 계량하여 그 결과를 기준과 비교하여 차이를 아는 과정
흐름선	|	요소공정의 순서를 나타낸다.
구 분	∿	공정계열에서 관리상의 구분을 나타낸다.
생 략	╪	공정계열의 일부분 생략을 나타낸다.

공정분류	공정기호	내 용
질 중심의 양 검사	◇	품질검사를 주로 하면서 수량검사도 한다.
양 중심의 질 검사	⬖	수량검사를 주로 하면서 품질검사도 한다.
가공하면서 양 검사	⬜	가공을 주로 하면서 수량검사도 한다.
가공하면서 운반	⇨	가공을 주로 하면서 운반도 한다.
작업 중 일시대기	✡	
공정 간의 대기	▽	
폐 기	✳	

5) 작업 공정도
원재료와 부품이 공정에 투입되는 점 및 모든 작업과 검사의 계열을 표현하는 도표

6) 흐름 공정도
대상 프로세스에 포함되어 있는 모든 작업, 운반, 검사, 지연, 저장의 계열을 기호로 표시하고 분석에 필요한 소요시간, 이동거리 등의 정보를 기술한 도표
① 흐름공정도는 다음 사항을 검토하는데 적합
- 자재운반 및 취급
- 정체 및 수대기 상황
- 설비배치
- 재고문제

② 공정도 개선 원칙(ECRS)
- 배제(Eliminate)
- 결합(Combine)
- 재배치(Rearrange)
- 간소화(Simplify)

③ 작업개선의 적용 원칙
- 레이아웃의 원칙
- 자재운반 및 취급의 원칙
- 동작경제의 원칙

7) 배치의 원칙
① 총합의 원칙
② 단거리의 원칙
③ 유동의 원칙
④ 입체의 원칙

(2) 작업분석

작업자가 수행하는 내용을 작업 분석표나 다중 활동표를 이용하여 그 작업내용을 개선하는 것을 목적으로 한다.

1) 양수 작업 분석

작업자의 양수 동작의 프로세스를 양자의 관련성을 고려하면서 분석, 개선하는 수법

2) 연합 작업 분석의 종류

① 인간-기계 분석표 　　② 조작업 분석표 　　③ 조-기계 분석표

3) 여유시간

작업을 진행하는데 인적, 물적으로 필요한 요소나 발생방법이 불규칙적, 우발적인 것으로 편의상 그 발생의 평균시간 등을 조사, 측정하여 이것을 정미시간에 부가하는 것으로 보상하는 시간

4) 피로여유의 평가

합계 여유율 = (A + B) × C + D

A : 육체적 노력에 대한 여유율　　B : 정신적 노력에 대한 여유율
C : 유휴(Idle) 시간에 대한 회복계수　　D : 단조감에 대한 여유

(3) 동작분석

작업자가 동작을 가능한 한 최소단위로 분해하고 분석하여 동작의 불합리한 요소를 제거하여 합리적인 동작을 구성하는데 목적이 있다.

1) 목시 동작분석(Therblig 분석)

작업자의 행위나 동작을 몇 가지 기본동작으로 나누고 이 동작요소를 다시 18종류의 세부동작으로 정하여(서블리그 기호) 이를 이용하여 작업동작을 분석하는 기법 서블리그에 의한 분석결과는 작업의 개선과 표준화, 작업원의 교육・훈련의 기초가 된다.

2) 미세동작연구(Film-tape 분석)

대상 작업을 촬영하여 프레임별로 분석함으로써 동작내용, 순서, 시간을 명확히 하여 작업개선에 도움을 주기 위한 기법

3) 동작 경제의 3원칙

작업자가 에너지의 낭비 없이 효과적으로 작업할 수 있도록 작업자의 동작을 세밀하게 분석하여 가장 경제적이고 합리적인 표준 동작을 설정하기 위한 원칙
① 신체 사용에 관한 원칙
② 작업장 배치에 관한 원칙
③ 공구나 설비의 설계에 관한 원칙

4) 신체 사용에 관한 원칙

① 양손의 동작은 동시에 시작하고 동시에 끝내야 한다.
② 휴식시간 이외에는 양손을 동시에 쉬어서는 안된다.
③ 팔의 동작은 서로 반대의 대칭적 방향으로 이루어져야 하며 동시에 행해져야 한다.
④ 손과 몸의 동작은 일에 만족스럽게 할 수 있는 가장 단순한 동작에 한정되어야 한다.
⑤ 물체의 관성을 활용하고, 근육운동으로 작업을 수행하는 경우를 최소한으로 줄여야 한다.

③ 작업측정

방법연구(공정분석, 작업분석, 동작분석) 결과 개선된 작업내용을 토대로 그 작업을 수행하는 데 필요한 시간을 어떤 표준적 측정 여건 하에서 측정하여 불필요한 시간을 제거하고, 표준시간을 설정·유지하는데 있다.

(1) 표준시간

부과된 작업을 올바르게 수행하는 데 소요되는 시간

1) 표준시간

$$표준시간 = 정미시간 + 여유시간$$

① 외경법 : 여유율을 정미시간을 기준으로 산정하는 방식(국제기준)
$$표준시간 = 정미시간 \times (1 + 여유율)$$
② 내경법 : 여유율을 근무시간을 기준으로 산정하는 방식
$$표준시간 = 정미시간 \times \left(\frac{1}{1-여유율}\right)$$
③ 정미시간 : 작업수행에 직접 필요한 시간으로서 규칙적, 반복적으로 소요되는 시간
$$수정 정미시간 = 관측시간 \times \frac{평정치}{정상작업 페이스}$$
④ 여유시간 : 작업수행 중 불규칙적으로 발생하는 물적, 인적(생리적 욕구, 피로) 요소로 작업이 지연되는 시간

2) 정상시간

관측자가 작업 장면을 관측할 때는 요소작업의 시간치를 측정할 뿐만 아니라 요소작업별로 작업자에 대한 능률평정을 하여야 한다. 능률평정은 단순히 레이팅 또는 표준화라고도 하는데 이것은 작업자의 능률 또는 작업속도를 판정하는 것을 말한다.

(2) 표준시간 측정

1) 스톱워치(Stop Watch)법

작업자의 작업수행을 직접 관측하면서 스톱워치로 작업의 소요시간을 측정하고 이 것을 근거로 그 작업의 표준시간을 결정하는 방법으로 작업요소가 반복하여 나타나는 작업, 특히, 사이클 작업에 적용된다.
① 작업측정의 목적
  - 작업 시스템의 설계
  - 작업 시스템의 개선
  - 과업관리
② 관측대상의 결정 및 층별화
  - 기계 : 기종별, 대수별, 재공품별, 능력별, 설치 장소별, 구입 시기별 등
  - 사람 : 직무별, 숙련도별, 조별, 교체번호별, 작업장별 등
  - 제품 : 품종별, 가공의 난이도별, 크기 또는 중량별 등

③ 관측방법의 종류
- 계속시간 관측법 : 스톱워치를 도중에 정지시키지 않고 계속 관측하는 방법 (가장 많이 사용함)
- 반복시간 관측법 : 작업 측정 시작마다 스톱워치를 "0"으로 하고 완료되면 시간을 읽고 다시 "0"으로 되돌리는 방법을 반복
- 누적법 : 작업관측에 2개의 스톱워치를 사용하는 방법
- 순환법 : 작업시간이 너무 짧아서 개별적 측정이 어려울 경우 사용하는 방법

④ 스톱워치의 시간 단위 : $\dfrac{1}{100분} = 1DM$

⑤ 작업의 요소분할 이유
- 작업방법의 세부를 명확히 하기 위해
- 작업방법의 작은 변화라도 찾아 개선하기 위해
- 다른 작업에도 공통되는 요소가 있으면 비교 혹은 표준화하기 위해
- 레이팅을 보다 정확히 하기 위해

2) WS(Work Sampling)법

① 작업자·기계·설비에 관한 특정 상황을 임의의 시간 간격으로 관측·기록·정리해 그 특성을 통계적 이론에 의해 추계하는 방법을 말한다. 가동분석의 한 방법으로써 가동률이나 조업도 등의 추계에 이용된다.

② 작업 주기가 긴 작업, 비사이클 작업, 그룹작업, 간접부분의 작업 등에 활용한다.

3) 경험 견적법

작업주기가 길고 작업내용이 확실치 않고 유사작업의 경험치가 전부인 경우에 이용한다.

4) 필름분석 VTR 분석법

짧은 사이클 빈도가 높은 작업에 적합하다.

5) PTS(Predetermined Time Standard)법

모든 작업을 기본동작으로 분석하고 각 동작의 기초 시간치를 사용하여 기본동작의 소요시간을 구하고 이를 집계하여 정미시간을 구하는 간접 관찰법

① MTM(Method Time Measurement)법

기본동작의 성질과 조건에 따라 미리 정해진 시간을 적용해 작업의 정미시간을 구한다.

(MTM법의 단위 : 1TMU = 0.00001시간, 1시간 = 100000TMU)

② WF(Work Factor)법

표준시간 설정을 위해 정밀계측 시계를 이용하여 극소동작에 대한 상세한 데이터를 취하고, 움직인 거리, 사용한 신체부위, 취급물의 중량 또는 저항, 인위적 조절 등과 같은 영향을 미치는 요인들에 대해 상세한 분석과 연구를 한 결과 만족할 만한 기초적인 동작시간 공식을 작성하여 분석하는 방법

- 1WFU = 0.006초 = 0.0001분 = 0.0000017시간
- WF법의 4가지 주요변수는 신체사용 부위, 이동거리, 취급중량 또는 저항, 인위적 조건

출제예상문제

01 다음 중 가장 작은 작업구분 단위는?
① 단위작업   ② 공정
③ 요소작업   ④ 동작요소

해설 작업 크기의 구분
공정 > 단위작업 > 요소작업 > 동작요소

02 다음 중 방법연구에 해당하지 않는 것은?
① 연합작업분석   ② 동작분석
③ 표준자료법   ④ 공정분석

해설 방법연구에 이용되는 수법에는 연합 작업분석, 동작분석, 공정분석이 있다.

03 작업 크기 구분에서 개개의 단위로 보통 1분 이상의 길이를 가진 작업은?
① 단위작업   ② 공정
③ 요소작업   ④ 동작요소

해설 단위작업은 하나로 통합된 작업을 세부단위로 분해하여 가장 작은 단위의 작업

04 작업분석에 있어서 요소작업에 대한 효과적인 개선활동을 위한 원리 중 ECRS의 내용에 맞지 않는?
① E : Eliminate(배제)
② C : Combine(결합)
③ R : Repair(보수)
④ S : Simplify(단순화)

해설 R : Rearrangement(재배열)

05 작업연구의 기능이라고 볼 수 없는 것은?
① 자재의 적정 재고량 결정
② 표준시간의 결정
③ 생산성의 측정
④ 작업표준의 설정

해설 작업연구는 기업이 생산과정에서 일정한 품질과 제품의 수량을 경제적으로 생산하기 위하여, 생산에 필요한 작업·공정 등에 관하여 주로 실제로 작업하는 종사자를 주체로 조사·연구하는 일

06 작업과 관련된 인간의 신체동작과 눈의 움직임을 분석하여 불필요한 동작을 제거하고 가장 합리적인 작업방법을 연구하는 기법은?
① 공정분석   ② 동작연구
③ 연합작업분석   ④ 표준자료법

해설 동작연구란 작업동작을 최소의 요소단위로 분해하여, 그 각 단위의 변이를 측정해서 불필요한 동작을 제거하고 가장 합리적인 표준작업방법을 알아내기 위한 연구로써, 시동연구라고도 한다.

07 연합작업분석의 종류에 속하지 않는 것은?
① 인간 – 기계분석표
② 조 – 작업 분석표
③ 조 – 기계분석표
④ 조 – 인간분석표

해설 연합 작업 분석의 종류
① 인간–기계 분석표
② 조–작업 분석표
③ 조–기계 분석표

정답 1. ④ 2. ③ 3. ① 4. ③ 5. ① 6. ② 7. ④

08 다음 중 『부하 < 능력』일 때의 상황은?
① 외주를 준다.
② 공정대기가 발생한다.
③ 기계나 작업원을 늘린다.
④ 기계나 작업원을 쉬게 한다.

해설 작업 공정의 여유가 있는 상황으로 기계나 작업원을 쉬게 한다.

09 생산라인 평형분석에서 애로공정이란?
① 가장 작은 부하량을 가진 공정
② 가장 큰 여력이 있는 공정
③ 가장 작은 애로가 존재하는 공정
④ 가장 큰 작업량을 가진 공정

해설 하나의 생산라인으로 연결하여 생산할 경우 가장 시간이 많이 걸리는 공정에 의해 생산속도가 결정된다. 이렇게 시간이 많이 걸리는 공정을 애로공정이라 하며 공정의 능률을 좌우한다.

10 배치의 원칙에 해당하지 않는 것은?
① 총합의 원칙
② 유동의 원칙
③ 입체의 원칙
④ 물류와 재고의 원칙

해설 배치의 원칙
① 총합의 원칙   ② 단거리의 원칙
③ 유동의 원칙   ④ 입체의 원칙

11 재료가 출고되고 제품으로 출하되기까지의 공정계획을 체계적으로 도표를 작성하여 분석하는 방법은?
① 공정분석   ② 작업분석
③ Therblig 분석   ④ 동작분석

해설 공정분석은 재료가 가공되어 제품으로 될 때까지의 과정을 가공·운반·정체·검사 4개의 상태로 나누어서 그것들이 제작 과정에서 어떻게 연속하고 있는지를 조사하는 작업

12 원재료 및 부품이 공정에 투입되는 점 및 모든 작업과 검사의 계열을 표현한 도표는?
① 작업공정도   ② 흐름공정도
③ Therblig   ④ 공정도

해설 작업공정도는 원재료 및 부품이 공정에 투입되는 점 및 모든 작업과 검사의 계열을 표현한 도표

13 공정분석에서 사용하는 주된 분석기법이 아닌 것은?
① 사무 공정분석
② 작업자 공정분석
③ 제품 공정분석
④ 동작 공정분석

해설 공정분석 종류로는 제품공정분석, 사무공정분석, 작업자 공정분석이 있다.

14 최소의 피로로써 최대의 효과를 얻기 위한 법칙은?
① 만족감의 법칙
② 총합의 법칙
③ 동작경제의 원칙
④ 융통성의 원칙

해설 동작경제의 원칙이란 신체, 배치, 디자인 등으로 3가지 분야에 대하여 작업동작을 최적화, 최소화시키기 위한 원칙

정답 8. ④ 9. ④ 10. ④ 11. ① 12. ① 13. ④ 14. ③

15 작업측정의 관측대상의 결정 및 층별화가 아닌 것은?
① 기계　　② 사람
③ 제품　　④ 공정

해설 관측대상의 결정 및 층별화
　　① 기계　② 사람　③ 제품

16 흐름작업을 편성하는 공정계열 중 최종 공정에서 완성품이 나오는 시간간격은?
① 정미시간　　② 표준시간
③ 통제시간　　④ 피치타임

해설 피치타임은 일관작업에서 물품과 물품과의 시간적 간격을 말하며, 인텍스 타임, 택트 타임이라고도 한다.

17 한 사람의 작업자가 동시에 여러 기계를 담당하는 시간을 무엇이라 하는가?
① 관리여유　　② 기계간섭여유
③ 기계간섭시간　　④ 장려여유

해설 기계 간섭 시간은 한 사람의 작업자가 동시에 여러 기계를 담당할 때 기계가 공회전 또는 정지한 시간

18 피로의 발생 원인이 아닌 것은?
① 작업강도에 의한 피로
② 환경에 의한 피로
③ 육체적 근육노동에 의한 피로
④ 장기간 휴식에 의한 피로

해설 작업시간의 경과에 따라 작업 능률이 저하되는 것을 회복하기 위한 여유가 필요하며 작업강도, 작업조건, 육체적, 정신적 조건, 작업환경 등이 피로의 원인이 된다.

19 작업속도에 가장 영향을 미치는 요소는?
① 작업의 착실성　　② 노력도
③ 작업조건　　④ 숙련도

해설 작업속도의 변동요인(평준계수)으로는 숙련도, 노력도, 환경조건, 일치성 등이 있으며 작업속도에 가장 영향을 미치는 것은 숙련도이다.

20 대상 작업의 기본적인 내용으로써 규칙적, 주기적으로 반복되는 작업 부분의 시간은?
① 준비시간　　② 여유시간
③ 정미시간　　④ 표준시간

해설 정미시간은 작업수행에 직접 필요한 시간으로 시작부터 완료까지의 시간에서 고장 및 조정, 교체, 휴식 등의 정지시간을 제외한 시간

21 정미시간이 아닌 것은?
① 주요시간 + 부수시간
② 가공시간 + 중간시간
③ 실동시간 + 수대기시간
④ 주요시간 + 중간시간

해설 정미시간은 작업수행에 직접 필요한 시간

22 표준시간 측정방법 중 PTS법이란?
① 작업측정에 통계적 기법을 사용한다.
② 컴퓨터를 이용하여 작업측정을 하는 방법이다.
③ Planning-training & system의 약자이다.
④ 기본동작에 소요되는 시간에 미리 작성된 시간치를 적용하여 개개의 작업시간을 합산하는 방법

정답 15. ④　16. ④　17. ③　18. ④　19. ④　20. ③　21. ④　22. ④

해설 PTS법은 인간이 행하는 모든 작업을 구성하는 기본동작으로 분해하여 각 기본동작에 대해 그 동작의 성질과 조건에 따라 미리 정해진 시간치를 적용하는 수법

23 동일종류에 속하는 과업의 작업내용을 정수, 변수요소로 분류하여 작업측정요인과 시간치와의 관계를 해석하여 표준시간을 구하는 방법은?

① VTR 분석
② PTS법
③ 표준자료법
④ 경험 견적법

해설 표준자료법은 동일 종류에 속하는 과업의 작업내용을 정수 요소와 변수 요소로 나누어 미리 그 작업을 측정하여 변동요인과 시간치의 관계를 해석하고 시간공식 또는 시간자료를 만들어 개개 작업시간을 설정할 때 그때마다 측정하지 않고 그 자료를 사용하여 표준시간을 측정하는 방법

24 통계적 추론을 이용하기 위하여 사람과 기계의 움직임을 순간적으로 관측하여 작업량을 측정하는 방법은?

① 표준시간
② PTS법
③ 워크샘플링
④ 스톱워치법

해설 WS법은 작업자·기계·설비에 관한 특정 상황을 임의의 시간 간격으로 관측·기록·정리해 그 특성을 통계적 이론에 의해 추계하는 방법을 말한다. 가동분석의 한 방법으로써 가동률이나 조업도 등의 추계에 이용된다.
작업 주기가 긴 작업, 비 사이클 작업, 그룹작업, 간접부분의 작업 등에 활용한다.

25 작업측정 기법으로 볼 수 없는 것은?

① 의견법
② PTS법
③ 워크샘플링법
④ 시간연구법

해설 작업측정방법에는 PTS법, 워크샘플링법, 시간연구법, 표준자료법, 경험 견적법, 필름분석 VTR 분석법, 스톱워치법, 내경법, 외경법 등이 있다.

26 스톱워치 측정방법의 1DM은?

① $\dfrac{1}{1000분}$
② $\dfrac{1}{100분}$
③ $\dfrac{1}{100초}$
④ $\dfrac{1}{1000시간}$

해설 스톱워치의 시간 단위 : $\dfrac{1}{100분} = 1DM$

27 워크팩터법의 시간단위는?

① 0.001분
② 0.0001시간
③ 0.01초
④ 3600초

해설 워크팩터법은 작업의 표준시간 설정을 위해 정밀계측시계를 이용하여 극소동작에 대한 상세 데이터를 분석한 결과를 기초적인 동작시간 공식을 작성하여 분석하는 방법

28 워크팩터법의 사용 신체부위가 아닌 것은?

① 손가락
② 몸통
③ 허리
④ 앞팔 선회

해설 워크팩터법은 표준 작업 시간을 산정하는 수법의 하나. 미리 측정 대상 작업자의 동작을 표로 하고 이 표를 바탕으로 작업 시간을 측정하여 분석하는 방법

정답 23. ③ 24. ③ 25. ① 26. ② 27. ① 28. ③

과년도 출제문제

01 작업방법 개선의 기본 4원칙을 표현한 것은? [13]
① 층별 – 랜덤 – 재배열 – 표준화
② 배제 – 결합 – 랜덤 – 표준화
③ 층별 – 랜덤 – 표준화 – 단순화
④ 배제 – 결합 – 재배열 – 단순화

해설 프로세스 차트의 개선 원칙과 작업개선에 적용되는 원칙
① 배제 ② 결합
③ 교환(재배열) ④ 간소화(단순화)

02 제품공정도를 작성할 때 사용되는 요소(명칭)가 아닌 것은? [13]
① 가공 ② 검사
③ 정체 ④ 여유

해설 가공 : ○, 검사 : □, 정체 : D, 운반 : ⇨, 저장 : ▽

03 Ralph M. Bames 교수가 제시한 동작경제의 원칙 중 작업장 배치에 관한 원칙(Arrangement of the Workplace)에 해당되지 않는 것은? [11] [18]
① 가급적이면 낙하식 운반방법을 이용한다.
② 모든 공구나 재료는 지정된 위치에 있도록 한다.
③ 충분한 조명을 하여 작업자가 잘 볼 수 있도록 한다.
④ 가급적 용이하고 자연스러운 리듬을 타고 일할 수 있도록 작업을 구성하여야 한다.

해설 동작경제의 원칙 중 작업장에 관한 원칙
• 공구와 재료를 정 위치에 둔다.
• 공구와 재료는 작업자 앞에 배치한다.
• 공구와 재료는 작업 순서대로 정리한다.
• 작업면의 높이를 적당히 한다.
• 작업면의 조도를 적당하게 한다.
• 재료의 공급, 운반 시 최대한 중력을 이용한다.

04 ASME(American Society of Mechanical Engineers)에서 정의하고 있는 제품공정 분석표에 사용되는 기호 중 "저장(Storage)"을 표현한 것은? [09] [15]
① ○ ② D
③ □ ④ ▽

해설 ○ : 가공, D : 정체, ▽ : 저장, □ : 검사

05 제품 공정분석표용 공정 도시기호 중 정체공정(Delay) 기호는 어느 것인가? [06]
① ○ ② ⇨ ③ D ④ □

해설 ○ : 가공, ⇨ : 운반, D : 정체, □ : 검사

06 제품 공정분석표에 사용되는 기호 중 공정 간의 정체를 나타내는 기호는? [04]
① □ ② ▽
③ ✡ ④ △

해설 □ : 가공하면서 양 검사
▽ : 공정 간의 대기
✡ : 작업 중 일시대기

정답 1. ④ 2. ④ 3. ④ 4. ④ 5. ③ 6. ②

07 공정 도시기호 중 공정계열의 일부를 생략할 경우에 사용되는 보조 도시 기호는? [03]

[해설] ┼ : 생략

08 서블리그(Therblig) 기호는 어떤 분석에 주로 이용되는가? [02]
① 연합작업분석   ② 공정분석
③ 동작분석   ④ 작업분석

[해설] 동작분석을 작업할 때에 발생하는 눈이나 손의 운동을 분석해서 쓸데없는 움직임을 없애고, 피로가 적은 경제적인 동작의 순서나 조합을 확립하기 위해 행해진다. 동작분석을 하려면 동작경제의 원칙이나 기본적인 동작요소를 활용해서 실시한다.

09 원재료가 제품화되어가는 과정, 즉 가공, 검사, 운반, 지연, 저장에 관한 정보를 수집하여 분석하고 검토를 행하는 것은? [05]
① 사무 공정분석표
② 작업자 공정분석표
③ 제품 공정분석표
④ 연합 작업분석표

[해설] 제품 공정분석은 소재가 제품화되는 과정을 분석, 기록하기 위한 것으로 설비계획, 일정계획, 운반계획, 인원계획, 재고계획 등의 기초 자료로 활용되는 분석기법이다.

10 컨베이어 작업과 같이 단조로운 작업은 작업자에게 무력감과 구속감을 주고 생산량에 대한 책임감을 저하시키는 등 폐단이 있다. 다음 중 이러한 단조로운 작업의 결함을 제거하기 위해 채택되는 직무설계방법으로써 가장 거리가 먼 것은? [11]
① 자율 경영팀 활동을 권장한다.
② 하나의 연속 작업시간을 길게 한다.
③ 작업자 스스로가 직무를 설계하도록 한다.
④ 직무확대, 직무 충실화 등의 방법을 활용한다.

[해설] 하나의 연속 작업시간을 길게 하면 작업자에게 무력감과 구속감을 주고 생산량에 대한 책임감을 저하시키는 문제가 있다.

11 단계여유(Slack)의 표시로 옳은 것은?(단, TE는 가장 이른 예정일, TL은 가장 늦은 예정일, TF는 총 여유시간, FF는 자유여유시간이다.) [13]
① TE-TL   ② TL-TE
③ FF-TF   ④ TE-TF

[해설] 단계여유시간(Slack Time)은 TL-TE 로 표시

12 준비 작업시간 100분, 개당 정미 작업시간 15분, 로트의 크기 20일 때 1개당 소요작업시간은 얼마인가?(단, 여유시간은 없다고 가정한다.) [12]
① 15분   ② 20분
③ 35분   ④ 45분

[해설] 표준작업시간 = 정미시간 + 여유시간
                    + 준비 작업시간

정답 7. ② 8. ③ 9. ③ 10. ② 11. ② 12. ②

$$\text{1개당 소요 작업시간} = 15분 + 0분 + \frac{100분}{20개}$$
$$= 15분 + 0분 + 5분 = 20분$$

13 테일러(F.W. Taylor)에 의해 처음 도입된 방법으로 작업시간을 직접 관측하여 표준시간을 설정하는 표준시간 설정기법은? [13]

① PTS법
② 실적자료법
③ 표준자료법
④ 스톱워치법

해설
- PTS법은 인간이 행하는 모든 작업을 구성하는 기본동작으로 분해하여 각 기본동작에 대해 그 동작의 성질과 조건에 따라 미리 정해진 시간치를 적용하는 수법으로 MTM법과 WF법 등이 있으며 짧은 사이클 작업에 최적으로 적용된다.
- 워크샘플링법은 통계적 수법을 이용하여 작업자 또는 기계의 작업 상태를 파악하는 방법
- 스톱워치법은 작업자의 작업수행을 직접 관측하면서 스톱워치로 작업의 소요시간을 측정하고 이것을 근거로 그 작업의 표준시간을 결정하는 방법으로 작업요소가 반복하여 나타나는 작업, 특히, 사이클 작업에 적용된다.

14 모든 작업을 기본동작으로 분해하고 각 기본동작에 대하여 성질과 조건에 따라 정해 놓은 시간치를 적용하여 정미시간을 산정하는 방법은? [02] [08]

① PTS법   ② WS법
③ 스톱워치법   ④ 실적기록법

해설 PTS법은 인간이 행하는 모든 작업을 구성하는 기본동작으로 분해하여 각 기본동작에 대해 그 동작의 성질과 조건에 따라 미리 정해진 시간치를 적용하는 수법

15 다음 중에서 작업자에 대한 심리적 영향을 가장 많이 주는 작업측정 기법은? [05]

① PTS법
② 워크샘플링법
③ WF법
④ 스톱워치법

해설 스톱워치법은 작업자의 작업수행을 직접 관측하면서 스톱워치로 작업의 소요시간을 측정하고 이것을 근거로 그 작업의 표준시간을 결정하는 방법으로 작업요소가 반복하여 나타나는 작업, 특히, 사이클 작업에 적용되며 측정할 때 작업자에게 심리적으로 영향을 주게 되는 단점이 있다.

16 작업시간 측정방법 중 직접측정법은? [12]

① PTS법
② 경험견적법
③ 표준자료법
④ 스톱워치법

해설 스톱워치법은 작업자의 작업수행을 직접 관측하면서 스톱워치로 작업의 소요시간을 측정하고 이것을 근거로 그 작업의 표준시간을 결정하는 방법

17 표준시간을 내경법으로 구하는 수식은? [06] [17]

① 표준시간 = 정미시간 + 여유시간
② 표준시간 = 정미시간 × (1 + 여유율)
③ 표준시간 = 정미시간 × $\left(\frac{1}{1-여유율}\right)$
④ 표준시간 = 정미시간 × $\left(\frac{1}{1+여유율}\right)$

해설 내경법 – 표준시간 = 정미시간 × $\left(\frac{1}{1-여유율}\right)$
외경법 – 표준시간 = 정미시간 × (1 + 여유율)

정답 13. ④ 14. ① 15. ④ 16. ④ 17. ③

18 준비 작업시간이 5분, 정미 작업시간이 20분, Lot 수 5, 주 작업에 대한 여유율이 0.2라면 가공시간은? [02]
① 150분　② 145분
③ 125분　④ 105분

해설 • 내경법
표준시간 = 정미시간 $\times (\dfrac{1}{1-여유율})$
$= 20 \times (\dfrac{1}{1-0.2}) = 25$분
가공시간 = 표준시간 × 로트 수 = 25 × 5
= 125분

19 로트 수가 10 이고 준비 작업시간이 20분이며 로트 별 정미시간이 60분이라면 1로트당 작업시간은? [04]
① 90분　② 62분
③ 26분　④ 13분

해설 • 외경법
표준시간 = 정미시간 × (1 + 여유율)
$= 60 \times (1 + \dfrac{20}{60 \times 10}) = 62$분

20 여유시간이 5분, 정미시간이 40분일 경우 내경법으로 여유율을 구하면 약 몇 [%]인가? [12]
① 6.33[%]　② 9.05[%]
③ 11.11[%]　④ 12.06[%]

해설 내경법의 여유율(A)
$= \dfrac{여유시간(AT)}{정미시간(NT) + 여유시간(AT)}$
$= \dfrac{5}{40+5} = 0.1111 = 11.11[\%]$

21 다음 중 인위적 조절이 필요한 상황에 사용될 수 있는 워크팩터(Work Factor)의 기호가 아닌 것은? [10]
① D　② K
③ P　④ S

해설 워크팩터법은 작업의 표준시간 설정을 위해 정밀계측시계를 이용하여 극소동작에 대한 상세 데이터를 분석한 결과를 기초적인 동작시간 공식을 작성하여 분석하는 방법으로 동작의 곤란성 표기로는 방향조절(S), 주의(P), 방향변경(U), 일시정지(D) 등이 있다.

22 근래 인간공학이 여러 분야에서 크게 기여하고 있다. 다음 중 어느 단계에서 인간공학적 지식이 고려됨으로서 기업에 가장 큰 이익을 줄 수 있는가? [14]
① 제품의 개발단계
② 제품의 구매단계
③ 제품의 사용단계
④ 작업자의 채용단계

해설 인간공학적 검토는 제품의 개발단계에서 기업에 가장 큰 이익을 줄 수 있다.

정답 18. ③　19. ②　20. ③　21. ②　22. ①

… 같은 방향으로 직렬 연결했으므로
$L_0 = L_1 + L_2 + 2M = 2L + 2 \times 0.5L = 3L$

2011년 제49회 출제문제

바뀐 출제기준에 따라 삭제된 문제가 있어서 60문항이 안됩니다.

01 단로기의 사용상 목적으로 가장 적합한 것은?
① 무부하 회로의 개폐
② 부하 전류의 개폐
③ 고장 전류의 차단
④ 3상 동시 개폐

해설 단로기는 송전선이나 변전소 등에서 차단기를 개방한 무부하 상태에서 주회로의 접속을 변경하기 위해 회로를 개폐하는 장치이다.

02 어떤 회로소자에 $e = 250\sin 377t$ [V]의 교류전압을 인가했더니 $i = 50\sin 377t$ [A]의 전류가 흘렀다면 이 회로의 소자는?
① 용량 리액턴스   ② 유도 리액턴스
③ 순저항   ④ 다이오드

해설 전압과 전류의 위상이 같으므로 부하는 순저항 소자이다.

03 같은 철심 위에 동일한 권수로 자체 인덕턴스 L[H]의 코일 두 개를 접근해서 감고 이것을 같은 방향으로 직렬 연결할 때 합성 인덕턴스[H]는?(단, 두 코일의 결합계수는 0.5이다.)
① L   ② 2L
③ 3L   ④ 4L

해설 합성 인덕턴스 $L_0 = L_1 + L_2 \pm 2M$
같은 철심 위에 동일한 권수이므로 $L_1 = L_2$
상호 인덕턴스 $M = k\sqrt{L_1 L_2} = 0.5\sqrt{L^2} = 0.5L$

04 변압기의 병렬운전의 조건에 대한 설명으로 잘못된 것은?
① 극성이 같아야 한다.
② 권수비, 1차 및 2차의 정격전압이 같아야 한다.
③ 각 변압기의 임피던스가 정격용량에 비례한다.
④ 각 변압기의 저항과 누설 리액턴스비가 같아야 한다.

해설 병렬운전 조건
• 권수비가 같고 1, 2차 정격 전압이 같을 것
• 극성이 같을 것
• 내부저항과 누설 리액턴스의 비가 같을 것
• % 임피던스가 같을 것

05 3상 유도전동기를 불평형 전압으로 운전하는 경우 ㉠ 토크와 ㉡ 입력은?
① ㉠ 증가, ㉡ 감소
② ㉠ 감소, ㉡ 증가
③ ㉠ 증가, ㉡ 증가
④ ㉠ 감소, ㉡ 감소

해설 3상 유도전동기의 단자전압은 전압 불평형의 정도가 커지면 불평형 전류가 증가하지만 전동기 출력은 감소되고 동손이 커지며 전동기의 상승 온도가 높아진다. 전압 불평형이 큰 경우는 전동기에 가한 전압이 단상이 되며 이것은 전원 스위치의 접속불량, 퓨즈 1선의 용단 또는 전동기 구출선이 끊어진 경우 등에 일어나는 현상이다.

정답 1.① 2.③ 3.③ 4.③ 5.②

06 저압 연접 인입선의 시설에 대한 설명으로 잘못된 것은?

① 인입선에서 분기하는 점으로부터 100[m]를 넘지 않아야 한다.
② 폭 5[m]를 초과하는 도로를 횡단하지 않아야 한다.
③ 옥내를 통과하지 않아야 한다.
④ 도로를 횡단하는 경우 높이는 노면상 5[m]를 넘지 않아야 한다.

해설 저압 연접 인입선은 폭 5[m]를 초과하는 도로를 횡단하지 않아야 하며 횡단하는 경우 노면상 5[m] 이상으로 시설해야 한다.

07 동기주파수 변환기를 사용하여 4극의 동기 전동기에 60[Hz]를 공급하면, 8극의 동기 발전기에는 몇 [Hz]의 주파수를 얻을 수 있는가?

① 15[Hz] ② 120[Hz]
③ 180[Hz] ④ 240[Hz]

해설 4극의 동기속도
$$N_s = \frac{120f}{p} = \frac{120 \times 60}{4} = 1800[\text{rpm}]$$
4극 동기전동기와 8극 동기발전기는 동기속도가 같아야 한다.
8극 동기발전기의 주파수
$$f = \frac{N_s \times p}{120} = \frac{1800 \times 8}{120} = 120[\text{Hz}]$$

08 전선의 접속법에 대한 설명으로 잘못된 것은?

① 접속 부분은 접속 슬리브, 전선 접속기를 사용하여 접속한다.
② 접속부는 전선의 강도(인장하중)를 20[%] 이상 유지한다.
③ 접속 부분은 절연전선의 절연물과 동등 이상의 절연효력이 있는 것으로 충분히 피복한다.
④ 전기 화학적 성질의 다른 도체를 접속하는 경우에는 접속 부분에 전기적 부식이 생기지 않도록 하여야 한다.

해설 접속부위의 기계적 강도를 20[%] 이상 감소 (80[%] 이상 유지)시키지 않는다.

09 그림과 같은 타임차트의 기능을 갖는 논리 게이트는?

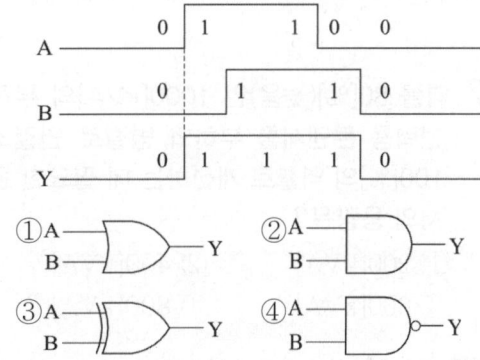

해설 입력 A와 B가 모두 0이면 출력이 0이고 하나라도 1이면 출력이 1인 회로는 OR회로이다.

10 1[C]의 전기량은 약 몇 개의 전자의 이동으로 발생하는가?(단, 전자 1개의 전기량은 1.602×10^{-19}[C]이다.)

① 8.855×10^{-12} ② 6.33×10^4
③ 9×10^9 ④ 6.24×10^{18}

해설 전자 1개의 전하량 $e = 1.602 \times 10^{-19}$[C]이므로 1[C]의 전하의 개수는
$$\frac{1}{1.602 \times 10^{-19}} = 6.24 \times 10^{18}[\text{개}]$$
의 전자의 과부족으로 생기는 전하의 전기량이다.

정답 6. ④ 7. ② 8. ② 9. ① 10. ④

11 금속관 배선에서 관의 굴곡에 관한 사항이다. 금속관의 굴곡개소가 많은 경우에는 어떻게 하는 것이 바람직한가?

① 링 리듀서를 사용한다.
② 풀박스를 설치한다.
③ 덕트를 설치한다.
④ 행거를 3[m] 간격으로 지지한다.

해설 아울렛 박스 사이 또는 전선 인입구를 가지는 기구 사이의 금속관은 3개소를 초과하는 직각 또는 직각에 가까운 굴곡개소를 만들어서는 안 되며 굴곡개소가 많은 경우 길이가 30[m]를 초과하는 경우에는 풀박스를 설치하는 것이 바람직하다.

12 역률 80[%](늦음)인 1000[kVA]의 부하에 전력용 콘덴서를 부하와 병렬로 연결하여 100[%]의 역률로 개선하는 데 필요한 콘덴서의 용량은?

① 200[kVA] ② 400[kVA]
③ 600[kVA] ④ 800[kVA]

해설 $Q = P(\tan\theta_1 - \tan\theta_2)[\text{kVA}]$에서
$Q = 1000 \times 0.8 \tan(\cos^{-1}0.8) - \tan(\cos^{-1}1.0)$
$= 600[\text{kVA}]$

13 병렬운전하고 있는 동기 발전기에서 부하가 급변하면 발전기는 동기 화력에 의하여 새로운 부하에 대응하는 속도에 이르지 않고 새로운 속도를 중심으로 전후로 진동을 반복하는데 이러한 현상은?

① 난조
② 플러깅
③ 비례추이
④ 탈조

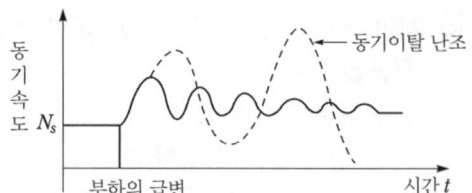

해설 동기기가 부하각 델타에서 정상적으로 운전 중에 부하가 갑자기 변동하게 되면 부하토크와 전기자를 발생시키는 토크간 평형이 깨져서 새로운 부하각 델타로 이동하려고 하게 되는데 이 때 회전자 관성에 의해 새로운 부하각 중심으로 주기적으로 진동이 계속 증대하는 현상(난조)으로 정도가 심해지면 동기 운전을 이탈하게 되는데, 이것을 동기이탈(탈조)이라 한다.

14 도전율이 큰 것부터 작은 것의 순으로 나열된 것은?

① 금 > 은 > 구리 > 수은
② 은 > 구리 > 금 > 수은
③ 금 > 구리 > 은 > 수은
④ 은 > 구리 > 수은 > 금

해설 은 기준 % 도전율은 은 100[%], 구리 94[%], 금 67[%], 수은 1.69[%]

15 실리콘 정류기의 동작 시 최고 허용온도를 제한하는 가장 주된 이유는?

① 브레이크 오버(Break Over) 전압의 상승 방지
② 브레이크 오버(Break Over) 전압의 저하 방지
③ 역방향 누설전류의 감소 방지
④ 정격 순 전류의 저하 방지

해설 실리콘 정류기의 동작 시 최고 허용온도를 제한하는 가장 주된 이유는 브레이크 오버 전압의 저하 방지를 위함이다.

정답 11. ② 12. ③ 13. ① 14. ② 15. ②

16 금속 덕트 공사 시 조영재에 붙이는 경우 덕트의 지지점 간의 거리[m]는 얼마 이하로 하여야 하는가?

① 2[m]　　② 3[m]
③ 4[m]　　④ 5[m]

해설 금속 덕트의 지지점 간격은 수평 3[m] 이하, 수직 6[m] 이하로 한다.

17 3상 유도전동기가 입력 60[kW], 고정자 철손 1[kW]일 때 슬립 5[%]로 회전하고 있다면 기계적 출력은?

① 약 56[kW]　　② 약 59[kW]
③ 약 64[kW]　　④ 약 69[kW]

해설 2차 입력
P_2 = 입력 - 고정자 철손 = 60 - 1 = 59[kW]
P_2(2차 입력) : P_o(기계적 출력) = 1 : 1 - s
$P_o = (1-s) \times P_2 = (1-0.05) \times 59$
　　 = 56.05[kW]

18 4극 1500[rpm]의 동기 발전기와 병렬 운전하는 24극 동기발전기의 회전수[rpm]는?

① 50[rpm]　　② 250[rpm]
③ 1500[rpm]　　④ 3600[rpm]

해설 $N_s = \dfrac{120f}{P}$[rpm]에서
$f = \dfrac{1500 \times 4}{120} = 50$[Hz]
$\therefore N_s = \dfrac{120 \times 50}{24} = 250$[rpm]

19 동기발전기에서 여자기(Exciter)란?

① 계자권선에 여자전류를 공급하는 직류전원 공급장치
② 정류 개선을 위하여 사용되는 브러시 이동장치
③ 속도 조정을 위하여 사용되는 속도 조정장치
④ 부하 조정을 위하여 사용되는 부하 분담장치

해설 여자기는 주발전기 또는 주전동기의 계자권선에 여자전류를 공급하기 위한 별개의 발전기

20 변압기에 콘서베이터(Conservator)를 설치하는 목적은?

① 절연유의 열화 방지
② 누설리액턴스 감소
③ 코로나현상 방지
④ 냉각효과 증진을 위한 강제통풍

해설 유입 변압기에서는 오일이 공기에 접촉하면 열화하므로 이것을 방지하기 위하여 외함 상부에 콘서베이터라고 하는 작은 용적의 원통형 용기를 두고, 이것을 외함에 연결하여 외함 안에는 공기가 존재하지 않게 한다. 이로써 오일이 공기에 접촉하는 표면적이 작아지고 또 호흡작용으로 공기가 직접 변압기 외함 내로 출입하지 않으므로 오일의 열화를 방지할 수 있다.

21 전계 중에 단위 점전하를 높였을 때, 그 단위 점전하에 작용하는 힘을 그 점에 대한 무엇이라고 하는가?

① 전위　　② 전위차
③ 전계의 세기　　④ 변위전류

정답 16. ② 17. ① 18. ② 19. ① 20. ① 21. ③

해설 전계의 세기는 전계 내에 단위 정전하 +1[C] 당 작용하는 힘[N/C]으로 나타내고 수직 단면을 통과하는 전기력선 밀도[개/m^2], 전위를 거리로 미분해서 마이너스(-) 부호를 붙여 정의하는 방법[V/m] 등이 있다.

22 표와 같은 반감산기의 진리표에 대한 출력 함수는?

입력		출력	
A	B	D	B_0
0	0	0	0
0	1	1	1
1	0	1	0
1	1	0	0

① $D = \overline{A} \cdot B + A \cdot B$, $B_0 = \overline{A} \cdot B$
② $D = \overline{A} \cdot B + A \cdot \overline{B}$, $B_0 = \overline{A} \cdot B$
③ $D = \overline{A} \cdot B + A \cdot \overline{B}$, $B_0 = A \cdot \overline{B}$
④ $D = \overline{A} \cdot B + A \cdot B$, $B_0 = \overline{A} \cdot \overline{B}$

해설 $D(차) = \overline{A} \cdot B + A \cdot \overline{B}$, B_0(자리 빌림 수)
$= \overline{A} \cdot B$

23 SCR의 턴 온 시 10[A]의 전류가 흐를 때 게이트 전류를 1/2로 줄이면 SCR의 전류는?

① 5[A]   ② 10[A]
③ 20[A] ④ 40[A]

해설 SCR은 점호능력은 있으나 자기 소호능력이 없으므로 주전류를 유지전류 이하 또는 애노드, 캐소드 간에 역전압을 인가하여 소호시킨다.
게이트 전류를 1/2로 줄여도 소호되지 않으므로 애노드와 캐소드 사이에는 10[A]가 그대로 흐른다.

24 멀티플렉서(MUX, Multiplexer)란?

① n비트의 2진수를 입력하여 최대 2^n비트로 구성된 정보를 출력하는 조합 논리회로이다.
② 2^n비트로 구성된 정보를 입력하여 n비트의 2진수를 출력하는 조합 논리회로이다.
③ 여러 개의 입력선 중에서 하나를 선택하여 단일 출력선으로 연결하는 조합 논리회로이다.
④ 하나의 입력선으로부터 정보를 받아 여러 개의 출력단자의 출력선으로 정보를 출력하는 회로이다.

해설 멀티플렉서는 여러 개의 입력선 중에서 하나를 선택하여 단일 출력선에 연결하는 조합 논리회로이며 많은 입력선 중에 하나를 선택하여 출력하기 때문에 데이터 선택기라고도 한다.

25 3상 발전기의 전기자 권선에 Y결선을 채택하는 이유로 볼 수 없는 것은?

① 중성점 접지에 의한 이상 전압 방지의 대책이 쉽다.
② 발전기 출력을 더욱 증대할 수 있다.
③ 상전압이 낮기 때문에 코로나, 열화 등이 적다.
④ 권선의 불균형 및 제3고조파 등에 의한 순환전류가 흐르지 않는다.

해설 3상 발전기의 전기자 권선에 Y결선을 채택하면 △결선에 비해 상전압이 $\frac{1}{\sqrt{3}}$ 배이므로 권선의 절연이 쉬워지고 선간 전압에 제3고조파가 나타나지 않아 순환전류가 흐르지 않으며 중성점 접지로 지락 사고 시 보호계전 방식이 간단해지고 코로나 발생률이 적다.

26 동기전동기의 특성에 대한 설명으로 잘못된 것은?
① 기동토크가 작다.
② 여자기가 필요하다.
③ 난조가 일어나기 쉽다.
④ 역률을 조정할 수 없다.

해설 [동기전동기의 특징]
- 효율이 좋고 정속도 전동기이며 역률 1, 또는 앞선 역률, 뒤진 역률로 운전할 수 있다.
- 공극이 넓어 기계적으로 튼튼하고 보수가 용이하다.
- 직류 여자 장치가 필요하고 기동 토크를 얻기가 곤란하며 난조가 일어나기 쉽다.

27 실지수가 높을수록 조명률이 높아진다. 방의 크기가 가로 9[m], 세로 6[m]이고, 광원의 높이는 작업면에서 3[m]인 경우 이 방의 실지수(방지수)는?
① 0.2   ② 1.2
③ 18   ④ 27

해설 실지수 $= \dfrac{X \cdot Y}{H(X+Y)} = \dfrac{9 \times 6}{3 \times (9+6)} = 1.2$

28 욕실 등 인체가 물에 젖어 있는 상태에서 물을 사용하는 장소에 콘센트를 시설하는 경우에는 인체감전보호용 누전차단기가 부착된 콘센트나 절연변압기로 보호된 전로에 접속하여야 한다. 여기서 절연변압기의 정격용량은 얼마 이하인 것에 한하는가?
① 2[kVA]   ② 3[kVA]
③ 4[kVA]   ④ 5[kVA]

해설 인체감전보호용누전차단기(정격감도전류 15[mA] 이하, 동작시간 0.03초 이하) 또는 절연변압기(정격용량 3[kVA] 이하)로 보호된 전로에 콘센트를 시설하여야 한다.

29 그림과 같은 회로에서 위상각 $\theta = 60°$의 유도부하에 대해 점호각 α를 0°에서 180°까지 가감하는 경우에 전류가 연속되는 α의 각도는 몇 [°]까지인가?

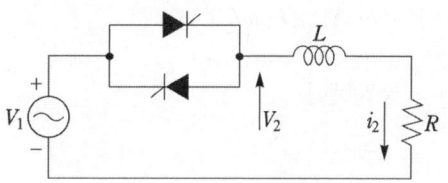

① 30°   ② 45°
③ 60°   ④ 90°

해설 단상 전파 정류회로의 유도성 부하
$V_d = 0.9 V \cos\alpha = 0.9 V \cos 60° = 0.45 V$에서
$\alpha = 60°$

30 파형률과 파고율이 같고 그 값이 1인 파형은?
① 사인파   ② 구형파
③ 삼각파   ④ 고조파

해설 구형파는 실효값과 평균값이 모두 최댓값과 같으므로 파형률과 파고율이 모두 1이다.

구분	파형	최댓값	실효값	평균값	파고율	파형률
정현파		A	$\dfrac{A}{\sqrt{2}}$	$\dfrac{2}{\pi}A$	1.414	1.11
삼각파 (톱니파)		A	$\dfrac{A}{\sqrt{3}}$	$\dfrac{A}{2}$	1.732	1.15
구형파		A	A	A	1	1

정답 26. ④ 27. ② 28. ② 29. ③ 30. ②

31 53[mH]의 코일에 $10\sqrt{2}\sin 377t$[A]의 전류를 흘리려면 인가해야 할 전압은?

① 약 60[V]
② 약 200[V]
③ 약 530[V]
④ 약 $530\sqrt{2}$[V]

해설 $I = \dfrac{V}{X_L} = \dfrac{V}{2\pi f L} = \dfrac{V}{\omega L}$,
$V = I \cdot X_L = I \cdot \omega L$
$= 10 \times 377 \times 53 \times 10^{-3}$
$\fallingdotseq 200$[V]

32 사이클로 컨버터에 대한 설명으로 옳은 것은?

① 교류 전력의 주파수를 변환하는 장치이다.
② 직류 전력을 교류 전력으로 변환하는 장치이다.
③ 교류 전력을 직류 전력으로 변환하는 장치이다.
④ 직류 전력 및 교류 전력을 변성하는 장치이다.

해설 교류 입력의 주파수와 전압을 바꾸어 주는 교류-교류 전력제어 장치이며 입력 전원보다 낮은 주파수의 교류로 변환시키므로 주파수 변환장치라고도 한다.

33 버스덕트 배선에 사용되는 버스덕트의 종류가 아닌 것은?

① 피더 버스덕트
② 플러그인 버스덕트
③ 탭붙이 버스덕트
④ 플로워 버스덕트

해설 [버스덕트의 종류]
• 피더 버스덕트
• 플러그인 버스덕트
• 트롤리 버스덕트
• 트랜스포지션 버스덕트
• 익스펜션 버스덕트
• 탭 붙이 버스덕트

34 저압전기설비에서 적용되고 있는 용어 중 "사람이나 동물이 도전성 부위를 접촉하지 않은 경우 동시에 접근 가능한 전선 간 전압"을 무엇이라 하는가?

① 예상 접촉전압
② 공칭전압
③ 스트레스전압
④ 예상 감전전압

35 정전압 전원장치로 가장 이상적인 조건은?

① 내부 저항이 무한대이다.
② 내부 저항이 0이다.
③ 외부 저항이 무한대이다.
④ 외부 저항이 0이다.

해설 이상적인 전압원의 내부저항은 0, 전류원의 내부저항은 ∞이다.

36 폭 20[m] 도로의 양쪽에 간격 10[m]를 두고 대칭배열(맞보기 배열)로 가로등이 점등되어 있다. 한 등 당의 전광속이 4000[lm], 조명률 45[%]일 때 도로의 평균조도는?

① 9[lx]   ② 17[lx]
③ 18[lx]   ④ 19[lx]

해설 가로등 1등 당 면적 $A = 10 \times 10 = 100$[m²], 조명률 0.45, 감광보상률 1로 계산하면

정답 31. ② 32. ① 33. ④ 34. ① 35. ② 36. ③

$$E = \frac{NFU}{AD} = \frac{1 \times 4000 \times 0.45}{10 \times 10 \times 1} = 18 [\text{lx}]$$

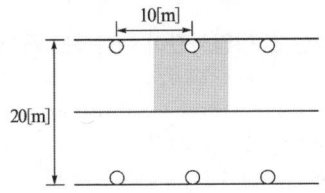

37 다이액(DIAC, Diode AC Switch)에 대한 설명으로 잘못된 것은?
① 트리거 펄스 전압은 약 6~10[V] 정도가 된다.
② 트라이액 등의 트리거 용도로 사용된다.
③ 역저지 4극 사이리스터이다.
④ 양방향으로 대칭적인 부성저항을 나타낸다.

해설 다이액은 2단자의 교류 스위칭 소자로 교류 전원으로부터 트리거 펄스를 얻는 회로에 사용되며 트리거 다이오드라고도 한다. 일반 다이오드와 달리 쌍방향성으로 교류 전원을 한 순간만 도통시켜 트리거 펄스를 만들며 간단하고 값이 싸기 때문에 가정용 전화, SCR이나 트라이액의 트리거용으로 사용된다.

38 권수비 30인 단상변압기가 전 부하에서 2차 전압이 115[V], 전압변동률이 2[%]라 한다. 1차 단자전압은?
① 3381[V] ② 3450[V]
③ 3519[V] ④ 3588[V]

해설 $\epsilon = \frac{V_{20} - V_{2n}}{V_{2n}} \times 100[\%]$에서
$V_{20} = 115 \times 0.02 + 115 = 117.3[V]$
$a = \frac{N_1}{N_2} = \frac{V_1}{V_2} = \frac{I_2}{I_1}$이므로
$30 = \frac{V_1}{117.3}$에서 V_1을 구하면
∴ $V_1 = 3519[V]$이다.

39 직류직권 전동기의 토크를 τ라 할 때 회전수를 1/2로 줄이면 토크는?
① $\frac{1}{2}\tau$ ② $\frac{1}{4}\tau$
③ 2τ ④ 4τ

해설 $\tau \propto I_a^2$ 이므로 $\tau \propto \frac{1}{N^2}$ 이며
$\tau' = \frac{1}{(\frac{1}{2})^2}\tau = 4\tau$

40 다선식 옥내배선인 경우 중성선(N상)의 표시로 옳은 것은?
① 흑색   ② 백색
③ 녹색   ④ 청색

해설 다선식 옥내배선에서 전선의 색상은 L1(갈색), L2(흑색), L3(회색), N상(청색), 접지선은 (녹색-노란색)을 사용한다.

41 DC 12[V]의 전압을 측정하려고 10[V]용 전압계 ⓐ와 ⓑ 두 개를 직렬로 연결하였다. 이 때 전압계 ⓐ의 지시값은?(단, 전압계 ⓐ의 내부저항은 8[kΩ]이고, ⓑ의 내부저항은 4[kΩ]이다.)
① 4[V]   ② 6[V]
③ 8[V]   ④ 10[V]

해설 전압계를 직렬 연결한 회로에서 전압은 저항에 비례하여 분배되므로
$$V_A = \frac{R_1}{R_1 + R_2} \times V = \frac{8}{8+4} \times 12 = 8[V]$$

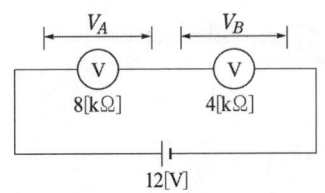

정답 37. ③ 38. ③ 39. ④ 40. ④ 41. ③

42 전기 분해에 관한 패러데이의 법칙에서 전기분해 시 전기량이 일정하면 전극에서 석출되는 물질의 양은?
① 원자가에 비례한다.
② 전류에 반비례한다.
③ 시간에 반비례한다.
④ 화학당량에 비례한다.

해설 패러데이의 법칙에서 전극에서 석출되는 물질의 양은 화학당량에 비례한다.
$W = kIt = Qt$
화학당량 $= \dfrac{원자량}{원자가}$ [g/c]

43 변전실의 위치 선정 시 고려해야 할 사항이 아닌 것은?
① 부하의 중심에 가깝고 배전에 편리한 장소일 것
② 전원의 인입과 기기의 반출이 편리할 것
③ 설치할 기기를 고려하여 천장의 높이가 4[m] 이상으로 충분할 것
④ 빌딩의 경우 지하 최저층의 동력부하가 많은 곳에 선정

해설 변전실 위치 선정 시 빌딩의 수변전실은 지하층의 동력부하가 많은 곳에 설치하나 지하층에 변전실 설치가 곤란할 때에는 지상층 또는 옥상층에 설치하고, 고층 빌딩에서는 중간층, 옥상 부근 층에 제2, 제3변전실을 설치한다.

44 그림과 같은 계획공정도(Network)에서 주공정은?(단, 화살표 아래의 숫자는 활동시간을 나타낸다.)

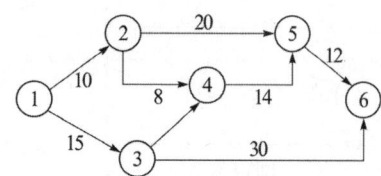

① 1-3-6 ② 1-2-5-6
③ 1-2-4-5-6 ④ 1-3-4-5-6

해설 주공정은 가장 긴 작업시간이 예상되는 공정을 말하며
① : 15 + 30 = 45시간
② : 10 + 20 + 12 = 42시간
③ : 10 + 8 + 14 + 12 = 44시간
④ : 15 + 0 + 14 + 12 = 41시간

45 Ralph M. Barnes 교수가 제시한 동작경제의 원칙 중 작업장 배치에 관한 원칙(Arrangement of the Workplace)에 해당되지 않는 것은?
① 가급적이면 낙하식 운반 방법을 이용한다.
② 모든 공구나 재료는 지정된 위치에 있도록 한다.
③ 충분한 조명을 하여 작업자가 잘 볼 수 있도록 한다.
④ 가급적 용이하고 자연스러운 리듬을 타고 일할 수 있도록 작업을 구성하여야 한다.

해설 [동작경제의 원칙 중 작업장에 관한 원칙]
• 공구와 재료를 정 위치에 둔다.
• 공구와 재료는 작업자 앞에 배치한다.
• 공구와 재료는 작업 순서대로 정리한다.
• 작업면의 높이를 적당히 한다.
• 작업면의 조도를 적당하게 한다.
• 재료의 공급, 운반 시 최대한 중력을 이용한다.

46 품질 코스트(Quality Cost)를 예방 코스트, 실패 코스트, 평가 코스트로 분류할 때 다음 중 실패 코스트(Failure Cost)에 속하는 것이 아닌 것은?
① 시험 코스트 ② 불량대책 코스트
③ 재가공 코스트 ④ 설계변경 코스트

정답 42. ④ 43. ④ 44. ① 45. ④ 46. ①

해설 실패 코스트는 소비자의 요구사항에 적절치 않아 부수적으로 소요되는 비용

47 로트의 크기 1000, 부적합품률이 15[%]인 로트에서 5개의 랜덤시료 중에서 발견된 부적합품수가 1개일 확률을 이항분포로 계산하면 약 얼마인가?

① 0.1648　　② 0.3915
③ 0.6085　　④ 0.8352

해설 이항분포에서 불량률이 P인 베르누이 시행이 n회 반복될 때 불량품 개수(X)의 분포도
$P(X) = {}_nC_x P^x (1-P)^{n-x}$ 이므로
$P(1) = {}_5C_1 P^1 (1-P)^{5-1}$
$\quad\quad = 5 \times C_1 \times (0.15)^1 \times (1-0.15)^4$
$\quad\quad = 0.3915[\%]$

48 다음 중 계량치 관리도에 해당되는 것은?

① c 관리도　　② nP 관리도
③ R 관리도　　④ u 관리도

해설 계량형 관리도에는 $\bar{x} - R$ 관리도, x 관리도, x-R 관리도, R 관리도가 있다.
계수형 관리도에는 nP 관리도, p 관리도, c 관리도, u 관리도가 있다.

49 다음 검사의 종류 중 검사 공정에 의한 분류에 해당하지 않는 것은?

① 수입검사　　② 출하검사
③ 출장검사　　④ 공정검사

해설 검사 공정에 의한 분류로는 수입(구입)검사, 공정(중간)검사, 최종(완성)검사, 출하검사가 있다.

정답 47. ②　48. ③　49. ③

# 2011년 제50회 출제문제

01 버스 덕트 공사에서 지지점의 최대간격은 몇 [m] 이하인가?(단, 취급자 이외의 자가 출입할 수 없도록 설비한 장소로 수직으로 설치하는 경우이다.)
① 4　　② 5
③ 6　　④ 7

해설 버스 덕트는 3[m] 이하마다 견고하게 지지하여야 하나, 취급자 이외의 자가 출입할 수 없도록 설비한 곳에서 수직으로 설치하는 경우에는 6[m] 이하로 할 수 있다.

02 발광소자와 수광소자를 하나의 용기에 넣어 빛을 차단한 구조로 출력 측의 전기적인 조건이 입력 측에 전혀 영향을 끼치지 않는 소자는?
① 포토다이오드　　② 포토트랜지스터
③ 서미스터　　④ 포토커플러

해설 포토커플러는 발광소자와 수광소자가 마주 보고 있는 구조로 작은 케이스 속에 봉입되어 있으며 입출력이 전기적으로 절연되어 있어 전기적인 잡음 제거에 널리 이용되고 있다.

03 직류발전기의 기전력을 E, 자속을 ϕ, 회전속도를 N이라 할 때 이들 사이의 관계로 옳은 것은?
① $E \propto \phi N$　　② $E \propto \dfrac{\phi}{N}$
③ $E \propto \phi N^2$　　④ $E \propto \phi^2 N$

해설 직류발전기의 유도기전력은 $E = \dfrac{P}{a} Z \phi \dfrac{N}{60}$[V]이므로 유도 기전력은 자속과 회전수에 비례

04 직류를 교류로 변환하는 장치이며, 다시 정의하면 상용전원으로부터 공급된 전력을 입력받아 자체 내에서 전압과 주파수를 가변시켜 전동기에 공급함으로써 전동기 속도를 고효율로 용이하게 제어하는 일련의 장치를 무엇이라 하는가?
① 전자접촉기　　② EOCR
③ 인버터　　④ SCR

해설 인버터는 직류를 교류로 변환하는 장치이다.

05 운전 중 역률이 가장 좋은 전동기는?
① 농형유도전동기
② 동기전동기
③ 반발전동기
④ 권선형 유도전동기

해설 동기전동기는 계자전류를 조정하여 역률 100[%]로 운전할 수 있다.

06 전선의 재료로서 구비할 조건이 아닌 것은?
① 비중이 적을 것
② 경제성이 있을 것
③ 인장강도가 작을 것
④ 가요성이 풍부할 것

해설 [전선의 구비조건]
• 비중이 적을 것
• 가격이 저렴할 것
• 도전율이 크고, 기계적 강도가 클 것
• 가요성이 풍부하고, 내구성이 있을 것

정답 1. ③ 2. ④ 3. ① 4. ③ 5. ② 6. ③

07 220[V]의 교류전압을 배전압 정류할 때 최대 정류전압은?
① 약 440[V] ② 약 566[V]
③ 약 622[V] ④ 약 880[V]

해설 최대 정류 전압 $= 2V_m = 2 \times \sqrt{2} \times 220 = 622[V]$

08 그림과 같은 논리회로를 1개의 게이트로 표현하면?

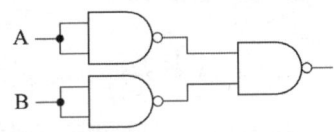

① AND ② NOR
③ NOT ④ OR

해설 $\overline{\overline{AB}} = \overline{\overline{A}} + \overline{\overline{B}} = A + B$

09 논리식 $A + AB$를 간단히 계산한 결과는?
① A ② $\overline{A} + B$
③ $A + \overline{B}$ ④ A + B

해설 $A + AB = A(1+B) = A$

10 경질비닐 전선관 접속에서 관의 삽입 깊이는 관의 바깥지름의 최소 몇 배인가? (단, 접착제는 사용하지 않음)
① 1배 ② 1.1배
③ 1.2배 ④ 1.25배

해설 경질비닐 전선관 접속 시 커플링에 들어가는 관의 길이는 관 바깥지름의 1.2배 이상으로 하나 접착제를 사용할 때는 0.8배 이상으로 한다.

11 $R = 40[\Omega]$, $L = 80[mH]$의 코일이 있다. 이 코일에 100[V], 60[Hz]의 전압을 가할 때 소비되는 전력은 몇 [W]인가?
① 100 ② 120
③ 160 ④ 200

해설

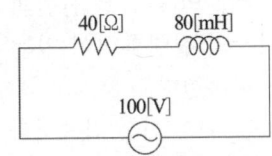

$X_L = 2\pi fL = 2\pi \times 60 \times 80 \times 10^{-3} \fallingdotseq 30[\Omega]$
$Z = \sqrt{R^2 + X^2} = \sqrt{40^2 + 30^2} = 50[\Omega]$
$I = \dfrac{V}{Z} = \dfrac{100}{50} = 2[A]$
$\cos\theta = \dfrac{R}{|Z|} = \dfrac{40}{50} = 0.8$
$P = VI\cos\theta = 100 \times 2 \times 0.8 = 160[W]$

12 주어진 진리표가 나타내는 것은?

입력				출력	
D_0	D_1	D_2	D_3	B	A
1	0	0	0	0	0
0	1	0	0	0	1
0	0	1	0	1	0
0	0	0	1	1	1

① 디코더
② 인코더
③ 디멀티플렉서
④ 멀티플렉서

해설 4개의 입력과 부호화된 신호를 출력하는 2개의 출력을 가진 4×2 인코더이다.

13. 다음 중 전선접속에 관한 설명으로 옳지 않은 것은?
    ① 전선의 강도는 60[%] 이상 유지해야 한다.
    ② 접속 부분의 전기저항을 증가시켜서는 안 된다.
    ③ 접속 부분의 절연은 전선의 절연물과 동등 이상의 절연효력이 있는 테이프로 충분히 피복한다.
    ④ 접속 슬리브, 전선 접속기를 사용하여 접속한다.

해설 접속 부위의 기계적 강도를 20[%] 이상 감소(80[%] 이상 유지)시키지 않는다.

14. 저압 옥내간선의 전원측 전로에 그 저압옥내 간선을 보호할 목적으로 설치하는 것은?
    ① 조가용선
    ② 과전류차단기
    ③ 콘덴서
    ④ 단로기

해설 간선을 보호하기 위해 시설하는 과전류 차단기의 정격전류는 옥내 간선의 허용전류 이하의 정격전류의 것을 사용해야 한다.

15. 다음 중 전동기 제어반에 부착하여 과전류에 의한 전동기의 소손을 방지하기 위해 널리 사용되는 보호기구는?
    ① 차동 계전기
    ② 부흐홀츠 계전기
    ③ 리미트 스위치
    ④ EOCR

해설 과전류에 의한 전동기의 소손을 방지하기 위해 열동 계전기(THR) 또는 전자식 과전류계전기(EOCR)를 전동기 주회로에 설치한다.

16. 100[V]의 단상전동기를 입력 200[W], 역률 95[%]로 운전하고 있을 때의 전류는 몇 [A]인가?
    ① 1
    ② 2.1
    ③ 3.5
    ④ 4

해설 $I = \dfrac{P}{V\cos\theta} = \dfrac{200}{100 \times 0.95} ≒ 2.1[A]$

17. 다음 그림기호의 명칭은?

① 전류제한기 ② 전등제한기
③ 전압제한기 ④ 역률제한기

해설 전류제한기는 전력 회사가 수용가의 인입구에 설치하여 미리 정한 값 이상의 전류가 흘렀을 때 일정 시간 내의 동작으로 정전시키기 위한 장치

18. 단상3선식 전원에 한(A)상과 중성선(N) 간에 각각 1[kVA], 0.8[kVA], 0.5[kVA]의 부하가 병렬 접속되고 다른 한(B)상과 중성선(N)에 0.5[kVA] 및 0.8[kVA]의 부하가 병렬 접속된 회로의 양단[(A)상 및 (B)상]에 5[kVA]의 부하가 접속되었을 경우 설비 불평형률[%]은 약 얼마인가?
    ① 11
    ② 23
    ③ 42
    ④ 56

해설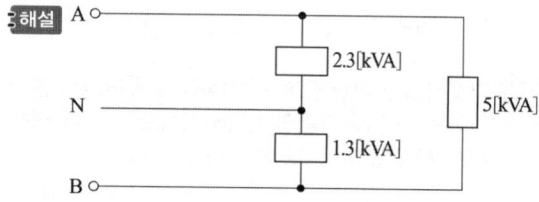

설비불평형률 = $\dfrac{2.3-1.3}{\dfrac{(2.3+1.3+5)}{2}} \times 100$

= 23.25[%]

19 다음 그림과 같은 회로의 명칭은?

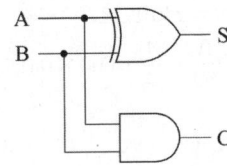

① 플립플롭(Flip-Flop)회로
② 반가산기(Half Adder)회로
③ 전가산기(Full Adder)회로
④ 배타적 논리합(Exclusive OR)회로

해설 반가산기는 1비트로 구성된 2개의 2진수를 덧셈할 때 사용한다. 즉, 하위 자리에서 발생한 자리 올림 수를 포함하지 않고 덧셈을 수행한다. 2개의 2진수 입력과 2개의 2진수 출력을 가진다. 출력 변수는 합(S, sum)과 자리 올림 수 (C, carry)가 있다.
합 : $S = \overline{A}B + A\overline{B} = A \oplus B$
자리 올림 수 : $C = AB$

20 그림과 같은 회로에 전압 200[V]를 가할 때 20[Ω]의 저항에 흐르는 전류는 몇 [A]인가?

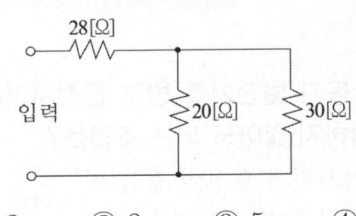

① 2   ② 3   ③ 5   ④ 8

해설 합성저항 $R_0 = 28 + \dfrac{20 \times 30}{20+30} = 40[\Omega]$

전 전류 $I_0 = \dfrac{V}{R} = \dfrac{200}{40} = 5[A]$

20[Ω]의 저항에 흐르는 전류
$I_1 = \dfrac{30}{20+30} \times 5 = 3[A]$

21 10[kW]의 농형 유도전동기의 기동 방법으로 가장 적당한 것은?
① 전전압 기동법   ② Y-△ 기동법
③ 기동 보상기법   ④ 2차 저항 기동법

해설 Y-△ 기동법은 5~15[kW] 이하의 중 용량 전동기에 사용

22 자기인덕턴스가 L_1, L_2 상호인덕턴스가 M인 두 회로의 결합계수가 1인 경우 L_1, L_2, M의 관계는?
① $L_1 L_2 = M$ ② $L_1 L_2 < M^2$
③ $L_1 L_2 > M^2$ ④ $L_1 L_2 = M^2$

해설 $k = \dfrac{M}{\sqrt{L_1 L_2}} = 1$에서 $L_1 L_2 = M^2$

23 교류 서보 전동기(Servo Motor)로 많이 사용된 것은?
① 콘덴서형 전동기
② 권선형 유도전동기
③ 타여자 전동기
④ 영구자석형 동기전동기

해설 교류서보 전동기는 교류 서보 기구에 사용하는 전동기. 일반적으로는 2상 유도 전동기이다. 고정자는 직교한 기준 계자 권선과 제어 계자 권선으로 이루어진다. 두 권선은 90°의 위상차를 가지고 있으므로 이들에 의해 생기는 회전 자계에서 회전자를 회전시킨다. 토크는 제어 신호 전압의 크기에 거의 비례하고 있다. 또 토크가 속도에 따라서 직선적으로 감소한다.

24 변압기의 철손은 부하전류가 증가하면 어떻게 되는가?
① 감소한다.
② 증가한다.
③ 변압기에 따라 다르다.
④ 변동 없다.

해설 철손은 부하와는 관계없어 철손은 변동 없다.

25 동기조상기를 과여자로 해서 운전하였을 때 나타나는 현상이 아닌 것은?
① 리액터로 작용한다.
② 전압강하를 감소시킨다.
③ 진상전류를 취한다.
④ 콘덴서로 작용한다.

해설 동기조상기를 과여자로 할 때 I가 V보다 앞서고 콘덴서 역할을 하여 역률이 개선되고, 전류가 감소하여 전압강하가 감소한다.

26 바닥 통풍형, 바닥 밀폐형 또는 두 가지 복합 채널형 구간으로 구성된 조립금속 구조로 폭이 150[mm] 이하이며, 주 케이블 트레이로부터 말단까지 연결되어 단일 케이블을 설치하는 데 사용되는 트레이는?
① 통풍채널형 케이블 트레이
② 사다리형 케이블 트레이
③ 바닥밀폐형 케이블 트레이
④ 트로프형 케이블 트레이

해설 채널형 케이블 트레이는 바닥 통풍형과 바닥 밀폐형의 복합채널 부품으로 구성된 조립 금속구조로 폭이 150[mm] 이하인 케이블 트레이를 말하며, 바닥 펀칭 형상에 강한 엠보 처리로 높은 강도가 유지되며, 터널, 플랜트 시설, 오피스텔, 아파트, 할인점, 백화점, 운동장, 공장 등 모든 분야에 사용되고 있다.

27 4극 직류발전기가 전기자 도체수 600, 매극당 유효자속 0.035[wb], 회전수가 1200[rpm]일 때 유기되는 기전력은 몇 [V]인가?(단, 권선은 단중 중권이다.)
① 120   ② 220
③ 320   ④ 420

해설 중권일 때 $a = P$이므로
$$E = \frac{P}{a}Z\phi\frac{N}{60} = \frac{4}{4} \times 600 \times 0.035 \times \frac{1200}{60}$$
$$= 420[V]$$

28 정현파 교류의 실효값을 계산하는 식은? (단, T는 주기이다.)
① $I = \frac{1}{T}\int_0^T i\,dt$
② $I = \sqrt{\frac{2}{T}\int_0^T i\,dt}$
③ $I = \sqrt{\frac{1}{T}\int_0^T i^2\,dt}$
④ $I = \sqrt{\frac{2}{T}\int_0^T i^2\,dt}$

해설 실효값은 주기적으로 +, -로 변동하는 양에서 순간값의 2승을 1주 기간으로 평균한 값의 제곱근을 말한다.

29 3상 동기 발전기를 병렬 운전시키는 경우 고려하지 않아도 되는 조건은?
① 기전력의 위상이 같을 것
② 회전수가 같을 것
③ 기전력의 크기가 같을 것
④ 상회전 방향이 같을 것

해설 동기발전기의 병렬운전 조건으로 기전력의 크기, 위상, 파형, 주파수, 상회전이 같아야 한다.

정답 24. ④ 25. ① 26. ① 27. ④ 28. ③ 29. ②

30 동일 규격 콘덴서의 극판 간에 유전체를 넣으면 어떻게 되는가?

① 용량이 증가하고, 극판 간 전계는 감소한다.
② 용량이 증가하고, 극판 간 전계는 증가한다.
③ 용량이 감소하고, 극판 간 전계는 불변한다.
④ 용량이 불변이고, 극판 간 전계는 감소한다.

해설 전속은 주위 매질에 관계없이 Q의 전하에서 Q개의 전기력선이 나오는 것으로 유전체를 넣으면 $\epsilon = \epsilon_0 \cdot \epsilon_s$에서 ϵ_s가 증가하여 정전용량은 증가하고 전계의 세기는 감소한다.

31 순서회로 설계의 기본인 JK-FF 여기표에서 현재 상태의 출력 Q_n이 0이고 다음 상태의 출력 Q_{n+1}이 1일 때 필요 입력 J 및 K의 값은? (단, x는 0 또는 1임)

① J = 1, K = 0 ② J = 0, K = 1
③ J = x, K = 1 ④ J = 1, K = x

해설 JK 플립플롭에서 현재 출력이 0 이고 다음 상태의 출력이 1인 경우는 J = 1, K = 0 인 경우와 J = K = 1인 경우이므로 J = 1, K = x

32 역률을 개선하면 전력 요금의 절감과 배전선의 손실경감, 전압강하의 감소, 설비 여력의 증가 등을 기할 수 있으나, 너무 과보상하면 역효과가 나타난다. 즉, 경부하 시에 콘덴서가 과대 삽입되는 경우의 결점에 해당되는 사항이 아닌 것은?

① 모선전압의 과상승
② 송전 손실의 증가
③ 고조파 왜곡의 증대
④ 전압 변동폭의 감소

해설 무부하나 경부하 시 선로는 콘덴서 작용을 하기 때문에 선로에 충전 전류의 영향으로 진상 전류가 흐르고, 송전단 전압보다 수전단 전압이 높아지는 현상이 발생하며 전압 변동폭이 증가한다.

33 동기발전기에서 전기자전류가 무부하 유도 기전력보다 $\frac{\pi}{2}$만큼 뒤진 경우의 전기자반작용은?

① 교차자화작용 ② 자화작용
③ 감자작용   ④ 편자작용

해설
- 교차자화작용 : 기전력과 전류가 동위상
- 감자작용 : 전류가 기전력보다 90° 늦은 위상
- 증자작용 : 전류가 기전력보다 90° 앞선 위상

34 다음 중 자기누설 변압기의 가장 큰 특징은 어느 것인가?

① 전압변동률이 크다.
② 단락전류가 크다.
③ 역률이 좋다.
④ 무부하손이 적다.

해설 자기 누설변압기는 누설자속으로 전압 변동률이 크고 역률이 매우 나쁘며 수하특성이 있다.

35 변압기를 병렬 운전하고자 할 때 갖추어져야 할 조건이 아닌 것은?

① 극성이 같을 것
② 변압비가 같을 것
③ %임피던스 강하가 같을 것
④ 출력이 같을 것

정답 30. ① 31. ④ 32. ④ 33. ③ 34. ① 35. ④

해설 [병렬운전 조건]
- 권수비가 같고 1, 2차 정격 전압이 같을 것
- 극성이 같을 것
- 내부저항과 누설 리액턴스의 비가 같을 것
- % 임피던스가 같을 것

36 사이리스터의 순전압 강하의 측정방법이 아닌 것은?
① 오실로스코프에 의해 순시값을 측정
② 정현파 전류를 흘렸을 때의 평균 순전압 강하를 측정
③ 직류를 흘려서 측정
④ 온도가 정상상태로 되기 전에 측정

해설 순전압 강하 (온 전압)의 측정 방법에는 오실로스코프법, 직류법, 평균 순전압 강하 측정법 등이 있다.

37 10진수 $(14.625)_{10}$을 2진수로 변환한 값은?
① $(1101.110)_2$ ② $(1101.101)_2$
③ $(1110.101)_2$ ④ $(1110.110)_2$

해설 10진수 14를 2진수로 변환하면 $(14)_{10} = (1110)_2$
$(0.625)_{10}$을 2진수로 변환하면 $(0.101)_2$
$0.625 \times 2 = 1.25$ 소수 첫째 자리 → 1
$0.25 \times 2 = 0.5$ 소수 둘째 자리 → 0
$0.5 \times 2 = 1.0$ 소수 셋째 자리 → 1
소수 부분이 0이 나왔으므로 연산 종료
10진수 $(14.625)_{10}$을 2진수로 변환한 값은 $(1110.101)_2$

38 접지공사에 있어서 자갈층 또는 산간부의 암반지대 등 토양의 고유저항이 높은 지역에서는 규정의 저항치를 얻기가 곤란하다. 이와 같은 장소에 있어서의 접지저항 저감 방법이 아닌 것은?

① 접지 저감제 사용
② 매설지선을 포설
③ Mesh 공법에 의한 접지
④ 직렬접지

해설 접지저항 저감대책으로는 접지 저감제를 사용하고 매설지선 접지공법, 메시 접지공법, 접지극의 병렬 접지공법, 그 외 접지극을 깊게 매설하는 공법, 평판접지공법 등이 있다.

39 전기온돌 등에 발열선을 시설할 경우 대지전압은 몇 [V] 이하로 하여야 하는가?
① 200 ② 300
③ 400 ④ 500

해설 전기 온상 등의 시설의 전로 대지전압은 300[V] 이하가 되어야 한다.

40 그림과 같은 스위치 회로의 논리식은?

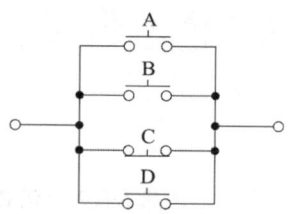

① $AB\overline{C}D$ ② $A+B+\overline{C}+D$
③ $\overline{A}\,\overline{B}C\overline{D}$ ④ $\overline{A}+\overline{B}+C+\overline{D}$

해설 접점 회로의 논리식은 $A+B+\overline{C}+D$

41 직류전동기의 출력을 나타내는 것은? (단, V는 단자전압, E는 역기전력, I는 전기자 전류이다.)
① VI ② EI
③ V^2I ④ E^2I

해설 직류전동기의 입력 $P_i = VI$[W]
직류전동기의 출력 $P_o = EI$[W]

42 그림과 같은 회로에서 ab 간에 전압을 가하니 전류계는 2.5[A]를 지시했다. 다음에 스위치 S를 닫으니 전류계 및 전압계는 각각 2.55[A], 100[V]를 지시했다. 저항 R의 값은 약 몇 [Ω]인가?(단, 전류계 내부저항 $r_a = 0.2$[Ω]이고 ab 사이에 가한 전압은 S에 관계없이 일정하다고 한다.)

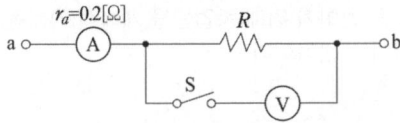

① 30 ② 40
③ 50 ④ 60

해설 스위치 S를 열었을 때
$V_{ab} = I \cdot (r_a + R) = 2.5(0.2 + R)$
스위치 S를 닫았을 때
$V_{ab} = (2.55 \times 0.2) + 100 = 100.51$[V]
$2.5(0.2 + R) = 100.51$에서
$R = \dfrac{100.51 - 0.5}{2.5} = 40.004$[Ω]

43 유도전동기의 제동 방법 중 슬립의 범위를 1~2 사이로 하여 3선 중 2선의 접속을 바꾸어 제동하는 방법은?
① 직류제동   ② 회생제동
③ 발전제동   ④ 역상제동

해설 역상제동(플러깅)은 전동기의 전원 전압의 극성 혹은 상회전 방향을 역전함으로써 전동기에 역토크를 발생시키고, 그에 의해서 제동하는 것

44 단상 브리지 제어 정류회로에서 저항부하인 경우 출력전압은?(단, α는 트리거 위상각이다.)
① $E_d = 0.225\,E(1 + \cos\alpha)$
② $E_d = \dfrac{2\sqrt{2}}{\pi}E\left(\dfrac{1 + \cos\alpha}{2}\right)$
③ $E_d = \dfrac{2\sqrt{2}}{\pi}E\cos\alpha$
④ $E_d = 0.225\,E(1 + \cos\alpha)$

해설 단상 전파 사이리스터 정류회로의 출력 전압
$E_d = \dfrac{2\sqrt{2}}{\pi}E\left(\dfrac{1+\cos\alpha}{2}\right) = \dfrac{\sqrt{2}}{\pi}E(1+\cos\alpha)$
$= 0.45E(1+\cos\alpha)$

45 쌍방향 3단자 사이리스터는?
① SCR   ② GTO
③ TRIAC ④ DIAC

해설 TRIAC은 3단자 소자로서 양방향 도통이 가능하며 일반적으로 AC 위상제어에 사용된다. 두 개의 SCR을 게이트 공통으로 하여 역병렬 연결한 것이다.

46 다음 중 피뢰기를 반드시 시설하여야 하는 곳은?
① 고압전선로에 접속되는 단권변압기의 고압측
② 발·변전소의 가공전선 인입구 및 인출구
③ 수전용 변압기의 2차측
④ 가공전선로

해설 [피뢰기 시설장소]
• 발·변전소의 인입구 및 인출구
• 가공 전선로에 접속하는 배전용 변압기의 고압측 및 특고측
• 고압 및 특고압측 가공 전선로로부터 공급받는 수용가의 인입구
• 가공전선로와 지중전선로가 접속되는 곳

정답 42. ② 43. ④ 44. ② 45. ③ 46. ②

47 도수분포표를 작성하는 목적으로 볼 수 없는 것은?
① 로트의 분포를 알고 싶을 때
② 로트의 평균치와 표준편차를 알고 싶을 때
③ 규격과 비교하여 부적합품을 알고 싶을 때
④ 주요 품질항목 중 개선의 우선순위를 알고 싶을 때

해설 도수분포표는 다수의 제품을 측정하여 측정치를 차례대로 기록하여 놓은 표로 데이터가 어떻게 분포되는가를 보고 집단 품질을 확인할 수 있다.

48 컨베이어 작업과 같이 단조로운 작업은 작업자에게 무력감과 구속감을 주고 생산량에 대한 책임감을 저하시키는 등 폐단이 있다. 다음 중 이러한 단조로운 작업의 결함을 제거하기 위해 채택되는 직무설계방법으로써 가장 거리가 먼 것은?
① 자율경영팀 활동을 권장한다.
② 하나의 연속 작업시간을 길게 한다.
③ 작업자 스스로가 직무를 설계하도록 한다.
④ 직무 확대, 직무 충실화 등의 방법을 활용한다.

해설 하나의 연속 작업시간을 길게 하면 작업자에게 무력감과 구속감을 주고 생산량에 대한 책임감을 저하시키는 문제가 있다.

49 어떤 측정법으로 동일 시료를 무한회 측정하였을 때 데이터 분포의 평균치와 참값과의 차를 무엇이라 하는가?
① 재현성   ② 안정성
③ 반복성   ④ 정확성

해설 정확성은 참값에서 평균값을 뺀 것. 편차가 작은 정도를 말한다.

50 "무결점 운동"으로 불리는 것으로 미국의 항공사인 마틴사에서 시작된 품질개선을 위한 동기부여 프로그램은 무엇인가?
① ZD   ② 6시그마
③ TPM   ④ ISO 9001

해설 ZD 운동은 종업원 각자의 노력과 연구에 의해서 작업의 결함을 제로로 하여 고도의 제품 품질성, 보다 낮은 코스트, 납기 엄수에 의해서 고객의 만족을 높이기 위해 종업원을 계속적으로 동기를 부여하는 운동이다.

51 관리도에서 측정한 값을 차례로 타점했을 때 점이 순차적으로 상승하거나 하강하는 것을 무엇이라 하는가?
① 런(Run)   ② 주기(Cycle)
③ 경향(Trend) ④ 산포(Dispersion)

해설 경향(Trend) : 길이 7의 상승 경향과 하강 경향(비관리상태)

52 정상 소요기간이 5일이고 이때의 비용이 20000원이며 특급 소요기간이 3일이고, 이때의 비용이 30000원이라면 비용구배는 얼마인가?
① 4000 원/일   ② 5000 원/일
③ 7000 원/일   ④ 10000 원/일

해설
$$\text{비용구배} = \frac{\text{특급비용} - \text{정상비용}}{\text{정상시간} - \text{특급시간}}$$
$$= \frac{30000원 - 20000원}{5일 - 3일}$$
$$= 5000[원/일]$$

정답 47. ④ 48. ② 49. ④ 50. ① 51. ③ 52. ②

2012년 제51회 출제문제

바뀐 출제기준에 따라 삭제된 문제가 있어서 60문항이 안됩니다.

01 공기 중에서 일정한 거리를 두고 있는 두 점전하 사이에 작용하는 힘이 16[N]이었는데, 두 전하 사이에 유리를 채웠더니 작용하는 힘이 4[N]으로 감소하였다. 이 유리의 비유전율은?

① 2　② 4　③ 8　④ 12

해설 공기 중일 때 $F_0 = \dfrac{1}{4\pi\epsilon_0} \cdot \dfrac{Q_1 Q_2}{r^2} = 16$[N]

유리를 채웠을 때 $F = \dfrac{1}{4\pi\epsilon_0 \epsilon_s} \cdot \dfrac{Q_1 Q_2}{r^2} = 4$[N]

비유전율 $\epsilon_s = \dfrac{F_0}{F} = \dfrac{16}{4} = 4$

02 직류 직권전동기에서 토크 T와 회전수 N과의 관계는 어떻게 되는가?

① $T \propto N$　② $T \propto N^2$
③ $T \propto \dfrac{1}{N}$　④ $T \propto \dfrac{1}{N^2}$

해설 $T \propto \dfrac{1}{I_a}$, $T \propto I_a^2$ 에서 $T \propto \dfrac{1}{N^2}$

03 극수 16, 회전수 450[rpm], 1상의 코일수 83, 1극의 유효자속 0.3[Wb]의 3상 동기발전기가 있다. 권선계수가 0.96이고, 전기자권선을 성형결선으로 하면 무부하 단자전압은 약 몇 [V]인가?

① 8000[V]　② 9000[V]
③ 10000[V]　④ 11000[V]

해설 유도기전력 $E = 4.44 f N \phi K_w$[V]
(N : 1상의 권선수, K_w : 권선계수)

주파수 $f = \dfrac{N_s P}{120} = \dfrac{450 \times 16}{120} = 60$[Hz]

($\therefore N_s = \dfrac{120 f}{P}$)

1상의 유도기전력은
$E = 4.44 \times 60 \times 83 \times 0.3 \times 0.96 ≒ 6368$[V]이다.
성형결선할 때 선간전압 = $\sqrt{3} \times$ 상전압이므로
선간전압 = $\sqrt{3} \times 6368 ≒ 11000$[V]

04 빌딩의 부하 설비용량이 2000[kW], 부하역률 90[%], 수용률이 75[%]일 때 수전설비의 용량은 약 몇 [kVA]인가?

① 1554[kVA]　② 1667[kVA]
③ 1800[kVA]　④ 2222[kVA]

해설 수전설비용량(kVA) = $\dfrac{\text{부하설비용량}}{\text{역률}} \times$ 수용률
$= \dfrac{2000}{0.9} \times 0.75 ≒ 1667$[kVA]

05 사이리스터의 유지전류(Holding Current)에 관한 설명 중 옳은 것은?

① 사이리스터가 턴 온(Turn On)하기 시작하는 순전류
② 게이트를 개방한 상태에서 사이리스터가 도통 상태를 유지하기 위한 최소의 순전류
③ 사이리스터의 게이트를 개방한 상태에서 전압을 상승하면 급히 증가하게 되는 순전류
④ 게이트 전압을 인가한 후에 급히 제거한 상태에서 도통 상태가 유지되는 최소 순전류

정답 1. ②　2. ④　3. ④　4. ②　5. ②

해설 SCR을 ON 상태로 유지하기 위한 최소전류 (20[mA] 이상)를 유지전류라 한다.

- 게이트 펄스는 게이트(G)와 주단자(MT₁) 사이로 입력한다.
- 양의 전류 방향에는 양의 펄스가 음의 전류 방향에는 음의 펄스가 사용된다.

06 경간이 100[m]인 저압 보안공사에 있어서 지지물의 종류가 아닌 것은?
① 철탑
② A종 철근 콘크리트주
③ A종 철주
④ 목주

해설 저압 보안공사에서 경간이 100[m] 이하일 때는 목주, A종 철주, A종 철근 콘크리트주, 150[m] 이하일 때는 B종 철주, B종 철근 콘크리트주, 400[m] 이하일 때는 철탑을 사용한다.

09 $R=10[\Omega]$, $X_L=8[\Omega]$, $X_C=20[\Omega]$이 병렬로 접속된 회로에 80[V]의 교류전압을 가하면 전원에 흐르는 전류는 몇 [A]인가?
① 5[A]
② 10[A]
③ 15[A]
④ 20[A]

해설

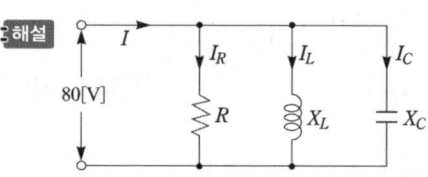

$I_R = \dfrac{V}{R} = \dfrac{80}{10} = 8[A]$

$I_L = \dfrac{V}{X_L} = \dfrac{80}{8} = 10[A]$

$I_C = \dfrac{V}{X_C} = \dfrac{80}{20} = 4[A]$

$I = \sqrt{I_R^2 + (I_L - I_C)^2} = \sqrt{8^2 + (10-4)^2}$
$= 10[A]$

07 다음 중 플립플롭회로에 대한 설명으로 잘못된 것은?
① 두 가지 안정상태를 갖는다.
② 쌍안정 멀티바이브레이터이다.
③ 반도체 메모리 소자로 이용된다.
④ 트리거 펄스 1개마다 1개의 출력 펄스를 얻는다.

해설 플립플롭회로는 클럭 펄스가 발생할 때마다 Q, $\overline{Q}$의 2개 출력을 얻는다.

10 특고압용 변압기의 냉각방식이 타냉식인 경우 냉각장치의 고장으로 인하여 변압기의 온도가 상승하는 것을 대비하기 위하여 시설하는 장치는?
① 방진장치
② 회로차단장치
③ 경보장치
④ 공기정화장치

08 트라이액에 대한 설명 중 틀린 것은?
① 3단자 소자이다.
② 항상 정(+)의 게이트 펄스를 이용한다.
③ 두 개의 SCR을 역병렬로 연결한 것이다.
④ 게이트를 갖는 대칭형 스위치이다.

해설 • 트라이액은 2개의 병렬 연결된 SCR로 양방향 사이리스터 소자이며 래칭소자이다.

해설 냉각장치의 고장을 관리자에게 알려주는 경보장치가 필요하다.

정답 6. ① 7. ④ 8. ② 9. ② 10. ③

11 그림과 같은 회로에서 단자 a, b에서 본 합성저항 [Ω]은?

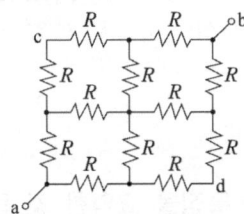

① $\dfrac{1}{2}R$ ② $\dfrac{1}{3}R$
③ $\dfrac{3}{2}R$ ④ $2R$

해설 $R_{ab} = R\left(\dfrac{1}{2} + \dfrac{1}{4} + \dfrac{1}{4} + \dfrac{1}{2}\right) = \dfrac{3}{2}R$

12 버스덕트 배선에 의하여 시설하는 도체의 단면적은 알루미늄 띠 모양인 경우 얼마 이상의 것을 사용하여야 하는가?

① 20[mm²]
② 25[mm²]
③ 30[mm²]
④ 40[mm²]

해설 버스덕트에 사용하는 도체로 구리는 20[mm²] 이상의 띠 모양 또는 지름 5[mm²] 이상의 관모양이나 둥글고 긴 막대 모양, 알루미늄은 30[mm²] 이상의 띠 모양을 사용한다.

13 회전수 1800[rpm]을 만족하는 동기기의 극수(㉠)와 주파수(㉡)는?

① ㉠ 4극, ㉡ 50[Hz]
② ㉠ 6극, ㉡ 50[Hz]
③ ㉠ 4극, ㉡ 60[Hz]
④ ㉠ 6극, ㉡ 60[Hz]

해설 $N_s = \dfrac{120f}{P}$ [rpm]에서
$P=4$일 때 $1800 = \dfrac{120 \times f}{4}$ [rpm]에서 $f = 60$
$P=6$일 때 $1800 = \dfrac{120 \times f}{6}$ [rpm]에서 $f = 90$
이다.

14 A = 01100, B = 00111인 두 2진수의 연산 결과가 주어진 식과 같다면 연산의 종류는?

$$\begin{array}{r} 01100 \\ +\ 11001 \\ \hline 00101 \end{array}$$

① 덧셈 ② 뺄셈
③ 곱셈 ④ 나눗셈

해설 B = 00111의 2의 보수는
100000 − 00111 = 11001 이다.(−B = 11001)
A + (−B) = A − B로 뺄셈 연산

15 부하를 일정하게 유지하고 역률 1로 운전 중인 동기전동기의 계자전류를 증가시키면?

① 아무 변동이 없다.
② 리액터로 작용한다.
③ 뒤진 역률의 전기자 전류가 증가한다.
④ 앞선 역률의 전기자 전류가 증가한다.

해설
• 부족여자일 때 I가 V보다 지상(뒤짐)으로 리액터 역할을 한다.
• 과여자일 때 I가 V보다 진상(앞섬)으로 콘덴서 역할을 한다.
• 여자가 적합할 때 I와 V가 동위상이 되어 역률이 100[%]

정답 11. ③ 12. ③ 13. ③ 14. ② 15. ④

16 화약류 등의 제조소 내에 전기설비를 시공할 때 준수할 사항이 아닌 것은?
① 전열기구 이외의 전기기계기구는 전폐형으로 할 것
② 배선은 두께 1.6[mm] 합성수지관에 넣어 손상 우려가 없도록 시설할 것
③ 전열기구는 시스선 등의 충전부가 노출되지 않는 발열체를 사용할 것
④ 온도가 현저히 상승 또는 위험 발생 우려가 있는 경우 전로를 자동 차단하는 장치를 갖출 것

해설 화약류 저장소 안에는 전기설비를 시설하지 아니하는 것이 원칙으로 되어 있으나 백열전등, 형광등의 설비만을 금속 전선관 공사 또는 케이블 공사에 의하여 시설할 수 있다.

17 고압 또는 특고압 가공전선로에서 공급을 받는 수용장소의 인입구 또는 이와 근접한 곳에는 무엇을 시설하여야 하는가?
① 동기조상기
② 직렬 리액터
③ 정류기
④ 피뢰기

해설 고압 또는 특고압 가공전선로부터 공급을 받는 수용장소의 인입구에는 피뢰기를 설치하여야 한다.

18 다음 중 저항부하 시 맥동률이 가장 적은 정류방식은?
① 단상반파식
② 단상전파식
③ 3상반파식
④ 3상전파식

해설 맥동률은 정류된 직류 출력에 교류 성분이 얼마나 포함되어 있는지의 정도를 나타내며, 맥동률 크기의 순서는 3상 전파식 < 3상 반파식 < 단상 전파식 < 단상 반파식

19 인덕터의 특징을 요약한 것 중 잘못된 것은?
① 인덕터는 에너지를 축적하지만 소모하지는 않는다.
② 인덕터의 전류가 불연속적으로 급격히 변화하면 전압이 무한대로 되어야 하므로 인덕터 전류는 불연속적으로 변할 수 없다.
③ 일정한 전류가 흐를 때 전압은 무한대이지만 일정량의 에너지가 축적된다.
④ 인덕터는 직류에 대해서 단락회로로 작용한다.

해설 인덕터에 일정한 전류가 흐를 때 양단의 전압은 0이다.

20 정현파에서 파고율이란?
① $\dfrac{최댓값}{실효값}$
② $\dfrac{평균값}{실효값}$
③ $\dfrac{실효값}{평균값}$
④ $\dfrac{최댓값}{평균값}$

해설 파고율 = $\dfrac{최댓값}{실효값}$
파형률 = $\dfrac{실효값}{평균값}$

정답 16. ② 17. ④ 18. ④ 19. ③ 20. ①

21 그림과 같은 스위칭 회로에서 논리식은?

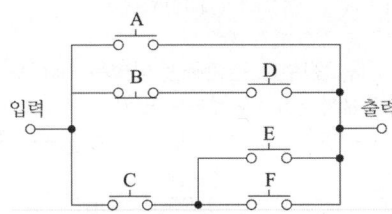

① $A + \overline{B}D + C(E+F)$
② $A + \overline{B}C + D(E+F)$
③ $A + \overline{B}C + D(E+F)$
④ $A + \overline{BC} + D(E+F)$

해설 접점의 논리식은 $A + \overline{B}D + C(E+F)$

22 전주 사이의 경간이 50[m]인 가공 전선로에서 전선 1[m]의 하중이 0.37[kg], 전선의 이도가 0.8[m]라면 전선의 수평장력은 약 몇 [kg]인가?

① 80
② 120
③ 145
④ 165

해설 딥$(D) = \dfrac{WS^2}{8T}$에서

수평장력 $T = \dfrac{WS^2}{8D} = \dfrac{0.37 \times 50^2}{8 \times 0.8} = 144.53$[kg]

23 다음 중 변압기의 누설 리액턴스를 줄이는 데 가장 효과적인 방법은?

① 권선을 분할하여 조립한다.
② 코일의 단면적을 크게 한다.
③ 권선을 동심 배치시킨다.
④ 철심의 단면적을 크게 한다.

해설 변압기의 설계에서 권선을 분할하여 조립하면 누설 리액턴스는 1/2 이상 감소한다.

24 변압기의 시험 중에서 철손을 구하는 시험은?

① 극성시험
② 단락시험
③ 무부하시험
④ 부하시험

해설 무부하시험은 무부하 운전에 의한 시험을 말하며, 무부하손을 측정할 수 있다. 유도전동기의 경우에는 원선도를 구하는 데 필요한 시험이며 여자 전류 및 그 위상, 그리고 무부하손을 산출할 수 있다. 변압기의 경우에는 여자전류, 철손의 산출 가능

25 상전압 300[V]의 3상 반파 정류회로의 직류전압은 몇 [V]인가?

① 117[V]
② 200[V]
③ 283[V]
④ 351[V]

해설 3상 반파 전류회로의 출력 전압은
$V_d = 1.17 V = 1.17 \times 300 = 351$[V]

26 지중 전선로는 케이블을 사용하고 직접 매설식의 경우 매설 깊이는 차량 및 기타 중량물의 압력을 받는 곳에서는 지하 몇 [m] 이상이어야 하는가?

① 0.8
② 1.0
③ 1.2
④ 1.5

해설 직접 매설식에서 케이블 매설 깊이는 차량, 기타 중량물의 압력을 받을 우려가 있는 장소는 1.0[m] 이상, 기타 장소는 0.6[m] 이상이어야 한다.

27 어떤 RLC 병렬회로가 병렬공진 되었을 때 합성전류에 대한 설명으로 옳은 것은?

① 전류는 무한대가 된다.
② 전류는 최대가 된다.
③ 전류는 흐르지 않는다.
④ 전류는 최소가 된다.

정답 21. ① 22. ③ 23. ① 24. ③ 25. ④ 26. ② 27. ④

[해설] RLC 병렬회로에서 공진 시에 임피던스는 최대이므로 전류는 최소

28. 3상 변압기 결선 조합 중 병렬운전이 불가능한 것은?
① △-△와 △-△
② △-Y와 Y-△
③ △-△와 △-Y
④ △-△와 Y-Y

[해설] 변압기 병렬 운전이 불가능한 결선은 △-△와 △-Y, △-Y와 Y-Y 결선이 있다.

29. 여자기(Exciter)에 대한 설명으로 옳은 것은?
① 발전기의 속도를 일정하게 하는 것이다.
② 부하변동을 방지하는 것이다.
③ 직류 전류를 공급하는 것이다.
④ 주파수를 조정하는 것이다.

[해설] 여자기는 주발전기 또는 주전동기의 계자권선에 여자전류를 공급하기 위한 별개의 발전기

30. 직류기에서 파권 권선의 이점은?
① 효율이 좋다.
② 출력이 크다.
③ 전압이 높게 된다.
④ 역률이 안정된다.

[해설] 파권은 병렬회로수가 항상 2개로 대전압, 저전류가 얻어진다.

31. 16진수 D28A를 2진수로 옳게 나타낸 것은?
① 1101001010001010
② 0101000101001011
③ 1101011010011010
④ 1111011000000110

[해설] 16진수를 2진수로 변환하는 방법은 16진수의 각 자리에서 4비트 2진수로 변환
D = 13 = 1101, 2 = 0010, 8 = 1000, A = 1010
이므로
$(D28A)_{16} = (1101001010001010)_2$

32. 금속관공사 시 관의 두께는 콘크리트에 매설하는 경우 몇 [mm] 이상 되어야 하는가?
① 0.6
② 0.8
③ 1.2
④ 1.4

[해설] 금속관을 콘크리트에 매설할 때 관의 두께는 1.2[mm] 이상, 기타의 경우는 1[mm] 이상

33. 변압기의 전일효율을 최대로 하기 위한 조건은?
① 전부하시간이 길수록 철손을 작게 한다.
② 전부하시간이 짧을수록 무부하손을 작게 한다.
③ 전부하시간이 짧을수록 철손을 크게 한다.
④ 부하시간에 관계없이 전부하 동손과 철손을 같게 한다.

[해설] 전일효율
$$\eta_d = \frac{1일\ 중\ 출력량}{1일\ 중\ 출력량 + 손실량} \times 100[\%]$$
$$= \frac{V_2 I_2 \cos\theta \times T}{V_2 I_2 \cos\theta \times T + 24P_i + T \times P_c} \times 100[\%]$$
최대효율조건이 철손(P_i) = 동손(P_c)이므로
$24P_i = T \times P_c$이다.
전부하 시간이 짧을수록 철손을 적게 하지 않으면 안 된다.

정답 28. ③ 29. ③ 30. ③ 31. ① 32. ③ 33. ②

34 3상 배전선로의 말단에 늦은 역률 60[%], 120[kW]의 3상 부하가 있다. 부하점에 부하와 병렬로 전력용 콘덴서를 접속하여 선로 손실을 최소화하려고 한다. 이 경우 필요한 콘덴서 용량은?(단, 부하단 전압은 변하지 않는 것으로 한다.)

① 60[kVA] ② 80[kVA]
③ 135[kVA] ④ 160[kVA]

해설 역률 100[%]로 개선하여 무효 전류가 흐르지 않도록 해야 하므로
$Q = P(\tan\theta_1 - \tan\theta_2)$
$= 120(\tan \cdot \cos^{-1}0.6 - \tan \cdot \cos^{-1}1.0)$
$= 160[kVA]$

35 반사갓을 사용하여 90~100[%] 정도의 빛이 아래로 향하고, 10[%] 정도가 위로 향하는 방식으로 빛의 손실이 적고, 효율은 높지만, 천장이 어두워지고 강한 그늘과 눈부심이 생기기 쉬운 조명방식은?

① 직접조명 ② 반직접조명
③ 전반확산조명 ④ 반간접조명

해설 직접조명방식은 상향 10[%], 하향광속 90~100[%]로 빛의 손실이 적고, 효율은 높지만, 천장이 어두워지고 강한 그늘이 생기며 눈부심이 생기기 쉽다.

36 배전반 또는 분전반의 배관을 변경하거나 이미 설치된 캐비닛에 구멍을 뚫을 때 사용하며 수동식과 유압식이 있다. 이 공구는 무엇인가?

① 클리퍼 ② 클릭볼
③ 커터 ④ 녹아웃 펀치

해설 녹아웃 펀치는 배전반, 분전반 등의 구멍을 뚫는 공구이다.

37 저압 연접 인입선은 인입선에서 분기하는 점으로부터 100[m]를 넘지 않는 지역에 시설하고 폭 몇 [m]를 초과하는 도로를 횡단하지 않아야 하는가?

① 4 ② 5 ③ 6 ④ 6.5

해설 저압 연접인입선은
- 인입선의 분기점에서 100[m]를 초과하지 말 것
- 폭 5[m]를 넘는 도로를 횡단하지 말 것
- 옥내를 관통하지 않아야 하며 고압 연접 인입선은 시설할 수 없다.

38 그림에서 1차 코일의 자기 인덕턴스 L_1, 2차 코일의 자기 인덕턴스 L_2, 상호 인덕턴스를 M이라 할 때 L_A의 값으로 옳은 것은?

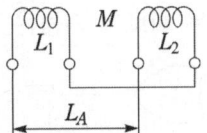

① $L_1 + L_2 + 2M$ ② $L_1 - L_2 + 2M$
③ $L_1 + L_2 - 2M$ ④ $L_1 - L_2 - 2M$

해설

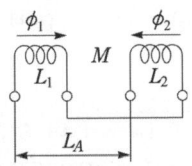

자속의 방향이 반대 방향으로 차동접속이므로
$L_A = L_1 + L_2 - 2M[H]$

39 SCR에 대한 설명으로 옳지 않은 것은?

① 대전류 제어 정류용으로 이용된다.
② 게이트 전류로 통전전압을 가변시킨다.
③ 주전류를 차단하려면 게이트 전압을 영 또는 부(-)로 해야 한다.
④ 게이트 전류의 위상각으로 통전전류의 평균값을 제어시킬 수 있다.

해설 SCR은 점호능력은 있으나 자기 소호 능력이 없으므로 주전류를 유지전류 이하 또는 애노드, 캐소드 간에 역전압을 인가하여 소호시킨다.

40 최대사용전압 3300[V]의 고압 전동기가 있다. 이 전동기의 절연내력 시험전압은 몇 [V]인가?

① 3630　② 4125　③ 4950　④ 10500

해설

구분	시험전압
7[kV] 이하의 전로	회전기(회전변류기 제외)
	최대사용전압×1.5배

3300[V]×1.5 = 4950[V]이다.

41 그림과 같은 회로의 기능은?

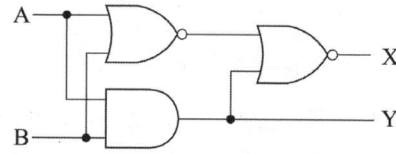

① 반가산기　② 감산기
③ 반일치회로　④ 부호기

해설 합(Sum)
$X = \overline{\overline{A+B}+AB} = (A+B)(\overline{A}+\overline{B})$
$= A\overline{A} + A\overline{B} + \overline{A}B + B\overline{B} = A\overline{B} + \overline{A}B$
자리 올림 (Carry) $Y = AB$로 반가산기를 나타낸다.

42 100[V]용 30[W]의 전구와 60[W]의 전구가 있다. 이것을 직렬로 접속하여 100[V]의 전압을 인가하면?

① 30[W]의 전구가 더 밝다.
② 60[W]의 전구가 더 밝다
③ 두 전구의 밝기가 모두 같다.
④ 두 전구 모두 켜지지 않는다.

해설 $P = VI = \dfrac{V^2}{R}$에서 $P \propto \dfrac{1}{R}$로 전력 P는 저항 R에 반비례하므로 30[W]의 전구의 저항이 60[W] 전구의 저항보다 더 크다.
직렬접속에서 저항이 큰 쪽에 전압이 더 걸리므로 전력은 $V_{30w}I > V_{60w}I$이므로 30[W]의 전구가 더 밝다.

43 MOS-FET의 드레인 전류는 무엇으로 제어하는가?

① 게이트 전압　② 게이트 전류
③ 소스 전류　④ 소스 전압

해설 MOS-FET의 드레인 전류는 소스와 드레인 사이의 게이트 전압에 의해 조절한다.

44 다음 논리함수를 간략화하면 어떻게 되는가?

$Y = \overline{A}\,\overline{B}\,\overline{C}D + \overline{A}BCD + A\overline{B}\,\overline{C}D + A\overline{B}CD$

	$\overline{A}B$	$\overline{A}B$	AB	$A\overline{B}$
$\overline{C}\overline{D}$	1			1
$\overline{C}D$				
CD				
$C\overline{D}$	1			1

① $\overline{B}D$　② $B\overline{D}$
③ $\overline{B}D$　④ BD

해설 카르노도표로 논리식을 간소화하면 $\overline{B}D$

	$\overline{A}B$	$\overline{A}B$	AB	$A\overline{B}$
$\overline{C}\overline{D}$	①			①
$\overline{C}D$				
CD				
$C\overline{D}$	①			①

45 유도전동기의 1차 접속을 △에서 Y 결선으로 바꾸면 기동 시의 1차 전류는?

① $\dfrac{1}{3}$로 감소한다.

② $\dfrac{1}{\sqrt{3}}$로 감소한다.

③ 3배로 증가한다.

④ $\sqrt{3}$배로 증가한다.

해설 Y-△ 기동법은 권선을 Y결선으로 하여 상전압을 줄여 기동전류를 줄이고 기동 후 △결선으로 하여 운전하므로 기동전류와 기동토크는 $\dfrac{1}{3}$로 감소된다.

46 방향계전기의 기능이 적합하게 설명이 된 것은 어느 것인가?

① 예정된 시간지연을 가지고 응동(應動)하는 것을 목적으로 한 계전기
② 계전기가 설치된 위치에서 보는 전기적 거리 등을 판별해서 동작
③ 보호구간으로 유입하는 전류와 보호구간에서 유출되는 전류와의 벡터차와 출입하는 전류와의 관계비로 동작하는 계전기
④ 2개 이상의 벡터량 관계위치에서 동작하며 전류가 어느 방향으로 흐르는가를 판정하는 것을 목적으로 하는 계전기

해설 거리계전기는 송전선에 사고가 발생했을 때 고장 구간의 전류를 차단하는 작용을 하는 계전기이며 차동계전기는 정상 시에는 계전기를 적용한 2개소의 회로의 전압 또는 전류가 같지만 고장 시에는 전압 또는 전류에 차가 생겨서 이에 의해 동작하는 계전기

47 유도전동기의 2차 입력, 2차 동손 및 슬립을 각각 P_2, P_{C2}, S라 하면 이들의 관계식은?

① $S = P_2 \times P_{C2}$　② $S = P_2 + P_{C2}$

③ $S = \dfrac{P_2}{P_{C2}}$　④ $S = \dfrac{P_{C2}}{P_2}$

해설 $P_2 : P_{C2} : P_o = 1 : S : (1-S)$이므로
$P_2 : P_{C2} = 1 : S$에서 S로 정리하면
$s = \dfrac{P_{C2}}{P_2}$이 된다.

48 다음과 같은 [데이터]에서 5개월 이동 평균법에 의하여 8월의 수요를 예측한 값은 얼마인가?

월	1	2	3	4	5	6	7
판매실적	100	90	110	100	115	110	100

① 103　② 105
③ 107　④ 109

해설 단순이동평균법

당기예측치 $M_t = \dfrac{\sum X_t (\text{당기 실적치})}{n}$

$= \dfrac{(110+100+115+110+100)}{5}$

$= \dfrac{535}{5} = 107$

49 다음 중 모집단의 중심적 경향을 나타낸 측도에 해당하는 것은?

① 범위(Range)
② 최빈값(Mode)
③ 분산(Variance)
④ 변동계수(Coefficient of variation)

해설 최빈값(Mode)은 주어진 자료에서 가장 자주 나타나는 자료의 값

정답 45. ①　46. ④　47. ④　48. ③　49. ②

50 여유시간이 5분, 정미시간이 40분일 경우 내경법으로 여유율을 구하면 약 몇 [%]인가?

① 6.33[%]　② 9.05[%]
③ 11.11[%]　④ 12.06[%]

해설 내경법의 여유율
$$A = \frac{여유시간(AT)}{정미시간(NT) + 여유시간(AT)}$$
$$= \frac{5}{40+5} = 0.1111 = 11.11[\%]$$

51 다음 중 계량값 관리도만으로 짝지어진 것은?

① c 관리도, u 관리도
② $x - R_s$ 관리도, P 관리도
③ $\bar{x} - R$ 관리도, nP 관리도
④ $x - R$ 관리도, $\bar{x} - R$ 관리도

해설 계량형 관리도에는 $\bar{x} - R$ 관리도, x 관리도, $x - R$ 관리도, R 관리도 등이 있다.

52 로트에서 랜덤하게 시료를 추출하여 검사한 후 그 결과에 따라 로트의 합격, 불합격을 판정하는 검사방법을 무엇이라 하는가?

① 자주검사
② 간접검사
③ 전수검사
④ 샘플링 검사

해설 샘플링 검사는 한 로트의 물품 중에서 발췌한 시료를 조사하고 그 결과를 판정 기준과 비교하여 그 로트의 합격 여부를 결정하는 검사

53 관리 사이클의 순서를 가장 적절하게 표시한 것은?(단, A는 조치(Act), C는 체크(Check), D는 실시(Do), P는 계획(Plan)이다.)

① P → D → C → A
② A → D → C → P
③ P → A → C → D
④ P → C → A → D

해설 품질관리 사이클
① Plan(계획, 설계)
② Do(실행, 관리)
③ Check(검토)
④ Action(조치, 개선)

정답　50. ③　51. ④　52. ④　53. ①

2012년 제52회 출제문제

바뀐 출제기준에 따라 삭제된 문제가 있어서 60문항이 안됩니다.

01 2극과 8극의 2대의 3상 유도전동기를 차동 접속법으로 속도제어를 할 때 전원 주파수가 60[Hz]인 경우 무부하 속도 N_0는 몇 [rpm]인가?

① 1800[rpm] ② 1200[rpm]
③ 900[rpm]   ④ 720[rpm]

해설 차동종속법의 회전 속도
$$N_0 = \frac{120f}{P_1 - P_2} = \frac{120 \times 60}{8 - 2} = 1200[\text{rpm}]$$

02 3상 유도전동기의 회전력은 단자전압과 어떤 관계인가?

① 단자전압에 무관하다.
② 단자전압에 비례한다.
③ 단자전압의 2승에 비례한다.
④ 단자전압의 $\frac{1}{2}$승에 비례한다.

해설 유도전동기의 토크 특성 관계식
$$\tau = \frac{PV_1^2}{4\pi f} \cdot \frac{\frac{r_2}{S}}{(r_1 + \frac{r_2}{S})^2 + (x_1 + x_2')^2} [\text{N} \cdot \text{m}]$$
에서 토크는 전압의 제곱에 비례함을 알 수 있다.

03 분류기를 사용하여 전류를 측정하는 경우 전류계의 내부저항이 0.12[Ω], 분류기의 저항이 0.04[Ω]이면 그 배율은?

① 2배 ② 3배
③ 4배 ④ 5배

해설

배율 $n = (1 + \frac{R_a}{R_s}) = (1 + \frac{0.12}{0.04}) = 4$

04 다음은 인버터에 관한 설명이다. 옳지 않은 것은?

① 전압원 인버터에는 직류 리액터가 필요하다.
② 전압원 인버터는 전압 파형은 구형파이다.
③ 전류원 인버터는 부하의 변동에 따라 전압이 변동된다.
④ 전류원 인버터는 비교적 큰 부하에 사용된다.

해설 전압형 인버터는 출력 전압 파형은 구형파, 전류 파형은 톱니파이고 평활 콘덴서와 귀환 다이오드가 필요하고, 전류형 인버터는 출력 전압 파형은 톱니파, 전류 파형은 구형파이며 전류 리액터가 필요하다.

정답 1. ② 2. ③ 3. ③ 4. ①

05 그림과 같은 환류 다이오드 회로의 부하전류 평균값은 몇 [A]인가? (단, 교류전압 $V=220$[V], 60[Hz], 부하저항 $R=10$ [Ω]이며 인덕턴스 L은 매우 크다.)

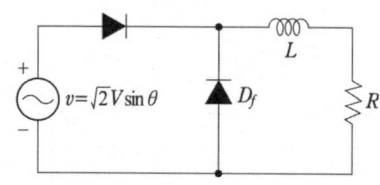

① 6.7[A] ② 8.5[A]
③ 9.9[A] ④ 11.7[A]

해설 환류 정류회로의 출력전압 V_0는 L과 무관하며 저항부하를 갖는 단상반파 정류회로에서의 출력전압과 동일하므로 부하전류 i_0의 평균값

$$I_{dc} = \frac{V_{dc}}{R} = \frac{0.45V}{R} = \frac{0.45 \times 220}{10} = 9.9[A]$$

06 소맥분, 전분, 기타의 가연성 분진이 존재하는 곳의 저압 옥내배선으로 적합하지 않은 공사 방법은?
① 가요전선관 공사
② 금속관 공사
③ 합성수지관 공사
④ 케이블 공사

해설 소맥분, 전분, 유황 기타 가연성의 먼지로서 공중에 떠다니는 상태에서 착화하였을 때, 폭발의 우려가 있는 곳의 저압 옥내 배선은 합성 수지관 배선, 금속 전선관 배선, 케이블 배선에 의하여 시설한다.

07 단상 유도전동기의 기동방법 중 기동 토크가 가장 큰 것은?
① 분상 기동형 ② 콘덴서 기동형
③ 반발 기동형 ④ 세이딩 코일형

해설 단상 유도전동기 기동 토크의 크기는 반발기동형 > 콘덴서기동형 > 분상기동형 > 세이딩 코일형

08 어떤 회로에 $V=100\angle\frac{\pi}{3}$[V]의 전압을 가하니 $I=10\sqrt{3}+j10$[A]의 전류가 흘렀다. 이 회로의 무효전력[Var]은?
① 0   ② 1000
③ 1732   ④ 2000

해설 $V=100\angle\frac{\pi}{3}$[V]를 복소수로 표현하면
$V = 50 + j50\sqrt{3}$
피상전력
$P_a = VI = (50+j50\sqrt{3})\cdot(10\sqrt{3}-j10)$
$= 500\sqrt{3}+500\sqrt{3}+j1500-j500$
$= 1000\sqrt{3}+j1000$
유효전력은 $1000\sqrt{3}$[W], 무효전력은 1000[Var]

09 일반 변전소 또는 이에 준하는 곳의 주요 변압기에 시설하여야 하는 계측장치로 옳은 것은?
① 전류, 전력 및 주파수
② 전압, 주파수 및 역률
③ 전력, 주파수 또는 역률
④ 전압, 전류 또는 전력

해설 변압기에서는 주파수를 변화시킬 수 없으므로 주파수계를 시설할 필요가 없다.

10 220[V] 가정용 전기설비의 절연저항의 최솟값은 몇 [MΩ] 이상인가?
① 0.1   ② 0.2
③ 0.3   ④ 0.4

해설 대지전압 150[V] 초과 300[V] 이하에서는 절연저항 0.2[MΩ] 이상

정답 5. ③ 6. ① 7. ③ 8. ② 9. ④ 10. ②

11 동기발전기의 전기자 권선법으로 사용되지 않는 것은?
① 2층권 ② 중권
③ 분포권 ④ 전절권

해설 동기기의 전기자 권선법은 분포권-단절권-중권-2층권을 사용한다.

12 직류발전기의 유기기전력은 E, 극당 자속을 ϕ, 회전속도를 N이라 할 때 이들의 관계로 옳은 것은?

① $E \propto \dfrac{N}{\phi}$ ② $E \propto \dfrac{\phi}{N}$
③ $E \propto \phi N^2$ ④ $E \propto \phi N$

해설 직류발전기의 유도기전력은 $E = \dfrac{P}{a} Z \phi \dfrac{N}{60}$[V]이므로 유도기전력은 자속과 회전수에 비례

13 동기전동기의 여자전류를 증가하면 어떤 현상이 생기는가?
① 앞선 무효전류가 흐르고 유도기전력은 높아진다.
② 토크가 증가한다.
③ 난조가 생긴다.
④ 전기자 전류의 위상이 앞선다.

해설 동기전동기의 여자전류가 증가하면 과여자 상태로 되어 콘덴서 역할을 하며 전류가 전압보다 90° 앞선 전류가 흐른다.

14 전지의 기전력이나 열전대의 기전력을 정밀하게 측정하기 위하여 사용하는 것은?
① 켈빈 더블 브리지
② 캠벨 브리지
③ 직류 전위차계
④ 메거

해설 직류 전위차계는 표준 전지의 전압을 표준으로 하여 직접 다른 전압을 비교하는 것인데 정밀도가 가장 높은 측정 방법이다. 직류 전류, 직류 저항의 정밀 측정에도 사용된다.

15 피뢰기의 보호 제1대상은 전력용 변압기이며, 피뢰기에 흐르는 정격방전전류는 변전소의 차폐유무와 그 지방의 연간 뇌우 발생 일수 등을 고려하여야 한다. 다음 표의 ( )에 적당한 설치장소별 피뢰기의 공칭 방전전류[A]는?

공칭 방전전류[A]	설치장소
(ㄱ)	154[KV] 이상 계통의 변전소
(ㄴ)	66[KV] 이하의 계통에서 뱅크 용량이 3000[KVA] 이하인 변전소
(ㄷ)	배전선로

① ㄱ. 15000 ㄴ. 10000 ㄷ. 5000
② ㄱ. 10000 ㄴ. 5000 ㄷ. 2500
③ ㄱ. 10000 ㄴ. 2500 ㄷ. 2500
④ ㄱ. 5000 ㄴ. 5000 ㄷ. 2500

해설 피뢰기의 공칭 방전전류

공칭 방전전류[A]	설치 장소	적용조건
10000	변전소	154[KV] 이상 전력계통, 66[KV] 이상 변전소, 장거리 송전선
5000	변전소	66[KV] 이하의 계통에서 뱅크용량이 3000[KVA] 이하인 변전소
2500	선로, 변전소	배전선로(22.9[KV])

정답 11. ④ 12. ④ 13. ④ 14. ③ 15. ②

16 트랜지스터에 있어서 아래 그림과 같이 달링톤(Darlington) 구조를 사용하는 경우 맞는 설명은?

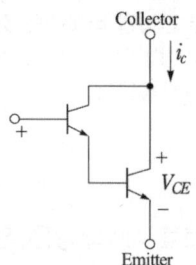

① 같은 크기의 컬렉터 전류에 대해 트랜지스터가 2개 사용되므로 구동회로 손실이 증가한다.
② 달링톤 구조를 사용하면 트랜지스터의 전체적인 전류이득은 감소한다.
③ 같은 크기의 컬렉터 전류에 대해 트랜지스터 컬렉터-이미터 전압(V_{CE})을 2배로 하는 데 사용한다.
④ 같은 크기의 컬렉터 전류에 대해 트랜지스터 구동에 필요한 구동회로 전류를 감소시키는데 효과를 얻을 수 있다.

해설 달링톤은 증폭도를 높이기 위해 TR를 2개 이상 여러 단으로 결합하여 만든 회로로 소 신호를 큰 신호로 증폭할 때 사용한다.

17 과도한 전류변화($\frac{di}{dt}$)나 전압변화($\frac{dv}{dt}$)에 의한 전력용 반도체 스위치의 소손을 막기 위해 사용하는 회로는?

① 스너버 회로   ② 게이트 회로
③ 필터회로   ④ 스위치 제어회로

해설 스너버 회로는 급격한 변화를 누그러뜨리고, 입력 신호에서 원하지 않는 노이즈 등을 제거하기 위하여 사용하는 회로

18 그림과 같은 회로에서 대칭 3상 전압(선간전압) 173[V]를 $Z = 12 + j16[\Omega]$인 성형결선 부하에 인가하였다. 이 경우의 선전류는 몇 [A]인가?

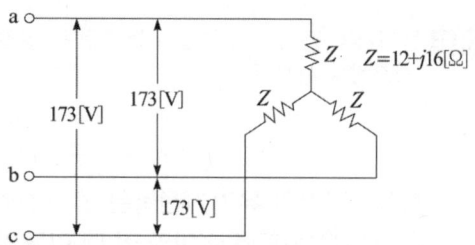

① 5.0[A]   ② 8.3[A]
③ 10.0[A]   ④ 15.0[A]

해설 상전압 $V_P = \frac{V_l}{\sqrt{3}} = \frac{173}{\sqrt{3}} = 100[V]$

임피던스 $Z = \sqrt{R^2 + X^2} = \sqrt{12^2 + 16^2} = 20[\Omega]$

선전류와 상전류는 같으므로

$I_l = I_P = \frac{V_P}{Z} = \frac{100}{20} = 5[A]$

19 그림과 같은 회로의 합성 임피던스는 몇 [Ω]인가?

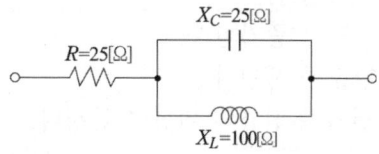

① $25 + j20$ ② $25 - j20$
③ $25 + j\frac{100}{3}$ ④ $25 - j\frac{100}{3}$

해설 $Z = 25 + \cfrac{1}{j\frac{1}{25} + \frac{1}{j100}} = 25 + \cfrac{1}{j(\frac{1}{25} - \frac{1}{100})}$

$= 25 - j\cfrac{1}{(\frac{1}{25} - \frac{1}{100})} = 25 - j\frac{100}{3}[\Omega]$

정답 16. ④ 17. ① 18. ① 19. ④

20 그림과 같은 초퍼회로에서 $V=600[\text{V}]$, $V_C=350[\text{V}]$, $R=0.1[\Omega]$, 스위칭 주기 $T=1800[\mu\text{s}]$, L은 매우 크기 때문에 출력전류는 맥동이 없고 $I_0=100[\text{A}]$로 일정하다. 이때 요구되는 t_{on}시간은 몇 $[\mu\text{s}]$인가?

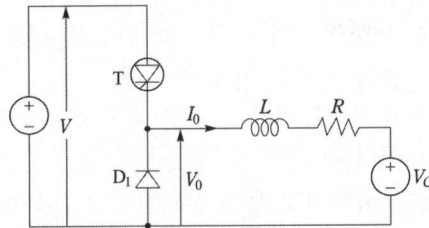

① 950[μs]　　② 1050[μs]
③ 1080[μs]　　④ 1110[μs]

해설 강압형 초퍼의 출력전압
$V_0 = V_c + I_0R = 350 + (100 \times 0.1) = 360[\text{V}]$
$V_0 = \dfrac{T_{on}}{T_{on}+T_{off}} \times V = \dfrac{T_{on}}{T} \times V$ 에서
$T_{on} = \dfrac{V_0}{V} \times T = \dfrac{360}{600} \times 1800 = 1080[\mu\text{s}]$

21 2진수의 음수 표시법으로 -9의 8비트 부호화된 절대값의 표시값은?
① 10001001　　② 11110110
③ 11110111　　④ 10011001

해설 9를 8비트 2진수로 나타내면 00001001 음수를 부호 표시법으로 할 때는 맨 앞자리에 1로 표시해 주면 된다. 10001001

22 서지 흡수기는 보호하고자 하는 기기의 전단 및 개폐 서지를 발생하는 차단기 2차에 각 상의 전로와 대지 간에 설치하는데 다음 중 설치가 불필요한 경우의 조합은 어느 것인가?
① 진공차단기 – 유입식 변압기
② 진공차단기 – 건식 변압기
③ 진공차단기 – 몰드식 변압기
④ 진공차단기 – 유도전동기

해설 진공차단기를 사용하는 발전기, 몰드식, 건식 변압기, 변압기와 유도기를 혼용하여 사용하는 경우에 서지 흡수기를 설치하고 유입식 변압기에는 설치가 불필요하다.

23 행거밴드라 함은?
① 전주에 COS 또는 LA를 고정시키기 위한 밴드
② 전주 자체에 변압기를 고정시키기 위한 밴드
③ 완금을 전주에 설치하는 데 필요한 밴드
④ 완금에 암타이를 고정시키기 위한 밴드

해설 철근콘크리트 전주에 주상변압기를 고정시키기 위한 밴드

24 지상역률 60[%]인 1000[kVA]의 부하를 100[%]의 역률로 개선하는 데 필요한 전력용 콘덴서의 용량은?
① 200[kVA]　　② 400[kVA]
③ 600[kVA]　　④ 800[kVA]

해설 $Q = P(\tan\theta_1 - \tan\theta_2)$
$= 1000 \times 0.6(\tan(\cos^{-1}0.6) - \tan(\cos^{-1}1.0))$
$= 800[\text{kVA}]$

25 변압기의 효율이 최고일 조건은?
① 철손=$\dfrac{1}{2}$동손　　② 동손=$\dfrac{1}{2}$철손
③ 철손=동손　　④ 철손=(동손)^2

해설 전부하 시 철손(P_i) = 동손(P_c)일 때 최대효율조건이다.

26 도통 상태에 있는 SCR을 차단 상태로 만들기 위해서는 어떻게 하여야 하는가?
① 게이트 전압을 (-)로 가한다.
② 게이트 전류를 증가한다.
③ 게이트 펄스전압을 가한다.
④ 전원 전압이 (-)가 되도록 한다.

해설 SCR은 점호능력은 있으나 자기 소호능력이 없으므로 주전류를 유지전류 이하 또는 애노드, 캐소드 간에 역전압을 인가하여 소호시킨다.

27 반가산기의 진리표에 대한 출력함수는?

입력		출력	
A	B	S	C_0
0	0	0	0
0	1	1	0
1	0	1	0
1	1	0	1

① $S = \overline{A}B + AB,\ C_0 = \overline{A}B$
② $S = \overline{A}B + A\overline{B},\ C_0 = AB$
③ $S = \overline{A}B + AB,\ C_0 = AB$
④ $S = \overline{A}B + A\overline{B},\ C_0 = \overline{A}\,\overline{B}$

해설 반가산기의 합(Sum) $S = \overline{A}B + A\overline{B}$
자리올림수(Carry) $C_0 = AB$

28 22.9[kV-Y] 수전설비의 부하전류가 20[A]이며, 30/5[A]의 변류기를 통하여 과전류 계전기를 시설하였다. 120[%]의 과부하에서 차단기를 트립시키려고 하면 과전류 계전기의 Tap은 몇 [A]에 설정하여야 하는가?
① 2[A]   ② 3[A]
③ 4[A]   ④ 5[A]

해설 $20 \times 1.2 = 24$[A], 변류기의 2차측 전류는 $\dfrac{24}{\frac{30}{5}} = 4$[A]이므로 Tap을 4[A]로 설정한다.

29 동기조상기에 대한 설명으로 옳은 것은?
① 유도부하와 병렬로 접속한다.
② 부하전류의 가감으로 위상을 변화시켜 준다.
③ 동기전동기에 부하를 걸고 운전하는 것이다.
④ 부족여자로 운전하여 진상전류를 흐르게 한다.

해설 계자전류의 가감으로 위상을 변화시킬 수 있으며 과여자로 운전하여 진상전류를 흐르게 하는 무부하의 동기 전동기를 동기 조상기라 한다.

30 반지름 25[cm]의 원주형 도선에 π[A]의 전류가 흐를 때 도선의 중심축에서 50[cm]되는 점의 자계의 세기는?(단, 도선의 길이 l은 매우 길다.)
① 1[AT/m]   ② π
③ $\dfrac{1}{2}\pi$[AT/m]   ④ $\dfrac{1}{4}\pi$[AT/m]

해설 도선의 길이가 매우 길기 때문에 무한장 직선전류에 의한 자계의 세기
$H = \dfrac{I}{2\pi r} = \dfrac{\pi}{2\pi \times 50 \times 10^{-2}} = 1$[AT/m]

31 직류전동기의 속도제어 중 계자권선에 직렬 또는 병렬로 저항을 접속하여 속도를 제어하는 방법은?
① 저항제어   ② 전류제어
③ 계자제어   ④ 전압제어

해설 계자 제어법은 계자권선에 직렬로 저항을 삽입하여 자속을 조정하여 속도를 제어한다.

32 반파 위상제어에 의한 트리거 회로에서 발진용 저항이 필요한 경우의 트리거 소자가 아닌 것은?

① SUS ② PUT
③ UJT ④ TRIAC

해설 발진용 저항이 필요한 소자는 SBS, SUS, PUT, UJT, DIAC 등이 있다.

33 1차 전압 200[V], 2차 전압 220[V], 50[kVA]인 단상 단권변압기의 부하용량[kVA]은?

① 25[kVA] ② 50[kVA]
③ 250[kVA] ④ 550[kVA]

해설 부하용량 = 자기용량 × $\dfrac{고압측전압}{승압전압}$
$= 50 \times \dfrac{220}{(220-200)} = 550[kVA]$

34 유도전동기의 속도 제어 방법에서 특별한 보조장치가 필요 없고 효율이 좋으며, 속도 제어가 간단한 장점이 있으나, 결점으로는 속도의 변화가 단계적인 제어방식은?

① 극수 변환법
② 주파수 변환제어법
③ 전원전압 제어법
④ 2차 저항 제어법

해설 극수 변환법은 고정자 권선의 접속을 변경하여 극수를 바꾸면 2단으로 속도를 바꿀 수 있다.

35 아래 그림은 3상 교류 위상제어 회로에서 사이리스터 T_1, T_4는 a상에, T_3, T_6은 b상에, T_5, T는 c상에 연결되어 있다. 이 때 그림의 3상 교류 위상제어 회로에 대한 설명으로 옳지 않은 것은?

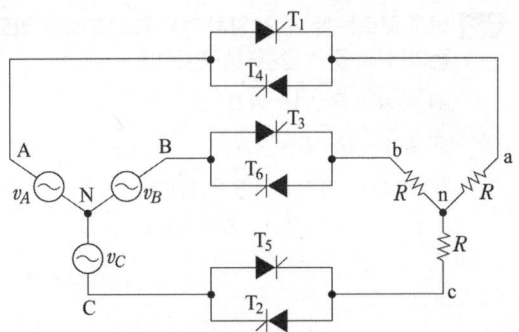

① 사이리스터 T_1, T_6, T_2만 Turn On 되어 있는 경우, 각상 부하저항에 걸리는 전압은 전원전압의 각 상전압과 동일하다.
② 사이리스터 T_1, T_6만 Turn On 되어 있고 나머지 사이리스터들이 모두 Turn Off되어 있는 경우에는 a상 부하저항에 걸리는 전압은 ab 선간전압의 반이 걸리게 된다.
③ 6개의 사이리스터가 모두 Turn Off 되어 있는 경우에는 부하저항에 나타나는 모든 출력전압은 0이다.
④ 사이리스터 T_2, T_3만 Turn On 되어 있고 나머지 사이리스터들이 모두 Turn Off 되어 있는 경우에는 a상 부하저항에 걸리는 전압은 전원의 A상 전압이 그대로 걸리게 된다.

해설 사이리스터 T_2, T_3만 턴온 되어 있고 나머지 사이리스터들이 턴오프 되어 있는 경우는 a상 부하저항의 전압은 0[V]이다.

36 그림과 같은 회로는?

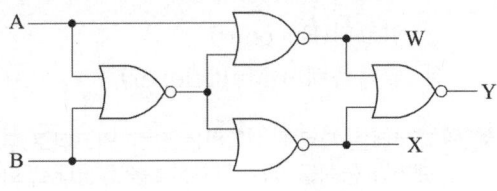

① 비교 회로 ② 반일치 회로
③ 가산 회로 ④ 감산 회로

해설 비교 회로는 두 수의 일치 여부를 비교하는 회로로 논리 회로를 조합시켜서 만든다.

$W = \overline{\overline{A+B}+A} = \overline{A}B$
$X = \overline{\overline{A+B}+B} = A\overline{B}$
$Y = \overline{\overline{AB}+\overline{AB}} = \overline{AB} \cdot \overline{\overline{A}\overline{B}}$
$= (A+\overline{B}) \cdot (\overline{A}+B) = AB + \overline{A}\overline{B}$

37 T형 플립플롭을 3단으로 직렬접속하고 초단에 1[kHz]의 구형파를 가하면 출력 주파수는 몇 [Hz]인가?

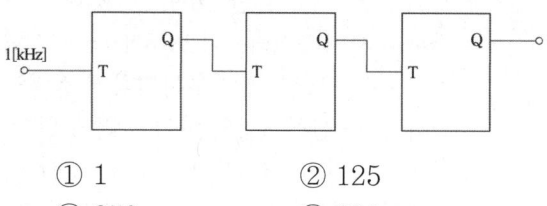

① 1   ② 125
③ 250   ④ 500

해설 출력 주파수 $f = \dfrac{1 \times 10^3}{2^3} = 125[\text{Hz}]$
(n단일 때 2^n이다.)

38 어떤 시스템 프로그램에 있어서 특정한 부호와 신호에 대해서만 응답하는 일종의 장치 해독기로서 다른 신호에 대해서는 응답하지 않는 것을 무엇이라 하는가?

① 산술 연산기(ALU)
② 디코더(Decoder)
③ 인코더(Encoder)
④ 멀티플렉서(Multiflexer)

해설 디코더는 자료를 해독하는 장치. 인코더로 부호화했거나 형식을 바꾼 전기신호를 원상태로 회복하는 장치

39 양수량 35[m³/min]이고 총양정이 20[m]인 양수 펌프용 전동기의 용량은 약 몇 [kW]인가?(단, 펌프 효율은 90[%], 설계 여유계수는 1.2로 계산한다.)

① 103.8   ② 124.6
③ 152.4   ④ 184.2

해설 양수펌프 전동기 용량

$P = \dfrac{9.8kQH}{\eta} = \dfrac{9.8 \times 1.2 \times \dfrac{35}{60} \times 20}{0.9}$
$= 152.4[\text{kW}]$
(η : 펌프 효율, k : 여유계수,
Q : 양수량[m³/sec], H : 총 양정)

40 다음 중 지중 송전선로의 구성방식이 아닌 것은?

① 방사상 환상 방식
② 가지식 방식
③ 루프 방식
④ 단일 유닛 방식

해설 배전선로에서는 가지식 방식을 사용한다.

41 간선의 배선방식 중 고조파 발생의 저감대책이 아닌 것은?

① 전원의 단락용량 감소
② 교류 리액터의 설치
③ 콘덴서의 설치
④ 교류 필터의 설치

해설
• 계통의 단락용량 증대
• 공급배전선의 전용선화
• 배전선 선간전압의 평형화
• 교류 필터, 콘덴서 설치
• 변환장치의 다 펄스화
• 기기 자체의 고조파 내량 증가
• PWM 방식 채용
• 변압기의 델타 결선

정답 37. ② 38. ② 39. ③ 40. ② 41. ①

42 금속전선관의 굵기[mm]를 부르는 것으로 옳은 것은?
① 후강 전선관은 바깥지름에 가까운 홀수로 정한다.
② 후강 전선관은 안지름에 가까운 짝수로 정한다.
③ 박강 전선관은 바깥지름에 가까운 짝수로 정한다.
④ 박강 전선관은 안지름에 가까운 홀수로 정한다.

해설 후강 전선관은 관의 안지름의 크기에 가까운 짝수 (16, 22, 28, 36, 42, 54, 70, 82, 92, 104)로 표시하고 박강 전선관은 관의 바깥지름의 크기에 가까운 홀수(15, 19, 25, 31, 39, 51, 63, 75)로 표시한다.

43 그림과 같이 대전된 에보나이트 막대를 박검전기의 금속판에 닿지 않도록 가깝게 가져갔을 때 금박이 열렸다면 다음 중 옳은 것은? (단, A는 원판, B는 박, C는 에보나이트 막대이다.)?

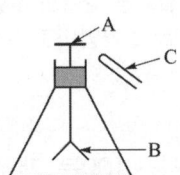

① A : 양전기, B : 양전기, C : 음전기
② A : 음전기, B : 음전기, C : 음전기
③ A : 양전기, B : 음전기, C : 음전기
④ A : 양전기, B : 양전기, C : 양전기

해설 대전된 에보나이트 막대는 음전기를 띠며 에보나이트 막대를 원판에 가까이 하면 에보나이트 막대에 가까운 쪽(원판)에서는 양전기를 띠며 반대쪽(박)에는 음전기가 나타난다.

44 변압기 여자전류의 파형은?
① 파형이 나타나지 않는다.
② 사인파
③ 왜형파
④ 구형파

해설 변압기의 철심에는 히스테리시스 현상이 있으므로 정현파 자속을 발생하기 위해서는 여자전류의 파형은 왜형파가 된다. 고조파 중에서 제일 큰 제3고조파이고, 그 크기는 실제 변압기에서 사용되는 자속밀도의 범위에서는 등가 정현파 전류의 40[%]에 도달한다.

45 단상 직권 정류자 전동기의 속도를 고속으로 하는 이유는?
① 전기자에 유도되는 역기전력을 적게 한다.
② 전기자 리액턴스 강하를 크게 한다.
③ 토크를 증가시킨다.
④ 역률을 개선시킨다.

해설 직권전동기와 동일한 구성으로 단상교류전압을 가하는 것으로 높은 속도를 얻을 수 있으므로 가정용 전기청소기나 믹서·전기드릴 등에 사용되며 계자권선의 권선 수를 적게 감아서 주 자속을 감소시켜 리액턴스 때문에 역률이 낮아지는 것을 방지한다.

46 변압기에서 임피던스의 전압을 걸 때 입력은?
① 정격용량
② 철손
③ 전부하 시의 전손실
④ 임피던스 와트

해설 임피던스 와트는 임피던스 전압을 걸었을 때 발생하는 와트(동손)로 변압기의 부하손 측정

47 저압가공 인입선의 시설 기준으로 옳지 않은 것은?
① 전선이 옥외용 비닐 절연전선일 경우에는 사람이 접촉할 우려가 없도록 시설할 것
② 전선의 인장강도는 2.31[kN] 이상일 것
③ 전선은 나전선, 절연전선, 케이블일 것
④ 철도 또는 궤도를 횡단하는 경우에는 레일면상 6.5[m] 이상일 것

해설 저압가공 인입선은 절연전선, 다심형 전선, 케이블일 것

48 가공전선이 건조물·도로·횡단 보도교·철도·가공 약전류 전선·안테나, 다른 가공전선, 기타의 공작물과 접근·교차하여 시설하는 경우에 일반 공사보다 강화하는 것을 보안공사라 한다. 고압 보안공사에서 전선을 경동선으로 사용하는 경우 몇 [mm] 이상의 것을 사용하여야 하는가?
① 3[mm]   ② 4[mm]
③ 5[mm]   ④ 6[mm]

해설 고압 보안공사에서 케이블인 경우 이외에는 인장강도 8.01[kN] 이상 또는 지름 5.0[mm] 이상의 경동선을 사용해야 한다.

49 축의 완성 지름, 철사의 인장강도, 아스피린 순도와 같은 데이터를 관리하는 가장 대표적인 관리도는?
① c 관리도   ② nP 관리도
③ u 관리도   ④ $\bar{x} - R$ 관리도

해설 계량형 관리도에는 $\bar{x} - R$ 관리도, x 관리도, $x - R$ 관리도, R 관리도 등이 있다.
계수형 관리도에는 nP 관리도, p 관리도, c 관리도, u 관리도가 있다.
계량형 관리도로 데이터 관리가 가능하다.

50 로트의 크기가 시료의 크기에 비해 10배 이상 클 때, 시료의 크기와 합격판정개수를 일정하게 하고 로트의 크기를 증가시킬 경우 검사특성곡선의 모양 변화에 대한 설명으로 가장 적절한 것은?
① 무한대로 커진다.
② 별로 영향을 미치지 않는다.
③ 샘플링 검사의 판별 능력이 매우 좋아진다.
④ 검사특성곡선의 기울기 경사가 급해진다.

해설 로트의 크기가 시료의 크기보다 커지면 검사특성곡선이 급격하게 기울어지나, 로트의 크기가 시료의 크기에 비해 10배 이상 크게 되면 거의 변하지 않는다.

51 작업시간 측정방법 중 직접측정법은?
① PTS법   ② 경험견적법
③ 표준자료법 ④ 스톱워치법

해설 스톱워치법은 작업자의 작업수행을 직접 관측하면서 스톱워치로 작업의 소요시간을 측정하고 이것을 근거로 그 작업의 표준시간을 결정하는 방법

52 준비작업시간 100분, 개당 정미작업시간 15분, 로트의 크기 20일 때 1개당 소요작업시간은 얼마인가?(단, 여유시간은 없다고 가정한다.)
① 15분   ② 20분
③ 35분   ④ 45분

해설 표준작업시간 = 정미시간 + 여유시간 + 준비작업시간
1개당 소요작업시간 = 15분 + 0분 + $\dfrac{100분}{20개}$
= 15분 + 0분 + 5분 = 20분

정답 47. ③ 48. ③ 49. ④ 50. ② 51. ④ 52. ②

53 소비자가 요구하는 품질로써 설계와 판매정책에 반영되는 품질을 의미하는 것은?

① 시장품질　　② 설계품질
③ 제조품질　　④ 규격품질

해설
- 설계품질 : 제품의 설계 시 품질명세서에 의하여 설정된 최적의 목표 품질이며 제조업자가 어떤 품질을 제작할 것인가 결정하는 것
- 제조품질 : 설계품질을 제품화했을 때의 품질, 적합품질
- 시장(서비스) 품질 : 소비자들이 시장에서 요구하는 품질수준, 사용품질

54 다음 중 샘플링 검사보다 전수검사를 실시하는 것이 유리한 경우는?

① 검사항목이 많은 경우
② 파괴검사를 해야 하는 경우
③ 품질특성치가 치명적인 결점을 포함하는 경우
④ 다수 다량의 것으로 어느 정도 부적합품이 섞여도 괜찮을 경우

해설 전수검사가 필요한 경우는 불량품이 절대 있어서는 안 되는 경우와 검사항목수가 적고 로트의 크기가 작을 경우

정답 53. ①　54. ③

2013년 제53회 출제문제

01 다이오드의 애벌란시(Avalanche) 현상이 발생되는 것을 옳게 설명한 것은?
① 역방향 전압이 클 때 발생한다.
② 순방향 전압이 클 때 발생한다.
③ 역방향 전압이 작을 때 발생한다.
④ 순방향 전압이 작을 때 발생한다.

해설 단일 입자 또는 광량자가 복수 개의 이온을 발생하고, 이들 이온이 가속 전계에 의해 충분한 에너지를 얻어 다시 많은 이온을 만들어내는 현상을 전자 사태라 하고 그 임계 전압을 항복전압이라 한다.

02 공기 중 10[Wb]의 자극에서 나오는 자력선의 총 수는?
① 약 6.885×10^6개 ② 약 7.958×10^6개
③ 약 8.855×10^6개 ④ 약 9.092×10^6개

해설 임의의 폐곡면 내의 전체 자하량 m[Wb]가 있을 때 이 폐곡면을 통해서 나오는 자기력선의 총수는 $\frac{m}{\mu}$개다. (공기 중의 비투자율 $\mu_s = 1$이므로 $\frac{m}{\mu_0}$개의 자기력선이 나온다.)
$N = \frac{m}{\mu_0 \mu_s} = \frac{10}{4\pi \times 10^{-7} \times 1} = 7.958 \times 10^6$[개]

03 용량 10[kVA]의 단권변압기에서 전압 3000[V]를 3300[V]로 승압시켜 부하에 공급할 때 부하용량[kVA]은?
① 1.1[kVA]   ② 11[kVA]
③ 110[kVA]   ④ 990[kVA]

해설 부하용량 = 자기용량 × $\frac{\text{고압측 전압}}{\text{승압전압}}$
$= 10 \times \frac{3300}{(3300-3000)} = 110$[kVA]

04 유니온 커플링의 사용 목적으로 옳은 것은?
① 금속관 상호의 나사를 연결하는 접속
② 금속관과 박스와 접속
③ 안지름이 다른 금속관 상호의 접속
④ 돌려 끼울 수 없는 금속관 상호의 접속

해설 유니온 커플링은 금속관 상호 접속용으로 관이 고정되어 있어 돌려 끼울 수 없는 장소에 사용한다.

05 공급점 30[m]인 지점에서 70[A], 45[m]인 지점에서 50[A], 60[m]인 지점에서 30[A]의 부하가 걸려 있을 때 부하중심까지의 거리를 산출하여 전압강하를 고려한 전선의 굵기를 결정하고자 한다. 부하중심까지의 거리는 몇 [m]인가?
① 62[m]   ② 50[m]
③ 41[m]   ④ 36[m]

해설 부하중심점 = $\frac{\sum(\text{각각의 거리} \times \text{전류 합})}{\text{전류의 합}}$
$= \frac{(30 \times 70) + (45 \times 50) + (60 \times 30)}{70 + 50 + 30}$
$= 41$[m]

06 2개의 전력계를 사용하여 평형부하의 3상 회로의 역률을 측정하고자 한다. 전력계의 지시가 각각 1[kW] 및 3[kW]라 할 때 이 회로의 역률은 약 몇 [%]인가?
① 58.8   ② 63.3   ③ 75.6   ④ 86.6

해설 $\cos\theta = \frac{P_1 + P_2}{2\sqrt{P_1^2 + P_2^2 - P_1 P_2}}$
$= \frac{1+3}{2\sqrt{1^2 + 3^2 - 1 \times 3}} = 0.756 = 75.6$[%]

정답 1.① 2.② 3.③ 4.④ 5.③ 6.③

07 그림과 같은 회로에서 단자 a, b에서 본 합성저항 [Ω]은?(단, R=3[Ω]이다.)

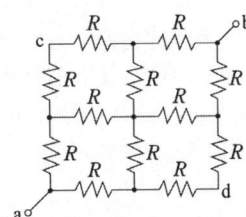

① 1.0[Ω] ② 1.5[Ω]
③ 3.0[Ω] ④ 4.5[Ω]

해설 $R_{ab} = 3 \times \left(\dfrac{1}{2} + \dfrac{1}{4} + \dfrac{1}{4} + \dfrac{1}{2}\right) = 3 \times \dfrac{3}{2} = 4.5[\Omega]$

08 그림은 사이클로 컨버터의 출력전압과 전류의 파형이다. $\theta_2 \sim \theta_3$ 구간에서 동작되는 컨버터의 동작 모드는?

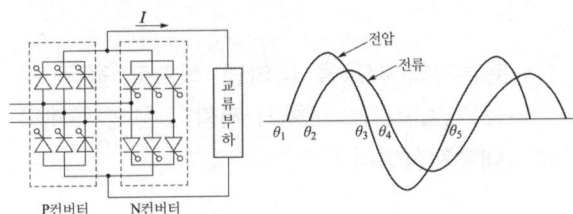

① P 컨버터, 순변환
② P 컨버터, 역변환
③ N 컨버터, 순변환
④ N 컨버터, 역변환

해설 $\theta_4 - \theta_5$ 구간 : N 컨버터, 역변환

09 사용전압이 220[V]인 경우에 애자사용공사에서 전선과 조영재와의 이격거리는 최소 몇 [cm] 이상이어야 하는가?

① 2.5 ② 4.5
③ 6.0 ④ 8.0

해설 [애자사용 배선공사]
- 전선 상호 간의 거리 : 6[cm] 이상
- 전선과 조영재와의 거리
  - 400[V] 이하 : 2.5[cm] 이상
  - 400[V] 초과 : 4.5[cm] 이상
  (건조한 곳은 2.5[cm] 이상)

10 그림과 같은 회로에서 소비되는 전력은?

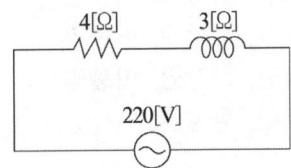

① 5808[W] ② 7744[W]
③ 9680[W] ④ 12100[W]

해설 $Z = \sqrt{R^2 + X^2} = \sqrt{4^2 + 3^2} = 5[\Omega]$

$I = \dfrac{V}{Z} = \dfrac{V}{\sqrt{R^2 + X^2}} = \dfrac{220}{5} = 44[A]$

저항 R에 걸리는 전력이 소비전력이므로
$P = I^2 R = 44^2 \times 4 = 7744[W]$

11 주파수 60[Hz]로 제작된 3상 유도전동기를 동일한 전압의 50[Hz] 전원으로 사용할 때 나타나는 현상은?

① 철손 감소 ② 무부하전류 증가
③ 자속 감소 ④ 속도 증가

해설 유도기전력 $E = 4.44fN\phi_m$에서
주파수가 감소하면 자속은 증가한다.
동기속도 $N_s = \dfrac{120f}{P}$[rpm]에서
주파수가 감소하면 속도도 감소한다.
철손 $P_i = P_h + P_e$에서

$P_h \propto fB_m^2 = \dfrac{f^2 B_m^2}{f}$,

$P_e \propto t^2 f^2 B_m^2 = t^2(fB_m)^2$에서
유도기전력 $E = 4.44fN\phi_m \propto fB_m$에서

정답 7. ④ 8. ① 9. ① 10. ② 11. ②

$P_h \propto \dfrac{E^2}{f}$, $P_e \propto E^2$ 이므로
주파수가 감소하면, 철손이 증가하여 무부하 전류가 증가한다.

12 직류기에 주로 사용하는 권선법으로 다음 중 옳은 것은?

① 개로권, 환상권, 이층권
② 개로권, 고상권, 이층권
③ 폐로권, 고상권, 이층권
④ 폐로권, 환상권, 이층권

해설 직류기의 전기자 권선법은 주로 폐로권이면서 고상권을 채용한다.
- 고상권 : 전기자도체를 전기자 표면에 설치하는 방식
- 환상권 : 전기자도체를 전기자 표면과 중심에 설치하는 방식으로 제작이나 수리가 어려워 사용하지 않는다.

13 저항 10[Ω], 유도리액턴스 10[Ω]인 직렬회로에 교류전압을 인가할 때 전압과 이 회로에 흐르는 전류와의 위상차는 몇 도인가?

① 60° ② 45°
③ 30° ④ 0°

해설 RL 직렬회로의 전압, 전류의 위상차는
$\theta = \tan^{-1}\dfrac{X_L}{R} = \tan^{-1}\dfrac{10}{10} = 45°$

14 3상 배전선로의 말단에 늦은 역률 80[%], 150[kW]의 평형 3상 부하가 있다. 부하점에 부하와 병렬로 전력용 콘덴서를 접속하여 선로손실을 최소화하려고 한다. 이 경우 필요한 콘덴서 용량은?(단, 부하단 전압은 변하지 않는 것으로 한다.)

① 105.5[kVA] ② 112.5[kVA]
③ 135.5[kVA] ④ 150.5[kVA]

해설 역률 개선용 콘덴서 용량
$Q = P(\tan\theta_1 - \tan\theta_2)[kVA]$ 이다.
$Q = 150 \times [\tan(\cos^{-1}0.8) - \tan(\cos^{-1}1.0)]$
$= 112.5[kVA]$

15 동기전동기에서 제동권선의 사용 목적으로 가장 옳은 것은?

① 난조 방지
② 정지시간의 단축
③ 운전 토크의 증가
④ 과부하 내량의 증가

해설 동기기에서 난조(Hunting) 방지를 위하여 제동권선을 설치한다.

16 분류기의 배율을 나타낸 식으로 옳은 것은?(단, R_S는 분류기 저항, r은 전류계의 내부저항이다.)

① $\dfrac{R_s + 1}{r}$ ② $\dfrac{R_s}{r} + 1$
③ $\dfrac{r}{R_s} + 1$ ④ $\dfrac{r}{r + R_s} + 1$

해설 분류기의 배율 $n = \dfrac{I_0}{I_a} = \dfrac{I_0}{\dfrac{R_s}{r + R_s} \times I_0} = \dfrac{r}{R_s} + 1$

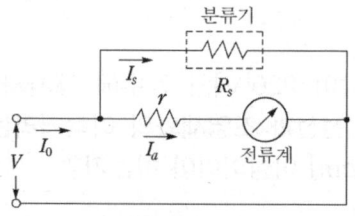

17 2진수 01100110_2의 2의 보수는?

① 01100110
② 01100111
③ 10011001
④ 10011010

해설 1의 보수는 0 → 1로, 1 → 0으로 변환하면 되므로
1의 보수를 구하면 01100110 → 10011001
2의 보수는 1의 보수 +1이므로
10011001 + 1 = 10011010

18 가공 전선로에 사용하는 원형 철근 콘크리트주의 수직 투영 면적 1[m²]에 대한 갑종 풍압 하중은?

① 333[Pa]
② 588[Pa]
③ 745[Pa]
④ 882[Pa]

해설 가공 전선로에 사용하는 지지물의 강도 계산에 적용하는 풍압 하중은 갑종, 을종, 병종으로 구분한다.
갑종 풍압 하중

풍압을 받는 구분	구성재의 수직 투영면적 풍압을 받는 구분 1[m²]에 대한 풍압
목주	588[Pa]
철주(원형)	588[Pa]
철근 콘크리트주(원형)	588[Pa]
철탑(단주, 원형)	588[Pa]

19 저압의 지중전선이 지중 약전류 전선 등과 접근하거나 교차하는 경우 상호 간의 이격거리가 몇 [cm] 이하인 때에는 지중전선과 지중 약전류 전선 등 사이에 견고한 내화성의 격벽을 설치하는가?

① 20[cm]
② 30[cm]
③ 50[cm]
④ 60[cm]

해설 지중전선과 지중 약전류 전선과 접근 또는 교차 시 상호 이격거리가 저압 또는 고압의 지중전선은 30[cm] 이하, 특고압 지중전선은 60[cm] 이하일 때에는 견고한 내화성의 격벽을 설치한다.

20 무한히 긴 직선도체에 전류 I[A]를 흘릴 때 이 전류로부터 r[m] 떨어진 점의 자속밀도는 몇 [Wb/m²]인가?

① $\dfrac{\mu_0 I}{4\pi r}$
② $\dfrac{I}{2\pi \mu_0 r}$
③ $\dfrac{I}{2\pi r}$
④ $\dfrac{\mu_0 I}{2\pi r}$

해설 무한히 긴 직선도체의 자기장의 세기
$$H = \dfrac{I}{2\pi r} \text{[AT/m]}$$
공기 중 무한히 긴 직선도체의 자속밀도
$$B = \mu H = \dfrac{\mu_0 I}{2\pi r} \text{[Wb/m}^2\text{]}$$

21 소형 유도전동기의 슬롯을 사구(Skew Slot)로 하는 이유는?

① 기동 토크를 증가시키기 위하여
② 게르게스 현상을 방지하기 위하여
③ 제동 토크를 증가시키기 위하여
④ 크로우링을 방지하기 위하여

해설 크로우링 현상(차동기 운전)은 소용량의 농형 유도전동기에서 주로 생기는 현상으로 고조파의 영향으로 가속이 안 되는 현상이며 경사 슬롯을 채용하여 어느 정도 방지할 수 있다.

22 전력용 콘덴서의 내부소자 사고 검출방식이 아닌 것은?

① 콘덴서 외함 팽창변위 검출방식
② 중성점 간 전압 검출방식
③ 중성점 간 전류 검출방식
④ 회선 전류 위상비교 검출방식

해설 [콘덴서의 내부소자 사고 검출방식]
- 중성점 간 전류 검출방식은 스타(Y)로 결선된 콘덴서를 2조로 하여 콘덴서 고장 시 중성점 간에 흐르는 전류를 검출하는 방식
- ARN 스위치 보호방식은 콘덴서의 외함의 팽창변위를 검출하여 고장을 판별하는 방식
- Lead Cut 보호방식은 콘덴서가 절연 파괴되면 내부의 압력이 상승하게 되어 외함이 변형을 일으켜 보호장치가 동작하는 방식

23 영구자석을 회전자로 하고, 회전자의 자극 근처에 반대 극성의 자극을 가까이 놓고 회전시키면 회전자는 이동하는 자석에 흡인되어 회전하는 전동기는?

① 유도 전동기 ② 직권 전동기
③ 동기 전동기 ④ 분권 전동기

해설 동기 전동기의 회전원리는 영구자석을 회전자로 하고 회전자의 자극 가까이에 권선으로 만든 전자석을 가까이 하여 회전시키면 회전자는 이동하는 전자석에 흡인되어 회전한다.

24 자극의 흡인력 F[N]과 자속밀도 B[Wb/m²]의 관계로 옳은 것은? (단, $K = \dfrac{S}{2\mu_0}$ 이다.)

① $F = K\dfrac{1}{B^2}$ ② $F = K\dfrac{1}{B}$
③ $F = KB^2$ ④ $F = KB$

해설 서로 다른 자극 사이에는 흡인력 F가 발생하고, 미소거리 Δl[m]만큼 이동하면 일은 $W = F \cdot \Delta l$ [J]이고, 자기회로의 새로 발생된 자기에너지와 등가이므로

$W = F \cdot \Delta l = \dfrac{1}{2}\mu H^2 \cdot S \cdot \Delta l$ [J],

$F = \dfrac{1}{2}\mu H^2 \cdot S$ [N]

여기서

$H = \dfrac{B}{\mu}$ 가 공기 중일 때 ($\mu_s = 1$) $H = \dfrac{B}{\mu_0}$ 이므로

$F = \dfrac{1}{2\mu_0} B^2 \cdot S = KB^2$ [N]

25 3상 유도전동기의 2차 동손, 2차 입력, 슬립을 각각 P_c, P_2, S라 하면 관계식은?

① $P_c = SP_2$ ② $P_c = \dfrac{P_2}{S}$
③ $P_c = \dfrac{S}{P_2}$ ④ $P_c = \dfrac{1}{SP_2}$

해설 $P_2 : P_c : P_o = 1 : S : (1-S)$ 이므로
$P_2 : P_c = 1 : S$에서 P_c로 정리하면
$P_c = SP_2$가 된다.

26 정격 30[kVA], 1차측 전압 6600[V], 권수비 30인 단상변압기의 2차측 정격전류는 약 몇 [A]인가?

① 93.2[A]   ② 136.4[A]
③ 220.7[A]   ④ 455.5[A]

해설 권수비 $(a) = \dfrac{V_1}{V_2}$, $V_2 = \dfrac{V_1}{a} = \dfrac{6600}{30} = 220$[V]

2차측 정격전류

$I_{2n} = \dfrac{P_a}{V_2} = \dfrac{30 \times 10^3}{220} = 136.4$[A]

정답 22. ④ 23. ③ 24. ③ 25. ① 26. ②

27 진리표와 같은 논리식을 간략화한 것은?

입력			출력
A	B	C	X
0	0	0	0
0	0	1	1
0	1	0	0
0	1	1	1
1	0	0	0
1	0	1	0
1	1	0	1
1	1	1	1

① $\overline{A}B + \overline{B}C$
② $\overline{A}\,\overline{B} + B\overline{C}$
③ $AC + \overline{B}\,\overline{C}$
④ $AB + \overline{A}C$

해설 카르노도표로 논리식을 간소화하면 $AB + \overline{A}C$

C\AB	00	01	11	10
0	0	0	1	0
1	1	1	1	0

28 2진수 $(1011)_2$를 그레이 코드(Gray Code)로 변환한 값은?

① $(1111)_G$
② $(1101)_G$
③ $(1110)_G$
④ $(1100)_G$

해설

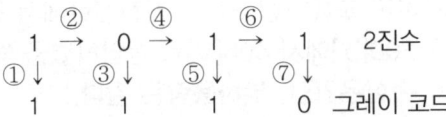

29 나전선 상호 또는 나전선과 절연전선, 캡타이어 케이블 또는 케이블과 접속하는 경우의 설명으로 옳은 것은?

① 접속 슬리브(스프리트 슬리브 제외), 전선 접속기를 사용하여 접속하여야 한다.
② 접속부분의 절연은 전선 절연물의 80[%] 이상의 절연효력이 있는 것으로 피복하여야 한다.
③ 접속부분의 전기저항을 증가시켜야 한다.
④ 전선의 강도를 30[%] 이상 감소시키지 않는다.

해설 [전선접속의 조건]
- 전기적 저항을 증가시키지 않는다.
- 접속 부위의 기계적 강도를 20[%] 이상 감소시키지 않는다.
- 접속점의 절연이 약화되지 않도록 테이핑 또는 와이어 커넥터로 절연한다.
- 전선의 접속은 박스 안에서 하고, 접속점에 장력이 가해지지 않도록 한다.

30 공용접지의 특징으로 적합한 것은?
① 다른 기기 계통에 영향이 적다.
② 보호 대상물을 제한할 수 있다.
③ 접지 전극수가 적어 시공면에서 경제적이다.
④ 접지 공사비가 상승한다.

해설 독립접지와 공용접지의 비교

구분	독립접지	공용접지
정의	접지 대상물을 개별로 접지하는 방식	접지 대상물을 모두 연결시키는 방식
장점	타 기기 및 계통에 영향이 없다. 접지 대상물을 제한할 수 있다.	접지 저항값을 쉽게 얻을 수 있다. 접지 공사비가 적다. 접지 신뢰도가 높다. 대상기기 적용이 쉽다.
단점	접지 저항값을 얻기 어렵다. 접지 공사비가 크다. 접지 신뢰도가 낮다.	타 기기에 영향을 주고 받는다. 보호 대상물 제한이 불가능하다.
적용	피뢰기, 피뢰침, 컴퓨터용, 시스템	일반기기 외함, 케이블

정답 27. ④ 28. ③ 29. ① 30. ③

31 다음 설명 중 옳은 것은?

① 인덕턴스를 직렬 연결하면 리액턴스가 커진다.
② 저항을 병렬 연결하면 합성저항은 커진다.
③ 콘덴서를 직렬 연결하면 용량이 커진다.
④ 유도 리액턴스는 주파수에 반비례한다.

해설 저항과 인덕턴스는 직렬 연결하면 값이 커지고, 병렬 연결하면 작아지고 콘덴서는 직렬 연결하면 값이 작아지고, 병렬 연결하면 커지며 유도 리액턴스는 주파수에 비례한다.

32 용량 10[kVA], 임피던스 전압 5[%]인 변압기 A와 용량 30[kVA], 임피던스 전압 1[%]인 변압기 B를 병렬 운전시켜 36[kVA] 부하를 연결할 때 변압기 A의 부하 분담은 몇 [kVA]인가?

① 4.5[kVA] ② 6[kVA]
③ 13.5[kVA] ④ 18[kVA]

해설 부하 분담은 임피던스 전압(% 임피던스 전압강하 =%Z)과 반비례 관계를 가지고 있으므로 다음과 같이 A의 부하 분담을 구할 수 있다. (부하 분담은 각 변압기 용량과는 관계가 없음)

$$P_A = \frac{\%Z_B}{\%Z_A + \%Z_B} \times P = \frac{1}{5+1} \times 36$$
$$= 6[kVA]$$

33 평균 구면광도 100[cd]의 전구 5개를 지름 10[m]인 원형의 방에 점등할 때, 방의 평균 조도[lx]는?(단, 조명률은 0.5, 감광보상률은 1.5이다.)

① 약 26.7[lx] ② 약 35.5[lx]
③ 약 48.8[lx] ④ 약 59.4[lx]

해설 광속 $F = 4\pi I = 4\pi \times 100 = 1256[lm]$,
방의 면적 $A = \pi r^2 = \pi \times (\frac{10}{2})^2 = 78.5[m^2]$

조명률 $U=0.5$, 감광보상률 $D=1.5$, 유지율 $M=1$로 계산하면
$F = \frac{EAD}{NUM}$ 에서 조도
$E = \frac{FNUM}{AD} = \frac{1256 \times 5 \times 0.5 \times 1}{78.5 \times 1.5} = 26.667$
≒ 26.7[lx]

34 카르노도의 상태가 그림과 같을 때 간략화된 논리식은?

C \ BA	00	01	11	10
0	1	0	0	1
1	1	0	0	1

① $\overline{A}\overline{B}\overline{C} + \overline{A}BC + \overline{A}B\overline{C} + \overline{A}BC$
② $A\overline{B} + \overline{A}B$
③ A
④ $\overline{A}$

해설 카르노도표로 논리식을 간소화하면 $\overline{A}$

C \ BA	00	01	11	10
0	1	0	0	1
1	1	0	0	1

35 어떤 교류 3상 3선식 배전선로에서 전압을 200[V]에서 400[V]로 승압하였을 때 전력 손실은?(단, 부하용량은 같다.)

① 2배로 증가한다.
② 4배로 증가한다.
③ $\frac{1}{2}$로 감소한다.
④ $\frac{1}{4}$로 감소한다.

정답 31. ① 32. ② 33. ① 34. ④ 35. ④

[해설] 전력 $P=VI$[W]에서 부하가 일정한 경우 전압을 2배로 승압하면 전류는 $\frac{1}{2}$배로 감소한다.
선로의 전력 손실 $P=I^2R$[W]이므로 전력손실은 $\frac{1}{4}$배로 감소한다.

36 자동화재 탐지설비의 감지기 회로에 사용되는 비닐절연전선의 최고 규격은?
① 1.0[mm^2] ② 1.5[mm^2]
③ 2.5[mm^2] ④ 4.0[mm^2]

37 120° 씩 위상차를 갖는 3상 평형전원이 아래 3상 전파 정류회로에 인가되어 있는 경우 다음 설명 중 적절하지 않은 것은?

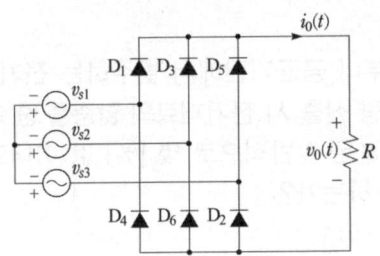

① 3상 전파 정류회로의 출력전압 $v_0(t)$은 3상 반파 정류회로의 경우보다 리플(ripple) 성분의 크기가 작다.
② 상단부 다이오드(D_1, D_3, D_5)는 임의의 시간에 3상 전원 중 전압의 크기가 양의 방향으로 가장 큰 상에 연결되어 있는 다이오드가 온(On)된다.
③ 3상 전파 정류회로의 출력전압 $v_0(t)$은 120°의 간격을 가지고 전원의 한 주기당 각 상전압의 크기를 따라가는 3개의 펄스로 나타난다.
④ 출력전압 $v_0(t)$의 평균치는 전원 선간전압 실효치의 약 1.35배이다.

[해설] 전원전압의 한 주기 내에 펄스폭이 120°인 6개의 펄스 형태의 선간전압으로 직류 출력전압이 얻어지므로 3상 전파 정류기를 6-펄스 정류기라고도 한다.
출력전압의 평균치는 전원 선간전압 실효치의 1.17배(3상 반파), 1.35배(3상 전파)이다.

38 직류 복권전동기 중에서 무부하 속도와 전부하 속도가 같도록 만들어진 것은?
① 과복권 ② 부족복권
③ 평복권 ④ 차동복권

39 동기발전기에서 전기자 권선을 단절권으로 하는 목적은?
① 절연을 좋게 한다.
② 기전력을 높게 한다.
③ 역률을 좋게 한다.
④ 고조파를 제거한다.

[해설] 단절권은 코일의 양변 간의 피치가 1자극 피치보다 짧은 코일을 사용한 권선으로 고조파 제거로 파형이 좋아지고 코일 단부가 줄어 동량이 적게 드는 장점이 있다.

40 D형 플립플롭의 현재 상태[Q]가 0일 때 다음 상태 [$Q(t+1)$]를 1로 하기 위한 D의 입력 조건은?
① 1
② 0
③ 1과 0 모두 가능
④ Q

[해설] D 플립플롭은 $D=0$에서 클럭이 발생하면 $Q=0$이고, $D=1$에서 클럭이 발생하면 $Q=1$이 된다.

정답 36. ② 37. ③ 38. ③ 39. ④ 40. ①

41 지중 전선로를 직접 매설식으로 시설하는 경우 차량 기타 중량물의 압력을 받을 우려가 있는 장소에는 깊이를 몇 [m] 이상으로 해야 하는가?

① 0.6[m]　② 1.0[m]
③ 1.8[m]　④ 2.0[m]

[해설] 직접 매설식에서 케이블 매설 깊이는 차량, 기타 중량물의 압력을 받을 우려가 있는 장소는 1.0[m] 이상, 기타 장소는 0.6[m] 이상이어야 한다.

42 3상 동기발전기의 단락비를 산출하는 데 필요한 시험은?

① 돌발 단락시험과 부하시험
② 동기화 시험과 부하 포화시험
③ 외부 특성시험과 3상 단락시험
④ 무부하 포화시험과 3상 단락시험

[해설] 동기 발전기의 단락비는 무부하 포화곡선과 3상 단락곡선으로 구할 수 있다.

43 PN 접합 다이오드의 순방향 특성에서 실리콘 다이오드의 브레이크 포인터는 약 몇 [V]인가?

① 0.2[V]　② 0.5[V]
③ 0.7[V]　④ 0.9[V]

44 다음은 콘덴서형 전동기 회로로서 보조 권선에 콘덴서를 접속하여 보조 권선에 흐르는 전류와 주 권선에 흐르는 전류의 위상각을 더욱 크게 한 것으로 회로에 사용한 콘덴서의 목적으로 옳지 않은 것은?

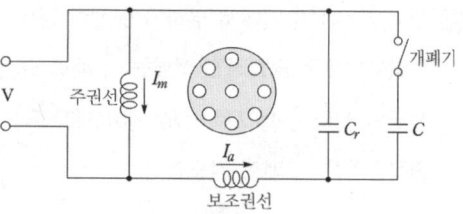

① 정·역 운전에 도움을 준다.
② 운전 시에 효율을 개선한다.
③ 운전 시에 역률을 개선한다.
④ 기동 회전력을 크게 한다.

[해설] 그림과 같이 기동용 콘덴서 C 외에 운전 중에도 사용하는 콘덴서 C_r을 접속한 것으로 기동이 완료되면 C만이 차단되고 보조권선과 C_r은 전동기 역률을 개선한다. 기동 시에 가장 적합한 콘덴서의 용량은 운전 시 콘덴서 용량의 5~6배 정도가 되며 기동 토크가 크고 운전 시 역률이 좋다.

45 정부나 공공기관에서 발주하는 전기공사의 물량 산출 시 전기재료의 할증률 중 옥내 케이블은 일반적으로 몇 [%] 값 이내로 하여야 하는가?

① 1[%]　② 3[%]
③ 5[%]　④ 10[%]

[해설] 전선의 할증률은 옥외전선 5[%], 옥내전선 10[%], 옥외 케이블 3[%], 옥내 케이블 5[%]이다.

46 저압 연접인입선의 시설 기준으로 옳은 것은?

① 인입선에서 분기되는 점에서 100[m]를 초과하지 말 것
② 폭 2.5[m] 초과하는 도로를 횡단하지 말 것
③ 옥내를 통과하여 시설할 것
④ 지름은 최소 2.5[mm²] 이상의 경동선을 사용할 것

해설 [연접인입선 시설 제한 규정]
- 인입선에서의 분기하는 점에서 100[m]를 넘는 지역에 이르지 않아야 한다.
- 폭 5[m]를 넘는 도로를 횡단하지 않아야 한다.
- 연접인입선은 옥내를 관통하면 안 된다.
- 고압 연접인입선은 시설할 수 없다.

47 애자 사용 공사에 의한 고압 옥내배선의 시설에 있어서 적당하지 않은 것은?
① 전선이 조영재를 관통할 때에는 난연성 및 내수성이 있는 절연관에 넣을 것
② 애자 사용 공사에 사용하는 애자는 난연성일 것
③ 전선과 조영재와 이격거리는 4.5[cm]로 할 것
④ 고압 옥내배선은 저압 옥내배선과 쉽게 식별되도록 시설할 것

해설 [애자사용 배선공사]
- 전선 상호 간의 거리 : 6[cm] 이상
- 전선과 조영재와 거리
  - 400[V] 이하 : 2.5[cm] 이상
  - 400[V] 초과 : 4.5[cm] 이상
  (건조한 곳은 2.5[cm] 이상)

48 고압 및 특고압의 전로에서 절연내력 시험을 할 때 규정에 정한 시험전압을 전로와 대지 사이에 몇 분간 가하여 견디어야 하는가?
① 1분 ② 5분
③ 10분 ④ 20분

해설 고압 및 특고압 전로의 절연내력 시험은 전로와 대지 간에 시험전압을 10분간 연속적으로 가하여 견디어야 한다.

49 은 전량계에 1시간 동안 전류를 통과시켜 8.054[g]의 은이 석출되었다면 이때 흐른 전류의 세기는 약 얼마인가? (단, 은의 전기적 화학당량 $k = 0.001118$[g/c]이다.)
① 2[A] ② 9[A]
③ 32[A] ④ 120[A]

해설 $W = kIt$[g]에서
$I = \dfrac{W}{kt} = \dfrac{8.054}{0.001118 \times 3600} = 2$[A]

50 검사의 분류방법 중 검사가 행해지는 공정에 의한 분류에 속하는 것은?
① 관리 샘플링 검사
② 로트별 샘플링 검사
③ 전수검사
④ 출하검사

해설 검사공정에 의한 분류 : 수입(구입)검사, 공정(중간)검사, 최종(완성)검사, 출하(출고)검사

51 다음 중 브레인스토밍(Brainstorming)과 가장 관계가 깊은 것은?
① 파레토도
② 히스토그램
③ 회귀분석
④ 특성요인도

해설 여러 사람이 모여 문제 해결을 위한 다양한 아이디어를 자유롭게 제시하고, 이러한 아이디어들을 취합·수정·보완해 정상적인 사고방식으로는 생각해낼 수 없는 독창적인 아이디어를 얻는 방법

정답 47. ③ 48. ③ 49. ① 50. ④ 51. ④

52. 단계여유(Slack)의 표시로 옳은 것은?(단, TE는 가장 이른 예정일, TL은 가장 늦은 예정일, TF는 총 여유시간, FF는 자유여유시간이다.)

① TE – TL
② TL – TE
③ FF – TF
④ TE – TF

해설 단계여유시간(Slack Time)은 TL – TE로 표시

53. c 관리도에서 $k = 20$인 군의 총 부적합수 합계는 58이었다. 이 관리도의 UCL, LCL을 구하면 약 얼마인가?

① $UCL = 2.90$, $LCL =$ 고려하지 않음
② $UCL = 5.90$, $LCL =$ 고려하지 않음
③ $UCL = 6.92$, $LCL =$ 고려하지 않음
④ $UCL = 8.01$, $LCL =$ 고려하지 않음

해설 c 관리도
① 중심선 : $CL = \bar{c} = \dfrac{\Sigma c}{k} = \dfrac{58}{20} = 2.9$
② 관리한계선 : UCL, LCL
- $UCL = \bar{c} + 3\sqrt{\bar{c}} = 2.9 + 3\sqrt{2.9} = 8.01$
- $LCL = \bar{c} - 3\sqrt{\bar{c}} = 2.9 - 3\sqrt{2.9} = -2.21$

54. 테일러(F.W. Taylor)에 의해 처음 도입된 방법으로 작업시간을 직접 관측하여 표준시간을 설정하는 표준시간 설정기법은?

① PTS법
② 실적자료법
③ 표준자료법
④ 스톱워치법

해설
- PTS법은 인간이 행하는 모든 작업을 구성하는 기본동작으로 분해하여 각 기본동작에 대해 그 동작의 성질과 조건에 따라 미리 정해진 시간치를 적용하는 수법으로 MTM법과 WF법 등이 있으며 짧은 사이클 작업에 최적으로 적용된다.
- 워크샘플링법은 통계적 수법을 이용하여 작업자 또는 기계의 작업상태를 파악하는 방법

- 스톱워치법은 작업자의 작업수행을 직접 관측하면서 스톱워치로 작업의 소요시간을 측정하고 이것을 근거로 그 작업의 표준시간을 결정하는 방법으로 작업요소가 반복하여 나타나는 작업, 특히, 사이클 작업에 적용된다.

55. 공정 중에 발생하는 모든 작업, 검사, 운반, 저장, 정체 등이 도식화된 것이며 또한 분석에 필요하다고 생각되는 소요시간, 운반거리 등의 정보가 기재된 것은?

① 작업분석(Operation Analysis)
② 다중활동분석표(Multiple Activity Chart)
③ 사무공정분석(Form Process Chart)
④ 유통공정도(Flow Process Chart)

해설 제품이 생산되는 과정을 공정기호로 표현하여 공정분석을 쉽게 이해할 수 있도록 표현한 도표를 공정도라 한다.

정답 52. ② 53. ④ 54. ④ 55. ④

2013년 제54회 출제문제

바뀐 출제기준에 따라 삭제된 문제가 있어서 60문항이 안됩니다.

01 MOSFET의 드레인(drain)전류 제어는?
① 소스(source) 단자의 전류로 제어
② 드레인(drain)과 소스(source)간 전압으로 제어
③ 게이트(gate)와 소스(source)간 전류로 제어
④ 게이트(gate)와 소스(source)간 전압으로 제어

해설 MOSFET는 게이트와 소스 사이의 전압을 제어하여 드레인 전류를 제어한다.

02 0.6/1[kV] 비닐절연 비닐 캡타이어 케이블의 약호로서 옳은 것은?
① VCT   ② CVT
③ VV   ④ VTF

해설 비닐 캡타이어 케이블(VCT),
비닐 절연 비닐 외장 케이블(VV)
2개연 비닐 코드(VTF)

03 사이리스터의 턴 오프(Turn-off) 조건은?
① 게이트에 역방향 전류를 흘린다.
② 게이트에 역방향 전압을 가한다.
③ 게이트에 순방향 전류를 0으로 한다.
④ 애노드 전류를 유지전류 이하로 한다.

해설 사이리스터의 유지전류는 사이리스터의 턴 온 상태를 유지하기 위한 최소전류이기 때문에 애노드 전류를 유지전류보다 작게 하면 사이리스터가 턴 오프한다.

04 $R[\Omega]$인 3개의 저항을 같은 전원에 △결선으로 접속시킬 때와 Y결선으로 접속시킬 때 선전류의 크기 비($\frac{I_\triangle}{I_Y}$)는?
① $\frac{1}{3}$ ② $\sqrt{6}$
③ $\sqrt{3}$ ④ 3

해설 △결선 시 선전류 $I_l = \sqrt{3}I_P = \sqrt{3}\frac{V}{R}$,
Y결선 시 선전류 $I_l = \frac{V}{\sqrt{3}R}$
선전류 크기의 비 $\frac{I_\triangle}{I_Y} = \frac{\sqrt{3}\frac{V}{R}}{\frac{V}{\sqrt{3}R}} = 3$

05 RL 병렬회로의 양단에 $e = E_m\sin(wt+\theta)$ [V]의 전압이 가해졌을 때 소비되는 유효전력은?
① $\frac{E_m^2}{2R}$ ② $\frac{E^2}{2R}$
③ $\frac{E_m^2}{\sqrt{2}R}$ ④ $\frac{E^2}{\sqrt{2}R}$

해설
$$P = VI = \frac{V^2}{R} = \frac{(\frac{E_m}{\sqrt{2}})^2}{R} = \frac{E_m^2}{2R}[W]$$

정답 1. ④ 2. ① 3. ④ 4. ④ 5. ①

06 광원은 점등 시간이 진행됨에 따라서 특성이 약간 변화한다. 방전램프의 경우 초기 100시간의 떨어짐이 특히 심한데 이와 같은 특성은 무엇인가?

① 수명특성　　② 동정특성
③ 온도특성　　④ 연색성

해설
- 동정특성은 광원이 점등할 때 광속의 변화를 나타내는 특성
- 연색성은 광원이 물체의 색감에 영향을 미치는 현상

07 정격 150[kVA], 철손 1[kW], 전부하 동손이 4[kW]인 단상변압기의 최대효율[%]은?

① 약 96.8[%]　　② 약 97.4[%]
③ 약 98.0[%]　　④ 약 98.6[%]

해설 $\eta = \dfrac{출력}{출력+손실} \times [\%]$ 에서

$\eta = \dfrac{150}{150+(1+4)} \times 100 = 96.77[\%]$

08 동기 발전기에서 전기자 전류가 무부하 유도 기전력보다 $\dfrac{\pi}{2}$[rad]만큼 뒤진 경우의 전기자반작용은?

① 교차자화작용　　② 자화작용
③ 감자작용　　　　④ 편자작용

해설 교차자화작용 : 기전력과 전류가 동위상
감자작용 : 전류가 기전력보다 90° 늦은 위상
증자작용 : 전류가 기전력보다 90° 앞선 위상

09 220/380[V] 겸용 3상 유도전동기의 리드선은 몇 가닥 인출하는가?

① 3　　② 4
③ 6　　④ 8

해설 리드선은 1상 코일당 2선이고 △결선으로 220[V]용, Y결선으로 380[V]용으로 하기 위해서는 리드선을 6가닥 모두 인출하여 외부에서 결선을 변경해야 한다.

10 양수량 10[m³/min], 총 양정 20[m]의 펌프용 전동기의 용량[kW]은?(단, 여유계수 1.1, 펌프 효율은 75[%]이다.)

① 36　　② 48
③ 72　　④ 144

해설 양수펌프용 전동기 용량

$P = \dfrac{9.8kQH}{\eta} = \dfrac{9.8 \times 1.1 \times \dfrac{10}{60} \times 20}{0.75}$
$= 47.911 ≒ 48[kW]$

11 달링톤(Darlington)형 바이폴라 트랜지스터의 전류 증폭률은?

① 1~3　　　　② 10~30
③ 30~100　　④ 100~1000

해설 2개의 트랜지스터를 컬렉터만 병렬로 연결하고 TR_1의 이미터를 TR_2의 베이스에 연결하여 증폭률을 높인 것을 달링톤 접속이라 하며 전체의 증폭률은 각각의 트랜지스터 증폭률의 곱으로 작은 베이스 전류로 매우 큰 컬렉터 전류를 제어할 수 있다.
일반적인 트랜지스터의 증폭률은 30~100정도되나 달링톤 트랜지스터의 증폭률은 100~1000 정도 된다.

정답 6. ② 7. ① 8. ③ 9. ③ 10. ② 11. ④

12 전가산기(Full adder) 회로의 기본적인 구성은?
① 입력 2개, 출력 2개로 구성
② 입력 2개, 출력 3개로 구성
③ 입력 3개, 출력 2개로 구성
④ 입력 3개, 출력 3개로 구성

해설 1비트로 구성된 2개의 2진수와 1비트의 자리 올림 수를 더할 때 사용한다. 즉, 하위 자리에서 발생한 자리 올림 수를 포함하여 덧셈을 수행한다. 따라서 3개의 입력(A, B, Z)과 2개의 출력(S, C)으로 구성된다.
합(S)은 3개의 입력 중 1이 홀수 개인 경우에만 1이 되며, 자리 올림 수(C)는 3개의 입력 중 2개 이상이 1인 경우에 1이 된다.

13 옥내 전반 조명에서 바닥면의 조도를 균일하게 하기 위하여 등 간격은 등 높이의 얼마가 적당한가? (단, 등 간격은 S, 등 높이는 H이다.)
① $S \leq 0.5H$ ② $S \leq H$
③ $S \leq 1.5H$ ④ $S \leq 2H$

해설 조명기구 상호 간의 거리 $S \leq 1.5H$
- 벽 쪽에 있는 전등과 벽과의 거리 $S \leq \dfrac{H}{2}$
  (벽 쪽을 사용하지 않을 때)
- 벽 쪽에 있는 전등과 벽과의 거리 $S \leq \dfrac{H}{3}$
  (벽 쪽을 사용할 때)

14 일반적으로 큐비클형이라 하며, 점유면적이 좁고 운전 보수에 안전하므로 공장, 빌딩 등의 전기실에 많이 사용되며 조립형, 장갑형이 있는 배전반은?
① 데드 프런트식 배전반
② 폐쇄식 배전반
③ 라이브 프런트식 배전반
④ 철체 수직형 배전반

해설 폐쇄식 배전반 : 큐비클형

15 수전용 유입차단기의 정격전류가 500[A]일 때 접지선의 공칭 단면적[mm^2]은 다음 중 어느 것을 선정하면 적당한가?
① 25 ② 35
③ 50 ④ 70

해설 접지선의 굵기=차단기(정격전류) 용량×0.052
=500×0.052=26이므로
25[mm^2]이 적당하다.

16 다음 진리표에 해당하는 논리회로는?

입력		출력
A	B	X
0	0	0
0	1	1
1	0	1
1	1	0

① AND회로 ② EX-NOR회로
③ NAND회로 ④ EX-OR회로

해설 XOR 연산은 두 입력 변수의 값이 같을 때에는 출력이 0이 되고 입력 변수의 값이 서로 다를 때에는 출력 값이 1이 되고 반일치 회로라고도 하며 보수 회로에 응용된다.

17 2^n의 입력선과 n개의 출력선을 가지고 있으며 출력은 입력값에 대한 2진 코드 혹은 BCD 코드를 발생하는 장치는?
① 디코더 ② 인코더
③ 멀티플렉서 ④ 매트릭스

정답 12. ③ 13. ③ 14. ② 15. ① 16. ④ 17. ②

| 해설 | 인코더는 부호기라고도 불리며 10진수나 다른 진수를 2진수로 바꿀 때 사용하며 S^m비트의 입력 정보를 2진 코드로 변환하여 n비트 출력으로 내보내는 회로이다.

| 해설 | 2진수　　110　　010　．　111
　　　　　↓　　 ↓　　　 ↓
　　8진수　　 6　　　2　．　 7

18 6극 60[Hz]인 3상 유도 전동기의 슬립이 4[%]일 때 이 전동기의 회전수는 몇 [rpm]인가?

① 952　　② 1152
③ 1352　　④ 1552

| 해설 | 동기속도
$$N_s = \frac{120f}{P} = \frac{120 \times 60}{6} = 1200[\text{rpm}]$$
유도전동기의 회전수
$$N = (1-S)N_s = (1-0.04) \times 1200$$
$$= 1152[\text{rpm}]$$

19 다음 중 엔트런스 캡의 주된 사용 장소는?

① 부스 덕트의 끝부분의 마감재
② 저압 인입선 공사 시 전선관 공사로 넘어갈 때 전선관의 끝부분
③ 케이블 트레이의 끝부분 마감재
④ 케이블 헤드를 시공할 때 케이블 헤드의 끝부분

| 해설 | 엔트런스 캡은 저압 인입선 공사 시 전선관 공사로 넘어갈 때 빗물 등의 들어가지 않도록 전선관 끝부분에 사용한다.

20 2진수 $(110010.111)_2$를 8진수로 변환한 값은?

① $(62.7)_8$　　② $(32.7)_8$
③ $(62.6)_8$　　④ $(32.6)_8$

21 그림과 같은 다이오드 매트릭스 회로에서 A_1, A_0에 가해진 data가 1, 0이면 B_3, B_2, B_1, B_0에 출력되는 data는?

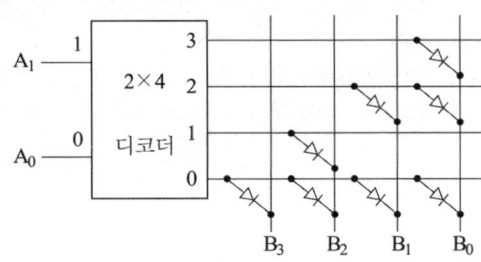

① 1111　　② 1010
③ 1011　　④ 0100

| 해설 | 2×4 디코더는 2개의 입력(2비트)과 4개의 출력(2^2비트)을 가지며 2개의 입력에 따라 4개의 출력 중 1개가 선택된다. $A_1 = 1$, $A_0 = 0$일 때 출력 B_3, B_2, B_1, B_0은 0100 이다.

22 권선형 3상 유도 전동기에서 2차측 저항을 2배로 하면 그 최대 토크는 어떻게 되는가?

① $\frac{1}{2}$로 줄어든다.
② $\sqrt{2}$배로 된다.
③ 2배로 된다.
④ 불변이다.

| 해설 | 슬립과 토크의 특성곡선에서 2차 저항을 변화시켜도 최대 토크는 변하지 않는다.

정답　18. ②　19. ②　20. ①　21. ④　22. ④

23 그림과 같은 RLC 병렬 공진회로에 관한 설명 중 옳지 않은 것은?

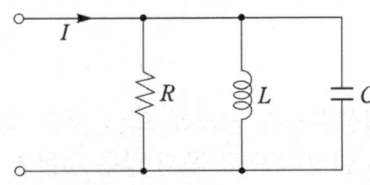

① 공진 시 입력 어드미턴스는 매우 작아진다.
② 공진 시 L 또는 C를 흐르는 전류는 입력 전류 크기의 Q배가 된다.
③ 공진 주파수 이하에서의 입력 전류는 전압보다 위상이 뒤진다.
④ L이 작을수록 전류 확대비가 작아진다.

해설 RLC 병렬공진 시에 어드미턴스는 최소, 임피던스는 최대, 전류는 최소가 된다.

공진 주파수 $f_0 = \dfrac{1}{2\pi\sqrt{LC}}$ [Hz]

전류 확대비인 선택도

$Q = \dfrac{I_L}{I_0} = \dfrac{I_C}{I_0} = \dfrac{R}{w_0 L} = w_0 CR = R\sqrt{\dfrac{C}{L}}$ 이므로

L이 클수록, R, C가 작을수록 전류 확대비는 작아진다.

24 다음 회로는 3상 전파 정류기(컨버터)의 회로도를 나타내고 있다. 점선 부분의 역할로 가장 적당한 것은?

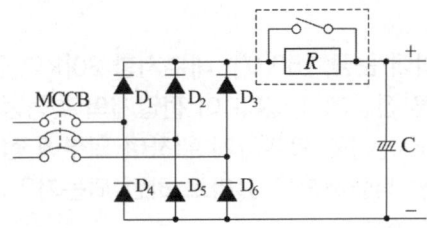

① 전압파형 개선회로
② 전류 증폭회로
③ 돌입전류 억제회로
④ 전류 차단회로

25 화약류 저장장소에 있어서의 전기설비 시설에 대한 기준으로 적합한 것은?
① 전선로의 대지전압 400[V] 이하일 것
② 전기기계기구는 개방형일 것
③ 인입구의 전선은 비닐절연전선으로 노출배선으로 한다.
④ 지락차단장치 또는 경보장치를 시설한다.

해설 화약류 저장소 안에는 전기설비를 시설하여서는 안된다. 다만, 백열전등이나 형광등 또는 이들에 전기를 공급하기 위한 전기설비는 금속관 공사 또는 케이블 공사에 의하여 다음과 같이 시설할 수 있다.
- 전로의 대지전압은 300[V] 이하이고 전기기계기구는 전폐형이어야 한다.
- 화약류 저장소 이외의 곳에 전용 개폐기 및 과전류 차단기를 각 극에 취급자 이외의 자가 쉽게 조작할 수 없도록 시설하고, 또한 전로에 지기가 발생했을 때에 자동적으로 전로를 차단하거나 경보하는 장치를 시설한다.
- 전폐용 개폐기 또는 과전류 차단기에서 화약류 저장소의 인입구까지의 배선은 케이블을 사용하고 지중선로로 시설한다.

26 정격전류 30[A]의 전동기 1대와 정격전류 5[A]의 전열기 2대를 공급하는 저압 옥내 간선을 보호할 과전류차단기의 정격전류는 몇 [A]인가?
① 40[A] ② 55[A]
③ 70[A] ④ 100[A]

해설 간선에 전동기와 일반부하가 접속되어 있다면 전동기의 기동전류를 보상하기 위하여 『전동기 정격전류 합계의 3배와 일반부하의 정격전류의 합』과 『간선의 허용전류의 2.5배 한 값』 중에서 작은 값으로 시설해야 한다.
$(30 \times 3) + (5 \times 2) = 100$[A]

27 전선의 접속법에 대한 설명 중 옳지 않은 것은?

① 접속 부분은 절연전선의 절연물과 동등 이상의 절연효력이 있도록 충분히 피복한다.
② 전선의 전기저항이 증가되도록 접속하여야 한다.
③ 전선의 세기를 20[%] 이상 감소시키지 않는다.
④ 접속 부분은 접속관, 기타의 기구를 사용한다.

해설 전선의 접속은 전선의 전기저항이 증가되지 않도록 접속하여야 한다.

28 유전체에서 전자분극은 어떠한 이유에서 일어나는가?

① 단결정 매질에서 전자운과 핵 간의 상대적인 변위에 의함
② 화합물에서 (+)이온과 (-)이온 간의 상대적인 변위에 의함
③ 화합물에서 전자운과 (+)이온 간의 상대적인 변위에 의함
④ 영구 전기쌍극자의 전계 방향의 배열에 의함

해설 전자분극은 유전 분극의 일종으로, 유전체에 전계가 가해지면 궤도상의 전자에 작용하여 궤도의 중심이 원자핵의 위치보다 약간 벗어나므로 음양의 전하 쌍을 일으킨다.

29 다음 중 배전 변전소에서 전력용 콘덴서를 설치하는 주된 목적은?

① 변압기 보호   ② 선로 보호
③ 역률 개선   ④ 코로나손 방지

해설 전력용 콘덴서는 전력 계통에 사용되는 병렬 콘덴서로 역률 개선, 전압강하 경감, 설비 용량 증가시키는 작용을 한다.

30 합성수지관 공사에 의한 저압 옥내배선의 시설 기준으로 옳지 않은 것은?

① 전선은 옥외용 비닐 절연전선을 사용할 것
② 습기가 많은 장소에 시설하는 경우 방습 장치를 할 것
③ 전선은 합성수지관 안에서 접속점이 없도록 할 것
④ 관의 지지점 간의 거리는 1.5[m] 이하로 할 것

해설
• 전개된 장소나 은폐된 장소 등 어느 곳에서나 시공할 수 있지만 중량물 압력 또는 심한 기계적 충격을 받는 장소에서 시설해서는 안 된다.(콘크리트 매입 제외)
• 관의 지지점 간의 거리는 1.5[m] 이하로 하고, 관과 박스의 접속점 및 상호 간의 접속점 등에서는 가까운 곳(30[cm] 이내)에 지지점을 시설하여야 한다.
• 관 상호 접속은 커플링을 이용하며 커플링에 들어가는 관의 길이는 관 바깥지름의 1.2배 이상으로 한다.(단, 접착제를 사용할 때는 0.8배 이상으로 한다.)

31 최대 눈금 150[V], 내부저항 20[kΩ]인 직류 전압계가 있다. 이 전압계의 측정범위를 600[V]로 확대하기 위하여 외부에 접속하는 직렬저항은 얼마로 하면 되는가?

① 20[kΩ]
② 40[kΩ]
③ 50[kΩ]
④ 60[kΩ]

정답 27. ② 28. ① 29. ③ 30. ① 31. ④

해설 측정범위 배율 $m = \dfrac{600}{150} = 4$

배율기 저항
$$R_m = (m-1)r_v = (4-1) \times 20 \times 10^3$$
$$= 60 \times 10^3 = 60[\text{k}\Omega]$$

32 동기전동기의 특징에 관한 설명으로 옳은 것은?

① 저속도에서 유도전동기에 비해 효율이 나쁘다.
② 기동 토크가 크다.
③ 필요에 따라 진상전류를 흘릴 수 있다.
④ 직류전원이 필요 없다.

해설 동기전동기는 과여자 또는 부족여자로 하여 진상전류 또는 지상전류를 흘릴 수 있다.

33 교차 결합 NAND 게이트 회로는 RS 플립플롭을 구성하며 비동기 FF 또는 RS NAND 래치라고도 하는데 허용되지 않는 입력 조건은?

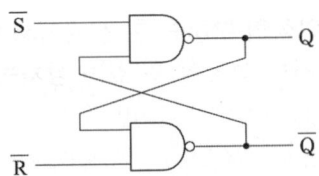

① $\overline{S} = 0$, $\overline{R} = 0$
② $\overline{S} = 1$, $\overline{R} = 0$
③ $\overline{S} = 0$, $\overline{R} = 1$
④ $\overline{S} = 1$, $\overline{R} = 1$

해설 NAND 게이트를 이용한 RS 래치에서 $\overline{S} = \overline{R} = 0$인 경우는 허용하지 않고 $\overline{S} = 0$, $\overline{R} = 1$일 때는 출력이 1, $\overline{S} = 1$, $\overline{R} = 0$일 때는 출력이 0, $\overline{S} = \overline{R} = 1$일 때는 출력이 불변이다.

34 단권변압기에 대한 설명으로 옳지 않은 것은?

① 1차 권선과 2차 권선의 일부가 공통으로 되어 있다.
② 3상에는 사용할 수 없는 단점이 있다.
③ 동일 출력에 대하여 사용 재료 및 손실이 적고 효율이 높다.
④ 단권변압기는 권선비가 1에 가까울수록 보통 변압기에 비하여 유리하다.

해설 [단권변압기]
- 권선 하나의 도중에 탭을 만들어 사용한 것으로 경제적이고 특성도 좋다.
- 권선이 가늘어도 되며 자로가 단축되어 재료를 절약할 수 있다.
- 동손이 감소되어 효율이 좋다.
- 공통선로를 사용하므로 누설자속이 없어 전압변동률이 적다.
- 고압 측 전압이 높아지면 저압 측에서도 고전압을 받게 되므로 위험이 따른다.

35 직류전동기에서 전기자에 가해 주는 전원전압을 낮추어서 전동기의 유도 기전력을 전원전압보다 높게 하여 제동하는 방법은?

① 맴돌이전류 제동   ② 발전 제동
③ 역전 제동   ④ 회생 제동

해설 회생제동은 전동기의 제동법의 하나로, 전동기를 발전기로 동작시켜 그 발생 전력을 전원에 되돌려서 하는 제동 방법

36 어떤 교류회로에 전압을 가하니 90°만큼 위상이 앞선 전류가 흘렀다. 이 회로는?

① 유도성   ② 무유도성
③ 용량성   ④ 저항 성분

해설 전류가 전압보다 90° 앞서므로 정전용량만의 회로(용량성 회로)이다.

37 반도체 트리거 소자로서 자기 회복 능력이 있는 것은?
① GTO   ② SSS
③ SCS   ④ SCR

해설 GTO는 전력용 반도체 소자의 일종으로 게이트 신호로 파워 회로 on·off를 자유롭게 제어 가능하여 양(+)의 게이트 전류에 의하여 턴 온 시킬 수 있고 음(-)의 게이트 전류에 의해서 턴 오프 시킬 수 있다.

38 변압기의 누설 리액턴스를 줄이는 가장 효과적인 방법은?
① 코일의 단면적을 크게 한다.
② 권선을 동심 배치한다.
③ 권선을 분할하여 조립한다.
④ 철심의 단면적을 크게 한다.

해설 실제의 변압기에서는 1차, 2차 권선을 통과하는 자속 이외에 권선의 일부만을 통과하는 누설자속이 존재하는데, 이 누설자속은 변압 작용에는 도움이 되지 않고 자기 인덕턴스 역할만 한다. 이것을 누설 리액턴스라 한다. 이를 줄이기 위해 권선을 분할하여 조립하는 방법이 있다.

39 다음 논리식 중 옳은 표현은?
① $\overline{A+B} = \overline{A} \cdot \overline{B}$
② $\overline{A+B} = \overline{A} + \overline{B}$
③ $\overline{A \cdot B} = \overline{A} \cdot \overline{B}$
④ $\overline{A+B} = \overline{A} \cdot B$

해설 드모르간의 정리에 의해
$\overline{A+B} = \overline{A} \cdot \overline{B}$, $\overline{A \cdot B} = \overline{A} + \overline{B}$,
$\overline{A+B} = \overline{A} \cdot \overline{B}$

40 평균 반지름이 1[cm]이고, 권수가 500회인 환상 솔레노이드 내부의 자계가 200[AT/m]가 되도록 하기 위해서는 코일에 흐르는 전류를 약 몇 [A]로 하여야 하는가?
① 0.015   ② 0.025
③ 0.035   ④ 0.045

해설 $H = \dfrac{NI}{2\pi r}$[AT]에서
$I = \dfrac{2\pi r H}{N} = \dfrac{2\pi \times 0.01 \times 200}{500} = 0.025$[A]

41 권선형 유도전동기 기동법으로 알맞은 것은?
① 직입 기동법
② 2차 저항 기동법
③ 콘도르파 방식
④ Y-△ 기동법

해설 2차 저항기동법은 권선형 유도전동기의 기동법이다.

42 하나 이상의 부하를 한 전원에서 다른 전원으로 자동 절환할 수 있는 장치는?
① ASS   ② ACB
③ LBS   ④ ATS

해설 ATS(Auto Transfer Switch)는 자동절환 스위치이다.

43 단상 220[V], 60[Hz]의 정현파 교류전압을 점호각 60°로 반파 위상제어 정류하여 직류로 변환하고자 한다. 순저항 부하 시 평균 출력전압은 약 몇 [V]인가?
① 74[V]   ② 84[V]
③ 92[V]   ④ 110[V]

정답 37. ① 38. ③ 39. ① 40. ② 41. ② 42. ④ 43. ①

해설 $E_d = 0.45 V(\frac{1+\cos\alpha}{2})$
$= 0.45 \times 220 \times (\frac{1+0.5}{2})$
$= 74.25[V]$

44 소맥분, 전분, 기타의 가연성 분진이 존재하는 곳의 저압 옥내배선 공사 방법으로 적합하지 않는 것은?
① 합성수지관 공사
② 금속관 공사
③ 가요전선관 공사
④ 케이블 공사

해설 소맥분, 전분, 유황 기타 가연성의 먼지로서 공중에 떠다니는 상태에서 착화하였을 때, 폭발의 우려가 있는 곳의 저압 옥내 배선은 합성 수지관 배선, 금속 전선관 배선, 케이블 배선에 의하여 시설한다.

45 자기 인덕턴스 50[mH]인 코일에 흐르는 전류가 0.01[초] 사이에 5[A]에서 3[A]로 감소하였다. 이 코일에 유기되는 기전력[V]은?
① 10[V] ② 15[V]
③ 20[V] ④ 25[V]

해설 $e = -L\frac{di}{dt} = 50 \times 10^{-3} \times \frac{5-3}{0.01} = 10[V]$

46 314[H]의 자기 인덕턴스에 220[V], 60[Hz]의 교류전압을 가하였을 때 흐르는 전류는?
① 약 1.86[A]
② 약 1.86×10^{-3}[A]
③ 약 1.17×10^{-1}[A]
④ 약 1.17×10^{-3}[A]

해설 $X_L = 2\pi fL = 2\pi \times 60 \times 314 ≒ 118.32[k\Omega]$,
$I = \frac{V}{X_L} = \frac{220}{118.32 \times 10^3}$
$≒ 1.86 \times 10^{-3}[A]$

47 22.9[kV] 수전설비에 50[A]의 부하전류가 흐른다. 이 수전계통에 변류기(CT) 60/5[A], 과전류차단기(OCR)를 시설하여 120[%]의 과부하에서 차단기가 동작되게 하려면 과전류차단기 전류 탭의 설정값은?
① 4[A] ② 5[A]
③ 6[A] ④ 7[A]

해설 $50 \times 1.2 = 60[A]$
변류기(CT)가 60/5[A]이므로 5[A]

48 부적합수 관리도를 작성하기 위해 $\sum c = 559$, $\sum n = 222$를 구하였다. 시료의 크기가 부분군마다 일정하지 않기 때문에 u관리도를 사용하기로 하였다. $n = 10$일 경우 u관리도의 UCL 값은 약 얼마인가?
① 4.023 ② 2.518
③ 0.502 ④ 0.252

해설 u관리도에서 중심선 $= cL = \bar{u} = \frac{\sum c}{\sum n}$
$= \frac{559}{222} = 2.518$
관리 상한선 $(UCL) = \bar{u} + 3\sqrt{\frac{\bar{u}}{n}}$
$= 2.518 + 3\sqrt{\frac{2.518}{10}}$
$= 4.023$

정답 44. ③ 45. ① 46. ② 47. ② 48. ①

49 예방보전(Preventive Maintenance)의 효과가 아닌 것은?

① 기계의 수리비용이 감소한다.
② 생산시스템의 신뢰도가 향상된다.
③ 고장으로 인한 중단시간이 감소한다.
④ 작은 정비로 인해 제조원단위가 증가한다.

해설 예방보전은 설비 사용 전 정기점검 및 검사와 조기수리 등을 하여 설비성능의 저하와 고장 및 사고를 미연에 방지함으로써 설비의 성능을 표준 이상으로 유지하는 보전활동이다.

50 모집단으로부터 공간적, 시간적으로 간격을 일정하게 하여 샘플링하는 방식은?

① 단순 랜덤 샘플링(simple random sampling)
② 2단계 샘플링(two-stage sampling)
③ 취락샘플링(cluster sampling)
④ 계통 샘플링(systematic sampling)

해설 계통 샘플링은 모집단으로부터 시간적 또는 공간적으로 일정 간격에서 시료를 뽑는 방법으로 공정이나 품질에 주기적 연동이 있을 때 사용을 하지 않는다.

51 작업 방법 개선의 기본 4원칙을 표현한 것은?

① 층별 - 랜덤 - 재배열 - 표준화
② 배제 - 결합 - 랜덤 - 표준화
③ 층별 - 랜덤 - 표준화 - 단순화
④ 배제 - 결합 - 재배열 - 단순화

해설 프로세스 차트의 개선 원칙과 작업 개선에 적용되는 원칙은 ① 배제 ② 결합 ③ 교환(재배열) ④ 간소화(단순화)이다.

52 이항분포(Binomial distribution)의 특징에 대한 설명으로 옳은 것은?

① $P = 0.01$일 때는 평균치에 대하여 좌·우 대칭이다.
② $P \leq 0.1$이고, $nP = 0.1 \sim 10$일 때는 포아송 분포에 근사한다.
③ 부적합품의 출전 개수에 대한 표준 편차는 $D(x) = nP$이다.
④ $P \leq 0.5$이고, $nP \leq 5$일 때는 정규 분포에 근사한다.

해설 이항분포는 베르누이시행에서 성공과 실패의 확률은 n번 반복 시행할 때 x번 성공할 확률이 주어지는 분포로 다음과 같은 특징이 있다.
- $P = 0.5$일 때 분포의 형태는 기대치 nP에 대하여 좌우 대칭이 된다.
- $P \geq 5$이고 $nP \geq 5$일 때 정규 분포에 근사한다.
- $P \leq 0.1$이고 $nP = 0.1 \sim 10$일 때는 포아송 분포에 근사한다.

53 제품공정도를 작성할 때 사용되는 요소(명칭)가 아닌 것은?

① 가공   ② 검사
③ 정체   ④ 여유

해설

공정 종류	공정 기호	내용
가공	○	물리적 또는 화학적 변화를 일으키는 상태이며 가공 작업, 화학처리 또는 다음공정을 위하여 준비하는 상태
정체	D	가공이나 운반 중 일시 대기 또는 다음 가공을 위한 정체
저장	▽	원자재 저장, 창고의 완성품 재고, 중간 재고품 창고 저장
검사	□	물품을 일정한 방법으로 측정하여 합격, 불합격 판단

정답 49. ④ 50. ④ 51. ④ 52. ② 53. ④

2014년 제55회 출제문제

바뀐 출제기준에 따라 삭제된 문제가 있어서 60문항이 안됩니다.

01 그림의 전압(V), 전류(I) 벡터도를 통해 알 수 있는 교류회로는 어떤 회로인가? (단, R은 저항, L은 인덕턴스, C는 커패시턴스이다.)

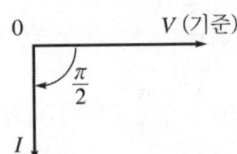

① R 만의 회로   ② L 만의 회로
③ C 만의 회로   ④ RLC 직렬회로

해설 인덕턴스만 있는 회로에서 전압과 전류의 위상차 : 전류가 전압보다 90° 뒤진다.(지상전류, 유도성 회로)

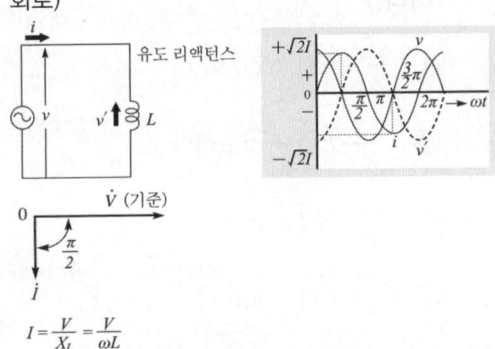

$I = \dfrac{V}{X_L} = \dfrac{V}{\omega L}$

02 전류에 의해 만들어지는 자기장의 자기력선 방향을 간단하게 알아내는 법칙은?
① 앙페르의 오른나사법칙
② 렌츠의 법칙
③ 플레밍의 왼손 법칙
④ 가우스의 법칙

해설 앙페르의 오른나사법칙은 오른나사가 진행하는 방향으로 전류가 흐르면, 자력선은 오른나사가 회전하는 방향으로 만들어진다는 원리이다.

03 변압기의 철손은 부하전류가 증가하면 어떻게 되는가?
① 감소한다.   ② 비례한다.
③ 제곱에 비례한다. ④ 변동이 없다.

해설 철손은 부하와는 관계없어 철손은 변동 없다.

04 회로에서 I_1 및 I_2의 크기는 각각 몇 [A]인가?

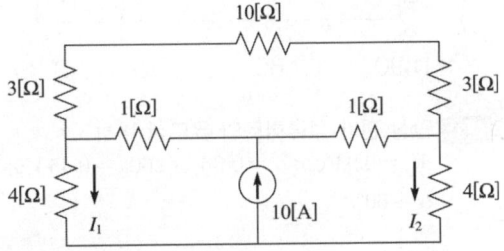

① $I_1 = I_2 = 0$ ② $I_1 = I_2 = 2$
③ $I_1 = I_2 = 5$ ④ $I_1 = I_2 = 10$

해설 I_1, I_2에 흐르는 저항값이 같기 때문에 전류원 10[A]는 5[A]씩 분배되어 흐른다.

05 변압기 병렬운전 조건으로 옳지 않은 것은?
① 극성이 같아야 한다.
② 권수비, 1차 및 2차의 정격전압이 같아야 한다.
③ 각 변압기의 저항과 누설 리액턴스의 비가 같아야 한다.
④ 각 변압기의 임피던스가 정격용량에 비례해야 한다.

정답 1. ② 2. ① 3. ④ 4. ③ 5. ④

해설 [병렬운전 조건]
- 권수비가 같고 1, 2차 정격 전압이 같을 것
- 극성이 같을 것
- 내부저항과 누설 리액턴스의 비가 같을 것
- % 임피던스가 같을 것

06 그림과 같은 회로에서 위상각 $\theta = 60°$의 유도부하에 대하여 점호각 α를 0°에서 180°까지 가감하는 경우 전류가 연속되는 α의 각도는 몇 °까지 인가?

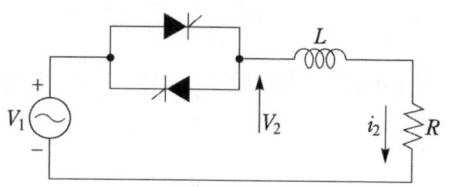

① 90　② 60　③ 45　④ 30

해설 단상 전파 정류회로의 유도성 부하
$V_d = 0.9 V \cos\alpha = 0.9 V \cos 60° = 0.45 V$에서
$\alpha = 60°$

07 어떤 정현파 전압의 평균값이 220[V]이면 최댓값은 약 몇 [V]인가?
① 282　② 314　③ 346　④ 487

해설 $V_a = \dfrac{2}{\pi} V_m$
$V_m = \dfrac{\pi}{2} V_a = \dfrac{\pi}{2} \times 220 = 345.6[V]$

08 케이블 포설공사가 끝난 후 하여야 할 시험의 항목에 해당되지 않는 것은?
① 절연저항 시험　② 절연내력 시험
③ 접지저항 시험　④ 유전체손 시험

해설 케이블 포설공사 후 심선 상호 간 및 심선 대지 간의 절연저항 시험, 전로와 대지 간, 심선과 대지 간의 절연내력 시험, 케이블 차폐막의 접지저항 시험, 상순 시험을 하여야 한다.

09 1차 전압이 380[V], 2차 전압이 220[V]인 단상변압기에서 2차 권회수가 44회일 때 1차 권회수는 몇 회인가?
① 26　② 76　③ 86　④ 146

해설 $\dfrac{N_1}{N_2} = \dfrac{V_1}{V_2}$에서
$N_1 = \dfrac{V_1}{V_2} N_2 = \dfrac{380}{220} \times 44 = 76[회]$

10 단상 반파 위상제어 정류회로에서 지연각을 α로 하면 출력전압의 평균값(E_d)은 몇 [V]인가? (단, $e = \sqrt{2} E \sin\omega t$이고, $\alpha > 90°$이다.)

① $\dfrac{\sqrt{2}}{2\pi} E(1+\cos\alpha)$

② $\dfrac{\sqrt{2}}{\pi} E(1+\sin\alpha)$

③ $\dfrac{\sqrt{2}}{\pi} E(1-\cos\alpha)$

④ $\dfrac{\sqrt{2}}{\pi} E(1-\sin\alpha)$

해설 $E_d = \dfrac{\sqrt{2}}{2\pi} E(1+\cos\alpha)$

11 서보(servo) 전동기에 대한 설명으로 틀린 것은?
① 회전자의 직경이 크다.
② 교류용과 직류용이 있다.
③ 속응성이 높다.
④ 기동·정지 및 정회전·역회전을 자주 반복할 수 있다.

해설 서보 전동기는 빠른 응답과 넓은 속도제어의 범위를 가진 제어용 전동기로, 그 전원에 따라 직류 서보모터와 교류 서보모터로 분류된다.
교류 서보모터의 대부분은 3상 서보모터이며 정지·시동·역전 등의 동작을 반복하므로 방열 효과를 좋게 하거나 동작의 변화가 빨라지도록 설계상 고려되어 있다.

12 디멀티플렉서(DeMUX)의 설명으로 옳은 것은?

① n비트의 2진수를 입력하여 최대 2^n 비트로 구성된 정보를 출력하는 조합 논리회로
② 2^n비트로 구성된 정보를 입력하여 n비트의 2진수로 출력하는 조합 논리회로
③ 여러 개의 입력선 중에서 하나를 선택하여 단일 출력선으로 연결하는 조합회로
④ 하나의 입력선으로부터 데이터를 받아 여러 개의 출력선 중의 한 곳으로 데이터를 출력하는 조합회로

해설 디멀티플렉서는 데이터 분배 회로라고도 하며, 한 개의 선으로부터 입수된 정보를 받아들임으로써 n개의 선택 입력에 의해 2^n개의 가능한 출력선 중의 하나를 선택하여 정보를 전송하는 조합 회로

13 지중 전선로에 사용하는 지중함의 시설기준으로 틀린 것은?

① 지중함은 조명 및 세척이 가능한 구조로 할 것
② 지중함은 견고하고 차량 기타 중량물의 압력에 견디는 구조일 것
③ 지중함의 뚜껑은 시설자 이외의 자가 쉽게 열 수 없도록 시설할 것
④ 지중함은 그 안에 고인 물을 제거할 수 있는 구조로 할 것

해설 지중전선로에 사용하는 지중함은 다음 각 호에 의하여 시설하여야 한다.
- 지중함은 견고하고 차량 기타 중량물의 압력에 견디는 구조일 것
- 지중함은 그 안의 고인 물을 제거할 수 있는 구조로 되어 있을 것
- 폭발성 또는 연소성의 가스가 침입할 우려가 있는 곳에 시설하는 1[m³] 이상의 지중함에는 통풍장치를 할 것
- 지중함의 뚜껑은 시설자 이외의 자가 쉽게 열 수 없도록 시설할 것

14 220[V] 저압 전동기의 절연내력을 시험하고자 한다. ( ) 안의 알맞은 내용은?

권선과 대지 사이에 시험전압 (㉮)[V]를 연속하여 (㉯)분간 가한다.

① ㉮ 330 ㉯ 10   ② ㉮ 330 ㉯ 1
③ ㉮ 500 ㉯ 10   ④ ㉮ 500 ㉯ 1

해설 절연내력 시험전압 7[kV] 이하의 전로(회전기)는 최대사용전압×1.5배이며 시험전압을 권선과 대지 간에 10분간 연속적으로 가하여 견디어야 한다. 절연내력 시험전압 220[V]×1.5 = 330[V]이나 7[kV] 이하의 회전기 최저 시험전압은 500[V]이다.

15 저압의 지중전선이 지중 약전류 전선 등과 접근하거나 교차하는 경우에 상호 간의 이격 거리가 몇 [cm] 이하인 때에는 지중전선과 지중 약전류 전선 등 사이에 견고한 내화성의 격벽을 설치하는가?

① 60   ② 50
③ 30   ④ 20

해설 지중전선과 지중 약전류 전선과 접근 또는 교차 시 상호 이격거리가 저압 또는 고압의 지중전선은 30[cm] 이하, 특고압 지중전선은 60[cm] 이하일 때에는 견고한 내화성의 격벽을 설치한다.

정답 12. ④ 13. ① 14. ③ 15. ③

16 66[kV]의 가공송전선에 있어 전선의 인장하중이 240[kgf]으로 되어 있다. 지지물과 지지물 사이에 이 전선을 접속할 경우 이 전선 접속부분의 전선의 세기는 최소 몇 [kgf] 이상이어야 하는가?

① 85 ② 176
③ 185 ④ 192

해설 전선을 접속할 때에는 접속 부위의 기계적 강도를 20[%] 이상 감소시키지 않아야 하므로 240[kgf]×80[%]=192[kgf] 이상이어야 한다.

17 같은 크기의 철심 2개가 있다. A 철심에 200회, B 철심에 250회의 코일을 감고, A철심의 코일에 15[A]의 전류를 흘렸을 때와 같은 크기의 기자력을 얻기 위해서는 B철심의 코일에는 몇 [A]의 전류를 흘리면 되는가?

① 3 ② 12
③ 15 ④ 75

해설 $\dfrac{V_1}{V_2} = \dfrac{N_1}{N_2} = \dfrac{I_2}{I_1}$ 에서

$I_2 = \dfrac{N_1}{N_2} \times I_1 = \dfrac{200}{250} \times 15 = 12[A]$

18 그림과 같은 회로에서 $i = I_m \sin\omega t$[A]일 때 개방된 2차 단자에 나타나는 유기 기전력은 얼마인가?

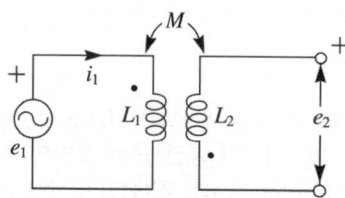

① $\omega M I_m^2 \cos(\omega t + 90°)$
② $\omega M I_m \sin\omega t$
③ $-\omega M I_m \cos\omega t$
④ $\omega M I_m^2 \sin(\omega t - 90°)$

해설 1차 전압의 극성과 2차 전압의 극성 방향이 반대이므로

$e = -M\dfrac{di}{dt} = -M\dfrac{d(I_m \sin\omega t)}{dt} = -\omega M I_m \cos\omega t$

19 2진수 10101010의 2의 보수 표현으로 옳은 것은?

① 01010101 ② 00110011
③ 11001100 ④ 01010110

해설 1의 보수는 0→1로, 1→0으로 변환하면 되므로
1의 보수를 구하면 10101010 → 01010101
2의 보수는 1의 보수 +1이므로
01010101 + 1 = 01010110

20 평균 구면광도 100[cd]의 전구 5개를 10[m]인 원형의 방에 점등할 때 조명률 0.5, 감광보상률 1.5라 하면, 방의 평균 조도는 약 몇 [lx]인가?

① 27 ② 33
③ 36 ④ 42

해설 광속 $F = 4\pi I = 4\pi \times 100 = 1256$[lm],

방의 면적 $A = \pi r^2 = \pi \times (\dfrac{10}{2})^2 = 78.5[m^2]$

조명률 $U = 0.5$, 감광보상률 $D = 1.5$,
유지율 $M = 1$로 계산하면

$F = \dfrac{EAD}{NUM}$에서 조도

$E = \dfrac{FNUM}{AD} = \dfrac{1256 \times 5 \times 0.5 \times 1}{78.5 \times 1.5} = 26.667$

$\fallingdotseq 27$[lx]

정답 16. ④ 17. ② 18. ③ 19. ④ 20. ①

21 합성수지 몰드 공사에 의한 저압 옥내배선의 시설방법으로 옳은 것은?

① 전선으로는 단선만을 사용하고 연선을 사용하여서는 안 된다.
② 전선은 옥외용 비닐절연전선을 사용한다.
③ 합성수지 몰드 안에 전선의 접속점을 두기 위하여 합성수지제의 조인트 박스를 사용한다.
④ 합성수지 몰드 안에는 전선의 접속점을 최소 2개소 두어야 한다.

해설 [합성수지 몰드 공사의 시공]
- 합성수지 몰드의 배선에는 절연전선(옥외용 절연전선 제외)을 사용해야 한다.
- 합성수지 몰드 내에서는 전선의 접속점을 만들어서는 아니 된다. 다만, 전기용품안전관리법의 적용을 받는 합성수지제 접속함을 사용하는 경우에는 그러하지 아니하다.

22 직류 분권전동기에서 운전 중 계자권선의 저항을 증가하면 회전속도의 값은?

① 감소한다.
② 증가한다.
③ 일정하다.
④ 감소와 증가를 반복한다.

해설 분권 전동기의 속도 $N = K_1 \dfrac{V - I_a R_a}{\phi}$ [rpm]이므로 계자권선의 저항을 증가하면 자속이 줄어들기 때문에 회전속도는 증가한다.

23 역률 80[%], 150[kW]의 전동기를 95[%]의 역률로 개선하는데 필요한 콘덴서의 용량은 약 몇 [kVA]가 필요한가?

① 32
② 42
③ 63
④ 84

해설 역률 개선용 콘덴서 용량
$Q = P(\tan\theta_1 - \tan\theta_2)$[kVA]이다.
$Q = 150(\tan \cdot \cos^{-1}0.8 - \tan \cdot \cos^{-1}0.95)$
$= 63$[kVA]

24 전기자 도체의 총수 500, 10극, 단중 파권으로 매극의 자속수가 0.2[Wb]인 직류발전기의 600[rpm]으로 회전할 때의 유도기전력은 몇 [V]인가?

① 2500
② 5000
③ 10000
④ 15000

해설 $E = \dfrac{P}{a} Z\phi \dfrac{N}{60} = \dfrac{10}{2} \times 500 \times 0.2 \times \dfrac{600}{60}$
$= 5000$[V]
(파권일 때에 $a = 2$이다.)

25 다음은 SCR의 특징을 설명하고 있다. 옳지 않은 것은?

① SCR 소자 자신은 게이트 전류를 흘리면 on 능력이 있다.
② 유지전류는 보통 20[mA] 정도이다.
③ Turn off 시키려면 원하는 시점에서 양극과 음극 사이에 역전압을 가해준다.
④ 유지전류 이하의 소호 회로를 외부에서 부가시키면 Turn on이 된다.

해설 [SCR의 특징]
- 유지전류 : SCR이 on 상태를 유지하기 위해 필요한 최소 전류(20[mA])
- 온 상태에 있는 사이리스터는 순방향 전류를 유지전류 미만으로 감소시키거나 역전압을 턴 오프 과정 동안 사이리스터 양단에 인가하면 턴 오프시킬 수 있다.

정답 21. ③ 22. ② 23. ③ 24. ② 25. ④

26 폭연성 분진 또는 화약류의 분말이 전기설비의 발화원이 되어 폭발할 우려가 있는 곳의 저압 옥내 배선의 공사 방법으로 적당한 것은?

① 애자 사용 공사 또는 가요 전선관 공사
② 금속 몰드 공사
③ 금속관 공사
④ 합성수지관 공사

해설 폭연성 분진(마그네슘, 알루미늄, 티탄 등이 쌓인 상태) 또는 화약류 분말로 인하여 점화원이 되어 폭발할 우려가 있는 곳에 시설하는 저압 옥내배선은 금속관 공사 또는 케이블 공사에 의하여 시설하여야 한다.

27 10진수 753_{10}을 8진수로 변환하면?

① 752   ② 357
③ 1250 ④ 1361

해설
```
8 | 753
8 |  94 ········ 나머지 1
8 |  11 ········ 나머지 6
      1 ········ 나머지 3
```

28 그림의 논리회로와 그 기능이 같은 회로는?

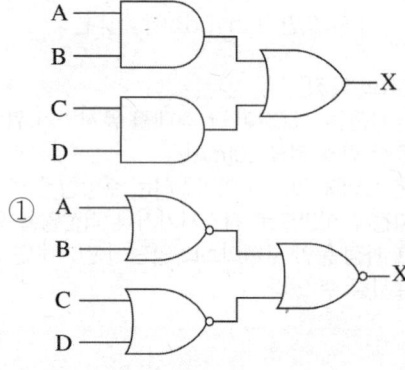

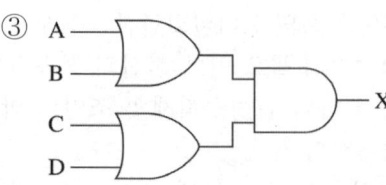

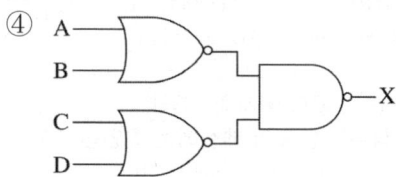

해설 $X = AB + CD$

① $X = \overline{\overline{A+B} + \overline{C+D}} = (A+B)(C+D)$
② $X = \overline{\overline{AB} \cdot \overline{CD}} = AB + CD$
③ $X = (A+B)(C+D)$
④ $X = \overline{\overline{A+B} \cdot \overline{C+D}} = (A+B) + (C+D)$

29 일정 전압으로 운전하는 직류발전기의 손실이 $y + xI^2$으로 표시될 때 효율이 최대가 되는 전류는? (단, x, y는 정수이다.)

① $\dfrac{y}{x}$ ② $\dfrac{x}{y}$
③ $\sqrt{\dfrac{y}{x}}$ ④ $\sqrt{\dfrac{x}{y}}$

해설 최대 효율 조건은 철손 = 동손이므로 철손을 y, 동손을 xI^2라고 하면 $y = xI^2$에서 $I = \sqrt{\dfrac{y}{x}}$이다.

정답 26. ③ 27. ④ 28. ② 29. ③

30 3상 유도전동기의 2차 입력이 P_2, 슬립이 s 라면 2차 저항손은 어떻게 표현되는가?

① sP_2 ② $\dfrac{P_2}{s}$
③ $\dfrac{1-s}{P_2}$ ④ $\dfrac{P_2}{1-s}$

해설 $P_2 : P_{2c} = 1 : S$에서
2차 저항손 $P_{2c} = P_2 \cdot S$가 된다.

31 전파제어 정류회로에 사용하는 쌍방향성 반도체 소자는?

① SCR ② SSS
③ UJT ④ PUT

해설 양방향성 소자는 SSS, TRIAC, SBS, DIAC 등이 있고 단방향성 소자는 SCR, UJT, PUT 등이 있다.

32 그림은 어떤 소자의 구조와 기호이다. 이 소자의 명칭과 ⓐ~ⓒ의 단자기호를 모두 옳게 나타낸 것은?

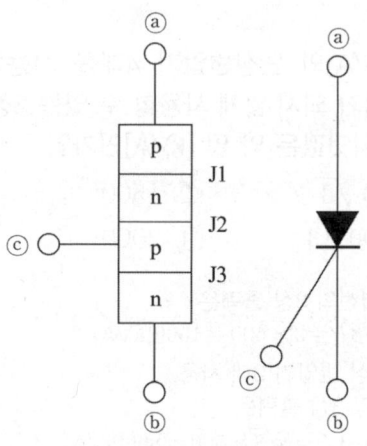

① UJT, ⓐ K(cathode), ⓑ A(anode), ⓒ G(gate)
② UJT, ⓐ A(anode), ⓑ G(gate), ⓒ K(cathode)
③ SCR, ⓐ K(cathode), ⓑ A(anode), ⓒ G(gate)
④ SCR, ⓐ A(anode), ⓑ K(cathode), ⓒ G(gate)

해설 SCR 소자의 기호로서
ⓐ A(anode), ⓑ K(cathode), ⓒ G(gate)이다.

33 배전선로에 사용하는 원형 콘크리트주의 수직 투영면적 1[m²]에 대한 풍압을 기초로 하여 계산한 갑종 풍압하중은 얼마인가?

① 372 Pa ② 588 Pa
③ 882 Pa ④ 1255 Pa

해설 가공 전선로에 사용하는 지지물의 강도 계산에 적용하는 풍압 하중은 갑종, 을종, 병종으로 구분한다. 갑종 풍압 하중

풍압을 받는 구분	구성재의 수직 투영면적 풍압을 받는 구분 1[m²]에 대한 풍압
목주	588[Pa]
철주(원형)	588[Pa]
철근 콘크리트주 (원형)	588[Pa]
철탑(단주, 원형)	588[Pa]

34 합성수지관(PVC 관) 공사에 의한 저압 옥내 배선에 대한 내용으로 틀린 것은?

① 전선은 절연전선으로 14[mm²]의 연선을 사용하였다.
② 관의 지지점 간의 거리를 2[m]로 하였다.
③ 관 상호 간 및 박스와는 관을 삽입하는 깊이를 관의 바깥지름의 1.2배로 하였다.
④ 습기가 많은 장소의 관과 박스의 접속 개소에 방습장치를 하였다.

정답 30. ① 31. ② 32. ④ 33. ② 34. ②

해설 [합성수지관 공사의 시공]
- 전개된 장소나 은폐된 장소 등 어느 곳에서나 시공할 수 있지만 중량물 압력 또는 심한 기계적 충격을 받는 장소에서 시설해서는 안 된다.(콘크리트 매입 제외)
- 관의 지지점 간의 거리는 1.5[m] 이하로 하고, 관과 박스의 접속점 및 상호 간의 접속점 등에서는 가까운 곳(0.3[m] 이내)에 지지점을 시설하여야 한다.
- 관 상호 접속은 커플링을 이용하며 커플링에 들어가는 관의 길이는 관 바깥지름의 1.2배 이상으로 한다.(단, 접착제를 사용할 때는 0.8배 이상으로 한다.)

35 저압 연접 인입선의 시설에 대한 기준으로 틀린 것은?
① 옥내를 통과하지 말 것
② 인입선에서 분기되는 점에서 100[m]를 초과하지 말 것
③ 폭 5[m]를 넘는 도로를 횡단하지 말 것
④ 철도 또는 궤도를 횡단하는 경우에는 노면상 5[m]를 초과하지 말 것

해설 저압 연접 인입선은 폭 5[m]를 초과하는 도로를 횡단하지 않아야 하며 횡단하는 경우 노면상 5[m] 이상으로 시설해야 한다.

36 3상 동기발전기의 각 상의 유기 기전력 중에서 제5고조파를 제거하려면 단절계수(코일간격/극 피치)는 얼마가 가장 적당한가?
① 0.4   ② 0.8
③ 1.2   ④ 1.6

해설
- 동기발전기의 전기자 권선을 단절권으로 하면 코일 길이가 짧아져 구리의 양이 적게 들고, 고조파를 제거하므로 파형이 좋게 된다.

- n 고조파에 대한 단절 계수 :
$$k_{pn} = \frac{\sin n\beta\pi}{2} = \frac{\sin 5\beta\pi}{2} = 0,$$
$$\frac{5\beta\pi}{2} = 180 에서\ \beta = 0.8$$

37 전압이 일정한 도선에 접속되어 역률 1로 운전하고 있는 동기전동기의 여자전류를 증가시키면 이 전동기의 역률과 전기자 전류는?
① 역률은 앞서고 전기자 전류는 증가한다.
② 역률은 앞서고 전기자 전류는 감소한다.
③ 역률은 뒤지고 전기자 전류는 증가한다.
④ 역률은 뒤지고 전기자 전류는 감소한다.

해설
- 여자가 약할 때(부족여자) : I가 V보다 지상(뒤짐) : 리액터 역할
- 여자가 강할 때(과여자) : I가 V보다 진상(앞섬) : 콘덴서 역할
- 여자가 적합할 때 : I와 V가 동위상이 되어 역률이 100[%]

38 500[kVA]의 단상변압기 4대를 사용하여 과부하가 되지 않게 사용할 수 있는 3상 전력의 최댓값은 약 몇 [kVA]인가?
① $500\sqrt{3}$ ② 1500
③ $1000\sqrt{3}$ ④ 2000

해설 Y, △결선의 3상 출력은
$P_{Y\triangle} = 3P = 3 \times 500 = 1500[kVA]$: 단상 변압기 3대 사용
V결선의 3상 출력은
$P_V = \sqrt{3}P = \sqrt{3} \times 500 = 866[kVA]$: 단상변압기 2대 사용
변압기 4대를 V결선으로 2회로로 구성할 수 있으므로
$866 \times 2 = 1732 = 1000\sqrt{3}[kVA]$

39 정격전압 6600[V], 용량 5000[kVA]의 Y결선 3상 동기발전기가 있다. 여자전류 200[A]에서의 무부하 단자전압 6000[V], 단락전류 6000[A]일 때, 이 발전기의 단락비는?

① 1
② 1.25
③ 1.55
④ 1.75

해설 $\%Z_s = \dfrac{E}{I_s} \times 100 = \dfrac{6000}{6000} \times 100 = 100$이므로

단락비 $K_s = \dfrac{100}{\%Z_s} = \dfrac{100}{100} = 1$

40 직류발전기의 전기자 반작용을 줄이고 정류를 잘되게 하기 위해서는?

① 브러시 접촉저항을 적게 할 것
② 보극과 보상권선을 설치할 것
③ 브러시를 이동시키고 주기를 크게 할 것
④ 보상권선을 설치하여 리액턴스 전압을 크게 할 것

해설 [전기자 반작용을 줄이는 방법]
- 브러시 위치를 전기적 중성점인 회전방향으로 이동
- 보극 : 전기자 반작용을 경감시키고, 정류작용을 좋게 하는 방법
- 보상권선 : 전기자 반작용을 없애는 가장 확실한 방법

[양호한 정류(직선에 가까운 정류)의 방법]
- 리액턴스 전압의 값을 적게 한다.
- 정류주기를 길게 하고 회전자의 속도를 적게 한다.
- 브러시의 전압강하보다 리액턴스의 전압강하를 작게 한다.
- 탄소 브러시를 사용하여 브러시의 접촉저항을 크게 한다.

41 그림과 같은 논리회로에서 X가 1이 되기 위한 입력조건으로 옳은 것은?

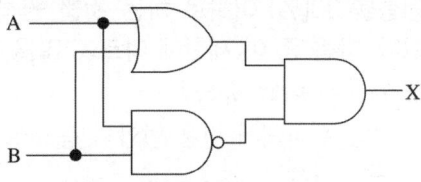

① $A = 1$, $B = 1$
② $A = 1$, $B = 0$
③ $A = 0$, $B = 0$
④ 위 3가지 경우가 모두 해당

해설 $X = (A+B)(\overline{AB}) = A\overline{B} + \overline{A}B$이므로
X가 1이 되기 위한 조건은 $A=1$, $B=0$과 $A=0$, $B=1$이다.

42 디지털 계전기의 특징으로 부적합한 것은?

① 고도의 보호기능, 보호특성을 실현한다.
② 고도의 자동감시기능을 실현한다.
③ 스위치 조작이 간편하며 동작 특성의 선택이 쉽다.
④ 계전기의 정정작업이 복잡하다.

해설 [디지털 계전기의 특징]
- 다양한 계측·표시 기능과 자기진단 기능에 의한 신뢰성 향상
- Data 통신이 가능하고, 다양한 보호기능이 구현되며, 고장 시 분석이 매우 용이하여 사고 대응에 유리

43 고압수전의 3상 3선식에서 불평형부하의 한도는 단상 접속부하로 계산하여 설비불평형률 30[%] 이하로 하는 것을 원칙으로 한다. 다음 중 이 제한에 따르지 않을 수 있는 경우가 아닌 것은?

① 저압 수전에서 전용 변압기 등으로 수전하는 경우
② 고압 및 특고압 수전에서 100[kVA] 이하의 단상부하인 경우
③ 특고압 수전에서 100[kVA] 이하의 단상변압기 3대로 △결선하는 경우
④ 고압 및 특고압 수전에서 단상부하용량의 최대와 최소의 차가 100[kVA] 이하인 경우

해설 3상 3선식, 4선식에서 설비 불평형률 30[%] 이하의 제한을 따르지 않아도 되는 경우
- 저압 수전에서 전용 변압기 등으로 수전할 때
- 고압, 특고압 수전에서 100[kVA] 이하의 단상부하일 때
- 단상 부하용량의 최대와 최소의 차가 100[kVA] 이하일 때
- 특고압 수전에서 100[kVA] 이하의 단상변압기 2대로 역V결선할 때

44 그림은 3상 동기발전기의 무부하 포화곡선이다. 이 발전기의 포화율은 얼마인가?

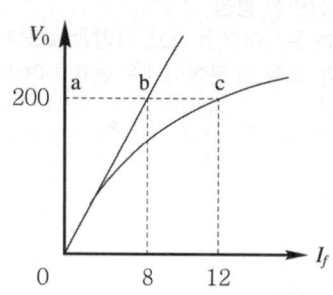

① 0.5   ② 0.67
③ 0.8   ④ 1.5

해설 포화율은 $\dfrac{bc}{ab} = \dfrac{12-8}{8} = 0.5$

45 사이리스터에 관한 설명이다. 옳지 않은 것은?

① 사이리스터를 턴 온 시키기 위해 필요한 최소한의 순방향 전류를 래칭전류라 한다.
② 도통 중인 사이리스터에 유지전류 이하가 흐르면 사이리스터는 턴 오프 된다.
③ 유지전류의 값은 항상 일정하다.
④ 래칭전류는 유지전류보다 크다.

해설
- 래칭전류 : 사이리스터를 턴 온 시키기 위한 최소한의 양극 전류(80[mA])
- 유지전류 : 사이리스터의 ON 상태를 유지하기 위한 최소의 양극 전류(20[mA])를 말하며 ON 상태에 있는 사이리스터의 게이트(G) 회로를 개방하고 양극 전류를 점차 줄여가면 어느 전류부터 OFF 상태로 옮아가서 전류가 흐르지 않게 될 때의 전류

46 15[kVA], 3000/100[V]인 변압기의 1차 환산 등가 임피던스가 $5+j8[\Omega]$일 때 % 리액턴스 강하는 약 몇 [%]인가?

① 0.83   ② 1.33
③ 2.31   ④ 3.45

해설 % 리액턴스 강하(q)
정격전류가 흐를 때 리액턴스에 의한 전압강하의 비율을 퍼센트로 나타낸 것
1차 정격전류
$I_1 = \dfrac{P_a}{\sqrt{3}\,V_1} = \dfrac{15\times 10^3}{\sqrt{3}\times 3000} = 2.886[A]$
백분율 리액턴스 강하
$q = \dfrac{I_1 X_{12}}{E_1}\times 100 = \dfrac{2.886\times 8}{\dfrac{3000}{\sqrt{3}}}\times 100$
$= 1.33[\%]$ (여기서 E_1은 상전압)

정답 43. ③ 44. ① 45. ③ 46. ②

47 그림의 회로에서 입력 전원(v_s)의 양(+)의 반주기 동안에 도통하는 다이오드는?

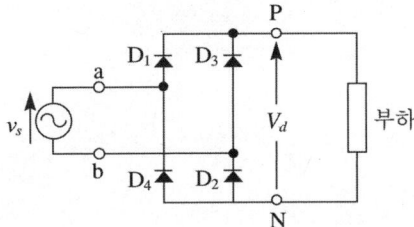

① D_1, D_2 　② D_2, D_3
③ D_4, D_1 　④ D_1, D_3

해설 4개의 다이오드를 사용하여 교류의 양(+)과 음(-)의 전 주기를 정류하는 전파정류 방식이다. 브리지 정류회로에서 양(+)의 반주기 동안은 D_1, D_2가 도통되고 음(-)의 반주기 동안에는 D_3, D_4가 도통된다.

48 근래 인간공학이 여러 분야에서 크게 기여하고 있다. 다음 중 어느 단계에서 인간공학적 지식이 고려됨으로서 기업에 가장 큰 이익을 줄 수 있는가?
① 제품의 개발단계
② 제품의 구매단계
③ 제품의 사용단계
④ 작업자의 채용단계

해설 인간공학적 검토는 제품의 개발단계에서 기업에 가장 큰 이익을 줄 수 있다.

49 다음 [표]를 참조하여 5개월 단순이동평균법으로 7월의 수요를 예측하면 몇 개인가?

[단위 : 개]

월	1	2	3	4	5	6
실적	48	50	53	60	64	68

① 55개　② 57개
③ 58개　④ 59개

해설 단순이동평균법

당기 예측치 $M_t = \dfrac{\sum X_t (당기 실적치)}{n}$

$= \dfrac{(50+53+60+64+68)}{5}$

$= \dfrac{295}{5} = 59$

50 도수분포표에서 도수가 최대인 계급의 대표값을 정확히 표현한 통계량은?
① 중위수
② 시료 평균
③ 최빈수
④ 미드-레인지(Mid-range)

해설 최빈수는 통계집단에서 가장 많이 나타나는 변량의 값

51 다음 중 두 관리도가 모두 포아송 분포를 따르는 것은?
① $\bar{x}$ 관리도, R 관리도
② c 관리도, u 관리도
③ np 관리도, p 관리도
④ c 관리도, p 관리도

해설 포아송 분포는 많은 사건 중에서 특정한 사건이 발생할 가능성이 매우 적은 확률변수가 갖는 분포이다.

데이터	관리도	분포
계수치	np 관리도 p 관리도	이항분포
	c 관리도 u 관리도	포아송 분포
계량치	$\bar{x}-R$관리도 x 관리도 $x-R$ 관리도	정규분포

52 전수검사와 샘플링 검사에 관한 설명으로 가장 올바른 것은?

① 파괴검사의 경우에는 전수검사를 적용한다.
② 전수검사가 일반적으로 샘플링 검사보다 품질향상에 자극을 더 준다.
③ 검사항목이 많을 경우 전수검사보다 샘플링 검사가 유리하다.
④ 샘플링검사는 부적합품이 섞여 들어가서는 안 되는 경우에 적용한다.

해설 [전수(전체) 검사가 필요한 경우]
불량품이 절대 있어서는 안 되는 경우와 검사항목수가 적고 로트의 크기가 작을 때
[샘플링 검사가 유리한 경우]
전수검사가 불가능한 경우, 기술적으로 개별검사가 무의미한 경우, 전수검사에 비해 신뢰도가 높은 결과를 얻을 수 있는 경우, 경제적으로 유리한 경우, 생산자에게 품질향상의 자극을 주고 싶을 때

53 다음 중 반즈(Ralph M, Barnes)가 제시한 동작경제원칙에 해당되지 않는 것은?

① 표준작업의 원칙
② 신체의 사용에 관한 원칙
③ 작업장의 배치에 관한 원칙
④ 공구 및 설비의 디자인에 관한 원칙

해설 [동작 경제의 3원칙]
동작경제의 원칙이란 신체, 배치, 디자인 등으로 3가지 분야에 대하여 작업 동작을 최적화, 최소화시키기 위한 원칙
- 신체 사용에 관한 원칙
- 작업장 배치에 관한 원칙
- 공구나 설비의 설계에 관한 원칙

정답 52. ③ 53. ①

2014년 제56회 출제문제

바뀐 출제기준에 따라 삭제된 문제가 있어서 60문항이 안됩니다.

01 단상 유도전압조정기의 동작 원리 중 가장 적당한 것은?
① 교번자계의 전자유도 작용을 이용한다.
② 두 전류 사이에 작용하는 힘을 이용한다.
③ 충전된 두 물체 사이에 작용하는 힘을 이용한다.
④ 회전자계에 의한 유도작용을 이용하여 2차 전압의 위상, 전압조정에 따라 변화한다.

해설 회전자 권선을 1차 권선, 고정자 권선을 2차 권선으로 하여 단권변압기처럼 1차 권선과 2차 권선을 공유하여 회전자를 이동하며 전압을 조정하는 기기로 교번자계의 전자유도 작용을 이용한다.

02 2중 농형 유도전동기가 보통 농형 전동기에 비하여 다른 점은?
① 기동 전류가 크고, 기동 토크도 크다.
② 기동 전류는 크고, 기동 토크는 적다.
③ 기동 전류가 적고, 기동 토크도 적다.
④ 기동 전류는 적고, 기동 토크는 크다.

해설 회전자의 슬롯에 상하로 두 종류의 도체를 배열하고, 바깥쪽의 도체를 높은 저항의 것(합금), 안쪽의 도체를 낮은 저항의 것(동)을 사용하여 2중의 농형으로 한 것으로 기동할 때에는 전류가 적게 흐르고 기동 특성을 개선한 것이다.

03 그림과 같은 DTL 게이트의 출력 논리식은?

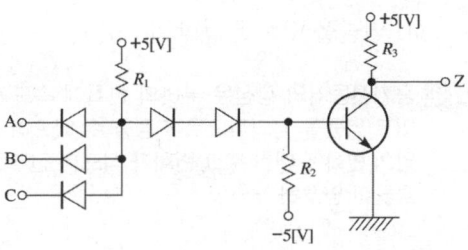

① $Z = \overline{ABC}$
② $Z = ABC$
③ $Z = A + B + C$
④ $Z = \overline{A + B + C}$

해설 출력 Z는 입력 A, B, C 중 하나라도 0이면 출력은 1이 된다. $Z = \overline{ABC}$

04 게르게스 현상은 다음 중 어느 기기에서 일어나는가?
① 직류 직권전동기
② 단상 유도전동기
③ 3상 농형 유도전동기
④ 3상 권선형 유도전동기

해설 게르게스 현상은 3상 권선형 유도 전동기의 2차 회로 중 한 개가 단선된 경우 슬립 $S = 50[\%]$ 부근에서 더 이상 가속되지 않는 현상

05 $v = 100\sqrt{2}\sin(\omega t + \frac{\pi}{6})$[V]를 복소수로 표시하면?
① $50\sqrt{3} + j50$
② $50 + j50\sqrt{3}$
③ $50\sqrt{3} + j50\sqrt{3}$
④ $50 + j50$

해설 $V = 100(\cos 30^0 + j\sin 30^0) = 50\sqrt{3} + j50$[V]

정답 1. ① 2. ④ 3. ① 4. ④ 5. ①

06 동기전동기는 유도전동기에 비하여 어떤 장점이 있는가?
① 기동특성이 양호하다.
② 속도를 자유롭게 제어할 수 있다.
③ 구조가 간단하다.
④ 역률을 1로 운전할 수 있다.

해설 동기전동기의 장점은 부하의 변화에 속도가 불변이고 역률을 임의적으로 조정할 수 있으며 공급전압의 변화에 대한 토크 변화가 적으며 전부하 시에 효율이 양호하다.

07 그림과 같은 회로에 입력 전압 220[V]를 가할 때 30[Ω] 저항에 흐르는 전류는 몇 [A]인가?

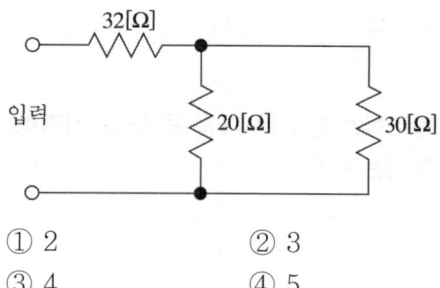

① 2 ② 3
③ 4 ④ 5

해설 합성저항 $R_0 = 32 + \dfrac{20 \times 30}{20+30} = 44[\Omega]$
30[Ω]에 흐르는 전류
$I_2 = \dfrac{220}{44} \times \dfrac{20}{20+30} = 2[A]$

08 다음 사이리스터 중 순방향 전압에서 양(+)의 전류에 의하여 턴-온 시킬 수 있고, 음(-)의 전류로 턴-오프 할 수 있는 것은?
① GTO   ② BJT
③ UJT   ④ FET

해설 GTO는 자기 소호 소자로서 양(+) 게이트 전류에 의하여 턴 온시킬 수 있고 음(-)의 게이트 전류에 의하여 턴 오프시킬 수 있다.

09 다음 중 배리스터(Varister)의 주된 용도는?
① 서지전압에 대한 회로 보호용
② 전압 증폭용
③ 출력전류 조정용
④ 과전류방지 보호용

해설 배리스터는 저항값이 전압에 비 직선적으로 변화되는 성질을 가진 두 전극의 반도체 소자로 피뢰기, 변압기나 코일 등의 과전압 보호, 스위치나 계전기 접점 불꽃 소거 등에 사용된다.

10 과전류 차단기로 저압전로에 사용하는 퓨즈를 수평으로 붙인 경우, 정격전류와 1.1배의 전류에 견디어야 한다. 퓨즈의 정격전류가 30[A]를 넘고 60[A] 이하일 때 2배의 전류를 통한 경우 몇 분 이내로 용단되어야 하는가?
① 2분 ② 4분 ③ 6분 ④ 8분

해설 퓨즈의 정격전류가 30[A]를 넘고 60[A] 이하일 때 2배의 전류를 통한 경우 4분 안에 용단되어야 한다.

11 저압 옥상전선로를 전개된 장소에 시설하고자 할 때 다음 중 옳지 않은 것은?
① 전선은 조영재에 견고하게 붙인 지지대에 절연성, 난연성 및 내수성이 있는 애자를 사용하여 지지하고 또한 그 지지점 간의 거리는 15[m] 이하로 한다.
② 전선은 인장강도 1.38[kN] 이상의 것 또는 지름 2.0[mm]의 경동선을 사용한다.
③ 전선과 그 저압 옥상 전선로를 시설하는 조영재와의 이격거리는 1.5[m] 이상으로 한다.
④ 전선은 상시 부는 바람 등에 의하여 식물에 접촉하지 아니하도록 시설하여야 한다.

해설 전선과 그 저압 옥상 전선로를 시설하는 조영재와의 이격거리는 2.0[m] 이상

정답 6.④ 7.① 8.① 9.① 10.② 11.③

12 3300[V], 60[Hz]용 변압기의 와류손이 620 [W]이다. 이 변압기를 2650[V], 50[Hz]의 주파수에 사용할 때 와류손은 약 몇 [W]인가?

① 500   ② 400
③ 312   ④ 210

해설 와류손은 주파수에 무관하고 전압의 제곱에 비례하므로
$3300^2 : 620 = 2650^2 : x$에서
$x = \dfrac{2650^2 \times 620}{3300^2} = 399.8 ≒ 400[W]$

13 10진수 45를 2진수로 나타낸 것은?

① 101101   ② 110010
③ 110101   ④ 100110

해설
```
2 | 45
2 | 22 ……… 나머지 1
2 | 11 ……… 나머지 0
2 |  5 ……… 나머지 1
2 |  2 ……… 나머지 1
     1 ……… 나머지 0
```

14 동기발전기에서 부하가 갑자기 변화할 때 발전기의 회전속도가 동기속도 부근에서 진동하는 현상을 무엇이라 하는가?

① 탈조   ② 공조
③ 난조   ④ 복조

해설 난조는 동기발전기에서 부하 급변 시 동기속도보다 낮아져 속도 재조정을 위한 진동이 발생하게 되며 진동주기가 동기기의 고유진동에 가까워지면 공진작용으로 진동이 계속 증대하는 현상이다.

15 저압 인입선의 인입용으로 수직 배관 시 비의 침입을 막는 금속관 공사의 재료는 다음 중 어느 것인가?

① 유니버설 캡
② 와이어 캡
③ 엔트런스 캡
④ 유니온 캡

해설 엔트런스 캡은 인입구, 인출구 관단에 설치하여 금속관에 접속하여 옥외의 빗물을 막는 데 사용한다.

16 모든 전기 장치에 접지시키는 근본적인 이유는?

① 지구는 전류를 잘 통하기 때문이다.
② 영상전하를 이용하기 때문이다.
③ 편의상 지면을 영전위로 보기 때문이다.
④ 지구의 정전용량이 커서 전위가 거의 일정하기 때문이다.

해설 전기 장치에 지면에 접지시키는 근본적인 이유는 지구의 정전용량이 커서 전위가 거의 일정하기 때문이다.

17 이상적인 전압 전류원에 관하여 옳은 것은?

① 전압원, 전류원의 내부저항은 흐르는 전류에 따라 변한다.
② 전압원의 내부저항은 0이고 전류원의 내부저항은 ∞이다.
③ 전압원의 내부저항은 ∞이고 전류원의 내부저항은 0이다.
④ 전압원의 내부저항은 일정하고 전류원의 내부저항은 일정하지 않다.

해설 이상적인 전압원의 내부저항은 0, 전류원의 내부저항은 ∞이다.

정답 12. ②　13. ①　14. ③　15. ③　16. ④　17. ②

18 저항정류의 역할을 하는 것은?
① 보상권선
② 보극
③ 리액턴스 코일
④ 탄소 브러시

해설 저항정류는 권선의 자기 인덕턴스나 상호 인덕턴스가 없고 전기자 반작용이 없어 보극이 없으며 정류중인 권선의 저항이 정류자와 브러시의 접촉 저항에 비하여 상당히 적어 무시할 수 있는 경우에 얻어지므로 접촉 저항이 큰 탄소질이나 전기 흑연질의 브러시를 사용하여 정류하는 방식이다.

19 유기기전력 110[V], 단자전압 100[V]인 5[kW] 분권 발전기의 계자저항이 50[Ω]이라면 전기자저항은 약 몇 [Ω]인가?
① 0.12
② 0.19
③ 0.96
④ 1.92

해설 $E = V + I_a R_a$
$I_a = I + I_f = \dfrac{P}{V} + \dfrac{V}{R_f} = \dfrac{5000}{100} + \dfrac{100}{50} = 52[A]$
$R_a = \dfrac{E-V}{I_a} = \dfrac{110-100}{52} = 0.192[\Omega]$

20 1200[lm]의 광속을 갖는 전등 10개를 120[m²]의 사무실에 설치할 때 조명률이 0.5이고 감광보상률이 1.5이면 이 사무실의 평균 조도는 약 몇 [lx]인가?
① 7.5
② 15.2
③ 33.3
④ 66.6

해설 $N \times F = \dfrac{EAD}{U}$[lm]에서
$E = \dfrac{N \times F \times U}{A \times D} = \dfrac{10 \times 1200 \times 0.5}{120 \times 1.5}$
$= 33.33[\text{lx}]$

21 저압 전선로 중 절연 부분의 전선과 대지 사이의 절연저항은 사용전압에 대한 누설전류가 최대 공급전류의 얼마를 넘지 않도록 하여야 하는가?
① $\dfrac{1}{1000}$
② $\dfrac{1}{2000}$
③ $\dfrac{1}{10000}$
④ $\dfrac{1}{20000}$

해설 저압 전선로 절연 부분의 전선과 대지 사이의 절연저항은 사용전압에 대한 누설전류가 최대 공급전류의 1/2000(1가닥)을 초과하지 않도록 해야 한다.

22 단면적 $S[\text{m}^2]$, 길이 $l[\text{m}]$, 투자율 $\mu[\text{H/m}]$의 자기회로에 N회의 코일을 감고 $I[\text{A}]$의 전류를 통할 때, 자기회로의 옴의 법칙을 옳게 표현한 것은?
① $B = \dfrac{\mu S N^2 I}{l}[\text{Wb/m}^2]$
② $B = \dfrac{\mu S}{N^2 I l}[\text{Wb/m}^2]$
③ $\phi = \dfrac{\mu S N I}{l}[\text{Wb}]$
④ $\phi = \dfrac{\mu S I}{N l}[\text{Wb}]$

해설 자속 $\phi = BS = \mu HS = \mu \dfrac{N \cdot I}{l} S[\text{Wb}]$

23 어떤 정현파 전압의 평균값이 153[V]이면 실효값은 약 몇 [V]인가?
① 240
② 191
③ 170
④ 153

해설 $V = \dfrac{1}{\sqrt{2}} V_m = \dfrac{1}{\sqrt{2}} \times \dfrac{\pi V_{av}}{2}$
$= 169.85 ≒ 170[\text{V}]$

정답 18. ④ 19. ② 20. ③ 21. ② 22. ③ 23. ③

24 PN 접합 다이오드에 공핍층이 생기는 경우는?

① 전압을 가하지 않을 때 생긴다.
② 다수 반송파가 많이 모여 있는 순간에 생긴다.
③ 음(-) 전압을 가할 때 생긴다.
④ 전자와 정공의 확산에 의하여 생긴다.

해설 pn 접합 반도체는 정상 상태에서는 그 접합면과 같이 캐리어가 존재하지 않는 영역을 가지고 있는 영역을 공핍층이라 하며 pn 접합 반도체의 양단에 역 방향 전압을 가하면 접합부에 대하여 반대측 양단에 캐리어가 모이므로 공핍층은 더욱 커진다.

25 네온관용 전선 표기가 15 kV N-EV일 때 E는 무엇을 의미하는가?

① 네온전선 ② 클로로프렌
③ 비닐 ④ 폴리에틸렌

해설 15 kV N-EV은 15[kV] 폴리에틸렌 비닐 네온 전선으로 N은 네온 전선, E는 폴리에틸렌, V는 비닐을 나타낸다.

26 전선의 접속법에서 두 개 이상의 전선을 병렬로 시설하여 사용하는 경우에 대한 사항으로 옳지 않은 것은?

① 병렬로 사용하는 각 전선의 굵기는 동선 50[mm²] 이상으로 하고, 전선은 같은 도체, 재료, 길이, 굵기의 것을 사용할 것
② 같은 극의 각 전선은 동일한 터미널 러그에 완전히 접속할 것
③ 병렬로 사용하는 전선에는 각각에 퓨즈를 설치할 것
④ 교류회로에서 병렬로 사용하는 전선은 금속관 안에 전자적 불평형이 생기지 않도록 시설할 것

해설 옥내배선에서 전선 병렬 사용 시 관내에 전자적 불평형이 생기지 아니하도록 시설하여야 하며 전선의 굵기는 동은 50[mm²] 이상, 알루미늄은 80[mm²] 이상이고 동일한 도체, 굵기, 길이이어야 하며 전선의 접속은 동일한 터미널 러그에 완전히 접속해야 하고 전선의 각각에는 퓨즈를 설치하지 말아야 한다.

27 그림은 어떤 전력용 반도체의 특성 곡선인가?

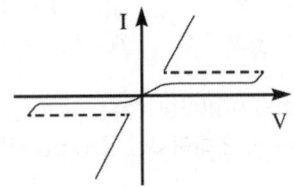

① SSS ② UJT
③ FET ④ GTO

해설 SSS는 5층의 PN 접합을 갖는 양방향 사이리스터로 2개의 역저지 3단자 사이리스터를 역병렬 접속하고 게이트 단자가 없는 소자로 SCR과 같이 과전압이 걸려도 파괴되는 일이 없이 턴 온이 된다는 장점이 있기 때문에 과전압이 걸리기 쉬운 옥외용 네온사인의 조광 등에 알맞다.

28 논리식 $F = \overline{A}\overline{B}C + \overline{A}B\overline{C} + A\overline{B}C + AB\overline{C}$ 를 간소화한 것은?

① $F = \overline{A}B + A\overline{B}$ ② $F = \overline{A}B + B\overline{C}$
③ $F = \overline{A}C + A\overline{C}$ ④ $F = \overline{B}C + B\overline{C}$

해설 카르노도표로 논리식을 간소화하면
$F = \overline{B}C + B\overline{C}$

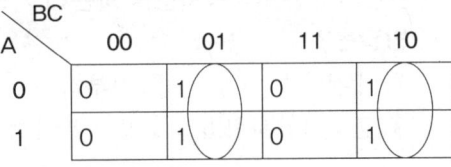

정답 24. ④ 25. ④ 26. ③ 27. ① 28. ④

29 다음은 3상 전압형 인버터를 이용한 전동기 운전 회로의 일부이다. 회로에서 트랜지스터의 기본적인 역할로 가장 적당한 것은?

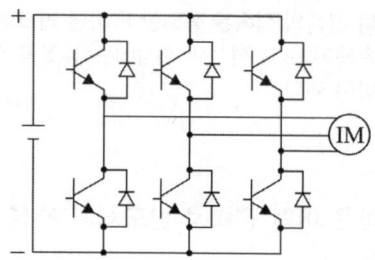

① 전압 증폭   ② ON·OFF
③ 전류 증폭   ④ 정류작용

[해설] 3상 전압형 인버터의 TR을 순서대로 ON, OFF하여 교류로 변환하여 3상 유도전동기를 운전할 수 있다.

30 금속관 배선에서 관의 굴곡에 관한 사항이다. 금속관의 굴곡개소가 많은 경우에는 어떻게 하는 것이 가장 바람직한가?
① 행거를 30[m] 간격으로 견고하게 지지한다.
② 덕트를 설치한다.
③ 풀박스를 설치한다.
④ 링리듀서를 사용한다.

[해설] 아웃트렛 박스 사이 또는 전선 인입구를 가지는 기구 사이의 금속관은 3개소를 초과하는 직각 또는 직각에 가까운 굴곡개소를 만들어서는 안 되며 굴곡개소가 많은 경우 길이가 30[m]를 초과하는 경우에는 풀박스를 설치하는 것이 바람직하다.

31 변압기의 온도상승시험을 하는데 가장 좋은 방법은?
① 내전압법   ② 실부하법
③ 충격전압시험법   ④ 반환부하법

[해설] 반환부하법은 전기 기기의 온도시험 또는 효율시험을 하는 경우에 같은 정격의 것이 2개 있을 때는 그것을 적당히 기계적 및 전기적으로 접속하여 그 손실에 상당하는 전력을 전원으로부터 공급하는 방법

32 콘덴서 기동형 단상 유도전동기의 설명으로 옳은 것은?
① 콘덴서를 주 권선에 직렬 연결한다.
② 콘덴서를 기동권선에 직렬 연결한다.
③ 콘덴서를 기동권선에 병렬 연결한다.
④ 콘덴서는 운전권선과 기동권선을 구별하지 않고 연결한다.

[해설] 콘덴서 기동형 단상 유도전동기는 기동권선에 직렬로 콘덴서를 넣고 권선에 흐르는 기동전류를 앞선 전류로 하고 운전권선에 흐르는 전류와 위상차를 갖도록 한 것

33 지중전선로 및 지중함의 시설방식 등의 기준에 대한 설명으로 옳지 않은 것은?
① 지중전선로는 전선에 케이블을 사용할 것
② 지중전선로는 관로식, 암거식 또는 직접 매설식에 의하여 시설할 것
③ 지중함 뚜껑은 시설자 이외의 자가 쉽게 열 수 없도록 시설할 것
④ 폭발성 또는 연소성의 가스가 침입할 우려가 있는 곳에 시설하는 지중함으로서 그 크기가 0.5[m^2] 이상인 것은 통풍장치를 설치할 것

[해설] 폭발성 또는 연소성의 가스가 침입할 우려가 있는 곳에 시설하는 1[m^3] 이상의 지중함에는 통풍장치를 할 것

정답 29. ② 30. ③ 31. ④ 32. ② 33. ④

34 동기조상기를 부족여자로 해서 운전하였을 때 나타나는 현상이 아닌 것은?
① 역률을 개선시킨다.
② 리액터로 작용한다.
③ 뒤진 전류가 흐른다.
④ 자기여자에 의한 전압상승을 방지한다.

해설 동기조상기를 부족여자로 운전하면 지상 무효전류가 증가하여 리액터의 역할로 자기여자에 의한 전압상승을 방지한다.

35 누설 변압기의 가장 큰 특징은 어느 것인가?
① 역률이 좋다.
② 무부하손이 적다.
③ 단락전류가 크다.
④ 수하특성을 가진다.

해설 누설 리액턴스를 매우 크게 한 변압기로 누설자속으로 전압 변동률이 크고 역률이 매우 나쁘며 수하특성이 있다.

36 3상 유도전동기의 동기속도 N_s와 극수 P와의 관계는?
① $N_s \propto \dfrac{1}{P}$
② $N_s \propto \sqrt{P}$
③ $N_s \propto P$
④ $N_s \propto P^2$

해설 $N_s = \dfrac{120f}{P} \propto \dfrac{1}{P}$ [rpm]

37 평행한 콘덴서에서 전극의 반지름이 30[cm] 인 원판이고, 전극간격 0.1[cm]이며 유전체의 비유전율은 4이다. 이 콘덴서의 정전용량은 몇 [μF]인가?

① 0.01
② 0.1
③ 1
④ 10

해설
$$C = \dfrac{\epsilon_0 \epsilon_s S}{d} = \dfrac{\epsilon_0 \epsilon_s \times \pi r^2}{d}$$
$$= \dfrac{8.85 \times 10^{-12} \times 4 \times 3.14 \times 0.3^2}{0.1 \times 10^{-2}}$$
$$= 0.01 [\mu\mathrm{F}]$$

38 래칭전류(Latching Current)를 올바르게 설명한 것은?
① 사이리스터를 온 상태로 스위칭시킨 후의 애노드 순저지 전류
② 사이리스터를 턴-온 시키는 데 필요한 최소의 양극 전류
③ 사이리스터를 온 상태로 유지시키는 데 필요한 게이트 전류
④ 유지전류보다 조금 낮은 전류값

해설 래칭전류는 SCR을 턴 온 시키기 위한 최소한의 양극 전류

39 논리회로의 출력함수가 뜻하는 논리게이트의 명칭은?

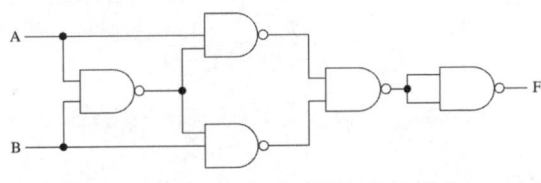

① EX-OR
② EX-NOR
③ NOR
④ NAND

해설 $F = \overline{\overline{AAB}\ \overline{BAB}} = (\overline{A}+AB)(\overline{B}+AB)$
$= \overline{A}\overline{B} + AB$

정답 34. ① 35. ④ 36. ① 37. ① 38. ② 39. ②

40 직류용 직권전동기를 교류에 사용할 때 여러 가지 어려움이 발생되는데 다음 중 교류용 단상 직권전동기에서 강구할 대책으로 옳은 것은?

① 원통형 고정자를 사용한다.
② 계자권선의 권수를 크게 한다.
③ 전기자 반작용을 적게 하기 위해 전기자 권수를 증가시킨다.
④ 브러시는 접촉저항이 적은 것을 사용한다.

해설 계자 및 전기자 권선의 리액턴스에 의한 역률 저하를 방지하기 위해서 계자권선을 줄여 약계자로 하고, 고정자 권선에 보상권선을 설치하여 전기자 반작용을 보상하는 동시에 전기자 권선수를 증가해서 필요한 토크를 발생하게 하는 강전기자형으로 한다.

41 Boost 컨버터에서 입·출력 전압비 $\dfrac{V_o}{V_i}$는? (단, D는 시비율(duty cycle)이다.)

① D ② $1-D$
③ $\dfrac{1}{1-D}$ ④ $\dfrac{1}{D}$

해설 Boost 컨버터는 승압용 컨버터로 전압비는
$$\dfrac{V_o}{V_i}=\dfrac{T}{T_{off}}=\dfrac{T}{T-T_{on}}=\dfrac{1}{1-D}$$

42 지중전선로 공사에서 케이블 포설 시 케이블 끝단에 설치하여 당길 수 있도록 하는 데 사용하는 것은?

① 풀링 그립(Pulling Grip)
② 피시테이프(Fish Tape)
③ 강철 인도선((Steel Wire)
④ 와이어 로프(Wire Rope)

해설 풀링 그립은 고리가 없으면 양방향 그립이 가능하며 이중, 삼중 또는 단일로 엮은 아연 도금한 강철 그물로 만들어졌으며 송, 배전, 지중 및 통신공사 시 각종 전선을 잡아주거나 끌어당겨 배선하는 데 사용하는 망

43 조상기의 내부 고장이 생긴 경우 자동적으로 전로를 차단하는 장치를 설치하여야 하는 용량의 기준은?

① 15000[kVA] 이상
② 20000[kVA] 이상
③ 30000[kVA] 이상
④ 50000[kVA] 이상

해설 조상기 용량이 15000[kVA] 이상일 때 내부고장이 생긴 경우 자동적으로 전로를 차단하는 장치를 시설하여야 한다.

44 다음 (   ) 안의 알맞은 내용으로 옳은 것은?

> 가공전선로의 지지물에 시설하는 지선의 안전율은 (㉠) 이상이어야 하고 허용 인장하중의 최저는 (㉡)[kN]으로 한다.

① ㉠ 2.0, ㉡ 3.81
② ㉠ 2.0, ㉡ 4.05
③ ㉠ 2.5, ㉡ 4.31
④ ㉠ 2.5, ㉡ 4.51

해설 지선용 철선은 4.0[mm] 아연도금 철선 3조 이상 또는 7/2.6[선/mm] 아연도금 철선을 사용하며, 안전율 2.5 이상, 허용인장 하중 값은 4.31[kN] 이상으로 한다.

정답 40. ① 41. ③ 42. ① 43. ① 44. ③

45 벅 컨버터(Buck Converter)에 대한 설명으로 옳지 않은 것은?

① 직류 입력전압 대비 직류 출력전압의 크기를 낮출 때 사용하는 직류-직류 컨버터이다.
② 입력전압(V_i)에 대한 출력전압(V_o)의 비($\frac{V_o}{V_i}$)는 스위칭 주기(T)에 대한 스위치 온(ON) 시간(t_{on})의 비인 듀티비(시비율)로 나타낸다.
③ 벅 컨버터의 출력단에는 보통 직류성분은 통과시키고 교류 성분을 차단하기 위한 LC 저역 통과 필터를 사용한다.
④ 벅 컨버터는 일반적으로 고주파 트랜스포머(변압기)를 사용하는 절연형 컨버터이다.

해설 벅 컨버터는 강압용 DC-DC 컨버터로 출력단에는 직류성분은 통과시키고 교류 성분을 차단하기 위한 LC 저역 통과 필터를 사용한다.

46 np 관리도에서 시료군마다 시료수(n)는 100이고, 시료군의 수(k)는 20, $\Sigma np = 77$이다. 이때 np 관리도의 관리상한선(UCL)을 구하면 약 얼마인가?

① 8.94   ② 3.85
③ 5.77   ④ 9.62

해설 불량개수 $\overline{(nP)} = \frac{\Sigma nP}{k} = \frac{77}{20} = 3.85$,
$\overline{P} = \frac{\Sigma nP}{nk} = \frac{77}{(100 \times 20)} = 0.0385$
관리 상한선(UCL) = $\overline{nP} + 3\sqrt{\overline{nP}(1-\overline{P})}$
$= 3.85 + 3\sqrt{3.85(1-0.0385)}$
$= 9.62$

47 그림의 OC 곡선을 보고 가장 올바른 내용을 나타낸 것은?

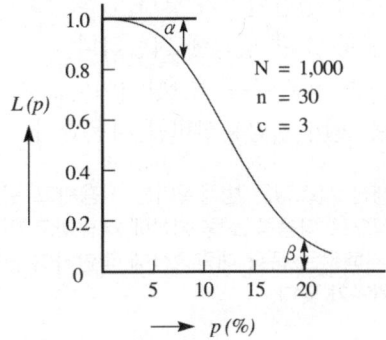

① α : 소비자 위험
② $L(p)$: 로트의 합격확률
③ β : 생산자 위험
④ 불량률 : 0.03

해설 발취검사에서 발취 방법을 평가하기 위해 사용하는 그림과 같은 곡선으로 α는 합격되어야 할 로트를 불합격이라고 판정하는 확률(생산자 위험)이고 β는 불합격이 되어야 할 로트를 합격이라고 판정하는 확률(소비자 위험)

48 미국의 마틴 마리에타 사(Martin Marietta Corp.)에서 시작된 품질 개선을 위한 동기부여 프로그램으로 모든 작업자가 무결점을 목표로 설정하고, 처음부터 작업을 올바르게 수행함으로써 품질비용을 줄이기 위한 프로그램은 무엇인가?

① TPM 활동
② 6 시그마 운동
③ ZD 운동
④ ISO 9001 인증

해설 ZD(zero defects) 운동은 개별 종업원에게 계획기능을 부여하는 자주관리운동의 하나로 전개된 것으로 종업원들의 주의와 연구를 통해 작업상 발생하는 모든 결함을 없애는 것이다.

정답 45. ④ 46. ④ 47. ② 48. ③

49 다음 중 단속생산 시스템과 비교한 연속생산 시스템의 특징으로 옳은 것은?
① 단위당 생산원가가 낮다.
② 다품종 소량 생산에 적합하다.
③ 생산방식은 주문생산방식이다.
④ 생산설비는 범용설비를 사용한다.

해설 단속생산 시스템은 범용설비를 사용하고 주문생산방식으로 다품종 소량 생산에 적합하고 연속생산 시스템은 소품종 대량생산에 적합하여 단위당 생산원가가 낮다.

50 일정 통제를 할 때 1일당 그 작업을 단축하는데 소요되는 비용의 증가를 의미하는 것은?
① 정상소요시간(Normal duration time)
② 비용견적(Cost estimation)
③ 비용구매(Cost slope)
④ 총비용(Total cost)

해설 비용구배는 작업을 1일 단축할 때 추가되는 직접비용

51 MTM(Method Time Measurement)법에서 사용되는 1 TMU(Time Measurement Unit)는 몇 시간인가?
① $\frac{1}{100000}$ 시간
② $\frac{1}{10000}$ 시간
③ $\frac{6}{10000}$ 시간
④ $\frac{36}{1000}$ 시간

해설 $1\,MTM = 0.036\,[초] = 0.0006\,[분]$
$= 0.00001\,[시간]$
$= \frac{1}{100000}\,[시간]$

정답 49. ① 50. ③ 51. ①

2015년 제57회 출제문제

바뀐 출제기준에 따라 삭제된 문제가 있어서 60문항이 안됩니다.

01 $\phi = \phi_m \sin\omega t$(Wb)인 정현파로 변화하는 자속이 권수 N인 코일과 쇄교할 때의 유기 기전력의 위상은 자속에 비해 어떠한가?

① $\frac{\pi}{2}$만큼 빠르다. ② $\frac{\pi}{2}$만큼 느리다.
③ π만큼 빠르다.   ④ 동위상이다.

해설
$$e = -N\frac{d\phi}{dt} = -N\frac{d}{dt}(\phi_m \sin\omega t)$$
$$= -N\phi_m \frac{d}{dt}\sin\omega t = -\omega N\phi_m \cos\omega t$$
$$= -\omega N\phi_m \sin(\omega t + \frac{\pi}{2}) = \omega N\phi_m \sin(\omega t - \frac{\pi}{2})$$

이므로 $\frac{\pi}{2}$만큼 늦은 유도기전력이 발생한다.

02 단상 반파 위상제어 정류회로에서 220[V], 60[Hz]의 정현파 단상 교류전압을 점호각 60°로 반파 정류하고자 한다. 순저항 부하 시 평균전압은 약 몇 [V]인가?

① 74 ② 84
③ 92 ④ 110

해설
$$E_d = 0.45 V(\frac{1+\cos\alpha}{2})$$
$$= 0.45 \times 220(\frac{1+\cos 60°}{2}) = 74.25[V]$$

03 동기발전기의 권선을 분포권으로 하면?
① 난조를 방지한다.
② 파형이 좋아진다.
③ 권선의 리액턴스가 커진다.
④ 집중권에 비하여 합성유도 기전력이 높아진다.

해설 전기자 권선을 분포권으로 하면 고조파를 제거하여 기전력의 파형이 개선되고 권선의 누설 리액턴스를 감소시키며 전기자 동손으로 발생하는 열이 고르게 분포되어 과열을 방지하며 집중권에 비해 유기기전력이 감소한다.

04 60[Hz], 4극, 3상 유도전동기의 슬립이 4[%]라면 회전수는 몇 [rpm]인가?
① 1690 ② 1728
③ 1764 ④ 1800

해설
$$N = (1-S)N_s = (1-S)\frac{120f}{P}$$
$$= (1-0.04)\frac{120\times 60}{4}$$
$$= 1728[rpm]$$

05 인버터의 스위칭 소자와 역병렬 접속된 다이오드에 관한 설명으로 옳은 것은?
① 스위칭 소자에 걸리는 전압을 정류하기 위한 것이다.
② 부하에서 전원으로 에너지가 회생될 때 경로가 된다.
③ 스위칭 소자에 걸리는 전압 스트레스를 줄이기 위한 것이다.
④ 스위칭 소자의 역방향 누설전류를 흐르게 하기 위한 경로이다.

해설 역병렬 접속된 다이오드를 환류 다이오드라고 하며 부하에서 전원으로 에너지가 회생될 때 다이오드가 도통되어 전류가 흐르는 경로가 된다.

정답 1. ② 2. ① 3. ② 4. ② 5. ②

06 RLC 직렬회로에서 L 및 C의 값을 고정시켜 놓고 저항 R의 값만 큰 값으로 변화시킬 때 올바르게 설명한 것은?

① 공진 주파수는 커진다.
② 공진 주파수는 작아진다.
③ 공진 주파수는 변화하지 않는다.
④ 이 회로의 양호도 Q는 커진다.

해설 공진 주파수 $f_0 = \dfrac{1}{2\pi\sqrt{LC}}$ [Hz]이므로 저항값의 변화는 무관하다.

07 3상 권선형 유도전동기의 2차 회로에 저항을 삽입하는 목적이 아닌 것은?

① 속도 제어를 하기 위하여
② 기동 토크를 크게 하기 위하여
③ 기동전류를 줄이기 위하여
④ 속도는 줄어지지만 최대 토크를 크게 하기 위하여

해설 2차 회로에 가변 저항기를 접속하여 비례추이 원리로 큰 기동 토크를 얻으면서 기동전류도 줄일 수 있고 속도를 제어할 수 있으며 토크는 항상 일정하다.

08 2개의 단상변압기(200/6000V)를 그림과 같이 연결하여 최대 사용전압 6600[V]의 고압 전동기의 권선과 대지 사이의 절연내력시험을 하는 경우 입력전압(V)과 시험전압(E)은 각각 얼마로 하면 되는가?

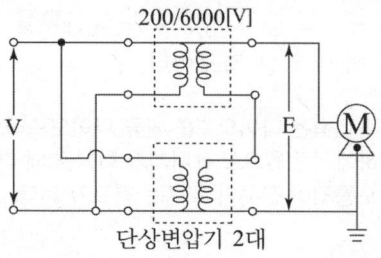

① $V=137.5[\mathrm{V}]$, $E=8250[\mathrm{V}]$
② $V=165[\mathrm{V}]$, $E=9900[\mathrm{V}]$
③ $V=200[\mathrm{V}]$, $E=12000[\mathrm{V}]$
④ $V=220[\mathrm{V}]$, $E=13200[\mathrm{V}]$

해설 전동기의 권선과 대지 사이 절연내력시험 전압
$6600 \times 1.5 = 9900[\mathrm{V}]$
변압비가 30이고 단상 변압기 2대의 2차측을 직렬 연결했으므로
$V = \dfrac{9900}{30 \times 2} = 165[\mathrm{V}]$

09 진상용 고압 콘덴서에 방전 코일이 필요한 이유는?

① 역률 개선
② 전압 강하의 감소
③ 잔류전하의 방전
④ 낙뢰로부터 기기 보호

해설 콘덴서를 회로로부터 개방하였을 때 전하가 잔류함으로써 일어나는 위험의 방지와 재투입할 때 콘덴서에 걸리는 과전압을 방지하기 위하여 방전 코일을 설치한다.

10 100[V], 25[W]와 100[V], 50[W]의 전구 2개가 있다. 이것을 직렬로 접속하여 100[V]의 전압을 인가하였을 때 두 전구의 합성저항은 몇 [Ω]인가?

① 150
② 200
③ 400
④ 600

해설 $P = VI = \dfrac{V^2}{R}$ 에서
$R_1 = \dfrac{V^2}{P_1} = \dfrac{100^2}{25} = 400[\Omega]$
$R_2 = \dfrac{V^2}{P_2} = \dfrac{100^2}{50} = 200[\Omega]$
직렬 접속이므로
$R = R_1 + R_2 = 400 + 200 = 600[\Omega]$

11 정현파 교류의 실효값을 계산하는 식은? (단, T는 주기이다.)

① $I = \dfrac{1}{T}\int_0^T i\,dt$

② $I = \sqrt{\dfrac{2}{T}\int_0^T i\,dt}$

③ $I = \sqrt{\dfrac{1}{T}\int_0^T i^2\,dt}$

④ $I = \sqrt{\dfrac{2}{T}\int_0^T i^2\,dt}$

해설 실효값은 주기적으로 +, −로 변동하는 양에서 순간값의 2승을 1주 기간으로 평균한 값의 제곱근을 말한다.

12 2개의 전하 $Q_1[C]$과 $Q_2[C]$를 $r[m]$의 거리에 놓았을 때 작용하는 힘의 크기를 옳게 설명한 것은?

① Q_1, Q_2의 곱에 비례하고 r에 반비례한다.
② Q_1, Q_2의 곱에 반비례하고 r에 비례한다.
③ Q_1, Q_2의 곱에 반비례하고 r의 제곱에 비례한다.
④ Q_1, Q_2의 곱에 비례하고 r의 제곱에 반비례한다.

해설 $F = \dfrac{1}{4\pi\epsilon_0} \times \dfrac{Q_1 Q_2}{r^2} = 9 \times 10^9 \times \dfrac{Q_1 Q_2}{r^2}$[N]으로 두 전하의 크기에 비례하고 거리의 제곱에 반비례한다.

13 0.6/1[kV] 비닐절연 비닐시스 제어 케이블의 약호로 옳은 것은?

① VCT ② CVV
③ NFI ④ NRI

해설 비닐 캡타이어 케이블(VCT)
- 300/500[V] 기기 배선용 유연성 단심 비닐 절연전선(NFI)
- 300/500[V] 기기 배선용 단심 비닐 절연전선(NRI)

14 2진수$(1111101011111010)_2$를 16진수로 변환한 값은?

① $(FAFA)_{16}$ ② $(EAEA)_{16}$
③ $(FBFB)_{16}$ ④ $(AFAF)_{16}$

해설 $(1111\ 1010\ 1111\ 1010)_2$를 네자리씩 16진수로 변환하면 $(FAFA)_{16}$

15 4극 직류 분권전동기의 전기자에 단중 파권 권선으로 된 420개의 도체가 있다. 1극당 0.025[Wb]의 자속을 가지고 1400[rpm]으로 회전시킬 때 발생되는 역기전력과 단자전압은? (단, 전기자 저항 0.2[Ω], 전기자 전류는 50[A]이다.)

① 역기전력 : 490[V], 단자전압 : 500[V]
② 역기전력 : 490[V], 단자전압 : 480[V]
③ 역기전력 : 245[V], 단자전압 : 500[V]
④ 역기전력 : 245[V], 단자전압 : 480[V]

해설 파권에서 병렬회로수 $a = 2$
역기전력
$E = \dfrac{PZ}{a}\phi\dfrac{N}{60} = \dfrac{4 \times 420}{2} \times 0.025 \times \dfrac{1400}{60} = 490[V]$
단자전압
$V = E_c + I_a R_a = 490 + 50 \times 0.2 = 500[V]$

정답 11. ③ 12. ④ 13. ② 14. ① 15. ①

16 20극, 360[rpm]의 3상 동기발전기가 있다. 전 슬롯수 180, 2층권, 각 코일의 권수 4, 전기자 권선은 성형이며 단자전압이 6600[V]인 경우 1극의 자속(Wb)은 얼마인가? (단, 권선계수는 0.9이다.)

① 0.0375 ② 0.0662
③ 0.3751 ④ 0.6621

해설 $N = \dfrac{120f}{P}$ 에서 $f = \dfrac{NP}{120} = \dfrac{360 \times 20}{120} = 60[Hz]$
1상의 권수
$n = \dfrac{\text{총도체수}}{\text{상수} \times \text{병렬회로수}} = \dfrac{180 \times 2 \times 4}{3 \times 2} = 240$
$\Phi = \dfrac{E}{4.44 f n k_w} = \dfrac{6600/\sqrt{3}}{4.44 \times 60 \times 240 \times 0.9}$
$= 0.0662[Wb]$

17 동기형 RS 플립플롭을 이용한 동기형 $J-K$ 플립플롭에서 동작이 어떻게 개선되었는가?

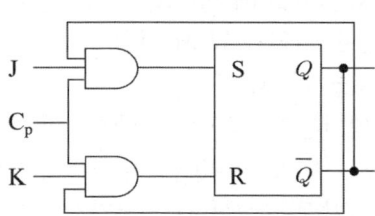

① $J=1, K=1, C_p = 0$일 때 Q_n
② $J=0, K=0, C_p = 1$일 때 Q_n
③ $J=1, K=1, C_p = 0$일 때 $\overline{Q_n}$
④ $J=0, K=0, C_p = 0$일 때 Q_n

해설 동기형 $R-S$ 플립플롭을 이용한 동기형 $J-K$ 플립플롭은 $R=S=1$일 때 출력이 정의되지 않는 점을 개선한 것으로 $J=1, K=1$의 입력인 경우 출력은 토글된다.

18 코일에 단상 100[V]의 전압을 가하면 30[A]의 전류가 흐르고 1.8[kW]의 전력을 소비한다고 한다. 이 코일과 병렬로 콘덴서를 접속하여 회로의 합성 역률을 100[%]로 하기 위한 용량 리액턴스는 약 몇 [Ω]이면 되는가?

① 2.32 ② 3.24
③ 4.17 ④ 5.28

해설 $P_a = VI = 100 \times 30 = 3[kVA]$,
$P_a = \sqrt{P^2 + P_r^2}$
$P_r = \sqrt{P_a^2 - P^2} = \sqrt{3^2 - 1.8^2} = 2.4[kVA]$
$P_r = \dfrac{V^2}{X_c}, X_c = \dfrac{V^2}{P_r} = \dfrac{100^2}{2.4 \times 10^3} = 4.17[\Omega]$

19 다음 전력 계통의 기기 중 절연 레벨이 가장 낮은 것은?

① 피뢰기 ② 애자
③ 변압기 부싱 ④ 변압기 권선

해설 절연 레벨 순서는 피뢰기 < 변압기 < 부싱 < 애자

20 주상변압기를 설치할 때 작업이 간단하고 장주하는 데 재료가 덜 들어서 좋으나 전주 윗부분에는 무게가 가하여지므로 보통 20~30[kVA] 정도의 변압기에 널리 쓰이는 방법은?

① 변압기 거치법 ② 행거 밴드법
③ 변압기 탑법 ④ 앵글 지지법

해설 행거밴드는 철근콘크리트 전주에 주상변압기를 고정시키기 위한 밴드로 보통 20~30[kVA] 정도의 변압기에 널리 쓴다.

정답 16. ② 17. ③ 18. ③ 19. ① 20. ②

21. 변압기의 정격을 정의한 것으로 가장 옳은 것은?
   ① 2차 단자 간에서 얻을 수 있는 유효전력을 [kW]로 표시한 것이 정격 출력이다.
   ② 정격 2차 전압은 명판에 기재되어 있는 2차 권선의 단자전압이다.
   ③ 정격 2차 전압을 2차 권선의 저항으로 나눈 것이 2차 전류이다.
   ④ 전부하의 경우는 1차 단자전압을 정격 1차 전압이라 한다.

   [해설] 지정된 조건하에서 제조자가 보증하는 사용상의 한계로 보통 출력이나 용량으로 나타내고, 지정 조건으로서는 전압, 속도, 주파수 등이 있으며, 이들은 명판에 표시된다.

22. 동일 정격의 다이오드를 병렬로 연결하여 사용하면?
   ① 역전압을 크게 할 수 있다.
   ② 순방향 전류를 증가시킬 수 있다.
   ③ 절연효과를 향상시킬 수 있다.
   ④ 필터 회로가 불필요하게 된다.

   [해설] 다이오드를 직렬 연결하면 과전압을 보호하고, 병렬 연결하면 과전류를 보호하여 다이오드 도통 시 순방향 전류를 증가시킬 수 있다.

23. 바닥 통풍형, 바닥 밀폐형 또는 두 가지 복합 채널형 구간으로 구성된 조립금속 구조로 폭이 150[mm] 이하이며, 주 케이블 트레이로부터 말단까지 연결되어 단일 케이블을 설치하는 데 사용하는 케이블 트레이는?
   ① 사다리형   ② 트로프형
   ③ 일체형   ④ 통풍 채널형

   [해설] 통풍 채널형 케이블 트레이는 바닥 통풍형과 바닥 밀폐형의 복합채널 부품으로 구성된 조립금속 구조로 폭이 150[mm] 이하인 케이블 트레이를 말하며 바닥 펀칭 형상에 강한 엠보 처리로 높은 강도가 유지되며 터널, 플랜트 시설, 오피스텔, 아파트, 할인점, 백화점, 운동장, 공장 등 모든 분야에 사용되고 있다.

24. 진리표와 같은 입력조합으로 출력이 결정되는 회로는?

입력		출력			
A	B	X_0	X_1	X_2	X_3
0	0	1	0	0	0
0	1	0	1	0	0
1	0	0	0	1	0
1	1	0	0	0	1

   ① 멀티플렉서   ② 인코더
   ③ 디코더   ④ 카운터

   [해설] 2×4 디코더는 2개의 입력(2비트)과 4개의 출력(2^2비트)을 가지며 2개의 입력에 따라 4개의 출력 중 1개가 선택된다.
   $X_0 = \overline{A}\overline{B}$, $X_1 = A\overline{B}$, $X_2 = \overline{A}B$, $X_3 = AB$

25. 다음 회로의 명칭은?

   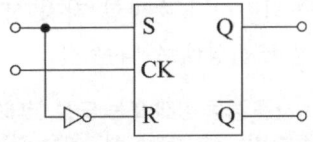

   ① D 플립플롭   ② T 플립플롭
   ③ J-K 플립플롭   ④ R-S 플립플롭

   [해설] D 플립플롭은 입력 상태를 일정 시간만큼 출력에 늦게 전달할 때 사용되며 $S=0$, $R=1$일 때 클럭이 발생하면 $Q=0$이고, $S=1$, $R=0$일 때 클럭이 발생하면 $Q=1$이 된다.

26 논리회로가 뜻하는 논리게이트의 명칭은?

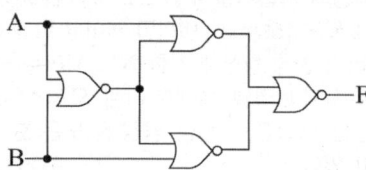

① EX-NOR ② EX-OR
③ INHIBIT ④ OR

해설 [EX-NOR 진리표]

A	B	$Y=\overline{A\oplus B}$
0	0	1
0	1	0
1	0	0
1	1	1

27 사이리스터의 턴 오프에 관한 설명이다. 가장 적합한 것은?

① 사이리스터가 순방향 도전상태에서 역방향 저지 상태로 되는 것
② 사이리스터가 순방향 도전상태에서 순방향 저지 상태로 되는 것
③ 사이리스터가 순방향 저지 상태에서 역방향 도전상태로 되는 것
④ 사이리스터가 순방향 저지 상태에서 순방향 도전상태로 되는 것

해설 회로 소자를 능동 상태 또는 도전 상태에서 비능동 상태 또는 비도전 상태로 전환하는 것을 턴 오프라 하고, 반대 방향으로 상태를 전환하는 것을 턴 온이라 한다.

28 특정 전압 이상이 되면 ON 되는 반도체인 배리스터의 주된 용도는?

① 온도 보상
② 전압의 증폭
③ 출력전류의 조절
④ 서지전압에 대한 회로보호

해설 배리스터는 저항값이 전압에 비 직선적으로 변화되는 성질을 가진 두 전극의 반도체 소자로 피뢰기, 변압기나 코일 등의 과전압 보호, 스위치나 계전기 접점 불꽃 소거 등에 사용

29 다음 ( ) 안의 알맞은 내용으로 옳은 것은?

> 변압기의 등가회로에서 2차 회로를 1차 회로로 환산하는 경우 전류는 (㉮)배, 저항과 리액턴스는 (㉯)배가 된다.

① ㉮ $\frac{1}{a}$, ㉯ a^2 ② ㉮ $\frac{1}{a}$, ㉯ a
③ ㉮ a^2, ㉯ $\frac{1}{a}$ ④ ㉮ a^2, ㉯ a

해설 2차 회로를 1차 회로로 환산하는 경우 전류는 $\frac{1}{a}$배, 저항과 리액턴스는 a^2배가 되고, 1차 회로를 2차 회로로 환산하는 경우 전류는 a배, 저항과 리액턴스는 $\frac{1}{a^2}$배가 된다

30 금속(후강)전선관 22[mm]를 90°로 굽히는데 소요되는 최소 길이(mm)는 약 얼마이면 되는가? (단, 곡률반지름 $r \geq 6d$로 한다.)

관의 호칭	안지름(d)	바깥지름(D)
22	21.9[mm]	26.5[mm]

① 145 ② 228
③ 245 ④ 268

해설
$$r = 6d + \frac{D}{2} = 6 \times 21.9 + \frac{26.5}{2} = 144.65[mm]$$
$$L = \frac{2\pi r}{4} = \frac{2 \times 3.14 \times 144.65}{4} = 227.2[mm]$$

31 34극, 60[MVA], 역률 0.8, 60[Hz], 22.9[kV] 수차 발전기의 전부하 손실이 1600[kW]이면 전부하 효율은 약 몇 [%]인가?

① 92.4[%]　② 94.6[%]
③ 96.8[%]　④ 98.2[%]

해설 $\eta_G = \dfrac{출력}{출력 + 손실} \times 100$

$= \dfrac{60 \times 10^6 \times 0.8}{60 \times 10^6 \times 0.8 + 1600 \times 10^3} \times 100$

$\fallingdotseq 96.8[\%]$

32 변압기의 여자전류와 철손을 구할 수 있는 시험은?

① 부하시험　② 무부하시험
③ 유도시험　④ 단락시험

해설 무부하시험은 무부하 운전에 의한 시험을 말하며, 철손, 여자전류, 여자 어드미턴스를 구할 수 있고, 단락시험으로는 동손, 임피던스 전압, 임피던스 와트, 임피던스 동손, 단락전류를 구할 수 있다.

33 3상 유도전동기의 설명으로 틀린 것은?

① 전부하 전류에 대한 무부하 전류의 비는 용량이 작을수록, 극수가 많을수록 크다.
② 회전자 속도가 증가할수록 회전자 측에 유기되는 기전력은 감소한다.
③ 회전자 속도가 증가할수록 회전자 권선의 임피던스는 증가한다.
④ 전동기의 부하가 증가하면 슬립은 증가한다.

해설 $S = \dfrac{N_s - N}{N_s}$ 에서 회전자 속도가 증가하면 슬립이 작아지므로 $Z_{2s} = r_a + jsx_2$ 에서 회전자 권선의 임피던스는 감소한다.

34 $R = 40[\Omega]$, $L = 80[mH]$의 코일이 있다. 이 코일에 220[V], 60[Hz]의 전압을 가할 때 소비되는 전력은 약 몇 [W]인가?

① 79　② 581
③ 771　④ 1352

해설 $X_L = 2\pi fL = 2\pi \times 60 \times 80 \times 10^{-3} = 30.16[\Omega]$

$Z = \sqrt{R^2 + X^2} = \sqrt{40^2 + 30.16^2} = 50.096[\Omega]$

$I = \dfrac{V}{Z} = \dfrac{220}{50.096} = 4.39[A]$,

$\cos\theta = \dfrac{R}{Z} = \dfrac{40}{50.096} = 0.798$

$P = VI\cos\theta = 220 \times 4.39 \times 0.798 = 770.7$

$\fallingdotseq 771[W]$

35 가공 전선로에서 전선의 단위 길이당 중량과 경간이 일정할 때 이도는 어떻게 되는가?

① 전선의 장력에 비례한다.
② 전선의 장력에 반비례한다.
③ 전선의 장력의 제곱에 비례한다.
④ 전선의 장력의 제곱에 반비례한다.

해설 이도 $D = \dfrac{WS^2}{8T}[m]$는 전선의 무게와 경간의 제곱에 비례하고 장력에 반비례한다.

36 전로의 중성점을 접지하는 목적에 해당되지 않는 것은?

① 보호 장치의 확실한 동작 확보
② 대지 전압의 저하
③ 이상 전압의 억제
④ 부하전류의 일부를 대지로 흐르게 함으로써 전선의 절약

해설 전로의 중성점 접지 목적은 지락 시에 대지 전위의 상승 억제, 낙뢰 등에 의한 이상전압 억제, 지락 시 접지계전기의 확실한 동작 확보

정답 31. ③　32. ②　33. ③　34. ③　35. ②　36. ④

37 직류를 교류로 변환하는 장치이며, 사용 전원으로부터 공급된 전력을 입력받아 자체 내에서 전압과 주파수를 가변시켜 전동기에 공급함으로써 전동기 속도를 고효율로 용이하게 제어하는 장치를 무엇이라 하는가?

① 컨버터　　② 인버터
③ 초퍼　　　④ 변압기

해설 인버터는 반도체 소자의 스위칭 기능을 이용하여 직류 전력을 교류 전력으로 변환하는 전력 변환 장치

38 저압 옥내 간선과의 분기점에서 전선의 길이가 몇 [m] 이하인 곳에 원칙적으로 개폐기 및 과전류 차단기를 시설하여야 하는가?

① 3　　② 4
③ 5　　④ 8

해설 옥내 간선의 분기점에서 전선의 길이가 3[m] 이하의 장소에 개폐기 및 과전류 차단기를 시설하여야 한다.

39 동기전동기의 위상특성 곡선에 대하여 옳게 표현한 것은? (단, P : 출력, I_f : 계자전류, E : 유도 기전력, I_a : 전기자 전류, $\cos\theta$: 역률이다.)

① $P-I_f$ 곡선, I_a 일정
② $P-I_a$ 곡선, I_f 일정
③ I_f-E 곡선, $\cos\theta$ 일정
④ I_f-I_a 곡선, P 일정

해설 동기 전동기의 특성의 하나로, 정격 전압, 정격 주파수로 운전하고 일정한 부하에 대해서 여자전류를 변화한 경우에 전기자 전류의 값을 여자전류의 함수로서 나타낸 곡선

40 전가산기의 입력변수가 x, y, z 이고 출력함수가 S, C 일 때 출력의 논리식으로 옳은 것은?

① $S=(x\oplus y)\oplus z,\ C=xyz$
② $S=(x\oplus y)\oplus z,\ C=\overline{x}y+\overline{x}z+yz$
③ $S=(x\oplus y)\oplus z,\ C=(x\oplus y)z$
④ $S=(x\oplus y)\oplus z,\ C=xy+(x\oplus y)z$

해설 전가산기의 논리식은
합 : $S=\overline{x}\,\overline{y}z+\overline{x}y\overline{z}+x\overline{y}\,\overline{z}+xyz=x\oplus y\oplus z$
자리 올림 수 : $C=\overline{x}yz+x\overline{y}z+xy\overline{z}+xyz$
$=xy+(x\oplus y)z$

41 그림과 같이 내부저항 0.1[Ω], 최대 지시 1[A]의 전류계에 분류기 R을 접속하여 측정범위를 15[A]로 확대하려면 R의 저항값은 몇 [Ω]으로 하면 되는가?

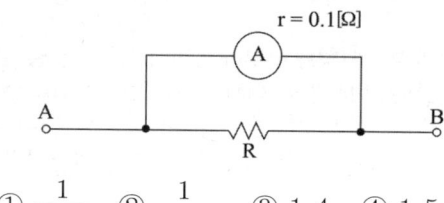

① $\dfrac{1}{150}$　② $\dfrac{1}{140}$　③ 1.4　④ 1.5

해설 배율 $n=\left(1+\dfrac{R_a}{R}\right)=\left(1+\dfrac{0.1}{R}\right)=15$에서
$R=\dfrac{0.1}{15-1}=\dfrac{1}{140}[\Omega]$

42 3상 발전기의 전기자 권선에 Y결선을 채택하는 이유로 볼 수 없는 것은?

① 상전압이 낮기 때문에 코로나, 열화 등이 적다.
② 권선의 불균형 및 제3고조파 등에 의한 순환전류가 흐르지 않는다.
③ 중성점 접지에 의한 이상 전압 방지의 대책이 쉽다.
④ 발전기 출력을 더욱 증대할 수 있다.

정답 37. ②　38. ①　39. ④　40. ④　41. ②　42. ④

해설 3상 발전기의 전기자 권선에 Y결선을 채택하면 △결선에 비해 상전압이 $\frac{1}{\sqrt{3}}$ 배이므로 권선의 절연이 쉬워지고 선간 전압에 제3고조파가 나타나지 않아 순환전류가 흐르지 않으며 중성점 접지로 지락 사고 시 보호계전 방식이 간단해지고 코로나 발생률이 적다.

43 송배전 계통에 사용되는 보호계전기의 반한시 특성이란?

① 동작전류가 커질수록 동작시간이 길어진다.
② 동작전류가 작을수록 동작시간이 짧다.
③ 동작전류와 관계없이 동작시간은 일정하다.
④ 동작전류가 커질수록 동작시간이 짧아진다.

해설 반한시 특성은 동작전류가 작을수록 동작시한이 길어지며 동작전류가 커질수록 동작시한은 짧아진다.

44 자속밀도 1[Wb/m²]인 평등 자계의 방향과 수직으로 놓인 50[cm]의 도선을 자계와 30° 방향으로 40[m/s]의 속도로 움직일 때 도선에 유기되는 기전력은 몇 [V]인가?

① 5   ② 10
③ 20 ④ 40

해설 유기 기전력
$e = Blv\sin\theta = 1 \times 0.5 \times 40 \times \sin 30° = 10[V]$

45 극판의 면적이 10[cm²], 극판의 간격이 1[mm], 극판 간에 채워진 유전체의 비유전율 $\epsilon_s = 2.5$인 평행판 콘덴서에 100[V]의 전압을 가할 때 극판의 전하량은 몇 [nC]인가?

① 0.6   ② 1.2
③ 2.2   ④ 4.4

해설 평행판 콘덴서의 충전용량
$C = \dfrac{\epsilon_0 \epsilon_s S}{d} = \dfrac{8.855 \times 10^{-12} \times 2.5 \times 10 \times 10^{-4}}{10^{-3}}$
$= 22 \times 10^{-12}[F]$
전하량 $Q = CV = 22 \times 10^{-12} \times 100 = 2.2[nC]$

46 그림의 파형이 나타날 수 있는 소자는? (단, v_s는 입력전압, i_G는 게이트 전류, v_0는 출력 전압이다.)

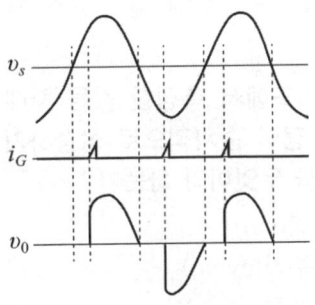

① GTO   ② SCR
③ DIODE ④ TRIAC

해설 TRIAC은 양방향성의 전류 제어가 행하여지는 반도체 소자로 2개의 주전극과 1개의 게이트가 있으며, 게이트 신호가 없으면 어느 방향으로도 OFF되지만 게이트 신호가 있으면 주전극의 극성에 관계없이 턴 온할 수 있다.

47 생산보전(PM : productive maintenance)의 내용에 속하지 않는 것은?

① 보전예방   ② 안전보전
③ 예방보전   ④ 개량보전

해설 생산보전에는 보전예방, 예방보전, 개량보전, 사후보전 등이 있다.

정답 43. ④ 44. ② 45. ③ 46. ④ 47. ②

48 모든 작업을 기본동작으로 분해하고, 각 기본 동작에 대하여 성질과 조건에 따라 미리 정해 놓은 시간치를 적용하여 정미시간을 산정하는 방법은?
① PTS법
② Work Sampling법
③ 스톱워치법
④ 실적자료법

해설 PTS법은 모든 작업을 기본동작으로 분석하고 각 동작의 기초 시간치를 사용하여 기본동작의 소요시간을 구하고 이를 집계하여 정미시간을 구하는 간접 관찰법

49 관리도에서 측정한 값을 차례로 타점했을 때 점이 순차적으로 상승하거나 하강하는 것을 무엇이라 하는가?
① 연(run)
② 주기(cycle)
③ 경향(trend)
④ 산포(dispersion)

해설 경향(trend)은 측정한 값을 차례로 타점했을 때 연속해서 7점 이상 점점 올라가거나 내려가는 상태

50 품질특성을 나타내는 데이터 중 계수치 데이터에 속하는 것은?
① 무게
② 길이
③ 인장강도
④ 부적합품률

해설 계수치 데이터는 셀 수 있는 데이터로서 불량개수, 홈의 수, 결점 수, 사고건수 등이 있고 계량치 데이터는 셀 수 없는 데이터로서 연속량으로 측정하여 얻어지는 품질 특성치를 말하며 길이, 무게, 두께, 눈금, 시간, 수분, 온도, 강도, 수율, 함유량 등이 있다.

51 어떤 공장에서 작업을 하는데 있어서 소요되는 기간과 비용이 다음 표와 같을 때 비용구배는? (단, 활동시간의 단위는 일(日)로 계산한다.)

정상작업		특급작업	
기간	비용	기간	비용
15일	150만 원	10일	200만 원

① 50000원
② 100000원
③ 200000원
④ 500000원

해설
$$\text{비용구배} = \frac{\text{특급비용} - \text{정상비용}}{\text{정상시간} - \text{특급시간}}$$
$$= \frac{200\text{만원} - 150\text{만 원}}{15\text{일} - 10\text{일}}$$
$$= 100000$$

52 200개들이 상자가 15개 있을 때 각 상자로부터 제품을 랜덤하게 10개씩 샘플링 할 경우, 이러한 샘플링 방법을 무엇이라 하는가?
① 층별 샘플링
② 계통 샘플링
③ 취락 샘플링
④ 2단계 샘플링

해설 층별 샘플링은 로트나 공정을 몇 개의 층으로 나누어 각층으로부터 임의로 시료를 취하는 방법

2015년 제58회 출제문제

바뀐 출제기준에 따라 삭제된 문제가 있어서 60문항이 안됩니다.

01 내부저항이 15[kΩ]이고 최대 눈금이 150[V]인 전압계와 내부저항이 10[kΩ]이고 최대 눈금이 150[V]인 전압계가 있다. 두 전압계를 직렬 접속하여 측정하면 최대 몇 [V]까지 측정할 수 있는가?

① 300   ② 250
③ 200   ④ 150

해설 $V_1 = \dfrac{R_1}{R_1 + R_2} \times V$, $150 = \dfrac{15}{15 + 10} \times V$ 에서
$V = 150 \times \dfrac{25}{15} = 250[V]$

02 논리식 $Z = \overline{(\overline{A}+C) \cdot (B+\overline{D})}$ 를 간소화하면?

① $A\overline{C}$ ② $\overline{B}D$
③ $A\overline{C} + \overline{B}D$ ④ $\overline{A}\,\overline{C} + \overline{B}D$

해설 $Z = \overline{(\overline{A}+C)} + \overline{(B+\overline{D})} = \overline{\overline{A}} \cdot \overline{C} + \overline{B} \cdot \overline{\overline{D}}$
$= A\overline{C} + \overline{B}D$

03 공기 중에서 일정한 거리를 두고 있는 두 점전하 사이에 작용하는 힘이 20[N]이었는데 두 전하 사이에 비유전율이 4인 유리를 채웠다. 이때 작용하는 힘은 어떻게 되는가?

① 작용하는 힘은 변하지 않는다.
② 0[N]으로 작용하는 힘이 사라진다.
③ 5[N]으로 힘이 감소되었다.
④ 40[N]으로 힘이 두 배 증가되었다.

해설 $F_1 = \dfrac{Q_1 Q_2}{4\pi\epsilon_0 r^2} = 20[N]$
$F_2 = \dfrac{Q_1 Q_2}{4\pi\epsilon_0 \epsilon_s r^2} = \dfrac{F_1}{\epsilon_s} = \dfrac{20}{4} = 5[N]$

04 그림과 같은 기본회로의 논리동작은?

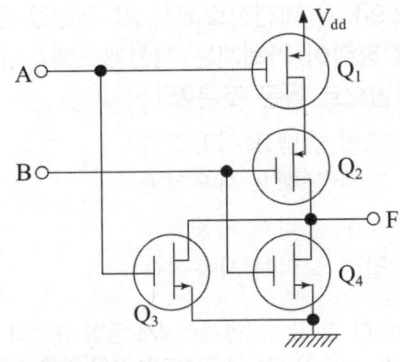

① NAND 게이트   ② NOR 게이트
③ AND 게이트   ④ OR 게이트

해설 A, B 입력이 모두 0이 되면 출력이 1이고, 두 입력 중 하나라도 1인 경우 출력이 0인 NOR 게이트 전자소자 회로

05 그림과 같은 혼합브리지 회로의 부하로 $R = 8.4[\Omega]$의 저항이 접속되었다. 평활 리액턴스 L을 ∞로 가정할 때 직류 출력전압의 평균값 V_d는 약 몇 [V]인가? (단, 전원전압의 실효값 $V = 100[V]$, 점호각 $\alpha = 30°$로 한다.)

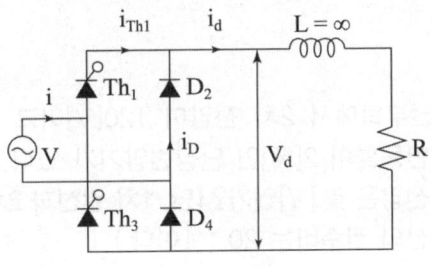

① 22.5   ② 66.0
③ 67.5   ④ 84.0

정답 1. ② 2. ③ 3. ③ 4. ② 5. ④

[해설] 단상전파 혼합브리지 정류회로이므로
$$V_d = 0.9V\left(\frac{1+\cos\alpha}{2}\right) = 0.9 \times 100\left(\frac{1+\cos 30°}{2}\right)$$
$$\fallingdotseq 84[V]$$

06 22.9[kV] 배전선로에서 Al 전선을 접속할 때 장력이 가해지는 직선개소에서의 접속방법으로 옳은 것은?
① 조임 클램프 사용접속
② 활선 클램프 사용접속
③ 보수 슬리브 사용접속
④ 압축 슬리브 사용접속

[해설] 장력이 걸리는 직선개소에서 동일 규격의 ACSR 전선 상호 간 접속은 알루미늄선용 압축 슬리브(직선 슬리브)를 사용하여 접속한다.

07 10[kVA], 2000/100[V] 변압기에서 1차로 환산한 등가 임피던스가 $6.2 + j7[\Omega]$이다. 이 변압기의 % 리액턴스 강하는?
① 0.18
② 0.35
③ 1.75
④ 3.5

[해설] 1차 정격전류 $I_{1n} = \frac{P}{V_{1n}} = \frac{10 \times 10^3}{2000} = 5[A]$

변압기의 % 리액턴스 강하
$$\%X = q = \frac{I_{1n} \times X_1}{V_{1n}} \times 100 = \frac{5 \times 7}{2000} \times 100$$
$$= 1.75[\%]$$

08 전부하에서 2차 전압이 120[V]이고 전압변동률이 2[%]인 단상변압기가 있다. 1차 전압은 몇 [V]인가? (단, 1차 권선과 2차 권선의 권수비는 20 : 1이다.)
① 1224
② 2448
③ 2888
④ 3142

[해설] 1차 단자전압
$$V_{1n} = a(1+\epsilon)V_{2n} = 20(1+0.02) \times 120$$
$$= 2448[V]$$

09 동기 발전기의 무부하 포화곡선에서 횡축은 무엇을 나타내는가?
① 계자 전류
② 전기자 전류
③ 전기자 전압
④ 자계의 세기

[해설] 동기 발전기의 무부하 포화곡선은 무부하 시에 단자전압(V)과 계자전류(I_f)의 관계곡선으로 종축은 단자전압, 횡축은 계자전류를 나타낸다.

10 $R = 8[\Omega]$, $X_L = 10[\Omega]$, $X_C = 20[\Omega]$이 병렬로 접속된 회로에 240[V]의 교류전압을 가하면 전원에 흐르는 전류는 약 몇 [A]인가?
① 18
② 24
③ 32
④ 46

[해설] $R-L-C$ 병렬회로에 흐르는 전류
$$I = \sqrt{\left(\frac{1}{R}\right)^2 + \left(\frac{1}{X_L} - \frac{1}{X_C}\right)^2} \times V$$
$$= \sqrt{\left(\frac{1}{8}\right)^2 + \left(\frac{1}{10} - \frac{1}{20}\right)^2} \times 240$$
$$= 32.3 \fallingdotseq 32[A]$$

11 다음 중 계통에 연결되어 운전 중인 변류기를 점검할 때 2차 측을 단락하는 이유는?
① 측정오차 방지
② 2차 측의 절연보호
③ 1차 측의 과전류 방지
④ 2차 측의 과전류 방지

[해설] 변류기를 점검할 때 2차측을 개방하게 되면 부하전류가 모두 여자전류가 되어 변류기 2차측에 고전압이 유기되어 변류기 2차측이 절연파괴 되므로 2차측을 단락하여야 한다.

정답 6. ④ 7. ③ 8. ② 9. ① 10. ③ 11. ②

12 J-K FF에서 현재상태의 출력 Q_n을 0으로 하고, J 입력에 0, K 입력에 1, 클럭 펄스 C.P에 ↑(rising edge)의 신호를 가하게 되면 다음 상태의 출력 Q_{n+1}은?

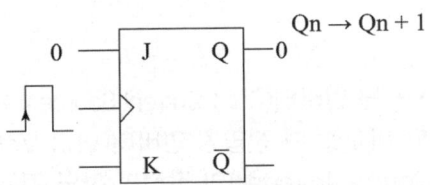

① X　　　　　② 0
③ 1　　　　　④ $\overline{Q_n}$

해설

J	K	CP	Q
0	0	↑	Q_0(불변)
1	0	↑	1
0	1	↑	0
1	1	↑	$\overline{Q_0}$(반전)

13 단상 배전선로에서 그 인출구 전압은 6600 [V]로 일정하고 한 선의 저항은 15[Ω], 한 선의 리액턴스는 12[Ω]이며, 주상변압기 1차측 환산 저항은 20[Ω], 리액턴스는 35[Ω]이다. 만약 주상변압기 2차측에서 단락이 생기면 이때의 전류는 약 몇 [A]인가? (단, 주상변압기의 전압비는 6600/220[V] 이다.)

① 2575　　　② 2560
③ 2555　　　④ 2540

해설 한 선의 임피던스가 15+j12이므로 두 선의 임피던스는 30+j24 이고 변압기 1차측 임피던스가 20+j35이므로 1차측 회로의 합성임피던스
$Z = (30+20) + j(24+35) = 50+j59$
$= \sqrt{50^2+59^2} = 77.33[\Omega]$

1차측 전류 $I_1 = \dfrac{V}{Z} = \dfrac{6600}{77.33} ≒ 85.35[A]$이므로
2차측 단락전류
$I_2 = I_1 \times$ 전압비 $= 85.35 \times 30 ≒ 2560[A]$

14 직접 콘크리트에 매입하여 시설하거나 전용의 불연성 또는 난연성 덕트에 넣어야만 시공할 수 있는 전선관은?
① CD관　　　② PF관
③ PF-P관　　④ 두께 2mm 합성수지관

해설 CD 전선관은 매입공사, 신축공사 시 전등이나 전열의 매입 배관공사에만 사용되며 시공, 운반이 편리하고 복원력이 우수한 제품으로 가격이 저렴한 장점이 있다.

15 저항 20[Ω]인 전열기로 21.6[kcal]의 열량을 발생시키려면 5[A]의 전류를 약 몇 분간 흘려주면 되는가?
① 3분　　　　② 5.7분
③ 7.2분　　　④ 18분

해설 $H = 0.24I^2Rt$ 에서
$t = \dfrac{H}{0.24I^2R} = \dfrac{21600}{0.24 \times 5^2 \times 20} = 180$초 $= 3$분

16 어떤 전지의 외부회로에 5[Ω]의 저항을 접속하였더니 8[A]의 전류가 흘렀다. 외부회로에 5[Ω]대신에 15[Ω]의 저항을 접속하면 전류는 4[A]로 떨어진다. 전지의 기전력은 몇 [V]인가?
① 40　　　　② 60
③ 80　　　　④ 120

해설 전지의 내부 저항을 r이라 하면
$8 \times (5+r) = 4 \times (15+r)$에서 $r = 5[\Omega]$
전지의 기전력 $V = IR = 8 \times (5+5) = 80[V]$

정답 12. ②　13. ②　14. ①　15. ①　16. ③

17 다음 논리회로의 논리식으로 옳은 것은?

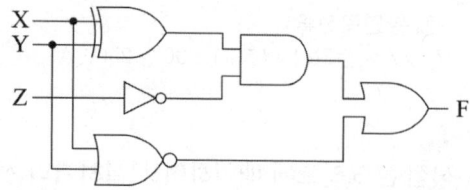

① $F = \overline{(X \oplus Y)} + \overline{(XY)}\,\overline{Z}$
② $F = \overline{(X + Y)} + (X \oplus Y)\overline{Z}$
③ $F = \overline{(X \oplus Y)} + \overline{(X + Y)}\,\overline{Z}$
④ $F = \overline{(X + Y)} = (X + Y)\overline{Z}$

해설 $F = (X \oplus Y)\overline{Z} + \overline{(X + Y)}$

18 저압 옥내 배선의 라이팅덕트 시설방법으로 틀린 것은?

① 조영재를 관통하는 경우에는 충분한 보호조치를 하여 시공한다.
② 라이팅 덕트 상호 및 도체 상호는 견고하고 전기적 및 기계적으로 완전하게 접속한다.
③ 조영재에 부착할 경우 지지점은 매 덕트마다 2개소 이상 및 지지점 간의 거리는 2[m] 이하로 견고히 부착한다.
④ 라이팅 덕트에 접속하는 부분의 배선은 전선관이나 몰드 또는 케이블 배선에 의하여 전선이 손상을 받지 않게 시설한다.

해설 [라이팅덕트 시설방법]
- 덕트 상호 간 및 전선 상호 간은 견고하게 또한 전기적으로 완전히 접속할 것
- 덕트는 조영재에 견고하게 붙일 것
- 덕트 지지점 간의 거리는 2m 이하로 하고 매 덕트마다 2개소 이상을 지지할 것
- 덕트의 끝 부분은 막고 조영재를 관통하여 시설하지 아니할 것
- 덕트의 개구부는 아래로 향하여 시설할 것

- 라이팅덕트에 접속하는 부분의 배선은 금속관 공사/합성수지관 배선/금속제 가요전선관배선/금속 몰드 배선/합성수지 몰드 배선/케이블 배선에 의하여 전선에 손상을 받을 우려가 없도록 할 것

19 전류원 인버터(CSI : Current Source Inverter)와 비교할 때 전압원 인버터(VSI: Voltage Source Inverter)의 장점이 아닌 것은?

① 대용량에도 적합한 방식이다.
② 용량성 부하에도 사용할 수 있다.
③ 제어회로 및 이론이 비교적 간단하다.
④ 유도전동기 구동 시 속도제어 범위가 더 넓다.

해설 [전압원 인버터의 장점]
- 모든 부하에서 정류가 확실하다.
- 속도제어 범위가 1 : 10까지 확실하다.
- 인버터 계통의 효율이 매우 높다.
- 제어회로 및 이론이 비교적 간단하다.
- 주로 중용량 부하에 사용한다.
[전압원 인버터의 단점]
- 유도성 부하만을 사용할 수 있다.
- Regeneration을 하려면 Dual 컨버터가 필요하다.
- 스위칭 소자 및 출력 변압기의 이용률이 낮다.
- 전동기가 과열되는 등 전동기의 수명이 짧아진다.

20 계자 철심에 잔류자기가 없어도 발전할 수 있는 직류기는?

① 직권기   ② 복권기
③ 분권기   ④ 타여자기

해설 타여자 발전기는 외부에서 독립된 직류 전원을 이용하여 계자 권선에 전원을 공급하여 계자를 여자시키는 방식으로 계자 철심에 잔류자기가 없어도 된다.

정답 17. ② 18. ① 19. ② 20. ④

21 다음과 같은 회로의 기능은?

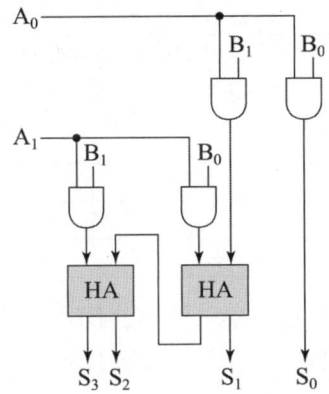

① 2진 승산기
② 2진 제산기
③ 2진 감산기
④ 전가산기

[해설] 2진 승산기는 2개의 반가산기와 4개의 2입력 AND 게이트가 필요하다.

22 실리콘정류기의 동작 시 최고 허용온도를 제한하는 가장 주된 이유는?
① 정격 순 전류의 저하 방지
② 역방향 누설전류의 감소 방지
③ 브레이크 오버(break over) 전압의 저하 방지
④ 브레이크 오버(break over) 전압의 상승 방지

[해설] 실리콘 정류기 브레이크 오버 전압의 저하 방지를 위해 실리콘 정류기의 최고 허용온도를 제한한다.

23 회로를 여러 개 병렬로 접속하면 그 연결 개수만큼 2진수를 기억할 수 있다. 일반적으로 이와 같은 플립플롭 일정 개수를 모아서 연산이나 누계에 사용하는 플립플롭의 특수한 모임은 무엇인가?
① 게이트(Gate)
② 컨버터(Converter)
③ 카운터(Counter)
④ 레지스터(Register)

[해설] 레지스터는 여러 개의 플립플롭으로 구성되어 있으며 데이터를 저장할 수 있는 기억소자

24 UPS의 기능으로서 가장 옳은 것은?
① 가변주파수 공급
② 고조파방지 및 정류평활
③ 3상 전파정류 방식
④ 무정전 전원공급 가능

[해설] UPS(Uninterrupted Power Supply)는 무정전 전원 공급장치이다.

25 공사원가는 공사시공 과정에서 발생한 항목의 합계액을 말하는데 여기에 포함되지 않는 것은?
① 경비
② 재료비
③ 노무비
④ 일반관리비

[해설] 공사원가는 공사 시공 과정에서 발생한 재료비, 노무비, 경비의 합계액

26 그림과 같이 3상 유도 전동기를 접속하고 3상 대칭 전압을 공급할 때 각 계기의 지시가 $W_1 = 2.6$[kW], $W_2 = 6.4$[kW], $V = 200$[V], $A = 32.19$[A]이었다면 부하의 역률은?

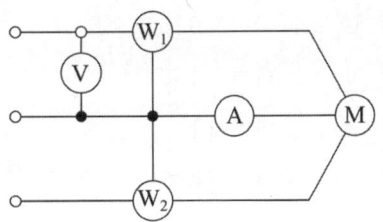

① 0.577
② 0.807
③ 0.867
④ 0.926

정답 21. ① 22. ③ 23. ④ 24. ④ 25. ④ 26. ②

[해설] 단상 전력계 두 개를 사용하여 3상 전력을 측정하는 2전력계법이므로
$P = P_1 + P_2 = \sqrt{3}\,VI\cos\theta$ 에서 역률
$\cos\theta = \dfrac{P_1+P_2}{\sqrt{3}\,VI} = \dfrac{(2.6+6.4)\times 10^3}{\sqrt{3}\times 200 \times 32.19} = 0.807$

27 4극 직류발전기가 전기자 도체수 600, 매극당 유효자속 0.035[Wb], 회전수가 1800[rpm]일 때 유기되는 기전력은 몇 [V]인가? (단, 권선은 단중 중권이다.)
① 220 ② 320
③ 430 ④ 630

[해설] $E = \dfrac{P}{a}Z\phi\dfrac{N}{60} = \dfrac{4}{4}\times 600 \times 0.035 \times \dfrac{1800}{60}$
$= 630[V]$
(중권일 때 병렬 회로수 a는 극수와 같다.)

28 10진수 77을 2진수로 표시한 것은?
① 1011001
② 1110111
③ 1011010
④ 1001101

[해설]
```
2 | 77
2 | 38 ........나머지 1
2 | 19 ........나머지 0
2 |  9 ........나머지 1
2 |  4 ........나머지 1
2 |  2 ........나머지 0
    1 ........나머지 0
```

29 다음 논리함수를 간략화하면 어떻게 되는가?
$Y = \overline{A}\,\overline{B}\,\overline{C}\,\overline{D} + \overline{A}\,B\,\overline{C}\,\overline{D} + A\,B\,\overline{C}\,\overline{D} + A\,\overline{B}\,\overline{C}\,\overline{D}$

	$\overline{A}\,\overline{B}$	$\overline{A}B$	AB	$A\overline{B}$
$\overline{C}\,\overline{D}$	1			1
$\overline{C}D$				
CD				
$C\overline{D}$	1			1

① $\overline{B}\,\overline{D}$ ② $B\overline{D}$
③ $\overline{B}D$ ④ BD

[해설] 카르노 도표로 논리식을 간소화하면 $\overline{B}\,\overline{D}$

	$\overline{A}\,\overline{B}$	$\overline{A}B$	AB	$A\overline{B}$
$\overline{C}\,\overline{D}$	①			①
$\overline{C}D$				
CD				
$C\overline{D}$	①			①

30 어떤 변압기를 운전하던 중에 단락이 되었을 때 그 단락전류가 정격전류의 25배가 되었다면 이 변압기의 임피던스 강하는 몇 [%]인가?
① 2 ② 3 ③ 4 ④ 5

[해설] $I_s = \dfrac{100}{\%Z}I_n$ 에서 $\%Z = \dfrac{100}{\dfrac{I_s}{I_n}} = \dfrac{100}{25} = 4[\%]$

31 유니온 커플링의 사용 목적은?
① 금속관과 박스의 접속
② 안지름이 다른 금속관 상호의 접속
③ 금속관 상호를 나사로 연결하는 접속
④ 돌려 끼울 수 없는 금속관 상호의 접속

[해설] 유니온 커플링은 금속관 상호 접속용으로 관이 고정되어 있어 돌려 끼울 수 없는 장소에 사용한다.

32 SSS의 트리거에 대한 설명 중 옳은 것은?
① 게이트에 빛을 비춘다.
② 게이트에 (+)펄스를 가한다.
③ 게이트에 (−)펄스를 가한다.
④ 브레이크 오버전압을 넘는 전압의 펄스를 양단자 간에 가한다.

해설 SSS는 5층의 PN 접합을 갖는 양방향 사이리스터로 2개의 역저지 3단자 사이리스터를 역병렬 접속하고 게이트 단자가 없는 소자로 턴 온하기 위해서는 T_1과 T_2 사이에 펄스상의 브레이크 오버 전압 이상의 전압을 가하는 V_{BO}와 상승이 빠른 전압을 가하는 $\dfrac{dv}{dt}$ 점호가 필요하다.

33 그림과 같은 회로의 합성 정전용량은?

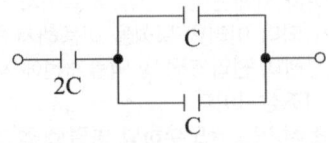

① C ② 2C ③ 3C ④ 4C

해설 합성 정전용량 $C_0 = \dfrac{2C+(C+C)}{2C\times(C+C)} = C$

34 기전력 1[V], 내부저항 0.08[Ω]인 전지로, 2[Ω]의 저항에 10[A]의 전류를 흘리려고 한다. 전지 몇 개를 직렬접속시켜야 하는가?
① 88 ② 94
③ 100 ④ 108

해설 전지의 직렬접속에서 전체저항 $=R+nr$
회로에 흐르는 전류 $I = \dfrac{nE}{R+nr}$ 이므로
$10 = \dfrac{n}{2+0.08n}$ 에서
$n = 10(2+0.08n) = 20 + 0.8n$ 이므로
$n = 100$ [개]

35 변압기의 전부하 동손이 240[W], 철손이 160[W]일 때, 이 변압기를 최고 효율로 운전하는 출력은 정격출력의 몇 [%]가 되는가?
① 60.00 ② 66.67
③ 81.65 ④ 92.25

해설 변압기의 최대효율 조건 ($\dfrac{1}{m}$ 부하 시)
$\dfrac{1}{m} = \sqrt{\dfrac{P_i}{P_c}} = \sqrt{\dfrac{160}{240}} = 0.8165$[%]
정격출력의 81.65[%]에서 변압기가 최대효율이 된다.

36 그림과 같은 연산 증폭기에서 입력에 구형파 전압을 가했을 때 출력 파형은?

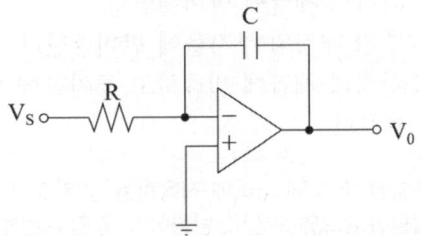

① 구형파 ② 삼각파
③ 정현파 ④ 톱니파

해설 연산증폭기 적분기로서 구형파의 양(+)의 입력을 가하면 출력은 음(−)의 기울기를 갖고, 음(−)의 입력을 가하면 출력은 양(+)의 기울기를 갖는 삼각파 출력이 발생한다.

37 전산기에서 음수를 처리하는 방법은?
① 보수 표현
② 지수적 표현
③ 부동 소수점 표현
④ 고정 소수점 표현

해설 디지털 시스템에서 음수를 표현하기 위해 가장 흔히 사용되는 방식은 2의 보수로 표현하는 방식이다.

정답 32. ④ 33. ① 34. ③ 35. ③ 36. ② 37. ①

38 금속 전선관을 쇠톱이나 커터로 절단한 다음, 관의 단면을 다듬을 때 사용하는 공구는?

① 리머
② 홀소
③ 클리퍼
④ 클릭볼

해설 리머는 드릴로 뚫어 놓은 구멍을 정확한 치수의 지름으로 넓히거나 관의 단면을 깨끗하게 다듬질하는 데 사용하는 공구

39 평형 도선에 같은 크기의 왕복 전류가 흐를 때 두 도선 사이에 작용하는 힘과 관계되는 것으로 옳은 것은?

① 전류의 제곱에 비례한다.
② 간격의 제곱에 반비례한다.
③ 주위 매질의 투자율에 반비례한다.
④ 간격의 제곱에 비례하고 투자율에 반비례한다.

해설 평행한 두 도체 사이에 작용하는 힘은 두 전류의 방향이 같으면 흡인력, 방향이 다른 경우 반발력이 작용하며 평행한 두 도체가 $r[m]$만큼 떨어져 있고 각 도체에 흐르는 전류가 I_1, I_2라 할 때 두 도체 사이에 작용하는 힘은 $F = \dfrac{2I_1I_2}{r} \times 10^{-7}[N/m]$이다.
평형 도선에 같은 크기의 왕복 전류가 흐르므로 두 도선 사이에 작용하는 힘은 전류의 제곱에 비례한다.

40 2중 농형 전동기가 보통농형 전동기에 비해서 다른 점은?

① 기동전류가 크고, 기동회전력도 크다.
② 기동전류가 적고, 기동회전력도 적다.
③ 기동전류는 적고, 기동회전력은 크다.
④ 기동전류는 크고, 기동회전력은 적다.

해설 2중 농형 전동기는 회전자의 농형 권선을 내외 이중으로 설치한 것으로 기동 시에는 저항이 높은 외측 도체로 흐르는 전류에 의해 큰 기동 토크를 얻고 기동 후에는 저항이 적은 내측 도체로 전류가 흘러 우수한 운전 특성을 얻는 전동기로 보통 농형 유도전동기에 비해 기동 토크는 크고 기동전류는 작다.

41 동기조상기에 대한 설명으로 옳은 것은?

① 유도부하와 병렬로 접속한다.
② 부하전류의 가감으로 위상을 변화시켜 준다.
③ 동기전동기에 부하를 걸고 운전하는 것이다.
④ 부족여자로 운전하여 진상전류를 흐르게 한다.

해설 동기전동기를 무부하로 운전하고 여자전류를 가감하면 1차에 유입하는 전류는 거의 무효분 뿐이며 과여자 시에는 진상전류, 부족여자 시에는 지상전류가 되며 이러한 특성을 이용해서 동기전동기를 송전선의 전압조정 및 역률개선에 사용하는 것이 동기조상기이다.
동기 조상기는 유도부하와 병렬로 접속하여 과여자로 운전하면 선로에서 진상전류를 취하여 콘덴서 역할을 하므로 선로의 역률을 개선하고 전압강하를 감소시킨다.
발전기가 무부하 송전선에 연결되어 자기여자를 일으키는 경우에는 조상기를 부족여자로 운전하면 리액터 역할을 하므로 선로의 지상전류를 취하여 자기여자를 방지한다.

42 동기발전기에 회전 계자형을 사용하는 경우가 많다. 그 이유로 적합하지 않은 것은?

① 기전력의 파형을 개선한다.
② 전기자 권선은 고전압으로 결선이 복잡하다.
③ 계자회로는 직류 저전압으로 소요 전력이 적다.
④ 전기자보다 계자극을 회전자로 하는 것이 기계적으로 튼튼하다.

정답 38.① 39.① 40.③ 41.① 42.①

해설 동기발전기를 회전계자형으로 하는 이유
- 계자가 전기자보다 기계적으로 튼튼하다.
- 원동기 측에서 볼 때 구조가 간단한 계자를 회전시키는 것이 유리하다.
- 계자는 소요전력이 작고 절연이 용이하다.
- 계자는 단상이고 전기자는 3상으로 복잡하다.
- 계자는 저압이고 전기자는 고압이다.

43 동기전동기의 기동을 다른 전동기로 할 경우에 대한 설명으로 옳은 것은?

① 유도전동기를 사용할 경우 동기전동기의 극수보다 2극 정도 적은 것을 택한다.
② 유도전동기의 극수를 동기전동기의 극수와 같게 한다.
③ 다른 동기전동기로 기동시킬 경우 2극 정도 많은 전동기를 택한다.
④ 유도전동기로 기동시킬 경우 동기전동기보다 2극 정도 많은 것을 택한다.

해설 동기전동기를 유도전동기로 기동시킬 때 동기전동기보다 2극 적게 하여 동기속도 이상으로 회전시킨다.

44 변압기의 누설 리액턴스를 줄이는 가장 효과적인 방법은?

① 권선을 동심 배치한다.
② 권선을 분할하여 조립한다.
③ 코일의 단면적을 크게 한다.
④ 철심의 단면적을 크게 한다.

해설 변압기의 설계에서 권선을 분할하여 조립하면 누설 리액턴스는 1/2 이상 감소한다.

45 단상유도전동기에서 주권선과 보조권선을 전기각 2π(rad)로 배치하고 보조권선의 권수를 주권선의 1/2로 하여 인덕턴스를 적게 하여 기동하는 방식은?

① 분상기동형   ② 콘덴서 기동형
③ 셰이딩코일형   ④ 권선기동형

해설 분상기동형 단상 유도 전동기는 기동권선에 원심력 스위치만 연결되어 운전되는 것으로 기동권선과 주권선의 리액턴스 차에 따라 발생되는 전기적 위상각으로 기동하는 방식

46 다음 중 상자성체는 어느 것인가?

① 알루미늄   ② 니켈
③ 코발트   ④ 철

해설 상자성체는 자기장 안에 넣으면 자기장 방향으로 약하게 자화되고, 자기장이 제거되면 자화되지 않는 물질로 알루미늄(Al), 산소, 공기, 백금(Pt), 주석 등이 있다.

47 가공전선로의 지지물에 하중이 가해지는 경우에 그 하중을 받는 지지물의 기초 안전율은 2 이상 이어야 한다. 다음과 같은 경우 예외로 하고 있다. (　)안의 내용으로 알맞은 것은?

> 철근 콘크리트주로서 그 전체의 길이가 16[m] 초과 20[m] 이하이고, 설계하중이 6.8[kN] 이하의 것을 논이나 그 밖의 지반이 연약한 곳 이외에 그 묻히는 깊이를 (　)[m] 이상으로 시설하는 경우

① 2.2   ② 2.5
③ 2.8   ④ 3.0

해설 철근 콘크리트주로서 길이가 16[m] 초과, 20[m] 이하이고 설계하중이 6.8[kN] 이하인 경우 아래

기준에 따라 시설하는 경우

지지물 길이	설계하중	묻히는 깊이
16[m] 초과 20[m] 이하	6.8[kN] 이하	2.8[m] 이상
14[m] 이상 20[m] 이하	6.8[kN] 초과 9.8[kN] 이하	15[m] 이하는 전체 길이 1/6 이상 15[m] 초과는 2.5[m]에 0.3[m] 가산
16[m] 이상 20[m] 이하	9.8[kN] 초과 14.72[kN] 이하	15[m] 초과 18[m] 이하 : 3[m] 이상 18[m] 초과 : 3.2[m] 이상

48 동심구의 양도체 사이에 절연내력이 30[kV/mm]이고, 비유전율 5인 절연액체를 넣으면 공기인 경우의 몇 배의 전기량이 축적되는가?

① 5 ② 10
③ 20 ④ 40

해설 절연내력 $G = E = 30$[kV/mm]이므로
$E = \dfrac{Q}{4\pi\epsilon_0 r^2}$ 에서 $Q = 4\pi\epsilon_0 r^2 \times E$[C],
$Q' = 4\pi\epsilon_0 \epsilon_s r^2 \times E = \epsilon_s Q = 5Q$[C]

49 22.9[kV] 가공 전선로에서 3상 4선식 선로의 직선주에 사용되는 크로스 완금의 표준 길이는?

① 900[mm] ② 1400[mm]
③ 1800[mm] ④ 2400[mm]

해설 가공 전선로 장주에 사용되는 완금(크로스 아암)의 표준 길이[mm]

전선의 개수	특고압	고압	저압
2	1800	1400	900
3	2400	1800	1400

50 전원과 부하가 다같이 △결선된 3상 평형회로가 있다. 전원 전압이 200[V], 부하 임피던스가 $6 + j8$[Ω]인 경우 선전류는 몇 [A]인가?

① 10 ② 20
③ $10\sqrt{3}$ ④ $20\sqrt{3}$

해설 $Z = \sqrt{6^2 + 8^2} = 10$, $I_p = \dfrac{V}{Z} = \dfrac{200}{10} = 10$[A]
△결선의 3상 회로에서
선전류 $(I_l) = \sqrt{3} \times$상전류(I_p)이므로
선전류 $(I_l) = 20\sqrt{3}$[A]

51 권선형 유도전동기의 기동 시 회전자회로에 고정저항과 가포화 리액터를 병렬접속 삽입하여 기동 초기 슬립이 클 때 저전류 고토크로 기동하고 점차 속도 상승으로 슬립이 작아져 양호한 기동이 되는 기동법은?

① 2차 저항 기동법
② 2차 임피던스 기동법
③ 1차 직렬 임피던스 기동법
④ 콘도르퍼(Kondorfer) 기동방식

해설 2차 임피던스 기동법은 회전자 회로에 고정저항과 리액터를 병렬 접속한 것을 삽입하여 기동하는 방법으로 기동 초에는 슬립이 커서 회전자 회로의 주파수가 높아 리액턴스가 크므로 2차 전류는 저항으로 흘러 저 전류, 대 토크로 기동하고 속도가 상승하면 슬립이 감소하고 주파수가 낮아져 리액턴스가 작게 되며 2차 전류는 리액턴스로 많이 흘러 비교적 양호한 기동을 할 수 있다.

정답 48. ① 49. ④ 50. ④ 51. ②

52 도수분포표에서 알 수 있는 정보로 가장 거리가 먼 것은?
① 로트 분포의 모양
② 100 단위당 부적합 수
③ 로트의 평균 및 표준편차
④ 규격과의 비교를 통한 부적합품률의 추정

해설 도수분포표에서 알 수 있는 것은 흩어진 데이터의 모양, 많은 데이터로부터 평균치와 표준편차, 원 데이터를 규격과 대조, 공정관리에 효과적이다.

53 자전거를 셀 방식으로 생산하는 공장에서, 자전거 1대당 소요공수가 14.5[H]이며, 1일 8[H], 월 25일 작업을 한다면 작업자 1명당 월 생산 가능 대수는 몇 대인가? (단, 작업자의 생산종합효율은 80[%]이다.)
① 10대   ② 11대
③ 13대   ④ 14대

해설 1인당 월 생산 가능 대수 = $\dfrac{8 \times 25}{14.5} \times 0.8 = 11$[대]

54 미리 정해진 일정 단위 중에 포함된 부적합 수에 의거하여 공정을 관리할 때 사용되는 관리도는?
① c 관리도   ② P 관리도
③ X 관리도   ④ nP 관리도

해설 c(결점수)관리도는 일정 단위 중에 나타나는 결점수를 관리하기 위하여 사용하는 관리도

55 TPM 활동 체제 구축을 위한 5가지 기둥과 가장 거리가 먼 것은?
① 설비초기관리체제 구축 활동
② 설비효율화의 개별개선 활동
③ 운전과 보전의 스킬 업 훈련 활동
④ 설비경제성 검토를 위한 설비투자분석 활동

해설 TPM의 5가지 중점 활동은 설비 효율화의 개별개선 활동, 운전/보전의 교육 훈련 활동, 자주보전 체계 구축 활동, MP(보전예방) 설계 및 초기 유동관리 체계 구축 활동이다.

56 ASME(American Society of Mechanical Engineers)에서 정의하고 있는 제품공정분석표에 사용되는 기호 중 "저장(Storage)"을 표현한 것은?
① ○   ② □
③ ▽   ④ ⇨

해설 ○ : 가공, D : 정체, ▽ : 저장, □ : 검사

57 로트에서 랜덤하게 시료를 추출하여 검사한 후 그 결과에 따라 로트의 합격, 불합격을 판정하는 검사방법을 무엇이라 하는가?
① 자주검사   ② 간접검사
③ 전수검사   ④ 샘플링 검사

해설 샘플링 검사는 한 로트의 물품 중에서 발췌한 시료를 조사하고 그 결과를 판정 기준과 비교하여 그 로트의 합격 여부를 결정하는 검사

정답 52. ② 53. ② 54. ① 55. ④ 56. ③ 57. ④

2016년 제59회 출제문제

바뀐 출제기준에 따라 삭제된 문제가 있어서 60문항이 안됩니다.

01 고압 보안공사에서 전선을 경동선으로 사용하는 경우 지름 몇 [mm] 이상의 것을 사용하여야 하는지 그 기준으로 옳은 것은?
① 8 ② 6 ③ 5 ④ 3

해설 고압 보안공사에서 케이블인 경우 이외에는 인장강도 8.01[kN] 이상 또는 지름 5.0[mm] 이상의 경동선을 사용해야 한다.

02 그림과 같은 회로에서 전류 I[A]는?

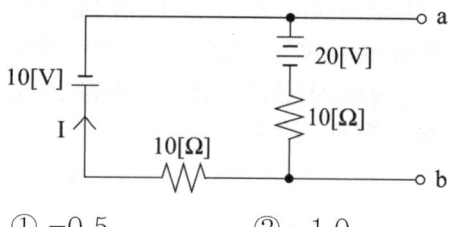

① -0.5 ② -1.0
③ -1.5 ④ -2.0

해설 $I = \dfrac{V_1 + V_2}{R_1 + R_2} = \dfrac{-(10+20)}{10+10} = -1.5[A]$

03 일반 변전소 또는 이에 준하는 곳의 주요 변압기에 시설하여야 하는 계측장치로 옳은 것은?
① 전류, 전력, 주파수
② 전압, 주파수 또는 역률
③ 전력, 주파수 또는 역률
④ 전압, 전류 또는 전력

해설 일반 변전소 또는 이에 준하는 변압기에는 전압계, 전류계 또는 전력량을 측정할 수 있는 계측장치를 시설하여야 한다.

04 교류와 직류 양쪽 모두에 사용 가능한 전동기는?
① 단상 분권 정류자 전동기
② 단상 반발 전동기
③ 세이딩 코일형 전동기
④ 단상 직권 정류자 전동기

해설 소 용량의 단상 직권 정류자 전동기는 교류뿐만 아니라 직류에서도 동작할 수가 있으며 이것을 교직 양용 전동기라고 한다.

05 송전단 전압 66[kV], 수전단 전압 61[kV]인 송전 선로에서 수전단의 부하를 끊은 경우의 수전단 전압이 63[kV]이면 전압변동률은 약 몇 [%]인가?
① 2.8 ② 3.3
③ 4.8 ④ 8.2

해설 전압 변동률
$\varepsilon = \dfrac{V_o - V_n}{V_n} \times 100 = \dfrac{63-61}{61} \times 100$
$= 3.278 ≒ 3.3[\%]$

06 동기 전동기를 무부하로 하였을 때, 계자전류를 조정하면 동기기는 L과 C 소자와 같이 작동하고, 계자전류를 어떤 일정 값 이하의 범위에서 가감하면 가변 리액턴스가 되고, 어떤 일정값 이상에서 가감하면 가변 커패시터로 작동한다. 이와 같은 목적으로 사용되는 것은?
① 변압기 ② 균압환
③ 제동권선 ④ 동기 조상기

정답 1.③ 2.③ 3.④ 4.④ 5.② 6.④

해설 계자전류의 가감으로 위상을 변화시킬 수 있으며, 과여자로 운전하면 진상전류가 흐르고, 부족여자로 운전하면 지상전류를 흐르게 하는 무부하의 동기 전동기를 동기조상기라 한다.

07 단권변압기에 대한 설명이다. 틀린 것은?
① 3상에는 사용할 수 없다는 단점이 있다.
② 1차 권선과 2차 권선의 일부가 공통으로 되어 있다.
③ 동일 출력에 대하여 사용 재료 및 손실이 적고 효율이 높다.
④ 단권변압기는 권선비가 1에 가까울수록 보통 변압기에 비해 유리하다.

해설 단권변압기는 변압기의 1차 권선과 2차 권선의 회로가 서로 절연되지 않고 권선의 일부를 공통 회로로 사용한 변압기이며 권선 하나의 도중에 탭을 만들어 사용한 것으로 경제적이고 특성도 좋다. 권수비가 1에 가까울수록 효율과 특성이 좋아지므로 전압비가 적은 전력 계통에는 물론 가정용 전압조정기에 이르기까지 다양하게 사용되고 있다.

08 JK FF에서 현재 상태의 출력 Q_n을 1로 하고, J 입력에 0, K 입력에 0을 클럭펄스 CP에 rising edge의 신호를 가하게 되면 다음 상태의 출력 Q_{n+1}은 무엇이 되는가?

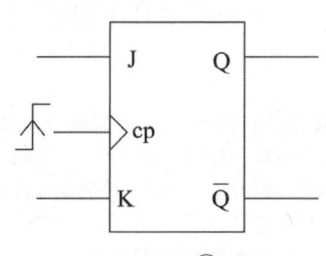

① 1 ② 0
③ X ④ $\overline{Q_n}$

해설 J-K 플립플롭에서 J=K=0일 때 클록 발생 시 출력이 변하지 않으므로 Q_{n+1}는 1이 된다.

09 합성수지 몰드 공사에 사용하는 몰드 홈의 폭과 깊이는 몇 [cm] 이하가 되어야 하는가? (단, 두께는 1.2[mm] 이상이다.)
① 1.5 ② 2.5
③ 3.5 ④ 4.5

해설 홈의 폭과 깊이가 3.5[cm] 이하, 두께는 2[mm] 이상의 것이어야 한다. 단, 사람이 쉽게 접촉될 우려가 없도록 시설한 경우에는 폭 5[cm] 이하, 두께 1[mm] 이상인 것을 사용할 수 있다.

10 3상 유도전동기의 2차 입력, 2차 동손 및 슬립을 각각 P_2, P_{2c}, s라 하면 이들의 관계식은?
① $s = P_{2c} + P_2$ ② $s = P_{2c} - P_2$
③ $s = P_{2c} \times P_2$ ④ $s = \dfrac{P_{2c}}{P_2}$

해설 $P_2 : P_{2c} : P_o = 1 : S : (1-S)$이므로
$P_2 : P_{2c} = 1 : S$에서 S로 정리하면
$S = \dfrac{P_{2c}}{P_2}$ 이 된다.

11 $f(t) = \sin t \cos t$를 라플라스 변환하면?
① $\dfrac{1}{s^2 + 2}$ ② $\dfrac{1}{s^2 + 4}$
③ $\dfrac{1}{(s^2 + 2)^2}$ ④ $\dfrac{1}{(s^2 + 4)^2}$

해설 $\mathcal{L}[\sin t \cos t] = \mathcal{L}\left[\frac{1}{2}\sin 2t\right]$
$$= \frac{1}{2} \times \frac{2}{s^2+2^2} = \frac{1}{s^2+4}$$

12 선간거리 D[m]이고, 반지름이 r[m]인 선로의 인덕턴스 L[mH/km]은?

① $L = 0.4605\log_{10}\frac{D}{r} + 0.5$
② $L = 0.4605\log_{10}\frac{D}{r} + 0.05$
③ $L = 0.4605\log_{10}\frac{r}{D} + 0.5$
④ $L = 0.4605\log_{10}\frac{r}{D} + 0.05$

해설 단도체의 인덕턴스
$L = 0.4605\log_{10}\frac{D}{r} + 0.05$ [mH/km]
복도체의 인덕턴스
$L_n = 0.4605\log_{10}\frac{D}{\sqrt[n]{rs^{n-1}}} + \frac{0.05}{n}$ [mH/km]

13 변압기에서 여자전류를 감소시키려면?
① 접지를 한다.
② 우수한 절연물을 사용한다.
③ 코일의 권회수를 증가시킨다.
④ 코일의 권회수를 감소시킨다.

해설 자화전류는 자속을 만드는 전류이며 철손전류와 자화전류의 합을 여자전류라고 하며 여자전류를 감소시키기 위해서는 코일의 권회수를 증가시켜 임피던스를 증가하면 된다.

14 역률을 개선하면 전력 요금의 절감과 배전선의 손실경감, 전압강하의 감소, 설비 여력의 증가 등을 기할 수 있으나, 너무 과보상하면 역효과가 나타난다. 즉, 경부하 시에 콘덴서가 과대 삽입되는 경우의 결점에 해당되는 사항이 아닌 것은?
① 송전손실의 증가
② 전압 변동폭의 감소
③ 모선 전압의 과상승
④ 고조파 왜곡의 증대

해설 경부하 시 콘덴서가 과대 삽입되는 경우 결점으로는 앞선 역률에 의한 전력손실, 모선 전압의 과 상승, 고조파 왜곡의 증대, 설비용량이 감소하여 과부하 우려 등이 있다.

15 전기설비기술기준의 판단기준에 의하여 전력용 커패시터의 뱅크 용량이 15000[kVA] 이상인 경우에는 자동적으로 전로로부터 자동 차단하는 장치를 시설하여야 한다. 장치를 시설하여야 하는 기준으로 틀린 것은?
① 과전류가 생긴 경우에 동작하는 장치
② 과전압이 생긴 경우에 동작하는 장치
③ 내부에 고장이 생긴 경우에 동작하는 장치
④ 절연유가 농도변화가 있는 경우에 동작하는 장치

해설 전력용 커패시터의 뱅크 용량 500[kVA] 초과 15000[kVA] 미만인 경우에는 과전류, 내부고장, 15000[kVA] 이상 시에는 과전류, 과전압, 내부 고장이 생긴 경우 자동으로 전로로부터 자동 차단하는 장치를 시설하여야 한다.

정답 12. ② 13. ③ 14. ② 15. ④

16 그림은 동기발전기의 특성을 나타낸 곡선이다. 단락곡선은 어느 것인가? (단, V_n은 정격전압, I_n은 정격전류, I_f는 계자전류, I_s는 단락전류이다.)

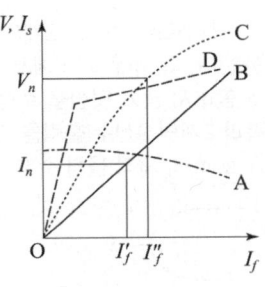

① A   ② B   ③ C   ④ D

해설 단락곡선은 동기발전기의 모든 단자를 단락시키고 정격속도로 운전할 때 계자전류와 단락전류와의 관계곡선으로 전기자 반작용이 감자로 작용하므로 3상 단락곡선은 직선이 된다.

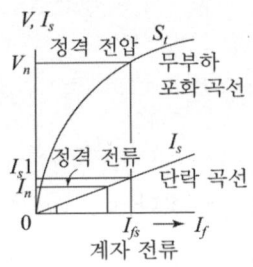

17 변압기의 철손과 동손을 측정 할 수 있는 시험으로 옳은 것은?

① 철손 : 무부하시험, 동손 : 단락시험
② 철손 : 부하시험, 동손 : 유도시험
③ 철손 : 단락시험, 동손 : 극성시험
④ 철손 : 무부하시험, 동손 : 절연내력시험

해설 무부하시험으로 철손, 여자전류, 여자 어드미턴스를 구할 수 있고, 단락시험으로 동손, 임피던스 전압, 임피던스 와트, 임피던스 동손, 단락전류를 구할 수 있다.

18 합성수지관 공사에 의한 저압 옥내배선의 시설 기준으로 틀린 것은?

① 전선은 옥외용 비닐 절연전선을 사용할 것
② 습기가 많은 장소에 시설하는 경우 방습 장치를 할 것
③ 전선은 합성수지관 안에서 접속점이 없도록 할 것
④ 관의 지지점 간의 거리는 1.5[m] 이하로 할 것

해설 합성수지관 공사에 의한 저압 옥내배선의 시설은 절연전선(옥외용 절연전선 제외)은 지름 10[mm²] (알루미늄선 16[mm²]) 이하의 단선을 사용하고, 그 이상일 때는 연선을 사용하고 전선에 접속점이 없도록 해야 한다.

19 다음과 같은 회로에서 저항 R이 0[Ω]인 것을 사용하면 무슨 문제가 발생하는가?

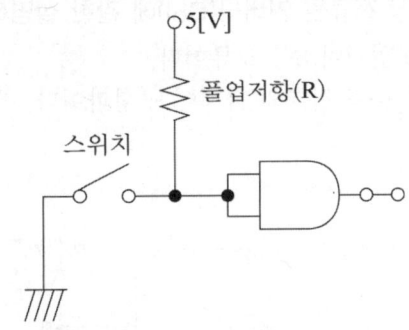

① 저항 양단의 전압이 커진다.
② 저항 양단의 전압이 작아진다.
③ 낮은 전압이 인가되어 문제가 없다.
④ 스위치를 ON 했을 때 회로가 단락된다.

해설 풀업저항이 없이 +5[V]를 직접 연결하면 스위치를 닫을 때 단락상태가 되어 과도한 전류가 흐른다.

정답 16. ② 17. ① 18. ① 19. ④

20 그림과 같은 직렬형 인버터에 대해서 $L=1$ [mH], $C=8[\mu F]$일 때 출력 주파수를 1[kHz]로 할 경우 거의 정현파의 출력전압이 얻어진다. 이때 부하저항 R은 몇 [Ω]인가?

① 13.5
② 18.5
③ 23.0
④ 27.5

해설

$f = \dfrac{1}{2\pi}\sqrt{\dfrac{1}{LC} - \left(\dfrac{R}{2L}\right)^2}$ 에서

$10^3 = \dfrac{1}{2\pi}\sqrt{\dfrac{1}{10^{-3}\times 8\times 10^{-6}} - \left(\dfrac{R}{2\times 10^{-3}}\right)^2}$

$(2\pi\times 10^3)^2 = \dfrac{1}{8\times 10^{-9}} - \dfrac{R^2}{4\times 10^{-6}}$

$R^2 = \dfrac{1}{2\times 10^{-3}} - 16\pi^2 = 342.1$

∴ $R = 18.5[\Omega]$

21 AND 게이트 1개와 배타적 OR 게이트 1개로 구성되는 회로는?

① 전가산기 회로
② 반가산기 회로
③ 전비교기 회로
④ 반비교기 회로

해설 반가산기는 1비트로 구성된 2개의 2진수를 덧셈할 때 사용한다. 즉, 하위 자리에서 발생한 자리 올림 수를 포함하지 않고 덧셈을 수행한다. 2개의 2진수 입력과 2개의 2진수 출력을 가진다. 출력 변수는 합(S, sum)과 자리 올림 수 (C, carry)가 있다.

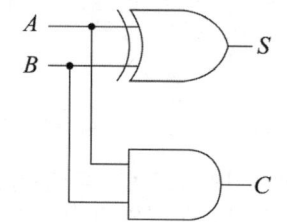

22 3상 전류원 인버터(CSI)에 관한 설명이다. 틀린 것은?

① 입력이 3상 교류이다.
② 일종의 병렬 인버터이다.
③ 출력 전류의 파형이 구형파이다.
④ 입력 임피던스의 값이 클수록 좋다.

해설

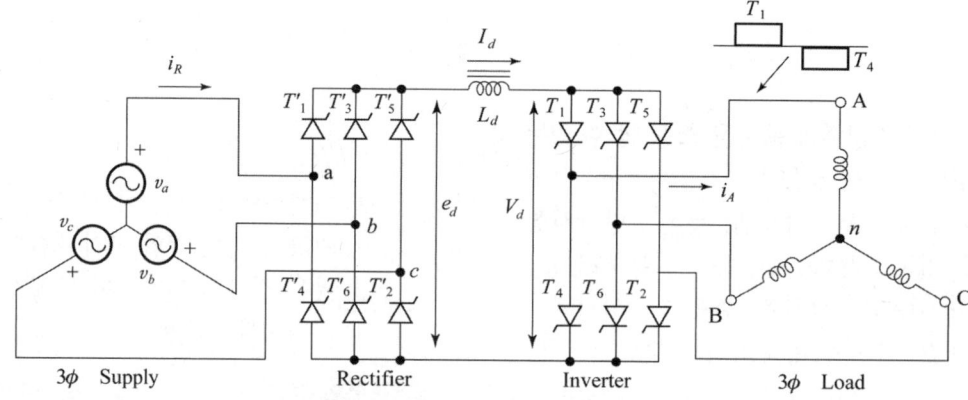

인버터는 직류를 교류로 변환하는 장치로 전압형 인버터는 출력 전압 파형은 구형파, 전류 파형은 톱니파이고 평활 콘덴서와 귀환 다이오드가 필요하고, 전류형 인버터는 출력 전압 파형은 톱니파, 전류 파형은 구형파이며, 직류 전원은 고임피던스의 전류원(전류 리액터)을 갖는다.
단상 전류원 인버터는 입력이 직류전원이나 3상 전류원 인버터는 입력이 3상 교류이다.

정답 20. ② 21. ② 22. ②

23 영상 변류기(ZCT)를 사용하는 계전기는?
① OCR ② SGR
③ UVR ④ DFR

해설 과전류계전기(OCR), 방향성 지락계전기(SGR), 부족전압계전기(UVR)

24 10진수 742_{10}을 3 초과 코드로 표시하면?
① 101001110101
② 011101000010
③ 010000010000
④ 111111111111

해설 742_{10}을 3 초과 코드로 표현하면 7 → 1010, 4 → 0111, 2 → 0101이므로 101001110101로 표시된다.

25 평균 구면 광도 100[cd]의 전구 5개를 지름 10[m]인 원형의 방에 점등할 때 이 방의 평균 조도는 약 몇 [lx]인가? (단, 조명률 0.5, 감광보상률은 1.5이다.)
① 24.5 ② 26.7
③ 32.6 ④ 48.2

해설 광속 $F = 4\pi I = 4\pi \times 100 = 1256$[lm],
방의 면적 $A = \pi r^2 = \pi \times (\frac{10}{2})^2 = 78.5$[m²]
조명률 $U = 0.5$, 감광보상률 $D = 1.5$,
유지율 $M = 1$로 계산하면
$F = \frac{EAD}{NUM}$에서
조도 $E = \frac{FNUM}{AD} = \frac{1256 \times 5 \times 0.5 \times 1}{78.5 \times 1.5}$
$= 26.667 ≒ 26.7$[lx]

26 직류기에서 전기자 반작용을 방지하기 위한 보상권선의 전류 방향은?
① 계자전류 방향과 같다.
② 계자전류 방향과 반대이다.
③ 전기자전류 방향과 같다.
④ 전기자전류 방향과 반대이다.

해설 보상권선은 주요 극 표면 가까이 전기자권선과 평행으로 홈 속에 넣어 전기자와 직렬로 연결하고 보상권선에 전기자 권선전류와 반대방향으로 전류를 흘려주어 전기자전류와 상쇄시켜 전기자 기자력을 약화시킴으로써 전기자반작용을 방지한다.

27 병렬 운전 중의 A, B 두 동기 발전기에서 A 발전기의 여자를 B보다 강하게 하면 A 발전기는 어떻게 변화되는가?
① $\frac{\pi}{2}$ 앞선 전류가 흐른다.
② $\frac{\pi}{2}$ 뒤진 전류가 흐른다.
③ 동기화 전류가 흐른다.
④ 부하 전류가 증가한다.

해설 A 발전기를 과여자로 하면 기전력이 커져 90° 뒤진 무효 순환전류가 흐른다.

28 코로나 방지 대책으로 적당하지 않은 것은?
① 가선 금구를 개량한다.
② 복도체 방식을 채용한다.
③ 선간 거리를 증가시킨다.
④ 전선의 외경을 증가시킨다.

해설 코로나 방지대책
- 코로나 임계전압을 크게 한다.
- 굵은 전선을 사용한다.
- 복도체를 사용한다.
- 가선 금구를 개량한다.
- 전선 표면을 매끄럽게 한다.

정답 23. ② 24. ① 25. ② 26. ④ 27. ② 28. ③

29 30[V/m]인 전계 내의 50[V] 점에서 1[C]의 전하를 전계 방향으로 70[cm] 이동한 경우 그 점의 전위는 몇 [V]인가?

① 71   ② 29
③ 21   ④ 19

해설 $V_B = V_A - V' = V_A - Ed$
$= 50 - (30 \times 0.7) = 29[V]$

30 60[Hz], 20극, 11400[W]의 3상 유도전동기가 슬립 5[%]로 운전될 때 2차 동손이 600[W]이다. 이 전동기의 전부하 시의 토크는 약 몇 [kg·m]인가?

① 32.5   ② 28.5
③ 24.5   ④ 20.5

해설 20극 전동기의 회전수
$N_s = \dfrac{120f}{P} = \dfrac{120 \times 60}{20} = 360[\text{rpm}]$
슬립이 5[%]이므로
$N = (1-S)N_s = (1-0.05) \times 360 = 342[\text{rpm}]$
$\tau = \dfrac{1}{9.8} \times \dfrac{60}{2\pi} \times \dfrac{P_0}{N}$
$= \dfrac{1}{9.8} \times \dfrac{60}{2\pi} \times \dfrac{11400}{342} = 32.48[\text{kg} \cdot \text{m}]$

31 용량이 같은 두 개의 콘덴서를 병렬로 접속하면 직렬로 접속할 때보다 용량은 어떻게 되는가?

① 2배 증가한다.   ② 4배 증가한다.
③ $\dfrac{1}{2}$로 감소한다.   ④ $\dfrac{1}{4}$로 감소한다.

해설 병렬접속 $C_p = nC = 2C$
직렬접속 $C_s = \dfrac{C}{2}$이므로
$C_p = \dfrac{2}{0.5}C_s = 4C_s$로 4배 증가한다.

32 100[mH]의 자기 인덕턴스에 220[V], 60[Hz]의 교류전압을 가하였을 때 흐르는 전류는 약 몇 [A]인가?

① 1.86   ② 3.66
③ 5.84   ④ 7.24

해설 $X_L = 2\pi fL = 2\pi \times 60 \times 100 \times 10^{-3} = 37.7[\Omega]$
$I = \dfrac{V}{X_L} = \dfrac{220}{37.7} \fallingdotseq 5.84[A]$

33 그림과 같은 회로는?

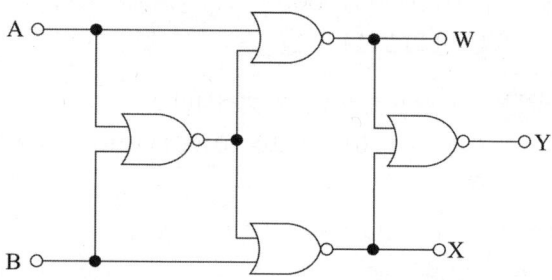

① 비교 회로   ② 가산 회로
③ 반일치 회로   ④ 감산 회로

해설 비교 회로는 두 수의 일치 여부를 비교하는 회로로 논리회로를 조합시켜서 만든다.
$W = \overline{\overline{A+B}+A} = \overline{A}B$
$X = \overline{\overline{A+B}+B} = A\overline{B}$
$Y = \overline{\overline{AB}+\overline{AB}} = \overline{\overline{AB}} \cdot \overline{\overline{AB}}$
$= (A+\overline{B}) \cdot (\overline{A}+B) = AB + \overline{A}\overline{B}$

34 1500[kW], 6000[V], 60[Hz]의 3상 부하의 역률이 75[%](뒤짐)이다. 이때 이 부하의 무효분은 약 몇 [kVar]인가?

① 1092   ② 1278
③ 1323   ④ 1754

정답 29. ② 30. ① 31. ② 32. ③ 33. ① 34. ③

해설 피상전력 = $\dfrac{유효전력}{역률}$ = $\dfrac{1500}{0.75}$ = 2000[kVA]

$\theta = \cos^{-1} 0.75 ≒ 41.4$이므로

무효전력 = 피상전력 × $\sin\theta$
= 2000 × sin 41.4° ≒ 1323[kVar]

35 그림과 같은 회로에서 스위치 S를 닫을 때 t초 후의 R에 걸리는 전압은?

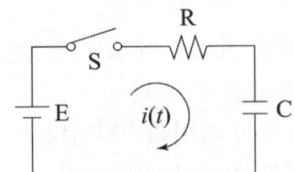

① $Ee^{-\frac{C}{R}t}$ ② $E(1-e^{-\frac{C}{R}t})$

③ $Ee^{-\frac{1}{CR}t}$ ④ $E(1-e^{-\frac{1}{RC}t})$

해설 저항 R에 걸리는 전압 $v_R = Ri(t) = Ee^{-\frac{1}{RC}t}$

36 그림과 같은 회로는 어떤 논리동작을 하는가? (단, A, B는 입력이며, F는 출력이다.)

① NAND
② NOR
③ AND
④ OR

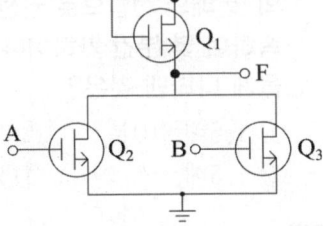

해설 A, B 입력이 하나라도 1이 되면 출력이 0이고, 두 입력 모두 0인 경우 출력이 1인 NOR 게이트 전자소자 회로

37 직류 발전기의 극수가 10극이고, 전기자 도체수가 500, 단중 파권일 때 매극의 자속수가 0.01[Wb]이면 600[rpm]의 속도로 회전할 때의 기전력은 몇 [V]인가?

① 200   ② 250
③ 300   ④ 350

해설 파권일 때 $a = 2$이므로

$E = \dfrac{P}{a} Z\phi \dfrac{N}{60} = \dfrac{10}{2} × 500 × 0.01 × \dfrac{600}{60}$
= 250[V]

38 그림과 같은 논리회로의 논리함수는?

① 0
② 1
③ A
④ $\overline{A}$

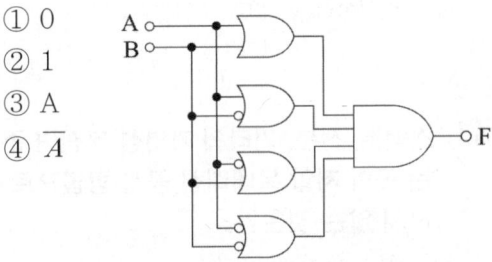

해설 $F = (A+B)(A+\overline{B})(\overline{A}+B)(\overline{A}+\overline{B})$
$= (AA + A\overline{B} + AB + B\overline{B})$
$\quad (\overline{A}\overline{A} + \overline{A}B + \overline{A}B + B\overline{B})$
$= A(A + \overline{B} + B)\overline{A}(\overline{A} + B + B)$
$= A\overline{A} = 0$

39 전격살충기를 시설할 경우 전격격자와 시설물 또는 식물 사이의 이격거리는 몇 [cm] 이상이어야 하는가?

① 10   ② 20
③ 30   ④ 40

해설 전격살충기의 전격격자와 다른 시설물 (가공전선을 제외한다) 또는 식물 사이의 이격거리는 30[cm] 이상일 것

40 저압 연접인입선의 시설 기준으로 옳은 것은?

① 옥내를 통과하여 시설할 것
② 폭 4[m]를 초과하는 도로를 횡단하지 말 것
③ 지름은 최소 1.5[mm²] 이상의 경동선을 사용할 것
④ 인입선에서 분기하는 점으로부터 100[m]를 초과하지 말 것

해설 저압 연접 인입선은
- 인입선의 분기점에서 100[m]를 초과하지 말 것
- 폭 5[m]를 넘는 도로를 횡단하지 말 것
- 옥내를 관통하지 않아야 하며 고압 연접 인입선은 시설할 수 없다.

41 소맥분, 전분, 기타의 가연성 분진이 존재하는 곳의 저압 옥내배선 공사 방법으로 적합하지 않는 것은?

① 합성수지관 공사
② 금속관 공사
③ 가요전선관 공사
④ 케이블 공사

해설 소맥분, 전분, 유황 기타 가연성의 먼지로서 공중에 떠다니는 상태에서 착화하였을 때, 폭발의 우려가 있는 곳의 저압 옥내 배선은 합성수지관 배선, 금속전선관 배선, 케이블 배선에 의하여 시설한다.

42 3상 3선식 선로에서 수전단 전압 6.6[kV], 역률 80[%](지상), 600[kVA]의 3상 평형 부하가 연결되어 있다. 선로의 임피던스 $R = 3[\Omega]$, $X = 4[\Omega]$인 경우 송전단 전압은 약 몇 [V]인가?

① 6852
② 6957
③ 7037
④ 7543

해설
$$V_s = V_r + \sqrt{3}I(R\cos\theta + X\sin\theta)$$
$$= V_r + \sqrt{3} \times \frac{P}{\sqrt{3}V}(R\cos\theta + X\sin\theta)$$
$$= 6600 + \frac{600 \times 10^3}{6600}(3 \times 0.8 + 4 \times 0.6)$$
$$= 7036.36 ≒ 7037[V]$$

43 다음 중 SCR에 대한 설명으로 가장 옳은 것은?

① 게이트 전류로 애노드 전류를 연속적으로 제어할 수 있다.
② 쌍방향성 사이리스터이다.
③ 게이트 전류를 차단하면 애노드 전류가 차단된다.
④ 단락상태에서 애노드 전압을 0 또는 부(−)로 하면 차단상태가 된다.

해설 SCR은 점호능력은 있으나 소호능력이 없으므로 소호시키려면 주전류를 유지전류 이하 또는 애노드, 캐소드 간에 역전압을 인가한다.

44 최대 사용전압이 7[kV] 이하인 발전기의 절연내력을 시험하고자 한다. 최대사용전압의 몇 배의 전압으로 권선과 대지 사이에 연속하여 몇 분간 가하여야 하는지 그 기준을 옳게 나타낸 것은?

① 1.5배, 10분
② 2배, 10분
③ 1.5배, 1분
④ 2배, 1분

해설 전기기기의 절연내력 시험은 최대사용전압 7000[V] 이하는 최대사용전압의 1.5배(500[V] 미만인 경우 500[V]), 최대사용전압 7000[V] 초과 60000[V] 이하는 최대사용전압의 1.25배(10500[V] 미만의 경우 10500[V])의 교류시험전압으로 권선과 대지 사이에 연속으로 10분간 가하여 이에 견디어야 한다.

정답 40. ④ 41. ③ 42. ③ 43. ④ 44. ①

45 전력 원선도에서 구할 수 없는 것은?
① 조상 용량
② 과도안정 극한전력
③ 송전 손실
④ 정태안정 극한전력

해설 전력 원선도에서 정태 안정 극한전력(최대 전력), 송수전단 전압 간의 상차각, 조상 용량, 수전단 역률, 선로 손실과 송전 효율을 알 수 있다.

46 3상 유도전동기의 제동 방법 중 슬립의 범위를 1~2 사이로 하여 제동하는 방법은?
① 역상제동
② 직류제동
③ 단상제동
④ 회생제동

해설 역상제동(플러깅)은 전동기의 전원 전압의 극성 혹은 상회전 방향을 역전함으로써 전동기에 역토크를 발생시키고, 그에 의해서 제동하는 것

47 방향 계전기의 기능에 대한 설명으로 옳은 것은?
① 예정된 시간지연을 가지고 응동(應動)하는 것을 목적으로 한 계전기이다.
② 계전기가 설치된 위치에서 보는 전기적 거리 등을 판단해서 동작한다.
③ 보호구간으로 유입하는 전류와 보호구간에서 유출되는 전류와의 벡터 차와 출입하는 전류와의 관계비로 동작하는 계전기이다.
④ 2개 이상의 벡터량 관계 위치에서 동작하며 전류가 어느 방향으로 흐르는가를 판정하는 것을 목적으로 하는 계전기이다.

해설 거리계전기는 송전선에 사고가 발생했을 때 고장 구간의 전류를 차단하는 작용을 하는 계전기이며 차동계전기는 정상시에는 계전기를 적용한 2개소의 회로의 전압 또는 전류가 같지만 고장 시에는 전압 또는 전류에 차가 생겨서 이에 의해 동작하는 계전기

48 나전선 상호 또는 나전선과 절연전선, 캡타이어케이블 또는 케이블과 접속하는 경우의 설명으로 옳은 것은?
① 접속 슬리브(스프리트 슬리브 제외), 전선 접속기를 사용하여 접속하여야 한다.
② 접속 부분의 절연은 전선 절연물의 80[%] 이상의 절연효력이 있는 것으로 피복하여야 한다.
③ 접속 부분의 전기저항을 증가시켜야 한다.
④ 전선의 강도를 30[%] 이상 감소하지 않아야 한다.

해설 전선접속의 조건
- 전기적 저항을 증가시키지 않는다.
- 접속부위의 기계적 강도를 20[%] 이상 감소시키지 않는다.
- 접속점의 절연이 약화되지 않도록 테이핑 또는 와이어 커넥터로 절연한다.
- 전선의 접속은 박스 안에서 하고, 접속점에 장력이 가해지지 않도록 한다.

49 출력 10[kVA], 정격 전압에서의 철손이 85[W], 뒤진 역률 0.8, $\frac{3}{4}$ 부하에서 효율이 가장 큰 단상변압기가 있다. 역률이 1일 때 최대 효율은 약 몇 [%]인가?
① 96.2   ② 97.8
③ 98.8   ④ 99.1

정답 45. ② 46. ① 47. ④ 48. ① 49. ②

해설 최대 효율 $= \dfrac{출력}{출력 + 2 \times 철손} \times 100$

$= \dfrac{10 \times 10^3 \times \frac{3}{4} \times 0.8}{10 \times 10^3 \times \frac{3}{4} \times 0.8 + 2 \times 85} \times 100$

$= \dfrac{10 \times 10^3 \times \frac{3}{4} \times 0.8}{10 \times 10^3 \times \frac{3}{4} \times 0.8 + 2 \times 85} \times 100$

$= 97.8 [\%]$

50 총 설비용량 80[kW], 수용률 60[%], 부하율 75[%]인 부하의 평균전력은 몇 [kW]인가?

① 36　② 64　③ 100　④ 178

해설 평균전력 $= 80 \times 0.6 \times 0.75 = 36[kW]$

51 3상 전파 정류회로에서 부하는 100[Ω]의 순저항 부하이고, 전원전압은 3상 220[V](선간전압), 60[Hz]이다. 평균 출력전압[V] 및 출력전류[A]는 각각 얼마인가?

① 149[V], 1.49[A]
② 297[V], 2.97[A]
③ 381[V], 3.81[A]
④ 419[V], 4.19[A]

해설 3상 전파정류의 직류 전압의 평균값
$V_d = 1.35 V = 1.35 \times 220 = 297[V]$
출력전류 $I_d = \dfrac{V_d}{R} = \dfrac{297}{100} = 2.97[A]$

52 어떤 작업을 수행하는 데 작업소요시간이 빠른 경우 5시간, 보통이면 8시간, 늦으면 12시간 걸린다고 예측되었다면 3점 견적법에 의한 기대 시간치와 분산을 계산하면 약 얼마인가?

① $te = 8.0$, $\sigma^2 = 1.17$
② $te = 8.2$, $\sigma^2 = 1.36$
③ $te = 8.3$, $\sigma^2 = 1.17$
④ $te = 8.3$, $\sigma^2 = 1.36$

해설 기대 시간치
$t_e = \dfrac{T_0 + 4T_m + T_p}{6} = \dfrac{5 + 4 \times 8 + 12}{6}$
$= 8.167 ≒ 8.2$
분산
$\sigma^2 = (\dfrac{T_p - T_0}{6})^2 = (\dfrac{12-5}{6})^2 = 1.36$

53 계량값 관리도에 해당되는 것은?

① c 관리도　② u 관리도
③ R 관리도　④ np 관리도

해설 계량형 관리도에는 $\bar{x} - R$ 관리도, x 관리도, $x - R$ 관리도, R 관리도 등이 있다.

54 작업측정의 목적 중 틀린 것은?

① 작업 개선
② 표준시간 설정
③ 과업관리
④ 요소작업 분할

해설 작업측정의 목적은 표준시간을 설정하고 이를 기준으로 작업을 개선하고 생산/운영관리의 효율성을 제고하는 데 있다.

55 일반적으로 품질코스트 가운데 가장 큰 비율을 차지하는 것은?

① 평가코스트　② 실패코스트
③ 예방코스트　④ 검사코스트

정답 50. ①　51. ②　52. ②　53. ③　54. ④　55. ②

해설 품질관리 비용에서 예방코스트는 약 10[%], 평가코스트는 약 25[%], 실패코스트는 50~75[%] 정도이다.

56 계수 규준형 샘플링 검사의 OC 곡선에서 좋은 로트를 합격시키는 확률을 뜻하는 것은? (단, α는 제1종 과오, β는 제2종 과오이다.)
① α
② β
③ $1-\alpha$
④ $1-\beta$

해설 생산자 위험 확률(α)은 시료가 불량하기 때문에 로트가 불합격되는 확률이며 소비자 위험 확률(β)는 당연히 불합격되어야 할 로트가 합격되는 확률이므로 좋은 로트가 합격되는 확률은 전체에서 불합격되어야 할 로트가 시료가 불량하여 불합격된 확률(α)을 뺀 값이다.

57 정규분포에 관한 설명 중 틀린 것은?
① 일반적으로 평균치가 중앙값보다 크다.
② 평균을 중심으로 좌우대칭의 분포이다.
③ 대체로 표준편차가 클수록 산포가 나쁘다고 본다.
④ 평균치가 0이고 표준편차가 1인 정규분포를 표준정규분포라 한다.

해설 정규분포는 평균을 중심으로 좌우 대칭의 형태이고, 평균에서 멀어지는 꼬리 부분은 0으로 가까이 다가가며, 표준편차가 클수록 산포가 나쁘다고 할 수 있고, 평균치가 0이고 표준편차가 1인 정규분포를 표준정규분포라 한다.

정답 56. ③ 57. ①

2016년 제60회 출제문제

바뀐 출제기준에 따라 삭제된 문제가 있어서 60문항이 안됩니다.

01 35[kV] 이하의 가공전선이 철도 또는 궤도를 횡단하는 경우 지표상(레일면상)의 높이는 몇 [m] 이상이어야 하는가?
① 4
② 5
③ 6
④ 6.5

해설 특고압 가공전선의 높이는 35[kV] 이하에서 5[m] (철도 또는 궤도를 횡단하는 경우에는 6.5[m], 도로를 횡단하는 경우에는 6[m], 횡단보도교의 위에 시설하는 경우로서 전선이 특고압 절연전선 또는 케이블인 경우에는 4[m]) 이상이어야 한다.

02 사이리스터의 병렬 연결 시 발생하는 전류 불평형에 관한 설명으로 틀린 것은?
① 자기(磁氣)적으로 결합된 인덕터를 사용하여 전류 분담을 일정하게 한다.
② 사이리스터에 저항을 병렬로 연결하여 전류 분담을 일정하게 한다.
③ 전류가 많이 흐르는 사이리스터는 내부 저항이 감소한다.
④ 병렬 연결된 사이리스터가 동시에 턴온되기 위해서는 점호 펄스의 상승 시간이 빨라야 한다.

해설 병렬 연결된 사이리스터의 전류 분담을 일정하게 하기 위해서는 인덕터를 연결한다.

03 PWM 인버터의 특징이 아닌 것은?
① 전압 제어 시 응답성이 좋다.
② 스위칭 손실을 줄일 수 있다.
③ 여러 대의 인버터가 직류전원을 공용할 수 있다.
④ 출력에 포함되어 있는 저차 고조파 성분을 줄일 수 있다.

해설 PWM 인버터 특징
• 회로가 간단하고 응답성이 좋으며 인버터 계통의 효율이 매우 높다.
• 저차 고조파 노이즈는 적으나 고차 고조파 노이즈가 크다.
• 컨버터부에서 정류된 직류전압을 인버터부에서 전압과 주파수를 동시에 제어하므로 다수의 인버터가 직류를 공용으로 사용할 수 있다.
• 유도성 부하만을 사용할 수 있으며 스위칭 소자 및 출력 변압기의 이용률이 낮다.
• 1, 2상한 운전만 가능하며, 4상한 운전이 필요한 경우에는 DUAL 컨버터를 사용해야 한다.

04 동기발전기의 자기여자현상의 방지법이 아닌 것은?
① 발전기의 단락비를 적게 한다.
② 수전단에 변압기를 병렬로 접속한다.
③ 수전단에 리액턴스를 병렬로 접속한다.
④ 발전기 여러 대를 모선에 병렬로 접속한다.

해설 동기 발전기의 자기 여자 현상을 방지하기 위해서는 발전기 여러 대를 병렬 접속, 수전단에 동기 조상기 접속, 수전단에 변압기 병렬 접속, 수전단에 리액턴스 병렬 접속, 단락비가 큰 발전기를 채용한다.

정답 1. ④ 2. ② 3. ② 4. ①

05 2진수 (10101110)₂을 16진수로 변환하면?
① 174 ② 1014
③ AE   ④ 9F

해설 (1010 1110)₂를 네자리씩 16진수로 변환하면 (AE)₁₆

06 송전선로에서 복도체를 사용하는 주된 목적은?
① 인덕턴스의 증가
② 정전용량의 감소
③ 코로나 발생의 감소
④ 전선 표면의 전위경도의 증가

해설 복도체의 사용 목적은 정전용량을 증가시켜 송전용량을 증가시키고, 코로나 임계전압을 높일 수 있어 코로나 발생을 방지한다.

07 3상 배전선로의 말단에 늦은 역률 80[%], 200[kW]의 평형 3상 부하가 있다. 부하점에 부하와 병렬로 전력용 콘덴서를 접속하여 선로 손실을 최소화하려고 한다. 이 경우 필요한 콘덴서의 용량[kVA]은? 단, 부하단 전압은 변하지 않는 것으로 한다.
① 105 ② 112
③ 135 ④ 150

해설 역률 100[%]로 개선하여 무효전류가 흐르지 않도록 해야 하므로
$Q = P(\tan\theta_1 - \tan\theta_2)$
$= 200(\tan \cdot \cos^{-1}0.8 - \tan \cdot \cos^{-1}1.0)$
$= 150[\text{kVA}]$

08 선간거리 $2D$[m], 지름 d[m]인 3상 3선식 가공전선로의 단위길이당 대지정전용량 [μF/km]은?

① $\dfrac{0.02413}{\log_{10}\dfrac{D}{d}}$ ② $\dfrac{0.02413}{\log_{10}\dfrac{2D}{d}}$

③ $\dfrac{0.02413}{\log_{10}\dfrac{4D}{d}}$ ④ $\dfrac{0.02413}{\log_{10}\dfrac{4D}{3d}}$

해설 대지 정전용량 $C = \dfrac{0.02413}{\log_{10}\dfrac{D}{r}}$ 에서

선간거리가 $2D$이므로
$C = \dfrac{0.02413}{\log_{10}\dfrac{2D}{r}} = \dfrac{0.02413}{\log_{10}\dfrac{2D}{d/2}} = \dfrac{0.02413}{\log_{10}\dfrac{4D}{d}}$

09 극수 4, 회전수 1800[rpm], 1상의 코일수 83, 1극의 유효자속 0.3[Wb]의 3상 동기발전기가 있다. 권선계수가 0.96이고, 전기자 권선을 Y결선으로 하면 무부하 단자전압은 약 몇 [kV]인가?
① 8   ② 9
③ 11 ④ 12

해설 유도기전력 $E = 4.44 f N \phi K_w$[V]
(N : 1상의 권선수, K_w : 권선계수)

주파수 $f = \dfrac{N_s P}{120} = \dfrac{1800 \times 4}{120} = 60$[Hz]

$(\because N_s = \dfrac{120f}{P})$

1상의 유도기전력은
$E = 4.44 \times 60 \times 83 \times 0.3 \times 0.96$
$\fallingdotseq 6368$[V]이다.
Y결선할 때 선간전압 = $\sqrt{3} \times$ 상전압이므로
선간전압 = $\sqrt{3} \times 6368 \fallingdotseq 11000 = 11$[kV]

정답 5. ③ 6. ③ 7. ④ 8. ③ 9. ③

10 2중 농형전동기가 보통 농형전동기에 비해서 다른 점은?
① 기동전류 및 기동 토크가 모두 크다.
② 기동전류 및 기동 토크가 모두 적다.
③ 기동전류는 적고, 기동 토크는 크다.
④ 기동전류는 크고, 기동 토크는 적다.

해설 회전자의 슬롯에 상하로 두 종류의 도체를 배열하고, 바깥쪽의 도체를 높은 저항(합금), 안쪽의 도체를 낮은 저항(동)을 사용하여 2중의 농형으로 한 것으로 기동할 때에는 전류가 적게 흐르고 기동 토크는 크도록 기동 특성을 개선한 것이다.

11 다음 그림에서 계기 X가 지시하는 것은?

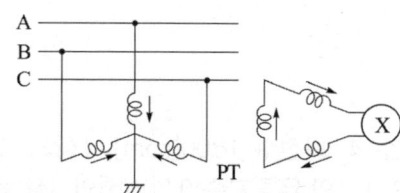

① 영상전압 ② 역상전압
③ 정상전압 ④ 정상전류

해설 선로에 지락이 발생하였을 때 영상전압을 계기용 변압기(PT)를 통해 표시하는 전압계이다.

12 SCR을 완전히 턴온하여 온 상태로 된 후, 양극 전류를 감소시키면 양극 전류의 어떤 값에서 SCR은 온 상태에서 오프 상태로 된다. 이때의 양극전류는?
① 래칭 전류 ② 유지전류
③ 최대 전류 ④ 역저지 전류

해설 SCR을 ON 상태로 유지하기 위한 최소전류(20[mA] 이상)를 유지전류라 한다.

13 그림과 같은 회로에서 전압비의 전달함수는?

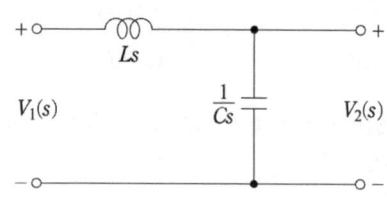

① $\dfrac{1}{LC+Cs}$ ② $\dfrac{sC}{s^2(s+LC)}$

③ $\dfrac{1}{\dfrac{1}{Ls}+Cs}$ ④ $\dfrac{\dfrac{1}{LC}}{s^2+\dfrac{1}{LC}}$

해설 전압비 출력전달함수 $=\dfrac{출력전압\ V_2(s)}{입력전압\ V_1(s)}$

$=\dfrac{\dfrac{1}{Cs}}{Ls+\dfrac{1}{Cs}}=\dfrac{1}{LCs^2+1}=\dfrac{\dfrac{1}{LC}}{s^2+\dfrac{1}{LC}}$

14 자기 인덕턴스가 L_1, L_2 상호 인덕턴스가 M인 두 회로의 결합계수가 1인 경우 L_1, L_2, M의 관계는?
① $L_1 \cdot L_2 = M$ ② $L_1 \cdot L_2 < M^2$
③ $L_1 \cdot L_2 > M^2$ ④ $L_1 \cdot L_2 = M^2$

해설 상호 인덕턴스
$M = k\sqrt{L_1 L_2} = 1 \times \sqrt{L_1 L_2} = \sqrt{L_1 L_2}$ 에서
$L_1 \cdot L_2 = M^2$

15 권수비 50인 단상변압기가 전부하에서 2차 전압이 115[V], 전압 변동률이 2[%]라 한다. 1차 단자전압[V]은?
① 3381 ② 3519
③ 4692 ④ 5865

정답 10. ③ 11. ① 12. ② 13. ④ 14. ④ 15. ④

해설 $\epsilon = \dfrac{V_{20} - V_{2n}}{V_{2n}} \times 100[\%]$에서

$V_{20} = 115 \times 0.02 + 115 = 117.3[V]$

$a = \dfrac{N_1}{N_2} = \dfrac{V_1}{V_2} = \dfrac{I_2}{I_1}$ 이므로

$50 = \dfrac{V_1}{117.3}$에서 V_1을 구하면

$\therefore V_1 = 5865[V]$이다.

16 주택 배선에 금속관 또는 합성수지관 공사를 할 때 전선을 2.5[mm²]의 단선으로 배선하려고 한다. 전선관의 접속함(정션 박스) 내에서 비닐 테이프를 사용하지 않고 직접 전선 상호 간을 접속하는 데 가장 편리한 재료는?

① 터미널 단자 ② 서비스 캡
③ 와이어 커넥터 ④ 절연 튜브

해설 서비스 캡은 금속관용 접속 부품이며 와이어 커넥터는 전선관의 접속함 내에서 전선 상호 간을 쥐꼬리 접속하고 접속 부분을 절연하는 부품이다.

17 비투자율 3000인 자로의 평균 길이 50[cm], 단면적 30[cm²]인 철심에 감긴, 권수 425회의 코일에 0.5[A]의 전류가 흐를 때 저축되는 전자(電磁)에너지는 약 몇 [J]인가?

① 0.25 ② 0.51
③ 1.03 ④ 2.07

해설 $L = \dfrac{\mu A}{l} N^2$

$= \dfrac{4\pi \times 10^{-7} \times 3000 \times (30 \times 10^{-4})}{50 \times 10^{-2}} \times 425^2$

$= 4.08[H]$

$W = \dfrac{1}{2} LI^2 = \dfrac{1}{2} \times 4.08 \times 0.5^2 = 0.51[J]$

18 단상 교류 위상제어 회로의 입력 전원전압이 $v_s = V_m \sin\theta$이고, 전원 v_s 양의 반주기 동안 사이리스터 T_1을 점호각 α에서 턴온 시키고, 전원의 음의 반주기 동안에는 사이리스터 T_2를 턴온 시킴으로써 출력전압 (v_o)의 파형을 얻었다면 단상 교류 위상제어 회로의 출력 전압에 대한 실효값은?

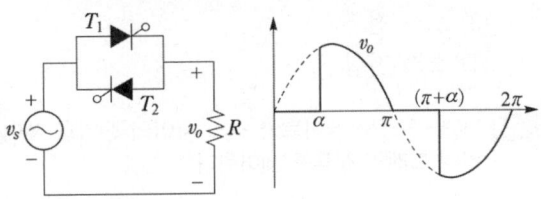

① $\dfrac{V_m}{\sqrt{2}} \sqrt{1 - \dfrac{\alpha}{\pi} + \dfrac{\sin 2\alpha}{2\pi}}$

② $V_m \sqrt{1 - \dfrac{\alpha}{\pi} + \dfrac{\sin 2\alpha}{\pi}}$

③ $V_m \sqrt{1 - \dfrac{2\alpha}{\pi} + \dfrac{\sin 2\alpha}{2\pi}}$

④ $\dfrac{V_m}{\sqrt{2}} \sqrt{1 - \dfrac{2\alpha}{\pi} + \dfrac{\sin 2\alpha}{\pi}}$

해설 단상 교류 위상제어 회로에서 출력전압의 실효값

$V_{rms} = \sqrt{\dfrac{1}{2\pi} \int_{\alpha}^{\pi} (V_m \sin\omega t)^2 d(\omega t)}$

$= \dfrac{V_m}{\sqrt{2}} \sqrt{1 - \dfrac{\alpha}{\pi} + \dfrac{\sin 2\alpha}{2\pi}}$

19 전동기의 외함과 권선 사이의 절연상태를 점검하고자 한다. 다음 중 필요한 것은 어느 것인가?

① 접지저항계
② 전압계
③ 전류계
④ 메거

정답 16. ③ 17. ② 18. ① 19. ④

해설 접지저항계는 접지저항, 전압계는 전압, 전류계는 전류, 메거는 절연저항을 측정하는 계측기이다.

20 MOS-FET의 드레인 전류는 무엇으로 제어하는가?
① 게이트 전압
② 게이트 전류
③ 소스 전류
④ 소스 전압

해설 MOS-FET는 게이트와 소스 사이의 전압을 제어하여 드레인 전류를 제어한다.

21 2대의 직류 분권발전기 G_1, G_2를 병렬 운전시킬 때, G_1의 부하 분담을 증가시키려면 어떻게 하여야 하는가?
① G_1의 계자를 강하게 한다.
② G_2의 계자를 강하게 한다.
③ G_1, G_2의 계자를 똑같이 강하게 한다.
④ 균압선을 설치한다.

해설 직류 발전기 G_1, G_2를 병렬운전 시 G_1 발전기의 회전수를 올리거나 계자전류를 증가시켜 기전력을 높이면 G_1 발전기의 전류가 증가하여 부하를 더 분담하게 되며 G_2 발전기의 전류는 감소하여 부하 분담이 감소한다.

22 반파 정류 회로에서 직류 전압 220[V]를 얻는 데 필요한 변압기 2차 상전압은 약 몇 [V]인가? 단, 부하는 순저항이고, 변압기 내의 전압강하는 무시하며, 정류기 내의 전압강하는 50[V]로 한다.
① 300
② 450
③ 600
④ 750

해설 반파 정류회로 $V_d = 0.45\,V$에서
$$V = \frac{V_d}{0.45} = \frac{220+50}{0.45} = 600[V]$$

23 단상 전파 정류회로를 구성한 것으로 옳은 것은?

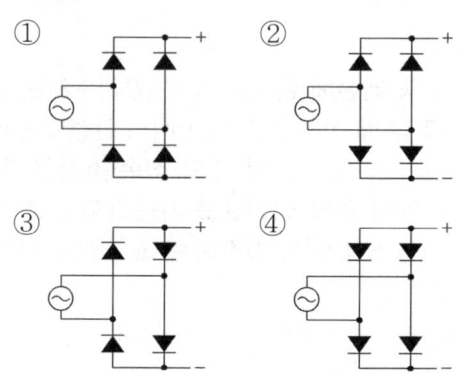

24 전기자 권선에 의해 생기는 전기자 기자력을 없애기 위하여 주 자극의 중간에 작은 자극으로 전기자 반작용을 상쇄하고 또한 정류에 의한 리액턴스 전압을 상쇄하여 불꽃을 없애는 역할을 하는 것은?
① 보상권선
② 공극
③ 전기자권선
④ 보극

해설 보극은 주 자극의 중간에 설치한 보조 자극으로 정류 코일 내에 유기되는 리액턴스 전압과 반대 방향으로 정류전압을 유기시켜 전기자반작용(브러시에 불꽃 발생, 중성축 이동, 유도기전력 감소)을 경감시키고, 양호한 정류를 얻을 수 있다.

25 화약류 저장소 안에는 전기설비를 시설하여서는 아니 되나 백열전등이나 형광등 또는 이들에 전기를 공급하기 위한 전기설비를 금속관 공사에 의한 규정 등을 준수하여 시설하는 경우에는 설치할 수 있다. 설치할 수 있는 시설 기준으로 틀린 것은?

① 전기기계기구는 전폐형의 것일 것
② 전로의 대지전압은 300[V] 이하일 것
③ 케이블을 전기기계기구에 인입할 때에는 인입구에서 케이블이 손상될 우려가 없도록 시설할 것
④ 전기설비에 전기를 공급하는 전로에는 과전류 차단기를 모든 작업자가 쉽게 조작할 수 있도록 설치할 것

해설 화약류 저장소 안에는 전기설비를 시설하여서는 안 된다. 다만, 백열전등이나 형광등 또는 이들에 전기를 공급하기 위한 전기설비는 금속관 공사 또는 케이블 공사에 의하여 다음과 같이 시설할 수 있다.
- 전로의 대지전압은 300[V] 이하이고 전기기계기구는 전폐형이어야 한다.
- 화약류 저장소 이외의 곳에 전용 개폐기 및 과전류 차단기를 각 극에 취급자 이외의 자가 쉽게 조작할 수 없도록 시설하고, 또한 전로에 지기가 발생했을 때에 자동적으로 전로를 차단하거나 경보하는 장치를 시설한다.
- 전폐용 개폐기 또는 과전류 차단기에서 화약류 저장소의 인입구까지의 배선은 케이블을 사용하고 지중선로로 시설한다.

26 가로 25[m], 세로 8[m]되는 면적을 갖는 상가에 사용전압 220[V], 15[A] 분기회로로 할 때, 표준부하에 의하여 분기회로수를 구하면 몇 회로로 하면 되는가?

① 1회로   ② 2회로
③ 3회로   ④ 4회로

해설 상가이므로 표준부하밀도는 30[VA/m²]
부하산정용량 = 25 × 8 × 30 = 6000[VA]

분기회로수
$[N] = \dfrac{\text{부하산정용량[VA]}}{\text{전압[V]} \times \text{분기회로정격[A]}}$
$= \dfrac{6000}{220 \times 15} = 1.81$
이므로 2회로

27 그림의 트랜지스터 회로에 5[V] 펄스 1개를 R_B 저항을 통하여 인가하면 출력 파형 V_o는?

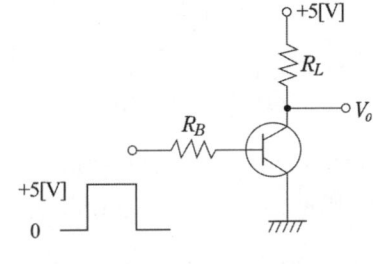

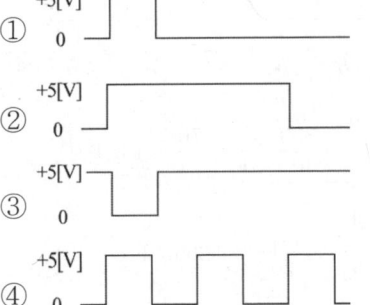

해설 트랜지스터를 활용한 NOT 게이트 회로이므로 베이스의 입력이 0이면 출력은 1이 되고, 베이스 입력이 1이면 출력은 0이 되는 부정회로이다.

28 전력원선도의 가로축과 세로축은 각각 무엇을 나타내는가?

① 단자전압과 단락전류
② 단락전류와 피상전력
③ 단자전압과 유효전력
④ 유효전력과 무효전력

정답 25. ④ 26. ② 27. ③ 28. ④

해설 전력 원선도는 유효전력(가로축)과 무효전력(세로축)과의 관계를 나타낸 것이다.

29 그림과 같은 회로에서 저항 R_2에 흐르는 전류는 약 몇 [A]인가?

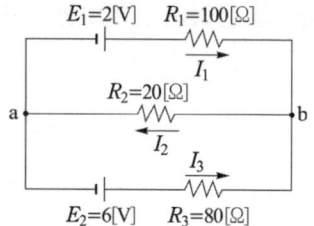

① 0.066 ② 0.096
③ 0.483 ④ 0.655

해설
$$V_{ab} = \frac{\frac{E_1}{R_1} + \frac{E_2}{R_3}}{\frac{1}{R_1} + \frac{1}{R_2} + \frac{1}{R_3}} = \frac{\frac{2}{100} + \frac{6}{80}}{\frac{1}{100} + \frac{1}{20} + \frac{1}{80}}$$
$$= \frac{\frac{16+60}{800}}{\frac{8+40+10}{800}} = \frac{76}{58} ≒ 1.31[V]$$
$$I_2 = \frac{V_{ab}}{R_2} = \frac{1.31}{20} ≒ 0.066[A]$$

30 부하를 일정하게 유지하고 역률 1로 운전 중인 동기전동기의 계자전류를 감소시키면?
① 아무 변동이 없다.
② 콘덴서로 작용한다.
③ 뒤진 역률의 전기자 전류가 증가한다.
④ 앞선 역률의 전기자 전류가 증가한다.

해설 동기전동기를 일정한 전압에서 일정한 출력으로 운전하면서 계자전류를 감소시키면 필요한 자속을 더 발생시키기 위하여 전기자 전류 중 지상분의 여자전류가 증가한다. 계자전류를 증가시키면 일정한 자속을 유지하기 위하여 전기자권선에 유입되는 전류 중 여자전류는 점차 감소되고 계자전류만으로 자속이 유지되는 점에 도달하면 전기자의 여자전류는 0이 되어 역률은 1이 된다.

31 엔트런스 캡의 주된 사용 장소는 다음 중 어느 것인가?
① 저압 인입선 공사 시 전선관 공사로 넘어갈 때 전선관의 끝부분
② 케이블 헤드를 시공할 때 케이블 헤드의 끝부분
③ 케이블 트레이 끝부분의 마감재
④ 부스 덕트 끝부분의 마감재

해설 엔트런스 캡은 저압 인입선 공사 시 전선관 공사로 넘어갈 때 전선관의 관단에 설치하여 옥외의 빗물을 막는 데 사용한다.

32 정격출력 20[kVA], 정격전압에서의 철손 150[W], 정격전류에서 동손 200[W]의 단상변압기에 뒤진 역률 0.8인 어느 부하를 걸었을 경우 효율이 최대라 한다. 이때 부하율은 약 [%]인가?
① 75 ② 87
③ 90 ④ 97

해설 최대 효율이 되는 부하율
$$m = \sqrt{\frac{P_i}{P_c}} \times 100 = \sqrt{\frac{150}{200}} \times 100$$
$$= 86.6 ≒ 87[\%]$$

33 정류회로에서 교류 입력 상(phase) 수를 크게 했을 경우의 설명으로 옳은 것은?
① 맥동 주파수와 맥동률이 모두 증가한다.
② 맥동 주파수와 맥동률이 모두 감소한다.
③ 맥동 주파수는 증가하고 맥동률은 감소한다.
④ 맥동 주파수는 감소하고 맥동률은 증가한다.

해설 정류회로에서 맥동 주파수는 단상 반파 f, 단상 전파 $2f$, 3상 반파 $3f$, 3상 전파 $6f$이며 맥동률은 단상 반파 121[%], 단상 전파 48[%], 3상 반파 17[%], 3상 전파 4[%]이다.

34 수전단 전압 66[kV], 전류 100[A], 선로저항 10[Ω], 선로 리액턴스 15[Ω], 수전단 역률 0.8인 단거리 송전선로의 전압강하율은 약 몇 [%]인가?
① 1.34　　② 1.82
③ 2.26　　④ 2.58

해설 $V_s = V_r + I(R\cos\theta + X\sin\theta)$
　　$= 66000 + 100(10 \times 0.8 + 15 \times 0.6)$
　　$= 67700[V]$
전압 강하율
$\varepsilon = \dfrac{V_s - V_r}{V_r} \times 100 = \dfrac{67700 - 66000}{66000} \times 100$
　$\fallingdotseq 2.58[\%]$

35 3300/110[V] 계기용 변압기(PT)의 2차측 전압을 측정하였더니 105[V]였다. 1차측 전압은 몇 [V]인가?
① 3450　　② 3300
③ 3150　　④ 3000

해설 $V_1 = aV_2 = \dfrac{3300}{110} \times 105 = 3150[V]$

36 전기자 전류 20[A]일 때 100[N·m]의 토크를 내는 직류 직권 전동기가 있다. 전기자 전류가 40[A]로 될 때 토크는 약 몇 [kg·m]인가?
① 20.4　　② 40.8
③ 61.2　　④ 81.6

해설 $\tau_2 = \tau_1 \left(\dfrac{I_2}{I_1}\right)^2 = 100 \times \left(\dfrac{40}{20}\right)^2 = 400[N \cdot m]$
∴ $\dfrac{400}{9.8} = 40.8[kg \cdot m]$

37 그림과 같은 회로에서 스위치 S를 $t=0$ 에서 닫았을 때 $(V_L)_{t=0} = 60[V]$, $\left(\dfrac{di}{dt}\right)_{t=0} = 30[A/s]$이다. L의 값은 몇 [H]인가?

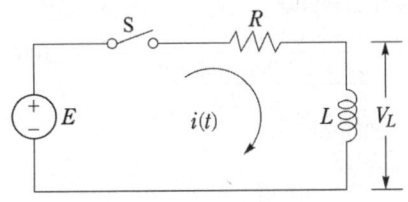

① 0.5　　② 1.0
③ 1.25　　④ 2.0

해설 코일에 걸리는 전압
$V_L = L\dfrac{di}{dt}$ 이므로 $(V_L)_{t=0} = 60[V]$
$\left(\dfrac{di}{dt}\right)_{t=0} = 30[A/s]$를 대입하면
$60 = 30L$에서 $L = 2[H]$

38 다음 논리식을 간략화하면?

$$F = AB\overline{C} + A\overline{B}\overline{C} + \overline{A}\,\overline{B}C + A\overline{B}C + ABC$$

① $AB + \overline{C}$
② $AB + \overline{B}\overline{C}$
③ $A + \overline{B}\overline{C}$
④ $B + A\overline{C}$

해설 카르노도표로 논리식을 간소화하면 $A + \overline{B}\overline{C}$

C\AB	00	01	11	10
0	1	0	1	1
1	0	0	1	1

39 단상 3선식 220/440[V] 전원에 다음과 같이 부하가 접속되었을 경우 설비 불평형률은 약 몇 [%]인가?

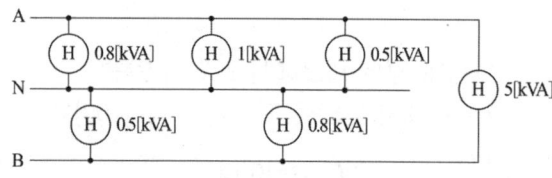

① 23.3 ② 26.3 ③ 32.6 ④ 42.5

해설 설비 불평형률
$$= \frac{(0.8+1+0.5)-(0.5+0.8)}{\frac{(0.8+1+0.5+0.5+0.8+5)}{2}} \times 100$$
$$\fallingdotseq 23.3[\%]$$

40 평행판 콘덴서에서 전압이 일정할 경우 극판 간격을 2배로 하면 내부의 전계의 세기는 어떻게 되는가?

① 4배로 된다. ② 2배로 된다.
③ $\frac{1}{4}$로 된다. ④ $\frac{1}{2}$로 된다.

해설 전기장의 세기 $E = \frac{V}{l}$[V/m]에서 극판 간격이 2배로 증가하면 전계의 세기는 $\frac{1}{2}$로 줄어든다.

41 옥내에 시설하는 전동기에는 전동기가 소손될 우려가 있는 과전류가 생겼을 때에 자동적으로 이를 저지하거나 경보하는 장치를 하여야 한다. 이 장치를 시설하지 않아도 되는 경우는?

① 전류 차단기가 없는 경우
② 정격 출력이 0.2[kW] 이하인 경우
③ 정격 출력이 2[kW] 이상인 경우
④ 전동기 출력이 0.5[kW]이며, 취급자가 감시할 수 없는 경우

해설 옥내에 시설하는 전동기(정격 출력이 0.2[kW] 이하인 것을 제외한다.)에는 전동기가 소손될 우려가 있는 과전류가 생겼을 때에 자동적으로 이를 저지하거나 이를 경보하는 장치를 하여야 한다.

42 500[lm]의 광속을 발산하는 전등 20개를 1000[m²] 방에 점등하였을 경우 평균조도는 약 몇 [lx]인가? 단, 조명률은 0.5, 감광보상률은 1.5이다.

① 3.33 ② 4.24
③ 5.48 ④ 6.67

해설 조도 $E = \frac{FNU}{AD} = \frac{500 \times 20 \times 0.5}{1000 \times 1.5} \fallingdotseq 3.33[lx]$

43 변압기 단락시험에서 2차측을 단락하고 1차측에 정격전압을 가하면 큰 단락전류가 흘러 변압기가 소손된다. 이에 따라 정격주파수의 전압을 서서히 증가시켜 1차 정격전류가 될 때의 변압기 1차측 전압을 무엇이라 하는가?

① 부하전압 ② 절연내력 전압
③ 정격주파 전압 ④ 임피던스 전압

해설 저압측을 단락하여 고압측에 전압을 서서히 증가시켜 정격 전류가 흐르도록 했을 때의 고압측에 가한 전압을 임피던스 전압이라 하며 정격 전류가 흐르고 있을 때의 권선 임피던스에 의한 전압 강하를 나타낸다.

44 다음 논리식을 간소화하면?

$$F = \overline{(\overline{A}+B) \cdot \overline{B}}$$

① $F = \overline{A} + B$ ② $F = A + \overline{B}$
③ $F = A + B$ ④ $F = \overline{A} + \overline{B}$

해설 $F = \overline{(\overline{A}+B) \cdot \overline{B}} = \overline{(\overline{A}+B)} + \overline{\overline{B}}$
$= \overline{\overline{A}}\overline{B} + B = A\overline{B} + B$
$= A\overline{B} + B(1+A) = A\overline{B} + B + AB$
$= A(B+\overline{B}) + B = A + B$

45 접지재료의 구비 조건이 아닌 것은?
① 전류용량   ② 내부식성
③ 시공성   ④ 내전압성

해설 접지선, 피뢰도선 등은 기준, 규격에 적합하고 전류용량, 내부식성, 시공성 등을 고려하여 신뢰도가 높은 재료를 선정해야 한다.

46 인버터 제어라고도 하며 유도전동기에 인가되는 전압과 주파수를 변환시켜 제어하는 방식은?
① VVVF 제어방식
② 궤환 제어방식
③ 1단 속도 제어방식
④ 워드레오나드 제어방식

해설 VVVF 제어방식은 가변 전압 가변 주파수 제어 방식으로 인버터 제어라고도 한다.

47 그림의 부스트 컨버터 회로에서 입력전압(V_s)의 크기가 20[V]이고 스위칭 주기(T)에 대한 스위치(SW)의 온(On) 시간(t_{on})의 비인 듀티비(D)가 0.6이었다면, 부하저항(R)의 크기가 10[Ω]인 경우 부하저항에서 소비되는 전력(W)은?

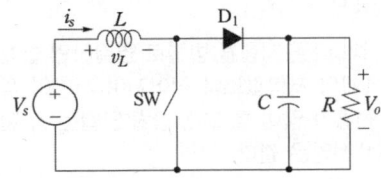

① 100   ② 150
③ 200   ④ 250

해설 $P = \dfrac{(\dfrac{V}{1-D})^2}{R} = \dfrac{(\dfrac{20}{1-0.6})^2}{10}$
$= \dfrac{50^2}{10} = 250[W]$

48 인버터의 스위칭 소자와 역병렬 접속된 다이오드에 관한 설명으로 가장 적합한 것은?
① 스위칭 소자에 내장된 다이오드이다.
② 부하에서 전원으로 에너지가 회생될 때 경로가 된다.
③ 스위칭 소자에 걸리는 전압 스트레스를 줄이기 위한 것이다.
④ 스위칭 소자의 역방향 누설 전류를 흐르게 하기 위한 경로이다.

해설 스위칭 소자가 개로될 때 스위칭 소자와 역병렬로 접속 다이오드를 통하여 부하에서 전원으로 에너지가 회생된다.

정답 44. ③ 45. ④ 46. ① 47. ④ 48. ②

49 크기가 다른 3개의 저항을 병렬로 연결했을 경우의 설명으로 옳은 것은?
① 각 저항에 흐르는 전류는 모두 같다.
② 각 저항에 걸리는 전압은 모두 같다.
③ 합성저항값은 각 저항의 합과 같다.
④ 병렬연결은 도체 저항의 길이를 늘이는 것과 같다.

해설 크기가 다른 저항을 병렬로 연결하면 합성 저항값은 1개의 저항값보다 적어지며 저항이 적은 쪽으로 전류가 많이 흐르며, 병렬 연결된 각 저항에 걸리는 전압은 같다.

50 그림과 같은 회로의 기능은?

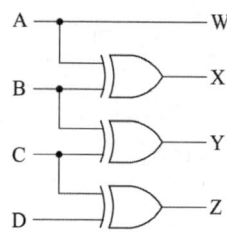

① 크기 비교기
② 디멀티플렉서
③ 홀수 패리티 비트 발생기
④ 2진 코드의 그레이코드 변환기

해설 그레이 코드는 2진수의 최상위 비트는 그대로 내려쓰고 두 번째 비트부터 앞 숫자와 비교해서 같으면 0, 다르면 1로 변환하는 코드로 수의 연산에는 부적합하나 입력 코드로 사용할 때 오류가 적다.

51 지중에 매설되어 있는 케이블의 전식(전기적인 부식)을 방지하기 위한 대책이 아닌 것은?
① 희생 양극법   ② 외부 전원법
③ 선택 배류법   ④ 자립 배양법

해설 지중케이블의 전식방지법으로는 금속표면 코팅, 희생 양극법, 외부 전원법, 선택 배류법이 있다.

52 지선과 지선용 근가를 연결하는 금구는?
① U 볼트   ② 지선 롯트
③ 볼 쇄클   ④ 지선 밴드

해설 지선 롯트는 전주의 지선과 지하에 매설되는 지선 근가, 지선용 타입 앵커를 연결하는 데 사용하는 금구이다.

53 유도전동기의 슬립이 커지면 커지는 것은?
① 회전수   ② 2차 주파수
③ 2차 효율   ④ 기계적 출력

해설 회전수 $N = (1-s)N_s$
2차 효율 $\eta_2 = \dfrac{P_0}{P_2} = (1-s)$
기계적 출력
$P_0 = P_2 - P_{2c} = P_2 - sP_2 = P_2(1-s)$
2차 주파수 $f_2 = sf_1$ 이므로
슬립이 커지면 2차 주파수도 커진다.

54 이항분포(binomial distribution)에서 매회 A가 일어나는 확률이 일정한 값 P일 때, n회의 독립시행 중 사상 A가 x회 일어날 확률 $P(x)$를 구하는 식은? (단, N은 로트의 크기, n은 시료의 크기, P는 로트의 모부적합품률이다.)

① $P(x) = \dfrac{n!}{x!\,(n-x)!}$

② $P(x) = e^{-x} \cdot \dfrac{(nP)^x}{x!}$

③ $P(x) = \dfrac{\binom{NP}{x}\binom{N-NP}{n-x}}{\binom{N}{n}}$

④ $P(x) = \binom{n}{x} P^x (1-P)^{n-x}$

해설 이항분포에서 n번 시행 중에 x번 성공할 확률은
$$P(x) = \binom{n}{x} P^x (1-P)^{n-x}$$
이때 $x = 0, 1, 2, \ldots n$이고
이항계수 $\binom{n}{x} = \dfrac{n!}{x!(n-x)!}$ 이다.

이 식은 x번의 성공 P^x과 $n-x$번의 실패 $(1-P)^{n-x}$을 의미하며 x번의 성공은 n번의 시도 중 어디서든지 발생할 수 있고, 또한 x번의 성공을 가지는 분포는 $C(n, k)$개가 있다.

55 다음 표는 어느 자동차 영업소의 월별 판매실적을 나타낸 것이다. 5개월 단순 이동 평균법으로 6월의 수요를 예측하면 몇 대인가?

월	1월	2월	3월	4월	5월
판매량	100대	110대	120대	130대	140대

① 120대 ② 130대
③ 140대 ④ 150대

해설 단순이동평균법
당기 예측치 $M_t = \dfrac{\sum X_t (\text{당기 실적치})}{n}$
$= \dfrac{(100+110+120+130+140)}{5}$
$= \dfrac{600}{5} = 120$

56 샘플링에 관한 설명으로 틀린 것은?

① 취락 샘플링에서는 취락 간의 차는 작게, 취락 내의 차는 크게 한다.
② 제조공정의 품질특성에 주기적인 변동이 있는 경우 계통 샘플링을 적용하는 것이 좋다.
③ 시간적 또는 공간적으로 일정 간격을 두고 샘플링하는 방법을 계통 샘플링이라고 한다.
④ 모집단을 몇 개의 층으로 나누어 각 층마다 랜덤하게 시료를 추출하는 것을 층별 샘플링이라고 한다.

해설
· 취락 샘플링은 모집단을 여러 개의 부분(취락)으로 나누어서 몇 개씩 랜덤하게 고르고, 골라낸 샘플 모두를 시료로 취하는 것으로 취락 안에 로트의 여러 가지 부분이 같은 비율로 대표되도록 취락 간에 차가 없도록 하는 것이 좋다.
· 계통 샘플링은 시료를 시간적 공간적으로 일정한 간격을 두고 취하는 샘플링 방법이며
· 제조공정의 품질특성이 시간에 따라 주기적으로 변화한다고 예상되는 경우에는 지그재그 샘플링을 적용한다.
· 층별 샘플링은 로트(lot)나 공정을 몇 개의 층으로 나누어 각층으로부터 임의로 시료를 취하는 방법이다.

57 다음 내용은 설비보전조직에 대한 설명이다. 어떤 조직의 형태에 대한 설명인가?

> 보전작업자는 조직상 각 제조 부분의 감독자 밑에 둔다.
> · 단점 : 생산 우선에 의한 보전작업 경시, 보전기술 향상의 곤란성
> · 장점 : 운전자와 일체감 및 현장감독의 용이성

① 집중보전 ② 지역보전
③ 부문보전 ④ 절충보전

해설 부문보전의 장·단점

장점	단점
운전 부문과의 일체감	생산 우선에 의한 보전 경시
현장감독의 용이성	보전 기술 향상의 곤란성 및 책임 분할
현장 왕복시간 단축	노동력의 유효이용 곤란
보편 작업일정 조정의 용이성	보전 설비공구의 중복성
특정설비에 대한 습숙의 용이성	인원배치의 유연성 제약

정답 55. ① 56. ② 57. ③

58 표준시간 설정 시 미리 정해진 표를 활용하여 작업자의 동작에 대해 시간을 산정하는 시간연구법에 해당되는 것은?
① PTS법
② 스톱워치법
③ 워크샘플링법
④ 실적자료법

해설 PTS법은 인간이 행하는 모든 작업을 구성하는 기본동작으로 분해하여 각 기본동작에 대해 그 동작의 성질과 조건에 따라 미리 정해진 시간치를 적용하는 수법으로 MTM법과 WF법 등이 있으며 짧은 사이클 작업에 최적으로 적용된다.

59 다음은 관리도의 사용 절차를 나타낸 것이다. 관리도의 사용 절차를 순서대로 나열한 것은?

> ㉠ 관리하여야 할 항목의 선정
> ㉡ 관리도의 선정
> ㉢ 관리하려는 제품이나 종류 선정
> ㉣ 시료를 채취하고 측정하여 관리도를 작성

① ㉠ → ㉡ → ㉢ → ㉣
② ㉠ → ㉢ → ㉣ → ㉡
③ ㉢ → ㉠ → ㉡ → ㉣
④ ㉢ → ㉣ → ㉠ → ㉡

해설 관리도 사용 절차로는 제품, 종류 선정 → 항목 선정 → 관리도 선정 → 관리도 작성

정답 58. ① 59. ③

2017년 제61회 출제문제

01 E_s, E_r을 각각 송전단전압, 수전단전압, A, B, C, D를 4단자 정수라 할 때 전력원선도의 반지름은?

① $(E_s \times E_r)/D$ ② $(E_s \times E_r)/C$
③ $(E_s \times E_r)/B$ ④ $(E_s \times E_r)/A$

해설 전력 원선도 반지름 $\rho = \dfrac{E_s E_r}{B}$

02 동기전동기에 관한 설명 중 옳지 않은 것은?

① 기동 토크가 작다.
② 역률을 조정할 수 없다.
③ 난조가 일어나기 쉽다.
④ 여자기가 필요하다.

해설 동기전동기의 특징
- 효율이 좋고 정속도 전동기이며 역률 1, 또는 앞선 역률, 뒤진 역률로 운전할 수 있다.
- 공극이 넓어 기계적으로 튼튼하고 보수가 용이하다.
- 직류 여자 장치가 필요하고 기동 토크를 얻기가 곤란하며 난조가 일어나기 쉽다.

03 직류 분권전동기가 있다. 단자전압이 215 [V], 전기자 전류가 60[A], 전기자 저항이 0.1[Ω], 회전속도 1500[rpm]일 때 발생하는 토크는 약 몇 [kg·m]인가?

① 6.58 ② 7.92
③ 8.15 ④ 8.64

해설 토크 $\tau = \dfrac{P}{\omega} = 0.975\dfrac{P}{N} = 0.975\dfrac{VI}{N} = 0.975$
$\times \dfrac{215 - (60 \times 0.1) \times 60}{1500} \fallingdotseq 8.15[\text{kg} \cdot \text{m}]$

04 그림과 같은 브리지가 평형되기 위한 임피던스 Z_X의 값은 약 몇 [Ω]인가? (단, $Z_1 = 3 + j2[\Omega]$, $R_2 = 4[\Omega]$, $R_3 = 5[\Omega]$이다.)

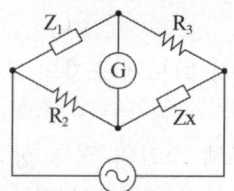

① $4.62 - j3.08$ ② $3.08 + j4.62$
③ $4.24 - j3.66$ ④ $3.66 + j4.24$

해설 $Z_1 \cdot Z_X = R_2 \cdot R_3$에서
$Z_X = \dfrac{R_2 R_3}{Z_1} = \dfrac{4 \times 5}{3 + j2} = \dfrac{20(3-j2)}{(3+j2)(3-j2)}$
$= 4.62 - j3.08$

05 길이 5[m]의 도체를 0.5[Wb/m²]의 자장 중에서 자장과 평행한 방향으로 5[m/s]의 속도로 운동시킬 때, 유기되는 기전력[V]은?

① 0 ② 2.5 ③ 6.25 ④ 12.5

해설 평행한 방향이므로 각도는 0°이며, 유기기전력
$e = Blv\sin\theta = 0.5 \times 5 \times 5 \times \sin 0° = 0$

06 다음과 같은 블록선도의 등가 합성 전달함수는?

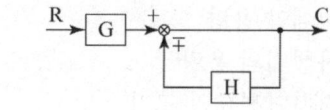

① $\dfrac{1}{1 \pm GH}$ ② $\dfrac{G}{1 \pm GH}$
③ $\dfrac{G}{1 \pm H}$ ④ $\dfrac{1}{1 \pm H}$

정답 1. ③ 2. ② 3. ③ 4. ① 5. ① 6. ③

해설 전달함수 $\dfrac{G}{1-(\mp H)}=\dfrac{G}{1\pm H}$

07 스너버(snubber) 회로에 관한 설명이 아닌 것은?
① R, C 등으로 구성된다.
② 스위칭으로 인한 전압스파이크를 완화시킨다.
③ 전력용 반도체 소자의 보호 회로로 사용된다.
④ 반도체 소자의 전류 상승률(di/dt)만을 저감하기 위한 것이다.

해설 스너버 회로는 급격한 변화를 누그러뜨리고, 입력 신호에서 원하지 않는 노이즈 등을 제거하기 위하여 사용하는 회로로 반도체 소자의 전압 상승률을 억제하며 첨두 회복 전압의 크기와 소자의 스위칭 손실을 감소시키는 역할을 한다.

08 권수비 1:2의 단상 센터탭형 전파정류회로에서 전원 전압이 220[V]라면 출력 직류전압은 약 몇 [V]인가?
① 95   ② 124   ③ 180   ④ 198

해설 단상 전파 정류회로의 출력전압
$V_{dc}=0.9[V]=0.9\times 220=198[V]$

09 수전용 변전설비의 1차측에 설치하는 차단기의 용량은 주로 어느 것에 의하여 정해지는가?
① 수전계약 용량
② 부하설비의 용량
③ 정격차단전류의 크기
④ 수전전력의 역률과 부하율

해설 차단기의 용량은 정격차단전류의 크기에 의해 정해진다.

10 해독기(decoder)에 대한 설명이다. 틀린 것은?
① 멀티플렉서로 쓸 수 있다.
② 기억회로로 구성되어 있다.
③ 입력을 조합하여 한 조합에 대하여 한 출력선만 동작하게 할 수 있다.
④ 2진수로 표시된 입력의 조합에 따라 1개의 출력만 동작하도록 한다.

해설 디코더는 컴퓨터의 중앙처리장치 내에서 번지의 해독, 명령의 해독, 제어 등에 사용되며 n비트의 입력 정보를 2^n비트 출력으로 만들어 주며, 입력을 조합하여 한 조합에 대하여 한 출력선만 동작하게 할 수 있는 멀티플렉서로 쓸 수 있다.

11 8극 동기전동기의 기동방법에서 유도전동기로 기동하는 기동법을 사용하려면 유도전동기의 필요한 극수는 몇 극으로 하면 되는가?
① 6   ② 8   ③ 10   ④ 12

해설 동기전동기를 유도전동기로 기동시킬 때 동기전동기보다 2극 적게 하여 동기속도 이상으로 회전시킨다.

12 $R=5[\Omega]$, $L=20[\text{mH}]$ 및 가변 콘덴서 $C[\mu\text{F}]$로 구성된 RLC 직렬회로에 주파수 1000[Hz]인 교류를 가한 다음 콘덴서를 가변시켜 직렬 공진시킬 때 C의 값은 약 몇 $[\mu\text{F}]$인가?
① 1.27   ② 2.54
③ 3.52   ④ 4.99

해설 공진 주파수 $f_0=\dfrac{1}{2\pi\sqrt{LC}}$에서
$C=\dfrac{1}{4\pi^2 L f_0^2}=\dfrac{1}{4\times 3.14^2\times 20\times 10^{-3}\times 1000^2}$
$=1.27[\mu\text{F}]$

정답 7. ④   8. ④   9. ③   10. ②   11. ①   12. ①

13 저항 $10\sqrt{3}[\Omega]$, 유도리액턴스 $10[\Omega]$인 직렬회로에 교류 전압을 인가할 때 전압과 이 회로에 흐르는 전류와의 위상차는 몇 도인가?

① 60° ② 45°
③ 30° ④ 0°

해설 $\cos\theta = \dfrac{10\sqrt{3}}{\sqrt{10^2+(10\sqrt{3})^2}} = 0.866$이므로
$\theta = \cos^{-1}0.866 = 30°$

14 송배전선로의 작용 정전용량은 무엇을 계산하는 데 사용되는가?
① 선간단락 고장 시 고장전류 계산
② 정상운전 시 전로의 충전전류 계산
③ 인접 통신선의 정전 유도 전압 계산
④ 비접지 계통의 1선 지락고장 시 지락 고장전류 계산

해설 작용 정전용량은 정상 운전 시 전로의 충전전류를 계산할 때 사용된다.

15 코일의 성질을 설명한 것 중 틀린 것은?
① 전자석의 성질이 있다.
② 상호유도작용이 있다.
③ 전원 노이즈 차단 기능이 있다.
④ 전압의 변화를 안정시키려는 성질이 있다.

해설 코일의 성질은
① 공진하는 성질이 있다.
② 상호 유도작용이 있다.
③ 전자석의 성질이 있다.
④ 전원 노이즈 차단 기능이 있다.
⑤ 전류의 변화를 안정시키려는 성질이 있다.

16 전기자의 반지름이 0.15[m]인 직류발전기가 1.5[kW]의 출력에서 회전수가 1500[rpm]이고, 효율은 80[%]이다. 이때 전기자 주변속도는 몇 [m/s]인가? (단, 손실은 무시한다.)

① 11.78 ② 18.56
③ 23.56 ④ 30.04

해설 전기자 주변속도
$v = \pi D \dfrac{N}{60} = 3.14 \times 2 \times 0.15 \times \dfrac{1500}{60}$
$\fallingdotseq 23.56[m/s]$

17 그림과 같은 회로에서 $20[\Omega]$에 흐르는 전류는 몇 [A]인가?

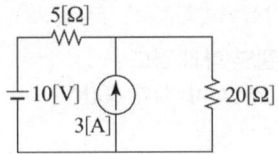

① 0.4 ② 0.6
③ 1.0 ④ 1.2

해설 중첩의 원리를 이용하면
10[V] 전압원만 있는 경우 전류원은 개방 상태
$I_1 = \dfrac{V}{R} = \dfrac{10}{25} = 0.4[A]$
3[A] 전류원만 있는 경우 전압원은 단락 상태
$I_2 = 3 \times \dfrac{5}{25} = 0.6[A]$
20[Ω]에 흐르는 전류
$I = I_1 + I_2 = 0.4 + 0.6 = 1[A]$

18 금속관 공사 시 관을 접지하는 데 사용하는 것은?
① 엘보 ② 터미널 캡
③ 어스 클램프 ④ 노출 배관용 박스

해설 금속관과 접지선의 접속은 접지 클램프를 사용하거나 기타 적당한 방법에 의하여야 한다.

정답 13. ③ 14. ② 15. ④ 16. ③ 17. ③ 18. ③

19 고압 또는 특고압 가공전선로로부터 공급을 받는 수용장소의 인입구 또는 이와 근접한 곳에 시설하여야 하는 것은?

① 정류기 ② 피뢰기
③ 동기조상기 ④ 직렬 리액터

해설 고압 또는 특고압 가공전선로부터 공급을 받는 수용장소의 인입구에는 피뢰기를 설치하여야 한다.

20 표준 상태에서 공기의 절연이 파괴되는 전위경도는 교류(실효값)로 약 몇 [kV/cm]인가?

① 10 ② 21
③ 30 ④ 42

해설 공기의 절연 파괴 경도
교류 21[kV/cm], 직류 30[kV/cm]

21 변압기의 효율이 회전기의 효율보다 좋은 이유는?

① 동손이 적기 때문이다.
② 철손이 적기 때문이다.
③ 기계손이 없기 때문이다.
④ 동손과 철손이 모두 적기 때문이다.

해설 변압기는 정지기이므로 기계손이 없어 변압기의 효율이 회전기 효율보다 좋다.

22 다음 ( ) 안에 알맞은 내용으로 옳은 것은?

> 버스 덕트 배선에 의하여 시설하는 도체는 (㉮) [mm²] 이상의 띠 모양, 5[mm]의 관 모양이나 둥근 막대 모양의 동 또는 단면적 (㉯)[mm²] 이상인 띠 모양의 알루미늄을 사용하여야 한다.

① ㉮ 10 ㉯ 20
② ㉮ 15 ㉯ 25
③ ㉮ 20 ㉯ 30
④ ㉮ 25 ㉯ 35

해설 버스 덕트는 철제의 덕트 안에 단면적 20[mm²] 이상의 띠 모양, 5[mm]의 관 모양이나 둥근 막대 모양의 구리 또는 단면적 30[mm²] 이상의 알루미늄으로 된 띠 모양의 나도체를 자기제 절연물로 간격 50[cm] 이내로 지지하여 만든 것이다.

23 % 동기 임피던스가 130[%]인 3상 동기 발전기의 단락비는 약 얼마인가?

① 0.66 ② 0.77
③ 0.88 ④ 0.99

해설 단락비 $K_s = \dfrac{100}{\%Z} = \dfrac{100}{130} = 0.77$

24 송전선에 코로나가 발생하면 무엇에 의해 전선이 부식되는가?

① 수소 ② 아르곤
③ 비소 ④ 산화질소

해설 코로나 방전 시 오존과 산화질소가 발생하여 전선의 지지점, 전선 접속부, 바인드선 등이 부식된다.

25 현수애자 4개를 1련으로 한 66[kV] 송전선로가 있다. 현수애자 1개의 절연저항이 2000[MΩ]이라면 표준경간을 200[m]로 할 때 1[km]당의 누설 컨덕턴스는 약 몇 [℧]인가?

① 0.58×10^{-9} ② 0.63×10^{-9}
③ 0.73×10^{-9} ④ 0.83×10^{-9}

해설 현수애자 1련의 저항
$R_1 = 2000 \times 4 = 8000[\text{M}\Omega]$이고 표준경간이 200[m]일 때 1[km]당 저항은 1련의 현수애자 5개가 병렬 연결된 것과 같으므로
$R = \dfrac{8000}{5} = 1600[\text{M}\Omega]$
누설 컨덕턴스
$G = \dfrac{1}{R} = \dfrac{1}{1600 \times 10^6} ≒ 0.63 \times 10^{-9}$

정답 19. ② 20. ② 21. ③ 22. ③ 23. ② 24. ④ 25. ②

26 3상 유도전동기가 입력 50[kW], 고정자 철손 2[kW]일 때 슬립 5[%]로 회전하고 있다면 기계적 출력은 몇 [kW]인가?

① 45.6 ② 47.8
③ 49.2 ④ 51.4

[해설] 동손 $P_{c2} = sP_2 = 0.05 \times 48 = 2.4$[kW]
기계적 출력 = 입력 − (철손 + 동손)
= 50 − (2 + 2.4) = 45.6[kW]

27 그림은 변압기의 단락시험 회로이다. 임피던스 전압과 정격전류를 측정하기 위해 계측기를 연결해야 할 단자와 단락결선을 하여야 하는 단자를 옳게 나타낸 것은?

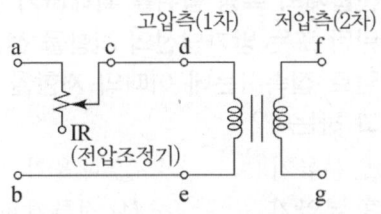

① 임피던스 전압(a-b), 정격전류(c-d), 단락(e-g)
② 임피던스 전압(a-b), 정격전류(d-e), 단락(f-g)
③ 임피던스 전압(d-e), 정격전류(f-g), 단락(d-f)
④ 임피던스 전압(d-e), 정격전류(c-d), 단락(f-g)

[해설] 변압기의 단락시험으로는 동손, 임피던스 전압, 임피던스 와트, 임피던스 동손, 단락전류를 구할 수 있으며 저압 2차측(f − g단자)을 단락하며 전압계는 (d − e단자), 전류계는 (c − d단자)에 연결한다.

28 보호선과 전압선의 기능을 겸한 전선은?

① DV선 ② PEM선
③ PEL선 ④ PEN선

[해설] • PEM선 : 보호선과 중간선의 기능을 겸한 전선
• PEL선 : 보호선과 전압선의 기능을 겸한 전선
• PEN선 : 보호선과 중성선의 기능을 겸한 전선

29 10[kW]의 농형 유도전동기의 기동방법으로 가장 적당한 것은?

① 전전압 기동법
② Y−△ 기동법
③ 기동 보상기법
④ 2차 저항 기동법

[해설] Y − △ 기동법은 5~15[kW] 이하의 중 용량 전동기에 사용

30 1 전자볼트[eV]는 약 몇 [J]인가?

① 1.60×10^{-19} ② 1.67×10^{-21}
③ 1.72×10^{-24} ④ 1.76×10^{9}

[해설] 전자볼트는 1개의 전자가 1[V]의 전위차에 의해 받는 에너지이다.
$1[eV] = 1.602 \times 10^{-19}[C] \times 1[V]$
$= 1.602 \times 10^{-19}[J]$

31 다음 그림은 어떤 논리 회로인가?

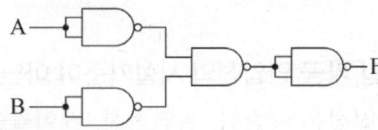

① NOR
② NAND
③ exclusive OR(XOR)
④ exclusive NOR(XNOR)

[해설] $F = \overline{\overline{A \cdot A} \cdot \overline{B \cdot B}} = \overline{\overline{A} \cdot \overline{B}} = \overline{A + B}$ 이므로 NOR 회로이다.

정답 26. ① 27. ④ 28. ③ 29. ② 30. ① 31. ①

32 평형 3상 △ 부하에 선간전압 300[V]가 공급될 때 선전류가 30[A] 흘렀다. 부하 1상의 임피던스는 몇 [Ω]인가?

① 10
② $10\sqrt{3}$
③ 20
④ $30\sqrt{3}$

해설 1상의 임피던스
$$Z = \frac{\sqrt{3}\,V}{I_l} = \frac{\sqrt{3} \times 300}{30} = 10\sqrt{3}\,[\Omega]$$

33 그림의 회로에서 입력 전원(v_s)의 양(+)의 반주기 동안에 도통하는 다이오드는?

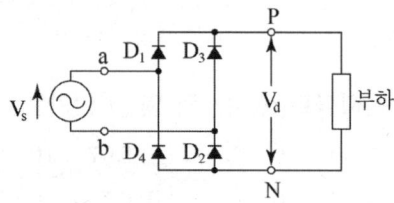

① D_1, D_2
② D_2, D_3
③ D_4, D_1
④ D_1, D_3

해설 4개의 다이오드를 사용하여 교류의 양(+)과 음(-)의 전 주기를 정류하는 전파 정류 방식이다. 브리지 정류회로에서 양(+)의 반주기 동안은 D_1, D_2가 도통되고 음(-)의 반주기 동안에는 D_3, D_4가 도통된다.

34 저압 가공 인입선의 시설기준이 아닌 것은?

① 전선은 나전선, 절연전선, 케이블을 사용할 것
② 전선이 케이블인 경우 이외에는 인장강도 2.30[kN] 이상일 것
③ 전선의 높이는 철도 또는 궤도를 횡단하는 경우에는 레일면상 6.5[m] 이상일 것
④ 전선이 옥외용 비닐절연전선일 경우에는 사람이 접촉할 우려가 없도록 시설할 것

해설 저압 가공 인입전선은 절연전선, 다심형 전선, 케이블을 사용해야 하며 나전선을 사용해서는 안 된다.

35 전기회로에서 전류는 자기회로에서 무엇과 대응되는가?

① 자속
② 기자력
③ 자속밀도
④ 자계의 세기

해설 전기회로와 자기회로의 대응관계
기전력 - 기자력, 전류 - 자속, 전기저항 - 자기저항, 도전율 - 투자율

36 전압계의 측정 범위를 확대하기 위해 콘스탄탄 또는 망가닌선의 저항을 전압계에 직렬로 접속하는데 이때의 저항을 무엇이라고 하는가?

① 분류기
② 배율기
③ 분압기
④ 정류기

해설 분류기는 전류계의 측정 범위의 확대를 위해 전류계와 병렬로 접속하는 저항기이고 배율기는 전압계의 측정 범위를 확대하기 위해 전압계와 직렬로 접속하는 저항기이다.

37 220[V]인 3상 유도전동기의 전부하 슬립이 3[%]이다. 공급전압이 200[V]가 되면 전부하 슬립은 약 몇 [%]가 되는가?

① 3.6
② 4.2
③ 4.8
④ 5.4

해설 전 부하 슬립 $s = \dfrac{1}{V^2}$
200[V]에서의 슬립
$$s' = s\left(\frac{220}{200}\right)^2 \times 100 = 0.03 \times \left(\frac{220}{200}\right)^2 \times 100 = 3.6[\%]$$

정답 32. ② 33. ① 34. ① 35. ① 36. ② 37. ①

38 GTO의 특성으로 옳은 것은?
 ① 게이트(gate)에 역방향 전류를 흘려서 주전류를 제어한다.
 ② 소스(source)에 순방향 전류를 흘려서 주전류를 제어한다.
 ③ 드레인(drain)에 역방향 전류를 흘려서 주전류를 제어한다.
 ④ 드레인(drain)에 순방향 전류를 흘려서 주전류를 제어한다.

해설 GTO는 전력용 반도체 소자의 일종으로 게이트 신호로 파워 회로 on·off를 자유롭게 제어 가능하여 양(+)의 게이트 전류에 의하여 턴 온 시킬 수 있고 음(-)의 게이트 전류에 의해서 턴 오프 시킬 수 있다.

39 전력설비에 대한 설치 목적의 연결이 옳지 않은 것은?
 ① 소호 리액터 - 지락전류 제한
 ② 한류 리액터 - 단락전류 제한
 ③ 직렬 리액터 - 충전전류 방전
 ④ 분로 리액터 - 페란티 현상 방지

해설 직렬 리액터 - 파형 개선, 방전 코일 - 충전전류 방전

40 다음은 어떤 게이트의 설명인가?

> 게이트의 입력에 서로 다른 입력이 들어올 때 출력이 1이 되고(입력이 "0"과 "1" 또는 "1"과 "0"이면 출력이 "1"), 게이트의 입력에 같은 입력이 들어올 때 출력이 0이 되는 회로(입력이 "0"과 "0" 또는 "1"과 "1"이면 출력이 "0")이다.

 ① OR 게이트
 ② AND 게이트
 ③ NAND 게이트
 ④ EX-OR 게이트

해설 XOR 연산은 두 입력 변수의 값이 같을 때에는 출력이 0이 되고 입력 변수의 값이 서로 다를 때에는 출력값이 1이 되고 반일치 회로라고도 하며 보수 회로에 응용된다.

41 파형률과 파고율이 같고 그 값이 1인 파형은?
 ① 고조파 ② 삼각파
 ③ 구형파 ④ 사인파

해설 구형파는 실효값과 평균값이 모두 최대값과 같으므로 파형률과 파고율이 모두 1이다.

42 지중에 매설되어 있는 케이블의 전식을 방지하기 위하여 누설전류가 흐르도록 길을 만들어 금속 표면의 부식을 방지하는 방법은?
 ① 회생 양극법 ② 외부 전원법
 ③ 강제 배류법 ④ 배양법

해설 강제 배류법은 지하에 매설된 금속에서 누설된 전류로부터 부식을 방지하는 전기방식법이다.

43 하나의 철심에 동일한 권수로 자기 인덕턴스 L[H]의 코일 두 개를 접근해서 감고, 이것을 자속 방향이 동일하도록 직렬 연결할 때 합성 인덕턴스[H]는? (단, 두 코일의 결합계수는 0.5이다.)
 ① L ② $2L$
 ③ $3L$ ④ $4L$

해설 두 코일의 자속의 방향이 동일하므로 합성 인덕턴스는
$$L = L_1 + L_2 + 2M = L + L + 2k\sqrt{L \cdot L}$$
$$= 2L + 2 \times 0.5 \times L = 3L$$

정답 38. ① 39. ③ 40. ④ 41. ③ 42. ③ 43. ③

44 고·저압 진상용 콘덴서(SC)의 설치 위치로 가장 효과적인 것은?

① 부하와 중앙에 분산 배치하여 설치하는 방법
② 수전 모선단에 중앙 집중으로 설치하는 방법
③ 수전 모선단에 대용량 1개를 설치하는 방법
④ 부하 말단에 분산하여 설치하는 방법

해설 진상용 콘덴서 설치 위치는 각 부하마다 분산해서 설치하는 방법이 가장 효과적이다.

45 정격전압이 200[V], 정격출력 50[kW]인 직류 분권 발전기의 계자 저항이 20[Ω]일 때 전기자 전류는 몇 [A]인가?

① 10   ② 20
③ 130 ④ 260

해설 계자 권선에 흐르는 전류
$I_f = \dfrac{V}{R_f} = \dfrac{200}{20} = 10[A]$
$I = \dfrac{P}{V} = \dfrac{50000}{200} = 250[A]$
전기자 전류 $I_a = I + I_f = 250 + 10 = 260[A]$

46 전압원 인버터에서 암 단락(arm short)을 방지하기 위한 방법은?

① 데드타임 설정
② 스위칭 소자 양단에 커패시터 접속
③ 스위칭 소자 양단에 서지 흡수기 접속
④ 스위칭 소자 양단에 역병렬로 다이오드 접속

해설 전압원 인버터에서 데드타임을 설정하여 암 단락이 일어나지 않도록 한다.

47 16진수 $B85_{16}$를 10진수로 표시하면?

① 738   ② 1475
③ 2213 ④ 2949

해설 16진수를 10진수로 변환하면
$B85_{16} = 11 \times 16^2 + 8 \times 16^1 + 5 \times 16^0 = 2949_{10}$

48 진공 중에 2[m] 떨어진 2개의 무한 평행 도선에 단위 길이당 10^{-7}[N]의 반발력이 작용할 때, 도선에 흐르는 전류는?

① 각 도선에 1[A]가 반대 방향으로 흐른다.
② 각 도선에 1[A]가 같은 방향으로 흐른다.
③ 각 도선에 2[A]가 반대 방향으로 흐른다.
④ 각 도선에 2[A]가 같은 방향으로 흐른다.

해설 반발력이 작용하기 위해서는 각 평행도선에 흐르는 전류의 방향은 반대이어야 하고,
$F = \dfrac{2I_1 I_2}{r} \times 10^{-7}$[N/m]에서
$I_1 I_2 = \dfrac{2F}{r} \times 10^{-7} = \dfrac{2 \times 10^{-7}}{2} \times 10^{-7} = 1$
이므로 $I_1 = I_2 = 1[A]$

49 철근콘크리트주로서 그 전체의 길이가 16[m] 초과 20[m] 이하이고, 설계하중이 6.8[kN] 이하인 것을 지반이 연약한 곳 이외에 시설하려고 한다. 지지물의 기초 안전율을 고려하지 않고 철근 콘크리트주를 시설하려면 묻히는 깊이를 몇 [m] 이상으로 시설하여야 하는가?

① 2.5   ② 2.8
③ 3.0   ④ 3.2

해설
- 15[m] 이하 : 전주 길이의 1/6 이상
- 15[m] 초과 : 2.5 [m] 이상
- 16[m] 초과 ~ 20[m] 이하 : 2.8[m] 이상

정답 44. ④ 45. ④ 46. ① 47. ④ 48. ① 49. ②

50 여자기(Exciter)에 대한 설명으로 옳은 것은?
① 주파수를 조정하는 것이다.
② 부하 변동을 방지하는 것이다.
③ 직류 전류를 공급하는 것이다.
④ 발전기의 속도를 일정하게 하는 것이다.

[해설] 여자기는 주발전기 또는 주전동기의 계자권선에 여자전류를 공급하기 위한 별개의 발전기

51 변압기의 병렬운전 조건에 대한 설명으로 틀린 것은?
① 극성이 같아야 한다.
② 권수비, 1차 및 2차의 정격 전압이 같아야 한다.
③ 각 변압기의 저항과 누설 리액턴스비가 같아야 한다.
④ 각 변압기의 임피던스가 정격 용량에 비례하여야 한다.

[해설] 변압기 병렬운전 조건
 • 권수비가 같고 1, 2차 정격 전압이 같을 것
 • 극성이 같을 것
 • 내부저항과 누설 리액턴스의 비가 같을 것
 • % 임피던스가 같을 것
 • 각 변압기의 임피던스는 정격 용량에 반비례할 것

52 전력 원선도에서 구할 수 없는 것은?
① 선로 손실 ② 송전효율
③ 수전단 역률 ④ 과도안정 극한전력

[해설] 전력 원선도로 구할 수 있는 것
 1) 정태안정 극한전력(최대 출력)
 2) 필요한 전력을 보내기 위한 송수전단 상차각
 3) 선로 손실과 송전효율
 4) 송·수전할 수 있는 최대 전력
 5) 수전단 역률(조상 용량의 공급에 의해 조정된 후의 값)
 6) 요구하는 부하 전력을 수전단에서 받기 위해서 필요로 하는 조상설비용량

53 $f(t) = \dfrac{e^{at} + e^{-at}}{2}$ 의 라플라스 변환은?
① $\dfrac{s}{s^2 - a^2}$ ② $\dfrac{s}{s^2 + a^2}$
③ $\dfrac{a}{s^2 - a^2}$ ④ $\dfrac{a}{s^2 + a^2}$

[해설] $f(t) = \dfrac{e^{at} + e^{-at}}{2} = \dfrac{1}{2}(e^{at} + e^{-at})$
$F(s) = \dfrac{1}{2}\left(\dfrac{1}{s-a} + \dfrac{1}{s+a}\right) = \dfrac{1}{2}\left(\dfrac{s-a+s+a}{s^2-a^2}\right)$
$= \dfrac{s}{s^2 - a^2}$

54 공사원가를 구성하고 있는 순공사 원가에 포함되지 않는 것은?
① 경비 ② 재료비
③ 노무비 ④ 일반관리비

[해설] 순공사 원가 = 재료비 + 노무비 + 경비
총공사 원가 = 순 공사원가 + 일반관리비 + 이윤

55 3σ법의 $\overline{X}$관리도에서 공정이 관리 상태에 있는데도 불구하고 관리상태가 아니라고 판정하는 제1종 과오는 약 몇 [%]인가?
① 0.27 ② 0.54
③ 1.0 ④ 1.2

[해설] 3 시그마법은 평균치의 상하에 표준 편차의 3배의 폭을 잡은 한계에서 관리 상태를 판단하는 방법으로 수식 $\pm 3\sigma$의 범위에, 정규분포의 경우에는 99.73[%]가 들어가고, 벗어나는 제1종 과오는 0.27[%] 밖에 안 된다.

[정답] 50. ③ 51. ④ 52. ④ 53. ① 54. ④ 55. ①

56 검사의 종류 중 검사공정에 의한 분류에 해당되지 않는 것은?
 ① 수입검사 ② 출하검사
 ③ 출장검사 ④ 공정검사

[해설] 검사공정에 의한 분류로는 수입(구입)검사, 공정(중간)검사, 최종(완성)검사, 출하검사가 있다.

57 워크 샘플링에 관한 설명 중 틀린 것은?
 ① 워크 샘플링은 일명 스냅리딩(Snap Reading)이라 불린다.
 ② 워크 샘플링은 스톱워치를 사용하여 관측 대상을 순간적으로 관측하는 것이다.
 ③ 워크 샘플링은 영국의 통계학자 L.H.C. Tippet가 가동률 조사를 위해 창안한 것이다.
 ④ 워크 샘플링은 사람의 상태나 기계의 가동 상태 및 작업의 종류 등을 순간적으로 관측하는 것이다.

[해설] 관측 대상을 무작위로 선정하여 일정 시간 관측하고, 그 상태를 기록, 집계한 다음 그 데이터를 기초로 하여 작업자나 기계 설비의 가동 상태 등을 통계적 수법을 사용하여 분석하는 작업 연구의 한 수법으로 스톱워치를 사용하여 관측하지 않는다.

58 부적합품률이 20[%]인 공정에서 생산되는 제품을 매시간 10개씩 샘플링 검사하여 공정을 관리하려고 한다. 이때 측정되는 시료의 부적합품 수에 대한 기댓값과 분산은 약 얼마인가?
 ① 기댓값 : 1.6, 분산 : 1.3
 ② 기댓값 : 1.6, 분산 : 1.6
 ③ 기댓값 : 2.0, 분산 : 1.3
 ④ 기댓값 : 2.0, 분산 : 1.6

[해설] 기댓값 $\mu = nP = 10 \times 0.2 = 2$
 분산 $\delta^2 = nP(1-P) = 2 \times (1-0.2) = 1.6$

59 설비배치 및 개선의 목적을 설명한 내용으로 가장 관계가 먼 것은?
 ① 재공품의 증가
 ② 설비투자 최소화
 ③ 이동 거리의 감소
 ④ 작업자 부하 평준화

[해설]
• 설비 배치의 원칙
  1) 총합의 원칙 2) 단거리의 원칙
  3) 유동의 원칙 4) 입체의 원칙
• 공정도 및 작업 개선의 적용 원칙
  1) 배제 2) 결합
  3) 재배치 4) 간소화

60 설비보전조직 중 지역보전(area maintenance)의 장·단점에 해당하지 않는 것은?
 ① 현장 왕복 시간이 증가한다.
 ② 조업요원과 지역보전요원과의 관계가 밀접해진다.
 ③ 보전요원이 현장에 있으므로 생산 본위가 되며 생산의욕을 가진다.
 ④ 같은 사람이 같은 설비를 담당하므로 설비를 잘 알며 충분한 서비스를 할 수 있다.

[해설] 지역보전은 각 지역별로 보전조직이 있어 현장 왕복 시간이 단축된다.

정답 56. ③ 57. ② 58. ④ 59. ① 60. ①

2017년 제62회 출제문제

바뀐 출제기준에 따라 삭제된 문제가 있어서 60문항이 안됩니다.

01 히스테리시스 곡선에서 종축은 무엇을 나타내는가?
① 자계의 세기
② 자속밀도
③ 기전력
④ 자속

해설 히스테리시스 곡선

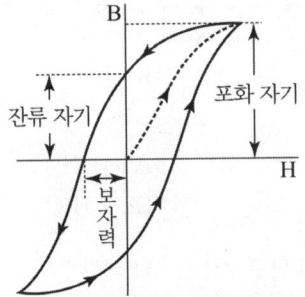

B : 자속밀도, H : 자기장의 세기

02 3상 유도전동기의 회전력은 단자전압과 어떤 관계가 있는가?
① 단자전압에 무관하다.
② 단자전압에 비례한다.
③ 단자전압의 2제곱에 비례한다.
④ 단자전압의 $\frac{1}{2}$제곱에 비례한다.

해설 슬립 S가 일정하면 $\tau \propto V^2$이므로 토크는 공급전압 V^2에 비례한다.

03 동기발전기의 권선을 분포권으로 할 때 나타나는 현상으로 옳은 것은?
① 집중권에 비하여 합성 유기기전력이 커진다.
② 전기자 반작용이 증가한다.
③ 권선의 리액턴스가 커진다.
④ 기전력의 파형이 좋아진다.

해설 전기자 권선을 분포권으로 하면 고조파를 제거하여 기전력의 파형이 개선되고 권선의 누설 리액턴스를 감소시키며 전기자 동손으로 발생하는 열이 고르게 분포되어 과열을 방지하며 집중권에 비해 유기기전력이 감소한다.

04 단상 회로에 교류 전압 220[V]를 가한 결과 위상이 45° 뒤진 전류가 15[A] 흘렀다. 이 회로의 소비 전력은 약 몇 [W]인가?
① 1335
② 2333
③ 3335
④ 4333

해설 $P = VI\cos\theta = 220 \times 15 \times \cos 45°$
$= 2333.45 ≒ 2333[W]$

05 동기전동기의 위상특성곡선에서 횡축은 무엇을 나타내는가?
① 역률
② 효율
③ 계자전류
④ 전기자전류

해설 동기전동기의 위상특성곡선은 단자전압을 일정하게 하고, 회전자의 계자전류 변화에 대한 전기자 전류의 크기와 위상변화를 나타낸 곡선으로 종축에는 전기자 전류, 횡축에는 계자전류를 나타낸다.

정답 1. ② 2. ③ 3. ④ 4. ② 5. ③

06 그림과 같이 단상 반파 정류 회로에서 저항 R에 흐르는 전류는 약 몇 [A]인가?
(단, $v = 200\sqrt{2}\sin\omega t$[V], $R = 10\sqrt{2}$[Ω]이다.)

① 3.18
② 6.37
③ 9.26
④ 12.74

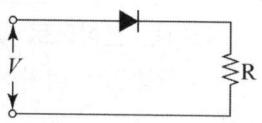

해설 단상 반파 정류 회로에서 출력전압
$$V_d = \frac{1}{2\pi}\int_0^\pi \sqrt{2}\,V\sin\omega t = \frac{\sqrt{2}}{\pi}[V]$$
$= 0.45V = 0.45 \times 200 = 90$[V]이므로
$$I = \frac{90}{10\sqrt{2}} = 6.363 ≒ 6.37[A]$$

07 송전선로에 코로나가 발생하였을 때 장점은?
① 송전선로의 전력 손실을 감소시킨다.
② 전력선반송 통신설비에 잡음을 감소시킨다.
③ 송전선로에서의 이상전압 진행파를 감소시킨다.
④ 중성점 직접접지 방식의 송전선로 부근의 통신선에 유도장해를 감소시킨다.

해설 코로나 영향으로 전력손실 발생, 전력선 반송장치의 기능저하, 오존으로 인한 전선의 부식, 전선의 코로나 진동, 통신선의 유도장해, 소호 리액터의 소호능력 저하 등의 단점이 발생하며 이상전압 진행파의 파고값 감쇠의 장점도 발생한다.

08 저압 가공 인입선의 금속관 공사에서 엔트런스캡의 주된 사용 장소는?
① 전선관의 끝부분
② 부스 덕트의 마감재
③ 케이블 헤드의 끝부분
④ 케이블 트레이의 마감재

해설 엔트런스 캡은 저압 인입선 공사 시 전선관 공사로 넘어갈 때 빗물 등이 들어가지 않도록 전선관 끝부분에 사용한다.

09 그림과 같은 논리회로에서의 출력식은?

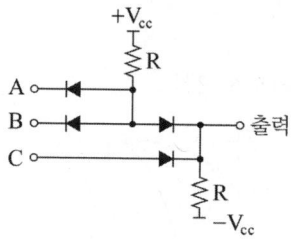

① ABC
② A + B + C
③ AB + C
④ (A + B)C

해설 입력 A와 B가 모두 1인 경우와 입력 C가 1인 경우 출력이 1이 되므로 AB + C이다.

10 직렬회로에서 저항 6[Ω], 유도 리액턴스 8[Ω]의 부하에 비정현파 전압
$v = 200\sqrt{2}\sin\omega t + 100\sqrt{2}\sin 3\omega t$[V]를 가했을 때, 이 회로에서 소비되는 전력은 약 몇 [W]인가?

① 2456
② 2498
③ 2534
④ 2562

해설 $P = 200\left(\dfrac{200}{\sqrt{6^2+8^2}}\right) \times \left(\dfrac{6}{\sqrt{6^2+8^2}}\right)$
$+ 100\left(\dfrac{100}{\sqrt{6^2+(3\times 8)^2}}\right)$
$\times \left(\dfrac{6}{\sqrt{6^2+(3\times 8)^2}}\right) ≒ 2498$[W]

11 스위칭 주기(T)에 대한 스위치의 온(On)시간(t_{on})의 비인 듀티비를 D라 하면 정상상태에서 벅-부스트 컨버터(Buck-Boost Converter)의 입력전압(V_s) 대 출력전압(V_0)의 비($\frac{V_0}{V_s}$)를 나타낸 것으로 올바른 것은?

① $D-1$ ② $1-D$
③ $\dfrac{D}{1-D}$ ④ $\dfrac{D}{1+D}$

해설 벅-부스터 컨버터의 전압비
$$\frac{V_0}{V_s} = \frac{T_{on}}{T_{off}} = \frac{T_{on}}{T-T_{on}} = \frac{D}{1-D}$$

12 정격전류가 55[A]인 전동기 1대와 정격전류 10[A]인 전동기 5대에 전력을 공급하는 간선의 허용전류의 최솟값은 몇 [A]인가?

① 94.5 ② 105.5
③ 115.5 ④ 131.3

해설 간선의 허용전류는 간선에 접속하는 전동기의 정격전류의 합계가 50[A] 이하인 경우 1.25배, 50[A] 초과인 경우 1.1배이다. 전동기 정격전류의 합계는 $55+(10\times5)=105$[A]이므로 간선의 허용전류는 $105\times1.1=115.5$[A]

13 동기발전기에서 발생하는 자기여자 현상을 방지하는 방법이 아닌 것은?

① 단락비를 감소시킨다.
② 발전기를 2대 이상을 병렬로 모선에 접속시킨다.
③ 송전선로의 수전단에 변압기를 접속시킨다.
④ 수전단에 부족 여자를 갖는 동기 조상기를 접속시킨다.

해설 동기발전기의 자기여자 현상을 방지하기 위해서는 발전기 병렬운전, 수전단에 동기조상기 설치, 수전단에 변압기 병렬접속, 수전단에 리액턴스 병렬로 설치, 단락비를 증대한다.

14 다음 논리회로의 논리식 Z의 출력을 간략화하면?

$$Z = \overline{A}\,\overline{B}\,\overline{C} + \overline{A}\,\overline{B}C + A\overline{B}\,\overline{C} + \overline{A}BC + A\overline{B}C + ABC$$

① $\overline{A}+BC$ ② $\overline{B}+C$
③ $\overline{A}\overline{B}+A\overline{C}$ ④ $\overline{A}(B+C)$

해설 카르노도표로 논리식을 간소화하면 $\overline{B}+C$

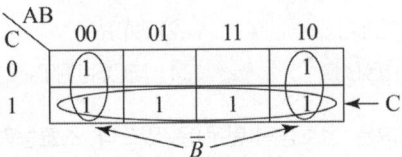

15 가공전선로에 사용하는 애자가 갖춰야 하는 구비 조건이 아닌 것은?

① 가해지는 외력에 기계적으로 견딜 수 있을 것
② 전기적, 기계적 성능이 저하되지 않을 것
③ 표면 저항을 가지고 누설전류가 클 것
④ 코로나 방전을 일으키지 않을 것

해설 애자의 구비 조건
- 절연 내력이 클 것
- 절연 저항이 클 것
- 기계적 강도가 클 것
- 누설전류가 적을 것
- 온도변화를 잘 견디고 습기를 흡수하지 말 것
- 가격이 싸고 취급이 용이할 것

정답 11. ③ 12. ③ 13. ① 14. ② 15. ③

16 동기전동기 12극, 60[Hz] 회전자계의 속도는 몇 [m/s]인가? (단, 회전자계의 극 간격은 1[m]이다.)

① 60   ② 90
③ 120   ④ 180

해설 $N_s = \dfrac{2f}{P} = \dfrac{2 \times 60}{12} = 10$[rps]

12극 전동기의 극 간격이 1[m]이므로 회전자계 둘레는 12[m]이다.
회전자계 속도는 $10 \times 12 = 120$[m/s]

17 전력변환 장치에서 턴온(Turn On) 및 턴오프(Turn Off) 제어가 모두 가능한 반도체 스위칭 소자가 아닌 것은?

① GTO   ② SCR
③ IGBT   ④ MOSFET

해설 SCR은 점호능력(턴온)은 있으나 소호능력(턴오프)은 없다.

18 서지보호장치(SPD)를 기능에 따라 분류할 때 포함되지 않는 것은?

① 복합형 SPD
② 전압 제한형 SPD
③ 전압 스위칭형 SPD
④ 전류 스위칭형 SPD

해설 서지보호장치(SPD)는 기능에 따라 전압 스위칭형 SPD, 전압 제한형 SPD, 복합형 SPD 등이 있다.

19 그림과 같은 전기회로에서 단자 a-b에서 본 합성저항은 몇 [Ω]인가? (단, 저항 R은 3[Ω]이다.)

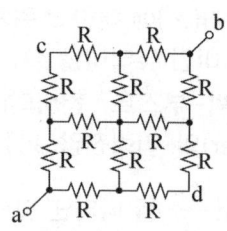

① 1.0   ② 1.5
③ 3.0   ④ 4.5

해설 $R_{ab} = 3 \times \left(\dfrac{1}{2} + \dfrac{1}{4} + \dfrac{1}{4} + \dfrac{1}{2}\right) = 3 \times \dfrac{3}{2}$
$= 4.5$[Ω]

20 전기회로에서 전류에 의해 만들어지는 자기장의 자기력선 방향을 나타내는 법칙은?

① 암페어의 오른나사 법칙
② 플레밍의 왼손법칙
③ 가우스의 법칙
④ 렌츠의 법칙

해설 오른나사의 진행 방향으로 전류가 흐르면 나사가 회전하는 방향으로 자기력선이 발생한다는 법칙은 암페어의 오른나사 법칙이다.

21 3상 회로에서 2개의 전력계를 사용하여 평형부하의 역률을 측정하고자 한다. 전력계의 지시가 각각 2[kW] 및 8[kW]라 할 때, 이 회로의 역률은 약 몇 [%]인가?

① 49   ② 59
③ 69   ④ 79

해설 $\cos\theta = \dfrac{P_1 + P_2}{2\sqrt{P_1^2 + P_2^2 - P_1 P_2}}$
$= \dfrac{2+8}{2\sqrt{2^2 + 8^2 - (2 \times 8)}} = 0.693 ≒ 69$[%]

정답 16. ③ 17. ② 18. ④ 19. ④ 20. ① 21. ③

22 RC 직렬회로에서 $t=0$일 때 직류전압 10[V]를 인가하면 $t=0.1\,\text{sec}$일 때 전류는 약 몇 [mA]인가? (단, $R=1000[\Omega]$, $C=50[\mu\text{F}]$이고, 초기 정전용량은 0이다.)

① 2.25 ② 1.85
③ 1.55 ④ 1.35

해설
$$i(t) = \frac{E}{R}e^{-\frac{1}{RC}t} = \frac{10}{1000}e^{-\frac{1}{1000\times 50\times 10^{-6}}\times 0.1}$$
$$\fallingdotseq 1.35[\text{mA}]$$

23 정전압 송전방식에서 전력 원선도 작성 시 필요한 것으로 모두 옳은 것은?

① 조상기 용량, 수전단 전압
② 송전단 전압, 수전단 전압
③ 송·수전단 전압, 선로의 일반회로정수
④ 송·수전단 전류, 선로의 일반회로정수

해설 전력 원선도 작성 시 필요한 것은 송전단 전압, 수전단 전압, 선로의 일반회로 정수(A, B, C, D)

24 동기 발전기를 병렬운전 하고자 하는 경우의 조건에 해당되지 않는 것은?

① 기전력의 위상이 같을 것
② 기전력의 파형이 같을 것
③ 기전력의 주파수가 같을 것
④ 기전력의 임피던스가 같을 것

해설 동기발전기의 병렬운전 조건은 기전력의 크기가 같을 것, 기전력의 위상이 같을 것, 기전력의 파형이 같을 것, 기전력의 주파수가 같을 것, 기전력의 상회전이 같을 것

25 전기공사 시 정부나 공공기관에서 발주하는 물량 산출 시 전기 재료의 할증률 중 옥외 케이블은 일반적으로 몇 [%] 이내로 하여야 하는가?

① 1 ② 3
③ 5 ④ 10

해설 전선의 할증률은 옥외전선 5[%], 옥내전선 10[%], 옥외 케이블 3[%], 옥내 케이블 5[%]이다.

26 반도체 소자 다이오드를 병렬로 접속하는 주된 목적은?

① 고전압화 ② 고주파화
③ 대용량화 ④ 저손실화

해설 다이오드를 병렬 접속하면 전류용량이 커져 대용량화할 수 있다.

27 아래 논리회로에서 출력 F로 나올 수 없는 것은?

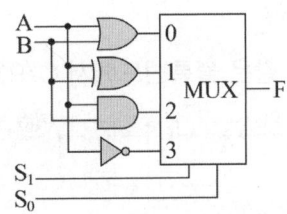

① AB ② A+B
③ $AB+\overline{A}B$ ④ $\overline{A}B+A\overline{B}$

해설 4×1 멀티플렉서는 4개의 입력 중 1개를 선택하여 선택선(S_0, S_1)에 입력된 값에 따라 출력하므로 출력 F로 나올 수 있는 경우는 A+B, $\overline{A}B+A\overline{B}$, AB, $\overline{A}$이다.

28 전력 변환 방식 중 직류전압을 높은 전압에서 낮은 전압으로 변환하는 장치는?
① 인버터 ② 반파정류
③ 벅 컨버터 ④ 부스트 컨버터

해설 DC-DC 컨버터(초퍼) 중에서 벅 컨버터(강압형 초퍼)는 높은 전압에서 낮은 전압으로 변환하는 장치이며, 부스트 컨버터(승압형 초퍼)는 낮은 전압에서 높은 전압으로 변환하는 장치이다.

29 전기 공급설비 및 전기 사용설비에서 전선의 접속법에 대한 설명으로 틀린 것은?
① 접속 부분은 접속관, 기타의 기구를 사용한다.
② 전선의 세기를 20[%] 이상 감소시키지 않는다.
③ 전선의 전기저항이 증가되도록 접속하여야 한다.
④ 접속 부분은 절연전선의 절연물과 동등 이상의 절연효력이 있도록 충분히 피복한다.

해설 전선을 접속 시 전기저항이 증가하지 않도록 접속하여야 한다.

30 그림과 같은 블록선도에서 C/R을 구하면?

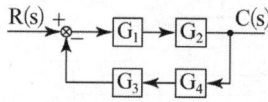

① $\dfrac{G_1 G_2}{1 + G_1 G_2 + G_3 G_4}$

② $\dfrac{G_3 G_4}{1 + G_1 G_2 + G_3 G_4}$

③ $\dfrac{G_1 G_2}{1 + G_1 G_2 G_3 G_4}$

④ $\dfrac{G_3 G_4}{1 + G_1 G_2 G_3 G_4}$

해설 궤환 결합 블록선도에서
$\dfrac{C(s)}{R(s)} = \dfrac{G(s)}{1 + G(s)H(s)}$ 이므로
$\dfrac{G_1 G_2}{1 + G_1 G_2 G_3 G_4}$ 이다.

31 3상 권선형 유도전동기에서 2차측 저항을 2배로 할 경우 최대 토크의 변화는?
① 2배로 된다.
② $\dfrac{1}{2}$로 줄어든다.
③ $\sqrt{2}$ 배가 된다.
④ 변하지 않는다.

해설 3상 권선형 유도전동기는 비례추이 원리로 2차 저항을 변화해도 최대 토크가 변하지 않는다.

32 220/380[V] 겸용 3상 유도전동기의 리드선은 몇 가닥을 인출하는가?
① 3 ② 4
③ 6 ④ 8

해설 리드선은 1상 코일당 2선이고 △결선으로 220[V]용, Y결선으로 380[V]용으로 하기 위해서는 리드선을 6가닥 모두 인출하여 외부에서 결선을 변경해야 한다.

33 변압기의 누설 리액턴스를 감소시키는 데 가장 효과적인 방법은?
① 권선을 동심 배치시킨다.
② 권선을 분할하여 조립한다.
③ 코일의 단면적을 크게 한다.
④ 철심의 단면적을 크게 한다.

정답 28. ③ 29. ③ 30. ③ 31. ④ 32. ③ 33. ②

[해설] 변압기 설계에서 권선을 분할하여 조립하면 누설 리액턴스는 $\frac{1}{2}$ 이상 감소한다.

34 콘덴서 인가전압이 20[V]일 때 콘덴서에 800[μC]이 축적되었다면 이때 축적되는 에너지는 몇 [J]인가?
① 0.008 ② 0.016
③ 0.08   ④ 0.16

[해설] $W = \frac{1}{2}QV = \frac{1}{2} \times 800 \times 10^{-6} \times 20 = 0.008$[J]

35 3상 유도전동기의 1차 접속을 △결선에서 Y결선으로 바꾸면 기동 시의 1차 전류는?
① $\frac{1}{3}$로 감소한다.
② $\frac{1}{\sqrt{3}}$로 감소한다.
③ 3배로 증가한다.
④ $\sqrt{3}$배로 증가한다.

[해설] 동일 전원에 △결선 또는 Y결선으로 접속할 때 선전류 비는 $I_Y = \frac{1}{3}I_\triangle$ 이므로 △결선에서 Y결선으로 바꾸면 기동전류는 $\frac{1}{3}$로 감소한다.

36 송전선로에서 코로나 임계전압[kV]의 식은? (단, d 및 r은 전선의 지름 및 반지름, D는 전선의 평균 선간거리, 단위는 [cm]이며 다른 조건은 무시한다.)
① $24.3d\log_{10}\frac{r}{D}$
② $24.3d\log_{10}\frac{D}{r}$
③ $\frac{24.3}{d\log_{10}\frac{r}{D}}$
④ $\frac{24.3}{d\log_{10}\frac{D}{r}}$

[해설] 코로나 임계전압
$E_0 = 24.3m_0m_1\delta d\log_{10}\frac{D}{r}$[kV]에서
(m_0 : 전선 표면계수, m_1 : 기상계수, δ : 상대 공기밀도)를 무시하면
$E_0 = 24.3d\log_{10}\frac{D}{r}$[kV]

37 직류 분권전동기에서 전압의 극성을 반대로 공급하였을 때 다음 중 옳은 것은?
① 회전 방향은 변하지 않는다.
② 회전 방향이 반대로 된다.
③ 회전하지 않는다.
④ 발전기로 된다.

[해설] 직류전동기는 전원의 극성을 바꾸면 계자전류와 전기자전류의 방향이 동시에 바뀌어 회전 방향이 변하지 않는다.

38 자기용량 10[kVA]의 단권변압기를 이용해서 배전전압 3000[V]를 3300[V]로 승압하고 있다. 부하역률이 80[%]일 때 공급할 수 있는 부하 용량은 약 몇 [kW]인가? (단, 단권변압기의 손실은 무시한다.)
① 58   ② 68
③ 78   ④ 88

[해설] 부하용량 = 자기용량 $\times \frac{\text{고압측 전압}}{\text{승압전압}}$
$= 10 \times \frac{3300}{(3300-3000)} = 110$[kVA]
부하역률이 80[%]이므로 $110 \times 0.8 = 88$[kW]

정답 34. ① 35. ① 36. ② 37. ① 38. ④

39 그림과 같은 전기회로에서 전류 I_1은 몇 [A] 인가?

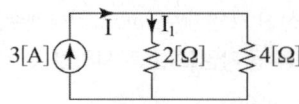

① 1 ② 2
③ 3 ④ 6

해설 저항 2[Ω]에 흐르는 전류 $I_1 = \dfrac{4}{2+4} \times 3 = 2$[A]

저항 4[Ω]에 흐르는 전류 $I_2 = \dfrac{2}{2+4} \times 3 = 1$[A]

40 3상 송전선로에서 지름 5[mm]의 경동선을 간격 1[m]로 정삼각형 배치를 한 가공전선의 1선 1[km]당 작용 인덕턴스는 약 몇 [mH/km]인가?

① 1.0 ② 1.25
③ 1.5 ④ 2.0

해설 $L = 0.4605 \log_{10} \dfrac{D}{r} + 0.05$

$= 0.4605 \log_{10} \dfrac{1000}{2.5} + 0.05$

$= 1.248 ≒ 1.25$[mH/km]

41 전력변환 장치의 반도체 소자 SCR이 턴온(Turn On)되어 20[A]의 전류가 흐를 때 게이트 전류를 1/2로 줄이면 SCR의 애노드와 캐소드에 흐르는 전류는?

① 40[A] ② 20[A]
③ 10[A] ④ 5[A]

해설 SCR은 점호능력(턴온)은 있으나 자기 소호능력(턴오프)이 없으므로 주전류를 유지전류 이하 또는 애노드, 캐소드 간에 역전압을 인가하여 턴오프시킨다. 게이트 전류를 1/2로 줄여도 턴오프되지 않으므로 애노드와 캐소드 사이에는 20[A]가 그대로 흐른다.

42 저압 옥내배선 공사에서 금속관 공사로 시공할 경우 특징이 아닌 것은?
① 전선은 연선일 것
② 전선은 절연전선일 것
③ 전선은 금속관 안에서 접속점이 없을 것
④ 콘크리트에 매설하는 것은 관의 두께가 1.2[mm] 이하일 것

해설 금속관을 콘크리트에 매설할 때 관의 두께는 1.2[mm] 이상, 기타의 경우는 1[mm] 이상으로 시설하여야 한다.

43 345[kV]의 가공송전선을 사람이 쉽게 들어갈 수 없는 산지에 시설하는 경우 가공 송전선의 지표상 높이는 최소 몇 [m]인가?
① 5.28 ② 6.28
③ 7.28 ④ 8.28

해설 특고압 가공 전선의 높이에서 160[kV] 초과 시에는 6[m](철도 또는 궤도를 횡단하는 경우 6.5[m], 산지 등에서 사람이 쉽게 들어갈 수 없는 장소에 시설하는 경우 5[m])에 160[kV]를 초과하는 10[kV] 또는 그 단수마다 12[cm]를 더한 값이므로 160[kV]를 초과하는 10[kV]마다 단수는

$\dfrac{345-160}{10} = 18.5 \rightarrow 19$이므로

지표상 높이 $h = 5 + (0.12 \times 19) = 7.28$[m]

44 3상 송전선로 1회선의 전압이 22[kV], 주파수가 60[Hz]로 송전 시 무부하 충전전류는 약 몇 [A]인가? (단, 송전선의 길이는 20[km]이고, 1선 1[km]당 정전용량은 0.5[μF]이다.)
① 48 ② 36
③ 24 ④ 12

정답 39. ② 40. ② 41. ② 42. ④ 43. ③ 44. ①

해설 $I_c = \omega C l E$
$= 2 \times 3.14 \times 60 \times 0.5 \times 10^{-6} \times 20 \times \dfrac{22}{\sqrt{3}} \times 10^3$
$= 47.88 \fallingdotseq 48[A]$

45 동기 전동기의 전기자 권선을 단절권으로 하는 이유는?
① 역률을 좋게 한다.
② 절연을 좋게 한다.
③ 고조파를 제거한다.
④ 기전력의 크기가 높아진다.

해설 단절권은 코일의 양변 간의 피치가 1자극 피치보다 짧은 코일을 사용한 권선으로 고조파 제거로 파형이 좋아지고 코일 단부가 줄어 동량이 적게 드는 장점이 있다.

46 500[kVA]의 단상변압기 4대를 사용하여 과부하가 되지 않게 사용할 수 있는 3상 최대전력은 몇 [kVA]인가?
① $500\sqrt{3}$ ② 1500
③ $1000\sqrt{3}$ ④ 2000

해설 △결선의 3상 출력은
$P_\triangle = 3P = 3 \times 500 = 1500[kVA]$
- 단상 변압기 3대 사용
  V결선의 3상 출력은
  $P_V = \sqrt{3}P = 500\sqrt{3}\,r[kVA]$
- 단상 변압기 2대 사용
  변압기 4대를 V결선으로
  2회로로 구성할 수 있으므로
  $2 \times 500\sqrt{3} = 1000\sqrt{3}[kVA]$

47 그림과 같은 논리회로를 1개의 게이트로 표현하면?

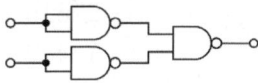

① NOT ② OR ③ AND ④ NOR

해설 $\overline{\overline{A}\,\overline{B}} = \overline{\overline{A}} + \overline{\overline{B}} = A + B$이므로
OR 게이트 회로이다.

48 저압 연접인입선은 인입선에서 분기하는 점으로부터 100[m]를 넘지 않는 지역에 시설하고 폭 몇 [m]를 초과하는 도로를 횡단하지 않아야 하는가?
① 4 ② 5 ③ 6 ④ 7

해설 저압 연접인입선은 인입선의 분기점에서 100[m]를 초과하지 말 것, 폭 5[m]를 넘는 도로를 횡단하지 말 것, 지름 2.6[mm]의 경동선 또는 이와 동등 이상의 세기 및 굵기일 것, 옥내를 관통하지 않아야 하며 고압 연접 인입선은 시설할 수 없다.

49 그림에서 1차 코일의 자기 인덕턴스 L_1, 2차 코일의 자기 인덕턴스 L_2, 상호인덕턴스를 M이라 할 때 L_A의 값으로 옳은 것은?

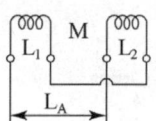

① $L_1 + L_2 + 2M$ ② $L_1 - L_2 + 2M$
③ $L_1 + L_2 - 2M$ ④ $L_1 - L_2 - 2M$

해설 자속의 방향이 반대 방향으로 차동접속이므로
$L_A = L_1 + L_2 - 2M$

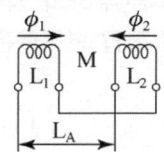

50 어떤 정현파 전압의 평균값이 220[V]이면 최대값은 약 몇 [V]인가?
① 282 ② 315
③ 345 ④ 445

해설 최대값
$$V_m = \frac{\pi V_{av}}{2} = \frac{3.14 \times 220}{2} = 345.4 ≒ 345[V]$$

51 22.9[kV] 배전선로 가선공사에서 주상의 경완금(경완철)에 전선을 가선작업할 때 필요 없는 금구류 또는 자재는 다음 중 어느 것인가?
① 앵커쇄클 ② 현수애자
③ 소켓아이 ④ 데드엔드크램프

해설 경완철에 현수애자 설치 방법
① 경완철 ② 볼새클
③ 현수애자 ④ 소켓아이
⑤ 데드앤드크램프 ⑥ 전선

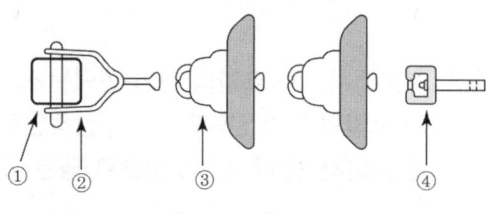
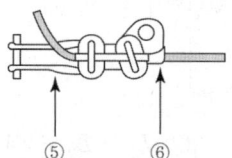

52 변압기의 내부저항과 누설 리액턴스의 % 강하율은 2[%], 3[%]이다. 부하의 역률이 80[%]일 때 이 변압기의 전압 변동률은 몇 [%]인가?
① 1.6 ② 1.8 ③ 3.4 ④ 4.0

해설 $\epsilon = p\cos\theta + q\sin\theta$
$= 2 \times 0.8 + 3 \times 0.6 = 3.4[\%]$

53 다음 중 브레인스토밍(Brainstorming)과 가장 관계가 깊은 것은?
① 특성요인도 ② 파레토도
③ 히스토그램 ④ 회귀분석

해설 여러 사람이 모여 문제 해결을 위한 다양한 아이디어를 자유롭게 제시하고, 이러한 아이디어들을 취합·수정·보완해 정상적인 사고방식으로는 생각해낼 수 없는 독창적인 아이디어를 얻는 방법

54 다음 그림의 AOA(Activity-on-Arc) 네트워크에서 E 작업을 시작하려면 어떤 작업들이 완료되어야 하는가?

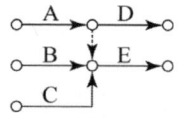

① B ② A, B
③ B, C ④ A, B, C

해설 활동을 아크상에 나타낸 것을 AOA(Activity – on – Arc) 네트워크라고 하며 D 작업을 시작하기 위해서는 A 작업이 완료되어야 하며, E 작업을 시작하기 위해서는 A, B, C의 작업이 완료되어야 한다.

55 다음 데이터로부터 통계량을 계산한 것 중 틀린 것은?

21.5, 23.7, 24.3, 27.2, 29.1

① 범위(R) = 7.6
② 제곱합(S) = 7.59
③ 중앙값(Me) = 24.3
④ 시료분산(s^2) = 8.988

정답 50. ③ 51. ① 52. ③ 53. ① 54. ④ 55. ②

해설 범위(R) = 최대값 - 최소값 = 29.1 - 21.5 = 7.6
제곱합(S)은 각각의 값에서 평균을 빼서 나온 편차값들을 제곱하여 모두 더한 값으로 35.952 중앙값(Me)은 통계집단의 변량을 크기의 순서로 늘어놓았을 때, 중앙에 위치하는 값으로 24.3

∴ 시료분산

$$(S^2) = \frac{\sum(\text{자료에서 각각의 수} - \text{평균값})^2}{\text{자료의 수} - 1}$$

$$= \frac{\begin{Bmatrix}(21.5-25.16)^2 + (23.7-25.16)^2 + \\ (24.3-25.16)^2 + (27.2-25.16)^2 + \\ (29.1-25.16)^2\end{Bmatrix}}{5-1}$$

$$= 8.988$$

56 표준시간을 내경법으로 구하는 수식으로 맞는 것은?

① 표준시간 = 정미시간 + 여유시간
② 표준시간 = 정미시간 × (1 + 여유율)
③ 표준시간 = 정미시간 × ($\frac{1}{1-여유율}$)
④ 표준시간 = 정미시간 × ($\frac{1}{1+여유율}$)

해설 내경법 – 표준시간 = 정미시간 × ($\frac{1}{1-여유율}$)
외경법 – 표준시간 = 정미시간 × (1 + 여유율)

57 검사특성곡선(OC Curve)에 관한 설명으로 틀린 것은? (단, N: 로트의 크기, n: 시료의 크기, c: 합격판정개수이다.)

① N, n이 일정할 때 c가 커지면 나쁜 로트의 합격률이 높아진다.
② N, n이 일정할 때 c가 커지면 좋은 로트의 합격률이 낮아진다.
③ $N/n/c$의 비율이 일정하게 증가하거나 감소하는 퍼센트 샘플링 검사 시 좋은 로트의 합격률은 영향이 없다.
④ 일반적으로 로트의 크기 N이 시료 n에 비해 10배 이상 크다면, 로트의 크기를 증가시켜도 나쁜 로트의 합격률은 크게 변화하지 않는다.

해설 n이 증가하게 될 수록 이상적인 OC 곡선에 가깝게 되나 검사비용이 증가하게 되며, c가 감소하게 될수록 이상적인 OC 곡선에 가깝게 되나 작업자에게 불리한 조건이 되며 로트의 합격률에 영향을 주게 된다.

58 품질특성에서 $\bar{X}$ 관리도로 관리하기에 가장 거리가 먼 것은?

① 볼펜의 길이
② 알코올 농도
③ 1일 전력 소비량
④ 나사 길이의 부적합품 수

해설 $\bar{X}$ 관리도는 계량치 관리도이며 나사 길이의 부적합품 수는 계수치 관리도로 관리하는 것이 적합하다.

정답 56. ③ 57. ③ 58. ④

2018년 제63회 출제문제

01 유도성 부하에 단상 100[V]의 전압을 가하면 30[A] 전류가 흐르고 1.8[kW]의 전력을 소비한다고 한다. 이 유도성 부하와 병렬로 콘덴서를 접속하여 회로의 합성 역률을 100[%]로 하기 위한 용량성 리액턴스는 약 몇 [Ω]이면 되는가?
① 2.32 ② 3.24
③ 4.17 ④ 5.28

해설 $P = VI\cos\theta$에서 $\cos\theta = \dfrac{1,800}{100 \times 30} = 0.6$

$Q = P(\tan\theta_1 - \tan\theta_2)$
$= 1.8\{\tan(\cos^{-1}0.6) - \tan(\cos^{-1}1.0)\}$
$= 2.4[\text{kVA}]$

용량성 리액턴스 $Z_c = \dfrac{V^2}{Q} = \dfrac{100^2}{2400} = 4.17[\Omega]$

02 그림과 같은 병렬회로에서 저항 $r = 3[\Omega]$, 유도 리액턴스 $X = 4[\Omega]$이다. 이 회로 a-b 간의 역률은?

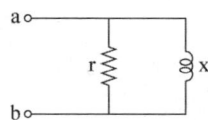

① 0.8 ② 0.6
③ 0.5 ④ 0.4

해설 $R-L$ 병렬회로의 역률

$\cos\theta = \dfrac{X_L}{\sqrt{R^2 + X_L^2}} = \dfrac{4}{\sqrt{3^2 + 4^2}} = \dfrac{4}{5} = 0.8$

03 그림과 같은 RLC 병렬 공진회로에 관한 설명 중 옳지 않은 것은? (단, Q는 전류 확대율이다.)

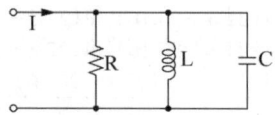

① R이 작을수록 Q가 커진다.
② 공진 시 입력 어드미턴스는 매우 작아진다.
③ 공진 주파수 이하에서의 입력 전류는 전압보다 위상이 뒤진다.
④ 공진 시 L 또는 C를 흐르는 전류는 입력 전류 크기의 Q배가 된다.

해설 RLC 병렬공진 시에 어드미턴스는 최소, 임피던스는 최대, 전류는 최소가 된다.

공진 주파수 $f_0 = \dfrac{1}{2\pi\sqrt{LC}}[\text{Hz}]$

전류 확대비인 선택도

$Q = \dfrac{I_L}{I_0} = \dfrac{I_C}{I_0} = \dfrac{R}{w_0 L} = w_0 CR = R\sqrt{\dfrac{C}{L}}$ 이므로

L이 클수록, R, C가 작을수록 전류 확대비는 작아진다.

04 환상 솔레노이드의 원환 중심선의 반지름 $a = 50[\text{mm}]$, 권수 $N = 1000$회이고, 여기에 20[mA]의 전류가 흐를 때, 중심선의 자계의 세기는 약 몇 [AT/m]인가?
① 52.2 ② 63.7
③ 72.5 ④ 85.6

해설 $H = \dfrac{NI}{2\pi a} = \dfrac{1,000 \times 20 \times 10^{-3}}{2 \times 3.14 \times 50 \times 10^{-3}}$
$= 63.69[\text{AT/m}]$

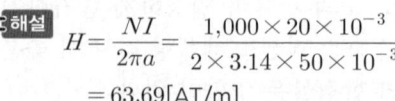

정답 1. ③ 2. ① 3. ① 4. ②

05 그림의 회로에서 5[Ω]의 저항에 흐르는 전류[A]는? (단, 각각의 전원은 이상적인 것으로 본다.)

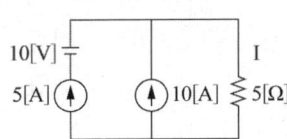

① 10 ② 15
③ 20 ④ 25

해설 중첩의 원리에서 전압원은 단락시키고, 전류원은 개방하여 회로를 해석한다. 전압원을 단락시키면 5[Ω]에 흐르는 전류 $I = 5 + 10 = 15[A]$

06 순서회로 설계의 기본인 JK-FF 진리표에서 현재 상태의 출력 Q_n이 "0"이고, 다음 상태의 출력 Q_{n+1}이 "1"일 때 필요 입력 J 및 K의 값은? (단, x는 "0" 또는 "1"이다.)

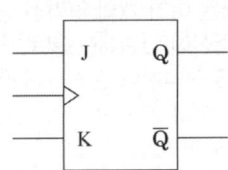

① J = 0, K = 0 ② J = 0, K = 1
③ J = 0, K = x ④ J = 1, K = x

해설 JK 플립플롭 진리표

J	K	CP	Q
0	0	↑	Q_0(불변)
1	0	↑	1
0	1	↑	0
1	1	↑	$\overline{Q_0}$(반전)

현재 출력이 0이고 다음 상태의 출력이 1인 경우는 J = 1, K = 0인 경우와 J = K = 1인 경우이므로 J = 1, K = 0 또는 1

07 그림과 같은 $v = 100\sin\omega t[V]$인 정현파 교류전압의 반파 정류파에서 사선 부분의 평균값은 약 몇 [V]인가?

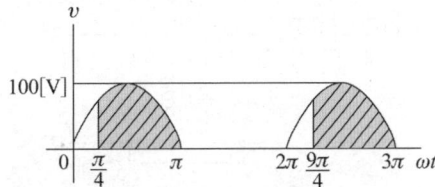

① 51.69 ② 37.25
③ 27.17 ④ 16.23

해설
$$V_{av} = \frac{1}{T}\int_{\frac{T}{8}}^{\frac{T}{2}} V_m \sin\omega t\, dt = \frac{V_m}{T}\int_{\frac{T}{8}}^{\frac{T}{2}} \sin\omega t\, dt$$

$$= \frac{100}{T}\left[-\frac{\cos\omega t}{\omega}\right]_{\frac{T}{8}}^{\frac{T}{2}}$$

$$= \frac{100}{T}\left(-\frac{\cos\omega \cdot \frac{T}{2}}{\omega} - \left(-\frac{\cos\omega \cdot \frac{T}{8}}{\omega}\right)\right)$$

$$= \frac{100}{T}\left(-\frac{\cos\frac{2\pi}{2}}{\omega} + \left(\frac{\cos\frac{2\pi}{8}}{\omega}\right)\right)$$

$$= \frac{100}{T}\left(\frac{1}{\omega} + \frac{0.707}{\omega}\right) = \frac{100 \times 1.707}{\omega T}$$

$$= \frac{170.7}{2\pi} = 27.17[V]$$

08 콘덴서 용량이 C_1, C_2인 2개를 병렬로 연결했을 때 합성용량은?

① $C_1 + C_2$ ② $C_1 C_2$
③ $\dfrac{C_1 C_2}{C_1 + C_2}$ ④ $\dfrac{C_1 + C_2}{C_1 C_2}$

해설 콘덴서 병렬연결 시 합성용량 $C = C_1 + C_2$
콘덴서 직렬연결 시 합성용량 $C = \dfrac{C_1 C_2}{C_1 + C_2}$

09 이상 변압기를 포함하는 그림과 같은 회로의 4단자 정수 $\begin{bmatrix} A & B \\ C & D \end{bmatrix}$는?

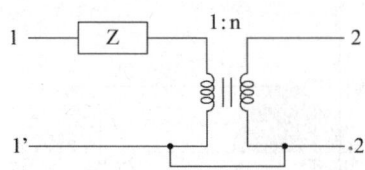

① $\begin{bmatrix} n & 0 \\ Z & \frac{1}{n} \end{bmatrix}$ ② $\begin{bmatrix} 0 & \frac{1}{n} \\ nZ & 1 \end{bmatrix}$

③ $\begin{bmatrix} \frac{1}{n} & nZ \\ 0 & n \end{bmatrix}$ ④ $\begin{bmatrix} n & 0 \\ \frac{Z}{n} & Z \end{bmatrix}$

해설 $\begin{bmatrix} A & B \\ C & D \end{bmatrix} = \begin{bmatrix} 1 & Z \\ 0 & 1 \end{bmatrix} \begin{bmatrix} \frac{1}{n} & 0 \\ 0 & n \end{bmatrix} = \begin{bmatrix} \frac{1}{n} & nZ \\ 0 & n \end{bmatrix}$

10 다음 그림에서 코일에 인가되는 전압의 크기 V_L은 몇 [V]인가?

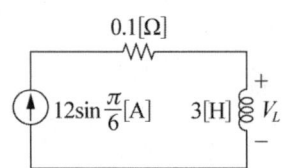

① $2\pi \sin\frac{\pi}{6}t$ ② $4\pi \cos\frac{\pi}{6}t$

③ $6\pi \cos\frac{\pi}{6}t$ ④ $12\pi \sin\frac{\pi}{6}t$

해설 $V_L = L\frac{di}{dt} = 3 \times \frac{d(12\sin\frac{\pi}{6})}{dt}$
$= 3 \times 12 \times \frac{\pi}{6} \times \cos\frac{\pi}{6}t = 6\pi \cos\frac{\pi}{6}t$

11 회로에 접속된 콘덴서(C)와 코일(L)에서 실제적으로 급격하게 변할 수 없는 것은?

① 코일(L) : 전압, 콘덴서(C) : 전류
② 코일(L) : 전류, 콘덴서(C) : 전압
③ 코일(L), 콘덴서(C) : 전류
④ 코일(L), 콘덴서(C) : 전압

해설 $v_L = L\frac{di}{dt}$에서 전류가 급격히($t=0$인 순간) 변화하면 v_L이 무한대가 되는 모순이 생기고, $i_C = C\frac{dv}{dt}$에서 전압이 급격히($t=0$인 순간) 변화하면 i_C가 무한대가 되는 모순이 생긴다.

12 많은 입력선 중의 필요한 데이터를 선택하여 단일 출력선으로 연결시켜주는 회로는?

① 인코드 ② 디코드
③ 멀티플렉서 ④ 디멀티플렉서

해설 멀티플렉서는 여러 개의 입력선 중에서 하나를 선택하여 출력선에 연결하는 회로이다. 많은 입력선 중에 하나를 선택하여 출력하기 때문에 데이터 선택기라고도 하며 2^n개의 입력선(D)과 n개의 선택선(S)으로 되어 있다.

13 전계 내의 임의의 한 점에 단위전하 +1[C]을 놓았을 때 이에 작용하는 힘을 무엇이라 하는가?

① 전위 ② 전위차
③ 전속밀도 ④ 전계의 세기

해설 전계의 세기는 전계 중에 단위 양전하를 두었을 때 거기에 작용하는 힘의 크기를 말하며, 점전하에 의한 전계의 세기는 $E = 9 \times 10^9 \times \frac{Q}{\epsilon_s r^2}$[V/m]

정답 9. ③ 10. ③ 11. ② 12. ③ 13. ④

14 유도기전력에 관한 렌츠의 법칙을 맞게 설명한 것은?

① 유도기전력의 크기는 자기장의 방향과 전류의 방향에 의하여 결정된다.
② 유도기전력은 자속의 변화를 방해하려는 방향으로 발생한다.
③ 유도기전력의 크기는 코일을 지나는 자속의 매초 변화량과 코일의 권수에 비례한다.
④ 유도기전력은 자속의 변화를 방해하려는 역방향으로 발생한다.

해설 렌츠의 법칙은 유도기전력의 방향은 코일 면을 통과하는 자속의 변화를 방해하는 방향으로 나타난다.

15 $C_1 = 1[\mu F]$, $C_2 = 2[\mu F]$, $C_3 = 3[\mu F]$인 3개의 콘덴서를 직렬로 접속하여 500[V]의 전압을 가할 때 C_1 양단에 걸리는 전압은 약 몇 [V]인가?

① 91 ② 136 ③ 272 ④ 327

해설 $C_1 = 1[\mu F]$, $C_2 = 2[\mu F]$, $C_3 = 3[\mu F]$의 분담 전압을 V_1, V_2, V_3라고 하면

$V_1 = \dfrac{Q}{C_1}[V]$, $V_2 = \dfrac{Q}{C_2}[V]$, $V_3 = \dfrac{Q}{C_3}[V]$,

$V_1 : V_2 : V_3 = \dfrac{1}{1} : \dfrac{1}{2} : \dfrac{1}{3} = 6 : 3 : 2$이므로

$V_1 = \dfrac{6}{11} \times 500 = 272.7[V]$

16 카르노도에서 간략화된 논리함수를 구하면?

	$\overline{A}\overline{B}$	$\overline{A}B$	AB	$A\overline{B}$
$\overline{C}\overline{D}$	1	1	1	1
$\overline{C}D$	1	1	1	1
CD	1			
$C\overline{D}$	1	1		1

① $\overline{A} + \overline{C} + \overline{B}D$
② $A + C + \overline{B}D$
③ $\overline{B} + \overline{D} + AC$
④ $\overline{B} + D + \overline{A}\,\overline{C}$

해설 카르노도표로 논리식을 간소화하면 $\overline{A} + \overline{C} + \overline{B}D$

	$\overline{A}\overline{B}$	$\overline{A}B$	AB	$A\overline{B}$
$\overline{C}\overline{D}$	1	1	1	1
$\overline{C}D$	1	1	1	1
CD	1			
$C\overline{D}$	1	1		1

17 자기 인덕턴스가 50[mH]인 코일에 흐르는 전류가 0.01초 사이에 5[A]에서 3[A]로 감소하였다. 이 코일에 유기되는 기전력은 몇 [V]인가?

① 10 ② 15 ③ 20 ④ 25

해설 $e = -L\dfrac{di}{dt} = 50 \times 10^{-3} \times \dfrac{5-3}{0.01} = 10[V]$

("–"는 기전력의 방향을 나타낸다.)

18 101101 에 대한 2의 보수는?

① 010001 ② 010011
③ 101110 ④ 010010

해설 1의 보수는 0 → 1로, 1 → 0으로 변환
1의 보수를 구하면 101101 → 010010
2의 보수는 1의 보수 +1이므로 1의 보수
010010 + 1 = 010011

19 동일 정격의 다이오드를 병렬로 연결하여 사용하면?

① 역전압을 크게 할 수 있다.
② 순방향 전류를 증가시킬 수 있다.
③ 절연효과를 향상시킬 수 있다.
④ 필터 회로가 불필요하게 된다.

정답 14. ② 15. ③ 16. ① 17. ① 18. ② 19. ②

해설 다이오드를 직렬 연결하면 과전압을 보호하고, 병렬 연결하면 과전류를 보호하여 다이오드 도통 시 순방향 전류를 증가시킬 수 있다.

20 아래 그림의 3상 인버터 회로에서 온(On)되어 있는 스위치들이 S_1, S_6, S_2 오프(Off)되어 있는 스위치들이 S_3, S_5, S_4라면 전원의 중성점 g와 부하의 중성점 N이 연결되어 있는 경우 부하의 각 상에 공급되는 전압은?

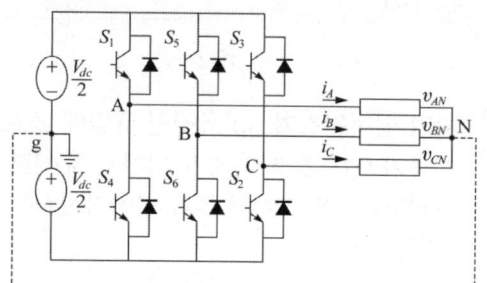

① $v_{AN} = -\dfrac{V_{dc}}{2}$, $v_{BN} = \dfrac{V_{dc}}{2}$, $v_{CN} = \dfrac{V_{dc}}{2}$

② $v_{AN} = \dfrac{3V_{dc}}{2}$, $v_{BN} = \dfrac{3V_{dc}}{2}$, $v_{CN} = -\dfrac{3V_{dc}}{2}$

③ $v_{AN} = \dfrac{V_{dc}}{2}$, $v_{BN} = -\dfrac{V_{dc}}{2}$, $v_{CN} = -\dfrac{V_{dc}}{2}$

④ $v_{AN} = \dfrac{2V_{dc}}{3}$, $v_{BN} = -\dfrac{2V_{dc}}{3}$, $v_{CN} = \dfrac{2V_{dc}}{3}$

해설 S_1 스위치 On 시 $v_{AN} = \dfrac{V_{dc}}{2}$

S_6 스위치 On 시 $v_{BN} = -\dfrac{V_{dc}}{2}$

S_2 스위치 On 시 $v_{CN} = -\dfrac{V_{dc}}{2}$

21 변압기의 등가회로 작성에 필요 없는 것은?
① 단락시험 ② 반환부하법
③ 무부하시험 ④ 저항측정시험

해설 변압기 등가회로도 작성에 필요한 시험
• 저항측정시험 • 단락시험 • 무부하시험
반환부하시험은 변압기의 온도시험 방법이다.

22 출력 3[kW], 회전수 1,500[rpm]인 전동기의 토크는 약 몇 [kg · m]인가?
① 2 ② 3 ③ 5 ④ 15

해설 $P_0 = 2\pi \dfrac{N}{60}\tau$ 에서

$\tau = \dfrac{1}{9.8} \times \dfrac{60}{2\pi} \times \dfrac{P_0}{N} = \dfrac{1}{9.8} \times \dfrac{60}{2\pi} \times \dfrac{3 \times 10^3}{1,500}$
$= 1.95[kg \cdot m]$

23 150[kVA]의 전부하 동손이 2[kW], 철손이 1[kW]일 때 이 변압기의 최대효율은 전부하의 몇 [%]일 때인가?
① 50 ② 63 ③ 70.7 ④ 141.4

해설 최대효율 조건 ($\dfrac{1}{m}$ 부하 시) $\sqrt{\dfrac{P_i}{P_c}}$ 이므로

$\dfrac{P_i}{P_c} = (\dfrac{1}{m})^2$에서 $\dfrac{1}{2} = (\dfrac{1}{m})^2 = \dfrac{1}{m^2}$

$\dfrac{1}{m}$ 부하는 $\dfrac{1}{\sqrt{2}} = 0.707$ 즉, 70.7[%]

24 전압 스너버(snubber) 회로에 관한 설명으로 틀린 것은?
① 저항(R)과 커패시터(C)로 구성된다.
② 전력용 반도체 소자와 병렬로 접속된다.
③ 전력용 반도체 소자의 보호회로로 사용된다.
④ 전력용 반도체 소자와 전류 상승률($\dfrac{di}{dt}$)을 저감하기 위한 것이다.

정답 20. ③ 21. ② 22. ① 23. ③ 24. ④

[해설] 전압 스너버 회로는 반도체 소자의 전압 상승률 ($\frac{dv}{dt}$)을 제한하기 위한 것이다.

25 직류 복권전동기 중에서 무부하 속도와 전부하 속도가 같도록 만들어진 것은?
① 과복권 ② 부족복권
③ 평복권 ④ 차동복권

[해설] 평복권 전동기는 전부하 속도와 무부하 속도가 같게 되도록 직권 권선의 기자력을 선택한 복권전동기이다.

26 동기발전기를 병렬 운전할 때 동기검정기(synchroscope)를 사용하여 측정이 가능한 것은?
① 기전력의 크기 ② 기전력의 파형
③ 기전력의 진폭 ④ 기전력의 위상

[해설] 교류전원의 주파수와 위상이 일치하는가를 검출하기 위해서 사용하는데, 반복해서 일어나는 2개의 현상이 같은 순간에 일어나고 있는가를 검출하는 장치

27 정격출력 P[kW], 역률 0.8, 효율 0.82로 운전하는 3상 유도전동기에 V 결선 변압기로 전원을 공급할 때 변압기 1대의 최소 용량은 몇 [kVA]인가?
① $\frac{2P}{0.8 \times 0.82 \times \sqrt{3}}$
② $\frac{P}{0.8 \times 0.82 \times 3}$
③ $\frac{\sqrt{3}\,P}{0.8 \times 0.82 \times 2}$
④ $\frac{P}{0.8 \times 0.82 \times \sqrt{3}}$

[해설] $P_V = \sqrt{3}\,P_1$ (V 결선 출력)
$= P_M = \frac{P}{0.8 \times 0.82}$ (전동기 용량)
변압기 1대의 용량 $P_1 = \frac{P}{0.8 \times 0.82 \times \sqrt{3}}$ 이다.

28 기동 토크가 큰 특성을 가지는 전동기는?
① 직류 분권전동기
② 직류 직권전동기
③ 3상 농형 유도 전동기
④ 3상 동기 전동기

[해설] 직권전동기는 기동 토크가 전기자 전류의 제곱에 비례하므로 기동 토크가 크며, 잦은 기동과 부하변동이 심한 곳에 적합하다.

29 변류기의 오차를 경감시키는 방법은?
① 암페어 턴을 감소시킨다.
② 철심의 단면적을 크게 한다.
③ 도자율이 작은 철심을 사용한다.
④ 평균 자로의 길이를 길게 한다.

[해설] 변류기의 오차를 줄이는 방법으로는 철심 단면적을 크게 하고, 암페어 턴 수를 증가시키며, 도자율이 큰 철심 사용, 평균 자로의 길이를 짧게 한다.

30 서보(servo) 전동기에 대한 설명으로 틀린 것은?
① 회전자의 직경이 크다.
② 교류용과 직류용이 있다.
③ 속응성이 높다.
④ 기동·정지 및 정회전·역회전을 자주 반복할 수 있다.

정답 25. ③ 26. ④ 27. ④ 28. ② 29. ② 30. ①

해설 서보 전동기는 기동, 정지, 정·역회전을 반복하는 용도로 사용하기 때문에 회전자 관성을 줄이기 위해 회전자가 가늘고 긴 구조로 응답속도가 빠르며, 직류 서보 전동기와 교류 서보 전동기가 있다.

31 n차 고조파에 대하여 동기 발전기의 단절계수는? (단, 단절권의 권선 피치와 자극 간격과의 비를 β라 한다.)

① $\sin\dfrac{n\beta\pi}{2}$ ② $\cos\dfrac{n\beta\pi}{2}$

③ $\sin\dfrac{n\beta\pi}{3}$ ④ $\cos\dfrac{n\beta\pi}{3}$

해설 n차 고조파에 대한 단절 계수 $k_{pn} = \dfrac{\sin n\beta\pi}{2}$

32 아래 그림과 같은 반파 다이오드 정류기의 상용 입력 전압이 $v_s = V_m \sin\theta$라면 다이오드에 걸리는 최대 역전압(Peak Inverse Voltage)은 얼마인가?

① $\dfrac{V_m}{\pi}$ ② V_m ③ $\dfrac{V_m}{2}$ ④ $\dfrac{V_m}{\sqrt{2}}$

해설 다이오드를 이용한 반파정류회로의 최대 역전압 $PIV = V_m$이다.

33 벅-부스트 컨버터(Buck-Boost Converter)에 대한 설명으로 옳지 않은 것은?

① 벅-부스트 컨버터의 출력전압은 입력전압보다 높을 수도 있고 낮을 수도 있다.

② 스위칭 주기(T)에 대한 스위치의 온(On) 시간(t_{on})의 비인 듀티비 D가 0.5보다 클 때 벅 컨버터와 같이 출력전압이 입력전압에 비해 낮아진다.

③ 출력전압의 극성은 입력전압을 기준으로 했을 때 반대 극성으로 나타난다.

④ 벅-부스트 컨버터의 입출력 전압비의 관계에 따르면 스위칭 주기(T)에 대한 스위치 온(On) 시간(t_{on})의 비인 듀티비 D가 0.5인 경우는 입력전압과 출력전압의 크기가 같게 된다.

해설 벅-부스트 컨버터(Buck-boost converter) 출력전압이 입력전압보다 낮을 수도 있고 높을 수도 있는 컨버터로 입력전압과 출력전압의 크기는 듀티비 $D=0.5$이면 $V_i = V_o$, $D<0.5$이면 $V_i > V_o$, $D>0.5$이면 $V_i < V_o$이며, 입력전압과 반대 극성의 출력전압을 얻는다.

34 60[Hz]의 전원에 접속된 4극, 3상 유도전동기 슬립이 0.05일 때 회전속도[rpm]는?

① 90   ② 1710
③ 1890   ④ 36000

해설 동기속도
$N_s = \dfrac{120f}{P} = \dfrac{120 \times 60}{4} = 1,800 [\text{rpm}]$
유도전동기의 회전수
$N = (1-S)N_s = (1-0.05) \times 1,800$
$= 1,710 [\text{rpm}]$

35 포화하고 있지 않은 직류 발전기의 회전수가 $\dfrac{1}{2}$로 감소되었을 때 기전력을 전과 같은 값으로 하자면 여자를 속도 변화 전에 비하여 몇 배로 하여야 하는가?

① 1.5배   ② 2배
③ 3배   ④ 4배

정답 31. ①   32. ②   33. ②   34. ②   35. ②

해설 $E = \frac{PZ\Phi}{a} \times \frac{N}{60}$ 에서 속도가 $\frac{1}{2}$로 되면 Φ는 2배가 되어야 유기기전력이 일정하다.

36 3상 발전기의 전기자 권선에 Y결선을 채택하는 이유로 볼 수 없는 것은?

① 상전압이 낮기 때문에 코로나, 열화 등이 적다.
② 권선의 불균형 및 제3고조파 등에 의한 순환전류가 흐르지 않는다.
③ 중성점 접지에 의한 이상 전압 방지의 대책이 쉽다.
④ 발전기 출력을 더욱 증대할 수 있다.

해설 3상 발전기의 전기자 권선에 Y결선을 채택하면 △결선에 비해 상전압이 $\frac{1}{\sqrt{3}}$ 배이므로 권선의 절연이 쉬워지고 선간 전압에 제3고조파가 나타나지 않아 순환전류가 흐르지 않으며 중성점 접지로 지락 사고 시 보호계전 방식이 간단해지고 코로나 발생률이 적다.

37 전기설비가 고장이 나지 않는 상태에서 대지 또는 회로의 노출 도전성 부분에 흐르는 전류는?

① 접촉전류
② 누설전류
③ 스트레스 전류
④ 계통의 도전성 전류

해설 • 접촉전류 : 정상상태 또는 고장상태에서 전기설비의 접근 가능한 부분에 사람이 접촉되어 흐르는 전류
• 누설전류(leakage current) : 전로 이외를 흐르는 전류로 전로의 절연체의 내부 및 표면과 공간을 통하여 선간 또는 대지 사이를 흐르는 전류

38 동기조상기에 유입되는 여자전류를 정격보다 적게 공급시켜 운전했을 때의 현상으로 옳은 것은?

① 콘덴서로 작용한다.
② 저항부하로 작용한다.
③ 앞선 전류가 흐른다.
④ 뒤진 전류가 흐른다.

해설 • 과여자 : 전류가 전압보다 앞섬(진상)
 - 콘덴서 역할
• 부족여자 : 전류가 전압보다 뒤짐(지상)
 - 리액터 역할
전류와 전압이 동상이 되면 역률은 100[%]

39 다음은 풍압하중과 관련된 내용이다. ㉮, ㉯의 알맞은 내용으로 옳은 것은?

> 빙설이 많은 지방 이외의 지방에서는 고온 계절에는 (㉮) 풍압하중, 저온 계절에는 (㉯) 풍압하중을 적용한다.

① ㉮ 갑종, ㉯ 갑종
② ㉮ 갑종, ㉯ 을종
③ ㉮ 갑종, ㉯ 병종
④ ㉮ 을종, ㉯ 병종

해설 • 빙설이 많은 지방 이외의 지방에서는 고온 계절에는 갑종 풍압하중, 저온 계절에는 병종 풍압하중
• 빙설이 많은 지방(제3호의 지방을 제외한다)에서는 고온 계절에는 갑종 풍압하중, 저온 계절에는 을종 풍압 하중
• 빙설이 많은 지방 중 해안 지방 기타 저온 계절에 최대 풍압이 생기는 지방에서는 고온 계절에는 갑종 풍압하중, 저온 계절에는 갑종 풍압하중과 을종 풍압하중 중 큰 것

정답 36. ④ 37. ② 38. ④ 39. ③

40 저압 연접 인입선의 시설에 대한 기준으로 틀린 것은?

① 옥내를 통과하지 아니할 것
② 폭 5[m]를 초과하는 도로를 횡단하지 아니할 것
③ 인입선에서 분기하는 점으로부터 100[m]를 초과하는 지역에 미치지 아니할 것
④ 철도 또는 궤도를 횡단하는 경우에는 노면상 5[m]를 초과하지 아니할 것

해설 저압 연접 인입선은 폭 5[m]를 초과하는 도로를 횡단하지 않아야 하며 횡단하는 경우 노면상 5[m] 이상으로 시설해야 한다.

41 평균 구면광도 200[cd]의 전구 10개를 지름 10[m]인 원형의 방에 점등할 때 방의 평균조도는 약 몇 [lx]인가? (단, 조명률은 0.5, 감광보상률은 1.5이다.)

① 26.7 ② 53.3
③ 80.1 ④ 106.7

해설 광속 $F = 4\pi I = 4\pi \times 200 = 2,512$[lm],
방의 면적 $A = \pi r^2 = \pi \times (\frac{10}{2})^2 = 78.5$[m²]
조명률 $U = 0.5$, 감광보상률 $D = 1.5$,
유지율 $M = 1$로 계산하면
$F = \frac{EAD}{NUM}$에서
조도 $E = \frac{FNUM}{AD} = \frac{2,512 \times 10 \times 0.5 \times 1}{78.5 \times 1.5}$
$= 106.667 ≒ 106.7$[lx]

42 애자 사용 공사에 의한 고압 옥내배선의 시설에 있어서 적당하지 않은 것은?

① 전선 상호 간의 간격은 8[cm] 이상일 것
② 전선의 지지점 간의 거리는 6[m] 이하일 것
③ 전선과 조영재와의 이격거리는 4[cm] 이상일 것
④ 전선이 조영재를 관통할 때에는 난연성 및 내수성이 있는 절연관에 넣을 것

해설 고압 옥내배선의 애자 사용 공사
- 전선의 지지점 간의 거리는 6[m] 이하일 것.
- 전선 상호 간의 간격은 8[cm] 이상, 전선과 조영재 사이의 이격거리는 5[cm] 이상일 것.
- 애자 사용 공사에 사용하는 애자는 절연성·난연성 및 내수성의 것일 것.
- 고압 옥내 배선은 저압 옥내 배선과 쉽게 식별되도록 시설할 것.
- 전선이 조영재를 관통하는 경우에는 그 관통하는 부분의 전선을 전선마다 각각 별개의 난연성 및 내수성이 있는 견고한 절연관에 넣을 것.

43 2종 가요전선관을 구부리는 경우 노출장소 또는 점검 가능한 은폐장소에서 관을 시설하고 제거하는 것이 부자유하거나 또는 점검이 불가능한 경우는 곡률 반지름을 2종 가요전선관 안지름의 몇 배 이상으로 하여야 하는가?

① 3배 ② 6배
③ 8배 ④ 12배

해설 2종 가요전선관을 구부리는 경우(노출 장소 또는 점검 가능한 은폐 장소)
- 관을 시설하고 제거하는 것이 자유로운 경우 곡률 반지름은 전선관 안지름의 3배 이상
- 관을 시설하고 제거하는 것이 부자유하거나 점검 불가능한 경우 곡률 반지름은 전선관 안지름의 6배 이상

정답 40. ④ 41. ④ 42. ③ 43. ②

44 저압, 고압 및 특고압 수전의 3상 3선식 또는 3상 4선식에서 불평형 부하의 한도는 단상 접속부하로 계산하여 설비 불평형률을 30[%] 이하로 하는 것을 원칙으로 한다. 다음 중 제한에 따르지 않아도 되는 경우가 아닌 것은?

① 저압 수전에서 전용 변압기 등으로 수전하는 경우
② 고압 및 특고압 수전에서 100[kVA] 이하의 단상부하인 경우
③ 특고압 수전에서 100[kVA] 이하의 단상변압기 3대로 △결선하는 경우
④ 고압 및 특고압 수전에서 단상 부하용량의 최대와 최소의 차가 100[kVA] 이하인 경우

해설 저압, 고압수전의 3상 3선식에서 불평형부하의 한도는 단상 접속부하로 계산하여 설비불평형률 30[%] 이하로 하는 것을 원칙으로 한다. 다음의 경우에는 제한에 따르지 않을 수 있다.
- 저압 수전에서 전용변압기 등으로 수전하는 경우
- 고압 및 특고압 수전에서 100[kVA] 이하의 단상 부하의 경우
- 특고압 및 고압 수전에서는 단상 부하용량의 최대와 최소차가 100[kVA] 이하인 경우
- 특고압 수전에서는 100[kVA] 이하의 단상변압기 2대로 역V결선하는 경우

45 소도체 2개로 된 복도체 방식 3상 3선식 송전선로가 있다. 소도체의 지름 2[cm], 간격 36[cm], 등가선간거리가 120[cm]인 경우에 복도체 1[km]의 인덕턴스는 약 몇 [mH/km]인가?

① 1.536   ② 1.215
③ 0.957   ④ 0.624

해설 $L_n = 0.4605\log_{10}\dfrac{D}{\sqrt[n]{rs^{n-1}}} + \dfrac{0.05}{n}$[mH/km]

에서
$L_2 = 0.4605\log_{10}\dfrac{1,200}{\sqrt{10\times 360}} + \dfrac{0.05}{2}$
$= 0.624$[mH/km]

r : 전선의 반지름, D : 등가선간 거리
s : 소도체 간격, n : 복도체 수

46 과전류차단기로 시설하는 퓨즈 중 고압전로에 사용하는 포장 퓨즈는 정격전류의 몇 배의 전류에 견디어야 하는가? (단, 전기설비 기술기준의 판단기준에 의한다.)

① 1.1배   ② 1.3배
③ 1.5배   ④ 2.0배

해설 고압 포장 퓨즈는 정격 전류 1.3배에 견디고, 2배 전류에는 120분 안에 용단되어야 하며 고압 비포장 퓨즈는 정격 전류 1.25배에 견디고, 2배 전류에는 2분 안에 용단되어야 한다.

47 가공 송전선로에서 단도체보다 복도체를 많이 사용하는 이유는?

① 인덕턴스의 증가
② 정전용량의 감소
③ 코로나 손실 감소
④ 선로 계통의 안정도 감소

해설 복도체를 사용하면 전선의 등가 반지름이 증가하므로 선로의 작용 인덕턴스는 감소하고 작용 정전용량은 증가하여 송전 용량을 증가시키고, 코로나 임계 전압을 높일 수 있어 코로나 발생을 방지하며 초고압 송전 선로에 적당하다.

정답 44. ③ 45. ④ 46. ② 47. ③

48 가공전선로의 지지물에 시설하는 지선의 시설기준이 아닌 것은?

① 소선 3가닥 이상의 연선일 것
② 지선의 안전율은 2.5 이상일 것
③ 소선의 지름이 2.6[mm] 이상의 금속선을 사용할 것
④ 도로를 횡단하여 시설하는 지선의 높이는 지표상 5.5[m] 이상으로 할 것

해설 가공전선로의 지지물에 시설하는 지선은 다음 각 호에 의하여야 한다.
- 지선의 안전율은 2.5 이상일 것
- 지선에 연선을 사용할 경우에는 소선 3가닥 이상의 연선으로 소선은 지름 2.6[mm] 이상의 금속선을 사용한 것일 것
- 지중의 부분 및 지표상 30[cm]까지의 부분에는 내식성이 있는 것 또는 아연도금을 한 철봉을 사용하고 이를 쉽게 부식하지 아니하는 근가에 견고하게 붙일 것
- 도로를 횡단하여 시설하는 지선의 높이는 지표상 5[m] 이상으로 하여야 한다.

49 송전 선로에서 소호환(arcing ring)을 설치하는 이유는?

① 전력 손실 감소
② 송전 전력 증대
③ 누설전류에 의한 편열 방지
④ 애자에 걸리는 전압 분담을 균일

해설 송전 선로에서 소호환(arcing ring)을 설치 목적은 애자련의 전압분담을 균등화하고, 전선의 이상 현상으로 인한 열적 파괴 방지

50 저압의 전선로 중 절연 부분의 전선과 대지 사이 및 전선의 심선 상호 간의 절연저항은 사용전압에 대한 누설전류가 최대 공급전류의 얼마를 넘지 않도록 하여야 하는가?

① $\dfrac{1}{500}$ ② $\dfrac{1}{1,000}$
③ $\dfrac{1}{2,000}$ ④ $\dfrac{1}{4,000}$

해설 저압 전선로 절연부분의 전선과 대지 사이의 절연저항은 사용전압에 대한 누설전류가 최대 공급전류의 1/2,000(1가닥)을 초과하지 않도록 해야 한다.

51 전력 원선도에서 알 수 없는 것은?

① 조상 용량
② 선로 손실
③ 과도안정 극한전력
④ 송수전단 전압 간의 상차각

해설 전력 원선도에서 정태 안정 극한 전력(최대 전력), 송수전단 전압 간의 상차각, 조상 용량, 수전단 역률, 선로 손실과 송전 효율을 알 수 있다.

52 소도체 두 개로 된 복도체 방식 3상 3선식 송전선로가 있다. 소도체의 지름이 2[cm], 소도체 간격 16[cm], 등가선간거리 200[cm]인 경우 1상당 작용 정전용량은 약 몇 [μF/km]인가?

① 0.004   ② 0.014
③ 0.065   ④ 0.092

해설 복도체의 작용 정전용량
$$C = \dfrac{0.02413}{\log_{10}\dfrac{D}{\sqrt{rs}}} = \dfrac{0.02413}{\log_{10}\dfrac{200}{\sqrt{1\times 16}}}$$
$$= 0.014[\mu F/km]$$

정답 48. ④ 49. ④ 50. ③ 51. ③ 52. ②

53 송전선로의 코로나 임계전압이 높아지는 것은?

① 기압이 낮아지는 경우
② 온도가 높아지는 경우
③ 전선의 지름이 큰 경우
④ 상대 공기밀도가 작은 경우

해설 기압이 낮아지거나 온도가 높아지면 상대 공기밀도가 작아지므로 코로나 임계전압은 낮아지게 되고 전선의 지름이 큰 경우에는 코로나 임계전압이 높아진다.

54 가요전선관과 금속관을 접속하는 데 사용하는 것은?

① 플렉시블 커플링
② 앵글 박스 커넥터
③ 컴비네이션 커플링
④ 스트렛 박스 커넥터

해설
- 가요전선관과 금속관을 접속 : 컴비네이션 커플링
- 가요전선관과 박스의 접속 : 스트레이트 박스 커넥터, 앵글박스 커넥터

55 Ralph M. Barnes 교수가 제시한 동작경제의 원칙 중 작업장 배치에 관한 원칙(Arrangement of the workplace)에 해당되지 않는 것은?

① 가급적이면 낙하식 운반방법을 이용한다.
② 모든 공구나 재료는 지정된 위치에 있도록 한다.
③ 적절한 조명을 하여 작업자가 잘 보면서 작업할 수 있도록 한다.
④ 가급적 용이하고 자연스런 리듬을 타고 일할 수 있도록 작업을 구성하여야 한다.

해설 동작경제의 원칙 중 작업장에 관한 원칙
- 공구와 재료를 정 위치에 둔다.
- 공구와 재료는 작업자 앞에 배치한다.
- 공구와 재료는 작업 순서대로 정리한다.
- 작업면의 높이를 적당히 한다.
- 작업면의 조도를 적당하게 한다.
- 재료의 공급, 운반 시 최대한 중력을 이용한다.

56 다음 데이터의 제곱합(sum of squares)은 약 얼마인가?

| 데이터 | 18.8 | 19.1 | 18.8 | 18.2 | 18.4 |
| | 18.3 | 19.0 | 18.6 | 19.2 | |

① 0.129
② 0.338
③ 0.359
④ 1.029

해설 제곱합은 편차(개개의 측정값과 표본 평균 간의 차이)의 제곱을 합한 값으로

표본 평균

$$\frac{\{18.8+19.1+18.8+18.2+18.4+18.3+19+18.6+19.2\}}{9} = 18.71$$

제곱합

$(18.8-18.71)^2 + (19.1-18.71)^2$
$+ (18.8-18.71)^2 + (18.2-18.71)^2$
$+ (18.4-18.71)^2 + (18.3-18.71)^2$
$+ (19-18.71)^2 + (18.6-18.71)^2$
$+ (19.2-18.71)^2 = 1.029$

57 전수검사와 샘플링 검사에 관한 설명으로 맞는 것은?

① 파괴검사의 경우에는 전수검사를 적용한다.
② 검사항목이 많을 경우 전수검사보다 샘플링검사가 유리하다.
③ 샘플링 검사는 부적합품이 섞여 들어가서는 안되는 경우에 적용한다.
④ 생산자에게 품질향상의 자극을 주고 싶을 경우 전수검사가 샘플링 검사보다 더 효과적이다.

해설 [전수(전체) 검사가 필요한 경우]
불량품이 절대 있어서는 안 되는 경우와 검사항목 수가 적고 로트의 크기가 작을 때
[샘플링 검사가 유리한 경우]
전수검사가 불가능한 경우, 기술적으로 개별 검사가 무의미한 경우, 전수검사에 비해 신뢰도가 높은 결과를 얻을 수 있는 경우, 경제적으로 유리한 경우, 생산자에게 품질향상의 자극을 주고 싶을 때

58 어떤 회사의 매출액이 80000원, 고정비가 15000원, 변동비가 40000원일 때 손익분기점 매출액은 얼마인가?
① 25000원 ② 30000원
③ 40000원 ④ 55000원

해설 손익 분기점 매출액 = $\dfrac{\text{고정비}}{\text{한계이익률}}$

= $\dfrac{\text{고정비}}{1-\dfrac{\text{변동비}}{\text{매상고}}}$ = $\dfrac{15000}{1-\dfrac{40000}{80000}}$ = 30000원

59 국제 표준화의 의의를 지적한 설명 중 직접적인 효과로 보기 어려운 것은?
① 국제간 규격 통일로 상호 이익도모
② KS 표시품 수출 시 상대국에서 품질인증
③ 개발도상국에 대한 기술개발의 촉진을 유도
④ 국가 간의 규격 상이로 인한 무역장벽의 제거

해설 국제 표준화는 국제간 규격 통일로 상호 이익 도모, 국가 간의 규격 상이로 인한 무역장벽 제거, 개발도상국에 대한 기술개발 촉진 유도 등의 역할을 한다.

60 직물, 금속, 유리 등의 일정 단위 중 나타나는 홈의 수, 핀홀 수 등 부적합수에 관한 관리도를 작성하려면 가장 적합한 관리도는?
① c 관리도 ② np 관리도
③ p 관리도 ④ $\overline{X}-R$ 관리도

해설 c(결점수) 관리도는 계수치 관리도이며, 일정 단위 중에 나타나는 결점수를 관리하기 위하여 사용하는 관리도이다.

정답 58. ② 59. ② 60. ①

2018년 제64회 CBT 복원문제

바뀐 출제기준에 따라 삭제된 문제가 있어서 60문항이 안됩니다.

01 유도기전력은 자신의 발생 원인이 되는 자속의 변화를 방해하려는 방향으로 발생한다. 이것을 유도기전력에 관한 무슨 법칙이라 하는가?
① 옴의 법칙 ② 렌츠의 법칙
③ 쿨롱의 법칙 ④ 앙페르의 법칙

해설 렌츠의 법칙은 전자유도에 의해 발생되는 유도기전력과 유도전류는 자기장의 변화를 상쇄하려는 방향으로 발생

02 그림 a, b 간의 40[V]의 직류 전압을 가할 때 10[A]의 전류가 흐른다. r_1과 r_2에 흐르는 전류의 비를 1 : 2로 하려면 r_1 및 r_2의 저항[Ω]은 각각 얼마인가?

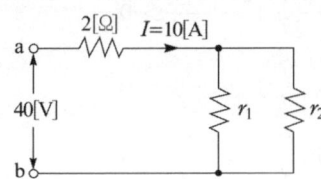

① $r_1 = 6, r_2 = 3$ ② $r_1 = 3, r_2 = 6$
③ $r_1 = 4, r_2 = 2$ ④ $r_1 = 2, r_2 = 4$

해설 40[V]의 전압을 인가하여 전체 전류가 10[A]이므로 전체 저항은 4[Ω]

병렬회로의 저항은 2[Ω]이므로 $\dfrac{r_1 r_2}{r_1 + r_2} = 2$

r_1, r_2에 흐르는 전류비가 1 : 2,
전류는 저항에 반비례하므로 $r_1 : r_2 = 2 : 1$

$\dfrac{2r_2^2}{2r_2 + r_2} = \dfrac{2}{3} r_2 = 2$ 에서

$r_2 = 3$이므로 $r_1 = 6$

03 그림과 같은 전기회로에서 단자 a, b에서 본 합성저항은 몇 [Ω]인가? (단, $R = 3[\Omega]$이다.)

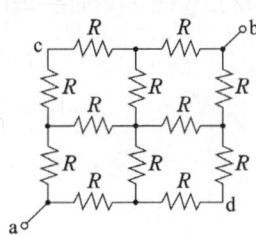

① 1.0 ② 1.5
③ 3.0 ④ 4.5

해설 $R_{ab} = 3\left(\dfrac{1}{2} + \dfrac{1}{4} + \dfrac{1}{4} + \dfrac{1}{2}\right) = 4.5[\Omega]$

04 두 콘덴서 C_1, C_2가 병렬로 접속되어 있을 때의 합성 정전용량은?
① $C_1 + C_2$ ② $\dfrac{1}{C_1} + \dfrac{1}{C_2}$
③ $\dfrac{C_1 C_2}{C_1 + C_2}$ ④ $\dfrac{C_1 + C_2}{C_1 C_2}$

해설 콘덴서가 병렬접속 시 $C_1 + C_2$,

직렬접속 시 $\dfrac{C_1 C_2}{C_1 + C_2}$

05 평균 반지름이 1[cm]이고 권수가 500회인 환상 솔레노이드 내부의 자계가 200[AT/m]가 되도록 하기 위해서는 코일에 흐르는 전류를 몇 [A]로 하여야 하는가?
① 0.015 ② 0.025
③ 0.035 ④ 0.045

정답 1. ② 2. ① 3. ④ 4. ① 5. ②

해설 $H = \dfrac{NI}{2\pi r}$ 에서

$I = \dfrac{2\pi r H}{N} = \dfrac{2 \times 3.14 \times 0.01 \times 200}{500} = 0.025[A]$

06 자기 인덕턴스 $L[H]$인 코일에 $I[A]$의 전류가 흐를 때 코일에 저장되는 에너지는 몇 [J]인가?

① $W = \dfrac{1}{2}LI^2$ ② $W = 2LI^2$

③ $W = \dfrac{1}{2L}$ ④ $W = \dfrac{2L}{I^2}$

해설 코일에 저장되는 에너지 $W = \dfrac{1}{2}LI^2$

07 인덕턴스 $L = 20[mH]$인 코일에 실횻값 $V = 50[V]$, 주파수 $f = 60[Hz]$인 정현파 전압을 인가했을 때 코일에 축적되는 평균 자기 에너지[J]는?

① 0.44 ② 4.4
③ 0.63 ④ 6.3

해설 $W = \dfrac{1}{2}LI^2 = \dfrac{1}{2}L\left(\dfrac{V}{X_L}\right)^2 = \dfrac{1}{2}L\left(\dfrac{V}{2\pi fL}\right)^2$

$= \dfrac{1}{2} \times 0.02 \times \left(\dfrac{50}{2\pi \times 60 \times 0.02}\right)^2$

$= 0.44[J]$

08 교류의 파형률이란?

① $\dfrac{최댓값}{실횻값}$ ② $\dfrac{실횻값}{최댓값}$

③ $\dfrac{평균값}{실횻값}$ ④ $\dfrac{실횻값}{평균값}$

해설 파형률 $= \dfrac{실횻값}{평균값}$

09 $R = 5[\Omega]$, $L = 20[mH]$ 및 가변 콘덴서 $C[\mu F]$로 구성된 RLC 직렬회로에 주파수 1000[Hz]인 교류를 가한 다음 콘덴서를 가변시켜 직렬 공진시킬 때 C의 값은 약 몇 [μF]인가?

① 1.27 ② 2.54
③ 3.52 ④ 4.99

해설 $f = \dfrac{1}{2\pi\sqrt{LC}}$, $f^2 = \dfrac{1}{4\pi^2 LC}$

$C = \dfrac{1}{4\pi^2 \times L \times f^2}$

$= \dfrac{1}{4 \times 3.14^2 \times 20 \times 10^{-3} \times 1000^2}$

$= 1.27 \times 10^{-6} = 1.27[\mu F]$

10 저항 R, 인덕턴스 L, 콘덴서 C의 직렬회로에서 발생되는 과도현상이 비진동적이 되는 조건은? (직류전압 인가 시)

① $\left(\dfrac{R}{2L}\right)^2 - \dfrac{1}{LC} > 0$

② $\left(\dfrac{R}{2L}\right)^2 - \dfrac{1}{LC} < 0$

③ $\left(\dfrac{R}{2L}\right)^2 - \dfrac{1}{LC} = 0$

④ $R < 2\sqrt{\dfrac{L}{C}}$

해설 비진동 조건 :
$\left(\dfrac{R}{2L}\right)^2 - \dfrac{1}{LC} > 0$, $R^2 > 4\dfrac{L}{C}$, $R > 2\sqrt{\dfrac{L}{C}}$

11 어떤 회로에 $e = 50\sin(\omega t + \theta)[V]$를 인가했을 때 $i = 4\sin(\omega t + \theta + 30°)[A]$가 흘렀다면 유효전력[W]은?

① 50 ② 57.7
③ 86.6 ④ 100

정답 6. ① 7. ① 8. ④ 9. ① 10. ① 11. ③

해설 유효전력, 소비전력 $P = VI\cos\theta$에서 θ는 전압과 전류의 위상차이므로 $\theta = 30°$

$$\therefore P = VI\cos\theta = \frac{50}{\sqrt{2}} \times \frac{4}{\sqrt{2}} \times 0.866$$
$$= 86.6[\text{W}]$$

12 어느 함수가 $f(t) = 1 - e^{-at}$인 것을 라플라스 변환하면?

① $\dfrac{1}{s^2(s+a)}$ ② $\dfrac{a}{s(s-a)}$

③ $\dfrac{1}{s(s+a)}$ ④ $\dfrac{a}{s(s+a)}$

해설
$$\mathcal{L}[1-e^{-at}] = \frac{1}{s} - \frac{1}{s+a}$$
$$= \frac{1}{s} \times \frac{s+a}{s+a} - \frac{1}{s+a} \times \frac{s}{s}$$
$$= \frac{s+a-s}{s(s+a)} = \frac{a}{s(s+a)}$$

13 직류용 직권전동기를 교류에 사용할 때 여러 가지 어려움이 발생되는데 교류용 단상 직권전동기에서 강구해야 할 대책은?

① 원통형 고정자를 사용한다.
② 계자권선의 권수를 크게 한다.
③ 브러시는 접촉저항이 적은 것을 사용한다.
④ 전기자 반작용을 적게 하기 위해 전기자 권수를 증가시킨다.

해설 직·교류 양용 전동기는
- 철손을 줄이기 위해 전기자, 계자의 철심을 성층한다.
- 계자 권선의 리액턴스 때문에 역률이 매우 낮아지므로 계자권선의 권수를 적게 하고 토크를 증가시키기 위해 전기자 권수를 크게 한다.
- 전기자 권수 증가로 전기자 반작용이 커지므로 보상권선을 설치한다.

14 자동제어장치에 쓰이는 서보모터의 특성을 나타내는 것 중 틀린 것은?

① 발생 토크는 입력신호에 비례하고 그 비가 클 것
② 직류 서보모터에 비하여 교류 서보모터의 시동 토크가 매우 클 것
③ 시동 토크는 크나, 회전부의 관성 모멘트가 작고 전기적 시정수가 짧을 것
④ 빈번한 시동, 정지, 역전 등의 가혹한 상태에 견디도록 견고하고 큰 돌입전류에 견딜 것

해설 서보 모터의 특징
- 기동 토크가 크며 회전자 관성 모멘트가 작다.
- 회전자 팬에 의한 냉각효과를 기대할 수 없다.
- 직류 서보모터가 교류 서보모터보다 기동 토크가 크다.
- 소형, 고효율성, 정확한 위치제어, 유지보수 용이성, 빈번한 시동, 정지, 역회전 등에 견딜 것

15 3상 전원을 이용하여 2상 전압을 얻기 위해 사용하는 결선 방법은?

① 스코트 결선 ② 포크 결선
③ 환상 결선 ④ 2중 3각 결선

해설 3상 교류를 2상 교류로 변환하는 방법은 스코트 결선(T결선), 우드브리지 결선, 메이어 결선이 있으며, 포크 결선은 3상 교류를 6상 교류로 변환하는 결선이다.

16 변압기의 병렬운전의 조건에 대한 설명으로 잘못된 것은?

① 극성이 같아야 한다.
② 권수비, 1차 및 2차의 정격 전압이 같아야 한다.
③ 각 변압기의 임피던스가 정격용량에 비례해야 한다.
④ 각 변압기의 저항과 누설 리액턴스비가 같아야 한다.

정답 12. ④ 13. ① 14. ② 15. ① 16. ③

해설 변압기 병렬운전 조건
- 권수비가 같고 1,2차 정격 전압이 같을 것
- 극성이 같을 것
- 내부저항과 누설 리액턴스의 비가 같을 것
- % 임피던스가 같을 것

17 변압기의 철손이 P_i[kW], 전 부하 동손이 P_c[kW]일 때 정격출력의 $\dfrac{1}{m}$인 부하를 걸었다면 전 손실은 몇 [kW]가 되는가?

① $(\dfrac{1}{m})^2(P_i+P_c)$ ② $(\dfrac{1}{m})^2 P_i + P_c$
③ $P_i + (\dfrac{1}{m})^2 P_c$ ④ $P_i + (\dfrac{1}{m}) P_c$

해설
$$\eta_{\frac{1}{m}} = \dfrac{\dfrac{1}{m} V_{2n} I_{2n} \cos\theta}{\dfrac{1}{m} V_{2n} I_{2n} \cos\theta + P_i + (\dfrac{1}{m})^2 P_c} \times 100[\%]$$

이므로 정격출력 $\dfrac{1}{m}$일 때 총 손실은

$P_i + (\dfrac{1}{m})^2 P_c$

18 자기용량 10[kVA] 단권변압기를 이용해서 배전전압 3000[V]를 3300[V]로 승압하고 있다. 부하역률이 80[%]일 때 공급할 수 있는 부하용량은 약 몇 [kW]인가? (단, 단권변압기의 손실은 무시한다.)

① 58 ② 68
③ 78 ④ 88

해설 부하용량 = $\dfrac{V_h}{V_h - V_L} \times$ 자기용량
$= \dfrac{3300}{3300 - 3000} \times 10 = 110$[kVA]
$P = P_a \cos\theta = 110 \times 0.8 = 88$[kW]

19 변압기의 여자전류의 파형은?
① 사인파
② 왜형파
③ 구형파
④ 파형이 나타나지 않는다.

해설 변압기의 여자전류의 파형은 고조파 성분을 포함한 왜형파이다.

20 500[kVA]의 단상변압기 4대를 사용하여 과부하가 되지 않게 사용할 수 있는 3상 전력의 최댓값은 약 몇 [kVA]인가?

① $500\sqrt{3}$ ② 1500
③ $1000\sqrt{3}$ ④ 2000

해설 3상 출력은
$P_Y = P_\triangle = 3P = 3 \times 500 = 1500$[kVA]
- 단상 변압기 3대 사용
  V결선의 3상 출력은
  $P_V = \sqrt{3}P = \sqrt{3} \times 500 = 866$[kVA]
- 단상 변압기 2대 사용
  변압기 4대를 V결선으로 2개 회로를 구성할 수 있으므로
  $866 \times 2 = 1732 = 1000\sqrt{3}$[kVA]

21 3상 유도전동기의 회전력은 단자전압과 어떤 관계인가?
① 단자전압에 무관하다.
② 단자전압에 비례한다.
③ 단자전압의 2승에 비례한다.
④ 단자전압의 $\dfrac{1}{2}$승에 비례한다.

해설 유도전동기의 토크 특성 관계식
$$\tau = \dfrac{PV_1^2}{4\pi f} \cdot \dfrac{\dfrac{r_2}{S}}{\left(r_1 + \dfrac{r_2}{S}\right)^2 + (x_1 + x_2')^2}[\text{N} \cdot \text{m}]$$

에서 토크는 전압의 제곱에 비례함을 알 수 있다.

정답 17. ③ 18. ④ 19. ② 20. ③ 21. ③

22 어느 3상 유도전동기의 전전압 기동 토크는 전부하 시 2배이다. 전전압의 1/2로 기동할 때 기동 토크는 전부하 시의 몇 배인가?

① 0.5
② 1.0
③ 1.5
④ 2.0

해설 $\tau \propto V^2_1$에서 전압의 제곱에 비례하므로
$2 \times \left(\dfrac{1}{2}\right)^2 = 0.5$

23 2중 농형 전동기가 보통 농형 전동기에 비해서 다른 점은?

① 기동전류와 기동 토크가 크다.
② 기동전류와 기동 토크가 작다.
③ 기동전류는 작고, 기동 토크는 크다.
④ 기동전류는 크고, 기동 토크는 작다.

해설 2중 농형 유도전동기는 저항이 크고 리액턴스가 작은 기동용 농형 권선과 저항이 작고 리액턴스가 큰 운전용 농형 권선을 가진 것으로 보통 농형에 비하여 기동전류가 작고 기동 토크가 크다. 운전 중의 등가 리액턴스는 보통 농형보다 약간 커지므로 역률, 최대 토크 등이 감소된다.

24 콘덴서 기동형 단상 유도전동기의 설명으로 옳은 것은?

① 콘덴서를 주 권선에 직렬 연결한다.
② 콘덴서를 기동권선에 직렬 연결한다.
③ 콘덴서를 기동권선에 병렬 연결한다.
④ 콘덴서는 운전권선과 기동권선을 구별하지 않고 연결한다.

해설 콘덴서 기동형 단상 유도전동기는 기동권선에 직렬로 콘덴서를 넣고 권선에 흐르는 기동전류를 앞선 전류로 하고 운전권선에 흐르는 전류와 위상차를 갖도록 한 것

25 다음 중 단락비가 큰 동기 발전기를 설명하는 것으로 옳은 것은?

① 단락전류가 작다.
② 전압 변동률이 크다.
③ 동기 임피던스가 작다.
④ 전기자 반작용이 크다.

해설 단락비 $K = \dfrac{100}{\%Z}$으로 단락비가 크면 단락전류는 크고, 동기 임피던스는 작다.

26 동기발전기에서 전기자 권선을 단절권으로 하는 이유는?

① 고조파를 제거한다.
② 역률을 좋게 한다.
③ 기전력의 크기를 높게 한다.
④ 절연을 좋게 한다.

해설 단절권은 코일의 양변 간의 피치가 1자극 피치보다 짧은 코일을 사용한 권선으로 고조파 제거로 파형이 좋아지고 코일 단부가 줄어 동량이 적게 드는 장점이 있다.

27 병렬운전 중 A, B 두 동기발전기에서 A 발전기의 여자를 B보다 강하게 하면 A 발전기는 어떻게 변화되는가?

① 90° 진상 전류가 흐른다.
② 90° 지상 전류가 흐른다.
③ 동기화 전류가 흐른다.
④ 부하 전류가 증가한다.

해설 동기발전기 병렬운전 중 A 발전기를 과여자로 하면 A 발전기는 90° 뒤진 지상 전류가 흐르고 B 발전기는 90° 앞선 진상 전류가 흐른다.

정답 22. ① 23. ③ 24. ② 25. ③ 26. ① 27. ②

28 상전압 300[V]의 3상 반파 정류회로의 직류 전압은 몇 [V]인가?

① 117[V] ② 200[V]
③ 283[V] ④ 351[V]

해설 3상 반파 정류회로의 직류 전압
$V_d = 1.17V = 1.17 \times 300 = 351[V]$

29 그림의 회로에서 입력 전원(v_s)의 양(+)의 반주기 동안에 도통하는 다이오드는?

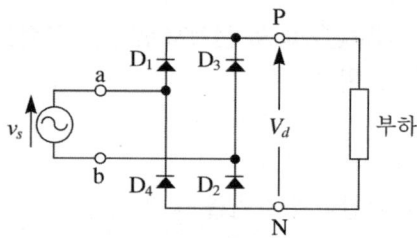

① D_1, D_2 ② D_2, D_3
③ D_4, D_1 ④ D_1, D_3

해설 4개의 다이오드를 사용하여 교류의 양(+)과 음(-)의 전 주기를 정류하는 전파 정류 방식이다. 브리지 정류회로에서 양(+)의 반주기 동안은 D_1, D_2가 도통되고 음(-)의 반주기 동안에는 D_3, D_4가 도통된다.

30 SCR에 대한 설명으로 옳지 않은 것은?

① 대전류 제어 정류용으로 이용된다.
② 게이트 전류로 통전전압을 가변시킨다.
③ 주전류를 차단하려면 게이트 전압을 영 또는 부(-)로 해야 한다.
④ 게이트 전류의 위상각으로 통전전류의 평균값을 제어시킬 수 있다.

해설 SCR은 점호능력은 있으나 자기 소호 능력이 없으므로 주전류를 유지전류 이하 또는 애노드, 캐소드 간에 역전압을 인가하여 소호시킨다.

31 그림과 같은 환류 다이오드 회로의 부하전류 평균값은 몇 [A]인가? (단, 교류전압 $V = 220[V]$, 60[Hz], 부하저항 $R = 10[\Omega]$이며 인덕턴스 L은 매우 크다.)

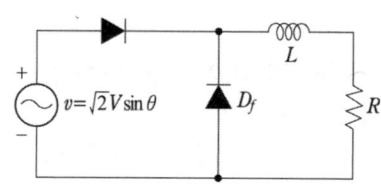

① 6.7[A] ② 8.5[A]
③ 9.9[A] ④ 11.7[A]

해설 환류 정류회로의 출력전압 V_0는 L과 무관하며 저항부하를 갖는 단상반파 정류회로에서의 출력전압과 동일하므로 부하전류 i_0의 평균값
$I_{dc} = \dfrac{V_{dc}}{R} = \dfrac{0.45V}{R} = \dfrac{0.45 \times 220}{10} = 9.9[A]$

32 반파 정류회로에서 직류전압 220[V]를 얻는 데 필요한 변압기 2차 상전압은 약 몇 [V]인가? (단, 부하는 순저항 변압기 내 전압강하를 무시하며 정류기 내의 전압강하는 50[V]로 한다.)

① 300 ② 450
③ 600 ④ 750

해설 단상 반파 정류회로에서 $V_d = 0.45V - e$이므로
$V = \dfrac{1}{0.45}(V_d + e) = \dfrac{1}{0.45}(220 + 50)$
$= 600[V]$

정답 28. ④ 29. ① 30. ③ 31. ③ 32. ③

33 그림과 같은 혼합브리지 회로의 부하로 $R=8.4[\Omega]$의 저항이 접속되었다. 평활 리액턴스 L을 ∞로 가정할 때 직류 출력전압의 평균값 V_d는 약 몇 [V]인가? (단, 전원전압의 실효값 $V=100[V]$, 점호각 $\alpha=30°$로 한다.)

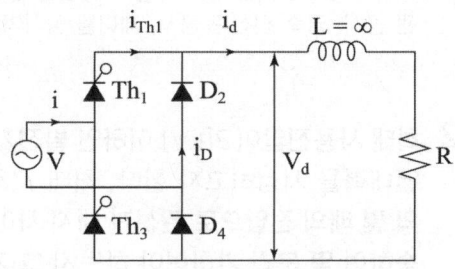

① 22.5 ② 66.0
③ 67.5 ④ 84.0

해설 단상 전파 혼합브리지 정류회로이므로
$$V_d = 0.9V\left(\frac{1+\cos\alpha}{2}\right)$$
$$= 0.9 \times 100\left(\frac{1+\cos 30°}{2}\right) \fallingdotseq 84[V]$$

34 전로의 절연저항 및 절연내력 측정에 있어 사용전압이 저압인 전로에서 정전이 어려워 절연저항 측정이 곤란한 경우에는 누설전류를 몇 [mA] 이하로 유지하여야 하는가?

① 1[mA] ② 2[mA]
③ 3[mA] ④ 5[mA]

해설 저압 전로에서 정전이 어려운 경우로 절연저항을 측정할 수 없는 경우에는 누설전류를 1[mA] 이하로 유지하여야 한다.

35 방의 폭이 $X[m]$, 길이가 $Y[m]$, 작업면으로 부터 광원까지의 높이가 $H[m]$일 때 실지수 K는?

① $K = \dfrac{H(X+Y)}{XY}$

② $K = \dfrac{Y(X+Y)}{XH}$

③ $K = \dfrac{XY}{H(X+Y)}$

④ $K = \dfrac{X(X+Y)}{YH}$

해설 지수 $K = \dfrac{XY}{H(X+Y)}$

36 저압 옥내 간선의 전원측 전로에 저압 옥내 간선을 보호할 목적으로 설치하는 것은?

① 접지선 ② 단로기
③ 방전장치 ④ 과전류차단기

해설 간선을 보호하기 위해 시설하는 과전류차단기의 정격전류는 옥내 간선의 허용전류 이하의 정격전류의 것을 사용해야 한다.

37 금속관 배선에서 관의 굴곡에 관한 사항이다. 금속관의 굴곡 개소가 많은 경우에는 어떻게 하는 것이 바람직한가?

① 덕트를 설치한다.
② 풀박스를 설치한다.
③ 링 리듀서를 사용한다.
④ 행거를 3[m] 간격으로 지지한다.

해설 아울렛 박스 사이 또는 전선 인입구를 가지는 기구 사이의 금속관은 3개소를 초과하는 직각 또는 직각에 가까운 굴곡 개소를 만들어서는 안 되며 굴곡 개소가 많은 경우, 길이가 30[m]를 초과하는 경우에는 풀박스를 설치하는 것이 바람직하다.

정답 33. ④ 34. ① 35. ③ 36. ④ 37. ②

38 금속 전선관을 조영재에 따라서 시설하는 경우에는 새들 또는 행거(Hanger) 등으로 견고하게 지지하고, 그 간격을 최대 몇 [m] 이하로 하는 것이 바람직한가?

① 1　　② 1.5
③ 2　　④ 3

해설 금속관, 애자는 2[m] 이하, 합성수지관은 1.5[m] 이하, 가요전선관 또는 캡타이어 케이블은 1[m] 이하 간격으로 견고하게 지지한다.

39 직접 콘크리트에 매입하여 시설하거나 전용의 불연성 또는 난연성 덕트에 넣어야 만 시공할 수 있는 전선관은?

① CD관
② PF관
③ PF-P관
④ 두께 2[mm] 합성수지관

해설 CD 전선관은 매입공사, 신축공사 시 전등이나 전열의 매입 배관공사에만 사용되며 시공, 운반이 편리하고 복원력이 우수한 제품으로 가격이 저렴한 장점이 있다.

40 가요전선관 공사에 사용되는 부품 중 전선관 상호 간에 접속되는 연결구로 사용되는 부품의 명칭은?

① 스플릿 커플링
② 콤비네이션 커플링
③ 앵글 박스 커넥터
④ 콤비네이션 유니온 커플링

해설 가요전선관 상호 접속은 스플릿 커플링, 가요전선관과 박스와의 접속은 스트레이트 박스 커넥터, 앵글 박스 커넥터, 가요전선관과 금속관 접속은 콤비네이션 커플링을 사용한다.

41 석유류를 저장하는 장소의 저압 옥내 전기설비에 사용할 수 없는 배선 공사 방법은?

① 금속관 공사　　② 케이블 공사
③ 애자사용공사　　④ 합성수지관 공사

해설 셀룰로이드, 성냥, 석유 등 가연성 위험 물질을 제조하거나 저장하는 장소의 공사 방법은 합성 수지관 공사, 금속 전선관 공사, 케이블 공사가 있다.

42 최대 사용전압이 7[kV] 이하인 발전기의 절연내력을 시험하고자 한다. 최대 사용전압의 몇 배의 전압으로 권선과 대지 사이에 연속하여 몇 분간 가하여야 하는지 그 기준을 옳게 나타낸 것은?

① 1.5배, 1분　　② 2배, 1분
③ 1.5배, 10분　　④ 2배, 10분

해설 7[kV] 이하 전로(회전기)의 절연내력 시험전압은 최대사용전압×1.5배이며 시험전압을 권선과 대지 간에 10분간 연속적으로 가하여 견디어야 한다.

43 선간거리가 $2D$[m]이고 선로 도선의 지름이 d[m]인 선로의 단위 길이 당 정전용량은 몇 [μF/km]인가?

① $\dfrac{0.02413}{\log_{10}\dfrac{4D}{d}}$　　② $\dfrac{0.02413}{\log_{10}\dfrac{2D}{d}}$

③ $\dfrac{0.02413}{\log_{10}\dfrac{D}{d}}$　　④ $\dfrac{0.2413}{\log_{10}\dfrac{4D}{d}}$

해설 $C=\dfrac{0.02413}{\log_{10}\dfrac{D}{r}}$ 에서 선간거리가 $2D$이므로

$C=\dfrac{0.02413}{\log_{10}\dfrac{2D}{\dfrac{d}{2}}}=\dfrac{0.02413}{\log_{10}\dfrac{4D}{d}}$ [μF/km]

정답 38. ③　39. ①　40. ①　41. ③　42. ③　43. ①

44 소도체 2개로 된 복도체 방식의 3상 3선식 송전선로가 있다. 소도체의 지름 2[cm], 간격 36[cm], 등가선간거리 120[cm]인 경우 복도체 1[km]의 인덕턴스는 약 몇 [mH/km]인가?

① 0.624 ② 0.957
③ 1.215 ④ 1.536

해설
$$L=\frac{0.05}{2}+0.4605\log_{10}\frac{D}{\sqrt{rs}}$$
$$=0.025+0.4605\log_{10}\frac{1.2}{\sqrt{0.01\times0.36}}$$
$$=0.624$$

45 송전선로에 댐퍼를 설치하는 목적은?

① 코로나의 방지
② 전자유도 감소
③ 전선의 진동방지
④ 현수애자의 경사 방지

해설 댐퍼는 전선의 진동 방지용으로 사용된다.

46 전력 원선도에서 구할 수 없는 것은?

① 조상용량
② 선로손실
③ 과도안정 극한전력
④ 송수전단 전압 간의 상차각

해설 전력 원선도에서 정태 안정 극한 전력(최대 전력), 송수전단 전압 간의 상차각, 조상 용량, 수전단 역률, 선로 손실과 송전 효율을 알 수 있다.

47 배전계통을 구성할 때 저압 뱅킹 배전방식의 캐스케이딩(cascading) 현상이란?

① 전압 동요가 적은 현상
② 변압기의 부하 배분이 불균일한 현상
③ 저압선이나 변압기에 고장이 생기면 자동적으로 고장이 제거되는 현상
④ 저압선의 고장에 의하여 변압기의 일부 또는 전부가 회로로부터 차단되는 현상

해설 캐스케이딩 현상은 저압 뱅킹 배전방식에서 저압선의 고장으로 건전한 변압기의 일부 또는 전부가 차례로 회로로부터 차단되는 현상

48 2진수 10101010의 2의 보수 표현으로 옳은 것은?

① 01010101 ② 00110011
③ 11001100 ④ 01010110

해설 1의 보수는 0 → 1로, 1 → 0으로 변환하면 되므로
1의 보수를 구하면 10101010 → 01010101
2의 보수는 1의 보수 +1이므로
01010101 + 1 = 01010110

49 카르노도의 상태가 그림과 같을 때 간략화된 논리식은?

C \ BA	00	01	11	10
0	1	0	0	1
1	1	0	0	1

① $\overline{A}\,\overline{B}\,\overline{C}+\overline{A}\,\overline{B}C+\overline{A}B\overline{C}+\overline{A}BC$
② $A\overline{B}+\overline{A}B$
③ A
④ $\overline{A}$

정답 44. ① 45. ③ 46. ③ 47. ④ 48. ④ 49. ④

해설 카르노도표로 논리식을 간소화하면 $\overline{A}$

C \ BA	00	01	11	10
0	1	0	0	1
1	1	0	0	1

50 다음 그림과 같은 회로의 명칭은?

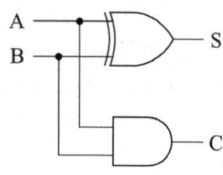

① 일치회로   ② 반일치회로
③ 감산기회로   ④ 반가산기회로

해설 $S = \overline{A}B + A\overline{B} = A \oplus B$, $C = AB$로 반가산기 회로이다.

51 디멀티플렉서(DeMUX)의 설명으로 옳은 것은?

① n 비트의 2진수를 입력하여 최대 2^n 비트로 구성된 정보를 출력하는 조합 논리회로
② 2^n 비트로 구성된 정보를 입력하여 n비트의 2진수로 출력하는 조합 논리회로
③ 여러 개의 입력선 중에서 하나를 선택하여 단일 출력선으로 연결하는 조합회로
④ 하나의 입력선으로부터 데이터를 받아 여러 개의 출력선 중의 한 곳으로 데이터를 출력하는 조합회로

해설 디멀티플렉서는 데이터 분배 회로라고도 하며, 한 개의 선으로부터 입수된 정보를 받아들임으로써 n개의 선택 입력에 의해 2^n개의 가능한 출력선 중의 하나를 선택하여 정보를 전송하는 조합회로

52 정규분포에 관한 설명 중 틀린 것은?

① 일반적으로 평균치가 중앙값보다 크다.
② 평균을 중심으로 좌우 대칭의 분포이다.
③ 대체로 표준편차가 클수록 산포가 나쁘다고 본다.
④ 평균치가 0이고 표준편차가 1인 정규분포를 표준 정규분포라 한다.

해설 정규분포는 평균값 < 중앙값 < 최빈값으로 평균치가 중앙값보다 작다.

53 로트의 크기가 시료의 크기에 비해 10배 이상 클 때, 시료의 크기와 합격판정개수를 일정하게 하고 로트의 크기를 증가시키면 검사특성곡선의 모양 변화에 대한 설명으로 가장 적합한 것은?

① 무한대로 커진다.
② 거의 변화하지 않는다.
③ 검사특성곡선의 기울기가 완만해진다.
④ 검사특성곡선의 기울기 경사가 급해진다.

해설 로트의 크기가 시료의 크기보다 커지면 검사특성곡선이 급격하게 기울어지나 로트의 크기가 시료의 크기에 비해 10배 이상 크게 되면 거의 변하지 않는다.

54 도수분포표를 만드는 목적이 아닌 것은?

① 데이터의 흩어진 모양을 알고 싶을 때
② 원 데이터를 규격과 대조하고 싶을 때
③ 결과나 문제점에 대한 계통적 특성치를 구할 때
④ 많은 데이터로부터 평균치와 표준편차를 구할 때

해설 결과나 문제점에 대한 계통적 특성치를 구할 때에는 특성요인도를 활용한다.

55 여유시간이 5분, 정미시간이 40분일 경우 내경법으로 여유율을 구하면 약 몇 [%]인가?
① 6.33[%] ② 9.05[%]
③ 11.11[%] ④ 12.06[%]

해설 내경법의 여유율
$$A = \frac{여유시간(AT)}{정미시간(NT)+여유시간(AT)} \times 100$$
$$= \frac{5}{40+5} \times 100 = 11.11[\%]$$

56 그림과 같은 계획공정도(Network)에서 주공정으로 옳은 것은?(단, 화살표 밑의 숫자는 활동 시간 [단위 : 주]을 나타낸다.)

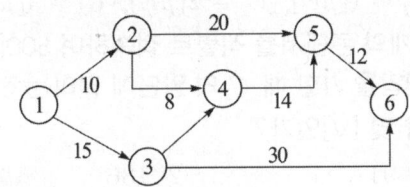

① ① - ② - ⑤ - ⑥
② ① - ② - ④ - ⑤ - ⑥
③ ① - ③ - ④ - ⑤ - ⑥
④ ① - ③ - ⑥

해설 주공정은 가장 긴 작업시간이 예상되는 공정
① 10 + 20 + 12 = 42주
② 10 + 8 + 14 + 12 = 44주
③ 15 + 14 + 12 = 41주
④ 15 + 30 = 45주

57 방법시간측정법(MTM : Method Time Measurement)에서 사용되는 1TMU (Time Measurement Unit)는 몇 시간인가?
① $\frac{1}{100000}$ 시간 ② $\frac{1}{10000}$ 시간
③ $\frac{6}{10000}$ 시간 ④ $\frac{36}{1000}$ 시간

해설 1TMU = $\frac{1}{100000}$ 시간 = $\frac{6}{10000}$ 분

2019년 제65회 CBT 복원문제

01 자기회로의 길이 l[m], 단면적 A[m²], 투자율 μ[H/m]일 때 자기저항 R[AT/Wb]을 나타낸 것은?

① $R = \dfrac{\mu l}{A}$ [AT/Wb]

② $R = \dfrac{A}{\mu l}$ [AT/Wb]

③ $R = \dfrac{\mu A}{l}$ [AT/Wb]

④ $R = \dfrac{l}{\mu A}$ [AT/Wb]

해설 자기저항은 길이에 비례하고 투자율과 면적에 반비례한다.

02 평행판 콘덴서의 극간 거리를 $\dfrac{1}{2}$로 줄이면 콘덴서 용량은 처음 값에 비해 어떻게 되는가?

① $\dfrac{1}{2}$이 된다.

② $\dfrac{1}{4}$이 된다.

③ 2배가 된다.

④ 4배가 된다.

해설 $C = \epsilon \dfrac{S}{d}$에서 극간 거리를 $\dfrac{1}{2}$로 줄이면 콘덴서 용량은 2배가 된다.

03 2개의 전하 Q_1[C]과 Q_2[C]를 r[m]의 거리에 놓았을 때 작용하는 힘의 크기를 옳게 설명한 것은?

① Q_1, Q_2의 곱에 비례하고 r에 반비례한다.
② Q_1, Q_2의 곱에 반비례하고 r에 비례한다.
③ Q_1, Q_2의 곱에 반비례하고 r의 제곱에 비례한다.
④ Q_1, Q_2의 곱에 비례하고 r의 제곱에 반비례한다.

해설 두 전하 사이에 작용하는 힘
$F = 9 \times 10^9 \times \dfrac{Q_1 Q_2}{r^2}$ [N]

04 $C_1 = 1[\mu F]$, $C_2 = 2[\mu F]$, $C_3 = 3[\mu F]$인 3개의 콘덴서를 직렬로 접속하여 500[V]의 전압을 가할 때 C_1의 양단에 걸리는 전압은 약 몇 [V]인가?

① 91   ② 136
③ 272   ④ 327

해설 $C = \dfrac{1}{\dfrac{1}{C_1} + \dfrac{1}{C_2} + \dfrac{1}{C_3}} = \dfrac{1}{\dfrac{1}{1} + \dfrac{1}{2} + \dfrac{1}{3}}$
$= 0.5454[\mu F]$
$Q = CV = 0.5454 \times 500 = 272.72$[C]
$V_1 = \dfrac{Q}{C_1} = \dfrac{272.72}{1} = 272.72$[V]

정답 1. ④ 2. ③ 3. ④ 4. ③

05 다음 설명 중 옳은 것은?
① 유도 리액턴스는 주파수에 반비례한다.
② 콘덴서를 직렬 연결하면 용량이 커진다.
③ 저항을 병렬 연결하면 합성저항은 커진다.
④ 인덕턴스를 직렬 연결하면 리액턴스가 커진다.

해설 저항과 인덕턴스는 직렬 연결하면 값이 커지고, 병렬 연결하면 작아지며, 콘덴서는 직렬 연결하면 값이 작아지고, 병렬 연결하면 커지며 유도 리액턴스는 주파수에 비례한다.

06 자체 인덕턴스가 L_1, L_2인 두 코일을 직렬로 접속하였을 때 합성 인덕턴스를 나타내는 식은? (단, 두 코일 간의 상호 인덕턴스는 M이라고 한다.)
① $L_1 + L_2 + M$ ② $L_1 - L_2 + M$
③ $L_1 + L_2 \pm 2M$ ④ $L_1 - L_2 \pm M$

해설 두 코일의 합성 인덕턴스는
$L = L_1 + L_2 \pm 2M$

07 분류기를 사용하여 전류를 측정하는 경우 전류계의 내부저항이 0.12[Ω], 분류기의 저항이 0.03[Ω]이면 그 배율은?
① 4   ② 5
③ 15   ④ 36

해설

배율 $n = \left(1 + \dfrac{R_a}{R_s}\right) = \left(1 + \dfrac{0.12}{0.03}\right) = 5$

08 $i = 10\sin\left(314t - \dfrac{\pi}{6}\right)$[A]의 전류가 흐른다. 이를 복소수로 표시하면?
① $3.54 - j6.12$ ② $5 - j17.32$
③ $6.12 - j3.5$ ④ $17.32 - j5$

해설
$i = 10\sin\left(314t - \dfrac{\pi}{6}\right) = \dfrac{10}{\sqrt{2}} \angle -\dfrac{\pi}{6}$
$= \dfrac{10}{\sqrt{2}}\left[\cos\left(-\dfrac{\pi}{6}\right) + j\sin\left(-\dfrac{\pi}{6}\right)\right]$
$= 6.12 - j3.5$

09 2전력계법으로 평형 3상 전력을 측정하였더니 각각의 전력계가 500[W], 300[W]를 지시하였다면 전 전력[W]은?
① 200   ② 300
③ 500   ④ 800

해설 2전력계법에 의한 3상 전체 유효전력
$P = P_1 + P_2 = 500 + 300 = 800$[W]

10 그림과 같은 회로에서 대칭 3상 전압(선간 전압) 173[V]를 $Z = 12 + j16$[Ω]인 성형 결선 부하에 인가하였다. 이 경우의 선전류는 몇[A]인가?

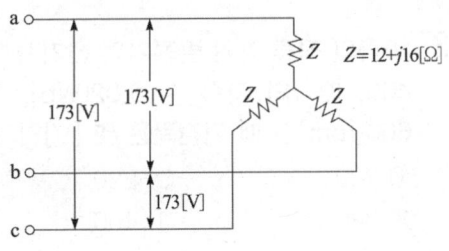

① 5.0[A]   ② 8.3[A]
③ 10.0[A]   ④ 15.0[A]

해설 상전압 $V_P = \dfrac{V_l}{\sqrt{3}} = \dfrac{173}{\sqrt{3}} = 100$[V]

정답 5. ④ 6. ③ 7. ② 8. ③ 9. ④ 10. ①

임피던스 $Z = \sqrt{R^2+X^2} = \sqrt{12^2+16^2} = 20[\Omega]$
선전류와 상전류는 같으므로
$I_l = I_P = \dfrac{V_P}{Z} = \dfrac{100}{20} = 5[A]$

11 $R-L$ 직렬회로에서 시정수의 값이 클수록 과도현상의 소멸되는 시간에 대한 설명으로 옳은 것은?
① 짧아진다.
② 길어진다.
③ 변화가 없다.
④ 과도기가 없어진다.

해설 과도현상은 시정수가 클수록 오래 지속된다.

12 $10t^3$의 라플라스 변환은?
① $\dfrac{10}{s^4}$
② $\dfrac{30}{s^4}$
③ $\dfrac{60}{s^4}$
④ $\dfrac{80}{s^4}$

해설 $\mathcal{L}[10t^3] = 10 \times \dfrac{3!}{s^{3+1}} = 10 \times \dfrac{1\times 2\times 3}{s^4} = \dfrac{60}{s^4}$

13 10극의 직류 파권 발전기의 전기자 도체수 400, 매극의 자속 수 0.02[Wb], 회전수 600[rpm]일 때 기전력은 몇 [V]인가?
① 200
② 220
③ 380
④ 400

해설 파권에서 병렬 회로수 $a=2$
$E = P\Phi \times \dfrac{N}{60} \times \dfrac{Z}{a}$
$= 10 \times 0.02 \times \dfrac{600}{60} \times \dfrac{400}{2} = 400[V]$

14 직류 타여자 발전기의 부하전류와 전기자전류의 크기는?
① 전기자전류와 부하전류가 같다.
② 전기자전류가 부하전류보다 크다.
③ 부하전류가 전기자전류보다 크다.
④ 전기자전류와 부하전류는 항상 0이다.

해설 직류 타여자 발전기에서 부하전류와 전기자전류는 같다.

15 직류 분권 발전기를 병렬운전하기 위해서는 발전기 용량 P와 정격전압 V는?
① P와 V가 임의
② P는 같고 V는 임의
③ P는 임의, V는 같아야 한다.
④ P와 V가 모두 같아야 한다.

해설 직류 발전기의 병렬운전 조건
• 단자전압이 같을 것
• 극성이 같을 것
• 외부특성곡선이 같을 것

16 히스테리시스 곡선이 횡축과 만나는 점은 무엇을 나타내는가?
① 투자율
② 자력선
③ 보자력
④ 전류 자속밀도

해설 보자력은 히스테리시스 곡선이 횡축과 만나는 점이고, 잔류자기는 종축과 만나는 점이다.

정답 11. ② 12. ③ 13. ④ 14. ① 15. ③ 16. ③

17 중권으로 감긴 직류 전동기의 극수 2, 매극의 자속 수 0.09[Wb], 전 도체수 80, 부하전류 12[A]일 때 발생하는 토크[kg·m]는 약 얼마인가?

① 1.4　　② 2.8
③ 3.8　　④ 4.5

해설
$$\tau = \frac{P}{\omega} = \frac{EI_a}{2\pi n} = \frac{\frac{pz\phi N}{60a}}{2\pi \frac{N}{60}} I_a = \frac{pz\phi I_a}{2\pi a}$$

$$= \frac{2 \times 80 \times 0.09 \times 12}{2 \times 3.14 \times 2} = 13.75 [\text{N} \cdot \text{m}]$$

$$\frac{13.75}{9.81} [\text{N} \cdot \text{m}] = 1.4 [\text{kg} \cdot \text{m}]$$

18 직류기의 보상권선은?

① 계자와 병렬로 연결
② 계자와 직렬로 연결
③ 전기자와 병렬로 연결
④ 전기자와 직렬로 연결

해설 보상권선은 전기자 권선과 직렬연결하고, 전류의 방향은 전기자권선의 전류 방향과 반대가 되게 흘려준다.

19 교류·직류 양용 전동기(Universal motor) 또는 만능 전동기라고 하는 전동기는?

① 3상 직권 전동기
② 단상 반발 전동기
③ 3상 분권 정류자 전동기
④ 단상 직권 정류자 전동기

해설 교류·직류 양용 전동기는 직류 직권전동기 구조에서 교류를 인가하는 전동기로 단상 직권 정류자 전동기 또는 만능 전동기라고 한다.

20 단상변압기의 병렬운전 조건에 대한 설명 중 잘못된 것은?

① 각 변압의 극성이 같을 것
② 각 변압기의 저항과 임피던스의 비는 $\frac{x}{r}$ 일 것
③ 각 변압기의 백분율 임피던스 강하가 같을 것
④ 각 변압기의 권수비가 같고 1차 및 2차 정격전압이 같을 것

해설 변압기 병렬운전 조건
- 권수비가 같고 1, 2차 정격전압이 같을 것
- 극성이 같을 것
- 내부저항과 누설 리액턴스의 비가 같을 것
- % 임피던스가 같을 것

21 어떤 변압기의 1차 임피던스 $Z = 484[\Omega]$ 이고, 이것을 2차로 환산하면 $Z = 1[\Omega]$이다. 2차 전압이 400[V]이면 1차 전압은?

① 1500[V]　　② 3000[V]
③ 6000[V]　　④ 8800[V]

해설
권수비 $n = \frac{V_1}{V_2} = \sqrt{\frac{Z_1}{Z_2}} = \sqrt{\frac{484}{1}} = 22$
$V_1 = 22 V_2 = 22 \times 400 = 8800 [\text{V}]$

22 유도전동기 원선도 작성에 필요한 시험과 원선도에서 구할 수 있는 것이 옳게 배열된 것은?

① 부하시험, 기동전류
② 무부하시험, 1차 입력
③ 슬립 측정시험, 기동 토크
④ 구속시험, 고정자 권선의 저항

해설 원선도 작성에 필요한 시험은 무부하시험, 단락시험, 저항 측정 시험

정답 17. ①　18. ④　19. ④　20. ②　21. ④　22. ②

원선도에서 알 수 있는 것은 1차 동손, 2차 동손, 1차 입력, 여자전류, 철손

23 직류 전동기에서 전기자에 가해 주는 전원 전압을 낮추어서 전동기의 유도 기전력을 전원전압보다 높게 하여 제동하는 방법은?
① 회생제동
② 역전제동
③ 발전제동
④ 맴돌이전류제동

해설 회생제동은 움직이고 있는 전동기가 폐회로 상태가 됐을 때의 관성력을 이용해 바퀴 등에 달려 있는 회전자를 돌려 전동기를 발전기 기능으로 작동하게 함으로써 운동 에너지를 전기 에너지로 변환해 회수하여 제동력을 발휘하는 전기 제동 방법

24 유도전동기의 기동 방식 중 권선형에만 사용할 수 있는 기동 방식은?
① Y-△ 기동
② 리액터 기동
③ 2차 저항 기동
④ 기동 보상기에 의한 기동

해설 • 농형 유도전동기의 기동 방식 : 전전압 기동, Y-△ 기동, 기동 보상기에 의한 기동
• 권선형 유도전동기의 기동 방식 : 2차 저항 기동

25 회전자 입력 10[kW], 슬립 4[%]인 3상 유도전동기의 2차 동손은 몇 [kW]인가?
① 0.2
② 0.4
③ 4
④ 9.6

해설 2차 동손 $P_{c2} = sP_2 = s\dfrac{P}{1-s}$
$= \dfrac{0.04 \times 10}{1-0.04} = \dfrac{0.4}{0.96}$
$= 0.41[\text{kW}]$

26 동기 전동기의 위상 특성곡선을 나타낸 것은? (단, P : 출력, I_f : 계자전류, I_a : 전기자 전류, $\cos\theta$: 역률로 한다.)
① $I_f - I_a$ 곡선, P는 일정
② $P - I_a$ 곡선, I_f는 일정
③ $P - I_f$ 곡선, I_a는 일정
④ $I_f - I_a$ 곡선, $\cos\theta$는 일정

해설 동기 전동기의 위상 특성 곡선은 $I_f - I_a$ 곡선, P는 일정

27 단락비가 1.2인 발전기의 % 동기 임피던스는 약 얼마인가?
① 45
② 60
③ 83
④ 100

해설 단락비 $K_s = \dfrac{100}{\%Z_s}$ 에서
$\%Z_s = \dfrac{100}{K_s} = \dfrac{100}{1.2} = 83[\%]$

28 다음 중 달링톤(Darlington) 회로의 설명으로 틀린 것은?
① 입력저항이 작다.
② 출력저항이 작다.
③ 전압이득이 작다.
④ 전류 이득이 크다.

해설 달링톤 회로는 전류 증폭도를 높이기 위해 TR을 2개 이상 여러 단으로 결합하여 만든 회로로 입력저항을 크게 하여 소신호 입력으로 고출력으로 증폭하여 사용된다.

정답 23. ① 24. ③ 25. ② 26. ① 27. ③ 28. ①

29 그림은 어떤 소자의 구조와 기호이다. 이 소자의 명칭과 ⓐ ~ ⓒ의 단자기호를 모두 옳게 나타낸 것은?

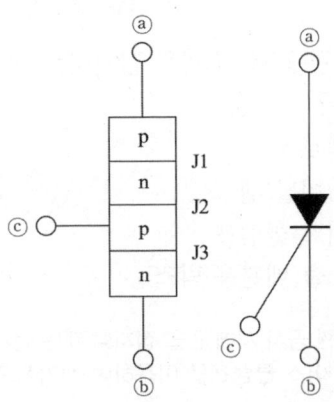

① UJT, ⓐ K(cathode), ⓑ A(anode), ⓒ G(gate)
② UJT, ⓐ A(anode), ⓑ G(gate), ⓒ K(cathode)
③ SCR, ⓐ K(cathode), ⓑ A(anode), ⓒ G(gate)
④ SCR, ⓐ A(anode), ⓑ K(cathode), ⓒ G(gate)

해설 SCR 소자의 기호로서
ⓐ A(anode), ⓑ K(cathode), ⓒ G(gate)이다.

30 다음 중 SCR에 대한 설명으로 가장 옳은 것은?
① 쌍방향성 사이리스터이다.
② 게이트 전류를 차단하면 애노드 전류가 차단된다.
③ 게이트 전류로 애노드 전류를 연속적으로 제어할 수 있다.
④ 단락 상태에서 애노드 전압을 0 또는 부(−)로 하면 차단 상태로 된다.

해설 SCR은 단락 상태에서 애노드 전압을 0 또는 부(−)로 하면 차단 상태로 된다.

31 게이트 조작에 의해 부하전류 이상으로 유지전류를 높일 수 있어 게이트 턴 온, 턴 오프가 가능한 사이리스터는?
① SCR   ② GTO
③ LASCR   ④ TRIAC

해설 GTO는 양(+)의 게이트 전류에 의하여 턴 온시킬 수 있고 음(−)의 게이트 전류에 의해 턴 오프 시킬 수 있다.

32 다음 중 2방향성 3단자 사이리스터는 어느 것인가?
① SSS   ② SCR
③ SCS   ④ TRIAC

해설 SSS는 2방향성 2단자 사이리스터, SCR은 1방향성 3단자 사이리스터, SCS는 1방향성 4단자 사이리스터이다.

33 단상 반파 위상제어 정류회로에서 220[V], 60[Hz]의 정현파 단상 교류전압을 점호각 60°로 반파 정류하고자 한다. 순저항 부하 시 평균전압은 약 몇 [V]인가?
① 74   ② 84
③ 92   ④ 110

해설
$$V = \frac{\sqrt{2}}{2\pi} E(1+\cos\theta)$$
$$= \frac{\sqrt{2} \times 220(1+\cos 60)}{2 \times 3.14}$$
$$= 74.25[V]$$

정답 29. ④ 30. ④ 31. ② 32. ④ 33. ①

34 그림과 같은 환류 다이오드 회로의 부하전류 평균값은 몇 [A]인가? (단, 교류전압 $V=220$[V], 60[Hz], 부하저항 $R=10$[Ω]이며 인덕턴스 L은 매우 크다.)

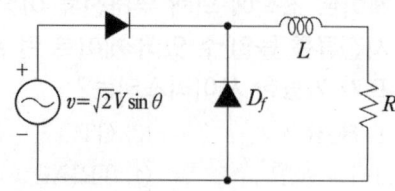

① 6.7[A]　② 8.5[A]
③ 9.9[A]　④ 11.7[A]

해설 환류 정류회로의 출력전압 V_0는 L과 무관하며 저항부하를 갖는 단상반파 정류회로에서의 출력전압과 동일하므로 부하전류 i_0의 평균값

$$I_{dc} = \frac{V_{dc}}{R} = \frac{0.45V}{R} = \frac{0.45 \times 220}{10} = 9.9[A]$$

35 동심 중성선 수밀형 전력 케이블의 약호는?
① CD-C　② ACSR
③ CN-CV　④ CN-CV-W

해설 ・CD-C : 가교 폴리에틸렌 절연 CD 케이블
・ACSR : 강심 알루미늄 연선
・CN-CV : 동심 중성선 가교 폴리에틸렌 절연 비닐시즈 케이블

36 저압 옥내 배선에 사용하는 전선의 굵기를 잘못 사용한 경우는?
① 단면적 1.5[mm²] 이상의 연동선
② 단면적 1[mm²] 이상의 미네럴 인슈레이션 케이블
③ 진열장 내의 배선공사에 단면적 0.75[mm²] 이상의 캡타이어 케이블
④ 전광표시장치 또는 제어회로 배선에 단면적 0.75[mm²] 이상의 다심 케이블

해설 저압 옥내배선은 2.5[mm²] 이상의 연동선이나 1[mm²] 이상의 MI 케이블을 사용해야 한다.

37 금속관 공사 시 관을 접지하는 데 사용하는 것은?
① 엘보
② 터미널 캡
③ 어스 클램프
④ 노출 배관용 박스

해설 금속관 공사 시에 관을 접지할 때는 접지선과 금속관을 어스 클램프를 이용하여 전기적으로 연결한다.

38 금속관을 조영재에 따라서 시설하는 경우는 새들 또는 행거 등으로 견고하게 지지하고 그 간격을 몇 [m] 이하로 하는 것이 가장 바람직한가?
① 2　② 3
③ 4　④ 5

해설 캡타이어 케이블 : 1[m]
합성수지관 : 1.5[m]
금속관, 애자 : 2[m]
금속덕트 : 3[m]

39 35[kV] 이하의 가공전선이 철도 또는 궤도를 횡단하는 경우 지표상(레일면상)의 높이는 몇 [m] 이상이어야 하는가?
① 4　② 5
③ 6　④ 6.5

해설 철도 또는 궤도를 횡단하는 경우는 6.5[m] 이상일 것

정답 34.③　35.④　36.①　37.③　38.①　39.④

40 직선 철탑이 연속되는 경우 10기 이하마다 1기의 내장 애자장치를 사용하여 전선로를 보강하는 철탑은?

① 내장형 ② 각도형
③ 인류형 ④ 보강형

해설 내장형 철탑은 서로 인접하는 경간의 길이가 서로 크게 달라서 전선에 지나친 불평형 장력이 가해질 경우에 설치하고 직선 철탑이 다수 연속될 경우에는 약 10기마다 1기의 비율로 내장형 철탑을 설치한다.

41 소맥분, 전분, 기타의 가연성 분진이 존재하는 곳의 저압 옥내 배선으로 적합하지 않은 공사방법은?

① 가요전선관 공사
② 금속관 공사
③ 합성수지관 공사
④ 케이블 공사

해설 소맥분, 전분, 유황 기타 가연성의 먼지로서 공중에 떠다니는 상태에서 착화하였을 때, 폭발의 우려가 있는 곳의 저압 옥내 배선은 합성수지관 배선, 금속 전선관 배선, 케이블 배선에 의하여 시설한다.

42 500[V] 이하인 저압 전로의 전선 상호 간의 절연저항은 몇 [MΩ] 이상이어야 하는가?

① 0.5[MΩ] ② 1.0[MΩ]
③ 1.5[MΩ] ④ 2.0[MΩ]

해설

전로의 사용전압[V]	DC시험전압	절연저항
SELV 및 PELV	250[V]	0.5[MΩ]
FELV, 500[V] 이하	500[V]	1.0[MΩ]
500[V] 초과	1000[V]	1.0[MΩ]

43 배전용 전기기계기구인 COS(컷아웃 스위치)의 용도로 알맞은 것은?

① 배전용 변압기의 1차측에 시설하여 배전구역 전환용으로 쓰인다.
② 배전용 변압기의 2차측에 시설하여 배전구역 전환용으로 쓰인다.
③ 배전용 변압기의 1차측에 시설하여 변압기의 단락 보호용으로 쓰인다.
④ 배전용 변압기의 2차측에 시설하여 변압기의 단락 보호용으로 쓰인다.

해설 COS는 변압기의 1차측에 시설하여 변압기 단락 보호용으로 사용한다.

44 전기공사 시 정부나 공공기관에서 발주하는 물량 산출 시 전기재료의 할증률 중 옥외 케이블은 일반적으로 몇 [%] 이내로 하여야 하는가?

① 1 ② 3
③ 5 ④ 10

해설 전선은 옥내 10[%], 옥외 5[%], 케이블은 옥내 5[%], 옥외 3[%] 할증한다.

45 다음은 태양광 발전의 특징에 대한 설명이다. 적합하지 않은 것은?

① 무소음/무진동으로 환경오염을 일으키지 않는다.
② 한번 설치해 놓으면 유지비용이 거의 들지 않는다.
③ 햇빛이 있는 곳이면 어느 곳에서나 간단히 설치할 수 있다.
④ 높은 에너지 밀도로 다량의 전기를 생산할 수 있는 최적의 발전 설비이다.

정답 40. ① 41. ① 42. ② 43. ③ 44. ② 45. ④

해설 낮은 에너지 밀도로 많은 양의 전기를 생산할 때에는 넓은 공간이 필요하다.

46 선로정수를 전체적으로 평형이 되게 하고 근접 통신선에 대한 유도 장해를 줄일 수 있는 방법은?
① 연가를 한다.
② 딥(dip)을 준다.
③ 복도체를 사용한다.
④ 소호 리액터 접지를 한다.

해설 선로정수를 평형 시키고 통신선의 유도장해를 방지하기 위하여 선로를 3배수 등분하여 연가를 실시한다.

47 단상 2선식의 교류 송전선이 있다고 가정할 때 전선 1선의 저항은 0.15[Ω], 리액턴스는 0.25[Ω]이다. 부하는 무유도성으로서 100[V], 3[kW]일 때 급전점의 전압은 몇 [V]인가?
① 100
② 109
③ 120
④ 130

해설 $e = 2IR = 2 \times \dfrac{P}{V} \times R$
$= 2 \times \dfrac{3000}{100} \times 0.15$
$= 9\text{[V]}$
$E_s = E_r + e = 100 + 9 = 109\text{[V]}$

48 가공 왕복선 배치에서 지름이 d[m]이고 선간 거리가 D[m]인 선로 한 가닥의 작용 인덕턴스는 몇[mH]인가?
① $0.5 + 0.4605\log_{10}\dfrac{D}{d}$
② $0.05 + 0.4605\log_{10}\dfrac{D}{d}$
③ $0.5 + 0.4605\log_{10}\dfrac{2D}{d}$
④ $0.05 + 0.4605\log_{10}\dfrac{2D}{d}$

해설 $L = 0.05 + 0.4605\log_{10}\dfrac{D}{r}$
$= 0.05 + 0.4605\log_{10}\dfrac{D}{\frac{d}{2}}$
$= 0.05 + 0.4605\log_{10}\dfrac{2D}{d}$[mH/km]

49 송전선로에서 코로나 임계전압이 높아지는 경우는 다음 중 어느 것인가?
① 기압이 낮은 경우
② 전선의 직경이 큰 경우
③ 온도가 높아지는 경우
④ 상대 공기밀도가 작을 경우

해설 $E_0 = 24.3 m_0 m_1 \delta d \log_{10}\dfrac{D}{r}$[kV]
m_0 : 전선표면계수
m_1 : 기후에 관한 계수
δ : 상대공기밀도
d : 전선의 직경[m]
D : 선간거리[m]
r : 전선 반지름[m]

정답 46. ① 47. ② 48. ④ 49. ②

50 현수애자 4개를 1련으로 한 66[kV] 송전선로가 있다. 현수애자 1개의 절연저항이 2000[MΩ]이라면 표준경간을 200[m]로 할 때 1[km]당의 누설 컨덕턴스는 약 몇 [℧]인가?

① 0.58×10^{-9}
② 0.63×10^{-9}
③ 0.73×10^{-9}
④ 0.83×10^{-9}

해설 현수애자 1련의 절연저항 $2000 \times 4 = 8000[M\Omega]$
1[km]당 절연저항은 애자련 5개가 병렬 연결되어 있으므로
$R = \dfrac{8000 \times 10^6}{5} = 1600 \times 10^6$
$G = \dfrac{1}{R} = \dfrac{1}{1600 \times 10^6} = 0.63 \times 10^{-9}$

51 2진수 1111101011111010_2를 16진수로 변환한 값은?

① $FAFA_{16}$
② $EAEA_{16}$
③ $FBFB_{16}$
④ $AFAF_{16}$

해설 1111 / 1010 / 1111 / 1010
 F   A   F   A

52 2진수 1011_2를 그레이 코드(Gray Code)로 변환한 값은?

① 1111_G
② 1101_G
③ 1110_G
④ 1100_G

해설
```
      ②     ④     ⑥
   1 → 0 → 1 → 1    2진수
  ①↓   ③↓   ⑤↓   ⑦↓
   1    1    1    0    그레이 코드
```

53 논리식 $A + AB$를 간단히 계산한 결과는?

① A
② $\overline{A} + B$
③ $A + \overline{B}$
④ $A + B$

해설 $A + AB = A(1+B) = A$

54 JK 플립플롭에서 $J = 1$, $K = 1$일 때 Q_{n+1}의 출력은?

① Q_n
② 0(reset)
③ 1(set)
④ toggle

해설 JK 플립플롭은 $J = K = 1$이면 출력은 펄스 입력 신호에 따라 toggle된다.

55 샘플링 검사의 목적으로 틀린 것은?

① 검사 비용 절감
② 품질 향상의 자극
③ 생산 공정상의 문제점 해결
④ 나쁜 품질인 로트의 불합격

해설 샘플링 검사는 한 로트의 물품 중에서 발췌한 시료를 조사하고 그 결과를 판정 기준과 비교하여 그 로트의 합격 여부를 결정하는 검사로 검사 비용이 절감되며 품질을 향상시킬 수 있다.

56 관리도에서 측정한 값을 차례로 타점했을 때 점이 순차적으로 상승하거나 하강하는 것을 무엇이라 하는가?

① 런(Run)
② 주기(Cycle)
③ 경향(Trend)
④ 산포(Dispersion)

해설 경향(Trend) : 길이 7의 상승 경향과 하강 경향(비관리상태)

정답 50. ② 51. ① 52. ③ 53. ① 54. ④ 55. ③ 56. ③

57 미리 정해진 일정 단위 중에 포함된 부적합수에 의거 하여 공정을 관리할 때 사용되는 관리도는?

① c 관리도　　② P 관리도
③ X 관리도　　④ nP 관리도

해설 c(결점수) 관리도는 일정 단위 중에 나타나는 결점수를 관리하기 위하여 사용하는 관리도

58 TPM 활동의 기본을 이루는 3정 5S 활동에서 3정에 해당되는 것은?

① 정시간　　② 정돈
③ 정리　　　④ 정량

해설 TPM(전사적 생산보전)
- 3정 : 정위치, 정품, 정량
- 5S : 정리(Seiri), 정돈(Seiton), 청소(Seiso), 청결(Seiketsu), 습관화(Shitsuke)

59 브레인스토밍(Brainstorming)과 가장 관계가 깊은 것은?

① 파레토도　　② 회귀분석
③ 특성요인도　④ 히스토그램

해설 특성요인도는 결과에 미치는 영향을 계통적으로 정리한 것

60 다음 [표]를 참조하여 5개월 단순이동평균법으로 7월의 수요를 예측하면 몇 개인가?

[단위 : 개]

월	1	2	3	4	5	6
실적	48	50	53	60	64	68

① 55개　　② 57개
③ 58개　　④ 59개

해설 단순이동평균법

당기 예측치 $M_t = \dfrac{\sum X_t (\text{당기 실적치})}{n}$

$= \dfrac{(50+53+60+64+68)}{5}$

$= \dfrac{295}{5} = 59$

정답 57. ①　58. ④　59. ③　60. ④

2019년 제66회 CBT 복원문제

바뀐 출제기준에 따라 삭제된 문제가 있어서 60문항이 안됩니다.

01 어떤 정현파 전압의 평균값이 220[V]이면 최댓값은 약 몇 [V]인가?
① 282
② 315
③ 345
④ 445

해설 최댓값 = $\dfrac{평균값}{0.637} = \dfrac{220}{0.637} = 345[V]$

02 선간전압이 380[V]인 전원에 $Z = 8 + j6$ [Ω]의 부하를 Y결선으로 접속했을 때 선전류는 약 몇 [A]인가?
① 12
② 22
③ 28
④ 38

해설 상전압 = $\dfrac{선간전압}{\sqrt{3}} = \dfrac{380}{\sqrt{3}} = 220[V]$
선전류 = $\dfrac{상전압}{Z} = \dfrac{220}{\sqrt{8^2+6^2}} = 22[A]$

03 그림과 같은 회로에 입력 전압 220[V]를 가할 때 30[Ω] 저항에 흐르는 전류는 몇 [A] 인가?

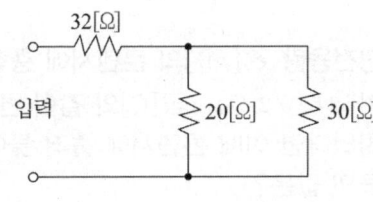

① 2
② 3
③ 4
④ 5

해설 합성저항 $R_0 = 32 + \dfrac{20 \times 30}{20+30} = 44[Ω]$

30[Ω]에 흐르는 전류
$I_2 = \dfrac{220}{44} \times \dfrac{20}{20+30} = 2[A]$

04 그림과 같은 회로에서 $i_1 = I_m \sin \omega t$ [A]일 때 개방된 2차 단자에 나타나는 유기기전력은 얼마인가?

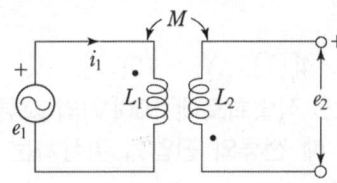

① $\omega M I_m \sin(\omega t - 90°)$
② $\omega M I_m \cos(\omega t - 90°)$
③ $-\omega M \sin \omega t$
④ $-\omega M \cos \omega t$

해설 1차 전압의 극성과 2차 전압의 극성 방향이 반대이므로
$e_2 = -M\dfrac{di_1}{dt} = -M\dfrac{d(I_m \sin \omega t)}{dt}$
$= -\omega M I_m \cos \omega t = \omega M I_m \sin(\omega t - 90°)$

05 두 콘덴서 C_1, C_2가 직렬로 접속되어 있을 때 합성 정전용량은?
① $C_1 + C_2$
② $\dfrac{1}{C_1} + \dfrac{1}{C_2}$
③ $\dfrac{C_1 C_2}{C_1 + C_2}$
④ $\dfrac{C_1 + C_2}{C_1 C_2}$

해설 콘덴서의 직렬접속의 합성 정전용량은 저항의 병렬접속의 합성저항을 구하는 방법으로 계산하면 된다.

정답 1. ③ 2. ② 3. ① 4. ① 5. ③

06 저항 $R=15[\Omega]$, 자체 인덕턴스 $L=35[mH]$, 정전용량 $C=300[\mu F]$의 직렬회로에서 공진 주파수는 약 몇 [Hz]인가?

① 40　　② 50
③ 60　　④ 70

해설
$$f_0 = \frac{1}{2\pi\sqrt{LC}}$$
$$= \frac{1}{2\pi\sqrt{35\times10^{-3}\times300\times10^{-6}}}$$
$$= 50[Hz]$$

07 $R=4[\Omega]$, $X_L=15[\Omega]$, $X_C=12[\Omega]$의 RLC 직렬회로에 100[V]의 교류전압을 가할 때 전류와 전압의 위상차는 약 얼마인가?

① 0°　　② 37°
③ 53°　　④ 90°

해설
$Z=\sqrt{R^2+(X_L-X_c)^2}=\sqrt{4^2+3^2}=5$
$\cos\theta = \dfrac{R}{Z}$에서 $\theta=\cos^{-1}\dfrac{4}{5}=36.86°$

08 유전체에서 전자분극은 어떤 이유에서 일어나는가?

① 영구 전기쌍극자의 전계방향 배열에 의함
② 단결정 매질에서 전자운과 핵 간의 상대적인 변위에 의함
③ 화합물에서 (+)이온과 (-)이온 간의 상대적인 변위에 의함
④ 화합물에서 전자운과 (+)이온 간의 상대적인 변위에 의함

해설 전자분극은 전기장 안에서 원자, 분자 속의 전자 분포가 변위함으로써 생기는 전기분극

09 유도기전력에 관한 렌츠의 법칙을 맞게 설명한 것은?

① 유도기전력은 자속의 변화를 방해하려는 방향으로 발생한다.
② 유도기전력은 자속의 변화를 방해하려는 역방향으로 발생한다.
③ 유도기전력의 크기는 자기장의 방향과 전류의 방향에 의하여 결정된다.
④ 유도기전력의 크기는 코일을 지나는 자속의 매초 변화량과 코일의 권수에 비례한다.

해설 유기기전력 $e=-N\dfrac{d\phi}{dt}$이므로 자속의 변화를 방해하려는 방향으로 발생한다.

10 평행한 두 개의 도선에 전류가 서로 같은 방향으로 흐를 때 두 도선 사이에서의 자계강도는 한 개의 도선일 때보다 어떠한가?

① 더 약해진다.
② 더 강해진다.
③ 강해졌다가 약해진다.
④ 주기적으로 약해졌다 또는 강해졌다 한다.

해설 평행한 두 개의 도선에 같은 방향으로 전류가 흐르면 자기력선은 반대 방향으로 발생하므로 서로 상쇄되어 자계의 세기는 감소하게 된다.

11 정전용량 $C[\mu F]$의 콘덴서에 충전된 전하가 $q=\sqrt{2}Q\sin\omega t[C]$와 같이 변화하도록 하였다면 이때 콘덴서에 흘러 들어가는 전류의 값은?

① $i=\sqrt{2}\omega Q\sin\omega t$
② $i=\sqrt{2}\omega Q\cos\omega t$
③ $i=\sqrt{2}\omega Q\sin(\omega t-60°)$
④ $i=\sqrt{2}\omega Q\cos(\omega t-60°)$

정답 6. ②　7. ②　8. ②　9. ①　10. ①　11. ②

해설 $i = \dfrac{dq}{dt} = \dfrac{d}{dt}\sqrt{2}\,Q\sin\omega t = \sqrt{2}\,\omega Q\cos\omega t$

12 $f(t) = \dfrac{e^{at} + e^{-at}}{2}$ 의 라플라스 변환은?

① $\dfrac{s}{s^2 - a^2}$ ② $\dfrac{s}{s^2 + a^2}$

③ $\dfrac{a}{s^2 - a^2}$ ④ $\dfrac{a}{s^2 + a^2}$

해설 $\dfrac{1}{2}(e^{at} + e^{-at}) = \dfrac{1}{2}\left(\dfrac{1}{s+a} + \dfrac{1}{s-a}\right)$

$\dfrac{1}{2}\left(\dfrac{s+a+s-a}{(s+a)(s-a)}\right) = \dfrac{1}{2}\left(\dfrac{2s}{s^2-a^2}\right) = \dfrac{s}{s^2-a^2}$

13 전기기계의 철심을 성층하는 가장 적절한 이유는?

① 기계손을 적게 하기 위해서
② 와류손을 적게 하기 위해서
③ 표유 부하손을 적게 하기 위해서
④ 히스테리시스손을 적게 하기 위해서

해설 와류손을 감소시키기 위해 철심을 성층하고 히스테리시스손을 감소시키기 위해 규소강판을 사용한다.

14 자기 히스테리시스 곡선의 횡축과 종축은 어느 것을 나타내는가?

① 투자율과 자속밀도
② 투자율과 잔류자기
③ 자기장의 크기와 보자력
④ 자기장의 크기와 자속밀도

해설 히스테리시스 곡선의 횡축은 자기장의 세기와 종축은 자속밀도를 나타낸다.

15 동기발전기의 전기자 권선을 단절권으로 하는 이유는?

① 효율을 좋게 한다.
② 절연이 좋아진다.
③ 기전력을 높이는 데 있다.
④ 고조파를 제거해서 기전력의 파형을 좋게 한다.

해설 단절권은 코일의 양변 간의 피치가 1자극 피치보다 짧은 코일을 사용한 권선으로 고조파 제거로 파형이 좋아지고 코일 단부가 줄어 동량이 적게 드는 장점이 있다.

16 정격전압이 200[V], 정격출력 50[kW]인 직류 분권 발전기의 계자 저항이 20[Ω]일 때 전기자전류는 몇 [A]인가?

① 10 ② 20
③ 130 ④ 260

해설 계자전류 $I_f = \dfrac{V}{R_f} = \dfrac{200}{20} = 10[A]$

부하전류 $I = \dfrac{P}{V} = \dfrac{50000}{200} = 250[A]$

전기자전류 $I_a = I_f + I = 10 + 250 = 260[A]$

17 150[kVA]의 전부하 동손 2[kW], 철손 1[kW]일 때 이 변압기의 최대 효율은 전부하의 몇 [%]일 때인가?

① 50 ② 63
③ 70.7 ④ 141.4

해설 최대효율 조건

$\dfrac{1}{m}$ 부하 $= \sqrt{\dfrac{P_i}{P_c}} = \sqrt{\dfrac{1}{2}} = 0.707$

정답 12. ① 13. ② 14. ④ 15. ④ 16. ④ 17. ③

18 다음 ( ) 안의 알맞은 내용으로 옳은 것은?

> 변압기의 등가회로에서 2차 회로를 1차 회로로 환산하는 경우 전류는 (㉮)배, 저항과 리액턴스는 (㉯)배가 된다.

① ㉮ $\frac{1}{a}$, ㉯ a^2
② ㉮ $\frac{1}{a}$, ㉯ a
③ ㉮ a^2, ㉯ $\frac{1}{a}$
④ ㉮ a^2, ㉯ a

해설 2차 회로를 1차 회로로 환산하는 경우 전류는 $\frac{1}{a}$배, 저항과 리액턴스는 a^2배가 되고, 1차 회로를 2차 회로로 환산하는 경우 전류는 a배, 저항과 리액턴스는 $\frac{1}{a^2}$배가 된다.

19 단상 유도전동기에서 주권선과 보조권선을 전기각 2π[rad]로 배치하고 보조권선의 권수를 주권선의 $\frac{1}{2}$로 하여 인덕턴스를 적게 하여 기동하는 방식은?
① 분상 기동형
② 권선 기동형
③ 콘덴서 기동형
④ 세이딩 코일형

해설 분상 기동형 단상 유도전동기는 전기각이 90°인 곳에 기동형 권선을 감고 여기에 저항을 직렬로 연결하면 이의 자속에 의하여 불완전한 2상의 회전 자계를 만들어 농형회전자를 기동하는 유도전동기로 기동 후에는 원심력 스위치가 개방된다.

20 4극의 3상 유도전동기가 60[Hz]의 전원에 연결되어 4[%]의 슬립으로 회전할 때 회전수는 몇 [rpm]인가?
① 1656
② 1700
③ 1728
④ 1800

해설
$$N=(1-s)N_s=(1-s)\frac{120f}{P}$$
$$=(1-0.04)\frac{120\times 60}{4}=1728[\text{rpm}]$$

21 권수비 30인 단상변압기가 전부하에서 2차 전압이 120[V], 전압 변동률이 5[%]라 한다. 1차 단자전압[V]은?
① 3454
② 3780
③ 3950
④ 4210

해설 무부하 2차 전압
$V_0=120\times 1.05=126[\text{V}]$
1차 단자전압
$V_1=126\times 30=3780[\text{V}]$

22 주파수 60[Hz]로 제작된 3상 유도전동기를 동일한 전압의 50[Hz]의 전원으로 사용할 때 나타나는 현상은?
① 철손 감소
② 자속 감소
③ 속도 증가
④ 무부하 전류 증가

해설 $V=knf\phi$[V]에서 전압이 일정하고 주파수가 감소하면 속도 감소, 자속 및 철손, 여자전류는 증가한다.

23 동기전동기에 관한 설명으로 잘못된 것은?
① 제동권선이 필요하다.
② 여자기가 필요하다.
③ 난조가 발생하기 쉽다.
④ 역률을 조정할 수 없다.

해설 동기전동기는 계자전류를 조정하여 지상에서 진상까지 역률을 조정할 수 있고 속도가 불변이며 기동 토크가 작다.

정답 18. ① 19. ① 20. ③ 21. ② 22. ④ 23. ④

24 다음 중 유니버설 전동기의 특징에 대하여 올바르게 설명하지 않은 것은?
① 단상 직권 정류자 전동기이다.
② 가볍고 고속 운전이 가능하다.
③ 입력되는 전원에 따라 회전방향이 바뀐다.
④ 직류전원 또는 단상 교류전원으로 구동할 수 있다.

해설 유니버설 전동기는 단상 직권 정류자 전동기로 전기자전류와 계자전류가 함께 바뀌기 때문에 교류 전원으로 운전이 가능하며 직류나 교류에서 토크 발생 방향이 일정하여 항상 한 방향으로만 회전한다.

25 전압을 일정하게 유지하기 위해서 이용되는 다이오드는?
① 제너 다이오드
② 바랙터 다이오드
③ 정류용 다이오드
④ 배리스터 다이오드

해설 제너 다이오드는 정전압 다이오드이다.

26 다음 ( ) 안에 알맞은 내용을 순서대로 나열한 것은?

> 사이리스터(Thyistor)에서는 게이트 전류가 흐르면 순방향의 저지상태에서 (ⓐ)상태로 된다. 게이트 전류를 가하여 도통 완료까지의 시간을 (ⓑ)시간이라고 하나, 이 시간이 길면 (ⓒ)시의 (ⓓ)이 많고 사이리스터 소자가 파괴되는 수가 있다.

① ⓐ 온(On), ⓑ 턴온(Turn On), ⓒ 스위칭, ⓓ 전력 손실
② ⓐ 온(On), ⓑ 턴온(Turn On), ⓒ 전력손실, ⓓ 스위칭
③ ⓐ 스위칭, ⓑ 온(On), ⓒ 턴온(Turn On), ⓓ 전력 손실
④ ⓐ 턴온(Turn On), ⓑ 스위칭, ⓒ 온(On), ⓓ 전력 손실

해설 사이리스터에서는 게이트 전류가 흐르면 순방향의 저지 상태에서 ON 상태로 된다. 게이트 전류를 가하여 도통 완료까지의 시간을 턴온 시간이라고 하나, 이 시간이 길면 스위칭 시의 전력 손실이 많고 사이리스터 소자가 파괴되는 수가 있다.

27 직류를 교류로 변환하는 장치이며 상용 전원으로부터 공급된 전력을 입력받아 자체 내에서 전압과 주파수를 가변시켜 전동기에 공급함으로써 전동기 속도를 고효율로 용이하게 제어하는 장치를 무엇이라고 하는가?
① 초퍼
② 컨버터
③ 인버터
④ 변압기

해설 직류를 교류로 변환하는 장치를 인버터 또는 역변환 장치라고 한다.

28 다음은 3상 전압형 인버터를 이용한 전동기 운전회로의 일부이다. 회로에서 트랜지스터의 기본적인 역할로 가장 적당한 것은?

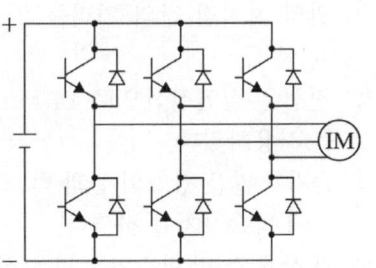

① 전압증폭
② ON · OFF
③ 전류증폭
④ 정류작용

해설 3상 전압형 인버터의 TR을 순서대로 ON, OFF하여 교류로 변환하여 3상 유도전동기를 운전할 수 있다.

해설 합성수지관의 지지점 간의 거리는 1.5[m] 이내로 하여야 한다.

29 사이클로 컨버터(Sycloconverter)란?
① 직류제어 소자이다.
② 전류제어 장치이다.
③ 실리콘 양방향성 소자이다.
④ 제어 정류기를 사용한 주파수 변환기이다.

해설 사이클로 컨버터는 교류 입력의 주파수와 전압 크기를 바꾸어 주는 교류-교류 전력제어 장치로서 교류 전력을 낮은 주파수의 교류로 변환시키는 주파수 변환기이다.

32 저압 가공 인입선 공사에서 450/750[V] 일반용 단심 비닐절연전선을 사용하는 경우 전선의 길이가 15[m] 이하인 경우 전선의 굵기는 몇 [mm^2] 이상이어야 하는가?
① 2.0
② 2.6
③ 4
④ 6

해설 450/750[V] 일반용 단심 비닐절연전선
- 15[m] 이하인 경우 : 4[mm^2] 이상
- 15[m] 초과인 경우 : 6[mm^2] 이상

30 PWM 인버터 방식에서 반송 신호로 가장 많이 사용되는 것은?
① 삼각파
② 반원파
③ 구형파
④ 정현파

해설 PWM 인버터 방식에서 반송 신호로 가장 많이 사용되는 것은 삼각파이다.

33 옥내에서 두 개 이상의 전선을 병렬로 사용하는 경우 설명이 잘못된 것은?
① 동일한 도체, 동일한 굵기, 동일한 길이이어야 한다.
② 병렬로 사용하는 전선은 각 전선에 퓨즈를 시설하여야 한다.
③ 같은 극의 각 전선은 동일한 터미널 러그에 완전히 접속하여야 한다.
④ 병렬로 사용하는 각 전선의 굵기는 동 50[mm^2] 이상 또는 알루미늄 70[mm^2] 이상이어야 한다.

해설 옥내 배선에서 전선 병렬 사용 시 관내에 전자적 불평형이 생기지 아니하도록 시설하여야 하며 전선의 굵기는 동은 50[mm^2] 이상, 알루미늄은 70[mm^2] 이상이고 동일한 도체, 굵기, 길이이어야 하며 전선의 접속은 동일한 터미널 러그에 완전히 접속해야 하고 전선의 각각에는 퓨즈를 설치하지 말아야 한다.

31 합성수지관 공사에 의한 저압 옥내 배선에 대한 내용으로 틀린 것은?
① 관의 지지점 간의 거리를 2[m]로 하였다.
② 전선은 절연전선으로 14[mm^2]의 연선을 사용하였다.
③ 습기가 많은 장소의 관과 박스의 접속 개소에 방습장치를 하였다.
④ 관 상호 간 및 박스와는 관을 삽입하는 깊이를 관의 바깥지름의 1.2배로 하였다.

정답 29. ④ 30. ① 31. ① 32. ③ 33. ②

34 다음 중 과전류차단기를 설치하는 곳은?
① 간선의 전원측 전선
② 접지공사의 접지선
③ 다선식 전로의 중성선
④ 접지공사를 한 저압 가공전선의 접지측 전선

해설 과전류차단기를 설치해야 하는 곳으로는 배전용 변압기의 1차측, 발전기, 변압기, 전동기 등의 기계기구를 보호하는 곳, 저압 옥내 간선의 전원측 전선

35 저압 연접인입선의 시설기준으로 옳은 것은?
① 옥내를 통과하여 시설할 것
② 폭 4[m]를 초과하는 도로를 횡단하지 말 것
③ 지름은 최소 1.5[mm] 이상의 경동선을 사용할 것
④ 인입선에서 분기하는 점으로부터 100[m]를 초과하지 말 것

해설 저압 연접인입선은 저압 인입선의 시설 규정에 준하여 시설하는 외에는 다음에 의하여 시설하여야 한다.
• 인입선에서 분기하는 점으로부터 100[m]를 넘는 지역에 미치지 않을 것
• 폭 5[m]를 넘는 도로를 횡단하지 아니할 것
• 옥내를 통과하지 아니할 것
• 전선은 인장강도 2.30[kN] 이상 또는 지름 2.6[mm] 인입용 비닐절연전선 사용(단, 경간이 15[m] 이하인 경우 인장강도 1.25[kN] 이상 또는 2.0[mm] 이상의 인입용 비닐절연전선일 것)

36 특고압용 변압기의 냉각방식이 타냉식인 경우 냉각장치의 고장으로 인하여 변압기의 온도가 상승하는 것을 대비하기 위하여 시설하는 장치는?
① 방진장치
② 경보장치
③ 회로 차단장치
④ 공기 정화장치

해설 타냉식 변압기의 냉각장치에 고장으로 인하여 변압기의 온도가 상승한 경우에 변압기를 보호하기 위하여 경보장치를 시설하여야 한다.

37 랙(Rack)을 이용한 배선 방법은 어떤 전선로에 사용되는가?
① 저압 가공선로
② 고압 가공선로
③ 저압 지중선로
④ 고압 지중선로

해설 랙을 이용한 배선 방법은 저압 가공전선을 수직 배열하는 데 사용된다.

38 각 수용가의 수용률 및 수용가 사이의 부등률이 변화할 때 수용가군 총합의 부하율에 대한 설명으로 옳은 것은?
① 부등률과 수용률에 모두 비례한다.
② 부등률과 수용률에 모두 반비례한다.
③ 수용률에 비례하고 부등률에 반비례한다.
④ 부등률에 비례하고 수용률에 반비례한다.

해설 수용률이 커지면 변압기 용량이 커지므로 부하율은 작아지고, 부등률이 커지면 변압기 용량이 작아지므로 부하율은 커진다.

정답 34. ① 35. ④ 36. ② 37. ① 38. ④

39 345[kV]의 가공 송전선을 사람이 쉽게 들어갈 수 없는 산지에서 시설하는 경우 가공 송전선의 지표상 높이는 최소 몇 [m]인가?

① 5.28 ② 6.28
③ 7.28 ④ 8.28

해설 송전선 높이
$$h = 5 + \frac{345-160}{10} \times 0.12 = 7.28[m]$$

40 500[lm]의 광속을 발산하는 전등 20개를 1000[m²] 방에 점등하였을 경우 평균조도는 약 몇 [lx]인가? (단, 조명률은 0.5, 감광보상률은 1.5이다.)

① 3.33 ② 4.24
③ 5.48 ④ 6.67

해설 $E = \frac{FUN}{AD} = \frac{500 \times 0.5 \times 20}{1000 \times 1.5} = 3.33[lx]$

41 실지수가 높을수록 조명률이 높아진다. 방의 크기가 가로 9[m], 세로 6[m]이고 광원의 높이는 작업 면에서 3[m]인 경우 이 방의 실지수는?

① 0.2 ② 1.2
③ 18   ④ 27

해설 $K = \frac{XY}{H(X+Y)} = \frac{9 \times 6}{3(9+6)} = 1.2$

42 다음 중 독립접지에 대한 설명으로 잘못된 것은?

① 접지 신뢰도가 낮다.
② 접지 공사비가 적게 소요된다.
③ 인접 접지극의 전위 간섭이 적다.
④ 접지저항을 저하시키기 어렵다.

해설 독립접지의 특징으로는 인접 접지극의 전위 간섭이 적고, 접지 공사비가 많이 들며, 접지저항을 낮추기가 어렵고, 접지 신뢰도가 낮아진다.

43 통로 유도등의 조도는 통로 유도등의 바로 밑의 바닥으로부터 수평으로 0.5[m] 떨어진 바닥에서 측정하여 몇 [lx] 이상이어야 하는가?

① 1 ② 2
③ 3 ④ 4

해설 통로 유도등의 조도는 통로 유도등의 바로 밑의 바닥으로부터 수평으로 0.5[m] 떨어진 바닥에서 1[lx] 이상, 바닥에 매설한 것에서는 직상부 1[m] 높이에서 1[lx] 이상

44 전력설비에 대한 설치 목적의 연결이 옳지 않은 것은

① 소호 리액터 – 지락전류 제한
② 한류 리액터 – 단락전류 제한
③ 직렬 리액터 – 충전전류 방전
④ 분로 리액터 – 페란티 현상 방지

해설 직렬리액터의 설치 목적은 단상은 제3고조파, 3상은 제5고조파를 제거

45 3상 3선식에서 전선의 선간 거리가 각각 50[cm], 60[cm], 70[cm]인 경우 기하 평균 선간 거리는 몇 [cm]인가?

① 50.4 ② 59.4
③ 62.8 ④ 64.8

정답 39. ③ 40. ① 41. ② 42. ② 43. ① 44. ③ 45. ②

해설 등가선간 거리
$$D = \sqrt[3]{D_1 \cdot D_2 \cdot D_3} = \sqrt[3]{50 \times 60 \times 70}$$
$$= 59.44 [cm]$$

46 장거리 대전력 송전에서 교류 송전방식에 비교한 직류 송전방식의 장점이 아닌 것은?
① 송전효율이 좋다.
② 안정도의 문제가 없다.
③ 선로 절연이 더 수월하다.
④ 변압이 쉬워 고압송전이 유리하다.

해설 직류는 변압이 어렵다.

47 송전선로에서 역섬락을 방지하는 가장 유효한 방법은?
① 피뢰기를 설치한다.
② 가공지선을 설치한다.
③ 소호각을 설치한다.
④ 탑각 접지저항을 작게 한다.

해설 송전선로에서 역섬락을 방지하기 위해서는 매설지선을 설치하여 탑각 접지저항을 작게 한다.

48 3상 송전선로 1회선의 전압이 22[kV], 주파수 60[Hz]로 송전 시 무부하 충전전류는 약 몇 [A]인가? (단, 송전선의 길이는 20[km]이고, 1선 1[km]당 정전용량은 0.5[μF]이다.)
① 12 ② 24 ③ 36 ④ 48

해설 $I_c = \omega CEL = 2\pi fC \dfrac{V}{\sqrt{3}} L$
$= 2 \times 3.14 \times 60 \times 0.5 \times 10^{-6} \times \dfrac{22000}{\sqrt{3}} \times 20$
$= 47.86 [A]$

49 다음 논리식을 간소화하면?
$$F = \overline{(A+B)\overline{B}}$$
① $F = \overline{A} + B$
② $F = A + \overline{B}$
③ $F = A + B$
④ $F = \overline{A} + \overline{B}$

해설 $F = \overline{(A+B)\overline{B}} = \overline{(A+B)} + B$
$= A\overline{B} + B = (A+B)(\overline{B}+B) = A+B$

50 다음 그림과 같은 회로는 무엇인가?

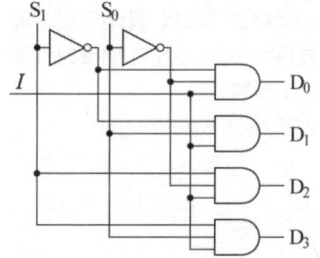

① 디코더 ② 인코더
③ 멀티플렉서 ④ 디멀티플렉서

해설 디멀티플렉서는 1개의 입력을 여러 개의 출력선에 연결한 후 이들 중 한 개의 회선을 선택하여 출력한다.

51 전가산기(Full Adder)의 carry 비트를 논리식으로 나타낸 것은? (단, x, y, z는 입력, C(carry)는 출력)
① $C = x \oplus x \oplus z$
② $C = x \oplus y + x \oplus z + yz$
③ $C = xy + (x \oplus y)z$
④ $C = xyz$

해설 전가산기의 합 $S = (x \oplus y) \oplus x$
전가산기의 캐리 $C = xy + (x \oplus y)z$

52 진리표와 같은 입력 조합으로 출력이 결정되는 회로는?

입력		출력			
A	B	X_0	X_1	X_2	X_3
0	0	1	0	0	0
0	1	0	1	0	0
1	0	0	0	1	0
1	1	0	0	0	1

① 인코더 ② 디코더
③ 멀티플렉서 ④ 카운터

해설 2×4 디코더는 2개의 입력(2비트)과 4개의 출력(2^2비트)을 가지며 2개의 입력에 따라 4개의 출력 중 1개가 선택된다.
논리식 $X_0 = \overline{A}\overline{B}$, $X_1 = \overline{A}B$,
$X_2 = A\overline{B}$, $X_3 = AB$

53 부적합품률 1[%]인 모집단에서 5개의 시료를 랜덤하게 샘플링할 때, 부적합품수가 1개일 확률은 약 얼마인가? (단, 이항분포를 이용하여 계산한다.)

① 0.048 ② 0.058
③ 0.48   ④ 0.58

해설 이항분포에서 불량률 P인 베르누이 시행이 n회 반복되는 경우 불량품 개수(X)의 분포도
$P(X) = {}_nC_x P^x (1-P)^{n-x}$ 이므로
$P(1) = {}_5C_1 P^1 (1-P)^{5-1}$
$= 5 \times C_1 \times (0.01)^1 \times (1-0.01)^4$
$= 0.048 [\%]$

54 그림의 OC 곡선을 보고 가장 올바른 내용을 나타낸 것은?

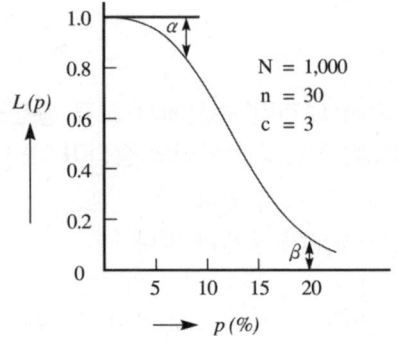

① α : 소비자 위험
② $L(p)$: 로트의 합격할 확률
③ β : 생산자 위험
④ 부적합품률 : 0.03

해설 발취검사에서 발취 방법을 평가하기 위해 사용하는 그림과 같은 곡선으로 α는 합격되어야 할 로트를 불합격이라고 판정하는 확률(생산자 위험)이고 β는 불합격이 되어야 할 로트를 합격이라고 판정하는 확률(소비자 위험)

55 미국의 마틴 마리에타사(Martin Marietta Corp.)에서 시작된 품질개선을 위한 동기부여 프로그램으로, 모든 작업자가 무결점을 목표로 설정하고, 처음부터 작업을 올바르게 수행함으로써 품질비용을 줄이기 위한 프로그램은 무엇인가?

① TPM 활동 ② 6 시그마 운동
③ ZD 운동   ④ ISO 9001 인증

해설 ZD(zero defects) 운동은 개별 종업원에게 계획기능을 부여하는 자주 관리운동의 하나로 전개된 것으로 종업원들의 주의와 연구를 통해 작업상 발생하는 모든 결함을 없애는 것이다.

정답 52. ② 53. ① 54. ② 55. ③

56 다음 중 계량치 관리도는 어느 것인가?
① c 관리도 ② nP 관리도
③ R 관리도 ④ u 관리도

해설 계량형 관리도에는 $\bar{x}-R$ 관리도, x 관리도, x-R 관리도, R 관리도가 있다.
계수형 관리도에는 nP 관리도, p 관리도, c 관리도, u 관리도가 있다.

57 다음 표는 어느 회사의 월별 판매실적을 나타낸 것이다. 5개월 이동 평균법으로 6월의 수요를 예측하면?

월	1	2	3	4	5
판매량	100	110	120	130	140

① 120 ② 130
③ 140 ④ 150

해설 단순이동평균법

당기 예측치 $M_t = \dfrac{\sum X_t (당기 실적치)}{n}$

$= \dfrac{(100+110+120+130+140)}{5}$

$= \dfrac{600}{5} = 120$

58 다음 중 신제품에 대한 수요 예측 방법으로 가장 적절한 것은?
① 시장조사법
② 이동평균법
③ 지수평활법
④ 최소자승법

해설 시장 조사법은 정성적 기법 중 가장 계량적이고 객관적인 방법으로서 소비자로부터 직접 수요에 관한 정보를 얻는다.

정답 56. ③ 57. ① 58. ①

2020년 제67회 CBT 복원문제

바뀐 출제기준에 따라 삭제된 문제가 있어서 60문항이 안됩니다.

01 그림과 같은 회로의 합성 정전용량은?

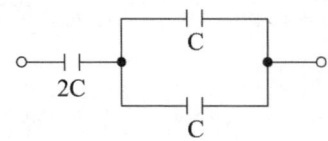

① C ② 2C
③ 3C ④ 4C

해설 합성 정전용량 $C_0 = \dfrac{2C+(C+C)}{2C\times(C+C)} = C$

02 평행판 콘덴서에서 전압이 일정할 경우 극판 간격을 2배로 하면 내부의 전계의 세기는 어떻게 되는가?

① 4배로 된다. ② 2배로 된다.
③ $\dfrac{1}{4}$로 된다. ④ $\dfrac{1}{2}$로 된다.

해설 전기장의 세기 $E = \dfrac{V}{l}$ [V/m]에서 극판 간격이 2배로 증가하면 전계의 세기는 $\dfrac{1}{2}$로 줄어든다.

03 전압계의 측정 범위를 확대하기 위해 콘스탄탄 또는 망가닌선의 저항을 전압계에 직렬로 접속하는데 이때의 저항을 무엇이라고 하는가?

① 분류기 ② 배율기
③ 분압기 ④ 정류기

해설 분류기는 전류계의 측정 범위의 확대를 위해 전류계와 병렬로 접속하는 저항기이고 배율기는 전압계의 측정 범위를 확대하기 위해 전압계와 직렬로 접속하는 저항기이다.

04 환상 솔레노이드의 원환 중심선의 반지름 $a = 50$ [mm], 권수 $N = 1000$회이고, 여기에 20[mA]의 전류가 흐를 때, 중심선의 자계의 세기는 약 몇 [AT/m]인가?

① 52.2 ② 63.7
③ 72.5 ④ 85.6

해설 $H = \dfrac{NI}{2\pi a} = \dfrac{1{,}000 \times 20 \times 10^{-3}}{2 \times 3.14 \times 50 \times 10^{-3}}$
$= 63.69$ [AT/m]

05 자기 인덕턴스가 50[mH]인 코일에 흐르는 전류가 0.01초 사이에 5[A]에서 3[A]로 감소하였다. 이 코일에 유기되는 기전력은 몇 [V]인가?

① 10 ② 15
③ 20 ④ 25

해설 $e = -L\dfrac{di}{dt} = 50 \times 10^{-3} \times \dfrac{5-3}{0.01} = 10$ [V]
("−"는 기전력의 방향을 나타낸다.)

06 그림과 같은 회로에서 전류 I [A]는?

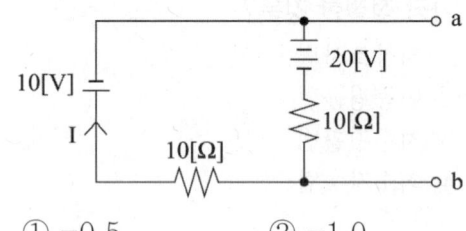

① −0.5 ② −1.0
③ −1.5 ④ −2.0

해설 $I = \dfrac{V_1 + V_2}{R_1 + R_2} = \dfrac{-(10+20)}{10+10} = -1.5$ [A]

정답 1. ① 2. ④ 3. ② 4. ② 5. ① 6. ③

07 유도성 부하에 단상 100[V]의 전압을 가하면 30[A] 전류가 흐르고 1.8[kW]의 전력을 소비한다고 한다. 이 유도성 부하와 병렬로 콘덴서를 접속하여 회로의 합성 역률을 100[%]로 하기 위한 용량성 리액턴스는 약 몇 [Ω]이면 되는가?

① 2.32 ② 3.24
③ 4.17 ④ 5.28

해설 $P = VI\cos\theta$에서 $\cos\theta = \dfrac{1,800}{100 \times 30} = 0.6$

$Q = P(\tan\theta_1 - \tan\theta_2)$
$= 1.8\{\tan(\cos^{-1}0.6) - \tan(\cos^{-1}1.0)\}$
$= 2.4[\text{kVA}]$

용량성 리액턴스 $Z_c = \dfrac{V^2}{Q} = \dfrac{100^2}{2400} = 4.17[\Omega]$

08 단상 회로에 교류 전압 220[V]를 가한 결과 위상이 45° 뒤진 전류가 15[A] 흘렀다. 이 회로의 소비 전력은 약 몇 [W]인가?

① 1335 ② 2333
③ 3335 ④ 4333

해설 $P = VI\cos\theta = 220 \times 15 \times \cos 45°$
$= 2333.45 ≒ 2333[\text{W}]$

09 $R = 5[\Omega]$, $L = 20[\text{mH}]$ 및 가변 콘덴서 C [μF]로 구성된 RLC 직렬회로에 주파수 1000[Hz]인 교류를 가한 다음 콘덴서를 가변시켜 직렬 공진시킬 때 C의 값은 약 몇 [μF]인가?

① 1.27 ② 2.54
③ 3.52 ④ 4.99

해설 $f = \dfrac{1}{2\pi\sqrt{LC}}$, $f^2 = \dfrac{1}{4\pi^2 LC}$

$C = \dfrac{1}{4\pi^2 \times L \times f^2}$
$= \dfrac{1}{4 \times 3.14^2 \times 20 \times 10^{-3} \times 1000^2}$
$= 1.27 \times 10^{-6} = 1.27[\mu\text{F}]$

10 어떤 회로에 $V = 100\angle\dfrac{\pi}{3}$[V]의 전압을 가하니 $I = 10\sqrt{3} + j10$[A]의 전류가 흘렀다. 이 회로의 무효전력[Var]은?

① 0 ② 1000
③ 1732 ④ 2000

해설 $V = 100\angle\dfrac{\pi}{3}$[V]를 복소수로 표현하면
$V = 50 + j50\sqrt{3}$
피상전력
$P_a = VI = (50 + j50\sqrt{3}) \cdot (10\sqrt{3} - j10)$
$= 500\sqrt{3} + 500\sqrt{3} + j1500 - j500$
$= 1000\sqrt{3} + j1000$
유효전력은 $1000\sqrt{3}$[W], 무효전력은 1000[Var]

11 $f(t) = \dfrac{e^{at} + e^{-at}}{2}$의 라플라스 변환은?

① $\dfrac{s}{s^2 - a^2}$ ② $\dfrac{s}{s^2 + a^2}$
③ $\dfrac{a}{s^2 - a^2}$ ④ $\dfrac{a}{s^2 + a^2}$

해설 $f(t) = \dfrac{e^{at} + e^{-at}}{2} = \dfrac{1}{2}(e^{at} + e^{-at})$

$F(s) = \dfrac{1}{2}\left(\dfrac{1}{s-a} + \dfrac{1}{s+a}\right) = \dfrac{1}{2}\left(\dfrac{s-a+s+a}{s^2-a^2}\right)$
$= \dfrac{s}{s^2 - a^2}$

정답 7. ③ 8. ② 9. ① 10. ② 11. ①

12 다음과 같은 블록선도의 등가 합성 전달함수는?

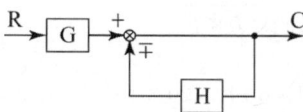

① $\dfrac{1}{1 \pm GH}$ ② $\dfrac{G}{1 \pm GH}$

③ $\dfrac{G}{1 \pm H}$ ④ $\dfrac{1}{1 \pm H}$

해설 전달함수 $\dfrac{G}{1-(\mp H)} = \dfrac{G}{1 \pm H}$

13 강자성체의 히스테리시스 루프의 면적은?
① 강자성체의 단위 체적당 필요한 에너지이다.
② 강자성체의 단위 면적당 필요한 에너지이다.
③ 강자성체의 단위 길이당 필요한 에너지이다.
④ 강자성체의 전체 체적의 필요한 에너지이다.

해설 강자성체의 히스테리시스 루프의 면적은 단위 체적당 자화에 필요한 에너지이다.

14 3상 유도전동기의 회전력은 단자전압과 어떤 관계인가?
① 단자전압에 무관하다.
② 단자전압에 비례한다.
③ 단자전압의 2승에 비례한다.
④ 단자전압의 $\dfrac{1}{2}$승에 비례한다.

해설 유도전동기의 토크 특성 관계식

$$\tau = \dfrac{PV_1^2}{4\pi f} \cdot \dfrac{\dfrac{r_2}{S}}{\left(r_1 + \dfrac{r_2}{S}\right)^2 + (x_1 + x_2')^2} [\text{N} \cdot \text{m}]$$

에서 토크는 전압의 제곱에 비례함을 알 수 있다.

15 직류기에서 전기자 반작용을 방지하기 위한 보상권선의 전류 방향은?
① 계자전류 방향과 같다.
② 계자전류 방향과 반대이다.
③ 전기자전류 방향과 같다.
④ 전기자전류 방향과 반대이다.

해설 보상권선은 주요 극 표면 가까이 전기자권선과 평행으로 홈 속에 넣어 전기자와 직렬로 연결하고 보상권선에 전기자 권선전류와 반대방향으로 전류를 흘려주어 전기자전류와 상쇄시켜 전기자 기자력을 약화시킴으로써 전기자반작용을 방지한다.

16 단권변압기에 대한 설명이다. 틀린 것은?
① 3상에는 사용할 수 없다는 단점이 있다.
② 1차 권선과 2차 권선의 일부가 공통으로 되어 있다.
③ 동일 출력에 대하여 사용 재료 및 손실이 적고 효율이 높다.
④ 단권변압기는 권수비가 1에 가까울수록 보통 변압기에 비해 유리하다.

해설 단권변압기는 변압기의 1차 권선과 2차 권선의 회로가 서로 절연되지 않고 권선의 일부를 공통 회로로 사용한 변압기이며 권선 하나의 도중에 탭을 만들어 사용한 것으로 경제적이고 특성도 좋다. 권수비가 1에 가까울수록 효율과 특성이 좋아지므로 전압비가 적은 전력 계통에는 물론 가정용 전압 조정기에 이르기까지 다양하게 사용되고 있다.

정답 12. ③ 13. ① 14. ③ 15. ④ 16. ①

17 변압기의 여자전류의 파형은?
① 사인파
② 왜형파
③ 구형파
④ 파형이 나타나지 않는다.

해설 변압기의 여자전류의 파형은 고조파 성분을 포함한 왜형파이다.

18 자기용량 10[kVA] 단권변압기를 이용해서 배전전압 3000[V]를 3300[V]로 승압하고 있다. 부하역률이 80[%]일 때 공급할 수 있는 부하용량은 약 몇 [kW]인가? (단, 단권변압기의 손실은 무시한다.)
① 58
② 68
③ 78
④ 88

해설 부하용량 $= \dfrac{V_h}{V_h - V_L} \times$ 자기용량
$= \dfrac{3300}{3300 - 3000} \times 10 = 110$[kVA]
$P = P_a \cos\theta = 110 \times 0.8 = 88$[kW]

19 변압기의 병렬운전 조건에 대한 설명으로 틀린 것은?
① 극성이 같아야 한다.
② 권수비, 1차 및 2차의 정격 전압이 같아야 한다.
③ 각 변압기의 저항과 누설 리액턴스비가 같아야 한다.
④ 각 변압기의 임피던스가 정격 용량에 비례하여야 한다.

해설 변압기 병렬운전 조건
• 권수비가 같고 1, 2차 정격 전압이 같을 것
• 극성이 같을 것
• 내부저항과 누설 리액턴스의 비가 같을 것
• % 임피던스가 같을 것
• 각 변압기의 임피던스는 정격 용량에 반비례할 것

20 변압기의 전부하 동손이 240[W], 철손이 160[W]일 때, 이 변압기를 최고 효율로 운전하는 출력은 정격출력의 몇 %가 되는가?
① 60.00
② 66.67
③ 81.65
④ 92.25

해설 변압기의 최대효율 조건 ($\dfrac{1}{m}$ 부하 시)
$\dfrac{1}{m} = \sqrt{\dfrac{P_i}{P_c}} = \sqrt{\dfrac{160}{240}} = 0.8165$
정격출력의 81.65[%]에서 변압기가 최대효율이 된다.

21 출력 3[kW], 회전수 1,500[rpm]인 전동기의 토크는 약 몇 [kg·m]인가?
① 2
② 3
③ 5
④ 15

해설 $P_0 = 2\pi \dfrac{N}{60} \tau$ 에서
$\tau = \dfrac{1}{9.8} \times \dfrac{60}{2\pi} \times \dfrac{P_0}{N} = \dfrac{1}{9.8} \times \dfrac{60}{2\pi} \times \dfrac{3 \times 10^3}{1,500}$
$= 1.95$[kg·m]

22 다음 중 유니버설 전동기의 특징에 대하여 올바르게 설명하지 않은 것은?
① 단상 직권 정류자 전동기이다.
② 가볍고 고속 운전이 가능하다.
③ 입력되는 전원에 따라 회전 방향이 바뀐다.
④ 직류전원 또는 단상 교류전원으로 구동할 수 있다.

정답 17. ② 18. ④ 19. ④ 20. ③ 21. ① 22. ③

해설 유니버설 전동기는 단상 직권 정류자 전동기로 전기자 전류와 계자전류가 함께 바뀌기 때문에 교류 전원으로 운전이 가능하며 직류나 교류에서 토크 발생 방향이 일정하여 항상 한 방향으로만 회전한다.

23 3상 유도전동기의 2차 입력이 P_2, 슬립이 S라면 2차 저항손은 어떻게 표현되는가?

① SP_2 ② $\dfrac{P_2}{S}$
③ $\dfrac{1-S}{P_2}$ ④ $\dfrac{P_2}{1-S}$

해설 $P_2 : P_{2c} = 1 : S$에서 2차 저항손 $P_{2c} = P_2 \cdot S$가 된다.

24 2중 농형 유도전동기가 보통 농형 전동기에 비하여 다른 점은?

① 기동전류가 크고, 기동 토크도 크다.
② 기동전류는 크고, 기동 토크는 적다.
③ 기동전류가 적고, 기동 토크도 적다.
④ 기동전류는 적고, 기동 토크는 크다.

해설 회전자의 슬롯에 상하로 두 종류의 도체를 배열하고, 바깥쪽의 도체를 높은 저항의 것(합금), 안쪽의 도체를 낮은 저항의 것(동)을 사용하여 2중의 농형으로 한 것으로 기동할 때에는 전류가 적게 흐르고 기동 특성을 개선한 것이다.

25 발전기의 단락비나 동기 임피던스를 산출하는 데 필요한 시험은?

① 무부하 포화시험과 3상 단락시험
② 정상, 영상 리액턴스의 측정시험
③ 돌발 단락시험과 부하시험
④ 단상 단락시험과 3상 단락시험

해설 단락비는 동기 발전기의 무부하 포화곡선에서 구한 정격전압에 대한 여자전류와 3상 단락곡선에서 구한 정격전류에 대한 여자전류의 비이다.

26 3상 발전기의 전기자 권선에 Y결선을 채택하는 이유로 볼 수 없는 것은?

① 상전압이 낮기 때문에 코로나, 열화 등이 적다.
② 권선의 불균형 및 제3고조파 등에 의한 순환전류가 흐르지 않는다.
③ 중성점 접지에 의한 이상 전압 방지의 대책이 쉽다.
④ 발전기 출력을 더욱 증대할 수 있다.

해설 3상 발전기의 전기자 권선에 Y결선을 채택하면 △결선에 비해 상전압이 $\dfrac{1}{\sqrt{3}}$ 배이므로 권선의 절연이 쉬워지고 선간 전압에 제3고조파가 나타나지 않아 순환전류가 흐르지 않으며 중성점 접지로 지락 사고 시 보호계전 방식이 간단해지고 코로나 발생률이 적다.

27 전기자 권선을 단절권으로 하는 이유는?

① 고조파를 제거한다.
② 역률을 좋게 한다.
③ 기전력의 크기를 높게 한다.
④ 절연을 좋게 한다.

해설 단절권은 코일의 양변 간의 피치가 1자극 피치보다 짧은 코일을 사용한 권선으로, 고조파 제거로 파형이 좋아지고 코일 단부가 줄어 동량이 적게 드는 장점이 있다.

정답 23. ① 24. ④ 25. ① 26. ④ 27. ①

28 동기기의 전기자 도체에 유기되는 기전력의 크기는 그 주파수를 2배로 했을 경우 어떻게 되는가?

① 2배로 증가　② 2배로 감소
③ 4배로 증가　④ 4배로 감소

해설 $E = 4.44fN\phi$[V]에서 유도기전력은 주파수와 비례 관계가 있다.

29 쌍방향 3단자 사이리스터는?

① SCR　② GTO
③ TRIAC　④ DIAC

해설 TRIAC은 3단자 소자로서 양방향 도통이 가능하며 일반적으로 AC 위상제어에 사용된다. 두 개의 SCR을 게이트 공통으로 하여 역병렬 연결한 것이다.

30 SCR에 대한 설명으로 옳지 않은 것은?

① 대전류 제어 정류용으로 이용된다.
② 게이트 전류로 통전전압을 가변시킨다.
③ 주전류를 차단하려면 게이트 전압을 영 또는 부(-)로 해야 한다.
④ 게이트 전류의 위상각으로 통전전류의 평균값을 제어시킬 수 있다.

해설 SCR은 점호 능력은 있으나 자기 소호 능력이 없으므로 주전류를 유지전류 이하 또는 애노드, 캐소드 간에 역전압을 인가하여 소호시킨다.

31 단상 반파 위상제어 정류회로에서 220[V], 60[Hz]의 정현파 단상 교류전압을 점호각 60°로 반파 정류하고자 한다. 순저항 부하 시 평균전압은 약 몇 [V]인가?

① 74　② 84
③ 92　④ 110

해설
$$V = \frac{\sqrt{2}}{2\pi}E(1+\cos\theta)$$
$$= \frac{\sqrt{2} \times 220(1+\cos 60)}{2 \times 3.14}$$
$$= 74.25[V]$$

32 그림과 같은 DTL 게이트의 출력 논리식은?

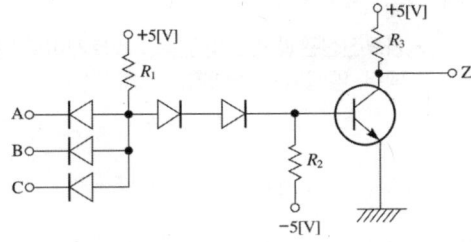

① $Z = \overline{ABC}$　② $Z = ABC$
③ $Z = A+B+C$　④ $Z = \overline{A+B+C}$

해설 출력 Z는 입력 A, B, C 중 하나라도 0이면 출력은 1이 된다. $Z = \overline{ABC}$

33 다음은 3상 전압형 인버터를 이용한 전동기 운전회로의 일부이다. 회로에서 트랜지스터의 기본적인 역할로 가장 적당한 것은?

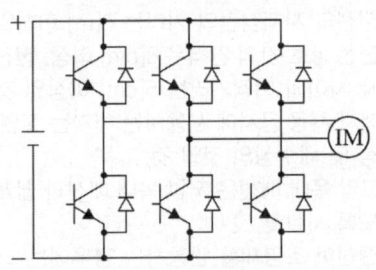

① 전압증폭　② ON·OFF
③ 전류증폭　④ 정류작용

해설 3상 전압형 인버터의 TR을 순서대로 ON, OFF하여 교류로 변환하여 3상 유도전동기를 운전할 수 있다.

정답 28. ① 29. ③ 30. ③ 31. ① 32. ① 33. ②

34 가요전선관과 금속관을 접속하는 데 사용하는 것은?

① 플렉시블 커플링
② 앵글 박스 커넥터
③ 컴비네이션 커플링
④ 스트렛 박스 커넥터

해설
- 가요전선관과 금속관을 접속 : 컴비네이션 커플링
- 가요전선관과 박스의 접속 : 스트레이트 박스 커넥터, 앵글박스 커넥터

35 애자사용 공사에 의한 고압 옥내배선의 시설에 있어서 적당하지 않은 것은?

① 전선 상호 간의 간격은 8[cm] 이상일 것
② 전선의 지지점 간의 거리는 6[m] 이하일 것
③ 전선과 조영재와의 이격거리는 4[cm] 이상일 것
④ 전선이 조영재를 관통할 때에는 난연성 및 내수성이 있는 절연관에 넣을 것

해설 고압 옥내배선의 애자사용공사
- 전선의 지지점간의 거리는 6[m] 이하일 것.
- 전선 상호 간의 간격은 8[cm] 이상, 전선과 조영재 사이의 이격거리는 5[cm] 이상일 것.
- 애자 사용 공사에 사용하는 애자는 절연성·난연성 및 내수성의 것일 것.
- 고압 옥내 배선은 저압 옥내 배선과 쉽게 식별되도록 시설할 것.
- 전선이 조영재를 관통하는 경우에는 그 관통하는 부분의 전선을 전선마다 각각 별개의 난연성 및 내수성이 있는 견고한 절연관에 넣을 것.

36 버스덕트 공사에서 지지점의 최대간격은 몇 [m] 이하인가?(단, 취급자 이외의 자가 출입할 수 없도록 설비한 장소로 수직으로 설치하는 경우이다.)

① 4 ② 5 ③ 6 ④ 7

해설 버스 덕트는 3[m] 이하마다 견고하게 지지하여야 하나, 취급자 이외의 자가 출입할 수 없도록 설비한 곳에서 수직으로 설치하는 경우에는 6[m] 이하로 할 수 있다.

37 전기설비가 고장이 나지 않은 상태에서 대지 또는 회로의 노출 도전성 부분에 흐르는 전류는?

① 접촉전류
② 누설전류
③ 스트레스 전류
④ 계통의 도전성 전류

해설
- 접촉전류 : 정상상태 또는 고장상태에서 전기설비의 접근 가능한 부분에 사람이 접촉되어 흐르는 전류
- 누설전류(leakage current) : 전로 이외를 흐르는 전류로 전로의 절연체의 내부 및 표면과 공간을 통하여 선간 또는 대지 사이를 흐르는 전류

38 저압 연접인입선은 인입선에서 분기하는 점으로부터 100[m]를 넘지 않는 지역에 시설하고 폭 몇 [m]를 초과하는 도로를 횡단하지 않아야 하는가?

① 4 ② 5
③ 6 ④ 6.5

해설 저압 연접인입선은
- 인입선의 분기점에서 100[m]를 초과하지 말 것
- 폭 5[m]를 넘는 도로를 횡단하지 말 것
- 옥내를 관통하지 않아야 하며 고압 연접 인입선은 시설할 수 없다.

정답 34. ③ 35. ③ 36. ③ 37. ② 38. ②

39 가공전선이 건조물 · 도로 · 횡단 보도교 · 철도 · 가공 약전류 전선 · 안테나, 다른 가공전선, 기타의 공작물과 접근 · 교차하여 시설하는 경우에 일반 공사보다 강화하는 것을 보안공사라 한다. 고압 보안공사에서 전선을 경동선으로 사용하는 경우 몇 [mm] 이상의 것을 사용하여야 하는가?

① 3[mm]　② 4[mm]
③ 5[mm]　④ 6[mm]

해설 고압 보안공사에서 케이블인 경우 이외에는 인장강도 8.01[kN] 이상 또는 지름 5.0[mm] 이상의 경동선을 사용해야 한다.

40 최대 사용전압이 7[kV] 이하인 발전기의 절연내력을 시험하고자 한다. 최대 사용전압의 몇 배의 전압으로 권선과 대지 사이에 연속하여 몇 분간 가하여야 하는지 그 기준을 옳게 나타낸 것은?

① 1.5배, 10분　② 2배, 10분
③ 1.5배, 1분　④ 2배, 1분

해설 7[kV] 이하 전로(회전기)의 절연내력 시험전압은 최대사용전압×1.5배이며 시험전압을 권선과 대지 간에 10분간 연속적으로 가하여 견디어야 한다.

41 전로의 절연저항 및 절연내력 측정에 있어 사용전압이 저압인 전로에서 정전이 어려운 경우 등 절연저항 측정이 곤란한 경우에는 누설전류를 몇 [mA] 이하로 유지하여야 하는가?

① 1[mA]　② 2[mA]
③ 3[mA]　④ 4[mA]

해설 저압 전로에서 정전이 어려운 경우로 절연저항을 측정할 수 없는 경우에는 누설전류를 1[mA] 이하로 유지하여야 한다.

42 실지수가 높을수록 조명률이 높아진다. 방의 크기가 가로 9[m], 세로 6[m]이고, 광원의 높이는 작업면에서 3[m]인 경우 이 방의 실지수(방지수)는?

① 0.2　② 1.2
③ 18　④ 27

해설 $K = \dfrac{XY}{H(X+Y)} = \dfrac{9 \times 6}{3(9+6)} = 1.2$

43 총공사비가 6천만 원의 전기공사에서 일반관리비율은 몇 [%]로 계상하는가?

① 5[%]　② 5.5[%]
③ 6[%]　④ 6.5[%]

해설 전기공사에서 일반관리비율
- 5천만 원 미만은 6[%]
- 5천만 원 ~ 3억 원 미만은 5.5[%]
- 3억 원 이상은 5[%]

44 가공 송전선로에서 단도체보다 복도체를 많이 사용하는 이유는?

① 인덕턴스의 증가
② 정전용량의 감소
③ 코로나 손실 감소
④ 선로 계통의 안정도 감소

해설 복도체를 사용하면 전선의 등가 반지름이 증가하므로 선로의 작용 인덕턴스는 감소하고 작용 정전용량은 증가하여 송전 용량을 증가시키고, 코로나 임계전압을 높일 수 있어 코로나 발생을 방지하며 초고압 송전 선로에 적당하다.

정답 39. ③　40. ①　41. ①　42. ②　43. ②　44. ③

45 3상 송전선로 1회선의 전압이 22[kV], 주파수가 60[Hz]로 송전 시 무부하 충전전류는 약 몇 [A]인가? (단, 송전선의 길이는 20[km]이고, 1선 1[km]당 정전용량은 0.5[μF]이다.)

① 48　　② 36
③ 24　　④ 12

해설 $I_c = \omega C l E$
$= 2 \times 3.14 \times 60 \times 0.5 \times 10^{-6} \times 20 \times \dfrac{22}{\sqrt{3}} \times 10^3$
$= 47.88 ≒ 48[A]$

46 소도체 2개로 된 복도체 방식의 3상 3선식 송전선로가 있다. 소도체의 지름 2[cm], 간격 36[cm], 등가선간거리 120[cm]인 경우 복도체 1[km]의 인덕턴스는 약 몇 [mH/km]인가?

① 0.624　　② 0.957
③ 1.215　　④ 1.536

해설 $L = \dfrac{0.05}{2} + 0.4605 \log_{10} \dfrac{D}{\sqrt{rs}}$
$= 0.025 + 0.4605 \log_{10} \dfrac{1.2}{\sqrt{0.01 \times 0.36}}$
$= 0.624$

47 전선 a, b, c가 일직선으로 배치되어 있다. a와 b, b와 c 사이의 거리가 각각 5[m]일 때 이 선로의 등가선간거리는 몇 [m]인가?

① 5　　② 10
③ $5\sqrt[3]{2}$　　④ $5\sqrt{2}$

해설
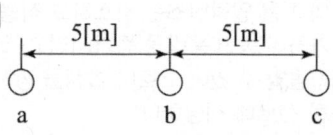

등가선간거리
$D = \sqrt[3]{D_{ab} \cdot D_{bc} \cdot D_{ca}} = \sqrt[3]{5 \times 5 \times 10} = 5\sqrt[3]{2}$

48 송전선의 단면적 $A[\text{mm}^2]$와 송전 전압 $V[\text{kV}]$와의 관계로 옳은 것은?

① $A \propto V$　　② $A \propto V^2$
③ $A \propto \dfrac{1}{V^2}$　　④ $A \propto \dfrac{1}{\sqrt{V}}$

해설 $P_l = 3I^2 R = \dfrac{P^2 \rho l}{V^2 \cos^2\theta A}$ 에서
$A = \dfrac{P^2 \rho l}{P_l V^2 \cos^2\theta} \propto \dfrac{1}{V^2}$

49 3상 3선식 송전선로를 연가하는 목적은?

① 미관상 필요
② 선로 정수의 평형
③ 유도뢰의 방지
④ 직격뢰의 방지

해설 연가의 목적은 선로 정수(임피던스)를 평형하게 하여 소호 리액터 접지 시 직렬공진 방지, 이상 전압 상승 방지, 각 상의 전압강하 및 등가선간거리 동일, 통신선의 유도장해를 감소시킨다.

50 2진수$(1111101011111010)_2$를 16진수로 변환한 값은?

① $(FAFA)_{16}$　　② $(EAEA)_{16}$
③ $(FBFB)_{16}$　　④ $(AFAF)_{16}$

해설 $(1111\ 1010\ 1111\ 1010)_2$를 네자리씩 16진수로 변환하면 $(FAFA)_{16}$

정답 45. ①　46. ①　47. ③　48. ③　49. ②　50. ①

51 다음 논리함수를 간략화하면 어떻게 되는가?

$Y = \overline{A}\,\overline{B}\overline{C}\overline{D} + \overline{A}\,BC\overline{D} + A\overline{B}\overline{C}\overline{D} + AB\overline{C}\overline{D}$

	$\overline{A}\overline{B}$	$\overline{A}B$	AB	$A\overline{B}$
$\overline{C}\overline{D}$	1			1
$\overline{C}D$				
CD				
$C\overline{D}$	1			1

① $\overline{B}\overline{D}$ ② $B\overline{D}$
③ $\overline{B}D$ ④ BD

해설 카르노도표로 논리식을 간소화하면 $\overline{B}\overline{D}$

	$\overline{A}\overline{B}$	$\overline{A}B$	AB	$A\overline{B}$
$\overline{C}\overline{D}$	①			①
$\overline{C}D$				
CD				
$C\overline{D}$	①			①

52 다음 논리회로를 무엇이라 하는가?

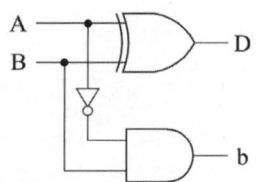

① 반가산기   ② 반감산기
③ 전가산기   ④ 전감산기

해설 반감산기 회로이며
차(D)= $\overline{A}B + A\overline{B}$ = $A \oplus B$ 이고,
자리 빌림(b)= $\overline{A}B$ 이다.

53 그림과 같은 기본회로의 논리동작은?

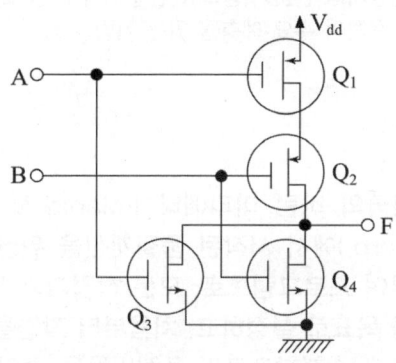

① NAND 게이트   ② NOR 게이트
③ AND 게이트   ④ OR 게이트

해설 A, B 입력이 모두 0 이 되면 출력이 1이고, 두 입력 중 하나라도 1인 경우 출력이 0인 NOR 게이트 전자소자 회로

54 축의 완성 지름, 철사의 인장강도, 아스피린 순도와 같은 데이터를 관리하는 가장 대표적인 관리도는?

① c 관리도   ② nP 관리도
③ u 관리도   ④ $\overline{x} - R$ 관리도

해설
- 계량형 관리도에는 $\overline{x} - R$ 관리도, x 관리도, $x - R$ 관리도, R 관리도 등이 있다.
- 계수형 관리도에는 nP 관리도, p 관리도, c 관리도, u 관리도가 있다.
- 계량형 관리도로 데이터 관리가 가능하다.

55 다음 중 신제품에 대한 수요 예측방법으로 가장 적절한 것은?

① 시장조사법   ② 이동평균법
③ 지수평활법   ④ 최소자승법

해설 정성적 판단법은 소비자를 가장 잘 파악하는 판매 경영자나 전문가 등의 판단법이나 시장 조사법을 이용하여 수요 예측을 하는 기법

56 미국의 마틴 마리에타사(Martin Marietta Corp.)에서 시작된 품질개선을 위한 동기부여 프로그램으로, 모든 작업자가 무결점을 목표로 설정하고, 처음부터 작업을 올바르게 수행함으로써 품질비용을 줄이기 위한 프로그램은 무엇인가?

① TPM 활동
② 6 시그마 운동
③ ZD 운동
④ ISO 9001 인증

해설 ZD(zero defects) 운동은 개별 종업원에게 계획기능을 부여하는 자주관리운동의 하나로 전개된 것으로 종업원들의 주의와 연구를 통해 작업상 발생하는 모든 결함을 없애는 것이다.

57 표준시간 설정 시 미리 정해진 표를 활용하여 작업자의 동작에 대해 시간을 산정하는 시간연구법에 해당되는 것은?

① PTS법
② 스톱워치법
③ 워크샘플링법
④ 실적자료법

해설 PTS법은 인간이 행하는 모든 작업을 구성하는 기본동작으로 분해하여 각 기본동작에 대해 그 동작의 성질과 조건에 따라 미리 정해진 시간치를 적용하는 수법으로 MTM법과 WF법 등이 있으며 짧은 사이클 작업에 최적으로 적용된다.

58 소비자가 요구하는 품질로써 설계와 판매정책에 반영되는 품질을 의미하는 것은?

① 시장품질
② 설계품질
③ 제조품질
④ 규격품질

해설
- 설계품질 : 제품의 설계 시 품질명세서에 의하여 설정된 최적의 목표품질이며 제조업자가 어떤 품질을 제작할 것인가 결정하는 것
- 제조품질 : 설계품질을 제품화했을 때의 품질, 적합품질
- 시장(서비스) 품질 : 소비자들이 시장에서 요구하는 품질수준, 사용품질

59 여유시간이 5분, 정미시간이 40분일 경우 내경법으로 여유율을 구하면 약 몇 [%]인가?

① 6.33[%]
② 9.05[%]
③ 11.11[%]
④ 12.06[%]

해설 내경법의 여유율
$$A = \frac{여유시간(AT)}{정미시간(NT) + 여유시간(AT)} \times 100$$
$$= \frac{5}{40+5} \times 100 = 11.11[\%]$$

2020년 제68회 CBT 복원문제

바뀐 출제기준에 따라 삭제된 문제가 있어서 60문항이 안됩니다.

01 2개의 전하 $Q_1[C]$과 $Q_2[C]$를 $r[m]$의 거리에 놓았을 때 작용하는 힘의 크기를 옳게 설명한 것은?

① Q_1, Q_2의 곱에 비례하고 r에 반비례한다.
② Q_1, Q_2의 곱에 반비례하고 r에 비례한다.
③ Q_1, Q_2의 곱에 반비례하고 r의 제곱에 비례한다.
④ Q_1, Q_2의 곱에 비례하고 r의 제곱에 반비례한다.

해설 $F = \dfrac{1}{4\pi\epsilon_0} \times \dfrac{Q_1 Q_2}{r^2} = 9 \times 10^9 \times \dfrac{Q_1 Q_2}{r^2}$ [N]으로 두 전하의 크기에 비례하고 거리의 제곱에 반비례한다.

02 $C_1 = 1[\mu F]$, $C_2 = 2[\mu F]$, $C_3 = 3[\mu F]$인 3개의 콘덴서를 직렬로 접속하여 500[V]의 전압을 가할 때 C_1 양단에 걸리는 전압은 약 몇 [V]인가?

① 91　　② 136
③ 272　　④ 327

해설 $C_1 = 1[\mu F]$, $C_2 = 2[\mu F]$, $C_3 = 3[\mu F]$의 분담 전압을 V_1, V_2, V_3라고 하면
$V_1 = \dfrac{Q}{C_1}[V]$, $V_2 = \dfrac{Q}{C_2}[V]$, $V_3 = \dfrac{Q}{C_3}[V]$,
$V_1 : V_2 : V_3 = \dfrac{1}{1} : \dfrac{1}{2} : \dfrac{1}{3} = 6 : 3 : 2$이므로
$V_1 = \dfrac{6}{11} \times 500 = 272.7[V]$

03 그림과 같은 전기회로에서 단자 a-b에서 본 합성저항은 몇 [Ω]인가? (단, 저항 R은 3[Ω]이다.)

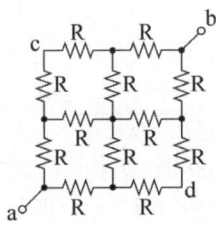

① 1.0　　② 1.5
③ 3.0　　④ 4.5

해설 $R_{ab} = 3 \times \left(\dfrac{1}{2} + \dfrac{1}{4} + \dfrac{1}{4} + \dfrac{1}{2}\right) = 3 \times \dfrac{3}{2}$
$= 4.5[\Omega]$

04 그림에서 1차 코일의 자기인덕턴스 L_1, 2차 코일의 자기인덕턴스 L_2, 상호인덕턴스를 M이라 할 때 L_A의 값으로 옳은 것은?

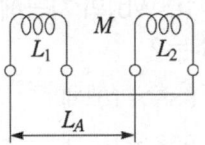

① $L_1 + L_2 + 2M$　　② $L_1 - L_2 + 2M$
③ $L_1 + L_2 - 2M$　　④ $L_1 - L_2 - 2M$

해설

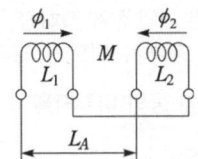

자속의 방향이 반대 방향으로 차동접속이므로
$L_A = L_1 + L_2 - 2M$ [H]

정답 1. ④　2. ③　3. ④　4. ③

05 그림과 같은 회로에서 소비되는 전력은?

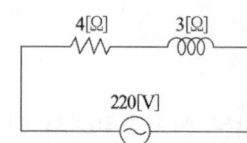

① 5808[W]　② 7744[W]
③ 9680[W]　④ 12100[W]

해설 $Z = \sqrt{R^2 + X^2} = \sqrt{4^2 + 3^2} = 5[\Omega]$,
$I = \dfrac{V}{Z} = \dfrac{V}{\sqrt{R^2+X^2}} = \dfrac{220}{5} = 44[A]$
저항 R에 걸리는 전력이 소비전력이므로
$P = I^2 R = 44^2 \times 4 = 7744[W]$

06 어떤 정현파 전압의 평균값이 220[V]이면 최댓값은 약 몇 [V]인가?

① 282　② 314
③ 346　④ 487

해설 $V_a = \dfrac{2}{\pi} V_m$
$V_m = \dfrac{\pi}{2} V_a = \dfrac{\pi}{2} \times 220 = 345.6[V]$

07 공기 중 10[Wb]의 자극에서 나오는 자력선의 총 수는?

① 약 6.885×10^6개
② 약 7.958×10^6개
③ 약 8.855×10^6개
④ 약 9.092×10^6개

해설 임의의 폐곡면 내의 전체 자하량 m[Wb]가 있을 때 이 폐곡면을 통해서 나오는 자기력선의 총수는 $\dfrac{m}{\mu}$개다. (공기 중의 비투자율 $\mu_s = 1$이므로 $\dfrac{m}{\mu_0}$개의 자기력선이 나온다.)
$N = \dfrac{m}{\mu_0 \mu_s} = \dfrac{10}{4\pi \times 10^{-7} \times 1} = 7.958 \times 10^6$개

08 파형률과 파고율이 같고 그 값이 1인 파형은?

① 고조파　② 삼각파
③ 구형파　④ 사인파

해설 구형파는 실효값과 평균값이 모두 최대값과 같으므로 파형률과 파고율이 모두 1이다.

09 다음 그림에서 코일에 인가되는 전압의 크기 V_L은 몇 [V]인가?

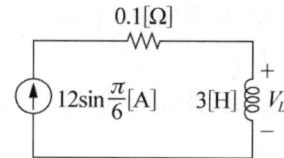

① $2\pi \sin\dfrac{\pi}{6}t$　② $4\pi \cos\dfrac{\pi}{6}t$
③ $6\pi \cos\dfrac{\pi}{6}t$　④ $12\pi \sin\dfrac{\pi}{6}t$

해설 $V_L = L\dfrac{di}{dt} = 3 \times \dfrac{d(12\sin\frac{\pi}{6})}{dt}$
$= 3 \times 12 \times \dfrac{\pi}{6} \times \cos\dfrac{\pi}{6}t = 6\pi\cos\dfrac{\pi}{6}t$

10 RC 직렬회로에서 $t = 0$일 때 직류전압 10[V]를 인가하면 $t = 0.1[sec]$일 때 전류는 약 몇 [mA]인가? (단, $R = 1000[\Omega]$, $C = 50[\mu F]$이고, 초기 정전용량은 0이다.)

① 2.25　② 1.85
③ 1.55　④ 1.35

해설 $i(t) = \dfrac{E}{R} e^{-\frac{1}{RC}t} = \dfrac{10}{1000} e^{-\frac{1}{1000 \times 50 \times 10^{-6}} \times 0.1}$
$\fallingdotseq 1.35[mA]$

정답 5. ②　6. ③　7. ②　8. ③　9. ③　10. ④

11 $v = 100\sqrt{2}\sin(\omega t + \frac{\pi}{6})$[V]를 복소수로 표시하면?

① $50\sqrt{3} + j50$
② $50 + j50\sqrt{3}$
③ $50\sqrt{3} + j50\sqrt{3}$
④ $50 + j50$

해설 $V = 100(\cos 30° + j\sin 30°) = 50\sqrt{3} + j50$[V]

12 $10t^3$의 라플라스 변환은?

① $\dfrac{10}{s^4}$ ② $\dfrac{30}{s^4}$
③ $\dfrac{60}{s^4}$ ④ $\dfrac{80}{s^4}$

해설 $\mathcal{L}[10t^3] = 10 \times \dfrac{3!}{s^{3+1}} = 10 \times \dfrac{1 \times 2 \times 3}{s^4} = \dfrac{60}{s^4}$

13 직류기의 주요 구성요소라 할 수 있는 것은?

① 정류자, 계자, 브러시, 보상권선
② 계자, 브러시, 전기자, 보극
③ 계자, 전기자, 정류자, 브러시
④ 보극, 보상권선, 전기자, 계자

해설 직류기의 구성요소는 전기자, 계자, 정류자, 브러시이다.

14 히스테리시스 곡선의 횡축과 종축을 나타내는 것은?

① 자속밀도 − 투자율
② 자장의 세기 − 자속밀도
③ 자계의 세기 − 자화
④ 자화 − 자속밀도

해설 B : 자속밀도, H : 자장의 세기

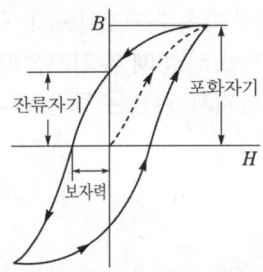

자성체를 $+H$로 자화시킨 후 자계의 세기 H를 0으로 하여도 자성체에 자속밀도가 0이 되지 않고 잔류자기만큼 자기가 남는다.
잔류자기를 0으로 만드는 데 소요되는 자계의 크기를 보자력이라 한다.

15 직류기에서 전기자 반작용을 방지하기 위한 보상권선의 전류 방향은?

① 계자전류 방향과 같다.
② 계자전류 방향과 반대이다.
③ 전기자전류 방향과 같다.
④ 전기자전류 방향과 반대이다.

해설 보상권선은 주요 극 표면 가까이 전기자권선과 평행으로 홈 속에 넣어 전기자와 직렬로 연결하고 보상권선에 전기자 권선전류와 반대방향으로 전류를 흘려주어 전기자전류와 상쇄시켜 전기자 기자력을 약화시킴으로써 전기자 반작용을 방지한다.

16 직류전동기에서 전기자에 가해 주는 전원전압을 낮추어서 전동기의 유도기전력을 전원전압보다 높게 하여 제동하는 방법은?

① 맴돌이전류제동 ② 발전제동
③ 역전제동 ④ 회생제동

해설 회생제동은 전동기의 제동법의 하나로, 전동기를 발전기로 동작시켜 그 발생 전력을 전원에 되돌려서 하는 제동 방법

17 직류 분권발전기의 전기자 총 도체수 440, 매극의 자속수 0.01[wb], 극수 6, 회전수 1500[rpm]일 때 유기기전력은 몇[V]인가? (단, 전기자 권선은 중권이다.)

① 37
② 55
③ 110
④ 220

해설 $E = PZ\Phi \dfrac{N}{60a} = 6 \times 440 \times 0.01 \times \dfrac{1500}{60 \times 6}$
$= 110[V]$

18 발전기의 단락비나 동기 임피던스를 산출하는 데 필요한 시험은?

① 무부하 포화시험과 3상 단락시험
② 정상, 영상 리액턴스의 측정시험
③ 돌발 단락시험과 부하시험
④ 단상 단락시험과 3상 단락시험

해설 단락비는 동기 발전기의 무부하 포화곡선에서 구한 정격전압에 대한 여자전류와 3상 단락곡선에서 구한 정격전류에 대한 여자전류의 비이다.

19 3상 발전기의 전기자 권선에는 Y결선을 채택하는 이유로 볼 수 없는 것은?

① 중성점을 이용할 수 있다.
② 같은 상전압이면 △결선보다 높은 선간 전압을 얻을 수 있다.
③ 같은 상전압이면 △결선보다 상절연이 쉽다.
④ 발전기 단자에서 높은 출력을 얻을 수 있다.

해설 3상 발전기의 전기자 권선에 Y결선을 채택하면 △결선에 비해 상전압이 $\dfrac{1}{\sqrt{3}}$ 배이므로 권선의 절연이 쉬워지고 선간 전압에 제3고조파가 나타나지 않아 순환전류가 흐르지 않으며 중성점 접지로 지락 사고 시 보호계전 방식이 간단해지고 코로나 발생률이 적다.

20 직류 복권전동기를 분권전동기로 사용하려면 어떻게 하여야 하는가?

① 전기자를 단락시킨다.
② 직권계자를 단락시킨다.
③ 분권계자를 단락시킨다.
④ 부하단자를 단락시킨다.

해설 복권전동기는 직권과 분권계자가 함께 있는 것으로 직권계자를 단락시키면 분권전동기가 된다.

21 220/380[V] 겸용 3상 유도전동기의 리드선은 몇 가닥 인출하는가?

① 3
② 4
③ 6
④ 8

해설 리드선은 1상 코일당 2선이고 △결선으로 220[V]용, Y결선으로 380[V]용으로 하기 위해서는 리드선을 6가닥 모두 인출하여 외부에서 결선을 변경해야 한다.

22 10[kW]의 농형 유도전동기의 기동 방법으로 가장 적당한 것은?

① 전전압 기동법
② Y-△ 기동법
③ 기동 보상기법
④ 2차 저항 기동법

해설 Y-△기동법은 5~15[kW] 이하의 중 용량 전동기에 사용

23 권선형 3상 유도전동기에서 2차측 저항을 2배로 하면 그 최대 토크는 어떻게 되는가?

① $\frac{1}{2}$로 줄어든다. ② $\sqrt{2}$배로 된다.
③ 2배로 된다. ④ 불변이다.

해설 슬립과 토크의 특성곡선에서 2차 저항을 변화시켜도 최대 토크는 변하지 않는다.

24 슬립이 4[%]인 유도전동기에서 동기속도가 1200[rpm]일 때 전동기의 회전속도[rpm]는?

① 697 ② 1051
③ 1152 ④ 1321

해설 $N = (1-S)N_s = (1-0.04) \times 1200$
     $= 1152[rpm]$

25 동기 발전기를 병렬운전 하고자 하는 경우의 조건에 해당되지 않는 것은?

① 기전력의 위상이 같을 것
② 기전력의 파형이 같을 것
③ 기전력의 주파수가 같을 것
④ 기전력의 임피던스가 같을 것

해설 동기 발전기의 병렬운전 조건은 기전력의 크기가 같을 것, 기전력의 위상이 같을 것, 기전력의 파형이 같을 것, 기전력의 주파수가 같을 것, 기전력의 상회전이 같을 것

26 동기조상기에 대한 설명으로 옳은 것은?

① 유도부하와 병렬로 접속한다.
② 부하전류의 가감으로 위상을 변화시켜 준다.
③ 동기전동기에 부하를 걸고 운전하는 것이다.
④ 부족여자로 운전하여 진상전류를 흐르게 한다.

해설 동기전동기를 무부하로 운전하고 여자전류를 가감하면 1차에 유입하는 전류는 거의 무효분 뿐이며 과여자 시에는 진상전류, 부족여자 시에는 지상전류가 되며 이러한 특성을 이용해서 동기전동기를 송전선의 전압조정 및 역률개선에 사용하는 것이 동기조상기이다.
동기 조상기는 유도부하와 병렬로 접속하여 과여자로 운전하면 선로에서 진상전류를 취하여 콘덴서 역할을 하므로 선로의 역률을 개선하고 전압강하를 감소시킨다.
발전기가 무부하 송전선에 연결되어 자기여자를 일으키는 경우에는 조상기를 부족여자로 운전하면 리액터 역할을 하므로 선로의 지상전류를 취하여 자기여자를 방지한다.

27 동기조상기를 부족여자로 해서 운전하였을 때 나타나는 현상이 아닌 것은?

① 역률을 개선시킨다.
② 리액터로 작용한다.
③ 뒤진 전류가 흐른다.
④ 자기여자에 의한 전압상승을 방지한다.

해설 동기조상기를 부족여자로 운전하면 지상 무효 전류가 증가하여 리액터의 역할로 자기여자에 의한 전압상승을 방지한다.

28 달링톤(Darlington)형 바이폴라 트랜지스터의 전류 증폭률은?

① 1~3 ② 10~30
③ 30~100 ④ 100~1000

해설 2개의 트랜지스터를 컬렉터만 병렬로 연결하고 TR_1의 이미터를 TR_2의 베이스에 연결하여 증폭률을 높인 것을 달링톤 접속이라 하며 전체의 증폭률은 각각의 트랜지스터 증폭률의 곱으로 작은 베이스 전류로 매우 큰 컬렉터 전류를 제어할 수 있다.

정답 23. ④ 24. ③ 25. ④ 26. ① 27. ① 28. ④

일반적인 트랜지스터의 증폭률은 30~100 정도 되나, 달링톤 트랜지스터의 증폭률은 100~1000 정도 된다.

29 게이트 조작에 의해 부하전류 이상으로 유지전류를 높일 수 있어 게이트 턴 온, 턴 오프가 가능한 사이리스터는?
① SCR ② GTO
③ LASCR ④ TRIAC

해설 GTO는 양(+)의 게이트 전류에 의하여 턴 온시킬 수 있고 음(-)의 게이트 전류에 의해 턴 오프 시킬 수 있다.

30 역방향 브레이크 다운 전압을 초과하는 전압이 흐르더라도 손상을 받지 않아 전압을 일정하게 유지하기 위해서 이용되는 다이오드는?
① 정류용 다이오드
② 제너 다이오드
③ 바랙터 다이오드
④ 배리스터 다이오드

해설 정전압 다이오드라고도 하며 넓은 전류 범위에서 안정된 전압 특성을 보여 간단히 정전압을 만들거나 과전압으로부터 회로소자를 보호하는 용도로 사용된다.

31 단상 반파 위상제어 정류회로에서 220[V], 60[Hz]의 정현파 단상 교류전압을 점호각 60°로 반파 정류하고자 한다. 순저항 부하시 평균전압은 약 몇 [V]인가?
① 74 ② 84 ③ 92 ④ 110

해설 $E_d = 0.45 V(\frac{1+\cos\alpha}{2})$
$= 0.45 \times 220(\frac{1+\cos 60°}{2}) = 74.25[V]$

32 그림과 같이 단상 반파 정류 회로에서 저항 R에 흐르는 전류는 약 몇 [A]인가?
(단, $v = 200\sqrt{2}\sin\omega t[V]$, $R = 10\sqrt{2}[\Omega]$이다.)
① 3.18
② 6.37
③ 9.26
④ 12.74

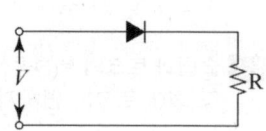

해설 단상 반파 정류 회로에서 출력전압
$V_d = \frac{1}{2\pi}\int_0^\pi \sqrt{2}\ V\sin d\omega t = \frac{\sqrt{2}}{\pi}[V]$
$= 0.45V = 0.45 \times 200 = 90[V]$이므로
$I = \frac{90}{10\sqrt{2}} = 6.363 ≒ 6.37[A]$

33 벅 컨버터(Buck Converter)에 대한 설명으로 옳지 않은 것은?
① 직류 입력전압 대비 직류 출력전압의 크기를 낮출 때 사용하는 직류-직류 컨버터이다.
② 입력전압(V_i)에 대한 출력전압(V_o)의 비($\frac{V_o}{V_i}$)는 스위칭 주기(T)에 대한 스위치 온(ON) 시간(t_{on})의 비인 듀티비(시비율)로 나타낸다.
③ 벅 컨버터의 출력단에는 보통 직류성분은 통과시키고 교류성분을 차단하기 위한 LC 저역 통과 필터를 사용한다.
④ 벅 컨버터는 일반적으로 고주파 트랜스포머(변압기)를 사용하는 절연형 컨버터이다.

해설 벅 컨버터는 강압용 DC-DC 컨버터로 출력단에는 직류성분은 통과시키고 교류성분을 차단하기 위한 LC 저역 통과 필터를 사용한다.

정답 29. ② 30. ② 31. ① 32. ② 33. ④

34. PWM 인버터 방식에서 반송 신호로 가장 많이 사용되는 것은?
① 삼각파　② 반원파
③ 구형파　④ 정현파

해설 PWM 인버터 방식에서 반송 신호로 가장 많이 사용되는 것은 삼각파이다.

35. 다음 중 일반적인 멀티 테스터로 측정할 수 없는 것은?
① 직류전압　② 직류전류
③ 교류전압　④ 교류전류

해설 멀티 테스터로 측정할 수 있는 것은 저항, 직류전압, 직류 전류, 교류전압이다.

36. 나전선 상호 또는 나전선과 절연전선, 캡타이어 케이블 또는 케이블과 접속하는 경우의 설명으로 옳은 것은?
① 접속 슬리브(스프리트 슬리브 제외), 전선 접속기를 사용하여 접속하여야 한다.
② 접속 부분의 절연은 전선 절연물의 80[%] 이상의 절연효력이 있는 것으로 피복하여야 한다.
③ 접속 부분의 전기저항을 증가시켜야 한다.
④ 전선의 강도를 30[%] 이상 감소시키지 않는다.

해설 전선접속의 조건
- 전기적 저항을 증가시키지 않는다.
- 접속 부위의 기계적 강도를 20[%] 이상 감소시키지 않는다.
- 접속점의 절연이 약화되지 않도록 테이핑 또는 와이어 커넥터로 절연한다.
- 전선의 접속은 박스 안에서 하고, 접속점에 장력이 가해지지 않도록 한다.

37. 다음 중 감광보상률과 관계가 없는 것은?
① 조명률
② 주위 환경
③ 조명기구의 종류
④ 램프의 사용 시간에 따른 효율 감소

해설 광원으로부터의 광속수는 광원의 수명과 더불어 감소하고, 또 광원 표면·반사면 등의 먼지(보수 상태)에 의해 감소하는 비율을 감광보상률이라 한다.

38. 주로 건물바닥 위에 설치되는 사무기기 등에 전원이나 전화선, 통신선 등을 배선하기 위해 바닥 아래에 배선용 덕트를 설치하는 공사는?
① 버스 덕트 공사
② 플로어 덕트 공사
③ 라이팅 덕트 공사
④ 합성수지 덕트 공사

해설 플로어 덕트 공사는 바닥에 배선용 덕트를 매설하여 배선을 인출하는 공사 방법이다.

39. 버스 덕트 공사에서 지지점의 최대간격은 몇 [m] 이하인가? (단, 취급자 이외의 자가 출입할 수 없도록 설비한 장소로 수직으로 설치하는 경우이다.)
① 4　② 5
③ 6　④ 7

해설 버스 덕트는 3[m] 이하마다 견고하게 지지하여야 하나, 취급자 이외의 자가 출입할 수 없도록 설비한 곳에서 수직으로 설치하는 경우에는 6[m] 이하로 할 수 있다.

정답 34. ①　35. ④　36. ①　37. ①　38. ②　39. ③

40 저압 연접 인입선의 시설에 대한 설명으로 잘못된 것은?
① 인입선에서 분기하는 점으로부터 100[m]를 넘지 않아야 한다.
② 폭 5[m]를 초과하는 도로를 횡단하지 않아야 한다.
③ 옥내를 통과하지 않아야 한다.
④ 도로를 횡단하는 경우 높이는 노면 상 5[m]를 넘지 않아야 한다.

해설 저압 연접 인입선은 폭 5[m]를 초과하는 도로를 횡단하지 않아야 하며 횡단하는 경우 노면상 5[m] 이상으로 시설해야 한다.

41 다음 중 분전반의 설치에 대하여 잘못 설명한 것은?
① 분전반은 각 층마다 설치한다.
② 분전반은 분기회로의 길이가 50[m] 이내가 되도록 설계한다.
③ 분전반과 분전반은 도어의 열림 반경 이상으로 안정성을 확보한다.
④ 하나의 분전반이 담당하는 면적은 일반적으로 1000[m²] 내외로 한다.

해설 분전반은 분기회로의 길이가 30[m] 이내가 되도록 설계하여야 한다.

42 지중 전선로를 직접 매설식으로 시설하는 경우 차량 기타 중량물의 압력을 받을 우려가 있는 장소에는 깊이를 몇 [m] 이상으로 해야 하는가?
① 0.6[m] ② 1.0[m]
③ 1.8[m] ④ 2.0[m]

해설 직접 매설식에서 케이블 매설 깊이는 차량, 기타 중량물의 압력을 받을 우려가 있는 장소는 1.0[m] 이상, 기타 장소는 0.6[m] 이상이어야 한다.

43 다음 중 공기팽창을 이용하는 방식의 차동식 스포트형 감지기의 구성요소에 포함되지 않는 것은?
① 리크   ② 챔버
③ 서미스터   ④ 다이어프램

해설 차동식 스포트형 감지기의 구성요소로는 리크 구멍, 접점, 다이어프램, 챔버, 작동표시장치 등이 있다.

44 실리콘 제어 정류기의 절연내력을 시험하고자 할 때 시험 위치를 올바르게 설명한 것은?
① 주 양극과 외함
② 권선과 대지
③ 충전 부분과 외함
④ 음극 및 외함과 대지

해설 정류기는 충전 부분과 외함 사이에 연속하여 10분간 시험전압을 인가하여 절연내력 시험을 한다.

45 단상 2선식의 교류 송전선이 있다고 가정할 때 전선 1선의 저항은 0.15[Ω], 리액턴스는 0.25[Ω]이다. 부하는 무유도성으로서 100[V], 3[kW]일 때 급전점의 전압은 몇 [V]인가?
① 100   ② 109
③ 120   ④ 130

해설 $e = 2IR = 2 \times \dfrac{P}{V} \times R$
$= 2 \times \dfrac{3000}{100} \times 0.15 = 9[V]$
$E_s = E_r + e = 100 + 9 = 109[V]$

46 전력 계통에서 전력용 콘덴서와 직렬로 연결하는 리액터로 제거되는 고조파는?
① 제2고조파   ② 제3고조파
③ 제4고조파   ④ 제5고조파

해설 직렬 리액터는 제5고조파 제거, 병렬 리액터는 페란티 현상 방지, 소호 리액터는 지락전류 제한, 한류 리액터는 단락전류 제한용으로 사용된다.

47 송전선로에서 역섬락을 방지하는 가장 유효한 방법은?
① 피뢰기를 설치한다.
② 가공지선을 설치한다.
③ 소호각을 설치한다.
④ 탑각 접지저항을 작게 한다.

해설 송전선로에서 역섬락을 방지하기 위해서는 매설지선을 설치하여 탑각 접지저항을 작게 한다.

48 장거리 대전력 송전에서 교류 송전방식에 비교한 직류 송전방식의 장점이 아닌 것은?
① 송전효율이 좋다.
② 안정도의 문제가 없다.
③ 선로 절연이 더 수월하다.
④ 변압이 쉬워 고압송전이 유리하다.

해설 직류는 변압이 어렵다.

49 송전선로에서 복도체를 사용하는 가장 주된 목적은?
① 건설비를 절감하기 위하여
② 진동을 방지하기 위하여
③ 전선에 이도를 주기 위하여
④ 코로나를 방지하기 위하여

해설 복도체의 사용 목적은 정전용량을 증가시켜 송전용량을 증가시키고, 코로나 임계전압을 높일 수 있어 코로나 발생을 방지한다.

50 16진수 $B85_{16}$를 10진수로 표시하면?
① 738   ② 1475
③ 2213   ④ 2949

해설 16진수를 10진수로 변환하면
$B85_{16} = 11 \times 16^2 + 8 \times 16^1 + 5 \times 16^0 = 2949_{10}$

51 다음 논리식을 간소화하면?
$$F = \overline{(\overline{A}+B) \cdot \overline{B}}$$
① $F = \overline{A} + B$ ② $F = A + \overline{B}$
③ $F = A + B$ ④ $F = \overline{A} + \overline{B}$

해설 $F = \overline{(\overline{A}+B) \cdot \overline{B}} = \overline{(\overline{A}+B)} + \overline{\overline{B}}$
$= \overline{\overline{A}}\overline{B} + B = A\overline{B} + B$
$= A\overline{B} + B(1+A) = A\overline{B} + B + AB$
$= A(B+\overline{B}) + B = A + B$

52 JK 플립플롭에서 J 입력과 K 입력에 모두 1을 가하면 출력은 어떻게 되는가?
① 반전된다.
② 불확정상태가 된다.
③ 이전 상태가 유지된다.
④ 이전 상태에 상관없이 1이 된다.

해설 JK 플립플롭에서 J = K = 1일 때 출력은 반전(토글)된다.

정답 46. ④ 47. ④ 48. ④ 49. ④ 50. ④ 51. ③ 52. ①

53 반가산기의 진리표에 대한 출력함수는?

입력		출력	
A	B	S	C_0
0	0	0	0
0	1	1	0
1	0	1	0
1	1	0	1

① $S = \overline{A}B + AB,\ C_0 = \overline{AB}$
② $S = \overline{A}B + A\overline{B},\ C_0 = AB$
③ $S = \overline{A}B + AB,\ C_0 = AB$
④ $S = \overline{A}B + A\overline{B},\ C_0 = \overline{A}\,\overline{B}$

해설 반가산기의 합(Sum) $S = \overline{A}B + A\overline{B}$,
자리올림수(Carry) $C_0 = AB$

54 도수분포표에서 도수가 최대인 계급의 대표값을 정확히 표현한 통계량은?
① 중위수
② 시료평균
③ 최빈수
④ 미드-레인지(Mid-range)

해설 최빈수는 통계집단에서 가장 많이 나타나는 변량의 값

55 샘플링 검사의 목적으로 틀린 것은?
① 검사 비용 절감
② 품질 향상의 자극
③ 나쁜 품질인 로트의 불합격
④ 생산 공정상의 문제점 해결

해설 샘플링 검사는 전수검사에 비해 일정한 수량만 샘플링하여 검사하기 때문에 검사 비용이 절감되며 품질을 향상시킬 수 있다.

56 표준시간을 내경법으로 구하는 수식은?
① 표준시간 = 정미시간 + 여유시간
② 표준시간 = 정미시간 $\times (1+여유율)$
③ 표준시간 = 정미시간 $\times \left(\dfrac{1}{1-여유율}\right)$
④ 표준시간 = 정미시간 $\times \left(\dfrac{1}{1+여유율}\right)$

해설 내경법 : 표준시간 = 정미시간 $\times \left(\dfrac{1}{1-여유율}\right)$
외경법 : 표준시간 = 정미시간 $\times (1+여유율)$

57 그림의 OC 곡선을 보고 가장 올바른 내용을 나타낸 것은?

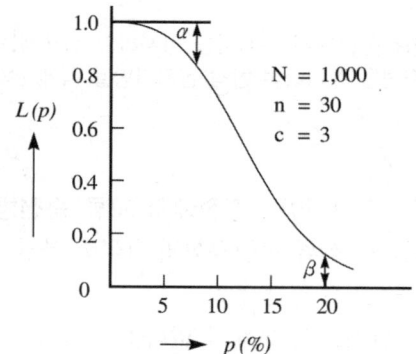

① α : 소비자 위험
② L(p) : 로트의 합격 확률
③ β : 생산자 위험
④ 불량률 : 0.03

해설 발취검사에서 발취 방법을 평가하기 위해 사용하는 그림과 같은 곡선으로 α는 합격되어야 할 로트를 불합격이라고 판정하는 확률(생산자 위험)이고 β는 불합격이 되어야 할 로트를 합격이라고 판정하는 확률(소비자 위험)

58 다음 중 검사 성질에 의한 분류에 해당하는 것은?

① 수입검사, 공정검사
② 현장검사, 지입검사
③ 파괴검사, 비파괴검사
④ 전수검사, 샘플링 검사

해설 감사 공정에 의한 분류로 수입검사, 공정검사, 최종검사, 출하검사가 있고, 검사장소에 의한 분류로 현장검사, 지입검사, 순회검사가 있으며, 검사 방법에 의한 분류로는 전수검사, 샘플링 검사가 있다.

59 다음 [표]는 A 자동차 영업소의 월별 판매실적을 나타낸 것이다. 5개월 이동 평균법으로 6월의 수요를 예측하면 몇 대인가?

월	1	2	3	4	5
판매량	100	110	120	130	140

① 120
② 130
③ 140
④ 150

해설 단순이동평균법

당기 예측치 $M_t = \dfrac{\sum X_t (당기\ 실적치)}{n}$

$= \dfrac{(100+110+120+130+140)}{5}$

$= \dfrac{600}{5} = 120$

정답 58. ③ 59. ①

2021년 제69회 CBT 복원문제

01 2[Ω], 3[Ω]을 병렬 연결하면 직렬로 연결한 것보다 몇 배의 전류가 흐르는가?
① 2.15배 ② 3.64배
③ 4.17배 ④ 6.24배

해설 직렬연결 $R = R_1 + R_2 = 2 + 3 = 5[\Omega]$
병렬연결 $R = \dfrac{R_1 \times R_2}{R_1 + R_2} = \dfrac{2 \times 3}{2 + 3} = 1.2[\Omega]$
병렬연결이 직렬연결보다 저항이 4.17배 적기 때문에 전류는 4.17배 더 흐른다.

02 다음 그림과 같이 평행한 두 도체에 같은 방향의 전류가 흘렀을 때 두 도체 사이에 작용하는 힘은 어떻게 되는가?

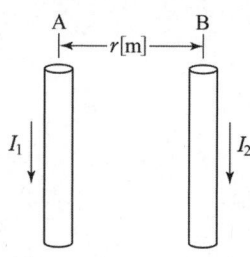

① 반발력이 작용한다.
② 힘은 0이다.
③ 흡인력이 작용한다.
④ $\dfrac{1}{2\pi r}$의 힘이 작용한다.

해설 두 도체에 같은 방향의 전류가 흐르면 같은 방향으로 전자력이 작용하므로 흡인력이 작용한다.

03 평행한 콘덴서에서 전극의 반지름이 30[cm]인 원판이고, 전극의 간격은 0.1[cm]이며 유전체의 비유전율은 4이다. 이 콘덴서의 정전용량은 몇 [μF]인가?
① 0.01 ② 0.1
③ 1   ④ 10

해설 $C = \dfrac{\epsilon_0 \epsilon_s S}{d} = \dfrac{\epsilon_0 \epsilon_s \times \pi r^2}{d}$
$= \dfrac{8.85 \times 10^{-12} \times 4 \times 3.14 \times 0.3^2}{0.1 \times 10^{-2}} = 0.01[\mu F]$

04 어떤 교류 전압의 실횻값이 314[V]일 때 평균값은 약 몇 [V]인가?
① 122 ② 141
③ 253 ④ 283

해설 평균값 $V_{av} = \dfrac{2}{\pi} V_m = \dfrac{2}{\pi} \times \sqrt{2} \, V = 282.8[V]$

05 20[Ω]의 저항에 5[A]의 전류가 흐를 때 발생한 열량이 40.37[kcal]라면 전류는 몇 분 동안 흐른 것인가?
① 0.56   ② 5.6
③ 33.6   ④ 336.41

해설 $H = 0.24 I^2 R t$ 에서
$t = \dfrac{H}{0.24 I^2 R} = \dfrac{40370}{0.24 \times 5^2 \times 20} = 336.41$초
이므로 5.6분이다.

정답 1. ③ 2. ③ 3. ① 4. ④ 5. ②

06 반지름 r, 권수 N인 원형 코일에 전류 I [A]가 흐를 때 그 중심의 자장의 세기의 식은?

① $\dfrac{N \cdot I}{2r}$ ② $\dfrac{I}{N}$

③ $\dfrac{N \cdot I}{4r}$ ④ $\dfrac{N \cdot I}{2\pi r}$

해설 원형 코일 중심의 자장의 세기는 $\dfrac{N \cdot I}{2r}$ 이므로 권수와 전류에 비례하고 반지름에 반비례한다.

07 자체 인덕턴스가 L_1, L_2인 두 코일을 직렬 가극성으로 접속하였을 때 합성 인덕턴스를 나타내는 식은? (단, 두 코일 간의 상호 인덕턴스는 M이라고 한다.)

① $L_1 + L_2 + M$ ② $L_1 - L_2 + M$
③ $L_1 + L_2 + 2M$ ④ $L_1 - L_2 - 2M$

해설 가극성의 합성 인덕턴스 $L = L_1 + L_2 + 2M$

08 그림과 같은 회로에서 대칭 3상 전압(선간전압) 173[V]를 $Z = 12 + j16[\Omega]$인 성형 결선 부하에 인가하였다. 이 경우의 선전류는 몇 [A]인가?

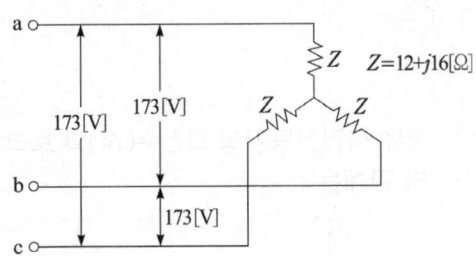

① 5.0 ② 8.3
③ 10.0 ④ 15.0

해설 선전류
$$I_L = \dfrac{\dfrac{173}{\sqrt{3}}}{12 + j16} = \dfrac{99.882}{\sqrt{12^2 + 16^2}} = 4.994 \fallingdotseq 5[A]$$

09 $R = 40[\Omega]$, $L = 80[mH]$인 $R-L$ 직렬회로에 220[V], 60[Hz]의 전원이 공급될 때 소비전력은?

① 404.3[W] ② 516.5[W]
③ 770.9[W] ④ 890.3[W]

해설 $I = \dfrac{V}{Z} = \dfrac{V}{\sqrt{R^2 + X_L^2}} = \dfrac{V}{\sqrt{R^2 + (2\pi fL)^2}}$
$= \dfrac{220}{\sqrt{40^2 + (2 \times 3.14 \times 60 \times 80 \times 10^{-3})^2}}$
$= 4.39[A]$
소비전력 $P = I^2 R = 4.39^2 \times 40 = 770.9[W]$

10 정현파 교류의 실횻값을 계산하는 식은? (단, T는 주기이다.)

① $I = \dfrac{1}{T}\displaystyle\int_0^T i\, dt$

② $I = \sqrt{\dfrac{2}{T}\displaystyle\int_0^T i\, dt}$

③ $I = \sqrt{\dfrac{1}{T}\displaystyle\int_0^T i^2\, dt}$

④ $I = \sqrt{\dfrac{2}{T}\displaystyle\int_0^T i^2\, dt}$

해설 실횻값은 주기적으로 +, -로 변동하는 양에서 순간값의 2승을 1주 기간으로 평균한 값의 제곱근을 말한다.

정답 6. ① 7. ③ 8. ① 9. ③ 10. ③

11 저항 $R = 15[\Omega]$, 자체 인덕턴스 $L=35$ [mH], 정전용량 $C = 3000[\mu F]$의 직렬회로에서 공진주파수 f_0는 약 몇 [Hz]인가?

① 40　　② 50
③ 60　　④ 70

해설 공진주파수
$$f_0 = \frac{1}{2\pi\sqrt{LC}}$$
$$= \frac{1}{2\pi\sqrt{35\times 10^{-3}\times 300\times 10^{-6}}}$$
$$= 50[Hz]$$

12 역률 0.6(지상)의 12[kW], 440[V] 부하에 전력용 콘덴서를 병렬로 접속하여 합성 역률을 0.8로 개선하고자 할 경우, 필요한 전력용 콘덴서의 용량은 약 몇 [kVA]인가?

① 5　　② 6
③ 7　　④ 8

해설 $Q = P(\tan\theta_1 - \tan\theta_2)$
$$= P\left(\frac{\sin\theta_1}{\cos\theta_1} - \frac{\sin\theta_2}{\cos\theta_2}\right)$$
$$= P\left(\frac{\sqrt{1-\cos^2\theta_1}}{\cos\theta_1} - \frac{\sqrt{1-\cos^2\theta_2}}{\cos\theta_2}\right)$$
$$= 12 \times \left(\frac{\sqrt{1-0.6^2}}{0.6} - \frac{\sqrt{1-0.8^2}}{0.8}\right)$$
$$= 7[kVA]$$

13 $10t^3$의 라플라스 변환은?

① $\dfrac{60}{s^4}$　　② $\dfrac{30}{s^4}$
③ $\dfrac{10}{s^4}$　　④ $\dfrac{80}{s^4}$

해설 $\mathcal{L}[10t^3] = 10\times\dfrac{3!}{s^{3+1}} = 10\times\dfrac{1\times 2\times 3}{s^4} = \dfrac{60}{s^4}$

14 직류 발전기의 유기 기전력을 E, 극당 자속을 ϕ, 회전속도를 N이라 할 때 이들의 관계로 옳은 것은?

① $E \propto \dfrac{N}{\phi}$　　② $E \propto \dfrac{\phi}{N}$
③ $E \propto \phi N^2$　　④ $E \propto \phi N$

해설 $E = PZ\phi\dfrac{N}{60a}$ 이므로 유기 기전력은 자속과 회전속도에 비례한다.

15 직류 분권 발전기를 병렬운전하기 위해서는 발전기 용량 P와 정격전압 V는?

① P는 임의, V는 같아야 한다.
② P와 V가 임의
③ P는 같고, V는 임의
④ P와 V가 모두 같아야 한다.

해설 직류 발전기의 병렬운전 조건은 단자전압이 같을 것(용량은 임의), 외부특성이 같을 것, 극성이 같을 것

16 직류 직권전동기의 회전수(N)와 토크(τ)와의 관계는?

① $\tau \propto \dfrac{1}{N}$　　② $\tau \propto \dfrac{1}{N^2}$
③ $\tau \propto N$　　④ $\tau \propto N^{\frac{3}{2}}$

정답 11. ②　12. ③　13. ①　14. ④　15. ①　16. ②

해설 직권 전동기의 토크 특성에서
$\phi \propto I_a (I_a = I_s = I)$이므로
$\tau \propto I^2$, $\tau \propto \dfrac{1}{N^2}$

17 직류전동기에서 속도제어가 제일 원활한 방식은?
① 전압 제어   ② 계자 제어
③ 저항 제어   ④ 발전 제어

해설 전압 제어는 공급전압의 크기를 변화시켜 속도제어를 하는 방식으로 직류전동기의 속도 제어법으로 가장 광범위하게 속도제어가 가능하다.

18 변압기의 철손과 동손을 측정할 수 있는 시험은?
① 철손 : 무부하시험, 동손 : 단락시험
② 철손 : 무부하시험, 동손 : 절연내력시험
③ 철손 : 부하시험, 동손 : 유도시험
④ 철손 : 단락시험, 동손 : 극성시험

해설 무부하시험은 여자 어드미턴스와 철손을 구하는 시험이며, 단락시험은 임피던스와 동손을 구하는 시험이다.

19 변압기의 등가회로 작성에 필요 없는 것은?
① 단락시험   ② 반환부하법
③ 무부하시험 ④ 저항측정시험

해설 등가회로 작성에 필요한 시험은 저항측정시험, 단락시험, 무부하시험이 있으며, 반환부하법은 변압기 온도상승 시험법이다.

20 슬롯 수 36의 고정자 철심이 있다. 여기에 3상 4극의 2층권으로 권선할 때 매 극 매 상의 슬롯 수는?
① 3   ② 4
③ 6   ④ 2

해설 매 극 매 상의 슬롯 수는
$q = \dfrac{\text{총 슬롯 수}}{\text{상수} \times \text{극수}} = \dfrac{36}{3 \times 4} = 3$

21 3상 유도전동기의 회전력은 단자전압과 어떤 관계가 있는가?
① 단자전압과 무관하다.
② 단자전압에 비례한다.
③ 단자전압의 2제곱에 비례한다.
④ 단자전압의 1/2제곱에 비례한다.

해설 유도전동기의 회전력은 전압의 제곱에 비례하고, 동기전동기는 전압에 비례한다.

22 정격출력 10[kW], 회전수 1800[rpm]인 3상 유도전동기의 토크는 몇 [kg·m]인가?
① 5.42   ② 26.5
③ 79.5   ④ 259.7

해설 $T = 0.975 \dfrac{P}{N} = 0.975 \times \dfrac{10000}{1800} = 5.42 [\text{kg} \cdot \text{m}]$

23 3상 유도전동기의 회전자 입력 P_2, 슬립 s라고 하면, 2차 동손은 어떻게 표현되는가?
① sP_2 ② $(2s-1)P_2$
③ $(s+1)P_2$ ④ $(1-s)P_2$

정답 17. ① 18. ① 19. ② 20. ① 21. ③ 22. ① 23. ①

[해설] 3상 유도전동기의 2차 동손은
$$P_{c2} = sP_2 = \frac{sP}{1-s}$$

24 2중 농형 유도전동기가 보통 농형 전동기에 비하여 다른 점은?
① 기동전류가 크고, 기동 토크도 크다.
② 기동전류는 크고, 기동 토크는 적다.
③ 기동전류가 적고, 기동 토크도 적다.
④ 기동전류는 적고, 기동 토크는 크다.

[해설] 2중 농형 유도전동기는 회전자의 농형 권선을 이중으로 배치한 것으로 기동 시에는 저항이 높은 외측 도체로 흐르는 전류에 의해 큰 기동 토크를 얻고, 기동이 완료된 후에는 저항이 작은 내측 도체로 전류가 흘러 우수한 운전 특성을 얻으므로 보통 농형 유도전동기에 비해 기동 토크는 크고 기동전류는 작다.

25 교류·직류 양용 전동기(Universal Motor), 또는 만능 전동기라고 하는 전동기는?
① 단상 반발전동기
② 3상 직권전동기
③ 단상 직권 정류자 전동기
④ 3상 분권 정류자 전동기

[해설] 만능 전동기는 전기자 권선과 계자 권선이 직렬로 연결되어 있다.

26 전기자를 고정시키고 자극 N, S를 회전시키는 동기 발전기는?
① 회전 계자법   ② 직렬 저항법
③ 회전 전기자법 ④ 회전 정류자형

[해설] N극, S극의 자기장을 만드는 것을 계자라고 하며 계자를 회전시키는 동기 발전기는 회전계자형이다.

27 동기발전기의 권선을 분포권으로 하면?
① 집중권에 비해 합성 유도기전력이 높아진다.
② 권선의 리액턴스가 커진다.
③ 파형이 좋아진다.
④ 난조를 방지한다.

[해설] 동기발전기의 권선을 분포권, 단절권으로 하면 파형이 개선된다.

28 동기조상기를 부족여자로 해서 운전하였을 때 나타나는 현상이 아닌 것은?
① 역률을 개선시킨다.
② 리액터로 작용한다.
③ 뒤진 전류가 흐른다.
④ 자기여자에 의한 전압상승을 방지한다.

[해설] 동기조상기는 역률을 개선하기 위하여 진상전류를 공급하는 과여자 운전을 한다.

29 상전압 300[V]의 3상 반파 정류회로의 직류전압은 몇 [V]인가?
① 117   ② 200
③ 283   ④ 351

[해설] $V_0 = 1.17V = 1.17 \times 300 = 351[V]$

정답 24. ④ 25. ③ 26. ① 27. ③ 28. ① 29. ④

30 다음 중 맥동률이 가장 적은 정류 방식은?
① 3상 반파정류
② 3상 전파정류
③ 단상 반파정류
④ 단상 전파정류

해설 맥동률은 정류된 직류 출력에 교류성분이 얼마나 포함되어 있는지의 정도를 나타내며, 맥동률 크기의 순서는 3상 전파정류 < 3상 반파정류 < 단상 전파정류 < 단상 반파정류

31 반파 정류 회로에서 직류전압 220[V]를 얻는 데 필요한 변압기 2차 상전압은 약 몇 [V]인가? (단, 부하는 순저항이고, 변압기 내의 전압강하는 무시하며, 정류기 내의 전압강하는 50[V]로 한다.)
① 300
② 450
③ 600
④ 750

해설 $E_d = 0.45\,V$ 에서
$V = \dfrac{E_d}{0.45} = \dfrac{220+50}{0.45} = 600[\text{V}]$

32 전력변환장치에서 턴온(Turn On) 및 턴오프(Turn Off) 제어가 모두 가능한 반도체 스위칭 소자가 아닌 것은?
① GTO
② SCR
③ IGBT
④ MOSFET

해설 SCR은 자기 소호가 불가능한 단방향 소자이다.

33 아래 그림의 3상 인버터 회로에서 온(On)되어 있는 스위치들이 S_1, S_6, S_2 오프(Off)되어 있는 스위치들이 S_3, S_5, S_4 라면 전원의 중성점 g와 부하의 중성점 N이 연결되어 있는 경우 부하의 각 상에 공급되는 전압은?

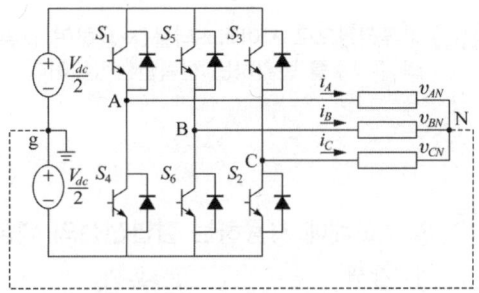

① $v_{AN} = -\dfrac{V_{dc}}{2},\ v_{BN} = \dfrac{V_{dc}}{2},$
$v_{CN} = \dfrac{V_{dc}}{2}$

② $v_{AN} = \dfrac{3V_{dc}}{2},\ v_{BN} = \dfrac{3V_{dc}}{2},$
$v_{CN} = -\dfrac{3V_{dc}}{2}$

③ $v_{AN} = \dfrac{V_{dc}}{2},\ v_{BN} = -\dfrac{V_{dc}}{2},$
$v_{CN} = -\dfrac{V_{dc}}{2}$

④ $v_{AN} = \dfrac{2V_{dc}}{3},\ v_{BN} = -\dfrac{2V_{dc}}{3},$
$v_{CN} = \dfrac{2V_{dc}}{3}$

해설 S_1 스위치 On 시 $v_{AN} = \dfrac{V_{dc}}{2}$
S_6 스위치 On 시 $v_{BN} = -\dfrac{V_{dc}}{2}$
S_2 스위치 On 시 $v_{CN} = -\dfrac{V_{dc}}{2}$

정답 30. ② 31. ③ 32. ② 33. ③

34 사이클로 컨버터란?
① 교류를 직류로 변환에 사용
② 정전압에 사용
③ 교류를 교류로 변환
④ 트리거 발생용

해설 교류전원으로 사이리스터를 사용하여 교류 전력의 주파수를 변환하는 전력변환장치이다.

35 보호도체에 사용하는 절연전선의 색상은?
① 갈색   ② 흑색
③ 회색   ④ 녹색-노란색

해설 보호도체의 절연전선 색상은 녹색-노란색이며 L_1 갈색, L_2 흑색, L_3 회색, N 청색을 사용한다.

36 접지 재료의 구비조건이 아닌 것은?
① 전류용량   ② 내부식성
③ 시공성   ④ 내전압성

해설 접지 재료는 내전압성을 필요로 하지 않는다.

37 다음 중 수용률에 대한 올바른 식은?
① $\dfrac{\text{최대 수용전력}}{\text{부하설비 합계}}$
② $\dfrac{\text{각 수용가의 최대 수용전력의 합}}{\text{합성 최대 수용전력}}$
③ $\dfrac{\text{평균 수용전력}}{\text{최대 수용전력}}$
④ $\dfrac{\text{전압강하}}{\text{정격전압}}$

해설 ① 수용률, ② 부등률, ③ 부하율, ④ 전압 강하율

38 가요전선관 공사에서 가요전선관의 상호 접속에 사용하는 것은?
① 유니언 커플링
② 2호 커플링
③ 콤비네이션 커플링
④ 스플릿 커플링

해설 가요전선관 상호는 스플릿 커플링, 가요전선관과 금속관은 콤비네이션 커플링으로 상호 접속한다.

39 금속관 공사에서 사용하는 전선은 단면적 [mm²] 얼마 이하에서 단선을 사용할 수 있는가?
① 16   ② 10
③ 6   ④ 4

해설 금속관 공사에 사용하는 전선은 단면적 10[mm²], 알루미늄 전선은 16[mm²]을 초과하는 것은 연선을 사용해야 한다. 다만, 길이 1[m] 이하의 금속관에 넣는 것은 적용하지 않으므로 단면적 10[mm²] 이하일 때 단선을 사용할 수 있다.

40 전분, 먼지 등의 가연성 분진이 착화하였을 때 폭발할 우려가 있는 곳에 시설하는 저압 옥내 배선으로 옳지 않은 것은?
① 합성수지관 공사
② 덕트 공사
③ 케이블 공사
④ 금속관 공사

정답 34. ③ 35. ④ 36. ④ 37. ① 38. ④ 39. ② 40. ②

해설 소맥분, 전분, 유황 기타 가연성의 먼지로서 공중에 떠다니는 상태에서 착화하였을 때, 폭발의 우려가 있는 곳의 저압 옥내 배선은 합성수지관 배선, 금속 전선관 배선, 케이블 배선에 의하여 시설한다.

41 조명용 백열전등을 숙박시설에 설치할 때 현관등은 최대 몇 분 이내에 소등되는 타임스위치를 시설하여야 하는가?
① 1 ② 2
③ 3 ④ 4

해설 숙박시설은 1분, 일반주택 및 아파트는 3분 이내 소등되는 타임스위치를 설치하여야 한다.

42 실내 면적 100[m²]인 교실에 전광속이 2500[lm]인 40[W] 형광등을 설치하여 평균 조도를 150[lx]로 하려면 몇 개의 등을 설치하면 되는가? (단, 조명률은 50[%], 감광보상률은 1.25로 한다.)
① 15개 ② 20개
③ 25개 ④ 30개

해설 $N = \dfrac{EAD}{FU} = \dfrac{150 \times 100 \times 1.25}{2500 \times 0.5} = 15$

43 실지수가 높을수록 조명률이 높아진다. 방의 크기가 가로 9[m], 세로 6[m]이고 광원의 높이는 작업 면에서 3[m]인 경우 이 방의 실지수는?
① 0.2 ② 1.2
③ 18 ④ 27

해설 $K = \dfrac{XY}{H(X+Y)} = \dfrac{9 \times 6}{3(9+6)} = 1.2$

44 전로의 절연내력 시험에서 최대 사용전압이 5000[V]인 경우 시험전압은 얼마인가? (단, 전선은 케이블이며 직류전압을 가한다.)
① 6250[V] ② 10000[V]
③ 11000[V] ④ 15000[V]

해설 전로의 절연내력 시험에서 최대 사용전압이 7[kV] 이하인 경우 최대 사용전압의 1.5배의 시험전압을 걸어주며 케이블인 경우 직류로 시험할 수 있으며 교류 시험전압의 2배를 가한다.
$5000[V] \times 1.5 \times 2 = 15000[V]$

45 전력계통에서 전력용 콘덴서와 직렬로 연결하는 리액터로 제거되는 고조파는?
① 제2고조파 ② 제3고조파
③ 제4고조파 ④ 제5고조파

해설 직렬 리액터는 제5고조파 제거, 병렬 리액터는 페란티 현상 방지, 소호 리액터는 지락전류 제한, 한류 리액터는 단락전류 제한용으로 사용된다.

46 전기공사 시 정부나 공공기관에서 발주하는 물량 산출 중 전기재료의 할증률에서 옥외 케이블은 일반적으로 몇 [%] 이내로 하여야 하는가?
① 1 ② 3
③ 5 ④ 10

정답 41. ① 42. ① 43. ② 44. ④ 45. ④ 46. ②

해설 전선은 옥내공사 시 10[%], 옥외공사 시 5[%]
케이블은 옥내공사 시 5[%], 옥외공사 시 3[%]

47 전선로와 대지의 정전용량을 C_s, 상호 정전용량을 C_m 이라고 하면 3상 전선로의 1회선에 작용하는 부분 정전용량은?

① $C = C_s + C_m$
② $C = C_s + 2C_m$
③ $C = C_s + 3C_m$
④ $C = 2C_s + C_m$

해설 단상 1회선은 $C = C_s + 2C_m$
3상 1회선은 $C = C_s + 3C_m$

48 코로나 임계전압을 나타내는 식에서 단선과 같이 매끈한 것은 전선의 표면계수 m_0 가 얼마인가?

① 0.8 ② 0.9
③ 1   ④ 1.1

해설 임계전압 $E_0 = 24.3 m_0 m_1 \delta d \log_{10} \dfrac{D}{r}$ [kV]
m_0 : 전선표면계수(단선 : 1, ACSR : 0.8)
m_1 : 기후에 관한 계수
δ : 상대공기밀도
d : 전선의 직경[m]

49 수전단을 단락한 송전단에서 본 임피던스는 200[Ω]이고, 수전단을 개방한 경우에는 800[Ω]일 때 이 선로의 특성 임피던스[Ω]는?

① 600 ② 500
③ 400 ④ 300

해설 특성 임피던스
$Z_0 = \sqrt{\dfrac{Z}{Y}} = \sqrt{\dfrac{200}{\dfrac{1}{800}}} = 400 [\Omega]$

50 송전단의 전력원 방정식이
$P_s^2 + (Q_s - 300)^2 = 250000$
인 전력계통에서 최대 전송 가능한 유효전력은 얼마인가?

① 300 ② 400
③ 500 ④ 600

해설 최대 전송 가능한 유효전력은 무효분이 0일 때이므로 $P_s^2 + 0 = 500^2$ 에서 $P_s = \sqrt{500^2} = 500$

51 코로나 방지대책으로 적당하지 않은 것은?

① 전선의 바깥지름을 크게 한다.
② 선간 거리를 증가시킨다.
③ 복도체 방식을 채용한다.
④ 가선 금구를 개량한다.

해설 코로나 방지대책으로는 전선의 지름을 크게 하고 복도체를 사용하고 가선 금구를 개량하고 가선 시에 전선 표면의 금구가 손상되지 않게 한다.

52 16진수 $B85_{16}$ 를 10진수로 표시하면?

① 738   ② 1475
③ 2213 ④ 2949

해설 $B85_{16} = 11 \times (16)^2 + 8 \times 16 + 5 = 2949$

정답 47. ③ 48. ③ 49. ③ 50. ③ 51. ② 52. ④

53 그림과 같은 논리회로의 논리 함수는?

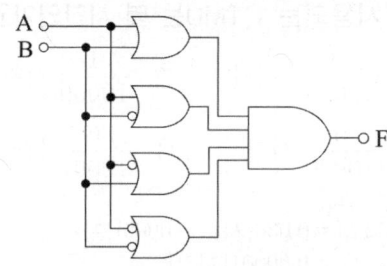

① 0
② 1
③ A
④ $\overline{A}$

해설 $F = (A+B)(A+\overline{B})(\overline{A}+B)(\overline{A}+\overline{B})$
$= (AA + A\overline{B} + AB + B\overline{B})$
$\quad (\overline{A}\overline{A} + \overline{A}B + \overline{A}B + B\overline{B})$
$= A(A+\overline{B}+B)\overline{A}(\overline{A}+\overline{B}+B)$
$= A\overline{A} = 0$

54 전가산기(full adder)의 carry 비트를 논리식으로 나타낸 것은? (단, x, y, z는 입력, C(carry)는 출력)

① $C = x \oplus x \oplus z$
② $C = x \oplus y + x \oplus z + yz$
③ $C = xy + (x \oplus y)z$
④ $C = xyz$

해설 전가산기의 입력 변수가 x, y, z이고 출력함수가 S, C일 때 출력의 논리식은
합 : $S = \overline{x}\overline{y}z + \overline{x}y\overline{z} + x\overline{y}\overline{z} + xyz = x \oplus y \oplus z$
자리 올림 수 : $C = \overline{x}yz + x\overline{y}z + xy\overline{z} + xyz$
$= xy + (x \oplus y)z$

55 계수 규준형 샘플링 검사의 OC 곡선에서 좋은 로트를 합격시키는 확률을 뜻하는 것은? (단, α는 제1종 과오, β는 제2종 과오이다.)

① α
② β
③ $1 - \alpha$
④ $1 - \beta$

해설 생산자 위험 확률(α)은 시료가 불량하기 때문에 로트가 불합격되는 확률이며 소비자 위험 확률(β)는 당연히 불합격되어야 할 로트가 합격되는 확률이므로 좋은 로트가 합격되는 확률은 전체에서 불합격되어야 할 로트가 시료가 불량하여 불합격된 확률(α)을 뺀 값이다.

56 공정작업을 시작하여 제품이 안전화 될 때까지 로스(LOSS)를 무엇이라 하는가?

① 초기 수율 로스
② 작업계획·준비조정 로스
③ 고장 로스
④ 불량·수리 로스

해설
- 초기 수율 로스는 생산 개시 시에 발생하는 불량 로스이며 생산 개시부터 제품이 안정화될 때까지 발생한다.
- 작업계획·준비조정 로스는 작업계획 준비 변경에 따른 로스
- 고장 로스는 돌발적, 만성적으로 발생하는 고장으로 인한 로스로 시간적인 로스와 물량적인 로스를 동반한다.
- 불량·수리 로스는 불량, 수리에 따른 불량 로스

57 관리도에서 측정한 값을 차례로 타점했을 때 점이 순차적으로 상승하거나 하강하는 것을 무엇이라 하는가?

① 산포(Dispersion)
② 주기(Cycle)
③ 경향(Trend)
④ 런(Run)

해설 관리도에서 측정한 값이 순차적 상승 또는 하강하는 것을 경향이라고 한다.

58 여유시간이 5분, 정미시간이 40분일 경우 내경법으로 여유율을 구하면 약 몇 [%]인가?

① 6.33 ② 9.05
③ 11.11 ④ 12.50

해설 내경법의 여유율
$$A = \frac{여유시간(AT)}{정미시간(NT) + 여유시간(AT)}$$
$$= \frac{5}{40+5} = 0.1111 = 11.11[\%]$$

59 그림과 같은 계획공정도(Network)에서 주공정으로 옳은 것은? (단, 화살표 밑의 숫자는 활동시간[단위 : 주]을 나타낸다.)

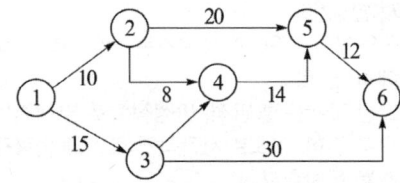

① ①-②-⑤-⑥
② ①-②-④-⑤-⑥
③ ①-③-④-⑤-⑥
④ ①-③-⑥

해설 주 공정은 가장 긴 작업시간이 예상되는 공정
① 10 + 20 + 12 = 42주
② 10 + 8 + 14 + 12 = 44주
③ 15 + 14 + 12 = 41주
④ 15 + 30 = 45주

60 MTM(Method Time Measurement)법에서 사용되는 1 TMU는 몇 시간인가?

① $\frac{1}{100000}$ 시간 ② $\frac{1}{10000}$ 시간
③ $\frac{6}{10000}$ 시간 ④ $\frac{36}{1000}$ 시간

해설 1MTM = 0.036[시] = 0.0006[분]
= 0.00001[시간]
= $\frac{1}{100000}$ [시간]

정답 58. ③ 59. ④ 60. ①

2021년 제70회 CBT 복원문제

01 100[V]용 전구 25[W] 두 개를 직렬과 병렬로 연결하고 직류 100[V]의 전원에 접속하면 어느 때 전구가 더 밝은가?
① 직렬이 2배 더 밝다.
② 직렬이 4배 더 밝다.
③ 병렬이 2배 더 밝다.
④ 병렬이 4배 더 밝다.

해설 25[W] 전구의 저항
$$R = \frac{V^2}{P} = \frac{100^2}{25} = 400[\Omega]$$
직렬연결 시 소비전력
$$P = \frac{V^2}{R} = \frac{50^2}{400} = 6.25[W]$$
병렬연결 시 소비전력
$$P = \frac{V^2}{R} = \frac{100^2}{400} = 25[W]$$

02 그림과 같은 a-b 회로 사이의 합성 정전용량은?

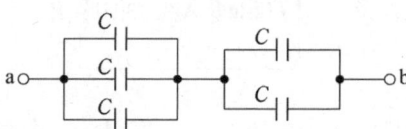

① $1.2C$ ② $2C$
③ $3C$ ④ $5C$

해설 콘덴서 3개 병렬연결은 $3C$, 콘덴서 2개 병렬연결은 $2C$이므로
$$\frac{3C \times 2C}{3C + 2C} = 1.2C$$

03 전압계의 측정 범위를 확대하기 위해 콘스탄탄 또는 망가닌선의 저항을 전압계에 직렬로 접속하는데 이때의 저항을 무엇이라 하는가?
① 분류기 ② 배율기
③ 분압기 ④ 정류기

해설 전압계의 측정범위를 확대하기 위해 배율기를 전압계에 직렬로 접속한다.

04 공기 중에서 두 점전하에서 서로 작용하는 힘이 20[N]이다. 비유전율 4인 유전체를 넣으면 서로 작용하는 힘은 어떻게 되는가?
① 10[N]으로 감소한다.
② 5[N]으로 감소한다.
③ 20[N]으로 증가한다.
④ 40[N]으로 증가한다.

해설 $F = \dfrac{Q_1 Q_2}{4\pi\epsilon_0\epsilon_r r^2}$ 으로 힘은 비유전율에 반비례하므로 $\dfrac{20[N]}{4} = 5[N]$으로 감소한다.

05 단면적 $A[m^2]$, 자로의 길이 $l[m]$, 투자율 μ, 권수 N회인 환상 철심의 자체 인덕턴스 [H]는?
① $\dfrac{\mu A N^2}{l}$ ② $\dfrac{AlN^2}{4\pi\mu}$
③ $\dfrac{4\pi A N^2}{l}$ ④ $\dfrac{\mu l N^2}{A}$

정답 1. ④ 2. ① 3. ② 4. ② 5. ①

해설 $L = \dfrac{N\Phi}{I} = \dfrac{N}{I} \times \dfrac{NI}{R} = \dfrac{\mu A N^2}{l}$ [H]

06 두 코일이 직렬 접속되었을 때 두 코일이 서로 영향을 주지 않는다면 합성 인덕턴스는?
① $L_1 + L_2$
② $L_1 - L_2$
③ $L_1 \times L_2$
④ $L_1 + 2L_2$

해설 두 코일이 서로 영향을 주지 않는다면 상호 인덕턴스가 0이므로
$L = L_1 + L_2 \pm 2M = L_1 + L_2 \pm 2 \times 0 = L_1 + L_2$

07 전압 200[V], 1상 부하의 저항이 3[Ω], 리액턴스가 4[Ω]인 △회로의 선전류는 약 몇 [A]인가?
① $40\sqrt{2}$
② 40
③ $40\sqrt{3}$
④ $50\sqrt{3}$

해설 상전류 $I = \dfrac{V}{Z} = \dfrac{200}{\sqrt{3^2 + 4^2}} = 40$[A]
△회로에서 선전류는 상전류보다 $\sqrt{3}$ 배 크므로 선전류는 $40\sqrt{3}$[A]이다.

08 이상적인 전압원과 전류원의 내부저항[Ω]은 각각 얼마인가?
① 전압원과 전류원의 내부저항은 모두 0이다.
② 전압원의 내부저항은 ∞이고 전류원의 내부저항은 0이다.
③ 전압원과 전류원의 내부저항은 모두 ∞이다.
④ 전압원의 내부저항은 0이고 전류원의 내부저항은 ∞이다

해설 이상적인 전압원의 내부저항은 0, 전류원의 내부저항은 ∞이다.

09 $v = 100\sqrt{2} \sin\left(\omega t + \dfrac{\pi}{6}\right)$를 복소수로 표시하면?
① $50\sqrt{3} + j50$
② $50 + j50\sqrt{3}$
③ $50\sqrt{3} + j50\sqrt{3}$
④ $50 + j50$

해설 $v = 100\sqrt{2} \sin\left(\omega t + \dfrac{\pi}{6}\right)$
$= 100\left[\cos\left(\dfrac{\pi}{6}\right) + j\sin\left(\dfrac{\pi}{6}\right)\right]$
$= 50\sqrt{3} + j50$

10 다음 그림에서 코일에 인가되는 전압의 크기 V_L은 몇 [V]인가?

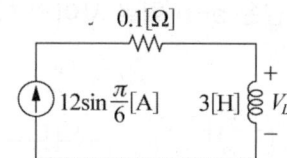

① $2\pi \sin \dfrac{\pi}{6} t$
② $4\pi \cos \dfrac{\pi}{6} t$
③ $6\pi \cos \dfrac{\pi}{6} t$
④ $12\pi \sin \dfrac{\pi}{6} t$

해설 $V_L = IX_L = \dfrac{d}{dt} IX_L$
$= 12 \times \dfrac{\pi}{6} \cos \dfrac{\pi}{6} t \times 3 = 6\pi \cos \dfrac{\pi}{6} t$

정답 6. ① 7. ③ 8. ④ 9. ① 10. ③

11 저항 R, 인덕턴스 L, 콘덴서 C의 직렬회로에서 발생되는 과도현상이 비진동적이 되는 조건은? (직류전압 인가 시)

① $\left(\dfrac{R}{2L}\right)^2 - \dfrac{1}{LC} > 0$

② $\left(\dfrac{R}{2L}\right)^2 - \dfrac{1}{LC} < 0$

③ $\left(\dfrac{R}{2L}\right)^2 - \dfrac{1}{LC} = 0$

④ $R < 2\sqrt{\dfrac{L}{C}}$

해설 비진동 조건은
$\left(\dfrac{R}{2L}\right)^2 - \dfrac{1}{LC} > 0$, $R > 2\sqrt{\dfrac{L}{C}}$

12 $R-C$ 직렬회로에서 콘덴서에 걸리는 전압이 220[V]이고, 흐르는 전류는 5[A]로 5초 동안 흘렀다고 했을 때 축적되는 에너지는 몇 [J]인가?

① 2750　　② 5500
③ 4500　　④ 3250

해설 $W = \dfrac{1}{2}CV^2 = \dfrac{1}{2}QV = \dfrac{1}{2}It$ 이므로
$W = \dfrac{1}{2} \times 5 \times 5 \times 220 = 2750[J]$

13 RC 직렬회로에서 $t = 0$일 때 직류전압 10[V]를 인가하면 $t = 0.1[\text{sec}]$일 때 전류는 약 몇 [mA]인가? (단, $R = 1000[\Omega]$, $C = 50[\mu F]$이고, 초기 정전용량은 0이다.)

① 2.25　　② 1.85
③ 1.55　　④ 1.35

해설 $i = \dfrac{E}{R}e^{-\frac{1}{RC}t}$
$= \dfrac{10}{1000}e^{-\frac{1}{1000 \times 50 \times 10^{-6}} \times 0.1}$
$= 1.35 \times 10^{-3} = 1.35[\text{mA}]$

14 PWM 인버터 방식에서 반송신호로 가장 많이 사용되는 것은?

① 삼각파　　② 반원파
③ 구형파　　④ 정현파

해설 인버터에서 반송신호로 가장 많이 사용되는 것은 삼각파이다.

15 10극의 직류 파권 발전기의 전기자 도체수 400, 매 극의 자속 수 0.02[Wb], 회전수 600[rpm]일 때 기전력은 몇 [V]인가?

① 200　　② 220
③ 380　　④ 400

해설 $E = PZ\phi\dfrac{N}{60a}$
$= 10 \times 400 \times 0.02 \times \dfrac{600}{60 \times 2} = 400[V]$

16 유기기전력이 110[V], 단자전압이 100[V]인 5[kW] 분권발전기의 계자저항이 50[Ω]이라면, 전기자 저항은 약 몇 [Ω]인가?

① 0.12　　② 0.19
③ 0.96　　④ 1.92

해설 $E = V + I_a R_a$에서
$I_a = I + I_f = \dfrac{P}{V} + \dfrac{V}{R_f} = \dfrac{5000}{100} + \dfrac{100}{50} = 52[A]$
$R_a = \dfrac{E-V}{I_a} = \dfrac{110-100}{52} = 0.192[\Omega]$

정답 11. ①　12. ①　13. ④　14. ①　15. ④　16. ②

17 직권전동기의 용도가 아닌 것은?
① 전차 ② 권상기
③ 크레인 ④ 세탁기

해설 세탁기는 단상 유도전동기를 사용한다.

18 정격전압 250[V], 전기자 저항 0.04[Ω]인 분권전동기의 전기자 전류가 50[A]일 때 속도가 1200[rpm]이라면 토크는 약 몇 [kg·m]인가?
① 10 ② 15 ③ 20 ④ 25

해설
$$T = \frac{P}{\omega} = \frac{P}{2\pi n} = \frac{P}{2\pi \frac{N}{60}} = \frac{EI_a}{2\pi \frac{N}{60}}$$
$$= \frac{(V-I_aR_a)I_a}{2\pi \frac{N}{60}} = \frac{(250-50\times 0.04)\times 50}{2\pi \frac{1200}{60}}$$
$$= 98.676 [\text{N}\cdot\text{m}]$$
1[kg·m] = 9.8 [N·m] 이므로
$$\therefore T = \frac{98.676}{9.8} = 10.067 \fallingdotseq 10 [\text{kg}\cdot\text{m}]$$

19 직류 전동기에서 자속이 1/2배 감소하면 회전수는?
① 1/2로 감소한다. ② 변화가 없다.
③ 2배 상승한다. ④ 4배 상승한다.

해설 직류전동기의 회전수 $N = \frac{V-I_aR_a}{K\phi}$ 이므로 회전수는 자속에 반비례하므로 2배 상승한다.

20 1차 전압 2200[V], 무부하 전류 0.088[A], 철손 110[W]인 단상 변압기의 자화전류는?
① 50[mA] ② 72[mA]
③ 88[mA] ④ 94[mA]

해설 여자전류 $I_o = \sqrt{I_w^2 + I_u^2}$
철손전류 $I_w = \frac{P_i}{V_i} = \frac{110}{2200} = 0.05[\text{A}]$
자화전류 $I_u = \sqrt{I_o^2 - I_w^2}$
$= \sqrt{0.088^2 - 0.05^2}$
$= 0.072[\text{A}] = 72[\text{mA}]$

21 변압기유의 열화 방지를 위해 사용하는 장치는?
① 부싱 ② 발열기
③ 주름 철판 ④ 콘서베이터

해설 변압기유의 열화 방지를 위해 브리더와 콘서베이터를 설치한다.

22 단상변압기 100[kVA] 2대로 V결선하여 운전할 경우 실제 공급 가능한 전력은 약 얼마인가?
① 86.6[kVA]
② 100[kVA]
③ 173.21[kVA]
④ 200[kVA]

해설 $P_V = \sqrt{3}P = \sqrt{3}\times 10 = 173.21[\text{kVA}]$

23 변압기 단락시험에서 2차 측을 단락하고 1차 측에서 정격전압을 가하면, 큰 단락전류가 흘러 변압기가 소손된다. 이에 따라 정격주파수의 전압을 서서히 증가시켜 1차 정격전류가 될 때의 변압기 1차 측 전압을 무엇이라 하는가?
① 부하 전압 ② 절연내력 전압
③ 정격주파 전압 ④ 임피던스 전압

정답 17. ④ 18. ① 19. ③ 20. ② 21. ④ 22. ③ 23. ④

해설 변압기의 임피던스 전압은 변압기에서 저압측을 단락하고 고압측에 정격전류가 흐르도록 했을 때의 고압측에 가한 전압을 말하며 정격전류가 흐르고 있을 때의 권선 임피던스에 의한 전압강하를 나타낸다.

24 전부하 시 슬립 4[%], 회전수 1152[rpm]인 60[Hz] 3상 유도전동기의 극수는?

① 4　　② 6
③ 8　　④ 10

해설 $N = (1-s)\dfrac{120f}{P}$ 에서

극수 $P = (1-s)\dfrac{120f}{N}$

$= (1-0.04) \times \dfrac{120 \times 60}{1152} = 6$

25 3상 유도전동기의 출력이 4[kW], 효율이 80%의 기계적 손실은 몇 [kW]인가?

① 0.5　　② 1.0
③ 1.5　　④ 1.75

해설 규약효율 $\eta = \dfrac{출력}{출력 + 손실} = 0.8$ 이므로

손실 $= \dfrac{출력}{\eta} - 출력 = \dfrac{4}{0.8} - 4 = 1[kW]$

26 회전자 입력 10[kW], 슬립 4[%]인 3상 유도전동기의 2차 동손은 몇 [kW]인가?

① 9.6　　② 4
③ 0.4　　④ 0.2

해설 2차 동손 $P_{c2} = sP_2 = 0.04 \times 10 = 0.4[kW]$

27 동기전동기에서 위상특성곡선은? (단, P는 출력, I는 전기자 전류, I_f는 계자전류, $\cos\theta$는 역률이라 한다.)

① $P - I$ 곡선, I_f 일정
② $P - I_f$ 곡선, I 일정
③ $I_f - I$ 곡선, P 일정
④ $I_f - I$ 곡선, $\cos\theta$ 일정

해설 동기 전동기의 V 곡선은 전동기 용량 P가 일정할 때 계자전류(I_f)와 전기자 전류와의 관계 그래프이다.

28 입력전압이 220[V]일 때 3상 전파제어 정류회로에서 얻을 수 있는 직류전압은 몇 [V]인가?

① 99　　② 198
③ 257.4　　④ 297

해설 3상 전파정류회로의 출력

$E_d = \dfrac{3\sqrt{2}}{\pi} V = 1.35 V = 1.35 \times 220 = 297$

29 사이리스터에 대한 특징으로 올바르지 않은 것은?

① 대표적인 사이리스터로 SCR, GTO, TRIAC 등이 있다.
② 애노드, 캐소드, 게이트 3단자의 전극으로 구성되어 있다.
③ SCR에서는 게이트에 의한 턴 오프가 가능하다.
④ TRIAC은 양방향 도통이 가능한 사이리스터이다.

해설 SCR은 단방향 사이리스터로서 게이트에 전류를 흘려주면 턴 온되고 애노드 전압을 0[V]로 해주면 턴 오프된다.

정답　24. ②　25. ②　26. ③　27. ③　28. ④　29. ③

30. 그림은 어떤 소자의 구조와 기호이다. 이 소자의 명칭과 ⓐ ~ ⓒ의 단자기호를 모두 옳게 나타낸 것은?

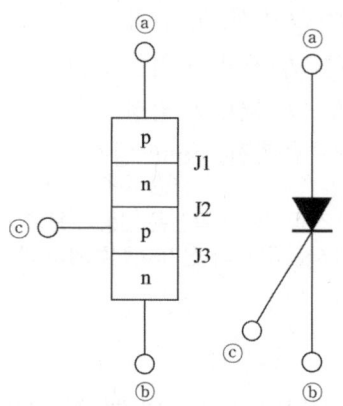

① UJT, ⓐ K(cathode), ⓑ A(anode), ⓒ G(gate)
② UJT, ⓐ A(anode), ⓑ G(gate), ⓒ K(cathode)
③ SCR, ⓐ K(cathode), ⓑ A(anode), ⓒ G(gate)
④ SCR, ⓐ A(anode), ⓑ K(cathode), ⓒ G(gate)

해설 SCR 소자의 기호로
ⓐ A(anode), ⓑ K(cathode), ⓒ G(gate)이다.

31. 다음 사이리스터 중 순방향 전압에서 양(+)의 전류에 의하여 턴-온 시킬 수 있고, 음(-)의 전류로 턴-오프 시킬 수 있는 것은?
① GTO ② BJT
③ UJT ④ FET

해설 GTO는 게이트 조작에 의해 턴 온, 턴 오프가 가능한 소자이다.

32. 직류를 교류로 변환하는 장치이며, 상용전원으로부터 공급된 전력을 입력받아 자체 내에서 전압과 주파수를 가변시켜 전동기에 공급함으로써 전동기 속도를 고효율로 용이하게 제어하는 장치를 무엇이라 하는가?
① 컨버터 ② 인버터
③ 초퍼 ④ 변압기

해설 인버터는 반도체 소자의 스위칭 기능을 이용하여 직류 전력을 교류 전력으로 변환하는 전력 변환 장치

33. 다음은 3상 전압형 인버터를 이용한 전동기 운전회로의 일부이다. 회로에서 트랜지스터의 기본적인 역할로 가장 적당한 것은?

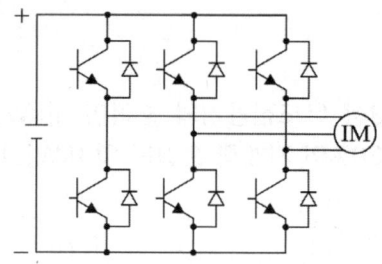

① 전압증폭 ② ON·OFF
③ 전류증폭 ④ 정류작용

해설 3상 전압형 인버터의 TR을 순서대로 ON, OFF하여 교류로 변환하여 3상 유도전동기를 운전할 수 있다.

34. 과도한 전류변화$\left(\dfrac{di}{dt}\right)$나 전압변화$\left(\dfrac{dv}{dt}\right)$에 의한 전력용 반도체 스위치의 소손을 막기 위해 사용하는 회로는?
① 스너버 회로 ② 게이트 회로
③ 필터 회로 ④ 스위치 제어회로

정답 30. ④ 31. ① 32. ② 33. ② 34. ①

[해설] 스너버 회로는 급격한 변화를 누그러뜨리고, 입력 신호에서 원하지 않는 노이즈 등을 제거하기 위하여 사용하는 회로

35 저압 옥내간선의 전원측 전로에는 그 저압 옥내 간선을 보호할 목적으로 "ⓐ"를 시설하여야 한다. ⓐ에 들어갈 말로 옳은 것은?
① 과전류차단기
② 피뢰기
③ 변압기
④ 계기용 변류기

[해설] 간선을 보호하기 위해 시설하는 과전류차단기의 정격전류는 옥내간선의 허용전류 이하의 정격전류의 것을 사용해야 한다.

36 일반적으로 분기회로의 보호장치는 저압 옥내간선과의 분기점에서 전선의 길이가 몇 [m] 이하의 곳에 시설하여야 하는가?
① 3
② 4
③ 5
④ 8

[해설] 옥내간선의 분기점에서 전선의 길이가 3[m] 이하의 장소에 개폐기 및 과전류차단기를 시설하여야 한다.

37 교류 500[V] 이하를 사용하는 공장의 전선과 대지 사이의 절연저항은 몇 [MΩ] 이상이어야 하는가?
① 0.1
② 0.3
③ 1
④ 10

[해설] FELV, 500[V] 이하는 절연저항이 1[MΩ] 이상일 것

38 전기공급설비 및 전기 사용 설비에서 전선의 접속법에 대한 설명으로 틀린 것은?
① 접속 부분은 접속관, 기타의 기구를 사용한다.
② 전선의 세기를 20[%] 이상 감소시키지 않는다.
③ 전선의 전기저항이 증가되도록 접속하여야 한다.
④ 접속부분은 절연전선의 절연물과 동등 이상의 절연효력이 있도록 충분히 피복한다.

[해설] 전선의 접속은 전선의 전기저항이 증가되지 않도록 접속하여야 한다.

39 감광보상률과 관계가 없는 것은?
① 조명기구의 종류
② 주위 환경
③ 램프의 사용 시간에 따른 효율 감소
④ 조명률

[해설] 감광보상률은 광원으로부터의 광속수는 광원의 수명과 더불어 감소하고, 또 광원 표면·반사면 등의 먼지(보수 상태)에 의해 감소하는 비율로 감광보상률의 역수를 유지율 또는 보수율이라고 한다.

40 500[lm]의 광속을 발산하는 전등 20개를 1000[m²] 방에 점등하였을 경우, 평균 조도는 약 몇 [lx]인가? (단, 조명률은 0.5, 감광보상률은 1.5이다.)
① 3.33
② 4.24
③ 5.48
④ 6.67

[해설] $E = \dfrac{FUN}{AD} = \dfrac{500 \times 0.5 \times 20}{1000 \times 1.5} = 3.33[\text{lx}]$

정답 35. ① 36. ① 37. ③ 38. ③ 39. ④ 40. ①

41 저압 옥내 배선에서의 덕트 공사 종류로 올바르지 않은 것은?
① 합성수지 덕트 공사
② 버스덕트 공사
③ 플로어 덕트 공사
④ 금속덕트 공사

해설 저압 옥내 배선에 시설하는 덕트 공사에는 버스 덕트 공사, 금속 덕트 공사, 플로어 덕트 공사, 셀룰러 덕트 공사가 있다.

42 케이블 트레이에 대한 설명으로 옳지 않은 것은?
① 케이블 트레이는 통로로 사용하지 말아야 한다.
② 케이블 트레이는 케이블과 전선관의 지지물로만 사용해야 한다.
③ 전선을 접속하는 경우, 전선접속 부분에 사람이 접근할 수 있어야 한다.
④ 케이블 트레이의 안전율은 2.0 이상으로 해야 한다.

해설 케이블 트레이 공사에서 사용하는 케이블 트레이는 수용된 모든 전선을 지지할 수 있는 적합한 강도의 것이어야 하며 안전율은 1.5 이상으로 해야 한다.

43 지중에 매설되어 있고 대지와의 전기저항값이 최대 몇 [Ω] 이하의 값을 유지하고 있는 금속제 수도관로는 이를 각종 접지극으로 사용할 수 있는가?
① 0.3[Ω]
② 3[Ω]
③ 30[Ω]
④ 300[Ω]

해설 수도관의 저항이 3[Ω] 이하인 경우 접지극으로 사용할 수 있다.

44 배전계통에서 사용하는 고압용 차단기의 종류가 아닌 것은?
① 기중차단기 ACB
② 공기차단기 ABB
③ 진공차단기 VCB
④ 유입차단기 OCB

해설 기중차단기는 공기를 소호 매질로 사용하며, 3.3[kV]급 이하에서 사용한다.

45 직선 철탑이 연속되는 경우, 10기 이하마다 1기의 내장 애자 장치를 사용하여 전선로를 보강하는 철탑은?
① 내장형
② 각도형
③ 인류형
④ 보강형

해설 내장형 철탑은 전선로 양쪽의 경간 차가 큰 부분에 사용하고 직선 철탑이 연속되는 경우 10기마다 1기의 내장 애자 장치를 사용하여 전선로를 보강한다.

46 절연체 폴리에틸렌, 보호층으로 연질의 비닐외장으로 반 경질비닐을 사용한 것으로 600[V] 이하의 저압 분기회로에 사용하는 케이블은?
① CV 케이블
② CB-EV 케이블
③ MI 케이블
④ TFR-CV 케이블

해설
- CV 케이블은 플라스틱 전력 케이블로 저압에서 특고압까지 사용
- CB-EV 케이블은 콘크리트 직매용 폴리에틸렌 절연 비닐외장 케이블
- MI 케이블은 압력, 심한 기계적 충격을 받는 장소에 사용

정답 41. ① 42. ④ 43. ② 44. ① 45. ① 46. ④

47 22.9[kV] 배전선로 가선 공사에서 주상의 경완금(경완철)에 전선을 가선 작업할 때 필요없는 금구류 또는 자재는 다음 중 어느 것인가?
① 앵커쇄클
② 현수애자
③ 소켓아이
④ 데드앤드 크램프

해설 앵커쇄클은 근가를 조정시키기 위한 자재이다.

48 가공 송전선로에서 단도체보다 복도체를 많이 사용하는 이유는?
① 인덕턴스의 증가
② 정전용량의 감소
③ 코로나 손실 감소
④ 선로 계통의 안정도 감소

해설 복도체를 사용하면 전선의 등가 반지름이 증가하므로 선로의 작용 인덕턴스는 감소하고 작용 정전용량은 증가하여 송전 용량을 증가시키고, 코로나 임계전압을 높일 수 있어 코로나 발생을 방지하며 초고압 송전 선로에 적당하다.

49 전력 원선도에서 알 수 없는 것은?
① 조상 용량
② 선로 손실
③ 과도 안정 극한 전력
④ 송·수전단 전압 간의 상차각

해설 전력 원선도로 구할 수 있는 것은 유효전력, 무효전력, 피상전력, 수전단 역률, 조상설비 용량, 송·수전단 전압 간의 상차각 등이 있다.

50 송전선로의 코로나 임계전압이 높아지는 것은?
① 기압이 낮아지는 경우
② 전선의 지름이 큰 경우
③ 온도가 높아지는 경우
④ 상대 공기 밀도가 작은 경우

해설 기압이 낮아지거나 온도가 높아지면 상대 공기밀도가 작아지므로 코로나 임계전압은 낮아지게 되고 전선의 지름이 큰 경우에는 코로나 임계전압이 높아진다.

51 10진수 753_{10}을 8진수로 변환하면?
① 753
② 357
③ 1250
④ 1361

해설
```
8 | 753
8 |  94  … 나머지 1
8 |  11  … 나머지 6
      1  … 나머지 3
```

52 다음 회로를 하나의 기호로 나타내면?

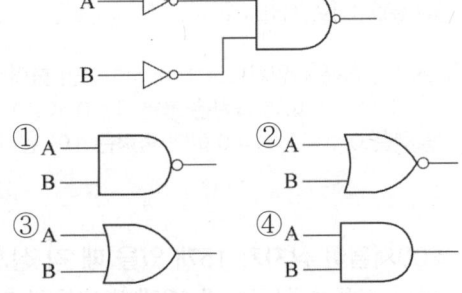

해설 $Y = \overline{(A\overline{B}) \cdot \overline{B}} = \overline{\overline{A\overline{B}}} + \overline{\overline{B}} = A\overline{B} + B$
$= (A+B)(B+\overline{B}) = A+B$

정답 47. ① 48. ③ 49. ③ 50. ② 51. ④ 52. ③

53 그림과 같은 논리회로에서 출력식은?

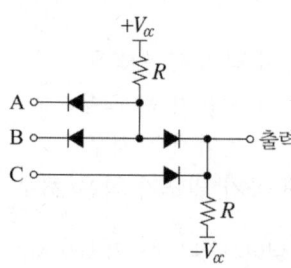

① ABC
② A+B+C
③ AB+C
④ (A+B)C

해설 입력 A와 B가 모두 1인 경우와 입력 C가 1인 경우 출력이 1이 되므로 AB + C이다.

54 그림은 어떤 플립플롭의 타임차트이다. (A), (B)에 해당되는 것은?

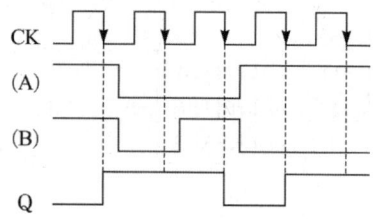

① (A) : S, (B) : R
② (A) : R, (B) : S
③ (A) : J, (B) : K
④ (A) : K, (B) : J

해설 JK 플립플롭 타임차트로 J = K = 1 이면 출력이 반전, J = K = 0 이면 출력은 불변, J = 0, K = 1 이면 출력은 0, J = 1, K = 0 이면 출력은 1이 된다.

55 200개들이 상자가 15개 있을 때 각 상자로부터 제품을 랜덤하게 10개씩 샘플링 할 경우, 이러한 샘플링 방법을 무엇이라 하는가?

① 층별 샘플링
② 계통 샘플링
③ 취락 샘플링
④ 2단계 샘플링

해설 층별 샘플링은 로트나 공정을 몇 개의 층으로 나누어 각층으로부터 임의로 시료를 취하는 방법

56 품질특성에서 X 관리도로 관리하기에 가장 거리가 먼 것은?

① 볼펜의 길이
② 알코올 농도
③ 1일 전력 소비량
④ 나사 길이의 부적합 수

해설 X 관리도는 계량형 관리도이며, 계량형 관리도 데이터는 길이, 무게, 강도, 성분, 시간, 수율 등이 있다.

57 다음은 관리도의 사용 절차를 나타낸 것이다. 관리도의 사용 절차를 순서대로 나열한 것은?

[다음]
㉠ 관리하여야 할 항목의 선정
㉡ 관리도의 선정
㉢ 관리하려는 제품이나 종류 선정
㉣ 시료를 채취하고 측정하여 관리도를 작성

① ㉠ → ㉡ → ㉢ → ㉣
② ㉠ → ㉢ → ㉣ → ㉡
③ ㉢ → ㉠ → ㉡ → ㉣
④ ㉢ → ㉣ → ㉠ → ㉡

해설 관리도를 작성하는 절차는 가장 나중에 이루어진다.

58 일반적으로 품질 코스트 가운데 가장 큰 비율을 차지하는 것은?

① 평가 코스트
② 실패 코스트
③ 예방 코스트
④ 검사 코스트

해설 실패 코스트는 일정 품질수준에 미달되어 발생하는 코스트로 품질 코스트 중에서 가장 큰 비율을 차지한다.

59 400시간 작업시간에 대해 여유율이 17.6[%]라면 외경법에 의한 표준시간은 얼마인가?

① 384.4　　② 470.4
③ 70.4　　　④ 38.7

해설 외경법의 표준시간 = 실질 시간×(1+여유율)
= 400(1+0.176)
= 470.4시간

60 어느 회사의 월별 판매실적을 나타낸 것이다. 5개월 이동평균법으로 6월의 수요를 예측하면?

월	1	2	3	4	5
판매량	100	110	120	130	140

① 150　　② 140
③ 130　　④ 120

해설 단순이동평균법

당기 예측치 $M_t = \dfrac{\sum X_t (당기 실적치)}{n}$

$= \dfrac{(100+110+120+130+140)}{5}$

$= \dfrac{600}{5} = 120$

정답 59. ② 60. ④

2022년 제71회 CBT 복원문제

01 콘덴서에 비유전율 ϵ_r인 유전체가 채워져 있을 때의 정전용량 C와 공기로 채워져 있을 때의 정전용량 C_0와의 비($\frac{C}{C_0}$)는?

① ϵ_r ② $\frac{1}{\epsilon_r}$ ③ $\sqrt{\epsilon_r}$ ④ $\frac{1}{\sqrt{\epsilon_r}}$

해설 $\frac{C}{C_0} = \frac{\epsilon_0 \epsilon_r \cdot \frac{A}{l}}{\epsilon_0 \cdot \frac{A}{l}} = \epsilon_r$

02 저항은 8[Ω], 유도리액턴스가 6[Ω]인 직렬회로의 역률은?

① 0.6 ② 0.8 ③ 0.95 ④ 1

해설 $\cos\theta = \frac{R}{Z} = \frac{R}{\sqrt{R^2+X^2}} = \frac{8}{\sqrt{8^2+6^2}} = 0.8$

03 10[Ω] 저항 5개를 직렬 연결했을 때의 합성저항은 병렬 연결했을 때 합성저항의 몇 배가 되는가?

① 10 ② 25 ③ 50 ④ 100

해설 10[Ω] 저항을 직렬로 5개 연결하면 500[Ω] 10[Ω] 저항을 병렬로 5개 연결하면 2[Ω]이므로 직렬과 병렬 연결은 25배 차이가 난다.

04 전압과 전류의 관계를 벡터도로 나타낼 때 오른쪽으로 전압, 아래로 전류가 $\frac{\pi}{2}$ 느린 회로는?

① R만의 회로 ② L만의 회로
③ C만의 회로 ④ 공진회로

해설 L만 있는 회로의 전압과 전류 벡터도

$\dot{i} = \frac{V}{X_L} = \frac{V}{\omega L}$

05 LC 회로에서 L 또는 C를 감소시킬 때 공진 주파수의 변동은?

① 공진 주파수는 증가
② 공진 주파수는 감소
③ 변하지 않는다.
④ $\frac{L}{C}$에 반비례

해설 RLC 직렬회로의 공진조건은 $\omega L = \frac{1}{\omega C}$이다.

$f_0 = \frac{1}{2\pi\sqrt{LC}}$[Hz]이므로 L 또는 C가 감소하면 주파수는 증가한다.

06 그림과 같은 회로에서 대칭 3상 전압(선간전압) 173[V]를 $Z = 12 + j16[\Omega]$인 성형결선 부하에 인가하였다. 이 경우의 선전류는 몇 [A]인가?

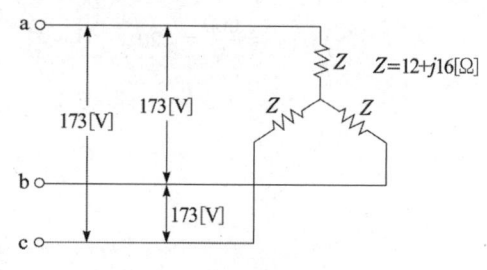

① 5.0 ② 8.3
③ 10.0 ④ 15.0

정답 1.① 2.② 3.② 4.② 5.① 6.①

해설 상전압 $V_P = \dfrac{V_l}{\sqrt{3}} = \dfrac{173}{\sqrt{3}} = 100[V]$
임피던스 $Z = \sqrt{R^2 + X^2} = \sqrt{12^2 + 16^2} = 20[\Omega]$
선전류와 상전류는 같으므로
$I_l = I_P = \dfrac{V_P}{Z} = \dfrac{100}{20} = 5[A]$

07 $v = 50\sqrt{2}\sin(\omega t + \dfrac{\pi}{3})[V]$를 복소수로 표시하면?

① $25 + j25\sqrt{3}$ ② $25\sqrt{3} + j25$
③ $25 + j25$ ④ $25\sqrt{3} + j25\sqrt{3}$

해설 $i = 50\sqrt{2}\sin(\omega t + \dfrac{\pi}{3}) = 100\angle 60°$
$= 50(\cos 60° + j\sin 60°) = 25 + j25\sqrt{3}$

08 그림과 같은 병렬회로에서 저항 $r = 3[\Omega]$, 유도 리액턴스 $X = 4[\Omega]$이다. 이 회로 a-b간의 역률은?

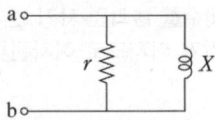

① 0.8 ② 0.6
③ 0.5 ④ 0.4

해설 $R-L$ 병렬회로에서 역률
$\cos\theta = \dfrac{X_L}{\sqrt{R^2 + X_L^2}} = \dfrac{4}{\sqrt{3^2 + 4^2}} = 0.8$

09 정전용량 $C[\mu F]$의 콘덴서에 충전된 전하가 $q = \sqrt{2}Q\sin\omega t[C]$와 같이 변화하도록 하였다면 이때 콘덴서에 흘러 들어가는 전류의 값은?

① $i = \sqrt{2}\omega Q\sin\omega t$
② $i = \sqrt{2}\omega Q\cos\omega t$
③ $i = \sqrt{2}\omega Q\sin(\omega t - 60°)$
④ $i = \sqrt{2}\omega Q\cos(\omega t - 60°)$

해설 $q = \sqrt{2}Q\sin\omega t[C]$를 미분하면
$i = \sqrt{2}\omega Q\cos\omega t$

10 단상 회로에 교류전압 200[V]를 가한 결과 위상이 45° 뒤진 전류가 15[A] 흘렀다. 이 회로의 소비전력은 약 몇 [W]인가?

① 1777 ② 1945
③ 2121 ④ 3300

해설 $P = VI\cos\theta = 200 \times 15 \times \cos 45° = 2121[W]$

11 $F(s) = \dfrac{12(s+8)}{4s(s+6)}$일 때 $f(t)$의 초기값은?

① 0 ② 1
③ 2 ④ 3

해설 $f(0^+) = \lim_{s\to\infty} sF(s) = \lim_{s\to\infty} s\dfrac{12(s+8)}{4s(s+6)} = 3$

12 기본파의 3[%]인 제3 고조파와 5[%]인 제5 고조파, 7[%]인 제7 고조파를 포함하는 전압파의 왜형률은?

① 약 2.7[%] ② 약 5.1[%]
③ 약 7.7[%] ④ 약 9.1[%]

해설 $e = \sqrt{\dfrac{V_2^2 + V_3^2 + \cdots + V_n^2}{V_1}} \times 100$
$= \dfrac{\sqrt{(0.03V)^2 + (0.05V)^2 + (0.07V)^2}}{V} \times 100$
$\fallingdotseq 9.1[\%]$

정답 7.① 8.① 9.② 10.③ 11.④ 12.④

13 6극 전기자 도체 수 400, 매 극 자속 수 0.01 [Wb], 회전수 600[rpm]인 파권 직류기의 유기 기전력은 몇 [V]인가?
① 120   ② 140
③ 160   ④ 180

해설 파권에서는 병렬 회로수(a)는 항상 2이므로
$$E = PZ\Phi \frac{N}{60a}$$
$$= 6 \times 400 \times 0.01 \times \frac{600}{60 \times 2} = 120[V]$$

14 전동기의 회전방향을 바꾸어 주는 방식으로 틀린 것은?
① 직류 분권전동기의 역회전 운전 – 전기자회로를 반대로 접속한다.
② 3상 농형 유도전동기의 역회전 운전 – 3상 전원 중 2상의 결선을 바꾸어 결선한다.
③ 직류 직권전동기의 역회전 운전 – 전원의 극성을 반대로 한다.
④ 콘덴서형 단상 유도전동기의 역회전 운전 – 기동권선을 반대로 접속한다.

해설 직류 직권전동기의 회전방향을 바꾸려면 계자권선이나 전기자권선 중 어느 한쪽의 접속을 반대로 하면 되는데 일반적으로 전기자권선의 접속을 바꾸어 역회전시킨다.

15 직류 분권 전동기의 계자 저항을 운전 중에 증가하면?
① 자속증가   ② 속도감소
③ 부하증가   ④ 속도증가

해설 $N = K\frac{E}{\Phi}$ 에서 계자저항(R_f)이 증가하면 자속(Φ)가 감소하여 회전속도는 증가한다.

16 어떤 변압기의 1차 환산 임피던스 $Z_{12} = 900[\Omega]$이고, 2차로 환산하면 $Z_{21} = 1[\Omega]$이다. 2차 전압이 200[V]이면 1차 전압은?
① 1500[V]   ② 3000[V]
③ 4500[V]   ④ 6000[V]

해설 $Z_2' = a^2 Z_2$ 에서
$$a = \sqrt{\frac{900}{1}} = 30$$ 이므로
$$a = \frac{V_1}{V_2} = \frac{N_1}{N_2} = \frac{I_2}{I_1}$$ 에서
$$V_1 = aV_2 = 30 \times 200 = 6000[V]$$

17 변압기에서 여자전류를 감소시키려면?
① 접지를 한다.
② 코일의 권횟수를 증가시킨다.
③ 코일의 권횟수를 감소시킨다.
④ 우수한 절연물을 사용한다.

해설 코일의 권횟수를 늘리면 자기 인덕턴스에 의한 유도 리액턴스가 커지므로 여자전류가 감소한다.

18 어떤 변압기를 운전하던 중에 단락이 되었을 때 그 단락전류가 정격전류의 25배가 되었다면 이 변압기의 임피던스 강하는 몇 [%]인가?
① 2   ② 3
③ 4   ④ 5

해설 $I_s = \frac{100}{\%Z} I_n$ 에서 $\%Z = \frac{100}{\frac{I_s}{I_n}} = \frac{100}{25} = 4[\%]$

정답 13. ①   14. ③   15. ④   16. ④   17. ②   18. ③

19 500[kVA]의 단상변압기 4대를 사용하여 과부하가 되지 않게 사용할 수 있는 3상 전력의 최댓값은 약 몇 [kVA] 인가?

① $500\sqrt{3}$
② 1500
③ $1000\sqrt{3}$
④ 2000

해설 3상 출력은
$P_Y = P_\triangle = 3P = 3 \times 500$
$= 1500[\text{kVA}]$ – 단상 변압기 3대 사용
V결선의 3상 출력은
$P_V = \sqrt{3}P = \sqrt{3} \times 500$
$= 866[\text{kVA}]$ – 단상 변압기 2대 사용
변압기 4대를 V결선으로 2회로로 구성할 수 있으므로
$866 \times 2 = 1732 = 1000\sqrt{3}[\text{kVA}]$

20 유도전동기의 원선도에서 구할 수 없는 것은?

① 1차 입력
② 1차 동손
③ 동기와트
④ 기계적 출력

해설 원선도에서는 기계적 동력이 구해지고 출력은 기계적 동력에서 기계적 손실을 빼야 한다.

21 아크 용접기 또는 방전등에 사용하는 변압기는?

① 전압조정용 변압기
② 누설 변압기
③ 계기용 변성기
④ 단권 변압기

해설 누설 변압기는 누설 리액턴스를 매우 크게 한 변압기로 1차 측의 전원 전압이 일정하고, 부하 임피던스가 변동해도 거의 일정한 2차 전류가 흐르도록 한 정전류 변압기이다.
누설 변압기는 방전등, 네온관등, 아크 용접기 등에 사용된다.

22 서보(servo) 전동기에 대한 설명으로 틀린 것은?

① 회전자의 직경이 크다.
② 교류용과 직류용이 있다.
③ 속응성이 높다.
④ 기동·정지 및 정회전·역회전을 자주 반복할 수 있다.

해설 서보 전동기는 빠른 응답과 넓은 속도제어의 범위를 가진 제어용 전동기로, 그 전원에 따라 직류 서보모터와 교류 서보모터로 분류된다.
교류 서보모터의 대부분은 3상 서보모터이며 정지·시동·역전 등의 동작을 반복하므로, 방열효과를 좋게 하거나, 동작의 변화가 빨라지도록 설계상 고려되어 있다.

23 교류와 직류 양쪽 모두에 사용 가능한 전동기는?

① 단상 분권 정류자 전동기
② 단상 반발 전동기
③ 세이딩 코일형 전동기
④ 단상 직권 정류자 전동기

해설 단상 직권 정류자 전동기는 만능 전동기라고도 부르며 교류와 직류 모두에서 사용할 수 있는 전동기이다.

24 동기기의 전기자 권선법 중 단절권, 분포권으로 하는 이유 중 가장 중요한 목적은?

① 높은 전압을 얻기 위해서
② 일정한 전류를 얻기 위해서
③ 좋은 파형을 얻기 위해서
④ 효율을 좋게 하기 위해서

해설 단절권은 코일의 간격이 자극의 간격보다 작게 하는 것으로 고조파 제거로 파형이 좋아지고 코일 단부가 단축되어 동량이 적게 드는 장점이 있다.

정답 19. ③ 20. ④ 21. ② 22. ① 23. ④ 24. ③

분포권은 기전력의 파형이 좋아지고 권선의 누설 리액턴스가 감소하며 분포계수 만큼 합성 유도 기전력이 감소한다.

25 다음 단상 유도 전동기 중 기동 토크가 가장 큰 것은?
① 콘덴서 기동형 ② 반발 기동형
③ 분상 기동형 ④ 세이딩 코일형

해설 단상 유도전동기의 기동 토크가 큰 순서
반발 기동형 > 콘덴서 기동형 > 분상 기동형 > 세이딩 코일형

26 3상 발전기의 전기자 권선에서 Y결선을 채택하는 이유로 볼 수 없는 것은?
① 중성점을 이용할 수 있다.
② 같은 상전압이면 △결선보다 높은 선간전압을 얻을 수 있다.
③ 같은 상전압이면 △결선보다 상절연이 쉽다.
④ 발전기 단자에서 높은 출력을 얻을 수 있다.

해설 Y결선은 △결선에 비해 상전압이 $\frac{1}{\sqrt{3}}$ 배이므로 권선의 절연이 쉬워지며 선간전압은 동일하다.

27 동기조상기를 과여자로 해서 운전하였을 때 나타나는 현상이 아닌 것은?
① 리액턴스로 작용한다.
② 전압강하를 감소시킨다.
③ 진상전류를 취한다.
④ 콘덴서로 작용한다.

해설 동기조상기를 과여자로 할 때 I 가 V 보다 앞서고 콘덴서 역할을 하여 역률이 개선되고, 전류가 감소하여 전압강하가 감소한다.

28 다음 중 달링턴(Darlington)회로의 설명으로 틀린 것은?
① 전압 이득이 작다.
② 전류 이득이 크다.
③ 입력저항이 작다.
④ 출력저항이 작다.

해설 달링턴회로는 2개의 트랜지스터를 하나로 결합시킨 것으로 전류증폭도가 높기 때문에 고출력회로에 사용된다. 달링턴회로는 큰 입력저항을 갖는다.

29 SCR의 과도열 임피던스를 측정할 때 사용하는 측정법은?
① 순전압 강하법
② 직류법
③ 오실로스코프법
④ 냉각법

해설 과도열 임피던스 측정할 때는 가열법과 냉각법이 있다.

30 래칭전류(Latching Current)를 올바르게 설명한 것은?
① 사이리스터를 온 상태로 스위칭 시킨 후의 애노드 순저지 전류
② 사이리스터를 턴-온 시키는데 필요한 최소의 양극 전류
③ 사이리스터를 온 상태로 유지시키는데 필요한 게이트 전류
④ 유지전류보다 조금 낮은 전류값

해설 래칭전류는 SCR을 턴 온 시키기 위한 최소 양극전류(80[mA])

정답 25. ② 26. ④ 27. ① 28. ③ 29. ④ 30. ②

31 그림은 어떤 반도체의 특성 곡선인가?

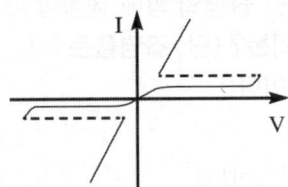

① SSS ② UJT
③ FET ④ GTO

해설 SSS는 5층의 PN 접합을 갖는 양방향 사이리스터로 2개의 역저지 3단자 사이리스터를 역병렬 접속하고 게이트 단자가 없는 소자로 SCR과 같이 과전압이 걸려도 파괴되는 일이 없이 턴 온이 된다는 장점이 있기 때문에 과전압이 걸리기 쉬운 옥외용 네온사인의 조광 등에 알맞다.

32 다이액(DIAC, Diode AC Switch)에 대한 설명으로 잘못된 것은?
① 트리거 펄스 전압은 약 6~10[V] 정도가 된다.
② 트라이액 등의 트리거 용도로 사용된다.
③ 역저지 4극 사이리스터이다.
④ 양방향으로 대칭적인 부성 저항을 나타낸다.

해설 다이액은 2단자의 교류 스위칭 소자로 교류 전원으로부터 트리거 펄스를 얻는 회로에 사용되며 트리거 다이오드라고도 한다. 일반 다이오드와 달리 쌍방향성으로 교류 전원을 한 순간만 도통시켜 트리거 펄스를 만들며 간단하고 값이 싸기 때문에 가정용 전화, SCR이나 트라이액의 트리거용으로 사용된다.

33 저압의 전선로 중 절연 부분의 전선과 대지 사이 및 전선의 심선 상호 간의 절연저항은 사용전압에 대한 누설전류가 최대 공급전류의 얼마를 넘지 않도록 하여야 하는가?

① $\dfrac{1}{500}$ ② $\dfrac{1}{1000}$
③ $\dfrac{1}{2000}$ ④ $\dfrac{1}{4000}$

해설 누설전류는 최대 $\dfrac{1}{2000}$ 을 넘지 않아야 한다.

34 콘크리트 매입 금속관 공사에 사용하는 금속관의 두께는 최소 몇 [mm]이상이어야 하는가?

① 1.0 ② 1.2
③ 1.5 ④ 2.0

해설 금속 전선관을 콘크리트에 매입할 경우 1.2[mm] 이상, 그 외의 경우에는 1.0[mm] 이상

35 캡타이어케이블을 조영재에 아랫면 또는 옆면에 시설하는 경우 전선의 지지점 간의 거리는 얼마로 하여야 하는가?

① 1.0[m] 이하 ② 1.5[m] 이하
③ 2.0[m] 이하 ④ 2.5[m] 이하

해설 전선을 조영재의 아랫면 또는 옆면에 따라 붙이는 경우, 전선의 지지점 간의 거리를 케이블은 2[m] 이하, 캡타이어 케이블은 1[m] 이하로 하여야 한다.

36 애자 사용공사를 건조한 장소에 시설하고자 한다. 사용전압이 400[V] 이하인 경우 전선과 조영재 사이의 이격거리는 최소 몇 [cm] 이상이어야 하는가?

① 2.5 ② 4.5
③ 6 ④ 12

정답 31. ① 32. ③ 33. ③ 34. ② 35. ① 36. ①

해설 애자 사용공사 시 전선 상호 간은 6[cm] 이상 이격하며 전선과 조영재 사이는 2.5[cm] 이상 이격하고 건조하지 않은 장소에서는 사용전압이 400[V] 초과인 경우 전선과 전선 상호간은 12[cm] 이상 이격하고 전선과 조영재 사이는 4.5[cm] 이상 이격하여야 한다.

37 저압 연접인입선은 인입선에서 분기하는 점으로부터 100[m]를 넘지 않는 지역에 시설하고 폭 몇 [m]를 초과하는 도로를 횡단하지 않아야 하는가?
① 4 ② 5
③ 6 ④ 7

해설 인입선에서 분기하는 점으로부터 100[m]를 초과하는 지역에 미치지 아니하고 폭 5[m]를 초과하는 도로를 횡단하여서는 안되며 옥내를 통과하지 아니할 것.

38 방향계전기의 기능이 적합하게 설명이 된 것은 어느 것인가?
① 예정된 시간 지연을 가지고 작동하는 것을 목적으로 한 계전기
② 계전기가 설치된 위치에서 보는 전기적 거리 등을 판별해서 동작
③ 보호 구간으로 유입하는 전류와 보호 구간에서 유출되는 전류와의 벡터 차와 출입하는 전류와의 관계비로 동작하는 계전기
④ 2개 이상의 벡터량 관계 위치에서 동작하며 전류가 어느 방향으로 흐르는가를 판정하는 것을 목적으로 하는 계전기

해설 방향계전기는 전압, 전류, 전력 등의 방향이 정상적인 방향과 반대 방향이 되고 미리 정한 값 이상 또는 이하가 될 때 동작하는 계전기이다.

39 평균 구면광도 100[cd]의 전구 5개를 지름 10[m]인 원형의 방에 점등할 때, 방의 평균 조도[lx]는? (단, 조명률은 0.5, 감광보상률은 1.5이다.)
① 약 26.7[lx] ② 약 35.5[lx]
③ 약 48.8[lx] ④ 약 59.4[lx]

해설 광속 $F = 4\pi I = 4\pi \times 100 = 1256$[lm],
방의 면적 $A = \pi r^2 = \pi \times \left(\dfrac{10}{2}\right)^2 = 78.5$[m²]
조명률 $U = 0.5$, 감광보상률 $D = 1.5$로 계산하면
조도 $E = \dfrac{FNU}{AD} = \dfrac{1256 \times 5 \times 0.5}{78.5 \times 1.5}$
$= 26.667 ≒ 26.7$[lx]

40 변전실의 위치 선정 시 고려해야 할 사항이 아닌 것은?
① 부하의 중심에 가깝고 배전에 편리한 장소일 것
② 전원의 인입과 기기의 반출이 편리할 것
③ 설치할 기기를 고려하여 천장의 높이가 4[m] 이상으로 충분할 것
④ 빌딩의 경우 지하 최저층의 동력부하가 많은 곳에 선정

해설 변전실 위치 선정 시 빌딩의 수변전실은 지하층의 동력부하가 많은 곳에 설치하나 지하층에 변전실 설치가 곤란할 때에는 지상층 또는 옥상층에 설치하고, 고층 빌딩에서는 중간층, 옥상 부근 층에 제2, 제3 변전실을 설치한다.

41 다음 중 피뢰기를 반드시 시설하여야 하는 곳은?
① 고압 전선로에 접속되는 단권 변압기의 고압측
② 발·변전소의 가공전선 인입구 및 인출구
③ 수전용 변압기의 2차측
④ 가공전선로

정답 37. ② 38. ④ 39. ① 40. ④ 41. ②

해설 피뢰기 시설장소
- 발·변전소의 인입구 및 인출구
- 가공전선로와 지중 전선로가 접속되는 곳
- 가공 전선로에 접속하는 배전용 변압기의 고압측 및 특고측
- 고압 및 특고압측 가공 전선로로부터 공급받는 수용가의 인입구

42 송전단 전압 66[kV], 수전단 전압 61[kV]인 송전선로에서 수전단의 부하를 끊은 경우의 수전단 전압이 63[kV]이면 전압변동률은?
① 약 2.8[%] ② 약 3.3[%]
③ 약 4.8[%] ④ 약 8.2[%]

해설 전압변동률 = $\dfrac{\text{무부하시 수전단전압} - \text{전부하시 수전단전압}}{\text{전부하시 수전단전압}}$

$= \dfrac{63-61}{61} \times 100 = 3.3[\%]$

43 접지저항의 측정에 사용되는 측정기의 명칭은?
① 절연저항계 ② 회로 시험기
③ 어스 테스터 ④ 변류기

해설 절연저항계는 절연저항 측정, 회로 시험기는 저항, 전압, 전류 등을 측정

44 고압 및 특고압의 전로에서 절연내력 시험을 할 때 규정에 정한 시험전압을 전로와 대지 사이에 몇 분간 가하여 견디어야 하는가?
① 1분 ② 5분
③ 10분 ④ 20분

해설 고압 및 특고압 전로의 절연내력 시험은 전로와 대지 간에 시험전압을 10분간 연속적으로 가하여 견디어야 한다.

45 22900/220[V], 20[kVA]의 배전용 변압기에서 공급하는 지중 전선로가 있다. 이 케이블의 심선 상호간 및 대지 사이의 절연저항[Ω]은 얼마 이상이어야 하는가?
① 2420 ② 4000
③ 4400 ④ 4840

해설 누설전류 $I_g = \dfrac{\text{용량}(P)}{\text{정격전압}(V)} \times \dfrac{1}{2000}$

$= \dfrac{20 \times 10^3}{220} \times \dfrac{1}{2000} = 45.45[\text{mA}]$

절연저항 $= \dfrac{\text{사용전압(2차)}}{\text{누설전류}}$

$= \dfrac{220}{45.45 \times 10^{-3}} = 4840[\Omega]$

46 3상 3선식에서 전선의 선간거리가 각각 1[m], 2[m], 4[m]로 삼각형으로 배치되어 있을 때 등가 선간거리는 몇 [m]인가?
① 1 ② 2
③ 3 ④ 4

해설 등가 선간 거리
$D = \sqrt[3]{D_1 \cdot D_2 \cdot D_3} = \sqrt[3]{1 \times 2 \times 4} = 2$

47 소도체 두 개로 된 복도체 방식인 3상 3선식 송전 선로가 있다. 소도체의 지름 2[cm], 소도체 간격 16[cm], 등가 선간 거리 200[cm]인 경우 1상당 작용 정전용량[μF/km]은?
① 0.014 ② 0.14
③ 0.065 ④ 0.090

정답 42. ② 43. ③ 44. ③ 45. ④ 46. ② 47. ①

해설 복도체의 작용 정전용량
$$C = \frac{0.02413}{\log_{10}\frac{D}{\sqrt{rs}}} = \frac{0.02413}{\log_{10}\frac{200}{\sqrt{1\times 16}}}$$
$$= 0.014 [\mu F/km]$$

48 송전선로에서 코로나 임계전압[kV]의 식은? (단, d 및 r은 전선의 지름 및 반지름, D는 전선의 평균 선간거리, 단위는 cm이며 다른 조건은 무시한다.)

① $24.3 d\log_{10}\frac{r}{D}$ ② $24.3 d\log_{10}\frac{D}{r}$

③ $\frac{24.3}{d\log_{10}\frac{r}{D}}$ ④ $\frac{24.3}{d\log_{10}\frac{D}{r}}$

해설 $E_0 = 24.3 m_0 m_1 \delta d \log_{10}\frac{D}{r}$ [kV]

49 π형 회로의 일반 회로 정수에서 B는 무엇을 의미하는가?

① 저항 ② 리액턴스
③ 임피던스 ④ 어드미턴스

해설 π형 회로의 B는 임피던스이며 T형 회로에서 C는 어드미턴스이다.

50 다음 사항 중 가공 송전선로의 코로나 손실과 관계가 없는 사항은?

① 전원 주파수 ② 전선의 연가
③ 상대 공기밀도 ④ 선간거리

해설 코로나 손실(F.W. Peek의 식)
$P = \frac{241}{\delta}(f+25)\sqrt{\frac{r}{D}}(E-E_0)^2 \times 10^{-5}$ [kW/km/선]
에서 전선의 연가는 관계가 없다.

51 2진수 10101010 의 2의 보수 표현으로 옳은 것은?

① 01010101 ② 00110011
③ 11001100 ④ 01010110

해설 1의 보수는 0 → 1로, 1 → 0으로 변환하면 되므로 1의 보수를 구하면
10101010 → 01010101
2의 보수는 1의 보수 +1이므로
01010101 + 1 = 01010110

52 그림과 같은 논리회로의 논리함수는?

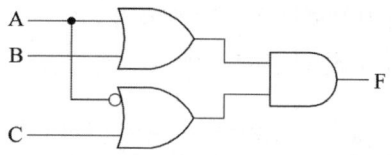

① $A\overline{B} + AC + BC$
② $\overline{A}B + \overline{A}C + BC$
③ $\overline{A}B + AC + BC$
④ $\overline{A}B + A\overline{C} + BC$

해설 $F = (A+B) \cdot (\overline{A}+C) = A\overline{A} + AC + \overline{A}B + BC$
$= \overline{A}B + AC + BC$

53 J-K FF에서 현재 상태의 출력 Q_n을 0으로 하고, J 입력에 0, K 입력에 1을 클럭펄스 CP에 라이징 에지(rising edge)의 신호를 가하게 되면 다음 상태의 출력 Q_{n+1}은?

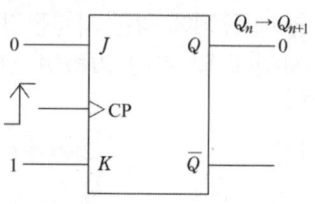

① X ② 0 ③ 1 ④ $\overline{Q_n}$

해설 현재 출력 Q가 0이고 $J=0$, $K=1$일 때 클럭이 가해지면 출력은 불변이므로 출력은 0이다.

54 멀티플렉서(MUX, Multiplexer)란?
① n비트의 2진수를 입력하여 최대 2^n비트로 구성된 정보를 출력하는 조합 논리회로이다.
② 2^n비트로 구성된 정보를 입력하여 n비트의 2진수를 출력하는 조합 논리회로이다.
③ 여러 개의 입력선 중에서 하나를 선택하여 단일 출력선으로 연결하는 조합 논리회로이다.
④ 하나의 입력선으로 부터 정보를 받아 여러 개의 출력단자의 출력선으로 정보를 출력하는 회로이다.

해설 멀티플렉서는 여러 개의 입력선 중에서 하나를 선택하여 단일 출력선에 연결하는 조합 논리회로이며 많은 입력선 중에 하나를 선택하여 출력하기 때문에 데이터 선택기라고도 한다.

55 어떤 측정법으로 동일 시료를 무한 횟수로 측정하였을 때 데이터 분포의 평균치와 참값과의 차를 무엇이라 하는가?
① 신뢰성   ② 정확성
③ 정밀도   ④ 오차

해설 어떤 측정법으로 동일 시료를 무한 횟수 측정하였을 때 그 데이터 분포의 평균값과 참값과의 차를 치우침이라고도 하고 정확성이라고도 한다.

56 축의 완성 지름, 철사의 인장강도, 아스피린 순도와 같은 데이터를 관리하는 가장 대표적인 관리도는?
① c 관리도
② nP 관리도
③ u 관리도
④ $\bar{x} - R$ 관리도

해설 계량형 관리도에는 $\bar{x} - R$ 관리도, x 관리도, $x - R$ 관리도, R 관리도 등이 있으며 길이, 무게, 강도, 전압, 전류 등 연속변량을 측정하여 데이터를 관리

57 표준시간을 내경법으로 구하는 수식은?
① 표준시간 = 정미시간 + 여유시간
② 표준시간 = 정미시간 × (1 + 여유율)
③ 표준시간 = 정미시간 × $\left(\dfrac{1}{1-여유율}\right)$
④ 표준시간 = 정미시간 × $\left(\dfrac{1}{1+여유율}\right)$

해설 내경법 – 표준시간 = 정미시간 × $\left(\dfrac{1}{1-여유율}\right)$
외경법 – 표준시간 = 정미시간 × (1 + 여유율)

58 정규분포에 관한 설명 중 틀린 것은?
① 일반적으로 평균치가 중앙값보다 크다.
② 평균을 중심으로 좌우 대칭의 분포이다.
③ 대체로 표준편차가 클수록 산포가 나쁘다고 한다.
④ 평균치가 0이고 표준편차가 1인 정규분포를 표준정규분포라 한다.

해설 평균값 < 중앙값 < 최빈값

정답 54. ③ 55. ② 56. ④ 57. ③ 58. ①

59 Ralph M. Bames 교수가 제시한 동작경제의 원칙 중 작업장 배치에 관한 원칙(Arrangement of the Workplace)에 해당되지 않는 것은?

① 가급적이면 낙하식 운반방법을 이용한다.
② 모든 공구나 재료는 지정된 위치에 있도록 한다.
③ 충분한 조명을 하여 작업자가 잘 볼 수 있도록 한다.
④ 가급적 용이하고 자연스러운 리듬을 타고 일할 수 있도록 작업을 구성하여야 한다.

해설 동작경제의 원칙 중 작업장에 관한 원칙
• 공구와 재료를 정 위치에 둔다.
• 공구와 재료는 작업자 앞에 배치한다.
• 공구와 재료는 작업 순서대로 정리한다.
• 작업면의 높이를 적당히 한다.
• 작업면의 조도를 적당하게 한다.
• 재료의 공급, 운반 시 최대한 중력을 이용한다.

60 그림과 같은 계획공정도(Network)에서 주공정으로 옳은 것은? (단, 화살표 밑의 숫자는 활동시간 [단위 : 주]을 나타낸다.)

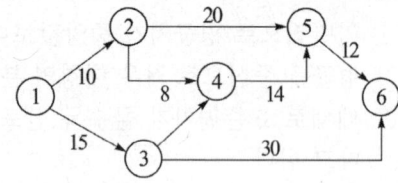

① ①-②-⑤-⑥
② ①-②-④-⑤-⑥
③ ①-③-④-⑤-⑥
④ ①-③-⑥

해설 주공정은 가장 긴 작업시간이 예상되는 공정
가 : 10 + 20 + 12 = 42주
나 : 10 + 8 + 14 + 12 = 44주
다 : 15 + 14 + 12 = 41주
라 : 15 + 30 = 45주

정답 59. ④ 60. ④

2022년 제72회 CBT 복원문제

01 공기 중에서 일정한 거리를 두고 있는 두 점전하 사이에 작용하는 힘이 16[N]이었는데, 두 전하 사이에 유리를 채웠더니 작용하는 힘이 4[N]으로 감소하였다. 이 유리의 비유전율은?

① 2　　② 4　　③ 8　　④ 12

해설 공기 중일 때 $F_0 = \dfrac{1}{4\pi\epsilon_0} \cdot \dfrac{Q_1 Q_2}{r^2} = 16[N]$

유리를 채웠을 때 $F = \dfrac{1}{4\pi\epsilon_0 \epsilon_s} \cdot \dfrac{Q_1 Q_2}{r^2} = 4[N]$

비유전율 $\epsilon_s = \dfrac{F_0}{F} = \dfrac{16}{4} = 4$

02 자체 인덕턴스가 35[mH]와 45[mH]인 두 코일을 직렬 접속하였을 때 합성 인덕턴스가 180[mH] 및 80[mH]이었다면 두 코일의 결합계수는?

① 0.63　　② 1
③ 1.25　　④ 2

해설 가동접속 시 $L = L_1 + L_2 + 2M = 180[mH]$
차동접속 시 $L = L_1 + L_2 - 2M = 80[mH]$
$4M = 100[mH]$, $M = k\sqrt{L_1 L_2} = 25[mH]$
$k = \dfrac{M}{\sqrt{L_1 L_2}} = \dfrac{25}{\sqrt{35 \times 45}} = 0.629$

03 전기회로에서 전류에 의해 만들어지는 자기장의 자력선의 방향을 나타내는 법칙은?

① 암페어의 오른나사 법칙
② 플레밍의 왼손 법칙
③ 가우스의 법칙
④ 렌츠의 법칙

해설 암페어의 오른나사 법칙으로 전류에 의한 자기장의 방향을 알 수 있다.

04 그림과 같은 브리지가 평형되기 위한 임피던스 Z_X의 값은 약 몇 [Ω]인가?
(단, $Z_1 = 3 + j2[\Omega]$, $R_2 = 4[\Omega]$, $R_3 = 5[\Omega]$ 이다.)

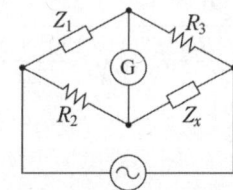

① $4.62 - j3.08$　　② $3.08 + j4.62$
③ $4.24 - j3.66$　　④ $3.66 + j4.24$

해설 $(3+j2)Z_x = 4 \times 5$에서
$Z_x = \dfrac{20}{(3+j2)} = 4.62 - j3.08$

05 314[mH]의 자기 인덕턴스에 120[V], 60[Hz]의 교류전압을 가하였을 때 흐르는 전류는 몇 [A]인가?

① 1　　② 4
③ 8　　④ 10

해설 $I = \dfrac{V}{X_L} = \dfrac{V}{2\pi f L} = \dfrac{120}{2\pi \times 60 \times (314 \times 10^{-3})}$
$\fallingdotseq 1[A]$

정답 1. ②　2. ①　3. ①　4. ①　5. ①

06 어떤 코일의 임피던스를 측정하고자 직류전압 100[V]를 가했더니 500[W]가 소비되었고, 교류 전압 150[V]를 가했더니 720[W]가 소비되었다면 이 코일의 저항과 리액턴스[Ω]는?

① $R=15,\ X=20$
② $R=20,\ X=15$
③ $R=25,\ X=20$
④ $R=20,\ X=25$

해설 직류전압을 인가한 경우 저항만의 소비전력이므로
$$R=\frac{E^2}{P_{dc}}=\frac{100^2}{500}=20[\Omega]$$
교류전압을 인가한 경우 소비전력은
$$P=I^2R=\frac{V^2}{R^2+X_L^2}\cdot R \text{ 이므로}$$
$$X_L=\sqrt{\frac{V^2R}{P}-R^2}=\sqrt{\frac{150^2\times20}{720}-20^2}$$
$$=15[\Omega]$$

07 $R[\Omega]$인 3개의 저항을 같은 전원에 △결선으로 접속시킬 때와 Y결선으로 접속시킬 때 선전류의 크기 비($\frac{I_\triangle}{I_Y}$)는?

① $\frac{1}{3}$
② $\sqrt{6}$
③ $\sqrt{3}$
④ 3

해설 △결선 시 선전류 $I_l=\sqrt{3}I_P=\sqrt{3}\frac{V}{R}$
Y결선 시 선전류 $I_l=\frac{V}{\sqrt{3}R}$
선전류 크기의 비 $\frac{I_\triangle}{I_Y}=\frac{\sqrt{3}\frac{V}{R}}{\frac{V}{\sqrt{3}R}}=3$

08 두 콘덴서를 병렬로 연결했을 때 합성용량은?

① C_1+C_2
② C_1C_2
③ $\frac{C_1C_2}{C_1+C_2}$
④ $\frac{C_1+C_2}{C_1C_2}$

해설 두 콘덴서를 병렬로 연결하면 합성용량은 저항의 직렬과 같이 $C=C_1+C_2$ 이다.

09 그림과 같은 RLC 병렬 공진회로에 관한 설명 중 옳지 않은 것은?

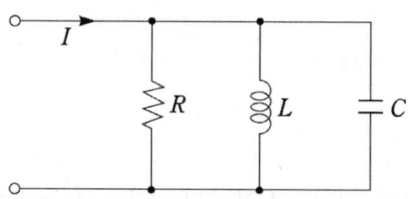

① 공진 시 입력 어드미턴스는 매우 작아진다.
② 공진 시 L 또는 C를 흐르는 전류는 입력 전류 크기의 Q배가 된다.
③ 공진 주파수 이하에서의 입력 전류는 전압보다 위상이 뒤진다.
④ L이 작을수록 전류 확대비가 작아진다.

해설 RLC 병렬회로에서 공진 시에 어드미턴스는 최소, 임피던스는 최대이므로,
전류는 최소 공진 주파수 $f_0=\frac{1}{2\pi\sqrt{LC}}$[Hz]
전류 확대비인 선택도
$$Q=\frac{I_L}{I_0}=\frac{I_C}{I_0}=\frac{R}{w_0L}=w_0CR=R\sqrt{\frac{C}{L}}$$
이므로 L이 클수록, C가 작을수록 전류 확대비는 작아진다.

10 어떤 4단자망의 입력 단자 1, 1′ 사이의 영상 임피던스 Z_{01}과 출력 단자 2, 2′ 사이의 영상임피던스 Z_{02}가 같게 되려면 4단자 정수 사이에 어떠한 관계가 있어야 하는가?

① $AD = BC$ ② $AB = CD$
③ $A = D$ ④ $B = C$

해설 $Z_{01} = \sqrt{\dfrac{AB}{CD}} = Z_{02} = \sqrt{\dfrac{BD}{AC}}$ 에서 $A = D$

11 $f(t) = e^{-at}\sin t \cos t$의 라플라스 변환은?

① $\dfrac{1}{(s-a)^2 + 4}$ ② $\dfrac{1}{(s+a)^2 + 4}$
③ $\dfrac{e}{s^2 + 4}$ ④ $\dfrac{2}{(s-a)^2 + 4}$

해설 $\sin t \cos t = \dfrac{1}{2}\sin 2t$ 이므로

$$\mathcal{L}[f(t)] = \mathcal{L}[\sin t \cos t]e^{-at}$$
$$= \mathcal{L}[\dfrac{1}{2}\sin 2t]_{s=s+a}$$
$$= \dfrac{1}{s^2 + 2^2}\bigg|_{s=s+a}$$
$$= \dfrac{1}{(s+a)^2 + 4}$$

12 비정현파 $v = 120\sqrt{2}\sin\omega t + 75\sqrt{2}\sin 3\omega t + 25\sqrt{2}\sin 5\omega t$[V]의 전압을 $R-L$ 직렬회로에 인가할 때 제5 고조파 전류의 실효값[A]은?
(단, $R = 3[\Omega]$, $\omega L = 2[\Omega]$이다.)

① 2.4   ② 8.1
③ 12.5   ④ 25

해설 $I_5 = \dfrac{V_5}{Z_5} = \dfrac{V_5}{\sqrt{R^2 + (5\omega L)^2}} = \dfrac{25}{\sqrt{3^2 + 10^2}}$
$\fallingdotseq 2.4[A]$

13 포화하고 있지 않은 직류발전기의 회전수가 1/2로 감소되었을 때 기전력을 전과 같은 값으로 하자면 여자를 속도 변화 전에 비하여 몇 배로 하여야 하는가?

① 0.5배   ② 1배
③ 2배   ④ 4배

해설 $E = \dfrac{P}{a}Z\phi\dfrac{N}{60}$[V]에서 $E \propto \phi N$ 이므로 기전력이 같으면서 회전수 N을 1/2로 하면 ϕ는 2배로 하여야 한다.

14 자기 히스테리시스 곡선의 횡축과 종축은 어느 것을 나타내는가?

① 자기장의 크기와 자속밀도
② 투자율과 자속밀도
③ 투자율과 잔류자기
④ 자기장의 크기와 보자력

해설 히스테리시스 곡선의 횡축은 자기장의 크기와 종축은 자속밀도를 나타낸다.

15 2대의 직류 분권발전기 G_1, G_2를 병렬 운전시킬 때 G_1의 부하 분담을 증가시키려면 어떻게 하여야 하는가?

① G_1의 계자를 강하게 한다.
② G_2의 계자를 강하게 한다.
③ G_1, G_2의 계자를 똑같이 강하게 한다.
④ 균압선을 설치한다.

해설 G_1 발전기의 계자를 강하게 하여 전압이 상승하면 G_1 발전기의 부하분담이 커지고 G_2 발전기는 부하분담이 작아진다.

정답 10. ③ 11. ② 12. ① 13. ③ 14. ① 15. ①

16 전동기가 매분 1200회 회전하여 9.42[kW]의 출력이 나올 때 토크는 약 몇 [kg·m]인가?

① 6.65　　② 6.90
③ 7.65　　④ 7.90

해설 $\tau = \frac{1}{9.8} \times \frac{60}{2\pi} \times \frac{P_0}{N}$
$= \frac{1}{9.8} \times \frac{60}{2\pi} \times \frac{9.42 \times 10^3}{1200}$
$= 7.65 [\text{kg} \cdot \text{m}]$

17 일정 전압으로 운전하는 직류발전기의 손실이 $x + yI^2$으로 된다고 한다. 어떤 전류에서 효율이 최대로 되는가? (단 x, y는 정수이다.)

① $I = \frac{y}{x}$　　② $I = \frac{x}{y}$
③ $I = \sqrt{\frac{y}{x}}$　　④ $I = \sqrt{\frac{x}{y}}$

해설 최대 효율 조건은 철손 = 동손이므로 철손을 x, 동손을 yI^2라고 하면, $x = yI^2$에서 $I = \sqrt{\frac{x}{y}}$ 이다.

18 변압기 내부 고장 보호용으로 사용되는 계전기는?

① 거리계전기
② 과전압계전기
③ 비율차동계전기
④ 방향계전기

해설 변압기 내부 고장 발생 시 고·저압 측에 설치한 CT 2차 측의 억제 코일에 흐르는 전류차가 일정비율 이상이 되었을 때 계전기를 동작시키는 방식

19 % 저항강하가 1.3[%], % 리액턴스강하가 2[%]인 변압기가 있다. 전 부하 역률 80[%](뒤짐)에서의 전압변동률은 약 몇 [%]인가?

① 1.35　　② 1.86
③ 2.18　　④ 2.24

해설 $\cos\theta = 0.8$이면 $\sin\theta = 0.6$ 이므로
$\epsilon = p\cos\theta + q\sin\theta$
$= 1.3 \times 0.8 + 2 \times 0.6 = 2.24[\%]$

20 단상변압기 2대를 병렬운전하기 위한 조건으로 잘못된 것은?

① 2차 유도기전력의 크기가 같아야 한다.
② 각 변압기의 저항과 리액턴스비가 같아야 한다.
③ 2차 권선의 폐회로에 순환전류가 흐르지 않아야 한다.
④ 각 변압기에 흐르는 부하전류가 임피던스에 비례해야 한다.

해설 각 변압기의 %임피던스 강하가 같을 것, 즉 각 변압기의 임피던스가 정격용량에 반비례할 것

21 3상 유도전동기를 불평형 전압으로 운전하면 토크와 입력과의 관계는?

① 토크는 증가하고 입력은 감소
② 토크와 입력이 모두 증가
③ 토크는 감소하고 입력은 증가
④ 토크와 입력이 모두 감소

해설 3상 유도전동기의 단자전압은 전압 불평형의 정도가 커지면 불평형 전류가 증가하지만 전동기 출력은 감소되고 동손이 커지며 전동기의 상승 온도가 높아진다. 전압 불평형이 큰 경우는 전동기에 가한 전압이 단상이 되며 이것은 전원 스위치의 접속불량, 퓨즈 1선의 용단 또는 전동기 구출선이 끊어진 경우 등에 일어나는 현상이다.

정답 16. ③　17. ④　18. ③　19. ④　20. ④　21. ③

22 슬립 5[%]인 유도전동기를 전부하 토크로 기동시킬 때 2차 저항의 몇 배를 넣으면 되는가?

① 5   ② 9   ③ 15   ④ 19

해설 $\dfrac{r_2' + R}{S'} = \dfrac{r_2'}{S}$ 에서 기동 시 슬립 $S = 1$ 이므로

$\dfrac{r_2' + R}{1} = \dfrac{r_2'}{0.05}$ 에서 $R = 19r_2$

23 직류 전동기에서 전기자에 가해 주는 전원 전압을 낮추어서 전동기의 유도 기전력을 전원전압보다 높게 하여 제동하는 방법은?

① 맴돌이 전류제동   ② 발전제동
③ 역전제동   ④ 회생제동

해설 회생제동은 전동기가 폐회로 상태가 되었을 때 관성력을 이용해 전동기를 발전기로 기능하게 하여 전기 에너지를 환원하는 방식이다.

24 소형 유도전동기의 슬롯을 사구(Skew Slot)로 하는 이유는?

① 크로우링을 방지하기 위하여
② 게르게스 현상을 방지하기 위하여
③ 제동 토크를 증가시키기 위하여
④ 기동 토크를 증가시키기 위하여

해설 크로우링 현상(차동기 운전)은 소용량의 농형 유도전동기에서 주로 생기는 현상으로 고조파의 영향으로 가속이 안되는 현상이며 경사 슬롯을 채용하여 어느 정도 방지할 수 있다.

25 돌극형 동기발전기의 특성이 아닌 것은?

① 리액션 토크가 존재한다.
② 최대 출력의 출력각이 90°이다.
③ 내부 유기 기전력과 관계없는 토크가 존재한다.
④ 직축 리액턴스 및 횡축 리액턴스의 값이 다르다.

해설 돌극형 발전기의 출력은 대체로 60° 부근에서 최대 출력이 되고 안정 운전시의 부하각은 20° 부근이 된다. 비돌극기의 출력은 90°에서 최대가 된다.

26 동기발전기에서 전기자 전류가 무부하 유도 기전력보다 $\dfrac{\pi}{2}$ 만큼 뒤진 경우의 전기자반작용은?

① 교차자화작용   ② 자화작용
③ 감자작용   ④ 편자작용

해설 교차자화작용 : 기전력과 전류가 동위상
감자작용 : 전류가 기전력보다 90° 늦은 위상
증자작용 : 전류가 기전력보다 90° 앞선 위상

27 동기조상기에 대한 설명으로 옳은 것은?

① 유도부하와 병렬로 접속한다.
② 부하전류의 가감으로 위상을 변화시켜 준다.
③ 동기전동기에 부하를 걸고 운전하는 것이다.
④ 부족여자로 운전하여 진상전류를 흐르게 한다.

해설 계자전류의 가감으로 위상을 변화시킬 수 있으며 과여자로 운전하여 진상전류를 흐르게 하는 무부하의 동기 전동기를 동기 조상기라 한다.

28 배리스터의 주된 용도는?

① 전압의 증폭용
② 서지전압에 대한 회로보호용
③ 출력전류의 조절용
④ 과전류방지 보호용

[해설] 배리스터는 저항값이 전압에 비 직선적으로 변화되는 성질을 가진 두 전극의 반도체 소자로 피뢰기, 변압기나 코일 등의 과전압 보호, 스위치나 계전기 접점 불꽃 소거 등에 사용된다.

29 파워 트랜지스터에서 달링톤 트랜지스터가 널리 이용되는 이유는 무엇인가?
① 스위칭 특성이 뛰어나고 전류 증폭률이 높다.
② 포화전압 특성이 뛰어나다.
③ 전류 증폭률이 높고 베이스 드라이브 회로가 소형화된다.
④ 전류 분포가 균일하다.

[해설] 달링톤 트랜지스터는 한 개의 트랜지스터 소자 내에 두 개의 트랜지스터가 달링톤 쌍으로 연결된 구조의 트랜지스터 모듈로서 매우 큰 전류 증폭률을 갖는 트랜지스터이다.

30 다음은 SCR의 특징을 설명하고 있다. 옳지 않은 것은?
① SCR 소자 자신은 게이트 전류를 흘리면 on 능력이 있다.
② 유지전류는 보통 20[mA] 정도이다.
③ Turn off 시키려면 원하는 시점에서 양극과 음극 사이에 역전압을 가해 준다.
④ 유지전류 이하의 소호회로를 외부에서 부가시키면 Turn on이 된다.

[해설] SCR의 특징
• 유지전류 : SCR이 on 상태를 유지하기 위해 필요한 최소 전류(20[mA])
• 온 상태에 있는 사이리스터는 순방향 전류를 유지전류 미만으로 감소시키거나 역전압을 턴 오프 과정 동안 사이리스터 양단에 인가하면 턴 오프시킬 수 있다.

31 쌍방향 3단자 사이리스터는?
① SCR   ② GTO
③ TRIAC   ④ DIAC

[해설] TRIAC은 3단자 소자로서 양방향 도통이 가능하며 일반적으로 AC 위상제어에 사용된다. 두 개의 SCR을 게이트 공통으로 하여 역병렬 연결한 것이다.

32 다음 중 UPS의 기능으로서 옳은 것은?
① 3상 전파정류 방식
② 가변주파수 공급 가능
③ 무정전 전원공급장치
④ 고조파 방지 및 정류 평활

[해설] UPS(Uninterrupted Power Supply)는 무정전 전원 공급장치이다.

33 입력 전원 전압이 $v_s = V_m \sin\theta$인 경우, 아래 그림의 전파 다이오드 정류기의 출력전압 $v_0(t)$에 대한 평균치와 실효치를 각각 옳게 나타낸 것은?

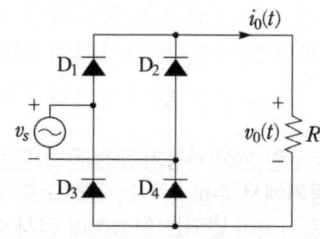

① 평균치 : $\dfrac{V_m}{\pi}$, 실효치 : $\dfrac{V_m}{2}$
② 평균치 : $\dfrac{V_m}{2}$, 실효치 : $\dfrac{V_m}{\pi}$
③ 평균치 : $\dfrac{V_m}{2\pi}$, 실효치 : $\dfrac{V_m}{\sqrt{2}}$
④ 평균치 : $\dfrac{2V_m}{\pi}$, 실효치 : $\dfrac{V_m}{\sqrt{2}}$

정답 29. ③ 30. ④ 31. ③ 32. ③ 33. ④

해설 평균값 $V_{av} = \dfrac{2}{2\pi}\int_0^\pi V_m \sin\theta d\theta = \dfrac{2V_m}{\pi}$

실효값 $V_{rms} = \sqrt{\dfrac{1}{\pi}\int_0^\pi (V_m\sin\theta)^2 d\theta} = \dfrac{V_m}{\sqrt{2}}$

34 Boost 컨버터에서 입·출력 전압비 $\dfrac{V_o}{V_i}$는?
(단, D는 시비율(duty cycle)이다.)
① D
② $1-D$
③ $\dfrac{1}{1-D}$
④ $\dfrac{1}{D}$

해설 Boost 컨버터는 승압용 컨버터로 전압비는
$\dfrac{V_o}{V_i} = \dfrac{T}{T_{off}} = \dfrac{T}{T-T_{on}} = \dfrac{1}{1-D}$

35 저압 개폐기를 생략해도 무방한 장소는?
① 인입구, 퓨즈의 전원측
② 부하전류를 개폐할 필요가 있는 장소
③ 인입구 기타 고장, 점검, 측정, 수리 등에서 개로할 필요가 있는 개소
④ 퓨즈의 전원측으로 분기회로용 과전류차단기 이후의 퓨즈가 플러그 퓨즈와 같이 퓨즈 교환 시에 충전부에 접촉될 우려가 없는 경우

해설 개폐기 설치 장소는 부하전류를 개폐할 필요가 있는 장소, 인입구, 퓨즈의 전원측

36 고압 수전의 3상 3선식에서 불평형부하의 한도는 단상접속 부하로 계산하여 설비불평형률을 30[%]이하로 하는 것을 원칙으로 한다. 다음 중 이 제한에 따르지 않을 수 있는 경우가 아닌 것은?

① 저압 수전에서 전용 변압기 등으로 수전하는 경우
② 고압 및 특고압 수전에서 100[kVA] 이하의 단상부하의 경우
③ 고압 및 특고압 수전에서 단상 부하용량의 최대와 최소의 차가 100[kVA] 이하인 경우
④ 특고압 수전에서 100[kVA] 이하의 단상변압기 3대로 △결선하는 경우

해설 3상 3선식, 4선식에서 설비 불평형률 30[%] 이하의 제한을 따르지 않아도 되는 경우
- 저압 수전에서 전용 변압기 등으로 수전할 때
- 고압, 특고압 수전에서 100[kVA] 이하의 단상부하일 때
- 단상 부하 용량의 최대와 최소의 차가 100[kVA] 이하일 때
- 특고압 수전에서 100[kVA] 이하의 단상변압기 2대로 역V결선할 때

37 가공 전선로에 사용하는 전선의 굵기를 결정할 때 고려할 사항이 아닌 것은?
① 절연저항
② 전압강하
③ 허용전류
④ 기계적 강도

해설 전선의 굵기를 결정은 허용전류, 전압강하, 기계적 강도

38 전주 사이의 경간이 50[m]인 가공 전선로에서 전선 1[m]의 하중이 0.37[kg], 전선의 이도가 0.8[m]라면 전선의 수평 장력은 약 몇 [kg]인가?
① 80
② 120
③ 145
④ 165

해설 $D = \dfrac{WS^2}{8T} \times T = \dfrac{WS^2}{8D}$
$= \dfrac{0.37 \times 50^2}{8 \times 0.8} = 145[kg]$

39 실지수가 높을수록 조명률이 높아진다. 방의 크기가 가로 9[m], 세로 6[m]이고, 광원의 높이는 작업면에서 3[m]인 경우 이 방의 실지수(방지수)는?

① 0.2　　② 1.2
③ 18　　　④ 27

해설 실지수 $= \dfrac{X \cdot Y}{H(X+Y)} = \dfrac{9 \times 6}{3 \times (9+6)} = 1.2$

40 계통에 연결되어 운전 중인 PT와 CT를 점검할 때는?

① CT는 단락시켜도 좋다.
② CT와 PT 모두 단락시켜도 좋다
③ CT와 PT 모두 개방시켜도 좋다.
④ PT는 단락시켜도 좋다.

해설 계기용 변류기는 2차 전류를 낮게 하게 위하여 권수비가 매우 작으므로 2차측이 개방되면, 2차측에 매우 높은 기전력이 유기되어 위험하므로 2차측을 절대로 개방해서는 안된다.

41 부하율이란?

① $\dfrac{최대전력}{평균전력}$　　② $\dfrac{최대전력}{설비용량}$

③ $\dfrac{설비용량}{최대전력}$　　④ $\dfrac{평균전력}{최대전력}$

해설 부하율 $= \dfrac{평균수용전력}{최대수용전력}$

42 저압 가공 인입선의 금속관 공사에서 엔트런스캡의 주된 사용 장소는?

① 전선관의 끝부분
② 버스 덕트의 마감재
③ 케이블 헤드의 끝부분
④ 케이블 트레이의 마감재

해설 엔트런스캡은 전선관의 끝부분에 설치하여 빗물의 침입을 방지한다.

43 관등회로라고 하는 것은?

① 분기점으로부터 안정기까지의 전로
② 스위치로부터 방전등까지의 전로
③ 스위치로부터 안정기까지의 전로
④ 방전등용 안정기로부터 방전관까지의 전로

해설 관등회로는 방전등용 안정기로부터 방전관까지의 전로를 말한다.

44 옥내에서 두 개 이상의 전선을 병렬로 사용하는 경우 설명이 잘못된 것은?

① 병렬로 사용하는 각 전선의 굵기는 동 50[mm^2] 이상 또는 알루미늄 70[mm^2] 이상이어야 한다
② 동일한 도체, 동일한 굵기, 동일한 길이여야 한다.
③ 병렬로 사용하는 전선은 각 전선에 퓨즈를 시설하여야 한다.
④ 같은 극의 각 전선은 동일한 터미널러그에 완전히 접속하여야 한다.

해설 옥내에서 병렬로 사용하는 각 전선의 굵기는 동 50[mm^2] 이상 또는 알루미늄 70[mm^2] 이상, 동일 도체, 동일한 길이, 동일한 굵기일 것. 병렬로 사용하는 전선은 각 전선에 퓨즈를 시설하지 않아야 한다.

정답 39. ②　40. ①　41. ④　42. ①　43. ④　44. ③

45 전주 사이의 경간이 50[m]인 가공 전선로에서 전선 1[m]의 하중이 0.37[kg], 전선의 딥이 0.8[m]라면 전선의 수평 장력은 약 몇 [kg]인가?

① 80　　② 120
③ 145　　④ 165

해설 딥$(D) = \dfrac{WS^2}{8T}$ 에서

수평장력 $T = \dfrac{WS^2}{8D} = \dfrac{0.37 \times 50^2}{8 \times 0.8} = 144.53[\text{kg}]$

46 선로정수 중에서 그 영향이 다른 정수에 비하여 매우 적어서 보통의 계산에서는 무시하여도 실용상 지장이 없는 것은?

① 리액턴스
② 인덕턴스
③ 정전용량
④ 누설 컨덕턴스

해설 선로의 저항, 인덕턴스, 정전 용량 및 누설 컨덕턴스를 선로정수라고 하며 이들 값은 선로의 종류, 굵기, 배치 등에 따라 결정된다. 선로를 전기적 입장에서 보면 이들 4개의 상수가 연속적으로 분포한 회로로 볼 수 있으며 누설 컨덕턴스는 다른 정수에 비해 매우 적어 무시하여도 실용상으로 큰 지장이 없다.

47 등가 선간거리 9.37[m], 공칭 단면적 330[mm²], 도체 외경 25.3[mm], 복도체 ACSR인 3상 송전선의 인덕턴스는 몇 [mH/km]인가? (단, 소도체 간격은 40[cm]이다.)

① 1.001　　② 0.010
③ 0.100　　④ 1.100

해설 $L_n = 0.4605 \log_{10} \dfrac{D}{\sqrt[n]{rs^{n-1}}} + \dfrac{0.05}{n}$

$= 0.4605 \log_{10} \dfrac{9370}{\sqrt{12.65 \times 400}} + \dfrac{0.05}{2}$

$= 1.0011[\text{mH/km}]$

48 연가에 대한 설명으로 옳지 않은 것은?

① 3상 2선식 선로에서 선간거리가 일정하지 않을 때 실시한다.
② 통신선로에 대한 유도장해를 경감시킨다.
③ 등가선간거리는 $D = \sqrt[2]{D_{ab} \times D_{bc} \times D_{ca}}$
④ 전선로의 전 구간을 3등분하여 전선의 배치를 바꾸어 각선의 인덕턴스를 같게 한다.

해설 등가선간거리 $D = \sqrt[3]{D_{ab} \times D_{bc} \times D_{ca}}$

49 전력 원선도에서 구할 수 없는 것은?

① 조상용량
② 송전손실
③ 정태안정 극한전력
④ 과도안정 극한전력

해설 전력 원선도에서 정태 안정 극한 전력(최대 전력), 송수전단 전압간의 상차각, 조상 용량, 수전단 역률, 선로 손실과 송전 효율을 알 수 있다.

50 코로나 방지대책으로 적당하지 않은 것은?

① 전선의 바깥지름을 크게 한다.
② 선간 거리를 증가시킨다.
③ 복도체 방식을 채용한다.
④ 가선 금구를 개량한다.

해설 코로나 방지대책으로는 전선의 지름을 크게 하고 복도체를 사용하고 가선 금구를 개량하고 가선 시에 전선 표면의 금구가 손상되지 않게 한다.

정답 45. ③　46. ④　47. ①　48. ③　49. ④　50. ②

51 다음 논리회로는 무슨 회로인가?

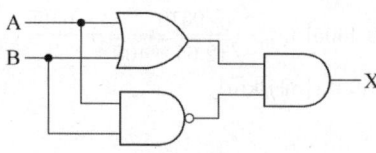

① EX-NOR 회로
② EX-OR 회로
③ NAND 회로
④ NOR 회로

해설 $X = (A+B)\overline{AB} = A \oplus B$
A와 B가 서로 다를 때만 출력이 1이 되는 회로를 EX-OR 회로이다.

52 그림과 같은 DTL 게이트의 출력 논리식은?

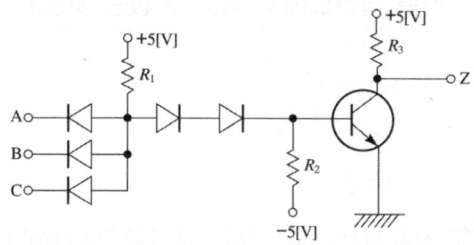

① $Z = \overline{ABC}$
② $Z = ABC$
③ $Z = A+B+C$
④ $Z = \overline{A+B+C}$

해설 출력 Z는 입력 A, B, C 중 하나라도 0이 되면 출력은 1이 된다.
$Z = \overline{ABC}$

53 아래 논리회로에서 출력 F로 나올 수 없는 것은?

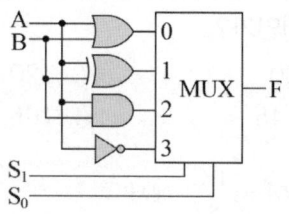

① AB
② $A+B$
③ $AB + \overline{A}\overline{B}$
④ $\overline{A}B + A\overline{B}$

해설 멀티플렉서 회로의 입력조건에 따른 출력은 $A+B$, $\overline{A}B + A\overline{B}$, AB, $\overline{A}$

54 2^n의 입력선과 n개의 출력선을 가지고 있으며 출력은 입력값에 대한 2진코드 혹은 BCD 코드를 발생하는 장치는?

① 디코더
② 인코더
③ 멀티플렉서
④ 매트릭스

해설 인코더는 부호기라고도 불리며 10진수나 다른 진수를 2진수로 바꿀 때 사용하며 S^m비트의 입력 정보를 2진 코드로 변환하여 n비트 출력으로 내보내는 회로이다.

55 어떤 측정법으로 동일 시료를 무한 횟수 측정하였을 때 데이터 분포의 평균치와 참값과의 차를 무엇이라 하는가?

① 신뢰성
② 정확성
③ 정밀도
④ 오차

해설 정확성은 참값에서 평균값을 뺀 것. 편차가 작은 정도를 말한다.

56 다음 중 샘플링 검사보다 전수검사를 실시하는 것이 유리한 경우는?
① 검사항목이 많은 경우
② 파괴검사를 해야 하는 경우
③ 품질 특성치가 치명적인 결점을 포함하는 경우
④ 다수 다량의 것으로 어느 정도 부적합품이 섞여도 괜찮을 경우

해설 전수검사가 필요한 경우는 불량품이 절대 있어서는 안되는 경우와 검사 항목수가 적고 로트의 크기가 작을 때

57 미리 정해진 일정 단위 중에 포함된 부적합수에 의거 하여 공정을 관리할 때 사용되는 관리도는?
① c 관리도   ② P 관리도
③ X 관리도   ④ nP 관리도

해설 일정 단위 중에 나타나는 결점수(c)를 관리하기 위하여 사용하는 관리도

58 다음 중 반즈(Ralph M. Barnes)가 제시한 동작경제의 원칙에 해당되지 않는 것은?
① 표준작업의 원칙
② 신체의 사용에 관한 원칙
③ 작업장의 배치에 관한 원칙
④ 공구 및 설비의 디자인에 관한 원칙

해설 동작경제의 원칙으로는 신체 사용에 관한 원칙, 작업장 배치에 관한 원칙, 공구 및 설비 설계에 관한 원칙이 있다.

59 다음 중 기술통계에서 자료를 크기 순서대로 나열하였을 때 중앙에 위치한 값을 무엇이라고 하는가?
① 표본평균   ② 중앙값
③ 표본분산   ④ 최빈값

해설 편차들의 제곱합은 표본분산, 표본값의 평균은 표본평균, 자료의 분포에서 가장 많은 빈도를 갖는 관찰값을 최빈값이라고 한다.

60 다음과 같은 [데이터]에서 5개월 이동평균법에 의하여 8월의 수요를 예측한 값은 얼마인가?

월	1	2	3	4	5	6	7
판매실적	100	90	110	100	115	110	100

① 103   ② 105
③ 107   ④ 109

해설 단순이동평균법

당기 예측치 $M_t = \dfrac{\sum X_t (당기 실적치)}{n}$

$= \dfrac{(110+100+115+110+100)}{5}$

$= \dfrac{535}{5} = 107$

정답 56. ③ 57. ① 58. ① 59. ② 60. ③

2023년 제73회 CBT 복원문제

01 314[mH]의 자기 인덕턴스에 120[V], 60[Hz]의 교류전압을 가하였을 때 흐르는 전류는 몇 [A]인가?

① 10 ② 8 ③ 4 ④ 1

해설 $I = \dfrac{V}{X_L} = \dfrac{V}{2\pi f L} = \dfrac{120}{2\pi \times 60 \times (314 \times 10^{-3})}$
$\fallingdotseq 1[A]$

02 공기 중에서 일정한 거리를 두고 있는 두 점전하 사이에 작용하는 힘이 16[N]이었는데, 두 전하 사이에 유리를 채웠더니 작용하는 힘이 4[N]으로 감소하였다. 이 유리의 비유전율은?

① 2 ② 4 ③ 8 ④ 12

해설 공기 중일 때 $F_0 = \dfrac{1}{4\pi\epsilon_0} \cdot \dfrac{Q_1 Q_2}{r^2} = 16[N]$,

유리를 채웠을 때 $F = \dfrac{1}{4\pi\epsilon_0\epsilon_s} \cdot \dfrac{Q_1 Q_2}{r^2} = 4[N]$

비유전율 $\epsilon_s = \dfrac{F_0}{F} = \dfrac{16}{4} = 4$

03 그림 a, b 간의 40[V]의 직류 전압을 가할 때 10[A]의 전류가 흐른다. r_1과 r_2에 흐르는 전류의 비를 1:2 로 하려면 r_1 및 r_2의 저항[Ω]은 각각 얼마인가?

① $r_1 = 6, r_2 = 3$
② $r_1 = 3, r_2 = 6$
③ $r_1 = 4, r_2 = 2$
④ $r_1 = 2, r_2 = 4$

해설 40[V]의 전압을 인가하여
전체 전류가 10[A]이므로 전체 저항은 4[Ω]
병렬회로의 저항은 2[Ω]이므로 $\dfrac{r_1 r_2}{r_1 + r_2} = 2$
r_1, r_2에 흐르는 전류비가 1:2,
전류는 저항에 반비례하므로 $r_1 : r_2 = 2 : 1$
$\dfrac{2r_2^2}{2r_2 + r_2} = \dfrac{2}{3}r_2 = 2$에서 $r_2 = 3$ 이므로 $r_1 = 6$

04 어떤 코일의 임피던스를 측정하고자 직류 전압 100[V]를 가했더니 500[W]가 소비되었고, 교류 전압 150[V]를 가했더니 720[W]가 소비되었다면 이 코일의 저항과 리액턴스[Ω]는?

① $R = 15, X = 20$
② $R = 20, X = 15$
③ $R = 25, X = 20$
④ $R = 20, X = 25$

해설 직류전압을 인가한 경우 저항만의 소비전력이므로
$R = \dfrac{E^2}{P_{dc}} = \dfrac{100^2}{500} = 20[\Omega]$

교류전압을 인가한 경우 소비전력은
$P = I^2 R = \dfrac{V^2}{R^2 + X_L^2} \cdot R$ 이므로

$X_L = \sqrt{\dfrac{V^2 R}{P} - R^2} = \sqrt{\dfrac{150^2 \times 20}{720} - 20^2}$
$= 15[\Omega]$

정답 1. ④ 2. ② 3. ① 4. ②

05 LC 회로에서 L 또는 C를 감소시킬 때 공진 주파수의 변동은?

① 공진 주파수는 증가
② 공진 주파수는 감소
③ 변하지 않는다.
④ $\dfrac{L}{C}$ 에 반비례

해설 RLC 직렬회로의 공진조건은 $\omega L = \dfrac{1}{\omega C}$ 이다.
$f_0 = \dfrac{1}{2\pi\sqrt{LC}}$ [Hz]이므로 L 또는 C가 감소하면 주파수는 증가한다.

06 평행 콘덴서에 100[V]의 전압이 걸려 있다. 이 전원을 가한 상태로 평행판 간격을 처음의 2배로 증가시키면?

① 용량은 반으로 줄고, 저장되는 에너지는 2배가 된다.
② 용량은 2배가 되고, 저장되는 에너지는 반으로 줄어든다.
③ 용량과 저장되는 에너지는 각각 반으로 줄어든다.
④ 용량과 저장되는 에너지는 각각 2배가 된다.

해설 $C = \dfrac{\epsilon A}{l}$ [F], $W = \dfrac{1}{2}CV^2$ [J]에서 간격을 2배로 증가하면 용량은 반으로 줄어들고, 저장에너지도 반으로 줄어든다.

07 인덕턴스 $L = 20$[mH]인 코일에 실훗값 $V = 50$[V], 주파수 $f = 60$[Hz]인 정현파 전압을 인가했을 때 코일에 축적되는 평균 자기 에너지[J]는?

① 0.44 ② 4.4
③ 0.63 ④ 6.3

해설 $W = \dfrac{1}{2}LI^2 = \dfrac{1}{2}L\left(\dfrac{V}{X_L}\right)^2 = \dfrac{1}{2}L\left(\dfrac{V}{2\pi f L}\right)^2$
$= \dfrac{1}{2} \times 0.02 \times \left(\dfrac{50}{2\pi \times 60 \times 0.02}\right)^2$
$= 0.44$ [J]

08 $R = 5[\Omega]$, $L = 20$[mH] 및 가변 콘덴서 C [μF]로 구성된 RLC 직렬회로에 주파수 1000[Hz]인 교류를 가한 다음 콘덴서를 가변시켜 직렬 공진시킬 때 C의 값은 약 몇 [μF]인가?

① 1.27 ② 2.54
③ 3.52 ④ 4.99

해설 $f_0 = \dfrac{1}{2\pi\sqrt{LC}}$, $f^2 = \dfrac{1}{4\pi^2 LC}$
$C = \dfrac{1}{4\pi^2 \times L \times f^2}$
$= \dfrac{1}{4 \times 3.14^2 \times 20 \times 10^{-3} \times 1000^2}$
$= 1.27 \times 10^{-6} = 1.27$ [μF]

09 저항 10[Ω], 유도리액턴스 10[Ω]인 직렬회로에 교류전압을 인가할 때 전압과 이 회로에 흐르는 전류와의 위상차는 몇 도인가?

① 60° ② 45° ③ 30° ④ 0°

해설 RL 직렬회로의 전압, 전류의 위상차는
$\theta = \tan^{-1}\dfrac{X_L}{R} = \tan^{-1}\dfrac{10}{10} = 45°$

10 $R[\Omega]$의 3개를 Y로 접속하고 이것을 전압 100[V]의 3상 교류전원에 연결할 때 선전류 10[A]가 흐른다면 이 저항을 △로 접속하고 동일 전원에 연결했을 때의 선전류는 몇 [A]인가?

① 5.8 ② 10 ③ 17.3 ④ 30

정답 5. ① 6. ③ 7. ① 8. ① 9. ② 10. ④

[해설] 동일한 저항을 같은 전원에 Y와 △결선으로 접속할 때
선전류 비는 $I_\triangle = 3I_Y = 3 \times 10 = 30[A]$

11 그림과 같은 회로에서 인가전압에 의한 전류 i에 대한 출력 e_0의 전달 함수는?

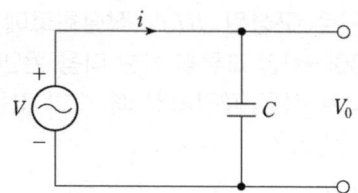

① $\dfrac{1}{Cs}$ ② Cs

③ $\dfrac{1}{1+Cs}$ ④ $1+Cs$

[해설] $G(s) = \dfrac{V(s)}{I(s)} = \dfrac{1}{j\omega C} = \dfrac{1}{Cs}$

12 R-L-C 직렬 공진 회로에서 제 n고조파의 공진 주파수 f_n[Hz]은?

① $\dfrac{1}{2\pi\sqrt{LC}}$ ② $\dfrac{1}{2\pi\sqrt{nLC}}$

③ $\dfrac{1}{2\pi n\sqrt{LC}}$ ④ $\dfrac{1}{2\pi n^2\sqrt{LC}}$

[해설] 제 n 고조파의 공진 조건은 $n^2\omega^2 LC = 1$에서
$f_n = \dfrac{1}{2\pi n\sqrt{LC}}$

13 직류기에서 파권 권선의 이점은?
① 효율이 좋다.
② 출력이 크다.
③ 전압이 높게 된다.
④ 역률이 안정된다.

[해설] 파권은 병렬 회로수가 항상 2개로 대전압, 저전류가 얻어진다.

14 무부하에서 자기여자로 전압을 확립하지 못하는 직류발전기는?
① 직권발전기   ② 분권발전기
③ 복권발전기   ④ 타여자 발전기

[해설] 직권발전기는 계자권선과 전기자 권선이 직렬로 연결되어 있고 부하를 통하여 회로가 구성되기 때문에 직권 계자 권선에 전기자 전류가 흐르면 자속이 발생하며 무부하인 경우에는 계자 전류가 흐르지 못하여 전압 확립을 할 수 없다.

15 직류전동기의 출력 30[kW]이고 1800[rpm]일 때 전동기의 토크 [kg·m]는?
① 12.37   ② 16.25
③ 21.43   ④ 25.47

[해설] $\tau = \dfrac{1}{9.8} \times \dfrac{60}{2\pi} \times \dfrac{P_0}{N} = \dfrac{1}{9.8} \times \dfrac{60}{2\pi} \times \dfrac{30 \times 10^3}{1800}$
$= 16.25[\text{kg}\cdot\text{m}]$

16 직류 분권전동기의 공급전압의 극성을 반대로 하였을 때 다음 중 옳은 것은?
① 회전 방향은 변하지 않는다.
② 회전 방향이 반대로 된다.
③ 회전하지 않는다.
④ 발전기로 된다.

[해설] 직류전동기는 전원의 극성을 바꾸면 계자 전류와 전기자 전류의 방향이 동시에 바뀌어 회전방향이 변하지 않는다.

정답 11. ① 12. ③ 13. ③ 14. ① 15. ② 16. ①

17 직류 복권전동기 중에서 무부하 속도와 전부하 속도가 같도록 만들어진 것은?
① 과복권 ② 부족복권
③ 평복권 ④ 차동복권

해설 평복권 전동기는 전부하 속도와 무부하 속도가 같게 되도록 직권 권선의 기자력을 선택한 복권전동기이다.

18 변압기에 콘서베이터(Conservator)를 설치하는 목적은?
① 절연유의 열화 방지
② 누설리액턴스 감소
③ 코로나현상 방지
④ 냉각효과 증진을 위한 강제통풍

해설 유입 변압기에서는 오일이 공기에 접촉하면 열화하므로 이것을 방지하기 위하여 외함 상부에 콘서베이터라고 하는 작은 용적의 원통형 용기를 두고, 이것을 외함에 연결하여 외함 안에는 공기가 존재하지 않게 한다. 이로써 오일이 공기에 접촉하는 표면적이 작아지고 또 호흡작용으로 공기가 직접 변압기 외함 내로 출입하지 않으므로 오일의 열화를 방지할 수 있다.

19 변압기의 등가회로 작성에 필요 없는 시험은?
① 단락시험
② 반환부하법
③ 무부하시험
④ 저항측정시험

해설 변압기 등가회로도 작성에 필요한 시험은 단락시험, 무부하시험, 저항측정시험이 있고 반환부하시험은 변압기의 온도시험방법이다.

20 변압기의 효율이 최고일 조건은?
① 철손 = $\frac{1}{2}$ 동손 ② 동손 = $\frac{1}{2}$ 철손
③ 철손=동손 ④ 철손=(동손)^2

해설 전부하 시 철손(P_i)=동손(P_c)일 때 최대 효율조건이다.

21 100[kVA]의 단상변압기 3대로 △-△결선하여 300[kVA]의 전력을 공급하던 중 1대가 고장나서 2대로 송전 시 송전 가능한 용량[kVA]은?
① 300 ② 200
③ 173.2 ④ 86.6

해설 V 결선의 3상 출력은
$P_V = \sqrt{3}P = \sqrt{3} \times 100 = 173.2 \text{[kVA]}$

22 단상 변압기를 병렬 운전하는 경우 부하전류의 분담은 어떻게 되는가?
① 임피던스에 비례
② 리액턴스에 비례
③ 임피던스에 반비례
④ 리액턴스에 반비례

해설 각 변압기의 %임피던스 강하가 같을 것, 즉 각 변압기의 임피던스가 정격용량에 반비례할 것

23 농형 유도전동기 기동방법 중 가장 기동토크가 큰 것은?
① 가변 저항기 기동법
② Y-△ 기동법
③ 기동 보상기법
④ 전전압 기동법

정답 17. ③ 18. ① 19. ② 20. ③ 21. ③ 22. ③ 23. ④

해설 유도전동기의 토크는 공급전압의 2승에 비례하므로 기동법 중 전전압 기동방식이 토크가 가장 크다.

24 3상 유도전동기를 불평형 전압으로 운전하는 경우 ㉠토크와 ㉡입력은?
① ㉠ 증가, ㉡ 감소
② ㉠ 감소, ㉡ 증가
③ ㉠ 증가, ㉡ 증가
④ ㉠ 감소, ㉡ 감소

해설 3상 유도전동기의 단자전압은 전압 불평형의 정도가 커지면 불평형 전류가 증가하지만 전동기 출력은 감소되고, 동손이 커지며 전동기의 상승 온도가 높아진다. 전압 불평형이 큰 경우는 전동기에 가한 전압이 단상이 되며 이것은 전원 스위치의 접속불량, 퓨즈 1선의 용단 또는 전동기 구출선이 끊어진 경우 등에 일어나는 현상이다.

25 단상 유도전동기의 기동방법 중 기동토크가 가장 큰 것은?
① 분상 기동형
② 콘덴서 기동형
③ 반발 기동형
④ 세이딩 코일형

해설 단상 유도전동기 기동 토크의 크기는
반발기동형 > 콘덴서기동형 > 분상기동형 > 세이딩 코일형

26 영구자석을 회전자로 하고, 회전자의 자극 근처에 반대 극성의 자극을 가까이 놓고 회전시키면 회전자는 이동하는 자석에 흡인되어 회전하는 전동기는?
① 유도 전동기
② 직권 전동기
③ 동기 전동기
④ 분권 전동기

해설 동기 전동기의 회전원리는 영구자석을 회전자로 하고 회전자의 자극 가까이에 권선으로 만든 전자석을 가까이하여 회전시키면 회전자는 이동하는 전자석에 흡인되어 회전한다.

27 동기전동기를 무부하로 하였을 때 계자전류를 조정하면 동기기는 마치 L, C 소자로 동작하고, 계자전류를 어떤 일정 값 이하의 범위에서 가감하면 가변 리액턴스가 되고 어떤 일정 값 이상에서 가감하면 가변 커패시턴스로 동작한다. 이와 같은 목적으로 사용되는 것을 무엇이라 하는가?
① 변압기
② 동기조상기
③ 균압환
④ 제동권선

해설 동기조상기는 송전계통의 역률개선이나 전압조정에 사용되는 동기기

28 PN 접합 다이오드에 공핍층이 생기는 경우는?
① 전압을 가하지 않을 때 생긴다.
② 다수 반송파가 많이 모여 있는 순간에 생긴다.
③ 음(-) 전압을 가할 때 생긴다.
④ 전자와 정공의 확산에 의하여 생긴다.

해설 pn접합 반도체는 정상 상태에서는 그 접합면과 같이 캐리어가 존재하지 않는 영역을 가지고 있는 영역을 공핍층이라 하며 pn접합 반도체의 양단에 역방향 전압을 가하면 접합부에 대하여 반대 측 양단에 캐리어가 모이므로 공핍층은 더욱 커진다.

정답 24. ② 25. ③ 26. ③ 27. ② 28. ④

29 사이리스터를 사용하는 회로에서 턴-온 시간과 사이리스터 자체의 턴-온 시간과의 관계로 옳은 것은?

① 회로의 턴-온 시간 < 사이리스터 자체의 턴-온 시간
② 회로의 턴-온 시간 = 사이리스터 자체의 턴-온 시간
③ 회로의 턴-온 시간 > 사이리스터 자체의 턴-온 시간
④ 회로의 턴-온 시간과 사이리스터 자체의 턴-온 시간은 인가전압에 따라 달라진다.

해설 회로의 턴-온 시간 > 사이리스터 자체의 턴-온 시간

30 다음은 스너버(Snubber) 회로에 관한 설명이다, 옳지 않은 것은?

① R, C로 구성된다.
② 반도체 소자와 병렬로 접속된다.
③ 반도체 소자의 전류 상승률 $\left(\dfrac{di}{dt}\right)$을 제한하기 위한 것이다.
④ 반도체 소자의 보호 회로에 사용된다.

해설 스너버 회로는 반도체 소자의 전압 상승률 $\left(\dfrac{dv}{dt}\right)$을 제한하기 위한 것이다.

31 그림과 같은 소자는?

① PUT
② VRD
③ SCR
④ SCS

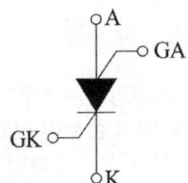

해설 SCS는 게이트와 캐소드 사이에 저전압 제어 다이오드를 가진 소형의 단방향성 4단자 트리거 소자이다.

32 그림과 같은 회로에서 AB 간의 전압의 실횻값을 200[V]라고 할 때 R_L 양단에서 전압의 평균값은 약 몇[V]인가? (단, 다이오드는 이상적인 다이오드이다.)

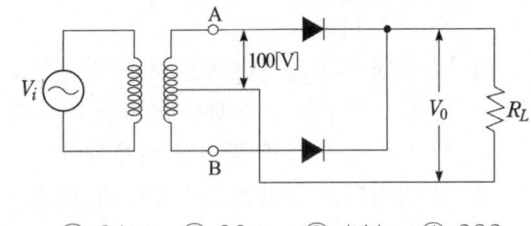

① 64 ② 90 ③ 141 ④ 282

해설 단상 전파 정류회로의 출력 전압
$V_d = 0.9 V = 0.9 \times 100 = 90[V]$

33 그림은 사이클로 컨버터의 출력전압과 전류의 파형이다. $\theta_2 \sim \theta_3$ 구간에서 동작되는 컨버터의 동작모드는?

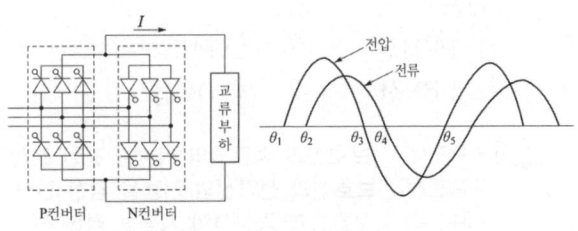

① P 컨버터, 순변환
② P 컨버터, 역변환
③ N 컨버터, 순변환
④ N 컨버터, 역변환

해설 $\theta_4 - \theta_5$ 구간 : N 컨버터, 역변환

정답 29. ③ 30. ③ 31. ④ 32. ② 33. ①

34 벅 컨버터(Buck Converter)에 대한 설명으로 옳지 않은 것은?

① 직류 입력전압 대비 직류 출력전압의 크기를 낮출 때 사용하는 직류-직류 컨버터이다.
② 입력전압(V_i)에 대한 출력전압(V_o)의 비 ($\frac{V_o}{V_i}$)는 스위칭 주기(T)에 대한 스위치 온(ON) 시간(t_{on})의 비인 듀티비(시비율)로 나타낸다.
③ 벅 컨버터의 출력단에는 보통 직류성분은 통과시키고 교류성분을 차단하기 위한 LC 저역 통과 필터를 사용한다.
④ 벅 컨버터는 일반적으로 고주파 트랜스포머(변압기)를 사용하는 절연형 컨버터이다.

해설 벅 컨버터는 강압용 DC-DC 컨버터로 출력단에는 직류성분은 통과시키고 교류성분을 차단하기 위한 LC 저역 통과 필터를 사용한다.

35 다음 중 보호선과 전압선의 기능을 겸한 전선은?

① PEM선 ② PEL선
③ PEN선 ④ DV선

해설
• PEM선 : 보호선과 중간선의 기능을 겸한 전선
• PEL선 : 보호선과 전압선의 기능을 겸한 전선
• PEN선 : 보호선과 중성선의 기능을 겸한 전선

36 저압 옥내간선의 전원측 전로에 그 저압 옥내간선을 보호할 목적으로 설치하는 것은?

① 조가용선   ② 과전류차단기
③ 콘덴서   ④ 단로기

해설 간선을 보호하기 위해 시설하는 과전류차단기의 정격전류는 옥내간선의 허용전류 이하의 정격전류의 것을 사용해야 한다.

37 빌딩의 부하 설비용량이 2000[kW], 부하역률 90[%], 수용률이 75[%]일 때 수전설비의 용량은 약 몇 [kVA]인가?

① 1554[kVA] ② 1667[kVA]
③ 1800[kVA] ④ 2222[kVA]

해설 최대수용전력(수전설비 용량)
= 설비용량 × 수용률
= $\frac{2000}{0.9} \times 0.75 ≒ 1667[kVA]$ 이다.

38 다음 중 가장 많은 조도가 필요한 장소는?

① 곡선도로   ② 직선도로
③ 교차로   ④ 경사도로

해설 도로에서 가장 많은 조도가 필요한 곳은 곡선도로이다.

39 반사갓을 사용하여 90~100[%] 정도의 빛이 아래로 향하고, 10[%] 정도가 위로 향하는 방식으로 빛의 손실이 적고, 효율은 높지만, 천장이 어두워지고 강한 그늘과 눈부심이 생기기 쉬운 조명방식은?

① 직접조명
② 반직접조명
③ 전반확산조명
④ 반간접조명

해설 직접조명방식은 상향 10[%], 하향광속 90~100[%]로 빛의 손실이 적고, 효율은 높지만, 천장이 어두워지고 강한 그늘이 생기며 눈부심이 생기기 쉽다.

40 변전실의 위치 선정 시 고려해야 할 사항이 아닌 것은?
① 부하의 중심에 가깝고 배전에 편리한 장소일 것
② 전원의 인입과 기기의 반출이 편리할 것
③ 설치할 기기를 고려하여 천장의 높이가 4[m] 이상으로 충분할 것
④ 고층 빌딩의 경우 지하 최저층의 동력부하가 많은 곳에 선정

해설 변전실 위치 선정 시 빌딩의 수변전실은 지하층의 동력부하가 많은 곳에 설치하나 지하층에 변전실 설치가 곤란할 때에는 지상층 또는 옥상층에 설치하고, 고층 빌딩에서는 중간층, 옥상 부근 층에 제2, 제3변전실을 설치한다.

41 다음 중 전동기 제어반에 부착하여 과전류에 의한 전동기의 소손을 방지하기 위해 널리 사용되는 보호기구는?
① 차동 계전기   ② 부흐홀츠 계전기
③ 리미트 스위치 ④ EOCR

해설 과전류에 의한 전동기의 소손을 방지하기 위해 열동 계전기(THR) 또는 전자식 과전류계전기(EOCR)를 전동기 주회로에 설치한다.

42 방향계전기의 기능이 적합하게 설명이 된 것은 어느 것인가?
① 예정된 시간지연을 가지고 응동(應動)하는 것을 목적으로 한 계전기
② 계전기가 설치된 위치에서 보는 전기적 거리 등을 판별해서 동작
③ 보호 구간으로 유입하는 전류와 보호 구간에서 유출되는 전류와의 벡터 차와 출입하는 전류와의 관계비로 동작하는 계전기
④ 2개 이상의 벡터량 관계 위치에서 동작하며 전류가 어느 방향으로 흐르는가를 판정하는 것을 목적으로 하는 계전기

해설 거리계전기는 송전선에 사고가 발생했을 때 고장 구간의 전류를 차단하는 작용을 하는 계전기이며 차동 계전기는 정상 시에는 계전기를 적용한 2개소의 회로의 전압 또는 전류가 같지만, 고장 시에는 전압 또는 전류에 차가 생겨서 이에 의해 동작하는 계전기

43 직접 콘크리트에 매입하여 시설하거나 전용의 불연성 또는 난연성 덕트에 넣어야만 시공할 수 있는 전선관은?
① CD관
② PE관
③ PF-P관
④ 두께 2mm 합성수지관

해설 CD전선관은 매입공사, 신축공사 시 전등이나 전열의 매입 배관공사에만 사용되며 시공, 운반이 편리하고 복원력이 우수한 제품으로 가격이 저렴한 장점이 있다.

44 가요전선관 공사에 사용되는 부품 중 전선관 상호 간에 접속되는 연결구로 사용되는 부품의 명칭은?
① 스플릿 커플링
② 콤비네이션 커플링
③ 콤비네이션 유니온 커플링
④ 앵글 박스 커넥터

해설 가요전선관 상호 접속은 스프리트 커플링, 가요전선관과 박스와 접속은 스트레이트 박스 커넥터, 앵글 박스 커넥터, 가요전선관과 금속관 접속은 콤비네이션 커플링을 사용한다.

정답 40. ④ 41. ④ 42. ④ 43. ① 44. ①

45 지중에 매설되어 있는 케이블의 전식(전기적인 부식)을 방지하기 위한 대책이 아닌 것은?

① 회생양극법　② 외부전원법
③ 선택배류법　④ 배양법

해설 지중케이블의 전식방지법으로는 금속표면 코팅, 회생양극법, 외부전원법, 배류법이 있다.

46 반지름 14[mm]의 ACSR 전선으로 완전 연가된 3상 1회선 송전 선로가 있다. 각 상간의 등가 선간거리가 2800[mm]라고 할 때, 이 선로의 [km]당 작용 인덕턴스는 몇 [mH/km]인가?

① 1.11　② 1.06
③ 0.83　④ 0.33

해설
$$L = 0.4605 \log_{10} \frac{D}{r} + 0.05$$
$$= 0.4605 \log_{10} \frac{2800}{14} + 0.05$$
$$= 1.11 \, [\text{mH/km}]$$

47 송전 선로의 정전 용량은 등가 선간거리 D가 증가하면 어떻게 되는가?

① 증가한다.
② 감소한다.
③ 변하지 않는다.
④ D^2에 비례하여 증가한다.

해설 $C = \dfrac{0.02413}{\log_{10} \dfrac{D}{r}}$ 에서 $C \propto \dfrac{1}{\log_{10} \dfrac{D}{r}}$ 이므로 C는 D가 증가하면 감소한다.

48 3상 3선식 송전 선로에 있어서 각 선의 대지 정전 용량이 0.5096[μF]이고, 선간 정전 용량이 0.1295[μF]일 때 1선의 작용 정전 용량은 몇 [μF]인가?

① 0.6391　② 0.7686
③ 0.8981　④ 1.5288

해설
$$C_n = C_s + 3C_m$$
$$= 0.5096 + 3 \times 0.1295 = 0.8981 \, [\mu\text{F}]$$

49 송전 전압을 높일 때 발생하는 경제적 문제 중 옳지 않은 것은?

① 송전 전력과 전선의 단면적이 일정하면 선로의 전력 손실이 감소한다.
② 절연 애자의 개수가 증가한다.
③ 변전소에 시설할 기기의 값이 고가로 된다.
④ 보수 유지에 필요한 비용이 적어진다.

해설 송전 전압을 높이면 보수 유지에 필요한 비용이 많아진다.

50 송전선에 코로나가 발생하면 전선이 부식된다. 무엇에 의해 부식되는가?

① 산소　② 질소
③ 수소　④ 오존

해설 오존과 산화질소는 코로나 방전 시에 발생하며 습기와 혼합하면 질산이 되므로 전선이나 부속물이 부식된다.

51 10진수 $(14.625)_{10}$을 2진수로 변환한 값은?

① $(1101.110)_2$　② $(1101.101)_2$
③ $(1110.101)_2$　④ $(1110.110)_2$

정답 45. ④　46. ①　47. ②　48. ③　49. ④　50. ④　51. ③

해설 10진수 14를 2진수로 변환하면
$(14)_{10} = (1110)_2$
$(0.625)_{10}$을 2진수로 변환하면 $(0.101)_2$
$0.625 \times 2 = 1.25$ 소수 첫째자리 → 1
$0.25 \times 2 = 0.5$ 소수 둘째자리 → 0
$0.5 \times 2 = 1.0$ 소수 셋째자리 → 1
소수 부분이 0이 나왔으므로 연산 종료
10진수 $(14.625)_{10}$을 2진수로 변환한 값은
$(1110.101)_2$

52 그림과 같은 스위칭 회로에서 논리식은?

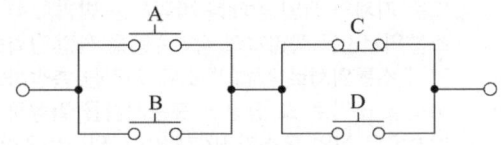

① $AB + \overline{C}D$
② $(A + \overline{C})(B + D)$
③ $(A + B)(\overline{C} + D)$
④ $(B + \overline{C})(A + D)$

해설 접점 회로의 논리식은 $(A+B)(\overline{C}+D)$

53 T형 플립플롭을 3단으로 직렬 접속하고 초단에 1[kHz]의 구형파를 가하면 출력 주파수는 몇 [Hz]인가?

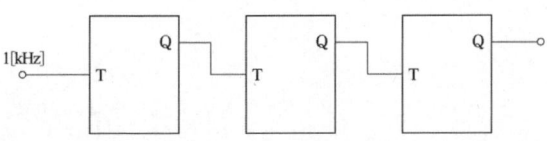

① 1   ② 125
③ 250   ④ 500

해설 출력 주파수 $f = \dfrac{1 \times 10^3}{2^3} = 125\,[\text{Hz}]$
(n 단일 때 2^n 이다)

54 그림의 회로에서 S_0와 S_1을 선택 입력으로 하고 I를 데이터 입력단자로 사용할 경우 이 회로의 기능은?

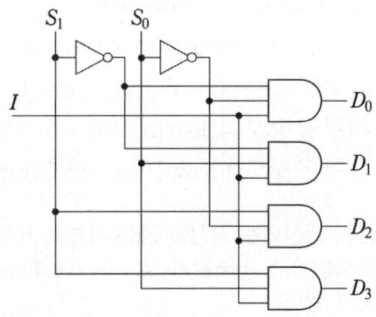

① 데이터 셀렉터   ② 멀티플렉서
③ 인코더   ④ 디멀티플렉서

해설 디멀티플렉서는 데이터 분배 회로라고도 하며, 한 개의 선으로부터 입수된 정보를 받아들임으로써 n개의 선택 입력에 의해 2^n개의 가능한 출력선 중 하나를 선택하여 정보를 전송하는 조합 회로

55 문제가 되는 결과와 이에 대응하는 원인과의 관계를 알기 쉽게 도표로 나타낸 것은?
① 산포도   ② 파레토도
③ 히스토그램   ④ 특성요인도

해설 특성요인도는 일의 결과(특성)와 그것에 영향을 미치는 원인(요인)을 계통적으로 정리한 그림

56 로트에서 랜덤하게 시료를 추출하여 검사한 후 그 결과에 따라 로트의 합격, 불합격을 판정하는 검사방법을 무엇이라 하는가?
① 자주 검사   ② 간접 검사
③ 전수 검사   ④ 샘플링 검사

해설 샘플링 검사는 한 로트의 물품 중에서 발췌한 시료를 조사하고 그 결과를 판정 기준과 비교하여 그 로트의 합격 여부를 결정하는 검사

정답 52. ③ 53. ② 54. ④ 55. ④ 56. ④

57 공정 중에 발생하는 모든 작업, 검사, 운반, 저장, 정체 등이 도식화된 것이며 또한 분석에 필요하다고 생각되는 소요 시간, 운반 거리 등의 정보가 기재된 것은?

① 작업분석(Operation Analysis)
② 다중활동분석표(Multiple Activity Chart)
③ 사무공정분석(Form Process Chart)
④ 유통공정도(Flow Process Chart)

해설 제품이 생산되는 과정을 공정 기호로 표현하여 공정분석을 쉽게 이해할 수 있도록 표현한 도표를 공정도라 한다.

58 일정 통제를 할 때 1일당 그 작업을 단축하는 데 소요되는 비용의 증가를 의미하는 것은?

① 비용구배(Cost Slope)
② 정상 소요 시간(Normal Duration)
③ 비용견적(Cost Estimation)
④ 총비용(Total Cost)

해설 비용구배는 작업을 1일 단축할 때 추가되는 직접비용

59 동일 종류에 속하는 과업의 작업내용을 정수, 변수 요소로 분류하여 작업측정요인과 시간치와 관계를 해석하여 표준시간을 구하는 방법은?

① VTR 분석
② PTS법
③ 표준자료법
④ 경험 견적법

해설 표준자료법은 동일 종류에 속하는 과업의 작업내용을 정수 요소와 변수 요소로 나누어 미리 그 작업을 측정하여 변동요인과 시간치의 관계를 해석하고 시간공식 또는 시간자료를 만들어 개개 작업시간을 설정할 때 그때마다 측정하지 않고 그 자료를 사용하여 표준시간을 측정하는 방법

60 테일러(F.W. Taylor)에 의해 처음 도입된 방법으로 작업시간을 직접 관측하여 표준시간을 설정하는 표준시간 설정기법은?

① PTS법
② 실적자료법
③ 표준자료법
④ 스톱워치법

해설
- PTS법은 인간이 행하는 모든 작업을 구성하는 기본동작으로 분해하여 각 기본동작에 대해 그 동작의 성질과 조건에 따라 미리 정해진 시간치를 적용하는 수법으로 MTM법과 WF법 등이 있으며 짧은 사이클 작업에 최적으로 적용된다.
- 워크샘플링법은 통계적 수법을 이용하여 작업자 또는 기계의 작업 상태를 파악하는 방법
- 스톱워치법은 작업자의 작업수행을 직접 관측하면서 스톱워치로 작업의 소요 시간을 측정하고 이것을 근거로 그 작업의 표준시간을 결정하는 방법으로 작업 요소가 반복하여 나타나는 작업, 특히, 사이클 작업에 적용된다.

정답 57. ④ 58. ① 59. ③ 60. ④

2023년 제74회 CBT 복원문제

01 내압 1000[V] 정전 용량 2[μF], 내압 500[V] 정전 용량 5[μF], 내압 250[V] 정전 용량 6[μF]인 3개의 콘덴서를 직렬로 접속하고 양단에 가한 전압을 서서히 증가시키면 최초로 파괴되는 콘덴서는?

① 동시에 파괴된다.
② 2[μF]
③ 5[μF]
④ 6[μF]

해설 각 콘덴서가 축적할 수 있는 전하량은
$Q_1 = C_1 V_1 = 2 \times 10^{-6} \times 1000 = 2 \times 10^{-3}$[C]
$Q_2 = C_2 V_2 = 5 \times 10^{-6} \times 500 = 2.5 \times 10^{-3}$[C]
$Q_3 = C_3 V_3 = 6 \times 10^{-6} \times 250 = 1.5 \times 10^{-3}$[C]
이므로 축적할 수 있는 전하량이 가장 작은 내압 250[V], 6[μF] 콘덴서가 가장 먼저 파괴되고 축적할 수 있는 전하량이 가장 큰 내압 500[V], 5[μF]인 콘덴서가 가장 늦게 파괴된다.

02 2개의 전하 Q_1[C]과 Q_2[C]를 r[m]의 거리에 놓았을 때 작용하는 힘의 크기를 옳게 설명한 것은?

① Q_1, Q_2의 곱에 비례하고 r에 반비례한다.
② Q_1, Q_2의 곱에 반비례하고 r에 비례한다.
③ Q_1, Q_2의 곱에 반비례하고 r의 제곱에 비례한다.
④ Q_1, Q_2의 곱에 비례하고 r의 제곱에 반비례한다.

해설 $F = \frac{1}{4\pi\epsilon_0} \times \frac{Q_1 Q_2}{r^2} = 9 \times 10^9 \times \frac{Q_1 Q_2}{r^2}$[N]
이므로 두 전하의 크기에 비례하고 거리의 제곱에 반비례한다.

03 같은 축전지 2개를 병렬로 연결하면?

① 용량과 전압이 모두 2배가 된다.
② 용량과 전압이 모두 1/2배가 된다.
③ 용량은 불변이고 전압은 2배가 된다.
④ 용량은 2배가 되고 전압은 불변이다.

해설 축전지 2개를 병렬 연결하면 전압은 같지만 용량은 2배가 된다.

04 하나의 철심에 동일한 권수로 자기 인덕턴스 L[H]의 코일 두 개를 접근해서 감고, 이것을 자속 방향이 동일하도록 직렬 연결할 때 합성 인덕턴스[H]는?(단, 두 코일의 결합계수는 0.5이다.)

① L ② $2L$ ③ $3L$ ④ $4L$

해설 두 코일의 자속의 방향이 동일하므로 합성 인덕턴스는
$L = L_1 + L_2 + 2M = 2L + 2k\sqrt{L \times L}$
$= 2L + 2 \times 0.5 \times L = 3L$

05 그림과 같은 회로의 합성 정전용량은?

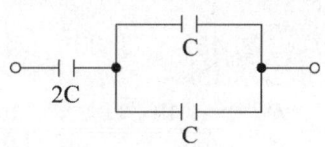

① C ② $2C$
③ $3C$ ④ $4C$

정답 1. ④ 2. ④ 3. ④ 4. ③ 5. ①

해설 콘덴서의 병렬 연결은 $C+C=2C$이며, 2개의 $2C$ 콘덴서가 직렬연결 형태이므로
$$\frac{2C\times 2C}{2C+2C}=\frac{4C^2}{4C}=C$$

06 그림과 같은 회로에서 소비되는 유효전력은?
① 5808[W]
② 7744[W]
③ 9680[W]
④ 12100[W]

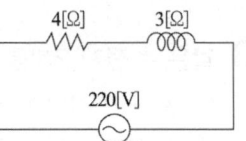

해설 $P=I^2R=\left(\dfrac{V}{Z}\right)^2 R=\left(\dfrac{220}{5}\right)^2\times 4=7744[\text{W}]$

07 어떤 회로에 $e=50\sin(\omega t+\theta)[\text{V}]$를 인가했을 때 $i=4\sin(\omega t+\theta+30°)[\text{A}]$가 흘렀다면 유효전력[W]은?
① 50
② 57.7
③ 86.6
④ 100

해설 유효전력, 소비전력 $P=VI\cos\theta$에서 θ는 전압과 전류의 위상차이므로 $\theta=30°$
$$\therefore P=VI\cos\theta=\frac{50}{\sqrt{2}}\times\frac{4}{\sqrt{2}}\times 0.866$$
$$=86.6[\text{W}]$$

08 저항 $10\sqrt{3}[\Omega]$, 유도리액턴스 $10[\Omega]$인 직렬회로에 교류전압을 인가할 때 전압과 이 회로에 흐르는 전류와의 위상차는 몇 도인가?
① 60°
② 45°
③ 30°
④ 0°

해설 $\cos\theta=\dfrac{R}{Z}=\dfrac{10\sqrt{3}}{\sqrt{(10\sqrt{3})^2+10^2}}=\dfrac{10\sqrt{3}}{20}$
$=0.866$
$\theta=\cos^{-1}0.866=30°$

09 RLC 직렬회로에서 L 및 C의 값을 고정시켜 놓고 저항 R의 값만 큰 값으로 변화시킬 때 올바르게 설명한 것은?
① 공진 주파수는 커진다.
② 공진 주파수는 작아진다.
③ 공진 주파수는 변하지 않는다.
④ 이 회로의 양호도 Q는 커진다.

해설 공진 주파수 $f_0=\dfrac{1}{2\pi\sqrt{LC}}$이므로 저항값과는 무관하다.

10 2전력계법에 의한 3상 전력을 측정하였더니 한쪽 전력계가 다른 쪽 전력계의 2배를 지시하였다. 이때 3상 부하의 역률은?
① 0.866
② 0.707
③ 0.5
④ 0

해설 $P_2=2P_1$
$$\cos\theta=\frac{P}{P_a}=\frac{P_1+P_2}{2\sqrt{P_1^2+P_2^2-P_1P_2}}$$
$$=\frac{P_1+2P_1}{2\sqrt{P_1^2+(2P_1)^2-(P_1\times 2P_1)}}$$
$$=\frac{3P_1}{2\sqrt{3P_1^2}}=0.866$$

11 $\mathcal{L}[f(t)]=F(s)$일 때 $\lim\limits_{t\to\infty}f(t)$는?
① $\lim\limits_{s\to 0}F(s)$
② $\lim\limits_{s\to 0}sF(s)$
③ $\lim\limits_{s\to\infty}F(s)$
④ $\lim\limits_{s\to\infty}sF(s)$

해설 최종값 정리를 이용하면
$$\lim_{t\to\infty}f(t)=\lim_{s\to 0}sF(s)$$

정답 6. ② 7. ③ 8. ③ 9. ③ 10. ① 11. ②

12 전달함수 $C(s) = G(s)R(s)$에서 입력 함수를 단위 임펄스 $\delta(t)$로 가할 때 제어계의 응답은?

① $G(s)\delta(s)$ ② $\dfrac{G(s)}{\delta(s)}$
③ $\dfrac{G(s)}{s}$ ④ $G(s)$

해설 $r(t) = \delta(t)$를 라플라스 변환하면
$R(s) = 1$이므로 $C(s) = G(s) \cdot 1 = G(s)$

13 저항정류의 역할을 하는 것은?
① 보상권선 ② 보극
③ 리액턴스 코일 ④ 탄소브러시

해설 저항정류는 권선의 자기 인덕턴스나 상호 인덕턴스가 없고 전기자 반작용이 없어 보극이 없으며 정류 중인 권선의 저항이 정류자와 브러시의 접촉 저항에 비하여 상당히 적어 무시할 수 있는 경우에 얻어지므로 접촉 저항이 큰 탄소질이나 전기 흑연질의 브러시 사용

14 직류발전기의 극수 10, 전기자 도체수 500, 단중 파권일 때 매 극의 자속수 0.01[Wb]이고 600[rpm]일 때 기전력[V]은?
① 150 ② 200
③ 250 ④ 300

해설 파권이므로 병렬 회로수 $a = 2$이며
$E = \dfrac{PZ\Phi}{a} \times \dfrac{N}{60} = \dfrac{10 \times 500 \times 0.01}{2} \times \dfrac{600}{60}$
$= 250[V]$

15 계자철심에 잔류자기가 없어도 발전할 수 있는 직류발전기는?
① 분권발전기 ② 직권발전기
③ 복권발전기 ④ 타여자 발전기

해설 타여자 발전기는 외부 전원으로부터 여자전류를 공급받아서 계자 자속을 만든다.

16 부하가 변하면 심하게 속도가 변하는 직류 전동기는?
① 직권 전동기 ② 분권 전동기
③ 차동 복권 전동기 ④ 가동 복권 전동기

해설 직권 전동기는 회전속도가 $N \propto \dfrac{1}{I_a}$에 비례하기 때문에 부하전류의 변동에 속도변동이 심하다.

17 변압기의 2차 측을 개방하였을 경우, 1차 측에 흐르는 전류는 무엇에 의해 결정되는가?
① 여자 저항
② 여자 어드미턴스
③ 누설 리액턴스
④ 임피던스

해설 2차 개방 시 1차에는 여자전류 I_0만 흐르고 그 크기는 여자 어드미턴스에 의해 결정된다.

18 변압기에 있어서 부하와는 관계없이 자속만을 발생시키는 전류는?
① 철손전류 ② 자화전류
③ 여자전류 ④ 1차 전류

해설 자화전류는 자속을 만드는 전류이며 철손전류와 자화전류의 합을 여자전류라 한다.

19 변압기에서 임피던스 전압을 구하는 시험은?
① 단락시험 ② 부하시험
③ 극성시험 ④ 변압비시험

정답 12. ④ 13. ④ 14. ③ 15. ④ 16. ① 17. ② 18. ② 19. ①

해설 단락시험은 임피던스 전압과 전력을 측정하여 임피던스, 동손, % 리액턴스 강하 및 전압 변동률을 산출한다.

해설 $P_2 : P_{c2} : P_0 = 1 : S : (1-S)$ 이므로
$P_2 : P_{c2} = 1 : S$ 에서
$P_{c2} = SP_2 = 0.03 \times 15 = 0.45[kW]$

20 변압기 병렬운전 조건으로 옳지 않은 것은?
① 극성이 같아야 한다.
② 권수비, 1차 및 2차의 정격전압이 같아야 한다.
③ 각 변압기의 저항과 누설리액턴스의 비가 같아야 한다.
④ 각 변압기의 임피던스가 정격용량에 비례해야 한다.

해설 [변압기 병렬운전 조건]
- 권수비가 같고 1, 2차 정격 전압이 같을 것
- 극성이 같을 것
- 내부저항과 누설 리액턴스의 비가 같을 것
- % 임피던스가 같을 것

23 권선형 유도전동기의 저항 제어법의 장점은?
① 부하에 대한 속도 변동이 크다.
② 구조가 간단하여 제어 조작이 용이하다.
③ 역률이 좋고 운전효율이 양호하다.
④ 전부하로 장시간 운전하여도 온도 상승이 적다.

해설 권선형 유도전동기의 장점으로는 기동저항기를 겸하고 구조가 간단하여 제어 조작이 용이하고 내구성이 풍부하다.
단점으로는 운전 효율이 나쁘고 부하에 대한 속도 변동이 크며 부하가 작을 때는 광범위한 속도조정이 곤란하다.

21 변압기의 온도상승시험을 하는데 가장 좋은 방법은?
① 실부하 시험법
② 단락 시험법
③ 충격전압 시험법
④ 전전압 시험법

해설 단락 시험법은 변압기의 한쪽 권선을 단락하고 다른 쪽 권선에 정격값의 10[%] 이하 정도의 전압을 부여하여 정격전류가 흐르도록 하여 온도상승시험을 한다.

24 동기각속도 ω_s, 회전각속도 ω인 유도전동기의 2차 효율?
① $\dfrac{\omega_s - \omega}{\omega}$
② $\dfrac{\omega_s - \omega}{\omega_s}$
③ $\dfrac{\omega_s}{\omega}$
④ $\dfrac{\omega}{\omega_s}$

해설 $\omega_s = 2\pi \dfrac{N_s}{60}$, $N_s = \dfrac{60\omega_s}{2\pi}$

$\eta_2 = \dfrac{P_0}{P_2} = 1 - S = 1 - (1 - \dfrac{N}{N_s}) = \dfrac{N}{N_s}$

$= \dfrac{\dfrac{60\omega}{2\pi}}{\dfrac{60\omega_s}{2\pi}} = \dfrac{\omega}{\omega_s}$

22 회전자 입력 15[kW], 슬립 3[%]인 3상 유도전동기의 2차 동손[kW]은?
① 4.5   ② 3
③ 0.45   ④ 0.2

정답 20. ④ 21. ② 22. ③ 23. ② 24. ④

25 교류 단상 직권전동기의 구조를 설명한 것 중 옳은 것은?
① 역률 개선을 위해 고정자와 회전자의 자로를 성층 철심으로 한다.
② 정류 개선을 위해 강계자, 약전기자형으로 한다.
③ 전기자 반작용을 줄이기 위해 약계자, 강전기자형으로 한다.
④ 역률 및 정류개선을 위해 약계자, 강전기자형으로 한다.

해설 계자 및 전기자 권선의 리액턴스에 의한 역률 저하를 방지하기 위해서 계자권선을 줄여 약계자로 하고, 고정자 권선에 보상권선을 설치하여 전기자 반작용을 보상하는 동시에 전기자 권선 수를 증가해서 필요한 토크를 발생하게 하는 강전기자형으로 한다.

26 동기발전기의 단락비가 1.3인 %동기 임피던스는?
① 약 66[%]   ② 약 77[%]
③ 약 88[%]   ④ 약 99[%]

해설 단락비 $K_s = \dfrac{100}{\%Z_s}$ 에서
$\%Z_s = \dfrac{100}{K_s} = \dfrac{100}{1.3} = 76.92[\%]$

27 다음 중 동기전동기의 특징을 설명하고 있는 것으로 옳은 것은?
① 저속도에서 유도전동기에 비해 효율이 나쁘다.
② 기동토크가 크다.
③ 필요에 따라 진상전류를 흘릴 수 있다.
④ 직류전원이 필요 없다.

해설 동기전동기는 과여자 또는 부족여자로 하여 진상전류 또는 지상전류를 흘릴 수 있다.

28 다음 중 온도에 따라 저항값이 부(−)의 방향으로 변하는 특수 반도체는?
① 서미스터   ② 바리스터
③ SCR   ④ PUT

해설 서미스터는 금속과는 달리, 온도가 높아지면 저항값이 감소하는 부저항 온도계수의 특성을 가지고 있는데 이것을 NTC라 하며 온도 보상용으로 사용된다.

29 사이리스터의 과전압 발생 원인이 아닌 것은?
① 낙뢰에 의한 서지 전압
② 차단기 개폐 시 이상 전압
③ 사이리스터의 역회복 특성
④ 내압 시험기에 의한 이상 전압

해설 사이리스터의 과전압 발생은 차단기 개폐 시 이상전압, 낙뢰에 의한 서지전압, 사이리스터의 역회복 특성 등에 기인한다.

30 SCR에 대한 설명으로 옳지 않은 것은?
① 대전류 제어 정류용으로 이용된다.
② 게이트 전류로 통전 전압을 가변시킨다.
③ 주 전류를 차단하려면 게이트 전압을 영 또는 부(−)로 해야 한다.
④ 게이트 전류의 위상각으로 통전전류의 평균값을 제어시킬 수 있다.

해설 SCR은 점호 능력은 있으나 자기 소호 능력이 없으므로 주 전류를 유지전류 이하 또는 애노드, 캐소드 간에 역전압을 인가하여 소호시킨다.

정답 25. ④ 26. ② 27. ③ 28. ① 29. ④ 30. ③

31 SCR의 턴 온 시 10[A]의 전류가 흐를 때 게이트 전류를 1/2로 줄이면 SCR의 전류는 몇[A]인가?

① 5　　② 10
③ 20　　④ 40

해설 SCR은 점호 능력은 있으나 자기 소호 능력이 없으므로 주 전류를 유지전류 이하 또는 애노드, 캐소드 간에 역전압을 인가하여 소호시킨다.
게이트 전류를 1/2로 줄여도 소호되지 않으므로 애노드와 캐소드 사이에는 10[A]가 그대로 흐른다.

32 Cds(황화카드뮴)은 어떤 소자인가?

① 빛에 의한 전도성을 이용한 소자이다.
② 빛에 의한 기전력이 발생하는 소자이다.
③ 태양 전지에서 0.55[V]의 기전력을 발산하는 소자이다.
④ 광전 트랜지스터를 만드는 소자이다.

해설 Cds는 빛이 있으면 저항값이 낮아지고, 빛이 없어지면 저항값이 높아지는 센서로 각종 자동제어 회로, 도난 방지기, 자동문, 자동 점멸기 등에 이용된다.

33 상전압 300[V]의 3상 반파 정류회로의 직류전압은 몇[V]인가?

① 117[V]　　② 200[V]
③ 283[V]　　④ 351[V]

해설 3상 반파 정류회로의 출력 전압은
$V_d = 1.17 V = 1.17 \times 300 = 351[V]$

34 인버터의 스위칭 주기가 10[ms]이면 주파수는 몇 [Hz]인가?

① 100　　② 60
③ 20　　④ 1

해설 $f = \frac{1}{T} = \frac{1}{10 \times 10^{-3}} = 100[Hz]$

35 지중 전선로 공사에서 케이블 포설 시 케이블 끝단에 설치하여 당길 수 있도록 하는데 사용하는 것은?

① 풀링그립(Pulling Grip)
② 피시테이프(Fish Tape)
③ 강철 인도선((Steel Wire)
④ 와이어 로프(Wire Rope)

해설 풀링그립은 고리가 없으면 양방향 그립이 가능하며 이중, 삼중 또는 단일로 엮은 아연 도금한 강철 그물로 만들어졌으며 송·배전, 지중 및 통신공사 시 각종 전선을 잡아주거나 끌어당겨 배선하는데 사용하는 망

36 정격전류 30[A]의 전동기 1대와 정격전류 5[A]의 전열기 2대를 공급하는 저압옥내 간선을 보호할 과전류차단기의 정격전류는 몇 [A]인가?

① 40[A]　　② 55[A]
③ 70[A]　　④ 100[A]

해설 간선에 전동기와 일반부하가 접속되어 있다면 전동기의 기동전류를 보상하기 위하여 「전동기 정격전류 합계의 3배와 일반부하의 정격전류의 합」과 「간선의 허용전류의 2.5배 한 값」 중에서 작은 값으로 시설해야 한다.
$(30 \times 3) + (5 \times 2) = 100[A]$

37 기숙사, 여관, 병원의 표준부하는 몇 [VA/m²]으로 상정하는가?

① 10　　② 20
③ 30　　④ 40

정답 31. ②　32. ①　33. ④　34. ①　35. ①　36. ④　37. ②

해설 기숙사, 여관, 호텔, 병원, 음식점, 다방 등의 표준 부하는 20[VA/m²]

38 다음 중 피뢰기를 반드시 시설하여야 하는 곳은?
① 고압 전선로에 접속되는 단권변압기의 고압측
② 발·변전소의 가공전선 인입구 및 인출구
③ 수전용 변압기의 2차측
④ 가공전선로

해설 피뢰기 시설장소
- 발·변전소의 인입구 및 인출구
- 가공전선로와 지중 전선로가 접속되는 곳
- 가공 전선로에 접속하는 배전용 변압기의 고압측 및 특고압측
- 고압 및 특고압측 가공 전선로로부터 공급받는 수용가의 인입구

39 송전단 전압 66[kV], 수전단 전압 61[kV] 인 송전 선로에서 수전단의 부하를 끊은 경우의 수전단 전압이 63[kV]이면 전압 변동률은?
① 약 2.8[%]   ② 약 3.3[%]
③ 약 4.8[%]   ④ 약 8.2[%]

해설 전압변동률 = $\frac{무부하시 수전단전압 - 전부하시 수전단전압}{전부하시 수전단전압}$

$= \frac{63-61}{61} \times 100 = 3.3[\%]$

40 접지 저감재의 구비조건과 거리가 먼 것은?
① 전기적으로 양도체일 것
② 지속성이 있을 것
③ 전극을 부식시키지 않을 것
④ 토양에 비해 도전도가 낮을 것

해설 접지 저감재의 구비조건으로는 접지 저항 저감 효과가 크고, 영구적일 것
접지극을 부식시키지 말고, 도전율이 클 것
경제적이며, 시공이 용이할 것
무공해이며, 안전성이 높을 것

41 광원은 점등 시간이 진행됨에 따라서 특성이 약간 변화한다. 방전램프의 경우 초기 100시간의 떨어짐이 특히 심한데 이와 같은 특성은 무엇인가?
① 수명특성   ② 동정특성
③ 온도특성   ④ 연색성

해설
- 동정특성은 광원이 점등할 때 광속의 변화를 나타내는 특성
- 연색성은 광원이 물체의 색감에 영향을 미치는 현상

42 다음 심벌의 명칭은 어느 것인가?

Ⓛ

① 전류제한기   ② 지진감지기
③ 전압제한기   ④ 역률제한기

해설 전류제한기는 전력 회사가 수용가의 인입구에 설치하여 미리 정한 값 이상의 전류가 흘렀을 때 일정 시간 내의 동작으로 정전시키기 위한 장치

43 단로기의 사용상 목적으로 가장 적합한 것은?
① 무부하 회로의 개폐
② 부하 전류의 개폐
③ 고장 전류의 차단
④ 3상 동시 개폐

정답 38. ② 39. ② 40. ④ 41. ② 42. ① 43. ①

해설 단로기는 송전선이나 변전소 등에서 차단기를 개방한 무부하상태에서 주회로의 접속을 변경하기 위해 회로를 개폐하는 장치이다.

44 후강 전선관이란 관의 두께가 두꺼운 전선관을 말한다. 후강 전선관의 규격 중 관의 호칭으로 잘못된 것은?

① 28 ② 34 ③ 42 ④ 54

해설 후강 전선관은 관의 안지름의 크기에 가까운 짝수로 호칭하며 종류는 16, 22, 28, 36, 42, 54, 70, 82, 92, 104가 있다.

45 2종 가요전선관을 구부리는 경우 노출장소 또는 점검 가능한 은폐장소에서 관을 시설하고 제거하는 것이 부자유하거나 또는 점검이 불가능할 경우는 곡률 반지름을 2종 가요전선관 안지름의 몇 배 이상으로 하여야 하는가?

① 3배 ② 6배
③ 8배 ④ 12배

해설 노출장소 또는 점검 가능한 은폐장소에서 2종 가요전선관을 구부리는 경우 관을 시설, 제거하는 것이 자유로운 경우에는 곡률반경은 관 안지름의 3배 이상, 관을 시설, 제거하는 것이 부자유하거나 점검이 불가능한 경우 곡률반경은 안지름의 6배 이상으로 한다.

46 430[mm²]의 ACSR(반지름 $r=14.6$[mm])이 그림과 같이 배치되어 완전 연가된 송전선로가 있다. 이 경우 인덕턴스[mH/km]를 구하면? (단, 지표상의 높이는 딥(dip)의 영향을 고려한 것이다.)

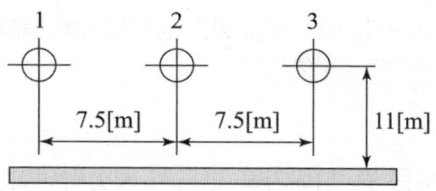

① 1.34 ② 1.36
③ 1.37 ④ 1.38

해설 기하학적 평균 거리
$D = \sqrt{7.5 \times 7.5 \times 2 \times 7.5}$
$= 9.45$[m] $= 9450$[mm] 이므로
$L = 0.4605 \log_{10} \dfrac{D}{r} + 0.05$
$= 0.4605 \log_{10} \dfrac{9450}{14.6} + 0.05$
$= 1.3445$[mH/km]

47 연가의 효과가 아닌 것은?
① 작용 정전 용량의 감소
② 통신선의 유도 장해 감소
③ 각 상의 임피던스 평형
④ 직렬 공진의 방지

해설 연가의 목적은 선로 정수(임피던스)를 평형하게 하여 소호 리액터 접지 시 직렬공진 방지, 이상 전압 상승 방지, 각 상의 전압 강하 및 등가 선간거리 동일, 통신선의 유도 장해를 감소시킨다.

48 복도체를 사용하면 송전 용량이 증가하는 가장 주된 이유는?
① 코로나가 발생하지 않는다.
② 선로의 작용 인덕턴스는 감소하고 작용 정전 용량은 증가한다.
③ 전압강하가 적다.
④ 무효전력이 적어진다.

정답 44.② 45.② 46.① 47.① 48.②

해설 복도체를 사용하면 전선의 등가 반지름이 증가하므로 선로의 작용 인덕턴스는 감소하고 작용 정전용량은 증가하여 송전 용량을 증가시키고, 코로나 임계 전압을 높일 수 있어 코로나 발생을 방지하며 초고압 송전 선로에 적당하다.

49 선로 길이 100[km], 송전단 전압 154[kV], 수전단 전압 140[kV]의 3상 3선식 정전압 송전선에서 선로정수는 저항 0.315[Ω/km], 리액턴스 1.035[Ω/km]라고 할 때 수전단 3상 전력 원선도의 반경을[MVA] 단위로 표시하면 약 얼마인가?

① 200　　② 300
③ 450　　④ 600

해설 저항과 인덕턴스만의 단거리 송전 선로이므로
$A = D = 1$, $B = Z$, $C = 0$
$B = Z = \sqrt{R^2 + X^2} = \sqrt{0.315^2 + 1.035^2}$
　　$= 1.082[\Omega/km] = 1.082 \times 100 = 108.2[\Omega]$
전력 원선도의 반지름
$\rho = \dfrac{E_s E_r}{B} = \dfrac{140 \times 154}{108.2} ≒ 200[\mathrm{MVA}]$

50 송전 선로에 코로나가 발생하였을 때 이점이 있다면 다음 중 어느 것인가?
① 계전기의 신호에 영향을 준다.
② 라디오 수신에 영향을 준다.
③ 전력선 반송에 영향을 준다.
④ 고전압의 진행파가 발생했을 때 뇌 서지에 영향을 준다.

해설 뇌 서지 등의 진행파가 코로나 방전을 수반하여 송전선 상을 진행하면 코로나 방전 개시 전압보다 높은 부분의 파형이 일그러져 감소된다.

51 그림과 같은 회로는 어떤 논리동작을 하는가?

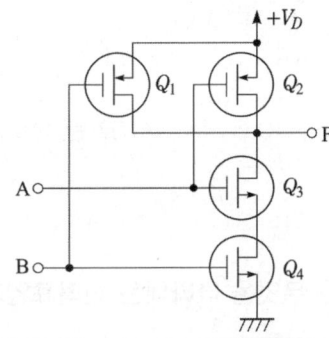

① NAND　　② NOR
③ AND　　④ OR

해설 A, B 입력이 하나라도 0이 되면 출력이 1이고, 두 입력 모두 1인 경우 출력이 0인 NAND 게이트 전자소자 회로

52 D형 플립플롭의 현재 상태[Q]가 0일 때 다음 상태 [$Q(t+1)$]를 1로 하기 위한 D의 입력 조건은?

① 1　　② 0
③ 1과 0 모두 가능　　④ Q

해설 D 플립플롭은 D=0에서 클럭이 발생하면 Q=0이고, D=1에서 클럭이 발생하면 Q=1이 된다.

53 그림과 같은 회로의 기능은?

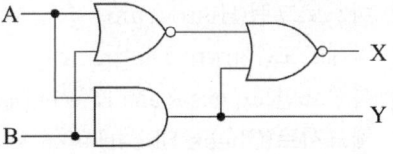

① 반일치회로　　② 감산기
③ 반가산기　　④ 부호기

해설 합(Sum)
$$X = \overline{A+B} + AB$$
$$= \overline{(A+B)}(\overline{A}+\overline{B})$$
$$= A\overline{A} + A\overline{B} + \overline{A}B + B\overline{B}$$
$$= A\overline{B} + \overline{A}B$$
자리 올림 (Carry) $Y = AB$로 반가산기를 나타낸다.

54 다음은 무엇을 나타내는 진리표인가?

입력		출력			
B	A	D_0	D_1	D_2	D_3
0	0	1	0	0	0
0	1	0	1	0	0
1	0	0	0	1	0
1	1	0	0	0	1

① 디코더 ② 인코더
③ 디멀티플렉서 ④ 멀티플렉서

해설 2×4 디코더는 2개의 입력(2비트)과 4개의 출력(2^2비트)을 가지며 2개의 입력에 따라 4개의 출력 중 1개가 선택된다.
논리식 $D_0 = \overline{A}\,\overline{B}$, $D_1 = A\overline{B}$, $D_2 = \overline{A}B$, $D_3 = AB$

55 다음 중 데이터를 그 내용이나 원인 등 분류 항목별로 나누어 크기의 순서대로 나열하여 나타낸 그림을 무엇이라 하는가?
① 히스토그램(Histogram)
② 파레토도(Pareto Diagram)
③ 특성요인도(Causes and Effects Diagram)
④ 체크시트(Check Sheet)

해설 파레토도는 불량, 결점, 고장 등의 발생 건수, 또는 손실금액을 항목별로 나누어 발생빈도의 순으로 나열하고 누적합도를 표시한 그림

56 관리도에서 측정한 값을 차례로 타점했을 때 점이 순차적으로 상승하거나 하강하는 것을 무엇이라 하는가?
① 런(Run)
② 주기(Cycle)
③ 경향(Trend)
④ 산포(Dispersion)

해설 경향(Trend) : 길이 7의 상승 경향과 하강 경향(비관리상태)

57 월 100대의 제품을 생산하는데 세이퍼 1대의 제품 1대당 소요 공수가 14.4H라 한다. 1일 8H, 월 25일 가동한다고 할 때 이 제품 전부를 만드는데 필요한 세이퍼의 필요 대수를 계산하면?(단, 작업자 가동률 80[%], 세이퍼 가동률 90[%]이다.)
① 8대 ② 9대
③ 10대 ④ 11대

해설 기계 능력 = 1개월 실동시간×가동률×기계 대수
100대×14.4시간 = 25일×8시간×(0.9×0.8)
× 기계 대수
기계 대수 = 10대

58 재료가 출고되고 제품으로 출하되기까지의 공정계획을 체계적으로 도표를 작성하여 분석하는 방법은?
① 공정분석 ② 작업분석
③ Therblig 분석 ④ 동작분석

해설 공정분석은 재료가 가공되어 제품으로 될 때까지의 과정을 가공 · 운반 · 정체 · 검사 4개의 상태로 나누어서 그것들이 제작 과정에서 어떻게 연속하고 있는지를 조사하는 작업

정답 54. ① 55. ② 56. ③ 57. ③ 58. ①

59 모든 작업을 기본동작으로 분해하고 각 기본동작에 대하여 성질과 조건에 따라 정해놓은 시간치를 적용하여 정미시간을 산정하는 방법은?

① PTS법　　② WS법
③ 스톱워치법　④ 실적기록법

해설 PTS법은 인간이 행하는 모든 작업을 구성하는 기본동작으로 분해하여 각 기본동작에 대해 그 동작의 성질과 조건에 따라 미리 정해진 시간치를 적용하는 수법

60 작업시간 측정방법 중 직접측정법은?

① PTS법　　② 경험견적법
③ 표준자료법　④ 스톱워치법

해설 스톱워치법은 작업자의 작업수행을 직접 관측하면서 스톱워치로 작업의 소요 시간을 측정하고 이것을 근거로 그 작업의 표준시간을 결정하는 방법

2024년 제75회 CBT 복원문제

01 공기 중에 같은 전기량을 가진 2×10^{-5}[C]의 두 전하가 2[m] 거리에 있을 때 그 사이에 작용하는 힘은 몇[N]인가?
① 0.9
② 1.8
③ 9
④ 18

해설
$$F = 9\times 10^9 \times \frac{Q_1 Q_2}{r^2}$$
$$= 9\times 10^9 \times \frac{(2\times 10^{-5})^2}{2^2}$$
$$= 9\times 10^{-1} = 0.9[N]$$

02 콘덴서 C_1, C_2를 직렬 연결하고 그 양 끝에 전압[V]를 가한 경우 C_2에 분배되는 전압은?
① $\dfrac{C_1}{C_1+C_2}V$
② $\dfrac{C_2}{C_1+C_2}V$
③ $\dfrac{C_1+C_2}{C_1}V$
④ $\dfrac{C_1+C_2}{C_2}V$

해설 $V_1 = \dfrac{C_2}{C_1+C_2}V$, $V_2 = \dfrac{C_1}{C_1+C_2}V$

03 철심 투자율 μ, 회로 길이 l[m]인 자기회로에 미소 공극 l_0[m]을 만들었을 때 회로의 자기저항은 몇 배로 커지는가?
① $1+\dfrac{\mu l_0}{\mu_0 l}$
② $1+\dfrac{\mu l}{\mu_0 l_0}$
③ $1+\dfrac{\mu_0 l_0}{\mu l}$
④ $1+\dfrac{\mu_0 l}{\mu l_0}$

해설 공극이 없는 자기저항 $R_0 = \dfrac{l}{\mu A}$[AT/Wb]
공극이 있는 자기저항
$R_1 = R_{공극} + R_{철심}$
$= \dfrac{l_0}{\mu_0 A} + \dfrac{l-l_0}{\mu A} = \dfrac{\mu_s l_0 + l}{\mu A}$[AT/Wb]
자기저항의 증가율
$$\dfrac{R_1}{R_0} = \dfrac{\dfrac{\mu_s l_0 + l}{\mu A}}{\dfrac{l}{\mu A}} = \dfrac{\mu_s l_0 + l}{l} = 1 + \dfrac{\mu_s l_0}{l} \times \dfrac{\mu_0}{\mu_0}$$
$$= 1 + \dfrac{\mu_0 \mu_s l_0}{\mu_0 l} = 1 + \dfrac{\mu l_0}{\mu_0 l} \text{ 배}$$

04 전류가 흐르는 도선을 자계에 대해 60°로 놓았을 때 작용하는 힘은 30°로 놓았을 때 작용하는 힘의 몇 배인가?
① 1.25
② 1.73
③ 2.45
④ 3.66

해설 $F_1 = BlI\sin 60°$[N], $F_2 = BlI\sin 30°$[N]
$$\dfrac{F_1}{F_2} = \dfrac{Bll\sin 60°}{Bll\sin 30°} = \dfrac{\frac{\sqrt{3}}{2}}{\frac{1}{2}} = \sqrt{3} = 1.732$$
$F_1 = 1.732 F_2$[N]

05 전류 순시값
$i = 30\sin wt + 40\sin(3wt+60°)$[A]의 실 횻값은?
① 약 35.4[A]
② 약 42.4[A]
③ 약 56.6[A]
④ 약 70.7[A]

정답 1. ① 2. ① 3. ① 4. ② 5. ①

해설 $I_1 = \dfrac{30}{\sqrt{2}}[A]$, $I_2 = \dfrac{40}{\sqrt{2}}[A]$

$I = \sqrt{I_1^2 + I_2^2} = \sqrt{\left(\dfrac{30}{\sqrt{2}}\right)^2 + \left(\dfrac{40}{\sqrt{2}}\right)^2}$
$= 35.4[A]$

06 회로에서 I_1 및 I_2의 크기는 각각 몇 [A]인가?

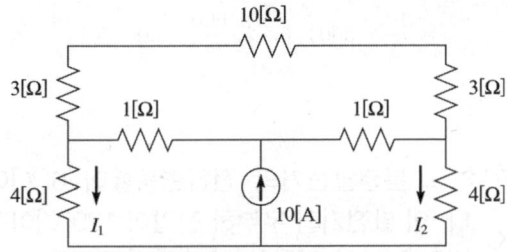

① $I_1 = I_2 = 0$
② $I_1 = I_2 = 2$
③ $I_1 = I_2 = 5$
④ $I_1 = I_2 = 10$

해설 I_1, I_2에 흐르는 저항값이 같기 때문에 전류원 10[A]는 5[A]씩 분배되어 흐른다.

07 2전력계법으로 3상 전력 측정 시 한 개의 전력계의 지시가 0이었다면 이 회로의 역률은?

① 0.25   ② 0.5
③ 0.707   ④ 0.866

해설 만약 $P_2 = 0$ 이었다면
$\cos\theta = \dfrac{P}{P_a} = \dfrac{P_1 + P_2}{2\sqrt{P_1^2 + P_2^2 - P_1 P_2}}$
$= \dfrac{P_1}{2P_1} = \dfrac{1}{2}$

08 저항 5[Ω]에
$i = 5 + 14.14\sin 100t + 7.07\sin 200t[A]$
가 흐를 때 소비되는 평균전력[W]은?

① 150   ② 250
③ 625   ④ 750

해설 $i = 5 + 14.14\sin 100t + 7.07\sin 200t$
$= 5 + 10\sqrt{2}\sin 100t + 5\sqrt{2}\sin 200t[A]$이므로
$P = I^2 R = (I_0^2 + I_1^2 + I_2^2)R$
$= (5^2 + 10^2 + 5^2) \times 5 = 750[W]$

09 3상 유도전동기의 전압이 200[V]이고, 전류가 8[A], 역률이 80[%]라 하면, 이 전동기를 10시간 사용했을 때의 전력량은 약 몇 [kWh]인가?

① 12.8   ② 16.3
③ 22.2   ④ 27.8

해설 $P = \sqrt{3}\,VI\cos\theta$
$= \sqrt{3} \times 200 \times 8 \times 0.8 = 2.217[kW]$
$W = Pt = 2.217 \times 10 = 22.17[kWh]$

10 기본파의 3[%]인 제3고조파와 5[%]인 제5고조파, 7[%]인 제7고조파를 포함하는 전압파의 왜형률은?

① 약 2.7[%]   ② 약 5.1[%]
③ 약 7.7[%]   ④ 약 9.1[%]

해설 $e = \dfrac{\sqrt{V_2^2 + V_3^2 + \cdots + V_n^2}}{V_1} \times 100$
$= \dfrac{\sqrt{(0.03V)^2 + (0.05V)^2 + (.007V)^2}}{V} \times 100$
$\fallingdotseq 9.1[\%]$

정답 6. ③ 7. ② 8. ④ 9. ③ 10. ④

11 다음 회로에서 $t=0$에서 스위치를 닫을 때 전류 $i(t)$의 라플라스 변환 $I(s)$는? (단, $V_c(0)=1[V]$이다.)

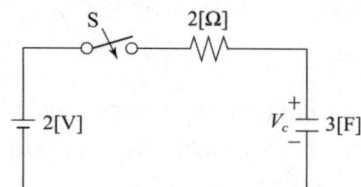

① $\dfrac{3s}{6s+1}$ ② $\dfrac{3}{6s+1}$

③ $\dfrac{6}{6s+1}$ ④ $\dfrac{-s}{6s+1}$

해설 $Ri+\dfrac{1}{C}\int i\,dt=2$

$2I(s)+\dfrac{1}{3s}I(s)+i^{-1}(0_+)=\dfrac{2}{s}$

$i^{-1}(0_+)$는 초기 충전 전하

$Q_0=CV_c(0)=3\times 1=3$ 이므로

$I(s)=\dfrac{\dfrac{2}{s}-\dfrac{1}{s}}{2+\dfrac{1}{3s}}=\dfrac{3}{6s+1}$

12 $F(s)=\dfrac{1}{s(s+1)}$의 라플라스 역변환은?

① $1+e^{-t}$ ② $1-e^{-t}$

③ $\dfrac{1}{1+e^{-t}}$ ④ $\dfrac{1}{1-e^{-t}}$

해설 $f(t)=\mathcal{L}^-F(s)$
$=\mathcal{L}^-\dfrac{1}{s(s+1)}$
$=\mathcal{L}^-\dfrac{1}{s}-\dfrac{1}{s+1}$
$=1-e^{-t}$

13 전기자 도체의 총 수 500, 10극, 단중 파권으로 매 극의 자속 수가 0.2[Wb]인 직류발전기가 600[rpm]으로 회전할 때의 유도기전력은 몇 [V]인가?

① 2500 ② 5000
③ 10000 ④ 15000

해설 파권일 때 병렬 회로수 $a=2$ 이므로
$E=\dfrac{P}{a}Z\phi\dfrac{N}{60}$
$=\dfrac{10}{2}\times 500\times 0.2\times \dfrac{600}{60}=5000[V]$

14 어느 분권발전기의 전압변동률이 6[%]이다. 이 발전기의 무부하 전압이 120[V]이면 정격 전부하 전압은 약 몇 [V]인가?

① 96 ② 100
③ 113 ④ 125

해설 전압 변동률 $\varepsilon=\dfrac{V_o-V_n}{V_n}\times 100[\%]$에서
$V_n=\dfrac{120}{1+0.06}=113.2[V]$

15 균압선을 설치하여 병렬 운전하는 발전기로 짝지어진 것은?

① 직권기, 복권기
② 동기기, 타여자기
③ 직권기, 타여자기
④ 복권기, 동기기

해설 균압선은 직류 복권(또는 직권)발전기의 안정된 병렬운전을 할 수 있게 하기 위하여 각 기기의 전기자 권선과 직권 계자권선과의 접속점을 서로 접속하는 저저항의 도선

정답 11. ② 12. ② 13. ② 14. ③ 15. ①

16 직류전동기의 정출력 제어 방법은?
① 계자 제어법
② 워드 레오나드 방식
③ 저항 제어법
④ 전압 제어법

해설 계자제어는 단자전압 V를 일정하게 하고 전동기의 계자전류 I_f를 제어, 극당 자속 ϕ를 바꿔서 속도 제어하는 방법으로 정출력 가변속도 제어에 적합하다.

17 직류 분권전동기의 단자전압이 215[V], 전기자 전류 50[A], 전기자 저항 0.1[Ω], 회전속도 1500[rpm]일 때 발생하는 회전력은 약 몇 [N·m]인가?
① 66.9
② 76.9
③ 86.9
④ 96.9

해설 $P_0 = E_c \cdot I_a = 210 \times 50 = 10500[W]$
$(E_c = V - I_a R_a = 215 - 50 \times 0.1 = 210[V])$
$\tau = \dfrac{60}{2\pi} \times \dfrac{P_0}{N} = \dfrac{60}{2\pi} \times \dfrac{10500}{1500} = 66.87[N \cdot m]$

18 유도전동기의 제동방법 중 슬립의 범위를 1~2 사이로 하여 3선 중 2선의 접속을 바꾸어 제동하는 방법은?
① 직류제동
② 회생제동
③ 발전제동
④ 역상제동

해설 역상제동(플러깅)은 전동기의 전원 전압의 극성 혹은 상회전 방향을 역전함으로써 전동기에 역토크를 발생시키고, 그에 의해서 제동하는 것

19 단상 직권 정류자 전동기의 회전속도를 높이는 이유는?
① 리액턴스 강하를 크게 한다.
② 전기자에 유도되는 역기전력을 적게 한다.
③ 역률을 개선한다.
④ 토크를 증가시킨다.

해설
- 직권전동기와 동일한 구성으로 단상 교류전압을 가하는 것으로 높은 속도를 얻을 수 있으므로 가정용 전기 청소기나 믹서, 전기드릴 등에 사용된다.
- 계자권선의 권선 수를 적게 감아서 주 자속을 감소시켜 리액턴스 때문에 역률이 낮아지는 것을 방지한다.

20 단락비가 큰 동기발전기의 특징으로 옳은 것은?
① 기계가 작다.
② 효율이 좋다.
③ 전압변동률이 크다.
④ 전기자 반작용이 작다.

해설 전압변동률은 작고 전기자 반작용이 작으며 기계가 커서 효율이 나쁘고 값이 비싸다.

21 가동 복권발전기의 내부결선을 바꾸어 분권발전기로 하려면?
① 분권 계자를 단락시킨다.
② 내분권 복권형으로 한다.
③ 외분권 복권형으로 한다.
④ 직권 계자를 단락시킨다.

해설 복권 발전기를 분권발전기로 사용하려면 직권계자를 단락시키고 복권발전기를 직권발전기로 사용하려면 분권계자를 개방시킨다.

정답 16. ① 17. ① 18. ④ 19. ③ 20. ④ 21. ④

22 2대의 직류분권발전기 G_1, G_2를 병렬 운전시킬 때 G_1의 부하 분담을 증가시키려면 어떻게 하여야 하는가?

① G_1의 계자를 강하게 한다.
② G_2의 계자를 강하게 한다.
③ G_1, G_2의 계자를 똑같이 강하게 한다.
④ 균압선을 설치한다.

해설 G_1 발전기의 계자를 강하게 하여 전압이 상승하면 G_1 발전기의 부하분담이 커지고 G_2 발전기는 부하분담이 작아진다.

23 그림은 권선형 유도전동기 2차에 전자접촉기를 사용하여 자동적으로 기동하기 위한 주 회로이다. 여기서 접촉기의 동작 순서가 바르게 된 것은?

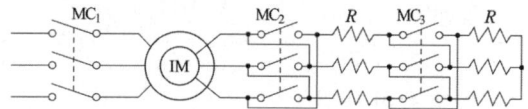

① $MC_1 - MC_2 - MC_3$
② $MC_2 - MC_3 - MC_1$
③ $MC_3 - MC_1 - MC_2$
④ $MC_1 - MC_3 - MC_2$

해설 비례추이의 특성을 이용하여 기동토크를 크게 할 수 있으므로, 기동 시에는 저항을 크게 하고 기동 후에는 저항을 단계적으로 줄인다.

24 3상 유도전동기가 1차 입력 60[kW], 1차 손실이 1[kW]일 때, 슬립 5[%]로 회전하고 있다면 기계적 출력은 몇 [kW]인가?

① 56.05 ② 59.25
③ 64.45 ④ 69.15

해설 2차 입력

$P_2 = 입력 - 고정자\ 철손 = 60 - 1 = 59[kW]$
$P_2(2차\ 입력) : P_o(기계적\ 출력) = 1 : 1-s$
$P_o = (1-s) \times P_2 = (1-0.05) \times 59$
$= 56.05[kW]$

25 동기전동기에서 제동권선의 사용 목적으로 가장 옳은 것은 어느 것인가?

① 난조방지
② 정지시간의 단축
③ 운전토크의 증가
④ 과부하 내량의 증가

해설 제동권선의 효과
· 난조방지
· 기동하는 경우 유도전동기의 농형 권선으로서 기동토크를 발생
· 불평형 부하 시의 전류 전압 파형의 개선
· 송전선의 불평형 단락 시 이상전압의 방지

26 차동계전기의 동작요소는?

① 양쪽 전압차
② 정상전압과 역상전압의 차
③ 양쪽 전류의 차
④ 정상전류와 역상전류의 차

해설 정상시에는 계전기를 적용한 2개소의 회로의 전압 또는 전류가 같지만 변압기 내부 고장시에는 전압 또는 전류에 차가 생겨서 이에 의해 동작하는 계전기

27 역률을 개선하면 전력요금의 절감과 배전선의 손실경감, 전압강하의 감소, 설비여력의 증가 등을 기할 수 있으나, 너무 과 보상하면 역효과가 나타난다. 즉, 경부하 시에 콘덴서가 과대 삽입되는 경우의 결점에 해당되는 사항이 아닌 것은?

정답 22. ① 23. ④ 24. ① 25. ① 26. ③ 27. ④

① 모선전압의 과 상승
② 송전손실의 증가
③ 고조파 왜곡의 증대
④ 전압변동폭의 감소

해설 무부하나 경부하 시 선로는 콘덴서로 작용하기 때문에 진상전류가 흐르고, 송전단 전압보다 수전단 전압이 높아지는 현상이 발생하며 전압 변동폭이 증가한다.

28 다이오드의 애벌란시(Avalanche) 현상이 발생되는 것을 옳게 설명한 것은?

① 역방향 전압이 클 때 발생한다.
② 순방향 전압이 클 때 발생한다.
③ 역방향 전압이 작을 때 발생한다.
④ 순방향 전압이 작을 때 발생한다.

해설 단일 입자 또는 광량자가 복수 개의 이온을 발생하고, 이들 이온이 가속 전계에 의해 충분한 에너지를 얻어 다시 많은 이온을 만들어내는 현상을 전자 사태라 하고 그 임계 전압을 항복전압이라 한다.

29 PN접합 정류 소자에 대한 설명 중 틀린 것은?

① 정류비가 클수록 정류특성이 좋다.
② 역방향 전압에서는 극히 적은 전류만이 흐른다.
③ 순방향전압은 P에 [+], N에 [-]전압을 가함을 말한다.
④ 온도가 높아지면 순방향 및 역방향전류가 모두 감소한다.

해설 PN접합 다이오드의 전류는 온도가 높아지면 순방향일 때는 지수 함수적으로 증가하고, 역방향일 때는 일정하다.

30 상전압이 110[V], 주파수 60[Hz], 부하저항 5[Ω]일 때 부하저항에 흐르는 전류는 약 몇 [A]인가?

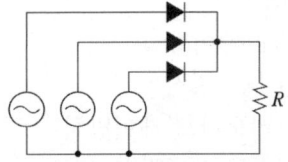

① 25.7 ② 34.4
③ 51.4 ④ 61.7

해설 3상 반파정류회로이므로
$V_d = 1.17 V$
$I_d = 1.17 \dfrac{V}{R} = \dfrac{1.17 \times 110}{5} = 25.7[A]$

31 사이리스터의 응용에 대한 설명이 잘못된 것은?

① 가격이 비싸고 주파수 제어, 직류제어가 되지 않는다.
② 무접점 스위치로 응답 특성이 빠르고 손실이 작다.
③ 위상제어에 의한 AC 전력제어가 된다.
④ AC-DC 변환, 제어가 가능하다.

해설 SCR의 특징
- 제어전극에 가하는 신호가 전압인 소자의 특징은 구동 전력이 작고 구동회로가 간단하며 소형화할 수 있다
- 사이리스터를 이용한 변환장치의 특징은 위상제어로 직류전압을 가변할 수 있다.
- 직류의 가변 전압회로, 스위칭용, 인버터, 교류의 위상제어 등에 사용된다.

정답 28. ① 29. ④ 30. ① 31. ①

32 인버터 제어라고도 불리며 유도전동기에 인가되는 전압과 주파수를 동시에 변환시켜 직류 전동기 제어와 동등한 성능을 갖는 제어방식은?

① VVVF 제어방식
② 궤환 제어방식
③ 워드레오나드 제어방식
④ 1단 속도 제어방식

해설 가변전압 가변 주파수(VVVF)
일정전압 일정 주파수(CVCF)

33 3상 3선식 선로에 그림과 같이 부하가 접속되어 있을 경우 설비 불평형률은 약 몇 [%] 인가?

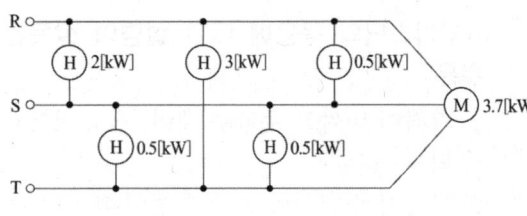

① 58.8 ② 44.7
③ 33.5 ④ 17.3

해설 설비불평형률
$= \dfrac{3-(0.5+0.5)}{\dfrac{(2+0.5)+(0.5+0.5)+3+3.7}{3}} \times 100$
$= 58.8[\%]$

34 공급점 30[m]인 지점에서 70[A], 45[m]인 지점에서 50[A], 60[m]인 지점에서 30[A]의 부하가 걸려 있을 때 부하중심까지의 거리를 산출하여 전압강하를 고려한 전선의 굵기를 결정하고자 한다. 부하중심까지의 거리는 몇 [m]인가?

① 62[m] ② 50[m]
③ 41[m] ④ 36[m]

해설 부하중심점 $= \dfrac{\Sigma(\text{각각의 거리}\times \text{전류 합})}{\text{전류의 합}}$
$= \dfrac{(30\times 70)+(45\times 50)+(60\times 30)}{70+50+30}$
$= 41[m]$

35 동일한 부하전력에 대하여 전압을 2배로 승압하면 전압강하, 전압 강하율, 전력 손실률은 각각 어떻게 되는지 순서대로 나열한 것은?

① $\dfrac{1}{2}, \dfrac{1}{2}, \dfrac{1}{2}$ ② $\dfrac{1}{2}, \dfrac{1}{2}, \dfrac{1}{4}$
③ $\dfrac{1}{2}, \dfrac{1}{4}, \dfrac{1}{4}$ ④ $\dfrac{1}{4}, \dfrac{1}{4}, \dfrac{1}{4}$

해설 전압 V를 n배 승압 송전할 경우 전압강하는 $\dfrac{1}{n}$배이고, 전압 강하율과 전력 손실률은 $\dfrac{1}{n^2}$배가 된다.

36 바닥면적 100[m²]인 방의 조명률이 0.5이고 평균 수평조도를 200[lx]로 하려면 형광등(2등용 40[W])의 설치 수량은? (단, 40[W] 형광등 한 등당 전 광속 3000[lm], 감광보상률은 1.8로 한다.)

① 12 ② 24
③ 36 ④ 48

해설 $N = \dfrac{EAD}{FU} = \dfrac{200\times 100\times 1.8}{3000\times 0.5} = 24[\text{등}]$
형광등 1개가 2등용이므로 $\dfrac{24}{2} = 12[\text{등}]$

정답 32. ① 33. ① 34. ③ 35. ③ 36. ①

37 22900/220[V]의 15[kVA] 변압기로 공급되는 저압 가공 전선로의 절연부분의 전선에서 대지로 누설하는 전류의 최고 한도는?

① 약 34[mA]   ② 약 45[mA]
③ 약 68[mA]   ④ 75[mA]

해설 옥외 절연부분의 전선과 대지 사이의 누설전류가 최대공급전류의 1/2000(1가닥)을 초과하지 않아야 하므로

최대공급전류 $= \dfrac{15 \times 10^3}{220} ≒ 68.2[A]$

누설전류 $\leq \dfrac{최대공급전류}{2000} = \dfrac{68.2}{2000} ≒ 34[mA]$

38 저압 배전선로에서 신뢰도가 가장 좋아 부하밀도가 높고 무정전 배전이 필요한 경우 채용되는 방식은?

① 가지식   ② 뱅킹식
③ 환상식   ④ 네트워크식

해설 네트워크식은 환상식 간선을 여러 곳에서 접속하여 배전망을 만들고 여러 점에 급전점을 만든 방식으로 전압강하가 매우 적고 사고 시 정전 범위를 좁게 할 수 있으며 대도시 수용 밀집 지대에 이상적인 배전방식이다.

39 저압 인입선의 인입용으로 수직 배관 시 비의 침입을 막는 금속관공사의 재료는 다음 중 어느 것인가?

① 유니버설 캡
② 와이어 캡
③ 엔트런스 캡
④ 유니온 캡

해설 엔트런스 캡은 인입구, 인출구 관단에 설치하여 금속관에 접속하여 옥외의 빗물을 막는데 사용한다.

40 3상 배전선로의 말단에 늦은 역률 80[%], 150[kW]의 평형 3상 부하가 있다. 부하점에 부하와 병렬로 전력용 콘덴서를 접속하여 선로손실을 최소화하려고 한다. 이 경우 필요한 콘덴서 용량은?(단, 부하단 전압은 변하지 않는 것으로 한다.)

① 105.5[kVA]   ② 112.5[kVA]
③ 135.5[kVA]   ④ 150.5[kVA]

해설 역률 개선용 콘덴서 용량
$Q = P(\tan\theta_1 - \tan\theta_2)[kVA]$ 이다.
$Q = 150 \times [\tan(\cos^{-1}0.8) - \tan(\cos^{-1}1.0)]$
$= 112.5[kVA]$

41 모든 전기 장치에 접지시키는 근본적인 이유는?

① 지구는 전류를 잘 통하기 때문이다.
② 영상전하를 이용하기 때문이다.
③ 편의상 지면을 영전위로 보기 때문이다.
④ 지구의 정전용량이 커서 전위가 거의 일정하기 때문이다.

해설 전기 장치에 지면에 접지시키는 근본적인 이유는 지구의 정전용량이 커서 전위가 거의 일정하기 때문이다.

42 22.9[kV] 수전설비에 50[A]의 부하전류가 흐른다. 이 수전계통에 변류기(CT) 60/5[A], 과전류차단기(OCR)를 시설하여 120[%]의 과부하에서 차단기가 동작되게 하려면 과전류차단기 전류 탭의 설정값은?

① 4[A]   ② 5[A]
③ 6[A]   ④ 7[A]

해설 $50 \times 1.2 = 60[A]$
변류기(CT)가 60/5[A] 이므로 5[A]

정답 37. ① 38. ④ 39. ③ 40. ② 41. ④ 42. ②

43 바닥 통풍형과 바닥 밀폐형의 복합채널 부품으로 구성된 조립 금속구조로 폭이 150[mm] 이하이며, 주 케이블 트레이로부터 말단까지 연결되어 단일 케이블을 설치하는 데 사용되는 트레이는?
① 통풍 채널형 케이블 트레이
② 사다리형 케이블 트레이
③ 바닥 밀폐형 케이블 트레이
④ 트로프형 케이블 트레이

해설 채널형 케이블 트레이는 바닥 통풍형과 바닥 밀폐형의 복합채널 부품으로 구성된 조립 금속구조로 폭이 150[mm] 이하인 케이블 트레이를 말하며, 바닥 펀칭 형상에 강한 엠보 처리로 높은 강도가 유지되며, 터널, 플랜트 시설, 오피스텔, 아파트, 할인점, 백화점, 운동장, 공장 등 모든 분야에 사용되고 있다.

44 폭연성 분진 또는 화약류의 분말이 전기설비의 발화원이 되어 폭발할 우려가 있는 곳의 저압 옥내배선의 공사 방법으로 적당한 것은?
① 애자 사용 공사 또는 가요 전선관 공사
② 금속몰드 공사
③ 금속관 공사
④ 합성수지관 공사

해설 폭연성 분진(마그네슘, 알루미늄, 티탄 등이 쌓인 상태) 또는 화약류 분말로 인하여 점화원이 되어 폭발할 우려가 있는 곳에 시설하는 저압 옥내배선은 금속관 공사 또는 케이블 공사에 의하여 시설하여야 한다.

45 변전소의 설치 목적이 아닌 것은?
① 경제적인 이유에서 전압을 승압 또는 강압한다.
② 발전전력을 집중 연계한다.
③ 수용가에 배분하고 정전을 최소화한다.
④ 전력의 발생과 계통의 주파수를 변환시킨다.

해설 전력의 발생과 계통의 주파수 변환은 발전소에서 한다.

46 피뢰기의 제한전압이 750[kV]이고, 변압기의 절연강도가 1050[kV]라고 하면 보호 여유도는?
① 20[%] ② 30[%]
③ 40[%] ④ 60[%]

해설 보호 여유도 $= \dfrac{\text{절연강도} - \text{제한전압}}{\text{제한전압}} \times 100[\%]$ 이다.

47 간격 S인 정4각형 배치의 4도체에서 소선 상호간의 기하학적 평균 거리는? (단, 각 도체간의 거리는 d 라 한다.)
① $\sqrt{2}S$ ② $\sqrt{S}$
③ $\sqrt[3]{S}$ ④ $\sqrt[6]{2}S$

해설 $\sqrt{S \cdot S \cdot S \cdot \sqrt{2}S \cdot \sqrt{2}S} = \sqrt[6]{2}S$

48 다음 중 전선의 도약을 방지하기 위한 방법이 아닌 것은?
① 전선의 배열을 수직으로 한다.
② 애자는 내장형으로 연결하여 사용한다.
③ 빙설의 부착이 쉬운 곳은 피한다.
④ 전선의 딥을 알맞게 한다.

해설 전선의 도약을 방지하기 위해 전선의 배열을 오프셋(off-set)을 한다.

정답 43. ① 44. ③ 45. ④ 46. ③ 47. ④ 48. ①

49 345[kV]용에 사용하는 복도체는 같은 단면적의 단도체에 비하여 어떠한가?

① 인덕턴스는 증가하고, 정전 용량은 감소한다.
② 인덕턴스는 감소하고, 정전 용량은 증가한다.
③ 인덕턴스, 정전 용량이 감소한다.
④ 인덕턴스, 정전 용량이 증가한다.

해설 단도체
$$L = 0.4605\log_{10}\frac{D}{r} + 0.05 \quad C = \frac{0.02413}{\log_{10}\frac{D}{r}}$$

복도체
$$L = 0.4605\log_{10}\frac{D}{\sqrt[n]{rs^{n-1}}} + \frac{0.05}{n}$$
$$C = \frac{0.02413}{\log_{10}\frac{D}{\sqrt[n]{rs^{n-1}}}}$$

복도체는 단도체에 비하여 인덕턴스는 감소하고, 정전용량은 증가한다.

50 정전압 송전 방식에서 전력 원선도를 그리려면 무엇이 주어져야 하는가?

① 송수전단 전압, 선로의 일반회로 정수
② 송수전단 전류, 선로의 일반회로 정수
③ 조상기 용량, 수전단 전압
④ 송전단 전압, 수전단 전류

해설 전력 원선도 작성 시 필요한 것은 송전단 전압, 수전단 전압, 회로 정수(A, B, C, D)

51 논리식 A+AB를 간단히 계산한 결과는?

① A ② $\overline{A}+B$
③ $A+\overline{B}$ ④ $A+B$

해설 $A + AB = A(1+B) = A$

52 그림과 같은 회로의 기능은?

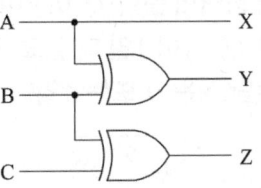

① 홀수 패리티 비트 발생기
② 크기 비교기
③ 2진 코드의 그레이 코드 변환기
④ 디코더

해설 그레이 코드는 연속한 두 수의 수 표시가 하나의 숫자 위치에서만 다른 것으로 2진수의 최대 자리 수(MSB)는 그대로 쓰고 그 다음은 MSB와 다음 수를 합해서 올림수를 제거한 합(배타적 OR)만을 그레이 코드의 다음 수로 정해 나간다.

53 JK 플립플롭에서 발생하는 레이싱 현상을 방지하기 위한 것은?

① 슈미트 트리거
② 단안정 멀티바이브레이터
③ 무안정 멀티바이브레이터
④ 에지 트리거 플립플롭

해설 JK 플립플롭은 출력 쪽이 입력에 Feedback 되어 있기 때문에 J=K=1 일 때 출력이 반전된 후에도 클럭 펄스가 "1"의 상태를 유지하면 출력이 계속 토글되는 레이싱 현상이 발생되어 마스터-슬래브 JK 플립플롭으로 레이싱 현상을 방지하였으나 최근에는 에지에서만 플립플롭이 동작하도록 설계한 에지 트리거 플립플롭으로 레이싱 현상을 방지한다.

54 순서회로 설계의 기본인 JK-FF 여기표에서 현재 상태의 출력 Q_n이 0이고 다음 상태의 출력 Q_{n+1}이 1일 때 필요 입력 J 및 K의 값은? (단, x는 0 또는 1임)

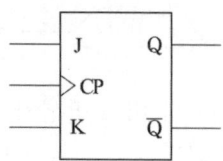

① J=1, K=0　② J=0, K=1
③ J=x, K=1　④ J=1, K=x

해설 JK 플립플롭에서 현재 출력이 0 이고 다음 상태의 출력이 1인 경우는 J = 1, K = 0인 경우와 J = K = 1 인 경우 이므로 J = 1, K = x

55 도수분포표를 작성하는 목적으로 볼 수 없는 것은?
① 로트의 분포를 알고 싶을 때
② 로트의 평균치와 표준편차를 알고 싶을 때
③ 규격과 비교하여 부 적합품을 알고 싶을 때
④ 주요 품질 항목 중 개선의 우선순위를 알고 싶을 때

해설 도수분포표는 다수의 제품을 측정하여 측정치를 차례대로 기록하여 놓은 표로 데이터가 어떻게 분포되는가를 보고 집단 품질을 확인할 수 있다.

56 주기성에 의한 치우침의 발생 위험을 방지하기 위해 품질이 변화하는 주기와 다른 주기로 시료를 채취하는 샘플링은?
① 랜덤 샘플링　② 집락 샘플링
③ 지그재그 샘플링　④ 층별 샘플링

해설 지그재그 샘플링은 계통 샘플링에서 주기성에 의한 치우침의 발생 위험을 방지하도록 고안한 것으로 공정이나 품질이 변화하는 주기와 다른 간격으로 시료를 채취하는 방법

57 단계여유(Slack)의 표시로 옳은 것은?
(단, TE는 가장 이른 예정일, TL은 가장 늦은 예정일, TF는 총 여유시간, FF는 자유여유시간이다.)
① TE - TL　② TL - TE
③ FF - TF　④ TE - TF

해설 단계여유시간(Slack Time) 은 TL - TE 로 표시

58 연간 소요량이 4000개인 어떤 부품의 발주비용은 매회 200원이며 부품단가는 100원, 연간 재고 유지비율이 10[%]일 때 F. W. Harris에 의한 경제적 주문량은 얼마인가?
① 40개/회　② 400개/회
③ 1000개/회　④ 1300개/회

해설 경제적 주문량 = $\sqrt{\dfrac{2OD}{C}}$
$= \sqrt{\dfrac{2 \times 200 \times 4000}{10}}$
$= 400$[개/회]
O(1회 주문비), D(연간 재고 수요량), C(1단위당 연간 재고 유지비)

59 어떤 회사의 매출액이 80000원, 고정비가 15000원, 변동비가 40000원일 때 손익분기점 매출액은 얼마인가?
① 25000원　② 30000원
③ 40000원　④ 55000원

정답 54. ④　55. ④　56. ③　57. ②　58. ②　59. ②

해설 손익 분기점 매출액

$$= \frac{고정비}{한계이익률} = \frac{고정비}{1 - \frac{변동비}{매상고}}$$

$$= \frac{15000}{1 - \frac{40000}{80000}} = 30000[원]$$

60 준비 작업시간이 5분, 정미 작업시간이 20분, Lot 수 5, 주 작업에 대한 여유율이 0.2라면 가공시간은?

① 150분　② 145분
③ 125분　④ 105분

해설 내경법 :

표준시간 = 정미시간 $\times \left(\frac{1}{1 - 여유율} \right)$

$= 20 \times \left(\frac{1}{1 - 0.2} \right) = 25[분]$

가공시간 = 표준시간 × 로트 수
$= 25 \times 5 = 125$분

정답 60. ③

2024년 제76회 CBT 복원문제

01 유전체에서 전자분극은 어떠한 이유에서 일어나는가?
① 단결정 매질에서 전자운과 핵 간의 상대적인 변위에 의함
② 화합물에서 (+)이온과 (-)이온 간의 상대적인 변위에 의함
③ 화합물에서 전자운과 (+)이온 간의 상대적인 변위에 의함
④ 영구 전기쌍극자의 전계방향의 배열에 의함

해설 전자분극은 유전 분극의 일종으로, 유전체에 전계가 가해지면 궤도상의 전자에 작용하여 궤도의 중심이 원자핵의 위치보다 약간 벗어나므로 음양의 전하 쌍을 일으킨다.

02 비투자율 1500인 자로의 평균 길이 50[cm], 단면적 30[cm²]인 철심에 감긴 권수 425회의 코일에 0.5[A]의 전류가 흐를 때 축적된 전자 에너지는 몇[J]인가?
① 0.25 ② 2.73
③ 4.96 ④ 15.3

해설 $L = \dfrac{\mu A}{l} N^2$
$= \dfrac{4\pi \times 10^{-7} \times 1500 \times 30 \times 10^{-4}}{50 \times 10^{-2}} \times 425^2$
$\fallingdotseq 2[H]$
$W = \dfrac{1}{2}LI^2 = \dfrac{1}{2} \times 2 \times 0.5^2 = 0.25[J]$

03 어떤 전지에 부하로 6[Ω]을 연결했을 때 3[A]의 전류가 흐르고 부하에 직렬로 4[Ω]을 연결하니 2[A]가 흘렀다면 이 전지의 기전력은?
① 2[V] ② 10[V]
③ 18[V] ④ 24[V]

해설 $E = I(R+r) = 3(6+r) = 2(6+4+r)$
$18 + 3r = 20 + 2r$ 에서 내부저항 $r = 2[\Omega]$
기전력 $E = I(R+r) = 2(6+4+2) = 24[V]$

04 회로에서 검류계 지시가 0일 때 저항 X는 몇 [Ω]인가?

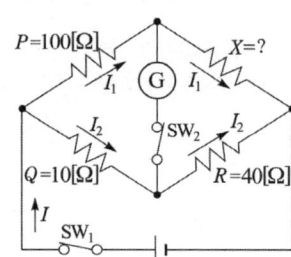

① 10 ② 40
③ 100 ④ 400

해설 휘스톤 브리지의 평형 조건 $PR = QX$
$X = \dfrac{P}{Q} \times R = \dfrac{100}{10} \times 40 = 400[\Omega]$

05 환상 솔레노이드에 100회 감았을 때의 자체 인덕턴스는 10회 감았을 때의 몇 배인가?
① 10 ② 100
③ $\dfrac{1}{10}$ ④ $\dfrac{1}{100}$

정답 1.① 2.① 3.④ 4.④ 5.②

해설 $L = \frac{\mu A N^2}{l}$ [H]로 자체 인덕턴스는 권수의 제곱에 비례하므로
$L : L' = N^2 : N'^2 = 100^2 : 10^2$
$L = \frac{100^2}{10^2} L' = 100 L'$

06 그림과 같은 회로에서 ab간에 전압을 가하니 전류계는 2.5[A]를 지시했다. 다음에 스위치 S를 닫으니 전류계 및 전압계는 각각 2.55[A], 100[V]를 지시했다. 저항 R의 값은 약 몇 [Ω]인가?(단, 전류계 내부저항 $r_a = 0.2[\Omega]$이고 ab 사이에 가한 전압은 S에 관계없이 일정하다고 한다.)

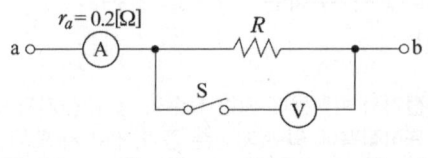

① 30 ② 40 ③ 50 ④ 60

해설 스위치 S를 열었을 때
$V_{ab} = I \cdot (r_a + R) = 2.5(0.2 + R)$
스위치 S를 닫았을 때
$V_{ab} = (2.55 \times 0.2) + 100 = 100.51[V]$
$2.5(0.2 + R) = 100.51$에서
$R = \frac{100.51 - 0.5}{2.5} = 40.004[\Omega]$

07 60[Hz]인 정현파 교류에서 10[mH]인 유도 리액턴스와 같은 용량 리액턴스를 갖기 위한 정전 용량[μF]은?

① 125.7 ② 253.3
③ 506.6 ④ 704.2

해설 $2\pi f L = \frac{1}{2\pi f C}$ 에서
$C = \frac{1}{(2\pi f)^2 L} = \frac{1}{(2\pi \times 60)^2 \times 10 \times 10^{-3}}$
$= 704.2[\mu F]$

08 인덕터의 특징을 요약한 것 중 잘못된 것은?

① 인덕터는 에너지를 축적하지만 소모하지는 않는다.
② 인덕터의 전류가 불연속적으로 급격히 변화하면 전압이 무한대로 되어야 하므로 인덕터 전류는 불연속적으로 변할 수 없다.
③ 일정한 전류가 흐를 때 전압은 무한대이지만 일정량의 에너지가 축적된다.
④ 인덕터는 직류에 대해서 단락회로로 작용한다.

해설 인덕터에 일정한 전류가 흐를 때 양단의 전압은 0이다.

09 RL 병렬회로의 양단에 $e = E_m \sin(wt + \theta)$ [V]의 전압이 가해졌을 때 소비되는 유효전력은?

① $\frac{E_m^2}{2R}$ ② $\frac{E^2}{2R}$
③ $\frac{E_m^2}{\sqrt{2} R}$ ④ $\frac{E^2}{\sqrt{2} R}$

해설 $P = VI = \frac{V^2}{R} = \frac{\left(\frac{E_m}{\sqrt{2}}\right)^2}{R} = \frac{E_m^2}{2R}$ [W]

정답 6. ② 7. ④ 8. ③ 9. ①

10 전류가 1[H]의 인덕터에 흐르고 있을 때 인덕터에 축적되는 에너지[J]는 얼마인가? (단, $i = 5 + 10\sqrt{2}\sin 100t + 5\sqrt{2}\sin 200t$[A] 이다.)

① 150 ② 100
③ 75   ④ 50

해설 $I = \sqrt{5^2 + 10^2 + 5^2} = \sqrt{150}$ [A] 이므로
$W = \frac{1}{2}LI^2 = \frac{1 \times (\sqrt{150})^2}{2} = \frac{150}{2} = 75$ [J]

11 2개의 전력계를 사용하여 평형부하의 3상 회로의 역률을 측정하고자 한다. 전력계의 지시가 각각 1[kW] 및 3[kW]라 할 때 이 회로의 역률은 약 몇 [%]인가?

① 58.8 ② 63.3
③ 75.6 ④ 86.6

해설 $\cos\theta = \dfrac{P_1 + P_2}{2\sqrt{P_1^2 + P_2^2 - P_1 P_2}}$
$= \dfrac{1+3}{2\sqrt{1^2 + 3^2 - 1\times 3}}$
$= 0.756 = 75.6$ [%]

12 전달함수 $G(s) = \dfrac{20}{3+2s}$을 갖는 요소에 $\omega = 2$인 정현파를 주었을 때 $G(j\omega)$는?

① 1 ② 2
③ 4 ④ 8

해설 $G(j\omega) = \dfrac{20}{3+j2\omega}$ 에서
$G(j2) = \dfrac{20}{3+j(2\times 2)} = \dfrac{20}{\sqrt{3^2 + 4^2}} = 4$

13 유기기전력 110[V], 단자전압 100[V]인 5[kW] 분권 발전기의 계자저항이 50[Ω]이라면 전기자저항은 약 몇 [Ω]인가?

① 0.12 ② 0.19
③ 0.96 ④ 1.92

해설 $I = \dfrac{P}{V} = \dfrac{5000}{100} = 50$ [A]
$E = V + IR_a$ 에서
$R_a = \dfrac{E-V}{I} = \dfrac{110-100}{50} = 0.2$ [Ω]

14 직류기의 손실 중에서 부하의 변화에 따라 현저하게 변하는 손실은?

① 표유 부하손 ② 철손
③ 풍손   ④ 기계손

해설 전기자 반작용에 의한 철손의 증가, 전기자 도체의 표피작용에 의한 저항손 증가, 전기자 도체, 철심, 조임 볼트 내의 와전류손 등은 측정하기 곤란하기 때문에 전류의 제곱의 변화하는 것으로 최대 정격 전류에서 0.5~1[%]로 정한다.

15 3300[V], 60[Hz]용 변압기의 와류손이 620[W]이다. 이 변압기를 2650[V], 50[Hz]의 주파수에 사용할 때 와류손은 약 몇 [W]인가?

① 500 ② 400
③ 312 ④ 210

해설 와류손는 주파수에 무관하고 전압의 제곱에 비례하므로
$3300^2 : 620 = 2650^2 : x$ 에서
$x = \dfrac{2650^2 \times 620}{3300^2} = 399.8 ≒ 400$ [W]

정답 10. ③ 11. ③ 12. ③ 13. ② 14. ① 15. ②

16 변압기의 여자전류가 일그러지는 이유는?
① 와류
② 자기포화와 히스테리시스 현상
③ 누설임피던스의 원인
④ 동기 임피던스의 원인

해설 변압기의 철심에는 히스테리시스 현상이 있으므로 정현파 자속을 발생하기 위해서는 여자전류의 파형은 왜형파가 된다.

17 변압기의 임피던스 전압이란 어떤 전압을 말하는가?
① 부하시험에서 인가되는 정격전압
② 무부하시험에서 인가하는 정격전압
③ 절연내력시험에서 절연이 파괴되는 전압
④ 정격전류가 흐를 때의 변압기 내의 전압강하 전압

해설 변압기의 임피던스 전압은 변압기에서 저압측을 단락하고 고압측에 정격 전류가 흐르도록 했을 때의 고압측에 가한 전압을 말하며 정격 전류가 흐르고 있을 때의 권선 임피던스에 의한 전압 강하를 나타낸다.

18 변압기에서 1차에는 전류가 흐르고 2차에는 전류가 흐르지 않는다고 하면 1차 전류를 나타내는 식은?(단, ϕ는 자속, R은 자기 저항, N_1은 1차 권수이다.)
① $\dfrac{\phi N}{R}$ ② $\dfrac{\phi}{RN_1}$
③ $\dfrac{\phi R}{N_1}$ ④ $\dfrac{RN_1}{\phi}$

해설 자속 $\phi = \dfrac{기자력}{자기저항} = \dfrac{Ni}{R}$, $i_1 = \dfrac{\phi R}{N_1}$

19 1차 전압이 380[V], 2차 전압이 220[V]인 단상변압기에서 2차 권회수가 44회일 때 1차 권회수는 몇 회인가?
① 26 ② 76
③ 86 ④ 146

해설 $\dfrac{N_1}{N_2} = \dfrac{V_1}{V_2}$ 에서
$N_1 = \dfrac{V_1}{V_2} N_2 = \dfrac{380}{220} \times 44 = 76[회]$

20 정격 150[kVA], 철손 1[kW], 전부하 동손이 4[kW]인 단상 변압기의 최대효율[%]은?
① 약 96.8[%]
② 약 97.4[%]
③ 약 98.0[%]
④ 약 98.6[%]

해설 철손 1[kW], 전부하 동손 4[kW] 이므로
$\eta = \dfrac{출력}{출력+손실} \times 100[\%]$ 에서
$\eta = \dfrac{150}{150+(1+4)} \times 100 = 96.77[\%]$

21 용량 10[kVA]의 단권변압기에서 전압 3000[V]를 3300[V]로 승압시켜 부하에 공급할 때 부하용량[kVA]은?
① 1.1[kVA] ② 11[kVA]
③ 110[kVA] ④ 990[kVA]

해설 부하용량 = 자기용량 × $\dfrac{고압측 전압}{승압 전압}$
$= 10 \times \dfrac{3300}{(3300-3000)}$
$= 110[kVA]$

22 전부하 슬립 3[%], 2차 저항손 4.2[kW]인 3상 유도전동기의 2차 입력은 몇 [kW]인가?
① 4.2   ② 16
③ 140   ④ 230

해설 $P_2 : P_{c2} : P_0 = 1 : S : (1-S)$ 이므로
$P_2 : P_{c2} = 1 : S$ 에서
$P_2 = \dfrac{P_{c2}}{S} = \dfrac{4.2}{0.03} = 140[\text{kW}]$

23 슬립 2.5[%]인 유도전동기의 2차 효율은?
① 90[%]   ② 95[%]
③ 97.5[%]   ④ 99.5[%]

해설 2차 효율 $\eta_2 = \dfrac{\text{출력}}{2\text{차 입력}} = \dfrac{P_0}{P_2}$
$P_2 : P_{c2} : P_0 = 1 : S : (1-S)$ 이므로
$P_2 : P_0 = 1 : (1-S)$ 에서 $\dfrac{P_0}{P_2} = 1-S$
효율 $\eta = 1 - S = 1 - 0.025$
$= 0.975 \times 100 = 97.5[\%]$

24 다음 중 크로우링 현상은 어느 것에서 일어나는가?
① 농형 유도전동기
② 직류 직권전동기
③ 3상 직권전동기
④ 회전 변류기

해설 유도전동기의 기동이 안되는 현상은 권선형에서는 게르게스현상이라 하고, 농형은 크로우링 현상이라 하며 고정자 및 회전자의 슬롯에 의한 고조파에 의해 속도-토크 특성이 왜곡되어 매끄럽게 상승하지 못하고 속도-토크 곡선이 갑자기 감소하는 현상

25 비례추이의 특성을 이용할 수 있는 전동기는?
① 직권전동기
② 3상 동기전동기
③ 권선형 유도전동기
④ 농형 유도전동기

해설 권선형 유도전동기는 2차 저항법을 이용하여 비례추이의 성질을 이용하여 기동토크를 크게 하고 속도를 제어할 수 있다.

26 일반 변전소 또는 이에 준하는 곳의 주요 변압기에 시설하여야 하는 계측장치로 옳은 것은?
① 전류, 전력 및 주파수
② 전압, 주파수 및 역률
③ 전력, 주파수 또는 역률
④ 전압, 전류 또는 전력

해설 변압기에서는 주파수를 변화시키지 않으므로, 측정할 필요가 없다.

27 극수 16, 회전수 450[rpm], 1상의 코일수 83, 1극의 유효자속 0.3[Wb]의 3상 동기발전기가 있다. 권선계수가 0.96이고, 전기자 권선을 성형결선으로 하면 무부하 단자전압은 약 몇 [V]인가?
① 8000[V]   ② 9000[V]
③ 10000[V]   ④ 11000[V]

해설 유도기전력 $E = 4.44 f N \phi K_w [\text{V}]$
(N : 1상의 권선수, K_w : 권선계수)
주파수 $f = \dfrac{N_s P}{120} = \dfrac{450 \times 16}{120} = 60[\text{Hz}]$
($\because N_s = \dfrac{120f}{P}$)
1상의 유도기전력은
$E = 4.44 \times 60 \times 83 \times 0.3 \times 0.96 ≒ 6368[\text{V}]$이다.

정답 22. ③ 23. ③ 24. ① 25. ③ 26. ④ 27. ④

성형결선할 때 선간전압= $\sqrt{3}\times$상전압 이므로,
선간전압 $= \sqrt{3}\times 6368 ≒ 11000[V]$

28 동기발전기에서 단락비가 작은 기계는?
① 전압변동률이 작다.
② 전기자 반작용이 크다.
③ 공극이 넓다.
④ 안정도가 높다.

해설 단락비가 작은 동기기는 동기계라 하며 전기자 반작용이 크고 전압변동률이 크며 공극이 좁고 안정도가 낮다. 기계 중량이 가볍고 효율이 좋다.

29 실리콘정류기의 동작 시 최고 허용온도를 제한하는 가장 주된 이유는?
① 브레이크 오버(Break Over) 전압의 저하 방지
② 브레이크 오버(Break Over) 전압의 상승 방지
③ 역방향 누설전류의 감소 방지
④ 정격 순 전류의 저하 방지

해설 실리콘 정류기의 동작 시 최고 허용온도를 제한하는 가장 주된 이유는 브레이크 오버 전압의 저하 방지를 위함이다.

30 MOSFET의 드레인(drain)전류 제어는?
① 소스(source) 단자의 전류로 제어
② 드레인(drain)과 소스(source)간 전압으로 제어
③ 게이트(gate)와 소스(source)간 전류로 제어
④ 게이트(gate)와 소스(source)간 전압으로 제어

해설 MOSFET는 게이트와 소스 사이의 전압을 제어하여 드레인 전류를 제어한다.

31 발광소자와 수광소자를 하나의 용기에 넣어 빛을 차단한 구조로 출력 측의 전기적인 조건이 입력 측에 전혀 영향을 끼치지 않는 소자는?
① 포토다이오드
② 포토트랜지스터
③ 서미스터
④ 포토커플러

해설 포토커플러는 발광소자와 수광소자가 마주 보고 있는 구조로 작은 케이스 속에 봉입되어 있으며 입출력이 전기적으로 절연되어 있어 전기적인 잡음 제거에 널리 이용되고 있다.

32 정류회로에 사용하는 평활회로는?
① 저역 여파기
② 고역 여파기
③ 대역 여파기
④ 중대역 여파기

해설 평활한 직류를 만들기 위해 LC를 사용한 저주파 필터인 π형 필터를 주로 사용한다.

33 단상 반파 위상제어 정류회로에서 지연각을 α로 하면 출력전압의 평균값(E_d)은 몇 [V] 인가?(단, $e=\sqrt{2}E\sin\omega t$ 이고 $\alpha > 90°$ 이다.)
① $\dfrac{\sqrt{2}}{2\pi}E(1+\cos\alpha)$
② $\dfrac{\sqrt{2}}{\pi}E(1+\sin\alpha)$
③ $\dfrac{\sqrt{2}}{\pi}E(1-\cos\alpha)$
④ $\dfrac{\sqrt{2}}{\pi}E(1-\sin\alpha)$

정답 28. ② 29. ① 30. ④ 31. ④ 32. ① 33. ①

해설 $E_d = \dfrac{\sqrt{2}}{2\pi} E(1+\cos\alpha)$

34 인버터(Inverter)의 전력변환에 대한 설명으로 옳은 것은?
① 직류를 교류로 변환시키기 위한 전력변환기이다.
② 교류를 직류로 변환시키기 위한 전력변환기이다.
③ 하나의 다른 크기를 갖는 직류를 또 다른 크기의 직류값으로 변환하기 위한 전력변환기이다.
④ 다른 크기(Amplitude)나 주파수(Frequency)를 갖는 교류값으로 변환하기 위한 전력변환기이다.

해설 인버터는 직류를 교류로 변환하는 장치이다.

35 단상3선식 전원에 한(A)상과 중성선(N) 간에 각각 1[kVA], 0.8[kVA], 0.5[kVA]의 부하가 병렬 접속되고 다른 한(B)상과 중성선(N)에 0.5[kVA] 및 0.8[kVA]의 부하가 병렬 접속된 회로의 양단[(A)상 및 (B)상]에 5[kVA]의 부하가 접속되었을 경우 설비 불평형률[%]은 약 얼마인가?
① 11 ② 23 ③ 42 ④ 56

해설

설비불평형률 $= \dfrac{2.3 - 1.3}{\dfrac{(2.3+1.3+5)}{2}} \times 100$
$= 23.25[\%]$

36 누전경보기의 시설방법에서 경보기의 조작 전원은 전용회로를 두고 또한 이에 설치하는 개폐기로 배선용 차단기를 사용할 때 몇 [A] 이하의 것을 사용하는가?
① 20[A] ② 30[A]
③ 40[A] ④ 50[A]

해설 누전경보기의 전원
- 전원은 분전반으로부터 전용회로로 하고, 각 극에 개폐기 및 15[A] 이하의 과전류차단기를 설치할 것
- 전원 분기 시에는 다른 차단기에 의하여 전원이 차단되지 아니하도록 할 것
- 전원 개폐기에는 누전경보기용임을 표시할 것

37 분기회로 시설 중 저압 옥내간선과의 분기점에서 전선의 길이가 몇[m]이하인 곳에 개폐기 및 과전류차단기를 시설하여야 하는가?
① 3 ② 4 ③ 5 ④ 6

해설 옥내간선의 분기점에서 전선의 길이가 3[m] 이하의 장소에는 개폐기 및 과전류차단기를 시설하여야 한다.

38 에스컬레이터의 적재하중이 1500[kg], 속도 30[m/min], 경사각 30°, 에스컬레이터의 총 효율 0.6, 승객 승입률 0.85일 때, 에스컬레이터 전동기의 용량은 약 몇 [kW]인가?
① 2.2[kW] ② 5.2[kW]
③ 32[kW] ④ 64[kW]

해설 $P = \dfrac{9.8\,WVK}{\eta}$
$= \dfrac{9.8 \times 1.5 \times 0.85 \times \dfrac{30}{60} \times \sin 30°}{0.6}$
$\approx 5.2[\text{kW}]$

정답 34. ①　35. ②　36. ①　37. ①　38. ②

39 어느 빌딩의 부하설비 용량이 4500[kW], 부하역률 85[%], 수용률 55[%]이라면 이 건물의 변전설비 용량 최저값은 약 얼마인가?

① 2104[kVA]   ② 2912[kVA]
③ 2955[kVA]   ④ 9626[kVA]

해설 최대수용전력 = 총 수용설비 용량 × 수용률
$= \dfrac{4500}{0.85} \times 0.55$
$= 2911.76 [kVA]$

40 반사갓을 사용하여 90~100[%] 정도의 빛이 아래로 향하고, 10[%] 정도가 위로 향하는 방식으로 빛의 손실이 적고, 효율은 높지만, 천장이 어두워지고 강한 그늘과 눈부심이 생기기 쉬운 조명방식은?

① 직접조명
② 반직접조명
③ 전반확산조명
④ 반간접조명

해설 직접조명방식은 상향 10[%], 하향광속 90~100[%]로 빛의 손실이 적고, 효율은 높지만, 천장이 어두워지고 강한 그늘이 생기며 눈부심이 생기기 쉽다.

41 옥내 전반 조명에서 바닥면의 조도를 균일하게 하기 위하여 등 간격은 등 높이의 얼마가 적당한가? (단, 등 간격은 S, 등 높이는 H 이다.)

① $S \leq 0.5H$ ② $S \leq H$
③ $S \leq 1.5H$ ④ $S \leq 2H$

해설 조명기구 상호 간의 거리 $S \leq 1.5H$

벽 쪽에 있는 전등과 벽과의 거리 $S \leq \dfrac{H}{2}$
(벽 쪽을 사용하지 않을 때)

벽 쪽에 있는 전등과 벽과의 거리 $S \leq \dfrac{H}{3}$
(벽 쪽을 사용할 때)

42 전기온돌 등에 발열선을 시설할 경우 대지전압은 몇 [V] 이하로 하여야 하는가?

① 200   ② 300
③ 400   ④ 500

해설 전기 온상 등의 시설의 전로 대지전압은 300[V] 이하가 되어야 한다.

43 분산 부하 배전선로에서 선로의 전력 손실은?

① 전류에 비례
② 전류에 반비례
③ 전류의 제곱에 비례
④ 전류의 제곱에 반비례

해설 전압강하는 전류에 비례하고 전력손실은 전류의 제곱에 비례한다.

44 발전기, 변압기, 선로 등의 단락보호용으로 사용되는 것으로 보호할 회로의 전류가 적정치보다 커질 때 동작하는 계전기는?

① OCR   ② SGR
③ OVR   ④ UCR

해설 과전류계전기(OCR)
방향성 지락계전기(SGR)
과전압계전기(OVR)

정답 39. ② 40. ① 41. ③ 42. ② 43. ③ 44. ①

45 조상기의 내부고장이 생긴 경우 자동적으로 전로를 차단하는 장치를 설치하여야 하는 용량의 기준은?

① 15000[kVA] 이상
② 20000[kVA] 이상
③ 30000[kVA] 이상
④ 50000[kVA] 이상

해설 조상기 용량이 15000[kVA] 이상일 때 내부고장이 생긴 경우 자동적으로 전로를 차단하는 장치를 시설하여야 한다.

46 단상 2선식 배전선로에 있어서 대지 정전 용량을 C_s, 선간 정전 용량을 C_m이라 할 때 작용 정전 용량 C_n은?

① $C_s + C_m$
② $C_s + 2C_m$
③ $C_s + 3C_m$
④ $2C_s + C_m$

해설

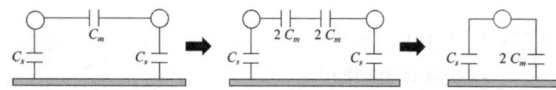

1선 당 작용하는 정전 용량은 $C_n = C_s + 2C_m$

47 2회선 송전선로가 있다. 사정에 따라 그 중 1회선을 정지하였다고 하면 이 송전선로의 일반 회로정수(4단자 정수) 중 B의 크기는?

① 변화 없다.
② $\frac{1}{2}$로 된다.
③ 2배로 된다.
④ 4배로 된다.

해설 2회선은 병렬회로이므로 합성 임피던스 B_0는 1회선일 때의 $\frac{1}{2}$배이므로 1회선이 정지하면 임피던스 B는 2배로 된다.

48 초고압 송전선에 사용되는 복도체 방식의 전선을 단도체 방식과 비교할 때 맞지 않는 것은?

① 선로리액턴스가 작아진다.
② 정전용량이 작아진다.
③ 코로나 손실을 적게 한다.
④ 송전용량을 증가시킨다.

해설 복도체 방식의 특성
• 코로나 임계전압 상승
• 선로의 정전용량 및 송전용량 증가
• 선로의 인덕턴스 감소
• 전위경도 감소
• 페란티 효과에 의한 수전단 전압 상승
• 안정도 증대

49 가공 전선로의 선로정수에 대한 설명 중 틀린 것은?

① 송배전 선로는 저항, 인덕턴스, 정전용량, 누설 컨덕턴스라는 4개의 정수로 이루어진다.
② 선로정수를 평형 시키기 위해서는 연가를 하지 않는다.
③ 장거리 송전 선로에 대해서는 분포 정수 회로로 취급한다.
④ 도체와 도체 사이 또는 도체와 대지 사이에는 정전용량이 존재한다.

해설 선로정수를 평형 시키고 통신선의 유도장해를 방지하기 위하여 선로를 3배수 등분하여 연가를 실시한다.

정답 45. ① 46. ② 47. ③ 48. ② 49. ②

50 페란티 현상이 생기는 원인은?

① 선로의 인덕턴스
② 선로의 정전 용량
③ 선로의 누설 컨덕턴스
④ 선로의 저항

해설 페란티 현상은 선로의 정전 용량으로 인하여 무부하시나 경부하시에 수전단 전압이 송전단 전압보다 높아지는 현상으로 분로 리액터나 동기 조상기의 지상 용량으로 방지할 수 있다.

51 2진수 $(1011)_2$를 그레이 코드(Gray Code)로 변환한 값은?

① $(1111)_G$ ② $(1101)_G$
③ $(1110)_G$ ④ $(1100)_G$

해설
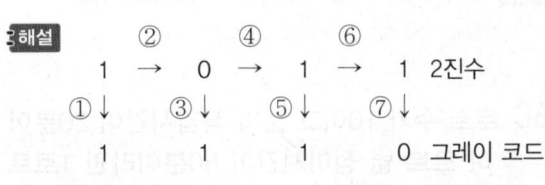

52 그림과 같은 논리회로에서 X가 1이 되기 위한 입력 조건으로 옳은 것은?

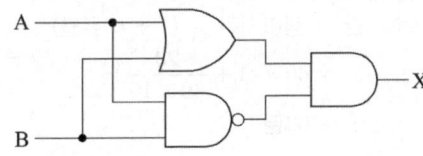

① A=1, B=1
② A=1, B=0
③ A=0, B=0
④ 위 3가지 경우가 모두 해당

해설 $X = (A+B)(\overline{AB})$
$= (A+B)(\overline{A}+\overline{B})$
$= A(\overline{A}+\overline{B}) + B(\overline{A}+\overline{B})$
$= A\overline{A} + A\overline{B} + \overline{A}B + B\overline{B}$
$= A\overline{B} + \overline{A}B = A \oplus B$

A와 B가 서로 같지 않을 때만 출력이 1이다.

53 그림과 같은 다이오드 매트릭스 회로에서 A_1, A_0에 가해진 data가 1, 0이면 B_3, B_2, B_1, B_0에 출력되는 data는?

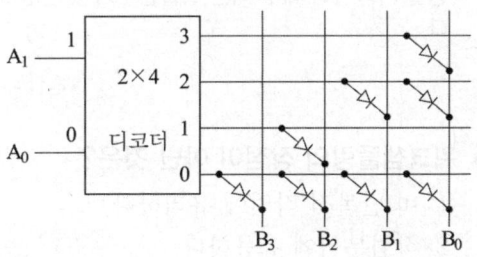

① 1111   ② 1010
③ 1011   ④ 0100

해설 2×4 디코더는 2개의 입력(2비트)과 4개의 출력(2^2비트)을 가지며 2개의 입력에 따라 4개의 출력 중 1개가 선택된다. $A_1 = 1$, $A_0 = 0$일 때 출력 B_3, B_2, B_1, B_0은 0100 이다.

54 논리회로의 출력함수가 뜻하는 논리게이트의 명칭은?

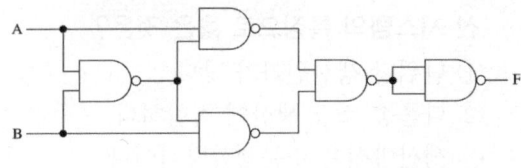

① EX-OR   ② EX-NOR
③ NOR   ④ NAND

해설 $F = \overline{\overline{A \cdot \overline{AB}} \cdot \overline{B \cdot \overline{AB}}}$
$= (\overline{A}+AB)(\overline{B}+AB)$
$= \overline{A}\,\overline{B} + AB$

55 다음 중 두 관리도가 모두 포아송 분포를 따르는 것은?
① $\bar{x}$ 관리도, R 관리도
② c 관리도, u 관리도
③ np 관리도, p 관리도
④ c 관리도, p 관리도

해설 포아송 분포는 많은 사건 중에서 특정한 사건이 발생할 가능성이 매우 적은 확률변수가 갖는 분포이다.

56 워크샘플링의 장점이 아닌 것은?
① 비 반복적 작업에 유리하다.
② 작업분석에 유용하다.
③ 긴 작업에 적용이 용이하다.
④ 적은 표본수로 가능하다.

해설 워크샘플링의 용도는 인간, 기계, 재료에 관한 문제점을 집어냄. 작업자의 가동률 혹은 작업내용의 구성 비율을 파악하여 계산, 기계설비의 가동률이나 원인별로 기계 정지율을 파악하여 계산, 표준시간의 설정, 표준시간에 포함될 수 있는 부대 작업이나 여유율 측정

57 다음 중 단속생산 시스템과 비교한 연속생산 시스템의 특징으로 옳은 것은?
① 단위당 생산원가가 낮다.
② 다품종 소량 생산에 적합하다.
③ 생산방식은 주문생산방식이다.
④ 생산설비는 범용설비를 사용한다.

해설 단속생산 시스템은 범용설비를 사용하고 주문생산방식으로 다품종 소량 생산에 적합하고 연속생산 시스템은 소품종 대량생산에 적합하여 단위당 생산원가 낮다.

58 워크팩터법의 사용 신체 부위가 아닌 것은?
① 손가락   ② 몸통
③ 허리   ④ 앞팔 선회

해설 워크팩터법은 표준 작업시간을 산정하는 수법의 하나. 미리 측정 대상 작업자의 동작을 표로 하고 이 표를 바탕으로 작업시간을 측정하여 분석하는 방법

59 정미시간이 아닌 것은?
① 주요시간 + 부수시간
② 가공시간 + 중간시간
③ 실동시간 + 수대기시간
④ 주요시간 + 중간시간

해설 정미시간은 작업수행에 직접 필요한 시간

60 로트 수가 10이고 준비 작업시간이 20분이며 로트 별 정미시간이 60분이라면 1로트당 작업시간은?
① 90분   ② 62분
③ 26분   ④ 13분

해설 외경법 :
표준시간 = 정미시간 × (1 + 여유율)
$= 60 \times (1 + \dfrac{20}{60 \times 10})$
$= 62$분

2025년 제77회 CBT 복원문제

01 면전하 밀도가 $\sigma[C/m^2]$인 대전 도체가 진공 중에 놓여 있을 때 도체 표면에 작용하는 정전응력$[N/m^2]$은?

① σ^2에 비례한다.
② σ에 비례한다.
③ σ^2에 반비례한다.
④ σ에 반비례한다.

해설 표면 전하 밀도 $\sigma[C/m^2]$인 도체 표면의 전계는
$E = \dfrac{\sigma}{\epsilon_0}[V/m]$ 이다.

σ에 작용하는 힘, 즉 정전응력은 $\dfrac{\sigma^2}{2\epsilon_0}$ 이므로
$F = \dfrac{\sigma^2}{2\epsilon_0} = \dfrac{(\epsilon_0 E)^2}{2\epsilon_0} = \dfrac{1}{2}\epsilon_0 E^2$
$\therefore F \propto E^2 \propto \sigma^2$

02 진공 중의 두 대전체 사이에 작용하는 힘이 $1.2 \times 10^{-8}[N]$이고 대전체 사이에 유전체를 넣으니 작용하는 힘이 $0.03 \times 10^{-6}[N]$이 되었다면 유전체의 비유전율은?

① 0.036　　② 0.4
③ 3.6　　　④ 4000

해설 진공 중일 때 작용하는 힘
$F_1 = \dfrac{1}{4\pi\epsilon_0} \cdot \dfrac{Q_1 Q_2}{r^2} = 1.2 \times 10^{-8}[N]$
유전체를 채웠을 때 작용하는 힘
$F_2 = \dfrac{1}{4\pi\epsilon_0 \epsilon_s} \cdot \dfrac{Q_1 Q_2}{r^2} = 0.03 \times 10^{-6}[N]$
$\epsilon_s = \dfrac{F_1}{F_2} = \dfrac{1.2 \times 10^{-8}}{0.03 \times 10^{-6}} = 0.4$

03 지름 25[cm]의 원주형 도선에 $\pi[A]$의 전류가 흐를 때 도선의 중심축에서 50[cm]되는 점의 자계의 세기는?(단, 도선의 길이 l은 매우 길다.)

① 1[AT/m]　　② π[AT/m]
③ $\dfrac{1}{2}\pi$[AT/m]　　④ $\dfrac{1}{4}\pi$[AT/m]

해설 도선의 길이가 매우 길기 때문에 무한장 직선전류에 의한 자계의 세기
$H = \dfrac{1}{2\pi r} = \dfrac{1}{2\pi \times 50 \times 10^{-2}} = 1[AT/m]$

04 그림과 같은 회로에 전압 200[V]를 가할 때 20[Ω]의 저항에 흐르는 전류는 몇 [A]인가?

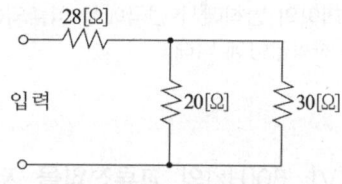

① 2　　② 3
③ 5　　④ 8

해설 합성저항 $R_0 = 28 + \dfrac{20 \times 30}{20 + 30} = 40[\Omega]$
전 전류 $I_0 = \dfrac{V}{R} = \dfrac{200}{40} = 5[A]$
20[Ω]의 저항에 흐르는 전류
$I_1 = \dfrac{30}{20+30} \times 5 = 3[A]$

정답 1. ①　2. ②　3. ①　4. ②

05 다음 설명 중 옳은 것은?
① 인덕턴스를 직렬 연결하면 리액턴스가 커진다.
② 저항을 병렬 연결하면 합성저항은 커진다.
③ 콘덴서를 직렬 연결하면 용량이 커진다.
④ 유도 리액턴스는 주파수에 반비례한다.

해설 저항과 인덕턴스는 직렬 연결하면 값이 커지고, 병렬 연결하면 작아지고 콘덴서는 직렬 연결하면 값이 작아지고, 병렬 연결하면 커지며 유도 리액턴스는 주파수에 비례한다.

06 전기 분해에 관한 패러데이의 법칙에서 전기분해 시 전기량이 일정하면 전극에서 석출되는 물질의 양은?
① 원자가에 비례한다.
② 전류에 반비례한다.
③ 시간에 반비례한다.
④ 화학당량에 비례한다.

해설 페러데이의 법칙에서 전극에서 석출되는 물질의 양은 화학당량에 비례

07 100[V], 60[Hz]의 교류전압을 저항 100[Ω], 커패시턴스 20[μF]의 직렬회로에 가할 때 역률[%]은?
① 25   ② 30
③ 45   ④ 60

해설 $X_c = \dfrac{1}{2\pi f C} = \dfrac{1}{2\pi \times 60 \times 20 \times 10^{-6}}$
$= 132.63[\Omega]$
역률 $\cos\theta = \dfrac{R}{Z} = \dfrac{R}{\sqrt{R^2 + X_c^2}}$
$= \dfrac{100}{\sqrt{100^2 + 132.63^2}} = 0.6$

08 저항 4[Ω], 유도 리액턴스 6[Ω], 용량 리액턴스 3[Ω]인 직렬회로에 200[V]의 교류를 가할 때 유도 리액턴스에 걸리는 전압[V]는?
① 100   ② 144
③ 180   ④ 240

해설 $V_L = I \times X_L$
$= \dfrac{V}{\sqrt{R^2 + (X_L - X_C)^2}} \times X_L$
$= \dfrac{200}{\sqrt{4^2 + (6-3)^2}} \times 6$
$= \dfrac{200}{\sqrt{4^2 + 3^2}} \times 6 = 240[V]$

09 그림과 같은 회로에서 소비되는 전력은?

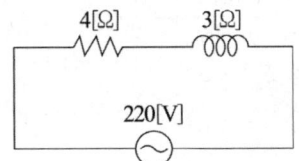

① 5808[W]   ② 7744[W]
③ 9680[W]   ④ 12100[W]

해설 $Z = \sqrt{R^2 + X^2} = \sqrt{4^2 + 3^2} = 5[\Omega]$
$I = \dfrac{V}{Z} = \dfrac{V}{\sqrt{R^2 + X^2}} = \dfrac{220}{5} = 44[A]$
저항 R에 걸리는 전력이 소비전력이므로
$P = I^2 R = 44^2 \times 4 = 7744[W]$

10 △-△회로에서 선간전압이 200[V]이고 각 상의 부하 임피던스가 $\dot{Z} = 10\sqrt{3} + j10$ [Ω]일 때 상전류 I_{ab}는 V_{ab}를 기준벡터로 하였을 때 몇 [A]인가?
① 10∠-90°   ② 17.32∠-90°
③ 10∠-30°   ④ 17.32∠-30°

정답 5. ① 6. ④ 7. ④ 8. ④ 9. ② 10. ③

해설 $\dot{V}_{ab} = 200\angle 0°$ (기준 벡터)
$Z = \sqrt{R^2 + X^2} = \sqrt{(10\sqrt{3})^2 + 10^2} = 20[\Omega]$
$\theta = \tan^{-1}\dfrac{X}{R} = \tan^{-1}\dfrac{10}{10\sqrt{3}} = 30°$
$\dot{Z} = 10\sqrt{3} + j10 = 20\angle 30°$
$\dot{I}_{ab} = \dfrac{\dot{V}_{ab}}{\dot{Z}} = \dfrac{200\angle 0°}{20\angle 30°} = 10\angle -30°[A]$

11 전달 정수 θ가 4단자 정수 A, B, C, D로 표시할 때 올바르게 표시된 것은?
① $\cosh\theta = \sqrt{BD}$
② $\sinh\theta = \sqrt{BC}$
③ $\cosh\theta = \sqrt{\dfrac{AD}{BC}}$
④ $\sinh\theta = \sqrt{AD}$

해설 $\sinh\theta = \sqrt{BC}$, $\cosh\theta = \sqrt{AD}$,
$\tanh\theta = \sqrt{\dfrac{BC}{AD}}$

12 비정현파
$v = 100\sqrt{2}\sin\omega t + 50\sqrt{2}\sin 2\omega t + 30\sqrt{2}\sin 3\omega t$ 의 왜형률은?
① 1.0
② 0.82
③ 0.58
④ 0.36

해설 왜형률 $D = \dfrac{\sqrt{50^2 + 30^2}}{100} \fallingdotseq 0.58$

13 4극 직류발전기가 전기자 도체수 600, 매 극당 유효자속 0.035[wb], 회전수가 1200[rpm]일 때 유기되는 기전력은 몇 [V]인가?(단, 권선은 단중 중권이다.)
① 120
② 220
③ 320
④ 420

해설 중권일 때 $a = P$ 이므로
$E = \dfrac{P}{a}Z\phi\dfrac{N}{60}$
$= \dfrac{4}{4} \times 600 \times 0.035 \times \dfrac{1200}{60}$
$= 420[V]$

14 단자전압 220[V], 부하전류 50[A]인 분권 발전기의 유기 기전력[V]은?(전기자 저항 0.2[Ω], 계자전류 및 전기자 반작용은 무시한다.)
① 210
② 225
③ 230
④ 250

해설 $I_f = 0$, $I = I_a = 50[A]$, $R_a = 0.2[\Omega]$ 이므로
$E = V + I_a R_a = V + IR_a$
$= 220 + 50 \times 0.2 = 230[V]$

15 직류전동기를 워드레오너드 방식으로 속도제어를 할 경우 특징이 아닌 것은?
① 속도제어 범위가 넓다.
② 설치비가 싸다.
③ 속도를 정밀하게 조정할 수 있다.
④ 기동 저항기가 필요 없다.

해설 주 전동기의 속도제어를 위해 보조 발전기와 전동기가 필요하며 설치비가 비싸다.

16 어떤 전동기의 출력이 5[HP]일 때의 효율이 80[%]였다면 이 전동기의 입력은 몇 [W]인가?
① 4662.5
② 4144.4
③ 3265
④ 2984

정답 11. ② 12. ③ 13. ④ 14. ③ 15. ② 16. ①

해설 $\eta = \dfrac{출력}{입력} \times 100[\%]$ 이므로

$80[\%] = \dfrac{5 \times 746}{입력} \times 100[\%]$ 에서

입력 $= \dfrac{5 \times 746}{80} \times 100 = 4662.5[W]$

17 직류기에서 보극을 설치하는 목적이 아닌 것은?
① 정류자의 불꽃방지
② 브러시의 이동방지
③ 정류 기전력의 발생
④ 난조의 방지

해설 보극은 정류 코일 내에 유기되는 리액턴스 전압과 반대 방향으로 정류전압을 유기시켜 전기자반작용(브러시에 불꽃 발생, 중성축 이동, 유도기전력 감소)을 경감시키고, 양호한 정류를 얻을 수 있다.

18 사용시간이 짧은 변압기의 전일 효율을 좋게 하기 위한 P_i(철손)과 P_c(동손)와의 관계는?
① $P_i > P_c$
② $P_i < P_c$
③ $P_i = P_c$
④ 관계없다.

해설 전일효율을 최대로 하려면 $24P_i = hP_c$에서 부하시간 $24 > h$이고, 경부하 시간이 많으므로 $P_i < P_c$로 해야 한다.

19 변압기의 권수비가 30일 때 2차 측 저항이 0.5[Ω]이다. 이것을 1차로 환산하면 몇 [Ω]인가?
① 300
② 350
③ 400
④ 450

해설 $Z_2' = a^2 Z_2 = 30^2 \times 0.5 = 450[\Omega]$

20 그림과 같이 표시된 변압기 회로에 전원 전압 200[V]를 인가할 때 전류계에 흐르는 전류는 몇 [A]인가? (단, 변압기의 무부하 전류 손실은 무시한다.)

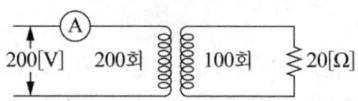

① 2
② 2.5
③ 3
④ 3.5

해설 $a = \dfrac{V_1}{V_2} = \dfrac{N_1}{N_2} = \dfrac{I_2}{I_1}$ 에서

$V_2 = \dfrac{100}{200} \times 200 = 100[V]$

$I_2 = \dfrac{100}{20} = 5[A]$ 이고

$I_1 = \dfrac{100}{200} \times 5 = 2.5[A]$ 이다.

21 15[kVA], 3000/100[V]인 변압기의 1차 환산 등가 임피던스가 $5+j8[\Omega]$일 때 %리액턴스 강하는 약 몇 [%]인가?
① 0.83
② 1.33
③ 2.31
④ 3.45

해설 %리액턴스 강하(q)
정격전류가 흐를 때 리액턴스에 의한 전압강하의 비율을 퍼센트로 나타낸 것
1차 정격전류
$I_1 = \dfrac{P_a}{\sqrt{3}\,V_1} = \dfrac{15 \times 10^3}{\sqrt{3} \times 3000} = 2.886[A]$

백분율 리액턴스 강하
$q = \dfrac{I_1 X_{12}}{E_1} \times 100 = \dfrac{2.886 \times 8}{\dfrac{3000}{\sqrt{3}}} \times 100$

$= 1.33[\%]$ (여기서, E_1은 상전압)

22 변압기에서 부하전류 및 전압은 일정하고, 주파수만 낮아지면 변압기는 어떻게 되는가?

① 철손이 증가한다.
② 철손이 감소한다.
③ 동손이 증가한다.
④ 동손이 감소한다.

해설 전압이 일정하므로 와전류손 P_e는 일정하고 히스테리시스손 P_h는 증가한다. 철손 P_i는 히스테리시스손과 와전류손의 합이므로 결국 철손은 증가하게 된다.

23 630/315[V]의 단상변압기를 그림과 같이 접속하고 1차 측에 100[V]의 전압을 가했을 때 변압기가 감극성이라면 전압계의 지시값은 몇 [V]인가?

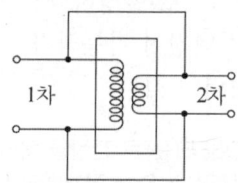

① 50
② 100
③ 150
④ 200

해설 $a = \dfrac{N_1}{N_2} = \dfrac{V_1}{V_2} = \dfrac{I_2}{I_1}$ 에서

$V_2 = 100 \times \dfrac{315}{630} = 50[V]$

감극성인 경우
$V = V_1 - V_2 = 100 - 50 = 50[V]$

24 단권변압기에 대한 설명으로 옳지 않은 것은?

① 1차 권선과 2차 권선의 일부가 공통으로 되어 있다.
② 3상에는 사용할 수 없는 단점이 있다.
③ 동일 출력에 대하여 사용 재료 및 손실이 적고 효율이 높다.
④ 단권변압기는 권선비가 1에 가까울수록 보통 변압기에 비하여 유리하다.

해설 단권변압기
° 권선 하나의 도중에 탭을 만들어 사용한 것으로 경제적이고 특성도 좋다.
° 권선이 가늘어도 되며 자로가 단축되어 재료를 절약할 수 있다.
° 동손이 감소되어 효율이 좋다.
° 공통선로를 사용하므로 누설자속이 없어 전압변동률이 적다.
° 고압 측 전압이 높아지면 저압 측에서도 고전압을 받게 되므로 위험이 따른다.

25 용접용 변압기가 일반 전력용 변압기와 다른 점은?

① 누설 리액턴스가 크다.
② 권선의 저항이 크다.
③ 효율이 높다.
④ 역률이 좋다.

해설 용접용 변압기는 누설자속을 크게 한 누설변압기를 사용한다.

정답 22. ① 23. ① 24. ② 25. ①

26 내철형 3상 변압기를 단상 변압기로 사용할 수 없는 이유는?

① 1차, 2차간의 각 변위가 있기 때문에
② 각 권선마다의 독립된 자기 회로가 있기 때문에
③ 각 권선마다의 독립된 자기 회로가 없기 때문에
④ 각 권선이 만든 자속이 $\frac{3\pi}{2}$ 위상차가 있기 때문에

해설 내철형 3상 변압기는 각 권선마다 독립된 자기 회로가 없기 때문에 각 권선을 단상으로 사용할 수 없지만 외철형 3상 변압기는 각 상마다 독립된 자기 회로를 가지고 있으므로 단상 변압기로 사용할 수 있다.

27 변압기의 전일효율을 최대로 하기 위한 조건은?

① 전부하시간이 길수록 철손을 작게 한다.
② 전부하시간이 짧을수록 무부하손을 작게 한다.
③ 전부하시간이 짧을수록 철손을 크게 한다.
④ 부하시간에 관계없이 전부하 동손과 철손을 같게 한다.

해설 전일효율

$$\eta_d = \frac{1일\ 중\ 출력량}{1일\ 중\ 출력량 + 손실량} \times 100[\%]$$

$$= \frac{V_2 I_2 \cos\theta \times T}{V_2 I_2 \cos\theta \times T + 24P_i + T \times P_c} \times 100[\%]$$

최대효율조건이 철손(P_i)=동손(P_c) 이므로 $24P_i = T \times P_c$ 이다.
전부하 시간이 짧을수록 철손을 적게 하지 않으면 안 된다.

28 PN접합 다이오드에서 Cut-in-voltage란 무엇인가?

① 순방향에서 전류가 현저히 증가하기 시작하는 전압
② 순방향에서 전류가 현저히 감소하기 시작하는 전압
③ 역방향에서 전류가 현저히 증가하기 시작하는 전압
④ 역방향에서 전류가 현저히 감소하기 시작하는 전압

해설 Cut-in-voltage는 순방향에서 전류가 현저히 증가하기 시작하는 전압으로서 실리콘 다이오드는 0.7[V], 게르마늄 다이오드는 0.3[V] 정도이다.

29 전력용(Power) MOSFET의 특징을 설명한 것이다. 잘못된 것은?

① 직렬접속이 용이하다.
② 열(熱)적으로 안정하다.
③ 고속 스위칭이 가능하다.
④ 구동전력이 작다.

해설 Power MOSFET는 큰 전력을 처리하기 위해 설계된 금속 산화막 반도체 전계효과 트랜지스터의 특정 종류로 다른 전력 반도체 소자 (절연 게이트 양극성 트랜지스터 (IGBT), 사이리스터)들에 비해 주요한 장점은 낮은 전압에서 통신 속도가 빠르고 효율이 좋다는 것이다. 이것은 절연 게이트 양극성 트랜지스터의 격리된 게이트와 공유되어 신호 인가를 쉽게 한다.

정답 26. ③ 27. ② 28. ① 29. ①

30 SCR의 설명이 옳은 것은?

① 게이트 전류로 애노드 전류를 제어할 수 있다.
② 단락상태에서 전원 전압을 감소시켜 차단상태로 할 수 있다.
③ 게이트 전류를 차단하면 애노드 전류가 차단된다.
④ 단락상태에서 애노드 전압을 0 또는 부(−)로 하면 차단상태가 된다.

해설 SCR은 점호능력은 있으나 자기 소호능력이 없으므로 주전류를 유지전류 이하 또는 애노드, 캐소드 간에 역전압을 인가하여 소호시킨다.

31 SCR의 신뢰성 향상을 위해 실시하는 시험이 아닌 것은?

① 서지전류 시험
② 열충격 시험
③ 고온방치 시험
④ 저지전압 인가 시험

해설 SCR의 신뢰성 향상을 위한 시험에는 열 충격 시험, 케이스 누설 시험, 고온 방치 시험
고온 중 저지 전압 인가 시험, 동작 수명 시험이 있다.

32 다음 SSS에 대한 설명 중 잘못된 것은?

① 쌍방향성 소자이다.
② SCR 2개를 직렬 접속한 것과 같은 구조
③ V_{BO} 이상의 전압 인가로 통전(V_{BO} : 브레이크 오버 전압)
④ 구조가 간단하다.

해설 SSS는 5층 PN접합을 갖는 양방향 사이리스터로 2개의 역저지 3단자 사이리스터를 역병렬 접속시킨 소자이며 게이트 단자가 없는 2단자 소자이다.

33 그림과 같은 초퍼회로에서 $V=600[V]$, $V_C=350[V]$, $R=0.1[\Omega]$, 스위칭 주기 $T=1800[\mu s]$, L은 매우 크기 때문에 출력전류는 맥동이 없고 $I_0=100[A]$로 일정하다. 이 때 요구되는 t_{on} 시간은 몇 $[\mu s]$인가?

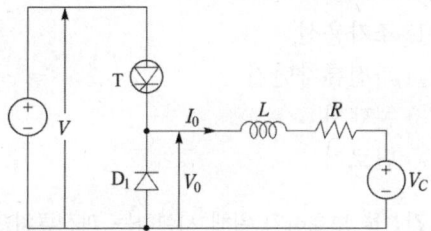

① 950[μs]   ② 1050[μs]
③ 1080[μs]   ④ 1110[μs]

해설 강압형 초퍼의 출력전압
$V_0 = V_c + I_0 R = 350 + (100 \times 0.1) = 360[V]$
$V_0 = \dfrac{T_{on}}{T_{on}+T_{off}} \times V = \dfrac{T_{on}}{T} \times V$ 에서
$T_{on} = \dfrac{V_0}{V} \times T = \dfrac{360}{600} \times 1800 = 1080[\mu s]$

34 다음 중 사용전압이 가장 높은 케이블은?

① 벨트 케이블   ② SL 케이블
③ H 케이블   ④ OF 케이블

해설 벨트 케이블은 10[kV] 이하, SL 케이블은 20~30[kV], H 케이블은 30[kV], OF 케이블은 66~154[kV]에 사용된다.

35 다음 중 보호선과 전압선의 기능을 겸한 전선은?

① PEM선   ② PEL선
③ PEN선   ④ DV선

정답 30. ④ 31. ① 32. ② 33. ③ 34. ④ 35. ②

해설
- PEM선 : 보호선과 중간선의 기능을 겸한 전선
- PEL선 : 보호선과 전압선의 기능을 겸한 전선
- PEN선 : 보호선과 중성선의 기능을 겸한 전선

36 저압 옥내간선의 전원측 전로에 그 저압 옥내간선을 보호할 목적으로 설치하는 것은?
① 조가용선
② 과전류차단기
③ 콘덴서
④ 단로기

해설 간선을 보호하기 위해 시설하는 과전류차단기의 정격전류는 옥내 간선의 허용전류 이하의 정격전류의 것을 사용해야 한다.

37 빌딩의 부하 설비용량이 2000[kW], 부하역률 90[%], 수용률이 75[%]일 때 수전설비의 용량은 약 몇 [kVA]인가?
① 1554[kVA]
② 1667[kVA]
③ 1800[kVA]
④ 2222[kVA]

해설 수전설비 용량(kVA) = $\dfrac{부하설비용량}{역률} \times 수용률$
= $\dfrac{2000}{0.9} \times 0.75$
≒ 1667[kVA] 이다.

38 다음 중 가장 많이 조도가 필요한 장소는?
① 곡선도로 ② 직선도로
③ 교차로   ④ 경사도로

해설 도로에서 가장 많은 조도가 필요한 곳은 곡선도로이다.

39 반사갓을 사용하여 90~100[%] 정도의 빛이 아래로 향하고, 10[%] 정도가 위로 향하는 방식으로 빛의 손실이 적고, 효율은 높지만, 천장이 어두워지고 강한 그늘과 눈부심이 생기기 쉬운 조명방식은?
① 직접조명   ② 반직접조명
③ 전반확산조명 ④ 반간접조명

해설 직접조명방식은 상향 10[%], 하향광속 90~100[%]로 빛의 손실이 적고, 효율은 높지만, 천장이 어두워지고 강한 그늘이 생기며 눈부심이 생기기 쉽다.

40 변전소의 설치 목적이 아닌 것은?
① 경제적인 이유에서 전압을 승압 또는 강압한다.
② 발전전력을 집중 연계한다.
③ 수용가에 배분하고 정전을 최소화한다.
④ 전력의 발생과 계통의 주파수를 변환시킨다.

해설 전력의 발생과 계통의 주파수 변환은 발전소에서 한다.

41 다음 중 전동기 제어반에 부착하여 과전류에 의한 전동기의 소손을 방지하기 위해 널리 사용되는 보호기구는?
① 차동 계전기
② 부흐홀츠 계전기
③ 리미트 스위치
④ EOCR

해설 과전류에 의한 전동기의 소손을 방지하기 위해 열동 계전기(THR) 또는 전자식 과전류계전기(EOCR)를 전동기 주회로에 설치한다.

정답 36. ② 37. ② 38. ① 39. ① 40. ④ 41. ④

42 방향계전기의 기능이 적합하게 설명이 된 것은 어느 것인가?

① 예정된 시간지연을 가지고 응동(應動)하는 것을 목적으로 한 계전기
② 계전기가 설치된 위치에서 보는 전기적 거리 등을 판별해서 동작
③ 보호구간으로 유입하는 전류와 보호구간에서 유출되는 전류와의 벡터차와 출입하는 전류와의 관계비로 동작하는 계전기
④ 2개 이상의 벡터량 관계 위치에서 동작하며 전류가 어느 방향으로 흐르는가를 판정하는 것을 목적으로 하는 계전기

해설 ① 한시 계전기 ② 거리계전기 ③ 차동계전기

43 직접 콘크리트에 매입하여 시설하거나 전용의 불연성 또는 난연성 덕트에 넣어야만 시공할 수 있는 전선관은?

① CD관
② PE관
③ PF-P관
④ 두께 2mm 합성수지관

해설 CD전선관은 매입공사, 신축공사 시 전등이나 전열의 매입 배관공사에만 사용되며 시공, 운반이 편리하고 복원력이 우수한 제품으로 가격이 저렴한 장점이 있다.

44 가요전선관 공사에 사용되는 부품 중 전선관 상호 간에 접속되는 연결구로 사용되는 부품의 명칭은?

① 스플릿 커플링
② 콤비네이션 커플링
③ 콤비네이션 유니온 커플링
④ 앵글 박스 커넥터

해설 가요전선관 상호 접속은 스플릿 커플링, 가요전선관과 박스와 접속은 스트레이트 박스 커넥터, 앵글박스 커넥터, 가요전선관과 금속관 접속은 콤비네이션 커플링을 사용한다.

45 지중에 매설되어 있는 케이블의 전식(전기적인 부식)을 방지하기 위한 대책이 아닌 것은?

① 회생양극법
② 외부전원법
③ 선택배류법
④ 배양법

해설 지중케이블의 전식방지법으로는 금속표면 코팅, 회생양극법, 외부전원법, 배류법이 있다.

46 송전 선로의 안정도 향상 대책이 아닌 것은?

① 병행 다회선이나 복도체 방식 채용
② 속응 여자 방식 채용
③ 계통의 직렬 리액턴스 증가
④ 고속 차단기 이용

해설 안정도 향상 대책으로는 계통의 직렬 리액턴스 감소, 속응여자방식 채용, 계통의 연계, 중간 조상방식으로 전압 변동률을 적게 하며 적당한 중성점 접지방식, 고속차단방식, 재폐로 방식으로 계통에 주는 충격을 적게 하며 고장 중의 발전기 입출력의 불평형을 적게 한다.

47 수전단 전압이 송전단 전압보다 높아지는 현상을 무엇이라 하는가?

① 옵티마 현상
② 자기 여자 현상
③ 페란티 현상
④ 동기화 현상

정답 42. ④ 43. ① 44. ① 45. ④ 46. ③ 47. ③

해설 페란티 현상은 선로의 정전 용량으로 인하여 무부하시나 경부하시에 수전단 전압이 송전단 전압보다 높아지는 현상으로 분로 리액터나 동기 조상기의 지상 용량으로 방지할 수 있다.

48 피뢰기의 제한전압이란?

① 사용 주파 전압에 대한 피뢰기의 충격 방전 개시 전압
② 충격파 침입 시 피뢰기의 충격 방전 개시 전압
③ 피뢰기가 충격파 방전 종료 후 언제나 속류를 확실히 차단할 수 있는 사용 주파 허용 단자 전압
④ 충격파 전류가 흐르고 있을 때 피뢰기의 단자 전압

해설 피뢰기의 제한전압은 충격파 전류가 흐르고 있을 때 피뢰기의 단자 전압을 말한다.

49 3상 3선식 송전선을 연가할 경우 전 긍장의 몇 배수로 등분해서 연가하는가?

① 2　　② 3
③ 4　　④ 6

해설 3상 3선식에서는 3상의 선로 정수를 평형하게 하려면 선로 긍장을 3배수로 등분하여 연가를 실시하여야 한다.

50 전압과 역률이 일정할 때 전력 손실을 2배로 하면 전력을 몇 [%] 증가시킬 수 있는가?

① 약 41
② 약 50
③ 약 73
④ 약 82

해설 전력 손실 $P_l = 3I^2R = \dfrac{P^2R}{V^2\cos^2\theta}$ 에서

$P_l = KP^2$ 이므로 $P = \dfrac{1}{\sqrt{K}}\sqrt{P_l}$

전력 손실을 두 배로 한 후 전력 $P' = \sqrt{2}\,P$ 증가시킬 수 있는 전력 증가율은

$\dfrac{\sqrt{2}\,P - P}{P} \times 100 = \dfrac{\sqrt{2}-1}{1} \times 100 = 141\,[\%]$

51 2진수 01100110_2의 2의 보수는?

① 01100110
② 01100111
③ 10011001
④ 10011010

해설 1의 보수는 0 → 1로, 1 → 0으로 변환
1의 보수를 구하면 01100110 → 10011001
2의 보수는 1의 보수 +1 이므로
1의 보수 10011001 + 1 = 10011010

52 주어진 진리치표는 무엇을 나타내는가?

입력				출력	
D_0	D_1	D_2	D_3	B	A
1	0	0	0	0	0
0	1	0	0	0	1
0	0	1	0	1	0
0	0	0	1	1	1

① 디코더
② 인코더
③ 디멀티플렉서
④ 멀티플렉서

해설 4개의 입력과 부호화된 신호를 출력하는 2개의 출력을 가진 4 × 2 인코더이다.

53 다음과 같은 S-R 플립플롭 회로는 어떤 회로 동작을 하는가?

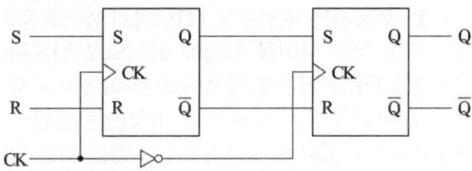

① 4진 카운터
② 시프트 레지스터
③ 분주회로
④ M/S 플립플롭

해설 RS-Master-Slave-Flip-Flop은 하나의 공통 클록펄스로 제어되는 2개의 RS-Flip-Flop으로 구성되어 있으며 각각의 클록입력에 반전된 신호(180° 위상차)를 주어 공급하면 레이싱 현상이 없어지고 동작이 안정된다.

54 디멀티플렉서(DeMUX)의 설명으로 옳은 것은?

① n비트의 2진수를 입력하여 최대 2^n 비트로 구성된 정보를 출력하는 조합 논리회로
② 2^n 비트로 구성된 정보를 입력하여 n비트의 2진수로 출력하는 조합 논리회로
③ 여러 개의 입력선 중에서 하나를 선택하여 단일 출력선으로 연결하는 조합회로
④ 하나의 입력선으로 부터 데이터를 받아 여러 개의 출력선 중의 한 곳으로 데이터를 출력하는 조합회로

해설 디멀티플렉서는 데이터 분배 회로라고도 하며, 한 개의 선으로부터 입수된 정보를 받아들임으로써 n개의 선택 입력에 의해 2^n개의 가능한 출력선 중의 하나를 선택하여 정보를 전송하는 조합 회로

55 그림의 회로에서 S_0와 S_1을 선택 입력으로 하고 I를 데이터 입력단자로 사용할 경우 이 회로의 기능은?

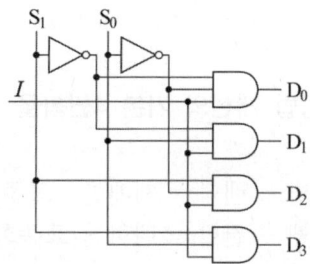

① 데이터 셀렉터
② 멀티플렉서
③ 인코더
④ 디멀티플렉서

해설 디멀티플렉서는 데이터 분배 회로라고도 하며, 한 개의 선으로부터 입수된 정보를 받아들임으로써 n개의 선택 입력에 의해 2^n개의 가능한 출력선 중의 하나를 선택하여 정보를 전송하는 조합 회로

56 이항분포(Binomial distribution)의 특징에 대한 설명으로 옳은 것은?

① $P = 0.01$일 때는 평균치에 대하여 좌·우 대칭이다.
② $P \leq 0.1$이고 $nP = 0.1 \sim 10$일 때는 포아송 분포에 근사한다.
③ 부적합품의 출전 개수에 대한 표준 편차는 $D(x) = nP$ 이다.
④ $P \leq 0.5$이고, $nP \leq 5$일 때는 정규 분포에 근사한다.

해설 이항분포는 n회의 베르누이 시행에서 성공의 횟수를 X로 표시할 때, X의 확률분포
• $p = 0.5$일 때 분포의 형태는 기대치 np에 대하여 좌우 대칭이 된다.
• $np \geq 5$이고 $nq \geq 5$일 때 정규 분포에 근사한다.

정답 53. ④ 54. ④ 55. ④ 56. ②

- $p \leq 0.1$이고 $np = 0.1 \sim 10$일 때는 포아송 분포에 근사한다.
  (여기서, p : 성공 확률, q : 실패 확률, n : 시행횟수)

57 작업방법 개선의 기본 4원칙을 표현한 것은?

① 층별 – 랜덤 – 재배열 – 표준화
② 배제 – 결합 – 랜덤 – 표준화
③ 층별 – 랜덤 – 표준화 – 단순화
④ 배제 – 결합 – 재배열 – 단순화

해설 프로세스 차트의 개선 원칙과 작업개선에 적용되는 원칙
① 배제
② 결합
③ 교환(재배열)
④ 간소화(단순화)

58 제품 공정분석표에 사용되는 기호 중 공정 간의 정체를 나타내는 기호는?

① □ ② ▽
③ ✡ ④ △

해설 □ : 가공하면서 양 검사.
▽ : 공정 간의 대기.
✡ : 작업 중 일시대기

59 테일러(F.W. Taylor)에 의해 처음 도입된 방법으로 작업시간을 직접 관측하여 표준시간을 설정하는 표준시간 설정기법은?

① PTS법   ② 실적자료법
③ 표준자료법   ④ 스톱워치법

해설
- PTS법은 인간이 행하는 모든 작업을 구성하는 기본동작으로 분해하여 각 기본동작에 대해 그 동작의 성질과 조건에 따라 미리 정해진 시간치를 적용하는 수법으로 MTM법과 WF법 등이 있으며 짧은 사이클 작업에 최적으로 적용된다.
- 워크샘플링법은 통계적 수법을 이용하여 작업자 또는 기계의 작업 상태를 파악하는 방법
- 스톱워치법은 작업자의 작업수행을 직접 관측하면서 스톱워치로 작업의 소요시간을 측정하고 이것을 근거로 그 작업의 표준시간을 결정하는 방법으로 작업요소가 반복하여 나타나는 작업으로 사이클 작업에 적용된다.

60 표준시간을 내경법으로 구하는 수식은?

① 표준시간 = 정미시간 + 여유시간
② 표준시간 = 정미시간 × (1 + 여유율)
③ 표준시간 = 정미시간 × $(\dfrac{1}{1-여유율})$
④ 표준시간 = 정미시간 × $(\dfrac{1}{1+여유율})$

해설 내경법 – 표준시간 = 정미시간 × $(\dfrac{1}{1-여유율})$
외경법 – 표준시간 = 정미시간 × (1 + 여유율)

2025년 제78회 CBT 복원문제

01 공기 콘덴서를 어떤 전압으로 충전한 다음 전극 간에 유전체를 넣어 용량을 2배로 하면 축적된 에너지는 몇 배가 되는가?
① 2배
② $\frac{1}{2}$배
③ $\sqrt{2}$배
④ 4배

해설 $W = \frac{1}{2}CV^2 = \frac{Q^2}{2C}$에서 유전체를 넣어 정전 용량을 2배로 하였으므로 W는 $\frac{1}{2}$배가 된다.

02 공기 중의 일정한 거리를 두고 있는 두 점전하 사이에 작용하는 힘이 0.5[N]이었고 두 전하 사이에 종이를 채웠더니 작용하는 힘이 0.2[N]으로 감소하였다. 이 종이의 비유전율은 얼마인가?
① 0.1 ② 0.4
③ 2.5 ④ 5

해설 공기 중일 때 작용하는 힘
$F_1 = \frac{1}{4\pi\epsilon_0} \cdot \frac{Q_1 Q_2}{r^2} = 0.5$[N]
종이를 채웠을 때 작용하는 힘
$F_2 = \frac{1}{4\pi\epsilon_0 \epsilon_s} \cdot \frac{Q_1 Q_2}{r^2} = 0.2$[N]
$\epsilon_s = \frac{F_1}{F_2} = \frac{0.5}{0.2} = 2.5$

03 다음 중 전류에 의해 만들어지는 자기장의 자기력선 방향을 간단하게 알아내는 법칙은?
① 앙페르의 오른나사법칙
② 렌츠의 법칙
③ 플레밍의 왼손법칙
④ 가우스의 법칙

해설 앙페르의 오른나사법칙은 오른나사가 진행하는 방향으로 전류가 흐르면, 자력선은 오른나사가 회전하는 방향으로 만들어진다는 원리이다.

04 그림과 같은 회로에서 $i = I_m \sin\omega t$[A]일 때 개방된 2차 단자에 나타나는 유기 기전력은 얼마인가?

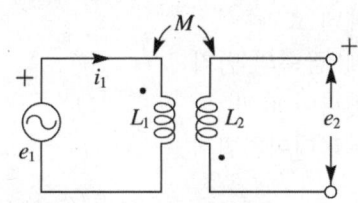

① $\omega M I_m^2 \cos(\omega t + 90°)$
② $\omega M I_m \sin\omega t$
③ $-\omega M I_m \cos\omega t$
④ $\omega M I_m^2 \sin(\omega t - 90°)$

해설 1차 전압의 극성과 2차 전압의 극성 방향이 반대이므로
$e = -M\frac{di}{dt} = -M\frac{d(I_m \sin\omega t)}{dt}$
$= -\omega M I_m \cos\omega t$

정답 1. ② 2. ③ 3. ① 4. ③

05 그림과 같은 회로에 입력 전압 220[V]를 가할 때 30[Ω] 저항에 흐르는 전류는 몇 [A]인가?

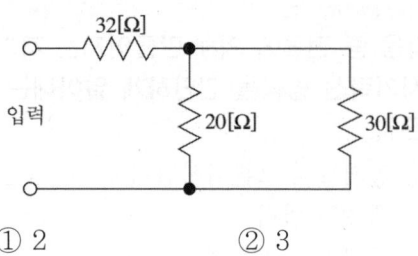

① 2　　　　② 3
③ 4　　　　④ 5

해설 합성저항 $R_0 = 32 + \dfrac{20 \times 30}{20+30} = 44[\Omega]$

30[Ω]에 흐르는 전류

$I_2 = \dfrac{220}{44} \times \dfrac{20}{20+30} = 2[A]$

06 두 종류의 금속을 접속하여 두 접점을 다른 온도로 유지하면 전류가 흐르는 현상은?
① 제벡 효과
② 제3금속의 법칙
③ 펠티어 효과
④ 페러데이의법칙

해설 제벡 효과는 2종류의 금속 또는 반도체의 양 끝을 접합하여 거기에 온도 차를 주면 회로에 열기전력을 일으키는 현상

07 크기 100[V], 위상 30°인 사인파 전압의 순시값은?
① $v = 100\sqrt{2}\sin(wt - 30°)[V]$
② $v = 100\sqrt{2}\sin(wt + 30°)[V]$
③ $v = 100\sin(wt + 30°)[V]$
④ $v = 100\sin(wt - 30°)[V]$

해설 $v = \sqrt{2}\,V\sin(wt+\theta)$에서
$v = 100\sqrt{2}\sin(wt+30°)[V]$

08 100[μF]의 콘덴서에 100[V], 60[Hz]의 교류전압을 가할 때 무효전력[Var]은?
① 126.3　　② 234.8
③ 376.8　　④ 428.2

해설 $P_r = I^2 X_c = \left(\dfrac{V}{X_c}\right)^2 X_c = \dfrac{V^2}{X_c} = \dfrac{V^2}{\dfrac{1}{\omega C}} = \omega C V^2$

$= 2\pi \times 60 \times 100 \times 10^{-6} \times 100^2$
$= 376.8[Var]$

09 $R = 10[\Omega]$, $X_L = 8[\Omega]$, $X_C = 20[\Omega]$이 병렬로 접속된 회로에 80[V]의 교류전압을 가하면 전원에 흐르는 전류는 몇 [A]인가?
① 5[A]　　② 10[A]
③ 15[A]　　④ 20[A]

해설

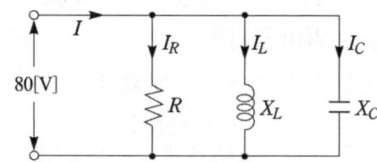

$I_R = \dfrac{V}{R} = \dfrac{80}{10} = 8[A]$

$I_L = \dfrac{V}{X_L} = \dfrac{80}{8} = 10[A]$

$I_C = \dfrac{V}{X_C} = \dfrac{80}{20} = 4[A]$

$I = \sqrt{I_R^2 + (I_L - I_C)^2} = \sqrt{8^2 + (10-4)^2}$
$= 10[A]$

10 $R[\Omega]$의 3개를 Y로 접속하고 이것을 전압 100[V]의 3상 교류전원에 연결할 때 선전류 10[A]가 흐른다면 이 저항을 △로 접속하고 동일 전원에 연결했을 때의 선전류는 몇[A]인가?

① 5.8　　② 10
③ 17.3　　④ 30

해설 동일한 저항을 같은 전원에 Y와 △결선으로 접속할 때 선전류 비는
$I_\triangle = 3I_Y = 3 \times 10 = 30$[A]

11 그림과 같은 회로에서 인가 전압에 의한 전류 i에 대한 출력 e_0의 전달 함수는?

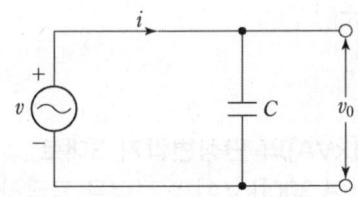

① $\dfrac{1}{Cs}$　　② Cs
③ $\dfrac{1}{1+Cs}$　　④ $1+Cs$

해설 $G(s) = \dfrac{V(s)}{I(s)} = \dfrac{1}{j\omega C} = \dfrac{1}{Cs}$

12 R-L-C 직렬 공진 회로에서 제 n 고조파의 공진 주파수 f_n[Hz]은?

① $\dfrac{1}{2\pi\sqrt{LC}}$　　② $\dfrac{1}{2\pi\sqrt{nLC}}$
③ $\dfrac{1}{2\pi n\sqrt{LC}}$　　④ $\dfrac{1}{2\pi n^2\sqrt{LC}}$

해설 제 n 고조파의 공진 조건은 $n^2\omega^2 LC = 1$에서
$f_n = \dfrac{1}{2\pi n\sqrt{LC}}$

13 $\mathcal{L}[f(t)] = F(s)$일 때 $\lim\limits_{t\to\infty} f(t)$는?

① $\lim\limits_{s\to 0} F(s)$　　② $\lim\limits_{s\to 0} sF(s)$
③ $\lim\limits_{s\to\infty} F(s)$　　④ $\lim\limits_{s\to\infty} sF(s)$

해설 최종값 정리를 이용하면
$\lim\limits_{t\to\infty} f(t) = \lim\limits_{s\to 0} sF(s)$

14 전달함수 $C(s) = G(s)R(s)$에서 입력 함수를 단위 임펄스 $\delta(t)$로 가할 때 제어계의 응답은?

① $G(s)\delta(s)$　　② $\dfrac{G(s)}{\delta(s)}$
③ $\dfrac{G(s)}{s}$　　④ $G(s)$

해설 $r(t) = \delta(t)$를 라플라스 변환하면 $R(s) = 1$이므로 $C(s) = G(s) \cdot 1 = G(s)$

15 직류전동기의 출력 30[kW]이고 1800 [rpm]일 때 전동기의 토크 [kg·m]는?

① 12.37　　② 16.25
③ 21.43　　④ 25.47

해설 $\tau = \dfrac{1}{9.8} \times \dfrac{60}{2\pi} \times \dfrac{P_0}{N}$
$= \dfrac{1}{9.8} \times \dfrac{60}{2\pi} \times \dfrac{30 \times 10^3}{1800}$
$= 16.25$[kg·m]

정답 10. ④　11. ①　12. ③　13. ②　14. ④　15. ②

16 직류 분권전동기의 공급전압의 극성을 반대로 하였을 때 다음 중 옳은 것은?
① 회전 방향은 변하지 않는다.
② 회전 방향이 반대로 된다.
③ 회전하지 않는다.
④ 발전기로 된다.

해설 직류전동기는 전원의 극성을 바꾸면 계자전류와 전기자전류의 방향이 동시에 바뀌어 회전방향이 변하지 않는다.

17 직류 복권전동기 중에서 무부하 속도와 전부하 속도가 같도록 만들어진 것은?
① 과복권 ② 부족복권
③ 평복권 ④ 차동복권

해설 평복권 전동기는 전부하 속도와 무부하 속도가 같게 되도록 직권 권선의 기자력을 선택한 복권전동기이다.

18 변압기에 콘서베이터(Conservator)를 설치하는 목적은?
① 절연유의 열화 방지
② 누설리액턴스 감소
③ 코로나현상 방지
④ 냉각효과 증진을 위한 강제통풍

해설 유입 변압기에서는 오일이 공기에 접촉하면 열화하므로 이것을 방지하기 위하여 외함 상부에 콘서베이터라고 하는 작은 용적의 원통형 용기를 두고, 이것을 외함에 연결하여 외함 안에는 공기가 존재하지 않게 한다. 이로써 오일이 공기에 접촉하는 표면적이 작아지고 또 호흡작용으로 공기가 직접 변압기 외함 내로 출입하지 않으므로 오일의 열화를 방지할 수 있다.

19 변압기의 등가회로 작성에 필요 없는 시험은?
① 단락시험 ② 반환부하법
③ 무부하시험 ④ 저항측정시험

해설 변압기 등가회로 작성에 필요한 시험은 단락시험, 무부하시험, 저항측정시험이 있고 반환부하시험은 변압기의 온도시험방법이다.

20 변압기의 효율이 최고일 조건은?
① 철손 = $\frac{1}{2}$ 동손   ② 동손 = $\frac{1}{2}$ 철손
③ 철손 = 동손   ④ 철손 = (동손)^2

해설 전부하시 철손(P_i) = 동손(P_c)일 때 최대효율 조건이다.

21 100[kVA]의 단상변압기 3대로 △-△ 결선하여 300[kVA]의 전력을 공급하던 중 1대가 고장나서 2대로 송전 시 송전 가능한 용량[kVA]은?
① 300 ② 200
③ 173.2 ④ 86.6

해설 V 결선의 3상 출력은
$P_V = \sqrt{3}P = \sqrt{3} \times 100 = 173.2$[kVA]

22 단상 변압기를 병렬 운전하는 경우 부하전류의 분담은 어떻게 되는가?
① 임피던스에 비례
② 리액턴스에 비례
③ 임피던스에 반비례
④ 리액턴스에 반비례

정답 16. ① 17. ③ 18. ① 19. ② 20. ③ 21. ③ 22. ③

해설 각 변압기의 %임피던스 강하가 같을 것, 즉 각 변압기의 임피던스가 정격용량에 반비례할 것

23 농형 유도전동기 기동방법 중 가장 기동토크가 큰 것은?
① 가변 저항기 기동법
② Y-△ 기동법
③ 기동 보상기법
④ 전전압 기동법

해설 유도전동기의 토크는 공급전압의 2승에 비례하므로 기동법 중 전전압 기동방식이 토크가 가장 크다.

24 3상 유도전동기를 불평형 전압으로 운전하는 경우 ㉠토크와 ㉡입력은?
① ㉠ 증가, ㉡ 감소
② ㉠ 감소, ㉡ 증가
③ ㉠ 증가, ㉡ 증가
④ ㉠ 감소, ㉡ 감소

해설 3상 유도전동기의 단자전압은 전압 불평형의 정도가 커지면 불평형 전류가 증가하지만 전동기 출력은 감소되고 동손이 커지며 전동기의 상승 온도가 높아진다. 전압 불평형이 큰 경우는 전동기에 가한 전압이 단상이 되며 이것은 전원 스위치의 접속불량, 퓨즈 1선의 용단 또는 전동기 구출선이 끊어진 경우 등에 일어나는 현상이다.

25 단상 유도전동기의 기동방법 중 기동 토크가 가장 큰 것은?
① 분상 기동형
② 콘덴서 기동형
③ 반발 기동형
④ 세이딩 코일형

해설 단상 유도전동기 기동 토크의 크기는
반발기동형 > 콘덴서기동형 > 분상기동형 > 세이딩 코일형

26 영구자석을 회전자로 하고, 회전자의 자극 근처에 반대 극성의 자극을 가까이 놓고 회전시키면 회전자는 이동하는 자석에 흡인되어 회전하는 전동기는?
① 유도 전동기
② 직권 전동기
③ 동기 전동기
④ 분권 전동기

해설 동기 전동기의 회전원리는 영구자석을 회전자로 하고 회전자의 자극 가까이에 권선으로 만든 전자석을 가까이 하여 회전시키면 회전자는 이동하는 전자석에 흡인되어 회전한다.

27 동기전동기를 무부하로 하였을 때 계자전류를 조정하면 동기기는 마치 L, C 소자로 동작하고, 계자전류를 어떤 일정 값 이하의 범위에서 가감하면 가변 리액턴스가 되고 어떤 일정 값 이상에서 가감하면 가변 커패시턴스로 동작한다. 이와 같은 목적으로 사용되는 것을 무엇이라 하는가?
① 변압기
② 동기조상기
③ 균압환
④ 제동권선

해설 동기조상기는 송전계통의 역률개선이나 전압조정에 사용되는 동기기

정답 23. ④ 24. ② 25. ③ 26. ③ 27. ②

28 PN 접합 다이오드에 공핍층이 생기는 경우는?
① 전압을 가하지 않을 때 생긴다.
② 다수 반송파가 많이 모여 있는 순간에 생긴다.
③ 음(-) 전압을 가할 때 생긴다.
④ 전자와 정공의 확산에 의하여 생긴다.

해설 pn접합 반도체는 정상 상태에서는 그 접합면과 같이 캐리어가 존재하지 않는 영역을 가지고 있는 영역을 공핍층이라 하며 pn접합 반도체의 양단에 역방향 전압을 가하면 접합부에 대하여 반대측 양단에 캐리어가 모이므로 공핍층은 더욱 커진다.

29 사이리스터를 사용하는 회로에서 턴-온 시간과 사이리스터 자체의 턴-온 시간과의 관계로 옳은 것은?
① 회로의 턴-온 시간 < 사이리스터 자체의 턴-온 시간
② 회로의 턴-온 시간 = 사이리스터 자체의 턴-온 시간
③ 회로의 턴-온 시간 > 사이리스터 자체의 턴-온 시간
④ 회로의 턴-온 시간과 사이리스터 자체의 턴-온 시간은 인가전압에 따라 달라진다.

해설 회로의 턴-온 시간 > 사이리스터 자체의 턴-온 시간

30 다음은 스너버(Snubber) 회로에 관한 설명이다. 옳지 않은 것은?
① R, C로 구성된다.
② 반도체 소자와 병렬로 접속된다.
③ 반도체 소자의 전류 상승률($\frac{di}{dt}$)을 제한하기 위한 것이다.
④ 반도체 소자의 보호 회로에 사용된다.

해설 스너버 회로는 반도체 소자의 전압 상승률($\frac{dv}{dt}$)을 제한하기 위한 것이다.

31 그림과 같은 소자는?

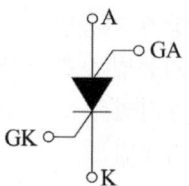

① PUT
② VRD
③ SCR
④ SCS

해설 SCS는 게이트와 캐소드 사이에 저전압 제어 다이오드를 가진 소형의 단방향성 4단자 트리거 소자이다.

32 그림과 같은 회로에서 AB 간의 전압의 실효값을 200[V]라고 할 때 R_L 양단에서 전압의 평균값은 약 몇[V]인가? (단, 다이오드는 이상적인 다이오드이다.)

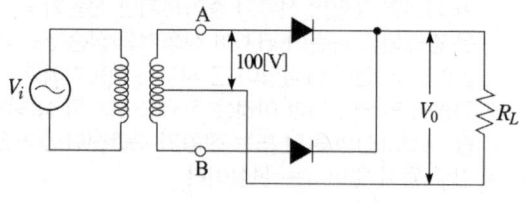

① 64
② 90
③ 141
④ 282

해설 단상 전파 정류회로의 출력전압
$V_d = 0.9 V = 0.9 \times 100 = 90[V]$

정답 28. ④ 29. ③ 30. ③ 31. ④ 32. ②

33 그림은 사이클로 컨버터의 출력전압과 전류의 파형이다. $\theta_2 \sim \theta_3$ 구간에서 동작되는 컨버터의 동작모드는?

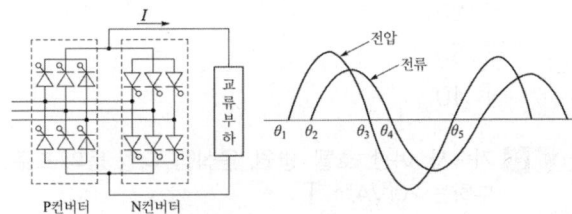

① P 컨버터, 순변환
② P 컨버터, 역변환
③ N 컨버터, 순변환
④ N 컨버터, 역변환

해설 $\theta_4 - \theta_5$ 구간 : N 컨버터, 역변환

34 벅 컨버터(Buck Converter)에 대한 설명으로 옳지 않은 것은?

① 직류 입력전압 대비 직류 출력전압의 크기를 낮출 때 사용하는 직류-직류 컨버터이다.
② 입력전압(V_i)에 대한 출력전압(V_o)의 비($\frac{V_o}{V_i}$)는 스위칭 주기(T)에 대한 스위치 온(ON) 시간(t_{on})의 비인 듀티비(시비율)로 나타낸다.
③ 벅 컨버터의 출력단에는 보통 직류성분은 통과시키고 교류성분을 차단하기 위한 LC저역통과 필터를 사용한다.
④ 벅 컨버터는 일반적으로 고주파 트랜스포머(변압기)를 사용하는 절연형 컨버터이다.

해설 벅 컨버터는 강압용 DC-DC 컨버터로 출력단에는 직류성분은 통과시키고 교류성분을 차단하기 위한 LC 저역통과 필터를 사용한다.

35 리드용 2종 케이블의 약호로 옳은 것은?
① WRNCT   ② WNCT
③ WCT   ④ WRCT

해설 용접용 케이블의 구분에서 리드용 1종 케이블(WCT), 리드용 2종 케이블(WNCT), 홀더용 1종 케이블(WRCT), 홀더용 2종 케이블(WRNCT)이다.

36 과전류차단기로 시설하는 퓨즈 중 고압전로에 사용하는 포장퓨즈는 정격전류의 몇 배의 전류에 견디어야 하는가?
① 1.3배   ② 1.5배
③ 2.0배   ④ 2.5배

해설 고압 포장퓨즈는 정격전류 1.3배에 견디고, 2배 전류에는 120분 안에 용단되어야 하며 고압 비포장 퓨즈는 정격전류 1.25배에 견디고, 2배 전류에는 2분 안에 용단되어야 한다.

37 후강 전선관이란 관의 두께가 두꺼운 전선관을 말한다. 후강 전선관의 규격 중 관의 호칭으로 잘못된 것은?
① 28   ② 34
③ 42   ④ 54

해설 후강 전선관은 관의 안지름의 크기에 가까운 짝수로 호칭하며 종류는 16, 22, 28, 36, 42, 54, 70, 82, 92, 104가 있다.

38 평균 구면광도 100[cd]의 전구 5개를 지름 10[m]인 원형의 방에 점등할 때, 방의 평균 조도[lx]는? (단, 조명률은 0.5, 감광보상률은 1.5이다.)
① 약 26.7[lx]   ② 약 35.5[lx]
③ 약 48.8[lx]   ④ 약 59.4[lx]

정답 33. ① 34. ④ 35. ② 36. ① 37. ② 38. ①

해설 광속 $F = 4\pi I = 4\pi \times 100 = 1256$[lm]

방의 면적 $A = \pi r^2 = \pi \times (\frac{10}{2})^2 = 78.5$[m^2]

조명률 $U = 0.5$, 감광보상률 $D = 1.5$로 계산하면

조도 $E = \frac{FNU}{AD} = \frac{1256 \times 5 \times 0.5}{78.5 \times 1.5}$
$= 26.667 ≒ 26.7$[lx]

39 지중 전선로 공사에서 케이블 포설 시 케이블 끝단에 설치하여 당길 수 있도록 하는데 사용하는 것은?

① 풀링그립(Pulling Grip)
② 피시테이프(Fish Tape)
③ 강철 인도선((Steel Wire)
④ 와이어 로프(Wire Rope)

해설 풀링그립은 고리가 없으면 양방향 그립이 가능하며 이중, 삼중 또는 단일로 엮은 아연 도금한 강철 그물로 만들어졌으며 송·배전, 지중 및 통신공사 시 각종 전선을 잡아주거나 끌어당겨 배선하는데 사용하는 망

40 정격전류 30[A]의 전동기 1대와 정격전류 5[A]의 전열기 2대를 공급하는 저압옥내 간선을 보호할 과전류차단기의 정격전류는 몇 [A]인가?

① 40[A] ② 55[A]
③ 70[A] ④ 100[A]

해설 간선에 전동기와 일반부하가 접속되어 있다면 전동기의 기동전류를 보상하기 위하여 「전동기 정격전류 합계의 3배와 일반부하의 정격전류의 합」과 「간선의 허용전류의 2.5배 한 값」 중에서 작은 값으로 시설해야 한다.
$(30 \times 3) + (5 \times 2) = 100$[A]

41 기숙사, 여관, 병원의 표준부하는 몇 [VA/m^2] 으로 상정하는가?

① 10
② 20
③ 30
④ 40

해설 기숙사, 여관, 호텔, 병원, 음식점, 다방 등의 표준 부하는 20[VA/m^2]

42 접지 저감재의 구비조건과 거리가 먼 것은?

① 전기적으로 양도체일 것
② 지속성이 있을 것
③ 전극을 부식시키지 않을 것
④ 토양에 비해 도전도가 낮을 것

해설 접지 저감재의 구비조건으로는
접지 저항 저감 효과가 크고, 영구적일 것
접지극을 부식시키지 말고, 도전율이 클 것
경제적이며, 시공이 용이할 것
무공해이며, 안전성이 높을 것

43 광원은 점등시간이 진행됨에 따라서 특성이 약간 변화한다. 방전램프의 경우 초기 100시간의 떨어짐이 특히 심한데 이와 같은 특성은 무엇인가?

① 수명특성
② 동정특성
③ 온도특성
④ 연색성

해설
• 동정특성은 광원이 점등할 때 광속의 변화를 나타내는 특성
• 연색성은 광원이 물체의 색감에 영향을 미치는 현상

정답 39. ① 40. ④ 41. ② 42. ④ 43. ①

44 단로기의 사용상 목적으로 가장 적합한 것은?

① 무부하 회로의 개폐
② 부하 전류의 개폐
③ 고장 전류의 차단
④ 3상 동시 개폐

해설 단로기는 송전선이나 변전소 등에서 차단기를 개방한 무부하상태에서 주회로의 접속을 변경하기 위해 회로를 개폐하는 장치이다.

45 반지름 14[mm]의 ACSR 전선으로 완전 연가된 3상 1회선 송전 선로가 있다. 각 상간의 등가 선간거리가 2800[mm]라고 할 때, 이 선로의 [km]당 작용 인덕턴스는 몇 [mH/km]인가?

① 1.11 ② 1.06
③ 0.83 ④ 0.33

해설 $L = 0.4605 \log_{10} \dfrac{D}{r} + 0.05$
$= 0.4605 \log_{10} \dfrac{2800}{14} + 0.05$
$= 1.11 [\text{mH/km}]$

46 송전 선로의 정전 용량은 등가 선간거리 D가 증가하면 어떻게 되는가?

① 증가한다.
② 감소한다.
③ 변하지 않는다.
④ D^2에 비례하여 증가한다.

해설 $C = \dfrac{0.02413}{\log_{10} \dfrac{D}{r}}$ 에서 $C \propto \dfrac{1}{\log_{10} \dfrac{D}{r}}$ 이므로

C는 D가 증가하면 감소한다.

47 3상 3선식 송전 선로에 있어서 각 선의 대지 정전 용량이 0.5096[μF]이고, 선간 정전 용량이 0.1295[μF]일 때 1선의 작용 정전 용량은 몇 [μF]인가?

① 0.6391
② 0.7686
③ 0.8981
④ 1.5288

해설 $C_n = C_s + 3C_m$
$= 0.5096 + 3 \times 0.1295$
$= 0.8981 [\mu\text{F}]$

48 송전 전압을 높일 때 발생하는 경제적 문제 중 옳지 않은 것은?

① 송전 전력과 전선의 단면적이 일정하면 선로의 전력 손실이 감소한다.
② 절연 애자의 개수가 증가한다.
③ 변전소에 시설할 기기의 값이 고가로 된다.
④ 보수 유지에 필요한 비용이 적어진다.

해설 송전 전압을 높이면 보수 유지에 필요한 비용이 많아진다.

49 송전선에 코로나가 발생하면 전선이 부식된다. 무엇에 의해 부식되는가?

① 산소 ② 질소
③ 수소 ④ 오존

해설 오존과 산화질소는 코로나 방전 시에 발생하며 습기와 혼합하면 질산이 되므로 전선이나 부속물이 부식된다.

정답 44. ① 45. ① 46. ② 47. ③ 48. ④ 49. ④

50 초고압 장거리 송전 선로에 접속되는 1차 변전소에 병렬 리액터를 설치하는 목적은?

① 페란티 현상 방지
② 전압 강하의 방지
③ 전력 손실의 경감
④ 계통 안정도의 증진

해설 조상설비로서는 지상과 진상을 보상할 수 있는 동기 조상기, 진상만 공급하는 전력용 콘덴서와 지상을 공급시켜 주는 분로 리액터가 있으며 선로의 진상 전류는 계통에 페란티 효과를 유발시키므로 병렬(분로) 리액터를 설치하여 페란티 현상을 방지한다.

51 2진수의 음수 표시법으로 −9의 8비트 부호화된 절대값의 표시값은?

① 10001001   ② 11110110
③ 11110111   ④ 10011001

해설 9를 8비트 2진수로 나타내면 00001001
음수를 부호 표시법으로 할 때는 맨 앞자리에 1로 표시해 주면 된다. 10001001

52 그림과 같은 스위칭 회로에서 논리식은?

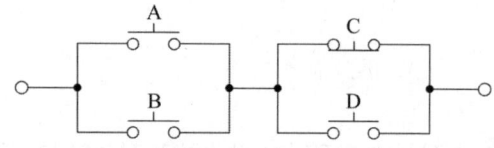

① $AB + \overline{C}D$
② $(A + \overline{C})(B + D)$
③ $(A + B)(\overline{C} + D)$
④ $(B + \overline{C})(A + D)$

해설 접점 회로의 논리식은 $(A+B)(\overline{C}+D)$

53 다음 논리회로와 등가인 논리함수는?

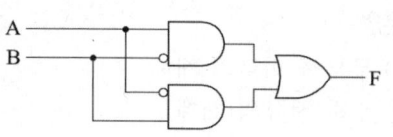

① $(\overline{A} + \overline{B})(A + B)$
② $(A + \overline{B})(\overline{A} + B)$
③ $(\overline{A} + \overline{B})(\overline{A} + \overline{B})$
④ $(\overline{A} + \overline{B})(\overline{A} + B)$

해설 $F = A\overline{B} + \overline{A}B$
$= (A\overline{B} + \overline{A})(A\overline{B} + B)$
$= (A + \overline{A})(\overline{B} + \overline{A})(A + B)(\overline{B} + B)$
$= (\overline{A} + \overline{B})(A + B)$

54 T형 플립플롭을 3단으로 직렬접속하고 초단에 1[kHz]의 구형파를 가하면 출력 주파수는 몇 [Hz]인가?

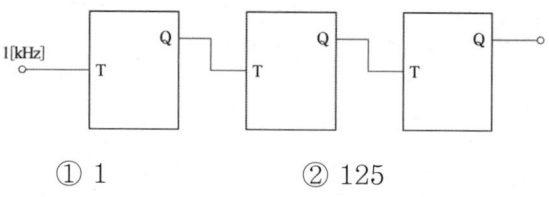

① 1   ② 125
③ 250   ④ 500

해설 출력 주파수 $f = \dfrac{1 \times 10^3}{2^3} = 125[\text{Hz}]$
(n단 일 때 2^n이다)

55 문제가 되는 결과와 이에 대응하는 원인과의 관계를 알기 쉽게 도표로 나타낸 것은?

① 산포도
② 파레토도
③ 히스토그램
④ 특성요인도

해설 특성요인도는 일의 결과(특성)와 그것에 영향을 미치는 원인(요인)을 계통적으로 정리한 그림

56 로트에서 랜덤하게 시료를 추출하여 검사한 후 그 결과에 따라 로트의 합격, 불합격을 판정하는 검사방법을 무엇이라 하는가?
① 자주검사 ② 간접검사
③ 전수검사 ④ 샘플링검사

해설 샘플링검사는 한 로트의 물품 중에서 발췌한 시료를 조사하고 그 결과를 판정 기준과 비교하여 그 로트의 합격 여부를 결정하는 검사

57 공정 중에 발생하는 모든 작업, 검사, 운반, 저장, 정체 등이 도식화된 것이며 또한 분석에 필요하다고 생각되는 소요시간, 운반거리 등의 정보가 기재된 것은?
① 작업분석(Operation Analysis)
② 다중활동분석표(Multiple Activity Chart)
③ 사무공정분석(Form Process Chart)
④ 유통공정도(Flow Process Chart)

해설 제품이 생산되는 과정을 공정기호로 표현하여 공정분석을 쉽게 이해할 수 있도록 표현한 도표를 공정도라 한다.

58 일정통제를 할 때 1일당 그 작업을 단축하는 데 소요되는 비용의 증가를 의미하는 것은?
① 비용구배(Cost Slope)
② 정상 소요시간(Normal Duration)
③ 비용견적(Cost Estimation)
④ 총비용(Total Cost)

해설 비용구배는 작업을 1일 단축할 때 추가되는 직접비용

59 동일 종류에 속하는 과업의 작업내용을 정수, 변수요소로 분류하여 작업측정요인과 시간치와의 관계를 해석하여 표준시간을 구하는 방법은?
① VTR 분석
② PTS법
③ 표준자료법
④ 경험 견적법

해설 표준자료법은 동일 종류에 속하는 과업의 작업내용을 정수 요소와 변수 요소로 나누어 미리 그 작업을 측정하여 변동요인과 시간치의 관계를 해석하고 시간 공식 또는 시간 자료를 만들어 개개 작업시간을 설정할 때 그때마다 측정하지 않고 그 자료를 사용하여 표준시간을 측정하는 방법

60 모든 작업을 기본동작으로 분해하고 각 기본동작에 대하여 성질과 조건에 따라 정해 놓은 시간치를 적용하여 정미시간을 산정하는 방법은?
① PTS법
② WS법
③ 스톱워치법
④ 실적기록법

해설 PTS법은 인간이 행하는 모든 작업을 구성하는 기본동작으로 분해하여 각 기본동작에 대해 그 동작의 성질과 조건에 따라 미리 정해진 시간치를 적용하는 수법

정답 56. ④ 57. ④ 58. ① 59. ③ 60. ①

완벽대비 수험서	
전기기능장 필기	

		판 권
발 행 / 2025년 10월 1일		소 유

저　　자 / 최동원, 황락훈
펴 낸 이 / 정 창 희
펴 낸 곳 / 동일출판사
주　　소 / 서울시 강서구 곰달래로31길7 (2층)
전　　화 / 02) 2608-8250
팩　　스 / 02) 2608-8265
등록번호 / 제109-90-92166호

ISBN 978-89-381-1710-6 13560
값 / 35,000원

이 책은 저작권법에 의해 저작권이 보호됩니다. 동일출판사 발행인의 승인자료 없이 무단 전재하거나 복제하는 행위는 저작권법 제136조에 의해 5년 이하의 징역 또는 5,000만원 이하의 벌금에 처하거나 이를 병과(併科)할 수 있습니다.